国家出版基金项目
NATIONAL PUBLICATION FOUNDATION

电子学经典理论与前沿科学技术丛书

相对论电子学

Relativistic Electronics

刘盛纲　著

电子科技大学出版社
University of Electronic Science and Technology of China Press
· 成都 ·

图书在版编目(CIP)数据

相对论电子学 / 刘盛纲著. -- 成都 : 成都电子科大出版社, 2024. 12. --(电子学经典理论与前沿科学技术丛书). -- ISBN 978-7-5770-1199-8

Ⅰ. TN01

中国国家版本馆 CIP 数据核字第 2024WF3425 号

电子学经典理论与前沿科学技术丛书

DIANZIXUE JINGDIAN LILUN YU QIANYAN KEXUE JISHU CONGSHU

相对论电子学

XIANGDUILUN DIANZIXUE

刘盛纲　著

出 品 人　田　江
丛书策划　罗　雅　唐祖琴　段　勇
策划编辑　罗　雅　唐祖琴　魏　彬　卢　莉
责任编辑　魏　彬　卢　莉
责任校对　兰　凯　于　兰
责任印制　梁　硕

出版发行　电子科技大学出版社
　　　　　成都市一环路东一段 159 号电子信息产业大厦九楼　邮编 610051
主　　页　www.uestcp.com.cn
服务电话　028-83203399
邮购电话　028-83201495

印　　刷　成都市火炬印务有限公司
成品尺寸　210 mm×297 mm
印　　张　37
字　　数　1316 千字
版　　次　2024 年 12 月第 1 版
印　　次　2024 年 12 月第 1 次印刷
书　　号　ISBN 978-7-5770-1199-8
定　　价　268.00 元

2022 年度国家出版基金资助项目
"十四五"国家重点出版物出版规划
四川省重点图书出版规划项目

电子学经典理论与前沿科学技术丛书

编 委 会

刘盛纲　李宏福　王文祥　莫元龙

胡　旻　刘頔威　吴振华　张　平

龚　森　赵　陶　胡灵犀　冯晓冬

张晓秋艳　张天宇　常少杰　李杰龙

序

电子学作为现代科技的基石之一，始终是推动人类文明跃迁的核心驱动力. 从麦克斯韦方程组奠定电磁理论基石，到量子信息科学开启微观世界新纪元，电子学的发展史就是一部人类突破认知边界、重构技术体系的创新史诗. 当今世界，科技竞争已进入体系化博弈新阶段，微电子、光电子、太赫兹等前沿领域不仅是全球科技创新的制高点，更是关系到国家战略安全的生命线.《中华人民共和国国民经济和社会发展第十四个五年规划和2035年远景目标纲要》明确提出"强化国家战略科技力量"，而电子学作为信息时代的"底层操作系统"，其理论突破与技术创新直接关系到科技强国建设、国防现代化进程以及产业转型升级. 在此背景下，既要深耕经典理论之精髓，夯实学科根基；更需勇探前沿技术之无人区，抢占未来科技话语权. 唯有如此，方能铸就自主可控的科技长城，为中华民族伟大复兴注入强劲动能.

刘盛纲院士是我国电子学领域的泰斗，其学术生涯堪称一部中国电子学发展的缩影. 刘先生既是微波电子学、相对论电子学等经典理论的奠基者，又是太赫兹这一"改变未来十大科技"的开拓者、领军者. 刘先生三次以战略远见向国家提出重大科技建议——从自由电子激光到高功率微波，再到太赫兹技术的前瞻布局，无不彰显其"谋国之深远，立学之精深"的大家风范. 刘先生师从苏联专家列别捷夫，深耕真空电子领域，其编著的《微波电子学导论》被国际学界誉为"东方经典"；2003年，他荣获国际红外毫米波太赫兹领域最高科学奖"K. J. Button奖"，成为我国首位获此殊荣的科学家. 更令人钦佩的是，他将家国情怀深植学术血脉，毕生以科技报国为志业，为后辈树立了"与科学终身相随"的精神丰碑.

"电子学经典理论与前沿科学技术丛书"是刘先生学术思想的集大成之作. 此丛书以《微波电子学》《相对论电子学》夯实理论基础，以《太赫兹电子学》锚定科技前沿，既系统梳理了电子回旋谐振、相对论粒子束动力学等核心理论，又首次描绘我国在太赫兹辐射源等领域的关键突破. 此丛书之价值，不仅在于学术传承，更在于战略引领，为培育战略科学家、实现科技创新提供系统性知识图谱.

科学家的最高荣耀，莫过于其著作成为照亮后辈前行的火炬. 刘先生以毕生心血熔铸的这套丛书，必将在中国电子学发展史上铭刻下永恒坐标. 愿后来者循此经典，在电子学的星辰大海中续写新的传奇.

中国科学院院士 吴一戎

前　言

相对论电子学是在近代应用物理和微波电子学等学科发展的基础上逐步发展形成的. 这门新兴学科不仅继承并发展了等离子体物理、非线性光学等基础理论，更以革命性的方式重构了高能电子束与电磁波场的互作用范式，推动微波器件向太赫兹频域与吉瓦级功率持续突破.

《相对论电子学》一书正是在这样的背景下应运而生的. 本书以高能电子与电磁波相互作用为核心，聚焦电子回旋器件的设计与应用，其成果在电子对抗、雷达成像及基础科学研究中具有不可替代的战略价值. 本书共分为 3 篇：第 1 篇系统梳理数学物理基础，为工科背景的读者构建理论框架；第 2 篇深入探讨电子回旋脉塞及回旋管的理论体系，融汇了作者及其团队数十年原创研究成果，涵盖理论推导与实验验证；第 3 篇则以自由电子激光为焦点，结合受激辐射与自发辐射理论，揭示其物理本质并展望其前沿应用.

作者在撰写本书的过程中尤为注重理论与应用的平衡：既以严谨的数学工具夯实基础，又通过大量实例与数值计算展现理论的实际价值. 此外，本书还紧跟电子回旋器件的设计与应用的最新进展，针对近年来太赫兹回旋器件的突破性进展进行阐述，使经典理论与新兴技术交相辉映. 附录部分更收录电子光学系统、等离子体加热应用等关键议题，并提供实用计算机程序，为读者搭建从理论到实践的桥梁.

本书的出版，凝聚了众多同人的心血. 电子科技大学高能电子学研究所的成祠德、李宏福、倪治钧、张富鑫、林崇文、王文祥、梁正、莫元龙、郭新桂、李明光、李家胤、钱光弟、王俊毅、杨中海、徐孔义等同志，为内容修订与完善贡献卓著；刘頔威、傅文杰等同志在太赫兹回旋管章节的撰写中倾注智慧；谢文楷、杜品忠同志在文稿整理与制图工作中不辞辛劳. 在此，我谨向诸位致以诚挚谢意！

相对论电子学方兴未艾，其发展关乎国防安全、工业升级与科学探索. 本书既是对过往研究的系统性总结，亦是对未来挑战的展望. 唯愿此书能为领域内学者、工程师及学子提供有益参考，助力我国在电子回旋器件与高能电磁辐射领域抢占先机. 然学海无涯，书中疏漏难免，恳请读者不吝指正. 真理之路漫漫，唯愿以本书为阶，与诸君共攀科学高峰.

刘盛纲
2024 年于电子科技大学

目　录

第 1 章　绪论 …… (1)
1.1　引言 …… (1)
1.2　相对论电子学的研究对象及其任务 …… (2)
1.3　电子回旋脉塞简介 …… (4)
1.4　相对论电子学的应用潜力和发展远景 …… (6)

第 1 篇　数学物理准备

第 2 章　张量 …… (9)
2.1　引言 …… (9)
2.2　矩阵 …… (9)
2.3　转置矩阵、逆矩阵、共轭矩阵 …… (11)
2.4　矩阵的秩 …… (12)
2.5　线性方程组和矢量空间 …… (12)
2.6　线性变换和正交变换 …… (13)
2.7　不变量 …… (14)
2.8　仿射正交张量 …… (15)
2.9　张量的加法和分解 …… (17)
2.10　张量与矢量的乘积 …… (19)
2.11　矢量的导数张量 …… (20)
2.12　张量与张量的乘积 …… (20)
2.13　张量的主轴 …… (21)
2.14　张量的微分 …… (22)
2.15　轴矢量和矢量的旋度 …… (24)
2.16　任意空间的张量 …… (25)
2.17　黎曼空间 …… (27)
2.18　关于张量性质的补充 …… (30)
第 3 章　δ 函数和格林函数 …… (33)
3.1　引言 …… (33)
3.2　阶跃函数和 δ 函数的定义 …… (33)
3.3　δ 函数的另一种定义 …… (34)
3.4　δ 函数的展开式 …… (36)
3.5　n 维空间的 δ 函数 …… (38)

3.6　有关 δ 函数的一些重要公式 …… (38)
3.7　由 δ 函数定义格林函数 …… (39)
第 4 章　粒子运动的分析力学 …… (43)
4.1　引言 …… (43)
4.2　广义坐标 …… (43)
4.3　拉格朗日方程 …… (44)
4.4　哈密顿原理 …… (46)
4.5　正则运动方程 …… (46)
4.6　循环坐标 …… (48)
4.7　力学中的变量与不变量 …… (49)
4.8　泊松括号 …… (51)
4.9　正则变换 …… (52)
4.10　泊松定律 …… (54)
4.11　哈密顿-雅可比方程 …… (55)
4.12　洛伦兹变换 …… (56)
4.13　运动方程的相对论形式 …… (59)
第 5 章　电磁方程的相对论形式 …… (63)
5.1　引言 …… (63)
5.2　闵可夫斯基空间 …… (63)
5.3　四维空间的麦克斯韦方程 …… (65)
5.4　电磁场矢量在运动坐标系中的变换 …… (67)
5.5　带电粒子在电磁场中的运动 …… (69)
5.6　电磁场的张力张量 …… (70)
5.7　电磁场的动量及能量张量 …… (72)
5.8　四维波动方程的积分 …… (74)
5.9　平面波 …… (75)
5.10　相对论多普勒效应 …… (77)

第 2 篇　电子回旋脉塞及回旋管

第 6 章　回旋管中电子的静态运动 …… (83)
6.1　引言 …… (83)
6.2　运动方程 …… (83)
6.3　电子在均匀恒定电场及磁场中的运动 …… (85)
6.4　电子运动的等效磁矩 …… (88)
6.5　电子在不均匀磁场中的运动 …… (89)
6.6　电子在正交场中的运动 …… (92)
6.7　空间缓变磁场中电子运动磁矩的绝热不变性 …… (93)
6.8　时间缓变磁场中电子运动磁矩的绝热不变性 …… (95)

6.9 粒子运动的绝热不变性定律 …… (95)
6.10 缓变磁场中电子运动的轨道理论 …… (97)
6.11 电子回旋脉塞中电子运动的绝热不变性 …… (101)
第7章 回旋脉塞的高频结构 …… (103)
7.1 引言 …… (103)
7.2 任意截面规则波导的一般理论 …… (103)
7.3 开放谐振腔的等效电路分析 …… (106)
7.4 缓变截面波导开放式谐振腔 …… (110)
7.5 WKBJ 方法，艾里函数 …… (113)
7.6 变截面谐振腔的计算 …… (117)
7.7 缓变截面波导开放式谐振腔的数值解 …… (120)
7.8 准光谐振腔 …… (122)
第8章 动力学理论的基本方法 …… (129)
8.1 引言 …… (129)
8.2 刘维尔定律 …… (129)
8.3 玻尔兹曼方程和弗拉索夫方程 …… (131)
8.4 弗拉索夫方程的严格导出 …… (133)
8.5 分布函数的变换 …… (136)
8.6 宏观参量 …… (137)
8.7 弗拉索夫-麦克斯韦方程组的线性化…… (139)
8.8 平衡态弗拉索夫方程的解 …… (141)
8.9 线性弗拉索夫方程的解（Ⅰ） …… (143)
8.10 线性弗拉素夫方程的解（Ⅱ） …… (148)
8.11 介电张量和色散方程 …… (150)
8.12 自由等离子体中静电波的解 …… (152)
8.13 自由等离子体中的电磁波 …… (159)
8.14 静磁场中无限等离子体中的波 …… (162)
8.15 平行于磁场和垂直于磁场传播的波 …… (165)
8.16 正交场等离子体中电磁波的传播 …… (168)
第9章 电子回旋脉塞的动力学理论 …… (175)
9.1 引言 …… (175)
9.2 沿磁场方向传播波的不稳定性 …… (175)
9.3 电子回旋脉塞中电子的群聚 …… (178)
9.4 波导电子回旋脉塞的普遍动力学理论 …… (180)
9.5 轴对称波导系统电子回旋脉塞的动力学理论 …… (189)
9.6 空间电荷效应 …… (194)
9.7 电子回旋脉塞色散方程的研究 …… (197)
9.8 色散方程的数值解 …… (201)
9.9 TM_{mn}模电子回旋脉塞不稳定性 …… (204)

9.10 电子回旋脉塞动力学理论的另一种方法 …… (206)
9.11 关于电子回旋脉塞动力学理论的方法 …… (209)
9.12 电子的平衡分布函数 …… (211)
9.13 电子速度零散及电子注厚度的修正 …… (216)
9.14 矩形波导电子回旋脉塞的动力学理论 …… (218)
9.15 普遍情况下引导中心动力学理论 …… (227)
第10章 回旋管的线性理论 …… (234)
10.1 引言 …… (234)
10.2 回旋单腔管振荡器的线性理论 …… (234)
10.3 缓变截面波导开放腔回旋单腔管的动力学理论 …… (239)
10.4 回旋行波管放大器 …… (250)
10.5 慢波回旋放大器 …… (255)
10.6 大回旋半径回旋管、回旋磁控管及可调谐回旋管 …… (262)
10.7 准光腔回旋管 …… (269)
10.8 特殊准光腔回旋管 …… (283)
10.9 伯恩斯坦模电子回旋脉塞 …… (290)
第11章 电子回旋脉塞及回旋管的非线性理论 …… (297)
11.1 引言 …… (297)
11.2 坐标系转换 …… (297)
11.3 电子回旋脉塞的自洽非线性理论 …… (300)
11.4 回旋管的轨道理论（非自洽大信号理论） …… (315)
11.5 回旋行波管的非线性波动解（利用孤波概念求解） …… (322)
第12章 太赫兹回旋管及回旋行波管发展现状 …… (336)
12.1 太赫兹回旋管 …… (336)
12.2 太赫兹回旋管的应用 …… (338)
12.3 同轴双电子注太赫兹回旋管 …… (345)
12.4 回旋行波管中的关键技术及其发展历程 …… (356)

第3篇 自由电子激光

第13章 自由电子的自发辐射和散射 …… (365)
13.1 引言 …… (365)
13.2 运动电荷产生的场 …… (365)
13.3 单个匀速运动电子的场 …… (369)
13.4 加速运动电子的辐射场 …… (370)
13.5 运动电荷辐射电磁波的频谱 …… (374)
13.6 磁韧致辐射 …… (377)
13.7 Черенков 辐射 …… (383)
13.8 自由电子对电磁波的散射 …… (389)

13.9 自由电子的衍射（绕射）辐射 …… (392)
13.10 电子辐射的反作用 …… (394)
第14章 自由电子激光 …… (398)
14.1 引言 …… (398)
14.2 运动电子注对电磁波的散射 …… (401)
14.3 静磁泵自由电子激光中电子的静态运动 …… (405)
14.4 静磁泵自由电子激光的单粒子理论（Ⅰ） …… (409)
14.5 静磁泵自由电子激光的单粒子理论（Ⅱ） …… (414)
14.6 静磁泵自由电子激光的动力学理论 …… (419)
14.7 静磁泵自由电子激光的非线性理论 …… (429)
14.8 自由电子受激辐射与自发辐射的关系 …… (435)
14.9 电磁波泵自由电子激光 …… (438)
14.10 多电子注自由电子激光 …… (445)
14.11 Черенков 自由电子激光 …… (450)
14.12 Smith-Purcell 效应自由电子激光 …… (454)
14.13 X射线自由电子激光 …… (458)
14.14 电子（或者带电粒子）回旋谐振加速器 …… (469)
参考文献 …… (476)
第1篇 有关数学物理基础方面的文献 …… (476)
第2篇 有关电子回旋脉塞及回旋管的文献 …… (476)
第3篇 有关自由电子激光的文献 …… (497)
附　录 …… (504)
A 物理常数 …… (504)
B 电磁学单位制 …… (504)
C 电磁频谱划分 …… (508)
D 几种等离子体的参数 …… (509)
E 相对论电子注 …… (509)
F 贝塞尔函数 …… (510)
G 拉盖尔多项式 …… (513)
H 厄米特多项式 …… (515)
I 艾里函数 …… (517)
J 回旋管电子光学系统 …… (546)
K 等离子体电子回旋谐振加热（ECRH） …… (554)
L 回旋管用波导型开放式谐振腔的计算程序 …… (562)
M 回旋管色散方程数值计算的计算程序 …… (570)
N 回旋管非线性理论数值计算的计算程序 …… (572)
O 附录参考文献 …… (575)

第1章 绪　论

1.1 引言

电磁波资源的利用，对于人类的物质文明和文化进步起了很大的作用. 诸如无线电通信、导航、雷达、电视、近代各种激光技术以及电子计算机科学的发展，无不依赖于对电磁波资源的利用. 电磁波各频段(波谱)的划分，大体如图 1.1.1 所示.

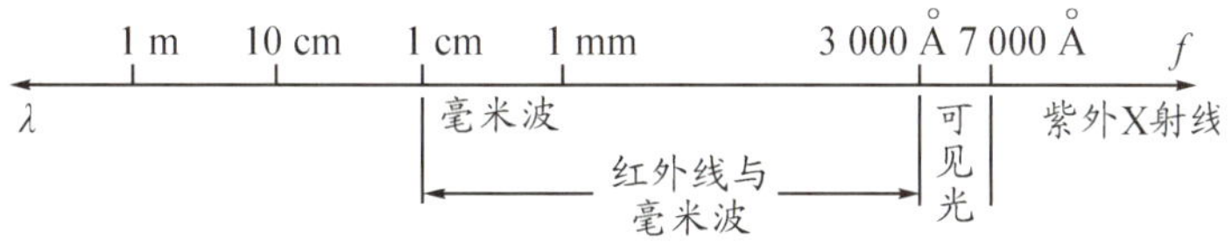

图 1.1.1　电磁波谱的划分

波长大于 10 cm 的电磁波资源，早已为人类所开拓，在此基础上，现代无线电技术才得以蓬勃发展. 波长为 1～10 cm 的波段，称为厘米波段. 从 20 世纪 30 年代到 50 年代，普通微波管的发展，为开拓这一波段作出了重大贡献. 各种微波管(速调管、磁控管、行波管、返波管、前向波放大管等)都有效地在此波段内工作，使近代雷达、导航等技术得到迅速的发展和完善. 50 年代以后，随着各种固体器件(半导体管、耿氏二极管、雪崩二极管、约瑟夫森器件等)的发展，已能在此波段做出小功率器件，为整机的设计增加了可供选择的条件.

接下来，60 年代以后迅速发展的激光物理和激光技术，开拓了可见光(波长在 3 000 Å 到 7 000 Å 范围内)及其两侧(红外线及紫外线)的电磁波. 依托于激光技术的发展，人们在此波段内已发现了几万条谱线. 很快，激光就进入了实用阶段，成为一门新兴的工程技术.

然而在上述两波段之间，即从微波到红外之间的波段——太赫兹——的开拓工作却进行得比较缓慢，人们在这个波段遇到了极大的困难. 从 20 世纪 40 年代末开始，随着普通微波管的迅速发展，人们对开拓这个波段做过不少的努力，但均未能奏效. 多年的研究表明，无论是普通微波管还是各种以量子效应为基础的器件(激光器件及固体器件)都难以有效地在此波段内工作：在此中间波段内，它们的效率和功率急剧下降，以致无法工作.

为什么会是这样呢？这是由电磁波的基本属性所决定的.

为了说明这个问题，我们先从波长较长的波段谈起. 在微波波段，电磁波的波长大约与客观物体的尺寸相比拟，即有

$$\lambda \sim L \tag{1.1.1}$$

因此，电磁波具有宏观经典的特性. 在此波段内广泛而有效使用的波导及谐振腔技术，都具有式(1.1.1)的特性. 由于很多物理和技术上的原因，波导和谐振腔均工作于基模式，以保证各种器件都能有效地工作，从而使式(1.1.1)所代表的性质成立，这也是普通微波管所具有的特点. 波长愈小，器件的尺寸就愈小. 显然，当波长小到一定的限度以后，就必然带来各种原则性的和工艺性的问题，例如，当波长小到数毫米时，器件因尺寸太小就会引起严重的加工工艺困难. 而且由于集肤效应引起的热损耗又迅速增高(这种损耗又因为表面加工的不良而更加严重)，使得线路的效率和谐振腔的 Q 值大为下降，以致无法使用. 同时，互作用空间

的大大减小，又必然导致功率容量的减小，对电流密度和阴极发射密度的要求迅速增大，甚至超出了实际可能的限度. 以上种种原因，最终导致普通微波管和普通固体器件很难在此波段内工作. 这就是从长波一端向此波段发展所遇到的难以克服的原则性困难.

现在再来看看从短波方向朝此波段发展的可能性. 众所周知，激光是以原子中束缚电子的能态跃迁放射出光量子为基础的. 电子从高能级(E_1)跃迁到低能级(E_2)放射出光量子：

$$hf=E_1-E_2 \tag{1.1.2}$$

频率就由式(1.1.2)确定. 当从光波向亚毫米波及毫米波变动时，由于频率 f 逐渐减小，能级差也逐渐减小. 当能级差很小时，就难以找到较适合的工作物质，并难以建立粒子数反转的状态. 因此，当频率从光频下降到接近亚毫米波时，激光器件就难以有效地工作.

由此，我们看到，不论是在微波波段能有效工作的普通微波管和固体器件，还是在光波波段能有效工作的激光器件，都难以在此波段内有效地工作. 从物理上看，这也是显然的：红外线到毫米波这一波段，既具有经典的特性又具有量子的特性；或者反过来说，既不完全具有经典的特性又不完全具有量子的特性. 因此，用纯粹经典的方法或是用完全量子的方法都很难有效地解决这一波段的问题.

在经过较长时间的努力之后，同时也由于近代物理和技术科学的其他成就的推动，到 20 世纪 70 年代后半期，人们就已经找到了一些能够在这一波段有效工作的新原理，并制造了一系列新的器件. 无论从输出功率的量级或是器件效率的水平来看，所取得的成就都是相当惊人的. 同时，随着研究工作的深入，逐步发展为一门新的学科——相对论电子学. 本书就试图对这门新的学科的研究对象和方法，作一个系统性的论述.

1.2 相对论电子学的研究对象及其任务

相对论电子学涉及的学科范围较广，诸如加速器物理学、等离子体物理学、激光物理与技术以及微波技术与微波电子学等都有所涉及. 但就狭义上来讲，相对论电子学主要研究相对论电子与电磁波的互作用，特别是研究利用相对论电子注产生及放大电磁波的有关问题.

运动的自由电子产生辐射，这很早就是经典物理和量子物理的研究对象，并已取得了很大的成绩. 很多有关运动自由电子辐射的现象早已被详细研究过. 不过，自发辐射产生的电磁波一般是连续谱，是非相干的，而人们希望得到的是相干电磁波. 因此，在这个意义上可以说，相对论电子学的任务之一就在于把自由电子的自发辐射变为相干的受激辐射.

自由电子的自发辐射有以下几种机理.

(1)放射辐射. 运动自由电子产生的电磁场由以下两部分组成(见本书第 10 章).

$$E\sim(\beta,\dot{\beta}),\beta=v/c \tag{1.2.1}$$

其中，第一部分与速度有关，第二部分与加速度有关. 以后将会详细说明，与速度有关的部分对辐射场无贡献，辐射场是由与加速度有关的部分提供的. 由自由电子运动加速度引起的辐射称为放射辐射. 著名的同步辐射就属于这类.

(2)Черенков(切伦科夫)辐射. 虽然在一般情况下匀速直线运动的自由电子不产生辐射，但是当速度超过周围介质中的光速时，运动电子就产生 Черенков 辐射，或者称为“超光速”辐射.

(3)散射辐射. 当电磁波投射到自由电子上时，电子就在所受场的作用下运动，这种运动有加速，从而能产生辐射. 这种辐射称为散射辐射. 当投射波的频率较低时，称为 Thomson(汤姆孙)散射；而当投射波的波长小于电子的 Compton(康普顿)波长($\hbar/m_0c$)时，散射过程就由经典的 Thomson 散射过渡到量子的 Compton 散射.

当电子运动速度很高时，散射波的频率有可能与投射波的频率不同. 散射波的频率与投射波的频率相同时，称为相干散射；而当两者不同时，则称为非相干散射.

(4)衍射辐射. 在电子运动的途径中，遇到不均匀性时，要发生辐射，这种辐射称为衍射辐射. 衍射辐射的物理机理可说明如下.

在运动电子的前方附近，如有金属体，如图 1.2.1 所示，则金属表面上的感应电荷将随着电子运动而发生变化. 衍射辐射就是由这种感应电荷的变化而引起的. 从这个意义上来说，金属体就如天线，被运动电荷所激励.

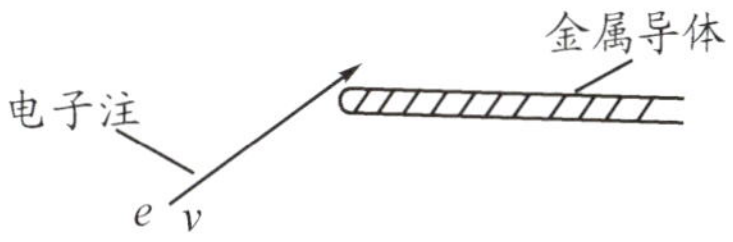

图 1.2.1　衍射辐射

(5)渡越辐射. 渡越辐射现象是 Ginzburg(金兹堡)及 Frank(弗兰克)于 1945 年提出并研究的①，这种现象的物理本质可说明如下.

做匀速直线运动的电子，从一个介质过渡到另一个介质时，会产生电磁波的辐射. 从物理的观点看来，这是很容易理解的. 电子在一个介质中运动时，建立一个随着电子运动的场；而在另一个介质中，电子的运动将建立另一个场. 这两个场是不相同的，除非两个介质的电磁特性完全相同. 所以，必定有附加的场，这种场就构成辐射场.

渡越辐射是由匀速直线运动的电子激发的，在这一点上，它与 Черенков 辐射是相同的. 与 Черенков 辐射不同的是，渡越辐射只有当电子从一个介质过渡到另一个介质时才发生. 换句话说，匀速直线运动的电子，当其速度较小，还不足以产生超光速辐射时，如果从一个介质过渡到另一个介质，则也将产生辐射.

渡越辐射也是一种极为重要的物理现象. 详细的讨论留在第 14 章中进行.

以上这些自发辐射所产生的电磁波都是非相干的.

除了上述几种直接引起辐射的物理机理以外，还存在不少效应，也可引起电子的辐射.

(1)Smith-Purcell(史密斯-珀塞尔)效应：1953 年，Smith-Purcell 发现电子注沿光栅做匀速直线运动时，要产生辐射. Smith-Purcell 效应的物理过程如图 1.2.2 所示. 当电子沿光栅运动时，在光栅上的镜像电荷就沿光栅表面振动，好像一个偶极子，因而产生辐射.

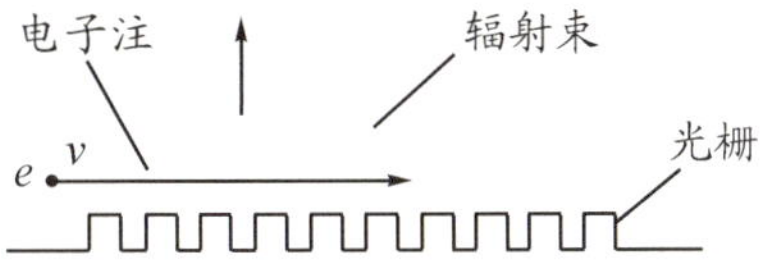

图 1.2.2　Smith-Purcell 效应

(2)Курмахов(库尔姆霍夫)效应(沟道辐射)：1976 年，Курмахов 发现电子沿晶体沟道运动时，也要产生辐射.

此外，还有一些不稳定性机理，例如：

(1)电子回旋脉塞不稳定性：这种不稳定性机理是回旋管的基础，以后将详细研究；

(2)Weibel(威贝尔)不稳定性：这种不稳定性已被用来做回旋慢波器件，将在以后讨论；

(3)双注不稳定性：当两电子注的速度不同时，发生双注不稳定性，可以看作是朗道不稳定性的特例. 后来发现，当考虑相对论效应时，此种不稳定性增长率范围可落在红外线波段.

在等离子体物理中，研究了大量的波与粒子互作用的不稳定性. 如上所述，相对论电子学的主要目的之一就是设法利用这种或那种效应(或辐射机理或不稳定性)来产生(或放大)相干电磁波.

---

①GINZBURG VL，FRANK I M. Radiation of a uniformly moving electron due to its transition from one medium into another[J]. JETP(USSR) 16 (1946)15-28；Journ. Phys. USSR 9(1945) 353-362.

将非相干辐射化为相干辐射的主要方法是将自发辐射变成受激辐射，从目前情况看来，利用“谐振”特性将自发辐射变为受激辐射是一种常用的有效途径. 如图 1.2.3 所示，如将光栅置于谐振腔内，则在 Smith-Purcell 辐射产生的连续谱中，必有某一频率与谐振腔的某一模式的谐振频率相同. 由于腔的 Q 值很高，因而在此频率上就建立起振荡. 此种振荡反过来又对电子注产生调制，使其有利于此频率的振荡. 如此发展下去，终于建立起稳定的相干振荡，成为受激辐射. 当然，除了利用谐振系统产生相干辐射外，还有其他的方法. 这些问题，将在本书以后各章中详细讨论.

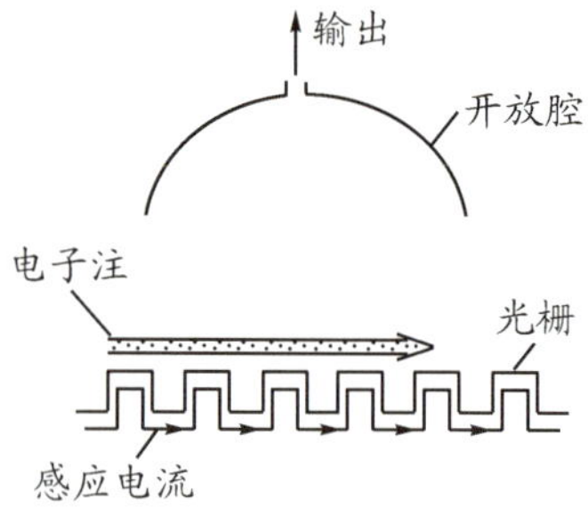

图 1.2.3 受激 Smith-Purcell 效应

1.3 电子回旋脉塞简介

在利用相对论电子产生相干电磁波的各种方案中，电子回旋脉塞以及以此原理为基础发展的回旋管是最具有代表性的. 我们来简单地说明一下这方面的问题.

早在 1958 年，澳大利亚天文学家 Twiss(特威斯)根据对电离层吸收电磁波现象的观察，提出了电子回旋谐振受激辐射的概念. 大约与此同时，苏联学者 Гопонов 也提出了利用螺旋电子注与快波相互作用时相对论效应的作用. 接着有不少学者对此进行实验研究. 1965 年，美国学者 Hirshfield(赫什菲尔德)终于在实验上完全证实了这一机理，从而为电子回旋脉塞的发展奠定了理论基础.

电子回旋脉塞的示意图如图 1.3.1 所示. 磁控注入式电子枪能产生一环形空心电子注，在正交场作用下电子将做回旋运动，这样，从电子枪出来的电子就具有一定的初始旋转. 又经过一段绝热压缩后，电子的大部分能量均转化为回旋能量. 在空心电子注内，每个电子都做回旋运动，如图 1.3.1 中的剖面图所示. 我们来考察一个回旋轨道，在此回旋轨道上有大量电子在做回旋运动. 为了研究电子与波的相互作用，我们来研究电子的运动状况.

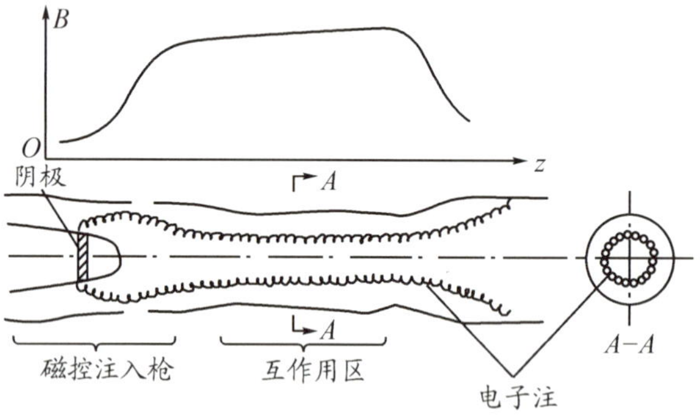

图 1.3.1 电子回旋脉塞示意图

如果不考虑相对论效应，则电子的回旋频率为

$$\omega_{c0}=\frac{eB_0}{m_0} \tag{1.3.1}$$

即是一个常数. 而当考虑相对论效应时，回旋频率为

$$\omega_c=\frac{\omega_{c0}}{\gamma} \tag{1.3.2}$$

式中

$$\gamma=(1-\beta^2)^{-\frac{1}{2}}，且\ \beta=\frac{|v|}{c} \tag{1.3.3}$$

由此可见，能量大的电子 γ 大，因而回旋频率减小；而能量小的电子 γ 小，回旋频率反而增大. 因此，当电子与场交换能量时，由波场获得能量的电子，回旋频率减小，而能量交给波场的电子，回旋频率增大. 与此同时，电子的回旋半径由式(1.3.4)确定：

$$r_c = \frac{v_\perp}{\omega_c} = \frac{m_0 p_\perp}{\omega_{c0}} \tag{1.3.4}$$

式中，$p_\perp$ 表示电子的横向动量. 由此可见，能量大的电子(因而动量也大)，回旋半径也大；而能量小的电子，回旋半径也小. 由此得出：把能量交给波场的电子，回旋频率增大，回旋半径减小；而从波场中获得能量的电子，回旋频率减小，回旋半径增大. 电子与波互作用的结果，产生了电子的群聚，如图 1.3.2 所示. 如上所述，这种电子的群聚是由于相对论效应而引起的. 略去相对论效应，这种群聚现象就不存在.

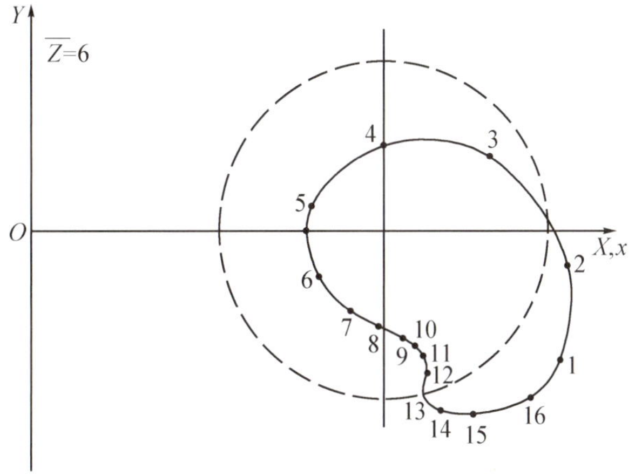

图 1.3.2　电子回旋脉塞中电子与波互作用群聚图

由于每一个电子回旋系统中的电子都做如上的群聚，整个电子注与场有净的能量便得到交换.

我们很容易看到如果电磁波的频率略小于电子的回旋频率，由于整个电子的群聚块逐渐进入加速电场，电子将从场获得能量. 反之，如果电磁波的频率略大于电子的回旋频率，电子群聚块将逐渐进入减速场，电子将把能量交给场，从而引起波场的激发. 这就是电子回旋谐振受激放射的基本原理. 可以看到，这一电子与场的互作用机理是与相对论效应紧密相连的.

在这个机理基础上建立起来的回旋管已发展成为一类新型器件，并且这类新型器件已开始进入工程实际应用，发挥自己的威力了. 目前，回旋管的发展水平大体上如图 1.3.3 所示. 电子回旋脉塞及回旋管将在本书第 2 篇中详细研究.

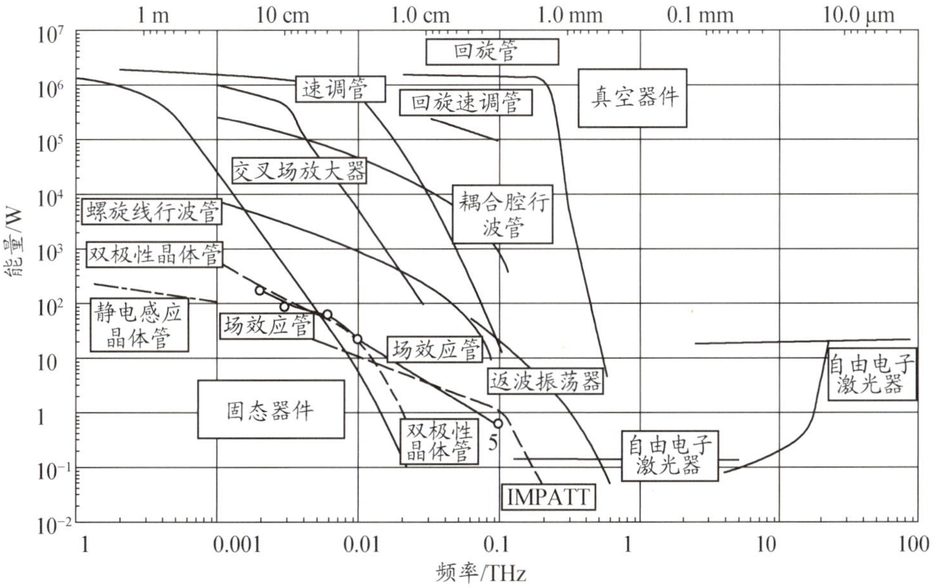

图 1.3.3　回旋管的目前水平

除了电子回旋脉塞及回旋管以外，各种自由电子激光也得到了迅速而有成效的发展. 这些问题，将在本书第 3 篇中详细研究. 相对论电子学的发展已为开拓毫米波、亚毫米波及红外线作出了很大的贡献，同时也有可能进入可见光及紫外波段与激光相竞争，还可能进入厘米波段与普通微波管及固体微波器件相媲美.

1.4 相对论电子学的应用潜力和发展远景

相对论电子学的发展推动了各种科学和技术应用的开发. 由于毫米波、亚毫米波和红外线在电磁波谱上所处的特殊位置，这一波段的相干振荡有很多重要的应用前景. 毫米波、亚毫米波雷达、通信、导航是人们早已盼望的应用，其优点是人们熟知的. 此外，在这一波段上，各种生物学效应、物质结构的物理化学特性、谐振特性等都极为丰富，可以用来研究生物、材料等问题. 例如，已经发现微生物及蛋白质在毫米波的照射下有很多重要而有趣的效应. 深入研究这些效应，可能是很有价值的. 很多同位素的谐振谱线落在此波段内(如 U^{235} 的谐振波长均为 19 μm). 因此这一波段对于同位素分离可能也是非常重要的.

回旋管目前的一个重要应用是等离子体的电子回旋加热. 回旋管可用于 Tokamak(托卡马克)类型等离子体装置上，作为辅助加热手段. 实验和理论研究表明，电子回旋加热有一系列的优点：吸收效率高、注入方便等. 回旋管也可用于磁镜类型的等离子体装置中，作为建立约束壁垒，这方面的研究工作也非常重要. 在等离子体上的应用，反过来又大大推动了回旋管的发展. 例如，为了等离子体加热的需要，要求回旋管在 3～4 mm 或更短的工作波长上单管能给出 1 MW 以上的长脉冲功率(脉冲长度在毫秒级甚至更长). 如何把回旋管用于等离子体电子回旋加热是目前回旋管研制工作的一个方向.

毫米波、亚毫米波、红外线这一极宽波段的开发工作已经开始进行. 这个波段的应用潜力是极为巨大的. 随着这一波段各种科学技术工作的开展和完善，例如，除了相干电磁波的产生和放大外，还要解决诸如传输、混频、检波等问题，实际应用将会逐步开展和成熟.

与此同时，相对论电子学的发展又大大促进了各种新型波加速器，如激光加速器、电子回旋加速器的研究. 从物理上来讲，激光电子加速器正好是自由电子激光的逆命题，后者把电子的能量转化为光波能量，而前者把光波的能量转化为电子的能量. 这些新型电子加速器的研究，可能是很有意义的. 特别是进入 21 世纪，太赫兹科学技术得到快速发展，以回旋管为首的相对论器件得到飞速发展，并且在太赫兹辐射源中占据重要的地位，本系列丛书中《太赫兹电子学》一书将对相对论器件的发展，特别是太赫兹频段的发展做详细论述. 本书将对相对论电子学的相关理论进行详细探讨.

第 1 篇

数学物理准备

第2章 张 量

2.1 引言

在本书的很多讨论中，均需用到张量分析，因此需要预先给出必要的叙述. 在本章中，我们先简短地回顾一下矩阵的基本知识，然后再讨论张量的问题. 在讨论张量时，我们先从三维仿射正交张量入手，然后推广到任意维仿射空间以及黎曼空间.

设线性代数方程组为

$$\begin{cases} a_{11}x_1 + a_{12}x_2 + \cdots + a_{1n}x_n = c_1 \\ a_{21}x_1 + a_{22}x_2 + \cdots + a_{2n}x_n = c_2 \\ \cdots\cdots \\ a_{m1}x_1 + a_{m2}x_2 + \cdots + a_{mn}x_n = c_m \end{cases} \tag{2.1.1}$$

式(2.1.1)共有系数 $m \times n$ 个，将这些系数排列成以下的形式：

$$\begin{matrix} a_{11}, a_{12}, \cdots, a_{1n} \\ a_{21}, a_{22}, \cdots, a_{2n} \\ \cdots\cdots \\ a_{m1}, a_{m2}, \cdots, a_{mn} \end{matrix} \tag{2.1.2}$$

这就形成一个 m 行 n 列的阵($m \times n$ 阵). 如果我们对这种阵规定一些适当的运算法则，使这些阵组成一个特定的集合，就可以将上述诸元素组成的阵(行和列)称为矩阵. 矩阵在线性代数及张量中都发挥着很大的作用，它把线性代数和张量联系了起来. 所以在讨论张量计算之前，熟悉线性代数和矩阵的有关知识是很有必要的.

2.2 矩阵

排列在矩阵中的系数 a_{ij} 叫作此矩阵的元素，矩阵通常用以下符号表示：

$$[a] = [a_{ij}] = \begin{bmatrix} a_{11} & a_{12} & \cdots & a_{1n} \\ a_{21} & a_{22} & \cdots & a_{2n} \\ & \cdots\cdots & & \\ a_{m1} & a_{m2} & \cdots & a_{mn} \end{bmatrix} \tag{2.2.1}$$ ①

当 $m=n$ 时，称为方阵或 n 阶矩阵. 仅有一列的矩阵：

---

①为避免混淆，便于推导，公式中的[a]表示矩阵，书中此类用法均同此处.

$$[a]=\begin{bmatrix} a_{11} \\ a_{21} \\ \vdots \\ a_{m1} \end{bmatrix} \tag{2.2.2}$$

称为列阵；仅有一行的矩阵：

$$[a]=[a_{11},a_{12},\cdots,a_{1n}] \tag{2.2.3}$$

叫作行阵.

规定一定的计算法则之后，行矩阵（或列矩阵）可以看成具有 n 个分量的行矢量（或列矢量）. 即如果令

$$\boldsymbol{x}=[x_i]=\begin{bmatrix} x_1 \\ x_2 \\ \vdots \\ x_n \end{bmatrix} \tag{2.2.4}$$

$$\boldsymbol{c}=[c_i]=\begin{bmatrix} c_1 \\ c_2 \\ \vdots \\ c_n \end{bmatrix} \tag{2.2.5}$$

规定以下的计算法则：

$$c_i=\sum_{k=1}^{n} a_{ik}x_k \quad (i=1,2,\cdots,n) \tag{2.2.6}$$

则可写成

$$[a]\cdot \boldsymbol{x}=\boldsymbol{c} \tag{2.2.7}$$

把以上结果推广可以得出以下的矩阵乘法公式：

$$[a][b]=[a_{ik}][b_{kj}]=\left[\sum_{k=1}^{n} a_{ik}b_{kj}\right] \tag{2.2.8}$$

可证明矩阵乘法满足结合律：

$$[a]([b][c])=([a][b])[c] \tag{2.2.9}$$

但一般不满足交换律.

矩阵的加法定义为

$$[a]+[b]=[c] \tag{2.2.10}$$

式中

$$[c_{ij}]=[a_{ij}+b_{ij}] \tag{2.2.11}$$

矩阵加法满足交换律.

单位矩阵定义为

$$[E]=\begin{bmatrix} 1 & 0 & \cdots & 0 \\ 0 & 1 & \cdots & 0 \\ & \cdots\cdots & & \\ 0 & 0 & \cdots & 1 \end{bmatrix} \tag{2.2.12}$$

即对角线上的元素为 1，而其余元素均为零的矩阵称为单位矩阵（或么阵）. 按以上矩阵乘法规则，单位矩阵与任意一个矩阵相乘后，仍得原来的矩阵.

2.3 转置矩阵，逆矩阵，共轭矩阵

设有 $m\times n$ 矩阵

$$[a]=[a_{ij}]\quad(i=1,2,\cdots,m;j=1,2,\cdots,n)\tag{2.3.1}$$

将上述矩阵的行变为列，列变为行，则得新的矩阵，称为矩阵$[a]$的转置矩阵，记为

$$[a]^{+}=[a_{ji}]\quad(j=1,2,\cdots,n;i=1,2,\cdots,m)\tag{2.3.2}$$

可见$[a]^{+}$为 $n\times m$ 矩阵.

设$[a]$为 $m\times l$ 矩阵，$[b]$为 $l\times n$ 矩阵，则$[a]^{+}$为 $l\times m$ 矩阵，$[b]^{+}$为 $n\times l$ 矩阵. 因此乘积$[a][b]$及$[b]^{+}[a]^{+}$均存在. 因

$$\begin{cases}[a][b]=[c]\\ c_{rs}=\sum_{k=1}^{l}a_{rk}b_{ks}\end{cases}\tag{2.3.3}$$

但

$$\sum_{k=1}^{l}b'_{rk}a'_{ks}=c_{rs}=\sum_{k=1}^{l}b_{kr}a_{sk}=c_{sr}\tag{2.3.4}$$

式中，a'_{ks}是转置矩阵中的元素. 因此有

$$a'_{rs}=a_{sr},b'_{rs}=b_{sr}\tag{2.3.5}$$

由此可得公式

$$([a][b])^{+}=[b]^{+}[a]^{+}\tag{2.3.6}$$

设$[a]$是一个方阵，A_{ij}是$|a_{ij}|$的代数余子式，则

$$A_{ij}=(-1)^{i+j}M_{ij}\tag{2.3.7}$$

式中，M_{ij}是余子式，令

$$Ad_j[a]=\begin{bmatrix}A_1 & A_{21} & \cdots & A_{n1}\\ A_{12} & A_{22} & \cdots & A_{n2}\\ & \cdots\cdots & & \\ A_{1n} & A_{2n} & \cdots & A_{nn}\end{bmatrix}=[A_{ji}]\tag{2.3.8}$$

即$[A_{ji}]$为由矩阵$[a]$的代数余子式组成的矩阵的转置矩阵，称为$[a]$的伴随矩阵.

利用以上所述可以讨论逆矩阵. 设矩阵$[a]$，$[b]$有关系

$$[a][b]=[E]=[b][a]\tag{2.3.9}$$

则称$[b]$是$[a]$的逆矩阵. 记为

$$[b]=[a]^{-1}\tag{2.3.10}$$

因此有

$$[a][a]^{-1}=[E]\tag{2.3.11}$$

利用行列式的性质：

$$\sum_{k=1}^{n}a_{ik}A_{jk}=|a|\delta_{ij}\tag{2.3.12}$$

式中，δ_{ij}为 Kronecker(克罗内克)符号：

$$\delta_{ij}=\begin{cases}1 & (i=j)\\ 0 & (i\neq j)\end{cases}\tag{2.3.13}$$

于是可得

$$[a]^{-1}=\frac{1}{|a|}Ad_j[a] \tag{2.3.14}$$

如果矩阵$[a]$的元素 a_{ij} 是复数,则记

$$[a]^*=[a^*] \tag{2.3.15}$$

称$[a]^*$为矩阵$[a]$的共轭矩阵. 又有

$$\{[a]^+\}^*=[\tilde{a}] \tag{2.3.16}$$

称$\{[a]^+\}^*$为转置共轭矩阵. 若$[\tilde{a}]=[a]$,即 $a_{ij}=a_{ji}^*$,则把$[a]$称为厄米特矩阵.

2.4 矩阵的秩

矩阵的秩的概念在矩阵计算中有重要的意义. 设有一 $m\times n$ 矩阵$[a]$,任取 k 个行和 k 个列,每一行与每一列的交点都有一个元素,因此 k 个行和 k 个列的交点上的元素共有 $k\times k$ 个. 将此种交点上的元素组成的一个 k 阶行列式,称为矩阵$[a]$的 k 阶子式. 于是可得矩阵秩的定义如下:

在矩阵$[a]$中不等于零的子式的最大阶数称为矩阵$[a]$的秩.

根据以上定义,对于矩阵的秩有以下定律:

(1)以任一不为零的数乘矩阵的任一行(或列),矩阵的秩保持不变;

(2)矩阵的任一行(或列)交换,其秩不变;

(3)矩阵$[a]$中任一行(或列)乘以一数 i,加到另一行(或列)的对应元素上去,矩阵的秩保持不变.

利用行列式理论,根据以上的定义,不难得到上述这几个定律的证明.

2.5 线性方程组和矢量空间

式(2.1.1)称为线性方程组,因为在方程组中仅含有 x_i 的一次项(线性项). 利用以上有关矩阵的讨论,可以将线性方程组(2.1.1)写成矩阵形式.

令

$$[x]=[x_1,x_2,\cdots,x_n] \tag{2.5.1}$$

$$[c]=\begin{bmatrix} c_1\\ c_2\\ \vdots\\ c_n \end{bmatrix} \tag{2.5.2}$$

即$[x]$为一行矩阵,而$[c]$为一列矩阵,于是式(2.1.1)可写成

$$[a]\cdot[x]=[c] \tag{2.5.3}$$

但 n 行(列)矩阵可以看作是一个 n 维矢量,例如

$$\boldsymbol{x}=(x_1,x_2,\cdots,x_n) \tag{2.5.4}$$

这种矢量称为 n 维空间矢量. $[c]$也可以看成一个 n 维矢量,只不过是一个常数矢量. 以后会指出,系数矩阵$[a]$相当于一个二阶 n 维张量. 方程(2.5.3)左边相当于一个张量与一个矢量的点乘积,而方程(2.5.3)的意义在于张量$[a]$将一个 n 维变矢量化为一个 n 维空间的常数矢量.

2.6 线性变换和正交变换

我们来进一步研究上述通过一个矩阵将一个矢量变换为另一个矢量的问题. 为便于叙述,我们先从三维空间着手. 设在三维空间中有一正交坐标系 S,矢径 $\boldsymbol{r}$ 在坐标系中的分量为 x_1,x_2,x_3. 另有一坐标系 S',同一矢径在此坐标系中的分量为 x_1',x_2',x_3'. x_1',x_2',x_3' 与 x_1,x_2,x_3 有以下关系:

$$\begin{cases} x_1' = a_{11}x_1 + a_{12}x_2 + a_{13}x_3 \\ x_2' = a_{21}x_1 + a_{22}x_2 + a_{23}x_3 \\ x_3' = a_{31}x_1 + a_{32}x_2 + a_{33}x_3 \end{cases} \tag{2.6.1}$$

或者写成

$$x_i' = \sum_{j=1}^{3} (a_{ij}x_j) \quad (i=1,2,3) \tag{2.6.2}$$

如果 a_{ij} 为常数,则式(2.6.1)或式(2.6.2)称为线性变换. 不难看到,坐标轴的旋转就是一种线性变换. 实际上设坐标系 S 和 S' 的原点重合,但相对有一个旋转. 矢径 $\boldsymbol{r}$ 在两坐标系中可分别表示为

$$\boldsymbol{r} = \boldsymbol{e}_1x_1 + \boldsymbol{e}_2x_2 + \boldsymbol{e}_3x_3 \tag{2.6.3}$$

及

$$\boldsymbol{r}' = \boldsymbol{e}_1'x_1' + \boldsymbol{e}'_2x_2' + \boldsymbol{e}'_3x_3' \tag{2.6.4}$$

由式(2.6.3)和式(2.6.4)可以得到

$$x_i' = \boldsymbol{r} \cdot \boldsymbol{e}_i' = x_1(\boldsymbol{e}_1 \cdot \boldsymbol{e}_i') + x_2(\boldsymbol{e}_2 \cdot \boldsymbol{e}_i') + x_3(\boldsymbol{e}_3 \cdot \boldsymbol{e}_i') \tag{2.6.5}$$

比较式(2.6.1)和式(2.6.5)可得到

$$a_{ij} = \boldsymbol{e}_i \cdot \boldsymbol{e}_j \tag{2.6.6}$$

可见系数 a_{ij} 是 x_i' 与 x_j 之间的夹角的余弦(方向余弦).

推广到 n 维空间,设有 n 维空间的正交坐标系,则容易得到 n 维空间的线性变换:

$$x_i' = \sum_{j=1}^{n} a_{ij}x_j \tag{2.6.7}$$

空间矢径矢量的长度(模或绝对值),不因坐标的变换而改变,即对于上述线性变换应有

$$\sum_{i=1}^{n} x_i^2 = \sum_{j=1}^{n} x'^2_j \tag{2.6.8}$$

但由线性变换式(2.6.7)得

$$\begin{aligned} \sum_{i=1}^{n} (x_i')^2 &= \sum_{i=1}^{n} \left(\sum_{j=1}^{n} a_{ij}x_j\right)\left(\sum_{k=1}^{n} a_{ik}x_k\right) \\ &= \sum_{j=1}^{n} \sum_{k=1}^{n} x_jx_k\left(\sum_{i=1}^{n} a_{ij}a_{ik}\right) \end{aligned} \tag{2.6.9}$$

因此式(2.6.8)成立的条件是

$$\sum_{i=1}^{n} a_{ij}a_{ik} = \delta_{jk} = \begin{cases} 1 & (j=k) \\ 0 & (j \neq k) \end{cases} \tag{2.6.10}$$

凡满足式(2.6.10)条件的变换称为正交变换,凡正交变换均有式(2.6.8).

上述线性变换可写成矩阵形式:

$$[x_i'] = [a] \cdot [x_i] \tag{2.6.11}$$

如果 $|a| \neq 0$,则有逆变换

$$[x]=[a]^{-1}\cdot[x']=[b]\cdot[x'] \tag{2.6.12}$$

式中

$$b_{ij}=\frac{A_{ji}}{|a|} \tag{2.6.13}$$

但由行列式的性质,可以得到

$$\begin{cases}\sum_{j=1}^{n} a_{kj}A_{ji}=\delta_{ik}|a| \\ \sum_{j=1}^{n} a_{jk}A_{ij}=\delta_{ik}|a|\end{cases} \tag{2.6.14}$$

由此得到正交变换的一个性质:

$$[a]^{-1}=[a]^{+} \tag{2.6.15}$$

式中,$[a]^{+}$为$[a]$的转置矩阵.故式(2.6.15)表明,转置矩阵与逆矩阵相等是正交变换的条件.

设 $\boldsymbol{A}$ 是 n 维空间的一个任意确定的矢量,因此有

$$\boldsymbol{A}=\sum_{i=1}^{n} A_i\boldsymbol{e}_i=\sum_{j=1}^{n} A'_j\boldsymbol{e}'_j \tag{2.6.16}$$

式中,A_i 及 A'_j 分别为矢量 $\boldsymbol{A}$ 在 S 及 S' 坐标系中的各个分量.于是不难得到

$$A'_j=\boldsymbol{A}\cdot\boldsymbol{e}'_j=\sum_{k=1}^{n} A_k\boldsymbol{e}_k\cdot\boldsymbol{e}'_j=\sum_{k=1}^{n} a_{jk}A_k \tag{2.6.17}$$

与式(2.6.2)相比较可见,矢量分量的变换关系与坐标的变换关系相同,这一点是很重要的.

2.7 不变量

上面已指出,任意确定的空间矢量的长度(模)不因坐标的转换而改变,因此

$$\sum_{i=1}^{n} x_i^2=\text{const} \tag{2.7.1}$$

即它是一个不变量.

我们再来看看两个矢量的点乘积(标量乘积).设有矢量 $\boldsymbol{A}$ 及 $\boldsymbol{B}$,于是

$$\begin{aligned}\boldsymbol{A}\cdot\boldsymbol{B}&=\sum_{i=1}^{n} A_iB_i=\sum_{k=1}^{n}\sum_{i=1}^{n}\sum_{j=1}^{n} a_{ik}a_{ij}A'_kB'_j \\ &=\sum_{j=1}^{n} A'_jB'_j=\boldsymbol{A}'\cdot\boldsymbol{B}'\end{aligned} \tag{2.7.2}$$

即

$$\sum_{i=1}^{n} A_iB_i=\sum_{j=1}^{n} A'_jB'_j \tag{2.7.3}$$

可见,在正交变换条件下,任意两个矢量的点乘积是一个不变量.

下面我们分别讨论一下矢量分析中几个重要的运算的变换性质.

设 ϕ 是一个标量,则梯度可表示为

$$\nabla\phi=\sum_{k=1}^{n}\frac{\partial\phi}{\partial x_k}\boldsymbol{e}_k \tag{2.7.4}$$

在另一坐标系中,梯度表示为

$$(\nabla\phi)'=\sum_{k=1}^{n}\frac{\partial\phi}{\partial x'_k}\boldsymbol{I}'_k \tag{2.7.5}$$

由于在线性变换中,

$$\frac{\partial x_k}{\partial x'_i}=a_{ik} \tag{2.7.6}$$

所以

$$\frac{\partial\phi}{\partial x'_i}=\sum_{k=1}^{n}\frac{\partial\phi}{\partial x_k}\frac{\partial x_k}{\partial x'_i}=\sum_{k=1}^{n}a_{ik}\frac{\partial\phi}{\partial x_k} \tag{2.7.7}$$

可见梯度的分量的变换关系与矢量分量的变换关系相同. 因此标量函数的梯度是一个矢量.

设 $\mathbf{A}$ 是一个 n 维空间矢量,则 $\mathbf{A}$ 的散度为

$$\nabla\cdot\mathbf{A}=\sum_{k=1}^{n}\frac{\partial A_k}{\partial x_k} \tag{2.7.8}$$

但

$$\frac{\partial A'_k}{\partial x'_k}=\sum_{i=1}^{n}a_{ki}\frac{\partial A'_k}{\partial x_i}=\sum_{i=1}^{n}\sum_{j=1}^{n}a_{ki}a_{kj}\frac{\partial A_j}{\partial x_i} \tag{2.7.9}$$

由此得散度的变换关系为

$$\sum_{k=1}^{n}\frac{\partial A'_k}{\partial x'_k}=\sum_{k=1}^{n}\frac{\partial A_k}{\partial x_k}$$

或

$$\nabla\cdot\mathbf{A}=(\nabla\cdot\mathbf{A})' \tag{2.7.10}$$

即在正交变换条件下,散度是一个不变量.

由此立即可以得到:标量 ϕ 的拉普拉斯运算也是一个不变量,即

$$\nabla^2\phi=\nabla\cdot\nabla\phi=\sum_{i=1}^{n}\left(\frac{\partial^2\phi}{\partial x_i^2}\right)=(\nabla^2\phi)'=(\nabla\cdot\nabla\phi)'=\sum_{i=1}^{n}\left(\frac{\partial^2\phi}{\partial x_i'^2}\right) \tag{2.7.11}$$

而矢量的旋度则具有不同的性质,将在以后讨论.

2.8 仿射正交张量

现在来讨论张量. 为明白起见,仍先从三维空间开始. 在三维空间中,任一矢量可以表示为

$$\mathbf{A}=A_1\boldsymbol{e}_1+A_2\boldsymbol{e}_2+A_3\boldsymbol{e}_3 \tag{2.8.1}$$

当坐标变换时,在新的坐标系中,

$$\mathbf{A}'=A'_1\boldsymbol{e}'_1+A'_2\boldsymbol{e}'_2+A'_3\boldsymbol{e}'_3 \tag{2.8.2}$$

式中

$$A'_i=\sum_{k=1}^{3}a_{ik}A_k\quad(i=1,2,3) \tag{2.8.3}$$

于是可以根据矢量的分量的变换关系得出矢量的定义:在笛卡儿坐标系中,有三个量 A_1,A_2,A_3,如果当坐标系变换时,这三个量按式(2.8.3)的关系从一个坐标系变换到另一个坐标系中去,则此三个量确定一个矢量 $\mathbf{A}$,称为仿射正交矢量.

推广上述仿射正交矢量的概念,可得仿射正交张量的定义:

如对于笛卡儿坐标系 S,有三个矢量 $\boldsymbol{p}_1,\boldsymbol{p}_2,\boldsymbol{p}_3$,当坐标变换时,它可以按以下关系式:

$$\boldsymbol{p}_i=\sum_{k=1}^{3}a_{ik}\boldsymbol{p}_k\quad(i=1,2,3) \tag{2.8.4}$$

转换到另一坐标系 S' 中去，成为 S' 中的三个矢量 $\boldsymbol{p}'_1,\boldsymbol{p}'_2,\boldsymbol{p}'_3$. 则此三个矢量定义一个新的量，称为二阶仿射正交张量. 一般常简称为张量. 张量可用以下符号表示：

$$\boldsymbol{T}=\boldsymbol{e}_1\boldsymbol{p}_1+\boldsymbol{e}_2\boldsymbol{p}_3+\boldsymbol{e}_3\boldsymbol{p}_3 \tag{2.8.5}$$

式中，$\boldsymbol{e}_i,\boldsymbol{p}_i$ 称为并矢，张量的这种表示称为张量的并矢形式.

不难看到，张量含有九个分量，即

$$\begin{cases}\boldsymbol{p}_1=p_{11}\boldsymbol{e}_1+p_{12}\boldsymbol{e}_2+p_{13}\boldsymbol{e}_3\\ \boldsymbol{p}_2=p_{21}\boldsymbol{e}_1+p_{22}\boldsymbol{e}_2+p_{23}\boldsymbol{e}_3\\ \boldsymbol{p}_3=p_{31}\boldsymbol{e}_1+p_{32}\boldsymbol{e}_2+p_{33}\boldsymbol{e}_3\end{cases} \tag{2.8.6}$$

因此，三维空间中二阶仿射正交张量可以用一个三阶矩阵来表示，即

$$\boldsymbol{T}=\begin{bmatrix}p_{11} & p_{12} & p_{13}\\ p_{21} & p_{22} & p_{23}\\ p_{31} & p_{32} & p_{33}\end{bmatrix} \tag{2.8.7}$$

以后将会看到，张量运算中的很多规律都类似于矩阵的运算.

既然张量 $\boldsymbol{T}$ 有九个元素（分量），我们来看看各分量的变换关系. 将矢量分量的变换关系代入式(2.8.4)，可以得到

$$p'_{ik}=\sum_{j=1}^{3}\sum_{l=1}^{3}a_{ij}a_{kl}p_{jl}\quad (i,k=1,2,3) \tag{2.8.8}$$

这就是张量分量的变换关系. 于是，仿照矢量的定义，可以得到张量的另一个定义：

对于笛卡儿坐标系 S，如有九个元素 p_{ij}，按式(2.8.8)转换到另一坐标系 S' 中去，则此九个元素可以定义一个张量 $\boldsymbol{T}$，称为二阶仿射张量.

现在将上述概念推广到 n 维空间. 在 n 维正交坐标空间，一个矩阵有 $n\times n$ 个元素 p_{ij}，如果这些元素的变换关系为

$$p'_{ik}=\sum_{j=1}^{n}\sum_{l=1}^{n}a_{ij}a_{kl}p_{jl}\quad (i,k=1,2,\cdots,n) \tag{2.8.9}$$

则此矩阵定义一个 n 维空间的二阶仿射张量.

按式(2.8.5)，张量可以展开成以下的并矢形式：

$$\boldsymbol{T}=\sum_{k=1}^{n}\sum_{l=1}^{n}\boldsymbol{e}_k\boldsymbol{e}_l p_{kl}=\sum_{k=1}^{n}\sum_{l=1}^{n}\boldsymbol{e}_k p_{kl}\boldsymbol{e}_l \tag{2.8.10}$$

类似于矩阵，也可以定义单位张量

$$\boldsymbol{I}=\sum_{k=1}^{n}\sum_{l=1}^{n}\boldsymbol{e}_k\delta_{kl}\boldsymbol{e}_l \tag{2.8.11}$$

或表示成矩阵形式

$$\boldsymbol{I}=\begin{bmatrix}1 & 0 & \cdots & 0\\ 0 & 1 & \cdots & 0\\ & \cdots\cdots & & \\ 0 & 0 & \cdots & 1\end{bmatrix} \tag{2.8.12}$$

设有两个任意矢量 $\boldsymbol{A},\boldsymbol{B}$，这两个矢量组成并矢时可写成

$$\boldsymbol{AB}=\begin{bmatrix}A_1B_1 & A_1B_2 & A_1B_3\\ A_2B_1 & A_2B_2 & A_2B_3\\ A_3B_1 & A_3B_2 & A_3B_3\end{bmatrix} \tag{2.8.13}$$

以上为简单三维空间形式，A_1,A_2,A_3；B_1,B_2,B_3 分别为矢量 $\boldsymbol{A},\boldsymbol{B}$ 的分量. 按矢量的变换关系

$$A'_k = \sum_{r=1}^{3} a_{kr}A_r, B'_l = \sum_{s=1}^{3} a_{ls}B_s \tag{2.8.14}$$

因此有

$$A'_kB'_l = \sum_{r=1}^{3}\sum_{s=1}^{3} a_{kr}a_{ls}A_rB_s = T'_{kl} = \sum_{r=1}^{3}\sum_{s=1}^{3} a_{kr}a_{ls}T_{rs} \tag{2.8.15}$$

式(2.8.15)与式(2.8.9)完全一致,可见并矢 **AB** 的各分量的变换关系与张量的相同. 因此并矢是一个张量.

矢量 **A** 及 **B** 也可组成另一并矢张量,即

$$\boldsymbol{BA} = \begin{bmatrix} B_1A_1 & B_1A_2 & B_1A_3 \\ B_2A_1 & B_2A_2 & B_2A_3 \\ B_3A_1 & B_3A_2 & B_3A_3 \end{bmatrix} \tag{2.8.16}$$

比较矩阵(2.8.16)和矩阵(2.8.13),可见矩阵(2.8.16)是矩阵(2.8.13)的转置,称为转置张量 $\boldsymbol{T}_c$,可见:

$$[\boldsymbol{T}_c]_c = \boldsymbol{T} \tag{2.8.17}$$

2.9 张量的加法和分解

现在来讨论张量的一些运算法则. 设有两个张量:$\boldsymbol{T}'$ 及 $\boldsymbol{T}''$,它们的各元素分别为 p'_{ij} 及 p''_{ij}. 张量的加法规则如下:

$$\boldsymbol{T}' + \boldsymbol{T}'' = \boldsymbol{T} \tag{2.9.1}$$

式中,新的张量的各元素为

$$T_{ij} = T'_{ij} + T''_{ij} \tag{2.9.2}$$

由于张量的矢量分量为

$$\begin{cases} \boldsymbol{p}_i = \sum_{k=1}^{n} p_{ik}\boldsymbol{e}_k \\ \boldsymbol{p}'_i = \sum_{k=1}^{n} p'_{ik}\boldsymbol{e}_k \\ \boldsymbol{p}''_i = \sum_{k=1}^{n} p''_{ik}\boldsymbol{e}_k \end{cases} \tag{2.9.3}$$

得

$$\boldsymbol{p}_i = \boldsymbol{p}'_i + \boldsymbol{p}''_i \tag{2.9.4}$$

也可按同样方法规定张量的减法运算.

如果张量的各个元素有关系:

$$p_{ij} = p_{ji} \tag{2.9.5}$$

则称此张量为对称张量. 而如果以下关系成立:

$$p_{ij} = -p_{ji} \tag{2.9.6}$$

则称此张量为反称张量. 容易证明,对于反称张量,我们有

$$p_{kk} = 0 \tag{2.9.7}$$

即反称张量的对角线上的元素均为零.

不难看到,对于对称张量,有

$$\boldsymbol{T}_c = \boldsymbol{T} \tag{2.9.8}$$

即对称张量与其转置张量相等.而对于反称张量有

$$\boldsymbol{T}_c = -\boldsymbol{T} \tag{2.9.9}$$

即对于反称张量,转置张量与原张量相差一符号.

从以上的讨论可以看到,任一张量都可分解为两个张量之和.而且任一张量都唯一地分解为一个对称张量同一个反称张量之和.

为了证明以上所述,令张量 $\boldsymbol{T}$ 分解为两个张量,即

$$\boldsymbol{T} = \boldsymbol{T}_1 + \boldsymbol{T}_2 \tag{2.9.10}$$

对上述张量两边转置,则

$$\boldsymbol{T}_c = \boldsymbol{T}_{1c} + \boldsymbol{T}_{2c} \tag{2.9.11}$$

如果 $\boldsymbol{T}_1$ 是对称张量,而 $\boldsymbol{T}_2$ 是反称张量,则式(2.9.11)可写成

$$\boldsymbol{T}_c = \boldsymbol{T}_1 - \boldsymbol{T}_2 \tag{2.9.12}$$

将式(2.9.12)与式(2.9.10)相加和相减可得

$$\boldsymbol{T}_1 = \frac{1}{2}(\boldsymbol{T} + \boldsymbol{T}_c) \tag{2.9.13}$$

$$\boldsymbol{T}_2 = \frac{1}{2}(\boldsymbol{T} - \boldsymbol{T}_c) \tag{2.9.14}$$

各元素则有以下的关系:

$$\begin{cases} (p_{ij})_1 = \dfrac{1}{2}(p_{ij} + p_{ji}) \\ (p_{ij})_2 = \dfrac{1}{2}(p_{ij} - p_{ji}) \end{cases} \tag{2.9.15}$$

$$p_{ij} = (p_{ij})_1 + (p_{ij})_2 \tag{2.9.16}$$

因此,张量 $\boldsymbol{T}$ 可唯一地分解成一个对称张量及一个反称张量之和.

根据 2.9 节关于并矢张量的定义,可以得到,任一个张量可以写成并矢张量之和,即

$$\boldsymbol{T} = i_1\boldsymbol{p}_1 + i_2\boldsymbol{p}_2 + \cdots + i_n\boldsymbol{p}_n \tag{2.9.17}$$

或展开为

$$\begin{cases} \boldsymbol{e}_1\boldsymbol{p}_1 = \begin{pmatrix} p_{11} & p_{12} & \cdots & p_{1n} \\ 0 & 0 & \cdots & 0 \\ & \cdots\cdots & & \\ 0 & 0 & \cdots & 0 \end{pmatrix} \\ \boldsymbol{e}_2\boldsymbol{p}_2 = \begin{pmatrix} 0 & 0 & \cdots & 0 \\ p_{21} & p_{22} & \cdots & p_{2n} \\ & \cdots\cdots & & \\ 0 & 0 & \cdots & 0 \end{pmatrix} \\ \cdots\cdots\cdots\cdots \\ \boldsymbol{e}_n\boldsymbol{p}_n = \begin{pmatrix} 0 & 0 & \cdots & 0 \\ 0 & 0 & \cdots & 0 \\ & \cdots\cdots & & \\ p_{n1} & p_{n2} & \cdots & p_{nn} \end{pmatrix} \end{cases} \tag{2.9.18}$$

2.10　张量与矢量的乘积

在讨论张量与矢量的乘积时，仍先从三维空间开始. 设有一张量

$$\boldsymbol{T}=\boldsymbol{e}_1\boldsymbol{p}_1+\boldsymbol{e}_2\boldsymbol{p}_2+\boldsymbol{e}_3\boldsymbol{p}_3=\begin{pmatrix} p_{11} & p_{12} & p_{13} \\ p_{21} & p_{22} & p_{23} \\ p_{31} & p_{32} & p_{33} \end{pmatrix} \tag{2.10.1}$$

及另一矢量

$$\boldsymbol{A}=\boldsymbol{e}_1A_1+\boldsymbol{e}_2A_2+\boldsymbol{e}_3A_3 \tag{2.10.2}$$

矢量 $\boldsymbol{A}$ 从右边与张量 $\boldsymbol{T}$ 的点乘积定义为 $\boldsymbol{T}\cdot\boldsymbol{A}$. 可以证明，此点乘积为一矢量，即

$$\boldsymbol{T}\cdot\boldsymbol{A}=\boldsymbol{A}' \tag{2.10.3}$$

事实上，我们有

$$\begin{aligned}\boldsymbol{T}\cdot\boldsymbol{A}&=\boldsymbol{e}_1(\boldsymbol{p}_1\cdot\boldsymbol{A})+\boldsymbol{e}_2(\boldsymbol{p}_2\cdot\boldsymbol{A})+\boldsymbol{e}_3(\boldsymbol{p}_3\cdot\boldsymbol{A})\\&=\boldsymbol{e}_1(p_{11}A_1+p_{12}A_2+p_{13}A_3)+\boldsymbol{e}_2(p_{21}A_1+p_{22}A_2+p_{23}A_3)\\&\quad+\boldsymbol{e}_3(p_{31}A_1+p_{32}A_2+p_{33}A_3)\end{aligned} \tag{2.10.4}$$

因此，新矢量 $\boldsymbol{A}'$ 的三个分量为

$$\begin{cases}A_1'=p_{11}A_1+p_{12}A_2+p_{13}A_3\\A_2'=p_{21}A_1+p_{22}A_2+p_{23}A_3\\A_3'=p_{31}A_1+p_{32}A_2+p_{33}A_3\end{cases} \tag{2.10.5}$$

可见，这种乘法类似于一个方阵与一列矩阵的乘法.

如果张量是一个并矢张量，即

$$\boldsymbol{T}=\boldsymbol{BC}=\begin{pmatrix} B_1C_1 & B_1C_2 & B_1C_3 \\ B_2C_1 & B_2C_2 & B_2C_3 \\ B_3C_1 & B_3C_2 & B_3C_3 \end{pmatrix} \tag{2.10.6}$$

则由式(2.10.4)可得

$$\boldsymbol{T}\cdot\boldsymbol{A}=(\boldsymbol{BC})\cdot\boldsymbol{A}=\boldsymbol{e}_1A_1'+\boldsymbol{e}_2A_2'+\boldsymbol{e}_3A_3' \tag{2.10.7}$$

式中

$$A_1'=B_1(\boldsymbol{C}\cdot\boldsymbol{A}),A_2'=B_2(\boldsymbol{C}\cdot\boldsymbol{A}),A_3'=B_3(\boldsymbol{C}\cdot\boldsymbol{A}) \tag{2.10.8}$$

于是得

$$(\boldsymbol{BC})\cdot\boldsymbol{A}=\boldsymbol{B}(\boldsymbol{C}\cdot\boldsymbol{A})=\boldsymbol{B}(\boldsymbol{A}\cdot\boldsymbol{C}) \tag{2.10.9}$$

上面的规则容易记住：将与 $\boldsymbol{A}$ 矢量最近的一个矢量与它相点乘.

同矢量叉乘积一样，也可定义张量与矢量的叉乘积为

$$\boldsymbol{T}\times\boldsymbol{A}=\boldsymbol{e}_1(\boldsymbol{p}_1\times\boldsymbol{A})+\boldsymbol{e}_2(\boldsymbol{p}_2\times\boldsymbol{A})+\boldsymbol{e}_3(\boldsymbol{p}_3\times\boldsymbol{A}) \tag{2.10.10}$$

如果张量是一个并矢张量，则有

$$(\boldsymbol{BC})\times\boldsymbol{A}=[\boldsymbol{B}(\boldsymbol{C}\times\boldsymbol{A})] \tag{2.10.11}$$

可见张量与矢量的点乘得到一个矢量，而张量与矢量的叉乘(矢性乘积)得到一个张量.

上述结果完全可以推广到 n 维空间去.

2.11 矢量的导数张量

我们考虑三维正交坐标空间中的一个矢量场 $\boldsymbol{A}(\boldsymbol{r})=\boldsymbol{A}(x_1,x_2,x_3)$. 设矢径 $\boldsymbol{r}$ 有一增量 $\mathrm{d}\boldsymbol{r}$,讨论矢量 $\boldsymbol{A}$ 相应的增量 $\mathrm{d}\boldsymbol{A}$. 不难求得 $\mathrm{d}\boldsymbol{A}$ 的下述三个分量:

$$\begin{cases} \mathrm{d}A_1=\dfrac{\partial A_1}{\partial x_1}\mathrm{d}x_1+\dfrac{\partial A_1}{\partial x_2}\mathrm{d}x_2+\dfrac{\partial A_1}{\partial x_3}\mathrm{d}x_3 \\ \mathrm{d}A_2=\dfrac{\partial A_2}{\partial x_1}\mathrm{d}x_1+\dfrac{\partial A_2}{\partial x_2}\mathrm{d}x_2+\dfrac{\partial A_2}{\partial x_3}\mathrm{d}x_3 \\ \mathrm{d}A_3=\dfrac{\partial A_3}{\partial x_1}\mathrm{d}x_1+\dfrac{\partial A_3}{\partial x_2}\mathrm{d}x_2+\dfrac{\partial A_3}{\partial x_3}\mathrm{d}x_3 \end{cases} \tag{2.11.1}$$

上述线性方程组的系数组成一个矩阵,容易证明它是一个张量. 令

$$\frac{\mathrm{d}\boldsymbol{A}}{\mathrm{d}\boldsymbol{r}}=\begin{pmatrix} \dfrac{\partial A_1}{\partial x_1} & \dfrac{\partial A_1}{\partial x_2} & \dfrac{\partial A_1}{\partial x_3} \\ \dfrac{\partial A_2}{\partial x_1} & \dfrac{\partial A_2}{\partial x_2} & \dfrac{\partial A_2}{\partial x_3} \\ \dfrac{\partial A_3}{\partial x_1} & \dfrac{\partial A_3}{\partial x_2} & \dfrac{\partial A_3}{\partial x_3} \end{pmatrix} \tag{2.11.2}$$

称为矢量 $\boldsymbol{A}$ 对矢量 $\boldsymbol{r}$ 的导数张量. 这样,方程(2.11.1)可以写成

$$\mathrm{d}\boldsymbol{A}=\left[\frac{\mathrm{d}\boldsymbol{A}}{\mathrm{d}\boldsymbol{r}}\right]\cdot\mathrm{d}\boldsymbol{r} \tag{2.11.3}$$

上式可以与标量 φ 对矢径的微分比较:

$$\mathrm{d}\varphi=\nabla\varphi\cdot\mathrm{d}\boldsymbol{r}=\left(\frac{\partial\varphi}{\partial x_1}\mathrm{d}x_1+\frac{\partial\varphi}{\partial x_2}\mathrm{d}x_2+\frac{\partial\varphi}{\partial x_3}\mathrm{d}x_3\right) \tag{2.11.4}$$

又如果令张量(2.11.2)的转置张量为

$$\left(\frac{\mathrm{d}\boldsymbol{A}}{\mathrm{d}\boldsymbol{r}}\right)_c=\begin{pmatrix} \dfrac{\partial A_1}{\partial x_1} & \dfrac{\partial A_2}{\partial x_1} & \dfrac{\partial A_3}{\partial x_1} \\ \dfrac{\partial A_1}{\partial x_2} & \dfrac{\partial A_2}{\partial x_2} & \dfrac{\partial A_3}{\partial x_2} \\ \dfrac{\partial A_1}{\partial x_3} & \dfrac{\partial A_2}{\partial x_3} & \dfrac{\partial A_3}{\partial x_3} \end{pmatrix}=\nabla\boldsymbol{A} \tag{2.11.5}$$

则式(2.11.3)可写成

$$\mathrm{d}\boldsymbol{A}=\mathrm{d}\boldsymbol{r}\cdot(\nabla\boldsymbol{A}) \tag{2.11.6}$$

或者写成

$$\mathrm{d}\boldsymbol{A}=(\mathrm{d}\boldsymbol{r}\cdot\nabla)\boldsymbol{A} \tag{2.11.7}$$

2.12 张量与张量的乘积

可以证明,张量与张量的点乘积(标量积)得到一个新的张量.

设有一个张量 $\boldsymbol{A}$,其元素为 a_{ij};另一个张量 $\boldsymbol{B}$,其元素为 b_{ij}. 设有一个矢量 $\boldsymbol{C}$,它与张量 $\boldsymbol{B}$ 的点乘积可得一矢量 $\boldsymbol{C}'$,即

$$\boldsymbol{B}\cdot\boldsymbol{C}=\boldsymbol{C}' \tag{2.12.1}$$

再将此矢量与张量 $\boldsymbol{A}$ 点乘，又得到另一矢量 $\boldsymbol{C}''$，即

$$\boldsymbol{A}\cdot\boldsymbol{C}'=\boldsymbol{C}''=(\boldsymbol{A}\cdot\boldsymbol{B})\cdot\boldsymbol{C} \tag{2.12.2}$$

令

$$\boldsymbol{T}=(\boldsymbol{A}\cdot\boldsymbol{B}) \tag{2.12.3}$$

式(2.12.2)即可写成

$$\boldsymbol{T}\cdot\boldsymbol{C}=\boldsymbol{C}'' \tag{2.12.4}$$

令 T_{ij} 为 $\boldsymbol{T}$ 的元素，则可以得到

$$T_{ij}=\sum_{r=1}^{3}a_{ir}b_{rj} \tag{2.12.5}$$

可见 $\boldsymbol{T}=(\boldsymbol{A}\cdot\boldsymbol{B})$ 的元素的变换与张量元素变换的要求一致. 因此，$\boldsymbol{T}$ 是一个张量.

如果两个张量均为并矢张量，即

$$\boldsymbol{A}=\boldsymbol{PQ},\boldsymbol{B}=\boldsymbol{RS} \tag{2.12.6}$$

则可以得到

$$\boldsymbol{T}=(\boldsymbol{PQ})\cdot(\boldsymbol{RS})=(\boldsymbol{Q}\cdot\boldsymbol{R})(\boldsymbol{PS}) \tag{2.12.7}$$

从以上所述可以看到，张量的点乘与矩阵相乘相同，因此两矩阵相乘的一些关系在此也可适用. 例如，张量的点乘满足分配律：

$$\begin{cases}(\boldsymbol{A}_1+\boldsymbol{A}_2)\cdot\boldsymbol{B}=\boldsymbol{A}_1\cdot\boldsymbol{B}+\boldsymbol{A}_2\cdot\boldsymbol{B}\\ \boldsymbol{A}\cdot(\boldsymbol{B}_1+\boldsymbol{B}_2)=\boldsymbol{A}\cdot\boldsymbol{B}_1+\boldsymbol{A}\cdot\boldsymbol{B}_2\end{cases} \tag{2.12.8}$$

但是张量的点乘不满足交换律，在一般情况下，

$$\boldsymbol{A}\cdot\boldsymbol{B}\neq\boldsymbol{B}\cdot\boldsymbol{A} \tag{2.12.9}$$

张量点乘的一个重要性质是：虽然两个张量均不为零，但其点乘可能为零. 这点和矢量点乘类似. 例如，张量 $\boldsymbol{A}$ 为

$$\boldsymbol{A}=\boldsymbol{e}_1\boldsymbol{e}_2=\begin{pmatrix}0&1&0\\0&0&0\\0&0&0\end{pmatrix} \tag{2.12.10}$$

则有

$$\boldsymbol{A}\cdot\boldsymbol{A}=(\boldsymbol{e}_2\cdot\boldsymbol{e}_1)\boldsymbol{e}_1\boldsymbol{e}_2=0 \tag{2.12.11}$$

因此，当两个张量点乘为零时，并不能得出其中之一必为零的结论.

2.13 张量的主轴

根据以上各节所述，张量又可以看作一种运算或变换. 设有一任意张量 $\boldsymbol{T}$，则有

$$\boldsymbol{T}\cdot\boldsymbol{A}=\boldsymbol{B} \tag{2.13.1}$$

式(2.13.1)表示张量 $\boldsymbol{T}$ 将矢量 $\boldsymbol{A}$ 转变为矢量 $\boldsymbol{B}$. 如果矢量 $\boldsymbol{B}$ 与矢量 $\boldsymbol{A}$ 是共线的，即变换后仅改变 $\boldsymbol{A}$ 的大小，而不改变它的方向，则矢量 $\boldsymbol{A}$ 的方向就是张量 $\boldsymbol{T}$ 的主轴方向. 因此，如令

$$\boldsymbol{B}=\lambda\boldsymbol{A} \tag{2.13.2}$$

则 λ 称为主值. 它表示矢量经张量变换以后，在主轴方向的矢量的变化大小.

将式(2.13.1)代入式(2.13.2)得

$$\boldsymbol{T}\cdot\boldsymbol{A}=\lambda\boldsymbol{A} \tag{2.13.3}$$

将式(2.13.3)在三维空间展开得

$$\begin{cases} p_{11}A_1+P_{12}A_2+p_{13}A_3=\lambda A_1\\ p_{21}A_1+P_{22}A_2+p_{23}A_3=\lambda A_2\\ p_{31}A_1+P_{32}A_2+p_{33}A_3=\lambda A_3 \end{cases} \tag{2.13.4}$$

式(2.13.4)有非零解的条件是

$$\begin{vmatrix} (p_{11}-\lambda) & p_{12} & p_{13}\\ p_{21} & (p_{22}-\lambda) & p_{23}\\ p_{31} & p_{32} & (p_{33}-\lambda) \end{vmatrix}=0 \tag{2.13.5}$$

这是一个 λ 的三次方程,有三个根.这表示一个三维张量有三个主轴方向和三个主值.

将式(2.13.5)展开得

$$\lambda^3-\lambda^2 I_1+\lambda I_2-I_3=0 \tag{2.13.6}$$

式中

$$\begin{cases} I_1=p_{11}+p_{12}+p_{13}\\ I_2=\begin{vmatrix} p_{22} & p_{23}\\ p_{32} & p_{33}\end{vmatrix}+\begin{vmatrix} p_{11} & p_{31}\\ p_{13} & p_{33}\end{vmatrix}+\begin{vmatrix} p_{11} & p_{21}\\ p_{12} & p_{22}\end{vmatrix}\\ I_3=\begin{vmatrix} p_{11} & p_{12} & p_{13}\\ p_{21} & p_{22} & p_{23}\\ p_{31} & p_{32} & p_{33}\end{vmatrix} \end{cases} \tag{2.13.7}$$

根据熟知的方程根与系数的关系(维达定律),可以得到

$$\begin{cases} \lambda_1+\lambda_2+\lambda_3=I_1\\ \lambda_1\lambda_2+\lambda_2\lambda_3+\lambda_3\lambda_1=I_2\\ \lambda_1\lambda_2\lambda_3=I_3 \end{cases} \tag{2.13.8}$$

2.14 张量的微分

设张量 $\boldsymbol{T}$ 是某一个参变量(标量)的函数 $\boldsymbol{T}=\boldsymbol{T}(t)$,例如,在三维空间有

$$\boldsymbol{T}(t)=\begin{bmatrix} p_{11}(t) & p_{12}(t) & p_{13}(t)\\ p_{21}(t) & p_{22}(t) & p_{23}(t)\\ p_{31}(t) & p_{32}(t) & p_{33}(t) \end{bmatrix} \tag{2.14.1}$$

或以并矢形式表示为

$$\boldsymbol{T}(t)=\boldsymbol{e}_1\boldsymbol{p}(t)+\boldsymbol{e}_2\boldsymbol{p}(t)+\boldsymbol{e}_3\boldsymbol{p}(t) \tag{2.14.2}$$

或者更普遍地写成

$$\boldsymbol{T}(t)=\boldsymbol{q}_1(t)\boldsymbol{r}_1(t)+\boldsymbol{q}_2(t)\boldsymbol{r}_2(t)+\boldsymbol{q}_3(t)\boldsymbol{r}_3(t) \tag{2.14.3}$$

仿照一般函数的导数,可以得到张量的导数为

$$\frac{\mathrm{d}\boldsymbol{T}}{\mathrm{d}t}=\lim_{\Delta t\to 0}\frac{\boldsymbol{T}(t+\Delta t)-\boldsymbol{T}(t)}{\Delta t} \tag{2.14.4}$$

这里显然要假定函数是连续的及导数是存在的.

由前几节所述张量的代数运算,可以得到

$$\frac{\mathrm{d}\boldsymbol{T}}{\mathrm{d}t}=\begin{bmatrix}\dot{p}_{11}(t) & \dot{p}_{12}(t) & \dot{p}_{13}(t)\\ \dot{p}_{21}(t) & \dot{p}_{22}(t) & \dot{p}_{23}(t)\\ \dot{p}_{31}(t) & \dot{p}_{32}(t) & \dot{p}_{33}(t)\end{bmatrix}\tag{2.14.5}$$

相应地，对于式(2.14.2)和式(2.14.3)可以得到

$$\frac{\mathrm{d}\boldsymbol{T}}{\mathrm{d}t}=\boldsymbol{e}_1\dot{\boldsymbol{p}}_1(t)+\boldsymbol{e}_2\dot{\boldsymbol{p}}_2(t)+\boldsymbol{e}_3\dot{\boldsymbol{p}}_3(t)\tag{2.14.6}$$

及

$$\begin{aligned}\frac{\mathrm{d}\boldsymbol{T}}{\mathrm{d}t}=&\dot{\boldsymbol{q}}_1(t)\boldsymbol{r}_1(t)+\boldsymbol{q}_1(t)\dot{\boldsymbol{r}}_1(t)+\dot{\boldsymbol{q}}_2(t)\boldsymbol{r}_2(t)\\&+\boldsymbol{q}_2(t)\dot{\boldsymbol{r}}_2(t)+\dot{\boldsymbol{q}}_3(t)\boldsymbol{r}_3(t)+\boldsymbol{q}_3(t)\dot{\boldsymbol{r}}_3(t)\end{aligned}\tag{2.14.7}$$

上面的点表示对时间的导数.

根据求导数的一些运算规则，可以得到以下一些关系：

$$\begin{cases}\dfrac{\mathrm{d}(\boldsymbol{T}_1+\boldsymbol{T}_2)}{\mathrm{d}t}=\dfrac{\mathrm{d}\boldsymbol{T}_1}{\mathrm{d}t}+\dfrac{\mathrm{d}\boldsymbol{T}_2}{\mathrm{d}t}\\ \dfrac{\mathrm{d}(m\boldsymbol{T})}{\mathrm{d}t}=m\dfrac{\mathrm{d}\boldsymbol{T}}{\mathrm{d}t}\\ \dfrac{\mathrm{d}}{\mathrm{d}t}(\boldsymbol{T}\cdot\boldsymbol{A})=\dfrac{\mathrm{d}\boldsymbol{T}}{\mathrm{d}t}\cdot\boldsymbol{A}+\boldsymbol{T}\cdot\dfrac{\mathrm{d}\boldsymbol{A}}{\mathrm{d}t}\\ \dfrac{\mathrm{d}}{\mathrm{d}t}(\boldsymbol{T}_1\cdot\boldsymbol{T}_2)=\dfrac{\mathrm{d}\boldsymbol{T}_1}{\mathrm{d}t}\cdot\boldsymbol{T}_2+\boldsymbol{T}_1\cdot\dfrac{\mathrm{d}\boldsymbol{T}_2}{\mathrm{d}t}\end{cases}\tag{2.14.8}$$

设张量是空间的函数，我们得到张量场的概念. 仿照矢量场中有关运算，我们来讨论张量场的散度. 设有一张量场：

$$\boldsymbol{T}(\boldsymbol{r})=\boldsymbol{e}_1\boldsymbol{p}_1(\boldsymbol{r})+\boldsymbol{e}_2\boldsymbol{p}_2(\boldsymbol{r})+\boldsymbol{e}_3\boldsymbol{p}_3(\boldsymbol{r})\tag{2.14.9}$$

在张量场中每一点上任一方向 $\boldsymbol{n}$，由张量 $\boldsymbol{T}$ 定义一个矢量. 例如，对于三维空间中的张量场有

$$\boldsymbol{p}_n=\boldsymbol{T}\cdot\boldsymbol{n}=\boldsymbol{p}_1\cos(x_1,\boldsymbol{n})+\boldsymbol{p}_2\cos(x_2,\boldsymbol{n})+\boldsymbol{p}_3\cos(x_3,\boldsymbol{n})\tag{2.14.10}$$

式中，$\cos(x_i,\boldsymbol{n})$表示 $\boldsymbol{n}$ 与 x_i 轴的方向余弦.

考虑封闭面 s，求积分

$$\begin{aligned}\oint\boldsymbol{T}\cdot\mathrm{d}s&=\oint_s\boldsymbol{p}_n\cdot\mathrm{d}s\\&=\oint_s[\boldsymbol{p}_1\cos(x_1,\boldsymbol{n})+\boldsymbol{p}_2\cos(x_2,\boldsymbol{n})+\boldsymbol{p}_3\cos(x_3,\boldsymbol{n})]\mathrm{d}s\end{aligned}\tag{2.14.11}$$

利用高斯定律可得

$$\begin{aligned}\oint_s\boldsymbol{p}_n\cdot\mathrm{d}s&=\oint_s[\boldsymbol{p}_1\cos(x_1,\boldsymbol{n})+\boldsymbol{p}_2\cos(x_2,\boldsymbol{n})+\boldsymbol{p}_3\cos(x_3,\boldsymbol{n})]\mathrm{d}s\\&=\int_V\left(\frac{\partial\boldsymbol{p}_1}{\partial x_1}+\frac{\partial\boldsymbol{p}_2}{\partial x_2}+\frac{\partial\boldsymbol{p}_3}{\partial x_3}\right)\mathrm{d}V\end{aligned}\tag{2.14.12}$$

如果此体积无限小，设$\dfrac{\partial\boldsymbol{p}_1}{\partial x_1}$，$\dfrac{\partial\boldsymbol{p}_2}{\partial x_2}$，$\dfrac{\partial\boldsymbol{p}_3}{\partial x_3}$均连续，则极限

$$\lim_{\Delta V\to0}\frac{\oint_s\boldsymbol{T}\cdot\mathrm{d}\boldsymbol{s}}{\Delta V}\tag{2.14.13}$$

存在，而且是一个矢量，称为张量 $\boldsymbol{T}$ 的散度. 并记为

$$\mathrm{div}\boldsymbol{T}=\lim_{\Delta V\to0}\frac{\oint\boldsymbol{T}\cdot\mathrm{d}\boldsymbol{s}}{\Delta V}=\frac{\partial\boldsymbol{p}_1}{\partial x_1}+\frac{\partial\boldsymbol{p}_2}{\partial x_2}+\frac{\partial\boldsymbol{p}_3}{\partial x_3}\tag{2.14.14}$$

可见张量的散度与矢量的散度是相仿的.

张量的散度的各分量为

$$\begin{cases}(\mathrm{div}\boldsymbol{T})_1=\dfrac{\partial p_{11}}{\partial x_1}+\dfrac{\partial p_{21}}{\partial x_2}+\dfrac{\partial p_{31}}{\partial x_3}\\(\mathrm{div}\boldsymbol{T})_2=\dfrac{\partial p_{12}}{\partial x_1}+\dfrac{\partial p_{22}}{\partial x_2}+\dfrac{\partial p_{32}}{\partial x_3}\\(\mathrm{div}\boldsymbol{T})_3=\dfrac{\partial p_{13}}{\partial x_1}+\dfrac{\partial p_{23}}{\partial x_2}+\dfrac{\partial p_{33}}{\partial x_3}\end{cases}\tag{2.14.15}$$

以上结果完全可以推广到 n 维空间.

这样,张量的高斯定律就可写成

$$\oint_s \boldsymbol{T}\cdot\mathrm{d}\boldsymbol{s}=\int_V \mathrm{div}\boldsymbol{T}\mathrm{d}V\tag{2.14.16}$$

2.15 轴矢量和矢量的旋度

上面曾指出,矢量的旋度具有较特殊的性质,需要加以仔细地研究. 我们从两个矢量的叉乘出发. 设有矢量 $\boldsymbol{A}$ 及矢量 $\boldsymbol{B}$,作它们的矢性乘积(叉乘)得另一矢量 $\boldsymbol{C}$,即

$$\boldsymbol{A}\times\boldsymbol{B}=\boldsymbol{C}\tag{2.15.1}$$

我们知道,叉乘得到的新的矢量的大小为

$$|\boldsymbol{C}|=|\boldsymbol{A}\times\boldsymbol{B}|=|\boldsymbol{A}|\,|\boldsymbol{B}|\sin(\boldsymbol{A},\boldsymbol{B})\tag{2.15.2}$$

但 $\boldsymbol{C}$ 的方向则取决于坐标系"旋转"的规则. 如果坐标系规定为右手坐标系,则 $\boldsymbol{C}$ 取由 $\boldsymbol{A}$ 向 $\boldsymbol{B}$ 旋转的正轴向;而当坐标系为左手坐标系时,$\boldsymbol{C}$ 的方向则相反. 这种其方向取决于坐标系选择的矢量称为"轴矢量",而那些方向与坐标系无关的矢量则称为极矢量.

同样,一个矢量的旋度也具有类似的性质. 矢量 $\boldsymbol{A}$ 的旋度可表示为

$$\nabla\times\boldsymbol{A}=\sum_{i=1}^{n}\sum_{k=1}^{n}\left(\frac{\partial A_i}{\partial x_k}-\frac{\partial A_k}{\partial x_i}\right)\boldsymbol{e}_i\times\boldsymbol{e}_k\tag{2.15.3}$$

可见,矢量的旋度的方向也取决于坐标系的"旋转"法则.

下面将指出,两矢量的叉乘以及矢量的旋度均相当于一个反称张量. 而且利用反称张量以后,还可以避免上述困难.

事实上,矢量 $\boldsymbol{A}$ 与矢量 $\boldsymbol{B}$ 的叉乘的分量为

$$\begin{cases}C_1=A_2B_3-A_3B_2\\C_2=A_3B_1-A_1B_3\\C_3=A_1B_2-A_2B_1\end{cases}\tag{2.15.4}$$

可见,如引入一个反称张量,使其元素为

$$p_{ij}=A_iB_j-A_jB_i\tag{2.15.5}$$

这样定义的一个反称张量,在三维空间中可表示为

$$\boldsymbol{T}=\begin{bmatrix}0&C_3&C_2\\-C_3&0&C_1\\-C_2&-C_1&0\end{bmatrix}\tag{2.15.6}$$

可见,坐标系的两种选择只不过相当于上述对角线的两侧情况.

同样,旋度的分量可以表示为

$$(\nabla\times\boldsymbol{A})_{ij}=\left(\frac{\partial A_i}{\partial x_j}-\frac{\partial A_j}{\partial x_i}\right)(\boldsymbol{e}_i\times\boldsymbol{e}_j) \tag{2.15.7}$$

按同样方法定义的张量则为

$$\boldsymbol{T}=\begin{bmatrix} 0 & \left(\frac{\partial A_1}{\partial x_2}-\frac{\partial A_2}{\partial x_1}\right) & \left(\frac{\partial A_3}{\partial x_1}-\frac{\partial A_1}{\partial x_3}\right) \\ \left(\frac{\partial A_2}{\partial x_1}-\frac{\partial A_1}{\partial x_2}\right) & 0 & \left(\frac{\partial A_2}{\partial x_3}-\frac{\partial A_3}{\partial x_2}\right) \\ \left(\frac{\partial A_1}{\partial x_3}-\frac{\partial A_3}{\partial x_1}\right) & \left(\frac{\partial A_3}{\partial x_2}-\frac{\partial A_2}{\partial x_3}\right) & 0 \end{bmatrix} \tag{2.15.8}$$

一个三维二阶反称张量具有三个独立元素,这三个独立的元素正好与一个轴矢量相对应.用反称张量来表示轴矢量及矢量的旋度的概念,可以推广到 n 维空间.

2.16 任意空间的张量

以上的讨论是以欧几里得(Euclid)空间中坐标系的线性变换:

$$x_i'=\sum_{j=1}^{n}a_{ij}x_j \quad (i=1,2,\cdots,n) \tag{2.16.1}$$

为基础的.特别是往往讨论由一种直角坐标系到另一种直角坐标系的变换(而且主要是旋转).在这样的条件下讨论的张量,称为仿射正交张量.现在我们要把这一概念推广到任意的普遍情况.

假定坐标变换式并不局限于式(2.16.1)的线性变换,而是更普遍的形式,即

$$x_i'=f_i(x_1,x_2,\cdots,x_n) \quad (i=1,2,\cdots,n) \tag{2.16.2}$$

例如,在三维空间的曲面坐标系中就遇到类似的情况,我们就从这里开始以下的讨论.

在三维空间的曲面坐标系中,空间任一点的曲面坐标为 q_1,q_2,q_3,它们与笛卡儿坐标之间有以下关系:

$$q_1=q_1(x_1,x_2,x_3),q_2=q_2(x_1,x_2,x_3),q_3=q_3(x_1,x_2,x_3) \tag{2.16.3}$$

假定函数 q_1,q_2,q_3 均是单值连续的,而且具有以后所需的各阶导数.

如果式(2.16.3)的雅可比行列式不等于零,则可对式(2.16.3)求反函数,可以得到

$$x_1=x_1(q_1,q_2,q_3),x_2=x_2(q_1,q_2,q_3),x_3=x_3(q_1,q_2,q_3) \tag{2.16.4}$$

如果满足以下条件:

$$\frac{\partial q_i}{\partial x_1}\frac{\partial q_k}{\partial x_1}+\frac{\partial q_i}{\partial x_2}\frac{\partial q_k}{\partial x_2}+\frac{\partial q_i}{\partial x_3}\frac{\partial q_k}{\partial x_3}=0 \quad (i=1,2,3;k=1,2,3) \tag{2.16.5}$$

则曲面坐标是正交的.在正交曲面坐标系中,无限接近两点的距离为

$$ds^2=h_1^2(q_1,q_2,q_3)dq_1^2+h_2^2(q_1,q_2,q_3)dq_2^2+h_3^2(q_1,q_2,q_3)dq_3^2 \tag{2.16.6}$$

式中,$h_i(q_1,q_2,q_3)$称为度量系数.

上述概念可以推广到 n 维空间中去.不过,为了以后讨论的方便,并且同以上各节的讨论相联系,我们将不用 q_1,q_2,q_3 等,而用 $x^1,x^2,x^3,\cdots,x^n$.

还要说明的是,在一般情况下等式

$$\sum_{i=1}^{n}x_i^2=\sum_{i=1}^{n}x_i'^2 \tag{2.16.7}$$

并不一定成立,这从式(2.16.6)也可以大致看出.只有在仿射正交的条件下式(2.16.7)才成立.

为了将以上讨论的结果推广到 n 维任意空间的情况,我们仍然从一个矢量变换关系出发.设有一矢量

A,在线性变换的条件下,它的各分量的变换关系为

$$A'_i = \sum_{j=1}^{n} a_{ij} A_j \quad (i=1,2,\cdots,n) \tag{2.16.8}$$

为了推广到普遍情况,可以注意到以下关系:

$$a_{ij} = \frac{\partial x'_i}{\partial x_j} \quad (i,j=1,2,\cdots,n) \tag{2.16.9}$$

即变换式(2.16.8)可写成

$$A'_i = \sum_{j=1}^{n} \frac{\partial x'_i}{\partial x_j} A_j \quad (i=1,2,\cdots,n) \tag{2.16.10}$$

这样,在普遍情况下,就可引出以下的定义:对于一些坐标系 $x^1,x^2,\cdots,x^n$,有 n 个函数 $A^1,A^2,\cdots,A^n$,而当坐标系变换到 $\bar{x}^1,\bar{x}^2,\cdots,\bar{x}^n$ 时,这些函数按以下的规律变换成另一组函数 $\bar{A}^1,\bar{A}^2,\cdots,\bar{A}^n$:

$$\bar{A}^i = \sum_{j=1}^{n} \frac{\partial \bar{x}^i}{\partial x^j} A^j \tag{2.16.11}$$

则函数 $A^1,A^2,\cdots,A^n$ 定义一个逆变矢量,$A^1,A^2,\cdots,A^n$ 是该矢量的逆变分量.

距离元 $\mathrm{d}x^i$ 就是一个重要的逆变矢量.事实上我们有

$$\mathrm{d}\bar{x}^i = \sum_{j=1}^{n} \frac{\partial \bar{x}^i}{\partial x^j} \mathrm{d}x^j \quad (i=1,2,\cdots,n) \tag{2.16.12}$$

可见它服从逆变规律.

在普遍情况下引入逆变矢量是必要的,因为在坐标变换的普遍情况下,有必要区分两种不同的矢量变换规则:逆变矢量和协变矢量.同时还有必要区分三种不同的张量:逆变、协变和混变张量.

为了定义协变矢量,我们来研究标量函数的梯度:$\nabla\varphi$,其分量为

$$\frac{\partial \varphi}{\partial x^1}, \frac{\partial \varphi}{\partial x^2}, \cdots, \frac{\partial \varphi}{\partial x^n} \tag{2.16.13}$$

不难看到,坐标变换时,梯度分量的变换关系为

$$\frac{\partial \varphi}{\partial \bar{x}^i} = \sum_{j=1}^{n} \frac{\partial \varphi}{\partial x^j} \frac{\partial x^j}{\partial \bar{x}^i} \quad (i=1,2,\cdots,n) \tag{2.16.14}$$

如令梯度的分量为

$$\frac{\partial \varphi}{\partial x^i} = A_i, \frac{\partial \varphi}{\partial \bar{x}^i} = \bar{A}_i \tag{2.16.15}$$

则式(2.16.14)可表示为

$$\bar{A}_i = \sum_{j=1}^{n} \frac{\partial x^j}{\partial \bar{x}^i} A_j \quad (i=1,2,\cdots,n) \tag{2.16.16}$$

式(2.16.16)的变换关系称为协变,分量按式(2.16.16)关系变换的矢量称为协变矢量.

比较式(2.16.11)及式(2.16.16)可以看到逆变和协变是不同的.

为区别起见,我们将逆变矢量分量的标号写在右上角,而将协变矢量的分量的标号写在右下角.

在线性变换的条件下,我们有:对于逆变矢量,

$$\bar{A}^i = \sum_{j=1}^{n} \frac{\partial \bar{x}^i}{\partial x^j} A^j = \sum_{j=1}^{n} a_{ij} A^j \tag{2.16.17}$$

而对于协变矢量,

$$\bar{A}_i = \sum_{j=1}^{n} \frac{\partial x^j}{\partial \bar{x}^i} A_j = \sum_{j=1}^{n} a_{ij} A_j \tag{2.16.18}$$

可见,当变换关系是线性方程时,逆变矢量与协变矢量相同,所以不必加以区别.

现在就可以将张量的概念推广到普遍情况中去.

若对于一个坐标系有 x^i，有 n^2 个函数 A^{ij}，在坐标变换

$$x^i = x^i(\bar{x}^1, \bar{x}^2, \cdots, \bar{x}^n) \quad (i=1,2,\cdots,n) \tag{2.16.19}$$

下，这些函数按下述规律变换：

$$\bar{A}^{ij} = \sum_{r=1}^{n}\sum_{s=1}^{n} \frac{\partial \bar{x}^i}{\partial x^r}\frac{\partial \bar{x}^j}{\partial x^s} A^{rs} \tag{2.16.20}$$

则这些函数定义一个二阶逆变张量，A^{ij} 就是此张量的逆变分量.

同样，二阶协变张量的分量的变换规律为

$$\bar{A}_{ij} = \sum_{r=1}^{n}\sum_{s=1}^{n} \frac{\partial x^r}{\partial \bar{x}^i}\frac{\partial x^s}{\partial \bar{x}^j} A_{rs} \tag{2.16.21}$$

此外，还可以定义二阶混变张量

$$\bar{A}_i^j = \sum_{r=1}^{n}\sum_{s=1}^{n} \frac{\partial x^r}{\partial \bar{x}^i}\frac{\partial \bar{x}^j}{\partial x^s} A_r^s \tag{2.16.22}$$

按照以上办法，还可以定义高阶张量. 由此我们还可以得到关于张量阶数的规定：张量上角与下角标号的数目就是张量的阶数. 这样，矢量就是一阶张量，而标量可以看成一个零阶张量. 真正的张量从二阶开始.

2.17　黎曼空间

设 n 维空间坐标系 $x^1, x^2, \cdots, x^n$，在一般情况下，它们并不都构成正交系. 设空间有任意曲线，可写成以下的参数方程：

$$x^i = x^i(s) \tag{2.17.1}$$

不失普遍性，为方便起见，参数 s 可以选为曲线的弧长.

此曲线的切线矢量为

$$\boldsymbol{t} = \frac{\mathrm{d}\boldsymbol{R}}{\mathrm{d}s} = \sum_{i=1}^{n} \frac{\partial \boldsymbol{R}}{\partial x^i}\frac{\mathrm{d}x^i}{\mathrm{d}s} = \sum_{i=1}^{n} \boldsymbol{e}_i \frac{\mathrm{d}x^i}{\mathrm{d}s} \tag{2.17.2}$$

式中，$\boldsymbol{R}$ 为空间矢径，而令

$$\boldsymbol{e}_i = \frac{\partial \boldsymbol{R}}{\partial x^i} \quad (i=1,2,\cdots,n) \tag{2.17.3}$$

为相应坐标系的基矢量. 在一般情况下，基矢量并不是单位矢量，即其模不一定为 1. 但在仿射正交坐标系中，基矢量为单位矢量.

由式(2.17.2)可得

$$\boldsymbol{t}\cdot\boldsymbol{t} = l = \sum_{\substack{i=1\\ j=1}}^{n} \boldsymbol{e}_i \cdot \boldsymbol{e}_j \left(\frac{\mathrm{d}x^i}{\mathrm{d}s}\cdot\frac{\mathrm{d}x^j}{\mathrm{d}s}\right) \tag{2.17.4}$$

因此，如令

$$\boldsymbol{e}_i \cdot \boldsymbol{e}_j = g_{ij}(x^1, x^2, \cdots, x^n) \tag{2.17.5}$$

就可得到距离元 $\mathrm{d}s$ 的表达式，即

$$\mathrm{d}s^2 = \sum_{i=1}^{n}\sum_{j=1}^{n} g_{ij}(x^1, x^2, \cdots, x^n)\mathrm{d}x^i \mathrm{d}x^j \tag{2.17.6}$$

由式(2.17.6)定义的空间称为黎曼(Riemann)空间. 由此可见，欧几里得空间的正交曲面坐标系相当于

$$g_{ij}(x^1, x^2, \cdots, x^n) = \begin{cases} h_i^2 & (i=j) \\ 0 & (i\neq j) \end{cases} \tag{2.17.7}$$

式中，$h_i^2(x^1, x^2, \cdots, x^n)$ 为度量系数[参见式(2.16.6)]. 而 $h_i^2 \equiv 1$，则为仿射正交坐标系.

在黎曼空间中，如果基矢量 $\boldsymbol{e}_i$ 已确定，则任一矢量可以表示为

$$\boldsymbol{A}=\sum_{i=1}^{n} A^i \boldsymbol{e}_i \tag{2.17.8}$$

现在假定有另一坐标系 $\bar{x}^1,\bar{x}^2,\cdots,\bar{x}^n$，它与原坐标系有变换关系

$$x^i=x^i(\bar{x}^1,\bar{x}^2,\cdots,\bar{x}_n)\quad(i=1,2,\cdots,n) \tag{2.17.9}$$

假定上述函数都是单值连续，而且有所需的各阶导数. 如果雅可比行列式不为零，即

$$\frac{D(x^1,x^2,\cdots,x^n)}{D(\bar{x}^1,\bar{x}^2,\cdots,\bar{x}^n)}=\begin{vmatrix} \frac{\partial x^1}{\partial \bar{x}^1} & \frac{\partial x^1}{\partial \bar{x}^2} & \cdots & \frac{\partial x^1}{\partial \bar{x}^n} \\ \frac{\partial x^2}{\partial \bar{x}^1} & \frac{\partial x^2}{\partial \bar{x}^2} & \cdots & \frac{\partial x^2}{\partial \bar{x}^n} \\ & \cdots\cdots & & \\ \frac{\partial x^n}{\partial \bar{x}^1} & \frac{\partial x^n}{\partial \bar{x}^2} & \cdots & \frac{\partial x^n}{\partial \bar{x}^n} \end{vmatrix}\neq 0 \tag{2.17.10}$$

则由式(2.17.9)可以求得

$$\bar{x}^i=\bar{x}^i(x^1,x^2,\cdots,x^n)\quad(i=1,2,\cdots,n) \tag{2.17.11}$$

即可以得到坐标系的反变换.

我们来看看基矢量的变换：

$$\boldsymbol{e}_i=\sum_{j=1}^{n}\frac{\partial \boldsymbol{R}}{\partial x^j}\frac{\partial x^j}{\partial \bar{x}^i}=\sum_{j=1}^{n}\frac{\partial x^j}{\partial \bar{x}^i}\boldsymbol{e}_j\quad(i=1,2,\cdots,n) \tag{2.17.12}$$

而元的变换可写成

$$\mathrm{d}\bar{x}^i=\sum_{j=1}^{n}\frac{\partial \bar{x}^i}{\partial x^j}\mathrm{d}x^j\quad(i=1,2,\cdots,n) \tag{2.17.13}$$

可见，基矢量为协变矢量，而元则按逆变矢量分量的规律变换.

对于一组基矢量 $\boldsymbol{e}_i$，可以定义另一组与其对应的基矢量：

$$\boldsymbol{e}^i\cdot\boldsymbol{e}_j=\delta^i_j=\begin{cases}0 & (i\neq j)\\ 1 & (i=j)\end{cases} \tag{2.17.14}$$

可见，新的基矢量 $\boldsymbol{e}^i$ 与原基矢量 $\boldsymbol{e}_j$ 是相互正交的. 将 $\boldsymbol{e}^i$ 用 $\boldsymbol{e}_j$ 表示为

$$\boldsymbol{e}^i=\sum_{j=1}^{n} g^{ij}\boldsymbol{e}_j \tag{2.17.15}$$

式中

$$g^{ij}=\boldsymbol{e}^i\cdot\boldsymbol{e}^j \tag{2.17.16}$$

另外，有以下关系式：

$$\boldsymbol{e}^i\cdot\boldsymbol{e}_l=\sum_{j=1}^{n} g^{ij}\boldsymbol{e}_j\cdot\boldsymbol{e}_l=\delta^i_l=\sum_{j=1}^{n} g^{ij}g_{jl} \tag{2.17.17}$$

式(2.17.17)可看作是一个 g_{jl} 为系数的 g^{ij} 的线性方程组. 因此，可以求得

$$g^{ij}=\frac{G_{ij}}{\Delta(g_{ij})} \tag{2.17.18}$$

式中，G_{ij} 为 g_{ij} 的余因子，而 $\Delta(g_{ij})$ 为 g_{ij} 行列式.

与基矢量 $\boldsymbol{e}^i$ 相对应的空间坐标系则为：$x_1,x_2,\cdots,x_n$. 同样可以得到元距离的表达式，即

$$\mathrm{d}s^2=\sum_{i=1}^{n}\sum_{j=1}^{n} g^{ij}(x_1,x_2,\cdots,x_n)\mathrm{d}x_i\mathrm{d}x_j \tag{2.17.19}$$

可见，仍得到黎曼空间.

任意矢量又可以表示为

$$\boldsymbol{A} = \sum_{i=1}^{n} A_i \boldsymbol{e}^i \tag{2.17.20}$$

基矢量 $\boldsymbol{e}^i$ 称为逆变基矢量，而 $\boldsymbol{e}_i$ 则称为协变基矢量.

我们来看看在黎曼空间中矢量模(绝对值)的表达式. 由式(2.17.20)，矢量可用逆变基矢量的分量表示，同样也可用协变基矢量表示为

$$\boldsymbol{A} = \sum_{j=1}^{n} A^j \boldsymbol{e}_j \tag{2.17.21}$$

于是得到矢量点乘积的定义，即

$$\boldsymbol{A} \cdot \boldsymbol{A} = \sum_{\substack{i=1 \\ j=1}}^{n} A^j \cdot A_i \boldsymbol{e}^i \cdot \boldsymbol{e}_j \tag{2.17.22}$$

将式(2.17.14)代入，即得

$$\boldsymbol{A} \cdot \boldsymbol{A} = \sum_{i=1}^{n} A^i \cdot A_i = A^i A_i \tag{2.17.23}$$

即将矢量的协变分量与逆变分量相乘.

现在就可以讨论标量(零阶张量)、矢量(一阶张量)及张量(二阶以上张量)在黎曼空间中的定义问题. 设有一函数 $f(x^1, x^2, \cdots, x^n)$，当坐标变换时，该函数在相应各点的值保持不变，即

$$f(x^1, x^2, \cdots, x^n) = \bar{f}(\bar{x}^1, \bar{x}^2, \cdots, \bar{x}^n) \tag{2.17.24}$$

则函数 $f(x^1, x^2, \cdots, x^n)$ 称为标量. 例如，在黎曼空间中，距离元是一个标量：

$$\begin{aligned} \mathrm{d}s^2 &= \sum_{i=1}^{n} \sum_{j=1}^{n} g_{ij}(x^1, x^2, \cdots, x^n) \mathrm{d}x^i \mathrm{d}x^j \\ &= \sum_{l=1}^{n} \sum_{k=1}^{n} \bar{g}_{lk}(x^1, x^2, \cdots, x^n) \mathrm{d}\bar{x}^l \mathrm{d}\bar{x}^k \end{aligned} \tag{2.17.25}$$

在黎曼空间中，逆变矢量、协变矢量的定义同 2.16 节中所述相同[见式(2.16.11)及式(2.16.16)]. 关于二阶张量的定义也一样，所以在本节中我们仅需补充一个 r 阶张量的另一种定义. 自然它与以前的定义是完全一致的，但是从物理学的观点看来，这个定义具有更重要的意义.

定义　n 维空间 r 个基矢量的并矢连同其系数组成一个 n 维空间 r 阶张量，如果基矢量(坐标系)变换时，它们在形式上保持不变.

我们将证明，这个定义是 2.16 节中从变换关系出发所作的定义的直接结果.

按上述定义，二阶张量写成

$$\boldsymbol{T} = T^{ij} \boldsymbol{e}_i \boldsymbol{e}_j = T_{ij} \boldsymbol{e}^i \boldsymbol{e}^j = T^i_j \boldsymbol{e}_i \boldsymbol{e}^j \tag{2.17.26}$$

而三阶张量则写成

$$\boldsymbol{T} = T^{ijk} \boldsymbol{e}_i \boldsymbol{e}_j \boldsymbol{e}_k = T_{ijk} \boldsymbol{e}^i \boldsymbol{e}^j \boldsymbol{e}^k = T^i_{jk} \boldsymbol{e}_i \boldsymbol{e}^j \boldsymbol{e}^k \tag{2.17.27}$$

上述张量中关于逆变、协变及混变的定义也同 2.16 节所述一致. 因此，T^{ij}，T^{ijk} 是逆变张量的分量，T_{ij}，T_{ijk} 是协变张量的分量，而 T^i_j，T^i_{jk} 则是混变张量的分量.

现在来利用 2.16 节中从变换关系出发对张量所下的定义证明张量的协变性(在坐标系变换时，张量在形式上保持不变). 我们以一个三阶混变张量作为例子.

考虑一个三阶混变张量：

$$\boldsymbol{T} = T^i_{jk} \boldsymbol{e}_i \boldsymbol{e}^j \boldsymbol{e}^k \tag{2.17.28}$$

按 2.16 节中所述的张量的分量的变换规则，我们有

$$\bar{T}^r_{pq} = \frac{\partial x^l}{\partial \bar{x}^p} \frac{\partial x^k}{\partial \bar{x}^q} \frac{\partial \bar{x}^r}{\partial x^i} T^i_{jk} \tag{2.17.29}$$

而基矢量的变换关系则为

$$\begin{cases} \underline{\boldsymbol{e}}^i = \sum\limits_{l=1}^{n} \dfrac{\partial \bar{x}^i}{\partial x^l}\boldsymbol{e}^l \\ \underline{\boldsymbol{e}}_i = \sum\limits_{j=1}^{n} \dfrac{\partial x^l}{\partial \bar{x}^i}\boldsymbol{e}_j \end{cases} \tag{2.17.30}$$

利用式(2.17.29)及式(2.17.30)可以得到

$$\begin{aligned} \underline{\boldsymbol{T}} = T^r_{pq}\boldsymbol{e}^p\boldsymbol{e}^q\boldsymbol{e}_r &= \sum \frac{\partial x^i}{\partial \bar{x}^p}\frac{\partial x^l}{\partial \bar{x}^q}\frac{\partial \bar{x}^r}{\partial x^l}\frac{\partial \bar{x}^p}{\partial x^m}\frac{\partial \bar{x}^q}{\partial x^n}\frac{\partial x^s}{\partial \bar{x}^r}T^{\ l}_{ij}\boldsymbol{e}^m\boldsymbol{e}^n\boldsymbol{e}_s \\ &\times \sum \delta^i_m\delta^j_n\delta^s_l T^{\ l}_{ij}\boldsymbol{e}^m\boldsymbol{e}^n\boldsymbol{e}_s = T^l_{ij}\boldsymbol{e}^i\boldsymbol{e}^j\boldsymbol{e}_l = \boldsymbol{T} \end{aligned} \tag{2.17.31}$$

式中,求和号表示对所有重复二次的标号进行求和.由于书写上的方便,将新坐标系中的基矢量等的一横写在下面.

式(2.17.31)表示,在坐标变换时,张量能保持形式上的不变.由此可以得到一个重要的物理结果:如果物理定律能写成张量形式,那么在任何坐标系中,该定律形式上保持不变.这在很多物理问题中,尤其是相对论理论中是很重要的.

2.18 关于张量一些性质的补充

在本节中我们将补充一些有关张量性质的内容,特别是将张量写成基矢量并矢形式时的一些性质.首先讨论二阶张量

$$\boldsymbol{AB} = A^iB^j\boldsymbol{e}_i\boldsymbol{e}_j = A_iB_j\boldsymbol{e}^i\boldsymbol{e}^j = A^iB_j\boldsymbol{e}_i\boldsymbol{e}^j \tag{2.18.1}$$

不难得到

$$\begin{cases} \overline{A}^i\overline{B}^j = \sum\limits_{r=1}^{n}\sum\limits_{s=1}^{n} \dfrac{\partial \bar{x}^i}{\partial x^r}\dfrac{\partial x^j}{\partial x^s}A^rB^s \\ \overline{A}_i\overline{B}_j = \sum\limits_{r=1}^{n}\sum\limits_{s=1}^{n} \dfrac{\partial x^r}{\partial \bar{x}^i}\dfrac{\partial x^s}{\partial \bar{x}^j}A_rB_s \\ \overline{A}^i\overline{B}_j = \sum\limits_{r=1}^{n}\sum\limits_{s=1}^{n} \dfrac{\partial \bar{x}^i}{\partial x^r}\dfrac{\partial x^s}{\partial \bar{x}^j}A^rB_s \end{cases} \tag{2.18.2}$$

对于一个三阶混变张量

$$\mathbf{A} = A^{ik}_j\boldsymbol{e}_i\boldsymbol{e}_k\boldsymbol{e}^j \tag{2.18.3}$$

如果有两个标号(一个上标,一个下标)相同,则有

$$\begin{aligned} \overline{A}^{ik}_k &= \sum_m\sum_n\sum_t \frac{\partial \bar{x}^i}{\partial x^m}\frac{\partial \bar{x}^k}{\partial x^n}\frac{\partial x^t}{\partial \bar{x}^k}A^{mn}_t \\ &= \sum_m\sum_n\sum_t \frac{\partial \bar{x}^i}{\partial x^m}\delta_n A^{mn}_t = \sum_{m,n}\frac{\partial \bar{x}^i}{\partial x^m}A^{mn}_n \\ &= \sum_m \frac{\partial \bar{x}^i}{\partial x^m}A^m = \overline{A}^i \end{aligned} \tag{2.18.4}$$

可见,这时分量 $\overline{A}^{ik}_k$ 的变换关系与矢量的变换关系相同,即三阶张量退化为一阶张量.在一般情况下,凡混变张量中有一个上标和一个下标相同,则张量就降低二阶,这称为张量的“缩并”(contraction).

对于二阶并矢张量

$$\boldsymbol{AB} = \sum_{ij} A^iB_j\boldsymbol{e}_i\boldsymbol{e}^j \tag{2.18.5}$$

如果 $i=j$，则有

$$\sum_{i=1}\sum_{j=1} A^i B_j \boldsymbol{e}_i \boldsymbol{e}^j = \sum_{i=j=1}^{n} A^i B_j \boldsymbol{e}_i \boldsymbol{e}^j = \sum_{i=1}^{n} A^i B_i \tag{2.18.6}$$

即二阶张量退化为一个标量，相当于矢量 $\boldsymbol{A}$ 与 $\boldsymbol{B}$ 的点乘积.

张量还可以通过上下标的移动而改变其性质，如

$$\boldsymbol{A} = \sum_{i,j} A_{ij} \boldsymbol{e}^i \boldsymbol{e}^j = \sum_{i,j,k} (A_{ik} g^{kj}) \boldsymbol{e}^i \boldsymbol{e}_j = \sum_{i,j,k,m} (A_{ik} g^{im} g^{kj}) \boldsymbol{e}_m \boldsymbol{e}_j \tag{2.18.7}$$

即可以将一个协变张量化为一个逆变张量或混变张量. 凡将下标移到上标的称为升指标，而将上标移到下标的称为降指标. 这些变化都需要通过协变基矢量及逆变基矢量的变换来实现.

可见张量上下指标的移动，实际上相当于将张量从协变（逆变）基矢量系变换到逆变（协变）基矢量系中去.

其次我们来讨论几个重要的张量. 先看最简单的例子：

$$\delta_j^i = \boldsymbol{e}^i \cdot \boldsymbol{e}_j \tag{2.18.8}$$

它是一个二阶张量，因为

$$\sum_{j=1}^{n} \delta_j^i A^j = A^i \tag{2.18.9}$$

g^{ij} 及 g_{ij} 也是二阶张量，称为黎曼空间的度规张量：

$$\begin{cases} g_{ij} = \boldsymbol{e}_i \cdot \boldsymbol{e}_j \\ g^{ij} = \boldsymbol{e}^i \cdot \boldsymbol{e}^j \end{cases} \tag{2.18.10}$$

不难得到，对于仿射正交坐标系有

$$g^{ij} = g_{ij} = \begin{pmatrix} 1 & 0 & 0 & \cdots & 0 \\ 0 & 1 & 0 & \cdots & 0 \\ 0 & 0 & 1 & \cdots & 0 \\ & & \cdots\cdots & & \\ 0 & 0 & 0 & \cdots & 1 \end{pmatrix} \tag{2.18.11}$$

即在仿射正交坐标系中它们是一个单位张量.

另一个重要的张量

$$\varepsilon^{ijlm} \quad (i,j,l,m = 0,1,2,3) \tag{2.18.12}$$

是四维空间的四阶张量. 它有以下的性质：

$$\varepsilon^{ijlm} = \begin{cases} 1 & (\text{当指标交换次数为偶数}) \\ 0 & (\text{当指标交换次数为奇数}) \end{cases} \tag{2.18.13}$$

由于 $4! = 24$，所以张量 ε^{ijlm} 有 24 个元素，虽然它们不是 1 就是 0.

在结束本章时，我们给出在黎曼空间中有关矢量的运算公式：

$$\nabla \phi = \frac{\partial \phi}{\partial x^i} \boldsymbol{e}^i = \frac{\partial \phi}{\partial x^i} g^{ik} \boldsymbol{e}_i \tag{2.18.14}$$

$$\nabla \cdot \boldsymbol{A} = \frac{1}{\sqrt{g}} \frac{\partial \phi}{\partial x^i} (\sqrt{g} A^i) \tag{2.18.15}$$

$$\nabla^2 \phi = \nabla \cdot \nabla \phi = \frac{1}{\sqrt{g}} \frac{\partial}{\partial x^i} \left(\sqrt{g} g^{ik} \frac{\partial \phi}{\partial x^k} \right) \tag{2.18.16}$$

$$(\nabla \times \boldsymbol{A})_{ik} = \frac{\partial A_i}{\partial x^k} - \frac{\partial A_k}{\partial x^i} \tag{2.18.17}$$

式中，$g = |g^{ik}|$.

对于正交坐标系

$$\begin{cases} g_{ik} = h_i^2 \delta_{ik} \\ g^{ik} = \dfrac{1}{h_i^2} \delta_{ik} \end{cases} \tag{2.18.18}$$

式中，度量系数为

$$h_i^2 = g_{ij} \tag{2.18.19}$$

而由基矢量可以得到单位矢量

$$\boldsymbol{i}_i = \frac{1}{h_i} \boldsymbol{e}_i = h_i \boldsymbol{e}^i \tag{2.18.20}$$

注意，式(2.18.20)中不对重复的指标求和.

有关的公式化为

$$\nabla \phi = \frac{1}{h_i} \frac{\partial \phi}{\mathrm{d} x_i} \boldsymbol{i}_i \tag{2.18.21}$$

$$\nabla \cdot \boldsymbol{A} = \frac{1}{h_1 h_2 h_3} \frac{\partial}{\partial x_i} \left(\frac{h_1 h_2 h_3}{h_i} A_i \right) \tag{2.18.22}$$

$$\nabla^2 \phi = \frac{1}{h_1 h_2 h_3} \frac{\partial}{\partial x_i} \left(\frac{h_1 h_2 h_3}{h_i} \frac{\partial \phi}{\partial x_i} \right) \tag{2.18.23}$$

$$\nabla \times \boldsymbol{A} = g_{ijk} \boldsymbol{i}_i \left(\frac{h_i}{h_1 h_2 h_3} \frac{\partial}{\partial x_j} h_k A_k \right) \tag{2.18.24}$$

第3章 δ函数和格林函数

3.1 引言

在相对论电子学中，我们要处理的是大量的自由电子. 在经典物理学的范畴内，习惯于把电子当作粒子(质点)来看，这就遇到了熟知的在电子所在点场的发散问题. 众所周知，在这种情况下，一般采用狄拉克 δ 函数进行数学处理. 此外，当描述电子在相空间的分布及运动时，也常常采用 δ 函数. 可以指出，δ 函数的应用在相对论电子学中非常广泛. 因此，对 δ 函数有一个较系统的认识是学习本书后面内容所必不可少的.

同第2章一样，在本章中，我们试图就 δ 函数给出一个较完整的概念，同时讨论一些常用的有关 δ 函数的计算公式. 对于与 δ 函数有关的，而且在本书中也要常用到的阶跃函数(Θ 函数)，也给出必要的讨论.

3.2 阶跃函数和 δ 函数的定义

在物理学和电子学中，经常遇到这样的函数：

$$\Theta(x)=\begin{cases}\dfrac{1}{2} & (x>0)\\[2ex] -\dfrac{1}{2} & (x<0)\end{cases} \tag{3.2.1}$$

这种函数称为阶跃函数. 阶跃函数 $\Theta(x)$ 在 $x=0$ 时有一个间断点.

用坐标平移的办法，函数(3.2.1)可改写成

$$\Theta(x)=\begin{cases}1 & (x>0)\\ 0 & (x<0)\end{cases} \tag{3.2.2}$$

函数(3.2.2)可用如图3.2.1(a)所示的图形表示，它相当于一个持续的电压，在 $x=0$ 时，突然加上.

如果电压不是突然加上，而是如图3.2.1(b)所示，从零线性上升而加到1的，我们可以看到，电压的时间变化率为

$$\frac{\Delta\Theta(x)}{\Delta x}=\frac{1}{\tau} \tag{3.2.3}$$

如图3.2.1(c)所示，此图为一矩形脉冲，宽度为 τ，高度为 $1/\tau$. 这种脉冲的能量为其宽度与高度的乘积，即其面积.

随着 τ 的减小，如图3.2.1(c)所示脉冲宽度变窄，高度增大，但其面积可保持不变. 在极限情况下，$\tau\to 0$，即脉冲宽度趋于零，而高度趋于无限大. 由此可以得到 $\delta(x)$ 函数为

$$\delta(x)=\lim_{\tau\to 0}\left[\frac{\Delta\Theta(x)}{\Delta x}\right]=\frac{\mathrm{d}\Theta(x)}{\mathrm{d}x} \tag{3.2.4}$$

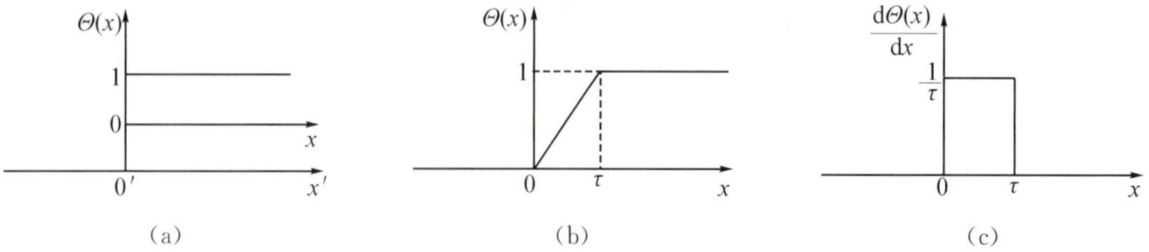

图 3.2.1 阶跃函数

可见 δ 函数可通过阶跃函数来定义，换句话说，$\delta(x)$ 函数定义为一个不连续函数的导数.

于是可以得到 $\delta(x)$ 函数的另一个定义：

$$\int_{-\infty}^{\infty} \delta(x) = \int_{-\infty}^{\infty} \left[\frac{\mathrm{d}\Theta(x)}{\mathrm{d}x}\right]\mathrm{d}x = 1 \tag{3.2.5}$$

以上定义的 δ 函数，从物理应用上来说已可接受. 但从数学上来讲，还不够严格. 事实上，由以上所述可以看到，无论是方程(3.2.4)还是方程(3.2.5)，都涉及不连续函数的微分及积分的问题. 因此，这两个方程已不能用通常的连续函数的微分和黎曼积分的概念来理解. 为了更严格地讨论 δ 函数的问题，可以引用斯蒂尔切斯积分的概念.

斯蒂尔切斯积分定义如下：

$$I = \int_a^b f(x)\mathrm{d}\Phi(x) = \lim_{n\to\infty}\sum_{k=1}^{n} f\left[a + k\left(\frac{b-a}{n}\right)\right] \cdot \Delta\Phi\left[a + k\left(\frac{b-a}{n}\right)\right] \tag{3.2.6}$$

如果函数 $\Phi(x)$ 连续可微，则有

$$\mathrm{d}\Phi(x) = \Phi'(x)\mathrm{d}x \tag{3.2.7}$$

则斯蒂尔切斯积分化为通常的黎曼积分，即

$$I = \int_a^b f(x)\Phi'(x)\mathrm{d}x \tag{3.2.8}$$

但式(3.2.6)并不限于 $\Phi(x)$ 为连续函数，对于 $\Phi(x)$ 为不连续的情况，也使积分具有确定的意义.

一个典型的例子是式(3.2.4)、式(3.2.5)所述的阶跃函数. 因为阶跃函数 $\Theta(x)$ 除 $x=0$ 点以外，在所有其他点增量都等于零[$\Delta\Theta(x)=0$]，而在 $x=0$ 这点，其增量为 1，即

$$\Delta\Theta(0) = 1 \tag{3.2.9}$$

在 $x=0$ 点函数 $\Theta(x)$ 不连续，代入积分式(3.2.6)可得

$$\int_a^b f(x)\mathrm{d}\Theta(x) = \lim_{n\to\infty}\sum_{k=1}^{n} f(x_k)\Delta\Theta(x_k) = f(0) \tag{3.2.10}$$

当 $f(x)=1$ 时，式(3.2.10)右边即为 1，即得式(3.2.5).

可见，通过斯蒂尔切斯积分，我们可将 δ 函数定义为一个不连续函数(在此处为阶跃函数)的导数.

由式(3.2.10)，令 $f(x)=1$，我们又可得到阶跃函数的一个性质：

$$\int_a^b \Theta'(x)\mathrm{d}x = 1 \tag{3.2.11}$$

3.3 δ 函数的另一种定义

上面的 δ 函数用不连续函数通过斯蒂尔切斯积分来定义(见本篇参考文献[9]). δ 函数也可以通过连续函数用极限过渡的方法来定义.

为此，我们来考查函数

$$\gamma(x,\alpha)=\frac{1}{\pi}\int_0^\infty \mathrm{e}^{-\alpha k}\frac{\sin kx}{k}\mathrm{d}k=\frac{1}{\pi}\arctan\frac{x}{\alpha} \tag{3.3.1}$$

它是参量 $\alpha>0$ 时 x 的连续函数. 将上述函数对 x 求导数:

$$\delta(x,\alpha)=\gamma'(x,\alpha)=\frac{1}{\pi}\int_0^\infty \mathrm{e}^{-\alpha k}\cos kx\mathrm{d}k=\frac{1}{\pi}\frac{\alpha}{(\alpha^2+x^2)} \tag{3.3.2}$$

式中,"′"表示对 x 求导数.

不难证明:

$$\lim_{\alpha\to 0}\gamma(x,\alpha)=\begin{cases}\dfrac{1}{2} & (x>0)\\ -\dfrac{1}{2} & (x<0)\end{cases} \tag{3.3.3}$$

$$\lim_{\alpha\to 0}\delta(x,\alpha)=\begin{cases}0 & (x\neq 0)\\ \infty & (x=0)\end{cases} \tag{3.3.4}$$

即当对参数 α 取极限时,所得结果与上一节所述的阶跃函数一致. 而且有

$$\lim_{\alpha\to 0}\int_a^b \delta(x,\alpha)\mathrm{d}x=1 \tag{3.3.5}$$

事实上,由式(3.3.2)我们有

$$\lim_{\alpha\to 0}\left[\int_a^b \delta(x,\alpha)\mathrm{d}x\right]=\lim_{\alpha\to 0}\left[\frac{1}{\mathrm{j}\,\pi}\int_a^b \frac{\alpha}{(\alpha+\mathrm{j}x)(\alpha-\mathrm{j}x)}\mathrm{dj}x\right]=1 \tag{3.3.6}$$

式(3.3.6)的积分路径如图 3.3.1 所示.

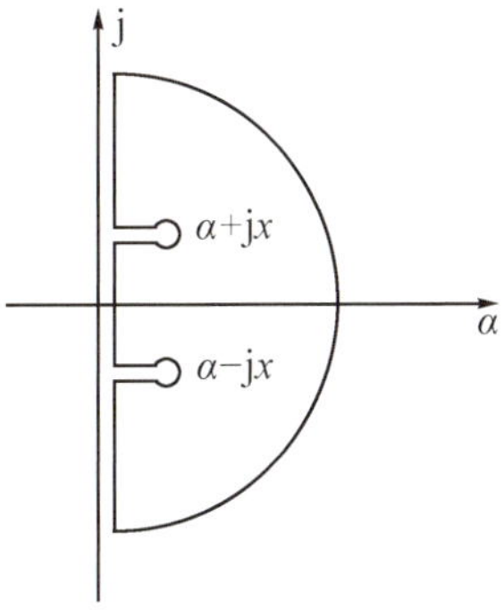

图 3.3.1 δ 函数的积分表达式的积分路径

因此,可以引入 δ 函数的新定义:

$$\delta(x)=\lim_{\alpha\to 0}\delta(x,\alpha)=\lim_{\alpha\to 0}[\gamma'(x,\alpha)] \tag{3.3.7}$$

这里要说明的是取极限应在积分之后进行. 类似地,有

$$\begin{aligned}\int_a^b f(x')\delta(x'-x)\mathrm{d}x'&=\lim_{\alpha\to 0}\int_a^b f(x')\delta(x'-x,\alpha)\mathrm{d}x'\\&=f(x)\quad(a<x<b)\end{aligned} \tag{3.3.8}$$

将式(3.3.2)代入式(3.3.8),得

$$\lim_{\alpha\to 0}\int_a^b f(x')\delta(x'-x,\alpha)\mathrm{d}x'=\frac{1}{\pi}\int_0^\infty \mathrm{d}k\int_a^b f(x')\cos k(x'-x)\mathrm{d}x=f(x) \tag{3.3.9}$$

注意式(3.3.9)的后面两个等式,是一个有限傅里叶(Fourier)积分公式.

利用辅助函数 $\delta(x,\alpha)$ 的导数的性质,可以得到 δ 函数导数积分的有关公式. $\delta(x,\alpha)$ 的导数由下式给出:

$$\frac{\partial}{\partial x}\delta(x,\alpha)=-\frac{1}{\pi}\int_0^\infty \mathrm{e}^{-\alpha k}\sin kx\mathrm{d}k=-\frac{2\alpha x}{\pi(\alpha^2+x^2)^2} \tag{3.3.10}$$

因而

$$\int_a^b f(x')\frac{\partial\delta(x'-x)}{\partial x'}\mathrm{d}x'=\lim_{\alpha\to 0}\int_a^b f(x')=\frac{\partial\delta(x'-x,\alpha)}{\partial x'}\mathrm{d}x' \tag{3.3.11}$$

利用分部积分,即可得到

$$\int_a^b f(x')\delta'(x'-x)\mathrm{d}x'=-\frac{\partial f(x)}{\partial x}=-f'(x)\quad(a<x<b) \tag{3.3.12}$$

式(3.3.12)可以推广到高次导数的情形:

$$\int_a^b f(x')\delta^{(n)}(x'-x)\mathrm{d}x=(-1)^n f^{(n)}(x)\quad(a<x<b) \tag{3.3.13}$$

这里要说明的是,辅助函数 $\gamma(x,\alpha)$ 的具体形式的选择并不重要,重要的是辅助函数在其参数 α 取极限时,应具有以上所述的一些性质. 因此,如果将辅助函数 $\gamma(x)$ 选为

$$\gamma(x)=\frac{1}{\pi}\int_0^\infty \frac{\sin kx}{k}\mathrm{d}k \tag{3.3.14}$$

此即在式(3.3.1)中直接令 $\alpha=0$. 这样就可以得到以下的关系式:

$$\delta(x)=\gamma'(x)=\frac{1}{\pi}\int_0^\infty \cos kx\mathrm{d}k=\frac{1}{2\pi}\int_{-\infty}^\infty \mathrm{e}^{\mathrm{j}kx}\mathrm{d}k \tag{3.3.15}$$

$$\delta'(x)=-\frac{1}{\pi}\int_0^\infty k\sin kx\mathrm{d}k=\frac{1}{2\pi}\int_{-\infty}^\infty \mathrm{j}k\mathrm{e}^{\mathrm{j}kx}\mathrm{d}k \tag{3.3.16}$$

得到上面两个公式时,利用了被积函数是偶函数的性质. 上两式有重要的实用意义.

3.4 δ 函数的展开式

在很多情况下,需要将 δ 函数用级数展开,我们来研究这个问题. 设有一正交归一化函数系 $\varphi_n(x)$,即有

$$\int_a^b \varphi_m^*(x)\varphi_n(x)\mathrm{d}x=\delta_{mn} \tag{3.4.1}$$

式中

$$\delta_{mn}=\begin{cases}1 & (m=n)\\ 0 & (m\neq n)\end{cases} \tag{3.4.2}$$

现在要将 $\delta(x)$ 函数按此函数系 $\varphi_n(x)$ 展开:

$$\delta(x'-x)=\sum_k^\infty \alpha_k\varphi_k(x) \tag{3.4.3}$$

式中,展开系数为

$$\alpha_k=\int_a^b \delta(x'-x)\varphi_k^*(x')\mathrm{d}x' \tag{3.4.4}$$

代入式(3.4.3),得

$$\delta(x)=\sum_{k=1}^\infty\int_a^b \delta(x'-x)\varphi_k^*(x')\varphi_k(x)\mathrm{d}x' \tag{3.4.5}$$

我们举几个有重要实际意义的例子. 第一个例子是三角函数系:

$$\varphi_n(x)=\frac{1}{\sqrt{2l}}\mathrm{e}^{\mathrm{j}\frac{\pi}{l}nx} \tag{3.4.6}$$

它是间隔 $-l\leqslant x\leqslant l$ 的周期性函数. 在式(3.4.6)中,$n=0,\pm1,\pm2,\cdots$.

由于

$$\alpha_k=\int_a^b \delta(x'-x)\frac{1}{\sqrt{2l}}\mathrm{e}^{-\mathrm{j}\frac{\pi}{l}nx'}\mathrm{d}x'=\frac{1}{\sqrt{2l}}\mathrm{e}^{-\mathrm{j}\frac{\pi}{l}nx} \tag{3.4.7}$$

因此得

$$\delta(x'-x)=\sum_{n=-\infty}^{\infty}\frac{1}{2l}\mathrm{e}^{-\mathrm{j}\frac{\pi}{l}n(x'-x)} \tag{3.4.8}$$

令

$$k=\frac{\pi}{l}n,\Delta k=\frac{\pi}{l}\Delta n \tag{3.4.9}$$

类似于由傅里叶级数向傅里叶积分的转换，可以得到

$$\delta(x'-x)=\frac{1}{2\pi}\int_{-\infty}^{\infty}\mathrm{e}^{\mathrm{j}k(x'-x)}\mathrm{d}k \tag{3.4.10}$$

又可得到

$$\delta(x)=\frac{1}{2\pi}\int_{-\infty}^{\infty}\mathrm{e}^{\mathrm{j}kx}\mathrm{d}k \tag{3.4.11}$$

与式(3.3.16)一致，我们得到 δ 函数的傅里叶积分.

对于三角级数，过渡到连续谱，我们即有

$$\begin{cases}\varphi(k,x)=\dfrac{1}{\sqrt{2\pi}}\mathrm{e}^{\mathrm{j}kx}\\ \varphi^*(k,x)=\dfrac{1}{\sqrt{2\pi}}\mathrm{e}^{-\mathrm{j}kx}\end{cases} \tag{3.4.12}$$

正交归一化条件为

$$\int_{-\infty}^{\infty}\varphi^*(k',x)\varphi(k,x)\mathrm{d}x=\frac{1}{2\pi}\int_{-\infty}^{\infty}\mathrm{e}^{-\mathrm{j}(k'-k)x}\mathrm{d}x=\delta(k'-k) \tag{3.4.13}$$

可见这时 Kronecker(克罗内克)符号转化为 δ 函数.

第二个例子我们考虑对贝塞尔(Bessel)函数的展开. 在 $0\leqslant r\leqslant R$ 域内，贝塞尔正交归一化系数为

$$\varphi_n(r)=\frac{\sqrt{2r}\,\mathrm{J}_m\left(x_n\dfrac{r}{R}\right)}{R\mathrm{J}'_m(x_n)} \tag{3.4.14}$$

式中

$$\mathrm{J}'_m(x)=\frac{\partial \mathrm{J}_m(x)}{\partial x} \tag{3.4.15}$$

x_n 是以下方程的根：

$$\mathrm{J}_m(x)=0 \tag{3.4.16}$$

而 R 是一个常数.

这样 δ 函数可以展开为

$$\delta(r'-r)=\sum_{n=0}^{\infty}\frac{2\sqrt{rr'}}{R^2}\frac{\mathrm{J}_m\left(x_n\dfrac{r'}{R}\right)\mathrm{J}_m\left(x_n\dfrac{r}{R}\right)}{\mathrm{J}'^2_m(x_n)} \tag{3.4.17}$$

当过渡到连续谱的情况时，有

$$\delta(r'-r)=\sqrt{rr'}\int_0^{\infty}k\mathrm{J}_m(kr)\mathrm{J}_m(kr')\mathrm{d}k\quad(0\leqslant r,r'<\infty) \tag{3.4.18}$$

由此，我们可以得到熟知的傅里叶-贝塞尔积分式：

$$\begin{aligned}f(r)&=\int_0^{\infty}\sqrt{\frac{r'}{r}}f(r')\delta(r'-r)\mathrm{d}r\\&=\int_0^{\infty}k\mathrm{d}k\int_0^{\infty}r'f(r')\mathrm{J}_m(kr)\mathrm{J}_m(kr')\mathrm{d}r\quad(r>0)\end{aligned} \tag{3.4.19}$$

在特殊条件下，当 $r=0, m=0$ 时，式(3.4.18)化为

$$\delta(r')=r'\int_0^{\infty} kJ_0(kr')\mathrm{d}k \tag{3.4.20}$$

3.5 n 维空间的 δ 函数

上面关于一维 δ 函数的定义和理论可以推广到 n 维空间去. 仿照一维空间 δ 函数的定义，n 维 δ 函数的定义为

$$\int_{a_1}^{b_1}\mathrm{d}x_1'\int_{a_2}^{b_2}\mathrm{d}x_2'\int_{a_3}^{b_3}\mathrm{d}x_3'\cdots\delta(x_1'-x_1, x_2'-x_2,\cdots)=1 \quad (a_1<x_1<b_1,\cdots) \tag{3.5.1}$$

$$\delta(x_1'-x_1, x_2'-x_2,\cdots)=0 \quad (x_1'\neq x_1,\cdots) \tag{3.5.2}$$

利用 3.4 节将 δ 函数展成傅里叶积分的公式(3.4.10)可以得到

$$\begin{aligned}\delta(x_1,x_2,\cdots,x_n)&=\frac{1}{(2\pi)^n}\int_{-\infty}^{\infty}\mathrm{d}k_1\int_{-\infty}^{\infty}\mathrm{d}k_2\cdots\int_{-\infty}^{\infty}\mathrm{d}k_n\,\mathrm{e}^{\mathrm{j}\sum_{i=1}^{n}k_ix_i}\\&=\delta_1(x_1)\delta_2(x_2)\cdots\delta_n(x_n)\end{aligned} \tag{3.5.3}$$

式(3.5.3)的重要意义是：n 维 δ 函数等于 n 个一维 δ 函数的积.

特别是在三维条件下，我们有

$$\delta(\boldsymbol{r})=\delta(x_1)\delta(x_2)\delta(x_3)=\frac{1}{(2\pi)^3}\int_{-\infty}^{\infty}\mathrm{e}^{\mathrm{j}\boldsymbol{k}\cdot\boldsymbol{r}}(\mathrm{d}\boldsymbol{k}) \tag{3.5.4}$$

式中

$$(\mathrm{d}\boldsymbol{k})=\mathrm{d}x_1\mathrm{d}x_2\mathrm{d}x_3 \tag{3.5.5}$$

3.6 有关 δ 函数的一些重要公式

在本节中，我们列出一些有关 δ 函数的重要公式，以备需要时查用，但不作证明. 利用以上所述 δ 函数的理论，要证明以下一些公式是不困难的.

$$\delta(-x)=\delta(x) \tag{3.6.1}$$

$$\delta'(-x)=-\delta'(x) \tag{3.6.2}$$

$$f(x')\delta(x'-x)=f(x)\delta(x'-x) \tag{3.6.3}$$

$$x\delta(x)=0 \tag{3.6.4}$$

$$\delta[\varphi(x)]=\sum_s\frac{\delta(x-x_s)}{|\varphi'(x_s)|} \tag{3.6.5}$$

式中，x_s 是 $\varphi(x)=0$ 的根.

$$\delta(ax)=\frac{\delta(x)}{|a|} \tag{3.6.6}$$

$$\delta(x^2-a^2)=\frac{\delta(x-a)+\delta(x+a)}{2|x|} \tag{3.6.7}$$

$$\lim_{a\to 0}\delta(x^2-a^2)=\frac{\delta(x)}{|x|} \tag{3.6.8}$$

$$|x|\delta(x^2)=\delta(x) \tag{3.6.9}$$

$$\frac{\mathrm{d}\ln(x)}{\mathrm{d}x}=\frac{1}{x}-\mathrm{j}\pi\delta(x) \tag{3.6.10}$$

$$\int_a^b f(x)\delta[\varphi(x)]\mathrm{d}x=\sum_s \frac{f(x_s)}{|\varphi'(x_s)|} \tag{3.6.11}$$

最后,我们还要讨论一下当坐标系变换时,δ 函数的转换问题. 设任意曲面正交坐标系(ξ_1,ξ_2,ξ_3)与直角坐标系(x_1,x_2,x_3)有以下关系:

$$\begin{cases}\xi_1=\xi_1(x_1,x_2,x_3)\\ \xi_2=\xi_2(x_1,x_2,x_3)\\ \xi_3=\xi_3(x_1,x_2,x_3)\end{cases} \tag{3.6.12}$$

由于

$$\int\delta(x-x')\mathrm{d}x=\int\delta(\xi-\xi')h_1\mathrm{d}\xi_1 h_2\mathrm{d}\xi_2 h_3\mathrm{d}\xi_3 \tag{3.6.13}$$

由此得出

$$\begin{aligned}\delta(x-x')&=\delta(x_1-x_1')\delta(x_2-x_2')\delta(x_3-x_3')\\&=\frac{1}{|D(x_i,\xi_i)|}\delta(\xi_1-\xi_1')\delta(\xi_2-\xi_2')\delta(\xi_3-\xi_3')\end{aligned} \tag{3.6.14}$$

式中,$D(x_i,\xi_i)$为雅可比(Jacobi)行列式.

按方程(3.6.14),对于圆柱坐标系,可得

$$\delta(r-r_0)\delta(z-z_0)=\frac{1}{r}\delta(r-r_0)\delta(\theta-\theta_0)\delta(z-z_0) \tag{3.6.15}$$

而对于球坐标系,可得

$$\delta(R-R_0)=\frac{1}{R^2\sin\theta}\delta(R-R_0)\delta(\theta-\theta_0)\delta(\varphi-\varphi_0) \tag{3.6.16}$$

对于任何其他坐标系,均可按方程(3.6.14)求出.

3.7 由 δ 函数定义格林函数

可以利用 δ 函数定义格林(Green)函数,并且由此又可以得到二阶常系数微分方程的一种解法. 设有一非齐次常系数二阶线性微分方程为

$$\mathscr{L}[\varphi(\boldsymbol{x})]=-\rho(\boldsymbol{x}) \tag{3.7.1}$$

式中,$\boldsymbol{x}=(x_1,x_2,\cdots,x_n)$为 n 维变量,$\varphi(\boldsymbol{x})$为待求函数,$\rho(\boldsymbol{x})$为源函数,$\mathscr{L}$ 为线性算符,即

$$\mathscr{L}=a_0+\sum_{i=1}^n a_i\frac{\partial}{\partial x_i}+\sum_{\substack{i=1\\j=1}}^n a_{ij}\frac{\partial^2}{\partial x_i\partial x_j} \tag{3.7.2}$$

式(3.7.1)的解可以写成以下的形式:

$$\varphi(\boldsymbol{x})=-\mathscr{L}^{-1}[\rho(\boldsymbol{x})] \tag{3.7.3}$$

显然,这只是一种形式解,但以后可以看到,借助于 δ 函数,可以得到一种有用的解法.

利用 δ 函数的性质,源函数可以写成

$$\rho(\boldsymbol{x})=\int\rho(\boldsymbol{x}')\delta(\boldsymbol{x}'-\boldsymbol{x})\mathrm{d}\boldsymbol{x}' \tag{3.7.4}$$

注意,式(3.7.4)中 $\boldsymbol{x}'$表示源点,$\boldsymbol{x}$ 表示观察点. 将式(3.7.4)代入式(3.7.3)可得

$$\varphi(\boldsymbol{x}) = -\mathscr{L}^{-1}\left[\int \rho(\boldsymbol{x}')\delta(\boldsymbol{x}'-\boldsymbol{x})\mathrm{d}\boldsymbol{x}'\right]$$
$$= -\int \rho(\boldsymbol{x}')\mathscr{L}^{-1}[\delta(\boldsymbol{x}'-\boldsymbol{x})]\mathrm{d}\boldsymbol{x}' \tag{3.7.5}$$

式(3.7.5)中的反演算符$\mathscr{L}^{-1}$是对观察点变量 $\boldsymbol{x}$ 进行的. 因此,如定义

$$-\mathscr{L}^{-1}[\delta(\boldsymbol{x}'-\boldsymbol{x})] = G(\boldsymbol{x}',\boldsymbol{x}) \tag{3.7.6}$$

为格林函数,则式(3.7.5)就可写成

$$\varphi(\boldsymbol{x}) = \int \rho(\boldsymbol{x}')G(\boldsymbol{x}',\boldsymbol{x})\mathrm{d}\boldsymbol{x}' \tag{3.7.7}$$

由式(3.7.6)可以得到

$$\mathscr{L}[G(\boldsymbol{x}',\boldsymbol{x})] = -\delta(\boldsymbol{x}'-\boldsymbol{x}) \tag{3.7.8}$$

可见格林函数满足源函数为 δ 函数的式(3.7.1).

由以上所述可见,我们采用了用算符来除的运算. 严格地讲,用算符除的运算是非单值的,因此,在式(3.7.7)右边,可加以格林函数的非奇异部分 $G_0(\boldsymbol{x}',\boldsymbol{x})$,即

$$\mathscr{L}[G_0(\boldsymbol{x}',\boldsymbol{x})] = 0 \tag{3.7.9}$$

函数 $G_0(\boldsymbol{x}',\boldsymbol{x})$可以由边界条件、初始条件等来确定.

我们来详细地看看用算符除的定义. 为此利用 δ 函数的展开式

$$\delta(\boldsymbol{x}'-\boldsymbol{x}) = \frac{1}{(2\pi)^n}\int \mathrm{d}\boldsymbol{k}\,\mathrm{e}^{\mathrm{j}\sum\limits_{i=1}^{n}k_i(x_i'-x_i)} \tag{3.7.10}$$

式中

$$\mathrm{d}\boldsymbol{k} = \prod_{i=1}^{n}\mathrm{d}k_i \tag{3.7.11}$$

将式(3.7.10)代入式(3.7.6),得

$$G(\boldsymbol{x}',\boldsymbol{x}) = \frac{-1}{(2\pi)^n}\int \mathrm{d}\boldsymbol{k}\cdot\mathscr{L}^{-1}\left[\mathrm{e}^{\mathrm{j}\sum\limits_{i=1}^{n}k_i(x_i'-x_i)}\right] \tag{3.7.12}$$

由式(3.7.2)定义的算符$\mathscr{L}$相当于线性微分运算,因此,用算符$\mathscr{L}$来除就相当于相应的线性积分运算. 由于被运算的函数为指数函数,这样就使运算得以方便地进行. 由于

$$\mathscr{L}\left[\mathrm{e}^{\mathrm{j}\sum\limits_{i=1}^{n}k_i(x_i'-x_i)}\right] = \mathrm{e}^{\mathrm{j}\sum\limits_{i=1}^{n}k_i(x_i'-x_i)}\times\left[a_0+\sum_{i=1}^{n}\mathrm{j}k_ia_i+\sum_{\substack{i=1\\j=1}}^{n}(\mathrm{j}k_ik_j)a_{ij}\right] \tag{3.7.13}$$

因此,相应的逆运算(用算符来除)就为

$$\mathscr{L}^{-1}\left[\mathrm{e}^{\mathrm{j}\sum\limits_{i=1}^{n}k_i(x_i'-x_i)}\right] = \frac{\mathrm{e}^{\mathrm{j}\sum\limits_{i=1}^{n}k_i(x_i'-x_i)}}{\left[a_0+\sum\limits_{i=1}^{n}\mathrm{j}k_ia_i+\sum\limits_{\substack{i=1\\j=1}}^{n}(\mathrm{j}k_ik_j)a_{ij}\right]} \tag{3.7.14}$$

上面曾指出,格林函数还要再加上非奇异部分,因此可以写成

$$G(\boldsymbol{x}',\boldsymbol{x}) = G_1(\boldsymbol{x}',\boldsymbol{x}) + G_0 \tag{3.7.15}$$

式中,$G_1(\boldsymbol{x}',\boldsymbol{x})$由式(3.7.12)求得.

将式(3.7.14)代入式(3.7.12)就可得到格林函数

$$G(\boldsymbol{x}',\boldsymbol{x}) = \frac{-1}{(2\pi)^n}\int \mathrm{d}\boldsymbol{k}\frac{e^{\mathrm{j}\sum\limits_{i=1}^{n}k_i(x_i'-x_i)}}{\left[a_0+\sum\limits_{i=1}^{n}\mathrm{j}k_ia_i+\sum\limits_{i=1}^{n}\sum\limits_{j=1}^{n}(\mathrm{j}k_ik_j)a_{ij}\right]} \tag{3.7.16}$$

利用以上结果,我们来看看三维泊松(Poisson)方程的求解. 待求的方程为

$$\mathscr{L}[\varphi(\boldsymbol{x})]=\frac{\mathrm{d}^2\varphi}{\mathrm{d}x_1^2}+\frac{\mathrm{d}^2\varphi}{\mathrm{d}x_2^2}+\frac{\mathrm{d}^2\varphi}{\mathrm{d}x_3^2}=-\rho(\boldsymbol{x})/\varepsilon_0 \tag{3.7.17}$$

三维 δ 函数写成

$$\delta(\boldsymbol{x}'-\boldsymbol{x})=\frac{1}{8\pi^3}\int \mathrm{e}^{\mathrm{j}\boldsymbol{k}\cdot(\boldsymbol{x}'-\boldsymbol{x})}\mathrm{d}\boldsymbol{k} \tag{3.7.18}$$

式中

$$\begin{cases}\boldsymbol{k}\cdot(\boldsymbol{x}'-\boldsymbol{x})=k_1(x_1'-x_1)+k_2(x_2'-x_2)+k_3(x_3'-x_3)\\ \mathrm{d}\boldsymbol{k}=\mathrm{d}k_1\mathrm{d}k_2\mathrm{d}k_3\end{cases} \tag{3.7.19}$$

于是格林函数的奇异部分即为

$$G_1(\boldsymbol{x}',\boldsymbol{x})=\frac{1}{8\pi^3}\int\frac{\mathrm{e}^{\mathrm{j}\boldsymbol{k}\cdot(\boldsymbol{x}'-\boldsymbol{x})}}{k^2}\mathrm{d}\boldsymbol{k} \tag{3.7.20}$$

式中，$k^2=k_1^2+k_2^2+k_3^2$.

如果考虑的是自由空间，则可令 $G_0=0$，上面求得的就是格林函数 $G(\boldsymbol{x}',\boldsymbol{x})$.

如在 $\boldsymbol{k}$ 空间中引进球坐标(k,θ,φ)，有

$$\begin{cases}k=\sqrt{k_1^2+k_2^2+k_3^2}\\ \mathrm{d}\boldsymbol{k}=k^2\mathrm{d}k\sin\theta\mathrm{d}\theta\mathrm{d}\varphi\end{cases} \tag{3.7.21}$$

并把 k_3 轴指向矢量 $\boldsymbol{R}=\boldsymbol{x}-\boldsymbol{x}'$ 的方向，则式(3.7.20)的积分可化为

$$G=\frac{1}{8\pi^3}\int_0^\infty \mathrm{d}k\int_0^\pi \sin\theta\mathrm{e}^{\mathrm{j}kR\cos\theta}\mathrm{d}\theta\int_0^{2\pi}\mathrm{d}\varphi \tag{3.7.22}$$

利用等式

$$\int_0^\pi \sin\theta\mathrm{e}^{\mathrm{j}kR\cos\theta}\mathrm{d}\theta\int_0^{2\pi}\mathrm{d}\varphi=4\pi\frac{\sin kR}{kR} \tag{3.7.23}$$

可以得到

$$G=\frac{1}{2\pi^2R}\int_0^\infty\frac{\sin kR}{k}\mathrm{d}k=\frac{1}{4\pi R} \tag{3.7.24}$$

因此，三维泊松方程(3.7.17)的解便为

$$\varphi(\boldsymbol{x})=\frac{1}{4\pi\varepsilon_0}\int\frac{\rho(\boldsymbol{x}')}{|\boldsymbol{x}-\boldsymbol{x}'|}\mathrm{d}\boldsymbol{x} \tag{3.7.25}$$

对于电荷分布的各种不同情况，若不用 δ 函数，需借助于复杂的极限过渡来补充研究. 现在用 δ 函数形式，便能极为简单地把具有各种类型的特殊电荷分布时的解写出来.

再来看看三维波方程的解. 矢量位 $\boldsymbol{A}$ 满足以下的波方程：

$$\nabla^2\boldsymbol{A}-\frac{1}{c^2}\cdot\frac{\partial^2\boldsymbol{A}}{\partial t^2}=-\mu_0\boldsymbol{J} \tag{3.7.26}$$

因而线性微分算符就为

$$\mathscr{L}=\frac{\partial^2}{\partial x^2}+\frac{\partial^2}{\partial y^2}+\frac{\partial^2}{\partial z^2}-\frac{1}{c^2}\frac{\partial^2}{\partial t^2} \tag{3.7.27}$$

按照上面类似的方法，可以得到格林函数

$$G(\boldsymbol{x}'-\boldsymbol{x},t'-t)=\frac{1}{16\pi^4}\int\mathrm{d}\boldsymbol{k}\int\mathrm{d}\omega\frac{\mathrm{e}^{\mathrm{j}[\boldsymbol{k}\cdot(\boldsymbol{x}'-\boldsymbol{x})-\omega(t'-t)]}}{k^2-\dfrac{\omega^2}{c^2}} \tag{3.7.28}$$

为了便于计算如式(3.7.20)、式(3.7.28)形式的积分，一般选择某一个 k 使其与某一轴平行，如 k_3 与 z 轴平行. 采用球坐标，于是有

$$\mathrm{d}\boldsymbol{k}=k^2\mathrm{d}k\mathrm{d}\theta\mathrm{d}\varphi\sin\theta \tag{3.7.29}$$

式中，已令 $k=k_3$，这样，积分式(3.7.28)就化为

$$G(\boldsymbol{x}'-\boldsymbol{x},t'-t)=\frac{1}{16\pi^4}\int \mathrm{d}k\int \mathrm{d}\omega \mathrm{e}^{-\mathrm{j}\omega(t'-t)}\frac{k^2}{\left(k^2-\frac{\omega^2}{c^2}\right)}\cdot\int_{-1}^{+1}\mathrm{d}\mu \mathrm{e}^{\mathrm{j}kR\mu}\int_0^{2\pi}\mathrm{d}\varphi \tag{3.7.30}$$

式中,已令

$$\begin{cases}\mu=\cos\theta\\ \boldsymbol{k}\cdot\boldsymbol{x}=kz=kR\cos\theta\end{cases} \tag{3.7.31}$$

将式(3.7.30)对 μ 及对 φ 积分后得到

$$G(\boldsymbol{x}'-\boldsymbol{x},t'-t)=\frac{1}{8\pi^3\mathrm{j}R}\int_{-\infty}^{\infty}\mathrm{d}\omega \mathrm{e}^{-\mathrm{j}\omega(t'-t)}\int_0^{\infty}\frac{k\mathrm{d}k}{\left(k^2-\frac{\omega^2}{c^2}\right)}\cdot(\mathrm{e}^{\mathrm{j}kR}-\mathrm{e}^{-\mathrm{j}kR}) \tag{3.7.32}$$

利用式(3.7.32)的对称性,交换 k 与 $-k$,可以得到

$$G(\boldsymbol{x}'-\boldsymbol{x},t'-t)=\frac{1}{16\pi^3\mathrm{j}R}\int_{-\infty}^{\infty}\mathrm{d}\omega \mathrm{e}^{-\mathrm{j}\omega(t'-t)}\int_{-\infty}^{\infty}\frac{k\mathrm{d}k}{\left(k^2-\frac{\omega^2}{c^2}\right)}\mathrm{e}^{\mathrm{j}kR} \tag{3.7.33}$$

或写成

$$G(\boldsymbol{x}'-\boldsymbol{x},t'-t)=\frac{-c^2}{16\pi^3\mathrm{j}R}\int_{-\infty}^{\infty}k\mathrm{d}k\mathrm{e}^{\mathrm{j}kR}\int_{-\infty}^{\infty}\mathrm{d}\omega\frac{\mathrm{e}^{-\mathrm{j}\omega(t'-t)}}{(\omega^2-k^2c^2)} \tag{3.7.34}$$

适当选择积分路径,如图 3.7.1 所示,式(3.7.34)中对 ω 的积分为

$$\int_{-\infty}^{\infty}\mathrm{d}\omega\frac{\mathrm{e}^{-\mathrm{j}\omega(t'-t)}}{(\omega-kc)(\omega+kc)}=\begin{cases}0 & [(t'-t)<0]\\ \frac{\mathrm{j}\pi}{kc}[\mathrm{e}^{\mathrm{j}kc(t'-t)}-\mathrm{e}^{\mathrm{j}kc(t'-t)}] & [(t'-t)>0]\end{cases} \tag{3.7.35}$$

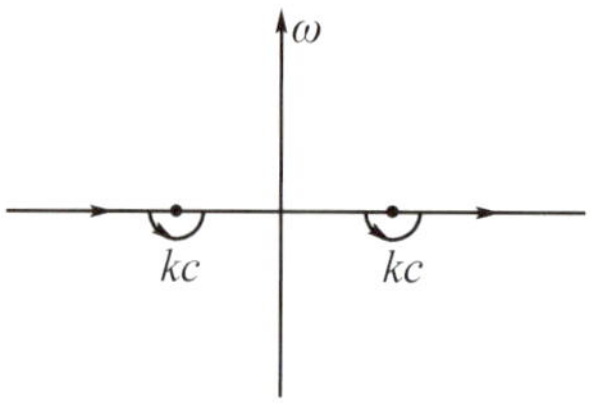

图 3.7.1　沿 ω 积分路径

代入式(3.7.34)就可得到

$$G(\boldsymbol{x}'-\boldsymbol{x},t'-t)=-\frac{c}{8\pi^2R}\int_{-\infty}^{\infty}\mathrm{d}k[\mathrm{e}^{\mathrm{j}k(R+c\tau)}-\mathrm{e}^{\mathrm{j}k(R-c\tau)}] \tag{3.7.36}$$

再利用 δ 函数的公式又可将式(3.7.36)写成

$$G(\boldsymbol{x}'-\boldsymbol{x},t'-t)=\frac{-c}{4\pi R}[\delta(R+c\tau)-\delta(R-c\tau)] \tag{3.7.37}$$

式中,$\tau=t'-t$.

但由于 $t>0$,$R>0$,所以在方程(3.7.37)中,只能取 k 的一个 δ 函数解,于是得到

$$G(\boldsymbol{x}'-\boldsymbol{x},t'-t)=\frac{\delta[(\boldsymbol{x}'-\boldsymbol{x})-c(t'-t)]}{4\pi|\boldsymbol{x}'-\boldsymbol{x}|} \tag{3.7.38}$$

式中,已令

$$R=|\boldsymbol{x}'-\boldsymbol{x}| \tag{3.7.39}$$

这样,我们就得到波方程(3.7.26)的解:

$$\boldsymbol{A}=\frac{\mu_0}{4\pi}\int \mathrm{d}x'\frac{\boldsymbol{J}\left[(\boldsymbol{x}'-\boldsymbol{x}),t'-\frac{1}{c}(\boldsymbol{x}'-\boldsymbol{x})\right]}{|\boldsymbol{x}'-\boldsymbol{x}|} \tag{3.7.40}$$

这就是常见的公式.

事实上,式(3.7.34)就是格林函数的傅里叶展开形式.因此,如果将源 $\boldsymbol{J}$ 展成傅里叶积分,则可以求得场的频谱.这将在第 13 章中讨论.

第 4 章　粒子运动的分析力学

4.1 引言

回旋管的工作电压一般为 30～80 kV，而自由电子激光中电子的能量还要高得多，在数兆电子伏至数千兆电子伏之间. 因此不管在哪种情况下，电子的能量均已足够高，以致相对论效应不能忽略.

但是，更为重要的还在于，在上述一类相对论电子学器件中，电子的相对论效应不仅是不可忽略的，而且往往是这类器件赖以工作的基础. 因此，研究这类器件中的电子运动必须从相对论力学出发. 另外，在高能电子器件中，我们遇到的是大量的电子，这些电子同时受到直流电、磁场及交变电磁场的作用，因而运动状态极为复杂. 所以，即便忽略相对论效应，用普通力学方法来进行研究也是很繁杂的. 这样，在研究高能电子器件中的物理问题时，相对论分析力学就是必不可少的工具.

分析力学的内容非常丰富，早已经发展成为力学领域内的一门重要的学科，显然我们不能全面地加以讨论. 这里要讨论的，仅仅是与相对论电子学有关的一些问题，具体地说，就是讨论那些与粒子运动有关的内容，同时，在我们的叙述中，主要还是从应用的角度来讨论，所以并不过分追求形式上的严谨.

在本章中，我们先讨论非相对论的分析力学，然后把它推广到相对论情况中去.

4.2 广义坐标

我们研究的对象是大量的荷电粒子——电子，研究它们在各种条件下的运动状况. 而且由于电子的几何尺寸很小(同我们研究的宏观物体，如回旋管相比)，所以，从经典力学的角度来看，可以把它们看成一个个质点. 这种由大量粒子组成的系统，称为一个力学体系. 在力学体系中，粒子的运动不是孤立的，而是相互关联的. 设在某一力学系统中有 N 个粒子，则在某一时刻要确定某一个粒子(设为第 i 个粒子)的位置需要三个量，即 $\boldsymbol{r}_i(x_i, y_i, z_i)$. 同时，为了确定粒子的运动状态，还需要三个速度分量. 因此，确定全部粒子的位置，就需要 $3N$ 个坐标分量，即需要 $3N$ 个独立的量. 在力学中，确定粒子位置的独立物理量称为力学系统的自由度. 因而由 N 个粒子组成的力学体系有 $3N$ 个自由度.

每一粒子的位置，不仅可以通过笛卡儿坐标的三个分量来确定，还可以通过另外三个变量(q_1, q_2, q_3)来表示. 例如，第 i 个粒子的位置可以写成

$$\begin{cases} x_i = x_i(q_1, q_2, q_3) \\ y_i = y_i(q_1, q_2, q_3) \\ z_i = z_i(q_1, q_2, q_3) \end{cases} \quad (i = 1, 2, \cdots, N) \tag{4.2.1}$$

设式(4.2.1)中的函数均是单值连续，而且其雅可比行列式不等于零，则可以得到

$$\begin{cases} q_1 = q_1(x_i, y_i, z_i) \\ q_2 = q_2(x_i, y_i, z_i) \\ q_3 = q_3(x_i, y_i, z_i) \end{cases} \quad (i = 1, 2, \cdots, N) \tag{4.2.2}$$

可见变量(q_1,q_2,q_3)也可以确定粒子运动的位置，起着坐标的作用，称为广义坐标. 事实上，从几何的观点看来，式(4.2.1)代表一组曲面坐标系，则广义坐标系就是这组曲面坐标系. 如果此组曲面坐标系是正交的，则广义坐标系就由这组正交曲面坐标系构成.

不用笛卡儿坐标而引入广义坐标系来研究粒子的运动，不仅有一系列的优点，而且甚至是必须的. 这在本书以后的叙述中可以清楚地看出.

在很多情况下，粒子的运动并不是可以完全任意的，还必须遵从某些特定的规律. 这就是说，在一个力学体系中，可能存在着一些限制粒子自由运动的条件. 这些给粒子运动附加的条件，称为运动的约束. 约束可以用以下的方程来进行数学描述：

$$f_i(q_1,q_2,q_3,t)=0 \qquad (i=1,2,\cdots,N) \tag{4.2.3}$$

式中，f_i 的函数形式由粒子的约束条件确定.

如果函数式(4.2.3)中不显含时间 t，则约束称为稳定约束，否则称为不稳定约束.

力学系统中粒子的运动受到约束后，自由度就减少了. 例如，单个粒子的力学系统有三个自由度，如有一个形如式(4.2.3)的约束，自由度就减少为两个.

举一个最简单的例子，如粒子必须在一个半径为 a 的球面上运动，则约束条件可写成

$$x_i^2+y_i^2+z_i^2=a^2 \tag{4.2.4}$$

在实际情况下，约束往往由某些简化假定得到.

4.3 拉格朗日方程

暂时略去相对论效应，单个粒子运动时，遵从牛顿第二定律，即

$$m_0\frac{\mathrm{d}^2\boldsymbol{r}}{\mathrm{d}t^2}=\boldsymbol{F} \tag{4.3.1}$$

式中，m_0 是粒子的静止质量，$\boldsymbol{r}$ 是矢量，$\boldsymbol{F}$ 是作用于粒子上的力. 如果力函数 $\boldsymbol{F}$ 可以写成

$$\boldsymbol{F}=-\nabla\varphi \tag{4.3.2}$$

即力 $\boldsymbol{F}$ 可以表示为某一势(或位)函数 φ 的梯度，则 $\boldsymbol{F}$ 称为有势力(或位力). 这样，式(4.3.1)可以写成

$$m_0\frac{\mathrm{d}^2x_j}{\mathrm{d}t^2}=-\frac{\partial\varphi}{\partial x_j} \qquad (j=1,2,3) \tag{4.3.3}$$

式中为方便起见，将(x,y,z)写成(x_1,x_2,x_3).

式(4.3.3)的积分给出

$$\frac{1}{2}m_0\sum_{j=1}^{3}\left(\frac{\mathrm{d}x_j}{\mathrm{d}t}\right)^2+\varphi=\text{const(常数)} \tag{4.3.4}$$

即在有势力作用下，粒子运动的能量守恒.

现在将以上结果推广到广义坐标系中去. 设取三维正交曲面坐标系(q_1,q_2,q_3)，与笛卡儿坐标系有关系：

$$q_i=f_i(x_1,x_2,x_3) \qquad (i=1,2,3) \tag{4.3.5}$$

则有

$$\frac{\mathrm{d}q_i}{\mathrm{d}t}=\sum_{j=1}^{3}\frac{\partial f_i}{\partial x_j}\dot{x}_j \qquad (i=1,2,3) \tag{4.3.6}$$

式中，$\dot{x}_j$ 的上面一点代表对时间的微分.

如果采用爱因斯坦习惯，则可简写成

$$\frac{\mathrm{d}q_i}{\mathrm{d}t}=\dot{q}_i=\frac{\partial f_i}{\partial x_j}\dot{x}_j \qquad (i=1,2,3) \tag{4.3.7}$$

设 $f_i(x_1,x_2,x_3)$是单值连续函数,且有

$$\frac{D(q_1,q_2,q_3)}{D(x_1,x_2,x_3)}\neq 0 \tag{4.3.8}$$

则由式(4.3.5)可求反变换:

$$x_i=F_i(q_1,q_2,q_3) \qquad (i=1,2,3) \tag{4.3.9}$$

故得

$$\frac{\mathrm{d}x_i}{\mathrm{d}t}=\frac{\partial F_i}{\partial q_i}q_i \qquad (i=1,2,3) \tag{4.3.10}$$

利用正交条件

$$\frac{\partial F_i}{\partial q_i}\cdot\frac{\partial F_i}{\partial q_k}=0 \tag{4.3.11}$$

对式(4.3.10)积分,可以得到

$$\frac{1}{2}m_0 h_i^2\dot{q}_i^2+\varphi=\mathrm{const} \tag{4.3.12}$$

式中

$$h_i^2=\frac{\partial F_i}{\partial x_j}\cdot\frac{\partial F_i}{\partial x_j} \tag{4.3.13}$$

为坐标系的度量系数,在第 3 章中已讨论过.

可见如果 $\dot{q}$ 为广义速度,且在广义坐标系中,速度的表达式为

$$\boldsymbol{v}=h_i\dot{q}_i\boldsymbol{e}_i \tag{4.3.14}$$

则在广义坐标系下,能量守恒定律在形式上保持不变.

由以上讨论可见,在上述情况下,动能可写成二次型,即

$$T=\frac{1}{2}m_0 h_i^2\dot{q}_i^2 \tag{4.3.15}$$

引入

$$L=T-\varphi \tag{4.3.16}$$

L 称为拉格朗日(Lagrange)函数,它表示动能与势能之差.则运动方程可以写成

$$\frac{\mathrm{d}}{\mathrm{d}t}\left(\frac{\partial L}{\partial \dot{x}_i}\right)-\frac{\partial L}{\partial x_i}=0 \qquad (i=1,2,3) \tag{4.3.17}$$

或在广义坐标系中写成

$$\frac{\mathrm{d}}{\mathrm{d}t}\left(\frac{\partial L}{\partial \dot{q}_i}\right)-\frac{\partial L}{\partial q_i}=0 \qquad (i=1,2,3) \tag{4.3.18}$$

式(4.3.17)、式(4.3.18)称为拉格朗日方程,是力学的基本方程之一.

如果广义坐标系不是正交的,则有

$$(\mathrm{d}s)^2=g_{ik}\,\mathrm{d}q^i\,\mathrm{d}q^k \tag{4.3.19}$$

式中,$\mathrm{d}s$ 为坐标系上的元弧长;g_{ik} 为坐标系的度规张量.

运动方程可以写成

$$m_0(\vec{q}_i+\Gamma^i_{jk}\dot{q}^j\dot{q}^k)=-g_{ik}\frac{\partial\varphi}{\partial q^k} \tag{4.3.20}$$

Γ^i_{jk}是三阶混变张量.通常称为第二类 Christoffel(克里斯多菲)三指标符号.

如果拉格朗日函数定义为

$$L=\frac{1}{2}m_0\left(\frac{\mathrm{d}s}{\mathrm{d}t}\right)^2-\varphi(q^i) \tag{4.3.21}$$

则拉格朗日方程仍取式(4.3.18)的形式.这样我们就可讨论在黎曼空间中粒子的运动.

4.4 哈密顿原理

4.3 节推导的拉格朗日方程,可以从最基本的原理出发自然地得到.

在力学中定义作用量

$$S=\int_{t_0}^{t}L(\dot{q}_i,q_i,t)\mathrm{d}t \tag{4.4.1}$$

即为拉格朗日函数对时间的积分.t_0 是初始时刻.它的物理意义就是动能与势能之差在运动过程中的积分.由于 $L=L(\dot{q},q,t)$,所以作用量 S 是力学体系中运动状态的泛函.

哈密顿(Hamilton)原理可叙述如下:在一切可能的运动中,粒子从 M_0 点到 M 点运动时,总是取这样的状态,使得

$$\delta S=\delta\int_{t_0}^{t}L\mathrm{d}t=0 \tag{4.4.2}$$

即作用量取极值(一般是极小值).

按变分原理,式(4.4.2)成立的充要条件是 L 应满足如下的欧拉方程:

$$\frac{\mathrm{d}}{\mathrm{d}t}\left(\frac{\mathrm{d}L}{\mathrm{d}\dot{q}}\right)-\frac{\partial L}{\partial q_i}=0 \tag{4.4.3}$$

式(4.4.3)正与以上的拉格朗日方程一致.可见,拉格朗日方程是哈密顿原理的直接结果.

如图 4.4.1 所示,粒子从 M_0 点向 M 点运动,存在无数可能的运动途径,即存在无限个轨道,可以实现从 M_0 点到 M 点的运动.但在一定力的作用下,粒子实际上只沿其中的一条轨道运动,这条轨道称为真实轨道.在且仅在此条真实轨道上,式(4.4.2)才能成立.由此可见,哈密顿原理与光学中的费马原理完全类似.

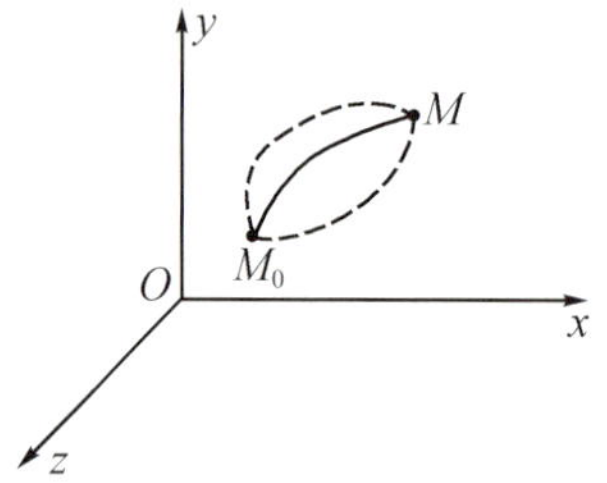

图 4.4.1 粒子运动的真实轨迹与可能轨迹

4.5 正则运动方程

由以上所述可以看到,如果拉格朗日函数 $L(\dot{q},q,t)$ 已知,则运动方程可以求得.这时采用的变量是 q,$\dot{q}$ 及 t.对于运动的数学描述,还可以有其他的形式.

定义

$$\mathscr{H}=\frac{\partial L}{\partial \dot{q}_i}\dot{q}_i-L(\dot{q},q,t) \tag{4.5.1}$$

为哈密顿函数.又令式中

$$\frac{\partial L}{\partial \dot{q}_i}=P_i \qquad (i=1,2,3) \tag{4.5.2}$$

为广义动量或正则动量. 则式(4.5.1)可写成

$$\mathscr{H}=P_i\dot{q}_i-L(\dot{q},q,t) \tag{4.5.3}$$

由式(4.5.3)可见

$$\mathrm{d}\mathscr{H}=-\mathrm{d}L+(P_i\mathrm{d}\dot{q}_i+\dot{q}_i\mathrm{d}P_i) \tag{4.5.4}$$

但 L 是 $\dot{q},q,t$ 的函数,故得

$$\mathrm{d}L=\left(\frac{\partial L}{\partial q_i}\mathrm{d}q_i+\frac{\partial L}{\partial \dot{q}_i}\mathrm{d}\dot{q}_i\right)+\frac{\partial L}{\partial t}\mathrm{d}t \tag{4.5.5}$$

利用式(4.5.1)~式(4.5.3),得

$$\mathrm{d}\mathscr{H}=(\dot{q}_i\mathrm{d}P_i-P_i\mathrm{d}q_i)-\frac{\partial L}{\partial t}\mathrm{d}t \tag{4.5.6}$$

及

$$\mathrm{d}\mathscr{H}=\left(\frac{\partial \mathscr{H}}{\partial q_i}\mathrm{d}q_i+\frac{\partial \mathscr{H}}{\partial P_i}\mathrm{d}P_i\right)+\frac{\partial \mathscr{H}}{\partial t}\mathrm{d}t \tag{4.5.7}$$

由于 $\mathrm{d}P_i$,$\mathrm{d}q_i$ 及 $\mathrm{d}t$ 都是独立的,所以比较上述两式,即可得出

$$\begin{cases}\dfrac{\mathrm{d}q_i}{\mathrm{d}t}=\dfrac{\partial \mathscr{H}}{\partial P_i}\\[2ex]\dfrac{\mathrm{d}P_i}{\mathrm{d}t}=-\dfrac{\partial \mathscr{H}}{\partial q_i}\end{cases}\qquad (i=1,2,3) \tag{4.5.8}$$

及

$$\frac{\partial \mathscr{H}}{\partial t}=-\frac{\partial L}{\partial t} \tag{4.5.9}$$

式(4.5.8)是描述系统运动的另一组方程,称为哈密顿正则运动方程.

在正则运动方程中,采用的变量是 P_i,q_i,得到的是一阶偏微分方程组. 而在式(4.3.17)、式(4.3.18)中,得到的是一个二阶偏微分方程组. 在力学中,把哈密顿函数 $\mathscr{H}$ 用变量 P_i,q_i 写出,称为正则形式,而 P_i,q_i 则称为正则变量.

我们来看看哈密顿函数 $\mathscr{H}$ 的物理意义. 因为 $L=T-\varphi$,而 φ 不显含 $\dot{q}_i$,故有

$$P_i=\frac{\partial L}{\partial \dot{q}_i}=\frac{\partial T}{\partial \dot{q}_i} \qquad (i=1,2,3) \tag{4.5.10}$$

所以 $\mathscr{H}$ 又可表示为

$$\mathscr{H}=\frac{\partial T}{\partial \dot{q}_i}\dot{q}_i-L \qquad (i=1,2,3) \tag{4.5.11}$$

但 T 是 $\dot{q}_i$ 的二次型,所以有

$$\mathscr{H}=2T-L \tag{4.5.12}$$

由 L 的定义,上式给出

$$\mathscr{H}=T+\varphi=E \tag{4.5.13}$$

由此得到:哈密顿函数是粒子运动的总能量.

容易证明:

$$\frac{\mathrm{d}\mathscr{H}}{\mathrm{d}t}=\frac{\partial \mathscr{H}}{\partial P_i}\dot{P}_i+\frac{\partial \mathscr{H}}{\partial q_i}\dot{q}_i+\frac{\partial \mathscr{H}}{\partial t} \tag{4.5.14}$$

将哈密顿运动方程代入,即可得到

$$\frac{\mathrm{d}\mathscr{H}}{\mathrm{d}t}=+\frac{\partial \mathscr{H}}{\partial t} \tag{4.5.15}$$

因此,如果 $\mathscr{H}$ 不显含 t,即可得到

$$\frac{\mathrm{d}\mathscr{H}}{\mathrm{d}t}=0 \tag{4.5.16}$$

这就是运动系统的能量守恒定律.

而由式(4.5.9)可见,在这种情况下,此附加方程就是不必要的了.

4.6 循环坐标

如果拉格朗日函数

$$L=T-\varphi \tag{4.6.1}$$

中不显含某一坐标 q_α,即

$$\frac{\partial L}{\partial q_\alpha}=0 \tag{4.6.2}$$

我们就把 q_α 称为循环坐标.

对于循环坐标 q_α,拉格朗日运动方程(4.3.18)化为

$$\frac{\mathrm{d}}{\mathrm{d}t}\left(\frac{\partial L}{\partial \dot{q}_\alpha}\right)=0 \tag{4.6.3}$$

但按定义,

$$\frac{\partial L}{\partial \dot{q}_\alpha}=P_\alpha \tag{4.6.4}$$

为该坐标的正则动量.因此,由式(4.6.3)可以得到

$$P_\alpha=\text{const} \tag{4.6.5}$$

即对于循环坐标,正则动量 P_α 是常数.

现在来考虑一个力学系统,设有 r 个循环坐标.按定义,在拉格朗日函数 L 中不显含 $q_\alpha(\alpha=1,2,\cdots,r)$.因此,与此 r 个循环坐标相对应的正则动量 $P_\alpha(\alpha=1,2,\cdots,r)$ 均是常数.因此立即可以得到这种运动系统的 r 个运动常数.关于运动常数的问题将在下节讨论.现在假定这个运动系统原来有 n 个自由度,我们来研究一下这种力学系统的运动方程.

现在哈密顿函数写成

$$\mathscr{H}=\frac{\partial L}{\partial \dot{q}_i}\dot{q}_i-L(\dot{q},q,t) \tag{4.6.6}$$

由于 L 中不显含 q_α,所以 $\mathscr{H}$ 中也不显含 q_α.因此有

$$\mathscr{H}=\mathscr{H}(t,q_i,P_i,C_1,C_2,\cdots,C_r) \tag{4.6.7}$$

式中,C_α 与相应的 P_α 相等.即 $\mathscr{H}$ 中不显含 q_α,而且 P_α 均为常数.这样,剩下的仅需求出非循环坐标的运动式方程式即可,即

$$\begin{cases}\dot{q}_i=\dfrac{\partial \mathscr{H}}{\partial P_i}\\[2ex] \dot{P}_i=-\dfrac{\partial \mathscr{H}}{\partial q_i}\end{cases}\quad(i=r+1,r+2,\cdots,n) \tag{4.6.8}$$

式(4.6.8)是 $2(n-r)$ 个关于 q_i,P_i 的一阶偏微分方程.

可见,当力学系统有 r 个循环坐标时,确定运动状态的哈密顿正则方程组的个数就减少 $2r$ 个.

循环坐标也称为可遗坐标.由以上讨论可以看到,研究力学体系运动时,对于坐标的选择是十分重要

的.因为如果能找到循环坐标,则可以使问题的处理得以简化,而且立即可以得到相应的运动常数.应用循环坐标的例子,将在本书以后有关章节中见到.

4.7 力学中的变量与不变量

由以上各节所述可以看到,用不同的方法来描述运动状态时,不仅方程的形式不同,而且所用的变量也不相同.例如,采用拉格朗日方程时,所用的变量就是 q_i 及 $\dot{q}_i$,而用正则运动方程时,变量就是正则变量 P_i 及 q_i.

设运动系统有 n 个自由度,则拉格朗日方程就是 n 个二阶偏微分方程组,因此其解可写成

$$q_i = q_i(t;C_1,C_2,\cdots,C_n;d_1,d_2,\cdots,d_n) \qquad (i=1,2,\cdots,n) \tag{4.7.1}$$

$$\dot{q}_i = \dot{q}_i(t;C_1,C_2,\cdots,C_n;d_1,d_2,\cdots,d_n) \qquad (i=1,2,\cdots,n) \tag{4.7.2}$$

式中,$C_1,C_2,\cdots,C_n$ 和 $d_1,d_2,\cdots,d_n$ 是 $2n$ 个常数,由初始力学状态解出.

假定可以由以上两个方程解出

$$C_i = C_i(t_0;q_{10},q_{20},\cdots,q_{n0};\dot{q}_{10},\dot{q}_{20},\cdots,\dot{q}_{n0}) \qquad (i=1,2,\cdots,n) \tag{4.7.3}$$

$$d_i = d_i(t_0;q_{10},q_{20},\cdots,q_{n0};\dot{q}_{10},\dot{q}_{20},\cdots,\dot{q}_{n0}) \qquad (i=1,2,\cdots,n) \tag{4.7.4}$$

于是可以得到,在运动过程中,时间 t 及拉格朗日变量 q_i,$\dot{q}_i$ 均在变化,但是 C_i 及 d_i 却保持不变.这些不变量称为拉格朗日不变量.

由此看来,在运动过程中,很多物理量都在发生变化,但却存在一些参量,它们能在运动过程中保持不变.上节所述的由循环坐标引起的相应的正则动量就是这种不变量.因此,如果能掌握住这些不变量,则对运动过程的分析会有很大帮助.我们来讨论几个不变量的例子.

(1)总能量.按照能量守恒定律,运动时总能量保持不变.事实上,由式(4.5.16):

$$\frac{\mathrm{d}\mathscr{H}}{\mathrm{d}t}=0 \tag{4.7.5}$$

得

$$\mathscr{H} = T+\varphi=\text{const} \tag{4.7.6}$$

(2)拉格朗日定律.设在运动系统中,例如粒子运动系统中,任取一条曲线 $C(t_0)$,如图 4.7.1 所示,通过粒子 1,2,3,4 等的一条曲线.设此曲线在 t_0 时的形状为 $C(t_0)$.经过运动,在 t'时刻,此曲线运动到 $C(t')$.这意味着,在 $t=t'$时,粒子 1,2,3,4 等运动到了 $1',2',3',4'$等,连接这些粒子,得到曲线 $C(t')$.可以证明以下的积分:

$$I_0 = \oint_{c(t)} \boldsymbol{P}\cdot\delta\boldsymbol{s} \tag{4.7.7}$$

是一个不变量.注意上式中变分 δs 是指同一时刻不同粒子坐标之间的差,而微分 ds 则表示同一粒子不同时刻坐标之间的差.

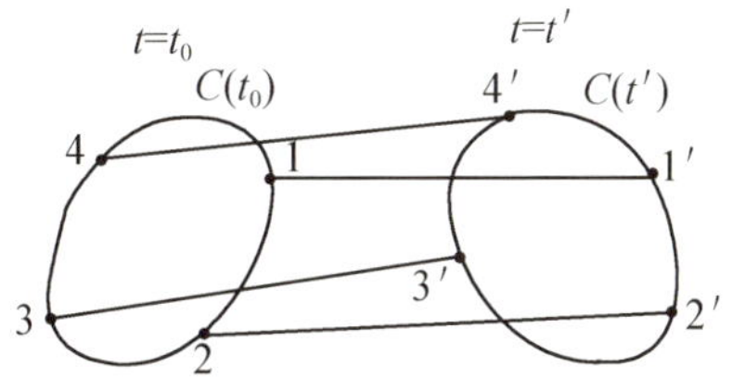

图 4.7.1　粒子运动的拉格朗日定律

对式(4.7.7)取微分,得

$$\frac{\mathrm{d}I_0}{\mathrm{d}t}=\frac{\mathrm{d}}{\mathrm{d}t}\oint_c \boldsymbol{P}\cdot\delta s=\frac{\mathrm{d}}{\mathrm{d}t}\oint_c (P_x\delta x+P_y\delta y+P_z\delta z) \tag{4.7.8}$$

将式(4.7.8)右边对时间的全微商展开,并且利用哈密顿函数的性质和正则运动方程,可以得到

$$\frac{\mathrm{d}I_0}{\mathrm{d}t}=\oint_c \delta H=0 \tag{4.7.9}$$

即得

$$\oint_c =\boldsymbol{P}\cdot\delta\boldsymbol{s}=\mathrm{const} \tag{4.7.10}$$

式(4.7.10)的物理意义是:在任何时刻,正则动量沿粒子运动轨道的封闭积分保持不变.式(4.7.9)或式(4.7.10)称为拉格朗日定律.

(3)Poincaré-Cartan(庞加莱-嘉当)积分不变量.现在来研究另一个基本的力学积分不变量.在4.4节研究哈密顿原理时,曾假定粒子轨道的两个端点是固定的.在一般情况下,两端点可能不是固定的,而是某一参量的函数,即

$$t_0=t_0(\alpha),t_1=t_1(\alpha),q_{i0}=q_{i0}(\alpha),q_{i1}=q_{i1}(\alpha) \qquad (i=1,2,\cdots,n) \tag{4.7.11}$$

在这种情况下,作用量的变分可按分部积分法得到

$$\delta\boldsymbol{S}=\delta\int_{t_0(\alpha)}^{t_1(\alpha)} L\mathrm{d}t=[P_i\delta q_i-\mathscr{H}\delta t]_0^1+\int_{t_0}^{t_1}\left[\frac{\partial L}{\partial q_i}-\frac{\mathrm{d}}{\mathrm{d}t}\left(\frac{\partial L}{\partial \dot{q}_i}\right)\right]\delta q_i\mathrm{d}t \tag{4.7.12}$$

式中

$$[P_i\delta q_i-\mathscr{H}\delta t]_0^1=P_{i1}\delta q_{i1}-\mathscr{H}_1\delta t-[P_{i0}\delta q_{i0}-\mathscr{H}_0\delta t] \tag{4.7.13}$$

现在假定与不同 α 所确定的端点相应的各条轨道都是真实轨道,在这种条件,运动满足拉格朗日方程

$$\frac{\partial L}{\partial q_i}-\frac{\mathrm{d}}{\mathrm{d}t}\left(\frac{\partial L}{\partial \dot{q}_i}\right)=0 \tag{4.7.14}$$

因此式(4.7.12)可化为

$$\delta S=[P_i\delta q_i-\mathscr{H}\delta t]_0^1 \tag{4.7.15}$$

现在假定端点在参变量 $\alpha=0$ 到 $\alpha=l$ 变化时,描绘出两条端点运动的封闭曲线:C_0 及 C_l.事实上,式(4.7.11)就是此曲线的方程.这样,我们可以得到

$$\delta S=S'\delta\alpha \tag{4.7.16}$$

将式(4.7.15)代入式(4.7.16),并在 $\alpha=0$ 到 $\alpha=l$ 内积分,即可得到

$$S(0)-S(l)=\int_0^l [P_i\delta q_i-\mathscr{H}\delta t]_0^1 \tag{4.7.17}$$

但 $\alpha=0$ 及 $\alpha=l$ 在曲线上是相同的点,而右边积分是沿闭曲线进行的,所以式(4.7.17)给出

$$0=\oint_{c(t_1)}[P_i\delta q_i-\mathscr{H}\delta t]-\oint_{c(t_0)}[P_i\delta q_i-\mathscr{H}\delta t] \tag{4.7.18}$$

由此得出

$$\oint_{c(t_1)}[P_i\delta q_i-\mathscr{H}\delta t]=\oint_{c(t_0)}[P_i\delta q_i-\mathscr{H}\delta t] \tag{4.7.19}$$

即

$$\oint_c [P_i\delta q_i-\mathscr{H}\delta t]=\mathrm{const} \tag{4.7.20}$$

这就是 Poincaré-Cartan 积分不变量.

在式(4.7.20)中,如果 $\delta t=0$,即可得到

$$\oint_c (P_i\delta q_i)=\mathrm{const} \tag{4.7.21}$$

即为拉格朗日定律. 可见拉格朗日定律是 Poincaré-Cartan 积分不变量的一个特例.

当然,还有很多其他的积分不变量,我们将在以后结合具体问题进行讨论.

4.8 泊松括号

设 $f(P_i,q_i,t)$ 是正则变量空间(称为相空间)及时间 t 的函数,将 f 对于时间 t 取全微分,即得

$$\frac{\mathrm{d}f}{\mathrm{d}t}=\frac{\partial f}{\partial t}+\frac{\partial f}{\partial q_i}\dot{q}_i+\frac{\partial f}{\partial P_i}\dot{P}_i \tag{4.8.1}$$

但 $\dot{P}_i$,$\dot{q}_i$ 满足正则运动方程(4.5.7),代入式(4.8.1)即可得到

$$\frac{\mathrm{d}f}{\mathrm{d}t}=\frac{\partial f}{\partial t}+\left[\frac{\partial f}{\partial q_i}\frac{\partial \mathscr{H}}{\partial P_i}-\frac{\partial f}{\partial P_i}\frac{\partial \mathscr{H}}{\partial q_i}\right] \tag{4.8.2}$$

引入记号

$$\{f,\mathscr{H}\}=\frac{\partial f}{\partial q_i}\frac{\partial \mathscr{H}}{\partial P_i}-\frac{\partial f}{\partial P_i}\frac{\partial \mathscr{H}}{\partial q_i} \tag{4.8.3}$$

则式(4.8.2)可简化为

$$\frac{\mathrm{d}f}{\mathrm{d}t}=\frac{\partial f}{\partial t}+\{f,\mathscr{H}\} \tag{4.8.4}$$

记号 $\{f,\mathscr{H}\}$ 称为 $\mathscr{H}$,f 的泊松括号.

如果函数 f 是 4.7 节中所述的一个力学不变量,则有

$$\frac{\mathrm{d}f}{\mathrm{d}t}=\frac{\partial f}{\partial t}+\{f,\mathscr{H}\}=0 \tag{4.8.5}$$

进一步,如果 f 不显含 t,则有

$$\{f,\mathscr{H}\}=0 \tag{4.8.6}$$

即对于不变量 f,哈密顿函数的泊松括号为零.

我们推广上述概念,令 f,g 为两个任意函数,则泊松括号定义为

$$\{g,f\}=\frac{\partial f}{\partial P_i}\frac{\partial g}{\partial q_i}-\frac{\partial f}{\partial q_i}\frac{\partial g}{\partial P_i} \tag{4.8.7}$$

由泊松括号的定义,可以得到以下的性质:

$$\{f,g\}=-\{g,f\} \tag{4.8.8}$$

$$\{f,c\}=-\{c,f\}=0 \tag{4.8.9}$$

式中,c 为常数.

$$\{f_1+f_2,g\}=\{f_1,g\}+\{f_2,g\} \tag{4.8.10}$$

$$\{f_1f_2,g\}=f_1\{f_2,g\}+f_2\{f_1,g\} \tag{4.8.11}$$

以及

$$\frac{\partial}{\partial t}\{f,g\}=\left\{\frac{\partial f}{\partial t},g\right\}+\left\{f,\frac{\partial g}{\partial t}\right\} \tag{4.8.12}$$

而且,如果在 f 及 g 中有任一个是 P_i 或 q_i 的,则有(如令 $g=P_i$ 或 $g=q_i$)

$$\{f,P_i\}=-\frac{\partial f}{\partial q_i} \tag{4.8.13}$$

$$\{f,q_i\}=+\frac{\partial f}{\partial P_i} \tag{4.8.14}$$

在上两式中，如再令 $f=q_i$，$f=P_i$，则可以得到

$$\{q_i,q_j\}=0,\{P_i,P_j\}=0,\{P_i,q_j\}=-\delta_{ij} \tag{4.8.15}$$

于是可以得到如下的雅可比等式：

$$\{f,[g,h]\}+\{g,[h,f]\}+\{h,[f,g]\}=0 \tag{4.8.16}$$

式中，f,h,g 是三个任意函数.

现在证明以下的定律：如果 f 及 g 是两个力学不变量，则有

$$\{f,g\}=\text{const} \tag{4.8.17}$$

在雅可比等式中，如令

$$h=\mathscr{H} \tag{4.8.18}$$

代入即得

$$\{\mathscr{H}[f,g]\}+\{f[g,\mathscr{H}]\}+\{g[\mathscr{H},f]\}=0 \tag{4.8.19}$$

但由式(4.8.6)可以得到

$$[g,\mathscr{H}]=0,[\mathscr{H},f]=0 \tag{4.8.20}$$

于是得

$$\{\mathscr{H},[f,g]\}=0 \tag{4.8.21}$$

如用其他运动常数代入也可得到同样的结果.

4.9 正则变换

上面已经指出，在任意坐标系统中，拉格朗日方程取相同的形式. 换句话说，当坐标系变换

$$x_i=x_i(q_i,t) \tag{4.9.1}$$

时，拉格朗日方程保持不变，即拉格朗日方程对坐标系的变换保持不变. 显然，哈密顿正则运动方程也具有这种性质. 因此，在 $2n$ 维相空间中，存在有一个变换群，使正则运动方程保持不变. 这个变换群称为正则变换. 我们来讨论这种变换. 设有以下的变换关系：

$$\begin{cases}\mathscr{P}_i=\mathscr{P}_i(q_j,P_j,t)\\ Q_i=Q_i(q_j,P_j,t)\end{cases} \tag{4.9.2}$$

经过此变换后，运动方程仍取形式

$$\begin{cases}\dot{\mathscr{P}}_i=-\dfrac{\partial\mathscr{H}^*}{\partial Q_i}\\ \dot{Q}_i=\dfrac{\partial\mathscr{H}^*}{\partial\mathscr{P}_i}\end{cases} \tag{4.9.3}$$

式中，$\mathscr{H}^*(Q_i,\mathscr{P}_i,t)$ 是新坐标系中的哈密顿函数. 我们现在的目的是要讨论变换关系式(4.9.2).

在坐标系$(\mathscr{P}_i,Q_i)$中我们可以将作用量写成

$$S'=\int_{t_0}^{t_1}\mathrm{d}t[\mathscr{P}_i\dot{Q}_i-\mathscr{H}^*(Q_i,\mathscr{P}_i,t)] \tag{4.9.4}$$

按哈密顿原理有

$$\delta S'=\delta\int_{t_0}^{t_1}\mathrm{d}t[\mathscr{P}_i\dot{Q}_i-\mathscr{H}^*(Q_i,\mathscr{P}_i,t)]=0 \tag{4.9.5}$$

但在原变量坐标下，有

$$\delta S=\delta\int_{t_0}^{t}\mathrm{d}t[P_i\dot{q}_i-\mathscr{H}(q_i,P_i,t)]=0 \tag{4.9.6}$$

上两个变换关系式同时存在的条件是

$$P_i\dot{q}_i-\mathscr{H}=C(\mathscr{P}_i\dot{Q}-\mathscr{H}^*)+\frac{\mathrm{d}F}{\mathrm{d}t} \tag{4.9.7}$$

式中，c 是常数，而 F 是坐标及动量的某一函数，称为变换的引导函数或母函数，它满足

$$\delta\int_{t_0}^{t_1}\frac{\mathrm{d}F}{\mathrm{d}t}\mathrm{d}t=0 \tag{4.9.8}$$

如果 $C=1$，则称此种正则变换为单价正则变换. 对单价正则变换，由式(4.9.7)，可以得到

$$P_i\mathrm{d}q_i-\mathscr{P}_i\mathrm{d}Q_i+(\mathscr{H}^*-\mathscr{P})\mathrm{d}t=\mathrm{d}F \tag{4.9.9}$$

如果 F 的函数形式为 $F(Q_i,q_i,t)$，则上式的右边可写成

$$\mathrm{d}F=\frac{\partial F}{\partial q_i}\mathrm{d}q_i+\frac{\partial F}{\partial Q_i}\mathrm{d}Q_i+\frac{\partial F}{\partial t}\mathrm{d}t \tag{4.9.10}$$

比较上述两式，可以得到

$$P_i=\frac{\partial F}{\partial q_i},\mathscr{P}_i=\frac{\partial F}{\partial Q_i} \tag{4.9.11}$$

及

$$\mathscr{H}^*-\mathscr{H}=\frac{\partial F}{\partial t} \tag{4.9.12}$$

式(4.9.12)表示，在新的坐标系中哈密顿函数的形式取决于母函数 F 的选择. 不同的母函数 F 可以得到不同形式的新的哈密顿函数. 正则变换的重要性就在于此. 在 4.4 节及 4.5 节中，我们曾指出，适当地选择坐标系可以使一个运动体系具有一定数目的循环坐标，对于每个循环坐标，我们立即可以得到一个积分常数，从而使运动方程的求解得以简化. 因此可以想象，利用正则变换，可以将运动方程从一个不具有循环坐标的坐标系中转换到另一个坐标系，在新的坐标系中，运动方程可以具有循环坐标. 那么为什么一定要用正则变换呢？问题是，在进行坐标变换时如果仅仅能得到循环坐标，而不能保持运动方程不变，则虽然经过变换以后，可以得到一定数量的积分常数，但如果剩下待解的运动方程形式更复杂，则得到的方程将被抵消，甚至更难求解. 因此，如果采用正则变换来求循环坐标，则既可保持原运动方程的形式不变，又可简便地得到与循环坐标相应的积分不变量，从而使运动方程的求解得以简化.

在一般情况下，母函数 F 的选择可有以下几种：

$$\begin{cases}(1)F=S_1(q,Q,t)\\(2)F=S_2(q,\mathscr{P},t)-\mathscr{P}_iQ_i\\(3)F=S_3(P_i,Q_i,t)+P_iq_i\\(4)F=S_4(\mathscr{P}_i,P_i,t)-\mathscr{P}_iQ_i+P_iq_i\end{cases} \tag{4.9.13}$$

对应于上述几种不同的选择，我们得到有关的关系式，式中可以 S 为相应的作用量. 例如对应于选择式(4.9.13)中各个母函数，我们有

$$\mathscr{P}_i\mathrm{d}Q_i-\mathscr{H}^*\mathrm{d}t=P_i\mathrm{d}q_i-\mathscr{H}\mathrm{d}t-\mathrm{d}S(q,Q,t) \tag{4.9.14}$$

由此得出

$$(1)\begin{cases}P_i=\dfrac{\partial S_1}{\partial q_i}\\\mathscr{P}_i=-\dfrac{\partial S_1}{\partial Q_i}\\\mathscr{H}^*=\mathscr{H}+\dfrac{\partial S_1}{\partial t}\end{cases} \tag{4.9.15}$$

$$(2)\begin{cases}P_i=\dfrac{\partial S_2}{\partial q_i}\\ Q_i=-\dfrac{\partial S_2}{\partial \mathscr{P}_i}\\ \mathscr{H}^*=\mathscr{H}+\dfrac{\partial S_2}{\partial t}\end{cases}\tag{4.9.16}$$

$$(3)\begin{cases}q_i=-\dfrac{\partial S_3}{\partial P_i}\\ P_i=-\dfrac{\partial S_3}{\partial Q_i}\\ \mathscr{H}^*=\mathscr{H}+\dfrac{\partial S_3}{\partial t}\end{cases}\tag{4.9.17}$$

$$(4)\begin{cases}q_i=-\dfrac{\partial S_4}{\partial P_i}\\ Q_i=-\dfrac{\partial S_4}{\partial P_i}\\ \mathscr{H}^*=\mathscr{H}+\dfrac{\partial S_4}{\partial t}\end{cases}\tag{4.9.18}$$

显然，在新的坐标系中，以下的泊松括号关系式保持不变：

$$\{Q_i,Q_i\}=0,\{\mathscr{P}_i,\mathscr{P}_i\}=0,\{\mathscr{P}_i,Q_j\}=\delta_{ij}\tag{4.9.19}$$

通过上面不同形式的正则变换，可以使哈密顿函数 $\mathscr{H}^*$ 的结构得到不同的简化.

4.10 泊松定律

如上所述，利用正则变换可以找到循环坐标，从而使正则运动方程得以简化. 在本节中，我们介绍另一种利用泊松括号求解正则运动方程的方法.

假定我们利用某种正则变换，求得了一个循环坐标，则有

$$\varphi(P_i,q_i,t)=C_1\tag{4.10.1}$$

式中，C_1 为运动常数. 由式(4.10.1)得

$$\frac{\mathrm{d}C_1}{\mathrm{d}t}=\frac{\partial\varphi}{\partial t}+\frac{\partial\varphi}{\partial q_i}\dot{q}_i+\frac{\partial\varphi}{\partial P_i}\dot{P}_i\tag{4.10.2}$$

利用泊松括号及哈密顿正则方程，可将上式写成

$$\frac{\partial\varphi}{\partial t}+\{\varphi,\mathscr{H}\}=0\tag{4.10.3}$$

事实上，式(4.10.3)对应于以下的一组微分方程：

$$\mathrm{d}t=\frac{\mathrm{d}q_i}{\dfrac{\partial\mathscr{H}}{\partial P_i}}=-\frac{\mathrm{d}P_i}{\dfrac{\partial\mathscr{H}}{\partial q_i}}\quad(i=1,2,\cdots,n)\tag{4.10.4}$$

上式即正则运动方程.

现在假定我们用某种方法求得另外一个积分常数 C_2，即

$$\psi(P_i,Q_i,t)=C_2\tag{4.10.5}$$

同样有

$$\frac{\partial \psi}{\partial t}+\{\psi,\mathscr{H}\}=0 \tag{4.10.6}$$

于是现在将 φ,ψ 及 $\mathscr{H}$ 考虑成三个函数，利用泊松括号关系式(4.8.8)、式(4.8.16)及式(4.10.1)、式(4.10.6)，可以得到

$$\frac{\partial}{\partial t}\{\varphi,\psi\}+\{[\varphi,\psi],\mathscr{H}\}=0 \tag{4.10.7}$$

由上式得出

$$\{\varphi,\psi\}=\Psi=C_3 \tag{4.10.8}$$

即$\{\varphi,\psi\}$也是一个积分常数. 于是得到泊松定律：如已知 φ,ψ 为两个积分常数，则可以利用关系式(4.10.8)求得第三个积分常数. 换句话说，已知两个积分常数，即可利用泊松括号求解正则运动方程的其余积分.

不过，以上所述，往往是形式上的，因为所得的关系式(4.10.8)往往是一个恒等式，并不能提供新的贡献.

4.11 哈密顿-雅可比方程

现在，我们来讨论另一种求解正则运动方程的方法. 设运动系统的正则运动方程为

$$\begin{cases}\dfrac{\mathrm{d}q_i}{\mathrm{d}t}=\dfrac{\partial \mathscr{H}}{\partial P_i}\\[2ex] \dfrac{\mathrm{d}P_i}{\mathrm{d}t}=-\dfrac{\partial \mathscr{H}}{\partial q_i}\end{cases}\quad (i=1,2,\cdots,n) \tag{4.11.1}$$

现在，假定我们进行某种正则变换，使得在新的坐标系$(\boldsymbol{P},\boldsymbol{Q})$中，哈密顿函数的结构是最简单的形式，即恒等于零：

$$\mathscr{H}^*\equiv 0 \tag{4.11.2}$$

于是在此新的坐标系中，正则运动方程化为

$$\begin{cases}\dfrac{\mathrm{d}Q_i}{\mathrm{d}t}=\dfrac{\partial \mathscr{H}^*}{\partial P_i}=0\\[2ex] \dfrac{\mathrm{d}\mathscr{P}_i}{\mathrm{d}t}=-\dfrac{\partial \mathscr{H}^*}{\partial Q_i}=0\end{cases}\quad (i=1,2,\cdots,n) \tag{4.11.3}$$

上式立即可以解得

$$\begin{cases}Q_i=\alpha_i\\ \mathscr{P}_i=\beta_i\end{cases}\quad (i=1,2,\cdots,n) \tag{4.11.4}$$

式中，α_i,β_i 是 $2n$ 个常数.

以上所述可以换一种方法来说明：假定正则方程(4.11.1)已经解出，则有

$$\begin{cases}q_i=q_i(q_{i0},P_{i0},t)\\ P_i=P_i(q_{i0},P_{i0},t)\end{cases}\quad (i=1,2,\cdots,n) \tag{4.11.5}$$

式中，q_{i0},P_{i0}是 $2n$ 个常数.

由上式得

$$q_{i0}=q_{i0}(q_i,P_i,t),P_{i0}=P_{i0}(q_i,P_i,t)\qquad (i=1,2,\cdots,n) \tag{4.11.6}$$

在式(4.11.6)中，q_{i0},P_{i0}是 $2n$ 个积分常数. 我们可以把式(4.11.6)看作一组正则变换，它从原坐标系(q_i,P_i)变到新坐标系(q_{i0},P_{i0}). 因此，在此新坐标系中正则运动方程为

$$\begin{cases} \dfrac{\mathrm{d}q_{i0}}{\mathrm{d}t}=\dfrac{\partial \mathscr{H}^*}{\partial P_{i0}}=0 \\ \dfrac{\mathrm{d}P_{i0}}{\mathrm{d}t}=-\dfrac{\partial \mathscr{H}^*}{\partial q_{i0}}=0 \end{cases} \tag{4.11.7}$$

所以在此新的坐标系中,哈密顿函数为一个恒定常数,即

$$\mathscr{H}^* \equiv \text{const} \tag{4.11.8}$$

由此可得,式(4.11.2)只不过相当于将上式中的常数选择为零.

问题至此归结为如何寻求此种正则变换.按4.9节所述,只需要求适当的母函数F,而由式(4.9.12)可见

$$\mathscr{H}^* - \mathscr{H} = \frac{\partial F}{\partial t} \tag{4.11.9}$$

但将式(4.11.8)代入即得

$$\mathscr{H} = -\frac{\partial F}{\partial t} \tag{4.11.10}$$

如果母函数F满足上式,则以上所述即可成立.

进一步,如果按方程(4.9.13)中的第一式的选择,即将母函数F选为作用量S,则式(4.11.10)化为

$$\mathscr{H} = -\frac{\partial S}{\partial t} \tag{4.11.11}$$

而按式(4.9.15)($P_i=\partial S/\partial q_i$),此时哈密顿函数应写成

$$\mathscr{H}(q,P,t)=\mathscr{H}\left(q,\frac{\partial S}{\partial q},t\right) \tag{4.11.12}$$

因此式(4.11.11)可以写成

$$\frac{\partial S}{\partial t}+\mathscr{H}\left(t,q,\frac{\partial S}{\partial q}\right)=0 \tag{4.11.13}$$

方程(4.11.13)称为哈密顿-雅可比方程.于是我们有以下的哈密顿定律:如果母函数由方程(4.11.13)求出,则所得的正则变换可使$\mathscr{H}^*$化为恒等于零的常数,正则方程可以全部积分.

在这种情况下,正则运动方程将取以下的形式:

$$\frac{\partial S}{\partial q_i}=P_i \tag{4.11.14}$$

$$\frac{\partial S}{\partial Q_i}=-\mathscr{P}_i \text{或} \frac{\partial S}{\partial \alpha_i}=-\beta_i \tag{4.11.15}$$

至此,对于运动方程的描述,我们有三种不同的方法,从而得到不同的方程组:拉格朗日方程、哈密顿正则方程和哈密顿-雅可比方程.在拉格朗日方程中,用的变量是($q_i,\dot{q}_i,t$),在正则运动方程中用的变量是(q_i,P_i,t),而在哈密顿-雅可比方程中应用的变量为(q_i,t).三种形式的具体选择当视具体情况而定.

这样,我们叙述了非相对论的分析力学,从下节起我们将讨论相对论力学的有关问题.

4.12 洛伦兹变换

洛伦兹(Lorentz)变换是狭义相对论的一个基本关系式.以下的叙述是从假定读者已基本掌握狭义相对论的主要内容出发的.

狭义相对论的两个基本假定是:

(1)在一切惯性坐标系中,物理定律取相同的形式;

(2)在一切惯性坐标系中，光速 c 是一个常数，它不依赖于光源的运动.

假定在两个惯性坐标系(x_1, x_2, x_3, t)及(x_1', x_2', x_3', t)内考查同一个运动，根据以上所述的两个基本假定，我们有

$$\mathrm{d}s^2 = \mathrm{d}s'^2 \tag{4.12.1}$$

即

$$\mathrm{d}x_1^2 + \mathrm{d}x_2^2 + \mathrm{d}x_3^2 - c^2 t^2 = \mathrm{d}x_1'^2 + \mathrm{d}x_2'^2 + \mathrm{d}x_3'^2 - c^2 t'^2 \tag{4.12.2}$$

如果假定两坐标系的原点重合，上式可以写成

$$x_1^2 + x_2^2 + x_3^2 - c^2 t^2 = x_1'^2 + x_2'^2 + x_3'^2 - c^2 t'^2 \tag{4.12.3}$$

式(4.12.2)及式(4.12.3)所表示的关系称为间隔不变性.

令

$$x_4 = \mathrm{j}ct \tag{4.12.4}$$

即可定义一个四维空间$(x_1, x_2, x_3, x_4 = \mathrm{j}ct)$，于是式(4.12.3)可写成

$$\sum_{i=1}^{4} x_i^2 = \sum_{i=1}^{4} x_i'^2 \tag{4.12.5}$$

根据第 2 章所述，式(4.12.5)确定一种坐标变换，而且是一种正交变换，即

$$x_i' = \sum_{j=1}^{4} a_{ij} x_j \quad (i=1,2,3,4) \tag{4.12.6}$$

且有

$$\sum_{i=1}^{4} a_{ij} a_{ik} = \delta_{jk} \tag{4.12.7}$$

采用爱因斯坦习惯，上两式写成

$$\begin{cases} x_i' = a_{ij} x_j \\ a_{ij} a_{ik} = \delta_{jk} \end{cases} \tag{4.12.8}$$

现在假定 $t = t' = 0$ 时，两坐标系原点重合，而且 x_1, x_2 与 x_1', x_2' 平行. 两坐标系仅在 x_3 方向上有相对的匀速直线运动，相对速度为 v. 于是按狭义相对论，两坐标间的变换关系为

$$[x'] = [\mathscr{L}] \cdot [x] \tag{4.12.9}$$

式中，$[\mathscr{L}]$表示洛伦兹变换矩阵，即

$$[\mathscr{L}] = \begin{bmatrix} 1 & 0 & 0 & 0 \\ 0 & 1 & 0 & 0 \\ 0 & 0 & \gamma & \mathrm{j}\beta\gamma \\ 0 & 0 & -\mathrm{j}\beta\gamma & \gamma \end{bmatrix} \tag{4.12.10}$$ ①

其中

$$\beta = \frac{v}{c} \tag{4.12.11}$$

$$\gamma = \frac{1}{\sqrt{1-\beta^2}} \tag{4.12.12}$$

按洛伦兹变换，坐标系之间的变换关系为

①在狭义相对论中，四维空间坐标通常有两种表示方法：$(x_0 = ct, x_1, x_2, x_3)$及$(x_1, x_2, x_3, x_4 = \mathrm{j}ct)$. 可以证明，在前一种表示方法中，四维空间为黎曼空间，即 $gij \neq 1$，因此按第 2 章所述，必须区分逆变及协变形式；而在后一种表示方法中，则仍可在形式上保持仿射空间的性质，因而无须区分逆变及协变，计算较为方便. 当然，在广义相对论中则利用前一种方法较好. 本书一般不涉及广义相对论，所以采用后一种表示方法，详见下章所述.

$$\begin{cases} x_1' = x_1, x_2' = x_2 \\ x_3' = \dfrac{x_3 - vt}{\sqrt{1-\beta^2}} \\ t' = \dfrac{t - \dfrac{vx_3}{c^2}}{\sqrt{1-\beta^2}} \end{cases} \tag{4.12.13}$$

如果两坐标系的相对运动方向不是沿 x_3 轴，即如果 v 与 x_3 轴不平行，则可得到

$$\begin{cases} x_{/\!/}' = \dfrac{x_{/\!/} - vt}{\sqrt{1-\beta^2}} \\ x_\perp' = x_\perp \\ t' = \dfrac{1 - \dfrac{v \cdot x}{c^2}}{\sqrt{1-\beta^2}} \end{cases} \tag{4.12.14}$$

式中

$$\begin{cases} x_{/\!/} = \dfrac{(v \cdot x)v}{v^2} \\ x_\perp = x - x_{/\!/} \end{cases} \tag{4.12.15}$$

事实上，可以将空间坐标(x_1, x_2, x_3)适当地转动，使 x_3 与 v 平行即可.

洛伦兹变换相当于四维坐标系的旋转变换，它的一个重要物理意义就是空间和时间都是相对的，绝对的时间是没有意义的.

我们来研究一下洛伦兹变换的一些数学性质.

首先，容易证明：

$$\mathscr{L}_{\mu\nu}\mathscr{L}_{\mu\lambda} = \delta_{\nu\lambda} \tag{4.12.16}$$ ①

即变换矩阵(4.12.10)满足正交变换条件.

其次，令$[\mathscr{L}]_c$ 为$[\mathscr{L}]$的转置矩阵，可以证明：

$$[\mathscr{L}]_c \cdot [\mathscr{L}] = [I] \tag{4.12.17}$$

式中，$[I]$为单位矩阵. 由此可以得到

$$|[\mathscr{L}]_c \cdot [\mathscr{L}]| = 1 \tag{4.12.18}$$

于是有

$$[\mathscr{L}]^{-1} = [\mathscr{L}]_c \tag{4.12.19}$$

即洛伦兹变换矩阵的逆矩阵与其转置矩阵相等. 由此又可得到

$$|\mathscr{L}|^2 = 1, |\mathscr{L}| = \pm 1 \tag{4.12.20}$$

由此容易求得洛伦兹逆变换：

$$[x_\mu] = [\mathscr{L}]^{-1}[x_\mu'] \tag{4.12.21}$$

式中

$$[\mathscr{L}]^{-1} = \begin{bmatrix} 1 & 0 & 0 & 0 \\ 0 & 1 & 0 & 0 \\ 0 & 0 & \gamma & -\mathrm{j}\beta\gamma \\ 0 & 0 & \mathrm{j}\beta\gamma & \gamma \end{bmatrix} \tag{4.12.22}$$

①三维空间坐标的角标用 i, j, k 等，四维空间坐标的角标用 μ, ν, λ 等.

可见,在洛伦兹变换矩阵中令 β 为 $-\beta$,即可得到其逆矩阵.

4.13 运动方程的相对论形式

如 4.12 节所述,为了求得粒子在相对论情况下的运动方程,我们可利用四维空间($x_1,x_2,x_3,x_4=\mathrm{j}ct$). 在四维空间中,速度的定义为

$$u_\mu=\frac{\mathrm{d}x_\mu}{\mathrm{d}s} \tag{4.13.1}$$

式中

$$\mathrm{d}s=c\mathrm{d}t\sqrt{1-\beta^2},\beta=|\boldsymbol{v}|/c \tag{4.13.2}$$

因此,四维空间速度矢量就可写成

$$\boldsymbol{u}_{\square}=\left(\frac{\boldsymbol{v}}{c\sqrt{1-\beta^2}},\frac{\mathrm{j}}{\sqrt{1-\beta^2}}\right) \tag{4.13.3}$$

可见与三维速度不同,四维速度是无量纲的.

容易证明以下关系:

$$\boldsymbol{u}_{\square}\cdot\boldsymbol{u}_{\square}=-1 \tag{4.13.4}$$

即四维速度是一个四维空间的单位矢量.

如果我们不是通过 $\mathrm{d}s$ 来定义,而是通过原时(或固有时)

$$\mathrm{d}\tau=\mathrm{d}t\sqrt{1-\beta^2}=\frac{1}{c}\mathrm{d}s \tag{4.13.5}$$

来定义四维速度,则可以得到

$$u_\mu=\frac{\mathrm{d}x_\mu}{\mathrm{d}\tau}=\frac{\mathrm{d}x_\mu}{\mathrm{d}t}\Big/\sqrt{1-\beta^2} \tag{4.13.6}$$

这样,四维速度矢量就为

$$\boldsymbol{u}_{\square}=\gamma(\boldsymbol{v},\mathrm{j}c) \tag{4.13.7}$$

因而仍有速度的量纲. 这时可以证明:

$$\boldsymbol{u}_{\square}\cdot\boldsymbol{u}_{\square}=-c^2 \tag{4.13.8}$$

上述两种定义并无根本的区别.

同样,相应四维空间的加速度也有两种定义,即

$$\boldsymbol{a}_{\square}=\frac{\mathrm{d}\boldsymbol{u}_{\square}}{\mathrm{d}s} \tag{4.13.9}$$

或

$$\boldsymbol{a}_{\square}=\frac{\mathrm{d}\boldsymbol{u}_{\square}}{\mathrm{d}\tau} \tag{4.13.10}$$

不论用哪一种定义,都可得到

$$\boldsymbol{u}_{\square}\cdot\boldsymbol{a}_{\square}=0 \tag{4.13.11}$$

即在四维空间,速度矢量是与加速度矢量正交的. 利用方程(4.13.8)容易证明上式.

四维空间的运动方程仍可以通过哈密顿原理导出. 即

$$\delta S=0 \tag{4.13.12}$$

但在相对论条件下,作用量 S 必须与坐标系的选择无关,即 S 应是洛伦兹不变量. 因此,作用量 S 必须是一

个四维空间的标量函数. 同时,由于其一阶变分为零,而作用量 S 又是某一函数的积分,因此,此被积函数应为一阶微分形式. 根据以上所述的要求,在相对论条件下,此被积函数只能是四维间隔 $\mathrm{d}s$. 因此,适当地选择常数后,即可得到在相对论下,自由粒子的作用函数为

$$S=-m_0c\int_a^b \mathrm{d}s \tag{4.13.13}$$

式中:a,b 表示在四维空间中粒子运动的两个端点,积分沿粒子在四维空间运动的世界线进行;m_0 表示粒子的静止质量.

将式(4.13.13)换成对时间的积分,可以得到

$$S=-m_0c^2\int_a^b \sqrt{1-\beta^2}\,\mathrm{d}t \tag{4.13.14}$$

可见,单个自由粒子的拉格朗日函数为

$$L=-m_0c^2\sqrt{1-\beta^2} \tag{4.13.15}$$

式中,$\beta=v/c$,v 为粒子运动速度.

按式(4.13.15),可以得到相对论条件下粒子动量的定义为

$$\boldsymbol{p}=\frac{\partial L}{\partial \boldsymbol{v}}=\frac{m_0\boldsymbol{v}}{\sqrt{1-\beta^2}} \tag{4.13.16}$$

自由粒子能量可表示为

$$\mathscr{E}=\boldsymbol{p}\cdot\boldsymbol{v}-L=\frac{m_0c^2}{\sqrt{1-\beta^2}} \tag{4.13.17}$$

可见,当粒子的速度 $v\to c$ 时,粒子的能量变为无限大. 因此,根据相对论,任何粒子(静止质量不为零的)速度均不能达到 c.

当 $v\ll c$ 时,可以将上式按 β 幂次方展开,略去二次方以上的项得

$$\mathscr{E}=m_0c^2+\frac{1}{2}m_0v^2+\cdots \tag{4.13.18}$$

式(4.13.18)中第一项是静止能量,它与粒子是否运动无关. 第二项为非相对论动能.

由此可见,一个静止的粒子的能量为

$$\mathscr{E}=m_0c^2 \tag{4.13.19}$$

式(4.13.19)表示物体的质量 m_0 和静止能量的关系,称为质能关系式. 静止物质具有能量,这样,相对论就把质量与能量统一起来.

利用式(4.13.15)、式(4.13.16),又可将粒子的能量写成

$$\mathscr{E}^2=c^2(p^2+m_0^2c^2) \tag{4.13.20}$$

因此,自由粒子的哈密顿函数可表示为

$$\mathscr{H}=c\sqrt{p^2+m_0^2c^2}=\sqrt{c^2p^2+m_0^2c^4} \tag{4.13.21}$$

当 $v\ll c$ 时,上式给出

$$\mathscr{H}=m_0c^2+\frac{p^2}{2m_0} \tag{4.13.22}$$

从式(4.13.16)、式(4.13.17),可以得到粒子的动量、能量与速度之间的关系为

$$\boldsymbol{p}=\mathscr{E}\frac{\boldsymbol{v}}{c^2} \tag{4.13.23}$$

可见对于无静止质量的粒子,当 $m_0\to 0$ 时,可以得到

$$p=\mathscr{E}/c \tag{4.13.24}$$

这与量子理论相符.

在四维空间中，可以把粒子的动量矢量及能量合在一起，表示成一个四维动量矢量，即

$$\boldsymbol{p}_{\square}=(\boldsymbol{p},\mathrm{j}\mathscr{E}/c)\quad (p_i=p_i, p_4=\mathrm{j}\mathscr{E}/c) \tag{4.13.25}$$

式中

$$\boldsymbol{p}_i=m_0\boldsymbol{u}_i \tag{4.13.26}$$

其中，$\boldsymbol{u}_i$ 为按式(4.13.6)定义的四维速度中的空间分量.

不难看到，这一定义是与 4.11 节中通过作用量的定义是相符的，即

$$\boldsymbol{p}_\mu=\partial S/\partial x_\mu \tag{4.13.27}$$

既然动量 $\boldsymbol{p}$ 与能量 $\mathscr{E}$ 组成一个四维矢量，则 $\boldsymbol{p}_{\square}$ 的变换关系为

$$[\boldsymbol{p}'_{\square}]=[\mathscr{L}][\boldsymbol{p}_{\square}] \tag{4.13.28}$$

式中，$[\mathscr{L}]$为洛伦兹变换. 或展开为

$$\begin{cases} p'_z=\gamma\left(p_z-\dfrac{\beta\mathscr{E}}{c}\right)\\ p'_y=p_y\\ p'_x=p_x\\ \mathscr{E}'=\gamma(\mathscr{E}-p'_zc\beta)\end{cases} \tag{4.13.29}$$

作用于粒子上的力，也可仿照非相对论力学中的定义，表示为

$$\boldsymbol{F}_{\square}=\frac{\mathrm{d}\boldsymbol{p}_{\square}}{\mathrm{d}\tau} \tag{4.13.30}$$

因而可将四维空间的力写成

$$\boldsymbol{F}_{\square}=\left(\frac{\boldsymbol{f}}{\sqrt{1-\beta^2}},\mathrm{j}\frac{\boldsymbol{f}\cdot\boldsymbol{v}}{c\sqrt{1-\beta^2}}\right) \tag{4.13.31}$$

式中，$\boldsymbol{f}$ 是力的空间分量，而四维力的时间分量作用于粒子上的功.

如果粒子不是自由运动，而是在位势场中运动，则拉格朗日函数应修正为

$$L=-m_0c^2\sqrt{1-\beta^2}-\varphi \tag{4.13.32}$$

式中，φ 表示粒子的位能. 而哈密顿函数则为

$$\mathscr{H}=\sqrt{m_0^2c^4+c^2p^2}+\varphi \tag{4.13.33}$$

有了四维空间的拉格朗日函数及哈密顿函数，力学方程就可以立即写出. 例如，如用哈密顿正则方程，则为

$$\begin{cases}\dfrac{\mathrm{d}x_\mu}{\mathrm{d}t}=\dfrac{\partial\mathscr{H}}{\partial P_\mu}\\[2mm] \dfrac{\mathrm{d}P_\mu}{\mathrm{d}t}=-\dfrac{\partial\mathscr{H}}{\partial x_\mu}\end{cases} \tag{4.13.34}$$

式中，P_μ，x_μ 均为四维矢量的分量.

其他形式的运动方程也可以同样写出. 我们来导出相对论形式的哈密顿-雅可比方程. 按式(4.13.6)，可将粒子动量方程式(4.13.25)写成

$$\boldsymbol{p}_{\square}=m_0\boldsymbol{u}_{\square} \tag{4.13.35}$$

因此，根据式(4.13.8)，我们有

$$\boldsymbol{p}_{\square}\cdot\boldsymbol{p}_{\square}=P_\mu\cdot P_\mu=-m_0^2c^2 \tag{4.13.36}$$

利用式(4.13.27)，就可得到

$$\left(\frac{\partial S}{\partial x_\mu}\right)\cdot\left(\frac{\partial S}{\partial x_\mu}\right)=-m_0^2c^2 \tag{4.13.37}$$

这就是相对论形式的粒子运动的哈密顿-雅可比方程. 或者展开为

$$\left(\frac{\partial S}{\partial x_i}\right)\cdot\left(\frac{\partial S}{\partial x_i}\right)-\frac{1}{c^2}\left(\frac{\partial S}{\partial t}\right)^2+m_0^2c^2=0 \quad (i=1,2,3) \tag{4.13.38}$$

最后,我们给出一个相对论系数 $\gamma=(1-\beta^2)^{-1/2}$ 的重要公式:

$$\gamma=\frac{1}{m_0c^2}\sqrt{c^2p^2+m_0^2c^4}=\frac{\mathscr{E}}{m_0c^2} \tag{4.13.39}$$

式中,动能 $\mathscr{E}_T$ 可表示为

$$\mathscr{E}_T=m_0c^2(\gamma-1) \tag{4.13.40}$$

而且有以下的关系:

$$\mathscr{E}_T^2-p^2c^2=m_0^2c^4 \tag{4.13.41}$$

上述这些公式在本书以后各章中要经常用到.

第 5 章　电磁方程的相对论形式

5.1 引言

相对论电子学研究相对论电子与电磁场的相互作用，而相对论电子与电磁场是一个统一问题的两个方面. 在一般情况下，处理的方法是：首先分别研究上述两个方面的问题，然后建立它们之间的联解关系. 电子的相对性运动的分析，已在第 4 章中讨论，本章研究电磁场的相对论形式. 如上所述，我们认为读者已掌握狭义相对论的基本原理，所以我们的叙述就从闵可夫斯基空间的性质开始. 在本章中，我们主要研究场本身及场对电子的作用. 至于运动电子产生的场，特别是运动电子的辐射问题，我们将在以后结合自由电子激光问题进行讨论.

5.2 闵可夫斯基空间

第 4 章中曾指出，在狭义相对论中，有必要引入四维空间(x_1，x_2，x_3，$x_4=\mathrm{j}ct$)，在数学上，四维空间(x_1，x_2，x_3，$x_4=\mathrm{j}ct$)称为闵可夫斯基空间. 为了研究电子在电磁场中的运动，我们也必须在此四维空间中来研究电磁场的有关问题. 因此，在本节中我们先来研究一下闵可夫斯基空间中矢量及张量的一些特性.

第 4 章已经指出，在四维空间中，距离元

$$\mathrm{d}s^2=\mathrm{d}x_1^2+\mathrm{d}x_2^2+\mathrm{d}x_3^2-c^2\mathrm{d}t^2 \tag{5.2.1}$$

当坐标变换时，保持不变，因此 $\mathrm{d}s^2$ 是四维空间中的不变量. 实际上，由四维空间的矢径

$$\boldsymbol{R}_{\square}=(\boldsymbol{r},\mathrm{j}ct) \tag{5.2.2}$$

可以得到

$$\boldsymbol{R}_{\square}\cdot\boldsymbol{R}_{\square}=x_1^2+x_2^2+x_3^2-c^2t^2 \tag{5.2.3}$$

这里我们要说明一个问题，四维空间也可写成($x_0=ct$，$-x_1$，$-x_2$，$-x_3$). 这时有

$$\mathrm{d}s^2=c^2\mathrm{d}t^2-\mathrm{d}x_1^2-\mathrm{d}x_2^2-\mathrm{d}x_3^2 \tag{5.2.4}$$

可见，按第 2 章所述，这时四维空间($x_0=ct$，$-x_1$，$-x_2$，$-x_3$)就不是一个仿射正交坐标空间了. 因此，对于任一矢量就有必要区分逆变矢量及协变矢量了. 在这种情况下，逆变矢量

$$\boldsymbol{A}_{\mu}=(A_0,A_1,A_2,A_3) \tag{5.2.5}$$

及协变矢量

$$\boldsymbol{A}^{\mu}=(A^0,A^1,A^2,A^3) \tag{5.2.6}$$

式中有

$$A_0=A^0,A_1=-A^1,A_2=-A^2,A_3=-A^3 \tag{5.2.7}$$

例如，矢径矢量就可分为

$$\boldsymbol{R}_{\mu}=(ct,-\boldsymbol{r}),\boldsymbol{R}^{\mu}=(ct,\boldsymbol{r}) \tag{5.2.8}$$

而矢量的点乘积则为

$$x^{\mu}x_{\mu}=c^2t^2-r^2 \tag{5.2.9}$$

但是在引入虚数符号后，($\boldsymbol{r}$,jct)的四维空间就可以得到仿射正交坐标系. 因为在此种空间中，

$$\boldsymbol{e}^{\mu}=\boldsymbol{e}_{\mu} \tag{5.2.10}$$

而且

$$g^{\mu\nu}=g_{\mu\nu}=\begin{pmatrix}1&0&0&0\\0&1&0&0\\0&0&1&0\\0&0&0&1\end{pmatrix} \tag{5.2.11}$$

所以在本书中，我们将采用四维空间($\boldsymbol{r}$,jct).

下面看看闵可夫斯基空间的几个重要的微分运算. 一个矢量 $\boldsymbol{A}$ 的散度定义为

$$\Box\cdot\boldsymbol{A}_{\Box}=\frac{\partial A_{\mu}}{\partial x_{\mu}} \tag{5.2.12}$$

在闵可夫斯基空间中，散度的运算为

$$\begin{aligned}\Box\cdot\boldsymbol{A}_{\Box}&=\frac{\partial A_1}{\partial x_1}+\frac{\partial A_2}{\partial x_2}+\frac{\partial A_3}{\partial x_3}+\frac{\partial A_4}{\partial(\mathrm{j}ct)}\\&=\frac{\partial A_1}{\partial x_1}+\frac{\partial A_2}{\partial x_2}+\frac{\partial A_3}{\partial x_3}-\frac{\mathrm{j}}{c}\frac{\partial A_4}{\partial t}\end{aligned} \tag{5.2.13}$$

拉普拉斯(Laplace)算符则为

$$\Box^2=\Box\cdot\Box=\frac{\partial^2}{\partial x_{\mu}^2}=\frac{\partial^2}{\partial x_1^2}+\frac{\partial^2}{\partial x_2^2}+\frac{\partial^2}{\partial x_3^2}-\frac{1}{c^2}\frac{\partial^2}{\partial t^2} \tag{5.2.14}$$

闵可夫斯基空间中的二阶四维张量一般有 $4\times4=16$ 个元素，如式(5.2.11)所示. 洛伦兹变换矩阵就相当于一个二阶四维张量.

在第 2 章中曾指出，一个矢量的旋度相当于一个反称二阶张量. 在闵可夫斯基空间，旋度的分量可表示为

$$F_{\mu\nu}=\frac{\partial A_{\nu}}{\partial x_{\mu}}-\frac{\partial A_{\mu}}{\partial x_{\nu}} \tag{5.2.15}$$

即

$$F_{\mu\nu}=\begin{bmatrix}F_{11}&F_{12}&F_{13}&F_{14}\\F_{21}&F_{22}&F_{23}&F_{24}\\&\cdots\cdots&&\\F_{41}&F_{42}&F_{43}&F_{44}\end{bmatrix} \tag{5.2.16}$$

或者

$$
\begin{cases}
F_{12}=\dfrac{\partial A_2}{\partial x_1}-\dfrac{\partial A_1}{\partial x_2}\\[2ex]
F_{13}=\dfrac{\partial A_3}{\partial x_1}-\dfrac{\partial A_1}{\partial x_3}\\[2ex]
F_{14}=\dfrac{\partial A_4}{\partial x_1}+\dfrac{\mathrm{j}}{c}\dfrac{\partial A_1}{\partial t}\\[2ex]
F_{23}=\dfrac{\partial A_3}{\partial x_2}-\dfrac{\partial A_2}{\partial x_3}\\[2ex]
F_{24}=\dfrac{\partial A_4}{\partial x_2}+\dfrac{\mathrm{j}}{c}\dfrac{\partial A_2}{\partial t}\\[2ex]
F_{34}=\dfrac{\partial A_3}{\partial x_2}+\dfrac{\mathrm{j}}{c}\dfrac{\partial A_3}{\partial t}
\end{cases}
\tag{5.2.17}
$$

及

$$
\begin{cases}
F_{21}=-F_{12},F_{31}=-F_{13},F_{41}=-F_{14}\\
F_{42}=-F_{24},F_{43}=-F_{34}\\
F_{11}=F_{22}=F_{33}=F_{44}=0
\end{cases}
\tag{5.2.18}
$$

一个二阶张量的散度可表示为

$$
(\square\cdot\boldsymbol{T})_\mu=\frac{\partial T_{\mu\nu}}{\partial x_\nu}
\tag{5.2.19}
$$

在闵可夫斯基空间，可写成

$$
(\square\cdot\boldsymbol{T})_\mu=\left(\frac{\partial T_{\mu1}}{\partial x_1}+\frac{\partial T_{\mu2}}{\partial x_2}+\frac{\partial T_{\mu3}}{\partial x_3}-\frac{\mathrm{j}}{c}\frac{\partial T_{\mu4}}{\partial t}\right)\boldsymbol{i}_\mu
\tag{5.2.20}
$$

等等. 因此($\square\cdot\boldsymbol{T}$)是一个四维矢量.

与三维仿射空间类似，我们有闵可夫斯基空间的高斯定律：

$$
\oint_s \boldsymbol{T}\cdot\mathrm{d}s=\int_v\square\cdot\boldsymbol{T}\mathrm{d}v
\tag{5.2.21}
$$

式中，s 为四维超曲面. 这些公式在以后将要用到.

5.3 四维空间的麦克斯韦方程

我们来讨论闵可夫斯基空间中电磁场方程的形式. 电磁现象归结为如下的麦克斯韦方程组：

$$
\begin{cases}
\nabla\times\boldsymbol{H}-\dfrac{\partial\boldsymbol{D}}{\partial t}=\boldsymbol{J}\\[2ex]
\nabla\cdot\boldsymbol{D}=\rho
\end{cases}
\tag{5.3.1}
$$

及

$$
\begin{cases}
\nabla\times\boldsymbol{E}+\dfrac{\partial\boldsymbol{B}}{\partial t}=0\\[2ex]
\nabla\cdot\boldsymbol{B}=0
\end{cases}
\tag{5.3.2}
$$

将式(5.3.1)在四维空间展开，即

$$\begin{cases}0+\dfrac{\partial H_3}{\partial x_2}-\dfrac{\partial H_2}{\partial x_3}-\mathrm{j}c\dfrac{\partial D_1}{\partial x_4}=J_1\\ -\dfrac{\partial H_3}{\partial x_1}+0+\dfrac{\partial H_1}{\partial x_3}-\mathrm{j}c\dfrac{\partial D_2}{\partial x_4}=J_2\\ \dfrac{\partial H_2}{\partial x_1}-\dfrac{\partial H_1}{\partial x_2}+0-\mathrm{j}c\dfrac{\partial D_3}{\partial x_4}=J_3\\ \mathrm{j}c\dfrac{\partial D_1}{\partial x_1}+\mathrm{j}c\dfrac{\partial D_2}{\partial x_2}+\mathrm{j}c\dfrac{\partial D_3}{\partial x_3}-\mathrm{j}c\rho=0\end{cases} \tag{5.3.3}$$

引入四维电流密度矢量：

$$\boldsymbol{J}_{\square}=(\boldsymbol{J},\mathrm{j}c\rho) \tag{5.3.4}$$

并定义一个二阶反称张量：

$$\boldsymbol{G}=\begin{bmatrix}0 & H_3 & -H_2 & -\mathrm{j}cD_1\\ -H_3 & 0 & H_1 & -\mathrm{j}cD_2\\ H_2 & -H_1 & 0 & -\mathrm{j}cD_3\\ \mathrm{j}cD_1 & \mathrm{j}cD_2 & \mathrm{j}cD_3 & 0\end{bmatrix} \tag{5.3.5}$$

于是在四维空间中第一组麦克斯韦方程(5.3.1)就可写成

$$\square\cdot\boldsymbol{G}=\boldsymbol{J}_{\square} \tag{5.3.6}$$

同样，可以将式(5.3.2)展开为

$$\begin{cases}0+\dfrac{\partial E_3}{\partial x_2}-\dfrac{\partial E_2}{\partial x_3}+\mathrm{j}c\dfrac{\partial B_1}{\partial x_4}=0\\ -\dfrac{\partial E_3}{\partial x_1}+0+\dfrac{\partial E_1}{\partial x_3}+\mathrm{j}c\dfrac{\partial B_2}{\partial x_4}=0\\ \dfrac{\partial E_2}{\partial x_1}-\dfrac{\partial E_1}{\partial x_2}+0+\mathrm{j}c\dfrac{\partial B_3}{\partial x_4}=0\\ -\dfrac{\partial B_1}{\partial x_1}-\dfrac{\partial B_2}{\partial x_2}-\dfrac{\partial B_3}{\partial x_3}+0=0\end{cases} \tag{5.3.7}$$

再引入另一个反称张量：

$$\boldsymbol{F}=\begin{bmatrix}0 & B_3 & -B_2 & -\dfrac{\mathrm{j}}{c}E_1\\ -B_3 & 0 & B_1 & -\dfrac{\mathrm{j}}{c}E_2\\ B_2 & -B_1 & 0 & -\dfrac{\mathrm{j}}{c}E_3\\ \dfrac{\mathrm{j}}{c}E_1 & \dfrac{\mathrm{j}}{c}E_2 & \dfrac{\mathrm{j}}{c}E_3 & 0\end{bmatrix} \tag{5.3.8}$$

式(5.3.2)即可以成

$$\frac{\partial F_{\mu\nu}}{\partial x_\lambda}+\frac{\partial F_{\lambda\mu}}{\partial x_\nu}+\frac{\partial F_{\nu\lambda}}{\partial x_\mu}=0 \tag{5.3.9}$$

可见，同以上一样，在四维空间电场矢量与磁场矢量一起，共同组成统一的张量.

我们可以将一个二阶四维反称张量，人为地用一个六维矢量来表示，因此，对于式(5.3.5)及式(5.3.8)，我们有

$$\boldsymbol{G}\rightarrow(\boldsymbol{H},-\mathrm{j}c\boldsymbol{D}) \tag{5.3.10}$$

$$\boldsymbol{F}\rightarrow\left(\boldsymbol{B},-\frac{\mathrm{j}}{c}\boldsymbol{E}\right) \tag{5.3.11}$$

上述方程表明，六维矢量的实部由磁场矢量组成，而虚部则由电场矢量组成.

除了式(5.3.1)、式(5.3.2)以外，还有一个连续性方程，在电磁场理论中也起着重要的作用：

$$\nabla \cdot \boldsymbol{J}+\frac{\partial \rho}{\partial t}=0 \tag{5.3.12}$$

在四维空间，按四维矢量定义式(5.3.4)，式(5.3.12)可写成

$$\square \cdot \boldsymbol{J}_{\square}=0 \tag{5.3.13}$$

在电磁场理论中，常引入矢量位 $\boldsymbol{A}$ 及标量位 ϕ：

$$\boldsymbol{E}=-\nabla \phi-\frac{\partial \boldsymbol{A}}{\partial t}, \boldsymbol{B}=\nabla \times \boldsymbol{A} \tag{5.3.14}$$

及洛伦兹归一化条件：

$$\nabla \cdot \boldsymbol{A}+\mu_0 \varepsilon_0 \frac{\partial \phi}{\partial t}=0 \tag{5.3.15}$$

矢量位 $\boldsymbol{A}$ 及标量位 ϕ 都满足波动方程：

$$\begin{cases}\nabla^2 \boldsymbol{A}-\mu_0 \varepsilon_0 \dfrac{\partial^2 \boldsymbol{A}}{\partial t^2}=-\mu_0 \boldsymbol{J} \\ \nabla^2 \phi-\mu_0 \varepsilon_0 \dfrac{\partial^2 \phi}{\partial t^2}=-\dfrac{1}{\varepsilon_0} \rho\end{cases} \tag{5.3.16}$$

引入四维空间的位矢量：

$$\Phi_{\square}=\left(\boldsymbol{A}, \frac{\mathrm{j}}{c} \phi\right) \tag{5.3.17}$$

则电磁场张量 $\boldsymbol{F}$ 就可通 $\boldsymbol{\Phi}_{\square}$ 来计算：

$$\boldsymbol{F}=\square \times \boldsymbol{\Phi}_{\square} \tag{5.3.18}$$

式中，$\boldsymbol{F}$ 为电磁场张量[六维电磁矢量，见方程(5.3.11)]，$\square \times \boldsymbol{\Phi}_{\square}$ 表示四维空间的旋度.

同样可得到按四维矢量定义六维矢量 $\boldsymbol{G}$：

$$\boldsymbol{G}=\sqrt{\frac{\varepsilon_0}{\mu_1}} c \square \times \boldsymbol{\Phi}_{\square} \tag{5.3.19}$$

而归一化条件(5.3.15)则为

$$\square \cdot \boldsymbol{\Phi}_{\square}=0 \tag{5.3.20}$$

式(5.3.16)可写成

$$\square^2 \boldsymbol{\Phi}_{\square}=-\mu_0 \boldsymbol{J}_{\square} \tag{5.3.21}$$

可见，电磁场可以用一个统一的四维空间矢量泊松方程来描述. 这不仅在形式上更为简单，而且在很多问题的处理上都要方便得多.

5.4 电磁场矢量在运动坐标系中的变换

现在来讨论运动坐标系中场矢量的变换关系. 按上一章所述，闵可夫斯基空间中洛伦兹变换为

$$x_\mu'=\mathscr{L}_{\mu\nu} x_\nu \tag{5.4.1}$$

由于矢量的变换关系与坐标系的变换关系相同，因而四维矢量 $\boldsymbol{\Phi}_{\square}$ 及 $\boldsymbol{J}_{\square}$ 的变换式为

$$J_\mu'=\mathscr{L}_{\mu\nu} J_\nu \tag{5.4.2}$$

$$\Phi_\mu'=\mathscr{L}_{\mu\nu} \Phi_\mu \tag{5.4.3}$$

式中，$\mathscr{L}_{\mu\nu}$ 即为洛伦兹变换，由以下矩阵确定：

$$\mathscr{L}_{\mu\nu}=\begin{bmatrix}1 & 0 & 0 & 0\\0 & 1 & 0 & 0\\0 & 0 & \gamma & \mathrm{j}\gamma\beta\\0 & 0 & -\mathrm{j}\gamma\beta & \gamma\end{bmatrix} \tag{5.4.4}$$

将式(5.4.2)、式(5.4.3)展开得到各分量的关系：

$$\begin{cases}J_1'=J_1, J_2'=J_2\\J_3'=\gamma J_3-\beta\gamma c\rho, \rho'=\gamma\rho-\dfrac{\gamma\beta}{c}J_3\end{cases} \tag{5.4.5}$$

及

$$\begin{cases}A_1'=A_1, A_2'=A_2\\A_3'=\gamma A_3-\dfrac{\beta\gamma}{c}\Phi, \Phi'=\gamma\Phi-\beta\gamma cA_3\end{cases} \tag{5.4.6}$$

可见电流及电位的横向分量均无变化，而纵向分量则发生变化.

四维张量的变换关系为

$$A_{\mu\nu}'=a_{\mu m}a_{\nu l}A_{ml} \tag{5.4.7}$$

因此张量 $\boldsymbol{G}$ 及 $\boldsymbol{F}$ 的分量的变换关系即可得到. 例如，$\boldsymbol{F}$ 的分量变换关系为

$$\begin{cases}F_{12}'=F_{12}, F_{13}'=\gamma(F_{13}+\mathrm{j}\beta F_{14})\\F_{14}'=\gamma(F_{14}-\mathrm{j}\beta F_{12}), F_{23}'=\gamma(F_{23}+\mathrm{j}\beta F_{24})\\F_{24}'=\gamma(F_{24}-\mathrm{j}\beta F_{23}), F_{34}'=F_{34}\end{cases} \tag{5.4.8}$$

$\boldsymbol{F}$ 是二阶四维反称张量，只有六个独立元素.

对于 $\boldsymbol{G}$ 也可得到类似的结果.

将式(5.4.8)写成以下的形式更为清楚：

$$\boldsymbol{F}'=\begin{bmatrix}0 & \gamma\left(B_3-\dfrac{\beta}{c}E_2\right) & -\gamma\left(B_2+\dfrac{\beta}{c}E_3\right) & -\dfrac{\mathrm{j}}{c}E_1\\-\gamma\left(B_3-\dfrac{\beta}{c}E_2\right) & 0 & B_1 & -\dfrac{\mathrm{j}\gamma}{c}(E_2-\beta cB_3)\\\gamma\left(B_2+\dfrac{\beta}{c}E_3\right) & -B_1 & 0 & -\dfrac{\mathrm{j}\gamma}{c}(E_3+\beta cB_2)\\\dfrac{\mathrm{j}}{c}E_1 & \dfrac{\mathrm{j}\gamma}{c}(E_2-\beta cB_3) & \dfrac{\mathrm{j}\gamma}{c}(E_3+\beta cB_2) & 0\end{bmatrix} \tag{5.4.9}$$

可见，变换后，仍为一个反称张量.

由式(5.4.9)可得

$$\begin{cases}E_1'=E_1, B_1'=B_1\\E_2'=\gamma(E_2-\beta cB_3), B_2'=\gamma\left(B_2+\dfrac{\beta}{c}E_3\right)\\E_3'=\gamma(E_3+\beta cB_2), B_3'=\gamma\left(B_3-\dfrac{\beta}{c}E_2\right)\end{cases} \tag{5.4.10}$$

式(5.4.10)又可写成

$$\begin{cases}\boldsymbol{E}_{/\!/}'=\boldsymbol{E}_{/\!/}, \boldsymbol{B}_{/\!/}'=\boldsymbol{B}_{/\!/}\\\boldsymbol{E}_{\perp}'=\gamma[\boldsymbol{E}_{\perp}+(\boldsymbol{v}+\boldsymbol{B})_{\perp}], \boldsymbol{B}_{\perp}'=\gamma\left[\boldsymbol{B}_{\perp}-\dfrac{1}{c^2}(\boldsymbol{v}+\boldsymbol{E})_{\perp}\right]\end{cases} \tag{5.4.11}$$

式中，下标 // 表示与速度矢量 $\boldsymbol{v}$ 平行的方向，而 ⊥ 表示与 $\boldsymbol{v}$ 垂直的方向.

同以上所述相类似，如果用 $\boldsymbol{G}$ 来表示，可以得到

$$\begin{cases} \boldsymbol{H}'_{/\!/}=\boldsymbol{H}_{/\!/},\boldsymbol{D}'_{/\!/}=\boldsymbol{D}_{/\!/} \\ \boldsymbol{H}'_{\perp}=\gamma[\boldsymbol{H}_{\perp}-(\boldsymbol{v}+\boldsymbol{D})_{\perp}],\boldsymbol{D}'_{\perp}=\gamma\left[\boldsymbol{D}_{\perp}+\frac{1}{c^2}(\boldsymbol{v}+\boldsymbol{H})_{\perp}\right] \end{cases} \tag{5.4.12}$$

上述结果的重要物理意义是：在运动坐标系中，电场与磁场是不可分割的. 磁场可以转变为电场，同样电场也可转变为磁场. 在以后可以看到，这点在相对论电子学中具有极其重要的实际意义.

以上我们讨论了电磁场矢量在运动坐标系中的转换问题. 这里我们要着重说明以下一个问题：按照狭义相对论，在洛伦兹变换下电磁场方程是协变的，即电磁场方程的形式不因坐标的变换而发生变化. 因此，我们必须在概念上把电磁场矢量的变换与电磁场方程的不变性严格区别清楚. 在运动坐标系中，电场与磁场的矢量都要发生变化，但它们所满足的规律则保持不变.

事实上，我们把麦克斯韦方程写成四维张量形式，又证明了在闵可夫斯基空间四维散度及四维拉普拉斯运算均为不变量，这就已经证明电磁场方程的协变性了. 例如，对于四维矢量 $\boldsymbol{\Phi}_{\square}$ 及 $\boldsymbol{J}_{\square}$，我们有

$$\boldsymbol{\Phi}'_{\square}=[\mathscr{L}]\cdot\boldsymbol{\Phi}_{\square},\boldsymbol{J}'_{\square}=[\mathscr{L}]\cdot\boldsymbol{J}_{\square} \tag{5.4.13}$$

从而可以得到

$$\square'^2\boldsymbol{\Phi}'_{\square}=-\mu_0\boldsymbol{J}'_{\square},\square'\cdot\boldsymbol{\Phi}'_{\square}=0 \tag{5.4.14}$$

可见，$\boldsymbol{\Phi}'_{\square}$ 及 $\boldsymbol{J}'_{\square}$ 所满足的规律是协变的.

5.5 带电粒子在电磁场中的运动

考虑带电粒子在电磁场中的运动问题时，我们从作用量的变分原理出发：

$$\delta S=0 \tag{5.5.1}$$

所以，问题归结为求带电粒子在电磁场中运动时的作用量的表示式. 一旦作用量的表示式 S 求得，运动方程就可用变分问题的欧拉方程求出.

在第 4 章中已经指出，自由粒子的作用量可表示为

$$S_1=-m_0c\int_a^b \mathrm{d}s \tag{5.5.2}$$

式中，$\mathrm{d}s$ 是四维空间的间隔.

由此得到的自由粒子的拉格朗日函数为

$$\begin{cases} S_1=\int L_1\mathrm{d}t \\ L_1=-m_0c^2\sqrt{1-\beta^2} \end{cases} \tag{5.5.3}$$

现在的情况是：带电粒子的运动并不是自由的，它在电磁场的作用之下运动. 因此，整个运动系统应包括带电粒子，电磁场及带电粒子与电磁场的互作用.

令 S_2 表示电磁场本身的作用量，S_3 表示带电粒子与场互作用的作用量，则有

$$S_2=-\frac{1}{2\mathrm{j}}\int F_{\mu\nu}\cdot F_{\mu\nu}\mathrm{d}s \tag{5.5.4}$$

及

$$S_3=-\int q\boldsymbol{\Phi}_{\square}\cdot\mathrm{d}s_{\square} \tag{5.5.5}$$

式中，$\mathrm{d}s=\mathrm{j}c\mathrm{d}_t\mathrm{d}x_1\mathrm{d}x_2\mathrm{d}x_3$ 表示四维超曲面元，而 $\mathrm{d}s_{\square}$ 则表示带电粒子的四维运动位移. q 表示带电粒子的电

荷. 在以后，我们主要考虑电子，所以不妨令 $q=e$. $\boldsymbol{\Phi}_{\square}$ 为 5.4 节所述的四维位矢量.

电磁场本身的运动规律就是麦克斯韦方程，已于 5.4 节中讨论过. 实际上，由式(5.5.4)导出的运动方程就是麦克斯韦方程. 所以我们主要研究带电粒子的自由运动以及它与电磁场的互作用. 为此，我们有

$$S=S_1+S_3 \tag{5.5.6}$$

将式(5.5.5)及式(5.5.2)代入式(5.5.6)，即可求得

$$S=\int_{M_0}^{M_1}(-m_0c^2\mathrm{d}s+e\boldsymbol{A}\cdot\mathrm{d}\boldsymbol{r}-e\phi\mathrm{d}t) \tag{5.5.7}$$

式中，$\boldsymbol{A}$ 为矢量位，ϕ 为标量位.

将式(5.5.7)全部化成对时间的积分，可以得到

$$S=\int_{t_0}^{t}L\mathrm{d}t \tag{5.5.8}$$

式中，L 为电子在电磁场中运动的拉格朗日函数

$$L=-m_0c^2\sqrt{1-\beta^2}+e\boldsymbol{A}\cdot\boldsymbol{v}-e\phi \tag{5.5.9}$$

按式(4.5.10)，可以求得正则(广义)动量：

$$\boldsymbol{P}=\frac{\partial L}{\partial\boldsymbol{v}}=m\boldsymbol{v}\gamma+e\boldsymbol{A}=\boldsymbol{p}+e\boldsymbol{A} \tag{5.5.10}$$

式中，$\boldsymbol{p}$ 为力学动量. 可见，电子在电磁场中的运动的正则动量为力学动量并加上矢量位.

由拉格朗日函数可以求得哈密顿函数：

$$\mathscr{H}=\boldsymbol{v}\cdot\frac{\partial L}{\partial\boldsymbol{v}}-L \tag{5.5.11}$$

代入有关方程可得

$$\mathscr{H}=m_0c^2\gamma+e\phi \tag{5.5.12}$$

可见，矢量位并不引起系统总能量的改变. 不过，哈密顿函数宜写成正则形式.

由上两式可得

$$\left(\frac{\mathscr{H}-e\phi}{c}\right)^2=m_0^2c^2+(\boldsymbol{P}-e\boldsymbol{A})^2 \tag{5.5.13}$$

因此有

$$\mathscr{H}=\sqrt{m_0^2c^4+c^2(\boldsymbol{P}-e\boldsymbol{A})^2}+e\phi \tag{5.5.14}$$

有了拉格朗日函数及哈密顿函数，就可立即求得电子的运动方程. 例如，拉格朗日方程可写成

$$\frac{\mathrm{d}}{\mathrm{d}t}\left(\frac{\partial L}{\partial\boldsymbol{v}}\right)-\frac{\partial L}{\partial\boldsymbol{r}}=0 \tag{5.5.15}$$

或哈密顿-雅可比方程：

$$(\nabla S-e\boldsymbol{A})^2-\frac{1}{c^2}\left(\frac{\partial S}{\partial t}+e\phi\right)^2+m_0^2c^2=0 \tag{5.5.16}$$

采用哪一种运动方程，视具体情况而定. 详细情况将在第 6 章中讨论.

5.6 电磁场的张力张量

电磁场对带电粒子的作用力，可写成以下形式：

$$\boldsymbol{f}_{\square}=\boldsymbol{F}\cdot\boldsymbol{J}_{\square} \tag{5.6.1}$$

按 2.9 节所述，张量和矢量的点积是一个矢量. 因此，式中，$\boldsymbol{f}_{\square}$ 表示四维作用力. $\boldsymbol{F}$ 为张量，由式(5.3.8)确

定. 而四维电流矢量：

$$\boldsymbol{J}_{\square}=(\rho\boldsymbol{v},\mathrm{j}c\rho) \tag{5.6.2}$$

这里，我们认为空间仅有运动的电荷引起的电流，而无其他电流.

将方程(5.6.1)展开，就可以看到四维力矢量 $\boldsymbol{f}_{\square}$ 的前三个分量(空间分量)正好是三维力矢量 $\boldsymbol{f}$：

$$\boldsymbol{f}=\rho(\boldsymbol{E}+\boldsymbol{v}\times\boldsymbol{B}) \tag{5.6.3}$$

这正是电磁场作用于运动电荷上的洛伦兹力. 而第四个分量则为

$$f_4=\frac{\mathrm{j}}{c}(E_1v_1+E_2v_2+E_3v_3)\rho=\frac{\mathrm{j}}{c}\rho\boldsymbol{v}\cdot\boldsymbol{E} \tag{5.6.4}$$

可见，除相差一个常数因子外，f_4 表示电场对运动电荷所做的功.

如果我们考虑作用于被封闭面 S 所包围的体积 V 上的力，则可以得到

$$\boldsymbol{F}=\int_V\boldsymbol{f}\,\mathrm{d}V=\int_V\rho(\boldsymbol{E}+\boldsymbol{v}\times\boldsymbol{B})\mathrm{d}V \tag{5.6.5}$$

这个力是通过表面 S 作用于体积 V 上的，从而使我们可以引入以下的电磁场的张力张量的概念.

由麦克斯韦方程，我们可以定义两个张量：$\boldsymbol{S}^c$ 及 $\boldsymbol{S}^m$，使

$$\nabla\cdot\boldsymbol{S}^c=\varepsilon_0(\nabla\times\boldsymbol{E})\times\boldsymbol{E}+\varepsilon_0\boldsymbol{E}\nabla\cdot\boldsymbol{E} \tag{5.6.6}$$

$$\nabla\cdot\boldsymbol{S}^m=\frac{1}{\mu_0}(\nabla\times\boldsymbol{B})\times\boldsymbol{B}+\frac{1}{\mu_0}\boldsymbol{B}\nabla\cdot\boldsymbol{B} \tag{5.6.7}$$

二阶三维张量 $\boldsymbol{S}^c$ 及 $\boldsymbol{S}^m$ 的分量如下列所示：

$$\boldsymbol{S}^c=\begin{bmatrix}\varepsilon_0E_1^2-\frac{\varepsilon_0}{2}|E|^2 & \varepsilon_0E_1E_2 & \varepsilon_0E_1E_3\\ \varepsilon_0E_2E_1 & \varepsilon_0E_2^2-\frac{\varepsilon_0}{2}|E|^2 & \varepsilon_0E_2E_3\\ \varepsilon_0E_1E_3 & \varepsilon_0E_2E_3 & \varepsilon_0E_3^2-\frac{\varepsilon_0}{2}|E|^2\end{bmatrix} \tag{5.6.8}$$

$$\boldsymbol{S}^m=\begin{bmatrix}\frac{1}{\mu_0}B_1^2-\frac{1}{2\mu_0}|B|^2 & \frac{1}{\mu_0}B_1B_2 & \frac{1}{\mu_0}B_1B_3\\ \frac{1}{\mu_0}B_2B_1 & \frac{1}{\mu_0}B_2^2-\frac{1}{2\mu_0}|B|^2 & \frac{1}{\mu_0}B_2B_3\\ \frac{1}{\mu_0}B_1B_3 & \frac{1}{\mu_0}B_2B_3 & \frac{1}{\mu_0}B_3^2-\frac{1}{2\mu_0}|B|^2\end{bmatrix} \tag{5.6.9}$$

可见，$\boldsymbol{S}^c$ 及 $\boldsymbol{S}^m$ 均为二阶三维对称张量.

令

$$\boldsymbol{S}=\boldsymbol{S}^c+\boldsymbol{S}^m \tag{5.6.10}$$

则可以得到

$$\nabla\cdot\boldsymbol{S}=\rho\boldsymbol{E}+\rho\boldsymbol{v}\times\boldsymbol{B}+\varepsilon_0\frac{\partial}{\partial t}(\boldsymbol{E}\times\boldsymbol{B}) \tag{5.6.11}$$

对式(5.6.11)在封闭曲面上积分，利用高斯定律可以得到

$$\int_s\boldsymbol{S}\cdot\mathrm{d}\boldsymbol{s}=\int_V(\rho\boldsymbol{E}+\rho\boldsymbol{v}\times\boldsymbol{B})\mathrm{d}V+\varepsilon_0\frac{\partial}{\partial t}\int(\boldsymbol{E}\times\boldsymbol{B})\mathrm{d}V \tag{5.6.12}$$

可见，通过封闭面作用于体积上的总力为

$$\mathscr{F}=\int_s\boldsymbol{S}\cdot\mathrm{d}\boldsymbol{s}=\int_V\rho(\boldsymbol{E}+\boldsymbol{v}\times\boldsymbol{B})\mathrm{d}V+\varepsilon_0\frac{\partial}{\partial t}\int_V(\boldsymbol{E}\times\boldsymbol{B})\mathrm{d}V \tag{5.6.13}$$

对于稳定电磁场，式(5.6.13)右边第二项为零，得

$$\int_s \boldsymbol{S}\cdot \mathrm{d}\boldsymbol{s}=\int_V \rho(\boldsymbol{E}+\boldsymbol{v}\times\boldsymbol{B})\mathrm{d}V \tag{5.6.14}$$

可见,$\boldsymbol{S}$ 是稳定状态下的张力张量.

现在来看看式(5.6.13)的最后一项. 当体积内无电荷密度时,可以得到

$$\mathscr{F}=\int_s \boldsymbol{S}\cdot \mathrm{d}\boldsymbol{s}=\varepsilon_0\frac{\partial}{\partial t}\int_V(\boldsymbol{E}\times\boldsymbol{B})\mathrm{d}V \tag{5.6.15}$$

令

$$\boldsymbol{g}=\varepsilon_0\boldsymbol{E}\times\boldsymbol{B}=\varepsilon_0\mu_0\boldsymbol{E}\times\boldsymbol{H} \tag{5.6.16}$$

式中,$\boldsymbol{g}$ 表示具有动量的量纲. 这样,式(5.6.15)就可写成

$$\mathscr{F}=\int_s \boldsymbol{S}\cdot \mathrm{d}\boldsymbol{s}=\frac{\partial}{\partial t}\int_V \boldsymbol{g}\mathrm{d}V=\frac{\partial}{\partial t}\boldsymbol{G}_e \tag{5.6.17}$$

式(5.6.17)表示,如果把$\varepsilon_0\mu_0\boldsymbol{E}\times\boldsymbol{H}$ 作为电磁场的动量密度,则式(5.6.16)满足运动方程. 通过 S 面作用于此封闭面内体积上的总的力等于总动量的变化率.

这样,式(5.6.11)又可写成

$$\frac{\partial \boldsymbol{g}}{\partial t}=\nabla\cdot S-\rho(\boldsymbol{E}+\boldsymbol{v}\times\boldsymbol{B}) \tag{5.6.18}$$

作用于带电粒子上的力,引起粒子的运动,因此又可得到

$$\mathscr{F}=\int_V \rho(\boldsymbol{E}+\boldsymbol{v}\times\boldsymbol{B})\mathrm{d}V=\frac{\partial}{\partial t}\boldsymbol{G}_m \tag{5.6.19}$$

可见,带电粒子在电磁场中运动这个运动体系含有两种动量:机械动量 $\boldsymbol{G}_m$ 及电磁动量 $\boldsymbol{G}_e$. 如果封闭曲面趋向无穷大,就可得到

$$\int_s \boldsymbol{S}\cdot \mathrm{d}\boldsymbol{s}=0 \tag{5.6.20}$$

因为在无穷远处电场及磁场矢量均应为零. 于是,可以得到

$$\begin{cases}\dfrac{\mathrm{d}}{\mathrm{d}t}(\boldsymbol{G}_e+\boldsymbol{G}_m)=0\\ \boldsymbol{G}_e+\boldsymbol{G}_m=\mathrm{const}\end{cases} \tag{5.6.21}$$

式(5.6.21)表示,如果把电磁场及带电粒子当作一个整体来看,则它满足动量守恒定律.

5.7 电磁场的动量及能量张量

上面我们推导出电磁场可以具有动量. 在本节中,我们要指出,电磁场的张力张量、动量及能量可以用一个统一的四维张量来表示. 按四维力的定义:

$$\boldsymbol{f}_\square=\boldsymbol{F}\cdot\boldsymbol{J}_\square,\ f_\nu=F_{\nu\mu}J_\mu \tag{5.7.1}$$

现在来看看,是否可以找到一个张量 $\boldsymbol{T}$,使得下式成立:

$$\boldsymbol{f}_\square=\square\cdot\boldsymbol{T} \tag{5.7.2}$$

由电磁场的张量 $\boldsymbol{F}$ 可以得到

$$-\mu_0\boldsymbol{J}_\square=\square\cdot\boldsymbol{F} \tag{5.7.3}$$

代入式(5.7.1)可以得到

$$\boldsymbol{f}_\square=-\frac{1}{\mu_0}\boldsymbol{F}\cdot(\square\cdot\boldsymbol{F}) \tag{5.7.4}$$

或写成

$$f_\nu = -\frac{1}{\mu_0}\left[\frac{\partial(F_{\nu\mu}F_{\mu\lambda})}{\partial x_\lambda} - F_{\mu\lambda}\frac{\partial F_{\nu\mu}}{\partial x_\lambda}\right] \tag{5.7.5}$$

由于 $\boldsymbol{F}$ 是反对称张量，所以可以得到

$$F_{\mu\lambda}\frac{\partial F_{\nu\mu}}{\partial x_\lambda} = \frac{1}{2}F_{\mu\lambda}\left(\frac{\partial F_{\nu\mu}}{\partial x_\lambda} + \frac{\partial F_{\lambda\nu}}{\partial x_\mu}\right) \tag{5.7.6}$$

而

$$F_{\mu\lambda}\frac{\partial F_{\nu\mu}}{\partial x_\lambda} = -\frac{1}{2}F_{\mu\lambda}\frac{\partial F_{\mu\lambda}}{\partial x_\nu} = -\frac{1}{4}\frac{\partial}{\partial x_\nu}(F_{\mu\lambda})^2 \tag{5.7.7}$$

这样，就可以将张力写成

$$f_\nu = \left[\frac{\partial}{\partial x_\lambda}(F_{\nu\mu}F_{\mu\lambda}) + \frac{1}{4}\frac{\partial(F_{\mu\lambda})^2}{\partial x_\nu}\right]\frac{1}{\mu_0} \tag{5.7.8}$$

因此，如令

$$T_{\nu\mu} = \frac{1}{\mu_0}\left[(F_{\nu\lambda}F_{\lambda\mu}) + \frac{1}{4}\delta_{\nu\mu}(F_{\lambda\sigma}F_{\lambda\sigma})\right] \tag{5.7.9}$$

则式(5.7.2)就可得到满足，因此$[T_{\nu\mu}]$就是我们要求的张量.

我们现在来看看张量 $\boldsymbol{T}$ 的分量及其物理意义. 利用张量 $\boldsymbol{F}$ 的各分量关系，将张量 $\boldsymbol{T}$ 展开后就可以看到，$\boldsymbol{T}$ 的空间分量(前三维分量)正好与三维张量 $\boldsymbol{S}$ 相同(见上节)，而且因为

$$\begin{cases} F_{1\lambda}F_{1\lambda} = -(H_2^2 + H_3^2 + E_1^2) \\ F_{4\lambda}F_{\lambda 4} = E^2 \\ F_{1\lambda}F_{\lambda 2} = (H_2H_1 + E_1E_2) \\ F_{1\lambda}F_{\lambda 2} = \mathrm{j}(E_3H_2 - E_2H_3) \end{cases} \tag{5.7.10}$$

所以可以得到

$$T_{44} = \frac{1}{2}(\varepsilon_0 E^2 + \mu_0 H^2) = W \tag{5.7.11}$$

$$T_{4i} = -\frac{1}{c}\boldsymbol{p}_i \tag{5.7.12}$$

$$T_{i4} = -\mathrm{j}cg_i \tag{5.7.13}$$

可见，T_{44}表示电磁场的能量密度，T_{4i}表示能量流，因为

$$\boldsymbol{p} = \frac{1}{\mu_0}\boldsymbol{E}\times\boldsymbol{B},\ \boldsymbol{g} = \frac{1}{c^2}\boldsymbol{p} \tag{5.7.14}$$

T_{i4}则表示动量密度. 在式(5.7.12)、式(5.7.13)中，下标 i 表示空间坐标.

这样，可以将二阶四维张量 $\boldsymbol{T}$ 的各元素写出，即

$$\boldsymbol{T} = \begin{bmatrix} T_{11} & T_{12} & T_{13} & -\mathrm{j}cg_1 \\ T_{21} & T_{22} & T_{23} & -\mathrm{j}cg_2 \\ T_{31} & T_{32} & T_{33} & -\mathrm{j}cg_3 \\ -\frac{\mathrm{j}}{c}s_1 & -\frac{\mathrm{j}}{c}s_2 & -\frac{\mathrm{j}}{c}s_3 & W \end{bmatrix} \tag{5.7.15}$$

式中

$$T_{ij} = \varepsilon_0 E_iE_j + \frac{1}{\mu_0}B_iB_j - \frac{1}{2}\delta_{ij}\left(\varepsilon_0 E^2 + \frac{1}{\mu_0}B^2\right) \tag{5.7.16}$$

求出张量 $\boldsymbol{T}$ 以后，可以验证式(5.7.2)的正确性.

这样，5.6 节中式(5.6.12)就可用张量 $\boldsymbol{T}$ 来表示，即

$$\int_V f_\mu \mathrm{d}V = \int_V \left(\frac{\partial T_{\mu 1}}{\partial x_1} + \frac{\partial T_{\mu 2}}{\partial x_2} + \frac{\partial T_{\mu 3}}{\partial x_3} + \right)\mathrm{d}V + \frac{1}{\mathrm{j}c}\frac{\partial}{\partial t}\int_V T_{\mu 4}\mathrm{d}V \tag{5.7.17}$$

对于空间分量，可以得到

$$\mathscr{F} = \oint_s \boldsymbol{T} \cdot \mathrm{d}\boldsymbol{s} - \frac{\partial}{\partial t}\int_V g\,\mathrm{d}V \tag{5.7.18}$$

对于空间分量($\mu=4$)，可以得到

$$\frac{\partial T_{4\nu}}{\partial x_\nu} = \nabla \cdot \left(-\frac{\mathrm{j}}{c}\boldsymbol{p}\right) + \frac{1}{\mathrm{j}c}\frac{\partial W}{\partial t} \tag{5.7.19}$$

但

$$\frac{\partial T_{4\nu}}{\partial x_2} = \boldsymbol{F}_{4\nu}\boldsymbol{J} = \frac{\mathrm{j}}{c}\boldsymbol{E} \cdot \boldsymbol{J} \tag{5.7.20}$$

因此可以得到

$$\int_V \boldsymbol{E} \cdot \boldsymbol{J}\mathrm{d}V = -\oint_s \boldsymbol{p} \cdot \mathrm{d}\boldsymbol{s} - \frac{\partial}{\partial t}\int_V W\mathrm{d}V \tag{5.7.21}$$

式中：$\boldsymbol{p}$ 是坡印廷矢量；W 是能量；$\int_V \boldsymbol{E} \cdot \boldsymbol{J}\mathrm{d}V$ 是电场所做的功. 所以式(5.7.21)是电磁场的能量守恒定律.

5.8 四维波动方程的积分

现在来讨论四维空间中波动方程的求解. 按前所述，四维位矢量 $\boldsymbol{\Phi}_\square$ 及四维电流矢量 $\boldsymbol{J}_\square$ 满足以下的波动方程：

$$\square^2 \boldsymbol{\Phi}_\square = -\mu_0 \boldsymbol{J}_\square \tag{5.8.1}$$

令 A,B 表示四维空间的两个标量函数，假定它们连续且具有所需的各阶导数. S 为一封闭曲面，V 为其包围的体积. 于是与三维空间类似，有以下的格林公式：

$$\int_V \square \cdot (A\square B)\mathrm{d}V = \int_S A\square B \cdot \boldsymbol{n}\mathrm{d}S \tag{5.8.2}$$

$$\int_V \square A \cdot \square B\mathrm{d}V + \int_V A\square^2 B\mathrm{d}V = \int_S A\frac{\partial B}{\partial n}\mathrm{d}S \tag{5.8.3}$$

$$\int_V (B\square^2 A - A\square^2 B)\mathrm{d}V = \int_S \left(B\frac{\partial A}{\partial n} - A\frac{\partial B}{\partial n}\right)\mathrm{d}S \tag{5.8.4}$$

令 x'_μ 表示观察点坐标，x_μ 表示源点坐标，于是

$$R^2 = (x'_\mu - x_\mu)^2 \tag{5.8.5}$$

令 B 函数为

$$B = \frac{1}{R^2} \tag{5.8.6}$$

显然，除 $R=0$ 的奇异点外，B 处处连续，且满足方程

$$\square^2 B = 0 \tag{5.8.7}$$

令 A 表示四维位矢量 $\boldsymbol{\Phi}_\square$ 的一个分量 Φ_μ，则由格林公式(5.8.4)可以得到

$$\int_V \frac{\square^2 \Phi_\mu}{R^2}\mathrm{d}V = \int_{S_0+S}\left[\frac{1}{R^2}\frac{\partial \Phi_\mu}{\partial n} - \Phi_\mu \frac{\partial}{\partial n}\left(\frac{1}{R^2}\right)\right]\mathrm{d}S \tag{5.8.8}$$

式中，S_0 表示包围 $R=0$ 点的超小球面积. 在这超小球表面上，我们有

$$\begin{cases}\dfrac{\partial \Phi_{\mu}}{\partial n}=-\dfrac{\partial \Phi_{\mu}}{\partial R}\\ \left[\dfrac{\partial}{\partial n}\left(\dfrac{1}{R^{2}}\right)\right]_{R=R_1}=\dfrac{1}{R_1^{3}}\end{cases} \tag{5.8.9}$$

其中,R_1 为小球的半径.

引入超球面坐标,即

$$\begin{cases}x_1=R\cos\theta_1\\ x_2=R\sin\theta_1\cos\theta_2\\ x_3=R\sin\theta_1\sin\theta_2\cos\phi\\ x_4=R\sin\theta_1\sin\theta_2\sin\phi\end{cases} \tag{5.8.10}$$

由于

$$x_{\mu}x_{\mu}=R^{2} \tag{5.8.11}$$

所以相应的度量系数为

$$\begin{cases}h_1=1,h_2=R\\ h_3=R\sin\theta_1,h_4=R\sin\theta_1\sin\theta_2\end{cases} \tag{5.8.12}$$

因而超球元体积为

$$\mathrm{d}Q=R^{3}\sin^{2}\theta_1\sin\theta_2\,\mathrm{d}R\,\mathrm{d}\theta_1\,\mathrm{d}\theta_2\,\mathrm{d}\phi \tag{5.8.13}$$

而沿超小球的积分为

$$\int_{S}\mathrm{d}S=R^{3}\int_{0}^{\pi}\int_{0}^{\pi}\int_{0}^{2\pi}\sin^{2}\theta_1\sin\theta_2\,\mathrm{d}\theta_1\,\mathrm{d}\theta_2\,\mathrm{d}\phi=2\pi R^{3} \tag{5.8.14}$$

因此,在式(5.8.8)中,当 $R_1\to 0$ 时,可以得到

$$\begin{aligned}\int_{S_1}\left[\frac{1}{R^{2}}\frac{\partial \Phi_{\mu}}{\partial n}-\Phi_{\mu}\frac{\partial}{\partial n}\left(\frac{1}{R^{2}}\right)\right]\mathrm{d}S&=\left[\frac{1}{R_1^{2}}\frac{\partial \Phi_{\mu}}{\partial n}-\Phi_{\mu}\frac{\partial}{\partial n}\left(\frac{1}{R^{2}}\right)\right]_{R=R}\cdot 2\pi^{2}R_1^{3}\\ &=-4\pi^{2}\Phi_{\mu}(x')\end{aligned} \tag{5.8.15}$$

因此可以求出

$$\Phi_{\square}(x')=\frac{\mu_0}{4\pi^{2}}\int_{Q}\frac{\boldsymbol{J}_{\square}}{R^{2}}\mathrm{d}Q+\frac{1}{4\pi^{2}}\int_{S}\frac{1}{R^{2}}\left[\frac{\partial \boldsymbol{\Phi}_{\square}}{\partial n}-\boldsymbol{\Phi}_{\square}\frac{\partial}{\partial n}\left(\frac{1}{R^{2}}\right)\right]\mathrm{d}S \tag{5.8.16}$$

$\boldsymbol{\Phi}_{\square}$ 求出后,张量 $\boldsymbol{F}$ 即可求得

$$\boldsymbol{F}=\square\times\boldsymbol{\Phi}_{\square} \tag{5.8.17}$$

如果我们认为源全部位于体积内,因此表面积分无贡献,于是得到

$$\boldsymbol{\Phi}_{\square}(x')=\frac{\mu_0}{4\pi^{2}}\int_{Q}\frac{\boldsymbol{J}_{\square}}{R^{2}}\mathrm{d}Q \tag{5.8.18}$$

及

$$\boldsymbol{F}=\frac{\mu_0}{2\pi^{2}}\int_{Q}\frac{\boldsymbol{J}_{\square}\times\boldsymbol{R}}{R^{4}}\mathrm{d}Q \tag{5.8.19}$$

矢积 $\boldsymbol{J}_{\square}\times\boldsymbol{R}$ 是一个反称张量,这符合 $\boldsymbol{F}$ 张量的要求,所以方程(5.8.19)得到满足.

5.9 平面波

我们考虑无源空间的平面波,它在以后要经常用到.当 $\rho=0$,$\boldsymbol{J}=0$ 时,四维矢量方程为

$$\square^{2}\boldsymbol{\Phi}_{\square}=0 \tag{5.9.1}$$

规范条件为

$$\begin{cases}\Box\cdot\boldsymbol{\Phi}_{\Box}=0\\ \nabla\cdot\boldsymbol{A}+\mu_0\varepsilon_0\dfrac{\partial\phi}{\partial t}=0\end{cases}\tag{5.9.2}$$

我们知道,只需满足归一化条件,ϕ 与 $\boldsymbol{A}$ 可以作一定的选择. 由于 ϕ 是标量位,在无源空间,可以令

$$\phi=0\tag{5.9.3}$$

因而式(5.9.2)给出

$$\nabla\cdot\boldsymbol{A}=0\tag{5.9.4}$$

波方程(5.9.1)化为

$$\nabla^2\boldsymbol{A}-\frac{1}{c^2}\frac{\partial^2\boldsymbol{A}}{\partial t^2}=0\tag{5.9.5}$$

这时电磁场矢量为

$$\begin{cases}\boldsymbol{E}=-\dfrac{\partial A}{\partial t}-\nabla\phi=-\dfrac{\partial\boldsymbol{A}}{\partial t}\\ \boldsymbol{B}=\nabla\times\boldsymbol{A}\end{cases}\tag{5.9.6}$$

可见,在无源空间仅能存在有旋波,而没有无旋波分量.

如果场的每一个分量均只与一个空间坐标(令为 z)及时间有关,则这种波称为平面波. 对于平面波,式(5.9.5)可化为

$$\frac{\partial^2A_i}{\partial z^2}-\frac{1}{c^2}\frac{\partial^2A_i}{\partial t^2}=0\tag{5.9.7}$$

其解为

$$A_i=f_{i1}\left(t-\frac{z}{c}\right)+f_{i2}\left(t+\frac{z}{c}\right)\tag{5.9.8}$$

式中,f_{i1},f_{i2} 为任意函数. f_{i1} 称为滞后位,f_{i2} 称为超前位. 在一般情况下,我们仅讨论滞后位,因而

$$A_i=f_{i1}\left(t-\frac{z}{c}\right)\tag{5.9.9}$$

对于平面波,由麦克斯韦方程可以得到

$$\boldsymbol{H}=\sqrt{\frac{\varepsilon_0}{\mu_0}}\,\boldsymbol{n}\times\boldsymbol{E}\tag{5.9.10}$$

式中,$\boldsymbol{n}$ 表示波传播的方向. 由此可见,平面波的电场矢量与磁场矢量正交,而且均与波传播的方向正交. 坡印廷矢量为

$$\boldsymbol{p}=\boldsymbol{E}\times\boldsymbol{H}\tag{5.9.11}$$

可见,坡印廷矢量指向波的传播方向.

对于平面波,我们有

$$W=\frac{1}{2}(\varepsilon_0E^2+\mu_0H^2)\tag{5.9.12}$$

因此

$$\boldsymbol{p}=Wc\boldsymbol{n}\tag{5.9.13}$$

最常遇到的平面波形式是以下形式:

$$f_1\left(t-\frac{z}{c}\right)=\exp[\mathrm{j}(k_zz-\omega t)]\tag{5.9.14}$$

推广到任意取向时,式(5.9.14)可写成

$$f_1\left(t-\frac{r}{c}\right)=\exp[\mathrm{j}(\boldsymbol{k}\cdot\boldsymbol{r}-\omega t)] \tag{5.9.15}$$

这时式(5.9.10)可写成

$$\boldsymbol{H}=\sqrt{\frac{\varepsilon_0}{\mu_0}}\boldsymbol{k}\times\boldsymbol{E}/k=\frac{1}{\omega\mu_0}\boldsymbol{k}\times\boldsymbol{E} \tag{5.9.16}$$

式中，$\boldsymbol{k}$ 称为波矢量. 而式(5.9.13)可写成

$$\boldsymbol{p}=Wc\boldsymbol{k}/k=W\left(\frac{c^2}{\omega}\right)\boldsymbol{k} \tag{5.9.17}$$

5.10　相对论多普勒效应

在相对论电子学的研究中常常要用到相对论多普勒(Doppler)效应. 我们来研究当坐标变换时，一个平面波是如何从一个坐标系转换到另一个坐标系中去的问题.

如上所述，单色平面波可表示为

$$\boldsymbol{A}=\mathrm{Re}[\boldsymbol{A}_0\mathrm{e}^{\mathrm{j}(\boldsymbol{k}\cdot\boldsymbol{r}-\omega t)}] \tag{5.10.1}$$

式中，波矢量 $\boldsymbol{k}$ 为

$$\boldsymbol{k}=\frac{\omega}{c}\boldsymbol{n} \tag{5.10.2}$$

其中，$\boldsymbol{n}$ 为传播方向的单位矢量. 波的相位由因子

$$\phi=\boldsymbol{k}\cdot\boldsymbol{r}-\omega t=k_i x_i-\omega t \tag{5.10.3}$$

确定.

利用四维空间符号，可将式(5.10.3)写成

$$\phi=\boldsymbol{k}\cdot\boldsymbol{r}-\omega t=k_\mu x_\mu \tag{5.10.4}$$

因此可以定义下面的四维波矢量：

$$\boldsymbol{k}_\Box=\left(\boldsymbol{k},\mathrm{j}\frac{\omega}{c}\right) \tag{5.10.5}$$

不难看到，四维波矢量 $\boldsymbol{k}_\Box$ 有以下特点：

$$\boldsymbol{k}_\Box\cdot\boldsymbol{k}_\Box=k_\mu k_\mu=0 \tag{5.10.6}$$

因此，$\boldsymbol{k}_\Box$ 确是四维空间的一个矢量. 这样由第 2 章中所述可得到波矢量的转换关系为

$$k'_\mu=\mathscr{L}_{\mu\nu}k_\nu \tag{5.10.7}$$

式中，$\mathscr{L}_{\mu\nu}$ 是洛伦兹变换矩阵.

将式(5.10.7)写成分量形式，即

$$\begin{cases}k'_1=\gamma(k_4+\mathrm{j}\beta k_1)\\ k'_1=k_1\\ k_2=k_2\\ k'_4=\gamma(k_1-\mathrm{j}\beta k_3)\end{cases} \tag{5.10.8}$$

于是得到

$$\begin{cases}\omega' n'_1=\omega n_1\\ \omega' n'_2=\omega n_2\\ \omega' n'_3=\gamma(\omega n_3-\beta\omega)\\ \omega' n'_4=\gamma(\omega-\beta n_3\omega)\end{cases} \tag{5.10.9}$$

还可以得到逆变换：

$$\begin{cases} k_1 = k_1' \\ k_2 = k_2' \\ k_3 = \gamma(k_3' - \mathrm{j}\beta k_4') \\ k_4 = \gamma(k_4' + \mathrm{j}\beta k_3') \end{cases} \tag{5.10.10}$$

及

$$\begin{cases} \omega n_1 = \omega' n_1' \\ \omega n_2 = \omega' n_2' \\ \omega n_3 = \gamma(\omega' n_3' + \beta\omega') \\ \omega n_4 = \gamma(\omega' - \beta\omega' n_3') \end{cases} \tag{5.10.11}$$

设波源以速度 v 沿 x 轴运动，而波的传播方向 $\boldsymbol{n}$ 与 x 轴的交角为 θ，见图 5.10.1. 由式(5.10.11)可以得到

$$\omega = \omega' \frac{\sqrt{1-\beta^2}}{(1-\beta\cos\theta)} \tag{5.10.12}$$

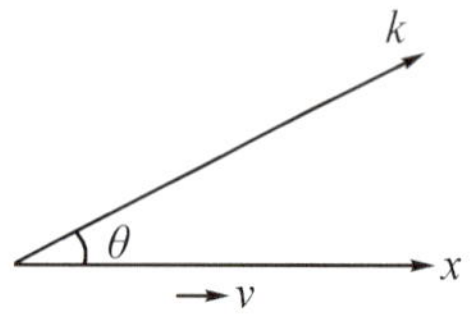

图 5.10.1　波矢量的变换

在弱相对论情况下 $\beta^2 \ll 1$，得

$$\omega = \omega'(1+\beta\cos\theta) \tag{5.10.13}$$

当 $\theta=0$，即当波向着观察者运动时，式(5.10.12)给出

$$\omega = \omega' \frac{\sqrt{1-\beta^2}}{(1-\beta)} = \left(\sqrt{\frac{1+\beta}{1-\beta}}\right)\omega' \tag{5.10.14}$$

在弱相对论条件下，上式化为

$$\omega = \omega'(1+\beta) \tag{5.10.15}$$

式(5.10.13)及式(5.10.15)就是一般情况下的多普勒效应，它表示波源运动时，在静止坐标系上的观察者看来，波的频率要发生变化.

比较式(5.10.12)与式(5.10.13)，以及式(5.10.14)与式(5.10.15)，可以看到相对论多普勒效应与非相对论多普勒效应之间的差别. 这种差别在 $\theta=\pi/2$ 时最为明显. 按式(5.10.13)，可以得到

$$\omega = \omega' \qquad \left(\theta = \frac{\pi}{2}\right) \tag{5.10.16}$$

即无多普勒效应. 而按式(5.10.12)则得

$$\omega = \omega'\sqrt{1-\beta^2} = \omega'(1-\beta^2/2) \tag{5.10.17}$$

可见有横向多普勒效应. 由此也可看到，只有当相对论效应较强时(β^2 不能略去)，才能观察到横向多普勒效应.

现在再来看看幅值的变换. 为此利用关系式

$$\begin{cases} \boldsymbol{E}'_{/\!/} = \boldsymbol{E}_{/\!/}, \boldsymbol{B}'_{/\!/} = \boldsymbol{B}_{/\!/} \\ \boldsymbol{E}'_{\perp} = \gamma[\boldsymbol{E}_{\perp} + (\boldsymbol{v}\times\boldsymbol{B})_{\perp}] \\ \boldsymbol{B}'_{\perp} = \gamma\left[\boldsymbol{B}_{\perp} - \frac{1}{c^2}(\boldsymbol{v}\times\boldsymbol{E})_{\perp}\right] \end{cases} \tag{5.10.18}$$

对于平面波,可以假定波矢量 $\boldsymbol{k}$ 落于 xy 平面内,于是

$$\begin{cases} E_x = -E_0 n_y e^{j\varphi_0} \\ E_y = E_0 n_x e^{j\varphi_0} \\ B_z = B_0 e^{j\varphi_0} \end{cases} \tag{5.10.19}$$

如图 5.10.2 所示.

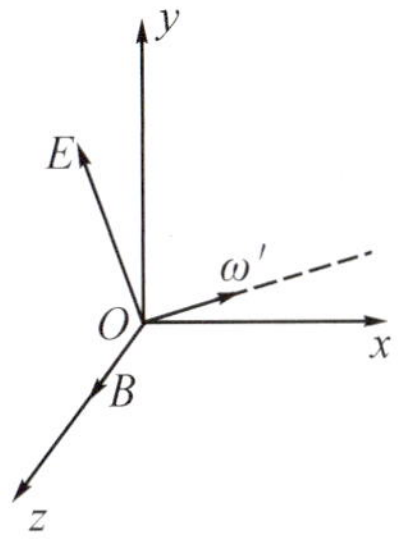

图 5.10.2　平面波的变换

代入式(5.10.18)可得变换式

$$\begin{gathered} E_0 n_y = E_0' n_y' \\ E_0 n_x = \gamma(E_0' n_x' + \beta E_0') = \gamma E_0'(n_x' + \beta) \\ E_0 = \gamma(E_0' + \beta E_0' n_x') = \gamma E_0'(1 + \beta n_x') \end{gathered} \tag{5.10.20}$$

式中

$$n_x = \cos\theta, n_y = \sin\theta \tag{5.10.21}$$

再利用频率变换公式(5.10.12),可以得到

$$\frac{E_0}{\omega} = \frac{E_0'}{\omega} = \text{invariant}(\text{不变量}) \tag{5.10.22}$$

可见幅值的变换规律与频率的相同.式(5.10.22)可化为

$$E_0 = E_0'(\omega/\omega') \tag{5.10.23}$$

伴随着频率的提高,幅值也提高了.

现在再来看看平面波的动量、能量矢量.由上一节所述可以看到,张量 $\boldsymbol{T}$ 的第四维分量为$(-jcg_1, -jcg_2, -jcg_3, W)$,可构成一个矢量.在平面波情况下,我们有

$$\boldsymbol{g} = \frac{1}{c^2}\boldsymbol{E} \times \boldsymbol{H} = \frac{W}{c}\boldsymbol{n} \tag{5.10.24}$$

因此,如果令

$$\boldsymbol{g}_{\square} = \left(\boldsymbol{g}, j\frac{W}{c}\right) \tag{5.10.25}$$

则有

$$g_\mu g_\mu = \text{invariant} = 0 \tag{5.10.26}$$

可见,对于平面波,四维矢量 $\boldsymbol{g}_{\square}$ 的变换关系同于坐标的变换关系,即按洛伦兹变换进行.

第 2 篇

电子回旋脉塞及回旋管

第 6 章　回旋管中电子的静态运动

6.1 引言

从这一章开始，我们来研究电子回旋脉塞及回旋管. 为了较深入地了解电子在回旋管中的辐射，或者说回旋管中电子与波的相互作用，首先必须对电子在回旋管中的静态运动有一个清楚的概念.

虽然在形式上可以引入空间电荷场的作用，但是本章的讨论主要是在忽略空间电荷的假定下进行的. 由于回旋管工作电压很高，一般在数万伏以上，而且互作用区的直流磁场很强，往往在数千高斯以上，因此空间电荷效应的影响相对较小，这样的处理是允许的. 另外，因为工作电压较高(有时直接用加速器引出电子注)，电子的能量较大，所以相对论效应就不能忽略. 以后就会清楚，相对论效应在电子回旋受激放射中有本质性的作用.

还要说明的是，回旋管中多用特殊的磁控注入式电子枪. 讨论这类特殊的磁控注入式电子枪中电子的运动无疑也是极重要的，但由于这类问题毕竟已属于强流电子光学的范畴，所以一些纯属电子枪方面的问题，将不作讨论. 不过一些对理解回旋管中电子辐射有重要意义的问题，仍将予以讨论.

6.2 运动方程

考虑电子在任意的静电和静磁场中的运动，取三维正交曲面坐标系(q_1, q_2, q_3)，如第 4 章中所述，运动方程可采用拉格朗日方程的形式：

$$\begin{cases} \dfrac{\mathrm{d}P_i}{\mathrm{d}t}=\dfrac{\partial L}{\partial q_i} \\ P_i=\dfrac{\partial L}{\partial \dot{q}_i} \end{cases} \quad (i=1,2,3) \tag{6.2.1}$$

式中，L 是拉格朗日函数，P_i 是广义动量的第 i 个分量. 在静电及静磁场中，拉格朗日函数可表示为

$$L=-m_0c^2\sqrt{1-\beta^2}-e\boldsymbol{v}\cdot\boldsymbol{A}+e\varphi \tag{6.2.2}$$

式中，$\boldsymbol{v}$ 为电子的速度，$\boldsymbol{A}$ 表示矢量磁位，φ 表示标量电位，m_0 为电子的静止质量，e 为电子的电荷.

由上两式可以得到电子的广义动量为

$$\boldsymbol{P}=\frac{\partial L}{\partial \boldsymbol{q}}=\boldsymbol{p}+e\boldsymbol{A} \tag{6.2.3}$$

式中

$$\boldsymbol{p}=\frac{m_0\boldsymbol{v}}{\sqrt{1-\beta^2}}=m_0\boldsymbol{v}\gamma \tag{6.2.4}$$

是电子的力学动量.

电子运动的哈密顿函数为

$$\mathscr{H}=\sum_{i=1}^{3}\frac{\partial L}{\partial \dot{q}_i}\dot{q}_i-L \tag{6.2.5}$$

可以得到

$$\mathscr{H}=\frac{m_0c^2}{\sqrt{1-\beta^2}}+e\varphi=m_0c^2\gamma+e\varphi \tag{6.2.6}$$

在第4章中曾讲过，哈密顿函数的物理意义是电子运动的总能量．因此，式(6.2.6)第一项为电子运动的动能和静止能量，第二项表示位能．如果 $\varphi=0$，由于电子的静止能量为

$$\mathscr{E}=m_0c^2 \tag{6.2.7}$$

故得电子的动能为

$$T=m_0c^2\gamma-m_0c^2=m_0c^2(\gamma-1) \tag{6.2.8}$$

电子的静止能量总是伴随着电子存在的，不管其运动与否．因此，运动电子的能量(不计位能时)，又可写成

$$\mathscr{E}_{\mathrm{T}}=\sqrt{m_0^2c^4+c^2p^2} \tag{6.2.9}$$

由于

$$\boldsymbol{p}=\boldsymbol{P}-e\boldsymbol{A} \tag{6.2.10}$$

所以运动电子的能量又可写成

$$\mathscr{E}=\sqrt{m_0^2c^4+c^2(\boldsymbol{P}-e\boldsymbol{A})^2} \tag{6.2.11}$$

故电子运动的哈密顿函数又可表示为

$$\mathscr{H}=\sqrt{m_0^2c^4+c^2(\boldsymbol{P}-e\boldsymbol{A})^2}+e\varphi \tag{6.2.12}$$

这样，电子运动又可通过哈密顿函数写成正则方程形式，即

$$\begin{cases}\dot{q}=\dfrac{\partial\mathscr{H}}{\partial\boldsymbol{P}}\\[2ex]-\dot{P}=\dfrac{\partial\mathscr{H}}{\partial q}\end{cases} \tag{6.2.13}$$

由于

$$\mathscr{E}=-\nabla\varphi,\boldsymbol{B}=\nabla\times\boldsymbol{A} \tag{6.2.14}$$

由式(6.2.12)、式(6.2.13)可以得到常见形式的运动方程，即

$$\frac{\mathrm{d}\boldsymbol{p}}{\mathrm{d}t}=-e(\boldsymbol{E}+\boldsymbol{v}\times\boldsymbol{B}) \tag{6.2.15}$$

式中，$\boldsymbol{p}$ 由式(6.2.4)定义．

另外，由式(6.2.9)可以得到

$$\frac{\mathrm{d}\mathscr{E}_{\mathrm{T}}}{\mathrm{d}t}=\boldsymbol{v}\cdot\frac{\mathrm{d}\boldsymbol{p}}{\mathrm{d}t} \tag{6.2.16}$$

将式(6.2.15)代入式(6.2.16)，即可得到

$$\frac{\mathrm{d}\mathscr{E}_{\mathrm{T}}}{\mathrm{d}t}=-e\boldsymbol{v}\cdot\boldsymbol{E} \tag{6.2.17}$$

可见，磁场不改变电子运动的能量．

将式(6.2.4)对时间取微商，利用以上各式可得

$$\frac{\mathrm{d}\boldsymbol{p}}{\mathrm{d}t}=m_0\gamma\frac{\mathrm{d}\boldsymbol{v}}{\mathrm{d}t}-\frac{e\boldsymbol{v}(\boldsymbol{v}\cdot\boldsymbol{E})}{c^2} \tag{6.2.18}$$

将式(6.2.18)展开，并利用式(6.2.15)，可以得到

$$\frac{\mathrm{d}\boldsymbol{v}}{\mathrm{d}t}=-\eta_0\sqrt{1-\beta^2}\left[\boldsymbol{E}+\boldsymbol{v}\times\boldsymbol{B}-\frac{1}{c^2}\boldsymbol{v}(\boldsymbol{v}\cdot\boldsymbol{E})\right] \tag{6.2.19}$$

方程(6.2.19)是用速度的变化率表示的相对论运动方程，在很多情况下，它比方程(6.2.15)用起来更方便.

在结束本节时，我们给出一个考虑相对论效应时计算电子在静电场中速度的常用近似公式. 由式(6.2.6)可以得到

$$\frac{v}{c}=\sqrt{1-\frac{1}{\left(1+\frac{V}{0.511\times10^6}\right)^2}} \tag{6.2.20}$$

及

$$\frac{m}{m_0}=\gamma=\left[1-\left(\frac{v}{c}\right)^2\right]^{-\frac{1}{2}} \tag{6.2.21}$$

在式(6.2.20)中，电压 V 用伏特表示. 式(6.2.21)中的 m 为由于相对论效应引起的电子质量的增大.

在表 6.2.1 中列出按上两式计算的结果，以供参考.

表 6.2.1　考虑相对论效应时电子在静电场中的速度

V/V	$\beta=v/c$	$v/(\mathrm{m\cdot s^{-1}})$	$m/m_0=\gamma$
1	1.978×10^{-3}	5.930×10^5	1.000
10	6.255×10^{-3}	1.875×10^6	1.000
100	1.978×10^{-2}	5.929×10^6	1.000
1 000	6.241×10^{-2}	1.871×10^7	1.002
1×10^4	0.195	5.843×10^7	1.020
2×10^4	0.272	8.149×10^7	1.040
3×10^4	0.328	0.984×10^8	1.056
4×10^4	0.374	1.121×10^8	1.078
5×10^4	0.413	1.237×10^8	1.098
6×10^4	0.446	1.337×10^8	1.117
7×10^4	0.475	1.425×10^8	1.137
8×10^4	0.502	1.506×10^8	1.156
9×10^4	0.526	1.577×10^8	1.176
1×10^5	0.548	1.642×10^8	1.195
2.5×10^5	0.740	2.220×10^8	1.487
4×10^5	0.826	2.477×10^8	1.776
1×10^6	0.945	2.835×10^8	3.029
2×10^6	0.979	2.935×10^8	4.905
1×10^7	0.998 8	2.973×10^8	20.585

6.3 电子在均匀恒定电场及磁场中的运动

现在考虑最简单的但有重要意义的情况：电子在均匀恒定电场及磁场中的运动情况. 由方程(6.2.19)可以得到

$$\frac{\mathrm{d}\boldsymbol{v}}{\mathrm{d}t}=\boldsymbol{a}=-\eta_0\sqrt{1-\beta^2}\left[\boldsymbol{E}-\frac{1}{c^2}\boldsymbol{v}(\boldsymbol{v}\cdot\boldsymbol{E})+\boldsymbol{v}\times\boldsymbol{B}\right] \tag{6.3.1}$$

式中，$\eta_0=e/m_0$.

这样，加速度由电场引起的及磁场引起的两部分组成.电场引起的加速度为

$$\boldsymbol{a}_E=-\eta_0\sqrt{1-\beta^2}\left[\boldsymbol{E}-\frac{1}{c^2}\boldsymbol{v}(\boldsymbol{v}\cdot\boldsymbol{E})\right] \tag{6.3.2}$$

可见，电场引起的加速度又分为两项：一项与场强成正比，且沿场强的方向；另一项与速度本身有关，而且与第一项的符号正好相反.这一项是由相对论效应引起的，它保证了无论电场多大都不能将电子加速到超过光速.如果略去相对论效应，则式(6.3.2)化为

$$\boldsymbol{a}_E=-\eta_0\boldsymbol{E} \tag{6.3.3}$$

加速度直接与 $\boldsymbol{E}$ 成正比.

现在来看看磁场的贡献.为简单计，取笛卡儿坐标系，并令 z 轴与磁场取向重合，即

$$\boldsymbol{B}=B_0\boldsymbol{e}_z,B_0=\text{const} \tag{6.3.4}$$

将电子运动的速度分解为与磁场平行的分量和与磁场垂直的分量：

$$\boldsymbol{v}=v_{/\!/}\boldsymbol{e}_z+\boldsymbol{v}_\perp \tag{6.3.5}$$

则由式(6.3.1)得到

$$\frac{\mathrm{d}v_{/\!/}}{\mathrm{d}t}=-\eta_0\left[E_z-\frac{v_{/\!/}}{c^2}(\boldsymbol{v}\cdot\boldsymbol{E})\right] \tag{6.3.6}$$

可见，磁场不影响 $v_{/\!/}$.

在式(6.3.1)中，考虑磁场对电子运动的影响，可得

$$\begin{cases}\dfrac{\mathrm{d}\boldsymbol{v}_\perp}{\mathrm{d}t}=-\eta_0B_0\sqrt{1-\beta^2}(\boldsymbol{v}_\perp\times\boldsymbol{e}_z)\\ \dfrac{\mathrm{d}v_{/\!/}}{\mathrm{d}t}=0\end{cases} \tag{6.3.7}$$

用 $m\boldsymbol{v}$ 点乘式(6.3.7)，得

$$m\boldsymbol{v}\cdot\frac{\mathrm{d}\boldsymbol{v}_\perp}{\mathrm{d}t}=-\eta_0B_0\sqrt{1-\beta^2}m\boldsymbol{v}\cdot(\boldsymbol{v}_\perp\times\boldsymbol{e}_z)=0 \tag{6.3.8}$$

式(6.3.7)及式(6.3.8)给出

$$\begin{cases}v^2=v_\perp^2+v_{/\!/}^2=\text{const}\\ v_\perp=\text{const},v_{/\!/}=\text{const}\end{cases} \tag{6.3.9}$$

或

$$\frac{\mathrm{d}\mathscr{E}_{\mathrm{T}}}{\mathrm{d}t}=0,\mathscr{E}_{\mathrm{T}}=\text{const} \tag{6.3.10}$$

这表示磁场不改变电子运动的能量.

式(6.3.7)表明，在磁场作用下，电子运动的加速度矢量与速度矢量垂直而且速度的绝对值不变.因此这种运动是一个回旋运动，并且是在与磁场垂直平面内的回旋运动.

令

$$\omega_{\mathrm{c}}=\eta_0B_0\sqrt{1-\beta^2}=\omega_{\mathrm{c}0}/\gamma \tag{6.3.11}$$

式中

$$\omega_{\mathrm{c}0}=\eta_0B_0 \tag{6.3.12}$$

表示电子的非相对论回旋频率，ω_{c} 表示相对论回旋频率.

式(6.3.7)则可写成

$$\frac{d\boldsymbol{v}_{\perp}}{dt}=-\omega_{c}(\boldsymbol{v}_{\perp}\times\boldsymbol{e}_{z}) \tag{6.3.13}$$

而如略去相对论效应,则得

$$\frac{d\boldsymbol{v}_{\perp}}{dt}=-\omega_{c0}(\boldsymbol{v}_{\perp}\times\boldsymbol{e}_{z}) \tag{6.3.14}$$

这里要着重说明一个简单而重要的物理事实:忽略相对论效应时,电子的回旋频率与运动速度无关,是一个仅取决于磁场强度的量;而当考虑相对论效应时,回旋频率就与速度有关:由方程(6.3.11),(6.3.12)可见,电子的速度增大时,回旋频率下降.

相对论回旋频率的上述关系,还可以通过电子运动的动能来表示,即

$$\omega_{c}=\frac{eB_{0}c^{2}}{\mathscr{E}_{T}} \tag{6.3.15}$$

式(6.3.15)有更显然的物理意义:相对论回旋频率与能量成反比,能量愈大,回旋频率愈低.回旋频率的这种物理性质对于回旋脉塞机理有极重要的意义.

电子的回旋半径可用下式求得:

$$r_{c}=\frac{|v_{\perp}|}{\omega_{c}}=r_{c0}\gamma \tag{6.3.16}$$

式中

$$r_{c0}=\frac{|v_{\perp}|}{\eta_{0}B_{0}}=\frac{|v_{\perp}|}{\omega_{c0}} \tag{6.3.17}$$

同样,r_{c},r_{c0}分别表示电子的相对论及非相对论回旋半径.

可见,忽略相对论效应时,电子的回旋半径直接正比于速度(横向速度),而当考虑相对论效应时,这种关系就要复杂一些.

电子的回旋半径还可通过动量来表示,即

$$r_{c}=\frac{p_{\perp}}{m_{0}\omega_{c0}} \tag{6.3.18}$$

可见,在任何情况下,回旋半径都直接正比于横向力学动量.

电子在磁场作用下的运动方程(6.3.13)还可写成另一种形式.令

$$\boldsymbol{m}=\frac{e}{2}(\boldsymbol{r}\times\boldsymbol{v}) \tag{6.3.19}$$

表示电子运动的磁动量.电子在均匀磁场中所受到的力矩为

$$\boldsymbol{K}=e\boldsymbol{r}\times(\boldsymbol{v}\times\boldsymbol{B}) \tag{6.3.20}$$

上式又可写成

$$\boldsymbol{K}=e[\boldsymbol{v}(\boldsymbol{r}\cdot\boldsymbol{B})-(\boldsymbol{r}\cdot\boldsymbol{v})\boldsymbol{B}] \tag{6.3.21}$$

或

$$\boldsymbol{K}=e\left[\boldsymbol{v}(\boldsymbol{r}\cdot\boldsymbol{B})-\frac{1}{2}\boldsymbol{B}\left(\frac{dr^{2}}{dt}\right)\right] \tag{6.3.22}$$

由于电子在磁场中的运动是一个圆周运动,所以可以将上式在一个运动周期内求平均值,于是得到

$$\langle\boldsymbol{K}\rangle=\frac{1}{T}\int_{0}^{T}\boldsymbol{K}dt=\frac{1}{2}e[\langle\boldsymbol{v}(\boldsymbol{r}\cdot\boldsymbol{B})\rangle-\langle\boldsymbol{r}(\boldsymbol{v}\cdot\boldsymbol{B})\rangle] \tag{6.3.23}$$

由式(6.3.23)及式(6.3.19)可得

$$\langle\boldsymbol{K}\rangle=\langle\boldsymbol{m}\rangle\times\boldsymbol{B} \tag{6.3.24}$$

式中

$$\langle \boldsymbol{m} \rangle = \frac{e}{2}\frac{1}{T}\int \mathrm{d}t(\boldsymbol{r}\times\boldsymbol{v}) \tag{6.3.25}$$

这样,运动方程又可写成

$$\frac{\mathrm{d}\langle \boldsymbol{m} \rangle}{\mathrm{d}t} = -\omega_c \times \langle \boldsymbol{m} \rangle \tag{6.3.26}$$

式中引入回旋频率矢量:

$$\boldsymbol{\omega}_c = \frac{e}{m_0}\boldsymbol{B}_0 \tag{6.3.27}$$

可见,$\boldsymbol{\omega}_c$ 与磁场 $\boldsymbol{B}_0$ 方向相同.

6.4 电子运动的等效磁矩

做圆周运动的电子相当于一个环电流,因而要产生磁场,好像一个磁矩. 按磁矩的定义,可以得到电子做圆周运动的磁矩 M 为

$$M = \frac{e}{T_c}\pi r_c^2 \tag{6.4.1}$$

式中

$$T_c = 2\pi/\omega_c \tag{6.4.2}$$

为电子做回旋运动的周期.

将 6.3 节中有关各式代入,可以得到

$$M = \frac{1}{2}m_0 |v_\perp|^2 \gamma / B_0 \tag{6.4.3}$$

略去相对论效应,可得到

$$M = \frac{1}{2}m_0 |v_\perp|^2 / B_0 = \frac{W_\perp}{B_0} \tag{6.4.4}$$

可见,磁矩的另一个物理意义是电子的横向动能与磁场的比值. 所以横向动能愈大,磁矩就愈大. 由于电子带负电荷,所以,由此种圆周运动所产生的磁场的指向,与原来的磁场 $\boldsymbol{B} = B_0\boldsymbol{e}_z$ 正好相反. 因此,如写成矢量形式,则有

$$\boldsymbol{M} = -\frac{W_\perp}{B_0^2}\boldsymbol{B}_0 \tag{6.4.5}$$

由此可见,回旋运动的电子是抗磁性的,它所产生的磁场与原磁场反向. 当有大量的电子做回旋运动时,这种反向磁场可能达到可观的值.

考虑在一个体积内包含有大量的电子做回旋运动,取一个元面积 S,其周界为 c,则有

$$I_n = \int_c ni\boldsymbol{A} \cdot \mathrm{d}l = \int_c n\boldsymbol{M} \cdot \mathrm{d}l = \oint_s \nabla \times (n\boldsymbol{M}) \cdot \mathrm{d}\boldsymbol{s} \tag{6.4.6}$$

式中:n 表示回路电流的个数;i 表示电流;$\boldsymbol{A}$ 表示电流回路的元面积矢量.

如令 $\boldsymbol{J}$ 表示磁化电流密度,则由麦克斯韦方程,可得

$$\boldsymbol{J} = \nabla \times (\boldsymbol{M}_\mathrm{T}) \tag{6.4.7}$$

式中

$$\boldsymbol{M}_\mathrm{T} = n\boldsymbol{M} \tag{6.4.8}$$

表示总的磁矩.

因此按电磁理论有

$$\frac{1}{\mu_0}\boldsymbol{B}=\boldsymbol{M}+\boldsymbol{H} \tag{6.4.9}$$

于是可以求得

$$\boldsymbol{B}=\mu_0\boldsymbol{H}_0\left(1-\frac{W_{\perp}}{\mu_0 H_0^2}\right)=\mu_{\mathrm{eff}}\boldsymbol{H}_0 \tag{6.4.10}$$

其中

$$\mu_{\mathrm{eff}}=\left(1-\frac{W_{\perp}}{\mu_0 H_0^2}\right) \tag{6.4.11}$$

式中，μ_0 表示自由空间的磁导率，μ_{eff}表示有效的磁导率.

这样，按以上所述，做回旋运动的电子流相当于具有有效磁导率 μ_{eff}的磁性媒质.

考虑到式(6.4.3)，μ_{eff}可表示为

$$\mu_{\mathrm{eff}}=\left(1-\frac{M}{\mu_0}\right) \tag{6.4.12}$$

电子回旋运动产生的磁矩，正比于横向动能，反比于纵向磁场. 这个性质在回旋管中有很重要的意义.

6.5 电子在不均匀磁场中的运动

直流磁场在空间的分布是不均匀的，这是电子回旋脉塞的一个重要特点. 在很多等离子体物理装置中，也是这样. 我们来研究不均匀磁场中电子的运动. 当无静电场时，电子的运动方程为

$$\frac{\mathrm{d}\boldsymbol{p}}{\mathrm{d}t}=-e(\boldsymbol{v}\times\boldsymbol{B}_0)=\boldsymbol{F} \tag{6.5.1}$$

式中，$\boldsymbol{B}_0$ 是空间坐标的函数.

由 6.3 节我们知道，电子在均匀恒定磁场中做回旋运动. 由式(6.3.12)和式(6.3.17)可知，我们可以将电子运动的回旋半径写成矢量形式，用 $\boldsymbol{\rho}$ 表示，并称为电子回旋中心矢量，于是有

$$\boldsymbol{\rho}=\frac{1}{e}\frac{\boldsymbol{p}\times\boldsymbol{B}_0}{B_0^2} \tag{6.5.2}$$

由式(6.5.1)得

$$\mathrm{d}\boldsymbol{p}=\boldsymbol{F}\mathrm{d}t \tag{6.5.3}$$

在 $\mathrm{d}t$ 时间内电子回旋中心矢量的变化可以写成以下的形式：

$$\boldsymbol{\rho}'=\frac{1}{e}\left(\frac{\boldsymbol{p}\times\boldsymbol{B}_0}{B_0^2}+\frac{\mathrm{d}\boldsymbol{p}\times\boldsymbol{B}_0}{B_0^2}+\frac{\boldsymbol{p}\times\mathrm{d}\boldsymbol{B}_0}{B_0^2}-2\,\frac{\boldsymbol{p}\times\boldsymbol{B}_0}{B_0^3}\mathrm{d}B_0\right) \tag{6.5.4}$$

上述变化可以清楚地由图 6.5.1 看出. 电子的瞬时回旋中心从 G 点变化至 G' 点，于是得到

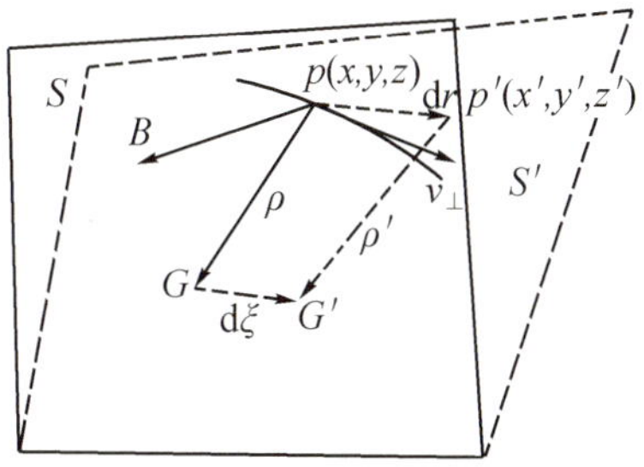

图 6.5.1　电子在不均匀磁场中的运动

$$\mathrm{d}\boldsymbol{\xi}=\mathrm{d}\boldsymbol{r}+\boldsymbol{\rho}'-\boldsymbol{\rho} \tag{6.5.5}$$

式中，$\mathrm{d}\xi$ 表示回旋中心的位移. 但在上式中，

$$\mathrm{d}\boldsymbol{r}=\boldsymbol{v}\mathrm{d}t \tag{6.5.6}$$

式中，$\boldsymbol{v}$ 表示电子运动的瞬时速度.

另外，

$$\frac{\mathrm{d}\boldsymbol{p}\times\boldsymbol{B}_0}{B_0^2}=\frac{-(e\boldsymbol{v}\times\boldsymbol{B}_0)\times\boldsymbol{B}_0}{B_0^2}\mathrm{d}t=-e\boldsymbol{v}\mathrm{d}t+e\frac{\boldsymbol{B}_0(\boldsymbol{v}\cdot\boldsymbol{B}_0)}{B_0^2}\mathrm{d}t \tag{6.5.7}$$

将上两式代入式(6.5.5)可以得到

$$\mathrm{d}\boldsymbol{\xi}=\frac{\boldsymbol{B}_0(\boldsymbol{v}\cdot\boldsymbol{B}_0)}{B_0^2}\mathrm{d}t+e\left(\frac{\boldsymbol{p}\times\mathrm{d}\boldsymbol{B}_0}{B_0^2}-2\frac{\boldsymbol{p}\times\boldsymbol{B}_0}{B_0^3}\mathrm{d}B_0\right) \tag{6.5.8}$$

令

$$\frac{\mathrm{d}\boldsymbol{\xi}}{\mathrm{d}t}=\boldsymbol{u} \tag{6.5.9}$$

表示电子回旋中心(引导中心)的移动速度，称为漂移速度，则由式(6.5.8)可以求得

$$\boldsymbol{u}=\boldsymbol{v}_{/\!/}+\frac{1}{e}\left(\frac{\boldsymbol{p}\times\boldsymbol{v}\cdot\nabla\boldsymbol{B}_0}{B_0^2}-2\frac{\boldsymbol{p}\times\boldsymbol{B}_0}{B_0^3}\boldsymbol{v}\cdot\nabla\boldsymbol{B}_0\right) \tag{6.5.10}$$

式中

$$\boldsymbol{v}_{/\!/}=\frac{\boldsymbol{B}_0(\boldsymbol{v}\cdot\boldsymbol{B}_0)}{B_0^2} \tag{6.5.11}$$

表示电子运动速度沿磁场方向的分量.

在得到式(6.5.10)时，利用了

$$\frac{\mathrm{d}\boldsymbol{B}_0}{\mathrm{d}t}=\frac{\mathrm{d}\boldsymbol{B}_0}{\mathrm{d}\boldsymbol{r}}\cdot\frac{\mathrm{d}\boldsymbol{r}}{\mathrm{d}t}=\boldsymbol{v}\cdot(\nabla\boldsymbol{B}_0) \tag{6.5.12}$$

式中，$\nabla\boldsymbol{B}_0$ 为并矢张量.

这样，可以把电子的运动速度分解为以下三个部分：

$$\boldsymbol{v}=\boldsymbol{u}+\boldsymbol{v}_c=\boldsymbol{v}_{/\!/}+\boldsymbol{u}_c+\boldsymbol{v}_c \tag{6.5.13}$$

式中：$\boldsymbol{v}_{/\!/}$ 表示电子回旋中心的纵向(沿磁场方向)的漂移速度；$\boldsymbol{u}_c$ 表示电子回旋中心的横向(与磁场垂直的方向)的漂移速度，由式(6.5.10)右边第二项(即大括号一项)确定；$\boldsymbol{v}_c$ 表示电子在垂直于磁场方向的平面内的回旋运动. 由此可见，当电子在不均匀磁场中运动时，运动情况要比均匀磁场中的复杂得多. 电子不仅做回旋运动，而且电子的回旋中心也要发生移动，这种移动称为漂移.

将式(6.5.10)中的并矢张量展开，即

$$\nabla\boldsymbol{B}_0=\begin{bmatrix}\dfrac{\partial B_x}{\partial x} & \dfrac{\partial B_x}{\partial y} & \dfrac{\partial B_x}{\partial z}\\[2mm] \dfrac{\partial B_y}{\partial x} & \dfrac{\partial B_y}{\partial y} & \dfrac{\partial B_y}{\partial z}\\[2mm] \dfrac{\partial B_z}{\partial x} & \dfrac{\partial B_z}{\partial y} & \dfrac{\partial B_z}{\partial z}\end{bmatrix} \tag{6.5.14}$$

因而，我们可以得到

$$\begin{aligned}\boldsymbol{v}\cdot(\nabla\boldsymbol{B}_0)=&\,\boldsymbol{e}_x\left(\frac{\partial B_x}{\partial x}v_x+\frac{\partial B_x}{\partial y}v_y+\frac{\partial B_z}{\partial z}v_z\right)\\ &+\boldsymbol{e}_y\left(\frac{\partial B_y}{\partial x}v_x+\frac{\partial B_y}{\partial y}v_y+\frac{\partial B_y}{\partial z}v_z\right)\\ &+\boldsymbol{e}_z\left(\frac{\partial B_z}{\partial x}v_x+\frac{\partial B_z}{\partial y}v_y+\frac{\partial B_z}{\partial z}v_z\right)\end{aligned} \tag{6.5.15}$$

如果仍然取磁场的主轴方向为 z 轴，将电子运动速度分解为平行分量及垂直分量，且令

$$\begin{cases} \boldsymbol{v}_{\perp} = v_c(\boldsymbol{e}_x g_x + \boldsymbol{e}_y g_y) \\ g_x = \sin\omega_c t, g_y = \cos\omega_c t \end{cases} \tag{6.5.16}$$

式中，v_c 表示电子回旋速度.

令 $v_z = v_{/\!/}$，则式(6.5.15)可写成

$$\begin{aligned} \boldsymbol{v} \cdot (\nabla \boldsymbol{B}) = & \boldsymbol{e}_x \left[\left(\frac{\partial B_x}{\partial x} g_x + \frac{\partial B_x}{\partial y} g_y \right) v_c + \frac{\partial B_x}{\partial z} v_{/\!/} \right] \\ & + \boldsymbol{e}_y \left[\left(\frac{\partial B_y}{\partial x} g_x + \frac{\partial B_y}{\partial y} g_y \right) v_c + \frac{\partial B_y}{\partial z} v_{/\!/} \right] \\ & + \boldsymbol{e}_z \left[\left(\frac{\partial B_z}{\partial x} g_x + \frac{\partial B_z}{\partial y} g_y \right) v_c + \frac{\partial B_z}{\partial z} v_{/\!/} \right] \end{aligned} \tag{6.5.17}$$

而在式(6.5.10)的第三项中，我们有

$$\nabla B_0 = \mathrm{grad}_{/\!/} B_0 + \mathrm{grad}_{\perp} B_0 \tag{6.5.18}$$

式中，B_0 为磁场的绝对值.

将式(6.5.17)及式(6.5.18)代入式(6.5.10)可以得到

$$\boldsymbol{u}_c = \boldsymbol{e}_z u_{/\!/} + \boldsymbol{u}_{\perp} \tag{6.5.19}$$

式中

$$\begin{aligned} \boldsymbol{u}_{\perp} = \frac{1}{B_0 \omega_c} \Big\{ & (\boldsymbol{g} \times \boldsymbol{e}_z) v_c \left[\left(\frac{\partial B_z}{\partial x} g_x + \frac{\partial B_z}{\partial y} g_y \right) v_c + \frac{\partial B_z}{\partial z} v_{/\!/} \right] \\ & + \boldsymbol{e}_z v_{/\!/} \times \left[\boldsymbol{e}_x \left(\frac{\partial B_x}{\partial x} g_x + \frac{\partial B_x}{\partial y} g_y \right) v_c + \frac{\partial B_x}{\partial z} v_{/\!/} \right] \\ & + \boldsymbol{e}_y \left[\left(\frac{\partial B_y}{\partial x} g_x + \frac{\partial B_y}{\partial y} g_y \right) v_c + \frac{\partial B_y}{\partial z} v_{/\!/} \right] \\ & - 2 v_c (\boldsymbol{g} \times \boldsymbol{e}_z) \left[\left(\frac{\partial B_z}{\partial x} g_x + \frac{\partial B_z}{\partial y} g_y \right) v_c + \frac{\partial B_z}{\partial z} v_{/\!/} \right] \Big\} \end{aligned} \tag{6.5.20}$$

$$\begin{aligned} \boldsymbol{u}_{/\!/} = \frac{1}{B_0 \omega_c} \Big\{ & g_x \left[\left(\frac{\partial B_y}{\partial x} g_x + \frac{\partial B_y}{\partial y} g_y \right) v_c + \frac{\partial B_y}{\partial z} v_{/\!/} \right] \\ & - g_y \left[\left(\frac{\partial B_x}{\partial x} g_x + \frac{\partial B_x}{\partial y} g_y \right) v_c + \frac{\partial B_x}{\partial z} v_{/\!/} \right] \Big\} \end{aligned} \tag{6.5.21}$$

式中

$$\boldsymbol{g} = \boldsymbol{e}_x g_x + \boldsymbol{e}_y g_y \tag{6.5.22}$$

可见，由于磁场的空间不均匀性，电子引导中心的漂移既有纵向的漂移，又有横向的漂移. 如果假定磁场在空间是缓变的，即变化是微小的，则上述磁场各分量对空间的微商都很小. 因此，这种漂移速度比起由式(6.5.11)中的纵向漂移 $v_{/\!/}$ 来都是小得多的量. 不仅如此，在漂移速度的表达式中，含有 g_x，g_y 项. 由式(6.5.16)可见，它们是与时间有关的“振荡”项. 如果在一个回旋周期内取平均值，则因为

$$\begin{cases} \dfrac{1}{T_c} \displaystyle\int_0^{T_c} g_x^2 \mathrm{d}t = \dfrac{1}{2} \\ \dfrac{1}{T_c} \displaystyle\int_0^{T_c} g_y^2 \mathrm{d}t = \dfrac{1}{2} \\ \dfrac{1}{T_c} \displaystyle\int_0^{T_c} g_x g_y \mathrm{d}t = 0 \end{cases} \tag{6.5.23}$$

则可以求出漂移速度的平均值为

$$\langle \boldsymbol{u}_c \rangle = \frac{1}{T_c}\int_0^{T_c} \boldsymbol{u}_c \mathrm{d}t = \frac{1}{B_0\omega_c}\left[\boldsymbol{e}_x\left(\frac{1}{2}\frac{\partial B_z}{\partial y}v_c^2 + \frac{\partial B_y}{\partial z}v_{/\!/}^2\right)\right.$$

$$\left. -\boldsymbol{e}_y\left(\frac{1}{2}\frac{\partial B_z}{\partial x}v_c^2 + \frac{\partial B_x}{\partial z}v_{/\!/}^2\right)\right] \tag{6.5.24}$$

$$\langle \boldsymbol{u}_{/\!/} \rangle = \frac{1}{T_c}\int_0^{T_c} u_{/\!/} \mathrm{d}t = \frac{1}{2}\frac{v_c^2}{B_0\omega_c}\left(\frac{\partial B_y}{\partial x} - \frac{\partial B_x}{\partial y}\right) \tag{6.5.25}$$

如果我们略去体积电流，则由场方程得到

$$\nabla \times \boldsymbol{B}_0 = 0 \tag{6.5.26}$$

利用上式，可将方程(6.5.24)及(6.5.25)写成

$$\langle \boldsymbol{u}_c \rangle = \frac{\boldsymbol{B}_0 \times \nabla B_z}{B_0^2\omega_c}\left(\frac{1}{2}v_c^2 + v_{/\!/}^2\right) \tag{6.5.27}$$

$$\langle \boldsymbol{u}_{/\!/} \rangle = 0 \tag{6.5.28}$$

如果令

$$\boldsymbol{R}_B = \nabla B_z / B_0 \tag{6.5.29}$$

表示磁场的曲率半径；

$$\boldsymbol{b} = \boldsymbol{B}_0 / B_0 \tag{6.5.30}$$

为磁场方向的单位矢量，则可以得到

$$\langle \boldsymbol{u}_c \rangle = \frac{\boldsymbol{b} \times \boldsymbol{n}}{R_B\,\omega_c}\left(\frac{1}{2}v_c^2 + v_{/\!/}^2\right) \tag{6.5.31}$$

式中，$\boldsymbol{n}$ 表示磁场梯度的单位矢量.

这样，电子回旋中心的漂移就可写成

$$\langle \boldsymbol{u} \rangle = v_{/\!/}\boldsymbol{e}_{/\!/} + \langle \boldsymbol{u}_c \rangle \tag{6.5.32}$$

式中，纵向漂移由电子运动的纵向速度确定，而横向漂移则由式(6.5.27)确定.

6.6 电子在正交场中的运动

以上我们讨论了电子在不均匀磁场中的运动情况. 现在讨论不仅有磁场而且有电场存在的情况. 我们可以把电场分解为两个分量：一个分量平行于磁场，另一个分量垂直于磁场. 这样更便于分析. 于是，不难看到，与磁场平行的电场分量，对电子运动的影响很简单，仅使电子在纵向获得加速. 所以需要加以研究的只是与磁场垂直的电场和磁场一起对电子运动的作用.

设电子轨迹 s，在 A 点的瞬时回旋半径为 ρ，略去电子运动的纵向速度，如图 6.6.1 所示，电子运动在 A 点时，力的平衡方程为

$$\boldsymbol{n}\frac{mv_\perp^2}{\rho} + \frac{e}{v_\perp}|\boldsymbol{E} \times v_\perp|\boldsymbol{n} = e\boldsymbol{v}_\perp \times \boldsymbol{B} \tag{6.6.1}$$

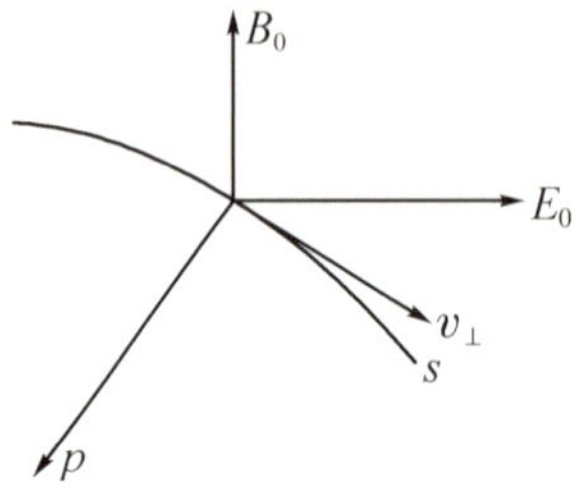

图 6.6.1 电子在正交场中的运动

式中，左边第一项为电子运动的离心力，第二项为电场对电子的作用力. 方程右边则为洛伦兹力. $\boldsymbol{n}$ 为法向方向的单位矢量.

由此利用式(6.3.18)，即可以求得电子运动的瞬时回旋半径：

$$\rho=\frac{m_0}{eB_0^2}\left[(\boldsymbol{v}_\perp\times\boldsymbol{B}_0)_n-\frac{1}{v_\perp}(\boldsymbol{E}\times\boldsymbol{v}_\perp)_n\right] \tag{6.6.2}$$

或写成

$$\rho=\frac{\boldsymbol{p}\times\boldsymbol{B}_0}{eB_0^2}\left(1-\frac{e}{v_\perp^2B_0}|\boldsymbol{E}_\perp\times\boldsymbol{v}_\perp|\right) \tag{6.6.3}$$

同 6.5 节一样，令

$$\mathrm{d}\xi=\rho'-\rho+\mathrm{d}\boldsymbol{r} \tag{6.6.4}$$

可以求得电子引导中心的漂移速度：

$$\boldsymbol{u}=v_{/\!/}+\frac{1}{eB_0^2}\left[e\boldsymbol{E}_0\times\boldsymbol{B}_0+\frac{m\boldsymbol{v}\times\boldsymbol{B}_0}{B_0v_\perp}\left(\frac{1}{v_\perp}\frac{\mathrm{d}}{\mathrm{d}t}|\boldsymbol{E}\times\boldsymbol{v}|-\frac{2}{v_\perp^2}|\boldsymbol{E}_\perp\times\boldsymbol{v}|\frac{\mathrm{d}v_\perp}{\mathrm{d}t}\right)\right] \tag{6.6.5}$$

同样，对式(6.6.5)在一个周期内取平均值，就可得到

$$\begin{cases}\langle\boldsymbol{u}_c\rangle=\dfrac{\boldsymbol{E}_0\times\boldsymbol{B}_0}{B_0^2}\\ u_{/\!/}=v_{/\!/}\end{cases} \tag{6.6.6}$$

式(6.6.6)表示，在正交场中电子运动的引导中心的纵向漂移速度仍为 $v_{/\!/}$，而横向漂移速度则与 $\boldsymbol{E}_0$ 及 $\boldsymbol{B}_0$ 垂直. 这一事实在磁控管中是熟知的.

其实，上述结果可以由运动方程直接得到. 电子的非相对论运动方程为

$$m\dot{\boldsymbol{v}}=-e(\boldsymbol{E}_0+\boldsymbol{v}\times\boldsymbol{B}_0) \tag{6.6.7}$$

令

$$\boldsymbol{v}=\boldsymbol{u}_c+\boldsymbol{u}_{/\!/}+\boldsymbol{v}_c \tag{6.6.8}$$

并使 $\boldsymbol{u}_c$ 为

$$\boldsymbol{u}_c=\frac{\boldsymbol{E}_0\times\boldsymbol{B}_0}{B_0^2} \tag{6.6.9}$$

代入式(6.6.7)即可得到

$$m\dot{\boldsymbol{v}}_c=-e\boldsymbol{v}_c\times\boldsymbol{B}_0 \tag{6.6.10}$$

式中，$\boldsymbol{v}_c$ 表示电子的回旋速度.

如果空间磁场又是不均匀的，如 6.5 节所述，则可以得到总的漂移速度为

$$\langle\boldsymbol{u}\rangle=\frac{\boldsymbol{E}_0\times\boldsymbol{B}_0}{B_0^2}+\frac{\boldsymbol{B}_0\times\nabla B_0}{B_0^2\omega_c}\left(\frac{1}{2}v_c^2+v_{/\!/}^2\right) \tag{6.6.11}$$

我们看到，上式第一项表示的漂移与电荷符号无关，而第二项表示的漂移则与电荷符号有关(含在 ω_c 中)，此项漂移速度是由于磁场的不均匀性引起的.

6.7 空间缓变磁场中电子运动磁矩的绝热不变性

在以上各节中，我们研究了各种情况下电子的运动. 我们看到，在一般情况下，电子运动状况是很复杂的. 我们在第 4 章中曾讨论过，对于复杂的运动，可以设法寻找某种运动常数. 掌握这些运动常数，可以使电子运动的研究大为简化，而且物理概念也较清楚. 在本节中我们就来研究这方面的问题.

如果在所讨论的空间中没有体积磁荷，则磁场满足方程

$$\nabla \cdot \boldsymbol{B}=0 \tag{6.7.1}$$

即对于轴对称系统，我们有

$$\frac{1}{r}\frac{\partial}{\partial r}(rB_r)+\frac{\partial B_z}{\partial z}=0 \tag{6.7.2}$$

或者

$$rB_r=-\int r\frac{\partial B_z}{\partial z}\mathrm{d}r \tag{6.7.3}$$

由于我们假定磁场在空间的变化是很缓慢的，因此在一个周期内，电子完成一个回旋轨道. 在此空间范围内，可以认为磁场是不变的，因而方程(6.7.3)给出

$$B_r\approx-\frac{r_c}{2}\frac{\partial B_z}{\partial z}\approx-\frac{1}{2}r_c\frac{\partial B_0}{\partial z} \tag{6.7.4}$$

式中，r_c 是电子的回旋半径.

可见磁场在 z 方向上的变化引起磁场的径向分量. 由于存在径向磁场，便能引起纵向的作用力：

$$F_{/\!/}=-e(\boldsymbol{v}\times\boldsymbol{B})_{/\!/}=-ev_{\perp}B_r \tag{6.7.5}$$

将 r_c 及 B_r 的表示式(6.7.4)代入式(6.7.5)，即可得到

$$F_{/\!/}=-\frac{W_{\perp}}{B_0}\frac{\partial B_0}{\partial z}=(\mu\cdot\nabla)\boldsymbol{B}_0 \tag{6.7.6}$$

这样，电子沿磁力线的运动方程就可写成

$$m_0\frac{\mathrm{d}v_{/\!/}}{\mathrm{d}t}=-\frac{W_{\perp}}{B_0}\frac{\partial B_0}{\partial s} \tag{6.7.7}$$

式中，$\partial B_0/\partial s$ 表示沿电子运动轨道的微分.

上式左边可改写成

$$m_0\frac{\mathrm{d}v_{/\!/}}{\mathrm{d}s}\frac{\mathrm{d}s}{\mathrm{d}t}=mv_{/\!/}\frac{\mathrm{d}v_{/\!/}}{\mathrm{d}s}=\frac{\mathrm{d}W_{/\!/}}{\mathrm{d}s}=-\frac{W_{\perp}}{B_0}\frac{\partial B_0}{\partial s} \tag{6.7.8}$$

按照本章前数节所述可知，电子在磁场中运动时，能量保持不变，因而有

$$W=W_{/\!/}+W_{\perp}=\mathrm{const} \tag{6.7.9}$$

由此得到

$$\frac{\mathrm{d}W_{/\!/}}{\mathrm{d}s}=-\frac{\mathrm{d}W_{\perp}}{\mathrm{d}s} \tag{6.7.10}$$

将以上各式代入式(6.7.8)即得

$$\frac{\mathrm{d}W_{\perp}}{\mathrm{d}s}=\frac{W_{\perp}}{B_0}\frac{\partial B_0}{\partial s} \tag{6.7.11}$$

即

$$\frac{\mathrm{d}}{\mathrm{d}s}\left(\frac{W_{\perp}}{B_0}\right)=0 \tag{6.7.12}$$

由此得出

$$\frac{W_{\perp}}{B_0}=\mu=\mathrm{const} \tag{6.7.13}$$

上述方程表示，沿电子运动轨迹，磁矩保持为常数. 由本节及上节所述可见，在空间缓变磁场中，电子回旋运动的磁矩是一个常数，这种运动常数称为缓变常数. 磁矩为常数的物理意义在于电子的回旋能量随磁场强度的增大而增大. 同时，随着磁场强度的空间变化，还会引起电子运动的回旋中心的漂移. 这两个因素对于回旋管的工作都有极重要的意义.

6.8 时间缓变磁场中电子运动磁矩的绝热不变性

6.7 节中，我们研究了空间缓变磁场中电子运动的磁矩为常数，保持不变. 这种运动常数称为缓变常数，或称为绝热不变量. 绝热不变量的概念，下一节还要讨论. 在本节中将讨论时间缓变磁场中的情况. 时间缓变磁场指的是在一个回旋周期内磁场的变化满足条件

$$\frac{1}{B_0}\left(\frac{\partial B_0}{\partial t}\right)_{T_c} \ll \omega_c \tag{6.8.1}$$

根据麦克斯韦方程，磁场的变化将引起电场

$$\nabla \times \boldsymbol{E} = -\frac{\partial \boldsymbol{B}_0}{\partial t} \tag{6.8.2}$$

上式表明，如果磁场是纵向的，则由此诱导的电场将是横向的. 此横向电场可能对回旋运动的电子做功，可由下式计算：

$$\Delta W_{\perp} = -\oint e\boldsymbol{E} \cdot \mathrm{d}\boldsymbol{l} = -e\int_s (\nabla \times \boldsymbol{E}) \cdot \mathrm{d}\boldsymbol{s} \tag{6.8.3}$$

将式(6.8.2)代入上式，可以得到

$$\Delta W_{\perp} = e\int_s \frac{\partial \boldsymbol{B}_0}{\partial t} \cdot \mathrm{d}\boldsymbol{s} \tag{6.8.4}$$

假定磁场强度足够大，电子回旋半径很小，在与电子回旋平面相比的范围内，磁场变化不大. 同时根据绝热条件(6.8.1)，可以得到

$$\Delta W_{\perp} = e\Delta B\frac{\omega}{2\pi} \cdot \pi r_c^2 \tag{6.8.5}$$

但 $r_c = m_0 v_{\perp}/eB_0$，故

$$\Delta W_{\perp} = W_{\perp}\frac{\Delta B_0}{B_0} \tag{6.8.6}$$

由此得到

$$\Delta\left(\frac{W_{\perp}}{B_0}\right) = 0, \frac{W_{\perp}}{B_0} = \text{const} \tag{6.8.7}$$

这就是时间缓变磁场中的绝热不变性.

6.9 粒子运动的绝热不变性定律

由于绝热不变性运动在电子回旋脉塞的理论中的重要性，在本节中，我们将进一步讨论这一问题. 我们将从周期运动和近周期运动开始讨论.

为了使问题的讨论比较简化，且不失普遍性，我们假定运动系统是一维的，即具有一个自由度，于是运动定义在$(q,\boldsymbol{p})$的相空间内. 如果

$$\boldsymbol{p} = f(q,t)\boldsymbol{e}_p \tag{6.9.1}$$

是一个关于 q 与 t 的周期函数，即运动是周期运动，周期为 T. 于是可以写成

$$\boldsymbol{p} = f[q(t+T), T+t]\boldsymbol{e}_p = f(q,t)\boldsymbol{e}_p \tag{6.9.2}$$

如果运动系统是多维的，即具有 n 个自由度，则我们可以认为此运动在每一个相空间平面(q_i, p_i)内的

投影均是一维的运动，并且认为可以对此投影进行独立的研究. 这样如果在每一个(q_i, p_i)平面内的投影均是周期性运动，则整个系统就是一个周期运动. 无论怎样，我们可以仅讨论一维的周期运动.

对于周期运动，按4.7节所述，由Poincaré-Cartan积分不变量，可以得到

$$\oint_c p_i \mathrm{d}q_i = \text{const} \tag{6.9.3}$$

上式积分是在时间和空间不变的一个周期内进行的. 因此已将变分δq_i换成微分$\mathrm{d}q_i$.

如果在运动过程中，周期运动系统的某一个参变量在运动过程中略有变化，则此种周期运动化为近周期运动. 例如上两节中所讲的磁场缓变，就属于这种情况，在电子运动过程中磁场发生了缓变. 在上两节中，我们求得了缓变不变量，现在我们来研究更普遍的情况.

在普遍情况下，绝热运动可以按以下步骤来分析：

(1)力学系统在未扰状态下(或在参考状态下)是周期运动的；

(2)该力学系统的某一参变量是时间的或空间的缓变函数；

(3)定义由此种缓变参量的改变而引起的运动状态的变化为绝热变化，且规定该缓变参量的变化与原周期运动的周期无关.

上述第三点中规定缓变参变量与原周期无关是为了避免有谐振现象发生.

下面我们证明绝热不变定律. 为此引入参变量$\lambda(t)$[或$\lambda(r)$，对于空间缓变]，缓变条件可写成

$$\frac{1}{\lambda}\frac{\mathrm{d}\lambda}{\mathrm{d}t} \ll \frac{1}{T} \tag{6.9.4}$$

不难看到，条件式(6.9.4)与上一节中所述的条件式(6.8.1)是一致的.

在所述的情况下，运动系统的哈密顿函数可以写成

$$\mathscr{H} = \mathscr{H}(\boldsymbol{q}, \boldsymbol{p}, \lambda) \tag{6.9.5}$$

即哈密顿函数与λ有关. 设运动系统的能量为$\mathscr{E}_{\mathrm{T}}$，则有

$$\frac{\mathrm{d}\mathscr{E}_{\mathrm{T}}}{\mathrm{d}t} = \frac{\partial \mathscr{H}}{\partial t} = \frac{\partial \mathscr{H}}{\partial \lambda}\frac{\partial \lambda}{\partial t} \tag{6.9.6}$$

将上式在一个运动周期内取平均值：

$$\frac{1}{T}\int_0^T \frac{\mathrm{d}\mathscr{E}_{\mathrm{T}}}{\mathrm{d}t}\mathrm{d}t = \frac{1}{T}\int_0^T \frac{\partial \mathscr{H}}{\partial \lambda}\frac{\partial \lambda}{\partial t}\mathrm{d}t \approx \frac{1}{T}\frac{\partial \lambda}{\partial t}\int_0^T \frac{\partial \mathscr{H}}{\partial \lambda}\mathrm{d}t \tag{6.9.7}$$

或写成

$$\left\langle \frac{\mathrm{d}\mathscr{E}_{\mathrm{T}}}{\mathrm{d}t} \right\rangle = \frac{\partial \lambda}{\partial t}\left\langle \frac{\partial \mathscr{H}}{\partial \lambda} \right\rangle \tag{6.9.8}$$

式中同以前一样，用$\langle\cdots\rangle$表示一周期内的时间平均值.

运动系统应满足正则运动方程

$$\begin{cases} \dot{q}_i = \dfrac{\mathrm{d}q_i}{\mathrm{d}t} = \dfrac{\partial \mathscr{H}}{\partial p_i} \\ -\dot{p}_i = -\dfrac{\mathrm{d}p_i}{\mathrm{d}t} = \dfrac{\partial \mathscr{H}}{\partial q_i} \end{cases} \quad (i=1,2,3) \tag{6.9.9}$$

由此得到

$$\int_0^T \mathrm{d}t = \oint \frac{\mathrm{d}q_i}{\left(\dfrac{\partial \mathscr{H}}{\partial p_i}\right)} \tag{6.9.10}$$

回路积分表示在一个周期内电子运动的整个轨道上进行.

代入式(6.9.4)即可得到

$$\langle\frac{\mathrm{d}\mathscr{E}}{\mathrm{d}t}\rangle=\left(\frac{\mathrm{d}\lambda}{\mathrm{d}t}\right)\frac{\oint\left[\left(\frac{\partial\mathscr{H}}{\partial\lambda}\right)\Big/\left(\frac{\partial\mathscr{H}}{\partial\boldsymbol{p}}\right)\right]\cdot\mathrm{d}\boldsymbol{q}}{\oint\mathrm{d}\boldsymbol{q}\Big/\left(\frac{\partial\mathscr{H}}{\partial\boldsymbol{p}}\right)} \tag{6.9.11}$$

而

$$\frac{\partial\boldsymbol{p}}{\partial\lambda}=\frac{\partial\mathscr{H}/\partial\lambda}{\partial\mathscr{H}/\partial\boldsymbol{p}} \tag{6.9.12}$$

这样式(6.9.11)即可写成

$$\begin{aligned}\langle\frac{\mathrm{d}\mathscr{E}}{\mathrm{d}t}\rangle&=\left(\frac{\mathrm{d}\lambda}{\mathrm{d}t}\right)\frac{\oint\left(\frac{\partial\boldsymbol{p}}{\partial\lambda}\right)\cdot\mathrm{d}\boldsymbol{q}}{\oint\mathrm{d}\boldsymbol{q}/\left(\frac{\partial\mathscr{H}}{\partial\boldsymbol{p}}\right)}\\&=-\left(\frac{\mathrm{d}\lambda}{\mathrm{d}t}\right)\frac{\oint\left(\frac{\partial\boldsymbol{p}}{\partial\lambda}\right)\cdot\mathrm{d}\boldsymbol{q}}{\oint\left(\frac{\partial\boldsymbol{p}}{\partial E}\right)\cdot\mathrm{d}\boldsymbol{q}}\end{aligned} \tag{6.9.13}$$

由此可以得到

$$\oint\left(\frac{\partial\boldsymbol{p}}{\partial E}\frac{\partial E}{\partial t}+\frac{\partial\boldsymbol{p}}{\partial\lambda}\frac{\mathrm{d}\lambda}{\mathrm{d}t}\right)\cdot\mathrm{d}\boldsymbol{q}=0 \tag{6.9.14}$$

在上式中,我们用$\partial\mathscr{E}/\partial t$代替$\langle\mathrm{d}\mathscr{E}/\mathrm{d}t\rangle$.

由式(6.9.14)可得

$$\oint\frac{\mathrm{d}\boldsymbol{p}}{\mathrm{d}t}\cdot\mathrm{d}\boldsymbol{q}=0 \tag{6.9.15}$$

积分是对广义坐标进行的,因而对时间的微分可以从积分号内取出,即得

$$\frac{\mathrm{d}}{\mathrm{d}t}\left(\oint\boldsymbol{p}\cdot\mathrm{d}\boldsymbol{q}\right)=0 \tag{6.9.16}$$

或

$$\oint\boldsymbol{p}\cdot\mathrm{d}\boldsymbol{q}=\mathrm{const} \tag{6.9.17}$$

这就是绝热不变性定律,它的意义是:当一个运动系统的运动状态有赖于某一个参变量,而此参变量的变化满足绝热条件,则在此运动系统中,积分式(6.9.17)是一个绝热不变量.

比较式(6.9.3)及式(6.9.17),可以发现其中的有趣之处.在周期运动中,我们有严格的积分不变量方程(6.9.3);而在绝热的近周期运动中,我们有绝热不变量方程(6.9.17).在缓变磁场中电子运动磁矩的绝热不变性,可以很容易地从方程(6.9.17)导出.

6.10 缓变场中电子运动的轨道理论

作为以前叙述的补充和发展,我们来详细地研究电子在缓变电场及磁场中的轨道理论问题.我们假定电场及磁场在空间及时间上均属缓变,即在拉姆(Larmor)半径的范围内和在一个回旋周期内变化很小,即

$$\begin{cases}r_c\left|\dfrac{\partial B_j}{\partial x_k}\right|/|B_j|\ll1\\\dfrac{1}{\omega_c}\left|\dfrac{\mathrm{d}B_j}{\mathrm{d}t}\right|/|B_j|\ll1\end{cases} \tag{6.10.1}$$

对于电场 $\boldsymbol{E}$ 也有以上的条件.

电子的运动方程可以写成

$$\frac{1}{\eta_0}\frac{\mathrm{d}\boldsymbol{v}}{\mathrm{d}t}=\boldsymbol{E}+\boldsymbol{v}\times\boldsymbol{B} \tag{6.10.2}$$

根据以上各节所述我们可以看到,电子的运动可以分为两部分:电子回旋中心的运动以及电子围绕回旋中心的运动. 在本节中,我们将从这个出发点来建立我们的理论. 以后我们将会看到,在很多复杂的情况下,以上将电子运动分为两部分都是可能的和正确的. 以后还会看到,这种形式的轨道理论,对于电子回旋脉塞的理论研究有重要的意义.

这样,我们认为电子的瞬时位置为

$$\boldsymbol{R}=\boldsymbol{R}_0+\boldsymbol{\rho} \tag{6.10.3}$$

坐标系及坐标原点的选择可以是任意的. 我们先考虑恒定电场及磁场的情况,这时可以得到

$$\boldsymbol{R}_0=\boldsymbol{c}t,\boldsymbol{c}=\eta_0\left(\boldsymbol{E}+\frac{\boldsymbol{b}\times\boldsymbol{v}_\perp}{\omega_c}\right) \tag{6.10.4}$$

对于电子,有

$$\boldsymbol{v}_\perp=\boldsymbol{\rho}\times\omega \tag{6.10.5}$$

上式两边用 ω 矢量叉乘,即可得到

$$\boldsymbol{\rho}=\frac{1}{\omega}(\boldsymbol{b}\times\boldsymbol{v}_\perp) \tag{6.10.6}$$

将上式按时间展开,即可得到

$$\boldsymbol{\rho}=\frac{1}{\omega_c}(\boldsymbol{b}\times\boldsymbol{v}_\perp\cos\omega_c t+\boldsymbol{v}_\perp\sin\omega_c t) \tag{6.10.7}$$

式中

$$\boldsymbol{b}=\frac{\boldsymbol{B}}{|B|}=\frac{\boldsymbol{B}}{B} \tag{6.10.8}$$

表示磁场方向的单位矢量.

现在考虑空间缓变场的情况. 我们可以认为,这时方程的解可仿照式(6.10.3)写成以下的形式:

$$\boldsymbol{R}=\boldsymbol{R}_0(t)+\boldsymbol{\rho}(t) \tag{6.10.9}$$

式中

$$\boldsymbol{\rho}(t)=\sum_{n=1}^{\infty}\varepsilon^n\left[\boldsymbol{c}_n(t)\cos(n\omega_c t)+\boldsymbol{s}_n(t)\sin(n\omega_c t)\right] \tag{6.10.10}$$

式中,ε 是一个很小的数值:

$$\varepsilon=\frac{1}{\eta_0}=\frac{m_0}{e}=\frac{9.107\times10^{-31}}{6.109\times10^{-19}}=1.491\times10^{-12} \tag{6.10.11}$$

$\boldsymbol{R}_0$,$\boldsymbol{c}_n$,$\boldsymbol{s}_n$ 均是空间及时间的缓变函数.

式(6.10.10)的意义是:在缓变场中,电子的回旋运动已不是一个严格的周期运动,但可按周期运动展开.

为了得到式(6.10.9)及式(6.10.10)形式上的解,我们将场 $\boldsymbol{B}$ 及 $\boldsymbol{E}$ 在回旋中心(引导中心)展开,即

$$\boldsymbol{B}[\boldsymbol{R}(t)]=\boldsymbol{B}_c+\sum_{n=1}^{\infty}\frac{1}{n!}[(\boldsymbol{\rho}\cdot\nabla)^n\boldsymbol{B}]_c \tag{6.10.12}$$

$$\boldsymbol{E}[\boldsymbol{R}(t)]=\boldsymbol{E}_c+\sum_{n=1}^{\infty}\frac{1}{n!}[(\boldsymbol{\rho}\cdot\nabla)^n\boldsymbol{E}]_c \tag{6.10.13}$$

式中,下标 c 表示在电子引导中心位置上取值.

将式(6.10.9)~式(6.10.12)代入运动方程,注意到

$$\boldsymbol{v}=\frac{\mathrm{d}\boldsymbol{R}}{\mathrm{d}t}=\frac{\mathrm{d}\boldsymbol{R}_0}{\mathrm{d}t}+\frac{\mathrm{d}\boldsymbol{\rho}}{\mathrm{d}t} \tag{6.10.14}$$

由于代入后式(6.10.2)两边在任意时刻都应相等，所以得到两边的相应项的系数均应相等，即得：

对于回旋中心运动的项，有

$$\begin{aligned}\varepsilon\boldsymbol{R}_0=&\boldsymbol{E}_c+\frac{1}{4}\varepsilon^2[(\boldsymbol{c}_1\cdot\nabla)^2+(\boldsymbol{s}_1\cdot\nabla)^2]\boldsymbol{E}_c+\dot{\boldsymbol{R}}_0\times\boldsymbol{B}_c\\&+\frac{1}{4}\varepsilon^2\dot{\boldsymbol{R}}_0\times[(\boldsymbol{c}_1\cdot\nabla)^2+(\boldsymbol{s}_1\cdot\nabla)^2]\boldsymbol{B}_c\\&-\frac{1}{2}\varepsilon B_c[\boldsymbol{c}_1\times(\boldsymbol{s}_1\cdot\nabla)-\boldsymbol{s}_1\times(\boldsymbol{c}_1\cdot\nabla)]\boldsymbol{B}\\&+\frac{1}{2}\varepsilon^2[\dot{\boldsymbol{c}}_1\times(\boldsymbol{c}_1\cdot\nabla)+\dot{\boldsymbol{s}}_1\times(\boldsymbol{s}_1\cdot\nabla)]\boldsymbol{B}_c+O(\varepsilon^3)\end{aligned} \tag{6.10.15}$$

对于 $\cos\omega_c t$ 项，有

$$\begin{aligned}B_c^2\boldsymbol{c}_1+B_c\boldsymbol{s}_1+\boldsymbol{B}_c=&\varepsilon(2B_c\dot{\boldsymbol{s}}_1+\dot{B}_c\boldsymbol{s}_1-\boldsymbol{c}_1\times\boldsymbol{B}_c)-\varepsilon\boldsymbol{R}_0\\&\times[(\boldsymbol{c}_1\times\nabla)\boldsymbol{B}_c]-\varepsilon(\boldsymbol{c}_1\cdot\nabla)\boldsymbol{E}_c+O(\varepsilon^2)\end{aligned} \tag{6.10.16}$$

对于 $\sin\omega_c t$ 项，有

$$\begin{aligned}B_c^2\boldsymbol{s}_1+B_c\boldsymbol{c}_1\times\boldsymbol{B}_c=&-\varepsilon(2B_c\dot{\boldsymbol{c}}_1+\dot{B}_c c_1+\dot{\boldsymbol{s}}_1\times\boldsymbol{B}_c)-\varepsilon\dot{\boldsymbol{R}}_0\\&\times[(\boldsymbol{s}_1\cdot\nabla)\boldsymbol{B}_c]-\varepsilon(\boldsymbol{s}_1\cdot\nabla)\boldsymbol{E}_c+O(\varepsilon^2)\end{aligned} \tag{6.10.17}$$

以上各式中，省去的均为ε^2 以上微小量.

以 $\boldsymbol{B}_c$ 点乘式(6.10.16)及式(6.10.17)，用 $\boldsymbol{s}_1$ 点乘式(6.10.16)，可以得到

$$\begin{cases}\boldsymbol{c}_1\cdot\boldsymbol{B}_c=O(\varepsilon)\\\boldsymbol{s}_1\cdot\boldsymbol{B}_c=O(\varepsilon)\\\boldsymbol{c}_1\cdot\boldsymbol{s}_1=O(\varepsilon)\end{cases} \tag{6.10.18}$$

所得结果表明，在第一级近似上 $\boldsymbol{c}_1,\boldsymbol{s}_1,\boldsymbol{B}_c$ 三者是相互垂直的. 这表示电子沿磁力线运动时，在垂直于磁力线方向上做回旋运动. 再用 $\boldsymbol{c}_1$ 点乘式(6.10.16)，$\boldsymbol{s}_1$ 点乘式(6.10.17)，可以得到

$$c_1^2=s_1^2+O(\varepsilon) \tag{6.10.19}$$

所以回旋运动接近于圆周运动. 于是可以得到

$$\boldsymbol{\rho}=\varepsilon\boldsymbol{c}_1\cos\omega_c t+\varepsilon\boldsymbol{s}_1\sin\omega_c t+O(\varepsilon^2) \tag{6.10.20}$$

式中

$$\begin{cases}\varepsilon\boldsymbol{c}_1=\boldsymbol{b}_c\times\boldsymbol{v}_\perp/\omega_c\\\varepsilon\boldsymbol{s}_1=\boldsymbol{v}_\perp/\omega_c\end{cases} \tag{6.10.21}$$

而对于电子回旋中心的运动，由方程(6.10.15)，将式(6.10.20)、式(6.10.21)代入，可以写成

$$\varepsilon\frac{\mathrm{d}\boldsymbol{u}}{\mathrm{d}t}=\boldsymbol{E}_c+\boldsymbol{u}\times\boldsymbol{B}_c-\boldsymbol{v}_\perp\times\nabla\boldsymbol{B}+\boldsymbol{u}\times\nabla\boldsymbol{B}+\boldsymbol{v}_\perp\times\boldsymbol{B}_c-\varepsilon\frac{\mathrm{d}\boldsymbol{v}_\perp}{\mathrm{d}t}+\nabla\boldsymbol{E}+O(\varepsilon^3) \tag{6.10.22}$$

式中令

$$\begin{cases}\nabla\boldsymbol{B}=\boldsymbol{B}-\boldsymbol{B}_c\approx(\boldsymbol{\rho}\cdot\nabla)\boldsymbol{B}_c\\\nabla\boldsymbol{E}=\boldsymbol{E}-\boldsymbol{E}_c\approx(\boldsymbol{\rho}\cdot\nabla)\boldsymbol{E}_c\end{cases} \tag{6.10.23}$$

将式(6.10.22)在一个回旋周期内取平均值，并令$\langle\cdots\rangle$为此平均值，即可得到

$$\varepsilon\frac{\mathrm{d}\boldsymbol{u}}{\mathrm{d}t}=\left(1+\frac{1}{4}\frac{v_\perp^2}{\omega_c^2}\nabla_\perp^2\right)\boldsymbol{E}_c+\boldsymbol{u}\times\boldsymbol{B}_c+\langle\boldsymbol{v}_\perp\times\nabla\boldsymbol{B}\rangle \tag{6.10.24}$$

式中为简化书写，令 $\boldsymbol{u}=\langle\boldsymbol{u}\rangle$.

式(6.10.24)中，$\boldsymbol{E}_c$ 前的修正系数中，

$$\nabla_{\perp}^{2}\boldsymbol{E}=-\nabla(\nabla^{2}\phi)=-\frac{1}{\varepsilon_{0}}\nabla\rho_{0} \tag{6.10.25}$$

表示空间电荷引起的场,如略去空间电荷效应,则此项修正即不存在.

式(6.10.24)右边第三项$\langle\boldsymbol{v}_{\perp}\times\nabla\boldsymbol{B}\rangle$为

$$\begin{aligned}\boldsymbol{v}_{\perp}\times\nabla\boldsymbol{B}&=\omega_{c}(\boldsymbol{\rho}\times\boldsymbol{b})\times[(\boldsymbol{\rho}\cdot\nabla)\boldsymbol{B}]\\&\approx[-\boldsymbol{e}_{x}(\boldsymbol{\rho}\cdot\nabla)B_{z}-\boldsymbol{e}_{y}(\boldsymbol{\rho}\cdot\nabla)B_{y}+\boldsymbol{e}_{z}(\boldsymbol{\rho}\cdot\nabla)B_{x}]\omega_{c}\end{aligned} \tag{6.10.26}$$

取平均值后,即可得到

$$\langle\boldsymbol{v}_{\perp}\times\nabla\boldsymbol{B}\rangle=-\left(\frac{v_{\perp}^{2}}{2\omega_{c}}\right)\nabla B_{z}\approx-\left(\frac{v_{\perp}^{2}}{2\omega_{c}}\right)\nabla B \tag{6.10.27}$$

于是可以得到

$$\frac{\mathrm{d}\boldsymbol{u}}{\mathrm{d}t}=\left(1+\frac{1}{4}\frac{v_{\perp}^{2}}{\omega_{c}^{2}}\nabla_{\perp}^{2}\right)\eta\boldsymbol{E}_{c}+\eta\boldsymbol{u}\times\boldsymbol{B}_{c}-M\nabla B \tag{6.10.28}$$

式中,$\eta=e/m_{0}$;$M=mv_{\perp}^{2}/2B$.

以上分析证明了我们把电子的运动分解成引导中心的运动和围绕引导中心的回旋运动的正确性.

这样,我们将电子的运动写成

$$\boldsymbol{R}(t)=\boldsymbol{R}_{0}(t)+\boldsymbol{\rho}(t) \tag{6.10.29}$$

令

$$\begin{cases}\boldsymbol{u}=\dfrac{\mathrm{d}\boldsymbol{R}_{0}}{\mathrm{d}t}\\[2mm]\boldsymbol{v}_{\perp}=\dfrac{\mathrm{d}\boldsymbol{\rho}}{\mathrm{d}t}\\[2mm]\boldsymbol{v}=\dfrac{\mathrm{d}\boldsymbol{R}}{\mathrm{d}t}\end{cases} \tag{6.10.30}$$

得

$$\boldsymbol{v}=\boldsymbol{u}+\boldsymbol{v}_{\perp} \tag{6.10.31}$$

略去空间电荷场,在一级近似上可以得到

$$m_{0}\frac{\mathrm{d}\boldsymbol{u}}{\mathrm{d}t}=e\boldsymbol{E}_{c}+e\,\boldsymbol{u}\times\boldsymbol{B}_{c}+e\langle\boldsymbol{v}_{\perp}\times\nabla\boldsymbol{B}\rangle \tag{6.10.32}$$

但

$$\boldsymbol{v}_{\perp}=\omega_{c}\dot{\boldsymbol{\rho}}\times\boldsymbol{b}_{c}=\omega_{c}\boldsymbol{v}_{\perp}\times\boldsymbol{b}_{c} \tag{6.10.33}$$

上两式表明,在一级近似上,围绕引导中心的运动是一个在与引导中心磁场矢量垂直的平面内的回旋运动.

我们来详细地研究一下引导中心的漂移.后面将指明,漂移可分为横向及纵向漂移两种.

为了求得电子引导中心的横向漂移,用$\boldsymbol{B}_{c}$叉乘式(6.10.32),整理后得

$$\boldsymbol{u}_{\perp}=\left(e\boldsymbol{E}_{c}-M\nabla B-m_{0}\frac{\mathrm{d}\boldsymbol{u}}{\mathrm{d}t}\right)\times\frac{\boldsymbol{B}_{c}}{eB_{c}^{2}} \tag{6.10.34}$$

式中

$$\boldsymbol{u}_{\perp}=\boldsymbol{u}\times\boldsymbol{b} \tag{6.10.35}$$

这样,横向漂移就分为三部分:电场引起的,磁场不均匀性引起的和加速度引起的.磁场不均匀性引起的横向漂移在6.5节中已讨论过,现在来看看加速度引起的横向漂移.

$$\frac{\mathrm{d}\boldsymbol{u}}{\mathrm{d}t}=u_{/\!/}\frac{\mathrm{d}(\boldsymbol{u}_{/\!/}/u_{/\!/})}{\mathrm{d}t}+\frac{\boldsymbol{u}_{/\!/}}{u_{/\!/}}\frac{\mathrm{d}u_{/\!/}}{\mathrm{d}t}+\frac{\mathrm{d}\boldsymbol{u}_{\perp}}{\mathrm{d}t} \tag{6.10.36}$$

式中，第一项表示平行速度方向的变化，第二项表示平行速度大小的变化，第三项表示横向速度的变化.

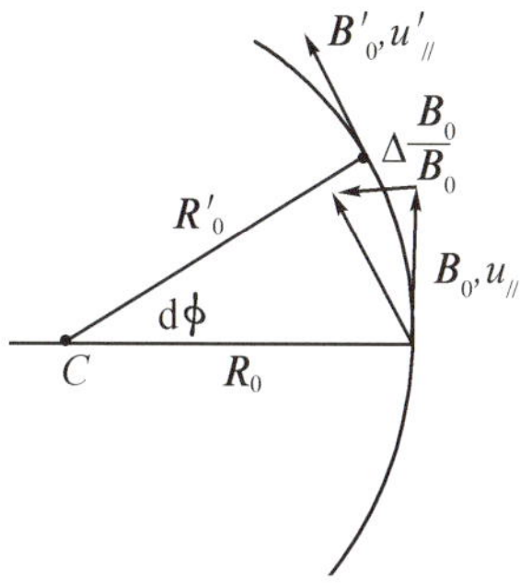

图 6.10.1 电子在缓变场中的运动

如图 6.10.1 所示，电子沿磁力线运动，当磁力线弯曲时，将产生离心力. 按该图所示，可以求出以下的关系式：

$$\frac{\mathrm{d}(\boldsymbol{u}_{/\!/}/u_{/\!/})}{\mathrm{d}t}=u_{/\!/}(\boldsymbol{b}\cdot\nabla)\boldsymbol{b} \tag{6.10.37}$$

但

$$\begin{aligned}(\boldsymbol{b}\cdot\nabla)\boldsymbol{b}&=-\boldsymbol{b}\times\nabla\times\boldsymbol{b}\\&=(B\nabla_{\perp}B-\boldsymbol{B}\times\nabla\times\boldsymbol{B})/B^2\end{aligned} \tag{6.10.38}$$

这样，利用 6.5 节的结果以及上述所得，可以将横向漂移写成

$$\begin{aligned}\boldsymbol{u}_{\perp}=&\left[e\boldsymbol{E}-\frac{\boldsymbol{M}}{v_{\perp}^2}(v_{\perp}^2+2u_{/\!/}^2)\nabla B-m_0\frac{\mathrm{d}\boldsymbol{u}_{\perp}}{\mathrm{d}t}\right]\times\frac{\boldsymbol{B}}{B^2}\\&+\left(\frac{2Mu_{/\!/}^2}{v_{\perp}^2eB_c}\right)(\nabla\times\boldsymbol{B})_{\perp}\end{aligned} \tag{6.10.39}$$

于是，电子运动引导中心的漂移可以分为以下几种.

(1)磁场空间不均匀性引起的横向漂移：

$$(\boldsymbol{u}_{\perp})_B=-\frac{M}{v_{\perp}^2}(v_{\perp}^2+2u_{/\!/}^2)\nabla B \tag{6.10.40}$$

式(6.10.40)与式(6.5.27)一致；

(2)正交电磁场引起的漂移：

$$(\boldsymbol{u}_{\perp})_{E\perp B}=\frac{\boldsymbol{E}\times\boldsymbol{B}}{B^2} \tag{6.10.41}$$

式(6.10.41)与式(6.6.6)所得结果一致；

(3)横向惯性漂移：

$$(\boldsymbol{u}_{\perp})_{m_0}=\left(\frac{m_0}{eB^2}\right)\boldsymbol{B}\times\frac{\mathrm{d}\boldsymbol{u}_{\perp}}{\mathrm{d}t} \tag{6.10.42}$$

(4)磁场力线曲率引起的漂移：

$$(\boldsymbol{u}_{\perp})_{(\nabla\times\boldsymbol{B})_{\perp}}=\left(\frac{2Mu_{/\!/}^2}{v_{\perp}^2eB}\right)(\nabla\times\boldsymbol{B})_{\perp} \tag{6.10.43}$$

至于引导中心的纵向(沿磁力线方向)漂移，可以得到

$$m_0\boldsymbol{b}\cdot\frac{\mathrm{d}\boldsymbol{u}}{\mathrm{d}t}=m_0\frac{\mathrm{d}u_{/\!/}}{\mathrm{d}t}=\boldsymbol{E}\cdot\boldsymbol{b}-M(\boldsymbol{b}\cdot\nabla)B \tag{6.10.44}$$

及

$$u_{/\!/}=\frac{1}{m_0}\left[\int E_{/\!/}\mathrm{d}t-\int M(\boldsymbol{b}\cdot\nabla)B\mathrm{d}t\right] \tag{6.10.45}$$

6.11 电子回旋脉塞中电子运动的绝热不变性

6.7 节及 6.8 节曾研究了电子运动的绝热不变性，所得结果表明，在空间及时间缓变的条件下，电子运动的磁矩均是一个绝热不变量. 但是，严格地讲，该两节中研究的情况与电子回旋脉塞中的具体情况有时还是有一定差别的. 在电子回旋脉塞中，一般情况下，电子并不是沿磁场的轴线做回旋运动的，而是电子围绕

引导中心做回旋运动，此引导中心并不位于轴上，而且引导中心本身还有如上节所述的各种漂移. 所以我们必须重新研究一下电子回旋脉塞的具体情况下，电子运动磁矩的绝热不变性.

为此，可以利用上两节所述结果.

在现在情况下，我们有

$$\boldsymbol{P}=m_0(\boldsymbol{u}+\boldsymbol{v}_\perp)+e\boldsymbol{A} \tag{6.11.1}$$

作积分：

$$I=\oint \boldsymbol{P}\mathrm{d}\boldsymbol{q}=\oint[m_0(\boldsymbol{u}+\boldsymbol{v}_\perp)+e\boldsymbol{A}]_{t=t'}\cdot \mathrm{d}(\boldsymbol{R}_0+\boldsymbol{\rho}) \tag{6.11.2}$$

上式是在视 t 为常数情况下积分的，引入缓变参量：

$$\theta=Bt=\omega_c t/\eta \tag{6.11.3}$$

当 t 视为常数时，θ 是一个缓变参量(因 B 是一个缓变函数)，于是得

$$\begin{aligned}I&=\oint[m_0(\boldsymbol{u}+\boldsymbol{v}_\perp)+e\boldsymbol{A}]_{t=t'}\frac{\partial(\boldsymbol{R}_0+\boldsymbol{\rho})}{\partial\theta}\mathrm{d}\theta\\&=\oint m_0\left(\boldsymbol{v}_\perp\cdot\frac{\partial\boldsymbol{\rho}}{\partial\theta}\right)_{t=t'}\mathrm{d}\theta=m_0\oint\boldsymbol{v}_\perp\cdot\mathrm{d}\boldsymbol{\rho}\\&=m_0\int_0^T v_\perp^2\,\mathrm{d}t=m_0v_\perp^2T=m_0v_\perp^2\cdot\frac{2\pi}{\omega_{c0}}\\&=\frac{M}{(4\pi m_0/e)}=\mathrm{const}\end{aligned} \tag{6.11.4}$$

即

$$M=\mathrm{const} \tag{6.11.5}$$

在求得上式时利用了在一个周期内 $\boldsymbol{u}$ 及 $\boldsymbol{A}$ 变化很小的条件.

由此可见，无论是在 6.5 节讨论的条件下，还是在本节讨论的条件下，磁矩 M 都是一个绝热不变量. 这两种不同的情况，可以从图 6.11.1 中清楚地看出. 在图 6.11.1 中，1 表示电子绕对称轴旋转的情况；2 表示电子沿某一根远离轴线的磁力线旋转的情况，而这正是回旋管中的情况.

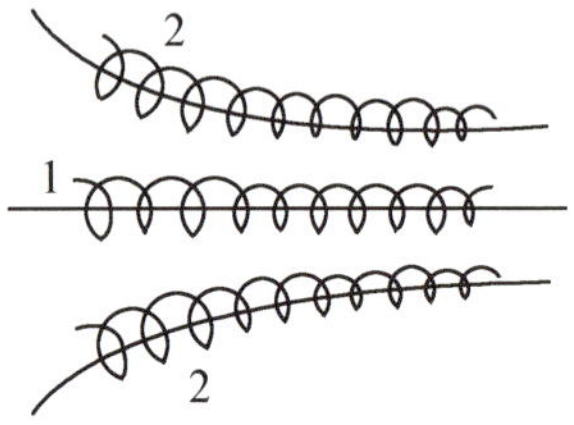

图 6.11.1　回旋管中电子运动的绝热不变性

事实上，如果从 Buch 定律出发，以上所述就是很清楚的：无论在哪一种情况下，电子切割的力线(通量)均保持不变.

第 7 章　回旋脉塞的高频结构

7.1 引言

虽然从原理上讲，电子回旋受激辐射并不一定需要有波导系统和谐振系统参与，但是当有波导系统及谐振系统以后，可以使这种脉塞不稳定性机理大为加强，提高效率，而且可以将能量有效地引出. 所以一般情况下，电子回旋脉塞中均采用波导或谐振系统. 这也是把电子回旋脉塞不稳定性机理发展成回旋管的重要基础.

电子回旋脉塞中所采用的波导谐振系统具有一定的特点和要求. 首先，由于在一般情况下电子回旋脉塞不稳定机理使得 TE 波比 TM 波有效得多(或者更确切地说，TE 波比 TM 波研究得成熟得多)，所以一般采用 TE 波模式. 另外，理论与实际又表明，在电子回旋脉塞中，在一般情况下快波受激辐射起主要作用，因此通常采用光滑的波导段. 慢波回旋器件正在快速发展，所要求的波导和谐振系统，可以是介质填充的均匀波导，也可能采用周期性结构.

在本章中为了叙述方便，同时为了本书以后各章的需要，我们先给出均匀直波导的一般理论，然后讨论轴向缓变波导的有关理论.

对于缓变截面波导开放式谐振腔的研究，还有更为严格的理论，例如在本篇参考文献[1,2]中，采用非正交的坐标系研究的方法. 作者认为这种方法过于复杂，最后仍不得不采用数值计算. 另一种较好的又更为严格的方法，是直接求解麦克斯韦方程(见本篇参考文献[172])，这种方法对某些结构较简单的波导开放式谐振腔更为适合. 不过，由于篇幅所限，在本章中我们都不加讨论，有兴趣的读者可参看有关文献.

理论和实验表明，波导型开放式谐振腔在波长为 1 mm 以下时，就难于工作了. 为了进一步缩短回旋管的工作波长，采用准光谐振腔显然是必然的发展方向. 因此，在本章的最后，我们讨论了有关准光谐振腔的一些问题.

7.2 任意截面规则波导的一般理论

考虑任意截面形状的直波导，取坐标系(x_1,x_2,z)，场沿 z 轴及时间的变化可用因子 $\exp\{j(\omega t-k_{/\!/}z)\}$ 来表示. 如果波导截面沿 z 轴是不变的，则场方程可写成

$$\begin{cases}\boldsymbol{E}(x_1,x_2,z,t)=\boldsymbol{E}(x_1,x_2)\mathrm{e}^{j(\omega t-k_{/\!/}z)}\\ \boldsymbol{H}(x_1,x_2,z,t)=\boldsymbol{H}(x_1,x_2)\mathrm{e}^{j(\omega t-k_{/\!/}z)}\end{cases}\tag{7.2.1}$$

引入赫兹电矢量 $\boldsymbol{\Pi}_e$ 及赫兹磁矢量 $\boldsymbol{\Pi}_m$，它们均满足波动方程：

$$\nabla^2\begin{Bmatrix}\boldsymbol{\Pi}_e\\ \boldsymbol{\Pi}_m\end{Bmatrix}+k^2\begin{Bmatrix}\boldsymbol{\Pi}_e\\ \boldsymbol{\Pi}_m\end{Bmatrix}=0\tag{7.2.2}$$

式中，$k^2=\omega^2\mu_0\varepsilon_0$.

这样，电场矢量及磁场矢量既可用 $\boldsymbol{\Pi}_e$ 表示，也可用 $\boldsymbol{\Pi}_m$ 表示：

$$\begin{cases}\boldsymbol{E}=(\nabla\nabla\cdot\boldsymbol{\Pi}_e+k^2\boldsymbol{\Pi}_e)\mathrm{e}^{\mathrm{j}\omega t}\\ \boldsymbol{H}=\mathrm{j}\omega\varepsilon_0\nabla\times\boldsymbol{\Pi}_e\mathrm{e}^{\mathrm{j}\omega t}\end{cases}\tag{7.2.3}$$

及

$$\begin{cases}\boldsymbol{H}=(\nabla\cdot\nabla\cdot\boldsymbol{\Pi}_m+k^2\boldsymbol{\Pi}_m)\mathrm{e}^{\mathrm{j}\omega t}\\ \boldsymbol{E}=-\mathrm{j}\omega\mu_0\nabla\times\boldsymbol{\Pi}_m\mathrm{e}^{\mathrm{j}\omega t}\end{cases}\tag{7.2.4}$$

赫兹电矢量适合求解 TM 波的场，而赫兹磁矢量适用于求解 TE 波的场. 因此，对于 TM 波，可令

$$\boldsymbol{\Pi}_e=\boldsymbol{e}_z\boldsymbol{\Pi}_e\tag{7.2.5}$$

式中，$\boldsymbol{\Pi}_e$ 满足标量波方程：

$$\nabla^2\boldsymbol{\Pi}_e+k^2\boldsymbol{\Pi}_e=0\tag{7.2.6}$$

再令

$$\boldsymbol{\Pi}_e=\Phi(x_1,x_2)\mathrm{e}^{\pm\mathrm{j}k_{/\!/}z}\tag{7.2.7}$$

则 Φ 满足以下的波方程：

$$\nabla_t^2\Phi+k_c^2\Phi=0\tag{7.2.8}$$

式中

$$k_c^2=k^2-k_{/\!/}^2\tag{7.2.9}$$

Φ 应满足的边界条件是

$$\begin{cases}\Phi=0 & (k_c\neq0)\\ \dfrac{\partial\Phi}{\partial\tau}=0 & (k_c=0)\end{cases}\tag{7.2.10}$$

式中，τ 表示切线方向.

由以上所述可见，这是一个典型的本征值问题. 故应将方程(7.2.8)写成以下形式：

$$\nabla_t^2\Phi_{mn}+(k_c)_{mn}^2\Phi_{mn}=0\tag{7.2.11}$$

式中

$$(k_c)_{mn}^2=k^2-(k_{/\!/})_{mn}^2\tag{7.2.12}$$

$(k_c)_{mn}$ 是本征值，Φ_{mn} 是相应的本征函数. 对应于每一个本征值和本征函数，均有一组电场和磁场，称为模式. 电场和磁场可写成

$$\begin{cases}(\boldsymbol{H}_{mn})_\perp=\mp\dfrac{\omega\varepsilon_0}{(k_{/\!/})_{mn}}\boldsymbol{e}_z\times(\boldsymbol{E}_{mn})_\perp\\ (\boldsymbol{E}_{mn})_\perp=\pm\mathrm{j}(k_{/\!/})_{mn}\mathrm{e}^{\pm\mathrm{j}(k_{/\!/})_{mn}z}\nabla_t\Phi_{mn}\\ E_{zmn}=(k_c)_{mn}^2\Phi_{mn}\mathrm{e}^{\pm\mathrm{j}(k_{/\!/})_{mn}z}\end{cases}\tag{7.2.13}$$

对于 TE 波，则可以用同样方法由 $\boldsymbol{\Pi}_m$ 来导出. 令

$$\boldsymbol{\Pi}_m=\boldsymbol{e}_z\boldsymbol{\Pi}_m\tag{7.2.14}$$

及

$$\boldsymbol{\Pi}_m=\Psi_{mn}(x_1,x_2)\mathrm{e}^{\pm\mathrm{j}k_{/\!/mn}z}\tag{7.2.15}$$

式中，Ψ_{mn} 应满足

$$\nabla_t^2\Psi_{mn}+(k_c)_{mn}^2\Psi_{mn}=0\tag{7.2.16}$$

$$(k_c)_{mn}^2=k_c^2-k_{/\!/mn}^2\tag{7.2.17}$$

在边界上的条件是

$$\frac{\partial\Psi_{mn}}{\partial n}=0\tag{7.2.18}$$

式中，n 表示边界上的法线方向.

要说明的是，本征值$(k_c)_{mn}$对于 TE 波和 TM 波是不一样的. 因此，严格地应写成

$$(k_c^{\mathrm{TE}})_{mn},(k_c^{\mathrm{TM}})_{mn}$$

但为简化起见，在书写时就不加区别了.

TE 波的场分量可表示为

$$\begin{cases}(\boldsymbol{E}_{mn})_{\perp}=\pm\dfrac{\mathrm{j}\omega\mu_0}{k_{/\!/mn}}\boldsymbol{e}_z\times(\boldsymbol{H}_{mn})_{\perp}\\(\boldsymbol{H}_{mn})_{\perp}=\pm\mathrm{j}k_{/\!/mn}\mathrm{e}^{\pm\mathrm{j}k_{/\!/mn}z}\nabla_t\Psi_{mn}\\H_{mnz}=(k_c)^2_{mn}\Psi_{mn}\mathrm{e}^{\pm\mathrm{j}k_{/\!/mn}z}\end{cases}\tag{7.2.19}$$

利用格林公式

$$\begin{aligned}\int_s(\Psi_{mn}\nabla_t^2\Psi_{rs}-\Psi_{rs}\nabla_t^2\Psi_{mn})\mathrm{d}s&=(k_{cmn}^2-k_{crs}^2)\int_s\Psi_{mn}\Psi_{rs}\mathrm{d}s\\&=\oint\left(\Psi_{mn}\frac{\partial\Psi_{rs}}{\partial n}-\Psi_{rs}\frac{\partial\Psi_{mn}}{\partial n}\right)\mathrm{d}l=0\end{aligned}\tag{7.2.20}$$

可以证明各模式间的正交性：

$$\int_s\Psi_{mn}\Psi_{rs}\mathrm{d}s=\begin{cases}0&(m\neq r,n\neq s)\\N_{mn}&(m=r,n=s)\end{cases}\tag{7.2.21}$$

及

$$\int_s(\nabla_t\Psi_{mn})\cdot(\nabla_t\Psi_{rs})\mathrm{d}s=\begin{cases}0&(m\neq r,n\neq s)\\N_{mn}&(m=r,n=s)\end{cases}\tag{7.2.22}$$

式中

$$N_{mn}=\int_s(\Psi_{mn})^2\mathrm{d}s\tag{7.2.23}$$

对于 Φ_{mn} 也可得到完全类似的结果. 还可以证明，Ψ_{mn} 及 Φ_{rs} 之间也存在正交性. 更详细的讨论可以参看本书末所列参考书刊目录中有关微波理论方面的书.

由本节所述我们可以看到，对于均匀直波导的求解，只需找到标量函数 Φ_{mn} 或 Ψ_{mn}，即可求得所有的场分量. 而求解 Φ_{mn} 或 Ψ_{mn} 的问题是典型的本征值问题，可以根据波导系统的具体结构适当地选择坐标系.

我们来看看以后要常用到的圆柱波导. 对于圆柱波导 TE_{mn} 模式，我们有

$$\Psi_{mn}=\mathrm{J}_m(k_{cmn}r)\mathrm{e}^{\mathrm{j}m\varphi}\tag{7.2.24}$$

于是，由方程(7.2.19)可以得到

$$\begin{cases}H_z=k_c^2\mathrm{J}_m(k_cr)\mathrm{e}^{\mathrm{j}m\varphi}\\H_r=\pm\mathrm{j}k_{/\!/}k_c\mathrm{J}_m'(k_cr)\mathrm{e}^{\mathrm{j}m\varphi}\\H_\varphi=\mp k_{/\!/}\dfrac{m}{r}\mathrm{J}_m(k_cr)\mathrm{e}^{\mathrm{j}m\varphi}\\E_\varphi=-\omega\mu_0k_c\mathrm{J}_m'(k_cr)\mathrm{e}^{\mathrm{j}m\varphi}\\E_r=\mathrm{j}\omega\mu_0\dfrac{m}{r}\mathrm{J}_m(k_cr)\mathrm{e}^{\mathrm{j}m\varphi}\\E_z=0\end{cases}\tag{7.2.25}$$

式中为了简化书写，用 k_c 代替$(k_c)_{mn}$，它是由 $\mathrm{J}_m'(k_ca)=0$ 的根确定.

而对于 TM_{mn} 波，我们有

$$\Phi_{mn}=\mathrm{J}_m(k_{cmn}r)\mathrm{e}^{\mathrm{j}m\varphi}\tag{7.2.26}$$

于是，由方程(7.2.13)可以得到

$$\begin{cases} E_r = \pm \mathrm{j} k_{/\!/} k_c \mathrm{J}_m'(k_c r)\mathrm{e}^{\mathrm{j}m\varphi} \\ E_\varphi = \mp j \dfrac{k_{/\!/} m}{r} \mathrm{J}_m(k_c r)\mathrm{e}^{\mathrm{j}m\varphi} \\ E_z = k_c^2 J_m(k_c r)\mathrm{e}^{\mathrm{j}m\varphi} \\ H_r = -\dfrac{\mathrm{j}\omega\varepsilon_0 m}{r} \mathrm{J}_m(k_c r)\mathrm{e}^{\mathrm{j}m\varphi} \\ H_\varphi = -\mathrm{j}\omega\varepsilon_0 k_c \mathrm{J}_m'(k_c r)\mathrm{e}^{\mathrm{j}m\varphi} \\ H_z = 0 \end{cases} \tag{7.2.27}$$

对于 TM_{mn} 模式，k_c 则由 $\mathrm{J}_m(k_c a)=0$ 的根确定.

7.3 开放谐振腔的等效电路分析

在未对较复杂形状的波导开放腔作更详细的理论分析之前，我们先从等效电路的概念入手来分析一下这种谐振系统. 以后就会看到，这种分析不仅概念清楚、简单，而且所得公式，对于计算较简单结构的波导式开放谐振腔来讲具有一定的精度.

假设谐振腔是由一段传输线组成的，两端接反射系数为 Γ_1 及 Γ_2 的负载，如图 7.3.1 所示. 假定波在传输线上的传播常数为 $k_{/\!/}$，则谐振的相位条件即为

$$2\int_0^L k_{/\!/}(z)\mathrm{d}z + \arg(\Gamma_1) + \arg(\Gamma_2) = 2q\pi \tag{7.3.1}$$

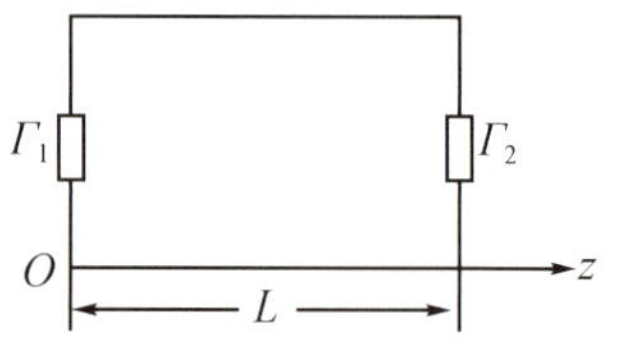

图 7.3.1　简单波导开放式谐振腔示意图

式中，q 表示腔内波的半波长数. 第一项用积分是考虑到当传输线（波导）的横截面有变化时，$k_{/\!/}(z)$ 可能是 z 的函数.

方程(7.3.1)可以用来计算谐振频率.

谐振腔的绕射品质因数 Q_d 定义如下：

$$Q_d = \frac{\omega W}{P_d} \tag{7.3.2}$$

式中，P_d 为绕射损耗，W 为腔内的储能.

波在谐振腔中一个来回的损耗能量为

$$W_t = (1 - |\Gamma_1|^2 |\Gamma_2|^2) W \tag{7.3.3}$$

能量来回一周所需的时间为

$$t = 2L/v_g \tag{7.3.4}$$

故单位时间内绕射能量损耗为

$$P_d = (1 - |\Gamma_1|^2 |\Gamma_2|^2) W v_g / 2L \tag{7.3.5}$$

由此得

$$Q_d = \frac{2\omega L}{v_g (1 - |\Gamma_1|^2 |\Gamma_2|^2)} \tag{7.3.6}$$

或

$$Q_d = \frac{2\omega L}{v_g (1 - |\Gamma_1|^2 |\Gamma_2|^2)} \approx \frac{\omega L}{v_g (1 - |\Gamma_1| |\Gamma_2|)} \tag{7.3.7}$$

但对于均匀波导有

$$\begin{cases} v_g v_p = c^2 \\ v_p = \omega / k_{/\!/} \end{cases} \tag{7.3.8}$$

并有

$$k_{/\!/} L = q\pi \tag{7.3.9}$$

因此有

$$v_g = \frac{q\pi}{\omega L} c^2 \tag{7.3.10}$$

代入即得

$$Q_{\mathrm{d}} = \frac{4\pi}{q(1 - |\Gamma_1||\Gamma_2|)} \left(\frac{L}{\lambda_0}\right)^2 \tag{7.3.11}$$

如果 $|\Gamma_1| = 1$，即电子枪端为全反射，则化为

$$Q_{\mathrm{d}} = \frac{4\pi}{q(1 - |\Gamma_2|)} \left(\frac{L}{\lambda_0}\right)^2 \tag{7.3.12}$$

当 $q = 1$，$|\Gamma_2| \ll 1$ 时，上式得

$$(Q_{\mathrm{d}})_{\min} = 4\pi \left(\frac{L}{\lambda_0}\right)^2 \tag{7.3.13}$$

而对于均匀波导，可以从方程(7.3.1)求出谐振频率：

$$\omega_0 = \omega_{kp} \left(1 + \frac{\lambda_{kp}^2 q^2}{8L^2}\right) \tag{7.3.14}$$

在求得上式时利用色散关系

$$\lambda_g = \lambda_0 \Bigg/ \sqrt{1 - \left(\frac{\lambda_0}{\lambda_{kp}}\right)^2} \tag{7.3.15}$$

式中，λ_{kp} 及 ω_{kp} 分别表示波导的截止波长和截止频率.

当 $q = 1$ 时，式(7.3.14)给出

$$\omega_0 = \omega_{kp} \left(1 + \frac{\lambda_{kp}}{8L^2}\right) \tag{7.3.16}$$

在一般情况下，$L \sim (3 \sim 5)\lambda_0$，因此，由方程(7.3.15)及(7.3.16)可以看到，这种开放式谐振腔的谐振频率与截止频率非常接近，而绕射品质因数 Q_{d} 的数值为数百至 1 000.

不过，在实际情况下，回旋管中用的波导型谐振腔的形状，往往比较复杂，如图 7.3.2 所示. 由图 7.3.2 (a)可见，波导谐振腔分为四段，中间 B 段为均匀波导，工作于 TE_{mn} 模式，靠电子枪一端，为一渐变波导 A，连接漂移管. 另一端，通过一渐变波导 C，与输出波导 D 相连. 这种波导的等效电路，如图 7.3.2(b)所示. 图中 $\mathrm{j}B_1$、$\mathrm{j}B_2$、$\mathrm{j}B_3$、$\mathrm{j}B_4$ 分别表示各端连接处不均匀性引起的并联导纳. Z_{01}、Z_{02}、Z_{03}、Z_{04} 表示各相应段的特性导纳. 其中，Z_{04}、Z_{02} 为 z 的函数. 各段内波的纵向传播常数为

$$k_{/\!/} = \begin{cases} \left\{\dfrac{\omega^2}{c^2} - \dfrac{\mu_{mn}^2}{[a_0 + (z - z_2)\tan\theta_1]^2}\right\}^{1/2} & (z_1 \leqslant z \leqslant z_2) \\ \left(\dfrac{\omega^2}{c^2} - \dfrac{\mu_{mn}^2}{a_0^2}\right)^{1/2} & (z_2 \leqslant z \leqslant z_3) \\ \left\{\dfrac{\omega^2}{c^2} - \dfrac{\mu_{mn}^2}{[a_0 + (z - z_3)\tan\theta_3]^2}\right\}^{1/2} & (z_3 \leqslant z \leqslant z_4) \end{cases} \tag{7.3.17}$$

式中，z_1 表示截止面位置.

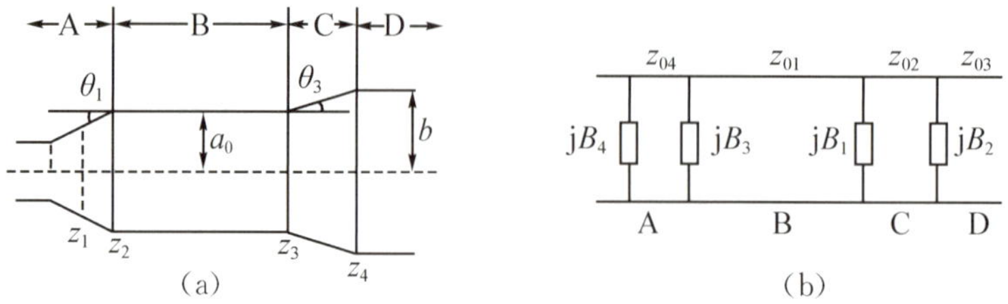

图 7.3.2 简单波导开放式谐振腔的形状

现在来考虑各段的反射系数. 在此,我们自然假定波导连接处的反射以及波导渐变均不致引起模式的转换. 或者更严格地说,在此种波导谐振腔系统中,仍然传播 TE_{mn} 模式,而由各种反射引起的模式转换可以忽略. 首先考虑波导 C 段引起的反射. 设 Γ_C 表示此段内各点上引起的反射系数,则 $\Gamma_C(z)$ 满足以下的 Riccati(里卡蒂)方程(见本篇参考文献[226]):

$$\frac{d\Gamma_C}{dz}=2jk_{/\!/}(z)\Gamma_C-\frac{1}{2}(1-\Gamma_C^2)\frac{d}{dz}\ln Z_{02} \tag{7.3.18}$$

如果假定 $|\Gamma_C|\ll 1$,且略去 jB_2,jB_1 的影响,则上式中 Γ_C^2 可以略去. 再假定

$$\frac{d}{dz}\ln Z_C(z)=\frac{d}{dz}\ln k_{/\!/}(z) \tag{7.3.19}$$

则由式(7.3.18)可以求解得

$$\Gamma(z)\big|_{z=z_3}=\frac{1}{2}\int_{z_3}^{z_4}dz\exp\left\{-2j\int_{z_3}^{z}k_{/\!/}(z')dz'\right\}\frac{d}{dz}\ln k_{/\!/}(z)\cdot dz \tag{7.3.20}$$

再将式(7.3.17)的 $k_{/\!/}(z)$ 表示式代入上式:

$$\int_{z_3}^{z}k_{/\!/}(z')dz'=\frac{\mu_{mn}}{\tan\theta_3}[\eta(z)-\tan^{-1}(\eta)-\eta(z_3)+\tan^{-1}\eta(z_3)] \tag{7.3.21}$$

式中

$$\begin{aligned}\eta(z)&=k_{/\!/}(z)\Big/\left[\frac{\omega^2}{c^2}-k_{/\!/}^2(z)\right]^{1/2}\\&=\begin{cases}k_{/\!/}(z)\dfrac{a_0+(z-z_3)\tan\theta_3}{\mu_{mn}} & (z_3<z<z_4)\\[2ex] k_{/\!/}(z)\dfrac{a_0+(z-z_2)\tan\theta_1}{\mu_{mn}} & (z_0<z<z_2)\end{cases}\end{aligned} \tag{7.3.22}$$

由上式可以得到以下的微分方程:

$$d\ln k_{/\!/}(z)=\frac{d\eta(z)}{\eta(z)[1+\eta^2(z)]} \tag{7.3.23}$$

将式(7.3.21)及式(7.3.23)代入式(7.3.20),可以得到

$$\Gamma_C\big|_{z=z_3}=R+jI=\rho e^{-j\Psi} \tag{7.3.24}$$

式中

$$\begin{cases}R=\dfrac{1}{2}\displaystyle\int_{\eta(z_3)}^{\eta(z_4)}\frac{\cos\gamma(\eta)}{\eta(1+\eta^2)}d\eta\\[2ex] I=-\dfrac{1}{2}\displaystyle\int_{\eta(z_3)}^{\eta(z_4)}\frac{\sin\gamma(\eta)}{\eta(1+\eta^2)}d\eta\end{cases} \tag{7.3.25}$$

$$\begin{cases}\rho=(R^2+I^2)^{\frac{1}{2}}\\[1ex] \Psi=\tan^{-1}\left(-\dfrac{I}{R}\right)\end{cases} \tag{7.3.26}$$

及

$$\gamma(\eta)=\frac{2\mu_{mn}}{\tan\theta_3}\left[\eta-\tan^{-1}\eta-\eta(z_3)+\tan^{-1}\eta(z_3)\right] \tag{7.3.27}$$

在式(7.3.26)中，ρ 表示反射系数的大小，Ψ 表示反射引起的相移.

如果变化较陡，Γ^2 不能略去，则 Riccati 方程(7.3.18)的解归结为以下两个方程组：

$$\begin{cases}\dfrac{dP}{dz}=\dfrac{1}{2}\dfrac{d}{dz}\ln k_{/\!/}(z)\left[(P^2-1)\cos\xi-Q^2\cos\xi-2PQ\sin\xi\right]\\ \dfrac{dQ}{dz}=\dfrac{1}{2}\dfrac{d}{dz}\ln k_{/\!/}(z)\left[(P^2+1)\sin\xi-Q^2\sin\xi+2PQ\cos\xi\right]\end{cases} \tag{7.3.28}$$

式中

$$\xi=2\int_{z_3}^{z}k_{/\!/}(z')dz' \tag{7.3.29}$$

及边界条件

$$z=z_4:P=Q=0 \tag{7.3.30}$$

由耦合方程(7.3.28)求得 P,Q 后，即可按下式求出 R 及 I：

$$\begin{cases}R=P\cos\xi-Q\sin\xi\\ I=P\sin\xi+Q\cos\xi\end{cases} \tag{7.3.31}$$

代入式(7.3.26)就可求出反射系数的大小及幅角.

下面我们来求谐振腔的振荡频率. 根据本节开始所阐明的同样概念，在这种情况下，式(7.3.1)应改写成

$$2\int_{z_2}^{z_3}k_{/\!/}(z)dz+\Phi+\Psi=2q\pi \tag{7.3.32}$$

其中

$$k_{/\!/}(z)=\left(\frac{\omega^2}{c^2}-\frac{\mu_{mn}^2}{a_0^2}\right)^{1/2}=\text{const}$$

式中，Φ 表示 A 段引起的相位移.

$$\Phi=2\int_{z_1}^{z_2}k_{/\!/}(z)dz+\frac{\pi}{2} \tag{7.3.33}$$

由式(7.3.17)可知 $k_{/\!/}(z)$ 应为

$$k_{/\!/}(z)=\left(\frac{\omega^2}{c^2}-\frac{\mu_{mn}^2}{a_0+(z-z_2)\tan\theta_1}\right)^{1/2} \tag{7.3.34}$$

而 $\frac{\pi}{2}$ 是由于在截止点 $z=z_1$ 引起的相位移. 于是式(7.3.33)可改写成

$$\Phi=\frac{2\mu_{mn}}{\tan\theta_1}\left[\eta(z_2)-\tan^{-1}\eta(z_2)-\eta(z_1)+\tan^{-1}\eta(z_1)\right]+\frac{\pi}{2} \tag{7.3.35}$$

将式(7.3.35)代入式(7.3.32)，可以得到以下的计算谐振频率的公式：

$$2k_{/\!/}L+\frac{2\mu_{mn}}{\tan\theta_1}\left[\eta(z_2)-\tan^{-1}\eta(z_2)-\eta(z_1)+\tan^{-1}\eta(z_1)\right]+\frac{\pi}{2}+\Psi=2q\pi \tag{7.3.36}$$

比较式(7.3.36)及式(7.3.1)，可见方程(7.3.36)可等效于下述情况：

$$\begin{cases}\arg(\Gamma_1)=\dfrac{2\mu_{mn}}{\tan\theta_1}\left[\eta(z_2)-\tan^{-1}\eta(z_2)-\eta(z_1)+\tan^{-1}\eta(z_1)\right]+\dfrac{\pi}{2}\\ \arg(\Gamma_2)=\Psi\end{cases} \tag{7.3.37}$$

按照完全类似的考虑，可以求出绕射品质因数 Q_d 的计算公式：

$$Q_d=\frac{\rho^{1/2}}{1-\rho}\left[\frac{\omega_0^2L}{k_{/\!/}c^2}+\frac{k_{/\!/}a_0}{\tan\theta_1}+\frac{\omega_0}{2\rho}\left(R\frac{\partial I}{\partial\omega}-I\frac{\partial R}{\partial\omega}\right)_{\omega=\omega_0}\right] \tag{7.3.38}$$

可见，在上式中，如略去右边后面各项，仅保留第一项，则所得结果即与方程(7.3.12)的结果类似.

7.4 缓变截面波导开放式谐振腔

7.3 节讨论的是较简单的波导开放式腔，它一般由中间一段均匀直波导，两端各有一段锥形渐变波导. 但是，在电子回旋脉塞中，为了提高效率及改善模式分隔，要求场沿 z 轴有一定的分布. 这样，就需要使用缓变截面波导开放式谐振腔. 在此种结构中，横截面是 z 的缓变函数. 因此，7.3 节所研究的简单结构，可以看成是一种特例. 在本节中，我们来研究缓变截面波导开放式谐振腔. 为此，我们先研究横截面变化的波导. 我们假定横截面变化是缓变的. 从定性上讲，缓变的意义就是横截面沿 z 的变化很微小和缓慢. 定量的说明以后将给出. 可以说，缓变同 7.3 节中的绝热是相似的. 在缓变的假定下，我们可以认为在任一 $z=\text{const}$ 的横截面上的电磁场矢量均与等截面的均匀直波导的场相差不大，而且传播常数很相近. 因此，在缓变条件下，可以令电场(或磁场也是一样)矢量为

$$\boldsymbol{E}(x,y,z,t)=\sum_{s}f_s(z)\boldsymbol{E}_s(x,y)\mathrm{e}^{\mathrm{j}\omega t-\mathrm{j}\int k_{//}(z)\mathrm{d}s} \tag{7.4.1}$$

电场矢量满足波动方程：

$$\nabla^2\boldsymbol{E}+k^2\boldsymbol{E}=0 \tag{7.4.2}$$

将式(7.4.1)代入上式，并且注意到：

$$\nabla_{\perp}^2\boldsymbol{E}_s(x,y)=[k_{cs}^2(z)-k^2]\boldsymbol{E}_s(x,y)=-k_{cs}^2\boldsymbol{E}_s(x,y) \tag{7.4.3}$$

以及

$$\frac{\mathrm{d}^2}{\mathrm{d}z^2}[f_s(z)\mathrm{e}^{-\mathrm{j}\int k_{//s}\mathrm{d}z}]=\left[\frac{\mathrm{d}^2f_s}{\mathrm{d}z^2}-\mathrm{j}\frac{\mathrm{d}k_{//s}}{\mathrm{d}z}f_s(z)-2\mathrm{j}k_{//}\frac{\mathrm{d}f_s(z)}{\mathrm{d}z}-k_{//s}^2f_s\right]\mathrm{e}^{-\mathrm{j}\int k_{//s}\mathrm{d}z} \tag{7.4.4}$$

则可以得到

$$\sum_{s}\left\{\frac{\mathrm{d}^2f_s}{\mathrm{d}z^2}+[k^2-k_{cs}^2(z)f_s]=\sum_{s}\mathrm{j}\frac{\mathrm{d}k_{//s}}{\mathrm{d}z}f_s(z)+2\mathrm{j}k_{//s}\frac{\mathrm{d}f_s(z)}{\mathrm{d}z}\right\} \tag{7.4.5}$$

因此，在式(7.4.5)中略去左边各虚数项，而且认为各模式可以独立存在，则式(7.4.5)可以给出

$$\frac{\mathrm{d}^2f_s}{\mathrm{d}z^2}+[k^2-k_{cs}^2(z)]f_s=0 \tag{7.4.6}$$

可见式(7.4.6)存在的条件是各模式能独立存在. 这个条件只有在缓变的情况下才有可能得到.

令

$$k_{cs}^2(z)=k^2-k_{//s}^2(z) \tag{7.4.7}$$

或

$$k_{//s}^2(z)=k^2-k_{cs}^2(z) \tag{7.4.8}$$

式中，$k_{cs}(z)$表示截止波数，由波导横截面尺寸确定：

$$k_{cs}^2=\left(\frac{2\pi}{\lambda_{cs}}\right)^2 \tag{7.4.9}$$

式中，λ_{cs}表示截止波长，在缓变截面情况下，λ_{cs}也是 z 的缓变函数.

这样，式(7.4.6)就可写成以下形式：

$$\frac{\mathrm{d}^2f_s}{\mathrm{d}z^2}+k_{//s}^2(z)f_s=0 \tag{7.4.10}$$

式(7.4.10)是不均匀弦方程，它是研究缓变截面波导的基本方程. 式(7.4.10)表明，在缓变截面波导中，各模式的振幅满足不均匀弦方程.

以上推导的不均匀弦方程的方法虽不太严格，但概念是很清楚的，而且比较简洁.

研究缓变截面波导的比较严格的理论是横截面法(见本篇参考文献[11,177]).这种方法的思想如图7.4.1所示.图(a)为一段缓变截面波导,图(b)为一均匀波导,但所填充的介质的介电常数是坐标的函数,图(c)则为一填充介质的均匀波导.

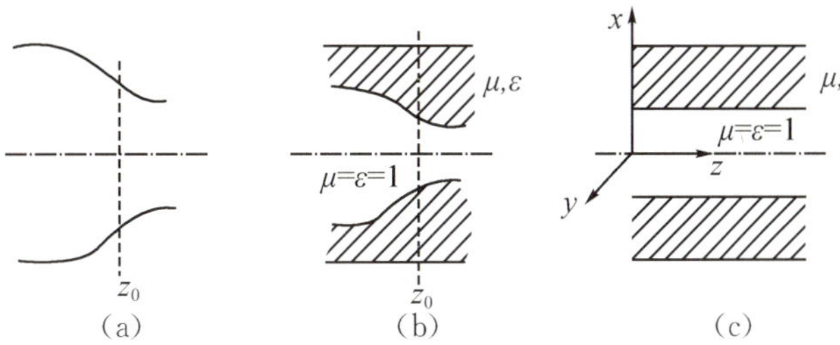

图 7.4.1　缓变截面波导的横截面法

假定图(b)中所示的波导中填充介质的界面形状与图(a)中所示的缓变截面波导的相同,并且在图(b)中介质的复数介电常数为

$$\varepsilon=\varepsilon_1-\mathrm{j}\frac{\sigma}{\omega} \tag{7.4.11}$$

式中,ε_1 为介电常数的实部,σ 为导电系数.因此,如果 $\sigma\to\infty$,则有 $|\varepsilon|\to\infty$,这时图7.4.1(b)所示的波导自动化为图(a)所示的缓变截面波导.因此,问题归结为如何求解图(b)所示的可变填充介质的波导,而求可变填充介质波导的方法可以采用横截面法.

设在某一截面 $z=z_0$ 上,介质的填充是确定的,以此截面的情况为依据,建立一对比波导,如图7.4.1(c)所示,它是一个填充均匀介质的规则波导,在此波导中存在很多本征模式.因此,在缓变介质填充波导中,此截面上的场就可用此对比波导中的本征模式的线性组合来表示.于是我们有

$$\begin{cases} E_x=\sum\limits_{m=-\infty}^{\infty}P_mE_x^m, E_y=\sum\limits_{m=-\infty}^{\infty}P_mE_y^m \\ H_x=\sum\limits_{m=-\infty}^{\infty}P_mH_x^m, H_y=\sum\limits_{m=-\infty}^{\infty}P_mH_y^m \end{cases} \tag{7.4.12}$$

式中,E_x^m,E_y^m,H_x^m,H_y^m 是 $z=z_0$ 截面上对比波导中本征模式的电场及磁场分量.P_m 为展开系数.假定展开式(7.4.12)在波导内是绝对一致收敛的,则由麦克斯韦方程可以得到

$$\begin{cases} \sum\limits_m\left(P_m\dfrac{\partial H_y^m}{\partial x}-P_m\dfrac{\partial H_x^m}{\partial y}\right)=-\mathrm{j}\omega\varepsilon_0E_z \\ \sum\limits_m\left(P_m\dfrac{\partial E_y^m}{\partial x}-P_m\dfrac{\partial E_x^m}{\partial y}\right)=-\mathrm{j}\omega\mu_0H_z \end{cases} \tag{7.4.13}$$

因为展开系数 P_m 仅是 z 的函数,而不是 (x,y) 的函数.

可以证明,场的纵向分量也可作同样的展开:

$$E_z=\sum_{m=-\infty}^{\infty}P_mE_z^m, H_z=\sum_{m=-\infty}^{\infty}P_mH_z^m \tag{7.4.14}$$

可见如果能求出展开系数 P_m,就可求出场的各个分量的表示式.为了求出 P_m,现假定各个本征模式均可表示为

$$\begin{cases} \boldsymbol{E}_m=\boldsymbol{E}_{ms}(x,y)\mathrm{e}^{\mathrm{j}k_{/\!/m}z-\mathrm{j}\omega t} \\ \boldsymbol{H}_m=\boldsymbol{H}_{ms}(x,y)\mathrm{e}^{\mathrm{j}k_{/\!/m}z-\mathrm{j}\omega t} \end{cases} \tag{7.4.15}$$

于是,利用麦克斯韦方程及模式正交性条件,可以得到以下的方程:

$$\frac{\mathrm{d}P_m}{\mathrm{d}z}+\mathrm{j}k_{/\!/}^mP_m=\sum_n S_{mn}P_n \tag{7.4.16}$$

式中

$$S_{mn}=\frac{1}{2kk_{/\!/}^m}\int\left[E_x^m(H_y^n)'-E_y^m(H_x^n)'+(E_x^n)'H_y^m-(E_y^n)'H_x^m\right]\mathrm{d}s \tag{7.4.17}$$

积分是在波导横截面上进行. $'$表示对 z 取微分. 式(7.4.17)给出的 S_{mn} 表示不同模式之间的耦合.

在有些情况下(例如在存在截止截面的情况下),将展开式(7.4.12)改写成以下形式是比较方便的. 令

$$Q_m=P_m-P_{-m},R_m=P_m+P_{-m} \tag{7.4.18}$$

因为在这种情况下 P_m 及 P_{-m}之间将发生较强烈的耦合,需将 P_m 及 P_{-m}作为一个整体来考虑. 于是有以下展开式:

$$\begin{cases}E_x=\sum\limits_{m=1}^{\infty}Q_mE_x^m\\ H_x=\sum\limits_{m=1}^{\infty}R_mH_x^m\end{cases} \tag{7.4.19}$$

$$\begin{cases}E_y=\sum\limits_{m=1}^{\infty}Q_mE_y^m\\ H_y=\sum\limits_{m=1}^{\infty}R_mH_y^m\end{cases} \tag{7.4.20}$$

这样,式(7.4.16)就应改写成

$$\begin{cases}P'_m+\mathrm{j}k_{/\!/}^m P_m=\sum\limits_{n=1}^{\infty}S_{m,n}P_n+\sum\limits_{n=1}^{\infty}S_{m,-n}P_{-n}\\ P'_{-m}-\mathrm{j}k_{/\!/}^m P_{-m}=\sum\limits_{n=1}^{\infty}S_{-m,n}P_n+\sum\limits_{n=1}^{\infty}S_{-m,-n}P_{-n}\end{cases} \tag{7.4.21}$$

但由于式(7.4.17)有

$$S_{-m,-n}=S_{m,n},S_{-m,n}=S_{m,-n} \tag{7.4.22}$$

故由式(7.4.21)又可得到

$$\begin{cases}P'_m+\mathrm{j}k_{/\!/}^m P_m=\sum\limits_{n=1}^{\infty}S_{m,n}P_n+\sum\limits_{n=1}^{\infty}S_{-m,n}P_{-n}\\ P'_m-\mathrm{j}k_{/\!/}^m P_m=\sum\limits_{n=1}^{\infty}S_{-m,n}P_n+\sum\limits_{n=1}^{\infty}S_{m,n}P_{-n}\end{cases} \tag{7.4.23}$$

由上两式即可求得 Q_m,R_m 的方程式:

$$\begin{cases}Q'_m+\mathrm{j}k_{/\!/}^m R_m=\sum\limits_{n=1}^{\infty}Q_n(S_{mn}-S_{-mn})\\ R'_m+\mathrm{j}k_{/\!/}^m Q_m=\sum\limits_{n=1}^{\infty}R_n(S_{mn}-S_{-mn})\end{cases} \tag{7.4.24}$$

式(7.4.24)是两个耦合方程. 分别对 z 再取一次微分,并利用关系式

$$\int(E_y^mH_x^m-E_x^mH_y^m)\mathrm{d}s=kk_{/\!/}^m \tag{7.4.25}$$

及

$$S_{mm}=-(k_{/\!/}^m)'/2k_{/\!/}^m \tag{7.4.26}$$

可以得到

$$\begin{aligned}\frac{\mathrm{d}^2Q_m}{\mathrm{d}z^2}+(k_{/\!/}^m)^2Q_m=&-\mathrm{j}\sum_{n=1}^{\infty}R_n\left[k_{/\!/}^m(S_{mn}+S_{-mn})+k_{/\!/}^n(S_{mn}-S_{-mn})\right](1-\delta_{mn})\\&+\sum_{n=1}^{\infty}Q_n(S_{mn}-S_{-mn})'+\sum_{n=1}^{\infty}\sum_{q=1}^{\infty}Q_q(S_{mn}-S_{-mn})(S_{nq}-S_{-nq})\end{aligned} \tag{7.4.27}$$

$$\frac{d^2R_m}{dz^2}+(k_{/\!/}^m)^2R_m=-j\sum_{n=1}^{\infty}Q_n[k_{/\!/}^m(S_{mn}-S_{-mn})+k_{/\!/}^n(S_{mn}+S_{-mn})](1-\delta_{mn})$$
$$+\sum_{n=1}^{\infty}R_n(S_{mn}+S_{-mn})'+\sum_{n=1}^{\infty}\sum_{q=1}^{\infty}R_q(S_{mn}+S_{-mn})(S_{nq}+S_{-nq}) \quad (7.4.28)$$

如果略去式(7.4.27)及式(7.4.28)的右边,即完全不考虑各模式之间的耦合,就可得到

$$\begin{cases}\dfrac{d^2Q_m}{dz^2}+(k_{/\!/}^m)^2Q_m=0\\[2mm]\dfrac{d^2R_m}{dz^2}+(k_{/\!/}^m)^2R_m=0\end{cases} \quad (7.4.29)$$

我们知道,Q_m 及 R_m 都表示各相应模式的幅值,因此,如用 f_s 表示,就得到方程(7.4.11).

式(7.4.11)是一个二阶变系数微分方程,它的定解还要求有边界条件.根据问题的物理情况,边界条件有两种.如果一端充分截止,则应有边界条件

$$f_s\big|_{z=z_0}=0 \quad (7.4.30)$$

如果另一端有输出,则应有

$$\left|\frac{df_s}{dz}\pm jk_{/\!/}^s f_s\right|=0 \quad (7.4.31)$$

即所谓辐射条件."+"号表示向右传播的波,"−"号表示向左传播的波.

由条件(7.4.31),可以得到场幅值在输出端的一个重要特性.设

$$f(z)=P(z)+jQ(z) \quad (7.4.32)$$

则由辐射条件(7.4.31)推导出:

$$|P'(z)+jQ'(z)+jk_{/\!/}P(z)-k_{/\!/}Q(z)|_z=0 \quad (7.4.33)$$

由此得到

$$z=z_1:\begin{cases}P'(z)=k_{/\!/}Q(z)\\Q'(z)=-k_{/\!/}P(z)\end{cases} \quad (7.4.34)$$

但场的幅值为

$$|f(z)|=[P^2(z)+Q^2(z)]^{1/2} \quad (7.4.35)$$

因此,式(7.4.33)或式(7.4.34)相当于

$$\frac{d|f(z)|}{dz}\bigg|_{z=z_1}=0 \quad (7.4.36)$$

可见,幅值 $f(z)$ 的曲线在输出端 $z=z_1$ 的斜率为零.也即场的幅值在该端面将趋向于一常量.而幅值为常数的波是纯行波.所以辐射条件的物理意义就是场在该处将变为一纯行波输出(或输入).

7.5 WKBJ 方法,艾里函数

由上一节所述可见,在缓变条件下,变截面波导中场的求解归结为求解下述方程:

$$\frac{d^2f_s}{dz^2}+[k^2-k_{cs}^2(z)]f_s=0 \quad (7.5.1)$$

式(7.5.1)在数学上与粒子在势场中运动的一维定态薛定谔方程

$$\frac{d^2\Psi}{dx^2}+[h^2-U(x)]\Psi=0 \quad (7.5.2)$$

完全一致.因此,在量子力学中发展起来的所谓 WKBJ 方法(即 Wentzel-Kramers-Brillouin-Jeffreys method,温-克-布-杰法)完全可以用来求解式(7.5.1).

在式(7.5.2)中,如果

$$U(x)=0$$

则得

$$\frac{\mathrm{d}^2\Psi}{\mathrm{d}x^2}+h^2\Psi=0 \tag{7.5.3}$$

为通常的一维波方程,其解为

$$\Psi=A\mathrm{e}^{\pm \mathrm{j}hx} \tag{7.5.4}$$

但在一般情况下,式(7.5.1)写成

$$\frac{\mathrm{d}^2 f_s}{\mathrm{d}z^2}+k_{/\!/s}^2(z)f_s=0 \tag{7.5.5}$$

即为本征值是自变量的函数的波动方程.

为了求解式(7.5.5),假定 $k_{/\!/s}^2(z)$ 是 z 的缓变参数,即有以下条件:

$$\begin{cases}\dfrac{1}{k_{/\!/s}^2}\dfrac{\mathrm{d}(\ln k_{/\!/s}^2)}{\mathrm{d}z}\ll 1\\[2ex] \left|\dfrac{\partial k_{/\!/s}}{\partial z}\Big/2k_{/\!/s}^2(z)\right|\ll 1\end{cases} \tag{7.5.6}$$

设方程有解

$$f_s=\mathrm{e}^{\varphi(z)} \tag{7.5.7}$$

代入式(7.5.5),得 $\varphi(x)$ 应满足的方程

$$(\varphi')^2+\varphi''+k_{/\!/s}^2=0 \tag{7.5.8}$$

上式是一个非线性方程,其近似解为

$$(\varphi')^2=-k_{/\!/s}^2+\mathrm{j}\frac{1}{2k_{/\!/s}}\frac{\partial k_{/\!/s}}{\partial z}-\frac{1}{4k_{/\!/s}^2}\frac{\partial^2 k_{/\!/s}}{\partial z^2}+\cdots \tag{7.5.9}$$

仅取上式中前两项得

$$(\varphi')^2=-k_{/\!/s}^2+\frac{\mathrm{j}}{2k_{/\!/s}}\frac{\partial k_{/\!/s}}{\partial z} \tag{7.5.10}$$

代入式(7.5.7)得解

$$f_s=\frac{1}{\sqrt{k_{/\!/s}}}\mathrm{e}^{\pm\mathrm{j}\int k_{/\!/s}\mathrm{d}z} \tag{7.5.11}$$

或

$$f_s=\frac{A}{\sqrt{k_{/\!/s}}}\mathrm{e}^{\mathrm{j}\int k_{/\!/s}\mathrm{d}z}+\frac{B}{\sqrt{k_{/\!/s}}}\mathrm{e}^{-\mathrm{j}\int k_{/\!/s}\mathrm{d}z} \tag{7.5.12}$$

这就是式(7.5.1)的两个线性独立的解,称为 WKBJ 近似解.解的性质,由 $k_{/\!/s}^2$ 的符号确定,如果

$$k^2>k_{cs}^2 \tag{7.5.13}$$

即在截止状态以上(传播状态),则有

$$k_{/\!/s}^2>0\quad(k_{/\!/s}\text{为实数}) \tag{7.5.14}$$

故式(7.5.12)表示两个向不同方向传播的波.但是,如果

$$k^2<k_{cs}^2 \tag{7.5.15}$$

则有

$$k_{/\!/s}^2<0\quad(k_{/\!/s}\text{为虚数}) \tag{7.5.16}$$

这时式(7.5.12)化为

$$f_s=\frac{A'}{\sqrt{k'_{//s}}}\mathrm{e}^{\int k'_{//s}\mathrm{d}z}+\frac{B'}{\sqrt{k'_{//s}}}\mathrm{e}^{-\int k'_{//s}\mathrm{d}z} \tag{7.5.17}$$

式中,已令

$$k_{//s}=\mathrm{j}k'_{//s} \tag{7.5.18}$$

式(7.5.17)表示两个非传播的波,一个衰减场,一个增长场.

当

$$k^2=k_{cs}^2 \tag{7.5.19}$$

时,则有

$$k_{//s}^2=0 \tag{7.5.20}$$

这时解[式(7.5.12)]发散.所以,式(7.5.12)的近似解不能适应 $k^2=k_{cs}^2$ 的情形及其邻域,即不能适应于截止点及其附近.

不过,$k^2=k_{cs}^2$(在 $z=z_0$ 截面处)的点虽然使近似解发散,但却并不是式(7.5.12)本身的奇异点.这说明 WKBJ 近似解在 $z=z_0$ 及其邻域是不适合的,但是式(7.5.1)本身在 $z=z_0$ 及其邻域则是有解的.

为求截止面($z=z_0$)附近的解,必须寻找另外的途径,下面我们进行详细的讨论.

在 $z=z_0$ 的邻域,$k_{//s}^2(z)$函数可以按泰勒级数展开

$$k_{//s}^2(z)=a^2(z-z_0)+b^2(z-z_0)^2+\cdots \tag{7.5.21}$$

式中

$$\begin{cases}a^2=\left|\dfrac{\mathrm{d}k_{//s}^2(z)}{\mathrm{d}z}\right|_{z=z_0}\\[2ex] b^2=\dfrac{1}{2}\left(\dfrac{\mathrm{d}^2k_{//s}^2(z)}{\mathrm{d}z^2}\right)\Bigg|_{z=z_0}\end{cases} \tag{7.5.22}$$

如果与 $a^2(z-z_0)$相比,$b^2(z-z_0)^2$ 可以略去,则式(7.5.5)化为

$$\frac{\mathrm{d}^2f_s}{\mathrm{d}z^2}+a^2(z-z_0)f_s=0 \tag{7.5.23}$$

上述方程式的解可用 1/3 阶贝塞尔函数来表示,即

$$\begin{cases}f_+=\sqrt{|z-z_0|}\,\mathrm{J}_{1/3}\left[\dfrac{2}{3}a(z-z_0)^{3/2}\right]\\[2ex] f_-=\sqrt{|z-z_0|}\,\mathrm{J}_{-1/3}\left[\dfrac{2}{3}a(z-z_0)^{3/2}\right]\end{cases} \tag{7.5.24}$$

$$f_s=f_++f_- \tag{7.5.25}$$

如果引入以下的变量变换,可以使式(7.5.23)化成为艾里(Airy)方程的形式.由于

$$k_c^2=\frac{\mu_{mn}^2}{R^2(z)} \tag{7.5.26}$$

式中,μ_{mn}是 $\mathrm{J}'_m(x)=0$ 的第 n 个根.因此有

$$k_{//}^2=\frac{\omega^2}{c^2}-\frac{\mu_{mn}^2}{R^2(z)} \tag{7.5.27}$$

由此得

$$\frac{\mathrm{d}k_{//}^2}{\mathrm{d}z}=\frac{2\mu_{mn}^2}{R^3(z)}\cdot\frac{\mathrm{d}R(z)}{\mathrm{d}z} \tag{7.5.28}$$

令

$$y=\frac{\mathrm{d}k_{//}^2}{\mathrm{d}z}(z-z_0)=\frac{2\mu_{mn}^2}{R^3(x)}\frac{\mathrm{d}R(z)}{\mathrm{d}z}(z-z_0)\Big|_{z=z_0} \tag{7.5.29}$$

则式(7.5.23)可化为

$$\frac{d^2 f_s}{dy^2}-yf_s=0 \tag{7.5.30}$$

上式称为艾里方程,其解为艾里函数,有两个线性独立解.

当 $y<0$ 时,有

$$\begin{cases} U=\frac{\sqrt{3}}{3}\sqrt{\frac{\pi}{3}|y|}\left[J_{-1/3}\left(\frac{2}{3}|y|^{3/2}\right)-J_{1/3}\left(\frac{2}{3}|y|^{3/2}\right)\right] \\ V=\frac{1}{3}\sqrt{\pi|y|}\left[J_{-1/3}\left(\frac{2}{3}|y|^{3/2}\right)+J_{1/3}\left(\frac{2}{3}|y|^{3/2}\right)\right] \end{cases} \tag{7.5.31}$$

当 $y>0$ 时,有

$$\begin{cases} U=\sqrt{\frac{\pi}{3}y}\left[I_{-1/3}\left(\frac{2}{3}y^{3/2}\right)-I_{1/3}\left(\frac{2}{3}y^{3/2}\right)\right] \\ V=\frac{1}{3}\sqrt{\pi y}\left[I_{-1/3}\left(\frac{2}{3}y^{3/2}\right)+I_{1/3}\left(\frac{2}{3}y^{3/2}\right)\right] \end{cases} \tag{7.5.32}$$

可见实际上艾里函数仍是用 1/3 阶贝塞尔函数来表示. 注意到贝塞尔函数的以下关系,当

$$y=jy' \quad (y'\text{为实数}) \tag{7.5.33}$$

有

$$J_m(jy')=(j)^m I_m(y') \tag{7.5.34}$$

即可由式(7.5.31)得到式(7.5.32).

不过利用艾里函数的方便在于已经造出了艾里函数的详细表格,可以直接加以利用(见附录).

由式(7.5.31)及式(7.5.32)可以看出:U,V 在 $y<0$ 区域(非截止区)呈振荡特性,这表示二反向传播的波的叠加. 而在 $y>0$ 区域(截止区),U,V 则分别呈类似指数形式的衰减场. 这和截止区的场分布一致. 而在 $y=0$ 处(截止面),U,V 均可连续地渡过 $y=0$ 点. 可见 U,V 的特性和包含截止面在内的变截面波导中场的特性一致,故可用它们来描述截止面及其附近的场分布.

根据以上所述,式(7.5.30)的解可写成

$$f=AU+BV \tag{7.5.35}$$

当 y 较大时[$(z-z_0)$较大时],可以利用贝塞尔函数的渐近公式得到艾里函数的以下渐近表达式:

$|y|\gg 1$ 时,

$$\begin{cases} U=|y|^{-1/4}\cos\left(\frac{2}{3}|y|^{3/2}+\frac{\pi}{4}\right) \\ V=|y|^{-1/4}\sin\left(\frac{2}{3}|y|^{3/2}+\frac{\pi}{4}\right) \end{cases} \quad (y<0) \tag{7.5.36}$$

$$\begin{cases} U=y^{-1/4}e^{-2/3}y^{3/2} \\ V=\frac{1}{2}y^{-1/4}e^{-2/3}y^{3/2} \end{cases} \quad (y>0) \tag{7.5.37}$$

需要指出的是,上述解都是近似的. 不过,可以证明,在缓变条件下,引入的误差是不大的.

如上所述,WKBJ 法求得的近似解在 $k_{//s}=0$ 及其邻域内发散,因此不能适用于这个范围. 在此范围内可以采用 1/3 阶贝塞尔函数或艾里函数解. 于是出现这样的问题:两种解的区域应如何划分,两种解又如何加以衔接?

由式(7.5.22)可知,用艾里函数解(或 1/3 阶贝塞尔函数解)的条件是

$$b^2\ll a^2$$

即

$$\frac{1}{2}\left|\frac{\mathrm{d}^2 k_{/\!/ s}^2(z)}{\mathrm{d}z^2}\right|_{z=z_0}(z-z_0)^2 \ll \left|\frac{\mathrm{d}k_{/\!/ s}^2(z)}{\mathrm{d}z}(z-z_0)\right| \tag{7.5.38}$$

或写成

$$\begin{cases} |z-z_0| \ll \dfrac{2}{3}\left|\dfrac{R(z_0)}{R'(z_0)}\right| \\ \dfrac{3}{2}\left|\dfrac{R'(z_0)}{R(z_0)}\right| |z-z_0| \ll 1 \end{cases} \tag{7.5.39}$$

另外，WKBJ 方法的条件是

$$\frac{1}{k_{/\!/}^4}\ \frac{k_{/\!/ s}^2}{z} \ll 1$$

即

$$\frac{\mathrm{d}k_{/\!/ s}}{\mathrm{d}z^2}=\frac{(\mu_{mn}/R^3)R'(z)}{|k^2-k_c^2|^{1/2}},\frac{2(\mu_{mn}^2/R^3)R'(z_0)}{[k^2-(\mu_{mn}/R)^2]^{3/2}} \ll 1 \tag{7.5.40}$$

或

$$\frac{2\left(\dfrac{\mu_{mn}}{R}\right)^2\left(\dfrac{R'}{R}\right)}{\left[k^2-\left(\dfrac{\mu_{mn}}{R}\right)^2\right]^{5/2}} \ll 1 \tag{7.5.41}$$

在式(7.5.38)与式(7.5.41)两个条件都能满足的区域内，可以实现场解的联接.

7.6 变截面谐振腔的计算

现在来考虑如图 7.6.1 所示的变截面谐振腔的计算问题. 假定此腔在两端有两个截止面：$z=z_1$ 及 $z=z_2$.

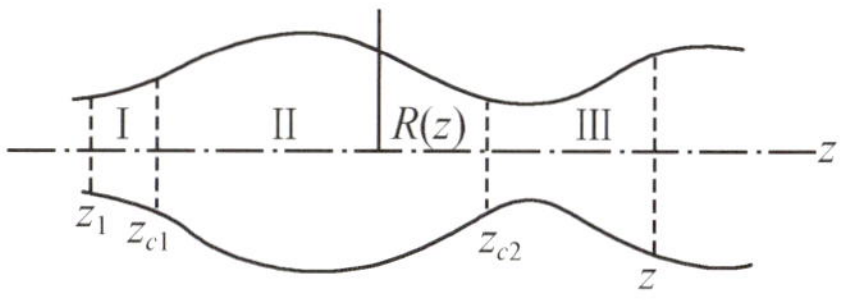

图 7.6.1　变截面谐振腔的计算

在 7.5 节中已指出，利用 WKBJ 法可以得到变截面谐振腔中的解为

$$f_s=\frac{c_1}{\sqrt{k_{/\!/ s}}}\mathrm{e}^{\mathrm{j}\int k_{/\!/ s}\mathrm{d}z}+\frac{c_2}{\sqrt{k_{/\!/ s}}}\mathrm{e}^{-\mathrm{j}\int k_{/\!/ s}\mathrm{d}z} \tag{7.6.1}$$

如果波导的截面尺寸大于截止值($\mathrm{Re}\{k_{/\!/ s}^2\}>0$)，则在波导中存在传播波，式(7.6.1)的解代表两个向反向传播的波. 而如果截面尺寸小于截止值，则有 $\mathrm{Re}\{k_{/\!/ s}^2\}<0$，式(7.6.1)化为

$$f_s=\frac{c_1'}{\sqrt{|k_{/\!/ s}|}}\mathrm{e}^{\int |k_{/\!/ s}|\mathrm{d}z}+\frac{c_2'}{\sqrt{|k_{/\!/ s}|}}\mathrm{e}^{-\int |k_{/\!/ s}|\mathrm{d}z} \tag{7.6.2}$$

表示一个为指数增长的场，另一个为指数下降的场. 因此，在 $z>z_2$ 及 $z<z_1$ 区，在上述两种情况下，在物理上都只存在一种状况. 即 c_1, c_2 及 c_1', c_2' 中只有一个不为零.

为求解图示的谐振腔，还必须补充两端的边界条件. 由于开放腔中两端都可向外辐射，因此可以近似地利用 $|z|\to\infty$ 的辐射条件. 在我们讨论的情形中，辐射条件可写成

$$\left(\frac{\mathrm{d}f_s}{\mathrm{d}z}-\mathrm{j}k_{/\!/ s}f_s\right)_{z=z_1}=0 \tag{7.6.3}$$

及

$$\left(\frac{\mathrm{d}f_s}{\mathrm{d}z}+\mathrm{j}k_{/\!/s}f_s\right)_{z=z_2}=0 \tag{7.6.4}$$

在上两式中,如果 $\mathrm{Re}\{k_{/\!/s}^2\}>0$,则取 $\mathrm{Re}\{k_{/\!/s}\}>0$ 的解;如果 $\mathrm{Re}\{k_{/\!/s}^2<0\}$,则取 $\mathrm{Im}\{k_{/\!/s}\}<0$ 的解.

现在来讨论谐振频率的计算.这里有两种可行的方法.第一种方法是从上述辐射条件出发,令

$$M=\left(\frac{\mathrm{d}f_s}{\mathrm{d}z}+\mathrm{j}k_{/\!/s}f_s\right)_{z=z_2} \tag{7.6.5}$$

假定根据在 $z=z_1$ 的辐射条件(7.6.3)对于某一确定的 ω,求得场解 f_s,代入式(7.6.5).改变 ω 得到另一个 f_s,再代入式(7.6.5).这样,直至使 M 值取极小值为止,得到的 ω 即为谐振频率.利用这种办法时,自然初始的 ω 值的选择是很重要的.根据7.3节所述,谐振频率与波导的截止频率很接近,这样,初始 ω 值的选择就可以此为依据.

求谐振频率的另一种方法是根据相位条件来考虑.如方程(7.3.1)那样,相位条件可写成

$$2\int_{z_{10}+0}^{z_{20}-0}k_{/\!/s}(z)\mathrm{d}z+\varphi_1+\varphi_2=2q\pi \tag{7.6.6}$$

式中:积分一项表示在两端之间的总相位移;φ_1,φ_2 表示两端点反射引起的相位移.因此,利用式(7.6.6)计算谐振频率的困难在于确定相移 φ_1,φ_2.如果端点 z_{10} 或(及)z_{20} 正好是截止状态的,则反射引起的相位移可按以下的考虑来确定.

在截止点附近,场用艾里函数表示,由于在截止点以外($z<z_{10}$),函数 $U(y)$ 表示指数增长解,故应弃去.因此可仅考虑 $V(y)$ 函数的解.这样,场解可写成

$$f_s(z)=\mathrm{Re}\left[V(y)\mathrm{e}^{\mathrm{j}(\omega t+\varphi_1)}\right]=V(y)\cos(\omega t+\varphi_1) \tag{7.6.7}$$

于是得到

$$f_s(z)=\left\{\left[\frac{2\mu_{mn}^2}{R^3(z_0)}R'(z_0)\right]^{1/3}(z-z_{10})\right\}^{-1/4}$$
$$\cdot\left[\frac{1}{2}\cos\left(\omega t+\varphi_1+\frac{2}{3}y\mathrm{e}^{3/2}-\frac{\pi}{4}\right)+\frac{1}{2}\cos\left(\omega t+\varphi_1-\frac{2}{3}y\mathrm{e}^{3/2}+\frac{\pi}{4}\right)\right] \tag{7.6.8}$$

式中,大括号内第一项表示反向波,第二项表示前向波.由此可见,反向波与正向波相位相差为 $\pi/2$.这样,截止面处的反射引起的相位移为 $\pi/2$.如果注意到波行至截止截面处波矢量的方向(坡印廷矢量的方向)变为与轴垂直,则上述 $\pi/2$ 相移的物理实质就可以理解.

现在来考虑 Q 值的计算.开放腔中的 Q 值有两种:固有品质因数 Q_0 及绕射品质因数 Q_{d}.总的品质因数 Q_{T} 为

$$Q_{\mathrm{T}}=\frac{Q_0Q_{\mathrm{d}}}{(Q_0+Q_{\mathrm{d}})} \tag{7.6.9}$$

按 Q 值的定义

$$\begin{cases}Q_0=\dfrac{\omega W}{P_r}\\[2ex] Q_{\mathrm{d}}=\dfrac{\omega W}{P_{\mathrm{out}}}\end{cases} \tag{7.6.10}$$

式中

$$W=\frac{\varepsilon_0}{2}\int_0^L\mathrm{d}z\int_s f_s^2(z)E_s^2\mathrm{d}s=\frac{\varepsilon_0}{2}\int_0^L f_s^2(z)\mathrm{d}z\int_s E_s^2\mathrm{d}s \tag{7.6.11}$$

积分在横截面上进行.

$$P_r=\oiint_s\sigma|H_t|^2\mathrm{d}s \tag{7.6.12}$$

式中，σ 为电导率，H_t 表示沿腔壁的电流.

$$P_{\text{out}}=\frac{1}{2}\mathrm{Re}\left\{\int_s(\boldsymbol{E}_s\times\boldsymbol{H}_s)f^2(z)|_{z=z_{\text{out}}}\mathrm{d}s\right\} \tag{7.6.13}$$

为辐射功率.

但

$$\begin{cases}\boldsymbol{H}_s=-\mathrm{j}k_{/\!/}\nabla_\perp\psi_s\\ \boldsymbol{E}_s=\mathrm{j}\omega\mu_0\boldsymbol{e}_z\times\Delta_\perp\psi_s\\ \nabla_\perp\psi_s=-\dfrac{1}{\mathrm{j}k_{/\!/}}\boldsymbol{H}_s=\dfrac{\mathrm{j}}{k_{/\!/}}\boldsymbol{H}_s\\ \boldsymbol{E}_s=\mathrm{j}\omega\mu_0\dfrac{\mathrm{j}}{k_{/\!/s}}\boldsymbol{e}_z\times\boldsymbol{H}_s\end{cases} \tag{7.6.14}$$

$$\begin{cases}\boldsymbol{E}_s\times\boldsymbol{H}_s=-\dfrac{\omega\mu_0}{k_{/\!/s}}(\boldsymbol{e}_z\times\boldsymbol{H}_s)\times\boldsymbol{H}_s=-\dfrac{\omega\mu_0}{k_{/\!/s}}H_s^2\boldsymbol{e}_z\\ \displaystyle\int_s(\boldsymbol{E}_s\times\boldsymbol{H}_s)\cdot\mathrm{d}s=\frac{\omega\mu_0}{k_{/\!/s}}\int_s H_s^2\mathrm{d}s=-\frac{\omega\mu_0}{k_{/\!/s}}\end{cases} \tag{7.6.15}$$

假定在腔中，

$$\frac{1}{2}\varepsilon_0\int|E_s|^2\mathrm{d}s=\frac{1}{2}\mu_0\int|H_s|^2\mathrm{d}s \tag{7.6.16}$$

将有关方程代入，可以求得绕射 Q_{d} 值为

$$Q_{\text{d}}=\left(\frac{\omega}{c}\right)^2\frac{\left[\int_{-\infty}^{\infty}|f_s(z_0)|^2\mathrm{d}z\right]\mathrm{e}^{-2\int_{z_0}^{z_c}|k_{/\!/s}|\mathrm{d}s}}{k_{/\!/s}(z_0)|f_s(z_0)|^2} \tag{7.6.17}$$

以上假定输出端位置 $z=z_0$，已处于过截止状态，z_c 表示截止点位置.

事实上，利用方程(7.6.5)也可以求出绕射 Q 值. 因为使 M 为最小的频率一般是复数

$$\omega=\omega'+\mathrm{j}\omega'' \tag{7.6.18}$$

或写成

$$\omega=\omega_{kp}\left[1+\delta\left(\frac{\lambda_{kp}}{L}\right)^2\right] \tag{7.6.19}$$

以上利用了式(7.5.14)的结果. 这样式(7.6.18)可表示为

$$\delta=\delta'+\mathrm{j}\delta'' \tag{7.6.20}$$

于是谐振频率 ω_0 及 Q_{d} 值均可求得

$$\omega_0=\omega_{kp}\left[1+\delta'\left(\frac{\lambda_{kp}}{L}\right)^2\right] \tag{7.6.21}$$

及

$$Q_{\text{d}}=\left(\frac{1}{2\delta''}\right)\left(\frac{L}{\lambda_{kp}}\right)^2 \tag{7.6.22}$$

利用以上结果还可以求谐振频率的分割度. 例如对于模式 H_{mn1} 及 H_{mn2} 的分割度就可以如下方法求得：设按以上方法依次求得两个最小值，相应于 $\delta_1=\delta_1'+\mathrm{j}\delta_1''$ 及 $\delta_2=\delta_2'+\mathrm{j}\delta_2''$. 于是有

$$\frac{\omega_{02}-\omega_{01}}{\omega_{kp}}=\left(\frac{\lambda_{kp}}{L}\right)^2(\delta_2'-\delta_1') \tag{7.6.23}$$

及

$$\frac{Q_{\text{d1}}}{Q_{\text{d2}}}=\frac{\delta_2''}{\delta_1''} \tag{7.6.24}$$

上两式中 ω_{02}，ω_{01} 及 Q_{d2}，Q_{d1} 分别表示 H_{mn2} 及 H_{mn1} 的振荡频率及 Q 值.

理论和实验表明,改变腔的纵向结构,不仅可以提高回旋管的效率,而且也能改善频率分割度.

在附录 12 中给出某种谐振腔的具体计算方法及实例.

7.7 缓变截面波导开放式谐振腔的数值解

上两节中已指明,缓变截面波导开放式谐振腔的计算归结为不均匀弦方程

$$\frac{\mathrm{d}^2 f_s}{\mathrm{d}z^2}+k_{/\!/}^2(z)f_s=0 \tag{7.7.1}$$

及边界条件

$$z=z_1,z=z_2$$

$$\left|\frac{\mathrm{d}f_s}{\mathrm{d}z}\pm \mathrm{j}k_{/\!/}f_s\right|=0 \tag{7.7.2}$$

的定解问题.并且指出,可以利用 WKBJ 方法求得近似解析解.自然,上述定解问题可以利用计算机进行数值求解.

为此,首先将式(7.7.1)化为两个一阶方程的方程组.令

$$\begin{cases}Y=f_s(z)\\ X=\dfrac{\mathrm{d}Y}{\mathrm{d}z}=\dfrac{\mathrm{d}f_s}{\mathrm{d}z}\end{cases} \tag{7.7.3}$$

于是式(7.7.1)化为

$$\begin{cases}\dfrac{\mathrm{d}X}{\mathrm{d}z}=-k_{/\!/}^2(\omega,z)Y=G(\omega,z,X,Y)\\ \dfrac{\mathrm{d}Y}{\mathrm{d}z}=X=F(\omega,z,X,Y)\end{cases} \tag{7.7.4}$$

引入复数频率

$$\omega=\omega_0+\mathrm{j}\delta \tag{7.7.5}$$

式中,ω_0 表示谐振频率,δ 表示损耗,主要是辐射(绕射)引起的损耗.因而 Q_d 可表示为

$$Q_\mathrm{d}=\frac{\omega_0}{2\delta} \tag{7.7.6}$$

式(7.7.4)的解,在一般情况下也具有复数形式,即

$$\begin{cases}Y=\mathrm{Re}(Y)+\mathrm{j}\mathrm{Im}(Y)\\ X=\mathrm{Re}(X)+\mathrm{j}\mathrm{Im}(X)=\dfrac{\mathrm{d}Y}{\mathrm{d}x}\end{cases} \tag{7.7.7}$$

代入式(7.7.4),然后将实部和虚部分开,可以得到以下四个方程:

$$\begin{cases}\left(\dfrac{\mathrm{d}X}{\mathrm{d}z}\right)_\mathrm{R}=[-k_{/\!/}^2(\omega,z,X,Y)]_\mathrm{R}=[G(\omega,z,X,Y)]_\mathrm{R}\\ \left(\dfrac{\mathrm{d}X}{\mathrm{d}z}\right)_\mathrm{I}=[-k_{/\!/}^2(\omega,z,X,Y)]_\mathrm{I}=[G(\omega,z,X,Y)]_\mathrm{I}\\ \left(\dfrac{\mathrm{d}Y}{\mathrm{d}z}\right)_\mathrm{R}=[X(\omega,z,X,Y)]_\mathrm{R}=[F(\omega,z,X,Y)]_\mathrm{R}\\ \left(\dfrac{\mathrm{d}Y}{\mathrm{d}z}\right)_\mathrm{I}=[X(\omega,z,X,Y)]_\mathrm{I}=[F(\omega,z,X,Y)]_\mathrm{I}\end{cases} \tag{7.7.8}$$

下面来考虑始端及输出端的边界条件,先考虑始端,即靠近电子枪一端 $z=z_1$ 处的边界条件.我们先看

看纵向传播波数

$$k_{/\!/}^2(\omega,z)=\left[\frac{\omega_0^2-\delta^2}{c^2}-\left(\frac{\mu_{mn}}{R(z)}\right)^2\right]+\mathrm{j}\,\frac{2\omega_0\delta}{c^2}=|A|\,\mathrm{e}^{\mathrm{j}\theta}\tag{7.7.9}$$

由于在 $z=z_1$ 处波早已截止，因此有

$$\begin{cases}\delta\to 0\\ A=\dfrac{\omega_0^2}{c^2}-\left(\dfrac{\mu_{mn}}{R(z_1)}\right)^2\\ \theta=\tan^{-1}\left(\dfrac{2\omega_0\delta}{c^2A}\right)\end{cases}\tag{7.7.10}$$

由于处于过截止，故有

$$\begin{cases}A<0\\ \theta=\pi-\alpha=\pi-\tan^{-1}\left(\dfrac{2\pi\delta}{c^2|A|}\right)\\ \alpha=\tan^{-1}\left(\dfrac{2\pi\delta}{c^2|A|}\right)\end{cases}\tag{7.7.11}$$

式(7.7.9)可改写成

$$\begin{cases}k_{/\!/}^2(\omega,z)=|A|\,\mathrm{e}^{\mathrm{j}(\pi-\alpha)}\\ k_{/\!/}(\omega,z)=\pm\mathrm{j}\sqrt{|A|}\,\mathrm{e}^{-\mathrm{j}\frac{\alpha}{2}}\end{cases}\tag{7.7.12}$$

因此，$z=z_1$ 处的边界条件可以写成如下的形式：

$$z=z_1:\quad \frac{\mathrm{d}Y}{\mathrm{d}z}-\mathrm{j}k_{/\!/}Y=0\tag{7.7.13}$$

即

$$\frac{\mathrm{d}Y}{\mathrm{d}z}=\left(\mp\sqrt{|A|}\,\mathrm{e}^{-\mathrm{j}\frac{\alpha}{2}}\right)Y=\mp\sqrt{|A|}\left(\cos\frac{\alpha}{2}-\mathrm{j}\sin\frac{\alpha}{2}\right)Y\tag{7.7.14}$$

考虑到波向 $z>z_1$ 的方向为增长，因此上式中应取“+”号. 这样，$z=z_1$ 处的边界条件可写成

$$\begin{cases}Y_\mathrm{R}=1\\ Y_\mathrm{I}=0\\ X_\mathrm{R}=\sqrt{|A|}\cos\dfrac{\alpha}{2}\\ X_\mathrm{I}=-\sqrt{|A|}\sin\dfrac{\alpha}{2}\end{cases}\tag{7.7.15}$$

再来看看输出端的边界条件. 在 $z=z_2$ 处，辐射条件可写成

$$X+\mathrm{j}k_{/\!/}(z_2)Y=0\tag{7.7.16}$$

而

$$k_{/\!/}^2(z_2)=\left[\frac{\omega_0^2-\delta^2}{c^2}-\left(\frac{\mu_{mn}}{R(z_2)}\right)^2\right]+\mathrm{j}\,\frac{2\omega_0\delta}{c^2}\tag{7.7.17}$$

由此得到

$$k_{/\!/}(z_2)=\sqrt{B}\left(\cos\frac{\theta}{2}+\mathrm{j}\sin\frac{\theta}{2}\right)\tag{7.7.18}$$

式中

$$\begin{cases}B\approx\dfrac{\omega_0^2}{c^2}-\left[\dfrac{\mu_{mn}}{R(z_2)}\right]^2\\ \theta=\tan^{-1}\left(\dfrac{2\omega\delta}{c^2B}\right)\end{cases}\tag{7.7.19}$$

代入式(7.7.16),可以得到

$$\left[X_R-\sqrt{B}\left(Y_R\sin\frac{\theta}{2}+Y_I\cos\frac{\theta}{2}\right)\right]+j\left[X_I+\sqrt{B}\left(Y_R\cos\frac{\theta}{2}-Y_I\sin\frac{\theta}{2}\right)\right]=0 \tag{7.7.20}$$

式(7.7.20)表明,如果解及辐射条件均完全精确,则此式应成立.不过,在数值解中,式(7.7.1)本身都包含有一定的近似.因此,实际上式(7.7.20)不能完全满足.为此令

$$M=\left[X_R-\sqrt{B}\left(Y_R\sin\frac{\theta}{2}+Y_I\cos\frac{\theta}{2}\right)\right]^2+\left[X_I+\sqrt{B}\left(Y_R\cos\frac{\theta}{2}-Y_I\sin\frac{\theta}{2}\right)\right]^2 \tag{7.7.21}$$

于是在求解过程中,就可以 M 为判据.求解过程如下:先从近似考虑(如利用 7.3 节结果),选择 ω_0 及 δ 的初值,代入进行计算,逐步修正,直到使 M 取最小值,此时得到的 ω_0 及 δ 就是问题的解.

自然,在数值求解时,还必须把式(7.7.8)离散化.在本篇参考文献[173]中,给出了用 Runge-Kutta(龙格-库塔)法得到的差分形式.在附录中给出了相应的计算机程序.最后要说明的是,数值解的结果与上节的结果非常接近,两者都与实验结果吻合.在表 7.7.1 中给出了某些结果.

表 7.7.1 几种典型的波导开放式谐振腔的理论计算及实验数据

No.	D_1 /mm	D_2 /mm	D_3 /mm	L_1 /mm	L_2 /mm	L_3 /mm	f_0/GHz		Q_d	
							理论值	实验值	理论值	实验值
1	20	24.64	24.40	13	71	12.5	14.904	14.915	1 286	1 153
2	20	24.64	24.40	13	106	12.5	14.875	14.885	2 718	2 488
3	20	24.64	24.40	13	142	12.5	14.858	14.865	3 748	3 626
4	20	24.64	24.64	13	71	20.8	14.901	14.907	1 157	1 033
5	20	24.64	24.64	13	142	20.8	14.852	14.863	2 970	2 752
6	20	24.64	27.00	13	71	20.8	14.890	14.869	907	892
7	20	24.64	27.00	13	106	20.8	14.871	14.885	1 603	1 510
8	20	24.64	27.00	13	142	20.8	14	14.866	1 824	1 755

7.8 准光谐振腔

普通波导型开放式谐振腔由一段均匀或不均匀波导组成,因此,其基本特点不能脱离普通波导所固有的一些特点.例如,普通波导的一个重要特点就是其模式密度随着频率的升高(波长的缩短)而逐渐增大.换句话说,频率愈高,模式之间的分隔就愈小.波导型开放式谐振腔也具有这个特点,这就是总是希望普通波导谐振腔工作于最低模式的原因.否则,就会产生严重的模式竞争或干扰.

工作于基本模式(或较低模式)的普通开放式谐振腔的一个特点是:波长与尺寸共度,即其尺寸与工作波长可以比拟.因此,除非工作于高次模式,当工作波长短于数毫米时,普通波导开放式谐振腔就难以胜任了.因为这时尺寸太小,不仅难于加工,而且 Q 值太低,谐振特性很差.

将普通波导型开放式谐振腔工作于高次模式自然是一种出路,因为这样可使腔的尺寸增大,Q 值也相应地提高.不过,如上所述,这时就出现难以克服的模式竞争问题.虽然如此,采用高次模式,可使普通波导开放式谐振腔的工作波长推进到 1~3 mm.波长再缩短时,仍采用波导开放式腔就非常困难了.一条明显的出路是采用准光谐振腔.

准光谐振腔是由光学谐振腔演变而来的，或者说是把光学谐振腔的原理应用于较长波长(包括毫米波、亚毫米波在内)的谐振系统. 最简单而典型的准光谐振腔，如图 7.8.1 所示. 由两个几何形状相同的反射镜 M_1 及 M_2 构成. 两镜面之距离为 L. 设电磁波由镜面 M_1 投射至镜面 M_2，由 M_2 反射到 M_1，再由 M_1 反射到 M_2，如此循环反射，形成谐振系统. 理论和实验表明，在这种谐振系统中，谐振谱线的密度不因频率的提高而增加，大体上保持为一个常数. 换句话说，模式之间的分隔度大体上保持不变. 因此，这种准光谐振腔就特别适合于工作在高模式上. 这样准光谐振腔的尺寸就可以比波长大很多，而且在极高频率(直至光波)上，可以得到足够高的品质因数.

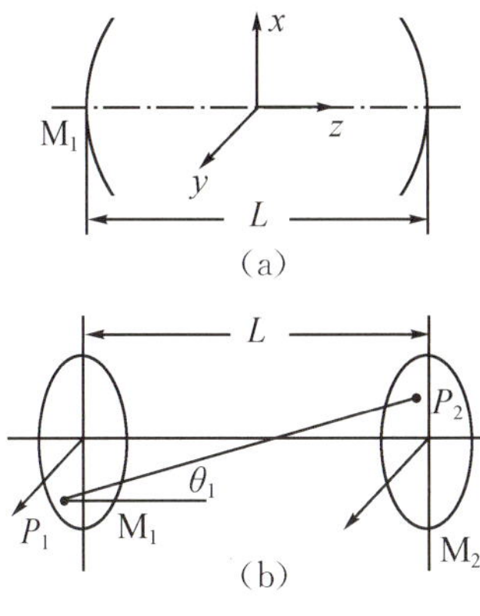

图 7.8.1　准光谐振腔形状

准光腔的上述特点，甚至可以从简单的物理概念得到. 试考虑如图 7.8.1 所示的准光谐振系统，它们与普通波导谐振腔不同之处就在于没有侧壁，因而是真正的开放腔. 先考虑与两反射镜同样形状，但具有侧壁的普通微波谐振系统. 由微波理论可以得知，在此种谐振腔中存在无限个分立的振荡模式，模式密度随着频率的提高而增大. 现在把侧壁去掉一部分，于是有一部分振荡模式的场将从被去掉侧壁的地方绕射(辐射)出去. 因而，这一部分模式就不复存在，模式密度也就减小了一些. 再设想把全部侧壁均去掉，形成如图 7.8.1(a)和(b)所示的准光谐振系统. 这时一定有很多振荡模式，它们的场均能从侧面绕射出去，从而使这些振荡模式无法存在. 这样，仅留下那些振荡模式，它们的场不因没有侧壁而受影响. 或者说，它们的场不从侧面绕射出去，只有这些振荡模式存在. 由此就很明白，为什么准光开放式谐振腔中振荡模式大为减少，而且模式密度大体上保持不变，不因频率的升高而增大.

准光腔的研究工作是从 20 世纪 50 年代末开始的. 著名的 Fabry-Perot 腔就是一种典型结构. 到目前为止，在准光腔方面进行了大量的研究工作，然而仍有很多工作需要进行. 对准光腔的理论研究，有以下几种方法：

(1)几何光学理论；

(2)积分方程理论；

(3)衍射理论；

(4)数值解.

利用几何光学理论研究准光谐振腔，只能得到一些基本结果，不能考虑诸如衍射损耗等有关重要问题. 由 Ваинштеин 在 20 世纪 60 年代发展的积分方程理论，基本上是从波导理论出发，考虑电磁波的衍射而导致维纳-霍普夫(Winer-Hopf)积分方程，进而采用因子化方法求解. 另一种方法是从惠更斯原理出发，得出自洽积分方程，对于某些简单结构，可以得到解析解. 最后对于准光腔的积分方程，自然可以采用数值计算的方法来求解.

对于准光腔的研究，除了已发表的大量文献外，还有不少专著可供阅读，如本篇参考文献[180]. 因此在本节中，我们仅叙述与本书直接有关的一些内容，有兴趣的读者可参看上述有关专著及文献.

我们从惠更斯-菲涅耳原理出发来研究准光谐振腔的理论. 按惠更斯-菲涅耳原理，波阵面上任一点的波场，均是发出球面次波的波源. 这样，波阵面上各点发出的次波相互干涉的总和，就构成下一时刻新的波阵面上的波. 根据这一原理，就可导出以下的基尔霍夫公式. 设电磁波在某一空间曲面 s' 上的场分布函数为 $\varphi(\xi,\eta)$，ξ,η 表示空间曲面 s 上某点的坐标. 空间任意另一点的场为 $\varphi(x,y)$，x,y 表示观察点的坐标，则有以下的关系式：

$$\varphi(x,y)=\frac{\mathrm{j}}{2\lambda}\iint_s \varphi(\xi,\eta)\frac{\mathrm{e}^{-\mathrm{j}k\rho}}{\rho}(1+\cos\theta)\mathrm{d}s \tag{7.8.1}$$

式中：ρ 表示点(ξ,η)与点(x,y)之间的距离；θ 表示的夹角如图 7.8.1 所示；λ 表示自由空间波长，又 $k=\omega/c$.

现在来利用上述基尔霍夫公式研究准光谐振腔的问题. 设镜面 M_1 是一个空间曲面，而观察点又正好在镜面 M_2 的空间曲面上，因此方程(7.8.1)可写成

$$\varphi_{M_2}(x,y)=\frac{j}{2\lambda}\iint_{M_1}\varphi_{M_1}(\xi,\eta)\frac{e^{-jk\rho}}{\rho}(1+\cos\theta)ds \tag{7.8.2}$$

利用基尔霍夫方程研究准光腔的基本概念在于所谓的自再现原理，它可以叙述如下：从镜面 M_1 出发的波在镜面 M_2 上形成电磁波场，此电磁波受到镜面 M_2 的反射，又到达 M_1，在 M_1 上又形成新的电磁波场. 这样往返无限次以后，就达到稳定状态，只有能维持的模式得以存在，才能构成腔的本征模. 本征模场的特点是：电磁波往返一次除因绕射损耗幅值及相位稍有变化外，其场分布完全一样，即存在自再现状态. 根据这一概念，由式(7.8.2)，我们得到

$$\gamma\varphi_{M_1}(x,y)=\left(\frac{j}{2\lambda}\right)^2\iint_{M_2}\left[\iint_{M_1}\varphi_{M_1}(\xi,\eta)\frac{e^{-jk\rho}}{\rho}(1+\cos\theta)ds\right]\cdot\frac{e^{-jk\rho'}}{\rho'}(1+\cos\theta')ds' \tag{7.8.3}$$

式中，γ 为一复数因子，表示往返一次场的幅值和相位引起的变化.

如果两镜面 M_1，M_2 几何形状完全一致，而且准光腔的结构使 M_1，M_2 处于完全对称的位置，则以上所述可以简化. 事实上，在这种情况下，由式(7.8.1)就可直接得到自再现条件

$$\gamma\varphi(x,y)=\frac{j}{2\lambda}\iint_{M_1}\varphi(\xi,\eta)\frac{e^{-jk\rho}}{\rho}(1+\cos\theta)ds \tag{7.8.4}$$

在一般情况下，两镜之间的距离足够大，因而可以近似地认为

$$\begin{cases}\rho\approx L\\ \theta\approx 0\end{cases} \tag{7.8.5}$$

这样可使方程的求解大为简化. 式(7.8.4)可化为

$$\gamma\varphi(x,y)=\iint_s K(x,y;\xi,\eta)\varphi(\xi,\eta)ds(\xi,\eta) \tag{7.8.6}$$

式中，积分核 $K(x,y;\xi,\eta)$ 为

$$K(x,y;\xi,\eta)=\frac{j}{\lambda L}e^{-jk\rho(x,y;\xi,\eta)} \tag{7.8.7}$$

积分方程(7.8.6)是具有复对称核的积分方程，它的解的存在性已被详细地研究过. γ 称为此积分方程的本征值，解 $\varphi(x,y)$ 则称为本征函数. 可以证明，在一般情况下，存在着很多分立的本征函数 $\varphi_m(x,y)$ 及本征值 γ_m. 这样，由式(7.8.6)及式(7.8.2)，对于完全相同镜面的完全对称结构，可以得到

$$\gamma_m\varphi_m(x_1,y_1)=\varphi_m(x_2,y_2) \tag{7.8.8}$$

由于 γ_m 为复数常数，故可写成

$$\gamma_m=|\gamma_m|e^{-j\Theta} \tag{7.8.9}$$

因此式(7.8.8)可写成

$$|\gamma_m|\varphi_m(x_1,y_1)e^{-j\Theta}=\varphi_m(x_2,y_2) \tag{7.8.10}$$

可见 $|\gamma_m|$ 相当于损耗，Θ 表示相移，由此可以得到，波在腔内行进一个单程所产生的损耗为

$$\delta=1-|\gamma_m|^2 \tag{7.8.11}$$

而按谐振的概念，可以得到谐振条件

$$2\Theta=\arg(\gamma_m)=2q\pi \tag{7.8.12}$$

这样，准光谐振腔的求解就归结为解积分方程(7.8.3)或(7.8.6)，得到积分方程的本征函数及本征值. 我们不去讨论更多的问题，仅研究一种具有典型意义的共焦球面镜的情况. 首先研究方形共焦球面镜，其结构如图 7.8.2 所示.

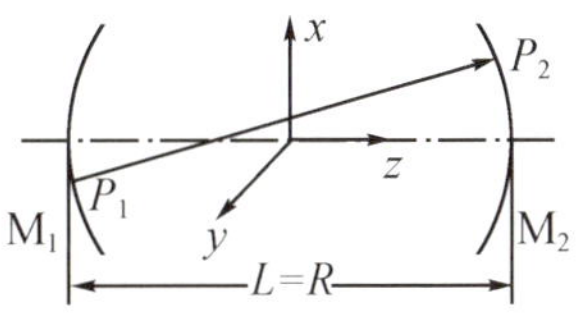

图 7.8.2　共焦球面谐振腔

由如图 7.8.2 所示的几何结构，可以得到

$$\rho=R-\frac{x_1x_2+y_1y_2}{R}+\frac{(x_1^2+y_1^2)(x_2^2+y_2^2)}{4R^2}+\cdots \tag{7.8.13}$$

在一般情况下，可假定镜面的横向尺寸远小于距离 $L=R$，因此，上式可近似表示为

$$\rho\approx R-\frac{x_1x_2+y_1y_2}{R} \tag{7.8.14}$$

代入式(7.8.4)，可以得到

$$\gamma\varphi(x_2,y_2)=\frac{\mathrm{j}}{\lambda R}\mathrm{e}^{-\mathrm{j}kR}\int_{-a}^{a}\int_{-a}^{a}\mathrm{e}^{\mathrm{j}k(x_1x_2+y_1y_2)/R}\varphi(x_2,y_2)\mathrm{d}x_1\mathrm{d}y_1 \tag{7.8.15}$$

我们试用分离变量法求解上式，即令

$$\varphi(x,y)=\varphi(x)\varphi(y) \tag{7.8.16}$$

再作变量变换

$$X=x/a,Y=y/a \tag{7.8.17}$$

代入式(7.8.15)，可以得到

$$\gamma\varphi(X_2)\varphi(Y_2)=\mathrm{j}N\mathrm{e}^{\mathrm{j}kR}\int_{-1}^{1}\int_{-1}^{1}\mathrm{e}^{\mathrm{j}2\pi N(X_1X_2+Y_1Y_2)}\cdot\varphi(X_1)\varphi(Y_1)\mathrm{d}X_1\mathrm{d}Y_1 \tag{7.8.18}$$

式中，$N=a^2/\lambda R$，称为腔的菲涅耳数.

式(7.8.18)可化为以下两个方程：

$$\begin{cases}\gamma_1\varphi(X_2)=\int_{-1}^{1}\mathrm{e}^{\mathrm{j}2\pi NX_1X_2}\varphi(X_1)\mathrm{d}X_1\\ \gamma_2\varphi(Y_2)=\int_{-1}^{1}\mathrm{e}^{\mathrm{j}2\pi NY_1Y_2}\varphi(Y_1)\mathrm{d}Y_1\end{cases} \tag{7.8.19}$$

式中有

$$\gamma=\gamma_1\gamma_2(\mathrm{j}N\mathrm{e}^{-\mathrm{j}kR}) \tag{7.8.20}$$

由式(7.8.19)可见，这是两个有限傅里叶变换式，即函数 $\varphi(X)$经过有限傅里叶变换后，化为它自身(仅差一个复常数). 但我们可以得到以下的关系：

$$2\mathrm{j}^m\mathrm{Ro}_m^{(1)}(c,1)\mathrm{So}_m(c,t)=\int_{-1}^{1}\mathrm{e}^{\mathrm{j}ct'}\mathrm{So}_m(c,t')\mathrm{d}t'\quad(m=0,1,2,\cdots) \tag{7.8.21}$$

式中，$\mathrm{Ro}_m^{(1)}(c,1)$和 $\mathrm{So}_m(c,t)$分别表示径向长椭球函数及角向长椭球函数，均为实函数.

比较式(7.8.21)及式(7.8.19)、式(7.8.20)，可以求得以下的本征函数及本征值：

$$\begin{cases}\varphi_m(X)=\mathrm{So}_m(2\pi N,X)\quad(m=0,1,2,\cdots)\\ \varphi_n(Y)=\mathrm{So}_n(2\pi N,Y)\quad(n=0,1,2,\cdots)\end{cases} \tag{7.8.22}$$

及

$$\begin{cases}\gamma_m=2\mathrm{j}^m\cdot\mathrm{Ro}_m^{(1)}(2\pi N,1)\\ \gamma_n=2\mathrm{j}^n\cdot\mathrm{Ro}_n^{(1)}(2\pi N,1)\end{cases} \tag{7.8.23}$$

如上所述，本征函数表示波场的分布. 我们来看看这种分布情况. 首先由于本征函数均为实函数，波的相位由本征值决定. 因此，在镜面上，波场具有均匀的相位分布. 更确切地说，发生谐振时，谐振模的波场的等相位面与镜面重合，镜面本身就是一个等相位面. 另外，本征函数的对称性由其序号 m(或 n)的奇偶性决定.如果 m(或 n)为偶数,则 So_m(或 So_n)为偶对称函数;而当 m(或 n)为奇数时,So_m(或 So_n)则为奇函数.而 m(或 n)又表示函数 So_m(或 So_n)在区间 $X=\pm 1$(或 $Y=\pm 1$)内的零点数.当 $m=0,1,2$ 时,函数 $\varphi_m(X)=So_m(2\pi N,X)$ 的图形示于图 7.8.3 中.

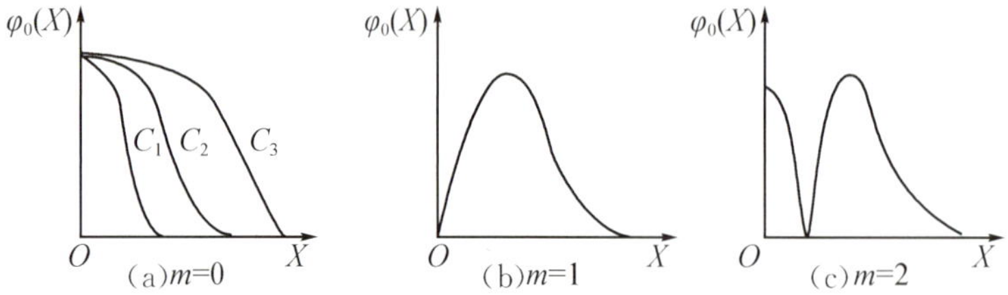

图 7.8.3 准光谐振控的场分布

长椭球函数 So_m 的表示式比较复杂,不便于使用.但是如果我们仅研究镜面中心附近及轴附近的区域内的场,则可以得到较简单的近似公式.因为在这些区域内,有 $X^2\ll 1$,因此有

$$\varphi_m(X)=So_m(2\pi N,X)\approx c_m H_m(\sqrt{2\pi N}X)\mathrm{e}^{-\frac{1}{2}(2\pi NX^2)} \tag{7.8.24}$$

式中,$H_m(\sqrt{2\pi N}X)$ 是宗量为 $\sqrt{2\pi N}X$ 的第 m 阶厄米特(Hermite)多项式.式(7.8.24)还可简化为

$$\varphi_m(x)\approx c_m H_m\left(\sqrt{\frac{2\pi}{\lambda L}}x\right)\mathrm{e}^{-\frac{\pi}{\lambda L}x^2} \tag{7.8.25}$$

可见波场的分布有类似于高斯(Gauss)分布的特性,即随着 x 的增大而迅速衰减.特别是,对于 $m=0$ 来说,有

$$\begin{cases} H_0\left(\sqrt{\dfrac{2\pi}{\lambda L}}x\right)=1, c_m=1 \\ \varphi_0(x)=\mathrm{e}^{-\frac{\pi}{\lambda R}x^2} \end{cases} \tag{7.8.26}$$

波场在 y 方向上的变化,也同上述在 x 方向上的变化类似.

我们看到,上述这种波场的等相位面与镜面相重,为一特殊的球面波.而离开镜面以后,在很靠近轴线的区域内,逐渐变为接近平面.因此,这种波称为准平面波,而这种模式就用符号 TEM_{mn} 来表示.如果镜面在一个方向(如 y 方向)无限伸长,则波场在此方向无变化,仅在另一个方向(如 x 方向)有以上所述规律变化.这时,就退化为 TEM_m 模式.由以上可见,TEM_{mn} 模的波场的分布函数为

$$\varphi_{mn}(x,y)\approx c_{mn}H_m\left(\sqrt{\frac{2\pi}{\lambda L}}x\right)H_n\left(\sqrt{\frac{2\pi}{\lambda L}}y\right)\mathrm{e}^{-\frac{x^2+y^2}{\lambda L}x} \tag{7.8.27}$$

我们定义波场振幅减少到 e^{-1} 时所对应的 x 值为波的场斑大小.因此按以上所述,对于 TEM_0 模式来说,场斑的尺寸为

$$x=\sqrt{\frac{\lambda R}{\pi}}=w \tag{7.8.28}$$

而对于 TEM_{00} 模来说,场斑半径为

$$r_0^2=\left(\frac{\lambda L}{\pi}\right) \tag{7.8.29}$$

我们再来看看腔内波的谐振情况.将式(7.8.23)代入式(7.8.12),可以得到

$$2\left[\frac{\pi}{2}(m+n+1)-kR\right]=2\pi q \tag{7.8.30}$$

由此得到谐振波长为

$$\frac{2R}{\lambda}=\frac{1}{2}(1+m+n)+q \tag{7.8.31}$$

因此这种模式可写成 TEM_{mnq}. 但要注意，这里 q 的含义与一般波导谐振腔中的不同. 因为按式(7.8.12)及式(7.8.10)，q 表示第一镜面上的场与第二镜面上场的相移(相差 2π 的整数倍). 因此，在这里 q 表示两镜之间波的节点数. 而在波导谐振腔中，纵模指标 q 则表腔内纵向半波长数，因此两者相差 1，即如令准光腔中的 q 为 q'，则有 $q'=q+1$.

由式(7.8.31)又可以得到谐振频率为

$$f_{mnq}=\frac{c}{2R}\left[q+\frac{1}{2}(m+n+1)\right] \tag{7.8.32}$$

我们来求准光腔的模式分隔度，即两模式之间的频率间隔，当模式$(m+n)$变化 1 时，模式分隔度为

$$\Delta f=c/4L \qquad [\Delta(m+n)=1] \tag{7.8.33}$$

而当 q 变化为 1 时，模式分隔为

$$\Delta f=c/2L \qquad (\Delta q=1) \tag{7.8.34}$$

由此就可注意到本节一开头所说的，在准光腔的情况下，模式密度不随频率的增高而改变.

以上考虑的是镜面上的场分布. 按照以上所述，如果仍局限于考虑轴附近的场，则在任一 z 截面处，波场分布可写为

$$\begin{aligned}\varphi_{mn}(x,y,z)=&c_{mn}\sqrt{\frac{2}{1+Z^2}}H_m\left(\sqrt{\frac{2\pi N}{a^2}}\sqrt{\frac{2}{1+Z^2}}x\right)\\&\cdot H_n\left(\sqrt{\frac{2\pi N}{a^2}}\sqrt{\frac{2}{1+Z^2}}y\right)\cdot e^{-\frac{k(x^2+y^2)}{R(1+z^2)}}\\&\cdot e^{-j\left\{k\left[\frac{R}{2}(1+Z)+\frac{z}{1+z^2}\left(\frac{x^2+y^2}{R}\right)\right]-(1+m+n)\left(\frac{\pi}{2}-\phi\right)\right\}}\end{aligned} \tag{7.8.35}$$

式中

$$\begin{cases}Z=\dfrac{2z}{R}\\ \phi=\tan^{-1}\left(\dfrac{1-Z}{1+Z}\right)=\dfrac{R-2z}{R+2z}\end{cases} \tag{7.8.36}$$

可见这是一个较特殊的行波场. 它的相位由下式确定：

$$\begin{aligned}&k\left[\frac{R}{2}(1+Z_0)\right]-(m+n+1)\left(\frac{\pi}{2}-\phi_0\right)\\&=k\left[\frac{R}{2}(1+Z)+\left(\frac{Z}{1+Z^2}\right)\left(\frac{x^2+y^2}{R}\right)\right]-(m+n+1)\left(\frac{\pi}{2}-\phi\right)\end{aligned} \tag{7.8.37}$$

因此对于确定的模式，等相位面由下式确定：

$$z_0-z=\left(\frac{Z}{1+Z^2}\right)\left(\frac{x^2+y^2}{R}\right) \tag{7.8.38}$$

可见等相位面是一个曲面，由上式可以看到，此曲面近似为一个球面.

任一截面上的场斑尺寸可求得为

$$r_0^2(z)=\frac{\lambda R}{2\pi}(1+Z_0^2)=\frac{\lambda R}{2\pi}\left(1+\frac{4z_0^2}{R^2}\right) \tag{7.8.39}$$

不难看到，当 $z_0=\pm\dfrac{R}{2}$时，即为球面上的场斑

$$r_0^2=\frac{\lambda R}{2\pi} \tag{7.8.40}$$

有时，波场分布函数也可通过场斑尺寸来写出，即

$$\varphi_{mn}(x,y,z_0)=c_{mn}\frac{\sqrt{2}r_0}{r_0(z_0)}H_m\left[\frac{\sqrt{2}}{r_0(z_0)}x\right]H_n\left[\frac{\sqrt{2}}{r_0(z_0)}y\right]e^{-\frac{x^2+y^2}{r_0^2(z_0)}} \tag{7.8.41}$$

以上讨论的是方形球面镜，对于圆形球面镜共焦腔，完全仿照以上所述，可以得到本征函数为

$$\varphi_{pl}(r,\varphi)=R_{pl}(r)\mathrm{e}^{-\mathrm{j}l\varphi} \tag{7.8.42}$$

式中

$$R_{pl}=c_{pl}\left(\sqrt{\frac{2\pi}{\lambda R}}r\right)^{l}\mathrm{L}_{p}^{l}\left(\frac{2\pi}{\lambda R}r^{2}\right)\mathrm{e}^{-\frac{\pi}{\lambda R}r^{2}} \tag{7.8.43}$$

式中，c_{pl} 表示常数，$\mathrm{L}_{p}^{l}\left(\frac{2\pi}{\lambda R}r^{2}\right)$ 表示拉盖尔(Laguerre)多项式，其几个最低阶的形式如下：

$$\begin{cases}\mathrm{L}_{0}^{1}(x)=1\\ \mathrm{L}_{1}^{l}(x)=l+1-x\\ \mathrm{L}_{2}^{l}(x)=\frac{1}{2}(l+1)(l+2)-(l+2)x+\frac{1}{2}x^{2}\\ \cdots\cdots\end{cases} \tag{7.8.44}$$

而本征值为

$$\gamma_{pl}=\mathrm{e}^{-\mathrm{j}\left[pl-\frac{\pi}{2}(2p+l+1)\right]} \tag{7.8.45}$$

上式表明，在圆形球面共焦腔的情况下，没有衍射损耗，因为

$$1-|\gamma_{pl}|^{2}=0 \tag{7.8.46}$$

这表明，在此种条件下，可以得到较高的绕射 Q 值.

谐振频率可求得为

$$f_{plq}=\frac{c}{2R}\left[q+\frac{1}{2}(2p+l+1)\right] \tag{7.8.47}$$

圆形球面共焦腔的这种谐振模式称为 TEM_{plq} 模式. 式(7.8.43)表明，对于圆形球面共焦腔的 TEM_{00q} 模，我们有

$$R_{00}(r^{2})=c_{00}\mathrm{e}^{-\frac{\pi}{\lambda R}r^{2}} \tag{7.8.48}$$

可见仍是一个准平面波. 镜面上的场斑尺寸为

$$r_{0}^{2}=\frac{\lambda R}{\pi} \tag{7.8.49}$$

利用以上所述方法，还可求其他类型的准光腔，限于篇幅，本书就不再讨论，读者可参考有关专著.

最后，我们来研究腔内波场的场强. 上面我们求解的是标量函数. 所以，问题在于如何从此标量函数求出电磁场的各个分量. 事实上，以上求得的标量函数，可以认为是场的某一个分量，也可以认为是标量位函数(或例如赫兹矢量的某一分量等). 试以圆形球面共焦腔为例，如果假定腔内的场是线极化的，则可以认为以上所求得的标量函数，即为电场的某一分量，例如 E_x 分量，而磁场分量则可通过麦克斯韦方程求得. 于是，对于 TEM_{00q} 模，我们即有

$$\begin{cases}E_{x}=E_{0}\mathrm{e}^{-\frac{r^{4}}{r_{0}^{2}}}\cos kz\,\mathrm{e}^{-\mathrm{j}\omega t}\\ H_{y}=\mathrm{j}\frac{k}{\omega}E_{0}\mathrm{e}^{-\frac{r^{2}}{r_{0}^{2}}}\sin kz\,\mathrm{e}^{-\mathrm{j}\omega t}\end{cases} \tag{7.8.50}$$

这是因为式(7.8.45)可写成

$$r_{pl}=\mathrm{e}^{\mathrm{j}\frac{\pi}{2}(2p+l+1)}\cdot\mathrm{e}^{-\mathrm{j}kz} \tag{7.8.51}$$

而式(7.8.50)中则考虑了朝 $+z$ 及 $-z$ 两方向传播的波的叠加.

第 8 章　动力学理论的基本方法

8.1 引言

随着近代等离子体物理的迅速发展，动力学理论已形成了一个具有完整体系的理论方法. 在等离子体物理及其他多粒子系统的研究方面，取得了辉煌的成就. 动力学理论成功地把经典统计物理与经典电动力学结合起来，形成一种独特的理论体系. 理论与实验证明，用这种理论研究带电粒子与电磁场互作用特别有效.

事实正是这样，用动力学理论研究自由电子受激辐射已取得极为重要的成果，例如，对电子回旋脉塞及自由电子激光的动力学理论研究. 虽然这些问题还可用其他方法来分析，但采用动力学方法研究，不仅可以更深入地了解不稳定性的物理实质，还可以考虑电子能量(速度)分布的影响. 因此，动力学理论已成为近代研究电子与波的互作用的主要理论工具. 利用动力学理论来研究各种自由电子的受激辐射问题，是本书的一个重要内容.

考虑到有的读者对动力学理论方法可能并不熟悉，因此，在本书中专门安排本章讨论动力学理论的方法，而对动力学理论在电子回旋脉塞及自由电子激光等方面的应用的系统研究，则在以后各章中进行.

8.2 刘维尔定律

为了导出动力学理论的基本定律，我们在相空间中考虑粒子的运动状态. 采用正则坐标变量 q_i，p_i. q_i 表示空间坐标，p_i 表示动量空间坐标. 因此，相空间是一个六维空间(空间坐标，动量坐标). 由于粒子的运动速度不能大于光速 c，所以如果用速度空间代替动量空间，则粒子运动就局限于半径为 c 的球面的子空间内.

由第 4 章所述，相空间中电子运动的正则方程为

$$\begin{cases} \dot{q}_i = \dfrac{\partial \mathscr{H}}{\partial p_i} \\ \dot{p}_i = -\dfrac{\partial \mathscr{H}}{\partial q_i} \end{cases} \quad (i=1,2,3) \tag{8.2.1}$$

式中，$\mathscr{H}$ 为哈密顿函数：

$$\mathscr{H} = [m_0^2 c^2 + (\boldsymbol{P} - e\boldsymbol{A})^2]^{1/2} + eV \tag{8.2.2}$$

由式(8.2.1)可以得到

$$\sum_{i=1}^{3} \left[\frac{\partial}{\partial q_i}\left(\frac{\mathrm{d}q_i}{\mathrm{d}t}\right) + \frac{\partial}{\partial p_i}\left(\frac{\mathrm{d}p_i}{\mathrm{d}t}\right)\right] = 0 \tag{8.2.3}$$

对于式(8.2.3)可以这样理解：在 $2n$ 维相空间中有一个矢量 $\boldsymbol{K}$，它的各个分量为 $\dot{q}_i$，$\dot{p}_i$. 可见 $\boldsymbol{K}$ 是 $2n=6$ 维空间中的广义速度，而式(8.2.3)表示在六维空间的散度：

$$\mathrm{Div}\boldsymbol{K} = \nabla \cdot \boldsymbol{K} = 0 \tag{8.2.4}$$

Div 与 div 不同，前者表示散度运算是在相空间中进行的.

按力学的观点，对于每一个电子，均需求解上述正则运动方程. 当电子的数目很大时，这实际上是不可能办到的，也无须这样做. 在处理大量粒子运动时，往往过渡到统计分布的概念.

设在相空间内，于时间 $t=t'$ 时刻，在体积元 $\mathrm{d}q_1\mathrm{d}q_2\mathrm{d}q_3\mathrm{d}p_1\mathrm{d}p_2\mathrm{d}p_3$ 内粒子出现的概率密度为 f，显然，f 是 $q_1,q_2,q_3;p_1,p_2,p_3$ 及 t 的函数，称为粒子在此相空间的分布函数. 按照统计平衡的规律，如果略去碰撞引起的粒子数的变化，则 f 满足方程

$$\frac{\mathrm{d}f}{\mathrm{d}t}=0 \tag{8.2.5}$$

展开后，即可得到以下的连续性方程：

$$\nabla\cdot(f\boldsymbol{K})+\frac{\partial f}{\partial t}=0 \tag{8.2.6}$$

考虑到式(8.2.4)，式(8.2.6)展开后可得

$$\frac{\partial f}{\partial t}+\boldsymbol{K}\cdot\nabla f=\frac{\mathrm{d}f}{\mathrm{d}t}=0 \tag{8.2.7}$$

式(8.2.7)又可写成

$$\frac{\partial f}{\partial t}+\sum_{i=1}^{n}\left[\frac{\partial f}{\partial q_i}\frac{\mathrm{d}q_i}{\mathrm{d}t}+\frac{\partial f}{\partial p_i}\frac{\mathrm{d}p_i}{\mathrm{d}t}\right]=0 \tag{8.2.8}$$

或写成正则形式：

$$\frac{\partial f}{\partial t}+\sum_{i=1}^{n}\left[\frac{\partial \mathscr{H}}{\partial p_i}\frac{\partial f}{\partial q_i}-\frac{\partial \mathscr{H}}{\partial q_i}\frac{\partial f}{\partial p_i}\right]=0 \tag{8.2.9}$$

利用泊松括号

$$\{f,\mathscr{H}\}=\left[\frac{\partial \mathscr{H}}{\partial p_i}\frac{\partial f}{\partial q_i}-\frac{\partial \mathscr{H}}{\partial q_i}\frac{\partial f}{\partial p_i}\right] \tag{8.2.10}$$

又可得到

$$\frac{\partial f}{\partial t}+\{f,\mathscr{H}\}=0 \tag{8.2.11}$$

式(8.2.7)～式(8.2.9)和式(8.2.11)是刘维尔(Liouville)定律的不同形式. 刘维尔定律可表示为：在相空间中，粒子的分布函数对于粒子的运动是一个常数.

刘维尔定律是动力学理论的基本定律之一. 如上所述，对于多粒子系统(例如电子系统)，由于粒子数目达到巨大的数字，对于每个运动粒子去求解它的正则运动方程，实际上是不可能的事. 但是，当利用哈密顿正则方程导出刘维尔定律后，我们就转到另一个概念上来了. 所谓另一个概念，指的是利用粒子在相空间的分布函数来讨论问题. 在分布函数 $f(\boldsymbol{q},\boldsymbol{p},t)$ 中，每一个 $(\boldsymbol{q},\boldsymbol{p})$ 并不代表哪一个粒子的精确位置，我们讨论的是粒子出现的概率. 这与正则运动方程本身不同，由正则运动方程得到的解规定了每一个粒子在某一时刻的精确位置 $(\boldsymbol{q},\boldsymbol{p})$. 上面已经指出，在粒子数极大的情况下，这样的描述不仅是不可能的，也是不必要的. 采用分布函数的概念后就使分析工作大为简化，不过这时我们研究的是粒子的集体行为，而不是某一粒子的行为.

以后我们仅局限于讨论电子，而且不研究由于剩余气体电离引起的离子. 我们认为，正离子的作用仅在于提供一个正电荷的本底. 这样，在空间中电子浓度就为

$$n=n_0\int f\mathrm{d}\boldsymbol{p} \tag{8.2.12}$$

式中，n_0 为电子的平均浓度. 常数 n_0 的引入可使分布函数 f 归一化，即

$$\int f\mathrm{d}\boldsymbol{p}=1 \tag{8.2.13}$$

而电流密度可以表示为

$$\boldsymbol{J}=n_0\int e\boldsymbol{v}f\,\mathrm{d}p \tag{8.2.14}$$

如果略去相对论效应，则 $\boldsymbol{p}=m_0\boldsymbol{v}$，因而动量空间与速度空间没有区别. 但是，当必须考虑相对论效应时，用动量空间则比较方便.

8.3 玻尔兹曼方程和弗拉索夫方程

从刘维尔定律出发，可以直接导出玻尔兹曼方程. 考虑电子在电磁场中运动，按第 5 章所述，广义动量 $\boldsymbol{p}$ 可写成

$$\boldsymbol{p}=m_0\boldsymbol{v}\gamma+e\boldsymbol{A} \tag{8.3.1}$$

式中

$$\gamma=(1-\beta^2)^{-1/2},\beta=|v|/c \tag{8.3.2}$$

由于哈密顿函数为

$$\mathscr{H}=[m_0^2c^2+(\boldsymbol{p}-e\boldsymbol{A})^2]^{1/2}+eV \tag{8.3.3}$$

所以正则方程写成

$$\begin{cases}\dot{q}_i=v_i=\dfrac{\partial\mathscr{H}}{\partial p_i}\\ \dot{p}_i=\dfrac{\mathrm{d}p_i}{\mathrm{d}t}=e\sum\limits_k v_k\dfrac{\partial A_k}{\partial q_i}-e\dfrac{\partial V}{\partial q_i}\end{cases}\quad(i=1,2,3) \tag{8.3.4}$$

将上两式代入刘维尔定律(8.2.9)，可以得到

$$\frac{\partial f}{\partial t}+\sum_{i=1}^{3}v_i\frac{\partial f}{\partial q_i}+\sum_{k,i=1}^{3}\left(ev_k\frac{\partial A_k}{\partial q_i}-e\frac{\partial V}{\partial q_i}\right)\frac{\partial f}{\partial p_i}=\left(\frac{\partial f}{\partial t}\right)_{cd} \tag{8.3.5}$$

式中，$\left(\dfrac{\partial f}{\partial t}\right)_{cd}$ 是考虑碰撞效应后，粒子分布函数的变化. 式(8.3.5)即为玻尔兹曼方程. 下面将它化成较方便的形式.

由于电场为

$$\boldsymbol{E}=-\nabla V \tag{8.3.6}$$

而洛伦兹力为

$$\boldsymbol{F}=-e(\boldsymbol{E}+\boldsymbol{v}\times\boldsymbol{B})=-e[-\nabla V+\boldsymbol{v}\times(\nabla\times\boldsymbol{A})] \tag{8.3.7}$$

所以式(8.3.5)可写成

$$\frac{\partial f}{\partial t}+\boldsymbol{v}\cdot\nabla_r f+e(\boldsymbol{E}+\boldsymbol{v}\times\boldsymbol{B})\cdot\nabla_p f=\left(\frac{\partial f}{\partial t}\right)_{cd} \tag{8.3.8}$$

这就是动量空间的玻尔兹曼方程. 式(8.3.8)中，$\nabla_r f$ 表示在坐标空间取梯度，如取笛卡儿坐标系则为

$$\nabla_r f=\boldsymbol{e}_x\frac{\partial f}{\partial x}+\boldsymbol{e}_y\frac{\partial f}{\partial y}+\boldsymbol{e}_z\frac{\partial f}{\partial z} \tag{8.3.9}$$

而 $\nabla_p f$ 则表示在动量空间取梯度：

$$\nabla_p f=\boldsymbol{e}_x\frac{\partial f}{\partial p_x}+\boldsymbol{e}_y\frac{\partial f}{\partial p_y}+\boldsymbol{e}_z\frac{\partial f}{\partial p_z} \tag{8.3.10}$$

现在将玻尔兹曼方程(8.3.8)化到速度空间中去. 由于

$$\frac{\partial\boldsymbol{v}}{\partial\boldsymbol{p}}=\frac{1}{m_0\gamma}\left(1-\frac{\boldsymbol{v}\cdot\boldsymbol{v}}{c^2}\right) \tag{8.3.11}$$

且变换关系的雅可比行列式为

$$\left|\frac{\partial \boldsymbol{p}}{\partial \boldsymbol{v}}\right| = \gamma^5 m_0^3 \tag{8.3.12}$$

定义另一个分布函数：

$$F = f\left(\left|\frac{\partial \boldsymbol{p}}{\partial \boldsymbol{v}}\right|\right) \tag{8.3.13}$$

并使

$$n = n_0 \int F \mathrm{d}\boldsymbol{v} \tag{8.3.14}$$

最后可以得到

$$\frac{\partial F}{\partial t} + \boldsymbol{v} \cdot \nabla_r F + \nabla_v \cdot (\boldsymbol{g} F) = \left(\frac{\partial F}{\partial t}\right)_{cd} \tag{8.3.15}$$

式中

$$\boldsymbol{g} = \frac{1}{\gamma m_0}\left[\boldsymbol{G} - \frac{1}{c^2}\boldsymbol{v}(\boldsymbol{v} \cdot \boldsymbol{G})\right] \tag{8.3.16}$$

而 $\boldsymbol{G}$ 表示作用力，即

$$\boldsymbol{G} = e(\boldsymbol{E} + \boldsymbol{v} \times \boldsymbol{B}) \tag{8.3.17}$$

式(8.3.15)是在速度空间的相对论玻尔兹曼方程.

当略去相对论效应时，式(8.3.15)化为

$$\frac{\partial f}{\partial t} + \boldsymbol{v} \cdot \nabla_r f + \frac{e}{m_0}(\boldsymbol{E} + \boldsymbol{v} \times \boldsymbol{B}) \cdot \nabla_v f = \left(\frac{\partial f}{\partial t}\right)_{cd} \tag{8.3.18}$$

这就是常见的不考虑相对论效应的速度空间的玻尔兹曼方程.

忽略碰撞效应的玻尔兹曼方程又称弗拉索夫方程. 即

$$\frac{\partial f}{\partial t} + \boldsymbol{v} \cdot \nabla_r f + \frac{e}{m_0}(\boldsymbol{E} + \boldsymbol{v} \times \boldsymbol{B}) \cdot \nabla_v f = 0 \tag{8.3.19}$$

或

$$\frac{\partial f}{\partial t} + \boldsymbol{v} \cdot \nabla_r f + e(\boldsymbol{E} + \boldsymbol{v} \times \boldsymbol{B}) \cdot \nabla_p f = 0 \tag{8.3.20}$$

此外，如果仅考虑电子受电磁作用力，则电场矢量 $\boldsymbol{E}$ 与磁场矢量 $\boldsymbol{B}$ 又应满足麦克斯韦方程

$$\begin{cases} \nabla \times \boldsymbol{E} = -\dfrac{\partial \boldsymbol{B}}{\partial t} \\ \nabla \times \boldsymbol{H} = -\dfrac{\partial \boldsymbol{D}}{\partial t} + \boldsymbol{J}_1 \end{cases} \tag{8.3.21}$$

式中，$\boldsymbol{J}_1$ 是电子流，由式(8.2.14)确定. 文献中经常称为弗拉索夫-麦克斯韦方程组，指的就是将弗拉索夫方程与麦克斯韦方程联合起来.

这里我们注意一个理论上的问题. 麦克斯韦方程是经典意义下的欧拉变量体系下的连续媒质中的场方程，而弗拉索夫方程则是按统计观点得到的关于分布函数(概率)的方程. 这两者在观点上是不一致的，如今把它们联合起来求解，从方法论上来讲是有不足之处的. 不过，这种方法在等离子体理论中已得到广泛的应用，由此得出的结论已经过了反复的理论和实验的考验，证明这种方法是有效的.

最后，我们还讨论一下略去碰撞项的问题. 可以求出，在等离子体中，电子与电子碰撞的频率为

$$\nu_e = \frac{ve^4 n_0}{4\pi\varepsilon_0^2 (mv^2)^2} \approx \frac{\omega_p}{(n_0 \lambda_D^3)} \tag{8.3.22}$$

式中，λ_D 为德拜长度.

而电子与离子的碰撞频率为

$$\nu_i = \nu_e / 2\sqrt{2} \tag{8.3.23}$$

在一般实际遇到的情况下，均有

$$\nu_e \ll \omega_p \tag{8.3.24}$$

而且对于我们要研究的情况，又有 $\omega \gg \omega_p$，所以略去碰撞是允许的. 从物理意义上来看，这表示在所研究的频率下，一个周期内根本很难遇到碰撞的发生.

8.4 弗拉索夫方程的严格导出

上一节中从刘维尔定律出发，利用单一电子的分布函数的概念来推导弗拉索夫方程. 从统计物理的观点看来，这显得还不够严谨. 从统计理论的观点看来，在空间某点（$\boldsymbol{r}=\boldsymbol{r}$）发现一个电子的概率与其邻近点另一电子的存在有关. 因此在某一点发现一个电子的概率，不能简单地由单一电子的分布函数（概率函数）来确定. 在本节中，我们将介绍 BBGKY 理论. 显然从应用的角度来看，所得结果是一致的. 但是 BBGKY 理论体系导出弗拉索夫方程，有助于我们对动力学理论方法的深刻了解.

我们仍然考虑电子. 设有 N 个电子，每个电子自然具有完全相同的性质. 每个电子在六维相空间中的坐标用 $\boldsymbol{X}_i(\boldsymbol{q}_i, \boldsymbol{p}_i)$ 来表示，所以该系统有 $6N$ 个自由度，其哈密顿函数可写成

$$\mathscr{H} = \sum_{i=1}^{N} \left\{ \left[m_{0i}^2 c^2 + (\boldsymbol{P}_i - e\boldsymbol{A}_i)^2 \right]^{\frac{1}{2}} + \sum_{j \neq i}^{N} eV_{ij} \right\} \tag{8.4.1}$$

现在引入上述 $6N$ 自由度系统的分布函数（系综分布函数）$D_N(\boldsymbol{X}_i, t)$，它是各个电子在相空间位置的函数. 这样

$$D_N(\boldsymbol{X}_i, t) \prod_{i=1}^{N} \mathrm{d}\boldsymbol{X}_i$$

就表示在 t 时刻，相空间中体积元 $\prod_{i=1}^{N} \mathrm{d}\boldsymbol{X}_i$ 中所有电子出现的概率. 可以令 D_N 满足以下的归一化条件：

$$\int D_N \prod_{i=1}^{N} \mathrm{d}\boldsymbol{X}_i = 1 \tag{8.4.2}$$

在统计平衡状态下，D_N 应满足刘维尔定律，于是得到

$$\frac{\partial D_N}{\partial t} + \{D_N, \mathscr{H}\} = 0 \tag{8.4.3}$$

式中，泊松括号展开式应为

$$\{D_N, \mathscr{H}\} = \sum_{i=1}^{N} \left\{ \frac{\partial D_N}{\partial \boldsymbol{q}_i} \frac{\partial \mathscr{H}}{\partial \boldsymbol{p}_i} - \frac{\partial D_N}{\partial \boldsymbol{p}_i} \frac{\partial \mathscr{H}}{\partial \boldsymbol{q}_i} \right\} \tag{8.4.4}$$

虽然 D_N 及其满足的方程描述了一个完整的概念，但当 N 很大时，实际上求解式(8.4.3)是不可能办到的，为此引入以下的简化过程. 定义某一个（第一个）电子的分布函数 $F_1(\boldsymbol{q}_1, \boldsymbol{p}_1, t)$ 为

$$F_1(\boldsymbol{q}_1, \boldsymbol{p}_1, t) = V \int D_N \prod_{i=2}^{N} \mathrm{d}\boldsymbol{X}_i \tag{8.4.5}$$

$F_1(\boldsymbol{q}_1, \boldsymbol{p}_1, t)$ 的意义是不考虑其他电子的任何影响，单个电子在 t 时刻在相空间的子空间 $(\boldsymbol{q}_1, \boldsymbol{p}_1)$ 的体积元 $\mathrm{d}\boldsymbol{q}_1, \mathrm{d}\boldsymbol{p}_1$ 中出现的概率密度. V 表示相空间体积.

这里我们注意一个问题，就是由于各个电子的全同性，使得函数 D_N 对于每个电子的相空间位置必然是对称的. 这样，$F_1(\boldsymbol{q}_1, \boldsymbol{p}_1, t)$ 实际上可以代表任意一个电子.

不过，正如我们一开始就指出的那样，一个电子在($\boldsymbol{q}_1,\boldsymbol{p}_1,t$)处出现的概率，必然要与其他电子出现在其附近的概率有关. 这种关系在式(8.4.5)中被忽略了. 我们下面逐步地来考虑这种影响. 先考虑两个电子相互影响的情况，为此定义双粒子分布函数 F_2 为

$$F_2(\boldsymbol{q}_1,\boldsymbol{p}_1,\boldsymbol{q}_2,\boldsymbol{p}_2,t)=V^2\int D_N\prod_{i=3}^{N}\mathrm{d}\boldsymbol{X}_i \tag{8.4.6}$$

F_2 的意义是，在 $t=t$ 时刻，在($\boldsymbol{q}_1,\boldsymbol{p}_1$)发现第一个电子，在($\boldsymbol{q}_2,\boldsymbol{p}_2$)发现第二个电子(不考虑其余电子)的概率密度.

自然，第一个电子在($\boldsymbol{q}_1,\boldsymbol{p}_1$)出现的概率不仅与第二个电子位于($\boldsymbol{q}_2,\boldsymbol{p}_2$)有关，也和其他电子有关. 按同样方法类推，可以定义 s 个粒子的分布函数为

$$F_s(\boldsymbol{q}_1,\boldsymbol{p}_1,\cdots,\boldsymbol{q}_s,\boldsymbol{p}_s,t)=V^s\int D_N\prod_{i=s+1}^{N}\mathrm{d}\boldsymbol{X}_i \tag{8.4.7}$$

F_s 表示当第一个电子在相空间($\boldsymbol{q}_1,\boldsymbol{p}_1$)，第二个电子在($\boldsymbol{q}_2,\boldsymbol{p}_2$)……第 s 个电子在相空间($\boldsymbol{q}_s,\boldsymbol{p}_s$)中(而不管其余电子的情况)出现的概率密度. 显然 s 可以是从 $s=2$ 到 $s=N$.

现在将方程(8.4.3)在子相空间 $\boldsymbol{X}_{s+1}\cdots\boldsymbol{X}_N$ 内积分，利用上述关于 F_s 的定义，立即可以得到

$$\frac{\partial F_s}{\partial t}+\{F_s,\mathscr{H}_s\}=\sum_{i=1}^{N}\frac{N-s}{V}\int\{V_{i,s+1},F_{s+1}\}\mathrm{d}\boldsymbol{X}_{s+1} \tag{8.4.8}$$

式中，哈密顿函数 $\mathscr{H}_s$定义为

$$\mathscr{H}_s=\sum_{i=1}^{s}\left[m_{0i}^2c^2+(\boldsymbol{P}_i-e\boldsymbol{A}_i)^2\right]^{-\frac{1}{2}}+\sum_{i\neq j}^{s}eV_{ij} \tag{8.4.9}$$

$\{F_s,\mathscr{H}_s\}$及$\{V_{i,s+1},F_{s+1}\}$均为泊松括号.

现在我们假定以下的情况：当 $N\to\infty$，$V\to\infty$时，

$$\lim_{\substack{N\to\infty\\V\to\infty}}\left(\frac{N-s}{V}\right)=n_0 \tag{8.4.10}$$

n_0 表示电子的平均浓度，于是式(8.4.8)为

$$\frac{\partial F_s}{\partial t}+\{F_s,\mathscr{H}_s\}=n_0\sum_{i=1}^{N}\int\{V_{i,s+1},F_{s+1}\}\mathrm{d}\boldsymbol{X}_{s+1} \tag{8.4.8$'$}$$

式(8.4.8)的意义是：用 F_{s+1}表示的 F_s 的微分方程. 因而，它本质上是属于耦合方程. 可以把式(8.4.8′)写成以下较明显的形式：

$s=1$：

$$\frac{\partial F_1}{\partial t}+\boldsymbol{v}\cdot\nabla_rF_1+\dot{\boldsymbol{p}}\cdot\nabla_pF_1=n_0\int\frac{\partial V_{12}}{\partial\boldsymbol{q}_1}\cdot\nabla_{p_1}F_2\mathrm{d}\boldsymbol{X}_2 \tag{8.4.11}$$

$s=2$：

$$\frac{\partial F_2}{\partial t}+(\boldsymbol{v}_1+\nabla_{r_1}+\boldsymbol{v}_2\cdot\nabla_{r_2})F_2-\left(\frac{\partial V_{12}}{\partial\boldsymbol{q}_1}\cdot\nabla_{p_1}+\frac{\partial V_{12}}{\partial\boldsymbol{q}_2}\cdot\nabla_{p_2}\right)F_2$$
$$=n_0\int\left(\frac{\partial V_{13}}{\partial\boldsymbol{q}_1}\cdot\nabla_{p_1}F_3+\frac{\partial V_{23}}{\partial\boldsymbol{q}_2}\cdot\nabla_{p_2}F_3\right)\mathrm{d}\boldsymbol{X}_3 \tag{8.4.12}$$

……

可见，式(8.4.12)实际上是一个方程链，称为 BBGKY 方程链. 此方程链本身是一个不封闭的链. 为了进一步求得上述链之间的关系，我们利用相关函数的概念.

如果两个粒子是相互无关的，则第一个粒子在($\boldsymbol{q}_1,\boldsymbol{p}_1$)出现的概率密度为$F_1(\boldsymbol{q}_1,\boldsymbol{p}_1,t)$，第二个粒子在($\boldsymbol{q}_2,\boldsymbol{p}_2$)出现的概率密度为 $F_1(\boldsymbol{q}_2,\boldsymbol{p}_2,t)$(我们记住，粒子被假定是全同的，因此任一个粒子当不考虑其他粒子的影响时，其概率密度均取相同的函数形式.)于是，这两个粒子同时分布出现在($\boldsymbol{q}_1,\boldsymbol{p}_1,t$)及($\boldsymbol{q}_2,\boldsymbol{p}_2,t$)可

以看作两个同时发生的独立事件,按概率论的基本原则,我们有

$$F_2(\boldsymbol{q}_1,\boldsymbol{p}_1;\boldsymbol{q}_2,\boldsymbol{p}_2;t)=F_1(\boldsymbol{q}_1,\boldsymbol{p}_1,t)\cdot F_1(\boldsymbol{q}_2,\boldsymbol{p}_2,t) \tag{8.4.13}$$

F_2 表示上述两个独立事件同时出现的概率.

不过,实际上这两个粒子是相互影响的. 换句话说,它们是相互有关的(相关的),因此可引入以下的相关函数:

$$\begin{aligned}F_2(\boldsymbol{q}_1,\boldsymbol{p}_1;\boldsymbol{q}_2,\boldsymbol{p}_2;t)=&F_1(\boldsymbol{q}_1,\boldsymbol{p}_1,t)\cdot F_1(\boldsymbol{q}_2,\boldsymbol{p}_2,t)\\&+R_{12}(\boldsymbol{q}_1,\boldsymbol{p}_1;\boldsymbol{q}_2,\boldsymbol{p}_2;t)\end{aligned} \tag{8.4.14}$$

式中,R_{12} 为相关函数,表示引入的一种修正.

完全类似,对于三个粒子,我们可以得到

$$\begin{aligned}F_3(\boldsymbol{q}_1,\boldsymbol{p}_1;\boldsymbol{q}_2,\boldsymbol{p}_2;\boldsymbol{q}_3,\boldsymbol{p}_3;t)=&F_1(\boldsymbol{q}_1,\boldsymbol{p}_1,t)\cdot F_1(\boldsymbol{q}_2,\boldsymbol{p}_2,t)\cdot F_1(\boldsymbol{q}_3,\boldsymbol{p}_3,t)\\&+F_1(\boldsymbol{q}_1,\boldsymbol{p}_1,t)\cdot R_{23}(\boldsymbol{q}_2,\boldsymbol{p}_2;\boldsymbol{q}_3,\boldsymbol{p}_3)\\&+F_1(\boldsymbol{q}_2,\boldsymbol{p}_2,t)\cdot R_{13}(\boldsymbol{q}_1,\boldsymbol{p}_1;\boldsymbol{q}_3,\boldsymbol{p}_3)\\&+F_1(\boldsymbol{q}_3,\boldsymbol{p}_3,t)\cdot R_{12}(\boldsymbol{q}_1,\boldsymbol{p}_1;\boldsymbol{q}_2,\boldsymbol{p}_2)\\&+R_{123}(\boldsymbol{q}_1,\boldsymbol{p}_1;\boldsymbol{q}_2,\boldsymbol{p}_2;\boldsymbol{q}_3,\boldsymbol{p}_3;t)\end{aligned} \tag{8.4.15}$$

式中:右边第一项表示三个粒子均相互独立时的概率密度;第二、三、四项表示有两个相关情况的相关函数修正. 而最后一项则表示三个粒子都相关时的相关函数. 类似地,可以写出四个甚至更多的粒子相关情况. 将多粒子系统的分布函数写成以上形式称为 Mayer(迈耶)展开. 由式(8.4.14)可见:

$$R_{12}=F_2-F_1 \tag{8.4.16}$$

因此,R_{12} 表示相关函数对分布函数的修正.

虽然 Mayer 展开式本身仍然是非封闭的,不过,借助于相关函数的概念后,我们可以采取所谓“截断”的方法,得到一个封闭的方程组. 事实上,既然相关函数是表示粒子间相互影响时的修正项,因此,在一定的条件下,例如当条件

$$\frac{1}{n\lambda_{\mathrm{D}}^2}\ll 1 \tag{8.4.17}$$

满足时,可以认为相关函数是很小的. 因此我们可以在某项之后略去其余各项,从而实现截断,形成封闭方程组. 自然,截断的次数愈高,方程就愈多,求解也就更为复杂. 我们将不去考虑更高次的截断,仅讨论零级截断. 在零级截断的情况下,我们有

$$\begin{cases}R_{12}\to 0\\R_{123}\to 0\\\cdots\cdots\end{cases} \tag{8.4.18}$$

即略去一切相关函数,这样式(8.4.11)就化为

$$\frac{\partial F_1}{\partial t}+\boldsymbol{v}_1\cdot\nabla_{r1}F_1+\dot{\boldsymbol{p}}_1\cdot\nabla_p F_1=0 \tag{8.4.19}$$

将 F_1 写成 f,并将

$$\dot{\boldsymbol{p}}=e(\boldsymbol{E}+\boldsymbol{v}\times\boldsymbol{B}) \tag{8.4.20}$$

代入,即可得到

$$\frac{\partial f}{\partial t}+\boldsymbol{v}\cdot\nabla_r f+e(\boldsymbol{E}+\boldsymbol{v}\times\boldsymbol{B})\cdot\nabla_p f=0 \tag{8.4.21}$$

即得到弗拉索夫方程. 可见,弗拉索夫方程只不过是 BBGKY 理论在一定条件下的零级近似.

8.5 分布函数的变换

以上我们讨论了利用粒子(电子)在相空间中分布函数的概念来研究粒子的运动状态. 设粒子在动量空间的分布函数为 $f(\boldsymbol{p})$,则 $f(\boldsymbol{p})\mathrm{d}^3p=f(\boldsymbol{p})\mathrm{d}p_x\mathrm{d}p_y\mathrm{d}p_z$ 就是粒子在动量空间体积元 $\mathrm{d}\boldsymbol{p}_x\mathrm{d}\boldsymbol{p}_y\mathrm{d}\boldsymbol{p}_z$ 内的概率或粒子数. 于是出现这样的问题:当从一个坐标系向另一个坐标系转换时,分布函数作何种变换. 换句话说,我们要研究分布函数 $f(\boldsymbol{p})$的变换关系.

为此,我们要研究在相空间中与分布函数 $f(\boldsymbol{p})$有关的几个不变量关系. 当我们研究无限大等离子体或电子注时,就会遇到这种分布函数. 首先,从物理上显然有

$$f(\boldsymbol{p})\mathrm{d}p_x\mathrm{d}p_y\mathrm{d}p_z=f'(\boldsymbol{p}')\mathrm{d}p'_x\mathrm{d}p'_y\mathrm{d}p'_z \tag{8.5.1}$$

式(8.5.1)的意义是:在相空间同一体积之内粒子的数目是恒定的,不因坐标变换而变化.

其次,我们有

$$\frac{\mathrm{d}p_x\mathrm{d}p_y\mathrm{d}p_z}{\mathscr{E}}=\frac{\mathrm{d}p'_x\mathrm{d}p'_y\mathrm{d}p'_z}{\mathscr{E}'} \tag{8.5.2}$$

式中,$\mathscr{E}$ 为能量.

为了得到式(8.5.2)的不变关系,我们来考查一下 $\mathrm{d}p_x\mathrm{d}p_y\mathrm{d}p_z$. 上面曾经研究过,在四维空间中,我们有

$$p_\mu p_\mu=-m_0^2c^2 \tag{8.5.3}$$

式(8.5.3)表示在四维矢量($\boldsymbol{p}$,$\mathscr{E}/c$)空间中的一个超曲面(球面),因而 $\mathrm{d}p_x\mathrm{d}p_y\mathrm{d}p_z$ 就是此四维矢量空间中上述曲面上第四维矢量的元素. 但 $\mathscr{E}/c$ 正是这个第四维矢量. 所以式(8.5.2)正是两个平行四维矢量的相应元素之比.

于是可以将式(8.5.1)写成

$$f(\boldsymbol{p})\mathscr{E}\frac{\mathrm{d}p_x\mathrm{d}p_y\mathrm{d}p_z}{\mathscr{E}}=f'(\boldsymbol{p}')\mathscr{E}'\frac{\mathrm{d}p'_x\mathrm{d}p'_y\mathrm{d}p'_z}{\mathscr{E}'} \tag{8.5.4}$$

由此得到变换关系:

$$f'(\boldsymbol{p}')=\frac{f(\boldsymbol{p})\mathscr{E}}{\mathscr{E}'}=f(\boldsymbol{p})\cdot\left(\frac{\mathscr{E}}{\mathscr{E}'}\right) \tag{8.5.5}$$

可见,若要求得动量空间中分布函数的变换规律,只需求得能量的变换规律. 当然在式(8.5.5)中,$f(\boldsymbol{p})$中 $\boldsymbol{p}$ 必须用变换后的 $\boldsymbol{p}'$表示. 可见变换式(8.5.5)的关键在于求($\mathscr{E}/\mathscr{E}'$).

在本书以后有关章节中,我们常将动量空间写成动量柱面坐标系($p_\perp$,$p_{/\!/}$,ϕ),因而在此种动量空间中有

$$\mathrm{d}^3\boldsymbol{p}=p_\perp\mathrm{d}p_\perp\mathrm{d}p_{/\!/}\mathrm{d}\phi \tag{8.5.6}$$

而能量可表示为

$$\mathscr{E}=c\sqrt{m_0^2c^2+p^2}=c\sqrt{m_0^2c^2+p_\perp^2+p_{/\!/}^2} \tag{8.5.7}$$

现在设坐标系($p'_\perp$,p'_θ,$p'_{/\!/}$)沿原坐标系($p_\perp$,p_θ,$p_{/\!/}$)的 $p_{/\!/}$ 轴有一相对运动,运动速度为

$$v_{z0}=\beta_bc,\beta_b=v_{z0}/c \tag{8.5.8}$$

于是按洛伦兹变换,我们有以下的关系:

$$\begin{cases}p_\perp=p'_\perp,p_\theta=p'_\theta,p_{/\!/}=p'_{/\!/}\gamma_b+\dfrac{\gamma_b\beta_b}{c}\mathscr{E}'\\ \mathscr{E}=\gamma_b(\mathscr{E}'+\beta_bp'_{/\!/}c)\end{cases} \tag{8.5.9}$$

式中

$$\mathscr{E}'=c\sqrt{m_0^2c^2+p'^2}$$

$$\gamma_b=(1-\beta_b^2)^{-1/2}$$

由式(8.5.9)得

$$\frac{\mathscr{E}}{\mathscr{E}'}=\gamma_b\left(1+\frac{\beta_b p'_{/\!/}c}{\mathscr{E}'}\right) \tag{8.5.10}$$

代入式(8.5.5)可以得到，在洛伦兹变换下，分布函数的变换规律为

$$f'(\boldsymbol{p}')=f(\boldsymbol{p})\cdot\gamma_b\left(1+\frac{\beta_b p'_{/\!/}c}{\mathscr{E}'}\right) \tag{8.5.11}$$

以上讨论的是在相空间$(\boldsymbol{r},\boldsymbol{p})$的子空间($\boldsymbol{p}$ 空间)内分布函数 $f(\boldsymbol{p})$的变换关系.

现在来研究整个相空间$(\boldsymbol{r},\boldsymbol{p})$内分布函数 $f(\boldsymbol{r},\boldsymbol{p})$的变换关系. 为此，我们再引用以下几个不变量关系式. 设 $\mathrm{d}\tau=\mathrm{d}x\mathrm{d}y\mathrm{d}z\mathrm{d}p_x\mathrm{d}p_y\mathrm{d}p_z$，则可以得到以下的不变量关系：

$$\mathrm{d}\tau=\mathrm{d}\tau' \tag{8.5.12}$$

为了证明上式，我们假设两坐标系的相对运动如上所述，即沿某一轴做相对匀速运动. 于是有

$$\mathrm{d}x'\mathrm{d}y'\mathrm{d}z'=\mathrm{d}x\mathrm{d}y\mathrm{d}z\,\frac{(1-\beta_b^2)^{1/2}}{(1-\beta'^2_b)^{1/2}} \tag{8.5.13}$$

由此可以得到

$$\frac{\mathrm{d}x\mathrm{d}y\mathrm{d}z}{\mathrm{d}x'\mathrm{d}y'\mathrm{d}z'}=\frac{\mathscr{E}'}{\mathscr{E}} \tag{8.5.14}$$

利用式(8.5.2)即可证明式(8.5.12)：

$$\mathrm{d}x\mathrm{d}y\mathrm{d}z\mathrm{d}p_x\mathrm{d}p_y\mathrm{d}p_z=\mathrm{d}\tau=\mathrm{d}\tau' \tag{8.5.15}$$

因而可以得到

$$f'(\boldsymbol{r}',\boldsymbol{p}')=f(\boldsymbol{r},\boldsymbol{p}) \tag{8.5.16}$$

我们得到的是粒子在全相空间中分布函数是一个不变量. 事实上，在相空间$(\boldsymbol{r},\boldsymbol{p})$中，$f$ 是一个标量，因而式(8.5.10)成立是显然的.

8.6 宏观参量

动力学理论建立在相空间中分布函数的概念上. 本质上是一种微观理论，微观物理量是不能直接测量的，因此必须设法将微观物理量与宏观参量联系起来. 在本节中我们来看看，如何通过统计分布函数，得到我们熟悉的宏观参量. 为此，定义各次速度矩如下：

$$n(\boldsymbol{r},t)=n_0\int f\mathrm{d}\boldsymbol{v} \tag{8.6.1}$$

$$\boldsymbol{u}=\frac{n_0}{n}\int f\boldsymbol{v}\mathrm{d}\boldsymbol{v} \tag{8.6.2}$$

$$\boldsymbol{w}=\boldsymbol{v}-\boldsymbol{u} \tag{8.6.3}$$

$$P=mn_0\int \boldsymbol{w}\boldsymbol{w}f\,\mathrm{d}\boldsymbol{v} \tag{8.6.4}$$

$$T=\frac{n_0}{3kn}\int m|\boldsymbol{w}|^2f\mathrm{d}\boldsymbol{v} \tag{8.6.5}$$

$$Q=\frac{mn_0}{2}\int \boldsymbol{w}|\boldsymbol{w}|^2f\mathrm{d}\boldsymbol{v} \tag{8.6.6}$$

式(8.6.1)为速度的零次矩，表示粒子在空间的分布函数或粒子的浓度；式(8.6.2)表示速度的一次矩，表示粒子的流体速度；式(8.6.3)表示粒子的“热”速度；式(8.6.4)相当于速度的二次矩，表示等离子体的压力张量.由式(8.6.4)及式(8.6.5)可以看到

$$T_{\mathrm{race}}(P)=3nkT \tag{8.6.7}$$

即张量 P 的迹，等于 $3nkT$.

式(8.6.4)又可写成

$$P=\frac{mn_0\int(\boldsymbol{v}-\boldsymbol{w})(\boldsymbol{v}-\boldsymbol{w})f\mathrm{d}\boldsymbol{v}}{\int f\mathrm{d}\boldsymbol{v}} \tag{8.6.8}$$

式(8.6.6)相当于速度的三次矩，表示热流矢量.可见一些宏观量都可通过分布函数的速度矩量表示.

此外，通过弗拉索夫方程，我们还可以求出它们之间的关系.弗拉索夫方程写成

$$\frac{\partial f}{\partial t}+\boldsymbol{v}\cdot\frac{\partial f}{\partial \boldsymbol{r}}+\frac{\boldsymbol{F}}{m}\frac{\partial f}{\partial \boldsymbol{v}}=0 \tag{8.6.9}$$

式中，$\boldsymbol{F}$ 表示作用于粒子上的力.

将上式对速度空间积分得到

$$\frac{\partial n}{\partial t}+\nabla\cdot(n\boldsymbol{u})=0 \tag{8.6.10}$$

这相当于连续性方程.

对式(8.6.9)乘以 $n_0m\boldsymbol{v}$，然后在速度空间积分，可以得到

$$\frac{\partial \boldsymbol{u}}{\partial t}+\boldsymbol{u}\cdot\frac{\partial \boldsymbol{u}}{\partial \boldsymbol{r}}+\frac{1}{mn}\frac{\partial}{\partial \boldsymbol{r}}\cdot\boldsymbol{P}=\frac{\boldsymbol{F}}{m} \tag{8.6.11}$$

而对式(8.6.9)乘以 $n_0m\boldsymbol{v}$ 然后积分，则可得到

$$\begin{aligned}&m\frac{\partial}{\partial t}n_0\int\mathrm{d}\boldsymbol{v}f[(\boldsymbol{v}-\boldsymbol{u})^2+2\boldsymbol{u}\cdot\boldsymbol{v}-\boldsymbol{u}^2]+m\frac{\partial}{\partial \boldsymbol{r}}\cdot n_0\int\mathrm{d}\boldsymbol{v}\\&\cdot\{[(\boldsymbol{v}-\boldsymbol{u})+\boldsymbol{u}][(\boldsymbol{v}-\boldsymbol{u})^2+2\boldsymbol{u}\cdot(\boldsymbol{v}-\boldsymbol{u})+\boldsymbol{u}^2]\}\\&+n_0\boldsymbol{F}\cdot\int\mathrm{d}\boldsymbol{v}\boldsymbol{v}^3\frac{\partial f_0}{\partial \boldsymbol{v}}=0\end{aligned} \tag{8.6.12}$$

上式又可写成

$$\frac{\partial}{\partial t}(T_r\boldsymbol{P}+mnu^2)+\frac{\partial}{\partial \boldsymbol{r}}(2\boldsymbol{u}+2\boldsymbol{P}\cdot\boldsymbol{u}+\boldsymbol{u}T_r\boldsymbol{P}+nm\boldsymbol{u}u^2)-2n\boldsymbol{u}\cdot\boldsymbol{F}=0 \tag{8.6.13}$$

式(8.6.10)~式(8.6.13)是一组流体力学方程.

由式(8.6.3)及式(8.6.4)还可以看到，对于各向同性的等离子体，压力张量简化为一个标量：

$$\boldsymbol{P}=\begin{bmatrix}P&0&0\\0&P&0\\0&0&P\end{bmatrix} \tag{8.6.14}$$

式中

$$P=n_0kT \tag{8.6.15}$$

在一般情况下设有某一量 q，则可以求出其宏观平均值：

$$\bar{q}=\frac{\int qf\mathrm{d}^3p}{\int f\mathrm{d}^3p} \tag{8.6.16}$$

这样，在一般情况下，我们可以通过分布函数求出宏观量，它可看作是求平均值.在式(8.6.16)中，如果

分布函数已归一化,即

$$\int f\mathrm{d}^3 p=1 \tag{8.6.17}$$

则可得到

$$\bar{q}=\int qf\mathrm{d}^3 p \tag{8.6.18}$$

8.7 弗拉索夫-麦克斯韦方程组的线性化

如上所述,弗拉索夫-麦克斯韦方程组是描述带电粒子体系电磁特性的基本方程. 粒子在相空间中的分布函数 f 由弗拉索夫方程确定:

$$\frac{\partial f}{\partial t}+\boldsymbol{v}\cdot\nabla_r f+e(\boldsymbol{E}+\boldsymbol{v}\times\boldsymbol{B})\cdot\nabla_p f=0 \tag{8.7.1}$$

作用于粒子上的电磁场 $\boldsymbol{E}$ 和 $\boldsymbol{B}$ 包括两部分:一部分是外加的电磁场,另一部分是由带电粒子分布的本身所产生的. 因此,在式(8.7.1)中可以写成

$$\boldsymbol{E}=\boldsymbol{E}_{\text{ext}}+\boldsymbol{E}_{\text{int}},\boldsymbol{B}=\boldsymbol{B}_{\text{ext}}+\boldsymbol{B}_{\text{int}} \tag{8.7.2}$$

它们应分别满足以下的麦克斯韦方程:

$$\begin{cases}\nabla\times\boldsymbol{E}_{\text{ext}}=-\dfrac{\partial\boldsymbol{B}_{\text{ext}}}{\partial t}\\[2mm]\nabla\times\boldsymbol{H}_{\text{ext}}=-\dfrac{\partial\boldsymbol{D}_{\text{ext}}}{\partial t}+\boldsymbol{J}_{\text{ext}}\\[2mm]\nabla\cdot\boldsymbol{D}_{\text{ext}}=\rho_{\text{ext}}\\[2mm]\nabla\cdot\boldsymbol{B}_{\text{ext}}=0\end{cases} \tag{8.7.3}$$

及

$$\begin{cases}\nabla\times\boldsymbol{E}_{\text{int}}=-\dfrac{\partial\boldsymbol{B}_{\text{int}}}{\partial t}\\[2mm]\nabla\times\boldsymbol{H}_{\text{int}}=-\dfrac{\partial\boldsymbol{D}_{\text{int}}}{\partial t}+\boldsymbol{J}_{\text{int}}\\[2mm]\nabla\cdot\boldsymbol{D}_{\text{int}}=\rho_{\text{int}}\\[2mm]\nabla\cdot\boldsymbol{B}_{\text{int}}=0\end{cases} \tag{8.7.4}$$

在式(8.7.4)中,

$$\boldsymbol{J}_{\text{int}}=n_0 e\int f\boldsymbol{v}\mathrm{d}^3 p \tag{8.7.5}$$

$$\rho_{\text{int}}=n_0 e\int f\mathrm{d}^3 p \tag{8.7.6}$$

式(8.7.1)~式(8.7.6)构成一个完整的方程组,它是现代等离子体动力学理论的基本方程组. 弗拉索夫方程是一个非线性的偏微分方程,在一般情况下,严格地求解弗拉索夫-麦克斯韦方程组是比较困难的. 因此,为了求解方便,在很多情况下,必须对它进行简化. 线性化是一种较好的简化方法. 为此,令

$$f(\boldsymbol{r},\boldsymbol{p},t)=f_0(\boldsymbol{r},\boldsymbol{p})+f_1(\boldsymbol{r},\boldsymbol{p},t) \tag{8.7.7}$$

及

$$\boldsymbol{E}=\boldsymbol{E}_0+\boldsymbol{E}_1,\boldsymbol{B}=\boldsymbol{B}_0+\boldsymbol{B}_1 \tag{8.7.8}$$

我们假定

$$f_1 \ll f_0 \tag{8.7.9}$$

及

$$\boldsymbol{E}_1 \ll \boldsymbol{E}_0, \boldsymbol{B}_1 \ll \boldsymbol{B}_0 \tag{8.7.10}$$

将以上所得代入弗拉索夫方程(8.3.8)，略去二级以上微小量，可以得到以下两个方程：

$$\frac{\partial f_0}{\partial t} + \boldsymbol{v} \cdot \nabla_r f_0 + e(\boldsymbol{E}_0 + \boldsymbol{v} \times \boldsymbol{B}_0) \cdot \nabla_p f_0 = 0 \tag{8.7.11}$$

及

$$\frac{\partial f_1}{\partial t} + \boldsymbol{v} \cdot \nabla_r f_1 + e(\boldsymbol{E}_1 + \boldsymbol{v} \times \boldsymbol{B}_1) \cdot \nabla_p f_0 + e(\boldsymbol{E}_0 + \boldsymbol{v} \times \boldsymbol{B}_0) \cdot \nabla_p f_1 = 0 \tag{8.7.12}$$

即将原弗拉索夫方程(8.7.1)分解为两个：确定平衡分布函数 f_0 的方程(8.7.11)及确定扰动分布函数 f_1 的方程. 这种求解弗拉索夫方程的方法，称为朗道近似.

与此同时，麦克斯韦方程也分成两组，即

$$\begin{cases} \nabla \times \boldsymbol{E}_0 = -\dfrac{\partial \boldsymbol{B}_0}{\partial t} \\ \nabla \times \boldsymbol{B}_0 = \dfrac{\partial \boldsymbol{D}_0}{\partial t} + \displaystyle\int \frac{f_0 \boldsymbol{P}}{m_0 \gamma} \mathrm{d}^3 \boldsymbol{P} + \boldsymbol{J}_{0,\mathrm{ext}} \\ \nabla \cdot \boldsymbol{D}_0 = \dfrac{1}{\varepsilon_0} \displaystyle\int f_0 \mathrm{d}^3 \boldsymbol{P} + \frac{1}{\varepsilon_0} \rho_{\mathrm{ext}} \end{cases} \tag{8.7.13}$$

及

$$\begin{cases} \nabla \times \boldsymbol{E}_1 = -\dfrac{\partial \boldsymbol{B}_1}{\partial t} \\ \nabla \times \boldsymbol{B}_1 = \dfrac{\partial \boldsymbol{D}_1}{\partial t} + \displaystyle\int \frac{f_1 \boldsymbol{P}}{m_0 \gamma} \mathrm{d}^3 \boldsymbol{P} \\ \nabla \cdot \boldsymbol{E}_1 = \dfrac{1}{\varepsilon_0} \displaystyle\int f_1 \mathrm{d}^3 \boldsymbol{P} \end{cases} \tag{8.7.14}$$

在电子回旋脉塞的条件下，以及很多别的情况下，我们有

$$\boldsymbol{E}_0 = 0 \tag{8.7.15}$$

式(8.7.11)及式(8.7.12)化为

$$\frac{\partial f_0}{\partial t} + \boldsymbol{P} \cdot \nabla_r f_0 + e(\boldsymbol{P} \times \boldsymbol{B}_0) \cdot \nabla_p f_0 = 0 \tag{8.7.16}$$

及

$$\frac{\partial f}{\partial t} + \boldsymbol{v} \cdot \nabla_r f_1 + e(\boldsymbol{E}_1 + \boldsymbol{v} \times \boldsymbol{B}_1) \cdot \nabla_p f_0 + e(\boldsymbol{v} \times \boldsymbol{B}_0) \cdot \nabla_p f_1 = 0 \tag{8.7.17}$$

在导出以上方程式时，我们利用了关系式：

$$\boldsymbol{v} = \boldsymbol{P}/m_0 \gamma \tag{8.7.18}$$

由式(8.7.16)及式(8.7.17)可以见到，线性方程(8.7.12)的求解必须依赖于平衡分布函数 f_0，因此，首先必须求解方程(8.7.11). 一旦方程(8.7.11)的解求得，则线性方程的求解就比较容易了. 因此，将弗拉索夫方程线性化的实质是把一个方程化为较易于求解的两个方程.

其次，从数学的观点看来，一阶偏微分方程(8.7.17)的定解问题是，已知初始时刻的扰动：

$$f_1(\boldsymbol{r}, \boldsymbol{p}, t = 0) = g(\boldsymbol{r}, \boldsymbol{p}) \tag{8.7.19}$$

求解线性方程(8.7.17)，确定出扰动的时间演变和空间分布. 因此这是一个柯西问题.

在以后各节中，我们将分别讨论平衡分布函数 f_0 的方程及线性化弗拉索夫方程的求解问题.

8.8 平衡态弗拉索夫方程的解

上节指出，为了求得线性弗拉索夫方程的解，首先需得到平衡态弗拉索夫方程的解. 为此，我们先来讨论弗拉索夫方程的平衡态解. 平衡态弗拉索夫方程可写为

$$\frac{\partial f_0}{\partial t}+\boldsymbol{v}\cdot\nabla_r f_0+\boldsymbol{F}\cdot\nabla_p f_0=0 \tag{8.8.1}$$

式中

$$\boldsymbol{F}=e(\boldsymbol{E}_0+\boldsymbol{v}\times\boldsymbol{B}_0) \tag{8.8.2}$$

它是一个一阶偏微分方程. 一阶偏微分方程的求解可以利用特征线法进行. 事实上，方程(8.8.1)可写成全微分形式：

$$\frac{\partial f_0}{\partial t}+\boldsymbol{v}\cdot\nabla_r f_0+\boldsymbol{F}\cdot\nabla_p f_0=\frac{\mathrm{d}f_0}{\mathrm{d}t}=0 \tag{8.8.3}$$

即方程(8.8.1)实际上表示 f_0 在六维相空间中的全微分等于零，而微分的计算是沿电子运动轨迹进行的. 电子的运动方程则可写成

$$\begin{cases}\dfrac{\mathrm{d}\boldsymbol{r}}{\mathrm{d}t}=\boldsymbol{v}=\dfrac{\boldsymbol{p}}{m_0\gamma}\\[2ex]\dfrac{\mathrm{d}\boldsymbol{p}}{\mathrm{d}t}=\boldsymbol{F}\end{cases} \tag{8.8.4}$$

在式(8.8.3)、式(8.8.4)中，$\boldsymbol{F}$ 是作用于电子上的力.

因此，按一阶偏微分方程的特征线理论，运动方程(8.8.4)的运动常数的任意函数均是方程(8.8.1)的解.

为了证明以上所述，设运动方程(8.8.4)已解出，于是可以得到六个积分常数：$c_1,c_2,\cdots,c_6$，这六个积分常数就是运动常数. 因而可把它们写成

$$\begin{cases}c_1=c_1(\boldsymbol{r},\boldsymbol{p},t)\\c_2=c_2(\boldsymbol{r},\boldsymbol{p},t)\\\cdots\cdots\\c_6=c_6(\boldsymbol{r},\boldsymbol{p},t)\end{cases} \tag{8.8.5}$$

设由此六个运动常数组成一任意的分布函数 f_0：

$$f_0=f_0(c_1,c_2,\cdots,c_6) \tag{8.8.6}$$

对 f_0 求全微分：

$$\begin{aligned}\frac{\mathrm{d}f_0}{\mathrm{d}t}&=\frac{\partial f_0}{\partial t}+\sum_{i=1}^{6}\left(\frac{\partial f_0}{\partial c_i}\frac{\partial c_i}{\partial t}+\frac{\partial f_0}{\partial c_i}\frac{\partial c_i}{\partial \boldsymbol{r}}\frac{\partial \boldsymbol{r}}{\partial t}+\frac{\partial f_0}{\partial c_i}\frac{\partial c_i}{\partial \boldsymbol{p}}\frac{\partial \boldsymbol{p}}{\partial t}\right)\\&=\frac{\partial f_0}{\partial t}+\sum_{i=1}^{6}\frac{\partial f_0}{\partial c_i}\left(\frac{\partial c_i}{\partial t}+\frac{\partial c_i}{\partial \boldsymbol{r}}\frac{\partial \boldsymbol{r}}{\partial t}+\boldsymbol{F}\cdot\frac{\partial c_i}{\partial \boldsymbol{p}}\right)\\&=\frac{\partial f_0}{\partial t}+\sum_{i=1}^{6}\frac{\partial f_0}{\partial c_i}\frac{\partial c_i}{\partial t}=0\end{aligned} \tag{8.8.7}$$

由此可见，由 $c_1,c_2,\cdots,c_6$ 组成的任意函数均能满足方程(8.8.3)，即平衡态弗拉索夫方程. 这样，求解平衡态弗拉索夫方程的关键问题，就是求具体情况下的运动常数. 一旦运动常数求得，我们就可根据具体的物理条件确定平衡态分布函数.

在一般情况下，平衡态分布函数 f_0 还满足

$$\frac{\partial f_0}{\partial t}=0 \tag{8.8.8}$$

即 f_0 中不显含时间 t，因此平衡分布函数所满足的方程实际上为

$$\boldsymbol{v}\cdot\nabla_r f_0+\boldsymbol{F}\cdot\nabla_p f_0=0 \tag{8.8.9}$$

如果

$$\boldsymbol{F}=e(\boldsymbol{E}_0+\boldsymbol{v}\times\boldsymbol{B}_0) \tag{8.8.10}$$

则得到

$$\boldsymbol{v}\cdot\nabla_r f_0+e(\boldsymbol{E}_0+\boldsymbol{v}\times\boldsymbol{B}_0)\cdot\nabla_p f_0=0 \tag{8.8.11}$$

下面我们考虑几种最重要的情况.

(1)无场的平衡态(自由平衡态). 这时，有

$$\boldsymbol{E}_0=\boldsymbol{B}_0=0 \tag{8.8.12}$$

运动方程化为

$$\begin{cases}\dfrac{\mathrm{d}\boldsymbol{p}(t)}{\mathrm{d}t}=0\\ \boldsymbol{p}(t)=\mathrm{const}\end{cases} \tag{8.8.13}$$

因此，能量与动量均是运动常数：

$$\begin{cases}\mathscr{E}=m_0c^2\gamma\\ \boldsymbol{p}=m_0\gamma\boldsymbol{v}\end{cases} \tag{8.8.14}$$

或者在非相对论条件下，

$$\begin{cases}\mathscr{E}=\dfrac{1}{2}m_0(\boldsymbol{v}\cdot\boldsymbol{v})=\dfrac{m_0}{2}(v_x^2+v_y^2+v_z^2)\\ \boldsymbol{p}=m_0\boldsymbol{v}\end{cases} \tag{8.8.15}$$

所以任意函数

$$f_0=f_0(\boldsymbol{p})=f_0(p_x,p_y,p_z) \tag{8.8.16}$$

或

$$f_0=f_0(\boldsymbol{v})=f_0(v_x,v_y,v_z) \tag{8.8.17}$$

都是弗拉索夫方程的平衡态解.

比较重要的例子，如

$$f_0=\frac{v_0}{2}\frac{1}{(v^4+v_0^4)} \tag{8.8.18}$$

$$f_0=v_0\delta(v_x)\delta(v_y)\delta(v_z^2-v_0^2) \tag{8.8.19}$$

$$f_0=\left(\frac{m}{2\pi kT}\right)^{3/2}\mathrm{e}^{-\left(\frac{m}{2kT}v^2\right)} \tag{8.8.20}$$

都可能是平衡态分布函数. 式(8.8.20)是熟知的麦克斯韦分布.

(2)纵向直流磁场的平衡态. 在这种情况下，有

$$\begin{cases}\boldsymbol{E}_0=0\\ \boldsymbol{B}_0=B_0(R)\boldsymbol{e}_z\end{cases} \tag{8.8.21}$$

运动方程化为

$$\frac{\mathrm{d}\boldsymbol{p}(t)}{\mathrm{d}t}=-e\boldsymbol{p}\times\boldsymbol{e}_zB_0(R) \tag{8.8.22}$$

以 $\boldsymbol{p}$ 点乘上式，得

$$\boldsymbol{p}\cdot\frac{\mathrm{d}\boldsymbol{p}}{\mathrm{d}t}=\frac{\mathrm{d}}{\mathrm{d}t}(\boldsymbol{p}\cdot\boldsymbol{p})=\frac{\mathrm{d}p^2}{\mathrm{d}t}=0 \tag{8.8.23}$$

即

$$\mathscr{E}=m_0c^2\gamma=\text{const} \tag{8.8.24}$$

或

$$\mathscr{E}=\frac{1}{2}mv^2=\frac{1}{2}m(v_x^2+v_y^2+v_z^2)=\text{const} \tag{8.8.25}$$

即能量是一个运动常数.

以 $\boldsymbol{e}_z$ 点乘式(8.8.15)得

$$p_{/\!/}=m_0\gamma v_z=\text{const} \tag{8.8.26}$$

即平行动量也是一个运动常数.

如果假定纵向磁场分布是轴对称的,则可以得到:φ 是循环坐标,z 也是循环坐标,因而有

$$\partial L/\partial\varphi=0 \tag{8.8.27}$$

这里取坐标系(R,φ,z).

由此可以得到

$$P_\varphi=R\left[p_\varphi-\frac{1}{2}eRB_0(R)\right]=\text{const} \tag{8.8.28}$$

即广义(正则)角动量是一个运动常数.

当 $B_z=B_0\neq f(R)$时,φ 方向的正则动量:

$$P_\varphi=R\left(p_\varphi-\frac{1}{2}mR\omega_c\right) \tag{8.8.29}$$

式中,ω_c 是回旋频率,p_φ 是普通力学角动量.

$$\omega_c=eB_0/m \tag{8.8.30}$$

(3)纵向磁场、角向磁场及轴对称电场.在这种情况下,有

$$\begin{cases}\boldsymbol{E}=\boldsymbol{e}_RE_R=-\dfrac{\partial V(R)}{\partial R}\boldsymbol{e}_R\\ \boldsymbol{B}=B_0(R)\boldsymbol{e}_z+B_\varphi(R)\boldsymbol{e}_\varphi\end{cases} \tag{8.8.31}$$

由于 φ,z 为循环坐标,所以可以得到运动常数为:总能量 W,广义动量 P_φ 及 P_z,即

$$\begin{cases}W=(m^2c^4+c^2p^2)^{1/2}-eV(R)\\ P_\varphi=R\left(p_\varphi-\dfrac{1}{2}mR\omega_c\right)\\ P_z=p_z-eA_z(R)\end{cases} \tag{8.8.32}$$

式中

$$B_\varphi=-\partial A_z(R)/\partial R \tag{8.8.33}$$

已知各种情况下的运动常数,各种情况下的平衡态分布函数就可求得.要着重说明的是,在求解时还要考虑到场方程,所以严格的解要求自洽解,将在以后讨论.

8.9 线性弗拉索夫方程的解(Ⅰ)

线性化后的弗拉索夫方程取形式

$$\frac{\partial f_1}{\partial t}+\boldsymbol{v}\cdot\nabla_r f_1+e(\boldsymbol{E}_1+\boldsymbol{v}\times\boldsymbol{B}_1)\cdot\nabla_p f_0+e(\boldsymbol{E}_0+\boldsymbol{v}\times\boldsymbol{B}_0)\cdot\nabla_p f_1=0 \tag{8.9.1}$$

式中，$\boldsymbol{B}_0$ 是直流磁场，$\boldsymbol{E}_0$ 为直流电场. 交变电场及磁场满足麦克斯韦方程：

$$\begin{cases}\nabla\times\boldsymbol{E}_1=-\dfrac{\partial\boldsymbol{B}_1}{\partial t}\\[2ex]\nabla\times\boldsymbol{H}_1=\dfrac{\partial\boldsymbol{D}_1}{\partial t}+\boldsymbol{J}_1\end{cases} \tag{8.9.2}$$

而电流密度 $\boldsymbol{J}_1$ 为

$$\boldsymbol{J}_1=n_0e\int f_1\boldsymbol{v}\mathrm{d}^3p \tag{8.9.3}$$

另外两个麦克斯韦方程是

$$\begin{cases}\nabla\cdot\boldsymbol{D}_1=\rho_1\\\nabla\cdot\boldsymbol{B}_1=0\end{cases} \tag{8.9.4}$$

式中，空间电荷密度为

$$\rho_1=n_0e\int f_1\mathrm{d}^3p \tag{8.9.5}$$

我们不考虑外来场及外来源.

现在来讨论弗拉索夫-麦克斯韦方程组的求解问题. 首先我们要说明，弗拉索夫-麦克斯韦方程组有且只有唯一解，这个问题已在数学上较严格地证明过，我们这里就不再讨论.

通常有两种求解弗拉索夫-麦克斯韦方程组的方法：一种是特征线法，或称沿未扰轨道积分的方法；另一种是利用拉普拉斯-傅里叶变换的方法. 这两种方法所得的结果是一致的，它们在数学上都是严格的.

我们先讨论第一种方法. 为此将方程(8.9.1)写成以下形式：

$$\frac{\partial f_1}{\partial t}+\boldsymbol{v}\cdot\nabla_r f_1+e(\boldsymbol{E}_0+\boldsymbol{v}\times\boldsymbol{B}_0)\cdot\nabla_p f_1=-e(\boldsymbol{E}_1+\boldsymbol{v}\times\boldsymbol{B}_1)\cdot\nabla_p f_0 \tag{8.9.6}$$

方程(8.9.6)的左边是一个对时间的全微分，即

$$\frac{\partial f_1}{\partial t}+\boldsymbol{v}\cdot\nabla_r f_1+e(\boldsymbol{E}_0+\boldsymbol{v}\times\boldsymbol{B}_0)\cdot\nabla_p f_1=\frac{\mathrm{d}f_1}{\mathrm{d}t} \tag{8.9.7}$$

因为对于未扰轨道来说，

$$\frac{\mathrm{d}\boldsymbol{p}}{\mathrm{d}t}=e(\boldsymbol{E}_0+\boldsymbol{v}\times\boldsymbol{B}_0) \tag{8.9.8}$$

这样，方程(8.9.6)化为

$$\frac{\mathrm{d}f_1}{\mathrm{d}t}=-e(\boldsymbol{E}_1+\boldsymbol{v}\times\boldsymbol{B}_1)\cdot\nabla_p f_0 \tag{8.9.9}$$

为了求解上述方程，现定义一组运动方程为

$$\begin{cases}\dfrac{\mathrm{d}\boldsymbol{r}'}{\mathrm{d}t}=\boldsymbol{v}'\\[2ex]\dfrac{\mathrm{d}\boldsymbol{p}'}{\mathrm{d}t}=e[\boldsymbol{E}_0(\boldsymbol{r}',t')+\boldsymbol{v}'\times\boldsymbol{B}_0(\boldsymbol{r}',t')]\end{cases} \tag{8.9.10}$$

初始条件为 $t'=t$ 时，

$$\begin{cases}\boldsymbol{r}'=\boldsymbol{r}\\\boldsymbol{p}'=\boldsymbol{p}\\\boldsymbol{v}'=\boldsymbol{v}\end{cases} \tag{8.9.11}$$

而式(8.9.11)中的 $\boldsymbol{r},\boldsymbol{p},\boldsymbol{v}$ 正是我们所讨论的分布函数 f_1 所在的相空间.

现在设在相空间 $\boldsymbol{r}'$，$\boldsymbol{p}'$（或 $\boldsymbol{v}'$）有一分布函数以 $f_1[\boldsymbol{r}'(t'),\boldsymbol{p}'(t'),t']$，它满足以下的方程：

$$\begin{aligned}&\frac{\partial f_1(\boldsymbol{r}',\boldsymbol{p}',t')}{\partial t'}+\boldsymbol{v}'\cdot\nabla_{r'}f_1(\boldsymbol{r}',\boldsymbol{p}',t')+\frac{\mathrm{d}\boldsymbol{p}'}{\mathrm{d}t'}\cdot\nabla_{p'}f_0(\boldsymbol{r}',\boldsymbol{p}',t')\\&=\frac{\mathrm{d}f_1(\boldsymbol{r}',\boldsymbol{p}',t')}{\mathrm{d}t'}=-e[\boldsymbol{E}_1(\boldsymbol{r}',\boldsymbol{p}',t')+\boldsymbol{v}'\times\boldsymbol{B}(\boldsymbol{r}',\boldsymbol{p}',t')]\cdot\nabla_{p'}f_0(\boldsymbol{r}',\boldsymbol{p}')\end{aligned}\tag{8.9.12}$$

而且满足边界条件

$$t'=t:f_1(\boldsymbol{r}',\boldsymbol{p}',t')=f_1(\boldsymbol{r},\boldsymbol{p},t)\tag{8.9.13}$$

则方程(8.9.12)的解就是我们所需的解.

由于方程(8.9.12)是全微分形式，因此可以用直接积分求解：

$$\begin{aligned}f_1(\boldsymbol{r},\boldsymbol{p},t)=&-e\int_{-\infty}^{t}\mathrm{d}t'\{[\boldsymbol{E}_1(\boldsymbol{r}',t')+\boldsymbol{v}'\times\boldsymbol{B}_1(\boldsymbol{r}',t')]\\&\cdot\nabla_{p'}f_0(\boldsymbol{r}',\boldsymbol{p}')\}+f_1[\boldsymbol{r}'(t'),\boldsymbol{p}'(t'),t']_{t'\to-\infty}\end{aligned}\tag{8.9.14}$$

在很多情况下都可假定

$$f_1(\boldsymbol{r}',\boldsymbol{p}',t')|_{t\to-\infty}=0\tag{8.9.15}$$

因此可以得到

$$f_1(\boldsymbol{r},\boldsymbol{p},t)=-e\int_{-\infty}^{t}\mathrm{d}t'\{[\boldsymbol{E}_1(\boldsymbol{r}',t')+\boldsymbol{v}'\times\boldsymbol{B}_1(\boldsymbol{r}',t')]\cdot\nabla_{p'}f_0(\boldsymbol{r}',\boldsymbol{p}')\}\tag{8.9.16}$$

这就是线性弗拉索夫方程按沿未扰轨道积分方法得到解的形式. 由于积分是沿未扰轨道进行的，所以这种方法称为沿未扰轨道积分法.

式(8.9.16)中的 $\boldsymbol{r}'$，$\boldsymbol{p}'$，$\boldsymbol{v}'$，t' 在一般情况下可以通过 $\boldsymbol{r}$，$\boldsymbol{v}$，$\boldsymbol{p}$ 及 $(t-t')$ 来表示. 这在某些情况下可以使问题的求解进一步简化. 如果电磁场矢量可以写成以下形式：

$$\begin{cases}\boldsymbol{E}_1=\boldsymbol{E}_k\mathrm{e}^{\mathrm{j}\boldsymbol{k}\cdot\boldsymbol{r}-\mathrm{j}\omega t}\\\boldsymbol{B}_1=\boldsymbol{B}_k\mathrm{e}^{\mathrm{j}\boldsymbol{k}\cdot\boldsymbol{r}-\mathrm{j}\omega t}\end{cases}\tag{8.9.17}$$

式中：$\boldsymbol{E}_k$，$\boldsymbol{B}_k$ 是波的振幅；$\boldsymbol{k}$ 为波矢量. 这总是可以办到的，因为任意电磁波都可以展开为平面波的叠加，或按平面波作积分展开. 再令

$$\boldsymbol{R}=\boldsymbol{r}'-\boldsymbol{r},\tau=t'-t\tag{8.9.18}$$

由于

$$\boldsymbol{r}'=\int_t^{t'}\frac{\mathrm{d}\boldsymbol{r}'}{\mathrm{d}t'}\mathrm{d}t'=\int_0^{\tau}\frac{\mathrm{d}\boldsymbol{r}'}{\mathrm{d}\tau}\mathrm{d}\tau+\boldsymbol{r}\tag{8.9.19}$$

故有

$$\boldsymbol{R}=\int_0^{\tau}\boldsymbol{v}'(\tau)\mathrm{d}\tau\tag{8.9.20}$$

式中，$\boldsymbol{v}'=\mathrm{d}\boldsymbol{r}'/\mathrm{d}\tau$.

将以上各式代入方程(8.9.16)可以得到

$$f_1(\boldsymbol{r},\boldsymbol{p},t)=f_1(\boldsymbol{r},\boldsymbol{p})\mathrm{e}^{\mathrm{j}\boldsymbol{k}\cdot\boldsymbol{r}-\mathrm{j}\omega t}\tag{8.9.21}$$

式中

$$f_1(\boldsymbol{r},\boldsymbol{p})=-e\int_{-\infty}^{0}(\boldsymbol{E}_k'+\boldsymbol{v}'\times\boldsymbol{B}_k')\cdot\nabla_{p'}f_0(\boldsymbol{r}',\boldsymbol{p}')\cdot\mathrm{e}^{\mathrm{j}\left[\boldsymbol{k}\cdot\int_0^{\tau}\boldsymbol{v}'(\tau)\mathrm{d}\tau-\omega\tau\right]}\mathrm{d}\tau\tag{8.9.22}$$

这样，只要完成式(8.9.22)的积分，我们就求得线性弗拉索夫方程的解.

为了说明上述沿未扰轨道积分的方法，我们来研究一个极为重要而又典型的情况，即平面波通过磁化等离子体的情况. 取直角坐标系 (x,y,z)，于是

$$(\boldsymbol{E}_k'+\boldsymbol{v}'\times\boldsymbol{B}_k')\cdot\nabla_p f_0=(E_x'+v_y'B_z'-v_z'B_y')\frac{\partial f_0}{\partial p_x}$$

$$+(E'_y - v'_x B'_z + v'_z B'_x)\frac{\partial f_0}{\partial p_y}$$

$$+(E'_z + v'_x B_y - v'_y B'_x)\frac{\partial f_0}{\partial p_z} \tag{8.9.23}$$

如图 8.9.1 所示,不失普遍性,可以选择坐标系,使波矢量 $\boldsymbol{k}$ 位于 x-z 平面内,于是有

$$\boldsymbol{k} = k_{/\!/}\boldsymbol{e}_z + k_{\perp}\boldsymbol{e}_{\perp} \tag{8.9.24}$$

对于平面波,有

$$\mathrm{j}\boldsymbol{k}\times\boldsymbol{E}_k = \mathrm{j}\omega\boldsymbol{B}_k \tag{8.9.25}$$

假定有直流磁场,但无直流电场,$\boldsymbol{B}_0$ 沿 z 轴取向,按第 5 章所述,电子的运动速度可写成

$$\boldsymbol{v} = v_{\perp}\cos\phi\,\boldsymbol{e}_x + v_{\perp}\sin\phi\,\boldsymbol{e}_y + v_{/\!/}\boldsymbol{e}_z \tag{8.9.26}$$

及

$$\begin{aligned}\boldsymbol{v}' &= v_{\perp}\cos\phi'\boldsymbol{e}_x + v_{\perp}\sin\phi'\boldsymbol{e}_y + v'_{/\!/}\boldsymbol{e}_z \\ &= v_{\perp}\cos[\phi+\omega_c(t'-t)]\boldsymbol{e}_x + v_{\perp}\sin[\phi+\omega_c(t'-t)]\boldsymbol{e}_y + v_{/\!/}\boldsymbol{e}_z\end{aligned} \tag{8.9.27}$$

即

$$\begin{cases} v'_x = v_{\perp}\cos(\phi+\omega_c\tau) \\ v'_y = v_{\perp}\sin(\phi+\omega_c\tau) \\ v'_z = v_{/\!/} \end{cases} \tag{8.9.28}$$

关于 ϕ' 与 ϕ 的关系如图 8.9.2 所示. 对于 p' 也有同样的方程.

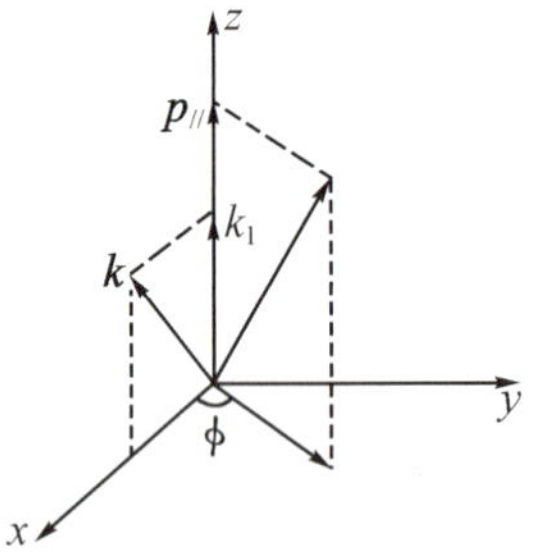

图 8.9.1　未扰轨道积分法

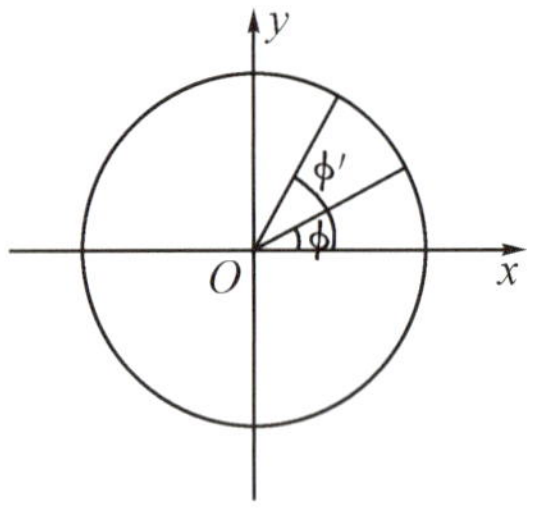

图 8.9.2　$\phi' = \phi + \omega_c\tau$ 的示意图

对式(8.9.28)进行积分,得到

$$\begin{cases} x' = \dfrac{v_{\perp}}{\omega_c}\sin(\phi+\omega_c\tau) - \dfrac{v_{\perp}}{\omega_c}\sin\phi + x \\ y' = -\dfrac{v_{\perp}}{\omega_c}\cos(\phi+\omega_c\tau) - \dfrac{v_{\perp}}{\omega_c}\cos\phi + y \\ z' = v_{/\!/}\tau + z \end{cases} \tag{8.9.29}$$

取动量空间 $\boldsymbol{p} = (p_{\perp}, \phi, p_{/\!/})$,并同时示于图 8.9.1 中,于是有

$$\nabla_p{}' f_0 = \frac{\partial f_0}{\partial \boldsymbol{p}'} = \frac{\partial f_0}{\partial p_{\perp}}[\cos(\phi+\omega_c\tau)\boldsymbol{e}_x + \sin(\phi+\omega_c\tau)\boldsymbol{e}_y] + \frac{\partial f_0}{\partial p_{/\!/}}\boldsymbol{e}_z \tag{8.9.30}$$

这样,在式(8.9.22)中的因子为

$$\mathrm{e}^{\mathrm{j}\left[k\int_0^{\tau}v'(\tau)\mathrm{d}\tau - \omega\tau\right]} = \exp\left\{\mathrm{j}\left[\frac{k_{\perp}v_{\perp}}{\omega_c}(\sin(\phi+\omega_c\tau) - \sin\phi) + k_{/\!/}v_{/\!/}\tau - \omega\tau\right]\right\} \tag{8.9.31}$$

另外,

$$\begin{aligned}\boldsymbol{E}_k + \boldsymbol{v}\times\boldsymbol{B}_k &= \boldsymbol{E}_k + \boldsymbol{v}\times(\boldsymbol{k}\times\boldsymbol{E}_k)/\omega \\ &= \boldsymbol{E}_k + (\boldsymbol{v}\cdot\boldsymbol{E}_k)\boldsymbol{k}/\omega - (\boldsymbol{v}\cdot\boldsymbol{k})\boldsymbol{E}_k/\omega \\ &= \left[\left(1-\frac{\boldsymbol{v}\cdot\boldsymbol{k}}{\omega}\right)E_x + \frac{k_{\perp}}{\omega}(\boldsymbol{v}\cdot\boldsymbol{E}_k)\right]\boldsymbol{e}_x\end{aligned}$$

$$
+\left[\left(1-\frac{\boldsymbol{v}\cdot\boldsymbol{k}}{\omega}\right)E_y\right]\boldsymbol{e}_y
$$

$$
+\left[\left(1-\frac{\boldsymbol{v}\cdot\boldsymbol{k}}{\omega}\right)E_z+\frac{k_{/\!/}}{\omega}(\boldsymbol{v}\cdot\boldsymbol{E}_k)\right]\boldsymbol{e}_z \tag{8.9.32}
$$

因此

$$
\begin{aligned}
(\boldsymbol{E}'_k\times\boldsymbol{v}'+\boldsymbol{B}'_k)\cdot\nabla_{p'}f_0=&\left[\left(1-\frac{\boldsymbol{v}'\cdot\boldsymbol{k}}{\omega}\right)E'_x+\frac{k_\perp}{\omega}(\boldsymbol{v}'\cdot\boldsymbol{E}'_k)\right]\cdot\frac{\partial f_0}{\partial p_\perp}\cos(\phi+\omega_c\tau)\\
&+\left[\left(1-\frac{\boldsymbol{v}'\cdot\boldsymbol{k}}{\omega}\right)E'_y\right]\frac{\partial f_0}{\partial p_\perp}\sin(\phi+\omega_c\tau)\\
&+\left[\left(1-\frac{\boldsymbol{v}'\cdot\boldsymbol{k}}{\omega}\right)E'_z+\frac{k_{/\!/}}{\omega}(\boldsymbol{v}'\cdot\boldsymbol{E}'_k)\right]\frac{\partial f_0}{\partial p_{/\!/}}
\end{aligned} \tag{8.9.33}
$$

在代入方程(8.9.22)积分时，利用以下的公式：

$$
\begin{cases}
\mathrm{e}^{\mathrm{j}\left[\frac{k_\perp v_\perp}{\omega_c}\sin(\phi+\omega_c\tau)\right]}=\displaystyle\sum_{n=-\infty}^{\infty}\mathrm{J}_n\left(\frac{k_\perp v_\perp}{\omega_c}\right)\mathrm{e}^{\mathrm{j}(n\phi+\omega_c\tau)}\\
\mathrm{e}^{\mathrm{j}\left[\frac{k_\perp v_\perp}{\omega_c}(\sin(\phi+\omega_c\tau)-\sin\phi)\right]}=\displaystyle\sum_{n=-\infty}^{\infty}\sum_{l=-\infty}^{\infty}\mathrm{J}_n\left(\frac{k_\perp v_\perp}{\omega_c}\right)\cdot\mathrm{J}_l\left(\frac{k_\perp v_\perp}{\omega_c}\right)\mathrm{e}^{\mathrm{j}[n(\omega_c\tau+\phi)-l\phi]}
\end{cases} \tag{8.9.34}
$$

以及下列的贝塞尔函数：

$$
\begin{cases}
\dfrac{2n}{x}\mathrm{J}_n(x)=\mathrm{J}_{n-1}(x)+\mathrm{J}_{n+1}(x)\\
2\mathrm{J}'_n(x)=\mathrm{J}_{n-1}(x)-\mathrm{J}_{n+1}(x)\\
\displaystyle\sum_{n=-\infty}^{\infty}\mathrm{J}_n^2(x)=1\\
\displaystyle\sum_{n=-\infty}^{\infty}[n\mathrm{J}_n(x)]^2=\frac{1}{2}x^2
\end{cases} \tag{8.9.35}
$$

积分时可先对 ϕ 积分，然后对 τ 积分，即可求得

$$
f_1=\frac{e}{m_0}\sum_{nl}\left[\frac{A\mathrm{J}_l\left(\frac{k_\perp v_\perp}{\omega_c}\right)+B(\mathrm{J}_{l+1}+\mathrm{J}_{l-1})-\mathrm{j}D(\mathrm{J}_{l+1}-\mathrm{J}_{l-1})}{\mathrm{j}(\omega-k_{/\!/}v_{/\!/}-l\omega_c)}\right]\cdot\mathrm{J}_n\left(\frac{k_\perp v_\perp}{\omega_c}\right)\mathrm{e}^{\mathrm{j}(n-1)\phi} \tag{8.9.36}
$$

式中

$$
\begin{cases}
A=E_z\dfrac{\partial f_0}{\partial p_{/\!/}}\\
B=E_x\dfrac{\partial f_0}{\partial p_\perp}+\dfrac{v_\perp(k_{/\!/}E_x-k_\perp E_z)}{\omega}\dfrac{\partial f_0}{\partial p_{/\!/}}-\dfrac{v_{/\!/}(k_{/\!/}E_x-k_\perp E_z)}{\omega}\dfrac{\partial f_0}{\partial p_\perp}\\
D=E_y\dfrac{\partial f_0}{\partial p_\perp}+\dfrac{k_{/\!/}v_\perp}{\omega}E_y\dfrac{\partial f_0}{\partial p_{/\!/}}-\dfrac{k_{/\!/}v_{/\!/}}{\omega}E_y\dfrac{\partial f_0}{\partial p_\perp}
\end{cases} \tag{8.9.37}
$$

方程(8.9.36)就是线性弗拉索夫方程的解. 利用线性弗拉索夫方程的解进一步求电磁波传播特性的问题，将在以后讨论. 这里只讨论线性弗拉索夫方程的解. 需要注意的是，以上的求解方法，在等离子体动力学理论中是具有极重要和典型意义的.

对沿未扰轨道积分的方法做一些物理解释可能有助于对这种方法的理解：在线性状态下，扰动轨道与未扰轨道相差很小，因而这种扰动可以沿着未扰的轨道逐步计算，而后求其总的结果. 这就是说把沿未扰轨道的全部扰动叠加起来计算总的扰动，这就是沿未扰轨道求积分的物理实质.

8.10 线性弗拉索夫方程的解(Ⅱ)

现在来讨论另一种求解线性弗拉索夫方程的方法,即利用拉普拉斯-傅里叶变换的方法.从数学上来讲,就是利用积分变换的方法求解偏微分方程的问题.为此将线性弗拉索夫方程重新写出:

$$\frac{\partial f_1}{\partial t}+\boldsymbol{v}\cdot\nabla_r f_1+e(\boldsymbol{E}_1+\boldsymbol{v}\times\boldsymbol{B}_1)\cdot\nabla_p f_0+e(\boldsymbol{v}\times\boldsymbol{B}_0)\cdot\nabla_p f_1=0 \tag{8.10.1}$$

为简单计,已令 $\boldsymbol{E}_0=0$.

引入以下的拉普拉斯-傅里叶变换:

$$(\boldsymbol{E},\boldsymbol{B},f)=\int_0^\infty \mathrm{d}t\mathrm{e}^{-st}\int_{-\infty}^\infty \frac{\mathrm{d}\boldsymbol{r}}{(2\pi)^3}\mathrm{e}^{-\mathrm{j}\boldsymbol{k}\cdot\boldsymbol{r}}(\boldsymbol{E}_1,\boldsymbol{B}_1,f_1) \tag{8.10.2}$$

式中,$\mathrm{Re}(s)>0$.此式的逆变换为

$$(\boldsymbol{E}_1,\boldsymbol{B}_1,f_1)=\int_{-\infty}^\infty \mathrm{d}\boldsymbol{k}\mathrm{e}^{\mathrm{j}\boldsymbol{k}\cdot\boldsymbol{r}}\int_{\sigma-\mathrm{j}\infty}^{\sigma+\mathrm{j}\infty}\frac{\mathrm{d}s}{2\pi\mathrm{j}}\mathrm{e}^{st}(\boldsymbol{E},\boldsymbol{B},f) \tag{8.10.3}$$

可见,我们对时间取拉普拉斯变换,对空间取傅里叶变换.所以我们讨论的是时间的正半空间和空间的全空间.这样,对方程(8.10.1)两边取上述变换,可以得到

$$\begin{aligned}&(s+\mathrm{j}\boldsymbol{k}\cdot\boldsymbol{v})f+\frac{e}{\gamma m_0}(\boldsymbol{p}\times\boldsymbol{B}_0)\cdot\nabla_p f+e(\boldsymbol{E}+\boldsymbol{v}\times\boldsymbol{B})\cdot\nabla_p f_0\\&=g-e\left(\varepsilon-\frac{1}{s}\boldsymbol{v}\times\boldsymbol{b}\right)\cdot\nabla_p f_0\end{aligned} \tag{8.10.4}$$

式中,积分常数为

$$\begin{cases}\boldsymbol{b}=\displaystyle\int_{-\infty}^\infty\frac{\mathrm{d}\boldsymbol{r}}{(2\pi)^3}\mathrm{e}^{-\mathrm{j}\boldsymbol{k}\cdot\boldsymbol{r}}[\boldsymbol{B}_1(t=0)]\\ \varepsilon=\displaystyle\int_{-\infty}^\infty\frac{\mathrm{d}\boldsymbol{r}}{(2\pi)^3}\mathrm{e}^{-\mathrm{j}\boldsymbol{k}\cdot\boldsymbol{r}}[\boldsymbol{E}_1(t=0)]\end{cases} \tag{8.10.5}$$

及

$$g=\int_{-\infty}^\infty\frac{\mathrm{d}\boldsymbol{r}}{(2\pi)^3}\mathrm{e}^{-\mathrm{j}\boldsymbol{k}\cdot\boldsymbol{r}}[f_1(t=0)] \tag{8.10.6}$$

利用麦克斯韦方程

$$\nabla\times\boldsymbol{E}_1=-\frac{\partial\boldsymbol{B}_1}{\partial t} \tag{8.10.7}$$

可将式(8.10.4)写成

$$\begin{aligned}&(s+\mathrm{j}\boldsymbol{k}\cdot\boldsymbol{v})f+\frac{e}{m_0\gamma}(\boldsymbol{p}\times\boldsymbol{B}_0)\cdot\nabla_p f+e\left[\boldsymbol{E}-\frac{\mathrm{j}}{s}\boldsymbol{v}\times\boldsymbol{k}\times\boldsymbol{E}\right]\cdot\nabla_p f_0\\&=g-e\left(\varepsilon-\frac{1}{s}\boldsymbol{v}\times\boldsymbol{b}\right)\cdot\nabla_p f_0\end{aligned} \tag{8.10.8}$$

为不失普遍性,仍然可将磁场 $\boldsymbol{B}_0$ 的方向取为坐标轴 z 的方向,如图 8.9.1 所示.

按图 8.9.1 所示的动量空间,令

$$\omega_c=\frac{\omega_{c0}}{\gamma}=\frac{eB_0}{m\gamma} \tag{8.10.9}$$

由于

$$\frac{1}{m_0\gamma}e\boldsymbol{p}\times\boldsymbol{B}_0=-\omega_c\boldsymbol{e}_\phi p_\perp \tag{8.10.10}$$

$$\nabla_p f_0 = \frac{\partial f_0}{\partial p_\perp}\boldsymbol{e}_\perp + \frac{1}{p_\perp}\frac{\partial f_0}{\partial \phi}\boldsymbol{e}_\phi + \frac{\partial f_0}{\partial p_{/\!/}}\boldsymbol{e}_z \tag{8.10.11}$$

则有

$$\frac{e}{m_0\gamma}(\boldsymbol{p}\times\boldsymbol{B}_0)\cdot\nabla_p f = -\omega_c\frac{\partial f}{\partial \phi} \tag{8.10.12}$$

于是方程(8.10.8)可以写成

$$\frac{\partial f}{\partial \phi} - \frac{(s+\mathrm{j}\boldsymbol{k}\cdot\boldsymbol{v})}{\omega_c}f = \frac{\Phi(\phi)}{\omega_c} \tag{8.10.13}$$

式中

$$\Phi(\phi) = e\left(\boldsymbol{E} - \frac{\mathrm{j}}{s}\boldsymbol{v}\times\boldsymbol{k}\times\boldsymbol{E}\right)\cdot\nabla_p f_0 - g + e\left(\varepsilon - \frac{1}{s}\boldsymbol{v}\times\boldsymbol{b}\right)\cdot\nabla_p f_0 \tag{8.10.14}$$

方程(8.10.13)仍然是一个一阶线性微分方程，其解可写成

$$f = \frac{1}{\omega_c}\int_{-\infty}^{\phi}\mathrm{d}\phi' G(\phi')\Phi(\phi') \tag{8.10.15}$$

式中，积分因子为

$$G(\phi') = \exp\left\{\int_{\phi'}^{\phi}\mathrm{d}\phi''\frac{(s+\mathrm{j}\boldsymbol{k}\cdot\boldsymbol{v}'')}{\omega_c}\right\} \tag{8.10.16}$$

求得 f 后，代入方程(8.10.3)可以求出 f_1. 不过以后将会指出，在很多情况下，往往只需求出有关的特征行列式，令其为零即可得到所需的色散方程. 因此，这时这种反变换就是不必要的.

进一步，如果选择坐标轴使 $\boldsymbol{k}$ 位于 xz 平面内，如图 8.9.1 所示，则可以得到

$$s+\mathrm{j}\boldsymbol{k}\cdot\boldsymbol{v} = s+\mathrm{j}k_{/\!/}v_{/\!/} + \mathrm{j}k_\perp v_\perp\cos\phi \tag{8.10.17}$$

则方程(8.10.16)可以化为

$$G(\phi') = \exp\left\{\frac{1}{\omega_c}\left[(s+\mathrm{j}k_{/\!/}v_{/\!/})(\phi-\phi') + \mathrm{j}k_\perp v_\perp(\sin\phi - \sin\phi')\right]\right\} \tag{8.10.18}$$

为了保持 f 的单值性，必须有 $0\leqslant\phi\leqslant 2\pi$，如令

$$\alpha = \phi' - \phi \tag{8.10.19}$$

则可得到

$$f = \frac{1}{\omega_c}\int_{-\infty}^{0}\mathrm{d}\alpha\exp\left\{\frac{1}{\omega_c}\left[(s+\mathrm{j}k_{/\!/}v_{/\!/})\alpha\right] + \mathrm{j}k_\perp v_\perp\left[\sin(\phi+\alpha) - \sin\phi\right]\right\}\cdot\Phi(\phi+\alpha) \tag{8.10.20}$$

式中，$\Phi(\phi+\alpha)$由式(8.10.14)确定. 在很多具体问题中，可以认为

$$g=0, \boldsymbol{b}=0, \varepsilon=0 \tag{8.10.21}$$

于是得到

$$\Phi(\phi+\alpha) = e\left(\boldsymbol{E} - \frac{\mathrm{j}}{s}\boldsymbol{v}\times\boldsymbol{k}\times\boldsymbol{E}\right)\cdot\nabla_p f_0 \tag{8.10.22}$$

将方程(8.10.14)及方程(8.10.20)与上一节方程(8.9.22)及方程(8.9.31)比较，可以看到，两种方法所得结果是相同的，最后都归结到同样的积分问题.

实际上，将方程(8.10.22)与方程(8.9.32)比较，可见，如果在方程(8.9.32)中，用以下代换：

$$\frac{1}{\omega}\rightarrow\left(-\frac{\mathrm{j}}{s}\right)$$

$\Phi(\phi-\alpha)$就可以由式(8.9.32)确定，即

$$\Phi(\phi-\alpha) = \left[\left(1+\frac{\mathrm{j}\boldsymbol{v}'\cdot\boldsymbol{k}}{s}\right)E'_x - \frac{\mathrm{j}k_\perp}{s}(\boldsymbol{v}'\cdot\boldsymbol{E}'_k)\right]\frac{\partial f_0}{\partial p_\perp}\cos(\phi-\alpha)$$
$$+\left[\left(1+\frac{\mathrm{j}\boldsymbol{v}'\cdot\boldsymbol{k}}{s}\right)E'_y\right]\frac{\partial f_0}{\partial p_\perp}\sin(\phi-\alpha)$$

$$+\left[\left(1+\frac{\mathrm{j}\boldsymbol{v}'\cdot\boldsymbol{k}}{s}\right)E'_z-\frac{\mathrm{j}k_{/\!/}}{s}(\boldsymbol{v}'\cdot\boldsymbol{E}'_k)\right]\frac{\partial f_0}{\partial p_{/\!/}} \tag{8.10.23}$$

在写出式(8.10.23)时，注意到

$$\alpha=\omega_c\tau \tag{8.10.24}$$

代入式(8.10.20)对 α(亦即对 τ)积分时，利用同样的有关公式(8.9.34)及(8.9.35)，这样就可以看到，所得的结果与上一节给出的是完全一致的.

由本节和上一节所述可见，两种方法都可以用来求解线性弗拉索夫方程的解. 在处理具体问题时，究竟用哪一种方法，可视问题的具体情况及本人对哪一种方法更为熟练而定.

从以上推导过程可以看出，所述的拉普拉斯-傅里叶变换方法，原则上只适用于无限大空间的平面波情况. 但在某些情况下，可以把这种方法推广到有限空间中去.

在结束有关弗拉索夫-麦克斯韦方程组的求解(包括平衡态解及线性化弗拉索夫方程的解)时，我们讨论一下这种求解的一些主要特点. 如上所述，这种联解就是弗拉索夫理论的基础. 在弗拉索夫方程中包括电磁场矢量，此电磁场是外加场及由电子运动引起的场. 同时，在麦克斯韦方程中，作为源的电荷密度和电流密度矢量，也是由外加源及电子运动所引起的源. 因此，从原则上来讲，弗拉索夫-麦克斯韦方程组的求解必须是自洽解. 但是，在很多情况求自洽解往往很困难，不得不作一些近似，这也将在以后讨论.

8.11 介电张量和色散方程

如上所述，为了求解带电粒子系统(如等离子体)对电磁波传播特性的影响，可以将弗拉索夫方程及麦克斯韦方程联合求解.

麦克斯韦方程：

$$\begin{cases}\nabla\times\boldsymbol{H}=\varepsilon_0\dfrac{\partial\boldsymbol{E}}{\partial t}+\boldsymbol{J}\\ \nabla\times\boldsymbol{E}=-\mu_0\dfrac{\partial\boldsymbol{H}}{\partial t}\\ \nabla\cdot\boldsymbol{B}=0\\ \nabla\cdot\boldsymbol{D}=\rho\end{cases} \tag{8.11.1}$$

线性弗拉索夫方程可写成

$$\frac{\partial f_1}{\partial t}+\boldsymbol{v}\cdot\nabla_r f_1+e(\boldsymbol{v}\times\boldsymbol{B}_0)\cdot\nabla_p f_1=-e(\boldsymbol{E}_1+\boldsymbol{v}\times\boldsymbol{B}_1)\cdot\nabla_p f_0 \tag{8.11.2}$$

电流密度 $\boldsymbol{J}$ 及电荷密度 ρ 为

$$\boldsymbol{J}=n_0e\int f_1\boldsymbol{v}\mathrm{d}^3p \tag{8.11.3}$$

$$\rho=n_0e\int f_1\mathrm{d}^3p \tag{8.11.4}$$

假定场均有因子 $\mathrm{e}^{-\mathrm{j}\omega t+\mathrm{j}\boldsymbol{k}\cdot\boldsymbol{r}}$，则由麦克斯韦方程可以得到

$$\boldsymbol{B}=\frac{\boldsymbol{k}\times\boldsymbol{E}}{\omega} \tag{8.11.5}$$

于是，弗拉索夫方程的解可以写成

$$f_1(\boldsymbol{r},\boldsymbol{p},t)=-e\int_{-\infty}^{0}\left[\boldsymbol{E}(\boldsymbol{r}',t')\left(1+\frac{\boldsymbol{v}'}{\omega}\boldsymbol{k}-\frac{\boldsymbol{v}'\cdot\boldsymbol{k}}{\omega}\right)\right]\cdot\nabla_p f_0\mathrm{d}t'\mathrm{e}^{-\mathrm{j}\omega t+\mathrm{j}\boldsymbol{k}\cdot\boldsymbol{r}} \tag{8.11.6}$$

代入方程(8.11.3)，可以将电流密度写成

$$\boldsymbol{J}=-n_0e^2\int\left\{\int_{-\infty}^{0}\mathrm{d}t'\left[\boldsymbol{E}(\boldsymbol{r}',t')\left(1+\frac{\boldsymbol{v}'}{\omega}\boldsymbol{k}-\frac{\boldsymbol{v}\cdot\boldsymbol{k}}{\omega}\right)\right]\cdot\nabla_p f_0\cdot\boldsymbol{v}\right\}\mathrm{d}^3p \tag{8.11.7}$$

式中已将因子 $\exp\{\mathrm{j}(\boldsymbol{k}\cdot\boldsymbol{r}-\omega t)\}$略去.

定义张量导电系数为

$$\boldsymbol{J}=\sigma\cdot\boldsymbol{E} \tag{8.11.8}$$

由方程(8.11.7)可以得到

$$\sigma=[\sigma_{ij}]=-n_0e^2\int\mathrm{d}^3p\int_{-\infty}^{0}\mathrm{d}t'\left\{\mathrm{e}^{-\mathrm{j}(\omega t'-kvt')}v_i(t')\cdot\left[\left(1-\frac{\boldsymbol{k}\cdot\boldsymbol{v}}{\omega}\right)\frac{\partial f_0}{\partial p_j}+\frac{v_j\boldsymbol{k}}{\omega}\cdot\frac{\partial f_0}{\partial\boldsymbol{p}}\right]\right\} \tag{8.11.9}$$

于是由方程(8.11.1)的第一式,可以得到张量介电系数的定义:

$$\varepsilon=I+\mathrm{j}\frac{1}{\omega}\sigma \tag{8.11.10}$$

或

$$[\varepsilon_{ij}]=[\delta_{ij}]+\mathrm{j}\frac{1}{\omega}[\sigma_{ij}] \tag{8.11.11}$$

将式(8.11.9)代入即可得到

$$\varepsilon_{ij}(\omega,\boldsymbol{k})=\delta_{ij}+\mathrm{j}\frac{\omega_p^2}{\omega}\int v_i\mathrm{d}^3p\int_{-\infty}^{0}\mathrm{d}t'\cdot\left\{\mathrm{e}^{-\mathrm{j}(\omega t'-kvt')}\left[\left(1-\frac{\boldsymbol{k}\cdot\boldsymbol{v}}{\omega}\right)\frac{\partial f_0}{\partial p_j}+\frac{v_j}{\omega}\boldsymbol{k}\cdot\frac{\partial f_0}{\partial\boldsymbol{p}}\right]\right\} \tag{8.11.12}$$

这样,就把带电粒子系统看作一个各向异性的介质.几种具体情况下,张量导电率及介电张量的表达式将在以后给出.

众所周知,波在介质中(或任意导波系统中)传播的特性,由其色散方程确定.由色散关系可以得知波的传播性质与频率的关系,这种关系一般由方程

$$f(\omega,k)=0 \tag{8.11.13}$$

表示.我们将指出,利用上面求得的介电张量,可以导出色散关系.

假定场具有因子 $\exp\{-\mathrm{j}\omega t+\mathrm{j}\boldsymbol{k}\cdot\boldsymbol{r}\}$,方程(8.11.1)即可写出

$$\begin{cases}\nabla\times\boldsymbol{E}_1=-\mathrm{j}\omega\boldsymbol{B}_1\\ \nabla\times\boldsymbol{B}_1=\mu\boldsymbol{J}+\mathrm{j}\omega\varepsilon\boldsymbol{E}=\dfrac{1}{c^2}\varepsilon\cdot\boldsymbol{E}\\ \nabla\cdot\boldsymbol{D}=0\\ \nabla\cdot\boldsymbol{B}=0\end{cases} \tag{8.11.14}$$

或者

$$\begin{cases}\boldsymbol{k}\times\boldsymbol{E}=\omega\boldsymbol{B}\\ \boldsymbol{k}\times\boldsymbol{B}=-\dfrac{\omega}{c^2}\varepsilon\cdot\boldsymbol{E}\\ \boldsymbol{k}\cdot\boldsymbol{D}=0\\ \boldsymbol{k}\cdot\boldsymbol{B}=0\end{cases} \tag{8.11.15}$$

将上面第一式代入第二式,即得

$$\boldsymbol{k}\times\boldsymbol{k}\times\boldsymbol{E}+\left(\frac{\omega}{c}\right)^2\varepsilon\cdot\boldsymbol{E}=0 \tag{8.11.16}$$

将双重矢量运算 $\boldsymbol{k}\times\boldsymbol{k}\times\boldsymbol{E}$ 展开,式(8.11.16)可写成

$$\Delta\cdot\boldsymbol{E}=0 \tag{8.11.17}$$

式中

$$\Delta=\left(\frac{\omega}{c}\right)^2\left(\varepsilon-\boldsymbol{I}+\frac{\boldsymbol{kk}}{k^2}\right)\qquad\left(k=\frac{\omega}{c}\right)\tag{8.11.18}$$

$\boldsymbol{kk}$ 是并矢张量.

方程(8.11.17)有非零解的条件是

$$|\Delta|=\left|\varepsilon-\boldsymbol{I}+\frac{\boldsymbol{kk}}{k^2}\right|=0\tag{8.11.19}$$

这就是波的色散方程,它描述了波矢量 $\boldsymbol{k}$ 与频率的关系.

色散方程还可进一步化简. 为此,令

$$\boldsymbol{E}=\boldsymbol{I}\cdot\boldsymbol{E}=\left(\boldsymbol{I}-\frac{\boldsymbol{kk}}{k^2}\right)\cdot\boldsymbol{E}+\frac{\boldsymbol{kk}}{k^2}\cdot\boldsymbol{E}=\boldsymbol{I}_T\cdot E+\boldsymbol{I}_L\cdot E\tag{8.11.20}$$

式中

$$\boldsymbol{I}-\frac{\boldsymbol{kk}}{k^2}=\boldsymbol{I}_T,\frac{\boldsymbol{kk}}{k^2}=\boldsymbol{I}_L\tag{8.11.21}$$

分别表示横向及纵向张量分量,则有

$$\begin{aligned}\dot{\varepsilon}\cdot\boldsymbol{E}&=\varepsilon\cdot\left[\left(\boldsymbol{I}-\frac{\boldsymbol{kk}}{k^2}\right)+\frac{\boldsymbol{kk}}{k^2}\right]\cdot\boldsymbol{E}\\&=\varepsilon\cdot\left(\boldsymbol{I}-\frac{\boldsymbol{kk}}{k^2}\right)\cdot\boldsymbol{E}+\varepsilon\cdot\frac{\boldsymbol{kk}}{k^2}\cdot\boldsymbol{E}\end{aligned}\tag{8.11.22}$$

这样即将介电张量分解为纵向及横向分量:

$$\varepsilon=\varepsilon_T\left(\boldsymbol{I}-\frac{\boldsymbol{kk}}{k^2}\right)+\varepsilon_{/\!/}\frac{\boldsymbol{kk}}{k^2}\tag{8.11.23}$$

式中

$$\begin{cases}\varepsilon_{/\!/}=\dfrac{1}{k^2}(\boldsymbol{k}\cdot\boldsymbol{\varepsilon}\cdot\boldsymbol{k})\\[2ex]\varepsilon_{\perp}=\dfrac{1}{2}[T_r(\varepsilon)-\varepsilon_{/\!/}]\end{cases}\tag{8.11.24}$$

这样色散方程

$$\left|\varepsilon_{/\!/}\frac{\boldsymbol{kk}}{k^2}+(\varepsilon_{\perp}-1)\left(\boldsymbol{I}-\frac{\boldsymbol{kk}}{k^2}\right)\right|=0\tag{8.11.25}$$

可分解为两个方程:

$$\varepsilon_{/\!/}=0\tag{8.11.26}$$

及

$$1-\varepsilon_{\perp}=0\tag{8.11.27}$$

它们分别相应于以下的纵波方程及横波方程:

$$\varepsilon_{/\!/}E_{/\!/}=0\tag{8.11.28}$$

$$(1-\varepsilon_{\perp})\boldsymbol{E}_{\perp}=0\tag{8.11.29}$$

8.12 自由等离子体中静电波的解

弗拉索夫理论首先被用来研究等离子体中的静电振荡现象. 假定无外加静止场,即 $\boldsymbol{E}_0=\boldsymbol{B}_0=0$,仅考虑由带电粒子的扰动而引起的静电波问题.

假定由于带电粒子的密度扰动,产生一个电场,可以表示为

$$\boldsymbol{E}_1=-\nabla\phi_1,\nabla\times\boldsymbol{E}_1=0 \tag{8.12.1}$$

显然,只有一维的电荷扰动才能严格地满足上述要求.

略去相对论效应①,线性化弗拉索夫方程可写成

$$\frac{\partial f_1}{\partial t}+\boldsymbol{v}\cdot\nabla_r f_1=\frac{e}{m_0}\nabla\phi_1\cdot\nabla_v f_0 \tag{8.12.2}$$

而 ϕ_1 还应满足泊松方程

$$\nabla^2\phi_1=-\frac{n_0 e}{\varepsilon_0}\int f_1\mathrm{d}^3 v \tag{8.12.3}$$

我们将利用前面所述的拉普拉斯-傅里叶变换方法来求解方程(8.12.2)和方程(8.12.3).

令

$$\begin{cases}f_k(\boldsymbol{v},t)=\dfrac{1}{(2\pi)^3}\displaystyle\int f_1(\boldsymbol{r},\boldsymbol{v},t)\mathrm{e}^{-\mathrm{j}\boldsymbol{k}\cdot\boldsymbol{r}}\mathrm{d}^3\boldsymbol{r}\\ \phi_k(t)=\dfrac{1}{(2\pi)^3}\displaystyle\int\phi_1(\boldsymbol{r},t)\mathrm{e}^{-\mathrm{j}\boldsymbol{k}\cdot\boldsymbol{r}}\mathrm{d}^3\boldsymbol{r}\end{cases} \tag{8.12.4}$$

及

$$\begin{cases}f_k(v,s)=\displaystyle\int_0^\infty f_k(\boldsymbol{v},t)\mathrm{e}^{-st}\mathrm{d}t\\ \phi_k(s)=\displaystyle\int_0^\infty\phi_k(t)\mathrm{e}^{-st}\mathrm{d}t\end{cases} \tag{8.12.5}$$

式中,$\mathrm{Re}(s)\geqslant s_0$,$s_0$ 的选择应能保证积分(8.12.5)是收敛的.

如果 $f_k(v,s)$,$\phi_k(s)$可以求出,可以从反变换:

$$\begin{cases}f_1(\boldsymbol{r},\boldsymbol{v},t)=\displaystyle\int\mathrm{e}^{\mathrm{j}\boldsymbol{k}\cdot\boldsymbol{r}}\mathrm{d}k\int_{s_0-\mathrm{j}\infty}^{s_0+\mathrm{j}\infty}\mathrm{e}^{st}f_s(\boldsymbol{v},s)\frac{\mathrm{d}s}{2\pi\mathrm{j}}\\ \phi_1(\boldsymbol{r},t)=\displaystyle\int\mathrm{e}^{\mathrm{j}\boldsymbol{k}\cdot\boldsymbol{r}}\mathrm{d}k\int_{s_0-\mathrm{j}\infty}^{s_0+\mathrm{j}\infty}\mathrm{e}^{st}\phi_k(s)\frac{\mathrm{d}s}{2\pi\mathrm{j}}\end{cases} \tag{8.12.6}$$

求出所需的扰动分布函数及由电子扰动引起的电位函数.

为此,将方程(8.12.2)及(8.12.3)进行变换,可以得到

$$\begin{cases}(s+\mathrm{j}\boldsymbol{k}\cdot\boldsymbol{v})f_k=f_k(t=0)+\dfrac{e}{m_0}(\mathrm{j}\boldsymbol{k}\cdot\nabla_v f_0)\phi_k\\ k^2\phi_k=n_0 e\displaystyle\int f_k\mathrm{d}^3 r\end{cases} \tag{8.12.7}$$

将上两式联解,可以得到

$$k^2\phi_k=\frac{n_0 e\displaystyle\int\frac{f_k(t=0)}{s+\mathrm{j}\boldsymbol{k}\cdot\boldsymbol{v}}\mathrm{d}^3 v}{1+\dfrac{n_0 e^2}{m_0\varepsilon_0}\dfrac{1}{k^2}\displaystyle\int\frac{\boldsymbol{k}\cdot\nabla_v f_0}{(\mathrm{j}s-\boldsymbol{k}\cdot\boldsymbol{v})}\mathrm{d}^3 v} \tag{8.12.8}$$

适当地选择坐标系,可以使方程(8.12.8)中的积分大为简化.选择坐标系,使 $\boldsymbol{k}$ 与某一轴平行,且令

$$\boldsymbol{k}\cdot\boldsymbol{v}=u \tag{8.12.9}$$

表示电子的"纵向"速度,实际上 u 是电子速度在 $\boldsymbol{k}$ 方向上的投影.此外有

①没有外加场的加速,又限于线性扰动,因此电子的速度不可能很高,略去相对论效应是合理的.

$$\begin{cases} \boldsymbol{k}\cdot\nabla_v f_0 = k\dfrac{\mathrm{d}f_0}{\mathrm{d}u} \\ \displaystyle\int f_0(t=0)\mathrm{d}v = \int F_{k0}(u)\mathrm{d}u \\ \displaystyle\int \boldsymbol{k}\cdot\nabla_v f_0\mathrm{d}v = \int\left(k\dfrac{\mathrm{d}F}{\mathrm{d}u}\right)\mathrm{d}u \end{cases} \tag{8.12.10}$$

式中

$$\begin{cases} F_{k0}(u) = \displaystyle\int f_0(t=0)\mathrm{d}v_\perp \\ F(u) = \displaystyle\int f_0(v)\mathrm{d}v_\perp \end{cases} \tag{8.12.11}$$

这样，将上述有关方程代入方程(8.11.8)，即可得到

$$\phi_k(v,s) = \frac{-\mathrm{j}\dfrac{n_0 e}{\varepsilon_0 k^2}\displaystyle\int\frac{F_{k0}\mathrm{d}u}{(\mathrm{j}s-ku)}}{D(k,s)} \tag{8.12.12}$$

式中

$$D(k,s) = 1+\omega_p^2\int\frac{\dfrac{\mathrm{d}F_k}{\mathrm{d}u}}{k(\mathrm{j}s-ku)}\mathrm{d}u \tag{8.12.13}$$

$$\omega_p^2 = \frac{n_0 e^2}{m_0\varepsilon_0} \tag{8.12.14}$$

根据 8.11 节所述，不难看到，方程(8.12.13)中的函数 $D(k,s)$ 正是在无限均匀等离子体情况下的介电系数. 事实上，令 $s=-\mathrm{j}\omega$，即可得到

$$D(k,\omega) = 1-\frac{\omega_p^2}{k^2}\int\frac{\dfrac{\mathrm{d}F_k}{\mathrm{d}u}}{\left(u-\dfrac{\omega}{k}\right)}\mathrm{d}u \tag{8.12.15}$$

以上一些方程中常遇到以下形式的积分：

$$g(z) = \int_{-\infty}^{\infty}\frac{f(x)\mathrm{d}x}{(x-z)} \quad (\mathrm{Im}\{z\}\neq 0) \tag{8.12.16}$$

我们来研究一下这种积分. 可以证明，在很弱的限制下，$g(z)$ 在上半平面或下半平面内定义一个解析函数：如果 $\mathrm{Im}(z)>0$，则 $g(z)$ 在上半平面解析；如果 $\mathrm{Im}(z)<0$，则 $g(z)$ 在下半平面解析. 积分路径如图 8.12.1 所示.

如果 $f(z)$ 是一个全函数，即在 $|z|<\infty$ 全域内解析，则以下定义的函数：

$$\begin{cases} h(z) = \displaystyle\int_{-\infty}^{\infty}\frac{f(x)\mathrm{d}x}{(x-z)} & [\mathrm{Im}(z)>0] \\ h(z) = \displaystyle\int_{-\infty}^{\infty}\frac{f(x)\mathrm{d}x}{(x-z)}+2\pi\mathrm{j}f(z) & [\mathrm{Im}(z)<0] \end{cases} \tag{8.12.17}$$

也是一个全函数. 为此，要证明 $\mathrm{Im}(z)\to 0$ 时，上两式有共同的极限. 事实上，当 $z\to y\pm\mathrm{j}\varepsilon$，$\varepsilon\to 0$ 时，我们有

$$\begin{cases} h(y+\mathrm{j}\varepsilon) = \mathscr{P}\displaystyle\int_{-\infty}^{\infty}\frac{f(x)\mathrm{d}x}{x-y}+\mathrm{j}\pi f(y) \\ h(y-\mathrm{j}\varepsilon) = \mathscr{P}\displaystyle\int_{-\infty}^{\infty}\frac{f(x)\mathrm{d}x}{x-y}-\mathrm{j}\pi f(y)+2\pi\mathrm{j}f(y) \end{cases} \tag{8.12.18}$$

上两式中

$$\mathscr{P}\int_{\infty}^{\infty}\frac{f(x)\mathrm{d}x}{(x-y)} = \lim_{\eta\to 0}\left(\int_{-\infty}^{y-\eta}+\int_{\eta+y}^{+\infty}\right)\frac{f(x)}{(x-y)}\mathrm{d}x \tag{8.12.19}$$

表示柯西(Cauchy)积分主值.

事实上按复变函数理论，如果函数 $f(z)$是一个全函数，且当$|z|\to\infty$时，$zf(z)$[在现在的条件下仅需 $f(z)$]一致地趋近于零，就可构成积分：

$$g(z)=\int_{-\infty}^{\infty}\frac{f(x)\mathrm{d}x}{(x-z)}+\int_{C_R}\frac{f(z')\mathrm{d}z'}{(z'-z)}=\oint\frac{f(z')\mathrm{d}z'}{(z'-z)} \tag{8.12.20}$$

这是一个典型的柯西型积分(如图 8.12.2 所示)，于是按留数定理，可以得到

$$g(z)=f(z) \tag{8.12.21}$$

如果 z 位于下半平面，同样可以得到式(8.12.21)，即 $g(z)$是一个全函数. 在这种情况下，实际上它就是 $f(z)$本身.

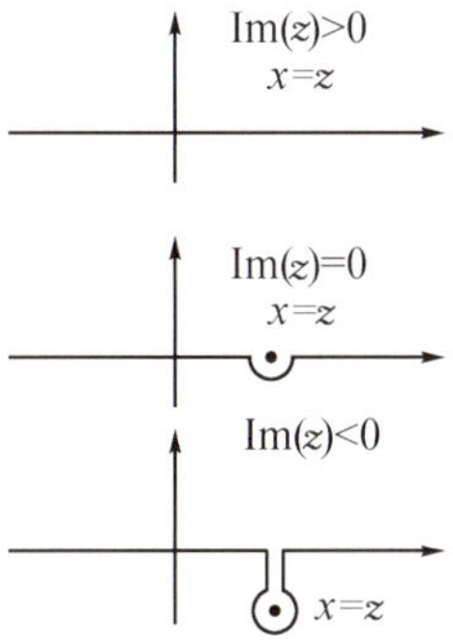

图 8.12.1　朗道积分路径

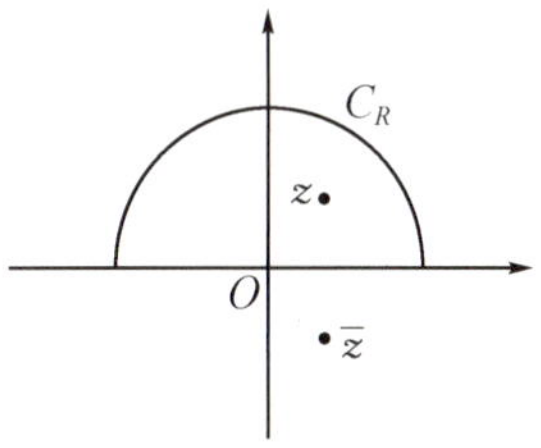

图 8.12.2　柯西型积分

现在再回过来研究式(8.12.15)及式(8.12.16). 由式(8.12.15)求反变换，即可求得 $\phi_k(k,t)$：

$$\phi_k(k,t)=\frac{1}{2\pi\mathrm{j}}\int_{s_0-\mathrm{j}\infty}^{s_0+\mathrm{j}\infty}\mathrm{d}s\,\mathrm{e}^{st}\left\{\frac{\dfrac{-n_0e\mathrm{j}}{k}\displaystyle\int_{-\infty}^{\infty}\mathrm{d}u\,\frac{F_{k0}(k,u)}{(\mathrm{j}s-ku)}}{1+\omega_p^2\displaystyle\int_{-\infty}^{\infty}\mathrm{d}u\,\frac{\dfrac{\mathrm{d}F(u)}{\mathrm{d}u}}{k(\mathrm{j}s-ku)}}\right\} \tag{8.12.22}$$

不妨假定 $k>0$，这时上式的分子含有式(8.12.16)的积分，按式(8.12.17)，它是全函数，因此积分(8.12.12)的奇异点只可能发生在式(8.12.22)分母的零点，即

$$D(k,s)=1-\frac{\mathrm{j}\omega_p^2}{k}\int_{-\infty}^{\infty}\mathrm{d}u\,\frac{F_k'(u)}{(s+\mathrm{j}ku)} \tag{8.12.23}$$

式中，$F_k'(u)=\mathrm{d}F_k/\mathrm{d}u$. 因此，如果假定当$|s|\to\infty$时，它沿 $s=s_0$ 的线是很快收敛的，即假定 $\phi_k(k,s)$具有不低于 $\mathrm{e}^{-\alpha_0 t}$的因子，这里 $\alpha_0>s_0$. 再令 s_i 为方程(8.12.23)的根，于是按留数定律，可以将式(8.12.22)的解写成

$$\phi_k(k,t)=\sum_i R_i\mathrm{e}^{s_i(k)t}+\int_{-\alpha_0-\mathrm{j}\infty}^{-\alpha_0+\mathrm{j}\infty}\frac{\mathrm{d}s\mathrm{e}^{st}}{2\pi\mathrm{j}}\phi_k(k,s) \tag{8.12.24}$$

式中，R_i 是留数.

如果 $\phi_k(k,s)$满足可积条件，则在一般情况下可以证明，上式右边第二项是随时间按指数衰减的. 当 $t\to\infty$时，上式右边第二项趋向于零. 因此可仅考虑式(8.12.24)前一项，式(8.12.24)化为

$$\phi_k(k,t)|_{t\to\infty}=\sum_i R_i\mathrm{e}^{s_i(k)t} \tag{8.12.25}$$

在很多情况下，方程(8.12.23)的根可写成

$$s_i(k)=-\mathrm{j}\omega_i(k)-\gamma_i(k) \tag{8.12.26}$$

代入式(8.12.25)可以得到

$$\phi_k(k,t)=\sum_i\{R_i\mathrm{e}^{-\mathrm{j}\omega_i(k)t-\gamma_i(k)t}\} \tag{8.12.27}$$

可见，得到的是一组随时间衰减的波. 此种衰减称为朗道衰减，如图 8.12.3 所示.

我们来研究一个具体情况. 如果假定在自由等离子体中电子的平衡分布是麦克斯韦分布①，即

$$f_0(\boldsymbol{v})=\frac{n_0}{\left(\frac{2\pi KT}{m_0}\right)^{3/2}}\mathrm{e}^{-\left(\frac{m_0v^2}{2KT}\right)} \tag{8.12.28}$$

式中，K 为玻尔兹曼常数.

代入式(8.12.11)，则有

$$F_0(u)=\int f_0(\boldsymbol{v})\mathrm{d}\boldsymbol{v}_\perp=\frac{n_0}{\sqrt{\frac{2\pi KT}{m_0}}}\mathrm{e}^{-\left(\frac{m_0u^2}{2KT}\right)} \tag{8.12.29}$$

由此得到

$$\frac{\mathrm{d}F_0(u)}{\mathrm{d}u}=-\frac{n_0}{\sqrt{\frac{2\pi KT}{m_0}}}\frac{u}{\left(\frac{KT}{m_0}\right)}\mathrm{e}^{-\left(\frac{u^2}{KT}\right)} \tag{8.12.30}$$

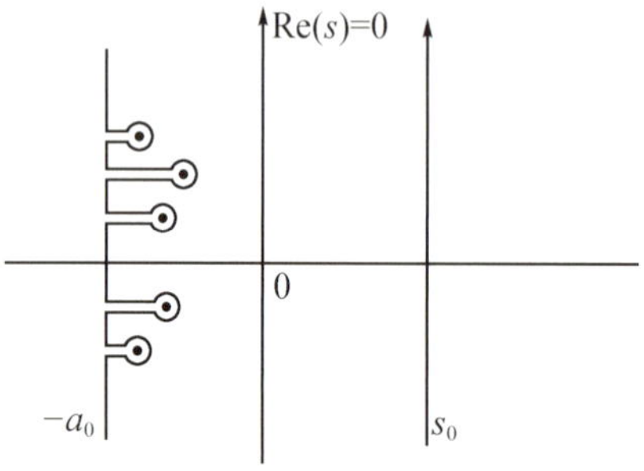

图 8.12.3 朗道衰减示意图

将式(8.12.30)代入式(8.12.13)可以得到

$$D(\boldsymbol{k},\omega')=1+\frac{\omega_p^2}{k^2KT}[1+\zeta Z(\zeta)]=0 \tag{8.12.31}$$

式中，$Z(\zeta)$为等离子体色散函数，其定义如下：

$$Z(\zeta)=\int_c\frac{\mathrm{e}^{-y^2}}{y-\zeta}\mathrm{d}y \tag{8.12.32}$$

式中

$$\begin{cases}y=\dfrac{u}{\sqrt{2KT}}\\ \zeta=\dfrac{\omega'}{k\sqrt{2KT}}\\ \omega'=\omega-\mathrm{j}\gamma\end{cases} \tag{8.12.33}$$

γ 将在后面求出.

积分路径如图 8.12.4 所示，取决于 $\mathrm{Im}(\zeta)$的大小. 可见，积分路径与图 8.12.1 所示的三种情况相同. 因此可以得到

①如果研究的是有恒定纵向速度的等离子体或电子流，则我们就是在此恒定速度的运动坐标系中进行讨论.

$$\begin{cases} Z(\zeta)=\dfrac{1}{\sqrt{\pi}}\displaystyle\int_{-\infty}^{\infty}\dfrac{e^{-y^2}}{(y-\zeta)}dy & [\mathrm{Im}(\zeta)>0] \\ Z(\zeta)=\dfrac{1}{\sqrt{\pi}}\displaystyle\int_{-\infty}^{\infty}\dfrac{e^{-y^2}}{(y-\zeta)}dy+j\sqrt{\pi}e^{-\zeta^2} & [\mathrm{Im}(\zeta)=0] \\ Z(\zeta)=\dfrac{1}{\sqrt{\pi}}\displaystyle\int_{-\infty}^{\infty}\dfrac{e^{-y^2}}{(y-\zeta)}dy+j2\sqrt{\pi}e^{-\zeta^2} & [\mathrm{Im}(\zeta)<0] \end{cases} \tag{8.12.34}$$

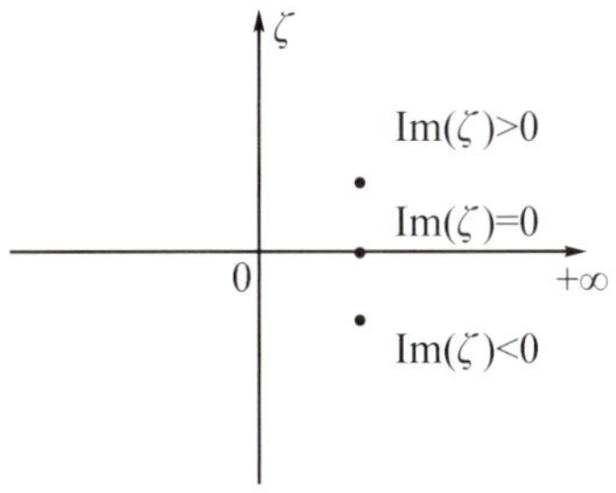

图 8.12.4　色散函数的积分路径

利用以下的变量变换，还可以把色散函数写成更方便的形式. 对于 $\mathrm{Im}(\zeta)>0$ 的情形，用 $(y+\zeta)/(y-\zeta)$ 乘上式第一式，可以得到

$$Z(\zeta)=\frac{2}{\sqrt{\pi}}\zeta e^{-\zeta^2}\int_0^{\infty}\frac{e^{\zeta^2-y^2}}{(y^2-\zeta^2)}dy+\frac{2}{\sqrt{\pi}}\zeta e^{-\zeta^2}\int_0^{\infty}\frac{dy}{(y^2-\zeta^2)} \tag{8.12.35}$$

在得到上式时，利用了被积函数的奇特性.

但由留数定律

$$2\zeta\int_0^{\infty}\frac{dy}{y^2-\zeta^2}=j\pi \tag{8.12.36}$$

如令

$$A(\zeta,s)=\int_0^{\infty}\frac{e^{s(\zeta^2-y^2)}-1}{(y^2-\zeta^2)}dy \tag{8.12.37}$$

则有

$$Z(\zeta)=\frac{2}{\sqrt{\pi}}\zeta e^{-\zeta^2}\cdot A(\zeta,1)+j\sqrt{\pi}e^{-\zeta^2} \tag{8.12.38}$$

为了求得 $A(\zeta,1)$，即方程(8.12.35)第一项中的积分，先将 $A(\zeta,s)$ 对 s 微分，得

$$\frac{\partial A(\zeta,s)}{\partial s}=-\int_0^{\infty}e^{s(\zeta^2-y^2)}dy=-\frac{1}{2}\sqrt{\frac{\pi}{s}}e^{s\zeta^2} \tag{8.12.39}$$

再将上式对 s 从 $s=0$ 到 $s=1$ 积分，得

$$A(1)=-\frac{\sqrt{\pi}}{2}\int_0^1\frac{e^{s\zeta^2}}{\sqrt{s}}ds \tag{8.12.40}$$

因此色散函数可写成

$$Z(\zeta)=-\zeta e^{-\zeta^2}\int_0^1\frac{e^{s\zeta^2}}{\sqrt{s}}ds+j\sqrt{\pi}e^{-\zeta^2} \tag{8.12.41}$$

可以证明，对于 $\mathrm{Im}(\zeta)<0$ 的情况，上式也是适用的.

令

$$t=\zeta\sqrt{s} \tag{8.12.42}$$

方程(8.12.41)又可改写成

$$Z(\zeta)=j\sqrt{\pi}e^{-\zeta^2}\left(1+\frac{2j}{\sqrt{\pi}}\int_0^{\zeta}e^{t^2}dt\right) \tag{8.12.43}$$

上式中右边第二项积分为误差函数.

对于色散函数,还可以得到以下的级数展开式:

对于 $\zeta<1$,有

$$Z(\zeta)=\mathrm{j}\sqrt{\pi}\mathrm{e}^{-\zeta^2}-2\zeta\left(1-\frac{2\zeta^2}{3}+\frac{4\zeta^4}{15}-\cdots\right) \tag{8.12.44}$$

而对于 $|\zeta|$ 很大时,有

$$\begin{aligned}Z(\zeta)&=\mathrm{j}\sqrt{\pi}\sigma\mathrm{e}^{-\zeta^2}-\sum_{n=0}^{\infty}\zeta^{-(2n+1)}\frac{\Gamma(\mathrm{e}^{n+\frac{1}{2}})}{\sqrt{\pi}}\\&=\mathrm{j}\sqrt{\pi}\sigma\mathrm{e}^{-\zeta^2}-\frac{1}{3}\left(1+\frac{1}{2\zeta^2}+\cdots\right)\end{aligned} \tag{8.12.45}$$

式中

$$\sigma=\begin{cases}0 & [\mathrm{Im}(\zeta)>0,\quad |\mathrm{Im}(\zeta)|>|\mathrm{Re}(\zeta)|]\\1 & [|\mathrm{Im}(\zeta)|<|\mathrm{Re}(\zeta)|]\\2 & [\mathrm{Im}(\zeta)<0,\quad |\mathrm{Im}(\zeta)|>|\mathrm{Re}(\zeta)|]\end{cases} \tag{8.12.46}$$

在文献中,还出现 $W(z)$ 函数的形式:

$$W(z)=\frac{1}{\sqrt{2\pi}}\int_{-\infty}^{\infty}\frac{\mathrm{e}^{-\frac{x}{2}}}{x-z}\mathrm{d}x \tag{8.12.47}$$

实际上,在方程(8.12.32)中,如令

$$\begin{cases}y=\sqrt{2}x\\Z=\sqrt{2}\zeta\end{cases} \tag{8.12.48}$$

即得到方程(8.12.47)的 $W(z)$.

在图 8.12.5 中,给出了 $W(z)$ 的图解.

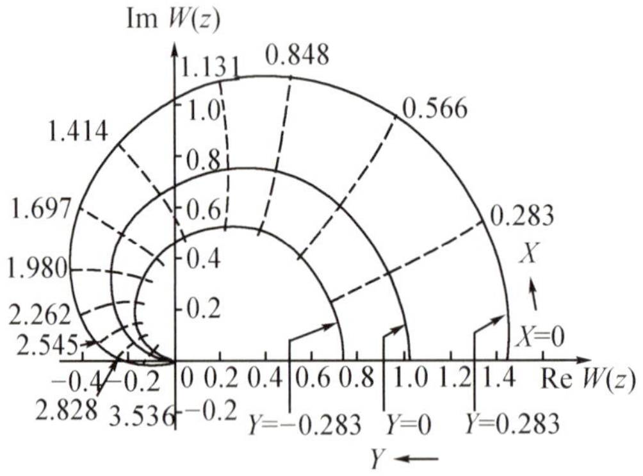

图 8.12.5 函数 $W(z)$ 的特性

将以上所得到的色散函数 $Z(\zeta)$ 代入方程(8.12.31),就可以求得衰减系数的解析表达式. 为此,我们假定波长远大于德拜长度,即

$$k\lambda_{\mathrm{D}}=2\pi\left(\frac{\lambda_{\mathrm{D}}}{\lambda}\right)\gg 1 \tag{8.12.49}$$

式中

$$\lambda_{\mathrm{D}}=v_e/\omega_p=KT/\omega_p \tag{8.12.50}$$

v_e 表示电子的热速度. 又假定波的相速大于电子的热速度,即

$$\omega\gg kv_e=k\sqrt{KT} \tag{8.12.51}$$

而且认为

$$\omega \gg |\gamma| \tag{8.12.52}$$

即认为复数频率的实部远大于虚部. 由方程(8.12.33)的第三项,我们有

$$|\mathrm{Im}(\zeta)| \ll 1 \tag{8.12.53}$$

这样,根据方程(8.12.51),可见我们所研究的情形相当于$|\zeta| \gg 1$,因此,可以采用式(8.12.45)的渐近展开式. 于是可以得到以下的色散方程:

$$\frac{k^2 v_e^2}{\omega_p^2} - 2\zeta^2 = \left(1 + \frac{3}{2\zeta^2}\right) - \mathrm{j}\sqrt{\pi}2\zeta^3 \mathrm{e}^{-\zeta^2} \tag{8.12.54}$$

在上式中,我们仅保留展开式中的前三项.

上式又可写成

$$\frac{\omega'}{\omega_p} = 1 + \frac{3}{2}k^2\lambda_{\mathrm{D}}^2 \frac{\omega_p^2}{\omega'^2} - \mathrm{j}\sqrt{\frac{\pi}{8}} \frac{1}{(k\lambda_{\mathrm{D}})^3} \left(\frac{\omega}{\omega_p}\right)^3 \mathrm{e}^{-\frac{\left(\frac{\omega'}{\omega_p}\right)^2}{2(k\lambda_{\mathrm{D}})^2}} \tag{8.12.55}$$

由此可以得到

$$\omega = \omega_p\left(1 + \frac{3}{2}k^2\lambda_{\mathrm{D}}^2\right) \tag{8.12.56}$$

$$\gamma = \sqrt{\frac{\pi}{8}} \frac{\omega_p}{(k\lambda_p)^3} \mathrm{e}^{-\frac{3}{2} - \frac{1}{2(k\lambda_{\mathrm{D}})^2}} \tag{8.12.57}$$

可见,$\omega = \omega_p$,即等离子体中纵波的频率近似等于等离子体的固有频率. 而$\gamma > 0$表明波有衰减.

我们来解释一下,为什么在略去碰撞情况下,等离子体中的波会有衰减? 这种衰减的物理机理是什么? 以后在讨论等离子体波的不稳定性时将要指出,当粒子的速度略大于波的相速时,粒子把能量交给波,引起波幅值的增大,导致不稳定性;而当粒子的速度略小于波的相速时,波将把能量交给粒子,从而引起波的衰减. 在麦克斯韦分布的情况下,波的相速略等于电子速度处的两侧,吸收能量的电子数多于交出能量的电子数,所以净的结果是波将要衰减,这就是朗道衰减的物理实质.

8.13 自由等离子体中的电磁波

上节中我们研究了等离子体中的静电波,它是由等离子体中电子密度的纵向扰动而引起的一种波. 本节研究电磁波在等离子体中的传播情况. 为简单计,我们限于小信号情况,因而可以利用线性弗拉索夫方程.

假定物理量均具有因子 $\exp\{\mathrm{j}/(\boldsymbol{k}\cdot\boldsymbol{r} - \omega t)\}$,于是有

$$\begin{cases} f_1(\boldsymbol{r},\boldsymbol{v},t) = f_{1k}\mathrm{e}^{\mathrm{j}(\boldsymbol{k}\cdot\boldsymbol{r}-\omega t)} \\ E_1(\boldsymbol{r},t) = E_{1k}\mathrm{e}^{\mathrm{j}(\boldsymbol{k}\cdot\boldsymbol{r}-\omega t)} \\ B(\boldsymbol{r},t) = B_{1k}\mathrm{e}^{\mathrm{j}(\boldsymbol{k}\cdot\boldsymbol{r}-\omega t)} \end{cases} \tag{8.13.1}$$

8.12 节中我们求解弗拉索夫方程时采用了拉普拉斯-傅里叶变换的方法,因此在本节中,我们将利用沿未扰轨道积分的方法求扰动分布函数 f_1,以便读者能较全面地了解线性弗拉索夫方程的求解方法. 于是,如果假定 $\boldsymbol{E}_k$,$\boldsymbol{B}_k$ 均与 τ 无关,则可以得到

$$f_{1k}=-\frac{e}{m_0}(\boldsymbol{E}_k+\boldsymbol{v}\times\boldsymbol{B}_k)\cdot\nabla_v f_0\int_{-\infty}^{0}\mathrm{e}^{\mathrm{j}(\boldsymbol{k}\cdot\boldsymbol{v}-\infty)\tau}\mathrm{d}\tau \tag{8.13.2}$$ ①

如果假定 $\tau\to-\infty$时，$f_{1k}\to0$，则上式给出

$$f_{1k}=\frac{\frac{e}{m_0}(\boldsymbol{E}_k+\boldsymbol{v}\times\boldsymbol{B}_k)}{\mathrm{j}(\omega-\boldsymbol{k}\cdot\boldsymbol{v})}\nabla_v f_0 \tag{8.13.3}$$

对于自由等离子体，我们略去相对论效应.

对于自由等离子体，如果我们取平衡分布函数为

$$f_0=f_0(v^2) \tag{8.13.4}$$

可以得到

$$(\boldsymbol{v}\times\boldsymbol{B}_k)\cdot\nabla_v f_0=0 \tag{8.13.5}$$

因此由式(8.13.3)得到

$$f_{1k}=\frac{\frac{e}{m_0}\boldsymbol{E}_k\cdot\nabla_0 f_0}{\mathrm{j}(\omega-\boldsymbol{k}\cdot\boldsymbol{v})} \tag{8.13.6}$$

即扰动分布函数仅与电场有关，与磁场无关.

这样可以求得电流密度及电荷分布：

$$\rho_k=-\mathrm{j}\frac{n_0e^2}{m_0}\int\frac{\boldsymbol{E}_k\cdot\nabla_v f_0}{(\omega-\boldsymbol{k}\cdot\boldsymbol{v})}\mathrm{d}^3v \tag{8.13.7}$$

$$\boldsymbol{J}_k=-\mathrm{j}\frac{n_0e^2}{m_0}\int\frac{\boldsymbol{v}(\boldsymbol{E}_k\cdot\nabla_v f_0)}{(\omega-\boldsymbol{k}\cdot\boldsymbol{v})}\mathrm{d}^3v \tag{8.13.8}$$

同样，我们看到在扰动分布函数中，仍然出现 $\boldsymbol{k}\cdot\boldsymbol{v}$ 的因子，所以可以写成一维分布的形式. 令

$$F_0(u)=\int f_0\delta\left(u-\frac{\boldsymbol{k}\cdot\boldsymbol{v}}{|k|}\right)\mathrm{d}^3v$$

同时将电场及磁场矢量也按平行及垂直分量展开：

利用关系式

$$\nabla_v f_0=2\boldsymbol{v}_\perp\frac{\partial f_0}{\partial v_\perp^2}+2u\boldsymbol{e}_{/\!/}\frac{\partial f_0}{\partial v_{/\!/}^2} \tag{8.13.9}$$

$$\boldsymbol{E}_k\cdot\nabla_v f_0=2\boldsymbol{E}_\perp\cdot\boldsymbol{v}_\perp\frac{\partial f_0}{\partial v_\perp^2}+2E_{/\!/}u\frac{\partial f_0}{\partial v_{/\!/}^2} \tag{8.13.10}$$

及以下的积分关系式：

$$\begin{cases}\displaystyle\int_{-\infty}^{\infty}\frac{\partial f_0}{\partial u}\mathrm{d}v_\perp\mathrm{d}u=\int\frac{\partial f_0}{\partial u}\mathrm{d}u_\perp\mathrm{d}u=\int\frac{\mathrm{d}F_0}{\mathrm{d}u}\mathrm{d}u\\ \displaystyle\int_{-\infty}^{\infty}\frac{\partial f_0}{\partial v_\perp}\mathrm{d}v_\perp\mathrm{d}u=\int f_0(u)\mathrm{d}u\end{cases} \tag{8.13.11}$$

---

①积分

$$\int_{-\infty}^{0}\mathrm{e}^{\mathrm{j}(\boldsymbol{k}\cdot\boldsymbol{v}-\infty)\tau}\mathrm{d}\tau$$

应按以下步骤进行：

$$\int_{-\infty}^{0}\mathrm{e}^{\mathrm{j}(\boldsymbol{k}\cdot\boldsymbol{v}-\infty)\tau}\mathrm{d}\tau=\lim_{\eta\to0}\int_{-\infty}^{0}\mathrm{e}^{\mathrm{j}(\boldsymbol{k}\cdot\boldsymbol{v}-\infty)\tau}\mathrm{e}^{\eta\tau}\mathrm{d}\tau=\lim_{\eta\to0}\frac{1}{\mathrm{j}(\omega-\boldsymbol{k}\cdot\boldsymbol{v})+\eta}=\frac{1}{\mathrm{j}(\omega-\boldsymbol{k}\cdot\boldsymbol{v})}$$

实际上，以后凡是遇到这类积分都应按此步骤.

以及

$$\begin{cases} E_{k/\!/} = \dfrac{\boldsymbol{k} \cdot \boldsymbol{E}_k}{|k|} \\ E_{k\perp} = \dfrac{\boldsymbol{k} \cdot \boldsymbol{E}_k}{|k|} \end{cases} \tag{8.13.12}$$

上式的意义是，将电场及磁场也分解成纵向分量及横向分量.

这样，代入麦克斯韦方程，可以得到

$$\begin{bmatrix} 1+\dfrac{\omega_p^2}{k^2\omega^2}\displaystyle\int\left[\dfrac{\partial F_0}{\partial u}\Big/\left(\dfrac{\omega}{|k|}-u\right)\right]\mathrm{d}u & 0 & 0 \\ 0 & 1-\dfrac{k^2c^2}{\omega^2}-\dfrac{\omega_p^2}{\omega}\displaystyle\int\dfrac{F_0(u)\mathrm{d}u}{(\omega-|k|u)} & 0 \\ 0 & 0 & 1-\dfrac{k^2c^2}{\omega^2}-\dfrac{\omega_p^2}{\omega}\displaystyle\int\dfrac{F_0(u)\mathrm{d}u}{(\omega-|k|u)} \end{bmatrix}\begin{bmatrix} E_{k/\!/} \\ E_{k\perp 1} \\ E_{k\perp 2} \end{bmatrix}=0 \tag{8.13.13}$$

方程(8.13.13)有非零解电场的条件是其系数行列式为零. 不过我们仍然可以分成横波及纵波两种情况来分别加以讨论.

对于纵电波，即 $E_{k\perp}=0$，可以得到

$$1+\frac{\omega_p^2}{k\omega^2}\int\frac{\dfrac{\partial F_0}{\partial u}\mathrm{d}u}{\gamma^3(\omega-ku)}=0 \tag{8.13.14}$$

对上式进行分部积分即得

$$1+\omega_p^2\int_{-\infty}^{\infty}\frac{F_0(u)\mathrm{d}u}{(\omega-ku)^2}=0 \tag{8.13.15}$$

所得结果与式(8.12.13)一致(如果令 $s=-\mathrm{j}\omega$)，可见所得的解相当于静电波的情况. 事实上，对于自由等离子体，如果只考虑纵波，当然是一个静电扰动型的波.

现在来讨论横波，即 $E_{k/\!/}=0$，于是得到

$$\omega^2=k^2c^2+\omega\omega_p^2\int\frac{F(u)}{(\omega-ku)}\mathrm{d}u \tag{8.13.16}$$

如果有条件

$$\omega\gg ku=\omega\left(\frac{u}{c}\right) \tag{8.13.17}$$

即热运动速度很小，且

$$\int F_0(u)\mathrm{d}u=1 \tag{8.13.18}$$

则方程(8.13.15)给出

$$\omega^2=k^2c^2+\omega_p^2 \tag{8.13.19}$$

得到的简单的色散方程，具有重要的物理意义：在最简单情况下，自由等离子体相当于一种各向同性介质，其等效介电常数为

$$\varepsilon_{\mathrm{eff}}=\varepsilon_0\left(1-\frac{\omega_p^2}{\omega^2}\right) \tag{8.13.20}$$

电磁波的相速为

$$v_p=\pm c\sqrt{1+\left(\frac{\omega_p}{\omega}\right)^2} \tag{8.13.21}$$

可见电磁波的相速大于光速. 即等离子体是一个具有负折射率的介质.

自然,如果采用不同的平衡分布函数,可以由方程(8.13.15)得到不同的解.不过,所得结果并不改变基本的物理实质.

8.14 静磁场中无限等离子体中的波

研究电磁波在具有静磁场中的等离子体中的传播特性,具有重要的理论意义和实际意义.特别是对于电子回旋脉塞来说更是如此.自由等离子体仍是各向同性的,而在磁场中的等离子体就不是各向同性的了,犹如等离子体被"磁化"了似的,是各向异性的特殊介质.

我们将利用8.10节所述的方法来求解电磁波在磁化等离子体中传播的特性.由方程(8.10.13),弗拉索夫-麦克斯韦方程的解导致以下的微分方程:

$$\frac{\partial f}{\partial \phi}-\frac{(s+\mathrm{j}\boldsymbol{k}\cdot\boldsymbol{v})}{\omega_{\mathrm{c}}}f=\frac{\Phi(\phi)}{\omega_{\mathrm{c}}} \tag{8.14.1}$$

式中

$$\Phi(\phi)=e\left[\boldsymbol{E}-\frac{\mathrm{j}}{s}\boldsymbol{v}\times\boldsymbol{k}\times\boldsymbol{E}\right]\cdot\nabla_p f_0-g+\left(e\boldsymbol{E}+\frac{e}{s}\boldsymbol{v}\times\boldsymbol{b}\right)\cdot\nabla_p f_0 \tag{8.14.2}$$

方程(8.14.1)的解为

$$f=\frac{1}{\omega_{\mathrm{c}}}\int_{+\infty}^{\phi}\mathrm{d}\phi' G(\phi')\Phi(\phi') \tag{8.14.3}$$

式中

$$G(\phi')=\exp\left\{\mathrm{j}\int_{\phi'}^{\phi}\mathrm{d}\phi''\frac{(s+\mathrm{j}\boldsymbol{k}\cdot\boldsymbol{v}'')}{\omega_{\mathrm{c}}}\right\} \tag{8.14.4}$$

仍然如图8.9.1所示,假定$\boldsymbol{k}$位于xz平面内,即可求得

$$f=\frac{1}{\omega_{\mathrm{c}}}\int_{-\infty}^{0}\mathrm{d}\alpha\exp\left\{\frac{1}{\omega_{\mathrm{c}}}(s+\mathrm{j}k_{/\!/}v_{/\!/})\alpha-\mathrm{j}k_{\perp}v_{\perp}[\sin(\phi+\alpha)-\sin\phi]\right\}\cdot\Phi(\phi+\alpha) \tag{8.14.5}$$

另外,由麦克斯韦方程可以得到

$$(s^2+c^2k^2)\boldsymbol{E}-c^2\boldsymbol{k}(\boldsymbol{k}\cdot\boldsymbol{E})=-s\mu_0\boldsymbol{J}+s\mathscr{E}+\mathrm{j}c\boldsymbol{k}\times\boldsymbol{b} \tag{8.14.6}$$

而上式中的电流密度由下式求出:

$$\begin{aligned}\boldsymbol{J}=\int f\boldsymbol{v}\mathrm{d}^3\boldsymbol{p}=&\int\mathrm{d}^3p\left\{\frac{1}{\omega_{\mathrm{c}}}\int_{-\infty}^{\infty}\mathrm{d}\alpha\exp\left[\frac{1}{\omega_{\mathrm{c}}}((s+\mathrm{j}k_{/\!/}v_{/\!/})\alpha\right.\right.\\&\left.\left.-\mathrm{j}k_{\perp}v_{\perp}(\sin(\phi+\alpha)-\sin\phi)\right]\right\}\boldsymbol{v}\Phi(\phi+\alpha)\end{aligned} \tag{8.14.7}$$

将$\Phi(\phi+\alpha)$的关系式(8.14.2)代入式(8.14.7),并注意到

$$\boldsymbol{v}=\boldsymbol{p}/m_0\gamma \tag{8.14.8}$$

则可得到

$$\begin{aligned}&(s^2+c^2k^2)\boldsymbol{E}-c^2\boldsymbol{k}(\boldsymbol{k}\cdot\boldsymbol{E})-s\frac{\omega_p^2}{\omega_{\mathrm{c}}}\int_{-\infty}^{\infty}\mathrm{d}p_{/\!/}\int_0^{\infty}p_{\perp}\mathrm{d}p_{\perp}\int_0^{2\pi}\mathrm{d}\phi\\&\cdot(p_{\perp}\cos\phi,p_{\perp}\sin\phi,p_{/\!/})\int_{-\infty}^{0}\mathrm{d}\alpha\exp\frac{1}{\omega_{\mathrm{c}}}\left\{[(s+\mathrm{j}k_{/\!/}v_{/\!/})\alpha\right.\\&\left.-\mathrm{j}k_{\perp}v_{\perp}(\sin(\phi+\alpha)-\sin\phi)]\right\}\left\{[E_x\cos(\phi+\alpha)\right.\\&\left.+E_y\sin(\phi+\alpha)]\cdot\frac{\partial f_0}{\partial p_{\perp}}+E_z\frac{\partial f_0}{\partial p_{/\!/}}\right\}=I\end{aligned} \tag{8.14.9}$$

式中

$$I = s\mathscr{E} + \mathrm{j}c\boldsymbol{k}\times\boldsymbol{b} + s\mu_0\frac{en_0}{m_0\omega_c}\int \mathrm{d}\boldsymbol{p}\boldsymbol{p}\int_{\infty}^{\phi}\mathrm{d}\phi' G(\phi')\cdot\left(g + e\mathscr{E} - \frac{e}{s}\boldsymbol{v}\times\boldsymbol{b}\cdot\nabla_p f_0\right) \tag{8.14.10}$$

如果认为 $t\to\infty$ 时，$\mathscr{E}$，$\boldsymbol{b}$，g 均为零，则有

$$I = 0 \tag{8.14.11}$$

式(8.14.9)左边含积分的第三项实际上可以表示为

$$s\boldsymbol{J} = s[\sigma]\cdot\boldsymbol{E} \tag{8.14.12}$$

式中，$[\sigma]$为磁化等离子体的导电张量.

在进行积分时，先对 ϕ 积分，然后对 α 积分. 在对 $p_\perp$ 及 $p_{/\!/}$ 空间积分时，必须事先知道平衡分布函数 f_0. 在对 ϕ 积分时，利用与 8.9 节类似的方法及贝塞尔函数的公式(8.9.34)，可以得到积分公式：

$$\int_0^{2\pi}\mathrm{d}\phi\mathrm{e}^{-\mathrm{j}z[\sin(\phi+\alpha)-\sin\phi]}\begin{bmatrix}\sin\phi\sin(\phi+\alpha)\\ \sin\phi\cos(\phi+\alpha)\\ \cos\phi\sin(\phi+\alpha)\\ \cos\phi\cos(\phi+\alpha)\\ 1\\ \sin\phi\\ \cos\phi\\ \sin(\phi+\alpha)\\ \cos(\phi+\alpha)\end{bmatrix} = 2\pi\sum_{n=-\infty}^{\infty}\mathrm{e}^{\mathrm{j}n\alpha}\begin{bmatrix}(\mathrm{J}_n')^2\\ -\dfrac{\mathrm{j}n}{z}\mathrm{J}_n\mathrm{J}_n'\\ \dfrac{\mathrm{j}n}{z}\mathrm{J}_n\mathrm{J}_n'\\ \dfrac{n^2}{z^2}(\mathrm{J}_n')^2\\ \mathrm{J}_n^2\\ -\mathrm{j}\mathrm{J}_n\mathrm{J}_n'\\ \dfrac{n}{z}\mathrm{J}_n^2\\ \mathrm{j}\mathrm{J}_n\mathrm{J}_n'\\ \dfrac{n}{z}\mathrm{J}_n^2\end{bmatrix} \tag{8.14.13}$$

式中，已令 $z = k_\perp v_\perp/\omega_c$.

对 ϕ 积分之后，再对 α 积分：

$$\int_{\pm\infty}^{0}\mathrm{d}\alpha\mathrm{e}^{\left(\frac{s+\mathrm{j}k_{/\!/}v_{/\!/}}{\omega_c}\right)\alpha+\mathrm{j}n\alpha} = \frac{\omega_c}{s+\mathrm{j}k_{/\!/}v_{/\!/}+\mathrm{j}n\omega_c} \tag{8.14.14}$$

这样可以求出张量导电系数：

$$[\sigma] = \begin{bmatrix}\sigma_{xx} & \sigma_{xy} & \sigma_{xz}\\ \sigma_{yx} & \sigma_{yy} & \sigma_{yz}\\ \sigma_{zx} & \sigma_{zy} & \sigma_{zz}\end{bmatrix} \tag{8.14.15}$$

式中

$$
\left\{\begin{aligned}
\sigma_{xx} &= -\mathrm{j}\frac{\omega_p^2}{\omega}\sum_{n=-\infty}^{\infty}\int_0^{\infty}p_{\perp}\,\mathrm{d}p_{\perp}\int_{-\infty}^{\infty}\mathrm{d}p_{/\!/}\frac{v_{\perp}U\left(\dfrac{n\omega_c}{k_{\perp}v_{\perp}}\right)^2\mathrm{J}_n^2}{Q_n}\\
\sigma_{xy} &= -\mathrm{j}\frac{\omega_p^2}{\omega}\sum_{n=-\infty}^{\infty}\int_0^{\infty}p_{\perp}\,\mathrm{d}p_{\perp}\int_{-\infty}^{\infty}\mathrm{d}p_{/\!/}\frac{\mathrm{j}v_{\perp}U\left(\dfrac{n\omega_c}{k_{\perp}v_{\perp}}\right)^2\mathrm{J}_n\mathrm{J}_n'}{Q_n}\\
\sigma_{xz} &= -\mathrm{j}\frac{\omega_p^2}{\omega}\sum_{n=-\infty}^{\infty}\int_0^{\infty}p_{\perp}\,\mathrm{d}p_{\perp}\int_{-\infty}^{\infty}\mathrm{d}p_{/\!/}\frac{v_{\perp}W\left(\dfrac{n\omega_c}{k_{\perp}v_{\perp}}\right)\mathrm{J}_n^2}{Q_n}\\
\sigma_{yx} &= -\sigma_{xy}\\
\sigma_{yy} &= -\mathrm{j}\frac{\omega_p^2}{\omega}\sum_{n=-\infty}^{\infty}\int_0^{\infty}p_{\perp}\,\mathrm{d}p_{\perp}\int_{-\infty}^{\infty}\mathrm{d}p_{/\!/}\frac{v_{\perp}U(\mathrm{J}_n')^2}{Q_n}\\
\sigma_{yz} &= \mathrm{j}\frac{\omega_p^2}{\omega}\sum_{n=-\infty}^{\infty}\int_0^{\infty}p_{\perp}\,\mathrm{d}p_{\perp}\int_{-\infty}^{\infty}\mathrm{d}p_{/\!/}\frac{\mathrm{j}v_{\perp}W\mathrm{J}_n\mathrm{J}_n'}{Q_n}\\
\sigma_{zx} &= \mathrm{j}\frac{\omega_p^2}{\omega}\sum_{n=-\infty}^{\infty}\int_0^{\infty}p_{\perp}\,\mathrm{d}p_{\perp}\int_{-\infty}^{\infty}\mathrm{d}p_{/\!/}\frac{v_{/\!/}U\left(\dfrac{n\omega_c}{k_{\perp}v_{\perp}}\right)\mathrm{J}_n^2}{Q_n}\\
\sigma_{zy} &= \mathrm{j}\frac{\omega_p^2}{\omega}\sum_{n=-\infty}^{\infty}\int_0^{\infty}p_{\perp}\,\mathrm{d}p_{\perp}\int_{-\infty}^{\infty}\mathrm{d}p_{/\!/}\frac{\mathrm{j}v_{/\!/}U\mathrm{J}_n\mathrm{J}_n'}{Q_n}\\
\sigma_{zz} &= \mathrm{j}\frac{\omega_p^2}{\omega}\sum_{n=-\infty}^{\infty}\int_0^{\infty}p_{\perp}\,\mathrm{d}p_{\perp}\int_{-\infty}^{\infty}\mathrm{d}p_{/\!/}\frac{v_{/\!/}W\mathrm{J}_n^2}{Q_n}
\end{aligned}\right. \tag{8.14.16}
$$

为简化式中书写，令

$$
\left\{\begin{aligned}
Q_n &= \omega - k_{/\!/}v_{/\!/} - n\omega_c\\
U &= (\omega - k_{/\!/}v_{/\!/})\frac{\partial f_0}{\partial p_{\perp}} + k_{/\!/}v_{\perp}\frac{\partial f_0}{\partial p_{/\!/}}\\
W &= \frac{n\omega_c\beta_{/\!/}}{\beta_{\perp}}\frac{\partial f_0}{\partial p_{\perp}} + (\omega - n\omega_c)\frac{\partial f_0}{\partial p_{/\!/}}
\end{aligned}\right. \tag{8.14.17}
$$

在得到方程(8.14.16)时，已令 $s=-\mathrm{j}\omega$.

求得张量导电率后，张量介电系数即可以求得

$$
\varepsilon = \delta + \mathrm{j}\frac{1}{\omega}\sigma \tag{8.14.18}
$$

将式(8.14.18)代入式(8.14.9)得

$$
\begin{bmatrix} D_{xx} & D_{xy} & D_{xz}\\ D_{yx} & D_{yy} & D_{yz}\\ D_{zx} & D_{zy} & D_{zz}\end{bmatrix}\begin{bmatrix}E_x\\E_y\\E_z\end{bmatrix} = 0 \tag{8.14.19}
$$

式中

$$
\begin{cases}
D_{xx}=-\omega^2+c^2k_{/\!/}^2+\sigma_{xx}\\
D_{xy}=-D_{yx}=\sigma_{xy}\\
D_{xz}=-c^2k_{\perp}k_{/\!/}+\sigma_{xz}\\
D_{yy}=-\omega^2+c^2k_{/\!/}^2+\sigma_{yy}\\
D_{yz}=\sigma_{yz}\\
D_{zx}=-c^2k_{/\!/}k_{\perp}+\sigma_{zx}\\
D_{zy}=\sigma_{zy}\\
D_{zz}=-\omega^2+c^2k_{\perp}^2+\sigma_{zz}
\end{cases}
\tag{8.14.20}
$$

从而可以求得波在磁化等离子体中传播的色散特性：

$$
\begin{vmatrix}
D_{xx} & D_{xy} & D_{xz}\\
D_{yx} & D_{yy} & D_{yz}\\
D_{zx} & D_{zy} & D_{zz}
\end{vmatrix}=0
\tag{8.14.21}
$$

由此可见，在普遍情况下，波的色散方程是比较复杂的. 由于磁化等离子体是各向异性的，因此波的传播特性与波的传播方向有关，与波的极化情况也有关. 自然，波的传播特性还与电子的平衡分布函数有关. 为了简化分析及物理概念更加清楚，下节中我们将分别讨论平行及垂直于磁场方向传播的波的特性.

8.15 平行于磁场和垂直于磁场传播的波

如果波的传播方向平行于磁场的方向，则波矢量 $\boldsymbol{k}$ 为

$$
\begin{cases}
\boldsymbol{k}=k_{/\!/}\boldsymbol{e}_z\\
\boldsymbol{k}_{\perp}=0
\end{cases}
\tag{8.15.1}
$$

由于 $k_{\perp}=0$，可使色散方程大为简化. 首先，由于贝塞尔函数的宗量为零，因此有

$$
\begin{cases}
\mathrm{J}_n^2(0)=0\\
\mathrm{J}_0^2(0)=1
\end{cases}
\tag{8.15.2}
$$

即仅存在 $n=0$ 的一项. 色散方程(8.14.19)化为

$$
\begin{bmatrix}
D_{xx} & D_{xy} & 0\\
D_{yx} & D_{yy} & 0\\
0 & 0 & D_{zz}
\end{bmatrix}
\begin{bmatrix}
E_x\\ E_y\\ E_z
\end{bmatrix}=0
\tag{8.15.3}
$$

可见，同自由等离子体中的波类似，纵向波及横向波之间无耦合，它们的色散方程分别为：

对于纵向波，

$$
\frac{\omega^2}{\omega_p^2}+\int\frac{\dfrac{\partial f_0}{\partial p_{/\!/}}\mathrm{d}\boldsymbol{p}}{k_{/\!/}\gamma^3(\omega-k_{/\!/}v_{/\!/})}=0
\tag{8.15.4}
$$

对于横向波，

$$
\begin{cases}
-k_{/\!/}^2E_x+\dfrac{\omega^2}{c^2}[(1+\varepsilon_{xx})(E_x+\varepsilon_{xy}E_y)]=0\\
-k_{/\!/}^2E_y+\dfrac{\omega^2}{c^2}[(1+\varepsilon_{xx})(E_y-\varepsilon_{xy}E_x)]=0
\end{cases}
\tag{8.15.5}
$$

方程(8.15.4)与 8.13 节中研究的静电波的色散方程(8.13.14)比较，除了系数$(1/\gamma^3)$以外，完全相同.

而$(1/\gamma^3)$是考虑相对论效应的修正. 这表明,对于纵电波来说,直流磁场的存在并不带来影响. 事实上,直流纵向磁场确实不改变电子的纵向运动.

现在来看看横电磁波的传播问题. 为此我们考虑两种圆极化波:

$$\boldsymbol{E}=E_{\perp}(\boldsymbol{e}_x \pm \mathrm{j}\boldsymbol{e}_y) \tag{8.15.6}$$

式中,"±"号分别表示左旋与右旋圆极化波. 代入方程(8.15.5)可以得到色散方程:

$$\frac{\omega^2}{c^2}-k_{/\!/}^2=\frac{\omega_p^2}{c^2}\int \mathrm{d}^3 p\,\frac{\left[(\omega-k_{/\!/}v_{/\!/})\dfrac{\partial f_0}{\partial p_{\perp}}+k_{/\!/}v_{\perp}\dfrac{\partial f_0}{\partial p_{/\!/}}\right]v_{\perp}}{(\omega-k_{/\!/}v_{/\!/}\pm\omega_c)} \tag{8.15.7}$$

方程(8.15.7)的详细研究将在第 9 章中进行.

现在来研究垂直于磁场传播的波.

当电磁波垂直于磁场方向传播时,我们有:$k_{/\!/}=0, k_{\perp}=k$. 在这种条件下,波的特性与波的极化方向有很大关系. 由此可以区分出"寻常波"及"非寻常波".

当 $k_{/\!/}=0$ 时,色散方程简化为式(8.14.21)的形式:

$$\begin{bmatrix} D_{xx} & D_{xy} & 0 \\ -D_{xy} & D_{yy} & 0 \\ 0 & 0 & D_{zz} \end{bmatrix}=0 \tag{8.15.8}$$

先考虑"寻常波". 这时有

$$\begin{cases} \boldsymbol{E}=E\boldsymbol{e}_z \\ \boldsymbol{k}=k_{\perp}\boldsymbol{e}_x \end{cases} \tag{8.15.9}$$

即电场沿 z 轴,而波矢量沿 x 轴. 色散方程为

$$D_{zz}=0 \tag{8.15.10}$$

即

$$\begin{aligned} \frac{\omega^2}{c^2}-k_{\perp}^2-\sum_{n=-\infty}^{\infty}\omega_p^2\int_{-\infty}^{\infty}\mathrm{d}p_{/\!/}\int_0^{\infty}\mathrm{d}p_{\perp}\frac{p_{/\!/}^2}{m_0\gamma}\mathrm{J}_n^2\left(\frac{k_{\perp}v_{\perp}}{\omega_c}\right) \\ \cdot\left[\frac{\partial f_0}{\partial p_{/\!/}}-n\omega_c\left(\frac{\partial f_0}{\partial p_{/\!/}}-\frac{\partial f_0}{\partial p_{\perp}}\right)\right]=0 \end{aligned} \tag{8.15.11}$$

式中,有

$$\frac{k_{\perp}v_{\perp}}{\omega_c}=k_{\perp}r_c \ll 1 \tag{8.15.12}$$

的条件. 而且认为电子的平衡分布函数 f_0 在动量空间是各向同性的,即

$$\frac{\partial f_0}{\partial p_{\perp}}=\frac{\partial f_0}{\partial p_{/\!/}} \tag{8.15.13}$$

则方程(8.15.11)给出

$$\frac{\omega^2}{c^2}=k_{\perp}^2+\frac{\omega_p^2}{c^2} \tag{8.15.14}$$

可见,寻常波的色散方程与横电磁波在自由等离子体中传播时的一样.

现在来考虑"非寻常波". 非寻常波的特性与场的极化有很大关系. 由色散方程(8.15.8)可以得到

$$\begin{vmatrix} D_{xx} & D_{xy} \\ -D_{xy} & D_{yy} \end{vmatrix}=0 \tag{8.15.15}$$

上式在条件

$$\omega \gg \omega_p^2 \tag{8.15.16}$$

时可以化简. 因为由方程(8.14.20)可以看到,这时我们有

$$D_{yy} \gg D_{xy} \tag{8.15.17}$$

所以在色散方程(8.15.15)中 D_{xy} 可以略去. 于是色散方程化简为

$$D_{xx} = 0 \tag{8.15.18}$$

$$D_{yy} = 0 \tag{8.15.19}$$

对于式(8.15.18),电场沿 $\boldsymbol{e}_x$ 方向,但 $\boldsymbol{k} = k_\perp \boldsymbol{e}_x$,可见这时电场有纵向分量,即沿波的传播方向有电场分量. 这种波称为伯恩斯坦(Berstein)波,其色散方程为

$$k_\perp^2 + \sum_{n=1}^{\infty} \frac{\omega_p^2 n^2 \omega_c^2}{(\omega^2 - n^2 \omega_c^2)} \int_0^\infty \mathrm{d}p_\perp \int_{-\infty}^\infty \mathrm{d}p_{/\!/} \mathrm{J}_n^2 \frac{\partial f_0}{\partial p_\perp} = 0 \tag{8.15.20}$$

可见,Berstein 波是一种具有纵向电场分量的非寻常波.

而对于方程(8.15.19),电场沿 $\boldsymbol{e}_y$,属于横电磁波,色散方程为

$$\frac{\omega^2}{c^2} - k_{/\!/}^2 + 2\pi\omega_p^2 \int_0^\infty \mathrm{d}p_\perp \int_{-\infty}^\infty \mathrm{d}p_{/\!/} \frac{p_\perp^2 (\mathrm{J}_n')\dfrac{\partial f_0}{\partial p_\perp}}{(\omega - n\omega_c)} = 0 \tag{8.15.21}$$

在普遍情况下,E_x 及 E_y 分量均存在,则色散方程由式(8.15.15)为

$$D_{xx} D_{yy} - D_{xy}^2 = 0 \tag{8.15.22}$$

由于这时既有横向电场又有纵向电场,因此是一种混杂波,

等离子体中的波是非常丰富的,我们引用以下两个图解(图 8.15.1 和图 8.15.2),表示等离子体中的波的传播情况.

如果假定平衡分布函数 f_0 为

$$f_0 = \frac{1}{2\pi p_\perp} \delta(p_\perp - p_{\perp 0}) \delta(p_{/\!/} - p_{/\!/ 0}) \tag{8.15.23}$$

这表示电子是单能量的,属于“冷”等离子体. 这样代入后,方程(8.15.11)、(8.15.20)、(8.15.21)均可具体解出. 为了节省篇幅,我们不去讨论问题的细节,而给出上述平行于及垂直于磁场方向传播波的色散特性的图解.

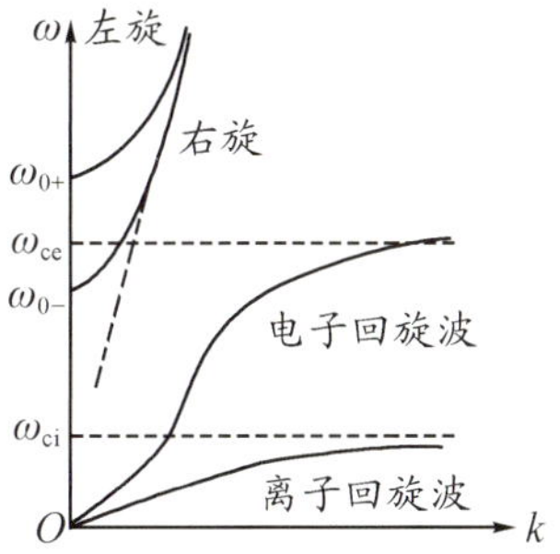

图 8.15.1　磁化冷等离子体中,平行于磁场方向传播的电磁波的振荡频率和波数的关系

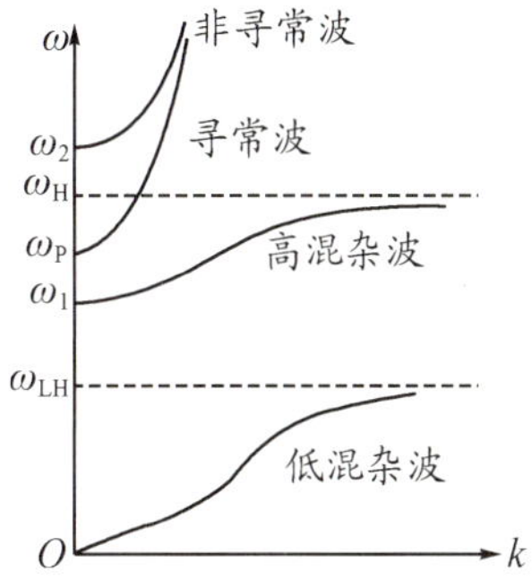

图 8.15.2　磁化冷等离子体中,垂直于磁场方向传播的电磁波的振荡频率和波数的关系

由图 8.15.1 可以看到,在平行于磁场传播的条件下,在等离子体中,至少可以传播四种不同的波,即左、右圆极化波,电子回旋波及离子回旋波. 左、右圆极化波的截止频率为

$$\omega_{0\pm} \approx \left(\omega_p^2 + \frac{1}{4}\omega_{ce}^2\right)^{1/2} \pm \frac{1}{2}\omega_{ce} \tag{8.15.24}$$

电子回旋波的截止频率为电子的回旋频率,离子回旋波的截止频率则为离子的回旋频率.

图 8.15.2 中给出了垂直于磁场传播波的情况. 由图可见,在这种情况下,也至少可以传播四种不同的波,即寻常波、非寻常波、高混杂波及低混杂波. 寻常波的截止频率等于电子等离子体的固有频率. 非寻常波的截止频率为

$$\omega_2=\frac{\omega_{ce}}{2}\left[1+\left(1+\frac{4\omega_{pe}^2}{\omega_{ce}^2}\right)^{1/2}\right] \tag{8.15.25}$$

低混杂波的截止频率为

$$\omega_{LH}=\sqrt{\omega_{ce}\omega_{ci}} \tag{8.15.26}$$

式中，ω_{ci}表示离子的回旋频率，即

高混杂波有两种(上、下)截止频率：

$$\omega_1=\frac{\omega_{ce}}{2}\left[\left(1+\frac{4\omega_{pe}^2}{\omega_{ce}^2}\right)^{1/2}-1\right] \tag{8.15.27}$$

$$\omega_H=(\omega_p^2+\omega_{ce}^2)^{1/2} \tag{8.15.28}$$

以上两个图主要讨论了电子运动对波的色散的影响，同时没有考虑等离子体的温度(热运动)的影响. 可以想象，在一般情况下，等离子体中波的传播过程是相当复杂的. 不过在一定的条件下，我们仍然可以设法在一定程度上予以控制.

同时，波在等离子体中传播时，要产生一系列的不稳定性. 这些问题，我们将结合以后各章进行分析，有兴趣的读者可以参考有关书刊.

8.16 正交场等离子体中电磁波的传播

由前面几节所述可见，电磁波在等离子体中传播的特性，与等离子体的状况，特别是外加场的情况有很大关系. 这方面的理论研究已有很大发展. 自由等离子体，均匀直流磁场中的等离子体(磁化等离子体)等，已在上面有关各节中详细地研究过. 此外，各种漂移不稳定性，如磁场梯度漂移，压力梯度漂移，磁力线曲率所引起的漂移等等，也已被详细地研究过. 本节研究电磁波在同时具有直流电场及直流磁场中等离子体内传播的情况，特别是在正交场(直流电场与直流磁场正交)中等离子体内传播的情况. 虽然相关文献研究了同时具有直流电场及磁场的等离子体，但仅讨论了库仑微扰场的动力学方程，没有研究电磁波的传播问题，更没有对正交场中波的传播问题进行详细的分析.

另外，在很多物理学和技术科学领域内，我们不得不遇到正交场中的等离子体(或电子注)，特别是电磁波在正交场中等离子体内的传播的有关问题.

如图 8.16.1 所示，设磁场 $\boldsymbol{B}_0=B_0\boldsymbol{e}_z$，电场与磁场正交，有两种情况：$\boldsymbol{E}_0=E_0\boldsymbol{e}_x$ 或者 $\boldsymbol{E}_0=E_0\boldsymbol{e}_y$. 设等离子体是均匀无限的.

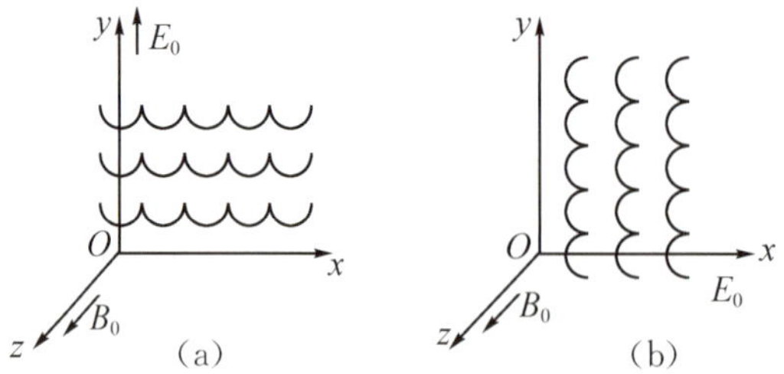

图 8.16.1 正交场等离子体示意图

电子的未扰运动轨迹方程为①

对于 $\boldsymbol{E}_0=E_0\boldsymbol{e}_y$，有

①方程(8.16.1)及(8.16.2)未考虑相对论效应.

$$\begin{cases} x=\dfrac{E_0}{B_0}t+\dfrac{E_0}{B_0\omega_c}\cos\omega_c t \\ y=\dfrac{E_0}{B_0\omega_c}\sin\omega_c t \end{cases} \tag{8.16.1}$$

对于 $\boldsymbol{E}_0=E_0\boldsymbol{e}_x$，有

$$\begin{cases} x=-\dfrac{E_0}{B_0\omega_c}\sin\omega_c t \\ y=-\dfrac{E_0}{B_0}t-\dfrac{E_0}{B_0\omega_c}\cos\omega_c t \end{cases} \tag{8.16.2}$$

可见，在静止坐标系中电子的运动轨迹是轮摆线. 因此，在静止坐标系中研究电磁波在正交场等离子体内传播的问题就很复杂. 不过，由方程(8.16.1)、(8.16.2)可以看到，电子的运动可分解为回旋运动及漂移运动两种. 电子的漂移运动与电场及磁场垂直，同电子带电的符号无关.

本节分析的理论思想是：取运动坐标系，其速度为

$$\boldsymbol{v}=\boldsymbol{v}_d=\frac{E_0}{B_0}\left(\frac{\boldsymbol{E}_0\times\boldsymbol{B}_0}{|\boldsymbol{E}_0||\boldsymbol{B}_0|}\right) \tag{8.16.3}$$

即运动坐标系以电子的漂移速度运动. 在此种运动坐标系中，电子的运动即为回旋运动，同电子在仅有均匀直流磁场中的运动一样. 这样，我们可以在运动坐标系中求得电磁波的传播特性，然后利用洛伦兹变换，转换到静止坐标系中去，从而可以求得电磁波在正交场中等离子体内的传播. 以下分几个部分来研究这一问题.

(一)运动坐标系中的色散方程

为了按照上述方法求电磁波在正交场中等离子体内的传播特性，采用四维位矢量 $\boldsymbol{\Phi}_\Box$ 是比较方便的：

$$\boldsymbol{\Phi}_\Box=\left(\boldsymbol{A},\frac{\mathrm{j}}{c}\varphi\right) \tag{8.16.4}$$

式中，$\boldsymbol{A}$ 是矢量位，φ 是标量位. 我们有

$$\begin{cases} \boldsymbol{E}=-\dfrac{\partial\boldsymbol{A}}{\partial t}-\nabla\varphi \\ \boldsymbol{B}=\nabla\times\boldsymbol{A} \end{cases} \tag{8.16.5}$$

考虑平面电磁波：

$$\begin{cases} \varphi=\varphi_1\mathrm{e}^{-\mathrm{j}\omega t+\mathrm{j}\boldsymbol{k}\cdot\boldsymbol{r}} \\ \boldsymbol{A}=\boldsymbol{A}_1\mathrm{e}^{-\mathrm{j}\omega t+\mathrm{j}\boldsymbol{k}\cdot\boldsymbol{r}} \end{cases} \tag{8.16.6}$$

$\boldsymbol{A}$ 和 φ 满足以下的波方程：

$$\begin{cases} \left(\nabla^2-\dfrac{1}{c^2}\dfrac{\partial^2}{\partial t^2}\right)\varphi=-\dfrac{e}{\varepsilon_0}\displaystyle\int f_1\mathrm{d}\boldsymbol{p} \\ \left(\nabla^2-\dfrac{1}{c^2}\dfrac{\partial^2}{\partial t^2}\right)\boldsymbol{A}=-\mu_0 e\displaystyle\int f_1\boldsymbol{v}\mathrm{d}\boldsymbol{p} \end{cases} \tag{8.16.7}$$

式中，f_1 是扰动分布函数，由线性弗拉索夫方程确定，其解为

$$f_1=-e\int_{-\infty}^{0}\mathrm{d}\tau(\boldsymbol{E}_1'+\boldsymbol{v}'\times\boldsymbol{B}_1')\nabla_{p'}f_0 \tag{8.16.8}$$

积分沿未扰轨道进行.

在运动坐标系中，我们有

$$\boldsymbol{\Phi}_\Box'=\left(\boldsymbol{A}',\mathrm{j}\frac{1}{c}\varphi'\right) \tag{8.16.9}$$

及

$$\begin{cases}\left(\nabla'^2-\dfrac{1}{c^2}\dfrac{\partial^2}{\partial t'^2}\right)\varphi'=-\dfrac{e}{\varepsilon_0}\displaystyle\int f_1'\mathrm{d}\boldsymbol{p}'\\ \left(\nabla'^2-\dfrac{1}{c^2}\dfrac{\partial^2}{\partial t'^2}\right)\boldsymbol{A}'=-\mu_0 e\displaystyle\int f_1'\boldsymbol{v}'\mathrm{d}\boldsymbol{p}'\end{cases}\tag{8.16.10}$$

式中

$$f_1'=-e\int_{-\infty}^{0}\mathrm{d}\tau'(\boldsymbol{E}_1''+\boldsymbol{v}''\times\boldsymbol{B}_1'')\nabla_{p''}f_0\tag{8.16.11}$$

及

$$\begin{cases}\varphi'=\varphi_1'\mathrm{e}^{-\mathrm{j}\omega't'+\mathrm{j}\boldsymbol{k}'\cdot\boldsymbol{r}'}\\ \boldsymbol{A}'=\boldsymbol{A}_1'\mathrm{e}^{-\mathrm{j}\omega't'+\mathrm{j}\boldsymbol{k}'\cdot\boldsymbol{r}'}\end{cases}\tag{8.16.12}$$

四维位矢量及四维波矢量均按洛伦兹变换进行转换，即

$$\begin{cases}\left(\boldsymbol{A}',\mathrm{j}\dfrac{1}{c}\varphi'\right)=[\mathscr{L}]\cdot\left(\boldsymbol{A},\dfrac{\mathrm{j}}{c}\varphi\right)\\ \left(\boldsymbol{k}',\dfrac{\mathrm{j}}{c}\omega'\right)=[\mathscr{L}]\cdot\left(\boldsymbol{k},\dfrac{\mathrm{j}}{c}\omega\right)\end{cases}\tag{8.16.13}$$

式中，$[\mathscr{L}]$表示洛伦兹变换.

按照前面所提方法，先从运动坐标系中解出，然后变换到静止坐标系中去. 这样，由方程(8.16.11)，(8.16.12)可以得到

$$D'\cdot\boldsymbol{\Phi}_{\square}'=0\tag{8.16.14}$$

式中

$$D_{ij}'=\frac{w'^2}{c^2}-k_\perp'-k_{/\!/}'-a_{ij}'\tag{8.16.15}$$

系数a_{ij}'将在下文中求出.

于是，在运动坐标系中的色散方程就是

$$\det|D_{ij}'|=0\tag{8.16.16}$$

(二)方程的系数a_{ij}'

为了求得系数a_{ij}'的表示式，需要进行具体的计算. 在本部分中，我们将在运动坐标系中进行，但是为了书写简化，本部分中的一切物理量上均略去“′”，只是在最后求得系数a_{ij}后，再把“′”加上.

这样，由方程(8.16.11)及(8.16.12)，略去“′”，并令$\boldsymbol{k}=k_{/\!/}\boldsymbol{e}_z+k_\perp\boldsymbol{e}_x$，即可以得到

$$\begin{aligned}f_1=\mathrm{j}e\Big\{&\varphi_1\left(k_\perp\frac{\partial f_0}{\partial p_\perp}I_1+k_{/\!/}\frac{\partial f_0}{\partial p_{/\!/}}I_2\right)-(A_{1x}UI_1+A_{1y}UI_3)\\&-A_z\left[\omega\frac{\partial f_0}{\partial p_{/\!/}}I_2-k_\perp\left(v_\perp\frac{\partial f_0}{\partial p_{/\!/}}-v_{/\!/}\frac{\partial f_0}{\partial p_\perp}\right)I_1\right]\Big\}\end{aligned}\tag{8.16.17}$$

式中

$$U=(\omega-k_{/\!/}v_{/\!/})\frac{\partial f_0}{\partial p_\perp}+k_{/\!/}v_\perp\frac{\partial f_0}{\partial p_{/\!/}}\tag{8.16.18}$$

及

$$I_1=\int_{-\infty}^{0}\mathrm{d}\tau\mathrm{e}^{-\mathrm{j}\left\{\frac{k_\perp v_\perp}{\omega_c}[\sin\varphi-\sin(\varphi+\omega_c\tau)]+(\omega-k_{/\!/}v_{/\!/})\tau\right\}}\cdot\cos(\varphi+\omega_c\tau)\tag{8.16.19}$$

$$I_2=\int_{-\infty}^{0}\mathrm{d}\tau\mathrm{e}^{-\mathrm{j}\left\{\frac{k_\perp v_\perp}{\omega_c}[\sin\varphi-\sin(\varphi+\omega_c\tau)]+(\omega-k_{/\!/}v_{/\!/})\tau\right\}}\tag{8.16.20}$$

$$I_3=\int_{-\infty}^{0}\mathrm{d}\tau\mathrm{e}^{-\mathrm{j}\left\{\frac{k_\perp v_\perp}{\omega_c}[\sin\varphi-\sin(\varphi+\omega_c\tau)]+(\omega-k_{/\!/}v_{/\!/})\tau\right\}}\cdot\sin(\varphi+\omega_c\tau)\tag{8.16.21}$$

将方程(8.16.17)～(8.16.21)代入式(8.16.10)，并利用关系式

$$\int_0^{2\pi} \mathrm{e}^{-\mathrm{j}\zeta[\sin\varphi-\sin(\varphi+\omega_c\tau)]} = 2\pi \sum_{l=-\infty}^{\infty} \mathrm{e}^{\mathrm{j}l\omega_c\tau}\mathrm{J}_l^2(\zeta) \tag{8.16.22}$$

式中，$\mathrm{J}_l(\zeta)$是 l 阶贝塞尔函数. 经过适当的计算以后，即可求得

$$\begin{cases}
a_{11} = -\dfrac{1}{n_0}\left(\dfrac{\omega_p}{c}\right)^2\displaystyle\int_{-\infty}^{\infty}\mathrm{d}p_{/\!/}\int_0^{\infty} p_\perp\,\mathrm{d}p_\perp \dfrac{U\mathrm{J}_l^2(l\omega_c/k_\perp v_\perp)^2}{Q_l} \\
a_{12} = -\dfrac{1}{n_0}\left(\dfrac{\omega_p}{c}\right)^2\displaystyle\int_{-\infty}^{\infty}\mathrm{d}p_{/\!/}\int_0^{\infty} p_\perp\,\mathrm{d}p_\perp \dfrac{\mathrm{j}U\mathrm{J}_l^2(l\omega_c/k_\perp v_\perp)^2}{Q_l} \\
a_{13} = -\dfrac{1}{n_0}\left(\dfrac{\omega_p}{c}\right)^2\displaystyle\int_{-\infty}^{\infty}\mathrm{d}p_{/\!/}\int_0^{\infty} p_\perp\,\mathrm{d}p_\perp \dfrac{W_l\mathrm{J}_l^2(l\omega_c/k_\perp v_\perp)^2}{Q_l} \\
a_{14} = -\dfrac{1}{n_0}\dfrac{\omega_p^2}{c}\displaystyle\int_{-\infty}^{\infty}\mathrm{d}p_{/\!/}\int_0^{\infty} p_\perp\,\mathrm{d}p_\perp \dfrac{\mathrm{j}V_l\mathrm{J}_l^2(l\omega_c/k_\perp v_\perp)^2}{Q_l} \\
a_{21} = -a_{12} \\
a_{22} = -\dfrac{1}{n_0}\left(\dfrac{\omega_p}{c}\right)^2\displaystyle\int_{-\infty}^{\infty}\mathrm{d}p_{/\!/}\int_0^{\infty} p_\perp\,\mathrm{d}p_\perp \dfrac{U\mathrm{J}_l'^2(l\omega_c/k_\perp v_\perp)}{Q_l} \\
a_{23} = \dfrac{1}{n_0}\left(\dfrac{\omega_p}{c}\right)^2\displaystyle\int_{-\infty}^{\infty}\mathrm{d}p_{/\!/}\int_0^{\infty} p_\perp\,\mathrm{d}p_\perp \dfrac{\mathrm{j}W_l\mathrm{J}_l\mathrm{J}_l'}{Q_l} \\
a_{24} = \dfrac{1}{n_0}\dfrac{\omega_p^2}{c}\displaystyle\int_{-\infty}^{\infty}\mathrm{d}p_{/\!/}\int_0^{\infty} p_\perp\,\mathrm{d}p_\perp \dfrac{V_l\mathrm{J}_l\mathrm{J}_l'}{Q_l} \\
a_{31} = -\dfrac{1}{n_0}\left(\dfrac{\omega_p}{c}\right)^2\displaystyle\int_{-\infty}^{\infty}\mathrm{d}p_{/\!/}\int_0^{\infty} p_\perp\,\mathrm{d}p_\perp \dfrac{p_{/\!/}U\mathrm{J}_l^2(l\omega_c/k_\perp v_\perp)}{Q_l} \\
a_{32} = -\dfrac{1}{n_0}\left(\dfrac{\omega_p}{c}\right)^2\displaystyle\int_{-\infty}^{\infty}\mathrm{d}p_{/\!/}\int_0^{\infty} p_\perp\,\mathrm{d}p_\perp \dfrac{\mathrm{j}p_{/\!/}U\mathrm{J}_l\mathrm{J}_l'}{Q_l} \\
a_{33} = -\dfrac{1}{n_0}\left(\dfrac{\omega_p}{c}\right)^2\displaystyle\int_{-\infty}^{\infty}\mathrm{d}p_{/\!/}\int_0^{\infty} p_\perp\,\mathrm{d}p_\perp \dfrac{p_{/\!/}W_l\mathrm{J}_l^2}{Q_l} \\
a_{34} = -\dfrac{1}{n_0}\left(\dfrac{\omega_p}{c}\right)^2\displaystyle\int_{-\infty}^{\infty}\mathrm{d}p_{/\!/}\int_0^{\infty} p_\perp\,\mathrm{d}p_\perp \dfrac{\mathrm{j}p_{/\!/}V_l\mathrm{J}_l^2}{Q_l} \\
a_{41} = -\dfrac{1}{n_0}\dfrac{\omega_p^2}{c}\displaystyle\int_{-\infty}^{\infty}\mathrm{d}p_{/\!/}\int_0^{\infty} p_\perp\,\mathrm{d}p_\perp \dfrac{\mathrm{j}m_0\gamma U\mathrm{J}_l^2}{Q_l} \\
a_{42} = \dfrac{1}{n_0}\dfrac{\omega_p^2}{c}\displaystyle\int_{-\infty}^{\infty}\mathrm{d}p_{/\!/}\int_0^{\infty} p_\perp\,\mathrm{d}p_\perp \dfrac{m_0\gamma U\mathrm{J}_l\mathrm{J}_l'}{Q_1} \\
a_{43} = -\dfrac{1}{n_0}\dfrac{\omega_p^2}{c}\displaystyle\int_{-\infty}^{\infty}\mathrm{d}p_{/\!/}\int_0^{\infty} p_\perp\,\mathrm{d}p_\perp \dfrac{\mathrm{j}m_0\gamma W_l\mathrm{J}_l^2}{Q_l} \\
a_{44} = \dfrac{1}{n_0}\dfrac{\omega_p^2}{c}\displaystyle\int_{-\infty}^{\infty}\mathrm{d}p_{/\!/}\int_0^{\infty} p_\perp\,\mathrm{d}p_\perp \dfrac{\mathrm{j}m_0\gamma V_l\mathrm{J}_l^2}{Q_l}
\end{cases} \tag{8.16.23}$$

上述各式中，$\mathrm{J}_l'(\zeta)$表示对宗量的导数，而

$$\begin{cases}
Q_l = \omega - k_{/\!/}v_{/\!/} - l\omega_c \\
V_l = \left(\dfrac{l\omega_c}{v_\perp}\right)\dfrac{\partial f_0}{\partial p_\perp} + k_{/\!/}\dfrac{\partial f_0}{\partial p_{/\!/}} \\
W_l = (\omega - l\omega_c)\dfrac{\partial f_0}{\partial p_{/\!/}} + \dfrac{l\omega_c v_{/\!/}}{v_\perp}\dfrac{\partial f_0}{\partial p_\perp}
\end{cases} \tag{8.16.24}$$

如本部分一开始就提到，把求得的系数 a_{ij} 加上一撇，就可得到 a_{ij}'. 自然，各物理量都得加上一撇.

(三)波矢量的变换

四维波矢量按关系式(8.16.13)的第二式进行. 我们考虑静止坐标系中两种最简单的情形，即波平行于磁场传播和波垂直于磁场传播的两种情况：

$$\boldsymbol{k} = k_{/\!/}\boldsymbol{e}_z, k_\perp = 0 \tag{8.16.25}$$

$$\boldsymbol{k}=k_{\perp}\boldsymbol{e}_x,k_{/\!/}=0 \tag{8.16.26}$$

由图 8.16.1(a)和(b)可见,有两种不同的漂移运动,因而就有两种不同的变换公式.

对于图 8.16.1(a),有

$$\boldsymbol{v}_\mathrm{d}=v_\mathrm{d}\boldsymbol{e}_x \tag{8.16.27}$$

因此,洛伦兹变换为

$$[\mathscr{L}]_a=\begin{bmatrix}\gamma & 0 & 0 & \mathrm{j}\gamma\beta\\ 0 & 1 & 0 & 0\\ 0 & 0 & 1 & 0\\ -\mathrm{j}\gamma\beta & 0 & 0 & \gamma\end{bmatrix} \tag{8.16.28}$$

而对于图 8.16.1(b),有

$$\boldsymbol{v}_\mathrm{d}=v_\mathrm{d}\boldsymbol{e}_y \tag{8.16.29}$$

因此

$$[\mathscr{L}]_b=\begin{bmatrix}1 & 0 & 0 & 0\\ 0 & \gamma & 0 & \mathrm{j}\gamma\beta\\ 0 & 0 & 1 & 0\\ 0 & -\mathrm{j}\gamma\beta & 0 & \gamma\end{bmatrix} \tag{8.16.30}$$

如果令

$$\boldsymbol{k}=(k_x,k_y,k_z) \tag{8.16.31}$$

则对于图 8.16.1(a)所示的情况,有

$$\begin{cases}k'_x=\left(\gamma k_x-\beta\dfrac{\gamma\omega}{c}\right)\\ k'_y=k_y\\ k'_{/\!/}=k_{/\!/}\\ \dfrac{\omega'}{c}=\gamma\dfrac{\omega}{c}-\gamma\beta k_z\end{cases} \tag{8.16.32}$$

而对于图 8.16.1(b)所示的情况,有

$$\begin{cases}k'_x=k_x\\ k'_y=\left(\gamma k_y-\beta\dfrac{r\omega}{c}\right)\\ k'_{/\!/}=k_{/\!/}\\ \dfrac{\omega'}{c}=\gamma\dfrac{\omega}{c}-\gamma\beta k_y\end{cases} \tag{8.16.33}$$

可见,无论对于哪种情况,纵向波矢量 $k_{/\!/}$ 均不受变换的影响.但 k_x,k_y 两分量就不同了.例如,对于如图 8.16.1(a)所示情况,如果考虑静止坐标系中电磁波沿磁场方向,即 $k_{/\!/}\neq0,k_x=k_y=0$,则在运动坐标系中波矢量则为

$$\begin{cases}\boldsymbol{k}'=(k'_x,0,k'_{/\!/})\\ k'_x=-\beta\dfrac{\gamma\omega}{c}\\ k'_{/\!/}=k_{/\!/}\end{cases} \tag{8.16.34}$$

即在运动坐标系中,波的传播方向并不沿磁场,而对于在静止坐标系中垂直于磁场传播的波,即 $k_{\perp}=k_x\neq0$,$k_y=k_{/\!/}=0$,则有

$$\begin{cases} \boldsymbol{k}'=(k'_x,0,k'_{/\!/}) \\ k'_x=\left(\gamma k_x-\beta\dfrac{\gamma\omega}{c}\right) \\ k'_{/\!/}=k_{/\!/}=0 \end{cases} \tag{8.16.35}$$

可见,在运动坐标系中,波的传播方向不变(仍垂直于磁场),但波矢量的大小发生了变化.

(四)静止坐标系中波的色散方程

在上文中已求得运动坐标系中波的色散方程为

$$\begin{cases} \boldsymbol{D}'\cdot\boldsymbol{\Phi}_{\square}=0 \\ \det|\boldsymbol{D}'|=0 \end{cases} \tag{8.16.36}$$

因此,反变换到静止坐标系中去,得

$$\boldsymbol{D}=[\mathscr{L}]^{-1}\cdot\boldsymbol{D}'\cdot[\mathscr{L}] \tag{8.16.37}$$

即可得到静止坐标系中的色散方程

$$\det|\boldsymbol{D}|=0 \tag{8.16.38}$$

于是可以求得

$$\boldsymbol{D}=[D_{ij}] \tag{8.16.39}$$

式中,系数的表示式为

$$\begin{cases} D_{11}=\gamma^2[D'_{11}-\mathrm{j}\beta(D'_{41}+D'_{14})-\beta^2D'_{44}] \\ D_{12}=\gamma(D'_{12}-\mathrm{j}\beta D'_{42}) \\ D_{13}=\gamma(D'_{13}-\mathrm{j}\beta D'_{43}) \\ D_{14}=\gamma^2[D'_{14}-\mathrm{j}\beta(D'_{44}-D'_{11})+\beta^2D'_{41}] \\ D_{21}=\gamma(D'_{21}-\mathrm{j}\beta D'_{24}) \\ D_{22}=D'_{22} \\ D_{23}=D'_{23} \\ D_{24}=\gamma(D'_{24}+\mathrm{j}\beta D'_{21}) \\ D_{31}=\gamma(D'_{31}-\mathrm{j}\beta D'_{34}) \\ D_{32}=D'_{32} \\ D_{33}=D'_{33} \\ D_{34}=\gamma(D'_{34}+\mathrm{j}\beta D'_{31}) \\ D_{41}=\gamma^2[D'_{41}+\mathrm{j}\beta(D'_{11}-D'_{44})+\beta^2D'_{14}] \\ D_{42}=\gamma(D'_{42}+\mathrm{j}\beta D'_{12}) \\ D_{43}=\gamma(D'_{43}+\mathrm{j}\beta D'_{13}) \\ D_{44}=\gamma^2[D'_{44}+\mathrm{j}\beta(D'_{14}+D'_{41})-\beta^2D'_{11}] \end{cases} \tag{8.16.40}$$

现在分别讨论以下几种特殊情况.

A. 波沿磁场方向传播

这时波矢量关系由方程(8.6.34)确定.可见,由于此时 $k'_{/\!/}$,k'_x 均不为零,因而在 D'_{ij} 中的系数 a'_{ij} 每个元素均不为零.这情况相当于在静止坐标系中只有均匀直流磁场但传播方向是任意的情况.因此,在正交场中等离子体内传播的波,即使是波矢量沿磁场方向,色散方程也是很复杂的.

B. 波垂直于磁场方向传播

这时,波矢量的关系由方程(8.16.35)确定.如上文所述,在这种情况下,波的传播方向不变,但波矢量的大小发生变化.这样,在正交场中等离子体内传播的波,如果垂直于磁场方向传播,则除了波矢量的大小改变外，其他均类似于仅有直流磁场时，波在等离子体内垂直于磁场传播的情况. 不过考虑到四维波矢量的变换关系(8.16.32)、(8.16.33)，波传播时的谐振状态将发生改变.

C. 截止状态

显然可能存在以下两种特殊情况：

如果满足条件

$$k_x=\beta\frac{\omega}{c}=k_0\beta \tag{8.16.41}$$

则可得到

$$k_x'=0 \tag{8.16.42}$$

这时，在运动坐标系中波处于截止状态. 由方程(8.16.41)，这时波沿 x 方向传播的相速为

$$v_{\mathrm{p}}=c^2/v_{\mathrm{d}} \tag{8.16.43}$$

由变换式(8.16.32)也可得到类似的特殊情况，此时有

$$\begin{cases}k_y=\beta\dfrac{\omega}{c}=k\beta\\ k_y'=0\end{cases} \tag{8.16.44}$$

对于电磁波在正交场中等离子体传播的复杂问题，本节提出在漂移运动坐标系中求解，然后利用洛伦兹变换，转换到静止坐标系中去的方法，成功地求解了这一问题，得到了波传播的色散方程和张量. 所得结果表明，电磁波在正交场中等离子体内传播具有一系列的特性. 例如从方程(8.16.38)可见，在所得色散方程中引入虚数，可能会导致某些新的不稳定性的出现.

第9章 电子回旋脉塞的动力学理论

9.1 引言

在以上各章的基础上，我们已为研究电子回旋脉塞的有关理论问题做了一切必要的准备. 从本章开始，我们就着手研究电子回旋脉塞. 我们首先研究电子回旋脉塞的线性理论，它是揭示电子回旋脉塞机理及电子与波相互作用物理过程的基础. 同时，有很多实际问题，如振荡器的起振电流，放大器的线性增益等等，都可借助于线性理论来计算. 而且，也只有在深刻理解线性理论所揭示出的物理机理的基础上，才能正确地发展非线性理论. 从这些观点看来，我们认为，线性理论是最基本的和最重要的.

在电子回旋脉塞线性理论的发展过程中，动力学理论一直起主导作用. 因此，我们将在本章中加以详细讨论. 在叙述中，我们先从电磁波沿磁场方向传播的不稳定性出发，自然地导出电子回旋脉塞不稳定性的概念；然后，系统地讨论电子回旋脉塞的有关理论问题.

9.2 沿磁场方向传播波的不稳定性

我们首先讨论一个对电子回旋脉塞有极重要意义的物理问题：电磁波在等离子体中沿磁场方向传播时的不稳定性问题. 后面就会看到，对于这个问题的研究，实际上可自然地导出电子回旋脉塞的基本概念.

我们假设一个无限大的等离子体有一个均匀的直流磁场，取磁场方向为 z 轴，则此均匀直流磁场就可表示为

$$\boldsymbol{B}_0=\boldsymbol{e}_z B_0 \tag{9.2.1}$$

为了研究波在此种等离子体中的传播问题，我们从线性弗拉索夫-麦克斯韦方程出发. 线性弗拉索夫方程为

$$\frac{\partial f_1}{\partial t}+\boldsymbol{v}\cdot\nabla_r f_1+e(\boldsymbol{E}_1+\boldsymbol{v}\times\boldsymbol{B}_1)\cdot\nabla_p f_0-e(\boldsymbol{v}\times\boldsymbol{B}_0)\cdot\nabla_p f_1=0 \tag{9.2.2}$$

麦克斯韦方程为

$$\begin{cases}\nabla\times\boldsymbol{E}_1=-\dfrac{\partial\boldsymbol{B}_1}{\partial t}\\[2mm]\nabla\times\boldsymbol{H}_1=\dfrac{\partial\boldsymbol{D}}{\partial t}+\boldsymbol{J}_1\end{cases} \tag{9.2.3}$$

假定电磁波为平面波，有以下形式：

$$\begin{cases}\boldsymbol{E}_1=\boldsymbol{E}_k\mathrm{e}^{\mathrm{j}\boldsymbol{k}\cdot\boldsymbol{r}-\mathrm{j}\omega t}\\ \boldsymbol{B}_1=\boldsymbol{B}_k\mathrm{e}^{\mathrm{j}\boldsymbol{k}\cdot\boldsymbol{r}-\mathrm{j}\omega t}\end{cases} \tag{9.2.4}$$

如果不是平面波，我们可以先把波用平面波展开，然后求每一个平面波分量.

式(9.2.3)中的电流密度为

$$\boldsymbol{J}_1=e\int f_1\boldsymbol{v}\mathrm{d}^3p \tag{9.2.5}$$

求得线性弗拉索夫方程的解，即可得到扰动分布函数 f_1，代入上式即可求出扰动电流密度 $\boldsymbol{J}_1$.

在第 8 章中曾讨论过，求线性弗拉索夫方程的解有两种方法：沿未扰轨道积分的方法和积分变换的方法. 在本节中，我们采用积分变换的方法. 于是按 8.10 节所述，可以得到

$$f=\frac{1}{\omega_c}\int_{-\infty}^{0}\mathrm{d}\alpha\exp\left\{\frac{1}{\omega_c}(s+\mathrm{j}k_{/\!/}v_{/\!/})\alpha-\mathrm{j}k_{\perp}v_{\perp}[\sin(\phi+\alpha)-\sin\phi]\right\}\cdot\Phi(\phi+\alpha) \tag{9.2.6}$$

式中

$$\Phi(\phi+\alpha)=e\left(\boldsymbol{E}-\frac{\mathrm{j}}{s}\boldsymbol{v}\times\boldsymbol{k}\times\boldsymbol{E}\right)\cdot\nabla_p f_0 \tag{9.2.7}$$

而 f 为 f_1 的积分变换：

$$f=\int_0^{\infty}\mathrm{d}t\mathrm{e}^{-st}\int_{-\infty}^{\infty}\frac{\mathrm{d}\boldsymbol{r}}{(2\pi)^3}\mathrm{e}^{-\mathrm{j}\boldsymbol{k}\cdot\boldsymbol{r}}\cdot f_1 \tag{9.2.8}$$

现在的情况是：波沿直流磁场的方向传播，因而有

$$\boldsymbol{k}=k_{/\!/}\boldsymbol{e}_z,k_{\perp}=0 \tag{9.2.9}$$

将平面波方程代入式(9.2.7)，然后再代入式(9.2.6)，即可求得

$$\begin{aligned}f=&\frac{1}{\omega_c}\int_{-\infty}^{0}\mathrm{d}\alpha\exp\left\{\frac{1}{\omega_c}(s+\mathrm{j}k_{/\!/}v_{/\!/})\alpha\right\}\cdot\left\{\left[E_x\left(1+\frac{\mathrm{j}k_{/\!/}v_z}{s}\right)\right.\right.\\&\left.\cdot\cos(\phi+\alpha)+E_y\left(1+\frac{\mathrm{j}k_{/\!/}v_z}{s}\right)\sin(\phi+\alpha)\right]\frac{\partial f_0}{\partial p_{\perp}}\\&\left.+\left[E_z-\frac{\mathrm{j}k_{/\!/}v_{\perp}}{s}(E_x\cos(\phi+\alpha)+E_y\sin(\phi+\alpha))\right]\frac{\partial f_0}{\partial p_{/\!/}}\right\}\end{aligned} \tag{9.2.10}$$

另外，由麦克斯韦方程可以得到

$$(s^2+c^2k^2)\boldsymbol{E}-c^2\boldsymbol{k}(\boldsymbol{k}\cdot\boldsymbol{E})+s\boldsymbol{J}=0 \tag{9.2.11}$$

式中，$\boldsymbol{J},\boldsymbol{E}$ 均为 $\boldsymbol{J}_1,\boldsymbol{E}_1$ 的积分变换，且

$$J=-e\int\frac{f_1\boldsymbol{p}}{m_0r}\mathrm{d}^3p \tag{9.2.12}$$

取动量空间坐标系($p_{\perp},\phi,p_{/\!/}$)，于是有

$$\boldsymbol{p}=p_{\perp}\cos\phi\boldsymbol{e}_x+p_{\perp}\sin\phi\boldsymbol{e}_y+p_{/\!/}\boldsymbol{e}_z \tag{9.2.13}$$

这样，将式(9.2.10)代入式(9.2.12)，然后再代入方程(9.2.11)，即可求得

$$\begin{aligned}&(s^2+c^2k^2)\boldsymbol{E}-c^2\boldsymbol{k}(\boldsymbol{k}\cdot\boldsymbol{E})-\frac{s\omega_p^2}{\omega_c}\int_{-\infty}^{\infty}\mathrm{d}p_{/\!/}\int_0^{\infty}p_{\perp}\mathrm{d}p_{\perp}\int_0^{2\pi}\mathrm{d}\phi\\&\cdot\boldsymbol{p}\int_{-\infty}^{0}\mathrm{d}\alpha\exp\left\{\frac{1}{\omega_c}(s+\mathrm{j}k_{/\!/}v_{/\!/})\alpha\right\}\cdot\left\{\left[E_x\left(1-\frac{\mathrm{j}k_{/\!/}v_{/\!/}}{s}\right)\cos(\phi+\alpha)\right.\right.\\&\left.+E_y\left(1+\frac{\mathrm{j}k_{/\!/}v_{/\!/}}{s}\right)\sin(\phi+\alpha)\right]\frac{\partial f_0}{\partial p_{\perp}}+\left[E_z-\frac{\mathrm{j}k_{/\!/}v_{/\!/}}{s}\right.\\&\left.\left.\cdot(E_x\cos(\phi+\alpha)+E_y\sin(\phi+\alpha))\right]\frac{\partial f_0}{\partial p_{/\!/}}\right\}=0\end{aligned} \tag{9.2.14}$$

在上式中，令

$$f_0=n_0f_0(\boldsymbol{r},\boldsymbol{p}) \tag{9.2.15}$$

及等离子体频率

$$\omega_p^2=\frac{e^2n_0}{m_0\varepsilon_0} \tag{9.2.16}$$

式中，n_0 表示电子的平均浓度.

在方程(9.2.14)中,可以先对 α 积分,然后再对 ϕ 积分. 为此,需要利用公式

$$\begin{cases}\displaystyle\int_{-\infty}^{0} \mathrm{d}\alpha \exp\left[\frac{(s+\mathrm{j}k_{/\!/} v_{/\!/})}{\omega_c}\alpha\right]\cos\alpha = \frac{\omega_c(s+\mathrm{j}k_{/\!/} v_{/\!/})}{\omega_c^2+(s+\mathrm{j}k_{/\!/} v_{/\!/})^2} \\ \displaystyle\int_{-\infty}^{0} \mathrm{d}\alpha \exp\left[\frac{(s+\mathrm{j}k_{/\!/} v_{/\!/})}{\omega_c}\alpha\right]\sin\alpha = \frac{\omega_c^2}{\omega_c^2+(s+\mathrm{j}k_{/\!/} v_{/\!/})^2}\end{cases} \tag{9.2.17}$$

此关系式的获得可以参看第 8 章所述.

将方程(9.2.14)左边的场也分解成横向分量及纵向分量. 于是对 α 及对 ϕ 积分以后,对于场的纵向分量,可以得到如下的色散方程:

$$(s^2+c^2k^2) - \pi s \frac{\omega_p^2}{\omega_c}\int_{-\infty}^{\infty} \mathrm{d}p_{/\!/}\int_0^{\infty} \mathrm{d}p_{\perp} \frac{p_{\perp} p_{/\!/} \dfrac{\partial f_0}{\partial p_{/\!/}}}{\gamma(s+\mathrm{j}k_{/\!/} v_{/\!/})} = 0 \tag{9.2.18}$$

而对于场的横向分量,可以得到

$$\begin{aligned}&(s^2+c^2k^2) - \pi s \frac{\omega_p^2}{\omega_c}\int_{-\infty}^{\infty} \mathrm{d}p_{/\!/}\int_0^{\infty} \mathrm{d}p_{\perp} p_{\perp}^2 \\ &\cdot\left[\frac{\left(1+\dfrac{\mathrm{j}k_{/\!/} v_{/\!/}}{s}\right)\dfrac{\partial f_0}{\partial p_{\perp}} - \dfrac{\mathrm{j}k_{/\!/} v_{\perp}}{s}\dfrac{\partial f_0}{\partial p_{/\!/}}}{\gamma(s+\mathrm{j}k_{/\!/} v_{/\!/} \mp \mathrm{j}\omega_c)}\right] = 0\end{aligned} \tag{9.2.19}$$

式中,“$\mp$”号分别表示左旋波及右旋波.

我们来研究一下所得到的色散方程(9.2.18)及(9.2.19). 参看第 8 章中关于等离子体中静电波的讨论就可发现,纵波的色散方程(9.2.18)与静电波的色散方程完全一致. 实际上,无限等离子体中的纵电波,是由于电子的纯纵向运动引起的,因而不受纵向磁场的影响.

我们来着重研究横波的色散方程. 为此,假定电子的平衡分布函数为

$$f_0 = \frac{n_0}{2\pi p_{\perp}}\delta(p_{/\!/} - p_{/\!/0})\delta(p_{\perp} - p_{\perp 0}) \tag{9.2.20}$$

式中,$p_{\perp 0}$,$p_{/\!/0}$ 为确定常数.

对于无限的冷等离子体,上述分布函数的选择是完全合理的.

注意到关系式

$$v_{\perp} = \frac{p_{\perp}}{m_0\gamma},\quad v_{/\!/} = \frac{p_{/\!/}}{m_0\gamma} \tag{9.2.21}$$

及

$$\frac{\partial\gamma}{\partial p_{/\!/}} = \frac{p_{/\!/}}{m_0^2c^2}\gamma,\quad \frac{\partial\gamma}{\partial p_{\perp}} = \frac{p_{\perp}}{m_0^2c^2}\gamma \tag{9.2.22}$$

将方程(9.2.19)分部积分后,并令 $s=-\mathrm{j}\omega$,即可得到

$$\begin{aligned}\frac{\omega^2}{c^2} - k_{/\!/}^2 = {}& \frac{2\pi\omega_p^2}{c^2}\int_0^{\infty} p_{\perp}\mathrm{d}p_{\perp}\int_{-\infty}^{\infty}\mathrm{d}p_{/\!/}\cdot\frac{f_0}{\gamma} \\ &\cdot\left[\frac{\left(\omega - \dfrac{k_{/\!/} p_{/\!/}}{m_0\gamma}\right)}{\left(\omega - \dfrac{k_{/\!/} p_{/\!/}}{m_0\gamma} - \dfrac{\omega_{c0}}{\gamma}\right)} - \frac{p_{\perp}^2(\omega^2 - k^2c^2)}{2\gamma^2 m_0^2c^2\left(\omega - \dfrac{k_{/\!/} p_{/\!/}}{m_0\gamma} - \dfrac{\omega_{c0}}{\gamma}\right)^2}\right]\end{aligned} \tag{9.2.23}$$

再将方程(9.2.20)代入,最后得到如下的色散方程:

$$\frac{\omega^2}{c^2} - k_{/\!/}^2 = \frac{\omega_p^2}{c^2}\left[\frac{(\omega - k_{/\!/} v_{/\!/})}{(\omega - k_{/\!/} v_{/\!/} - \omega_c)} - \frac{\beta_{\perp 0}^2(\omega^2 - k_{/\!/}^2c^2)}{2(\omega - k_{/\!/} v_{/\!/} - \omega_c)^2}\right] \tag{9.2.24}$$

方程(9.2.24)就是横电磁波沿直流磁场方向在等离子体中传播时的色散方程. 现在来研究这一方程,主要讨论波的不稳定性问题.

由方程(9.2.24)可以立即看到,当 $\omega_p=0$ 时,色散方程化为

$$c^2k^2=\omega^2 \tag{9.2.25}$$

即为自由空间传播的平面电磁波.这是显然的,因为无等离子体存在时,在一般情况下,纵向直流磁场不能对平面电磁波有任何影响.而当 $\omega_p^2\neq 0$ 时,色散关系就表示等离子体对波传播特性的影响.

现在来考虑工作频率接近于电子回旋频率时的情况.即

$$\omega=\omega_c+\delta\omega,\delta\omega\ll\omega_c \tag{9.2.26}$$

将式(9.2.26)代入方程(9.2.24),可以得到

$$\delta\omega^2=\frac{\omega_p^2}{2}\cdot\frac{(\omega-k_{/\!/}v_{/\!/}-\omega_c\beta_\perp^2)}{\omega_c} \tag{9.2.27}$$

由式(9.2.27)可以得到,有虚数解,即波有不稳定解,要求 $\delta\omega$ 为虚数.因此,不稳定条件可写为

$$(\omega-k_{/\!/}v_{/\!/})<\omega_c\beta_{\perp 0}^2 \tag{9.2.28}$$

我们分两种情况来讨论上述不稳定条件.

(1)如果 $\beta_{\perp 0}=0$,即电子无回旋能量,这时条件(9.2.28)化为

$$\omega-k_{/\!/}v_{/\!/}<0 \tag{9.2.29}$$

或写成

$$\frac{v_{/\!/}}{c}>1,v_{/\!/}>c \tag{9.2.30}$$

即电子的速度大于光速.这表明,在 $\beta_\perp=0$ 的情况下,只有"超光速"不稳定性才能存在."超光速"不稳定性就是 Черенков 辐射,将在以后讨论.

(2)如果 $\beta_\perp\neq 0$,这时,条件(9.2.28)可以重写成

$$\beta_{\perp 0}^2>\left(\frac{\omega-k_{/\!/}v_{/\!/}}{\omega_c}\right) \tag{9.2.31}$$

如果令

$$\left(\frac{\omega-k_{/\!/}v_{/\!/}}{\omega_c}\right)=\beta_{\perp\text{crit}}^2 \tag{9.2.32}$$

则不稳定条件即可写成

$$\beta_\perp>\beta_{\perp\text{crit}} \tag{9.2.33}$$

$\beta_{\perp\text{crit}}$ 表示一种阈值,方程(9.2.33)的意义是:只有当电子的横向能量大于某一阈值时,才会有波的不稳定性发生.

以上的讨论给我们一个重要的启示:波的不稳定性是与电子的回旋运动相联系的,而且只有电子具有足够大的横向动能,不稳定性才有可能产生.同时也就告诉我们:在色散方程中,含有 $\beta_{\perp 0}^2$ 的那一项是引起不稳定的项,而另一项则是稳定项.色散方程的这种结构形式,是电子回旋脉塞的一个特点.

9.3 电子回旋脉塞中电子的群聚

在没有着手讨论电子回旋脉塞的理论之前,我们来讨论一下电子回旋脉塞中电子与场的互作用物理过程,以便对电子回旋脉塞的机理有一个较清楚的图像.具体地讲,我们来研究一下回旋管中电子的群聚过程.

图 9.3.1 为一简化的回旋单腔振荡管模型.磁控注入式电子枪提供一环形空心电子注,电子注经过一段缓变上升的磁场,产生绝热压缩,使电子的能量大部分(70%以上)转化为回旋能量.这种运动状态的变化,

已在第 6 章中详细地讨论过.具有很大回旋能量的电子注进入互作用腔,一般为圆柱形开放式谐振腔,可工作在 H_{mnq} 模式下.但在本节中为分析简单起见,我们假定为 H_{011} 模式.电子在此互作用腔中与场产生相互作用,电子把能量辐射出去,而电磁波通过真空窗输出.

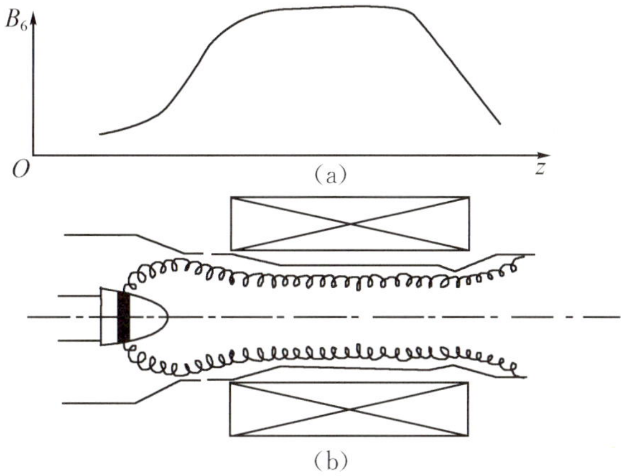

图 9.3.1　回旋单腔管模型

图中 $A-A$ 截面表示电子注在横截面上的运动,我们来考查一下电子的运动状态.电子环上每个电子都在做回旋运动,由于我们研究的是 H_{011} 模式,所以我们可以考查任一个电子回旋系统(关于电子回旋系统的定义,可参看下一节).我们来研究做回旋运动的电子受到高频场的作用.由于在弱相对论效应下,高频磁场比高频电场的影响小得多,所以在定性讨论时,我们略去高频磁场.

图 9.3.2 表示我们所研究的电子回旋系统.在每个这样的电子回旋系统中有为数众多的电子回旋在轨道上.我们来考查三个典型的电子,即图中所示的 1 号、2 号、3 号电子.假定第 1 号电子在做回旋运动时,所处的相位不受高频电场的作用,因而其运动状态不变.这样,第 3 号电子则处于高频场的加速相位,因而从场中获得能量.而第 2 号电子所处的相位则受到场的减速,因而失去能量.现在假定电子的非相对论回旋频率与电磁场的频率很接近,即

$$\omega \approx \omega_{c0} = \frac{eB_0}{m_0} \tag{9.3.1}$$

我们假定,波在角向的旋转方向与电子相同,即如果电子做右旋,则电磁波为右旋波.反之也是一样.电子的旋转运动由其角速度即回旋频率确定,而波的旋转速度则由波的频率决定.因此,电子在旋转时,波的相位也在发生变化.但由于有条件(9.3.1),所以电子与波的相对相位几乎可以保持不变.这可以由图 9.3.2(a)看出.

一段时间以后,1 号电子旋转一定的角度 φ_0,由于略去相对论效应后,电子的回旋频率是一个常数,所以 2 号电子和 3 号电子也同样旋转了 φ_0 角度.但是,它们的回旋半径却不同了.因为

$$r_c = v_{\perp} / \omega_{c0} \tag{9.3.2}$$

所以,1 号、2 号、3 号电子相对于电磁波在相位上没有变化,但其径向位置却改变了.

考虑相对论效应时,电子回旋频率为

$$\begin{cases} \omega_c = \omega_{c0} / \gamma \\ \gamma = (1-\beta^2)^{-\frac{1}{2}} \end{cases} \tag{9.3.3}$$

可见,当电子速度增加时,回旋频率下降,而当电子速度减小时,回旋频率反而增大.这样,电子运动就如图 9.3.2(b)所示的情况.如果我们假定

$$\omega \approx \omega_c \tag{9.3.4}$$

则经过一段时间以后,1 号、2 号、3 号电子的相对位置就如图 9.3.2(c)所示.这时受加速的电子由于回旋频

率减小，因而向后靠拢1号电子；而受减速的电子由于回旋频率增大，而赶上接近于1号电子. 因此我们有

$$\varphi<\varphi_0 \tag{9.3.5}$$

这样就发生了电子的相位群聚. 不过，在这种情况下，这三个电子总的来讲，与场无净的能量交换，因为2号电子被加速，3号电子被减速，得失相抵. 但是，如果有条件

$$\omega\geqslant\omega_c \tag{9.3.6}$$

则情况就不相同了. 这时，角向群聚的电子整个移向减速场中，从而使得电子受到的减速作用多于加速. 这样，电子与场就有了净的能量交换，而在所述的情况下，电子将把能量交给场，这正是振荡及放大所要求的.

以上的讨论告诉我们，电子的角向群聚正是由于相对论效应引起的. 所以电子回旋脉塞不稳定性的物理基础是电子运动的相对论效应. 清楚地了解这一点是非常重要的.

在回旋管中，环形电子注内有无数个电子在做回旋运动，每一个回旋圆周轨道上都有为数众多的电子在做回旋运动，它们与波相互作用的结果都会发生如上所述的以相对论运动为基础的群聚. 因此，总的结果，就得到电子回旋脉塞不稳定性.

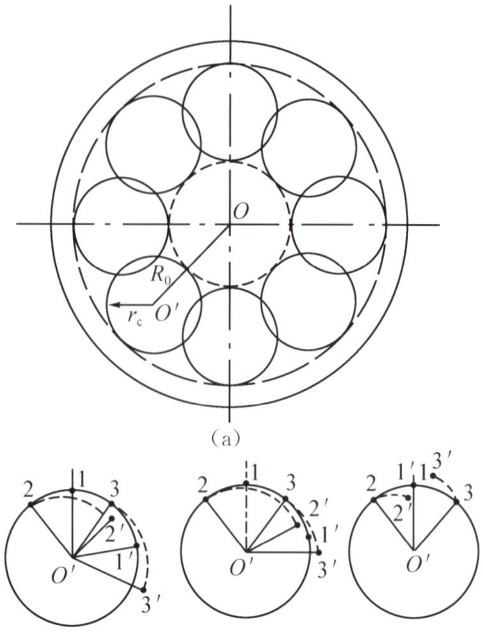

图 9.3.2 电子回旋系统

显然，以上的讨论是定性的，在某些方面又是近似的，如略去了高频磁场的作用，也未考虑电子的纵向运动. 但是以上的讨论给出了电子回旋脉塞中电子与波相互作用的主要特点，同时，也给出了一个简单而清楚的概念. 在此基础上，我们要进行下面的数学分析.

9.4 波导电子回旋脉塞的普遍动力学理论

在这一节中，我们将建立波导电子回旋脉塞的普遍动力学理论. 为普遍起见，我们考虑任意截面形状的波导，假定波导的轴线与直流磁场的指向一致. 这样，我们的任务就是在任意截面的规则波导中，联立求解线性弗拉索夫方程. 线性弗拉索夫方程为

$$\frac{\partial f_1}{\partial t}+\boldsymbol{v}\cdot\nabla_r f_1+e(\boldsymbol{E}_1+\boldsymbol{v}\times\boldsymbol{B}_1)\cdot\nabla_p f_0-e(\boldsymbol{v}\times\boldsymbol{B}_0)\cdot\nabla_p f_1=0 \tag{9.4.1}$$

而由麦克斯韦方程可以得到

$$\nabla^2\boldsymbol{E}_1+k^2\boldsymbol{E}_1=\mathrm{j}\omega\mu_0\boldsymbol{J}_1 \tag{9.4.2}$$

式中

$$\boldsymbol{J}_1=e\int f_1\boldsymbol{v}\mathrm{d}^3p \tag{9.4.3}$$

显然，我们利用了因子 $\exp(-\mathrm{j}\omega t)$.

电子运动方程则为

$$\frac{\mathrm{d}\boldsymbol{p}}{\mathrm{d}t}=e(\boldsymbol{E}_1+\boldsymbol{v}\times\boldsymbol{B}_1+\boldsymbol{v}\times\boldsymbol{B}_0) \tag{9.4.4}$$

而未扰运动方程则为

$$\frac{\mathrm{d}\boldsymbol{p}}{\mathrm{d}t}=e\boldsymbol{v}\times\boldsymbol{B}_0 \tag{9.4.5}$$

因为假定在互作用空间中无直流电场.

这种运动状态在第 6 章中已讨论过. 方程(9.4.5)可化为

$$\begin{cases}\dfrac{\mathrm{d}v_{\perp}}{\mathrm{d}t}=-\eta_0\boldsymbol{B}_0\sqrt{1-\beta^2}(\boldsymbol{v}_{\perp}\times\boldsymbol{e}_z)\\ \dfrac{\mathrm{d}v_{/\!/}}{\mathrm{d}t}=0\end{cases} \tag{9.4.6}$$

式中, $\eta_0=|e|/m_0$; $\beta=|v|/c$.

如第 6 章所述, 在平衡(未扰)状态下, 电子做螺旋运动, 平行于磁场即波导轴线的运动速度为 $v_{/\!/}$, 而电子的回旋运动的频率为 ω_c, 回旋半径为 r_c.

$$\begin{cases}\omega_c=\omega_{c0}/r\\ r_c=|v_{\perp}|/\omega_{c0}\end{cases} \tag{9.4.7}$$

式中, $\omega_{c0}=e\boldsymbol{B}_0/m_0$.

由于本节内容较多, 所以为了明了起见, 分成几个小节来讨论.

1. 逐次逼近法

首先来讨论一下我们所采用的分析方法. 由方程(9.4.2)可知, 当 $\boldsymbol{J}_1=0$ 时, 有

$$\nabla^2\boldsymbol{E}_1+k^2\boldsymbol{E}_1=0 \tag{9.4.8}$$

即为真空波导结构, 其解在第 7 章中已讨论过.

另外, 对于线性弗拉索夫方程的解, 在第 8 章中也已讨论过. 如按沿未扰轨道求积分的方法, 可以得到

$$f_1=-e\int_{-\infty}^{0}[(\boldsymbol{E}_1'+\boldsymbol{v}'\times\boldsymbol{B}_1')\cdot\nabla_{p'}f_0]\mathrm{d}\tau \tag{9.4.9}$$

由以上所述可见, 要完成式(9.4.9)的积分, 就必须知道扰动场 $\boldsymbol{E}_1$ 及 $\boldsymbol{B}_1$. 但是, 由方程(9.4.2)及方程(9.4.3)可见, 为了求扰动场, 必须求解非齐次波动方程(9.4.2), 而此方程的激励源又正是由此种未扰场所引起的电子的扰动电流. 因此, 严格地讲, 我们需求解自洽场的问题, 即求自洽积分方程的问题. 事实上, 可以用以下的方法将方程(9.4.9)代入方程(9.4.3), 然后再代入方程(9.4.2), 即可得到

$$\nabla^2\boldsymbol{E}_1+k^2\boldsymbol{E}_1=-\mathrm{j}\omega\mu_0\left\{e^2\int\left[\int_{-\infty}^{0}(\boldsymbol{E}_1'+\boldsymbol{v}'\times\boldsymbol{B}_1')\cdot\nabla_{p'}f_0\mathrm{d}\tau\right]\boldsymbol{v}\mathrm{d}^3p\right\} \tag{9.4.10}$$

式中, 磁场 $\boldsymbol{B}_1$ 可利用麦克斯韦方程表示为

$$\boldsymbol{B}_1=\frac{\mathrm{j}}{\omega\mu_0}\nabla\times\boldsymbol{E}_1 \tag{9.4.11}$$

所得到的微分积分方程(9.4.10)的求解往往非常复杂. 因此, 我们提出以下的逐次逼近法进行求解. 这个方法可叙述如下: 作为零级近似, 方程(9.4.9)中的电场及磁场, 可按方程(9.4.8)求出, 即用真空波导中场作为零级近似的场.

$$\nabla^2\boldsymbol{E}_1^0+k^2\boldsymbol{E}_1^0=0 \tag{9.4.12}$$

代入方程(9.4.9), 得到零级近似的电子扰动分布函数为

$$f_1^0=-e\int_{-\infty}^{0}\mathrm{d}\tau[(\boldsymbol{E}_1^{0'}+\boldsymbol{v}'\times\boldsymbol{B}_1^{0'})\cdot\nabla_{p'}f_0] \tag{9.4.13}$$

于是, 可以求得零级近似的扰动电流为

$$\boldsymbol{J}_1^0=-e^2\int_{-\infty}^{0}\mathrm{d}\tau\int\mathrm{d}^3p[\boldsymbol{E}_1^{0'}+\boldsymbol{v}'\times\boldsymbol{B}_1^{0'}]\cdot\nabla_{p'}f_0 \tag{9.4.14}$$

将上式代入方程(9.4.2),可以求出一级近似的扰动场.

$$\nabla^2 \boldsymbol{E}_1^1 + k^2 \boldsymbol{E}_1^1 = \mathrm{j}\omega\mu_0 \boldsymbol{J}_1^0 \tag{9.4.15}$$

方程(9.4.15)便于求解,因为右边的源是已知函数.求得一级近似的场 $\boldsymbol{E}_1^1, \boldsymbol{B}_1^1$ 后,再代入方程(9.4.9)及方程(9.4.3),可以求得一级近似的扰动分布函数及扰动电流,于是可以得到二级近似的场所满足的方程:

$$\nabla^2 \boldsymbol{E}_1^2 + k^2 \boldsymbol{E}_1^2 = \mathrm{j}\omega\mu_0 \boldsymbol{J}_1^1 \tag{9.4.16}$$

如此下去,可以求出任意级近似值,直到有足够的精度为止.

不过在很多情况下,零级近似或一级近似即已足够.如果电子注密度不是很大,可以认为互作用后的场(在小讯号的前提下),与真空波导场相差不大,则零级近似已是一种具有足够精度的近似解了.实际上,文献上所发表的电子回旋脉塞的动力学理论,绝大部分均属于零级近似解.理论和实验研究表明,这种零级近似理论可以给出令人满意的结果.甚至在非线性理论中,零级近似也是有价值的.

对于一级近似,可以将方程(9.3.15)写成以下形式:

$$\begin{cases} \boldsymbol{E}_1^1 = \boldsymbol{E}_1^0 + \delta\boldsymbol{E}_1 \\ \left(\dfrac{\omega^2}{c^2} - k_{/\!/}^2 - k_c^2\right)\boldsymbol{E}_1^0 + (\nabla^2 + k^2)\delta\boldsymbol{E}_1 = \mathrm{j}\omega\mu_0 \boldsymbol{J}_1^0 \end{cases} \tag{9.4.17}$$

用 $\boldsymbol{E}_1^0$ 点乘上述方程两边并在波导横截面上积分,于是得到

$$\left(\frac{\omega^2}{c^2} - k_{/\!/}^2 - k_c^2\right) + \frac{1}{N_{mn}}\int_s (\nabla^2 + k^2)\delta\boldsymbol{E}_1 \cdot \boldsymbol{E}_1^{0*}\,\mathrm{d}s$$
$$= \frac{\mathrm{j}\omega\mu_0}{N_{mn}}\int_s \boldsymbol{J}_1^0 \cdot \boldsymbol{E}_1^{0*}\,\mathrm{d}s \tag{9.4.18}$$

式中

$$N_{mn} = \int_s \boldsymbol{E}_1^0 \cdot \boldsymbol{E}_1^{0*}\,\mathrm{d}s \tag{9.4.19}$$

方程(9.4.18)就是所求的色散方程.

在文献中,常常略去方程(9.4.18)左边第二项,作为零级近似的色散方程,即

$$\left(\frac{\omega^2}{c^2} - k_{/\!/}^2 - k_c^2\right) = \frac{\mathrm{j}\omega\mu_0}{N_{mn}}\int_s \boldsymbol{J}_1^0 \cdot \boldsymbol{E}_1^0\,\mathrm{d}s \tag{9.4.20}$$

在本节以后的部分,也采用此种形式的色散方程.

2. 电子回旋中心坐标系的建立

在着手按上述逐次逼近法建立波导电子回旋脉塞的动力学理论之前,我们来讨论一下坐标系的选择问题.以后就会看到,坐标系的选择不同,导致方法的不同.

在波导电子回旋脉塞中,原则上有两种不同的空间坐标系可供选择,一种是波导轴坐标系,另一种是电子回旋中心坐标系.我们知道,用动力学理论方法研究波导电子回旋脉塞,一个关键问题是求解线性弗拉索夫方程,而求解线性弗拉索夫方程的主要方法是特征线方法,即沿未扰轨道求积分的方法.在不同的空间坐标系中未扰轨道(特征线)的方程有不同的数学形式.因此,问题就很清楚了,如果能找到一种坐标系,其中未扰轨道(特征线)取简单的数学形式,那么在此种坐标系中,线性弗拉索夫方程的解,即沿未扰轨道求积分,就可以较简单地求出.电子回旋中心坐标系的选择,正是出于这一目的.以后的研究表明,在电子回旋中心坐标系(r,θ,z)中,电子的未扰轨道取最简单的形式(即 $r=r_c$).与此同时,在波导轴坐标系中,电子的未扰轨道的数学形式就复杂得多.

这样,在电子回旋脉塞动力学理论中,就有两种不同的理论体系:一种是以电子回旋中心坐标系为基础的,另一种是以波导轴坐标系为基础的(见本篇参考文献[156]).在下一节中我们将进一步证明,以电子回

旋中心坐标系中场的局部展开为基础的方法,比起波导轴坐标系的方法,有很大的优势.

这里有一个问题还需讲清楚,即在电子回旋中心坐标系中,坐标原点(R_0,φ_0)的运动问题. 可以证明(见9.12 节),R_0,φ_0 是运动常数,在均匀直流磁场的条件下,对于未扰轨道来说,坐标原点(R_0,φ_0)是没有运动的.

电子回旋中心坐标系建立以后,电子的未扰轨道方程(特征线)固然得以大为简化,但波导中的场方程却是在波导轴坐标系中写出的,因此,要将波导轴坐标系中的场,转化到电子回旋中心坐标系中去,这一工作,由下一小节所述的场的局部展开完成. 而且后面将要指出,这种场的局部展开,给回旋谐波以更明确的物理意义和数学处理. 这也是电子回旋中心坐标系方法的优点.

最后还有一个问题,当电子的能量较大,以致回旋运动是绕波导轴进行时. 以后的分析证明,电子回旋中心坐标系并不受到限制,在上述情况下,电子回旋中心坐标系自动地与波导轴坐标系统一起来,而且场的局部展开,也自动地化回到原来的波导场. 由此就可看出,电子回旋中心坐标系方法是一个有很大潜力的理论方法.

3. 场的局部展开

我们就来按照上面所述的逐次逼近的方法,在电子回旋中心坐标系中建立波导回旋脉塞的动力学理论. 为此,我们先来讨论真空波导场的问题. 在第 7 章中已指出,对于波导中的 TE 波模式,电磁场矢量 $\boldsymbol{E}_1$ 及 $\boldsymbol{B}_1$ 可以通过一个位函数 ψ_{mn} 来表示,即

$$\begin{cases}\boldsymbol{E}_{1\perp}=-\mathrm{j}\omega\mu_0(\boldsymbol{e}_z\times\nabla_\perp\psi_{mn})\\ \boldsymbol{H}_{1\perp}=\mathrm{j}k_{/\!/}\nabla_\perp\psi_{mn}\\ H_{1z}=k_c^2\psi_{mn}\end{cases}\tag{9.4.21}$$

式中,ψ_{mn} 满足如下二维标量亥姆霍兹方程及边界条件:

$$\begin{cases}\nabla_\perp^2\psi_{mn}+k_c^2\psi_{mn}=0\\ \dfrac{\partial\psi_{mn}}{\partial s}=0\end{cases}\tag{9.4.22}$$

考虑任意截面形状的波导,取正交坐标系(u_1,u_2,z),z 轴与波导轴一致. 设某一电子回旋中心的瞬时坐标为(u_{10},u_{20},z),以此点为圆心,建立电子回旋中心坐标系(r,θ,z). 可见两坐标系[即波导轴坐标系(u_1,u_2,z)及电子回旋中心坐标系(r,θ,z)]的 z 轴是平行的. 如图 9.4.1 所示. 图中 $u_{10}=R_0$;$u_{20}=\varphi_0$.

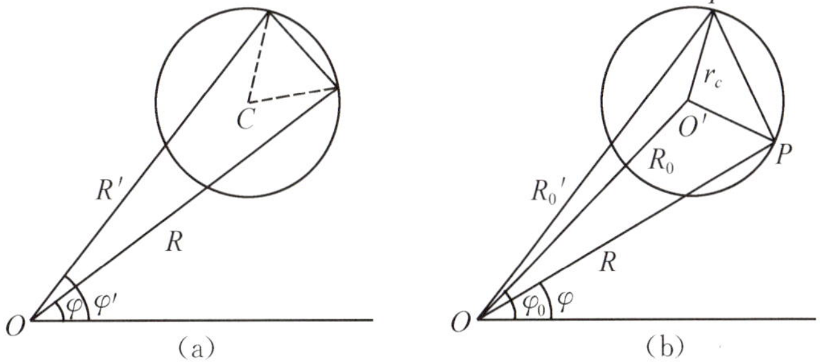

图 9.4.1　波导轴坐标系和电子回旋中心坐标系

电子沿 O' 轴做回旋运动,而在波导内电磁场有一定的分布. 因此,电子在其轨道上的每一点均可能遇到不同的场强. 电子回旋一周后回到原来的位置,因此不难想象,电子在做周期性运动时,所感受到的场将是一个周期性场. 这样,我们可以在电子回旋中心坐标系中,将场沿电子回旋轨道分解为傅里叶级数,即

$$\psi_{mn}(u_1,u_2)=\sum_l\psi_{mnl}(u_{10},u_{20},r)\mathrm{e}^{\mathrm{j}l\theta}\tag{9.4.23}$$

式中，(u_{10},u_{20})为电子回旋中心的坐标. 展开系数$\psi_{mnl}(u_{10},u_{20},r)$可按下式求出：

$$\psi_{mnl}(u_{10},u_{20},r)=\frac{1}{2\pi}\int_{-\pi}^{\pi}\psi_{mn}(u_1,u_2)\mathrm{e}^{-\mathrm{j}l\theta}\mathrm{d}\theta \tag{9.4.24}$$

以上各式中略去因子$\exp(-\mathrm{j}\omega t+\mathrm{j}k_{/\!/}z)$.

场的这种展开，我们称为局部场展开.

函数$\psi_{mn}(u_1,u_2)$是标量亥姆霍兹方程的解，因此可以用积分形式表示为

$$\psi_{mn}(u_1,u_2)=\int_{-\pi}^{\pi}g(\beta)\mathrm{e}^{-\mathrm{j}k_c(x\cos\beta+y\sin\beta)}\mathrm{d}\beta \tag{9.4.25}$$

式中，(x,y)应用(u_1,u_2)表示. 函数$g(\beta)$表示波在角向的分布.

将方程(9.4.25)代入方程(9.4.24)，并注意到关系式：

$$\begin{cases}x=x_0+r\cos\theta\\ y=y_0+r\sin\theta\end{cases} \tag{9.4.26}$$

式中，(x_0,y_0)表示电子回旋中心的坐标. 积分后即可得到

$$\psi_{mn}(u_1,u_2)=\sum_{l}\mathrm{J}_l(k_c r)F_{mnl}(u_{10},u_{20})\mathrm{e}^{\mathrm{j}l\theta} \tag{9.4.27}$$

式中，利用了关系式

$$\mathrm{J}_l(k_c r)=\frac{1}{2}(-\mathrm{j})^l\int_{-\pi}^{\pi}\mathrm{e}^{\mathrm{j}k_c r\cos\xi+\mathrm{j}l\xi}\mathrm{d}\xi \tag{9.4.28}$$

式中

$$\xi=(\theta-\beta)$$

$\mathrm{J}_l(k_c r)$是l阶第一类贝塞尔函数. F_{mnl}则由下式确定：

$$F_{mnl}=(\mathrm{j})^l\int_{-\pi}^{\pi}g(\beta)\mathrm{e}^{\mathrm{j}k_c(x_0\cos\beta+y_0\sin\beta)+\mathrm{j}l\beta}\mathrm{d}\beta \tag{9.4.29}$$

在上式中仍然需用(u_{10},u_{20})来表示(x_0,y_0).

这样我们就求得了场的局部展开式的普遍形式，下面分别讨论两种具有重要实际意义的具体结构.

(1)轴对称结构情况：实际的回旋管绝大多数采用轴对称结构. 为了研究具有轴对称结构的电子回旋脉塞，可以采用坐标系(R,φ,z)，z轴与波导轴重合. 因此有关系式：

$$\begin{cases}x_0=R_0\cos\varphi_0\\ y_0=R_0\sin\varphi_0\end{cases} \tag{9.4.30}$$

然后利用方程(9.4.23)～(9.4.25)，即可求出局部场的展开式. 上式中(R_0,φ_0)是电子回旋中心的坐标.

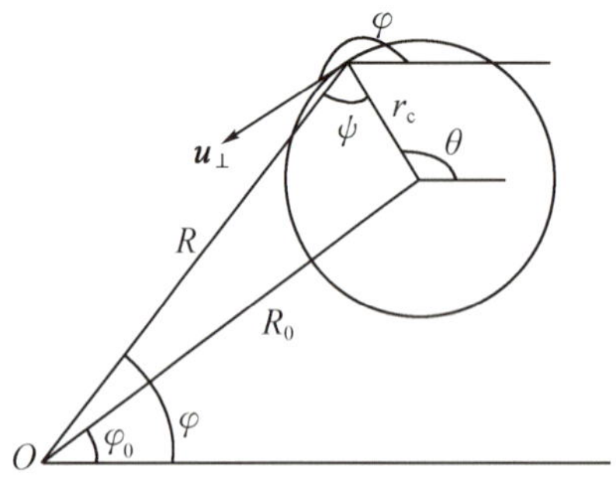

图 9.4.2 圆柱波导中场的局部展开(贝塞尔加法公式)

不过，在轴对称波导的情况下，我们可以直接利用贝塞尔函数的加法定律，从已知的波导模式函数ψ_{mn}出发，求出展开式，这样做更为简单和直观. 我们研究以下两种轴对称波导系统.

①圆柱波导：对于圆柱波导系统，由波导场论，可以得到函数ψ_{mn}为

$$\psi_{mn}(R,\varphi)=\mathrm{J}_m(k_c R)\mathrm{e}^{\mathrm{j}m\varphi} \tag{9.4.31}$$

如图 9.4.2 所示，这时我们可以利用以下形式的贝塞尔函数的加法定律：

$$\mathrm{J}_m(k_c R)\mathrm{e}^{\mathrm{j}m(\varphi-\varphi_0)}=\sum_{q=-\infty}^{\infty}\mathrm{J}_q(k_c r)\mathrm{J}_{m+q}(k_c R_0)\mathrm{e}^{\mathrm{j}q\psi}\tag{9.4.32}$$

式中

$$R^2=R_0^2+r^2-2rR_0\cos\psi\tag{9.4.33}$$

由图 9.4.2 可以得到

$$\psi=\pi+\varphi_0-\theta\tag{9.4.34}$$

因此方程(9.4.30)可以写成

$$\mathrm{J}_m(k_c R)\mathrm{e}^{\mathrm{j}m\varphi}=\sum_{q=-\infty}^{\infty}\mathrm{J}_m(k_c r)\mathrm{J}_{m+q}(k_c R_0)\cdot\mathrm{e}^{\mathrm{j}(m+q)\varphi_0}\mathrm{e}^{\mathrm{j}(\pi-\theta)q}\tag{9.4.35}$$

另外，由傅里叶展开式

$$\psi_{mn}(R,\varphi)=\sum_l\psi_{mnl}(R_0,\varphi_0,r)\mathrm{e}^{\mathrm{j}l\theta}\tag{9.4.36}$$

式中

$$\psi_{mnl}=\frac{1}{2\pi}\int_{-\pi}^{\pi}\psi_{mn}(R,\varphi)\mathrm{e}^{-\mathrm{j}l\theta}\mathrm{d}\theta\tag{9.4.37}$$

将方程(9.4.35)代入式(9.4.37)得到

$$\psi_{mnl}=\frac{1}{2\pi}\int_{-\pi}^{\pi}\left[\sum_{q=-\infty}^{\infty}\mathrm{J}_q(k_c r)\mathrm{J}_{m+q}(k_c R_0)\cdot\mathrm{e}^{\mathrm{j}(m+q)\varphi_0+\mathrm{j}q(\pi-\theta)-\mathrm{j}l\theta}\mathrm{d}\theta\right]\tag{9.4.38}$$

利用正交条件可以得到

$$\psi_{mnl}=\mathrm{J}_l(k_c r)\mathrm{J}_{m-l}(k_c R_0)\mathrm{e}^{\mathrm{j}(m-l)\varphi_0}\tag{9.4.39}$$

因此，可以得到以下形式的场的局部展开式：

$$\psi_{mn}(R,\varphi)=\sum_l\mathrm{J}_l(k_c r)\mathrm{J}_{m-l}(k_c R_0)\mathrm{e}^{\mathrm{j}(m-l)\varphi_0+\mathrm{j}l\theta}\tag{9.4.40}$$

以上是对于前向行波的讨论，这时有因子 $\exp(-\mathrm{j}\omega t+\mathrm{j}k_{/\!/}z+\mathrm{j}m\varphi)$. 如果写成$\exp(\mathrm{j}\omega t-\mathrm{j}k_{/\!/}z-\mathrm{j}m\varphi)$的形式，则展开式应为

$$\psi_{mn}(R,\varphi)=\sum_l\mathrm{J}_1(k_c r)\mathrm{J}_{m-l}(k_c R)\mathrm{e}^{-\mathrm{j}(m-l)\varphi_0-\mathrm{j}l\theta}\tag{9.4.41}$$

而这时方程(9.3.21)则应改为

$$\begin{cases}\boldsymbol{E}_{1\perp}=\mathrm{j}\omega\mu_0(\boldsymbol{e}_z\times\nabla_\perp\psi_{mn})\\ \boldsymbol{H}_{1\perp}=-\mathrm{j}k_{/\!/}(\nabla_\perp\psi_{mn})\\ H_{1z}=k_c^2\psi_{mn}\end{cases}\tag{9.4.42}$$

②同轴结构系统：对于同轴波导，有

$$\psi_{mn}(R,\varphi)=[\mathrm{J}_m(k_c R)N'_m(k_c a)-N_m(k_c R)\mathrm{J}'_m(k_c a)]\mathrm{e}^{\mathrm{j}m\varphi}\tag{9.4.43}$$

用同上面完全类似的方法可以得到

$$\begin{aligned}\psi_{mn}(R,\varphi)=\sum_l\mathrm{J}_l(k_c r)[&\mathrm{J}_{m-l}(k_c R)N'_m(k_c a)\\&-N_{m-l}(k_c R_0)\mathrm{J}'_m(k_c a)]\mathrm{e}^{\mathrm{j}(m-l)\varphi_0+\mathrm{j}l\theta}\end{aligned}\tag{9.4.44}$$

可见，只需要利用以下的代换：

$$\mathrm{J}_{m-l}(k_c R_0)\rightarrow\mathrm{J}_{m-l}(k_c R_0)\left[N'_m(k_c a)-\frac{\mathrm{J}'_m(k_c a)N_{m-l}(k_c R_0)}{\mathrm{J}_{m-l}(k_c R_0)}\right]\tag{9.4.45}$$

就可以将对圆柱波导的局部场展开的结果化为同轴波导的情况.

这里要着重说明的是：以上的局部场展开式并没有任何限制，并不要求任何条件(例如，$r_c\ll a$，$r_c\ll R_0$等). 实际上，上述展开式对 $r_c=R_0$ 的情况都可适用(这时，电子回旋中心坐标系与波导轴坐标系合成一个).

将展开式代入方程(9.4.21)就可以求得场的各个分量，所得结果写在后面.

在以上的有关方程中，截止频率(波数)由以下方程确定：

对于圆柱波导，有

$$\mathrm{J}'_m(k_c a)=0 \tag{9.4.46}$$

对于同轴波导，有

$$\mathrm{J}_m(k_c a)\mathrm{N}'_m(k_c a)-\mathrm{N}_m(k_c a)\mathrm{J}'_m(k_c a)=0 \tag{9.4.47}$$

因此，实际上截止波数应写成$(k_c)_{mn}$，这表示第 n 个根. 但为了简化书写，在本书中写成 k_c.

(2)直角系统：对于直角系统，自然可直接利用直角坐标系(x,y,z). 因此，局部场展开式为

$$\psi_{mn}(x,y)=\sum_l \mathrm{J}_l(k_c r)F_{mnl}(x_0,y_0)\mathrm{e}^{\mathrm{j}l\theta} \tag{9.4.48}$$

式中

$$F_{mnl}(x_0,y_0)=(\mathrm{j})^l\int_{-\pi}^{\pi} g(\beta)\mathrm{e}^{\mathrm{j}k_c(x_0\cos\beta+y_0\sin\beta)+\mathrm{j}l\beta}\mathrm{d}\beta \tag{9.4.49}$$

不过，和轴对称结构一样，我们希望能直接利用导波场论中已经得到的模式场的结果. 设波导模式$\psi_{mn}(x,y)$已知，则由方程(9.4.19)～(9.4.22)，可以得到

$$F_{mnl}(x_0,y_0)=(\mathrm{j})^l(\mathrm{sgn}l)^l\left[\frac{1}{k_c}\left(\frac{\partial}{\partial x_0}+\mathrm{j}\,\mathrm{sgn}\,l\frac{\partial}{\partial y_0}\right)\right]^{|l|}\cdot\psi_{mn}(x_0,y_0) \tag{9.4.50}$$

式中，$[\cdots]^{|l|}$表示对方括号中的算符进行$|l|$次运算. 可见，按已知的函数 $\psi_{mn}(x,y)$容易直接得出局部场展开式 $F_{mnl}(x_0,y_0)$. 下面讨论两种具体结构.

①平板波导结构. 对于平板波导的 H_{0n}模式，已知

$$\psi_{0n}=\cos\left(\frac{n\pi}{b}y\right) \tag{9.4.51}$$

式中，b 为波导两平板间距离. 代入方程(9.4.50)，即可得到

$$F_{0nl}=\begin{cases}(-1)^{(3l+1)/2}\sin\left(\dfrac{n\pi}{b}y_0\right) & (l\text{ 为奇数})\\[2ex](-1)^{3l/2}\cos\left(\dfrac{n\pi}{b}y_0\right) & (l\text{ 为偶数})\end{cases} \tag{9.4.52}$$

②矩形波导结构. 对于矩形波导结构的 H_{m0}模式，已知

$$\psi_{m0}=\cos\left(\frac{m\pi}{a}x\right) \tag{9.4.53}$$

式中，a 为波导宽边尺寸. 代入方程(9.4.50)，即可得到

$$F_{m0l}=\begin{cases}(-1)^{(3l+1)/2}\sin\left(\dfrac{m\pi}{a}x_0\right) & (l\text{ 为奇数})\\[2ex](-1)^{3l/2}\cos\left(\dfrac{m\pi}{a}x_0\right) & (l\text{ 为偶数})\end{cases} \tag{9.4.54}$$

而对于 H_{0n}模式，已知

$$\psi_{0n}=\cos\left(\frac{n\pi}{b}y\right) \tag{9.4.55}$$

式中，b 为狭边尺寸. 于是可以得到

$$F_{0nl}=\begin{cases}(-1)^{(3l+1)/2}\sin\left(\dfrac{n\pi}{b}y_0\right) & (l\text{ 为奇数})\\[2ex](-1)^{3l/2}\cos\left(\dfrac{n\pi}{b}y_0\right) & (l\text{ 为偶数})\end{cases} \tag{9.4.56}$$

按同样方法，可以求得任意 H_{mn}模式场的局部展开式.

4. 波导电子回旋脉塞的普遍色散方程

在完成了以上各小节的叙述之后，现在就可来求波导电子回旋脉塞的色散方程. 为普遍起见，我们研究任意模式任意次回旋谐波的情形. 为此，我们来求解线性弗拉索夫方程. 首先必须求得积分核$(\boldsymbol{E}_1+\boldsymbol{v}\times\boldsymbol{B}_1)\cdot\nabla_p f_0$的表达式. 将$\nabla_p f_0$在坐标系$(p_\perp,\phi,p_{/\!/})$中展开，即

$$\nabla_p f_0=\frac{\partial f_0}{\partial p_\perp}\boldsymbol{e}_\perp+\frac{1}{p_\perp}\frac{\partial f_0}{\partial\phi}\boldsymbol{e}_\phi+\frac{\partial f_0}{\partial p_{/\!/}}\boldsymbol{e}_z \tag{9.4.57}$$

但在电子回旋中心坐标系中有以下关系：

$$\boldsymbol{e}_\perp=\boldsymbol{e}_\theta,\boldsymbol{e}_\phi=-\boldsymbol{e}_r,\boldsymbol{e}_z=\boldsymbol{e}_z \tag{9.4.58}$$

因此，式(9.4.57)可化为

$$\nabla_p f_0=\frac{\partial f_0}{\partial p_\perp}\boldsymbol{e}_\theta-\frac{1}{p_\perp}\frac{\partial f_0}{\partial\phi}\boldsymbol{e}_r+\frac{\partial f_0}{\partial p_{/\!/}}\boldsymbol{e}_z \tag{9.4.59}$$

另外，由方程(9.4.21)可以得到

$$\begin{cases}E_\theta=-\mathrm{j}\omega\mu_0\sum\limits_l k_c\mathrm{J}_l'(k_cr)F_{mnl}\mathrm{e}^{\mathrm{j}l\theta}\\E_r=\mathrm{j}\omega\mu_0\sum\limits_l\left(\dfrac{\mathrm{j}l}{r}\right)\mathrm{J}_l(k_cr)F_{mnl}\mathrm{e}^{\mathrm{j}l\theta}\\H_\theta=\mathrm{j}k_{/\!/}\sum\limits_l\left(\dfrac{\mathrm{j}l}{r}\right)\mathrm{J}_l(k_cr)F_{mnl}\mathrm{e}^{\mathrm{j}l\theta}\\H_r=-\mathrm{j}k_{/\!/}\sum\limits_l k_c\mathrm{J}_l'(k_cr)F_{mnl}\mathrm{e}^{\mathrm{j}l\theta}\\H_z=k_c^2\sum\limits_l\mathrm{J}_l(k_cr)F_{mnl}\mathrm{e}^{\mathrm{j}l\theta}\end{cases} \tag{9.4.60}$$

式中，因子$\mathrm{e}^{-\mathrm{j}\omega t+\mathrm{j}k_{/\!/}z}$略去.

积分核中力的因子可展开为

$$\begin{aligned}(\boldsymbol{E}_1+\boldsymbol{v}\times\boldsymbol{B}_1)&=(E_\theta+v_zB_r-v_rB_z)\boldsymbol{e}_\theta+[E_r+(v_\theta B_z-v_zB_\theta)]\boldsymbol{e}_r+(v_rB_\theta-v_\theta B_r)\boldsymbol{e}_z\\&=(E_\theta+v_zB_r)\boldsymbol{e}_\theta+(E_r+v_\perp B_z-v_zB_\theta)\boldsymbol{e}_r-v_\perp B_r\boldsymbol{e}_z\end{aligned} \tag{9.4.61}$$

式中，考虑到对于未扰电子，在电子回旋中心坐标系中，有

$$v_r=0,v_\theta=v_\perp \tag{9.4.62}$$

这样，我们得到

$$\begin{aligned}(\boldsymbol{E}_1+v\times\boldsymbol{B}_1)\cdot\nabla_p f_0=&(E_\theta+v_zB_r)\frac{\partial f_0}{\partial p_\perp}-(E_r+v_\perp B_z\\&-v_zB_\theta)\frac{1}{p_\perp}\frac{\partial f_0}{\partial\phi}-v_\perp B_r\frac{\partial f_0}{\partial p_{/\!/}}\end{aligned} \tag{9.4.63}$$

将方程(9.4.60)代入上式得

$$\begin{aligned}(\boldsymbol{E}_1+\boldsymbol{v}\times\boldsymbol{B}_1)\cdot\nabla_p f_0=\sum_l\Big[&-\mathrm{j}\omega\mu_0k_c\mathrm{J}_l'(k_cr)F_{mnl}\left(1-\frac{k_{/\!/}v_{/\!/}}{\omega}\right)\frac{\partial f_0}{\partial p_\perp}\\&-\mathrm{j}\omega\mu_0\left(\frac{\mathrm{j}l}{r}\right)\mathrm{J}_l(k_cr)F_{mnl}\left(1-\frac{k_c^2v_\perp r}{l\omega}-\frac{k_{/\!/}v_{/\!/}}{\omega}\right)\\&\cdot\frac{1}{p_\perp}\frac{\partial f_0}{\partial\phi}+\mathrm{j}k_{/\!/}k_cv_\perp\mathrm{J}_l'(k_cr)F_{mnl}\frac{\partial f_0}{\partial p_{/\!/}}\Big]\mathrm{e}^{\mathrm{j}l\theta}\end{aligned} \tag{9.4.64}$$

式中，因子$\mathrm{e}^{-\mathrm{j}\omega t+\mathrm{j}k_{/\!/}z}$仍略去.

于是可以得到扰动分布函数：

$$f_1=-e\int_{-\infty}^{t}\mathrm{d}t'\sum_l(-\mathrm{j}\omega\mu_0k_cF_{mnl})\Big[\mathrm{J}_l'(k_cr)\cdot\Big(1-\frac{k_{/\!/}v_{/\!/}}{\omega}\Big)\frac{\partial f_0}{\partial p_\perp}$$
$$+\Big(\frac{\mathrm{j}l}{k_cr}\Big)\mathrm{J}_l(k_cr)\Big(1-\frac{k_crk_cv_\perp}{l\omega}-\frac{k_{/\!/}v_{/\!/}}{\omega}\Big)\frac{1}{p_\perp}\frac{\partial f_0}{\partial\phi}$$
$$-\frac{k_{/\!/}v_\perp}{\omega}\mathrm{J}_l'(k_cr)\frac{\partial f_0}{\partial p_{/\!/}}\Big]\mathrm{e}^{-\mathrm{j}\omega t'+\mathrm{j}k_{/\!/}z'+\mathrm{j}l\theta'} \tag{9.4.65}$$

但

$$\begin{cases}t'=t+\tau\\ z'=z+v_{/\!/}\tau\\ \theta'=\theta+\omega_c\tau\end{cases} \tag{9.4.66}$$

因此，对方程(9.4.65)积分后，即可得到

$$f_1=\omega\mu_0k_ce\sum_l\Big\{\mathrm{J}_l'(k_cr)\Big[\Big(1-\frac{k_{/\!/}v_{/\!/}}{\omega}\Big)\frac{\partial f_0}{\partial p_\perp}+\frac{k_{/\!/}v_\perp}{\omega}\frac{\partial f_0}{\partial p_{/\!/}}\Big]$$
$$+\Big(\frac{\mathrm{j}l}{k_cr}\Big)\mathrm{J}_l(k_cr)\Big(1-\frac{k_crk_cv_\perp}{l\omega}-\frac{k_{/\!/}v_{/\!/}}{\omega}\Big)\frac{1}{p_\perp}\frac{\partial f_0}{\partial\phi}\Big\}$$
$$\cdot F_{mnl}\mathrm{e}^{\mathrm{j}l\theta}\Big\{\Big[\frac{\mathscr{P}}{(\omega-k_{/\!/}v_{/\!/}-l\omega_c)}\Big]-\mathrm{j}\pi\delta(\omega-k_{/\!/}v_{/\!/}-l\omega_c)\Big\} \tag{9.4.67}$$

式中，因子 $\exp\{-\mathrm{j}\omega t+\mathrm{j}k_{/\!/}z\}$ 未写出，$\mathscr{P}$ 表示积分主值.

按照本节第一部分所述，我们求得的是零级近似的扰动分布函数. 不过，上面曾指出，在一般情况下，零级近似已经足够，因此，我们略去了方程(9.4.65)及(9.4.67)中 f_1^0 的上标，而直接写 f_1.

扰动分布电流即可求得

$$\boldsymbol{J}_1=\mathrm{J}_{1\theta}\boldsymbol{e}_\theta \tag{9.4.68}$$

式中

$$\mathrm{J}_{1\theta}=\mu_0e^2k_c\Big\{\sum_l\int_0^\infty\mathrm{d}p_\perp\int_{-\infty}^{\infty}\mathrm{d}p_{/\!/}\int_0^{2\pi}\mathrm{d}\phi\Big[\mathrm{J}_l'(k_cr)\Big((\omega-k_{/\!/}v_{/\!/})\frac{\partial f_0}{\partial p_\perp}$$
$$+k_{/\!/}v_\perp\frac{\partial f_0}{\partial p_{/\!/}}\Big)+\Big(\frac{\mathrm{j}l}{k_cr}\Big)\cdot\mathrm{J}_l(k_cr)\Big(\omega-\frac{k_crk_cv_\perp}{l}-k_{/\!/}v_{/\!/}\Big)$$
$$\cdot\frac{1}{p_\perp}\frac{\partial f_0}{\partial\phi}\Big]F_{mnl}\mathrm{e}^{\mathrm{j}l\theta}\cdot\Big[\frac{p_\perp^2/m_0r}{(\omega-k_{/\!/}v_{/\!/}-l\omega_c)}\Big]\Big\} \tag{9.4.69}$$①

以上采用的是沿未扰轨道求积分的方法来求解线性弗拉索夫方程. 可以指出，如果采用拉普拉斯-傅里叶变换的方法，可以得到完全一致的结果.

再利用方程(9.4.20)，即可求得波导电子回旋脉塞的普遍色散方程：

$$\Big(\frac{\omega^2}{c^2}-k_{/\!/}^2-k_c^2\Big)=\frac{\omega^2\mu_0^2}{N_{mn}c^2}k_ce^2\int_s\Big\{\sum_l\int_0^\infty\mathrm{d}p_\perp\int_{-\infty}^{\infty}\mathrm{d}p_{/\!/}\int_0^{2\pi}\mathrm{d}\phi$$
$$\cdot\Big[\mathrm{J}_l'(k_cr)\Big((\omega-k_{/\!/}v_{/\!/})\frac{\partial f_0}{\partial p_\perp}+k_{/\!/}v_\perp\frac{\partial f_0}{\partial p_{/\!/}}\Big)+\Big(\frac{\mathrm{j}l}{k_cr}\Big)\mathrm{J}_1(k_cr)$$
$$\cdot(\omega-(k_cr)(k_cv_\perp)-k_{/\!/}v_{/\!/})\frac{1}{p_\perp}\frac{\partial f_0}{\partial\phi}\Big]F_{mnl}\mathrm{e}^{\mathrm{j}l\theta}$$
$$\cdot\Big[\frac{p_\perp^2/m_0r}{(\omega-k_{/\!/}v_{/\!/}-l\omega_c)}\Big]\Big\}\cdot\Big[\sum_{l'}k_c\mathrm{J}_l'(k_cr)F_{mnl}^*\mathrm{e}^{-\mathrm{j}l'\theta}\Big]\mathrm{d}s \tag{9.4.70}$$

式中，F_{mnl}^* 表示 F_{mnl} 的共轭值.

---

①考虑到电子回旋脉塞中电子与波的互作用条件要求$(\omega-k_{/\!/}v_{/\!/}-l\omega_c)\neq0$，而电子注的能量分布又采用简化的 δ 函数，所以在方程(9.4.67)中的右边含 δ 函数的一项可以略去.

给定电子的平衡分布函数 f_0，给定波导截面形状及工作模式，求得局部场展开式 F_{mnl} 代入上式，即可求得所需的色散方程.

以后将指出，建立波导电子回旋脉塞的动力学理论有两种方法：一种就是本节所述的以电子回旋中心坐标系中场的局部展开为基础的方法，另一种是以波导轴坐标系为基础的方法. 本书主要采用前一种方法，这两种方法的比较将在以后加以讨论.

5. 理论的误差

最后，我们来研究一下电子回旋脉塞色散方程的理论误差问题. 如上所述，在推导电子回旋脉塞的色散方程时，在确定场方程及电子平衡分布函数 f_0 时，均可能引入误差，这将导致所得的色散方程有一定的误差.

电子的扰动分布函数为

$$f_1+\delta f_1=-e\int_{-\infty}^{t}\mathrm{d}t'\left[\boldsymbol{E}_1+\delta\boldsymbol{E}_1'+\boldsymbol{v}'\times\frac{\nabla\times(\boldsymbol{E}_1'+\delta\boldsymbol{E}_1')}{\mathrm{j}\omega\mu_0}\right]\cdot\nabla_{p'}(f_0+\delta f_0)\tag{9.4.71}$$

由此得到

$$\delta f_1=-e\int_{-\infty}^{t}\left\{\left(\boldsymbol{E}_1'+\boldsymbol{v}'\times\frac{\nabla\times\boldsymbol{E}_1'}{\mathrm{j}\omega\mu_0}\right)\cdot\nabla_{p'}(\delta f_0)+\left[\delta\boldsymbol{E}_1'+\boldsymbol{v}'\times\frac{\nabla\times(\delta\boldsymbol{E}_1')}{\mathrm{j}\omega\mu_0}\right]\cdot\nabla_{p'}f_0\right\}\tag{9.4.72}$$

于是，又可求得扰动电流的误差，即

$$\boldsymbol{J}_1+\delta\boldsymbol{J}=e\int f_1\frac{\boldsymbol{p}}{m_0\gamma}\mathrm{d}^3p=-e^2\int\left[(f_1+\delta f_1)\left(\frac{\boldsymbol{p}}{m_0\gamma}\right)\right]\mathrm{d}^3p\tag{9.4.73}$$

得到

$$\delta\boldsymbol{J}_1=-e^2\int\left(\delta f_1\frac{\boldsymbol{p}}{m_0\gamma}\right)\mathrm{d}^3p\tag{9.4.74}$$

而色散方程为

$$\frac{\omega^2}{c^2}-k_{/\!/}^2-k_c^2=\frac{1}{N_{mn}}\left[\int\boldsymbol{J}_1\cdot\boldsymbol{E}_1^*\,\mathrm{d}s+\int(\delta\boldsymbol{J}_1\cdot\boldsymbol{E}_1^*+\boldsymbol{J}_1\cdot\delta\boldsymbol{E}_1^*)\mathrm{d}s\right]\tag{9.4.75}$$

式中

$$N_{mn}=\int\boldsymbol{E}_1\cdot\boldsymbol{E}_1^*\,\mathrm{d}s\tag{9.4.76}$$

在以上推导中，均假定误差量属于微小量，从而可以略去二级以上微小量.

由此可以看到，色散方程引起的误差，至多也是属于一级微小量.

以后的实际分析和计算，完全证实了以上所述. 用零级近似求得的电子回旋脉塞的色散方程，以及在确定电子平衡分布函数时所引起的误差，对于色散方程的影响，都是很小的.

9.5　轴对称波导系统电子回旋脉塞的动力学理论

在本节中，我们将根据上节所述的普遍理论，研究轴对称波导系统电子回旋脉塞.

为了求解线性弗拉索夫方程，必须事先给定电子的平衡分布函数 f_0，这就要建立正确的电子注平衡态物理模型. 我们来讨论这一问题. 考虑一个如图 9.5.1 所示的外径为 (R_0+r_c)、内径为 (R_0-r_c) 的环形空心电子注. 我们假定电子注内的所有电子均具有相同的回旋动量及纵向动量，即略去动量离散及能量离散. 这样，从以下的统计物理的基本概念出发，可以建立电子注的物理模型，作为确定电子注平衡分布函数的基础. 我们认为：

(1)在平衡态下，如图 9.5.1 所示的环形电子注内每一个电子都在做完全相同的回旋运动，回旋中心位于 $R=R_0$ 的圆周上. 因此，整个电子注可以认为是由彼此全同而又相互独立的为数众多的电子回旋系统所组成；每一个"电子回旋系统"具有一个确定的回旋中心[其坐标为(R_0,φ_0)]；

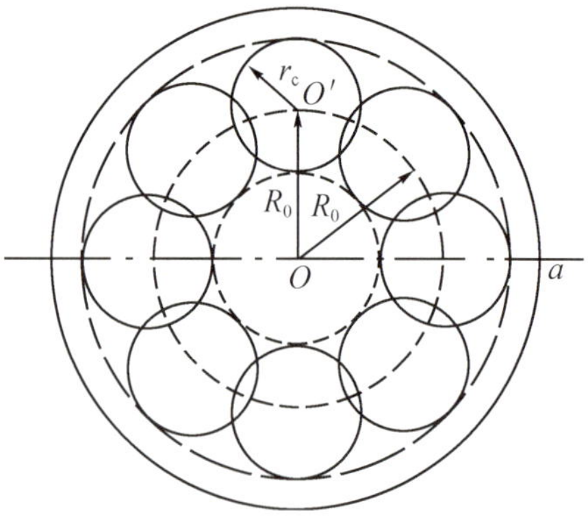

图 9.5.1　空心电子注及电子回旋系统

(2)电子注内每一个电子均隶属于且仅隶属于它自己的那个电子回旋系统①；

(3)在每一个电子回旋系统中均有为数众多的电子，它们具有相同的瞬时回旋中心，在此回旋中心系中做回旋运动.

我们说为数众多，意义是说具有足够大的数目，以致具有统计意义.

不难看到，以上三点是完全符合实际情况的.

这样，我们就把具有相同的回旋中心的全部电子，作为一个集合，把它定义为一个电子回旋系统. 这个集合，就是我们要研究的物理模型和统计对象. 而且，由于整个电子注已被我们分割成无数这样的集合，它们是全同而又相互独立的. 每个集合都是一个子系统，整个电子注由为数众多的子系统所组成. 因此，按照统计物理的基本概念和方法，我们仅需研究其中的任意一个子系统.

可以证明，在电子回旋中心坐标系中，单个电子的运动常数为 $p_{/\!/}$、$p_{\perp}$、R_0 三个. 因此，按平衡弗拉索夫方程的要求，电子的平衡分布函数可取以下形式：

$$f_0=f_0(p_{/\!/},p_{\perp},R_0) \tag{9.5.1}$$

这样，对于单动量的电子，就可以得到以下的平衡分布函数

$$f_0=\frac{k\sigma_0}{2\pi p_{\perp}}\delta(p_{/\!/}-p_{/\!/0})\delta(p_{\perp}-p_{\perp 0})\delta(R_g-R_0) \tag{9.5.2}$$

式中，k 为归一化常数；σ_0 表示电子的面密度；R_g 表示电子回旋中心的半径.

如上所述，我们的统计对象是一个电子回旋系统. 因此，平衡分布函数是对一个电子回旋系统而言的.

在求电子注中电子密度的空间分布时，我们可以利用 δ 函数的性质

$$\delta[f(x)]=\sum_{i=1}^{n}\frac{\delta(x-x_i)}{\left|\dfrac{\partial f}{\partial x}\right|_{x=x_i}} \tag{9.5.3}$$

式中，x_i 是 $f(x)$的零点位置；n 表示零点个数. 这样即可求得电子注在坐标空间的密度，即

$$n(R)=\int f_0\mathrm{d}^3p=\frac{N_e}{\pi^2}\frac{S(R-R_1)S(R_2-R)}{\sqrt{(R^2-R_1^2)(R_2^2-R^2)}} \tag{9.5.4}$$

式中，$R_1=R_0-r_c$，$R_2=R_0+r_c$. $S(x)$为阶跃函数

$$S(x)=\begin{cases}1 & (x\geqslant 1)\\ 0 & (x<1)\end{cases} \tag{9.5.5}$$

这种电子注的空间分布与朱国瑞所给的完全一致. 当 $r_c\ll R_0$ 时，可化简为更早文献中所给的分布.

电子注密度的空间分布，在参考文献[156，220，222，223]中做了更详细的研究.

---

①因此我们注意，在任一点上不同回旋状态(动量空间角 ϕ 不同)的电子属于不同的电子回旋系统.

由以上所述可以看到，在我们发展的电子回旋中心坐标系的方法中，电子注平衡态的研究与讨论，是有坚实的统计物理基础的.

现在就可以在以上所述的基础上，来推导电子回旋谐振脉塞的色散方程. 由以下的分析可以看到，按电子回旋中心坐标系方法推导脉塞色散方程，在数学上是十分严谨的.

我们采用零级近似，线性弗拉索夫方程的解为

$$f_1=-e\int_{-\infty}^{t}\mathrm{d}t'(\boldsymbol{E}_1'+\boldsymbol{v}'\times\boldsymbol{B}_1')\cdot\nabla_{p'}f_0 \tag{9.5.6}$$

式中，为了简化书写，$\boldsymbol{E}_1^0$、$\boldsymbol{B}_1^0$、f_1^0 的上角标(0)均已略去.

方程(9.5.6)的被积函数可展开为

$$\begin{aligned}(\boldsymbol{E}_1'+\boldsymbol{v}'\times\boldsymbol{B}_1')\cdot\nabla_{p'}f_0=&(E_\theta'+v_{/\!/}'B_r)\left(\frac{\partial f_0}{\partial p_\theta'}+\frac{\partial f_0}{\partial R_{\mathrm{g}}}\frac{\partial R_{\mathrm{g}}}{\partial p_\theta'}\right)\\&-(E_r'+v_\theta'B_z'-v_{/\!/}B_\theta')\frac{1}{p_\theta'}\frac{\partial f_0}{\partial R_{\mathrm{g}}}\frac{\partial R_{\mathrm{g}}}{\partial\phi'}-v_\theta'B_r'\frac{\partial f_0}{\partial p_{/\!/}'}\end{aligned} \tag{9.5.7}$$

另外，电子的运动方程可以表示为

$$\begin{cases}r'=r_{\mathrm{c}},v_r'=0\\\theta'=\theta+\omega_{\mathrm{c}}\tau,v_\theta'=v_\theta=v_\perp\\z'=z+v_{/\!/}\tau,v_z'=v_z=v_{/\!/}\end{cases} \tag{9.5.8}$$

及

$$\tau=t'-t \tag{9.5.9}$$

对于圆柱波导的 TE_{mn} 模式，按前面所述的局部场展开方法，可以得到

$$\begin{cases}E_r=-\omega\mu_0\sum\limits_l\left(\frac{l}{r}\right)\mathrm{J}_1(k_{\mathrm{c}}r)\mathrm{J}_{m-l}(k_{\mathrm{c}}R_{\mathrm{g}})\\E_\theta=-\mathrm{j}\omega\mu_0k_{\mathrm{c}}\sum\limits_l\mathrm{J}_l'(k_{\mathrm{c}}r)\mathrm{J}_{m-l}(k_{\mathrm{c}}R_{\mathrm{g}})\\H_r=\mathrm{j}k_{/\!/}k_{\mathrm{c}}\sum\limits_l\mathrm{J}_l'(k_{\mathrm{c}}r)\mathrm{J}_{m-l}(k_{\mathrm{c}}R_{\mathrm{g}})\\H_\theta=-k_{/\!/}\sum\limits_l\left(\frac{l}{r}\right)\mathrm{J}_l(k_{\mathrm{c}}r)\mathrm{J}_{m-l}(k_{\mathrm{c}}R_{\mathrm{g}})\\H_z=k_{\mathrm{c}}^2\sum\limits_l\mathrm{J}_l(k_{\mathrm{c}}r)\mathrm{J}_{m-l}(k_{\mathrm{c}}R_{\mathrm{g}})\end{cases} \tag{9.5.10}$$

式中，因子 $\exp\{-\mathrm{j}\omega t+\mathrm{j}(m-l)\varphi_0+\mathrm{j}l\theta\}$ 均未写出.

将方程(9.5.7)～(9.5.10)代入方程(9.5.6)，即可求得

$$\begin{aligned}f_1=\sum_l e\mu_0k_{\mathrm{c}}\Big\{&\mathrm{J}_l'(k_{\mathrm{c}}r)\mathrm{J}_{m-l}(k_{\mathrm{c}}R_{\mathrm{g}})\left[\frac{(\omega-k_{/\!/}v_{/\!/})}{(\omega-k_{/\!/}v_{/\!/}-l\omega_{\mathrm{c}})}\cdot\frac{\partial f_0}{\partial p_\perp}\right.\\&\left.+\frac{k_{/\!/}v_\perp}{(\omega-k_{/\!/}v_{/\!/}-l\omega_{\mathrm{c}})}\frac{\partial f_0}{\partial p_{/\!/}}\right]+\frac{1}{m\omega_{\mathrm{c}0}}\Big[\mathrm{J}_l'(k_{\mathrm{c}}r)\mathrm{J}_{m-l}(k_{\mathrm{c}}R_{\mathrm{g}})\\&+\frac{r\omega_{\mathrm{c}}(m-l)}{R_{\mathrm{g}}(\omega-k_{/\!/}v_{/\!/}-l\omega_{\mathrm{c}})}\cdot\mathrm{J}_l'(k_{\mathrm{c}}r)\mathrm{J}_{m-l}(k_{\mathrm{c}}R_{\mathrm{g}})\Big]\cdot\frac{\partial f_0}{\partial R_{\mathrm{g}}}\Big\}\cdot\mathrm{e}^{\mathrm{j}(m-l)\varphi_0+\mathrm{j}l\theta}\end{aligned} \tag{9.5.11}$$

而扰动电流 $\boldsymbol{J}_\perp$ 为

$$\boldsymbol{J}_\perp=e\int f_1\left(\frac{\boldsymbol{p}_\perp}{m_0\gamma}\right)\mathrm{d}^3p \tag{9.5.12}$$

而由波方程

$$\nabla^2\boldsymbol{E}_1+k^2\boldsymbol{E}_1=-\mathrm{j}\omega\mu_0\boldsymbol{J}_\perp \tag{9.5.13}$$

可以得到

$$\left(\frac{\omega^2}{c^2}-k_{/\!/}^2-k_c^2\right)\int_s \boldsymbol{E}_1'\cdot\boldsymbol{E}_1^*\,\mathrm{d}s+(\nabla^2+k^2)\int_s \delta\boldsymbol{E}_1\cdot\boldsymbol{E}_1^*\,\mathrm{d}s$$
$$=-\mathrm{j}\omega\mu_0\int_{s_e}\boldsymbol{J}_\perp\cdot\boldsymbol{E}^*\,\mathrm{d}s \tag{9.5.14}$$

式中，$\delta\boldsymbol{E}_1$ 表示有电子注时波导中场的变化.

如果略去方程(9.5.14)中左边第二项，且令

$$N_{mn}=\int_s \boldsymbol{E}_1\cdot\boldsymbol{E}_1^*\,\mathrm{d}s=\int_s \boldsymbol{E}_1\cdot\boldsymbol{E}_1^*\,R\mathrm{d}R\mathrm{d}\varphi \tag{9.5.15}$$

则脉塞色散方程可以写成

$$\frac{\omega^2}{c^2}-k_{/\!/}^2-k_c^2=-\frac{\mathrm{j}\omega\mu_0}{N_{mn}}\int_{s_e}\boldsymbol{J}_\perp\cdot\boldsymbol{E}_1^*\,\mathrm{d}s \tag{9.5.16}$$

方程(9.5.16)表明，当没有电子流，即 $\boldsymbol{J}_\perp=0$ 时，我们得到真空波导的色散方程. 可见，此式是波导色散方程的扰动. 这种扰动实际上是由电子流与交变场之间的能量交换引起的.

由以上讨论可见，为了求得色散方程，需将方程(9.5.12)代入式(9.5.16)，即

$$\frac{\omega^2}{c^2}-k_{/\!/}^2-k_c^2=\frac{-\mathrm{j}\omega\mu_0 e}{N_{mn}}\int_0^{\pi}\mathrm{d}\phi\int_{-\infty}^{\infty}\mathrm{d}p_{/\!/}\int_0^{\infty}p_\perp\mathrm{d}p_\perp\int_0^{2\pi}\mathrm{d}\varphi$$
$$\cdot\int_{R_0-r_c}^{R_0+r_c}R\mathrm{d}R\left\{\left(f_1\frac{p_\perp}{m_0 r}\right)\cdot E_\theta^*\right\} \tag{9.5.17}$$

或

$$\frac{\omega^2}{c^2}-k_{/\!/}^2-k_c^2=\frac{-\omega^2\mu_0^2e^2k_c^2}{N_{mn}}\int_0^{2\pi}\mathrm{d}\phi\int_{-\infty}^{\infty}\mathrm{d}p_{/\!/}\int_0^{\infty}p_\perp\mathrm{d}p_\perp\int_0^{2\pi}\mathrm{d}\varphi$$
$$\cdot\int_{R_0-r_c}^{R_0+r_c}R\mathrm{d}R\sum_l\sum_{l'}\left\{\mathrm{e}^{\mathrm{j}(l-l')(z-x)}\mathrm{J}_l'(k_cr_c)\mathrm{J}_{m-l'}(k_cR_g)\right.$$
$$\cdot\left\{\mathrm{J}_l'(k_cr_c)\mathrm{J}_{m-l}(k_cR_g)\left[(\omega-k_{/\!/}v_x)\frac{\partial f_0}{\partial p_\perp}\right.\right.$$
$$\left.+k_{/\!/}v_\perp\frac{\partial f_0}{\partial p_{/\!/}}\right]\frac{1}{Q_l}+\frac{1}{eB_0}\left[\mathrm{J}_l(k_cr_c)\mathrm{J}_{m-l}'(k_cR_g)\right.$$
$$\left.\left.\left.+\frac{r_c\omega_c(m-l)}{R_g\omega_c}\mathrm{J}_l'(k_cr_c)\cdot\mathrm{J}_{m-l}(k_cR_g)\right]\frac{\partial f_0}{\partial R_g}\right\}\right\} \tag{9.5.18}$$

式中，令

$$Q_l=\omega-k_{/\!/}v_z-l\omega_c \tag{9.5.19}$$

及

$$\pi-x=\varphi_g-\theta \tag{9.5.20}$$

则上面的积分化为

$$\frac{\omega^2}{c^2}-k_{/\!/}^2-k_c^2=\frac{\omega^2\mu^2e^2k_c^2}{N_{mn}}\int_0^{2\pi}\mathrm{d}x\int_0^{2\pi}\mathrm{d}\varphi_g\int_{R_1}^{R_2}R_g\mathrm{d}R_g$$
$$\cdot\int_0^{\infty}p_\perp\mathrm{d}p_\perp\int_{-\infty}^{\infty}\mathrm{d}p_{/\!/}\{\cdots\} \tag{9.5.21}$$

式中，为了书写简化，被积函数未写出，与方程(9.5.18)中的完全一致. 在写出上面的积分时，应用了以下的变元：

$$p_\perp\mathrm{d}p_\perp\mathrm{d}p_{/\!/}\mathrm{d}\phi R\mathrm{d}R\mathrm{d}\varphi=p_\perp R_g\mathrm{d}p_\perp\mathrm{d}p_{/\!/}\mathrm{d}R_g\mathrm{d}x\mathrm{d}\varphi_g \tag{9.5.22}$$

变元后的积分域已写在方程(9.5.21)中.

利用正交性

$$\int_0^{2\pi} e^{j(l-l')(\pi-x)}dx = \begin{cases} 2\pi & (l=l') \\ 0 & (l\neq l') \end{cases} \tag{9.5.23}$$

对 x 及 φ_g 积分后，可以得到

$$\frac{\omega^2}{c^2} - k_{/\!/}^2 - k_c^2 = -\frac{4\pi^2\omega^2 k_c^2\mu^2 m_0\omega_p^2}{N_{mn}c^2}\sum_{l=-\infty}^{\infty}\left\{\int_{-\infty}^{\infty} dp_{/\!/}\int_0^{\infty} dp_{\perp}\right.$$
$$\left.\cdot\int_{R_1}^{R_2} dR_g\left\{I_\theta\frac{\partial f_0}{\partial p_\perp} + I_z\frac{\partial f_0}{\partial p_{/\!/}} + I_g\frac{\partial f_0}{\partial R_g}\right\}\right\} \tag{9.5.24}$$

式中，令

$$I_\theta = \frac{1}{Q_l}(\omega - k_{/\!/}v_z)v_\perp R_g p_\perp J_l'^2(k_c r_c)J_{m-l}^2(k_c R_g) \tag{9.5.25}$$

$$I_z = \frac{1}{Q_l}k_{/\!/}v_\perp^2 R_g p_\perp J_l'^2(k_c r_c)J_{m-l}^2(k_c R_g) \tag{9.5.26}$$

$$I_g = \frac{1}{eB_0}R_g v_\perp p_\perp\left\{J_l(k_c r_c)J_l'(k_c r_c)J_{m-l}(k_c R_g)\right.$$
$$\left.\cdot J_{m-l}'(k_c R_g) + \frac{r_c\omega_c}{R_g Q_l}(m-l)J_l'^2(k_c r_c)J_{m-l}^2(k_c R_g)\right\} \tag{9.5.27}$$

而 ω_p 表示等离子体频率.

进一步积分时，可以采用分步积分的方法

$$\int_0^{\infty} dp_\perp\left(I_\theta\frac{\partial f_0}{\partial p_\perp}\right) = (f_0 I_\theta)_{p_\perp=-\infty}^{p_\perp=+\infty} - \int_0^{\infty} f_0\frac{\partial I_\theta}{\partial p_\perp}dp_\perp \tag{9.5.28}$$

等. 如果认为，对于电子的平衡分布函数 f_0 有以下关系：

$$(f_0 I_\theta)_{p_\perp=-\infty}^{p_\perp=\infty} = 0 \tag{9.5.29}$$

等，就可以得到

$$\begin{cases} \displaystyle\int_0^{\infty}\left(I_\theta\frac{\partial f_0}{\partial p_\perp}\right)dp_\perp = -\int_0^{\infty} f_0\frac{\partial I_\theta}{\partial p_\perp}dp_\perp \\ \displaystyle\int_{-\infty}^{\infty}\left(I_z\frac{\partial f_0}{\partial p_{/\!/}}\right)dp_{/\!/} = -\int_{-\infty}^{\infty} f_0\frac{\partial I_z}{\partial p_{/\!/}}dp_{/\!/} \\ \displaystyle\int_{R_1}^{R_2}\left(I_g\frac{\partial f_0}{\partial R_g}\right)dR_g = -\int_{R_1}^{R_2} f_0\frac{\partial I_g}{\partial R_g}dR_g \end{cases} \tag{9.5.30}$$

这样，色散方程就化为

$$\frac{\omega^2}{c^2} - k_{/\!/}^2 - k_c^2 = \frac{4\pi^2 k_c^2\omega^2\mu_0^2 m_0\omega_p^2}{N_{mn}c^2}\sum_{l=-\infty}^{\infty}\left\{\int_0^{\infty} dp_\perp\int_{-\infty}^{\infty} dp_{/\!/}\int_{R_1}^{R_2} dR_g\right.$$
$$\left.\cdot f_0\left[\frac{\partial I_\theta}{\partial p_\perp} + \frac{\partial I_z}{\partial p_{/\!/}} + \frac{\partial I_g}{\partial R_g}\right]\right\} \tag{9.5.31}$$

将方程(9.5.25)～(9.5.30)代入，可以求得

$$\frac{\partial I_\theta}{\partial p_\perp} + \frac{\partial I_z}{\partial p_{/\!/}} + \frac{\partial I_g}{\partial R_g} = \frac{1}{Q_l}\{2R_g v_\perp[J_l'^2(k_c r_c)\cdot J_{m-l}^2(k_c R_g)$$
$$+(k_c r_c)J_l'(k_c r_c)J_l''(k_c r_c)J_{m-l}^2(k_c R_g)]\cdot(\omega - k_{/\!/}v_z)$$
$$-2v_\perp^2(k_c r_c)(m-l)J_l'^2(k_c r_c)J_{m-l}(k_c R_g)J_{m-l}'(k_c R_g)\}$$
$$-\{r_c v_\perp J_l(k_c r_c)J_l'(k_c r_c)[J_{m-l}(k_c R_g)J_{m-l}'(k_c R_g)$$
$$+(k_c R_g)[(J_{m-l}'^2(k_c R_g) + J_{m-l}'')(k_c R_g)J_{m-l}(k_c R_g)]]\} \tag{9.5.32}$$

至此，将平衡分布函数 f_0 代入上面的方程(9.5.31)，积分后，即可求得色散方程. 如果平衡分布函数 f_0 取方程(9.5.2)的形式，则经过严格的数学步骤之后，可以得到以下的色散方程：

$$\frac{\omega^2}{c^2}-k_{/\!/}^2-k_c^2=\frac{\omega_p^2}{c^2\gamma}\sum_l\left\{\frac{Q_{ml}(\omega-k_{/\!/}v_{/\!/})}{(\omega-k_{/\!/}v_{/\!/}-l\omega_c)}-\frac{\beta_{\perp 0}^2W_{ml}(\omega^2-k_{/\!/}^2c^2)}{(\omega-k_{/\!/}v_{/\!/}-l\omega_c)^2}+U_{ml}\right\}\tag{9.5.33}$$

式中

$$W_{ml}=\frac{4(k_cr_c)(k_cR_0)}{(k_ca)^2}\cdot\frac{[J_l'(k_cr_c)J_{m-l}(k_cR_0)]^2}{\left(1-\frac{m^2}{k_c^2a^2}\right)J_m^2(k_ca)}\tag{9.5.34}$$

$$\begin{aligned}Q_{ml}=2W_{ml}+\frac{8(k_cr_c)^2(k_cR_0)}{(k_ca)^2}\cdot\frac{J_l'(k_cr_c)J_{m-l}(k_cR_0)}{\left(1-\frac{m^2}{k_c^2a^2}\right)J_m^2(k_ca)}\\ \cdot\left[J_l''(k_cr_c)J_{m-l}(k_cR_0)-\frac{(m-l)}{l}\left(\frac{k_cr_c}{k_cR_0}\right)\right.\\ \left.\cdot J_{m-l}'(k_cR_0)\cdot J_l'(k_cr_c)\right]\end{aligned}\tag{9.5.35}$$

$$\begin{aligned}U_{ml}=\frac{4(k_cr_c)^2J_l'(k_cr_c)}{(k_ca)^2\left(1-\frac{m^2}{k_c^2a^2}\right)J_m^2(k_ca)}\left\{J_l(k_cr_c)\left[1-\frac{(m-l)^2}{(k_cR_0)^2}\right.\right.\\ \left.\cdot J_{m-l}^2(k_cR_0)-J_{m-l}'^2(k_cR_0)\right]-2\left(\frac{m-l}{l}\right)\\ \left.\cdot\left(\frac{k_cr_c}{k_cR_0}\right)J_l'(k_cr_c)\cdot J_{m-l}(k_cR_0)J_{m-l}'(k_cR_0)\right\}\end{aligned}\tag{9.5.36}$$

方程(9.5.33)～(9.5.36)所表示的色散关系是零级近似下最严格的. 不过，具体计算表明，在一般情况下 U_{ml} 的影响很小，而且 Q_{ml} 中除了 $2W_{ml}$ 项以外的其他项的影响也较小.

如果采用以下的近似分布函数 f_0：

$$f_0=\frac{\sigma_0}{2\pi p_\perp}\delta(p_\perp-p_{\perp 0})\delta(p_{/\!/}-p_{/\!/0})\tag{9.5.37}$$

则可使问题大为简化，同时还可保持足够的精度. 这时得到的色散方程为

$$\frac{\omega^2}{c^2}-k_{/\!/}^2-k_c^2=\frac{\omega_p^2}{c^2\gamma}\sum_l\left\{\frac{\bar{Q}_{ml}(\omega-k_{/\!/}v_{/\!/})}{(\omega-k_{/\!/}v_{/\!/}-l\omega_c)}-\frac{\bar{W}_{ml}\beta_{\perp 0}^2(\omega^2-k_{/\!/}^2c^2)}{(\omega-k_{/\!/}v_{/\!/}-l\omega_c)^2}\right\}\tag{9.5.38}$$

式中，$\bar{W}_{ml}$ 与方程(9.5.34)一致，而 $\bar{Q}_{ml}$ 则为

$$\bar{Q}_{ml}=2\bar{W}_{ml}+\frac{8(k_cr_c)^2(k_cR_0)}{(k_ca)^2}\frac{J_l'(k_cr_c)J_l''(k_cr_c)J_{m-l}^2(k_cR_0)}{\left(1-\frac{m^2}{k_c^2a^2}\right)J_m^2(k_ca)}\tag{9.5.39}$$

可见方程(9.5.38)与(9.5.33)实际上差别很小，计算完全证实了这点.

这里顺便指出，在很多情况下，由方程(9.5.37)表示的近似平衡分布函数，虽较粗糙，仅考虑了两个运动常数，但却可使问题的处理大为简化，同时又能给出足够精确的结果，所以为很多学者所采用.

由本节所述可以看到，在推导脉塞色散方程时采用回旋中心坐标系方法，在数学上是十分严谨的.

9.6 空间电荷效应

上两节所建立的波导电子回旋脉塞的理论，没有考虑空间电荷的影响，属于零级近似. 在本节中，我们试图对交变空间电荷效应的影响作出修正，认为直流空间电荷效应的影响被残余气体电离产生的正离子所抵消.

由空间电荷建立的场属于无旋场，因此，考虑空间电荷效应后，应将场分解为有旋场及无旋场两部分，即

$$\begin{cases} \boldsymbol{E}=\boldsymbol{E}_{1i}+\boldsymbol{E}_{1r}, \boldsymbol{H}=\boldsymbol{H}_{1r} \\ \nabla \times \boldsymbol{E}_{1i}=0, \nabla \cdot \boldsymbol{E}_{1r}=0 \end{cases} \tag{9.6.1}$$

由麦克斯韦方程不难得到，对于有旋场可以得到以下的波方程：

$$\nabla^2 \boldsymbol{E}_{1r}+k^2 \boldsymbol{E}_{1r}=\mathrm{j}\omega\mu_0 \boldsymbol{J}_1 \tag{9.6.2}$$

而对于无旋场，则可得到

$$\begin{cases} \nabla^2 \varphi=\dfrac{1}{\varepsilon_0}\rho_1 \\ \boldsymbol{E}_{1i}=-\nabla\varphi \end{cases} \tag{9.6.3}$$

式中，ρ_1 表示交变空间电荷密度.

可见，交变空间电荷引起一个交变电位，其梯度就是交变空间电荷产生的无旋场. 而有旋场方程则与方程(9.4.2)完全一致.

既然交变空间电荷引起了附加的无旋电场，因而电子的运动方程就应写为

$$\frac{\mathrm{d}\boldsymbol{p}}{\mathrm{d}t}=e(\boldsymbol{E}_{1r}+\boldsymbol{E}_{1i}+\boldsymbol{v}\times\boldsymbol{B}) \tag{9.6.4}$$

式中

$$\boldsymbol{B}=\boldsymbol{B}_0+\boldsymbol{B}_{1r} \tag{9.6.5}$$

因此，考虑交变空间电荷效应后，线性弗拉索夫方程就可写成

$$\frac{\partial f_1}{\partial t}+\boldsymbol{v}\cdot\nabla_r f_1-e(\boldsymbol{v}\times\boldsymbol{B}_0)\cdot\nabla_p f_1=e(\boldsymbol{E}_r+\boldsymbol{E}_i+\boldsymbol{v}\times\boldsymbol{B}_1)\cdot\nabla_p f_0 \tag{9.6.6}$$

以及

$$\begin{cases} \boldsymbol{J}_1=-e\displaystyle\int f_1 \boldsymbol{v}\mathrm{d}^3 p \\ \rho_1=-e\displaystyle\int f_1 \mathrm{d}^3 p \end{cases} \tag{9.6.7}$$

按沿未扰轨道求积分的方法，由方程(9.6.6)可以解出扰动分布函数：

$$f_1=e\int(\boldsymbol{E}_r'+\boldsymbol{E}_i'+\boldsymbol{v}\times\boldsymbol{B}')\cdot\nabla_{p'}f_0 \tag{9.6.8}$$

由以上各方程可见，交变空间电荷由扰动分布函数在动量空间的积分给出，求扰动分布函数的积分中又包含有交变空间电荷场，此交变空间电荷场又由交变空间电荷决定. 因此，严格地讲，应当联解上述各方程，而这在一般情况下是很困难的.

我们采用 9.3 节所述的逐次逼近法来求解上述问题. 作为零级近似的交变空间电荷密度 ρ_1^0 可表示为

$$\rho_1^0=-\mathrm{j}e^2\left\{\int \mathrm{d}^3 p\left[\int_{-\infty}^0(\boldsymbol{E}_{1r}^{0\prime}+\boldsymbol{v}'\times\boldsymbol{B}_{1r}^{0\prime})\cdot\nabla_p f_0\mathrm{d}\tau\right]\right\} \tag{9.6.9}$$

$$f_1^0=\sum_l\left(\omega-\frac{k_{/\!/}p_{/\!/}}{m_0\gamma}-\frac{e\omega_{c0}}{\gamma}\right)^{-1}(\mathrm{j}\omega\mu_0 k_c \boldsymbol{e}_z\times\nabla_\perp\psi_{mn}) + [\boldsymbol{v}'\times(-\mathrm{j}k_{/\!/}\nabla_\perp\psi_{mn}+\boldsymbol{e}_z k_c^2\psi_{mn})]\cdot\nabla_p f_0 \tag{9.6.10}$$

即按真空波导场求出零级近似的扰动分布函数，然后按此扰动分布函数求出零级近似的交变空间电荷密度. 为了明显及实际应用，我们来研究圆柱波导的情况，真空波导模式场在上节中已给出，代入式(9.6.10)即可求得

$$\rho_1^0=\sum_l\mu_0 e^2 k_c\int_0^{2\pi}\mathrm{d}\phi\int_0^\infty p_\perp\mathrm{d}p_\perp\int_{-\infty}^\infty\mathrm{d}p_{/\!/}\left\{\mathrm{J}_l'\left(\frac{k_c p_\perp}{m_0\omega_{c0}}\right)\mathrm{J}_{m-l}(k_c R_0)\right.$$

$$\cdot\left[\frac{\left(\omega-\frac{k_{/\!/}p_{/\!/}}{m_0\gamma}\right)+\frac{p_\perp^2\omega}{m_0^2c^2\gamma}}{\left(\omega-\frac{k_{/\!/}p_{/\!/}}{m_0\gamma}-\frac{l\omega_{c0}}{\gamma}\right)}-\frac{p_\perp^2\left(\left(\frac{k_{/\!/}p_{/\!/}}{m_0\gamma}+\frac{l\omega_{c0}}{\gamma}\right)\omega-k_{/\!/}^2c^2\right)}{\gamma^3m_0^2c^2\left(\omega-\frac{k_{/\!/}p_{/\!/}}{m_0\gamma}-\frac{l\omega_{c0}}{\gamma}\right)}\right.$$

$$\left.+\frac{\frac{k_cp_\perp}{m_0\omega_{c0}}J_l''(k_c\gamma)J_{m-l}(k_cR_0)}{\gamma\left(\omega-\frac{k_{/\!/}p_{/\!/}}{m_0\gamma}-\frac{l\omega_{c0}}{\gamma}\right)}\right]f_0\Bigg\} \tag{9.6.11}$$

求得零级近似交变空间电荷密度 ρ_1^0 后，可按下式求空间电荷引起的电位：

$$\varphi^0=\frac{1}{4\pi\varepsilon_0}\int G\rho_1^0\mathrm{d}V \tag{9.6.12}$$

式中，积分在整个体积内进行，G 为格林函数：

$$\begin{aligned}G&=G(R,\varphi,z,R',\varphi',z')\\&=\frac{1}{2\pi a}\sum_{m,n}\frac{J_m(k_cR)J_n(k_cR')}{(k_ca)^2J_{m+1}^2(k_ca)}\cdot e^{jm(\varphi-\varphi')-k_c|z-z'|}\end{aligned} \tag{9.6.13}$$

它是

$$\nabla^2G(\boldsymbol{R},\boldsymbol{R}')=-\frac{\delta(\boldsymbol{R}-\boldsymbol{R}')}{R} \tag{9.6.14}$$

的解.

由方程(9.6.2)可求得空间电荷场强：

$$\boldsymbol{E}_{1i}^0=-\frac{1}{4\pi\varepsilon_0}\int(\nabla G)\rho_1^0\mathrm{d}V \tag{9.6.15}$$

由 9.5 节所述可知，为了求电子回旋脉塞的色散方程，我们仅需 $E_{\theta i}$ 分量. 于是可以得到(详细计算可参见本篇参考文献[220])

$$E_{\theta i}=\sum_l E_{\theta sl}=\sum_l(-\xi_l)E_{\theta l} \tag{9.6.16}$$

式中，$E_{\theta l}$ 表示真空波导模式场的 E_θ 分量的第 l 次谐波. 而 ξ_l 的表达式为

$$\xi_l=-\frac{1}{\pi}\frac{1}{(k_c^2+k_{/\!/}^2)}\frac{1}{a^2J_{m+l}^2(k_c'a)}\left(\frac{\omega_p}{\omega}\right)^2\left(\frac{p\omega}{\omega_c}\right)J_l^2(k_c'r_c)$$

$$\cdot J_{m-l}^2(k_c'R_0)\left\{\frac{\left[1+k_cr_c\left(\frac{J_l''(k_cr_c)}{J_l'(k_cr_c)}\right)\right](\omega-k_{/\!/}v_{/\!/}+\omega\beta_{\perp0}^2)}{\omega-k_{/\!/}v_{/\!/}-l\omega_c}\right.$$

$$\left.-\frac{\beta_{\perp0}^2(\omega^2-k_{/\!/}^2c^2)}{(\omega-k_{/\!/}v_{/\!/}-l\omega_c)^2}\right\} \tag{9.6.17}$$

式中，$(k_c'a)$ 表示 $J_m(k_c'a)=0$ 的根.

因此，总的电场即为

$$E_{\theta\mathrm{eff}}=\sum_l(E_{\theta\mathrm{eff}})_l \tag{9.6.18}$$

式中

$$(E_{\theta\mathrm{eff}})_l=(1-\xi_l)E_{\theta l} \tag{9.6.19}$$

利用所得到的电场，可以求出一级近似的扰动分布函数 f_1^1：

$$f_1^1=-\sum_l\frac{e\mu_0k_cJ_l'(k_cr_c)J_{m-l}(k_cR_0)}{(\omega-k_{/\!/}v_{/\!/}-l\omega_c)}\left\{[\omega(1-\xi_l)-k_{/\!/}v_{/\!/}]\right.$$

$$\left.\cdot\frac{\partial f_0}{\partial p_\perp}+\frac{k_{/\!/}p_\perp}{m_0\gamma}\frac{\partial f_0}{\partial p_{/\!/}}\right\} \tag{9.6.20}$$

式中，因子 $\exp[-j(m-l)\varphi_0-jl\theta]$ 略去.

然后又可求出一级近似的电荷密度 ρ_1^1 等等. 此种逐步逼近的步骤可一直进行下去，直到具有足够的精度. 不过，在电子注的浓度不太大的情况下，利用上述一级近似已足够. 这时，我们有

$$\rho_1^1 = e\int f_1^1 \mathrm{d}^3 p \tag{9.6.21}$$

$$\boldsymbol{J}_1^1 = -e\int f_1^1 \boldsymbol{v}_1 \mathrm{d}^3 p \tag{9.6.22}$$

这样，按照上一节所述方法，即可求得考虑交变空间电荷效应的电子回旋脉塞的色散方程，即

$$\frac{\omega^2}{c^2} - k_{/\!/}^2 - k_c^2 = \frac{\omega_p^2}{c^2\gamma_0}\sum_l\left\{\frac{Q'_{ml}\left[\omega - \dfrac{k_{/\!/}v_{/\!/}}{(1-\xi_l)}\right]}{(\omega - k_{/\!/}v_{/\!/} - l\omega_c)} - \frac{W'_{ml}\beta_{\perp 0}^2\left[\omega^2 - \dfrac{k_{/\!/}^2 c^2}{(1-\xi_l)}\right]}{(\omega - k_{/\!/}v_{/\!/} - l\omega_c)^2}\right\} \tag{9.6.23}$$

式中

$$\begin{cases} Q'_{ml} = (1-\xi_l)Q_{ml} \\ W'_{ml} = (1-\xi_l)W_{ml} \end{cases} \tag{9.6.24}$$

Q_{ml}，W_{ml} 的表达式已在 9.5 节中给出.

在方程(9.6.21)中，如略去空间电荷效应，即 $\xi_l = 0$，即得到与以前相同的结果. 由此可见，考虑了交变空间电荷以后，脉塞色散方程的结构基本上没有变化，只是耦合系数 W_{ml} 及 Q_{ml} 应加以修正.

9.7 电子回旋脉塞色散方程的研究

上面几节中，我们建立了波导电子回旋脉塞的动力学理论，求得了色散方程. 在本节中，我们来详细地研究一下所得到的色散方程. 为此，考虑简化的色散方程(9.5.42)：

$$\frac{\omega^2}{c^2} - k_{/\!/}^2 - k_c^2 = \frac{\omega_p^2}{c^2\gamma}\sum_l\left[\frac{Q_{ml}(\omega - k_{/\!/}v_{/\!/})}{(\omega - k_{/\!/}v_{/\!/} - l\omega_c)} - \frac{\beta_{\perp 0}^2 W_{ml}(\omega^2 - k_{/\!/}^2 c^2)}{(\omega - k_{/\!/}v_{/\!/} - l\omega_c)^2}\right] \tag{9.7.1}$$

上述色散方程中，包括有无限多个回旋谐波项，但是，前面几节中曾指出，在一般情况下，我们有谐振条件：

$$\begin{cases} \omega - k_{/\!/}v_{/\!/} - s\omega_c = \Delta\omega \\ \Delta\omega \ll \omega \end{cases} \tag{9.7.2}$$

或

$$s\omega_c \approx \omega - k_{/\!/}v_{/\!/} \tag{9.7.3}$$

上式表明，某一次电子回旋谐波的频率与电磁波的频率(及其多普勒频移)相近. 我们称此时发生了第 $l=s$ 次回旋谐波的谐振. 而对于不同于谐振号数的谐波($l \neq s$)，则有

$$\begin{aligned} \omega - k_{/\!/}v_{/\!/} - l\omega_c &= \omega - k_{/\!/}v_{/\!/} - s\omega_c - (l-s)\omega_c \\ &= \Delta\omega_c - (l-s)\omega_c \approx (s-l)\omega_c \end{aligned} \tag{9.7.4}$$

因此，色散方程就可写成

$$\frac{\omega^2}{c^2} - k_{/\!/}^2 - k_c^2 = \frac{\omega_p^2}{c^2\gamma}\left[\frac{Q_{ml}(\omega - k_{/\!/}v_{/\!/})}{(\omega - k_{/\!/}v_{/\!/} - l\omega_c)} - \frac{\beta_{\perp 0}^2 W_{ml}(\omega^2 - k_{/\!/}^2 c^2)}{(\omega - k_{/\!/}v_{/\!/} - l\omega_c)^2} + V\right] \tag{9.7.5}$$

式中

$$V=\sum_{l\neq s}\left[\frac{Q_{ml}(\omega-k_{/\!/}v_{/\!/})}{(s-l)\omega_c}-\frac{\beta_{\perp 0}^2 W_{ml}(\omega^2-k_{/\!/}^2c^2)}{(l-s)^2\omega_c^2}\right] \tag{9.7.6}$$

表示全部非谐振项的影响. 如果略去全部非谐振项的影响,则可令 $V=0$,则色散方程简化为

$$\frac{\omega^2}{c^2}-k_{/\!/}^2-k_c^2=\frac{\omega_p^2}{c}\left[\frac{Q_{ml}(\omega-k_{/\!/}v_{/\!/})}{(\omega-k_{/\!/}v_{/\!/}-l\omega_c)}-\frac{\beta_{\perp 0}^2 W_{ml}(\omega^2-k_{/\!/}^2c^2)}{(\omega-k_{/\!/}v_{/\!/}-l\omega_c)^2}\right] \tag{9.7.7}$$

如果有条件

$$k_c r_c \ll k_c R_0,\ k_c r_c \ll k_c a \tag{9.7.8}$$

这在回旋管工作于基波情况下常常遇到. 则由 9.5 节所述,可以得到

$$Q_{ml}\approx 2W_{ml} \tag{9.7.9}$$

进一步,可以将贝塞尔函数按小宗量展开,即

$$\mathrm{J}_l(k_c r_c)\approx\frac{(k_c r_c)^l}{(2^l)l!} \tag{9.7.10}$$

及

$$\mathrm{J}_l'(k_c r_c)\approx\frac{1}{2}\mathrm{J}_{l-1}(k_c r_c)\approx\frac{l}{(k_c r_c)}\mathrm{J}_l(k_c r_c) \tag{9.7.11}$$

所以由 W_{ml} 的表示方程(9.5.17)可以得到

$$W_{ml}=\frac{4(k_c R_0)}{(2^l)l!}\frac{l^2(k_c r_c)^{l-1}}{(k_c a)^2}\frac{\mathrm{J}_{m-l}^2(k_c R_0)}{\left(1-\frac{m^2}{k_c^2a^2}\right)\mathrm{J}_m^2(k_c a)} \tag{9.7.12}$$

特别是,对于 $m=0, l=1$,即对于 $H_{011}, l=1$ 的工作情况(基模 H_{01} 及一次回旋谐波),我们可以得到

$$\begin{cases} W_{01}=\dfrac{2(k_c R_0)}{(k_c a)^2}\dfrac{\mathrm{J}_1^2(k_c R_0)}{\mathrm{J}_0^2(k_c a)} \\ Q_{01}=2W_{01} \end{cases} \tag{9.7.13}$$

上式表明,在此种情况下,不稳定项系数 W_{01} 与电子平均位置(引导中心位置)有较简单的关系.

由方程(9.7.7)将谐振条件(9.7.1)代入,可以得到

$$(\Delta\omega)^3-3\left(\frac{l\omega_c\omega_p^2}{6\omega Q_{ml}}\right)\Delta\omega+3\left(\frac{l\omega_c\omega_p^2}{6\omega Q_{ml}}\right)^{\frac{1}{2}}\left(\frac{\beta_{\perp 0}k_{/\!/}c}{\omega_c}\right)\left(\frac{W_{ml}}{Q_{ml}}\right)=0 \tag{9.7.14}$$

这是一个三次代数方程,根据三次方程存在复根的条件,就可以得到不稳定条件:

$$\beta_{\perp 0}>\beta_{\perp \mathrm{crit}} \tag{9.7.15}$$

式中

$$\beta_{\perp \mathrm{crit}}=\frac{(l\omega_c)}{k_c c}\left(\frac{Q_{ml}}{W_{ml}}\right)^{1/2}\left(\frac{4}{27}\frac{\omega_p^2 Q_{ml}}{l v_c\omega}\right)^{1/4} \tag{9.7.16}$$

$\beta_{\perp \mathrm{crit}}$ 为不稳定性阈值.

在一般情况下,方程(9.7.16)两边都含有 $\beta_\perp$ 值,因此不能直接由此式解出 $\beta_{\perp \mathrm{crit}}$ 值. 不过在 $r_c\ll R_0, r_c\ll a$ 的条件下,当 $l=1$ 时,可以得到

$$\beta_{\perp \mathrm{crit}}^{3/4}=\sqrt{2}\left(\frac{l\omega_c}{\gamma}\right)\left(\frac{4}{27}\frac{\omega_p^2 q_{m,1}}{\omega_c\omega}\right)/ck_c \tag{9.7.17}$$

式中

$$q_{m,1}=\frac{1}{\pi}\frac{\mathrm{J}_{m-1}^2(k_c R_0)}{\left(1-\frac{m^2}{k_c^2a^2}\right)\mathrm{J}_m^2(k_c a)} \tag{9.7.18}$$

当 $m=0$ 时,$q_{0,1}$ 为

$$q_{0,1}=\frac{1}{\pi}\frac{J_1^2(k_cR_0)}{J_0^2(k_ca)} \tag{9.7.19}$$

脉塞色散方程(9.7.7)可以看作波导模式与电子回旋模式的耦合方程. 实际上,如果 $\omega_p=0$,则由方程(9.7.7)即可得到真空波导模式:

$$\frac{\omega^2}{c^2}-k_{/\!/}^2-k_c^2=0 \tag{9.7.20}$$

另外,电子回旋谐振条件则给出

$$\omega-k_{/\!/}v_{/\!/}-l\omega_c=0 \tag{9.7.21}$$

方程(9.7.21)可以看作是回旋波模式的色散方程,此种回旋波是由于电子做回旋运动的同时,又具有纵向漂移运动而产生的(见第1篇参考文献[17]第18章). 而脉塞色散方程正是将此两模式耦合起来的方程,这种情况如图 9.7.1 所示. 由图可见,脉塞不稳定性的互作用区就在波导模曲线与回旋模直线相切的附近.

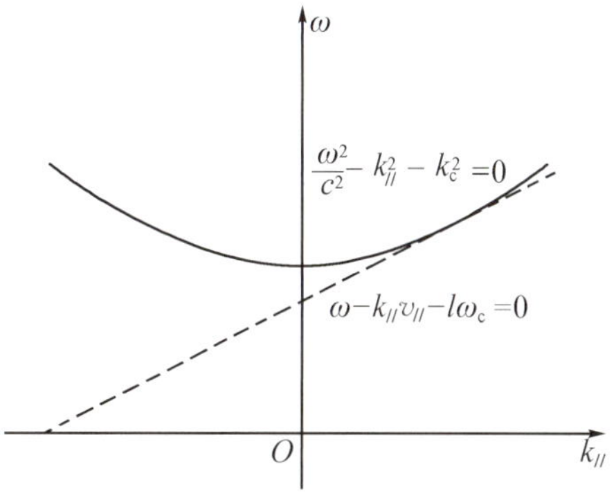

图 9.7.1 电子回旋脉塞色散方程

前面曾指出过,在脉塞色散方程中存在两项,一项为稳定项,另一项为不稳定项. 同时,由于 $Q_{ml}\approx 2W_{ml}$,而在一般情况下,$(\omega-k_{/\!/}v_{/\!/}-l\omega_c)^{-1}$ 比 $(\omega-k_{/\!/}v_{/\!/}-l\omega_c)^{-2}$ 项小得多,所以作为近似估算,可以在色散方程中仅保留一项,于是得到

$$\frac{\omega^2}{c^2}-k_{/\!/}^2-k_c^2=-\frac{\omega_p^2}{c}\frac{\beta_{\perp 0}^2W_{ml}(\omega^2-k_{/\!/}^2c^2)}{\gamma(\omega-k_{/\!/}v_{/\!/}-l\omega_c)^2} \tag{9.7.22}$$

因此,如果略去 k_c 的影响,则由方程(9.7.22)立即可以得到波的增长系数,即

$$\mathrm{Im}(\Delta\omega)=\left(\frac{\omega_p^2}{\gamma}W_{ml}\beta_{\perp 0}^2\right)^{\frac{1}{2}} \tag{9.7.23}$$

上式表明,在此种假定条件下,波的增长率正比于系数 W_{ml} 及 $\beta_{\perp 0}$. 可见,当 $\beta_{\perp 0}$ 确定后,起主要作用的是 W_{ml} 的大小. 当其他条件相对不变时,电子与波能量交换的有效性取决于 W_{ml} 的大小. 因此,W_{ml} 可称为耦合系数. 由方程(9.7.12)可以得到

$$W_{ml}\propto(k_cR_0)l^2(k_cr_c)^{l-1}J_{m-l}^2(k_cR_0) \tag{9.7.24}$$

上式表明,当 (k_cr_c) 很小时,W_{ml} 正比于 $(k_cr_c)^{l-1}$. 因此,对于 $l=2$,即工作于二次回旋谐波时,$W_{ml}=W_{m2}\propto(k_cr_c)$,即耦合系数正比于 (k_cr_c);而当 $l=1$,即工作于基波时,W_{ml} 与 (k_cr_c) 无关. 所以,从这个观点看来,在二次谐波(以及高次谐波)工作状态下,回旋半径 r_c 可选择得适当的大些. 这个问题以后还要讨论.

现在来看看 W_{ml} 与电子回旋中心半径 R_0 的关系. 由方程(9.7.12)可知,$W_{ml}\propto(k_cR_0)J_{m-1}^2(k_cR_0)$,可见当 $m=l$ 时,$J_{m-l}^2(k_cR_0)=J_0^2(k_cR_0)$,$W_{ml}$ 可取最大值. 此时有

$$W_{m,m}=\frac{4(k_cR_0)(k_cr_c)}{a^2}\frac{J_m'^2(k_cr_c)J_0^2(k_cR_0)}{\left(1-\frac{m^2}{k_c^2a^2}\right)J_m^2(k_ca)} \tag{9.7.25}$$

从物理上讲,选择电子注平均半径 R_0,使耦合系数最大,在回旋管设计中是非常重要的问题. R_0 的选择对于工作于一次回旋谐波还是工作于二次回旋谐波有原则性的区别,现在做如下分析. 为清楚起见,我们讨论 H_{0n} 模的情况,先考虑基波的情况,这时有

$$J_{0-1}^2=J_1^2(k_cR_0) \tag{9.7.26}$$

但在 H_{0n} 模的情况下,电场的角向分量在半径方向的分布为

$$E_\varphi\propto J_1(k_cR) \tag{9.7.27}$$

可见,在这种情况下,要求 $J_1^2(k_cR_0)$ 最大,实际上就是要求将电子注的平均半径 R_0 选择在最大 E_φ 场的

位置上.

再看看 $l=2$ 的二次谐波情况,这时有

$$J_{0-2}^2(k_cR_0)=J_2^2(k_cR_0) \tag{9.7.28}$$

可见,在此种情况下,要求耦合系数最大与场的角向分量最大是不一致的,这一点对于其他的高次谐波也一样. 我们来详细地分析一下这个问题.

使耦合系数 W_{ml} 取最大值的物理意义在于使得电子与波的互作用有最大的净结果. 在 $l=1$ 基波的情况下,当谐振时,即

$$\omega-k_{/\!/}v_{/\!/}-\omega_c\approx 0 \tag{9.7.29}$$

电子与波的旋转总是"同步"的. 这可以由图 9.7.2 来加以说明. 由此图可见,当电子位于位置 1 时,受到减速场,半周以后,电子运动方向相反,同时,场的极化方向反向,所以电子仍然遇到减速场. 因此,在这种情况下,电子平均半径处的场愈强,互作用愈好. 同时,由此也可看到,在此种情况下,并不希望回旋半径过大.

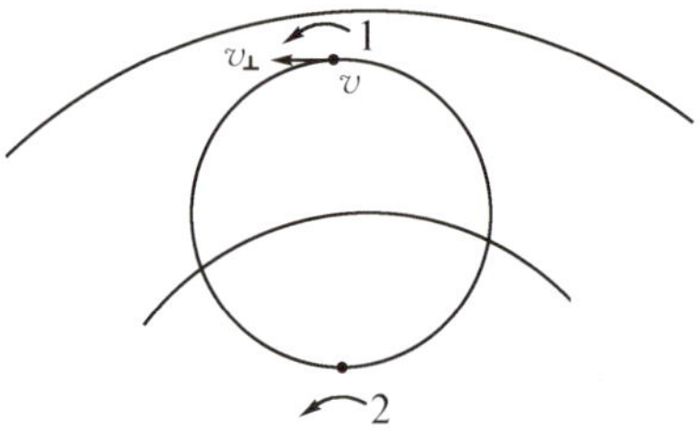

图 9.7.2　基次回旋谐波互作用示意图

工作在二次回旋谐波的情况就不相同了. 这可由图 9.7.3 看出. 图中表示出了二次谐波工作下的两种情况. 图(a)表示电子注的平均半径 R_0 选择在 E_φ 最大处,这相当于图(c)中的 A 点或 C 点. 如图(c)所示的场分布,表示为 H_{02} 模,对于 H_{01} 模,则仅有一个最大值. 图(b)表示另一种工作状态,R_0 选择在 E_φ 为零的地方,相当于图(c)中的 B 点. 我们来分析一下这两种情况.

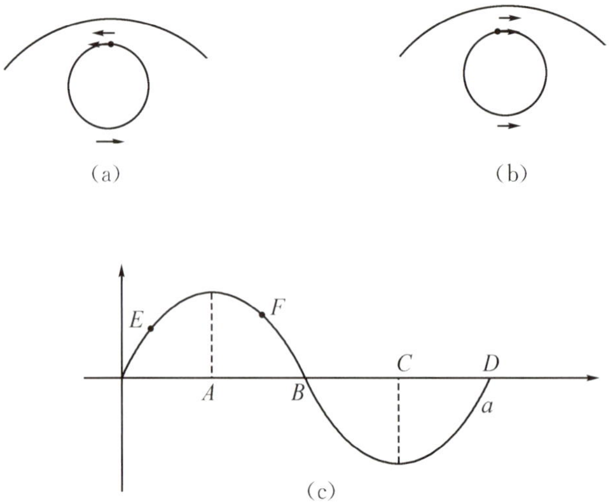

图 9.7.3　二次回旋谐波互作用示意图

对于图 9.7.3(a)所示的情况,显然 R_0 处于 E_φ 最大的地位,但除非电子的回旋半径为零,不然电子回旋的正半周及负半周所遇到的场正好反号,互作用相互抵消,没有净的结果. 而电子回旋半径为零是不可能的.

再来看看如图 9.7.3(b)所示的情况. 这时虽然 R_0 处于 E_φ 为零的位置,但由于两边的场正好反号,所以电子回旋运动的正半周及负半周遇到的场正好相同,因此互作用相加,有净的结果. 可见,对于工作在二次回旋谐波来讲,R_0 应选在电场的 E_φ 分量为零的地方. 但是,当采用 H_{011} 模式时,场在波导中没有零点(仅在轴上及管壁上有零点). 在这种情况下,可以将 R_0 选择在 E 点或 F 点. 这时,电子回旋的正负半周遇到的场虽然相互反向,但因为场的幅值不等,所以仍有净的能量交换. 这种净的能量交换与 r_c 有关. 可见,在二次谐波工作的条件下,回旋半径 r_c 的大小起着重要的作用,应适当地选择.

9.8 色散方程的数值解

9.7 节中，我们以色散方程为基础，详细分析了电子回旋脉塞的不稳定状况. 在本节中，我们将给出脉塞色散方程的数值解.

在一般情况下，色散方程是一个四次方程，在计算时，可以把 ω 当作变量，也可以把 $k_{/\!/}$ 当作变量. 当把 ω 当作变量时，我们就认为 $k_{/\!/}$ 是一个实系数，这时令

$$\omega=\omega_r+\mathrm{j}\omega_i \tag{9.8.1}$$

当把 $k_{/\!/}$ 当作变量时，我们就认为 ω 是个实系数，而令

$$k_{/\!/}=k_{/\!/r}+\mathrm{j}k_{/\!/i} \tag{9.8.2}$$

在本节中，我们把 ω 当作变量.

求解时，我们用 ω_{kp}，即波导的截止频率作为归一化因子来归一化频率，用截止波数 k_c 来归一化 $k_{/\!/}$. 对于 TE_{011}，$l=1$，即第一次回旋谐波，计算结果绘于图 9.8.1～图 9.8.5 中. 为了普遍起见，我们求解考虑空间电荷及非谐振谐波的色散方程. 计算时，对于图 9.8.1～图 9.8.4，选取 $\omega_{c0}/\omega_{kp}=1.02$，$V_0=22$ kV，$I_0=18.75$ A，$\alpha=p_{\perp 0}/p_{/\!/0}=1.5$. 而对于图 9.8.5，取 $\omega_{c0}/\omega_{kp}=1.3$.

计算结果的比较，列于表 9.8.1 中.

表 9.8.1　色散方程的数值解($\omega_{c0}/\omega_{kp}=1.02$)

特性	参量			
	$V=0$ $\xi=0$	$V=0$ $\xi\neq0$	$V\neq0$ $\xi=0$	$V\neq0$ $\xi\neq0$
脉塞不稳定性范围 ($k_{/\!/}/k_c$)	−0.41～0.366	−0.041～0.367	−0.037～0.362	0.040～0.363
最大增益参量 (ω_i/ω_{kp})	1.53×10^{-2}	1.54×10^{-2}	1.50×10^{-2}	1.51×10^{-2}
最大增益时的 ($k_{/\!/}/k_c$)值	0.16	0.16	0.15	0.16
最大增益时的 (ω_r/ω_{kp})值	1.025 35	1.026 13	1.023 72	1.026 06

表中 $V=0,\xi=0$ 表示不考虑空间电荷效应，也不考虑非谐振谐波的情况；$V=0,\xi\neq0$ 表示考虑空间电荷效应但略去非谐振谐波的情况；$V\neq0,\xi=0$ 表示考虑非谐振谐波但不考虑空间电荷的情况；$V\neq0,\xi\neq0$ 表示两者都考虑的情况. 由表 9.8.1 及表 9.8.2 可以看到，总的来说，空间电荷效应及非谐振谐波的影响是比较小的. 空间电荷效应使增益略有提高，而非谐振谐波则使增益略有下降. 因此，如果同时考虑以上两种影响，则增益几乎不变. 还可看到，(ω_{c0}/ω_{kp})较大时，可以得到较大的增益和较宽的作用范围. 这里要说明一个问题，就是本节限于线性范围内考虑，因而未讨论效率，而不难看到空间电荷及非谐振谐波对效率都有不利的影响.

表 9.8.2　色散方程的数值解($\omega_{c0}/\omega_{kp}=1.3$)

特性	参量			
	$V=0$ $\xi=0$	$V=0$ $\xi\neq0$	$V\neq0$ $\xi=0$	$V\neq0$ $\xi\neq0$
脉塞不稳定性范围 ($k_{/\!/}/k_c$)	−0.610～1.022	−0.610～1.023	−0.609～1.021	−0.610～1.023
最大增益参量 (ω_i/ω_{kp})	1.65×10^{-2}	1.73×10^{-2}	1.64×10^{-2}	1.73×10^{-2}
最大增益对应的 ($k_{/\!/}/k_c$)值	0.93	0.93	0.92	0.93
最大增益对应的 (ω_r/ω_{kp})值	1.404 69	1.405 64	1.402 21	1.405 63

在图 9.8.1～图 9.8.5 中还可以看到,在远离作用区的两侧,出现两个(ω_i/ω_{kp})区.对这个问题的理解曾经有过争论.有的认为这可能属于另一种不稳定机理.但另一种看法是在远离互作用区处,回旋谐振受激辐射的条件已不再成立,因此,得到的这种解可能是靠不住的.

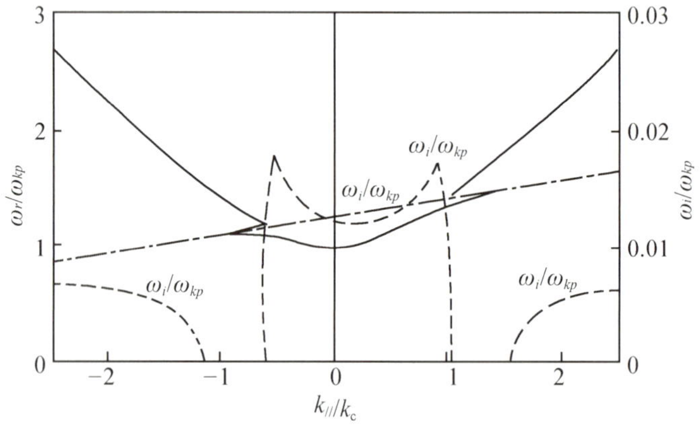

图 9.8.1　色散关系

(H_{01}, $l=1$, $R_0/a=0.48$, $V_0=22$ kV, $I_0=18.75$ A, $p_\perp/p_{/\!/}=1.5$)

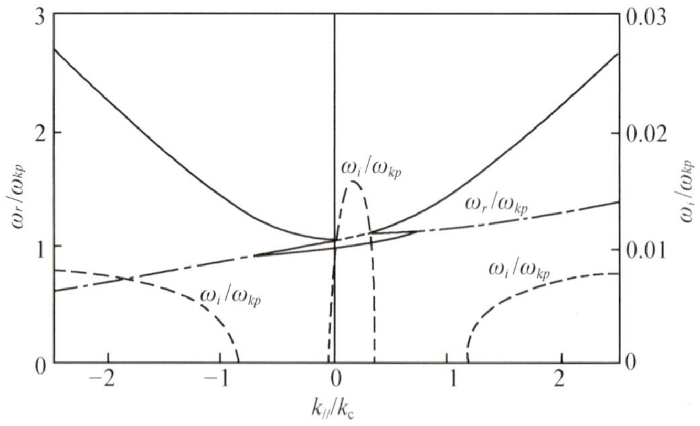

图 9.8.2　色散关系

(H_{01}, $l=1$, $R_0/a=0.48$, $V_0=22$ kV, $I_0=18.75$ A, $p_\perp/p_{/\!/}=1.5$)

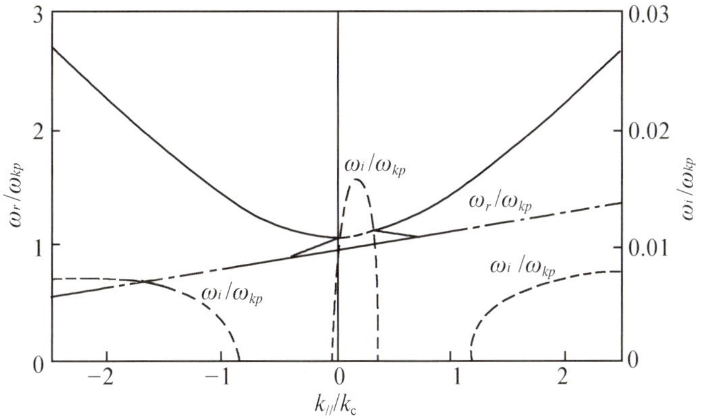

图 9.8.3　色散关系

(H_{01}, $l=1$, $R_0/a=0.48$, $V_0=22$ kV, $I_0=18.75$ A, $p_\perp/p_{/\!/}=1.5$)

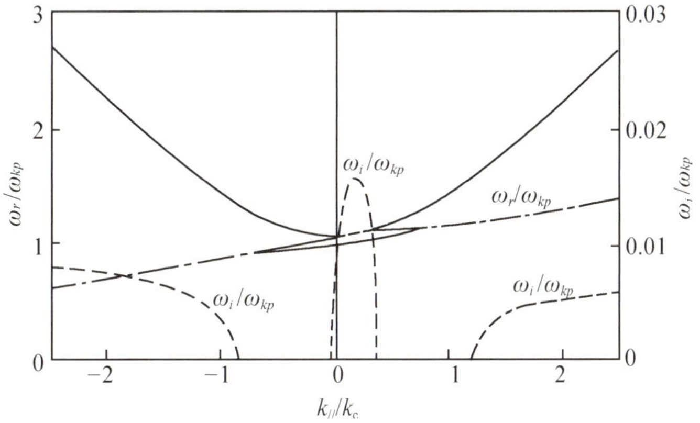

图 9.8.4　色散关系

(H_{01}, $l=1$, $R_0/a=0.48$, $V_0=22$ kV, $I_0=18.75$ A, $p_\perp/p_{/\!/}=1.5$)

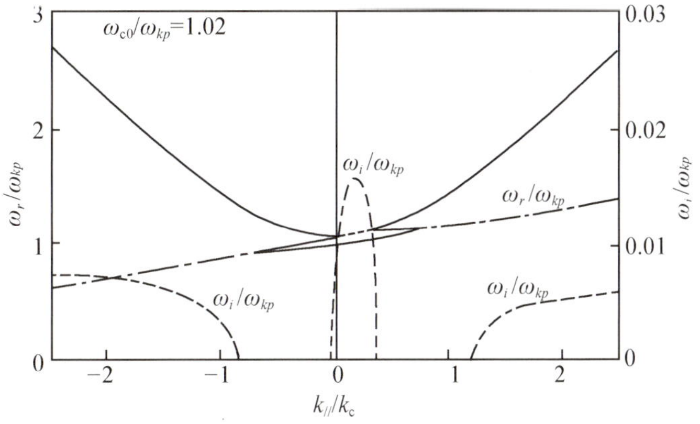

图 9.8.5　色散关系

(H_{01}, $l=1$, $R_0/a=0.48$, $V_0=22$ kV, $I_0=18.75$ A, $p_\perp/p_{/\!/}=1.5$)

由计算结果还可看到一个重要的事实，即脉塞不稳定区是在波导模式与电子回旋模式两曲线相切的附近. 当(ω_r/ω_{kp})不太大时，在切点处有最大的增长率[(ω_i/ω_{kp})最大]；而当(ω_r/ω_{kp})较大时，在切点左右两边出现两个最大增长率. 众所周知，相切点正是波的群速与电子的纵向速度相等处.

9.9 TM_{mn} 模电子回旋脉塞不稳定性

以上讨论的均是 TE_{mn} 模式. 实际上,回旋电子也可以与波导中 TM_{mn} 模式互作用,产生 TM_{mn} 模电子回旋脉塞不稳定性. 在本节中,我们来讨论这个问题.

与 TE_{mn} 模式不同,TM_{mn} 模不仅有横向电场,而且有纵向电场. 因此,电子注还将受到纵向电场的作用. 所以,在 TE_{mn} 模情况下,电子受到以下几种力的作用:横向电场作用力;$\boldsymbol{v}_{/\!/}\times\boldsymbol{B}_r$ 的作用力;纵向电场作用力;$\boldsymbol{v}_{\perp}\times\boldsymbol{B}_r$ 的作用力等. 可以看到,前两种作用力引起电子的横向运动,而后两种作用力引起电子的纵向运动.

对于 TM_{mn} 模式,波导中的场应由位函数 Φ_{mn} 导出:

$$\begin{cases} E_z = k_c^2\Phi_{mn} \\ \boldsymbol{E}_{\perp} = -\mathrm{j}k_{/\!/}\nabla_{\perp}\Phi_{mn} \\ \boldsymbol{H}_{\perp} = -\mathrm{j}\omega\varepsilon_0(\boldsymbol{e}_z\times\nabla_{\perp}\Phi_{mn}) \end{cases} \tag{9.9.1}$$

式中,因子 $\exp(-\mathrm{j}\omega t+\mathrm{j}k_{/\!/}z)$ 略去. 函数 Φ_{mn} 满足以下的二维波方程:

$$\nabla_{\perp}^2\Phi_{mn}+k_c^2\Phi_{mn}=0 \tag{9.9.2}$$

及边界条件:在边界上,

$$\Phi_{mn}=0 \tag{9.9.3}$$

于是可以求得,对于圆柱波导,

$$\Phi_{mn}=\mathrm{J}_m(k_cR)\mathrm{e}^{\mathrm{j}m\varphi} \tag{9.9.4}$$

而对于同轴波导,则有

$$\Phi_{mn}=[\mathrm{J}_m(k_cR)N_m(k_ca)-\mathrm{J}_m(k_ca)N_m(k_cR)]\mathrm{e}^{\mathrm{j}m\varphi} \tag{9.9.5}$$

同样,利用 9.4 节中所给出的局部场展开方法,可以得到回旋中心坐标系中场的局部展开式:

$$\begin{cases} E_z = k_c^2\sum\limits_l \mathrm{J}_l(k_cr)\mathrm{J}_{m-l}(k_cR_0)\mathrm{e}^{\mathrm{j}(m-l)\varphi_0+\mathrm{j}l\theta} \\ E_r=\mathrm{j}k_{/\!/}k_c\sum\limits_l \mathrm{J}_l'(k_cr)\mathrm{J}_{m-l}(k_cR_0)\mathrm{e}^{\mathrm{j}(m-l)\varphi_0+\mathrm{j}l\theta} \\ E_\theta=-k_{/\!/}\sum\limits_l\left(\dfrac{l}{r}\right)\mathrm{J}_l(k_cr)\mathrm{J}_{m-l}(k_cR_0)\mathrm{e}^{\mathrm{j}(m-l)\varphi_0+\mathrm{j}l\theta} \\ H_r=\omega\varepsilon_0\sum\limits_l\left(\dfrac{l}{r}\right)\mathrm{J}_l(k_cr)\mathrm{J}_{m-l}(k_cR_0)\mathrm{e}^{\mathrm{j}(m-l)\varphi_0+\mathrm{j}l\theta} \\ H_\theta=\mathrm{j}\omega\varepsilon_0\sum\limits_l \mathrm{J}_l'(k_cr)\mathrm{J}_{m-l}(k_cR_0)\mathrm{e}^{\mathrm{j}(m-l)\varphi_0+\mathrm{j}l\theta} \end{cases} \tag{9.9.6}$$

按 9.4 节所述的方法,可以得到线性弗拉索夫方程的解,求出扰动分布函数:

$$f_1=\mathrm{j}\frac{l}{c^2}\sum_l\left\{\left(\frac{l}{r_c}\right)\frac{\left[(c^2k_{/\!/}-\omega v_{/\!/})\dfrac{\partial f_0}{\partial p_{\perp}}+(\omega v_{\perp}-c^2k_c^2r_c/l)\dfrac{\partial f_0}{\partial p_{/\!/}}\right]}{(\omega-k_{/\!/}v_{/\!/}-l\omega_c)}\right.$$
$$\cdot\,\mathrm{J}_{m-l}(k_cR_0)\mathrm{J}_l(k_cr_c)\mathrm{e}^{\mathrm{j}l\theta-\mathrm{j}\omega t+\mathrm{j}k_{/\!/}z} \tag{9.9.7}$$

在以上各方程中,用以下的代换,即可求得同轴波导中的情况:

$$\mathrm{J}_{m-l}(k_cR_0)\to[\mathrm{J}_{m-l}(k_cR_0)N_m(k_ca)-\mathrm{J}_m(k_ca)N_{m-l}(k_cR_0)]$$

这样,就可以求得 TM_{mn} 模电子回旋脉塞的色散方程:

$$\frac{\omega^2}{c^2}-k_{/\!/}^2-k_c^2=\frac{\omega_p^2}{c^2}\left[\frac{Q_{ml}'\beta_{\perp0}\dfrac{\omega}{\omega_{kp}}\left(\dfrac{c^2k_c^2}{l\omega_c}-\omega\right)}{\omega-k_{/\!/}v_{/\!/}-l\omega_c}-\frac{H_{ml}'\beta_{/\!/0}\left(\dfrac{\omega}{\omega_{kp}}\right)\left(\omega-\dfrac{c^2k_{/\!/}}{v_{/\!/}}\right)}{\omega-k_{/\!/}v_{/\!/}-l\omega_c}\right.$$

$$-\frac{\beta_{\perp 0}\beta_{/\!/0}W'_{ml}\omega\left(\omega-\dfrac{c^2k_{/\!/}}{v_{/\!/}}\right)}{(\omega-k_{/\!/}v_{/\!/}-l\omega_c)^2}\Bigg] \tag{9.9.8}$$

式中

$$Q'_{ml}=\frac{4l(k_cR_0)}{(k_ca)^2\,\mathrm{J}'^2_m(k_ca)}\frac{\mathrm{J}_l^2(k_cr_c)\mathrm{J}_{m-l}^2(k_cR_0)}{(1+k_{/\!/}^2/k_2^2)} \tag{9.9.9}$$

$$\begin{aligned}W'_{ml}&=\frac{4l(k_cR_0)}{(k_ca)^2\,\mathrm{J}'^2_m(k_ca)}\frac{\left[\left(\dfrac{k_cr_c}{l}\right)\left(\dfrac{\beta_{/\!/0}}{\beta_{\perp 0}}\right)-1\right]\mathrm{J}_l^2(k_cr_c)\mathrm{J}_{m-l}^2(k_cR_0)}{(1+k_{/\!/}^2/k_c^2)}\\&=\left[\left(\frac{k_cr_c}{l}\right)\left(\frac{\beta_{/\!/0}}{\beta_{\perp 0}}\right)-1\right]Q'_{ml}\end{aligned} \tag{9.9.10}$$

$$\begin{aligned}H'_{ml}=\frac{4l(k_cR_0)}{(k_ca)^2\,\mathrm{J}'^2_m(k_ca)}&\left\{\frac{(k_{/\!/}/k_c)\left(\dfrac{l}{k_cr_c}\right)\mathrm{J}_l^2(k_cr_c)\mathrm{J}_{m-l}(k_cR_0)}{(1+k_{/\!/}^2/k_c^2)}\right.\\&\left.+\frac{\left[\left(\dfrac{k_{/\!/}}{k_c}\right)-\left(\dfrac{k_cr_c}{l}\right)\left(\dfrac{\beta_{/\!/0}}{\beta_{\perp 0}}\right)\right]\mathrm{J}_l(k_cr_c)\mathrm{J}'_l(k_cr_c)\mathrm{J}_{m-l}^2(k_cR_0)}{(1+k_{/\!/}^2/k_c^2)}\right\}\end{aligned} \tag{9.9.11}$$

将色散方程(9.9.8)与 TE_{mn} 模的色散方程(9.5.24)比较以后可以看到,有以下几个主要差别.

(1)在 TM_{mn} 的色散方程中多了一个稳定项[方程(9.9.8)中右边方括号内的第二项].

(2)不稳定项(方括号内的第三项)的结构也发生变化,由因子$(\omega^2-c^2k_{/\!/}\omega/v_{/\!/})$确定,而不是$(\omega^2-c^2k_{/\!/}^2)$.

(3)不稳定项的系数不仅与 $\beta_{\perp 0}$ 有关,而且与 $\beta_{/\!/0}$ 有关.

(4)稳定项的结构也不是$(\omega-k_{/\!/}v_{/\!/})$,而是一项为$(c^2k_c^2/l\omega_c-\omega)$,另一项为$(\omega-c^2k_{/\!/}/v_{/\!/})$.

色散方程(9.9.8)的数值解如图 9.9.1 所示. 由图可以看到,在色散方程中有两个不稳定区,特别是当

$$v_{/\!/}=v_g \tag{9.9.12}$$

即电子的纵向速度与波的群速相等时,波的不稳定性就消失. 不稳定区以此为界,分为两个部分. 这是与 TE_{mn} 模式根本不同的. 如上一节所述,对于 TE_{mn} 模式来说,波的不稳定性区是在波的群速与电子纵向速度相等的区域为中心的附近,而且当(ω_r/ω_{kp})不太大时,在切点(即相等处)有最大的增益. 与此正好相反,在 TM_{mn} 模情况下,当电子的纵向速度与波的群速相等时,波的不稳定性正好消失.

同时,我们还看到,波的增长率对于 TM_{mn} 来说与 TE_{mn} 在数量级上是相同的.

在本篇参考文献[221]中,对 TM_{mn} 模电子回旋脉塞不稳定性机理作了较详细的分析. TM_{mn} 模的研究工作,特别是实验工作还做得很不够,进一步地探讨也许可得到很有意义的结果.

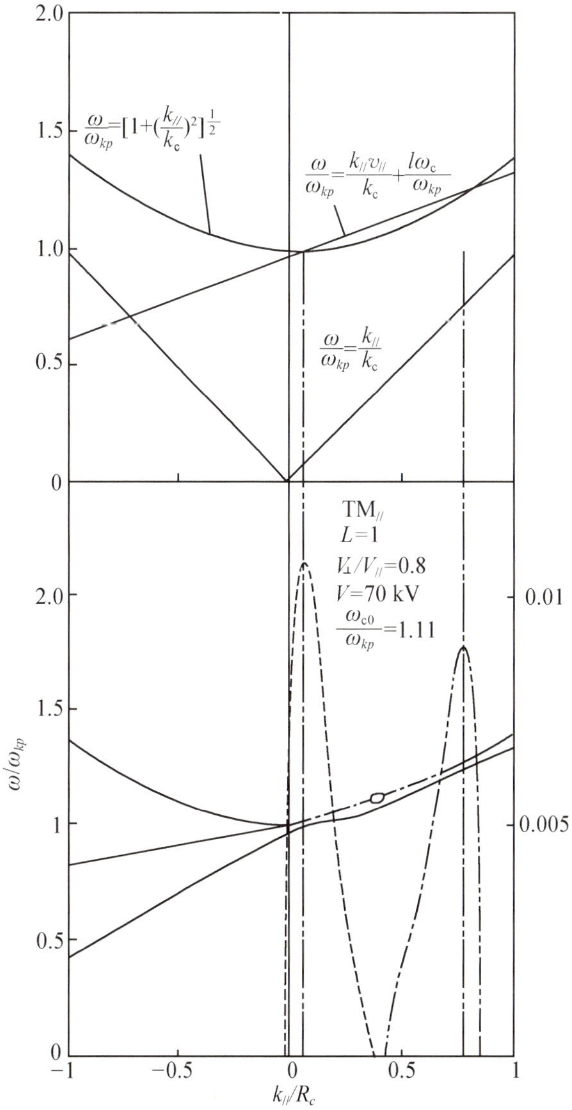

图 9.9.1　TM 模式 ECRM 色散特性曲线

9.10 电子回旋脉塞动力学理论的另一种方法

到此为止,我们详细地讨论了电子回旋脉塞的动力学理论,采用的方法是作者所提出并发展的电子回旋中心坐标系中场的局部展开为基础的方法.电子回旋脉塞的动力学理论也可以用另一种方法来研究,即在波导轴坐标系中进行.在本节中我们叙述这种方法及其改进,在下一节中,我们将详细地讨论本节所述方法和前面各节中所用方法的比较.

我们先来讨论波导轴坐标系中场的展开.如图 9.10.1 所示,图中 A 点及 B 点为时间 t 及 t' 电子所在位置.仅考虑圆柱波导的 TE_{0n} 模式①,于是场的各个分量就为

$$\begin{cases} E_\varphi = E_{\varphi 0} \mathrm{J}_1(k_c R) \\ H_R = \left(\dfrac{k_{/\!/}}{k}\right) E_{\varphi 0} \\ H_z = -\left(\dfrac{k_c}{k}\right) E_{\varphi 0} \mathrm{J}_0(k_c R) \end{cases} \tag{9.10.1}$$

式中,$E_{\varphi 0}$ 为归一化常数.

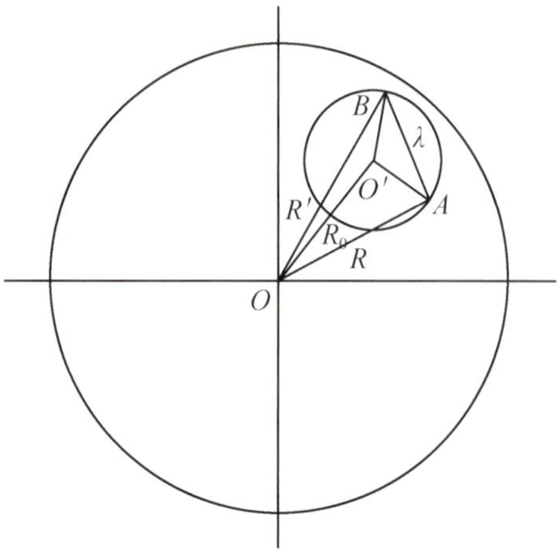

图 9.10.1 圆柱波导中场的局部展开(波导轴坐标系)

由图可见,在电子做回旋运动时,在不同的位置上受到不同的作用场,为了研究电子与场的互作用,需将场展开.

利用贝塞尔函数的加法定律,由三角形 AOB 可以得到

$$\mathrm{J}_m(k_c R')\mathrm{e}^{\mathrm{j}m(\varphi'-\varphi)} = \sum_{l'=-\infty}^{\infty} \mathrm{J}_{m+l'}(k_c R) \cdot \mathrm{J}_{l'}(k_c \lambda)\mathrm{e}^{\mathrm{j}l'(\pi+\varphi-\phi-\omega_c\tau/2)} \tag{9.10.2}$$

为了进一步将 $\mathrm{J}_{l'}(k_c\lambda)$ 展开,可以在三角形 $AO'B$ 中再一次利用贝塞尔函数的加法定律,于是得到

$$\mathrm{J}_{l'}(k_c\lambda)\mathrm{e}^{\mathrm{j}[\frac{1}{2}l'(\pi-\omega_c\tau)]} = \sum_{l=-\infty}^{\infty} \mathrm{J}_{l+l'}(k_c r) \cdot \mathrm{J}_l(k_c r)\mathrm{e}^{\mathrm{j}l\omega_c\tau} \tag{9.10.3}$$

将式(9.10.3)代入式(9.10.2)得

$$\mathrm{J}_m(k_c R')\mathrm{e}^{\mathrm{j}m(\varphi'-\varphi)} = \sum_l \sum_{l'} \mathrm{J}^{l'} \mathrm{e}^{\mathrm{j}l'(\varphi-\phi)} \mathrm{J}_{m+l'}(k_c R) \cdot \mathrm{J}_{l+l'}(k_c r)\mathrm{J}_l(k_c r)\mathrm{e}^{\mathrm{j}l\omega_c\tau} \tag{9.10.4}$$

当 $m=1$ 时,可以得到

$$\mathrm{J}_1(k_c R')\mathrm{e}^{\mathrm{j}(\varphi'-\varphi)} = \sum_l \sum_{l'} \mathrm{J}^{l'} \mathrm{e}^{\mathrm{j}l'(\varphi-\phi)} \mathrm{J}'_{l+1}(k_c R) \cdot \mathrm{J}_{l+l'}(k_c r)\mathrm{J}_l(k_c r)\mathrm{e}^{\mathrm{j}l\omega_c\tau} \tag{9.10.5}$$

对于 $m=0$,即可求得 $\mathrm{J}_0(k_c R')$ 的展开式.

前面曾指出,为了利用沿未扰轨道求积分的方法求解线性弗拉索夫方程,必须知道电子的平衡分布函数 f_0,在本篇参考文献[119]中,提出以下的平衡分布函数:

$$f_0 = f_0(\mathscr{H}, P_\varphi, p_z) = \frac{n_0 R_0}{2\pi m_0 \gamma_b \gamma_0}\delta(U)\delta(P_\varphi - P_0) \tag{9.10.6}$$

式中,P_φ 为正则动量 φ 方向的分量:

$$P_\varphi = R\left(P_\varphi - \frac{e}{2n_0}RB_0\right) \tag{9.10.7}$$

---

①用波导轴坐标系的方法严格地求解 $TE_{mn}(m\neq 0)$ 模比较困难,需要加以改进,见以后的叙述.

n_0 为 $R=R_0$ 处电子的浓度. 而

$$U=\mathscr{H}-\beta_b c p_z-\frac{\gamma_0 m_0 c^2}{r_b} \tag{9.10.8}$$

$$\beta_b=v_z/c,\gamma_b=(1-\beta_b^2)^{-\frac{1}{2}} \tag{9.10.9}$$

$$P_0=-\frac{m_0\omega_c}{2}(R_0^2-\gamma_c^2)$$

式(9.10.6)中,$\mathscr{H}$ 为哈密顿函数:

$$\mathscr{H}=m_0c^2\gamma=\sqrt{m_0^2c^4+c^2(P_\varphi^2+p_z^2+p_R^2)} \tag{9.10.10}$$

关于平衡分布函数的问题,以后还要讨论.

利用平衡分布函数(9.10.6)按沿未扰轨道求积分的方法,可以求得扰动分布函数 f_1:

$$f_1=-e\int_{-\infty}^{0}\mathrm{d}\tau\left\{\left(1-\frac{k_{/\!/}v_z}{\omega}\right)E_\theta(R')v_\varphi'\frac{\partial f_0}{\partial U}\right.$$
$$\left.+R'\left[\left(1-\frac{k_{/\!/}v_z}{\omega}\right)E_\varphi(R')-v_{R'}B_z(R')\right]\frac{\partial f_0}{\partial P_\varphi}\right\} \tag{9.10.11}$$

在得到上式时,利用了关系式

$$\frac{\partial U}{\partial \boldsymbol{p}}=\boldsymbol{v}-v_z\boldsymbol{e}_z \tag{9.10.12}$$

以及

$$\frac{\partial P_\varphi}{\partial p_\varphi}=R\boldsymbol{e}_R \tag{9.10.13}$$

将场方程(9.10.1)代入上式,并利用展开式(9.10.5),即可求得

$$f_1=\frac{e}{k_c c}\frac{(\omega-k_{/\!/}v_z)}{2\gamma_b m_0}\frac{\partial f_0}{\partial U}\sum_l\sum_{l'}\left\{\mathrm{j}^{l'}\mathrm{J}_{l'}(k_c R)\right.$$
$$\left.\cdot\frac{\mathrm{J}_l'(k_c r)\mathrm{J}_{l+l'}(k_c r)}{[\gamma'(\omega-k_{/\!/}v_z-l\omega_c)]}\mathrm{e}^{\mathrm{j}l'(\varphi-\phi)}\right\} \tag{9.10.14}$$

由于电场只有 φ 分量,所以仅需计算 φ 方向的扰动电流密度:

$$\mathrm{J}_\varphi=-e\int_{-\infty}^{\infty}\mathrm{d}p_{/\!/}\int_0^{\infty}p_\perp\mathrm{d}p_\perp\int_0^{2\pi}\mathrm{d}\phi f_1 v_\varphi \tag{9.10.15}$$

式中

$$v_\varphi=v_\perp\sin(\varphi-\phi) \tag{9.10.16}$$

这可由图 9.10.1 看出.

利用 9.4 节所述方法,将所得方程代入方程(9.4.20),即可求出脉塞色散方程:

$$\frac{\omega^2}{c^2}-k_{/\!/}^2-k_c^2=\left\{\frac{Q_l(\omega-k_{/\!/}v_z)}{\gamma_b(\omega-k_{/\!/}v_z-l\omega_c)}\right.$$
$$\left.-\frac{\beta_{\perp 0}^2 Q_l(\omega-k_{/\!/}v_z)^2}{(2l+1)[\gamma_b(\omega-k_{/\!/}v_{/\!/}-l\omega_c)]^2}\right\} \tag{9.10.17}$$

式中

$$\begin{cases}Q_1=\dfrac{2\nu}{R_0}\left[\dfrac{\mathrm{J}_1(k_cR_0)}{a\mathrm{J}_2(k_ca)}\right]^2\\ Q_2=\dfrac{8\nu\beta_{\perp 0}^2}{3R_0}\left[\dfrac{\mathrm{J}_2(k_cR_0)}{a\mathrm{J}_2(k_ca)}\right]^2\\ Q_3=\dfrac{81\nu\beta_{\perp 0}^2}{20R_0}\left[\dfrac{\mathrm{J}_3(k_cR_0)}{a\mathrm{J}_2(k_ca)}\right]^2\\ \cdots\cdots\end{cases} \tag{9.10.18}$$

$$\begin{cases}\nu=\dfrac{N_e e^2}{m_0 c^2}\\ N_e=2\pi\displaystyle\int_{R_0-r_c}^{R_0+r_c} n(R)R\mathrm{d}R\end{cases} \tag{9.10.19}$$

我们看到，所得的色散方程相当于 9.5 节中所述的简化情况. 我们将色散方程(9.10.17)与 9.5 节中得到的简化色散方程(9.5.24)加以比较. 可以看到，这两个色散方程在结构上是类似的，但是存在以下的差别.

(1)方程(9.5.24)讨论了 $m\neq 0$ 的情况，而方程(9.10.17)仅适合于 $m=0$ 的情况.

(2)当 $l=1$ 时，工作于基波时，两方程基本相同，但不稳定项系数 W_1 有差别. 当 l 增大，即对于高次回旋谐波，两色散方程的差别越来越大.

(3)另一个重要的差别在于不稳定项的形式. 按 9.4 节所述，此项应含因子$(\omega^2-k_{/\!/}^2c^2)$，而按方程(9.10.17)，则含有因子$(\omega-k_{/\!/}v_{/\!/})^2$. 这种差别不仅影响到不稳定项要求的 $k_{/\!/}$ 值的范围，而且影响到对不稳定机理的理解. 这个问题将在以后讨论，不过现在我们可以指出，9.4 节所述是正确的.

K. R. Chu(朱国瑞)等改进了上述方法，引入另一种平衡分布函数：

$$\begin{cases}f_0=\dfrac{N_e}{\pi}\delta\left(r_c^2-\dfrac{2m_0P_\varphi}{cB_0}-R_0^2\right)g(p_\perp,p_{/\!/})\\ g(p_\perp,p_{/\!/})=\dfrac{1}{2\pi p_\perp}\delta(p_\perp-p_{\perp 0})\delta(p_{/\!/}-p_{/\!/0})\end{cases} \tag{9.10.20}$$

这样得到的色散方程为

$$\frac{\omega^2}{c^2}-k_{/\!/}^2-k_c^2=\frac{\omega_p^2}{\gamma c^2}\left[\frac{Q_{ml}(\omega-k_{/\!/}v_z)}{\omega-k_{/\!/}v_z-l\omega_c}-\frac{\beta_{\perp 0}^2W_{ml}(\omega^2-k_{/\!/}^2c^2)}{(\omega-k_{/\!/}v_z-l\omega_c)^2}\right] \tag{9.10.21}$$

式中

$$W_{ml}=\frac{4(k_cR_0)(k_cr_c)\mathrm{J}_{m-l}^2(k_cR_0)\mathrm{J}_l'^2(k_cr_c)}{(k_ca)^2\left(1-\dfrac{m^2}{k_c^2a^2}\right)\mathrm{J}_m^2(k_ca)} \tag{9.10.22}$$

$$\begin{aligned}Q_{ml}=2W_{ml}+&\Big[\mathrm{J}_l'(k_cr_c)\mathrm{J}_l''(k_cr_c)\mathrm{J}_{m-l}^2(k_cR_0)\\&+\frac{1}{2}\mathrm{J}_{m-l+1}^2(k_cR_0)\mathrm{J}_l'(k_cr_c)\mathrm{J}_{l-1}'(k_cr_c)\\&-\frac{1}{2}\mathrm{J}_{m-l-1}^2(k_cR_0)\cdot\mathrm{J}_l'(k_cr_2)\mathrm{J}_{l+1}'(k_cr_c)\Big]\\&\cdot\frac{4(k_cR_0)(k_cr_c)^2}{(k_ca)^2\left(1-\dfrac{m^2}{k_c^2a^2}\right)\mathrm{J}_m^2(k_ca)}\end{aligned} \tag{9.10.23}$$

再将方程(9.10.21)与方程(9.5.24)比较，可见两者在形式上(除求和号外)已完全相同. 将方程(9.10.22)、(9.10.23)与方程(9.5.17)、(9.5.18)相比较，可见 W_{ml} 完全相同，而 Q_{ml} 相差也很小.

Choe 和 Ahn 进一步改进了上述方法，利用在正则动量空间求积分的方法，得到了进一步改进的结果(见本篇参考文献[186]). 令平衡分布函数为

$$f_0=f_0(\gamma,P_z,P_\varphi)=\frac{\omega_c\nu}{4\pi^2e^2\gamma}\delta(\gamma-\gamma_0)\delta(P_z-P_{z0})\cdot\delta(P_\varphi-P_{\varphi 0}) \tag{9.10.24}$$

于是有

$$\mathrm{d}^3p=\frac{m_0c^2}{\omega_c}\frac{1}{R_0r_c\sin\psi}\mathrm{d}\gamma\mathrm{d}P_z\mathrm{d}P_\varphi \tag{9.10.25}$$

式中，ψ 角的定义如图 9.4.2 所示. 由于

$$\begin{cases} P_z = p_z \\ P_\varphi = R\left(p_\varphi - \dfrac{\omega_c R}{2}\right) \end{cases} \tag{9.10.26}$$

这样就把力学动量空间的积分化到广义动量空间积分，经过适当的数学运算以后，即得色散方程：

$$\frac{\omega^2}{c^2} - k_{/\!/}^2 - k_c^2 = \frac{\omega_p^2}{\gamma_0 c^2}\left[\frac{Q_{ml}(\omega - k_{/\!/} v_{/\!/})}{\omega - k_{/\!/} v_{/\!/} - l\omega_c} - \frac{\beta_{\perp 0}^2 W_{ml}(\omega^2 - k_{/\!/}^2 c^2)}{(\omega - k_{/\!/} v_{/\!/} - l\omega_c)^2} + U_{ml}\right] \tag{9.10.27}$$

式中，Q_{ml}，W_{ml}，U_{ml} 与方程(9.5.21)中的系数完全一样，即分别由方程(9.5.22)、(9.5.17)、(9.5.23)确定.

比较一下色散方程(9.10.27)和(9.5.21)，可见除求和号外，两者完全相同. 也就是说，在方程(9.5.21)中，除了谐振项外，还考虑到所有非谐振项，而在方程(9.10.27)中，仅考虑谐振项.

在一般情况下，色散方程中的附加项 U_{ml} 影响不大，已在 9.5 节中指出过. 这里可以指出，这一修正项是由于在动量空间积分时没有略去 $\partial f_0/\partial P_\varphi$ 所得到的贡献.

9.11 关于电子回旋脉塞动力学理论的方法

在 9.2～9.9 节中，我们采用电子回旋中心坐标系中场的局部展开的方法，详细地研究了电子回旋脉塞，得到了色散方程，并进行了较详细的研究. 在 9.10 节中，我们又讨论了另一种方法，即采用波导轴坐标系的方法. 在本节中，我们来将动力学理论的各种方法加以小结和比较.

如上所述，电子回旋脉塞的动力学理论有两种基本方法：电子回旋中心坐标系的方法和波导轴坐标系的方法. 在波导轴坐标系中，又可分为按力学动量空间积分和按广义动量空间积分两种. 同时在波导轴坐标系的方法中，对于电子平衡分布函数的选择，也各有差异. 下面，我们来讨论这些问题.

如上所述，利用动力学理论研究电子回旋脉塞，关键问题是求解线性弗拉索夫方程. 在第 8 章中曾指出，线性弗拉索夫方程的解归结为以下的积分：

$$f_1 = -e\int_{-\infty}^{t} \mathrm{d}t'(\boldsymbol{E}_1' + \boldsymbol{v}' \times \boldsymbol{B}_1') \cdot \nabla_{p'} f_0 \tag{9.11.1}$$

可见，方程(9.11.1)的解，在于求出积分核：

$$K = (\boldsymbol{E}_1' + \boldsymbol{v}' \times \boldsymbol{B}_1') \cdot \nabla_{p'} f_0 \tag{9.11.2}$$

由此就很清楚，上述方法的不同是由于对积分核展开的不同而引起的. 对积分核的两种基本展开方法就是以电子回旋中心坐标系中的展开和波导轴坐标系中的展开. 我们将证明两种方法是完全等价的，可给出同样的结果，但是，以电子回旋中心坐标系中场的局部展开的方法要简洁得多，而且具有更明确的物理意义.

我们先讨论两种方法的等价性. 可以证明(见下节)，在波导轴系统中，电子的运动常数为 p_z，P_φ，γ. 因此，按弗拉索夫理论，电子的平衡分布函数应写成

$$f_0^{(B)} = f_0^{(B)}(\gamma, p_z, P_\varphi) \tag{9.11.3}$$

式中，$f_0^{(B)}$ 表示波导轴系统的平衡分布函数. 而 P_φ 为正则动量：

$$P_\varphi = R\left(p_\varphi - \frac{eB_0}{2}R\right) \tag{9.11.4}$$

波导轴坐标系取为(R, φ, z).

这样，积分核展开式即为

$$K^{(B)}=\left(E'_{1R}+\frac{p'_{\varphi}}{\gamma m_0}B'_{1z}-\frac{p'_z}{m_0\gamma}B'_{1\varphi}\right)\frac{\partial f_0^{(B)}}{\partial P'_R}$$
$$+\left(E'_{1\varphi}+\frac{p'_z}{m_0\gamma}B'_{1R}-\frac{p'_R}{m_0\gamma}B'_{1z}\right)\frac{\partial f_0^{(B)}}{\partial P_{\varphi}}$$
$$+\left(E'_{1z}+\frac{p'_R}{m_0\gamma}B'_{1\varphi}-\frac{p'_{\varphi}}{m_0\gamma}B'_{1R}\right)\frac{\partial f_0^{(B)}}{\partial p'_z} \tag{9.11.5}$$

另外，在电子回旋中心坐标系中，可以证明，电子的运动常数为 p_z、$p_\perp$、R_g. 这里，R_g 为电子回旋中心的半径位置. 而且可以得到

$$p_\perp=p_\theta,p_r=0 \tag{9.11.6}$$

因此，电子平衡分布函数应写成

$$f_0^{(e)}=f_0^{(e)}(p_z,p_\perp,R_g) \tag{9.11.7}$$

式中，$f_0^{(e)}$ 表示电子回旋中心坐标系中的平衡分布函数.

这样，积分核(9.11.2)在电子回旋中心坐标系中的展开式就可写成

$$K^{(e)}=-\left(E'_{1r}+\frac{p'_\perp}{m_0\gamma}B'_{1z}-\frac{p'_z}{m_0\gamma}B'_{1\theta}\right)\frac{1}{p'_\perp}\frac{\partial f_0^{(e)}}{\partial R_g}\frac{\partial R_g}{\partial \phi}$$
$$+\left(E'_{1\theta}+\frac{p'_z}{m_0\gamma}B'_{1r}\right)\left(\frac{\partial f_0^{(e)}}{\partial p'_\perp}+\frac{\partial f_0^{(e)}}{\partial R_g}\frac{\partial R_g}{\partial \phi'_\perp}\right)$$
$$+\left(E'_{1z}-\frac{p'_\perp}{m_0\gamma}B'_{1r}\right)\frac{\partial f_0^{(e)}}{\partial p'_z} \tag{9.11.8}$$

式中，考虑到几何关系

$$R^2=R_g^2+r^2+2R_g r_c\cos(\varphi-\phi) \tag{9.11.9}$$

注意到以下的几何关系：

$$\begin{cases}\boldsymbol{e}_R=\boldsymbol{e}_r\cos(\varphi-\theta)+\boldsymbol{e}_\theta\sin(\varphi-\theta)\\ \boldsymbol{e}_\varphi=-\boldsymbol{e}_r\sin(\varphi-\theta)+\boldsymbol{e}_\theta\cos(\varphi-\theta)\end{cases} \tag{9.11.10}$$

可以得到

$$\frac{\partial f_0^{(B)}}{\partial P_R}=\left(\frac{\partial f_0^{(e)}}{\partial p_\perp}+\frac{\partial f_0^{(e)}}{\partial R_g}\frac{\partial R_g}{\partial p_\theta}\right)\sin(\varphi-\theta)$$
$$-\frac{1}{p_\perp}\frac{\partial f_0^{(e)}}{\partial R_g}\frac{\partial R_g}{\partial \phi}\cos(\varphi-\theta) \tag{9.11.11}$$

$$\frac{\partial f_0^{(B)}}{\partial P_\varphi}=\left(\frac{\partial f_0^{(e)}}{\partial p_\perp}+\frac{\partial f_0^{(e)}}{\partial R_g}\frac{\partial R_g}{\partial p_\theta}\right)\cos(\varphi-\theta)$$
$$+\left(\frac{1}{p_\perp}\frac{\partial f_0^{(e)}}{\partial R_g}\frac{\partial R_g}{\partial \phi}\right)\sin(\varphi-\theta) \tag{9.11.12}$$

代入方程(9.11.5)及(9.11.8)，即可证明

$$K^{(B)}=K^{(e)} \tag{9.11.13}$$

即在两种情况下积分核是相同的，因而用两种方法可以求得相同的扰动分布函数：

$$f_1^{(B)}=f_1^{(e)} \tag{9.11.14}$$

我们来看看在两种方法中积分核的具体形式，为方便及结合实际情况，我们考虑圆柱波导 H_{mn} 模式. 这样，在波导轴坐标系的方法中，积分核展开式可写成

$$K^{(B)}=[E'_{1\varphi}\sin(\phi'-\varphi')+E'_{1R}\cos(\phi'-\varphi')]\frac{\partial f_0^{(B)}}{\partial p'_\perp}$$
$$+[B'_{1R}\sin(\phi'-\varphi')-B'_{1\varphi}\cos(\phi'-\varphi')]$$

$$\cdot\left(p_z'\frac{\partial f_0^{(B)}}{\partial p_\perp'}-p_\perp'\frac{\partial f_0^{(B)}}{\partial p_z'}\right)\tag{9.11.15}$$

而在电子回旋中心坐标系中，则有

$$K^{(e)}=E_{1\theta}'\frac{\partial f_0^{(e)}}{\partial p_\perp'}+B_{1r}'\left(p_z'\frac{\partial f_0^{(e)}}{\partial p_\perp'}-p_\perp'\frac{\partial f_0^{(e)}}{\partial p_z'}\right)\tag{9.11.16}$$

比较一下上两式，可见在电子回旋中心坐标系的方法中，积分核要简化得多. 原因是，只有在此种坐标系中，我们才有

$$\phi-\theta=\phi'-\theta'=\frac{\pi}{2}\tag{9.11.17}$$

而在波导轴坐标系或任何其他坐标系中，$(\phi-\varphi)$及$(\phi'-\varphi')$（即动量空间角与坐标空间角之差）均有较复杂的关系. 这就证明了为什么在电子回旋中心坐标系中积分的处理最为简洁.

我们还看到，在电子回旋中心坐标系中，电磁场矢量展开为

$$\begin{cases}\boldsymbol{E}_1=(E_{1r},E_{1\theta},E_{1z})\\ \boldsymbol{B}_1=(B_{1r},B_{1\theta},B_{1z})\end{cases}\tag{9.11.18}$$

可见，将场展开成沿电子未扰轨道的分量及与未扰轨道垂直的分量，因而具有很明确的物理意义. 同时，电子的未扰运动也可写成

$$\boldsymbol{v}=(v_r=0,v_\theta=v_\perp,v_{/\!/}=v_z)\tag{9.11.19}$$

物理概念也十分明确. 而且电子的未扰轨道方程取最简单的形式：

$$r=r_c=\frac{p_\perp}{m_0\omega_{c0}}\tag{9.11.20}$$

相反，在波导轴坐标系中，以上一些关系都是很复杂的，而且没有明显的物理意义. 例如，在波导轴坐标系中，电子的未扰轨道方程为

$$R^2=R_g^2+r_c^2-2R_gr_c\cos(\varphi-\theta)\tag{9.11.21}$$

而$(\varphi-\theta)$又有较复杂的关系，所以上述方程比起方程(9.11.20)来说就复杂得多了.

由以上的讨论可以看到，电子回旋中心坐标系的方法优于波导轴坐标系的方法是十分明显的.

似乎还存在这样的问题：在电子回旋中心坐标系中，有关电子运动的方程均较简单，但有关场的问题，可能变得复杂，因为场原来是按波导轴坐标系写出的. 其实并不如此，场的问题由于采用了局部展开的方法，不仅得到很好的解决，而且有很明确的物理含义. 在 9.4、9.5 节中已有详细的论述. 例如，对于波导 TE_{mn} 模式，在波导轴坐标系中，我们已知函数 ψ_{mn}，在电子回旋中心坐标系中，可按下式做局部场展开：

$$\begin{cases}\boldsymbol{E}_{1\perp}=-\mathrm{j}\omega\mu_0(\boldsymbol{e}_z\times\nabla_\perp\psi_{mn})\\ \boldsymbol{H}_{1\perp}=\mathrm{j}k_{/\!/}\nabla_\perp\psi_{mn}\\ \boldsymbol{H}_{1z}=k_c^2\psi_{mn}\boldsymbol{e}_z\end{cases}\tag{9.11.22}$$

具体方法在 9.4、9.5 节中已有详细分析. 更为详细的讨论可参看有关文献，如本篇参考文献[133]和[157].

9.12 电子的平衡分布函数

在第 8 章中曾指出，为了求解线性弗拉索夫方程，必须先确定电子的平衡分布函数 f_0. 按第 8 章所述，电子运动常数的任意函数都是平衡态弗拉索夫方程的解，即都可用来构成电子的平衡分布函数. 因此，构造电子平衡分布函数的问题，又归结为求系统的运动常数. 我们首先来研究这个问题. 9.11 节曾指出，研究波导电子回旋脉塞有两种方法：一种是采用电子回旋坐标系，另一种是采用波导轴坐标系. 因此，我们必须分

别讨论在这两种坐标系中电子的运动常数.先考虑波导轴坐标系的情况.

在波导轴坐标系中,可以求出电子运动的哈密顿函数为

$$\begin{aligned}\mathscr{H}&=\sqrt{m_0^2c^4+c^2(p_R^2+p_\varphi^2+p_z^2)}\\&=\sqrt{m_0^2c^4+c^2\left[P_R^2+\left(\frac{P_\varphi}{R}+\frac{1}{2}\omega_cR\right)^2+P_z^2\right]}\end{aligned}\tag{9.12.1}$$

因此,电子运动的正则方程为

$$\begin{cases}\dot{R}=\dfrac{P_R}{m_0\gamma}\\ \dot{\varphi}=\dfrac{P_\varphi+\dfrac{1}{2}\omega_{c0}R^2}{m_0\gamma R^2}\\ \dot{z}=\dfrac{P_z}{m_0\gamma}\\ \dot{P}_R=-\dfrac{R}{m_0\gamma}\left(\dfrac{\omega_{c0}^2}{4}-\dfrac{P_\varphi^2}{R^4}\right)\\ \dot{P}_\varphi=0\\ \dot{P}_z=0\end{cases}\tag{9.12.2}$$

式中,γ 可写成

$$\gamma=\frac{\mathscr{H}}{m_0c^2}\tag{9.12.3}$$

由上面最后两式可求得两个运动常数:

$$\begin{cases}P_\varphi=c_1\\ P_z=c_2\end{cases}\tag{9.12.4}$$

由积分公式(9.12.2)的第二、第三式得

$$\begin{cases}\varphi=\displaystyle\int_0^t\frac{P_\varphi+\dfrac{\omega_c}{2}R^2}{m_0\gamma R^2}\mathrm{d}t+c_3\\ z=\displaystyle\int_0^t\frac{P_z}{m_0\gamma}\mathrm{d}t+c_4\end{cases}\tag{9.12.5}$$

适当地选择坐标系,可以使初始条件为

$$t=0:\varphi=0,z=0\tag{9.12.6}$$

由此得

$$c_3=c_4=0\tag{9.12.7}$$

再由方程(9.12.2)的第一及第四式得到

$$\ddot{R}=-\frac{R}{m_0^2\gamma^2}\left(\frac{\omega_{c0}^2}{4}-\frac{P_\varphi^2}{R^4}\right)=\frac{P_\varphi^2}{m_0\gamma^2R^3}-\frac{\omega_c^2R}{4m_0^2\gamma^2}\tag{9.12.8}$$

积分上式得到

$$t=\frac{1}{\omega_c}\arcsin\left[\frac{m_0^2\left(\dfrac{\omega_{c0}^2}{2}R^2-\gamma^2c_5\right)}{\sqrt{m_0^4\gamma^4c_5^2-m_0^2\gamma^2\omega_c^2c_1^2}}\right]+c_6\tag{9.12.9}$$

由此得

$$c_5=\frac{1}{m_0^2\gamma^2}\left(P_\varphi^2+\frac{P_\varphi^2}{R_2}+\frac{\omega_c^2}{4}m_0^2\gamma^2R^2\right)\tag{9.12.10}$$

$$c_6=-\frac{1}{\omega_c}\arcsin\left(\frac{\frac{\omega_{c0}^2}{2}R^2-P_R^2-\frac{P_\varphi^2}{R^2}-\frac{\omega_{c0}^2}{4}R^2}{\sqrt{P_R^2+\frac{P_\varphi^2}{R^2}+\frac{\omega_{c0}^2}{4}m_0^2\gamma^2R^2-\omega_c^2P_\varphi^2m_0^2\gamma^2}}\right) \tag{9.12.11}$$

这样，我们得到了全部的六个运动常数 $c_1,c_2,\cdots,c_6$. 由此六个运动常数构成的雅可比矩阵为

$$\left[\frac{\partial(c_1,c_2,\cdots,c_6)}{\partial(t,R,\varphi,z,P_R,P_\varphi,P_z)}\right]=\begin{bmatrix}\frac{\partial C_1}{\partial t},\frac{\partial C_1}{\partial R},\frac{\partial C_1}{\partial \varphi},\frac{\partial C_1}{\partial z},\frac{\partial C_1}{\partial P_R},\frac{\partial C_1}{\partial P_\varphi},\frac{\partial C_1}{\partial P_z}\\ \frac{\partial C_2}{\partial t},\frac{\partial C_2}{\partial R},\frac{\partial C_2}{\partial \varphi},\frac{\partial C_2}{\partial z},\frac{\partial C_2}{\partial P_R},\frac{\partial C_2}{\partial P_\varphi},\frac{\partial C_2}{\partial P_z}\\ \cdots\cdots \\ \frac{\partial C_6}{\partial t},\frac{\partial C_6}{\partial R},\frac{\partial C_6}{\partial \varphi},\frac{\partial C_6}{\partial z},\frac{\partial C_6}{\partial P_R},\frac{\partial C_6}{\partial P_\varphi},\frac{\partial C_6}{\partial P_z}\end{bmatrix} \tag{9.12.12}$$

可以证明

$$\frac{\partial C_5}{\partial R}\frac{\partial C_6}{\partial P_R}-\frac{\partial C_5}{\partial P_R}\frac{\partial C_6}{\partial R}=0 \tag{9.12.13}$$

因此，矩阵(9.12.12)的秩为三. 由此得到，在六个常数中，只有三个是独立的. 这三个独立常数是

$$c_1=P_\varphi,c_2=P_z,c_5=\mathscr{H}=m_0c^2\gamma \tag{9.12.14}$$

因此，在波导轴坐标系中，电子平衡分布函数应写成

$$f_0=f_0(P_\varphi,P_z,\gamma) \tag{9.12.15}$$

的形式.

下面考虑电子回旋中心坐标系. 在此坐标系中，电子的运动方程为

$$\begin{cases}m_0\gamma\ddot{z}=0\\ m_0\gamma(\ddot{r}-r\dot{\theta}^2)=-er\dot{\theta}B_\theta\\ m_0\gamma(2\dot{r}\dot{\theta}+r\dot{\theta})=0\end{cases} \tag{9.12.16}$$

及

$$\gamma=\frac{1}{\sqrt{1-\frac{1}{c^2}(\dot{r}^2+r^2\dot{\theta}^2+\dot{z}^2)}} \tag{9.12.17}$$

求解上述运动方程可以得到

$$\begin{cases}\dot{z}=c_1,z=c_1t+c_4\\ \dot{r}=c_2=0,r=c_2+c_5\\ \dot{\theta}=c_3=\frac{eB_0}{m_0\gamma}=\omega_c\\ \theta=c_3t+c_6\end{cases} \tag{9.12.18}$$

利用初始条件：

$$t=0:\quad\begin{cases}z=0,\theta=0\\ r=r_c,\dot{z}=v_{/\!/}\end{cases} \tag{9.12.19}$$

可以得到

$$\begin{cases}c_1=\dot{z}=v_{/\!/0},c_2=0,c_3=\omega_c\\ c_4=0,c_5=r_c,c_6=0\end{cases} \tag{9.12.20}$$

可见，在此种坐标系中，六个运动常数中，只有三个不为零. 如果选择相空间为

$$(\boldsymbol{r},\boldsymbol{p})=(r,\theta,z,p_\perp,p_{/\!/},\phi) \tag{9.12.21}$$

则可将上述三个常数化成

$$\begin{cases} c_1' = p_{/\!/} = m_0\gamma\dot{z} \\ c_3' = m_0\gamma c_3 c_5 = p_\perp \end{cases} \tag{9.12.22}$$

这样，在此坐标系中，运动常数只有($p_{/\!/}$，$p_\perp$)两个. 再考虑到坐标原点的选择，于是可以得到在电子回旋中心坐标系中，运动常数为($p_{/\!/}$，$p_\perp$，R_g)三个. 因此，电子的平衡分布函数就应写成

$$f_0 = f_0(p_{/\!/}, p_\perp, R_g) \tag{9.12.23}$$

的形式.

有了运动常数，就可构成电子的平衡分布函数. 在电子回旋脉塞的动力学理论中，为了便于计算，常假定电子具有单动量(即所谓"冷"电子注)，这时，平衡分布函数可写成 δ 函数及阶跃函数的形式. 例如，在波导轴坐标系中，取形式

$$f_0 = K\delta(P_z - P_{z0})\delta(P_\varphi - P_{\varphi 0})\delta(\mathscr{H} - \mathscr{H}_0) \tag{9.12.24}$$

式中，K 为常数，由 f_0 函数的归一化条件确定. 而在电子回旋中心坐标系中，取形式

$$f_0 = K'\delta(p_{/\!/} - p_{/\!/0})\delta(p_\perp - p_{\perp 0})\delta(R_g - R_0) \tag{9.12.25}$$

方程(9.12.24)表示电子具有单一的确定的正则动量(P_{z0}，$P_{\varphi 0}$)及单一的能量($\mathscr{H}_0$)，而方程(9.12.25)表明电子具有单一的确定的力学动量($p_{/\!/0}$，$p_{\perp 0}$)及确定的空间位置(R_0，表示电子的回旋中心在 $R = R_0$ 的圆周上). 从物理上来讲，方程(9.12.25)也更为明确.

在 9.4 节曾指出，从统计物理的观点看来，采用波导轴坐标系时，采用方程(9.12.24)(或其他形式)的平衡分布函数，表明我们的统计对象是整个电子注. 而在电子回旋中心坐标系中，采用方程(9.12.25)的平衡分布函数，就表示我们的统计对象是任一个电子回旋系统.

在以上的讨论中，我们忽略了电子自身产生的场，即空间电荷产生的场(直流空间电荷场). 在第 8 章中我们曾指出，求解弗拉索夫平衡态方程应求自洽场解，即在弗拉索夫平衡态方程中的场应当包括电子产生的空间电荷场以及电子运动产生的磁场. 在 9.4 节曾指出，严格地讲，这种自洽场的求解导致复杂的数学问题，因此，一般采取逐次逼近的方法. 我们来讨论这个问题.

如果平衡分布函数已知，则由下式可求得电子在空间的分布：

$$\rho_0 = \int f_0 \mathrm{d}^3 P \tag{9.12.26}$$

于是，可以按下式求得空间电荷所建立的电场和磁场：

$$\begin{cases} \dfrac{1}{R}\dfrac{\partial}{\partial R}\left(R\dfrac{\partial \Phi_s}{\partial R}\right) = \dfrac{1}{\varepsilon_0}\rho_0 \\ \dfrac{1}{R}\dfrac{\partial}{\partial R}\left(R\dfrac{\partial \mathbf{A}_z^s}{\partial R}\right) = \mu_0 \mathrm{J}_{z0} = \mu_0\rho_0 v_{/\!/0} \end{cases} \tag{9.12.27}$$

式中，$\boldsymbol{\Phi}_s$，$\boldsymbol{A}_s$ 表示空间电荷产生的标量位及矢量位.

在一般情况下，电子运动所引起的磁场可以略去，因而仅需求解(9.12.27)的第一式. 零级近似的解是这样的：我们假定有一个平衡分布函数 f_0，这可以由运动常数及有关问题的物理分析求得；然后代入方程(9.12.26)求出 ρ_0，将求得的 ρ_0 代入方程(9.12.27)的右边. 这样，作为已知源函数，方程(9.12.27)就可以求解. Davidson 及 Striffler 研究了这个问题(见本篇参考文献[86])，他们采用的平衡分布函数是

$$f_0 = \frac{n_0 R_0}{2\pi m_0 \gamma_b^2 \gamma_0}\delta(P_\varphi - P_0)\delta\left(\mathscr{H} - \beta_b c P_z - \frac{\gamma_0 m_0 c^2}{\gamma_b}\right) \tag{9.12.28}$$

式中

$$\begin{cases} \gamma_b = (1 - \beta_b)^{-1/2} \\ \beta_b = v_{z0}/c \end{cases} \tag{9.12.29}$$

$$\gamma_0=(1-\beta_b^2-\beta_\perp^2)^{-1/2} \tag{9.12.30}$$

方程(9.12.28)的平衡分布函数与本节所得的平衡分布函数(9.12.24)略有差异.

将方程(9.12.28)代入式(9.12.26)、式(9.12.27)可求得空间电荷场：

$$E_r^s(r)=\begin{cases}0 & (0<r<R_0)\\ -(1-f)\dfrac{m}{e}\omega_p^2R_0(1-R_0/r) & (R_0<r<R_1)\\ -(1-f)\dfrac{m}{e}\omega_p^2R_0(R_1-R_0)/r & (R_1<r<R_c)\end{cases} \tag{9.12.31}$$

$$B_\theta^s(r)=\begin{cases}0 & (0<r<R_0)\\ -\beta_b\dfrac{m}{e}\omega_p^2(1-R_0/r) & (R_0<r<R_1)\\ -\beta_b\dfrac{m}{e}\omega_p^2R_0(R_1-R_0)/r & (R_1<r<R_c)\end{cases} \tag{9.12.32}$$

我们来研究一个重要的问题，即平衡分布函数，方程(9.12.24)及(9.12.28)中的常数 P_0 的选择问题. 这个问题在定义波导坐标系中电子的平衡分布函数时是很重要的. 为此，我们来讨论电子注内部电子的角向速度的统计平均值：

$$v_\varphi=\frac{\int f_0(\mathscr{H},P_\varphi,P_z)v_\varphi \mathrm{d}^3P}{\int f_0(\mathscr{H},P_\varphi,P_z)\mathrm{d}^3P} \tag{9.12.33}$$

将方程(9.12.28)代入上式，经过较长的数学推导之后，可以得到

$$v_\varphi=\frac{1}{\gamma_b\gamma_0m_0}\left(\frac{P_0}{R}+\frac{1}{2}m_0R\omega_c\right) \tag{9.12.34}$$

由上式可见，由于 P_0 是一个常数，所以 v_φ 是 R 的函数. 我们按此来讨论一下 P_0 的选择.

(1) 如果 $P_0>0$. 由于 $\omega_c>0$，所以由方程(9.12.34)可见，在整个电子注中，各层电子围绕着 z 轴的角向速度均为正值，即

$$v_\varphi(R)>0 \tag{9.12.35}$$

因此，这种情况相当于整个电子注绕 z 轴旋转的情况. 这相当于电子能量很大的情况，这时有 $r_c\sim a$. 所以，这种情况与弱相对论的回旋管不符.

(2) 如果 $P_0<0$. 这时，可将方程(9.12.34)改写成

$$v_\varphi=\frac{1}{\gamma_0\gamma_bm_0}\left(\frac{1}{2}m_0R\omega_c-\frac{|P_0|}{R}\right) \tag{9.12.36}$$

由此可见，如令

$$R_M=\frac{2|P_0|}{m_0\omega_c} \tag{9.12.37}$$

则在 $R=R_M$ 处，电子的角向速度为零，即

$$v_\varphi(R_M)=0 \tag{9.12.38}$$

而当 $R>R_M$ 时，$v_\varphi>0$；$R<R_M$，$v_\varphi<0$. 即在半径 R_M 以外电子的角向速度为正，而在 R_M 以内，v_φ 为负. 可见这正好与弱相对论的回旋管相符，这时一般有($r_c\ll a$)，电子的回旋中心在 $R=R_0=R_M$ 上.

如果假定电子注的厚度为 $2r_c$，则 P_0 可以确定为

$$P_0=-\frac{m_0\omega_c}{2}(R_0^2-r_c^2) \tag{9.12.39}$$

在结束本节时，我们来讨论一个重要的问题. 在以上的分析中，我们看到几种平衡分布函数：方程

(9.12.24)、(9.12.25)及(9.12.27). 严格地讲,这些平衡分布函数所代表的电子注只是单能量的,但不是真正理想的"冷"电子注. 因为在这些平衡分布函数中,虽然电子的能量(纵向能量及旋转能量)具有确定的单一的值,但动量空间角 ϕ 仍是不确定的,可以是随机的. 因此,真正理想的"冷"电子注应具有以下的平衡分布函数:

$$f_0 = K\delta(p_{/\!/} - p_{/\!/0})\delta(p_\perp - p_{\perp 0})\delta(\phi - \phi_0) \tag{9.12.40}$$

或

$$f_0 = K\delta(p_x - p_{x0})\delta(p_y - p_{y0})\delta(p_z - p_{z0}) \tag{9.12.41}$$

这种理想的"冷"电子注对于相对论电子学可能有重要的意义,例如可能用于建立无摇摆场的自由电子激光(详见第 14 章). 但这种理想的"冷"电子注对于电子回旋脉塞不稳定性没有本质影响. 实际上,利用方程(9.12.40)描述的平衡分布函数,可以得到以下的脉塞色散方程:

$$\frac{\omega^2}{c^2} - k_{/\!/}^2 - k_c^2 = \frac{\omega_p^2}{c^2\gamma}\left\{\frac{Q_{ml}(\omega - k_{/\!/}v_{/\!/})}{Q_l} + \frac{\left(\frac{l}{k_c c}\right)\left[(\omega - k_{/\!/}v_{/\!/}) + \frac{k_c v_\perp}{\omega}\right]J_l J_{m-l}}{Q_l} - \frac{\beta_{\perp 0}W_{ml}(\omega^2 - k_{/\!/}^2 c^2)}{Q_l^2}\right\} \tag{9.12.42}$$

可见,仅色散方程增加一附加的稳定项(正比于 Q_l^{-1} 的项). 由此就很清楚,电子回旋脉塞的不稳定性,并不要求严格意义上的"冷"电子注.

9.13 电子速度零散及电子注厚度的修正

9.12 节讨论电子平衡分布函数时,均假定电子注是单能量的,即略去电子注内电子速度(能量)的零散. 同时,假定电子注有一个确定的回旋中心位置($R_g = R_0$),这就意味着电子注的厚度也是确定的,$\Delta = 2r_c$. 在实际情况下,电子注的速度零散总是或多或少存在的,它取决于电子光学系统的质量. 另外,电子注的厚度也并不正好等于 $2r_c$. 在本节中,我们首先来讨论考虑电子的速度零散及实际厚度时电子的平衡分布函数的问题,以及其对脉塞特性的修正. 换句话说,我们试图把电子的速度零散及实际厚度用改进的平衡分布函数来描述,并利用此种平衡分布函数来研究速度分布及厚度对脉塞特性的影响.

我们首先在电子回旋中心坐标系中来考虑上述问题. 先考虑电子的速度零散,不考虑电子回旋中心位置的零散. 电子横向速度的零散使电子处于 $r_{c0} - \Delta r_c < r_c < r_{c0} + \Delta r_c$ 的圆环上,而电子的纵向能量的零散将使电子螺旋线轨道的螺距发生零散,如图 9.13.1 所示. 这样我们可以取以下的平衡分布函数来描述:

$$f_0 = \frac{I(p_\perp)I(p_{/\!/})}{8\pi p_\perp(\Delta p_\perp)(\Delta p_{/\!/})}\delta(R_g - R_0) \tag{9.13.1}$$

式中,$I(x)/2\Delta x$ 为脉冲函数,定义如下:

$$\frac{I(x)}{2\Delta x} = \begin{cases} \dfrac{1}{2(\Delta x)} & (|x - x_0| \leqslant \Delta x) \\ 0 & (|x - x_0| > \Delta x) \end{cases} \tag{9.13.2}$$

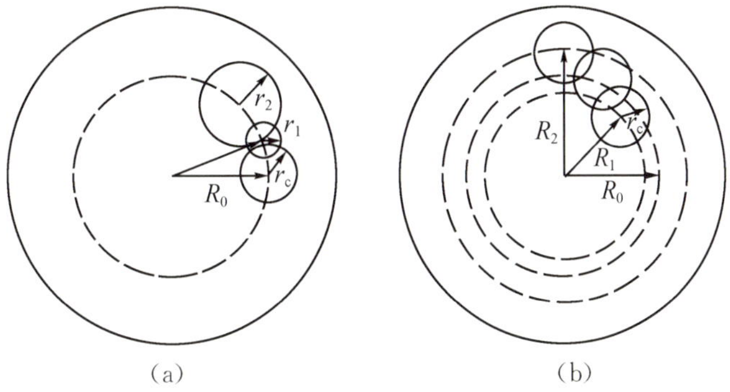

图 9.13.1 电子螺旋轨道的零散

由第 3 章所述不难看到，按上述方程定义的双脉冲函数与 δ 函数之间有以下的关系：

$$\lim_{\Delta x\to 0}\left[\frac{I(x)}{2\Delta x}\right]=\delta(x-x_0) \tag{9.13.3}$$

所以，当无速度零散时，平衡分布函数(9.13.1)归结为平衡分布函数(9.12.25)，即

$$\lim_{\substack{\Delta p_\perp\to 0\\ \Delta p_{/\!/}\to 0}}\left[\frac{I(p_\perp)I(p_{/\!/})}{8\pi p_\perp(\Delta p_\perp)(\Delta p_{/\!/})}\delta(R_g-R_0)\right]=\frac{1}{2\pi p_\perp}\delta(p_\perp-p_{\perp 0})\cdot\delta(p_{/\!/}-p_{/\!/0})\delta(R_g-R_0) \tag{9.13.4}$$

现在来考虑电子回旋中心位置的零散，这时略去电子的速度零散. 仿照以上所述，电子的平衡分布函数可写成

$$f_0=\frac{K}{4\pi p_\perp}\delta(p_\perp-p_{\perp 0})\delta(p_{/\!/}-p_{/\!/0})\frac{I(R_g)}{\Delta R_g} \tag{9.13.5}$$

同样有

$$\lim_{\Delta R_g\to 0}\left[\frac{K}{4\pi p_\perp}\delta(p_\perp-p_{\perp 0})\delta(p_{/\!/}-p_{/\!/0})\frac{I(R_g)}{\Delta R_g}\right]=\frac{K}{2\pi p_\perp}\delta(p_\perp-p_{\perp 0})\delta(p_{/\!/}-p_{/\!/0})\delta(R_g-R_0) \tag{9.13.6}$$

对这个问题的详细讨论，可参看本篇参考文献[11,163].

在波导轴坐标系中，为了考虑电子的能量零散，已提出了几种不同的平衡分布函数，例如

(1)
$$f_0=\frac{\omega_c N_e}{4\pi^2 m_0c^2(4\varepsilon\Delta)}\Theta[\varepsilon^2-(\gamma-\gamma_0)^2]\delta(P_\varphi-P_0)\cdot\Theta[\varepsilon^2-(p_z-p_{z0})^2] \tag{9.13.7}$$

(2)
$$f_0=\frac{\omega_c N_e}{4\pi^2 m_0c^2\left(\gamma-\dfrac{\Delta}{2}\right)\Delta}\Theta[(\gamma_0-\gamma)(\gamma-\gamma_{0+\Delta})]\cdot\delta(p_z-p_{z0})\delta(P_\varphi-P_0) \tag{9.13.8}$$

(3)
$$f_0=A\delta(\gamma-\gamma_0)\frac{\Delta p_{/\!/}^s}{(p_{/\!/}-p_{/\!/0})^{2s}+(\Delta p_{11})^{2s}} \tag{9.13.9}$$

$s=1$ 时，

$$f_0=A\delta(\gamma-\gamma_0)\frac{\Delta p_{/\!/}}{(p_{/\!/}-p_{/\!/0})^2+(\Delta p_{/\!/})^2} \tag{9.13.10}$$

(4)
$$f_0=\frac{1}{2\pi p_\perp}\delta(p_\perp-p_{\perp 0})\delta(\gamma-\gamma_0)e^{-\frac{(p_{/\!/}-p_{/\!/0})^2}{(\Delta p_{/\!/})^2}} \tag{9.13.11}$$

在方程(9.13.7)及(9.13.8)中，$\Theta(x)$表示阶跃函数.

方程(9.13.7)可以考虑能量零散及纵向速度零散；方程(9.13.8)仅考虑能量零散；方程(9.13.9)仅考

虑纵向速度零散；方程(9.13.11)也仅考虑纵向速度零散. 不同的是，在方程(9.13.9)中纵向速度零散表示为欧拉分布，而在方程(9.13.11)中则把纵向速度零散表示为麦克斯韦分布.

电子注的速度零散对脉塞色散关系的影响不大，详细讨论可参看本篇参考文献[8,158]. 厚度零散的影响也不大，在李玉权的文章中作了详细的计算，可以参考.

最后，我们要指出一个问题. 在以上分析中，所有的平衡分布函数都是给定的，而不是求得的. 在本篇参考文献[20,223]中，从统计物理的观点出发，求出电子回旋脉塞中电子的最可几分布函数，并且证明上述各种分布函数都可以作为其特例得到.

9.14 矩形波导电子回旋脉塞的动力学理论

回旋管一般采用圆柱波导结构，TE_{mn} 模式. 因此，在工作及测试时，必须有一个或两个模式转换接头(圆波导 TE_{mn}→矩形波导 TE_{10})，这就给实际工作带来极大的不便和困难. 因此，如能采用矩形波导结构，将会使问题的解决方便一些.

同时，在进一步缩短回旋管工作波长，特别是希望工作在短毫米波或亚毫米波波段时，由于基波要求的磁场太高，难以得到，因此，都希望工作于高次回旋谐波. 在这一方面，矩形波导结构可能优于圆柱波导结构.

本节系统地研究矩形波导电子回旋脉塞. 根据本章中提出并发展的以电子回旋中心坐标系中场的局部展开为基础的方法，建立矩形波导电子回旋脉塞的动力学理论.

1. 矩形波导中场的局部展开

矩形波导电子回旋脉塞的结构如图 9.14.1 所示. 同圆柱波导中的情况一样，矩形波导电子回旋脉塞也有两种不同的状态：电子注绕波导轴做大回旋运动状态及电子注绕引导中心做小回旋运动状态.

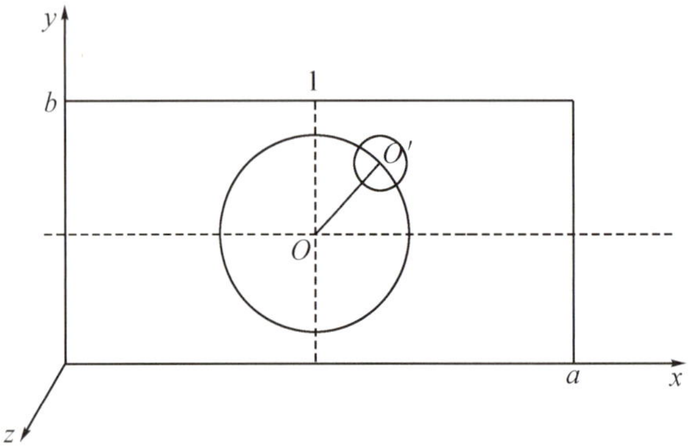

图 9.14.1　矩形波导电子回旋脉塞示意

设电子回旋中心坐标为(x_0, y_0)，于是

$$\begin{cases} x = x_0 + r_c\cos\theta \\ y = y_0 + r_c\sin\theta \end{cases} \tag{9.14.1}$$

及

$$\begin{cases} x_0 = \dfrac{a}{2} + R_0\cos\varphi \\ y_0 = \dfrac{b}{2} + R_0\sin\varphi \end{cases} \tag{9.14.2}$$

式中，R_0 为电子注的平均半径.

我们仅研究矩形波导中 TE_{mn} 模的情况，TM_{mn} 波的情况可按同样方法进行. 矩形波导中，TE_{mn} 模的标量位函数为

$$\psi_{mn}=\cos\left(\frac{m\pi}{a}x\right)\cos\left(\frac{n\pi}{b}y\right) \tag{9.14.3}$$

将方程(9.14.1)代入式(9.14.3)，可以得到

$$\begin{aligned}\psi_{mn}=&\cos\left(\frac{m\pi}{a}x_0\right)\cos\left(\frac{n\pi}{b}y_0\right)\cos\left(\frac{m\pi}{a}r_c\cos\theta\right)\cos\left(\frac{n\pi}{b}r_c\sin\theta\right)\\&+\sin\left(\frac{m\pi}{a}x_0\right)\sin\left(\frac{n\pi}{b}y_0\right)\sin\left(\frac{m\pi}{a}r_c\cos\theta\right)\sin\left(\frac{n\pi}{b}r_c\sin\theta\right)\\&-\cos\left(\frac{m\pi}{a}x_0\right)\sin\left(\frac{n\pi}{b}y_0\right)\cos\left(\frac{m\pi}{a}r_c\cos\theta\right)\sin\left(\frac{n\pi}{b}r_c\sin\theta\right)\\&-\sin\left(\frac{m\pi}{a}x_0\right)\cos\left(\frac{n\pi}{b}y_0\right)\sin\left(\frac{m\pi}{a}r_c\cos\theta\right)\cos\left(\frac{n\pi}{b}r_c\sin\theta\right)\\=&\psi_A+\psi_B+\psi_C+\psi_D\end{aligned} \tag{9.14.4}$$

式中，ψ_A，ψ_B，ψ_C，ψ_D 分别依次表示上式中的各项.

将位函数 ψ_{mn} 进行局部展开：

$$\psi_{mn}=\sum_l\psi_{mnl}\mathrm{e}^{\mathrm{j}l\theta} \tag{9.14.5}$$

式中

$$\psi_{mnl}=\frac{1}{2\pi}\int_{-\pi}^{\pi}\psi_{mn}\mathrm{e}^{-\mathrm{j}l\theta}\mathrm{d}\theta \tag{9.14.6}$$

利用以下的傅里叶级数展开式：

$$\begin{cases}\cos(z\cos\theta)=\mathrm{J}_0(z)+2\sum\limits_{q=1}^{\infty}(-1)^q\mathrm{J}_{2q}(z)\cos(2q\theta)\\\sin(z\cos\theta)=+2\sum\limits_{q=0}^{\infty}(-1)^q\mathrm{J}_{2q+1}(z)\cos[(2q+1)\theta]\\\cos(z\sin\theta)=\mathrm{J}_0(z)+2\sum\limits_{q=1}^{\infty}\mathrm{J}_{2q}(z)\cos(2q\theta)\\\sin(z\sin\theta)=2\sum\limits_{q=0}^{\infty}\mathrm{J}_{2q+1}(z)\sin[(2q+1)\theta]\end{cases} \tag{9.14.7}$$

则方程(9.14.4)可化为

$$\begin{aligned}\psi_A=&\cos\left(\frac{m\pi}{a}x_0\right)\cos\left(\frac{n\pi}{b}y_0\right)\Big\{\mathrm{J}_0\left(\frac{m\pi}{a}r_c\right)\mathrm{J}_0\left(\frac{n\pi}{b}r_c\right)\\&+2\sum_{q=1}^{\infty}\left[\mathrm{J}_0\left(\frac{m\pi}{a}r_c\right)\mathrm{J}_{2q}\left(\frac{n\pi}{b}r_c\right)+(-1)^q\mathrm{J}_0\left(\frac{n\pi}{b}r_c\right)\right.\\&\left.\cdot\mathrm{J}_{2q}\left(\frac{n\pi}{a}r_c\right)\right]\cos(2q\theta)+2\sum_{q=1}\sum_{q'=1}\left[(-1)^q\mathrm{J}_{2q}\left(\frac{m\pi}{a}r_c\right)\right.\\&\left.\cdot\mathrm{J}_{2q'}\left(\frac{n\pi}{b}r_c\right)(\cos 2(q+q')\theta+\cos 2(q-q')\theta)\right]\Big\}\end{aligned} \tag{9.14.8}$$

$$\begin{aligned}\psi_B=&\sin\left(\frac{m\pi}{a}x_0\right)\sin\left(\frac{n\pi}{b}y_0\right)\Big\{2\sum_{q=0}^{\infty}\sum_{q'=0}^{\infty}(-1)^q\mathrm{J}_{2q+1}\left(\frac{m\pi}{a}r_c\right)\\&\cdot\mathrm{J}_{2q'+1}\left(\frac{n\pi}{b}r_c\right)[\sin 2(q+q'+1)\theta-\sin 2(q-q')\theta]\Big\}\end{aligned} \tag{9.14.9}$$

$$\psi_C=-\cos\left(\frac{m\pi}{a}x_0\right)\sin\left(\frac{n\pi}{b}y_0\right)\cdot\Big\{2\sum_{q=0}^{\infty}\mathrm{J}_0\left(\frac{m\pi}{a}r_c\right)$$

$$\cdot \mathrm{J}_{2q+1}\left(\frac{n\pi}{b}r_c\right)\cos(2q+1)\theta+2\sum_{q=0}^{\infty}\sum_{q'=1}^{\infty}(-1)^q$$

$$\cdot \mathrm{J}_{2q+1}\left(\frac{m\pi}{a}r_c\right)\mathrm{J}_{2q'}\left(\frac{n\pi}{b}r_c\right)[\cos(2q+2q'-1)\theta$$

$$-\cos(2q-2q'+1)\theta]\Big\} \tag{9.14.10}$$

$$\psi_D=-\sin\left(\frac{m\pi}{a}x_0\right)\cos\left(\frac{n\pi}{b}y_0\right)\Big\{2\sum_{q=0}^{\infty}(-1)^q\mathrm{J}_0\left(\frac{n\pi}{b}r_c\right)$$

$$\cdot \mathrm{J}_{2q+1}\left(\frac{m\pi}{a}r_c\right)\cos(2q+1)\theta+2\sum_{q=0}^{\infty}\sum_{q'=1}^{\infty}(-1)^q$$

$$\cdot \mathrm{J}_{2q+1}\left(\frac{m\pi}{a}r_c\right)\mathrm{J}_{2q'}\left(\frac{n\pi}{b}r_c\right)[\cos(2q+2q'-1)\theta$$

$$-\cos(2q-2q'+1)\theta]\Big\} \tag{9.14.11}$$

将方程(9.14.8)～(9.14.11)代入式(9.14.5)和式(9.14.6)，注意到对于电子绕波导轴做大回旋运动的情形，有

$$x_0=\frac{a}{2},y_0=\frac{b}{2} \tag{9.14.12}$$

以及当 m,n 为偶数时，

$$\psi_{mn}=\psi_{mnA}=\psi_A \tag{9.14.13}$$

当 m,n 为奇数时，

$$\psi_{mn}=\psi_{mnB}=\psi_B \tag{9.14.14}$$

当 m 为偶数，n 为奇数时，

$$\psi_{mn}=\psi_{mnC}=\psi_C \tag{9.14.15}$$

当 m 为奇数，n 为偶数时，

$$\psi_{mn}=\psi_{mnD}=\psi_D \tag{9.14.16}$$

于是可以得到下面的展开式：

$$\psi_A=(-1)^{\frac{m+n}{2}}\sum_{l=\text{偶数}}\Big\{\Big[\mathrm{J}_0\left(\frac{m\pi}{a}r_c\right)\mathrm{J}_l\left(\frac{n\pi}{b}r_c\right)+(-1)^{l/2}\mathrm{J}_0\left(\frac{n\pi}{b}r_c\right)$$

$$\cdot \mathrm{J}_l\left(\frac{m\pi}{a}r_c\right)+\sum_{q=1}^{2(q+q')=l}\sum_{q'=1}(-1)^q\mathrm{J}_{2q}\left(\frac{m\pi}{a}r_c\right)\mathrm{J}_{2q'}\left(\frac{n\pi}{b}r_c\right)$$

$$+\sum_{q=1}^{2(q-q')=l}\sum_{q'=1}(-1)^q\mathrm{J}_{2q}\left(\frac{m\pi}{a}r_c\right)\mathrm{J}_{2q'}\left(\frac{n\pi}{b}r_c\right)\Big]\cdot\cos(l\theta)\Big\}\quad(m,n\text{ 为偶数}) \tag{9.14.17}$$

$$\psi_B=(-1)^{\frac{m+n-2}{2}}\sum_{l=\text{偶数}}\Big\{\Big[\sum_{q=0}^{2(q+q'+1)=l}\sum_{q'=0}(-1)^q\mathrm{J}_{2q+1}\left(\frac{m\pi}{a}r_c\right)$$

$$\cdot \mathrm{J}_{2q'+1}\left(\frac{n\pi}{b}r_c\right)-\sum_{q=0}^{2(q-q')=l}\sum_{q'=0}(-1)^q\mathrm{J}_{2q+1}\left(\frac{m\pi}{a}r_c\right)$$

$$\cdot \mathrm{J}_{2q'+1}\left(\frac{n\pi}{b}r_c\right)\Big]\sin(l\theta)\Big\}\quad(m,n\text{ 为奇数}) \tag{9.14.18}$$

$$\psi_C=(-1)^{\frac{m+n+1}{2}}\sum_{l=\text{奇数}}\left\{\left[J_0\left(\frac{m\pi}{a}r_c\right)J_l\left(\frac{n\pi}{b}r_c\right)\right.\right.$$
$$+\sum_{q=1}^{2(q+q')+1=l}\sum_{q'=0}(-1)^q J_{2q}\left(\frac{m\pi}{a}r_c\right)J_{2q'+1}\left(\frac{n\pi}{b}r_c\right)$$
$$\left.\left.-\sum_{q=1}^{2(q-q')-1=l}\sum_{q'=0}(-1)^q J_{2q}\left(\frac{m\pi}{a}r_c\right)J_{2q'+1}\left(\frac{n\pi}{b}r_c\right)\right]\cdot\sin(l\theta)\right\}$$

(m 为偶数，n 为奇数)(9.14.19)

$$\psi_D=(-1)^{\frac{m+n+1}{2}}\sum_{l=\text{奇数}}\left\{\left[(-1)^{\frac{l-1}{2}}J_0\left(\frac{n\pi}{b}r_c\right)J_l\left(\frac{m\pi}{a}r_c\right)\right.\right.$$
$$+\sum_{q=0}^{2(q+q')+1=l}\sum_{q'=1}(-1)^q J_{2q+1}\left(\frac{m\pi}{a}r_c\right)J_{2q'}\left(\frac{n\pi}{b}r_c\right)$$
$$\left.\left.+\sum_{q=0}^{2(q-q')+1=l}\sum_{q'=1}(-1)^q J_{2q+1}\left(\frac{m\pi}{a}r_c\right)J_{2q'}\left(\frac{n\pi}{b}r_c\right)\right]\cdot\cos(l\theta)\right\}$$

(m 为奇数，n 为偶数)(9.14.20)

当电子在引导中心做小回旋运动时，利用方程(9.14.2)，可以看到，在 ψ_A，ψ_B，ψ_C 和 ψ_D 中，应作以下的代换：

$$\cos\left(\frac{m\pi}{a}x_0\right)\cos\left(\frac{n\pi}{b}y_0\right)=\cos\left(\frac{m\pi}{2}\right)\cos\left(\frac{n\pi}{2}\right)$$
$$\cdot\cos\left(\frac{m\pi}{a}R_0\cos\varphi\right)\cos\left(\frac{n\pi}{b}R_0\sin\varphi\right)+\sin\left(\frac{m\pi}{2}\right)$$
$$\cdot\sin\left(\frac{n\pi}{2}\right)\sin\left(\frac{m\pi}{a}R_0\cos\varphi\right)\sin\left(\frac{n\pi}{b}R_0\sin\varphi\right)$$
$$-\cos\left(\frac{m\pi}{2}\right)\sin\left(\frac{n\pi}{2}\right)\cos\left(\frac{m\pi}{a}R_0\cos\varphi\right)\cdot\sin\left(\frac{n\pi}{b}R_0\sin\varphi\right)$$
$$-\sin\left(\frac{m\pi}{2}\right)\cos\left(\frac{n\pi}{2}\right)\sin\left(\frac{m\pi}{a}R_0\cos\varphi\right)\cdot\cos\left(\frac{n\pi}{b}R_0\sin\varphi\right)\quad(9.14.21)$$

$$\sin\left(\frac{m\pi}{a}x_0\right)\sin\left(\frac{n\pi}{b}y_0\right)=\sin\left(\frac{m\pi}{2}\right)\sin\left(\frac{n\pi}{2}\right)$$
$$\cdot\cos\left(\frac{m\pi}{a}R_0\cos\varphi\right)\cos\left(\frac{n\pi}{b}R_0\sin\varphi\right)+\cos\left(\frac{m\pi}{2}\right)$$
$$\cdot\cos\left(\frac{n\pi}{2}\right)\sin\left(\frac{m\pi}{a}R_0\cos\varphi\right)\sin\left(\frac{n\pi}{b}R_0\sin\varphi\right)$$
$$+\sin\left(\frac{m\pi}{2}\right)\cos\left(\frac{n\pi}{2}\right)\cos\left(\frac{m\pi}{a}R_0\cos\varphi\right)\sin\left(\frac{n\pi}{b}R_0\sin\varphi\right)$$
$$+\cos\left(\frac{m\pi}{2}\right)\sin\left(\frac{n\pi}{2}\right)\sin\left(\frac{m\pi}{a}R_0\cos\varphi\right)\cos\left(\frac{n\pi}{b}R_0\sin\varphi\right)\quad(9.14.22)$$

$$\cos\left(\frac{m\pi}{a}x_0\right)\sin\left(\frac{n\pi}{b}y_0\right)=\cos\left(\frac{m\pi}{2}\right)\sin\left(\frac{n\pi}{2}\right)$$
$$\cdot\cos\left(\frac{m\pi}{a}R_0\cos\varphi\right)\cos\left(\frac{n\pi}{b}R_0\sin\varphi\right)-\sin\left(\frac{m\pi}{2}\right)$$
$$\cdot\sin\left(\frac{n\pi}{2}\right)\sin\left(\frac{m\pi}{a}R_0\cos\varphi\right)\cos\left(\frac{n\pi}{b}R_0\sin\varphi\right)$$
$$+\cos\left(\frac{m\pi}{2}\right)\cos\left(\frac{n\pi}{2}\right)\cos\left(\frac{m\pi}{a}R_0\cos\varphi\right)\sin\left(\frac{n\pi}{b}R_0\sin\varphi\right)$$
$$-\sin\left(\frac{m\pi}{2}\right)\cos\left(\frac{n\pi}{2}\right)\sin\left(\frac{m\pi}{a}R_0\cos\varphi\right)\cos\left(\frac{n\pi}{b}R_0\sin\varphi\right)\quad(9.14.23)$$

$$\sin\left(\frac{m\pi}{a}x_0\right)\cos\left(\frac{n\pi}{b}y_0\right)=\sin\left(\frac{m\pi}{2}\right)\cos\left(\frac{n\pi}{2}\right)$$
$$\cdot\cos\left(\frac{m\pi}{a}R_0\cos\varphi\right)\cos\left(\frac{n\pi}{b}R_0\sin\varphi\right)-\cos\left(\frac{m\pi}{2}\right)$$
$$\cdot\sin\left(\frac{n\pi}{2}\right)\sin\left(\frac{m\pi}{a}R_0\cos\varphi\right)\sin\left(\frac{n\pi}{b}R_0\sin\varphi\right)$$
$$-\sin\left(\frac{m\pi}{2}\right)\sin\left(\frac{n\pi}{2}\right)\cos\left(\frac{m\pi}{a}R_0\cos\varphi\right)\sin\left(\frac{n\pi}{b}R_0\sin\varphi\right)$$
$$+\cos\left(\frac{m\pi}{2}\right)\cos\left(\frac{n\pi}{2}\right)\sin\left(\frac{m\pi}{a}R_0\cos\varphi\right)\cos\left(\frac{n\pi}{b}R_0\sin\varphi\right)\tag{9.14.24}$$

可见，这时的展开式要复杂得多.

2. 脉塞色散方程

现在就可以来求矩形波导电子回旋脉塞的色散方程. 为此，先求线性弗拉索夫方程的解 f_1：

$$f_1=-e\int_{-\infty}^{0}\mathrm{d}\tau(\boldsymbol{E}_1'+\boldsymbol{v}'\times\boldsymbol{B}_1')\cdot\nabla_{p'}f_0\tag{9.14.25}$$

式中，场方程由以下关系确定：

$$\begin{cases}\boldsymbol{E}_1=-\mathrm{j}\omega\mu_0\boldsymbol{e}_z\times\nabla_\perp\psi_{mn}\\ \boldsymbol{H}_1=\mathrm{j}k_{/\!/}\nabla_\perp\psi_{mn}\\ \boldsymbol{H}_{z1}=k_c^2\psi_{mn}\end{cases}\tag{9.14.26}$$

而平衡分布函数采用以下近似形式①：

$$f_0=\frac{\sigma}{2\pi p_\perp}\delta(p_\perp-p_{\perp0})\delta(p_{/\!/}-p_{/\!/0})\tag{9.14.27}$$

将前面得到的标量位 ψ_{mn} 代入式(9.14.26)，然后再代入式(9.14.25)，即可求得扰动分布函数，于是就可按本章所述的方法，求得矩形波导电子回旋脉塞的近似色散方程：

$$\frac{\omega^2}{c^2}-k_{/\!/}^2-k_c^2=\frac{\omega_p^2}{rc^2}\sum_l\left\{\frac{Q_{ml}(\omega-k_{/\!/}v_{/\!/})}{(\omega-k_{/\!/}v_{/\!/}-l\omega_c)}-\frac{\beta_{\perp0}^2W_{ml}(\omega^2-k_{/\!/}^2c^2)}{(\omega-k_{/\!/}v_{/\!/}-l\omega_c)^2}\right\}\tag{9.14.28}$$

式中，对于 ψ_A，有

$$W_{ml}=\frac{16\pi r_c\Delta}{k_c^2ab}\left\{\left(\frac{m\pi}{a}\right)\mathrm{J}_0'\left(\frac{m\pi}{a}r_c\right)\mathrm{J}_l\left(\frac{n\pi}{b}r_c\right)\right.$$
$$+\left(\frac{n\pi}{b}\right)\mathrm{J}_0\left(\frac{m\pi}{a}r_c\right)\mathrm{J}_l'\left(\frac{n\pi}{b}r_c\right)+(-1)^{l/2}\left(\frac{n\pi}{b}\right)\mathrm{J}_0'\left(\frac{n\pi}{b}r_c\right)$$
$$\cdot\mathrm{J}_l\left(\frac{m\pi}{a}r_c\right)+(-1)^{l/2}\left(\frac{m\pi}{a}\right)\mathrm{J}_0\left(\frac{n\pi}{b}r_c\right)\mathrm{J}_l'\left(\frac{m\pi}{a}r_c\right)$$
$$+\sum_{q=1}^{2(q+q')=l}\sum_{q'=1}\left[(-1)^q\left(\frac{m\pi}{a}\right)\mathrm{J}_{2q}'\left(\frac{m\pi}{a}r_c\right)\mathrm{J}_{2q'}\left(\frac{n\pi}{b}r_c\right)\right.$$
$$\left.+(-1)^q\left(\frac{n\pi}{b}\right)\mathrm{J}_{2q}\left(\frac{m\pi}{a}r_c\right)\mathrm{J}_{2q'}'\left(\frac{n\pi}{b}r_c\right)\right]$$
$$+\sum_{q=1}^{2(q-q')=l}\sum_{q'=1}\left[(-1)^q\left(\frac{m\pi}{a}\right)\mathrm{J}_{2q}'\left(\frac{m\pi}{a}r_c\right)\mathrm{J}_{2q'}\left(\frac{n\pi}{b}r_c\right)\right.$$

---

①如果采用更为严格的电子平衡分布函数，即

$$f_0=\frac{k\sigma}{2\pi p_\perp}\delta(p_\perp-p_{\perp0})\delta(p_{/\!/}-p_{/\!/0})\delta(R_g-R_0)$$

所得结果与本节所述仍然符合，仅需附加一个微小的 U_{ml} 项.

$$+(-1)^{q}\left(\frac{n\pi}{b}\right)\mathrm{J}_{2q}\left(\frac{m\pi}{a}r_{c}\right)\mathrm{J}'_{2q'}\left(\frac{n\pi}{b}r_{c}\right)\Big]\Big\}^{2}$$

$(m,n,l$ 均为偶数)(9.14.29)

$$Q_{ml}=2W_{ml}+\frac{16\pi r_{c}^{2}\Delta}{k_{c}^{2}ab}\Big\{\left(\frac{m\pi}{a}\right)^{2}\mathrm{J}''_{0}\left(\frac{m\pi}{a}r_{c}\right)\mathrm{J}_{l}\left(\frac{n\pi}{b}r_{c}\right)$$

$$+2\left(\frac{m\pi}{a}\right)\left(\frac{n\pi}{b}\right)\mathrm{J}'_{0}\left(\frac{m\pi}{a}r_{c}\right)\mathrm{J}'_{l}\left(\frac{n\pi}{b}r_{c}\right)+\left(\frac{n\pi}{b}\right)^{2}$$

$$\cdot\mathrm{J}_{0}\left(\frac{m\pi}{a}r_{c}\right)\mathrm{J}''_{l}\left(\frac{n\pi}{b}r_{c}\right)+(-1)^{l/2}\left(\frac{n\pi}{b}\right)^{2}\mathrm{J}''_{0}\left(\frac{n\pi}{b}r_{c}\right)$$

$$\cdot\mathrm{J}_{l}\left(\frac{m\pi}{a}r_{c}\right)+(-1)^{l/2}2\left(\frac{m\pi}{a}\right)\left(\frac{n\pi}{b}\right)\mathrm{J}'_{0}\left(\frac{n\pi}{b}r_{c}\right)\mathrm{J}'_{l}\left(\frac{m\pi}{a}r_{c}\right)$$

$$+(-1)^{l/2}\left(\frac{m\pi}{a}\right)^{2}\mathrm{J}_{0}\left(\frac{n\pi}{b}r_{c}\right)\mathrm{J}''_{l}\left(\frac{m\pi}{a}r_{c}\right)$$

$$+\sum_{q=1}^{2(q+q')=l}\sum_{q'=1}\Big[(-1)^{q}\left(\frac{m\pi}{a}\right)^{2}\mathrm{J}''_{2q}\left(\frac{m\pi}{a}r_{c}\right)\mathrm{J}_{2q'}\left(\frac{n\pi}{b}r_{c}\right)+(-1)^{q}2\left(\frac{m\pi}{a}\right)$$

$$\cdot\left(\frac{n\pi}{b}\right)\mathrm{J}'_{2q}\left(\frac{m\pi}{a}r_{c}\right)\mathrm{J}'_{2q'}\left(\frac{n\pi}{b}r_{c}\right)+(-1)^{q}\left(\frac{n\pi}{b}\right)^{2}\mathrm{J}_{2q}\left(\frac{m\pi}{a}r_{c}\right)$$

$$\cdot\mathrm{J}''_{2q'}\left(\frac{n\pi}{b}r_{c}\right)\Big]+\sum_{q=1}^{2(q-q')=l}\sum_{q'=1}\Big[(-1)^{q}\left(\frac{m\pi}{a}\right)^{2}\mathrm{J}''_{2q}\left(\frac{m\pi}{a}r_{c}\right)$$

$$\cdot\mathrm{J}_{2q'}\left(\frac{n\pi}{b}r_{c}\right)+(-1)^{q}2\left(\frac{m\pi}{a}\right)\left(\frac{n\pi}{b}\right)\mathrm{J}'_{2q}\left(\frac{m\pi}{a}r_{c}\right)\mathrm{J}'_{2q'}\left(\frac{n\pi}{b}r_{c}\right)$$

$$+(-1)^{q}\left(\frac{n\pi}{b}\right)^{2}\mathrm{J}_{2q}\left(\frac{m\pi}{a}r_{c}\right)\mathrm{J}''_{2q'}\left(\frac{n\pi}{b}r_{c}\right)\Big]\Big\}\cdot H_{ml}$$

$(m,n,l$ 均为偶数)(9.14.30)

这里

$$H_{ml}=\left(\frac{m\pi}{a}\right)\mathrm{J}'_{0}\left(\frac{m\pi}{a}r_{c}\right)\mathrm{J}_{l}\left(\frac{n\pi}{b}r_{c}\right)+\left(\frac{n\pi}{b}\right)\mathrm{J}_{0}\left(\frac{m\pi}{a}r_{c}\right)\mathrm{J}'_{l}\left(\frac{n\pi}{b}r_{c}\right)$$

$$+(-1)^{l/2}\left(\frac{n\pi}{b}\right)\mathrm{J}'_{0}\left(\frac{n\pi}{b}r_{c}\right)\mathrm{J}_{l}\left(\frac{m\pi}{a}r_{c}\right)+(-1)^{l/2}\left(\frac{m\pi}{a}\right)$$

$$\cdot\mathrm{J}_{0}\left(\frac{n\pi}{b}r_{c}\right)\mathrm{J}'_{l}\left(\frac{m\pi}{a}r_{c}\right)+\sum_{q=1}^{2(q+q')=l}\sum_{q'=1}\Big[(-1)^{q}\left(\frac{m\pi}{a}\right)\mathrm{J}'_{2q}\left(\frac{m\pi}{a}r_{c}\right)$$

$$\cdot\mathrm{J}_{2q'}\left(\frac{n\pi}{b}r_{c}\right)+(-1)^{q}\left(\frac{n\pi}{b}\right)\mathrm{J}_{2q}\left(\frac{m\pi}{a}r_{c}\right)\mathrm{J}'_{2q'}\left(\frac{n\pi}{b}r_{c}\right)\Big]$$

$$+\sum_{q=1}^{2(q-q')=l}\sum_{q'=1}\Big[(-1)^{q}\left(\frac{m\pi}{a}\right)\mathrm{J}'_{2q}\left(\frac{m\pi}{a}r_{c}\right)\mathrm{J}_{2q'}\left(\frac{n\pi}{b}r_{c}\right)+(-1)^{q}$$

$$\cdot\left(\frac{n\pi}{b}\right)\mathrm{J}_{2q}\left(\frac{m\pi}{a}r_{c}\right)\mathrm{J}'_{2q'}\left(\frac{n\pi}{b}r_{c}\right)\Big]$$

$(m,n,l$ 均为偶数)(9.14.31)

或者,对于 ψ_D,有

$$W_{ml}=\frac{16\pi r_{c}\Delta}{k_{c}^{2}ab}\Big\{(-1)^{\frac{l-1}{2}}\Big[\left(\frac{n\pi}{b}\right)\mathrm{J}'_{0}\left(\frac{n\pi}{b}r_{c}\right)\mathrm{J}_{l}\left(\frac{m\pi}{a}r_{c}\right)$$

$$+\left(\frac{m\pi}{a}\right)\mathrm{J}_{0}\left(\frac{n\pi}{b}r_{c}\right)\mathrm{J}'_{l}\left(\frac{m\pi}{a}r_{c}\right)\Big]+\sum_{q=0}^{2(q+q')+1=l}\sum_{q'=1}(-1)^{q}\Big[\left(\frac{m\pi}{a}\right)$$

$$\cdot\mathrm{J}'_{2q+1}\left(\frac{m\pi}{a}r_{c}\right)\mathrm{J}_{2q'}\left(\frac{n\pi}{b}r_{c}\right)+\left(\frac{n\pi}{b}\right)\mathrm{J}_{2q+1}\left(\frac{m\pi}{a}r_{c}\right)$$

$$\cdot\mathrm{J}'_{2q'}\left(\frac{n\pi}{b}r_{c}\right)\Big]+\sum_{q=0}^{2(q-q')+1=l}\sum_{q'=1}\Big[(-1)^{q}\left(\frac{m\pi}{a}\right)\mathrm{J}'_{2q+1}\left(\frac{m\pi}{a}r_{c}\right)$$

$$\cdot \mathrm{J}_{2q'}\left(\frac{n\pi}{b}r_{\mathrm{c}}\right)+\left(\frac{n\pi}{b}\right)\mathrm{J}_{2q+1}\left(\frac{m\pi}{a}r_{\mathrm{c}}\right)\mathrm{J}'_{2q'}\left(\frac{n\pi}{b}r_{\mathrm{c}}\right)\Bigg]\Bigg\}^{2}$$

(m,l 为偶数,n 为奇数)(9.14.32)

$$\begin{aligned}Q_{ml}=2W_{ml}+\frac{16\pi r_{\mathrm{c}}^{2}\Delta}{k_{\mathrm{c}}^{2}ab}\Bigg\{(-1)^{\frac{l-1}{2}}\Bigg[\left(\frac{n\pi}{b}\right)^{2}\mathrm{J}''_{0}\left(\frac{n\pi}{b}r_{\mathrm{c}}\right)\\ \cdot \mathrm{J}_{l}\left(\frac{m\pi}{a}r_{\mathrm{c}}\right)+2\left(\frac{n\pi}{b}\right)\left(\frac{m\pi}{a}\right)\mathrm{J}'_{0}\left(\frac{n\pi}{b}r_{\mathrm{c}}\right)\mathrm{J}'_{l}\left(\frac{m\pi}{a}r_{\mathrm{c}}\right)\\ +\left(\frac{m\pi}{a}\right)^{2}\mathrm{J}_{0}\left(\frac{n\pi}{b}r_{\mathrm{c}}\right)\mathrm{J}''_{l}\left(\frac{m\pi}{a}r_{\mathrm{c}}\right)\Bigg]+\sum_{q=0}^{2(q+q')+1=l}\sum_{q'=1}(-1)^{q}\\ \cdot\Bigg[\left(\frac{m\pi}{a}\right)^{2}\mathrm{J}''_{2q+1}\left(\frac{m\pi}{a}r_{\mathrm{c}}\right)\mathrm{J}_{2q'}\left(\frac{n\pi}{b}r_{\mathrm{c}}\right)+2\left(\frac{m\pi}{a}\right)\left(\frac{n\pi}{b}\right)\\ \cdot \mathrm{J}'_{2q+1}\left(\frac{m\pi}{a}r_{\mathrm{c}}\right)\mathrm{J}'_{2q'}\left(\frac{n\pi}{b}r_{\mathrm{c}}\right)+\left(\frac{n\pi}{b}\right)^{2}\mathrm{J}_{2q+1}\left(\frac{m\pi}{a}r_{\mathrm{c}}\right)\\ \cdot \mathrm{J}''_{2q'}\left(\frac{n\pi}{b}r_{\mathrm{c}}\right)\Bigg]\Bigg\}\cdot H_{ml}\end{aligned}$$

(m,l 为偶数,n 为奇数)(9.14.33)

这里

$$\begin{aligned}H_{ml}=(-1)^{\frac{l-1}{2}}\Bigg[\left(\frac{n\pi}{b}\right)\mathrm{J}'_{0}\left(\frac{n\pi}{b}r_{\mathrm{c}}\right)\mathrm{J}_{l}\left(\frac{m\pi}{a}r_{\mathrm{c}}\right)+\left(\frac{m\pi}{a}\right)\mathrm{J}_{0}\left(\frac{n\pi}{b}r_{\mathrm{c}}\right)\\ \cdot \mathrm{J}'_{l}\left(\frac{m\pi}{a}r_{\mathrm{c}}\right)\Bigg]+\sum_{q=0}^{2(q+q')+1=l}\sum_{q'=1}(-1)^{q}\Bigg[\left(\frac{m\pi}{a}\right)\mathrm{J}'_{2q+1}\left(\frac{m\pi}{a}r_{\mathrm{c}}\right)\\ \cdot \mathrm{J}_{2q'}\left(\frac{n\pi}{b}r_{\mathrm{c}}\right)+\left(\frac{n\pi}{b}\right)\mathrm{J}_{2q+1}\left(\frac{m\pi}{a}r_{\mathrm{c}}\right)\mathrm{J}'_{2q'}\left(\frac{n\pi}{b}r_{\mathrm{c}}\right)\Bigg]\\ +\sum_{q=0}^{2(q-q')+1=l}\sum_{q'=1}(-1)^{q}\Bigg[\left(\frac{m\pi}{a}\right)\mathrm{J}'_{2q+1}\left(\frac{m\pi}{a}r_{\mathrm{c}}\right)\mathrm{J}_{2q'}\left(\frac{n\pi}{b}r_{\mathrm{c}}\right)\\ +\left(\frac{n\pi}{b}\right)\mathrm{J}_{2q+1}\left(\frac{m\pi}{a}r_{\mathrm{c}}\right)\mathrm{J}'_{2q'}\left(\frac{n\pi}{b}r_{\mathrm{c}}\right)\Bigg]\end{aligned}$$

(m,l 为偶数,n 为奇数)(9.14.34)

以上为节省篇幅,仅给出 m,n 为偶数以及 m 为奇数,n 为偶数的两种情形,对于其他情形,也可按相同的方法得到.

上述色散方程仅对于电子做大回旋运动的情况适合,对于电子做小回旋运动的情况,还要做些修改.

由方程(9.14.21),对于 m,n 均为偶数的情形,我们有

$$\cos\left(\frac{m\pi}{a}x_{0}\right)\cos\left(\frac{n\pi}{b}y_{0}\right)=(-1)^{\frac{m+n}{2}}\cos\left(\frac{m\pi}{a}R_{0}\cos\varphi\right)\cos\left(\frac{n\pi}{b}R_{0}\sin\varphi\right) \tag{9.14.35}$$

这样,在对电子注截面积分时,考虑到三角函数的正交性,可以得到小回旋运动时的色散方程仍同大回旋运动的色散方程(9.14.28)相同,只是现在系数方程应相应增加一个因子

$$\begin{aligned}\xi=\mathrm{J}_{0}^{2}\left(\frac{m\pi}{a}R_{0}\right)\mathrm{J}_{0}^{2}\left(\frac{n\pi}{b}R_{0}\right)+2\mathrm{J}_{0}^{2}\left(\frac{m\pi}{a}R_{0}\right)\\ \cdot\sum_{p}\mathrm{J}_{2}^{2}p\left(\frac{n\pi}{b}R_{0}\right)+2\mathrm{J}_{0}^{2}\left(\frac{n\pi}{b}R_{0}\right)\sum_{q}\mathrm{J}_{2}^{2}q\left(\frac{m\pi}{a}R_{0}\right)\\ +8\mathrm{J}_{0}\left(\frac{m\pi}{a}R_{0}\right)\mathrm{J}_{0}\left(\frac{n\pi}{b}R_{0}\right)\sum_{r}\mathrm{J}_{2r}\left(\frac{m\pi}{a}R_{0}\right)\mathrm{J}_{2r}\left(\frac{n\pi}{b}R_{0}\right)\end{aligned} \tag{9.14.36}$$

即此时我们有

$$\begin{cases}W'_{ml}=\xi W_{ml}\\ Q'_{ml}=\xi Q_{ml}\end{cases} \tag{9.14.37}$$

容易看到,式(9.14.36)、式(9.14.37)对场量为 ψ_D 的小回旋情形也适用.对其他场量的小回旋运动,也可应用类似的方法处理.

3. 色散方程的分析

我们来分析所得到的矩形波导电子回旋脉塞的色散方程. 众所周知,脉塞不稳定性主要决定于系数 W_{ml} 和 $\beta_{\perp 0}$. 当 $\beta_{\perp 0}$ 确定后,在同样条件下,电子与波能量交换的有效性取决于耦合系数 W_{ml} 的大小. 我们来比较一下圆柱波导结构与矩形波导结构两种运动状态下的 W_{ml}.

(1)圆柱波导结构,小回旋运动:

$$W_{ml}=\frac{4(k_c r_c)(k_c R_0)}{(k_c^2 a^2-m^2)\mathrm{J}_m^2(k_c a)}\cdot \mathrm{J}_l'^2(k_c r_c)\mathrm{J}_{m-l}^2(k_c R_0) \tag{9.14.38}$$

(2)圆柱波导结构,大回旋运动:

$$W_{ml}=\frac{4(k_c\varDelta)(k_c R_g)}{(k_c^2 a^2-m^2)\mathrm{J}_m^2(k_c a)}\cdot \mathrm{J}_m'(k_c R_g)\quad (m=l) \tag{9.14.39}$$

(3)矩形波导结构,小回旋运动:

$$\begin{aligned}W_{ml}=&\frac{16\pi r_c R_0}{k_c^2 ab}\cdot\xi\Big\{\Big[\Big(\frac{m\pi}{a}\Big)\mathrm{J}_0'\Big(\frac{m\pi}{a}r_c\Big)\mathrm{J}_l\Big(\frac{n\pi}{b}r_c\Big)\\&+\Big(\frac{n\pi}{b}\Big)\mathrm{J}_0\Big(\frac{m\pi}{a}r_c\Big)\mathrm{J}_l'\Big(\frac{n\pi}{b}r_c\Big)\Big]+\Big[(-1)^{l/2}\Big(\frac{n\pi}{b}\Big)\mathrm{J}_0'\Big(\frac{n\pi}{b}r_c\Big)\\&\cdot\mathrm{J}_l\Big(\frac{m\pi}{a}r_c\Big)+(-1)^{l/2}\Big(\frac{m\pi}{a}\Big)\mathrm{J}_0\Big(\frac{n\pi}{b}r_c\Big)\mathrm{J}_l'\Big(\frac{m\pi}{a}r_c\Big)\Big]\\&+\sum_{q=1}^{2(q+q')=l}\sum_{q'=1}\Big[(-1)^q\Big(\frac{m\pi}{a}\Big)\mathrm{J}_{2q}'\Big(\frac{m\pi}{a}r_c\Big)\mathrm{J}_{2q'}\Big(\frac{n\pi}{b}r_c\Big)\\&+(-1)^q\Big(\frac{n\pi}{b}\Big)\mathrm{J}_{2q}\Big(\frac{m\pi}{a}r_c\Big)\mathrm{J}_{2q'}'\Big(\frac{n\pi}{b}r_c\Big)\Big]+\sum_{q=1}^{2(q-q')=l}\sum_{q'=1}\\&\cdot\Big[(-1)^q\Big(\frac{m\pi}{a}\Big)\mathrm{J}_{2q}'\Big(\frac{m\pi}{a}r_c\Big)\mathrm{J}_{2q'}\Big(\frac{n\pi}{b}r_c\Big)+(-1)^q\Big(\frac{n\pi}{b}\Big)\\&\cdot\mathrm{J}_{2q}\Big(\frac{m\pi}{a}r_c\Big)\mathrm{J}_{2q'}'\Big(\frac{n\pi}{b}r_c\Big)\Big]\Big\}^2\end{aligned}\tag{9.14.40}$$

(m,n,l 均为偶数)(9.14.40)

或者

$$\begin{aligned}W_{ml}=&\frac{16\pi r_c R_0}{k_c^2 ab}\cdot\xi\Big\{(-1)^{\frac{l-1}{2}}\Big[\Big(\frac{n\pi}{b}\Big)\mathrm{J}_0'\Big(\frac{n\pi}{b}r_c\Big)\mathrm{J}_l\Big(\frac{m\pi}{a}r_c\Big)\\&+\Big(\frac{m\pi}{a}\Big)\mathrm{J}_0\Big(\frac{n\pi}{b}r_c\Big)\mathrm{J}_l'\Big(\frac{m\pi}{a}r_c\Big)\Big]+\sum_{q=0}^{2(q+q')+1=l}\sum_{q'=1}(-1)^q\\&\cdot\Big[\Big(\frac{m\pi}{a}\Big)\mathrm{J}_{2q+1}'\Big(\frac{m\pi}{a}r_c\Big)\mathrm{J}_{2q'}\Big(\frac{n\pi}{b}r_c\Big)+\Big(\frac{n\pi}{b}\Big)\mathrm{J}_{2q+1}\Big(\frac{m\pi}{a}r_c\Big)\\&\cdot\mathrm{J}_{2q'}'\Big(\frac{n\pi}{b}r_c\Big)\Big]+\sum_{q=0}^{2(q-q')+1=l}\sum_{q'=1}(-1)^q\Big[\Big(\frac{m\pi}{a}r_c\Big)\mathrm{J}_{2q+1}'\Big(\frac{m\pi}{a}r_c\Big)\\&\cdot\mathrm{J}_{2q'}\Big(\frac{n\pi}{b}r_c\Big)+\Big(\frac{n\pi}{b}\Big)\mathrm{J}_{2q+1}\Big(\frac{m\pi}{a}r_c\Big)\mathrm{J}_{2q'}'\Big(\frac{m\pi}{a}r_c\Big)\Big]\Big\}^2\end{aligned}$$

(m,l 为奇数,n 为偶数)(9.14.41)

式中,ξ 已如方程(9.14.36)给出.

(4)矩形波导结构,大回旋运动:W_{ml} 已在方程(9.14.29)及(9.14.32)中给出.

依照上面的理论分析,我们对圆柱波导 H_{01}^{0} 模及矩形波导 $H_{10}^{\square}$ 模、$H_{20}^{\square}$ 模的电子回旋脉塞色散方程进行了数值计算. 在电子注具有相同能量及谐振腔具有相同截止频率的情况下,分别计算了 $l=1$ 基次回旋谐波及 $l=2,3,4$ 等高次回旋谐波的耦合系数. 数值计算结果列于表 9.14.1 和表 9.14.2 中.

表 9.14.1　耦合系数的比较(小回旋)($v_0=30$ kV,$\alpha=1.7$,$f=37.5$ GHz)

谐波号	圆波导	矩形波导	
	$\mathrm{H}_{01}^{\square}$	$\mathrm{H}_{10}^{\square}$	$\mathrm{H}_{20}^{\square}$
$l=1$	$\frac{R_0}{a}=0.48$ $\frac{r_c}{a}=0.074$ $B_0=14\ 170$(Gs) $W_{01}=0.067\ 6$	$\frac{R_0}{a}=0.15$ $\frac{r_c}{a}=0.09$ $B_0=14\ 170$(Gs) $W_{11}=0.284\ 97$	
$l=2$	$\frac{R_0}{a}=0.796$ $\frac{r_c}{a}=0.074$ $B_0=7\ 085$(Gs) $W_{02}=0.001\ 673$		$\frac{R_0}{a}=0.15$ $\frac{r_c}{a}=0.045$ $B_0=7\ 085$(Gs) $W_{22}=0.002\ 065$
$l=3$	$\frac{R_0}{a}=0.75$ $\frac{r_c}{a}=0.074$ $B_0=4\ 723$(Gs) $W_{03}=5.3\times10^{-6}$	$\frac{R_0}{a}=0.15$ $\frac{r_c}{a}=0.09$ $B_0=4\ 723$(Gs) $W_{13}=2.99\times10^{-3}$	
$l=4$	$\frac{R_0}{a}=0.681$ $\frac{r_c}{a}=0.74$ $B_0=3\ 543$(Gs) $W_{04}=1.0\times10^{-9}$		$\frac{R_0}{a}=0.15$ $\frac{r_c}{a}=0.045$ $B_0=3\ 543$(Gs) $W_{24}=2.3\times10^{-8}$

表 9.14.2　耦合系数的比较(大回旋)($v_0=170$ kV,$\alpha=1.7$,$f=37.5$ GHz)

谐波号	圆波导	矩形波导
	$\mathrm{H}_{41}^{\square}$	$\mathrm{H}_{20}^{\square}$
$l=4$	$R_g=r_c$ $\frac{R_g}{a}=0.107$ $B_0=4\ 459$(Gs) $\frac{\Delta}{r_c}=0.2$ $W_4=4.67\times10^{-7}$	$R_g=r_c$ $\frac{R_g}{a}=0.091$ $B_0=4\ 459$(Gs) $\frac{\Delta}{r_c}=0.2$ $W_4=5.84\times10^{-7}$

根据前面的理论研究和数值计算,我们可以就矩形波导电子回旋脉塞得出以下一些结论.

(1)矩形波导结构电子回旋脉塞与圆柱波导结构电子回旋脉塞相比有很多特点.其中最重要的就是在矩形波导结构中,大回旋运动状态与小回旋运动状态的区别,远比圆柱波导结构下的小.在圆柱波导结构中,在大回旋运动情况下,仅有 $m=l$ 的工作状态;而在矩形波导结构中,却没有这样的限制.

(2)在矩形波导中,大回旋运动与小回旋运动的色散方程没有本质的区别.理论分析和数值计算表明,它们均有利于工作在高次谐波.

(3)在圆柱波导结构中,为了工作在高次回旋谐波,不得不采用大回旋半径的状态.这样一来,工作电压往往高达百万伏以上，不得不采用加速器，这就把强磁场的困难转嫁于高电压. 而在矩形波导的情况下，有可能用小回旋半径状态工作于高次回旋谐波，从而可不需采用高电压，这对于发展更短波长回旋管是非常重要的.

9.15 普遍情况下引导中心动力学理论

1. 概述

在本章中，我们建立并发展了以电子回旋中心坐标系中场的局部展开为基础的电子回旋脉塞动力学理论. 在下一章中，我们还将把这种理论体系用于研究各种回旋管的线性理论. 这一理论体系的基础是采用电子回旋中心坐标系. 在本章以上各节所述的情况下，由于静磁场是一个常数，即磁场在空间是均匀的，而且没有静电场，因此，可以证明：电子的回旋中心是不运动的，回旋中心的坐标是运动常数. 所以，在这种情况下，回旋中心坐标系与波导轴坐标系(及任意其他的位形空间坐标系)的关系，只是相差一个位形空间的平移，这个平移可以用一矢量来表示，而这个矢量是运动常数矢量.

事实上，回旋中心坐标系的方法，可以推广到任意的普遍情况. 在普遍情况下，静磁场不仅可以是空间的函数，还可能有静电场存在. 在这种情况下，电子的回旋中心(此时一般称为引导中心)就不再是不运动的，而是有运动的了. 即此时，引导中心矢量已不再是运动常数. 在本书第 7 章中曾详细研究过，在普遍情况下，引导中心的运动称为漂移. 因此，在普遍情况下，利用引导中心为原点建立的坐标系，将是一个运动坐标系.

同样，在等离子体动力学理论中，在普遍情况下，也存在着两种不同的处理方法. 一种是以实验室坐标系为基础的方法，另一种则是以引导中心坐标系为基础的方法. 显然，在引导中心没有运动的情况下，两种坐标系都是属于实验室坐标系，差别仅是一个矢量，而此矢量又是一个运动常数.

在普遍情况下，采用引导中心坐标系研究动力学理论，从 20 世纪 60 年代末就已开始，不过，直到 80 年代以后，才日趋成熟①，且有可能成为等离子体物理中一个重要的分析方法. 实际上，本书 8.16 节在分析正交场等离子体中波的传播问题时，所采用的方法也是引导中心坐标系方法，只不过，在那种情况下($\boldsymbol{E}_0$，$\boldsymbol{B}_0$ 均为常数矢量)，引导中心的漂移是一种匀速直线运动.

在本节中，我们将建立并发展普遍情况下引导中心动力学理论，与上述外国文献中所述不同，我们将从基本概念出发，力求在复杂的数学推导中，保持清晰的物理概念.

2. 引导中心坐标系中电子的相对论运动

首先，我们来详细地研究一下在电子引导中心坐标系中电子的相对论运动方程. 取引导中心坐标系 S'，其原点为 O'. 在普遍情况下，O' 相对于实验室坐标系有任意的运动，因此，S' 是一个运动坐标系，而且可能是一个非惯性运动坐标系. 设实验室坐标系为 S，其原点为 O，如图 9.15.1 所示. 设 $p(\boldsymbol{r})$ 是电子运动的瞬时位置，于是，我们有以下关系：

---

①这方面的主要文献为

[1]CATTO P J. Plasma Physics，20，719(1978).

[2]CATTO P L，TANG W H. Plasma Physics，23，639(1981).

[3]CHEN L，TSAI S T. Plasma Physics，25(4)，140(1983).

[4]LITTLEHON R G. Plasma Physics，29(1)，111(1983).

$$\boldsymbol{r}=\boldsymbol{R}_0+\boldsymbol{r}_c \tag{9.15.1}$$

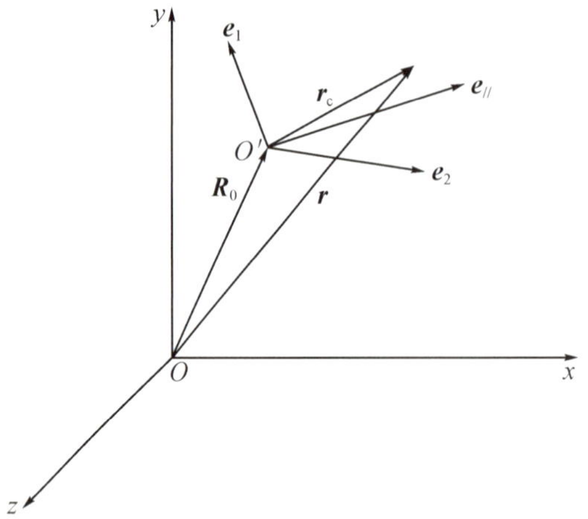

图 9.15.1　引导中心坐标系与实验室坐标系

而电子的瞬时运动速度为

$$\frac{\mathrm{d}\boldsymbol{r}}{\mathrm{d}t}=\frac{\mathrm{d}\boldsymbol{R}_0}{\mathrm{d}t}+\frac{\mathrm{d}\boldsymbol{r}_c}{\mathrm{d}t} \tag{9.15.2}$$

式中,$\boldsymbol{R}_0$ 为引导中心矢量,$\boldsymbol{r}_c$ 为回旋矢量.

由于在一般情况下,坐标系 S' 相对于 S 不仅有平移运动,而且可能有加速运动,甚至有转动运动. 不难看到,这种转动运动是由于磁场的空间变化而引起的. 因此,为了便于描述电子的瞬时运动,我们引入以下的基矢量($\boldsymbol{e}_1,\boldsymbol{e}_2,\boldsymbol{e}_{/\!/}$):

$$\begin{cases}\boldsymbol{e}_{/\!/}=\dfrac{\boldsymbol{B}_0}{|\boldsymbol{B}_0|}\\ \boldsymbol{e}_1\times\boldsymbol{e}_2=\boldsymbol{e}_{/\!/}\end{cases} \tag{9.15.3}$$

可见,我们取 $\boldsymbol{e}_{/\!/}$ 与磁场矢量平行,并且以后我们将称此矢量所代表的方向为纵向.

这样,在方程(9.15.2)中,有

$$\frac{\mathrm{d}\boldsymbol{r}_c}{\mathrm{d}t}=\frac{\mathrm{d}}{\mathrm{d}t}(r_{c1}\boldsymbol{e}_1+r_{c2}\boldsymbol{e}_2+r_{c/\!/}\boldsymbol{e}_{/\!/})=\frac{\mathrm{D}\boldsymbol{r}_c}{\mathrm{D}t}+\boldsymbol{\Omega}\times\boldsymbol{r}_c \tag{9.15.4}$$

式中,令

$$\frac{\mathrm{D}\boldsymbol{r}_c}{\mathrm{D}t}=\frac{\mathrm{d}r_{c1}}{\mathrm{d}t}\boldsymbol{e}_1+\frac{\mathrm{d}r_{c2}}{\mathrm{d}t}\boldsymbol{e}_2+\frac{\mathrm{d}r_{c/\!/}}{\mathrm{d}t}\boldsymbol{e}_{/\!/}=\boldsymbol{v}_c \tag{9.15.5}$$

表示在引导中心坐标系取微分,代表电子在引导中心坐标系中的回旋运动. 另外,

$$\begin{cases}\dfrac{\mathrm{d}\boldsymbol{e}_1}{\mathrm{d}t}=\boldsymbol{\Omega}\times\boldsymbol{e}_1\\ \dfrac{\mathrm{d}\boldsymbol{e}_2}{\mathrm{d}t}=\boldsymbol{\Omega}\times\boldsymbol{e}_2\\ \dfrac{\mathrm{d}\boldsymbol{e}_{/\!/}}{\mathrm{d}t}=\boldsymbol{\Omega}\times\boldsymbol{e}_{/\!/}\end{cases} \tag{9.15.6}$$

式中,$\boldsymbol{\Omega}$ 表示坐标系的旋转角速度. $\boldsymbol{\Omega}\times\boldsymbol{r}_c$ 则表示由于旋转引起的速度.

引导中心的运动可写为

$$\frac{\mathrm{d}\boldsymbol{R}_0}{\mathrm{d}t}=\boldsymbol{v}_d+\boldsymbol{v}_{/\!/} \tag{9.15.7}$$

式中,$\boldsymbol{v}_d$ 表示横向漂移,$\boldsymbol{v}_{/\!/}$ 表示纵向漂移. 于是,有

$$\boldsymbol{v}=\boldsymbol{v}_d+\boldsymbol{v}_{/\!/}+\boldsymbol{v}_c+\boldsymbol{\Omega}\times\boldsymbol{r}_c \tag{9.15.8}$$

这样，又可得到

$$\boldsymbol{p}=\boldsymbol{p}_{\mathrm{d}}+\boldsymbol{p}_{/\!/}+\boldsymbol{p}_{\mathrm{c}}+m_0\gamma(\boldsymbol{\Omega}\times\boldsymbol{r}_{\mathrm{c}}) \tag{9.15.9}$$

于是，就可以把电子的运动方程

$$\frac{\mathrm{d}\boldsymbol{p}}{\mathrm{d}t}=e(\boldsymbol{E}+\boldsymbol{v}\times\boldsymbol{B}) \tag{9.15.10}$$

展开成

$$\begin{aligned}&\frac{\mathrm{d}\boldsymbol{p}_{\mathrm{d}}}{\mathrm{d}t}+\frac{\mathrm{d}\boldsymbol{p}_{/\!/}}{\mathrm{d}t}+\frac{\mathrm{D}\boldsymbol{p}_{\mathrm{c}}}{\mathrm{D}t}+2m_0\gamma\boldsymbol{\Omega}\times\boldsymbol{v}_{\mathrm{c}}+m_0\frac{\mathrm{d}\gamma}{\mathrm{d}t}(\boldsymbol{\Omega}\times\boldsymbol{r}_{\mathrm{c}})\\&\quad+m_0\gamma\frac{\mathrm{d}\boldsymbol{\Omega}}{\mathrm{d}t}\times\boldsymbol{r}_{\mathrm{c}}+m_0\gamma(\boldsymbol{\Omega}\times\boldsymbol{\Omega}\times\boldsymbol{r}_{\mathrm{c}})\\&\quad=e[\boldsymbol{E}+(\boldsymbol{v}_{\mathrm{d}}+\boldsymbol{v}_{\mathrm{c}}+\boldsymbol{v}_{/\!/}+\boldsymbol{\Omega}\times\boldsymbol{r}_{\mathrm{c}})\times\boldsymbol{B}]\end{aligned} \tag{9.15.11}$$

因而，在引导中心坐标系中，电子的运动方程应写成

$$\frac{\mathrm{D}\boldsymbol{p}_{\mathrm{c}}}{\mathrm{D}t}=m_0\gamma\frac{\mathrm{D}\boldsymbol{v}_{\mathrm{c}}}{\mathrm{D}t}+m_0\boldsymbol{v}_{\mathrm{c}}\frac{\mathrm{d}\gamma}{\mathrm{d}t}=e(\boldsymbol{E}+\boldsymbol{v}\times\boldsymbol{B})-\boldsymbol{F}_{\mathrm{inert}} \tag{9.15.12}$$

式中，$\boldsymbol{v}$ 应由方程(9.15.8)给出，而 $\boldsymbol{F}_{\mathrm{inert}}$ 则表示惯性力：

$$\begin{aligned}\boldsymbol{F}_{\mathrm{inert}}=&\frac{\mathrm{d}\boldsymbol{p}_{\mathrm{d}}}{\mathrm{d}t}+\frac{\mathrm{d}\boldsymbol{p}_{/\!/}}{\mathrm{d}t}+m_0\gamma\Big[\frac{1}{\gamma}\frac{\mathrm{d}r}{\mathrm{d}t}(\boldsymbol{\Omega}\times\boldsymbol{r}_{\mathrm{c}})\\&+\frac{\mathrm{d}\boldsymbol{\Omega}}{\mathrm{d}t}\times\boldsymbol{r}_{\mathrm{c}}+2\boldsymbol{\Omega}\times\boldsymbol{v}_{\mathrm{c}}+\boldsymbol{\Omega}\times\boldsymbol{\Omega}\times\boldsymbol{r}_{\mathrm{c}}\Big]\end{aligned} \tag{9.15.13}$$

可见，惯性力是由引导中心运动的惯性力，两坐标系相互转动引起的惯性力(包括柯氏加速度引起的惯性力)组成的.

当略去相对论效应时，方程(9.15.12)及(9.15.13)简化为

$$m_0\frac{\mathrm{D}\boldsymbol{v}_{\mathrm{c}}}{\mathrm{D}t}=e(\boldsymbol{E}+\boldsymbol{v}\times\boldsymbol{B})-\boldsymbol{F}_{\mathrm{inert}} \tag{9.15.14}$$

和

$$\boldsymbol{F}_{\mathrm{inert}}=m_0\frac{\mathrm{d}\boldsymbol{v}_{\mathrm{d}}}{\mathrm{d}t}+m_0\frac{\mathrm{d}\boldsymbol{v}_{/\!/}}{\mathrm{d}t}+m_0\left(\frac{\mathrm{d}\boldsymbol{\Omega}}{\mathrm{d}t}\times\boldsymbol{r}_{\mathrm{c}}+2\boldsymbol{\Omega}\times\boldsymbol{v}_{\mathrm{c}}+\boldsymbol{\Omega}\times\boldsymbol{\Omega}\times\boldsymbol{r}_{\mathrm{c}}\right) \tag{9.15.15}$$

3. 引导中心坐标系中的弗拉索夫方程

弗拉索夫方程可写成以下形式：

$$\frac{\mathrm{d}f}{\mathrm{d}t}=\frac{\partial f}{\partial t}+\boldsymbol{v}\cdot\nabla_r f+\dot{\boldsymbol{p}}\cdot\nabla_p f=0 \tag{9.15.16}$$

式中，$\dot{\boldsymbol{p}}=\mathrm{d}\boldsymbol{p}/\mathrm{d}t$，表示作用于电子上的力.

由方程(9.15.1)可以得到

$$\nabla_r\boldsymbol{r}_{\mathrm{c}}=\mathrm{I}-\nabla_r\boldsymbol{R}_0 \tag{9.15.17}$$

式中，I 表示单位张量. 另外

$$\begin{aligned}\nabla_r\boldsymbol{r}_{\mathrm{c}}=&[(\nabla_r r_{\mathrm{c}1})\boldsymbol{e}_1+(\nabla_r r_{\mathrm{c}2})\boldsymbol{e}_2+(\nabla_r r_{\mathrm{c}/\!/})\boldsymbol{e}_{/\!/}]\\&+(r_{\mathrm{c}1}\nabla_r\boldsymbol{e}_1+r_{\mathrm{c}2}\nabla_r\boldsymbol{e}_2+r_{\mathrm{c}/\!/}\nabla_r\boldsymbol{e}_{/\!/})\end{aligned} \tag{9.15.18}$$

即可写成并矢张量形式. 于是可以得到算符 ∇_r 的形式

$$\nabla_r=\nabla_r\boldsymbol{R}\cdot(\nabla_{R_0}-\nabla_{r_{\mathrm{c}}})+\mathrm{I}\cdot\nabla_{r_{\mathrm{c}}} \tag{9.15.19}$$

即将实验室坐标系中的梯度转换为引导中心坐标系中的梯度.

类似地，可以得到

$$\nabla_p=\nabla_p\boldsymbol{p}_{\mathrm{d}}\cdot(\nabla_{p_{\mathrm{d}}}-\nabla_{p_{\mathrm{c}}})+\nabla_p\boldsymbol{p}_{/\!/}\cdot(\nabla_{p/\!/}-\nabla_{p_{\mathrm{c}}})$$

$$+\mathrm{I}\cdot\nabla_{p_c}-m_0\nabla_p\gamma[(\boldsymbol{\Omega}\times\boldsymbol{r}_c)\cdot\nabla_{p_c}] \tag{9.15.20}$$

这样,弗拉索夫方程化为

$$\begin{aligned}&\frac{\partial f}{\partial t}+\boldsymbol{v}\cdot[\nabla_r\boldsymbol{R}_0\cdot(\nabla_{R_0}f-\nabla_{r_c}f)+\mathrm{I}\cdot\nabla_{r_c}f]\\&+\left[\frac{\mathrm{d}\boldsymbol{p}_d}{\mathrm{d}t}+\frac{\mathrm{d}\boldsymbol{p}_{/\!/}}{\mathrm{d}t}+\frac{\mathrm{D}\boldsymbol{p}_c}{\mathrm{D}t}+2m_0\gamma\boldsymbol{\Omega}\times\boldsymbol{v}_c+m_0\frac{\mathrm{d}\gamma}{\mathrm{d}t}(\boldsymbol{\Omega}\times\boldsymbol{r}_c)\right.\\&\left.+m_0\gamma\frac{\mathrm{d}\boldsymbol{\Omega}}{\mathrm{d}t}\times\boldsymbol{r}_c+m_0\gamma\boldsymbol{\Omega}\times\boldsymbol{\Omega}\times\boldsymbol{r}_c\right]\\&\cdot\{\nabla_r\boldsymbol{p}_d\cdot(\nabla_{p_d}f-\nabla_{p_c}f)+\nabla_p\boldsymbol{p}_{/\!/}\cdot(\nabla_{p/\!/}f-\nabla_{p_c}f)\\&+\mathrm{I}\cdot\nabla_{p_c}f-m_0\nabla_p\gamma[(\boldsymbol{\Omega}\times\boldsymbol{r}_c)\cdot\nabla_{p_c}f]\}\\&=0\end{aligned} \tag{9.15.21}$$

现在来将弗拉索夫方程线性化.为此,令

$$f=f_0+f_1,f_1\ll f_0 \tag{9.15.22}$$

代入方程(9.5.21),略去二次以上微小量,即可分别得到平衡分布函数 f_0 及扰动分布函数 f_1 所满足的方程

$$\begin{aligned}&\frac{\partial f_0}{\partial t}+(\boldsymbol{v}_d+\boldsymbol{v}_{/\!/}+\boldsymbol{v}_c+\boldsymbol{\Omega}\times\boldsymbol{r}_c)\cdot[\nabla_r R_0\cdot(\nabla_{R_0}f_0\\&-\nabla_{r_c}f_0)+\mathrm{I}\cdot\nabla_{r_c}f_0]+e\{[\boldsymbol{E}_0+(\boldsymbol{v}_d+\boldsymbol{v}_c+\boldsymbol{v}_{/\!/}+\boldsymbol{\Omega}\times\boldsymbol{r}_c)\\&\times\boldsymbol{B}_0-\boldsymbol{F}_{\text{inert}}]\cdot\{\nabla_p\boldsymbol{p}_d\cdot(\nabla_{p_d}f_0-\nabla_{p_c}f_0)+\nabla_p\boldsymbol{p}_{/\!/}\cdot(\nabla_{p/\!/}f_0\\&-\nabla_{p_c}f_0)+\mathrm{I}\cdot\nabla_{p_c}f_0-m_0\nabla_p\gamma(\boldsymbol{\Omega}\times\boldsymbol{r}_c)\nabla_{p_c}f_0\}\}=0\end{aligned} \tag{9.15.23}$$

及

$$\begin{aligned}&\frac{\partial f_1}{\partial t}+(\boldsymbol{v}_d+\boldsymbol{v}_{/\!/}+\boldsymbol{v}_c+\boldsymbol{\Omega}\times\boldsymbol{r}_c)\cdot[\nabla_r\boldsymbol{R}_0\cdot(\nabla_{R_0}f_1-\nabla_{r_c}f_1)\\&+\mathrm{I}\cdot\nabla_{r_c}f_1]+e\{[\boldsymbol{E}_0+(\boldsymbol{v}_d+\boldsymbol{v}_{/\!/}+\boldsymbol{v}_c+\boldsymbol{\Omega}\times\boldsymbol{r}_c)\times\boldsymbol{B}_0-\boldsymbol{F}_{\text{inert}}]\\&\cdot[\nabla_p\boldsymbol{p}_d\cdot(\nabla_{p_d}f_1-\nabla_{p_c}f_1)+\nabla_p\boldsymbol{p}_{/\!/}\cdot(\nabla_{p_{/\!/}}f_1-\nabla_{p_c}f_1)\\&+\mathrm{I}\cdot\nabla_{p_c}f_1-m_0\nabla_p\gamma(\boldsymbol{\Omega}\times\boldsymbol{r}_c)\cdot\nabla_{p_c}f_1]\}+e\{[\boldsymbol{E}_1\\&+(\boldsymbol{v}_d+\boldsymbol{v}_{/\!/}+\boldsymbol{v}_c+\boldsymbol{\Omega}\times\boldsymbol{r}_c)\times\boldsymbol{B}_1-\boldsymbol{F}_{\text{inert}}]\cdot[\nabla_p\boldsymbol{p}_d\cdot(\nabla_{p_d}f_0\\&-\nabla_{p_c}f_0)+\nabla_p\boldsymbol{p}_{/\!/}\cdot(\nabla_{p/\!/}f_0-\nabla_{p_c}f_0)\\&-m_0\nabla_p\gamma(\boldsymbol{\Omega}\times\boldsymbol{r}_c)\cdot\nabla_{p_c}f_0]\}=0\end{aligned} \tag{9.15.24}$$

利用方程(9.15.19)及(9.15.20)可以看到,平衡弗拉索夫方程及线性弗拉索夫方程均可写成以下形式:

$$\frac{\mathrm{d}f_0}{\mathrm{d}t}=0 \tag{9.15.25}$$

及

$$\begin{aligned}\frac{\mathrm{d}f_1}{\mathrm{d}t}=&e\{[\boldsymbol{E}_1+(\boldsymbol{v}_d+\boldsymbol{v}_{/\!/}+\boldsymbol{v}_{/\!/}+\boldsymbol{\Omega}\times\boldsymbol{r}_c)\times\boldsymbol{B}_1]\\&\cdot[\nabla_p\boldsymbol{p}_d\cdot(\nabla_{p_d}-\nabla_{p_c})+\nabla_p\boldsymbol{p}_{/\!/}\cdot(\nabla_{p/\!/}-\nabla_{p_c})\\&+I\cdot\nabla_{p_c}-m_0\nabla_p\gamma(\boldsymbol{\Omega}\times\boldsymbol{r}_c)\cdot\nabla_{p_c}]\}f_0\end{aligned} \tag{9.15.26}$$

或者可进一步简化为

$$\frac{\mathrm{d}f_1}{\mathrm{d}t}=e(\boldsymbol{E}_1+\boldsymbol{v}\times\boldsymbol{B}_1-\boldsymbol{F}_{\text{inert}})\cdot\nabla_p f_0 \tag{9.15.27}$$

式中,$\boldsymbol{v}$ 应由方程(9.15.8)给出,而算符 ∇_p 应按方程(9.15.20)展开.

方程(9.15.27)表明,在引导中心坐标系中,线性弗拉索夫方程仍可写成方程(9.15.27)的形式.这是一个很重要的结论.

4. 引导中心坐标系中弗拉索夫方程的解

现在就可来研究在引导中心坐标系中求弗拉索夫方程的解的问题. 我们首先考虑平衡态弗拉索夫方程. 由方程(9.5.25)可以看到,平衡分布函数 f_0 仍然可以是运动常数的任意函数. 所以,问题归结为求普遍情况下的运动常数. 这是一个纯粹的分析力学上的问题. 由能量守恒定律可以得到 γ 是一个运动常数,此外,可以选择 $\boldsymbol{\mu}$ 作为一个运动常数矢量,这里 $\boldsymbol{\mu}$ 是磁矩矢量. 当磁场的变化满足绝热条件时,$\boldsymbol{\mu}$ 是一个绝热不变量.

在文献①中,曾采用以下两种平衡分布函数 f_0:

$$f_0 = f_0(\gamma, \boldsymbol{\mu}, \boldsymbol{R}_0) \tag{9.15.28}$$

及附加条件

$$\boldsymbol{e}_{/\!/} \cdot \nabla_{R_0} f_0 = 0 \tag{9.15.29}$$

以及

$$f_0 = f_{00} + f_{01} + \cdots \tag{9.15.30}$$

式中

$$f_{00} = f_{00}(\gamma, \boldsymbol{\mu}, \boldsymbol{R}_{0\perp}) \tag{9.15.31}$$

$$\widetilde{f}_{01} = \left(\frac{\widetilde{\beta}}{\beta}\right)\frac{\partial f_{00}}{\partial \mu} \tag{9.15.32}$$

$\widetilde{f}_{01}$ 是 f_{01} 的动量空间角向分量. 方程(9.15.32)中的符号在 Liu Chen 的文章中可以查到.

我们建议,f_0 可以取以下的形式:

$$f_0 = f_0(\gamma, \boldsymbol{\mu}, \boldsymbol{R}_{0\perp}) \tag{9.15.33}$$

附加条件

$$\frac{\partial f_0}{\partial \boldsymbol{R}_{0\perp}} \cdot \frac{\mathrm{d}\boldsymbol{R}_{0\perp}}{\mathrm{d}t} = 0 \tag{9.15.34}$$

实际上,由平衡弗拉索夫方程

$$\frac{\mathrm{d}f_0}{\mathrm{d}t} = \frac{\partial f_0}{\partial \gamma}\frac{\mathrm{d}\gamma}{\mathrm{d}t} + \frac{\partial f_0}{\partial \boldsymbol{\mu}} \cdot \frac{\mathrm{d}\boldsymbol{\mu}}{\mathrm{d}t} + \frac{\partial f_0}{\partial \boldsymbol{R}_{0\perp}} \cdot \frac{\mathrm{d}\boldsymbol{R}_{0\perp}}{\mathrm{d}t} \tag{9.15.35}$$

可以看到,当方程(9.15.34)满足时,方程(9.15.33)表示的平衡分布函数确实满足弗拉索夫方程.

现在再来看线性弗拉索夫方程的解. 由方程(9.15.27)可见,在引导中心坐标系中,线性弗拉索夫方程的解仍可写成

$$f_1 = e\int_{-\infty}^{t} \mathrm{d}t'(\boldsymbol{E}_1' + \boldsymbol{v}' \times \boldsymbol{B}_1' - \boldsymbol{F}_{\text{inert}}) \cdot \nabla_{p'} f_0 \tag{9.15.36}$$

所以,问题仍然是被积函数的展开.

积分(9.5.36)沿引导中心坐标系中的未扰轨道进行.

如果选择平衡分布函数(9.15.33),则有

$$\nabla_p f_0 = \frac{\partial f_0}{\partial \gamma}\nabla_p \gamma + \nabla_p \boldsymbol{\mu} \cdot \frac{\partial f_0}{\partial \boldsymbol{\mu}} + \nabla_p \boldsymbol{R}_{0\perp} \cdot \frac{\partial f_0}{\partial \boldsymbol{R}_{0\perp}} \tag{9.15.37}$$

而算符 ∇_p 由方程(9.15.20)给出.

这样,积分(9.15.36)就可写成

---

①[1]CATTO P J, WANG W M. Plasma Physics, 25(7), 639(1981).
[2]CHEN L, TSAI S T. Plasma Physics, 25(4), 140(1982).

$$f_1=e\int_{-\infty}^{t}\mathrm{d}t'\Big\{(\boldsymbol{E}_1'+\boldsymbol{v}_c'\times\boldsymbol{B}_1')-\frac{\mathrm{d}\boldsymbol{p}_d'}{\mathrm{d}t'}-\frac{\mathrm{d}\boldsymbol{p}_{/\!/}'}{\mathrm{d}t'}$$

$$-m_0\gamma\Big[\frac{1}{\gamma}\frac{\mathrm{d}\gamma'}{\mathrm{d}t'}(\boldsymbol{\Omega}\times\boldsymbol{r}_c')+\frac{\mathrm{d}\boldsymbol{\Omega}'}{\mathrm{d}t'}\times\boldsymbol{r}_c'+2\boldsymbol{\Omega}'\times\boldsymbol{v}_c'+\boldsymbol{\Omega}'\times\boldsymbol{\Omega}'\times\boldsymbol{r}_c'\Big]\Big\}$$

$$\cdot\left(\frac{\partial f_0}{\partial\gamma}\nabla_{p'}\gamma'+\nabla_{p'}\boldsymbol{\mu}'\cdot\frac{\partial f_0}{\partial\boldsymbol{\mu}'}+\nabla_{p'}\boldsymbol{R}_{0\perp}'\cdot\frac{\partial f_0}{\partial\boldsymbol{R}_{0\perp}'}\right)\tag{9.15.38}$$

这时未扰轨道方程应在引导中心坐标系中写出.

方程(9.15.38)中的电磁场也应在引导中心坐标系中作局部展开：

$$\begin{cases}\boldsymbol{E}_{1\perp}=-\mathrm{j}\omega\mu_0(\boldsymbol{e}_z\times\nabla_\perp\psi_{mn})\\ \boldsymbol{H}_{1\perp}=\mathrm{j}k_z\nabla_\perp\psi_{mn}\\ H_z=k_c^2\psi_{mn}\end{cases}\tag{9.15.39}$$

矢量之间的变换为

$$\boldsymbol{e}_z=\boldsymbol{e}_{/\!/}-\frac{R_r}{|\boldsymbol{B}|}(\boldsymbol{e}_1\cos\phi+\boldsymbol{e}_2\sin\phi)\tag{9.15.40}$$

而算符$\nabla_\perp$应按下式展开：

$$\nabla_\perp=\left[\frac{\partial\boldsymbol{R}_0}{\partial\boldsymbol{r}}\cdot\left(\frac{\partial}{\partial\boldsymbol{R}_0}-\frac{\partial}{\partial\boldsymbol{r}_c}\right)+\boldsymbol{I}\cdot\frac{\partial}{\partial\boldsymbol{R}}\right]\times\boldsymbol{e}_{/\!/}\tag{9.15.41}$$

在方程(9.15.39)中，ψ_{mn}可作局部展开：

$$\psi_{mn}=\sum_l \mathrm{J}_l(k_c r_c)F_{mnl}\mathrm{e}^{\mathrm{j}l\theta}\tag{9.15.42}$$

在普遍情况下，展开系数F_{mnl}中包含的$\boldsymbol{R}_0$可能是空间及时间的函数.

我们来看一个最简单的例子. 当磁场是均匀的时，$\boldsymbol{R}_0$就是一个运动常数矢量. 这时有

$$\begin{cases}\dfrac{\mathrm{d}\boldsymbol{R}_{0\perp}}{\mathrm{d}t}=0\\[2ex] \dfrac{\mathrm{d}R_{0/\!/}}{\mathrm{d}t}=v_{/\!/}=\mathrm{const}\end{cases}\tag{9.15.43}$$

以及

$$\begin{cases}\boldsymbol{e}_z=\boldsymbol{e}_{/\!/}\\ \boldsymbol{\Omega}=0\end{cases}\tag{9.15.44}$$

在这种情况下

$$\begin{cases}\boldsymbol{v}_d=0\\ \boldsymbol{F}_{\mathrm{inert}}=0\end{cases}\tag{9.15.45}$$

而方程(9.15.36)简化为

$$\frac{\mathrm{d}f_1}{\mathrm{d}t}=-e(\boldsymbol{E}_1+\boldsymbol{v}\times\boldsymbol{B}_1)\cdot\nabla_p f_0\tag{9.15.46}$$

此即本章以前各节所述的基本方程. 这也可以看作是在均匀磁场中采用引导中心坐标系时，采用方程(9.15.46)的正确性的严格证明.

5. $E_0=0$，磁场在空间的变化是绝热变化的情形

最后，我们来研究静电场为零，而磁场是绝热变化的情形. 这时，有

$$\begin{cases}\boldsymbol{E}_0=0\\ \boldsymbol{B}_0=B_0(r)\boldsymbol{e}_{/\!/}\end{cases}\tag{9.15.47}$$

在第 6 章中曾指出，在这种情况下，电子运动引导中心的漂移可写为

$$\boldsymbol{v}_{/\!/}=\boldsymbol{v}_{/\!/}$$

$$\boldsymbol{v}_{\mathrm{d}}=\left[\frac{\left(1+\dfrac{2v_{/\!/}^2}{v_{\perp}^2}\right)}{\omega_{\mathrm{c}0}}\right]\boldsymbol{B}\times\nabla B \tag{9.15.48}$$

电子的回旋运动可写成

$$\boldsymbol{v}_{\mathrm{c}}=v_{\perp}(\boldsymbol{e}_1\cos\theta+\boldsymbol{e}_2\sin\theta) \tag{9.15.49}$$

式中，空间角 θ 与动量角 ϕ 在未扰轨道上有关系

$$\theta=\phi-\frac{\pi}{2} \tag{9.15.50}$$

由于磁场是绝热变化的，如进一步假定磁场是轴对称的，则有

$$B_r=-\frac{1}{2}r_{\mathrm{c}}\frac{\partial B_z}{\partial z} \tag{9.15.51}$$

于是有

$$\boldsymbol{e}_{/\!/}\approx\boldsymbol{e}_z+\left(\frac{B_r}{B_z}\right)\boldsymbol{e}_r \tag{9.15.52}$$

$$\boldsymbol{\Omega}\approx\left(\frac{B_r}{B_z}\right)\boldsymbol{e}_{\varphi} \tag{9.15.53}$$

及

$$\boldsymbol{\Omega}\times\boldsymbol{r}_{\mathrm{c}}\approx\left(\frac{B_r}{B_z}\right)\boldsymbol{e}_{\varphi}\times\boldsymbol{r}_{\mathrm{c}} \tag{9.15.54}$$

进一步利用本节所述基本方程去研究磁场缓变情况下电子回旋脉塞的有关问题，是一个很有意义的问题.

第 10 章　回旋管的线性理论

10.1 引言

第 9 章我们研究了电子回旋脉塞的动力学理论，详细分析了电子回旋脉塞的不稳定性机理. 以这种脉塞机理为基础，成功研制的一类新型的器件被称为回旋管. 回旋管可以制成振荡器（如回旋单腔管振荡器），也可制成回旋管放大器（主要是行波管的大器）、回旋速调管放大器、倍频器等. 在本章中，我们将研究回旋管振荡器（主要是单腔管振荡器）及回旋管放大器（主要是行波管放大器）的线性理论问题.

回旋管主要在毫米波段取得重大成就. 如果工作波长进一步缩短，当波长在 1 mm 左右，甚至进入亚毫米波时，普通结构的回旋管也遇到很大的困难，不能很好地工作. 主要有两方面的原因：一方面，现有结构的回旋管都采用波导型开放式谐振腔，当波长进一步缩短时，这类谐振腔遇到原则上的困难，不能很好地工作；另一方面，回旋管工作在电子回旋谐振频率上，当频率很高时，所要求的磁场太高，难以做到. 即使采用超导磁场也有困难. 近年来，很多学者都在努力寻求解决上述问题的途径. 解决第一方面问题的最有前途的方法是采用准光谐振腔，这种谐振腔适合于工作直到可见光波段，甚至更短. 另一个方面的问题的解决途径是采用高次谐波，这样可以大为降低磁场.

本章中对于准光腔电子回旋脉塞及准光腔回旋管，也做了较详细的研究，表明准光腔回旋管有一系列的特点.

本章末尾还讨论了几种特殊的回旋管的有关理论问题.

10.2 回旋单腔管振荡器的线性理论

电子回旋脉塞既可做成振荡管，又可做成放大管. 回旋单腔管振荡器是目前回旋管中最重要的一种，也是最成熟的管种. 在本节及下节中，我们讨论回旋单腔管的线性理论. 本节讨论均匀圆柱波导谐振腔结构的回旋单腔管，下一节讨论任意缓变截面圆波导谐振腔结构的回旋单腔管振荡器.

我们认为，回旋管谐振腔是一段均匀圆柱波导开放式谐振腔. 如第 7 章所述，靠电子枪的一端为截止，另一端则为开放，有一个绕射输出口，谐振腔中的场可以分解为朝两个方向传播的波的叠加. 因此有

$$\begin{cases}\boldsymbol{E}_1=\boldsymbol{E}_1^{(1)}+\boldsymbol{E}_1^{(2)}\\ \boldsymbol{B}_1=\boldsymbol{B}_1^{(1)}+\boldsymbol{B}_1^{(2)}\end{cases}\tag{10.2.1}$$

以后我们用上角标(1)表示前向波，上角标(2)表示返向波.

我们仍然采用 9.4、9.5 节所述的电子回旋中心坐标系，将场做局部展开，由方程(10.2.1)可知，这相当于将前向波场及返向波场局部展开的叠加. 因此前向波场为

$$\begin{cases} E_r^{(1)} = -\omega\mu_0 \sum\limits_l \left(\dfrac{l}{r}\right) \mathrm{J}_l(k_c r) \mathrm{J}_{m-l}(k_c R_0) \mathrm{e}^{\mathrm{j}(m-l)\varphi_0 + \mathrm{j}l\theta} \\ E_\theta^{(1)} = \mathrm{j}\omega\mu_0 \sum\limits_l \mathrm{J}_l'(k_c r) \mathrm{J}_{m-l}(k_c R_0) \mathrm{e}^{\mathrm{j}(m-l)\varphi_0 + \mathrm{j}l\theta} \\ H_r^{(1)} = -\mathrm{j}k_{/\!/} k_c \sum\limits_l \mathrm{J}_l'(k_c r) \mathrm{J}_{m-l}(k_c R_0) \mathrm{e}^{\mathrm{j}(m-l)\varphi_0 + \mathrm{j}l\theta} \\ H_\theta^{(1)} = k_{/\!/} \sum\limits_l \left(\dfrac{l}{r}\right) \mathrm{J}_l(k_c r) \mathrm{J}_{m-l}(k_c R_0) \mathrm{e}^{\mathrm{j}(m-l)\varphi_0 + \mathrm{j}l\theta} \\ H_z^{(1)} = k_c^2 \sum\limits_l \mathrm{J}_l(k_c r) \mathrm{J}_{m-l}(k_c R_0) \mathrm{e}^{\mathrm{j}(m-l)\varphi_0 + \mathrm{j}l\theta} \end{cases} \tag{10.2.2}$$

式中，因子 $\exp(-\mathrm{j}\omega t + \mathrm{j}k_{/\!/} z)$略去.

返向波场为

$$\begin{cases} E_r^{(2)} = -\Gamma\omega\mu_0 \sum\limits_l \left(\dfrac{l}{r}\right) \mathrm{J}_l(k_c r) \mathrm{J}_{m-l}(k_c R_0) \mathrm{e}^{\mathrm{j}(m-l)\varphi_0 - \mathrm{j}l\theta} \\ E_\theta^{(2)} = \mathrm{j}\Gamma\omega\mu_0 \sum\limits_l \mathrm{J}_l'(k_c r) \mathrm{J}_{m-l}(k_c R_0) \mathrm{e}^{\mathrm{j}(m-l)\varphi_0 - \mathrm{j}l\theta} \\ H_r^{(2)} = -\mathrm{j}\Gamma k_{/\!/} k_c \sum\limits_l \mathrm{J}_l'(k_c r) \mathrm{J}_{m-l}(k_c R_0) \mathrm{e}^{\mathrm{j}(m-l)\varphi_0 - \mathrm{j}l\theta} \\ H_\theta^{(2)} = \Gamma k_{/\!/} \sum\limits_l \left(\dfrac{l}{r}\right) \mathrm{J}_l(k_c r) \mathrm{J}_{m-l}(k_c R_0) \mathrm{e}^{\mathrm{j}(m-l)\varphi_0 - \mathrm{j}l\theta} \\ H_z^{(2)} = \Gamma k_c^2 \sum\limits_l \mathrm{J}_l(k_c r) \mathrm{J}_{m-l}(k_c R_0) \mathrm{e}^{\mathrm{j}(m-l)\varphi_0 - \mathrm{j}l\theta} \end{cases} \tag{10.2.3}$$

式中，因子 $\exp(-\mathrm{j}\omega t - \mathrm{j}k_{/\!/} z)$略去. Γ 表示复数反射系数.

在方程(10.2.2)和方程(10.2.3)中，作替换

$$\mathrm{J}_{m-l}(k_c R_0) \to \mathrm{J}_{m-l}(k_c R_0) \mathrm{N}_m'(k_c a)\left[1 - \frac{\mathrm{N}_{m-l}(k_c R_Q) \mathrm{J}_m'(k_c a)}{\mathrm{J}_{m-l}(k_c R_0) \mathrm{N}_m'(k_c a)}\right] \tag{10.2.4}$$

可以得同轴波导谐振腔中的场.

这样，按 9.5 节所述方法，扰动分布函数 f_1 也分为两部分，即

$$f_1 = f_1^{(1)} + f_1^{(2)} \tag{10.2.5}$$

式中，$f_1^{(1)}$，$f_1^{(2)}$ 分别表示前向波及返向波引起的扰动分布函数.

在回旋中心坐标系中，利用沿未扰轨道求积分的方法，可以得到线性弗拉索夫方程的解：

$$f_1 = -\mathrm{e}\int_{t-\frac{z}{v_z}}^{t} \mathrm{d}t'(\boldsymbol{E}_1' + \boldsymbol{v}' + \boldsymbol{B}_1') \cdot \nabla_{p'} f \tag{10.2.6}$$

注意与 9.5 节中无限长波导系统中的情况不同，积分下限不是从 $-\infty$开始，而是从 $-z/v_z$ 算起，这是考虑了谐振腔的有限长度. 将方程(10.2.2)的场方程代入，即得前向波的扰动分布函数：

$$\begin{aligned} f_1^{(1)} = \omega\mu_0 e k_c \Bigg\{ & \sum_l \mathrm{J}_l'(k_c r) \mathrm{J}_{m-l}(k_c R_0)\Bigg[(\omega - k_{/\!/} v_z)\frac{\partial f_0}{\partial p_\perp} \\ & + k_{/\!/} v_\perp \frac{\partial f_0}{\partial p_{/\!/}}\Bigg]\frac{(1 - \mathrm{e}^{\mathrm{j}Qz/v_z}}{Q}) \mathrm{e}^{\mathrm{j}(m-l)\varphi_0 + \mathrm{j}l\theta}\Bigg\} \end{aligned} \tag{10.2.7}$$

将方程(10.2.3)代入式(10.2.6)，得返向波的扰动分布函数：

$$\begin{aligned} f_1^{(2)} = -\Gamma\omega\mu_0 e k_c \Bigg\{ & \sum_l \mathrm{J}_l'(k_c r) \mathrm{J}_{m-l}(k_c R_0)\Bigg[(\omega + k_{/\!/} v_z)\frac{\partial f_0}{\partial p_\perp} \\ & - k_{/\!/} v_\perp \frac{\partial f_0}{\partial p_{/\!/}}\Bigg]\frac{(1 - \mathrm{e}^{\mathrm{j}Q' z/v_z})}{Q'}\Bigg\} \mathrm{e}^{\mathrm{j}(m-l)\varphi_0 - \mathrm{j}l\theta} \end{aligned} \tag{10.2.8}$$

上两式中，有

$$\begin{cases}Q=\omega-k_{/\!/}v_z-l\omega_c\\ Q'=\omega+k_{/\!/}v_z-l\omega_c\end{cases}\tag{10.2.9}$$

相应的扰动电流密度可按下式求出：

$$\begin{cases}\boldsymbol{J}^{(1)}=\mathrm{e}\int f_1^{(1)}\boldsymbol{v}\mathrm{d}^3p\\ \boldsymbol{J}^{(2)}=\mathrm{e}\int f_1^{(2)}\boldsymbol{v}\mathrm{d}^3p\end{cases}\tag{10.2.10}$$

将式(10.2.8)，式(10.2.9)代入式(10.2.10)，在动量空间积分后，即得

$$\begin{aligned}\mathrm{J}_\theta^{(1)}=&-\frac{\omega_p^2}{c^2}k_c\sum_l\left\{(1-\mathrm{e}^{\mathrm{j}Qz/v_z})\left[\frac{(2\mathrm{J}_l'+k_cr_c\mathrm{J}_l'')\mathrm{J}_{m-l}}{Q}(\omega-k_{/\!/}v_z)\right.\right.\\&\left.-\frac{\beta_{\perp0}^2\mathrm{J}_l'\mathrm{J}_{m-l}(\omega^2-k_{/\!/}^2c^2)}{Q^2}\right]+\mathrm{j}z\mathrm{e}^{\mathrm{j}Qz/v_z}\frac{\beta_{\perp0}^2\mathrm{J}_l'\mathrm{J}_{m-l}(k_cR_c)}{v_zQ}\\&\left.\cdot\left[(\omega^2-k_{/\!/}^2c^2)-\frac{k_{/\!/}c^2Q}{v_z}\right]\right\}\cdot\mathrm{e}^{\mathrm{j}(m-l)\varphi_0+\mathrm{j}l\theta}\end{aligned}\tag{10.2.11}$$

$$\begin{aligned}\mathrm{J}_\theta^{(2)}=&+\frac{\omega_p^2}{c^2}k_c\sum_l\left\{(1-\mathrm{e}^{\mathrm{j}Q'z/v_z})\left[\frac{(2\mathrm{J}_l'+k_cr_c\mathrm{J}_l'')\mathrm{J}_{m-l}}{Q'}(\omega+k_{/\!/}v_z)\right.\right.\\&\left.-\frac{\beta_{\perp0}^2\mathrm{J}_l'\mathrm{J}_{m-l}}{Q'^2}(\omega^2-k_{/\!/}^2c^2)\right]+\mathrm{j}z\mathrm{e}^{\mathrm{j}Q'z/v_z}\frac{\beta_{\perp0}^2\mathrm{J}_l'\mathrm{J}_{m-l}}{v_zQ'}\\&\left.\cdot\left[(\omega^2-k_{/\!/}^2c^2)-\frac{k_{/\!/}c^2Q'}{v_z}\right]\right\}\mathrm{e}^{\mathrm{j}(m-l)\varphi_0-\mathrm{j}l\theta}\end{aligned}\tag{10.2.12}$$

在谐振腔中，电子与波的互作用功率可按下式计算：

$$P=\frac{1}{2}\int_{z=0}^{x=L}\mathrm{d}z\int_{sc}\mathrm{d}s(\mathrm{J}_\theta E_\theta^*)\tag{10.2.13}$$

式中

$$\begin{cases}\mathrm{J}_\theta=\mathrm{J}_\theta^{(1)}+\mathrm{J}_\theta^{(2)}\\ E_\theta=E_\theta^{(1)}+E_\theta^{(2)}\end{cases}\tag{10.2.14}$$

* 号表示共轭值.

将式(10.2.14)代入式(10.2.13)，可以得到

$$P=P_1+P_2+P_3+P_4\tag{10.2.15}$$

且

$$P_i=\mathrm{Re}(P_i)+\mathrm{JIm}(P_i)(i=1,2,3,4)\tag{10.2.16}$$

式(10.2.15)中，有

$$\begin{cases}P_1=\dfrac{1}{2}\displaystyle\int_{z=0}^{z=L}\mathrm{d}z\int_{s_c}\mathrm{d}s\mathrm{J}_\theta^{(1)}E_\theta^{(1)*}\\ P_2=\dfrac{1}{2}\displaystyle\int_{z=0}^{z=L}\mathrm{d}z\int_{s_c}\mathrm{d}s\mathrm{J}_\theta^{(2)}E_\theta^{(2)*}\\ P_3=\dfrac{1}{2}\displaystyle\int_{z=0}^{z=L}\mathrm{d}z\int_{s_c}\mathrm{d}s\mathrm{J}_\theta^{(1)}E_\theta^{(2)*}\\ P_4=\dfrac{1}{2}\displaystyle\int_{x=0}^{z=L}\mathrm{d}z\int_{s_c}\mathrm{d}s\mathrm{J}_\theta^{(2)}E_\theta^{(1)*}\end{cases}\tag{10.2.17}$$

上式表明，P_1 是前向波电流与前向波场的互作用功率，P_2 表示返向波电流与返向波场的互作用功率，P_3 及 P_4 则为前向波(返向波)电流与返向波(前向波)电场的互作用功率. 方程(10.2.16)表示，在一般情况下，电子与波的互作用功率含有虚部及实部两部分. 将场方程代入，即可求得

$$\mathrm{Re}(P_1)=A\sum_l\left\{\beta_{\perp 0}^2W_p\frac{L^2}{\phi^3v_z^2}\left[(\omega^2-k_{/\!/}^2c^2)(\phi\sin\phi-2(1-\cos\phi))\right.\right.$$

$$\left.\left.-\frac{k_{/\!/}c^2\phi}{L}(\phi\sin\phi-(1-\cos\phi))\right]+\frac{Q_pL}{\phi^2v_z}\left[(\omega-k_{/\!/}v_z)(1-\cos\phi)\right]\right\}\tag{10.2.18}$$

$$-\mathrm{Im}(P_1)=A\sum_l\left\{\beta_{\perp 0}^2W_p\frac{L^2}{\phi^3v_z^2}\left[(\omega-k_{/\!/}^2c^2)(\phi(1+\cos\phi)-2\sin\phi)\right.\right.$$

$$\left.\left.-k_{/\!/}\frac{c^2\phi}{L}(\phi\cos\phi-\sin\phi)\right]-\frac{Q_pL}{\phi^2v_z}\left[(\omega-k_{/\!/}v_z)(\phi-\sin\phi)\right]\right\}\tag{10.2.19}$$

$$\mathrm{Re}(P_2)=A\sum_l\left\{\beta_{\perp 0}^2W_p\frac{L^2}{\phi'^3v_z^2}\left[(\omega^2-k_{/\!/}^2c^2)(\phi'\sin\phi'-2(1-\cos\phi'))\right.\right.$$

$$\left.\left.+\frac{k_{/\!/}c^2\phi'}{L}(\phi'\sin\phi'-(1-\cos\phi'))\right]-\frac{Q_pL}{\phi'^2v_z}\left[(\omega+k_{/\!/}v_z)(1-\cos\phi')\right]\right\}\tag{10.2.20}$$

$$-\mathrm{Im}(P_2)=A\sum_l\left\{\beta_{\perp 0}^2W_p\frac{L^2}{\phi'^3v_z^2}\left[(\omega^2-k_{/\!/}^2c^2)(\phi'(1+\cos\phi')-2\sin\phi')\right.\right.$$

$$\left.\left.+\frac{k_{/\!/}c^2\phi}{L}(\phi'\cos\phi'-\sin\phi')\right]-\frac{Q_pL}{\phi'^2v_z}(\omega+k_{/\!/}v_z)(\phi'-\sin\phi')\right\}\tag{10.2.21}$$

$$\mathrm{Re}(P_3)=A\sum_l\left\{-\beta_{\perp 0}^2W_p\frac{L^2}{\phi^2\phi'v_z^2}\left[(\omega^2-k_{/\!/}^2c^2)\left(-\frac{\phi'}{\psi}(1-\cos\phi)\right.\right.\right.$$

$$\left.\left.+\left(1+\frac{\phi}{\psi}\right)(1-\cos\phi')-\phi\sin\phi'\right)\right]-\frac{k_{/\!/}c^2\phi}{L}\left[\frac{\phi}{\phi'}(1-\cos\phi')-\phi\sin\phi'\right]$$

$$\left.-\frac{Q_pl}{\phi\phi'v_z}(\omega-k_{/\!/}v_z)\left[-\frac{\phi'}{\psi}(1-\cos\psi)+(1-\cos\phi')\right]\right\}\tag{10.2.22}$$

$$-\mathrm{Im}(P_3)=A\sum_l\left\{\beta_{\perp 0}^2W_p\frac{L^2}{\phi'\phi^2v_z^2}\left[(\omega^2-k_{/\!/}^2c^2)\left(-\frac{\phi'}{\psi}\sin\psi\right.\right.\right.$$

$$\left.\left.-\left(1+\frac{\phi}{\phi'}\right)\sin\phi'+\phi\cos\phi'\right)-\frac{k_{/\!/}c^2\phi}{L}\left(\phi\cos\phi'-\frac{\phi}{\phi'}\sin\psi\right)\right]$$

$$\left.+\frac{Q_pL}{\phi\phi'v_z}(\omega-k_{/\!/}v_z)\cdot\left(-\frac{\phi'}{\phi}\sin\psi+\sin\psi\right)\right\}\tag{10.2.23}$$

$$\mathrm{Re}(P_4)=A\sum_l\left\{\beta_{\perp 0}^2W_P\frac{L^2}{\phi'^2\phi v_z^2}\left[(\omega^2-k_{/\!/}^2c^2)\left(\frac{\phi}{\psi}(1-\cos\psi)\right.\right.\right.$$

$$\left.\left.+\left(1+\frac{\phi'}{\phi}\right)(1-\cos\phi)-\phi'\sin\phi\right)+\frac{k_{/\!/}c^2\phi'}{L}\left(\frac{\phi'}{\phi}(1-\cos\phi)-\phi'\sin\phi\right)\right]$$

$$\left.-\frac{Q_PL}{\phi'\phi v_z}\left[\frac{\phi}{\psi}(1-\cos\psi)+(1-\cos\phi)\right]\right\}\tag{10.2.24}$$

$$-\mathrm{Im}(P_4)=A\sum_l\left\{-\beta_{\perp 0}^2W_p\frac{L^2}{\phi\phi'^2v_z^2}\left[(\omega^2-k_{/\!/}^2c^2)\cdot\left(\frac{\phi}{\psi}\sin\psi\right.\right.\right.$$

$$\left.\left.-\left(1+\frac{\phi'}{\phi}\right)\sin\phi+\phi'\cos\phi\right)+\frac{k_{/\!/}c^2\phi'}{L}\left(\phi'\cos\phi-\frac{\phi'}{\phi}\sin\phi\right)\right]$$

$$\left.+\frac{Q_PL}{\phi'\phi v_z}\left(\frac{\phi}{\psi}\sin\psi-\sin\phi\right)\right\}\tag{10.2.25}$$

在上述方程中，有

$$\begin{cases}\phi=QL/v_z\\ \phi'=QL/v_z\end{cases}\tag{10.2.26}$$

$$\psi=2k_{/\!/}L\tag{10.2.27}$$

式中，L 表示腔长.

$$\begin{cases} W_p=[\mathrm{J}_l'(k_c r_c)\mathrm{J}_{m-l}(k_c R_0)]^2 \\ Q_p=2W_p+(k_c r_c)^2\mathrm{J}_l'(k_c r_c)\mathrm{J}_l''(k_c r_c)\mathrm{J}_{m-l}^2(k_c R_0) \\ A=2\pi R_0 r_c L\omega\mu_0 k_c^2\dfrac{\omega_p^2}{c^2} \end{cases} \tag{10.2.28}$$

在上述方程中，令

$$L=q\frac{\lambda_g}{2} \tag{10.2.29}$$

q 表示波在腔内的半波长数. 考虑在一般情况下，腔有绕射输出口，在这种情况下，$\psi\neq 2n\pi$，因此，保留 ψ 在方程中，以便能考虑 ψ 的影响，实际上就是绕射输出口对相位的影响.

在上述方程中，如果限于 $m=0$，且令

$$\begin{cases} \cos\psi=\cos 2n\pi=1 \\ \sin\psi=\sin 2n\pi=0 \end{cases} \tag{10.2.30}$$

代入方程(10.2.25)～(10.2.28)所得结果即与本篇参考文献[118]中一致，但此参考文献中未求出虚数部分.

接下来根据求得的互作用功率讨论回旋单腔管振荡器的几个特性参量. 首先考虑起振功率. 谐振腔的 Q 值定义为

$$P=-\frac{\omega W}{Q_T} \tag{10.2.31}$$

式中，Q_T 为谐振腔的总品质因数.

$$Q_T=\frac{Q_d Q_0}{Q_d+Q_0} \tag{10.2.32}$$

其中，Q_0 为固有品质因数，Q_d 为绕射品质因数. 腔中的储能为

$$W=\frac{1}{2}\int_v(\varepsilon_0\boldsymbol{E}\cdot\boldsymbol{E}^*+\mu_0\boldsymbol{H}\cdot\boldsymbol{H}^*)\mathrm{d}v \tag{10.2.33}$$

对于圆柱体谐振腔，有

$$P_{st}=\frac{\omega k_c^2\mu_0 V_0\left(1-\dfrac{m^2}{k_c^2a^2}\right)\mathrm{J}_m^2(k_c a)}{\left(1-\dfrac{q^2\lambda_0^2}{4L^2}\right)Q_T} \tag{10.2.34}$$

式中，V_0 为腔的体积：

$$V_0=\pi a^2 L \tag{10.2.35}$$

而对于同轴谐振腔，有

$$P_{st}=\frac{\omega\mu_0 k_c^4 V_0 H_m}{\left(1-\dfrac{q^2\lambda_0^2}{4L^2}\right)Q_T} \tag{10.2.36}$$

式中，H_m 的表达式在式(9.5.21)中已给出，而

$$V_0=\pi(a^2-b^2)L \tag{10.2.37}$$

起振条件则由下式给出：

$$P_{st}\leqslant-\sum_{i=1}^{4}\mathrm{Re}(P_i) \tag{10.2.38}$$

现在可利用上式计算起振电流，由于

$$\frac{\omega_p^2}{c^2}=\frac{\eta_0\mu_0}{v_z s_e\gamma}I_0 \tag{10.2.39}$$

式中，I_0 表示电子注电流. 这样，利用式(10.2.31)、式(10.2.34)等，可以求得起振电流：

$$I_{st}=\frac{\pi k_c^2 a^2 v_z \gamma\left(1-\dfrac{m^2}{k_c^2 a^2}\right)\mathrm{J}_m^2(k_c a)}{\eta_0\mu_0\left(1-\dfrac{q^2\lambda^2}{4L^2}\right)Q_{\mathrm{T}}\left[\sum\limits_{i=1}^{4}\mathrm{Re}\left(\dfrac{P_i}{A}\right)\right]} \tag{10.2.40}$$

对于同轴腔回旋管，可以求得

$$I_{st}=-\frac{\pi k_c^2 a^2 v_z \gamma\left(1-\dfrac{b}{a^2}\right)H_m}{\eta_0\mu_0\left(1-\dfrac{q^2\lambda^2}{4L^2}\right)Q_{\mathrm{T}}\left[\sum\limits_{i=1}^{4}\mathrm{Re}\left(\dfrac{P_i}{A}\right)\right]} \tag{10.2.41}$$

由于电子与波的互作用功率中包含有虚部，所以回旋管振荡器的振荡频率与谐振腔的谐振频率之间有一定的偏移. 我们来计算这种频偏. 令 ω_0 为振荡器工作频率，ω 为谐振腔的谐振频率，则频率偏移定义为

$$\Delta\omega=\omega_0-\omega \tag{10.2.42}$$

于是可以得到

$$\Delta\omega=\mathrm{Im}(P)/W \tag{10.2.43}$$

将电子与波互作用功率虚部的公式代入上式，即可求得

$$\frac{\Delta\omega}{\omega}=\frac{2\omega_p^2\left(\dfrac{R_0 r_0}{a^2}\right)\left[\sum\limits_{i=1}^{4}\left(\dfrac{\mathrm{Im}(P_i)}{A}\right)\right]\left(1-\dfrac{q^2\lambda^2}{4L^2}\right)}{k_c^2 c^2\left(1-\dfrac{m^2}{k_c^2\pi^2}\right)\mathrm{J}_m^2(k_c a)} \tag{10.2.44}$$

而对于同轴谐振腔，可以求得

$$\frac{\Delta\omega}{\omega}=\frac{2\omega_p^2\left(\dfrac{R_0 r_c}{a^2}\right)\left[\sum\limits_{i=1}^{4}\left(\dfrac{\mathrm{Im}(P_i)}{A}\right)\right]\left(1-\dfrac{q^2\lambda^2}{4L^2}\right)}{k_c^2 c^2\left(1-\dfrac{b^2}{a^2}\right)H_m} \tag{10.2.45}$$

因而振荡器实际振荡频率应确定为

$$\omega_0=\omega\left(1+\frac{\Delta\omega}{\omega}\right) \tag{10.2.46}$$

根据以上公式，可以计算出回旋单腔管振荡器的一些特性参量. 例如，利用式(10.2.40)可以计算各模式及各次回旋谐波的起振电流，借此可以确定回旋管内的模式竞争问题等.

10.3 缓变截面波导开放腔回旋单腔管的动力学理论

10.2 节中研究的回旋管，采用的是一段均匀波导组成的开放式波导谐振腔，虽然在波导的两端不可避免地有渐变以做成输出口及在电子枪一边防止功率漏失，不过起主要作用的是一段均匀波导. 在这种波导开放式谐振腔中，场沿 z 轴的分布近似正弦函数，如 10.2 节及第 7 章所述. 以后就会说明，这种场分布对于电子与波的互作用并不是很有利的. 因为当电子进入腔内互作用区时，电子密度是均匀分布的，并没有调制，在场的作用下才逐步有调制的. 从电子与波互作用的观点看来，场的最大点不应在腔的中部，宜靠近输出端，在(0.7～0.8)L 处，这里 L 是腔的总长. 因为在这些地方，电子已足够好地群聚了，与场可以有效地交换能量. 换句话说，由均匀波导段形成的开放腔内的场分布不是理想的. 为了得到较理想的场分布，可以采用缓变截面波导，即将波导截面沿 z 轴变化，以此来控制腔内的场分布.

这样，腔内场的幅值就是 z 的某种函数，这与 10.2 节所述就不一样了. 本节中，我们来研究任意缓变截

面波导开放腔的回旋管的线性动力学理论.

按第 7 章所述,在缓变截面波导谐振腔中,场矢量可表示为

$$\begin{cases}\boldsymbol{E}(u_1,u_2,z,t)=\sum\limits_{m,n}\boldsymbol{E}_{mn}(u_1,u_2,z)\mathrm{e}^{-\mathrm{j}\omega t}\\ \boldsymbol{H}(u_1,u_2,z,t)=\sum\limits_{m,n}\boldsymbol{H}_{mn}(u_1,u_2,z)\mathrm{e}^{-\mathrm{j}\omega t}\end{cases}\tag{10.3.1}$$

式中,令 u_1,u_2 表示横截面坐标,又令

$$\begin{cases}\boldsymbol{E}_{mn}(u_1,u_2,z)=\boldsymbol{E}_{mn}(u_1,u_2,k_c(z))g(z)\\ \boldsymbol{H}_{mn}(u_1,u_2,z)=\boldsymbol{H}_{mn}(u_1,u_2,k_c(z))g(z)\end{cases}\tag{10.3.2}$$ ①

式中,$\boldsymbol{E}_{mn}(u_1,u_2,k_c(z))$,$\boldsymbol{H}_{mn}(u_1,u_2,k_c(z))$为参考波导中 TE_{mn} 模式的场(参见第 7 章).

在缓变条件下,$\boldsymbol{E}_{mn}$ 及 $\boldsymbol{H}_{mn}$ 仍可按 9.4、9.5 节所述方法求得

$$\begin{cases}\boldsymbol{E}_{\perp}(u_1,u_2,z)=-\mathrm{j}\omega\mu_0\boldsymbol{e}_z\times\nabla_{\perp}\psi_{mn}\cdot g(z)\\ \boldsymbol{H}_{\perp}(u_1,u_2,z)=\dfrac{\mathrm{j}}{\omega}\dfrac{\partial\boldsymbol{E}_{\perp}}{\partial z}\times\boldsymbol{e}_z\\ \boldsymbol{H}_z(u_1,u_2,z)=k_c^2\psi_{mn}g(z)\end{cases}\tag{10.3.3}$$

式中,ψ_{mn} 满足二维波动方程

$$\nabla_{\perp}^2\psi_{mn}+k_c^2\psi_{mn}=0\tag{10.3.4}$$

及边界条件

$$\left.\frac{\partial\psi_{mn}}{\partial n}\right|_{\text{边界}}=0\tag{10.3.5}$$

而 $g(z)$满足以下的方程:

$$\frac{\mathrm{d}^2g(z)}{\mathrm{d}z^2}+k_{/\!/}^2(z)g(z)=0\tag{10.3.6}$$

对于圆柱波导,第 9 章中已指出,ψ_{mn} 为

$$\psi_{mn}=\mathrm{J}_m(k_cR)\mathrm{e}^{\mathrm{j}m\varphi}\tag{10.3.7}$$

因此,线性弗拉索夫方程的解可表示为

$$f_1=-\mathrm{e}\int_{t-z/v_{/\!/}}^{t}(\boldsymbol{E}_1'+\boldsymbol{v}'\times\boldsymbol{B}_1')\cdot\nabla_{p'}f_0\mathrm{d}t'\tag{10.3.8}$$

式中,积分核为

$$(\boldsymbol{E}_1'+\boldsymbol{v}'\times\boldsymbol{B}_1')\cdot\nabla_{p'}f_0=(-\mathrm{j}\omega\mu_0k_c)\sum_l\mathrm{J}_l'(k_cr)\mathrm{J}_{m-l}(k_cR_0)$$
$$\cdot\left\{\left[g(z')+\frac{\mathrm{j}}{\omega}\frac{\partial g(z')}{\partial z'}v_{/\!/}'\right]\frac{\partial f_0}{\partial p_{\perp}'}-\frac{\partial g(z')}{\partial z'}v_{\theta}'\frac{\partial f_0}{\partial p_{/\!/}}\right\}\mathrm{e}^{\mathrm{j}l\theta'-\mathrm{j}\omega t'+\mathrm{j}(m-l)\varphi_0}\tag{10.3.9}$$

为计算简便,我们取以下的近似假定,即在式(10.3.8)积分时,认为 k_c 与 z 无关,即在式(10.3.9)中,认为包含在函数宗量及系数中的 k_c 是一个常数.可以证明,这一近似引起的误差是很小的.这样就可求得

$$\begin{aligned}f_1=&\mathrm{j}\omega\mu_0\mathrm{e}k_c\sum\mathrm{J}_l'(k_cr)\mathrm{J}_{m-l}(k_cR_0)\mathrm{e}^{\mathrm{j}l\theta-\mathrm{j}\omega t+\mathrm{j}(m-l)\varphi_0}\cdot\int_0^z\mathrm{d}z'\frac{1}{v_{/\!/}}\left\{\left[g(z')\right.\right.\\&\left.\left.+\frac{\mathrm{j}v_{/\!/}}{\omega}\frac{\partial g(z')}{\partial z'}\right]\frac{\partial f_0}{\partial p_{\perp}}-\frac{\mathrm{j}v_{\perp}}{\omega}\frac{\partial g(z')}{\partial z'}\right\}\mathrm{e}^{\mathrm{j}(\omega-l\omega_c)(z-z')/v_{/\!/}}\end{aligned}\tag{10.3.10}$$

到目前为止,我们认为函数 $g(z)$是任意的.

为了积分上式,采用拉普拉斯积分变换的方法,对式(10.3.10)两边求变换:

①在第 7 章中用 $f(z)$,这里为了避免与分布函数混淆,改用 $g(z)$.

$$\widetilde{f}(p)=\mathscr{L}[f_1]=\mathscr{L}\{\cdots\} \tag{10.3.11}$$

式中，右边{…}表示式(10.3.10)中等号右边的全部.

式(10.3.11)包含两种变换：

$$\mathscr{L}\left\{\int_0^z \mathrm{d}z'\frac{1}{v_{/\!/}}g(z')\mathrm{e}^{\mathrm{j}(\omega-l\omega_c)(z-z')/v_{/\!/}}\right\} \tag{10.3.11a}$$

及

$$\mathscr{L}\left\{\int_0^z \mathrm{d}z'\frac{1}{v_{/\!/}}\frac{\partial g(z')}{\partial z'}\mathrm{e}^{\mathrm{j}(\omega-l\omega_c)(z-z')/v_{/\!/}}\right\} \tag{10.3.11b}$$

对于第一种情况，利用卷积公式可以得到

$$\begin{aligned}&\mathscr{L}\left\{\int_0^z \mathrm{d}z'\frac{1}{v_{/\!/}}g(z')\mathrm{e}^{\mathrm{j}(\omega-l\omega_c)(z-z')/v_{/\!/}}\right\}\\&=\mathscr{L}\left[\frac{1}{v_{/\!/}}g(z')\right]\cdot\mathscr{L}\left[\mathrm{e}^{\mathrm{j}(\omega-l\omega_c)z/v_{/\!/}}\right]\\&=\frac{G(p)/v_{/\!/}}{[p-\mathrm{j}(\omega-l\omega_c)/v_{/\!/}]}\end{aligned} \tag{10.3.12}$$

式中，

$$G(p)=\int_0^\infty \mathrm{d}z g(z)\mathrm{e}^{-pz} \tag{10.3.13}$$

而第二种情况则利用 Duhamel(杜哈梅)公式可以得到

$$\begin{aligned}&\mathscr{L}\left[\int_0^z \mathrm{d}z'\frac{1}{v_{/\!/}}\frac{\partial g(z')}{\partial z'}\mathrm{e}^{\mathrm{j}(\omega-l\omega_c)(z-z')/v_{/\!/}}\right]\\&=\frac{pG(p)/v_{/\!/}}{[p-\mathrm{j}(\omega-l\omega_c)/v_{/\!/}]}-\frac{1}{v_{/\!/}}\mathscr{L}\left[g(0)\mathrm{e}^{\mathrm{j}(\omega-l\omega_c)z/v_{/\!/}}\right]\end{aligned} \tag{10.3.14}$$

这样，式(10.3.11)可化为

$$\begin{aligned}\widetilde{f}(p)=&\mathrm{j}\omega\mu_0 e k_c\sum_l \mathrm{J}_l'(k_c r)\mathrm{J}_{m-l}(k_c R_0)\mathrm{e}^{\mathrm{j}l\theta-\mathrm{j}\omega t+\mathrm{j}(m-l)\varphi_0}\\&\cdot\frac{1}{v_{/\!/}}\left\{\left[\frac{G(p)}{p-\mathrm{j}(\omega-l\omega_c)/v_{/\!/}}+\frac{v_{/\!/}}{\omega}\frac{pG(p)}{p-\mathrm{j}(\omega-l\omega_c)/v_{/\!/}}\right.\right.\\&\left.\left.-\mathscr{L}\left[\frac{\mathrm{j}v_{/\!/}}{\omega}g(0)\mathrm{e}^{\mathrm{j}(\omega-l\omega_c)z/v_{/\!/}}\right]\right]\cdot\frac{\partial f_0}{\partial P_\perp}-\frac{\mathrm{j}v_\perp}{\omega}\left[\frac{pG(p)}{p-\mathrm{j}(\omega-l\omega_c)/v_{/\!/}}\right.\right.\\&\left.\left.-\mathscr{L}\left[g(0)\mathrm{e}^{\mathrm{j}(\omega-l\omega_c)z/v_{/\!/}}\right]\right]\cdot\frac{\partial f_0}{\partial p_{/\!/}}\right\}\end{aligned} \tag{10.3.15}$$

已知分布函数 $g(z)$后，即可求出$\widetilde{f}(p)$的解析表达式. 然后，对$\widetilde{f}(p)$进行反变换，即可求得扰动分布函数 f_1. 一般情况下，$\widetilde{f}(p)$是单值函数，且有有限个极点(见后面的举例). 因此在反演时可以利用留数定律，即可以得到

$$f_1=\sum \mathrm{Res}\{\widetilde{f}(p)\mathrm{e}^{pz}\} \tag{10.3.16}$$

式中，$\sum \mathrm{Res}\{\cdots\}$表示$\widetilde{f}(p)$在复平面上所有留数之和.

扰动分布函数求得以后，下面的计算就与 10.2 节中所述完全一样了，只是沿 z 积分时要考虑分布函数的关系.

为了说明本节所述理论的意义及方法，我们先研究一个简单的例子，即均匀波导段的情形，由于这正是上一节研究的简化模型，因此还可将由本节理论所得结果与 10.2 节所述相比较.

对于由均匀波导形成的谐振腔，为简单计，略去两端对场的影响，腔内场分布为

$$g(z)=\sin k_{/\!/} z \tag{10.3.17}$$

而且有

$$g(0)=0 \tag{10.3.18}$$

代入式(10.3.13)得到

$$G(p)=\int_0^{\infty}\sin k_{/\!/} z\mathrm{e}^{-pz}\mathrm{d}z=\frac{k_{/\!/}}{(p-\mathrm{j}k_{/\!/})(p+\mathrm{j}k_{/\!/})} \tag{10.3.19}$$

再由式(10.3.14)得到

$$\mathscr{L}\left[\int_0^z \mathrm{d}z'\frac{1}{v_{/\!/}}\frac{\partial g(z')}{\partial z'}\mathrm{e}^{\mathrm{j}(\omega-l\omega_c)(z-z')/v_{/\!/}}\right]=\frac{pk_{/\!/}/v_{/\!/}}{(p-\mathrm{j}k_{/\!/})(p+\mathrm{j}k_{/\!/})[p-\mathrm{j}(\omega-l\omega_c)/v_{/\!/}]} \tag{10.3.20}$$

这样就可求得扰动分布函数 f_1 的拉普拉斯变换式为

$$\begin{aligned}\widetilde{f}=&\mathrm{j}\omega\mu_0 k_c e\sum_l \mathrm{J}_l'(k_c r)\mathrm{J}_{m-l}(k_c R_0)\mathrm{e}^{\mathrm{j}l\theta-\mathrm{j}\omega t+\mathrm{j}(m-l)\varphi_0}\\&\cdot\frac{1}{v_{/\!/}}\left[\frac{k_{/\!/}}{(p-\mathrm{j}k_{/\!/})(p+\mathrm{j}k_{/\!/})(p-\mathrm{j}(\omega-l\omega_c)/v_{/\!/})}\right]\\&\cdot\left[\left(1+\frac{\mathrm{j}pv_{/\!/}}{\omega}\right)\frac{\partial f_0}{\partial p_\perp}-\frac{\mathrm{j}pv_\perp}{\omega}\frac{\partial f_0}{\partial p_{/\!/}}\right]\end{aligned} \tag{10.3.21}$$

由上式可知，$\widetilde{f}$ 在复平面 p 上有三个孤立奇点，即

$$p_1=\mathrm{j}k_{/\!/},p_2=-\mathrm{j}k_{/\!/},p_3=\mathrm{j}(\omega-l\omega_c)/v_{/\!/}$$

在求 $\widetilde{f}$ 的反演时，取围道积分如图 10.3.1 所示.

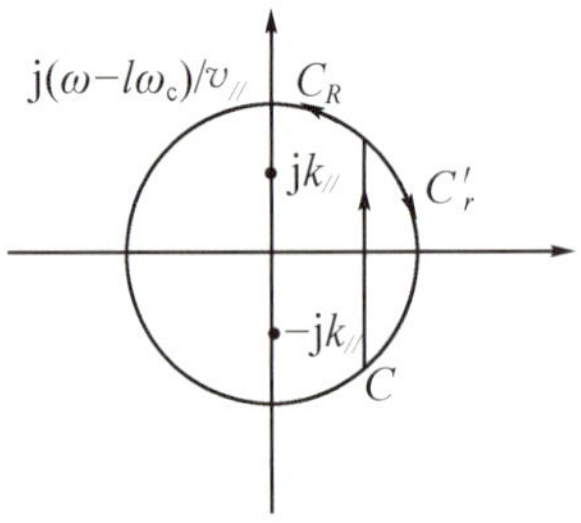

图 10.3.1　缓变截面谐振腔 $\widetilde{f}$ 在 p 平面上的孤立奇点

$$f_1=\frac{1}{2\pi}\int_{\sigma-\mathrm{j}\infty}^{\sigma+\mathrm{j}\infty}\widetilde{f}(p)\mathrm{e}^{-pz}\mathrm{d}p \tag{10.3.22}$$

于是按留数定律可以得到

$$\begin{aligned}f_1=&\sum\mathrm{Res}\{\widetilde{f}(p)\mathrm{e}^{pz}\}\\=&-\omega\mu_0 ek_c\sum_l \mathrm{J}_l'(k_c r)\mathrm{J}_{m-l}(k_c R_0)\cdot\mathrm{e}^{\mathrm{j}l\theta-\mathrm{j}\omega t+\mathrm{j}(m-l)\varphi_0}\left\{\frac{1}{(\omega-k_{/\!/}v_{/\!/}-l\omega_c)}\right.\\&\cdot\left[\left(1-\frac{k_{/\!/}v_{/\!/}}{\omega}\right)\frac{\partial f_0}{\partial p_\perp}+\frac{k_{/\!/}v_\perp}{\omega}\frac{\partial f_0}{\partial p_{/\!/}}\right]\cdot(1-\mathrm{e}^{\mathrm{j}(\omega-k_{/\!/}v_{/\!/}-l\omega_c)z/v_{/\!/}})\mathrm{e}^{\mathrm{j}k_{/\!/}z}\\&-\frac{1}{(\omega+k_{/\!/}v_{/\!/}-l\omega_c)}\cdot\left[\left(1+\frac{k_{/\!/}v_{/\!/}}{\omega}\right)\frac{\partial f_0}{\partial p_\perp}-\frac{k_{/\!/}v_\perp}{\omega}\frac{\partial f_0}{\partial p_{/\!/}}\right]\\&\left.\cdot[1\cdot-\mathrm{e}^{\mathrm{j}(\omega+k_{/\!/}v_{/\!/}-l\omega_c)z/v_{/\!/}}]\mathrm{e}^{-\mathrm{j}k_{/\!/}z}\right\}\end{aligned} \tag{10.3.23}$$

所得到的扰动分布函数 f_1 的表示式与方程(10.2.5)至方程(10.2.9)完全相同.因此以后的计算也就不必再进行了，因为就是上节所得的结果.由此还可看到，本节所提出的理论可以更简洁地给出全部结果.

下面我们研究高斯分布的情况.因为一般认为，如果在腔内的场分布是高斯分布函数形式，则可以得到

较大的效率. 于是有

$$g(z)=\mathrm{e}^{-(Bz/L-A)^2} \tag{10.3.24}$$

式中,A,B 为两个常数,由场分布的具体形状确定. 例如,当 $A=2.37$,$B=3.16$ 时,方程(10.3.24)所表示的曲线如图 10.3.2 所示.

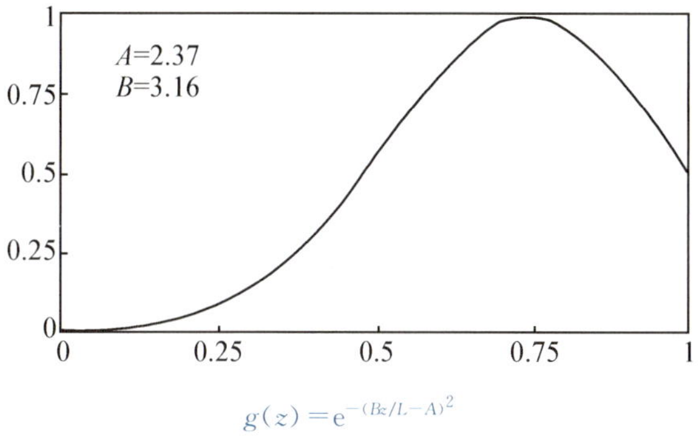

图 10.3.2　腔体场纵向分布形状

如上所述,为了求此种高斯分布场引起的扰动分布函数,需求此函数的拉普拉斯变换,于是有

$$G(p)=\int_0^{\infty}\mathrm{e}^{-(hz-A)^2}\mathrm{e}^{-pz}\mathrm{d}z$$

$$=\mathrm{e}^{\left[\left(A-\frac{p}{2h}\right)^2-A^2\right]}\frac{\sqrt{\pi}}{2h}\mathrm{erfc}\left[-\left(A-\frac{p}{2h}\right)\right] \tag{10.3.25}$$

式中,令

$$h=B/L \tag{10.3.26}$$

而 erfc(z)表示余误差函数. 由于

$$g(0)=\mathrm{e}^{-A^2} \tag{10.3.27}$$

因此,又有

$$\mathscr{L}\left[g(0)\mathrm{e}^{\mathrm{j}(\omega-l\omega_c)z/v_{/\!/}}\right]=\frac{\mathrm{e}^{-A^2}}{\left[p-\mathrm{j}(\omega-l\omega_c)/v_{/\!/}\right]} \tag{10.3.28}$$

将式(10.3.25)至式(10.3.28)代入式(10.3.21)可以得到

$$\widetilde{f}(p)=\mathrm{j}\omega\mu_0 ek_c\sum_l \mathrm{J}_l'(k_c r)\mathrm{J}_{m-l}(k_c R_0)\mathrm{e}^{\mathrm{j}l\theta-\mathrm{j}\omega l+\mathrm{j}(m-l)\varphi_0}$$

$$\cdot\frac{1}{v_{/\!/}}\left\{\frac{\mathrm{e}^{\left[\left(A-\frac{p}{2h}\right)^2-A^2\right]}\frac{\sqrt{\pi}}{2h}\mathrm{erfc}\left[-\left(A-\frac{p}{2h}\right)\right]}{\left[p-\mathrm{j}(\omega-l\omega_c)/v_{/\!/}\right]}\left[\left(1+\frac{\mathrm{j}pv_{/\!/}}{\omega}\right)\frac{\partial f_0}{\partial p_\perp}\right.\right.$$

$$\left.\left.-\frac{\mathrm{j}pv_\perp}{\omega}\frac{\partial f_0}{\partial p_{/\!/}}\right]-\frac{\mathrm{e}^{-A^2}}{\left[p-\mathrm{j}(\omega-l\omega_c)/v_{/\!/}\right]}\left[\frac{\mathrm{j}v_{/\!/}}{\omega}\frac{\partial f_0}{\partial p_\perp}-\frac{\mathrm{j}v_\perp}{\omega}\frac{\partial f_0}{\partial p_{/\!/}}\right]\right\} \tag{10.3.29}$$

式(10.3.29)表明,$\widetilde{f}(p)$是 p 的单值函数,而且只有一个孤立奇点. 于是由留数定律可以求得 $\widetilde{f}(p)$的反演,即扰动分布函数:

$$f_1=\mathrm{j}\omega\mu_0 ek_c\sum_l \mathrm{J}_l'(k_c r)\mathrm{J}_{m-l}(k_c R_0)\mathrm{e}^{\mathrm{j}l\theta-\mathrm{j}\omega t+\mathrm{j}(m-l)\varphi_0}$$

$$\cdot\frac{1}{v_{/\!/}}\left\{\mathrm{e}\left[A-\frac{\mathrm{j}(\omega-l\omega_c)v_{/\!/}}{2h}\right]^2-A^2\cdot\frac{\sqrt{\pi}}{2h}\mathrm{erfc}\left[-\left(A-\frac{\mathrm{j}(\omega-l\omega_c)/v_{/\!/}}{2h}\right)\right]\right.$$

$$\cdot\left[\left(1-\frac{v_{/\!/}(\omega-l\omega_c)/v_{/\!/}}{\omega}\right)\frac{\partial f_0}{\partial p_\perp}+\frac{v_\perp}{\omega}\frac{(\omega-l\omega_c)}{v_{/\!/}}\frac{\partial f_0}{\partial p_{/\!/}}\right]$$

$$\left.-\mathrm{je}^{-A^2}\left[\frac{v_{/\!/}}{\omega}\frac{\partial f_0}{\partial p_\perp}-\frac{v_\perp}{\omega}\frac{\partial f_0}{\partial p_{/\!/}}\right]\right\}\mathrm{e}^{\mathrm{j}(\omega-l\omega_c)z/v_{/\!/}} \tag{10.3.30}$$

有了扰动分布函数 f_1 后，就可按上一节所述方法，求扰动电流及电子与波的互作用功率：

$$\begin{cases} \boldsymbol{J}_1 = e\int f_1 \boldsymbol{v} \mathrm{d}^3 p \\ p = \int_0^L \mathrm{d}z \int_s \boldsymbol{E}_1 \cdot \boldsymbol{J}_1^* \mathrm{d}s \end{cases} \tag{10.3.31}$$

经过较复杂的运算后，可以求得电子与波的互作用功率：

$$P = \mathrm{Re}(P) + \mathrm{jIm}(P) \tag{10.3.32}$$

式中

$$\begin{aligned} \mathrm{Re}(P) = & 2\pi R_0 r_c L\omega\mu_0 k_c^2 \frac{\omega_p^2}{c^2} \sum_l \left\{ \left[\frac{Q_p l\omega_c L}{Bv_{/\!/}} - \frac{\beta_{\perp 0}^2 W_p V}{v_{/\!/}^2} 2c^2 \right] \right. \\ & \cdot \frac{\pi\sqrt{\pi}}{4B} \mathrm{e}^{-\frac{V^2}{2B^2}} \mathrm{Re}(1) + \frac{\beta_{\perp 0}^2 W_p L^2}{B^2 v_{/\!/}^2} [\omega^2 - c^2(\omega - l\omega_c)^2 / v_{/\!/}^2] \frac{\sqrt{\pi}}{4B} \mathrm{e}^{-\frac{V^2}{4B^2}} \mathrm{e}^{-(B-A)^2} \\ & \cdot [\sin V\mathrm{Re}(3) + \cos V\mathrm{Im}(3)] + \left[Q_p - \frac{\beta_{\perp 0}^2 W_p c^2 V}{v_{/\!/}^2} \left(\frac{V^2}{2B^2} - 1 \right) \right] \frac{\sqrt{\pi}}{2B} \mathrm{e}^{-\frac{V^2}{2B^2}} \\ & \left. \cdot \mathrm{e}^{-A^2} \mathrm{Re}(2) + \frac{\beta_{\perp 0}^2 W_p c^2 V}{v_{/\!/}^2} \frac{1}{2B^2} \mathrm{e}^{-A^2} [\mathrm{e}^{-(B-A)^2} \sin V - A\sqrt{\pi} \mathrm{e}^{-\frac{V^2}{4B^2}} \mathrm{Im}(2)] \right\} \end{aligned} \tag{10.3.33}$$

$$\begin{aligned} \mathrm{Im}(P) = & 2\pi R_0 r_c L\omega\mu_0 k_c^2 \frac{\omega_p^2}{c^2} \sum_l \left\{ \left(\frac{Q_p l\omega_c L}{Bv_{/\!/}} - \frac{\beta_{\perp 0}^2 W_p V}{v_{/\!/}^2} \cdot 2c^2 \right) \right. \\ & \cdot \frac{\pi\sqrt{\pi}}{4B} \mathrm{e}^{-\frac{V}{2B^2}} \mathrm{Im}(1) + \frac{\beta_{\perp 0}^2 W_p L}{B^2 v_{/\!/}^2} [\omega^2 - c^2(\omega - l\omega_c)^2 / v_{/\!/}^2] \frac{\sqrt{\pi}}{4B} [\mathrm{e}^{-A^2} \\ & - \mathrm{e}^{-(B-A)^2} (\cos V\ \mathrm{Re}(3) - \sin V\ \mathrm{Im}(3))] + \left[Q_p - \frac{\beta_{\perp 0}^2 W_p c^2}{v_{/\!/}^2} \left(\frac{V^2}{2B^2} - 1 \right) \right] \\ & \cdot \frac{\sqrt{\pi}}{2B} \mathrm{e}^{-\frac{V^2}{2B^2}} \mathrm{e}^{-A^2} \mathrm{Im}(2) + \frac{\beta_{\perp 0}^2 W_p c^2 V}{v_{/\!/}^2} \frac{1}{2B^2} \mathrm{e}^{-A^2} [\mathrm{e}^{-A^2} - \mathrm{e}^{-(B-A)^2} \cos V \\ & \left. + A\sqrt{\pi} \mathrm{e}^{-\frac{V}{4B^2}} \mathrm{Re}(2)] \right\} \end{aligned} \tag{10.3.34}$$

式中

$$V = (\omega - l\omega_c) L / v_{/\!/} \tag{10.3.35}$$

$$\begin{aligned} \mathrm{Re}(1) = & \left[1 - \mathrm{Re\ erf}\left(-A + \mathrm{j}\frac{V}{2B} \right) \right] \cdot \left[\mathrm{Re\ erf}\left(A + \mathrm{j}\frac{V}{2B} \right) + \mathrm{Re\ erf}\left(B - A - \mathrm{j}\frac{V}{2B} \right) \right] \\ & - \left[\mathrm{Im\ erf}\left(-A + \mathrm{j}\frac{V}{2B} \right) \right] \left[\mathrm{Im\ erf}\left(A + \mathrm{j}\frac{V}{2B} \right) + \mathrm{Im\ erf}\left(B - A - \mathrm{j}\frac{V}{2B} \right) \right] \end{aligned} \tag{10.3.36}$$

$$\begin{aligned} \mathrm{Im}(1) = & \mathrm{Im\ erf}\left(-A + \mathrm{j}\frac{V}{2B} \right) \left[\mathrm{Re\ erf}\left(A + \mathrm{j}\frac{V}{2B} \right) + \mathrm{Re\ erf}\left(B - A - \mathrm{j}\frac{V}{2B} \right) \right] \\ & + \left[1 - \mathrm{Re\ erf}\left(-A + \mathrm{j}\frac{V}{2B} \right) \right] \left[\mathrm{Im\ erf}\left(A + \mathrm{j}\frac{V}{2B} \right) + \mathrm{Im\ erf}\left(B - A - \mathrm{j}\frac{V}{2B} \right) \right] \end{aligned} \tag{10.3.37}$$

$$\begin{aligned} \mathrm{Re}(2) = & \cos\left(\frac{A}{B} V \right) \left[\mathrm{Re\ erf}\left(A + \mathrm{j}\frac{V}{2B} \right) + \mathrm{Re\ erf}\left(B - A - \mathrm{j}\frac{V}{2B} \right) \right] \\ & - \sin\left(\frac{A}{B} V \right) \left[\mathrm{Im\ erf}\left(A + \mathrm{j}\frac{V}{2B} \right) + \mathrm{Re\ erf}\left(B - A - \mathrm{j}\frac{V}{2B} \right) \right] \end{aligned} \tag{10.3.38}$$

$$\begin{aligned} \mathrm{Im}(2) = & \sin\left(\frac{A}{B} V \right) \left[\mathrm{Re\ erf}\left(A + \mathrm{j}\frac{V}{2B} \right) + \mathrm{Re\ erf}\left(B - A - \mathrm{j}\frac{V}{2B} \right) \right] \\ & + \cos\left(\frac{A}{B} V \right) \left[\mathrm{Im\ erf}\left(A + \mathrm{j}\frac{V}{2B} \right) + \mathrm{Im\ erf}\left(B - A - \mathrm{j}\frac{V}{2B} \right) \right] \end{aligned} \tag{10.3.39}$$

$$\mathrm{Re}(3)=\cos\left(\frac{A}{B}V\right)\left[1-\mathrm{Re\ erf}\left(-A+\mathrm{j}\,\frac{V}{2B}\right)\right]$$

$$-\sin\left(\frac{A}{B}V\right)\mathrm{Im\ erf}\left(-A+\mathrm{j}\,\frac{V}{2B}\right) \tag{10.3.40}$$

$$\mathrm{Im}(3)=\sin\left(\frac{A}{B}V\right)\left[1-\mathrm{Re\ erf}\left(-A+\mathrm{j}\,\frac{V}{2B}\right)\right]$$

$$+\cos\left(\frac{A}{B}V\right)\mathrm{Im\ erf}\left(-A+\mathrm{j}\,\frac{V}{2B}\right) \tag{10.3.41}$$

而 $\mathrm{erf}(z)$表示误差函数.

腔体储能：

$$W=\frac{1}{2}\varepsilon_0\int_V|E_{\max}|^2\mathrm{d}V=2\sqrt{\pi}\left(\frac{\omega}{c}\right)^2\frac{(k_\mathrm{c}a)^2}{c^2\varepsilon_0}K_E[\mathrm{erf}(\sqrt{2}A)+\mathrm{erf}(\sqrt{2}B-\sqrt{2}A)] \tag{10.3.42}$$

可以导出起振电流：

$$I_{st}Q_\mathrm{T}=\frac{2\sqrt{\pi}v_{/\!/}ra^2}{\eta_0\mu_0 L\,\overline{\mathrm{Re}(P)}}\left(\frac{\omega}{c}\right)^2K_E[\mathrm{erf}(\sqrt{2}A)+\mathrm{erf}(\sqrt{2}B-\sqrt{2}A)] \tag{10.3.43}$$

在线性工作范围内的频偏为

$$\frac{\Delta\omega}{\omega}=\frac{\mathrm{Im}(P)}{\omega W}=\frac{\sqrt{\pi}R_0r_\mathrm{c}L\omega_p^2\,\overline{\mathrm{Im}(P)}}{\omega^2a^2K_E[\mathrm{erf}(\sqrt{2}A)+\mathrm{erf}(\sqrt{2}B-\sqrt{2}A)]} \tag{10.3.44}$$

在起振点的频偏为

$$\frac{\Delta\omega}{\omega}=\frac{\overline{\mathrm{Im}(P)}}{\overline{\mathrm{Re}(P)}}\cdot\frac{1}{Q_\mathrm{T}} \tag{10.3.45}$$

$$Q_\mathrm{T}=\frac{Q_0Q_\mathrm{d}}{Q_0+Q_\mathrm{d}} \tag{10.3.46}$$

式中，W_p，Q_p 与 10.2 节中所述相同，而

$$K_E=\left(1-\frac{m^2}{k_\mathrm{c}^2h^2}\right)\mathrm{J}_m^2(k_\mathrm{c}a) \tag{10.3.47}$$

利用本节所提供的方法，还可研究如图 10.3.3 所示的系统. 该系统相当于一段均匀波导开放式谐振腔，靠电子枪一端为截止段，而输出端存在一定的反射. 这样分布函数$g(z)$可写为

$$g(z)=\mathrm{e}^{\mathrm{j}k_{/\!/}z}+\Gamma'\mathrm{e}^{-\mathrm{j}k_{/\!/}z} \tag{10.3.48}$$

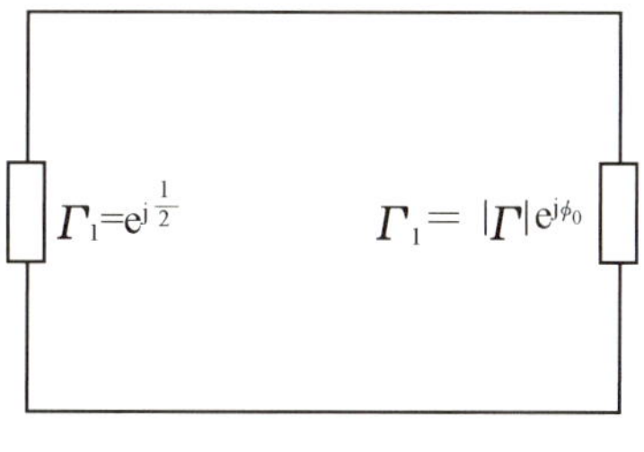

图 10.3.3　均匀波导开放式谐振腔的等效电路

式中

$$\Gamma'=|\Gamma|\,\mathrm{e}^{\mathrm{j}\phi} \tag{10.3.49}$$

于是，可以求得

$$G(p)=\frac{1}{(p-\mathrm{j}k_{/\!/})}+|\Gamma|\,\mathrm{e}^{\mathrm{j}\phi_0}\frac{1}{(p+\mathrm{j}k_{/\!/})} \tag{10.3.50}$$

及

$$\mathscr{L}[g(0)\mathrm{e}^{\mathrm{j}(\omega-l\omega_\mathrm{c})z/v_{/\!/}}]=[1+|\Gamma|\,\mathrm{e}^{\mathrm{j}\phi_0}]\frac{1}{[p-\mathrm{j}(\omega-l\omega_\mathrm{c})/v_{/\!/}]} \tag{10.3.51}$$

代入式(10.3.21)即可求得

$$\widetilde{f}_0(p)=\mathrm{j}\omega\mu_0 ek_c\sum_l \mathrm{J}_l'(k_c r)\mathrm{J}_{m-l}(k_c R_0)\mathrm{e}^{\mathrm{j}l\theta-\mathrm{j}\omega t+\mathrm{j}(m-l)\varphi_0}$$
$$\cdot\frac{1}{v_{/\!/}}\left\{\frac{1}{[p-\mathrm{j}(\omega-l\omega_c)/v_{/\!/}]}\left[\left(\frac{1}{(p-\mathrm{j}k_{/\!/})}\right.\right.\right.$$
$$\left.+|\Gamma|\mathrm{e}^{\mathrm{j}\phi_0}\frac{1}{(p+\mathrm{j}k_{/\!/})}\right)\left(1+\frac{\mathrm{j}pv_{/\!/}}{\omega}\right)-\frac{\mathrm{j}v_{/\!/}}{\omega}(1+|\Gamma|\mathrm{e}^{\mathrm{j}\phi_0})\left]\frac{\partial f_0}{\partial p_\perp}\right.$$
$$-\frac{1}{[p-(\omega-l\omega_c)/v_{/\!/}]}\times\left[\frac{\mathrm{j}pv_\perp}{\omega}\left(\frac{1}{(p-\mathrm{j}k_{/\!/})}+|\Gamma|\mathrm{e}^{\mathrm{j}\phi_0}\frac{1}{(p+\mathrm{j}k_{/\!/})}\right)\right.$$
$$\left.\left.-\frac{\mathrm{j}v_\perp}{\omega}(1+|\Gamma|\mathrm{e}^{\mathrm{j}\phi_0})\right]\frac{\partial f_0}{\partial p_{/\!/}}\right\} \tag{10.3.52}$$

可见,式(10.3.52)所表示的$\widetilde{f}(p)$同样有三个孤立奇点:

$$p_1=\mathrm{j}k_{/\!/}$$
$$p_2=-\mathrm{j}k_{/\!/}$$
$$p_3=\mathrm{j}(\omega-l\omega_c)/v_{/\!/}$$

按同样方法可以求得

$$f_1=-\omega\mu_0 ek_c\sum_l \mathrm{J}_l'(k_c r)\mathrm{J}_{m-l}(k_c R_0)\mathrm{e}^{\mathrm{j}l\theta-\mathrm{j}\omega t+\mathrm{j}(m-l)\varphi_0}$$
$$\cdot\left\{\frac{1-\mathrm{e}^{\mathrm{j}(\omega-k_{/\!/}v_{/\!/}-l\omega_c)z/v_{/\!/}}}{\omega-k_{/\!/}v_{/\!/}-l\omega_c}\left[\left(1-\frac{k_{/\!/}v_{/\!/}}{\omega}\right)\frac{\partial f_0}{\partial p_\perp}+\frac{k_{/\!/}v_\perp}{\omega}\frac{\partial f_0}{\partial p_{/\!/}}\right]\mathrm{e}^{\mathrm{j}k_{/\!/}z}\right.$$
$$\left.+\frac{|\Gamma|\mathrm{e}^{\mathrm{j}\varphi_0}(1-\mathrm{e}^{\mathrm{j}(\omega+k_{/\!/}v_{/\!/}-l\omega_c)z/v_{/\!/}})}{\omega+k_{/\!/}v_{/\!/}-l\omega_c}\left[\left(1+\frac{k_{/\!/}v_{/\!/}}{\omega}\right)\frac{\partial f_0}{\partial p_\perp}-\frac{k_{/\!/}v_\perp}{\omega}\frac{\partial f_0}{\partial p_{/\!/}}\right]\mathrm{e}^{-\mathrm{j}k_{/\!/}z}\right\} \tag{10.3.53}$$

最后求得的互作用功率为

$$\left\{\begin{aligned}
\mathrm{Re}(P_1)=&A\sum_l\left\{\beta_{\perp0}^2W_p\frac{1}{\Delta^3}\frac{L^2}{v_{/\!/}^2}\Big[(\omega^2-k_{/\!/}c^2)(\Delta\sin\Delta-2(1-\cos\Delta))\right.\\
&\left.-k_{/\!/}c^2\frac{\Delta}{L}(\Delta\sin\Delta-(1-\cos\Delta))\Big]+Q_p\frac{1}{\Delta^2}\frac{L}{v_{/\!/}}(\omega-k_{/\!/}v_{/\!/})(1-\cos\Delta)\right\}\\
\mathrm{Re}(P_2)=&A|\Gamma|^2\sum_l\left\{\beta_{\perp0}^2W_p\frac{1}{\Delta'^3}\frac{L^2}{v_{/\!/}^2}\Big[(\omega^2-k_{/\!/}^2c^2)(\Delta'\sin\Delta'-2(1-\cos\Delta'))\right.\\
&\left.+k_{/\!/}c^2\frac{\Delta'}{L}(\Delta'\sin\Delta'-(1-\cos\Delta'))\Big]+Q_p\frac{1}{\Delta'^2}\frac{L}{v_{/\!/}}(\omega+k_{/\!/}v_{/\!/})(1-\cos\Delta')\right\}\\
\mathrm{Re}(P_3)=&A|\Gamma|\sum_l\left\{\beta_{\perp0}^2W_p\frac{1}{\Delta^2\Delta'}\frac{L^2}{v_{/\!/}^2}\Big[(\omega^2-k_{/\!/}^2c^2)\Big(\frac{\Delta'}{\psi}(\cos\phi_0-\cos(\psi-\phi_0))\right.\\
&-\left(1+\frac{\Delta}{\Delta'}\right)(\cos\phi_0-\cos(\Delta'-\phi_0))+\Delta\sin(\Delta'-\phi_0)\Big)+k_{/\!/}c^2\frac{\Delta}{L}\Big(\frac{\Delta}{\Delta'}(\cos\phi_0\\
&-\cos(\Delta'-\phi_0))-\Delta\sin(\Delta'-\phi_0)\Big)\Big]-Q_p\frac{L}{\Delta\Delta'v_{/\!/}}(\omega-k_{/\!/}v_{/\!/})\Big[\frac{\Delta'}{\psi}(\cos\phi_0\\
&\left.-\cos(\psi-\phi_0))-(\cos\phi_0-\cos(\Delta'-\phi_0))\Big]\right\}\\
\mathrm{Re}(P_4)=&A|\Gamma|\sum_l\left\{\beta_{\perp0}^2W_p\frac{1}{\Delta\Delta'^2}\frac{L^2}{v_{/\!/}^2}\Big[(\omega^2-k_{/\!/}c^2)\Big(-\frac{\Delta}{\psi}(\cos\phi_0-\cos(\psi-\phi_0))\right.\\
&-\left(1+\frac{\Delta'}{\Delta}\right)(\cos\phi_0-\cos(\Delta+\phi_0))+\Delta'\sin(\Delta+\phi_0)\Big)-k_{/\!/}c^2\frac{\Delta'}{L}\Big(\frac{\Delta'}{\Delta}(\cos\phi_0\\
&-\cos(\Delta+\phi_0))-\Delta'\sin(\Delta+\phi_0)\Big)\Big]-Q_p\frac{1}{\Delta\Delta'}\frac{L}{v_{/\!/}}(\omega+k_{/\!/}v_{/\!/})\Big[-\frac{\Delta}{\psi}(\cos\phi_0\\
&\left.-\cos(\psi+\phi_0))-(\cos\phi_0-\cos(\Delta+\phi_0))\Big]\right\}
\end{aligned}\right. \tag{10.3.54}$$

$$
\left\{
\begin{aligned}
\mathrm{Im}(P_1) &= A\sum_l\Big\{\beta_{\perp0}^2\frac{W_p}{\Delta^3}\frac{L^2}{v_{/\!/}^2}\Big[(\omega^2-k_{/\!/}^2c^2)(2\sin\Delta-\Delta(1+\cos\Delta)) \\
&\quad -k_{/\!/}c^2\frac{\Delta}{L}(\sin\Delta-\Delta\cos\Delta)\Big]-Q_p\frac{1}{\Delta^2}\frac{L}{v_{/\!/}}(\omega-k_{/\!/}c_{/\!/})(\sin\Delta-\Delta)\Big\} \\
\mathrm{Im}(P_2) &= A|\Gamma|^2\sum_l\Big\{\beta_{\perp0}^2W_p\frac{1}{\Delta'^3}\frac{L^2}{v_{/\!/}^2}\Big[(\omega^2-k_{/\!/}^2c^2)(2\sin\Delta'-\Delta'(1+\cos\Delta')) \\
&\quad +k_{/\!/}c^2\frac{\Delta'}{L}(\sin\Delta'-\Delta'\cos\Delta')\Big]-Q_p\frac{1}{\Delta'^2}\frac{L}{v_{/\!/}}(\omega+k_{/\!/}v/\!/)(\sin\Delta'-\Delta')\Big\} \\
\mathrm{Im}(P_3) &= A|\Gamma|\sum_l\Big\{\beta_{\perp0}^2W_p\frac{L^2}{\Delta^2\Delta'v_{/\!/}^2}\Big[(\omega^2-k_{/\!/}^2c^2)\Big(-\frac{\Delta'}{\psi}(\sin\phi_0+\sin(\psi-\phi_0)) \\
&\quad +\Big(1+\frac{\Delta}{\Delta'}\Big)(\sin\phi_0+\sin(\Delta'-\phi_0))-\Delta\cos(\Delta'-\phi_0)\Big)-k_{/\!/}c^2\frac{\Delta}{L}\Big(\frac{\Delta}{\Delta'}(\sin\phi_0 \\
&\quad +\sin(\Delta'-\phi_0))-\Delta\cos(\Delta'-\phi_0)\Big)\Big]+Q_p\frac{1}{\Delta\Delta'}\frac{L}{v_{/\!/}}(\omega-k_{/\!/}v_{/\!/})\Big[\frac{\Delta'}{\psi}(\sin\phi_0 \\
&\quad +\sin(\psi-\phi_0))-(\sin\phi_0+\sin(\Delta'-\phi_0))\Big]\Big\} \\
\mathrm{Im}(P_4) &= A|\Gamma|\sum_l\Big\{\beta_{\perp0}^2W_p\frac{1}{\Delta\Delta'^2}\frac{L^2}{v_{/\!/}^2}\Big[(\omega^2-k_{/\!/}^2c^2)\Big(-\frac{\Delta}{\psi}\Big(\sin\phi_0+\sin(\psi-\phi_0)\Big) \\
&\quad -\Big(1+\frac{\Delta'}{\Delta}\Big)(\sin\phi_0-\sin(\Delta+\phi_0))-\Delta'\cos(\Delta+\phi_0)\Big)-k_{/\!/}c^2\frac{\Delta'}{L}\Big(\frac{\Delta'}{\Delta}(\sin\phi_0 \\
&\quad -\sin(\Delta+\phi_0))+\Delta'\cos(\Delta+\phi_0)\Big)\Big)\Big]+Q_p\frac{1}{\Delta\Delta'}\frac{L}{v_{/\!/}}(\omega-k_{/\!/}v_{/\!/})\Big[\frac{\Delta}{\psi}(\sin\phi_0 \\
&\quad +\sin(\psi-\phi_0))+(\sin\phi_0-\sin(\Delta+\phi_0))\Big]\Big\}
\end{aligned}
\right.
\tag{10.3.55}
$$

式中，A, W_p, Q_p, K_E 与前面所述相同. 而

$$
\begin{aligned}
\Delta &= (\omega-k_{/\!/}v_{/\!/}-l\omega_c)L/v_{/\!/} \\
\Delta' &= (\omega+k_{/\!/}v_{/\!/}-l\omega_c)L/v_{/\!/}
\end{aligned}
\tag{10.3.56}
$$

对以上所求得的方程进行数值计算，结果如图 10.3.4 至图 10.3.12 所示.

图 10.3.4 和图 10.3.5 为互作用功率的计算曲线，曲线表示各相应分量(P_1, P_2, P_3, P_4)，实数表示总互作用功率. 图 10.3.6 表示频偏的计算曲线. 图 10.3.7 至图 10.3.11 则为起振电流的计算曲线.

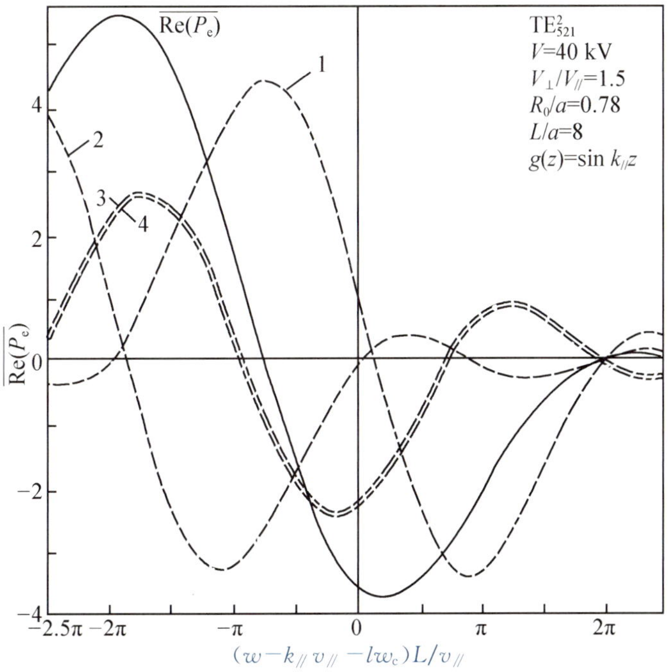

图 10.3.4　互作用功率与相位的关系

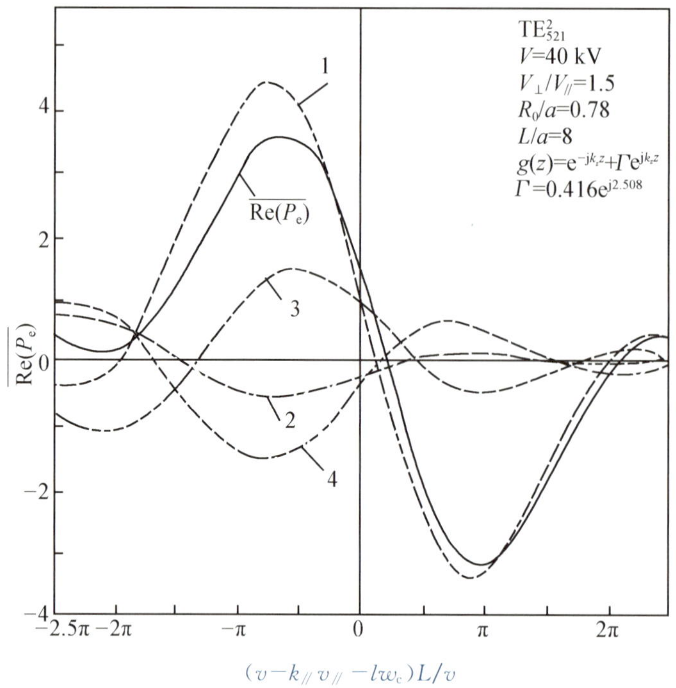

图 10.3.5　互作用功率与相位的关系

起振电流的大小，对于模式竞争有很大的影响. 理论和实验表明，对于任何一种振荡器来讲，一旦某种振荡建立之后，就能有效地抑制其他模式的激起. 或者说，当有某一振荡模式稳定建立之后，其他模式的起振电流就大为提高. 因此研究不同模式的起振电流对于克服模式竞争是很重要的.

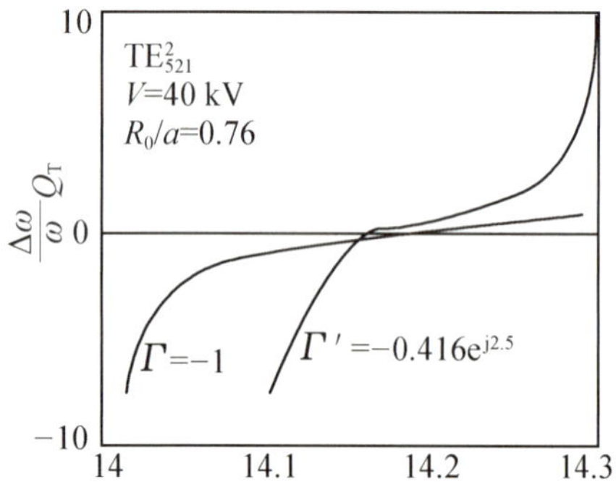

图 10.3.6　场纵向分布函数对频偏的影响

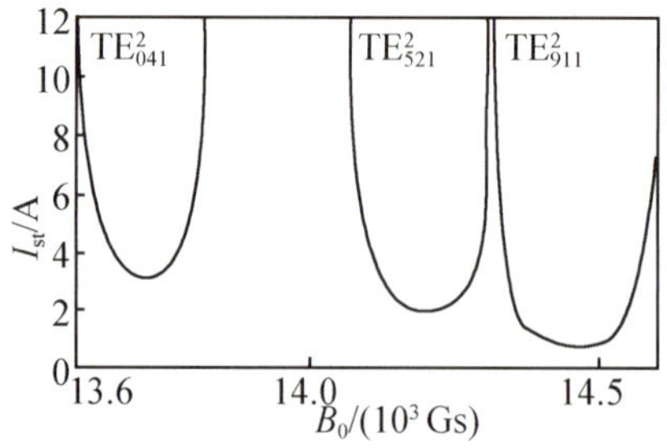

图 10.3.7　不同 m、n 模式的起振电流与磁场关系曲线($R_0/a=0.76$)

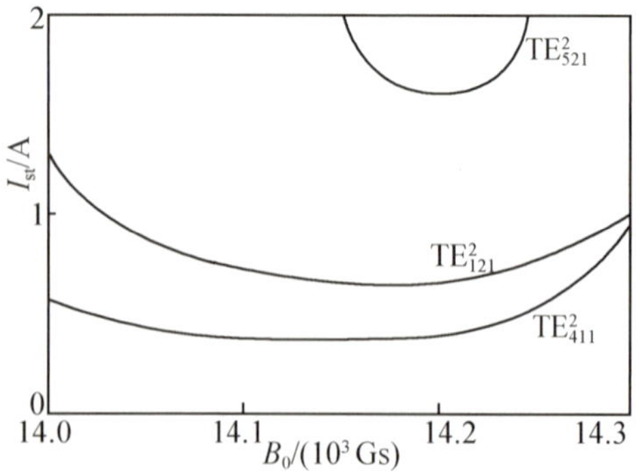

图 10.3.8　不同回旋谐波次数对起振电流的影响

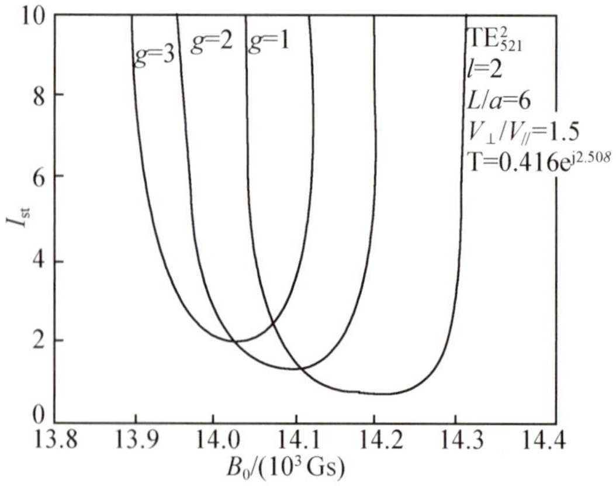

图 10.3.9　不同 Q 值对起振电流的影响

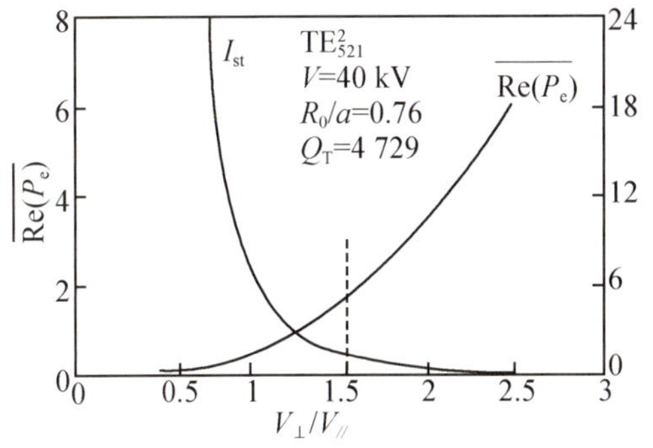

图 10.3.10　互作用功率、起振电流与 $V_\perp/V_{/\!/}$ 的关系

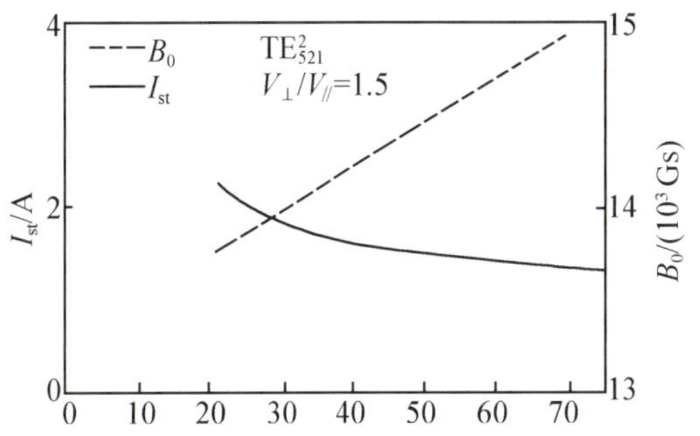

图 10.3.11　工作电压对起振电流、磁场的影响

图 10.3.7 至图 10.3.12 表示起振电流与场分布、$\alpha=\beta_\perp/\beta_{/\!/}$、电压、磁场的关系，图 10.3.13 则将不同模式的起振电流曲线绘在同一图上，由此可以看到各模式的竞争情况. 在此图中，我们希望工作在 TE_{521} 模式二次回旋谐波上. 我们看到最危险的竞争模式为 TE_{412} 一次谐波及 TE_{111} 一次谐波. 因此，抑制这两个模式就是关键问题. 这可以通过选择电子注平均半径 R_0 等来解决.

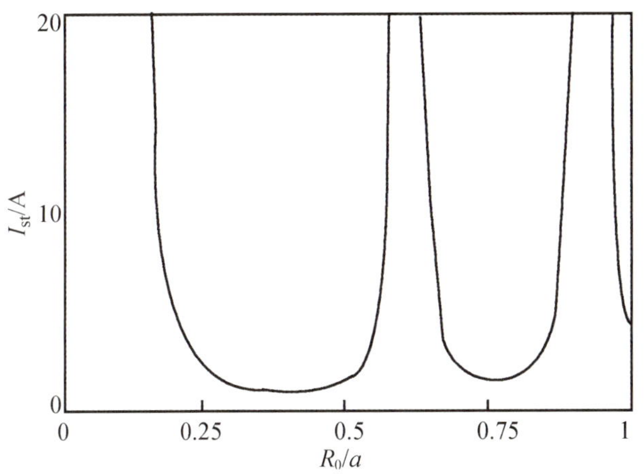

图 10.3.12　引导中心位置对起振电流的影响

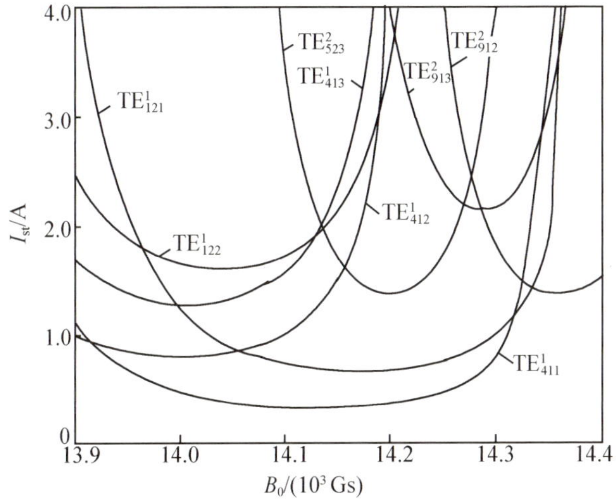

图 10.3.13　TE_{521}^{2} 模式的竞争

除了采用缓变截面腔以外，还采用了一种复合腔，如图 10.3.14 所示. 图中，由两个谐振腔组成一种复杂腔. 第一个腔(Ⅰ)可工作于较低模式(如 TE_{011} 模式)，第二个腔则可工作于较高模式，如 TE_{041} 模式，等等.

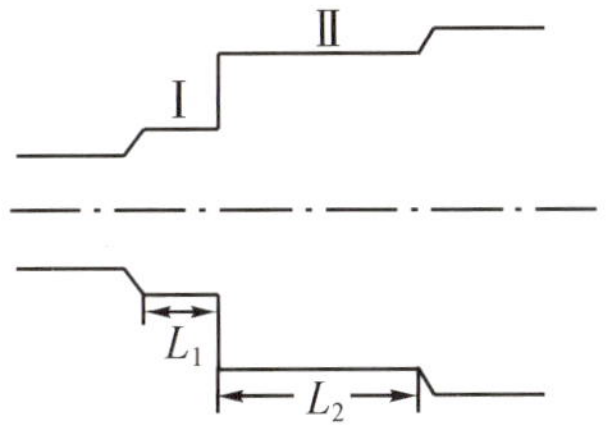

图 10.3.14　一种复合腔

采用这种复杂腔的优点是，电子注在第一腔中受到较低模式的作用，形成初始群聚. 进入第二腔后，再与场互作用产生较大的功率输出. 由于有了第一腔的预群聚，所以电子与波在第二腔中作用时，模式竞争问题可大为改善，效率也较高.

1984 年召开的国际回旋管特别讨论会(Special Symposium on Gyrotron, July 1984, Lausanne, Switzerland)对这种复合腔做了较多的研究，这些研究内容已在国际电子学杂志上发表(Int. J. of Electronics, Special Issue on Gyrotron, 1984).

10.4 回旋行波管放大器

利用电子回旋脉塞的机理，可以制成回旋行波管放大器. 这种行波管放大器有很多诱人的特性，例如有可能做成大功率、高效率、宽频带的毫米波放大器. 在本节中，我们将研究回旋行波管的线性理论.

实际上，第 9 章中我们得到的电子回旋脉塞的色散方程，可作为近似的估算. 例如，对于 TE_{mn} 波，脉塞色散方程为

$$\frac{\omega^2}{c^2}-k_{/\!/}^2-k_c^2=\frac{\omega_p^2}{c^2\gamma_0}\left[\frac{Q_{ml}(\omega-k_{/\!/}v_{/\!/})}{Q_l}-\frac{\beta_{\perp 0}\omega^2W_{ml}(\omega^2-k_{/\!/}^2c^2)}{Q_l^2}\right] \tag{10.4.1}$$

在 9.7 节中我们曾指出，如果仅考虑不稳定项，则有

$$(\omega^2-k_{/\!/}^2c^2-k_c^2c^2)(\omega-k_{/\!/}v_{/\!/}-l\omega_c)^2=-\frac{\omega_p^2}{\gamma_0}\beta_{\perp 0}^2W_{ml}(\omega^2-k_{/\!/}^2c^2) \tag{10.4.2}$$

在上式中，如果引用近似关系

$$\omega^2-k_{/\!/}^2c^2=k_c^2c^2 \tag{10.4.3}$$

因为电子回旋脉塞一般工作在接近截止状态，所以上述近似是许可的. 于是色散方程(10.4.2)可简化为

$$(\omega^2-k_{/\!/}^2c^2-k_c^2c^2)(\omega-k_{/\!/}v_{/\!/}-l\omega_c)^2=-\frac{\omega_p^2}{\gamma_0}\beta_{\perp 0}^2W_{ml}k_c^2c^2 \tag{10.4.4}$$

用波导截止频率 ω_K 除上式，得到

$$(\bar{\omega}^2-\bar{k}_{/\!/}^2-1)(\bar{\omega}-\bar{k}_{/\!/}\beta_{/\!/}-b)^2=-\varepsilon \tag{10.4.5}$$

式中，令

$$\bar{\omega}=\frac{\omega}{\omega_c},\bar{k}_{/\!/}=\frac{\omega}{v_p}\Big/\frac{\omega_k}{c}=\left(\frac{\omega}{\omega_k}\right)\cdot\left(\frac{c}{v_p}\right) \tag{10.4.6}$$

$$\begin{cases}b=\dfrac{l\omega_c}{\omega_k}\\[2ex]\varepsilon=\dfrac{\omega_p^2}{\gamma_0}\dfrac{\beta_{\perp 0}^2W_{ml}}{\omega_K^2}\end{cases} \tag{10.4.7}$$

在一般情况下，ε 是一个很小的数值，例如：当 $m=0$，$l=1$，$\beta_{\perp 0}=0.4$，$\beta_{/\!/0}=0.260$，$f=34.3$ GHz，及波导半径 $a=0.533$ cm 时，可以得到

$$\varepsilon=3.78\times10^{-6}I_0 \tag{10.4.8}$$

式中，I_0 表示电子注电流，用安培计算.

朱国瑞等人对式(10.4.5)做了较详细的研究(见本篇参考文献[199]). 在式(10.4.5)中，如果认为$\bar{\omega}$为实数，将复数纵向传播常数：

$$k_{/\!/}=\mathrm{Re}(k_{/\!/})+\mathrm{jIm}(k_{/\!/}) \tag{10.4.9}$$

代入式(10.4.5)，即可求得波的空间增长率，计算结果如图 10.4.1 所示.

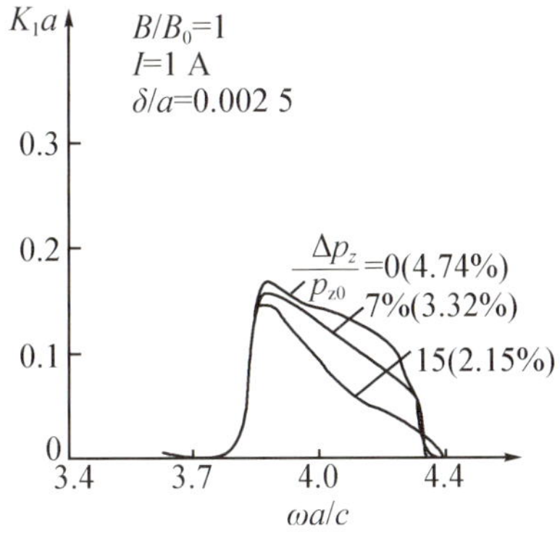

图 10.4.1 回旋行波管放大器的波的空间增长率

实际上,为了由脉塞色散方程求波的空间增长率,可以直接引用 9.5 节和 9.8 节中的结果. 因为在近似情况下,有

$$k_{/\!/}=\left(\frac{v_g}{c^2}\right)\omega \tag{10.4.10}$$

式中,v_g 为波的群速. 于是得到

$$\mathrm{Im}(k_{/\!/})=\left(\frac{v_g}{c^2}\right)\mathrm{Im}(\omega) \tag{10.4.11}$$

即波的空间增长率可以由时间增长率反算出来.

对于回旋行波管,除进行以上的近似计算以外,还可以进行更深入的分析. 我们来研究这一问题,主要考虑 TE_{mn} 模式. 为了计算简便,先考虑均匀波导的情况,这时场方程可写成

$$\boldsymbol{E}=\boldsymbol{E}_{mn}(R,\varphi)g(z)\mathrm{e}^{-\mathrm{j}\omega t} \tag{10.4.12}$$

式中,$g(z)$表示考虑波的增长率后的待定函数.

这样由麦克斯韦方程

$$\nabla^2\boldsymbol{E}+k^2\boldsymbol{E}=\mathrm{j}\omega\mu_0\boldsymbol{J} \tag{10.4.13}$$

可以得到

$$\left(\frac{\mathrm{d}^2}{\mathrm{d}z^2}+k_{mn}^2\right)g(z)=\frac{\mathrm{j}\omega\mu_0}{N_{mn}}\left[\int_{st}(\boldsymbol{J}\cdot\boldsymbol{E}^*)\mathrm{d}s\right] \tag{10.4.14}$$

式中

$$k_{mn}^2=k^2-k_{cmn}^2=k^2-k_c^2 \tag{10.4.15}$$

(k_ca)是 $\mathrm{J}_m'(k_ca)=0$ 的第 n 个根.

对式(10.4.14)两边取拉普拉斯变换,可以得到

$$(k_{mn}^2-k_{/\!/}^2)\tilde{g}(k_{/\!/})=\frac{\mathrm{j}\omega\mu_0}{N_{mn}}<\tilde{\mathrm{J}}>+\mathrm{j}k_{/\!/}g(0)+\left.\frac{\partial g(z)}{\partial z}\right|_{z=0} \tag{10.4.16}$$

式中

$$\tilde{g}(k_{/\!/})=\int_0^\infty g(z)\mathrm{e}^{-\mathrm{j}k_{/\!/}z}\mathrm{d}z \tag{10.4.17}$$

$$<\tilde{\mathrm{J}}>=\int_{se}\left(\int_0^\infty \boldsymbol{J}\mathrm{e}^{-\mathrm{j}kz}\mathrm{d}z\right)\cdot\boldsymbol{E}_{mn}^*\mathrm{d}s \tag{10.4.18}$$

在得到式(10.4.16)时,利用了拉普拉斯变换的公式(关于导数的变换的性质).

但在式(10.4.16)中,

$$\begin{cases}\boldsymbol{J}=\mathrm{e}\int f_1\boldsymbol{v}\mathrm{d}^3p\\ f_1=-\mathrm{e}\int_{-z/v_{/\!/}}^{t}\mathrm{d}t'(\boldsymbol{E}_1'+\boldsymbol{v}'\times\boldsymbol{B}_1')\cdot\nabla_p f_0\end{cases} \tag{10.4.19}$$

在式(10.4.19)中,利用9.5节和9.6节中的结果,采用电子回旋中心坐标系中场的局部展开,可以得到

$$(\boldsymbol{E}_1+\boldsymbol{v}\times\boldsymbol{B}_1)\cdot\nabla_p f_0=\mathrm{e}\mu_0 k_c\sum_l \mathrm{J}_l'(k_c\gamma)\mathrm{J}_{m-l}(k_cR_0)g(z)\cdot\left[(\omega-k_{/\!/}v_{/\!/})\frac{\partial f_0}{\partial p_\perp}+k_{/\!/}v_\perp\frac{\partial f_0}{\partial p_{/\!/}}\right]\mathrm{e}^{\mathrm{j}(m-l)\varphi_0+\mathrm{j}l\theta} \tag{10.4.20}$$

代入式(10.4.19),可以得到

$$f_1=\sum_l \mathrm{e}\mu_0k_c\mathrm{J}_l'(k_c\gamma)\mathrm{J}_{m-l}(k_cR_0)\left[(\omega-k_{/\!/}v_{/\!/})\frac{\partial f_0}{\partial p_\perp}+k_{/\!/}v_\perp\frac{\partial f_0}{\partial p_{/\!/}}\right]\cdot\int_0^z \mathrm{d}z'G(z-z')g(z') \tag{10.4.21}$$

式中,将对t'的积分换成对z'的积分后,得到

$$G(z-z')=\frac{1}{v_{/\!/}}e^{-\mathrm{j}(\omega-l\omega_c)\left(\frac{z'-z}{v_{/\!/}}\right)} \tag{10.4.22}$$

在上面的方程中,略去了因子$\exp[-\mathrm{j}\omega t+\mathrm{j}(m-l)\varphi_0+\mathrm{j}l\theta]$.

将式(10.4.21)两边取拉普拉斯变换得到

$$\widetilde{f}_1=\sum_l \mathrm{e}\mu_0k_c\mathrm{J}_l'(k_cr)\mathrm{J}_{m-l}(k_cR_0)\left[(\omega-k_{/\!/}v_{/\!/})\frac{\partial f_0}{\partial p_\perp}+\frac{k_{/\!/}v_\perp}{\omega}\frac{\partial f_0}{\partial p_{/\!/}}\right]\widetilde{G}(k_{/\!/})\widetilde{g}(k_{/\!/}) \tag{10.4.23}$$

式中,利用了卷积公式,又因式中

$$\begin{cases}\widetilde{G}(k_{/\!/})=\int_0^\infty G(z)\mathrm{e}^{-\mathrm{j}k_{/\!/}z}\mathrm{d}z\\ \widetilde{g}(k_{/\!/})=\int_0^\infty g(z)\mathrm{e}^{-\mathrm{j}k_{/\!/}z}\mathrm{d}z\end{cases} \tag{10.4.24}$$

所以扰动电流密度矢量也可写成

$$\boldsymbol{J}=\int\widetilde{f}_1\left(\frac{\boldsymbol{P}}{m_0\gamma}\right)\mathrm{d}^3p \tag{10.4.25}$$

将式(10.4.23)、式(10.4.24)代入式(10.4.25),并在动量空间积分,然后就得到

$$<\widetilde{\mathrm{J}}>=\frac{\omega_p^2}{c^4\gamma_0}\sum_l\left[\frac{Q_{ml}(\omega-k_{/\!/}v_{/\!/})}{Q_l}-\frac{\beta_{\perp0}^2W_{ml}(\omega^2-k_{/\!/}^2c^2)}{Q_l^2}\right]\widetilde{g}(k_{/\!/}) \tag{10.4.26}$$

式中,Q_{ml},W_{ml}的表达式在9.5节中已给出.

将所得到的$<\widetilde{\mathrm{J}}>$代入式(10.4.13),可以得到

$$\left\{(k_{mn}^2-k_{/\!/}^2)-\sum_l\left[\frac{c_1(\omega-k_{/\!/}v_{/\!/})}{Q_l}-\frac{c_2(\omega^2-k_{/\!/}^2c^2)}{Q_l^2}\right]\right\}\widetilde{g}(k_{/\!/})=\mathrm{j}k_{/\!/}g(0)+\left.\frac{\partial g(z)}{\partial z}\right|_{z=0} \tag{10.4.27}$$

式中,为简化书写,令

$$\begin{cases}c_1=Q_{ml}\omega_p^2/c^4\gamma_0\\ c_2=\beta_{\perp0}^2W_{ml}\omega_p^2/c^4\gamma_0\end{cases} \tag{10.4.28}$$

由式(10.4.27)可以求出$\widetilde{g}(k_{/\!/})$:

$$\widetilde{g}(k_{/\!/})=\frac{Q_l^2\left[\mathrm{j}k_{/\!/}g(0)+\left.\frac{\partial g(z)}{\partial z}\right|_{z=0}\right]}{\left\{(k_{mn}^2-k_{/\!/}^2)Q_l^2-\sum_l[c_1(\omega-k_{/\!/}v_{/\!/})Q_l-c_2(\omega^2-k_{/\!/}^2c^2)]\right\}} \tag{10.4.29}$$

式中,如仅取谐振项,略去全部非谐振项,即可得到

$$\widetilde{g}(k_{/\!/})=\frac{Q_l^2\left[\mathrm{j}k_{/\!/}g(0)+\left.\dfrac{\partial g(z)}{\partial z}\right|_{z=0}\right]}{[(k_{mn}^2-k_{/\!/}^2)Q_l^2-c_1(\omega-k_{/\!/}v_{/\!/})Q_l+c_2(\omega^2-k_{/\!/}^2c^2)]} \tag{10.4.30}$$

式(10.4.30)的分母是一个关于 $k_{/\!/}$ 的四次多项式,于是可以写成

$$\widetilde{g}(k_{/\!/})=\frac{N(k_{/\!/})}{D(k_{/\!/})} \tag{10.4.31}$$

式中,令

$$D(k_{/\!/})=\prod_{i=1}^{4}(k_{/\!/}-k_{/\!/}^i)A_i \tag{10.4.32}$$

及

$$N(k_{/\!/})=Q_l^2\left[\mathrm{j}k_{/\!/}g(0)+\left.\frac{\partial g(z)}{\partial z}\right|_{z=0}\right] \tag{10.4.33}$$

这里 $k_{/\!/}^i$ 是 $D(k_{/\!/})=0$ 的根.

为了得到增长率 $g(z)$ 的表示式,需求出 $\widetilde{g}(k_{/\!/})$ 的反变换:

$$g(z)=\frac{1}{2\pi}\int_{-\mathrm{j}\sigma-\infty}^{-\mathrm{j}\sigma+\infty}\widetilde{g}(k_{/\!/})\mathrm{e}^{\mathrm{j}k_{/\!/}z}\mathrm{d}k_{/\!/} \tag{10.4.34}$$

式中,积分路径如图 10.4.2 所示.

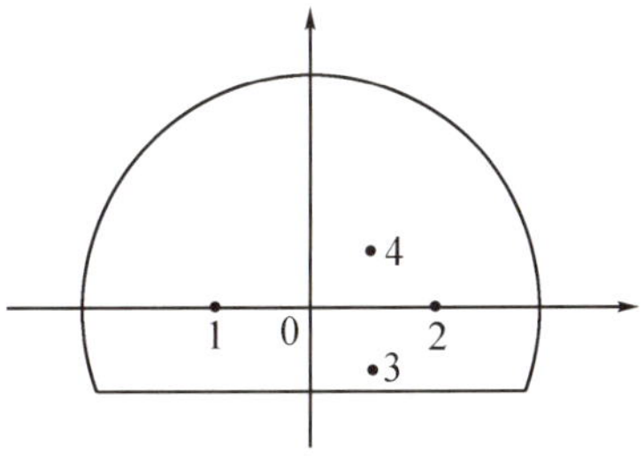

图 10.4.2　围道积分路径

在一般情况下,$D(k_{/\!/})$有四个根,其中可能有一对共轭复根,一对实根,如图 10.4.2 所示. 再将式(10.4.31)、式(10.4.30)、式(10.4.32)、式(10.4.33)代入式(10.4.34),求解积分

$$g(z)=\frac{1}{2\pi\mathrm{j}}\oint\mathrm{d}k_{/\!/}\mathrm{e}^{\mathrm{j}k_{/\!/}z}\left[\frac{N(k_{/\!/})}{D(k_{/\!/})}\right]=g(0)\left(\sum_{i=1}^{4}R_i\mathrm{e}^{\mathrm{j}k_{/\!/}^i z}\right) \tag{10.4.35}$$

式中,R_i 是留数:

$$R_i=\mathrm{Res}\left[\frac{N(k_{/\!/}^i)}{D(k_{/\!/}^i)}\right] \tag{10.4.36}$$

可见增长率函数 $g(z)$有四个部分,这代表四个波动过程,因为每一个因子 $\mathrm{e}^{\mathrm{j}k_{/\!/}^i z}$ 与 $\mathrm{e}^{-\mathrm{j}\omega t}$ 一起,都代表一个波. 由图 10.4.2 可见,这四个波的传播常数就由 $D(k_{/\!/})$的根确定. 第一个波($k_{/\!/}^1$ 在实轴的左边),代表向反方向传播的无衰减波;第二个波($k_{/\!/}^2$ 在实轴的右边,$k_{/\!/}^1$、$k_{/\!/}^2$ 代表两个实根.)代表向正 z 方向传播的前向波,也是无衰减的. 第三个波($k_{/\!/}^3$ 在第四象限,$\mathrm{Im}(k_{/\!/}^3)$为负值)代表空间增长波,而第四个波则代表空间衰减波.

如果我们认为反向波可以略去,则可得到

$$\begin{cases}R_1=0\\ \mathrm{j}k_{/\!/}^1 g(0)=-\left.\dfrac{\partial g(z)}{\partial z}\right|_{z=0}\end{cases} \tag{10.4.37}$$

即如满足上式,则反向波可不存在. 在这种条件下,系统中存在三个波,这三个波都向正向传播,其中一个是等幅波,一个是衰减波,一个是增长波. 对于回旋行波管来讲,对增益有贡献的仅是增长波. 如果设管子的互

作用区的长度为 L,则可以得到线性增益为

$$G=\frac{P(z=L)}{P(z=0)}=\frac{\left(\sum_{i=1}^{3}R_i e^{jk_{/\!/}^{i}L}\right)\cdot\left(\sum_{i=1}^{3}R_i k_{/\!/}^{i} e^{jk_{/\!/}^{i}L}\right)^*}{\left(\sum_{i=1}^{3}R_i\right)\left(\sum_{i=1}^{3}k_{/\!/}^{i}R_i\right)^*} \tag{10.4.38}$$

式中,功率流由坡印廷矢量积分求出

$$P=\int_s \mathrm{d}s(\boldsymbol{E}\times\boldsymbol{H}^*)_n=\int_s (E_\theta H_r^*-E_r H_\theta^*)\mathrm{d}s \tag{10.4.39}$$

而

$$E_\theta(z)=E_\theta(R,\varphi)\frac{1}{2\pi}\int_{j\sigma-\infty}^{-j\sigma+\infty}g(k_{/\!/})e^{jk_{/\!/}z}\mathrm{d}k_{/\!/} \tag{10.4.40}$$

我们看到,回旋行波管中也有四个波,这与普通行波管中所得结果很类似.事实上,如果从耦合波的观点来看,就可以得到很好的解释.在普通行波管中有两个线路波和两个空间电荷波(慢及快空间电荷波).这两个波耦合之后,便产生了行波管中的四个波.同样,在回旋行波管中,我们遇到两个波导波,两个回旋波($\omega-k_{/\!/}v_{/\!/}\pm l\omega_c$),这四个波的耦合,便产生了回旋行波管中的四个波.

为了增加回旋行波管的带宽,人们提出了一种新的设想(见本篇参考文献[185]),概念如下.

按以上所述,电子回旋脉塞的工作是使波导模式与回旋模式相互耦合,即使

$$\omega^2-k_{/\!/}^2c^2-k_c^2c^2=0 \tag{10.4.41}$$

与

$$\omega-k_{/\!/}v_{/\!/}-l\omega_c=0 \tag{10.4.42}$$

同时得到满足,即在上述两模式色散曲线相切之处.一般回旋管工作频带较窄的主要原因就在于式(10.4.41)是一双曲线(的一半),而式(10.4.42)是一直线,因此两者仅在一点相切.

不过,上述两条曲线的形状都是可以改变的,这由式(10.4.41)和式(10.4.42)可以看出.改变此两条曲线的形状的一个办法是沿 z 轴逐渐改变波导的尺寸同时逐渐改变纵向磁场,如图 10.4.3 所示.波导的半径由 r_1 变到 r_2[图 10.4.3(a)和(b)].为了加工方便,可以取直径的变化为线性,而且可以将 $z=z_1$,$z=z_2$ 的两个变化处处理光滑.

磁场的改变则如图 10.4.3(c)所示.纵向磁场可呈线性下降.

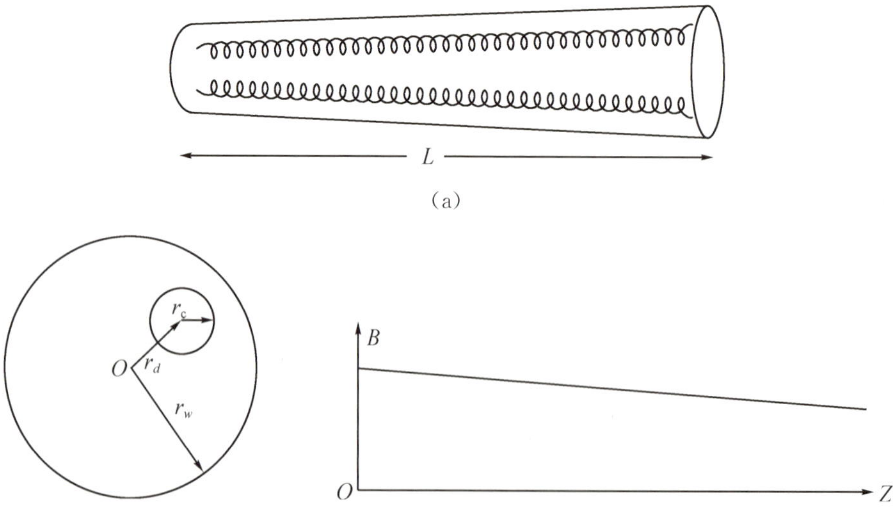

(a)
(b) (c)

图 10.4.3 增加回旋行波管带宽的设想

综上所述,为保证式(10.4.41)和式(10.4.42)两曲线能在较宽的范围内相切,应满足以下的条件:

$$\begin{cases}\omega_c=\chi_{mn}c/[l\gamma_z a(z)]\\ \omega=\gamma_z\chi_{mn}c/a(z)\end{cases}\tag{10.4.43}$$

式中

$$\gamma_z=(1-\beta_z^2)^{-\frac{1}{2}}\tag{10.4.44}$$

由式(10.4.43)可以得到

$$B_z(z)a(z)\gamma_z=\text{const}\tag{10.4.45}$$

或

$$B_z^{(1)}a(z_1)\gamma_{z_1}=B_z^{(2)}a(z_2)\gamma_{z_2}\tag{10.4.46}$$

式中，$B_z^{(1)}$、$B_z^{(2)}$ 是 $z=z_1$、$z=z_2$ 处的直流纵向磁场的值.

使式(10.4.43)、式(10.4.45)、式(10.4.46)得到满足，就可以保持式(10.4.41)及式(10.4.42)两曲线可在较宽的范围内相切，这可由图 10.4.4 看出. 在 $r=r_1$ 处，$\omega_k=\omega_k^{(1)}$，切点在 A 点. 当 $r=r_2$ 时，波导色散曲线向下移，因为这时有

$$\omega_k^{(2)}<\omega_k^{(1)}\tag{10.4.47}$$

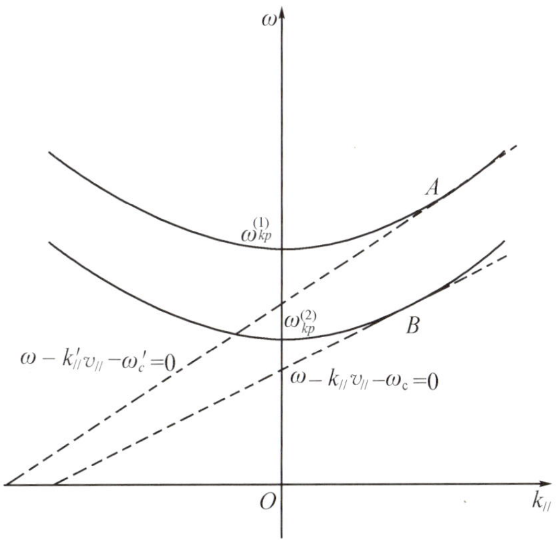

图 10.4.4　回旋行波管的色散曲线

同时由于直流磁场也减小，所以直线也向下移动，结果切点在 B 点. 这样，就可在较大的频率范围内相切.

电磁波从入口处进入，不同频率的波从不同位置反射，因为不同位置上有不同的截止频率. 因此不同频率的波，就有不同的互作用范围. 波长较长的波，互作用范围较大；而波长较短的波，互作用范围较小. 另外，由于直流磁场下降，电子注受到“扩张”，平均半径 R_0 及回旋半径 r_c 都略有增大，如图 10.4.3(a)所示.

这样，以上各种因素，使得这种双缓变情况下的回旋行波管放大器具有较宽的频带. 这是很有价值的一种方案，可能在解决毫米波宽带放大器方面有重要作用.

10.5　慢波回旋放大器

第 9 章及本章前面各小节研究的电子回旋脉塞，具有一个共同的特点，就是回旋电子注与均匀波导(或谐振腔)中的快波相互作用，因此可以称为快波回旋器件. 回旋电子注还可以和慢波相互作用，称为慢波回旋器件. 在本节中，我们来研究这个问题.

我们先讨论回旋电子注与慢波互作用的机理. 为此，我们从色散方程(9.2.23)和方程(9.2.24)出发. 由

方程(9.2.23)可知

$$\frac{\omega^2}{c^2}-k_{/\!/}^2=\frac{2\pi\omega_p^2}{c^2}\int_0^{\infty}p_{\perp}\mathrm{d}p_{\perp}\int_{-\infty}^{\infty}\mathrm{d}p_{/\!/}\frac{f_0}{\gamma}\left\{\left[\left(\omega-\frac{k_{/\!/}pz}{m_0\gamma}\right)p_{\perp}\frac{\partial f_0}{\partial p_{\perp}}+\frac{k_{/\!/}p_{\perp}}{m_0\gamma}p_{\perp}^2\frac{\partial f_0}{\partial p_{/\!/}}\right]\frac{1}{(\omega-k_{/\!/}p_{/\!/}/m_0\gamma-\omega_{c0}/\gamma)}\right\} \tag{10.5.1}$$

如取电子平衡分布函数为

$$f_0=\frac{1}{2\pi p_{\perp}}\delta(p_{\perp}-p_{\perp 0})\delta(p_{/\!/}-p_{/\!/0}) \tag{10.5.2}$$

代入式(10.5.1),在动量空间积分,并注意以下关系:

$$\gamma=\left(1+\frac{p_{\perp}^2}{m_0^2c^2}+\frac{p_{/\!/}^2}{m_0^2c^2}\right)^{\frac{1}{2}} \tag{10.5.3}$$

即可得到以下色散方程:

$$\frac{\omega^2}{c^2}-k_{/\!/}^2=\frac{\omega_p^2}{\gamma_0^2}\left[\frac{\omega-k_{/\!/}v_{/\!/}}{\omega-k_{/\!/}v_z-\omega_c}-\frac{\beta_{\perp 0}^2(\omega^2-k_{/\!/}^2c^2)}{(\omega-k_{/\!/}v_z-\omega_c)^2}\right] \tag{10.5.4}$$

如果在对动量积分时,不考虑相对论效应,即令 $\gamma=1$,则由式(10.5.1)和式(10.5.2)可以得到另一个色散方程:

$$\frac{\omega^2}{c^2}-k_{/\!/}^2=\omega_p^2\left[\frac{\omega-k_{/\!/}v_{/\!/}}{\omega-k_{/\!/}v_z-\omega_c}+\frac{k_{/\!/}^2v_{/\!/}^2}{(\omega-k_{/\!/}v_z-\omega_c)^2}\right] \tag{10.5.5}$$

比较一下方程(10.5.4)和方程(10.5.5),可见两个色散方程的区别主要表现在方程右边第二项上. 前面我们已经指出,不稳定主要由此项决定,我们来较详细地分析一下这个问题. 以后的分析将表明,以相对论效应为基础的不稳定性[方程(10.5.4)中的右边第二项],为脉塞不稳定性. 事实上,不稳定项

$$-\frac{\beta_{\perp 0}^2\omega^2}{(\omega-k_{/\!/}v_z-\omega_c)^2}$$

是在动量空间求积分,用分部积分方法,由$\dfrac{\partial\gamma}{\partial p_z}$和$\dfrac{\partial\gamma}{\partial p_{\perp}}$两项提供. 所以,脉塞不稳定性是以相对论效应为基础的. 而方程(10.5.5)中第二项所代表的不稳定性称为 Weibel 不稳定性. 以后的分析表明,上述两种不稳定性是由完全不同的群聚机理所决定的. 下面进一步分析这个问题. 设电子在平面波作用下运动,电子在 z 方向的未扰速度为 v_z,平面波向 z 方向传播,因此有因子 $\exp(-\mathrm{j}\omega t+\mathrm{j}k_{/\!/}z)$. 考虑多普勒频移后,回旋频率 ω_{cd} 为

$$\omega_{cd}=k_{/\!/}v_z+\omega_{c0}/\gamma \tag{10.5.6}$$

由于电子在波场作用下运动速度要发生变化,所以 ω_{cd}是时间的函数. 当 $t=t_0=0$ 时,

$$\omega_{cd}(0)=k_{/\!/}v_z(0)+\omega_{c0}/\gamma(0) \tag{10.5.7}$$

如果我们在 $v=v_z(0)$的运动坐标系上观察,则上式可写成

$$\omega_{cd}(0)=\omega_{c0}/\gamma(0) \tag{10.5.8}$$

经过(Δt)时间以后,有

$$\omega_{cd}(\Delta t)=k_{/\!/}v_z(\Delta t)+\omega_{c0}/\gamma(\Delta t) \tag{10.5.9}$$

由于

$$v_z(\Delta t)=\Delta v_z \tag{10.5.10}$$

而

$$\gamma(\Delta t)=\gamma(0)+\Delta\gamma \tag{10.5.11}$$

因此,由式(10.5.9)可以得到

$$\Delta\omega_{cd}=k_{/\!/}\Delta v_z+\omega_{c0}\left(\frac{1}{\gamma(0)+\Delta\gamma}-\frac{1}{\gamma(0)}\right)=k_{/\!/}\Delta v_z-\omega_{c0}\Delta\gamma/\gamma^2(0) \tag{10.5.12}$$

式中

$$\Delta\omega_{cd}=\omega_{cd}(\Delta t)-\omega_{cd}(0) \tag{10.5.13}$$

为了进一步研究，还必须求出 Δv_z 及 $\Delta\gamma$，因此可从电子的运动方程出发：

$$\frac{m_0\mathrm{d}(\gamma\boldsymbol{v})}{\mathrm{d}t}=-e\boldsymbol{E}_1-\frac{e}{c}\boldsymbol{v}\times(B_0\boldsymbol{e}_z+\boldsymbol{B}_1) \tag{10.5.14}$$

由此可以求得

$$\Delta v_z=-\frac{ek_{/\!/}}{\gamma_0 m_0\omega}(\boldsymbol{E}_1\cdot\boldsymbol{v}_\perp)\Delta t \tag{10.5.15}$$

$$\Delta\gamma=-\frac{e}{m_0c^2}(\boldsymbol{E}_1\cdot\boldsymbol{v}_\perp)\Delta t \tag{10.5.16}$$

上两式中 $\boldsymbol{v}_\perp$ 表示电子的横向速度，即回旋速度.

将式(10.5.15)、式(10.5.16)代入式(10.5.12)，可以得到

$$\Delta\omega_{cd}=-\frac{ek_{/\!/}^2}{\gamma_0 m_0}\left(1-\frac{\omega\omega_{c0}}{\gamma k_{/\!/}^2c^2}\right)\boldsymbol{E}_1\cdot\boldsymbol{v}_\perp\Delta t \tag{10.5.17}$$

参看图 10.5.1，考虑两个电子 1 号、2 号. 1 号电子的瞬时速度为 $-v_\perp\boldsymbol{e}_x$，2 号电子的瞬时速度为 $v_\perp\boldsymbol{e}_x$，即两电子的瞬时速度大小相同，方向相反. 由式(10.5.17)可以看到，这两个电子相对应的 $\Delta\omega_{cd}$也是大小相同，符号相反的. 这表明，在相对于高频相位上，如果 1 号电子是落后的，则 2 号电子就是超前的；或者 1 号电子是超前的，2 号电子是落后的. 总而言之，这两个电子发生相位群聚. 可以想象，在这两个电子之间的其他各电子，也发生类似的现象，读者可自行进行详细的分析.

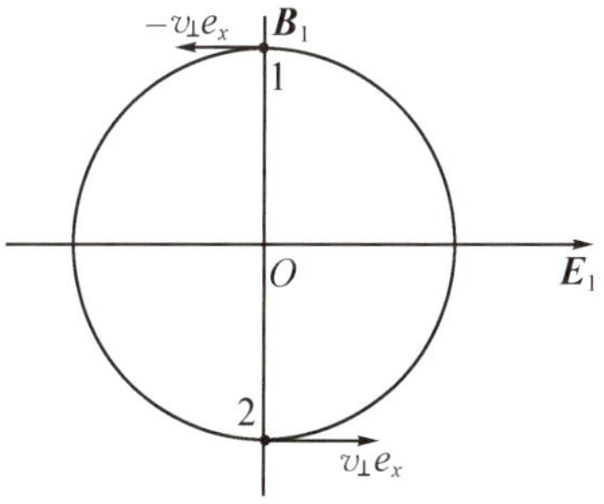

图 10.5.1　回旋电子的运动分析

式(10.5.17)及其推导过程表明，产生此种群聚效应的有两项：一项是由于纵向速度变化而引起的(即 Δv_z 引起的)，另一项则是由相对论效应引起的(即 $\Delta\gamma$ 引起的). 式(10.5.17)表明，这两项是同时存在的，而且是相互抵消的，除非 $k_{/\!/}=0$，或 $\omega_{c0}=0$. 不难看到，如果 $k_{/\!/}=0$，则仅存在由于 $\Delta\gamma$ 引起的，即相对论效应引起的相位群聚. 前一种群聚状态是电子回旋脉塞不稳定性的基础，我们来进一步看看后一种群聚现象.

纵向速度变化引起的群聚称为纵向群聚. 引起纵向速度变化的力有两种：一种是纵向电场(E_z)引起的，另一种是由于洛仑兹力引起的[$(\boldsymbol{v}\times\boldsymbol{B}_1)_z$]. 由纵向电场引起的纵向群聚是普通行波管作用机理的物理基础. 但在回旋管中，由于采用 TE_{mn} 模式，$E_z=0$，所以只存在$(\boldsymbol{v}\times\boldsymbol{B}_1)_z$ 的纵向作用力. 这种群聚是由电子的横向运动和横向磁场一起产生的纵向互作用力而引起的纵向群聚，由此产生的不稳定性称为 Weibel 不稳定性. 由以上的分析可以看到，Weibel 不稳定性与相对论效应无关.

我们还可以从式(10.5.4)的推导过程中看出以上的分析. 我们来看式(10.5.4)中右边各项的来源. 先看稳定项

$$\frac{\omega-k_{/\!/}v_{/\!/}}{\omega-k_{/\!/}v_{/\!/}-\omega_c}$$

式中，分子中的 ω 一项是由电场的角向分量 E_θ 引起的，$(-k_{/\!/}v_{/\!/})$一项则来自电子与 B_r 的互作用. 而不稳定项

$$\frac{\omega^2-k_{/\!/}^2c^2}{(\omega-k_{/\!/}v_{/\!/}-\omega_c)^2}$$

式中,分子中的 ω^2 项是由相对论效应产生的,即由$\partial\gamma/\partial p_{\perp}$和$\partial\gamma/\partial p_{/\!/}$产生的,而 $k_{/\!/}^2c^2$ 一项则来自洛伦兹力($v_{\perp}B_r$).

由此又可看出一个重要的情况,即在一般情况下由相对论效应引起的脉塞不稳定性和由洛伦兹力引起的 Weibel 不稳定性两者总是相互抵消的. 而且我们看到,当

$$\omega^2>k_{/\!/}^2c^2 \tag{10.5.18}$$

时,以脉塞不稳定性为主. 而当

$$k_{/\!/}^2c^2>\omega^2 \tag{10.5.19}$$

时,以 Weibel 不稳定性为主.

条件式(10.5.18)可重新写成

$$\omega^2>\omega^2\left(\frac{c}{v_p}\right)^2 \text{ 或} \frac{c^2}{v_p^2}<1 \tag{10.5.20}$$

式中,v_p 表示波的相速.

由此可以看到,如果波的相速大于光速,则以脉塞不稳定性为主;而如果波的相速小于光速,则以 Weibel 不稳定性为主. 换句话说,在快波状态下以脉塞不稳定性为主,而在慢波情况下则以 Weibel 不稳定性为主.

为了清楚起见,我们将电子与波互作用的三种情况列于表 10.5.1.

表 10.5.1 电子与波的互作用不稳定性

不稳定性类型	普通行波管	电子回旋脉塞	Weibel
波的相速	$v_p<c$	$v_p>c$	$v_p<c$
群聚机理	由纵向电场 E_z 引起的纵向群聚	由横向电场引起的角向群聚	由横向磁场及电子的横向运动引起电子的纵向群聚
相对论效应	与相对论效应无关	与相对论效应密切相关	与相对论效应无关

回旋慢波器件就是以上述 Weibel 不稳定性为基础的. 接下来研究为什么利用 Weibel 效应制作成的回旋慢波器件可以得到较大的频宽.

这种情况可借助于图 10.5.2 加以说明. 由图 10.5.2(a)可见,对于快波器件,回旋电子模式与波导模式只能在一点相切,因此频宽自然很窄. 如果把波导模式的色散曲线"拉"下来,如图 10.5.2(b)所示,则两模式曲线可以在很宽的频率范围内相切,因而可以得到很宽的频带.

如上所述,为了利用 Weibel 不稳定性,必须采用慢波. 建立慢波结构有两种不同的方法:一种方法是采用介质填充波导,另一种方法是采用周期性加载波导.

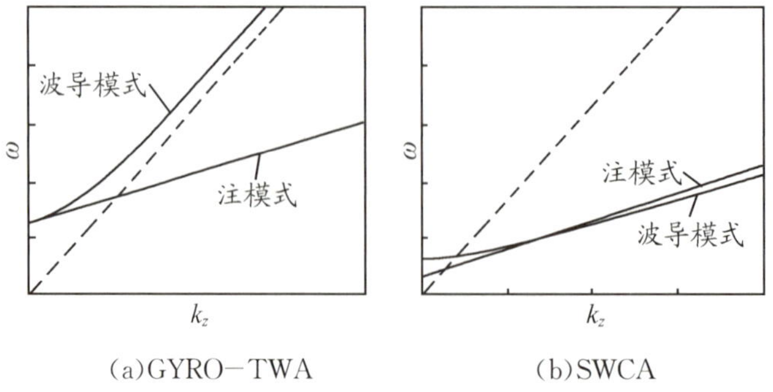

图 10.5.2 快波器件与慢波器件的色散曲线

J. L. Hirshfield 及朱国瑞等人建议的方法是采用部分介质填充的波导，如图 10.5.3 所示①. 介质填充波导理论研究表明，在此种波导系统中可能存在 TE 波及 TM 波，但是在此两种模式中，除非为完全的角对称，否则 TE 波及 TM 波将耦合而成为混合模. 即仅 TE_{0n}、TE_{0n} 能独立存在，当 $m\neq0$ 时，TE_{mn} 模及 TM_{mn} 模就不能独立存在. 这是由于为了满足在介质边界上的场连接条件，两种模式就必然相互耦合. 我们仅考虑 TE_{0n} 模式.

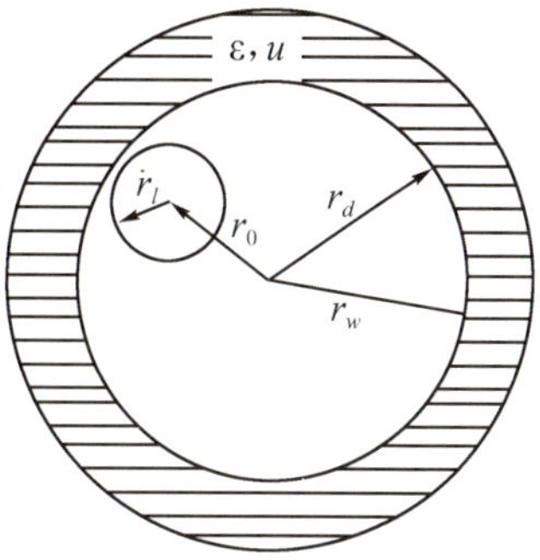

图 10.5.3　介质填充波导的慢波回旋脉塞

TE_{0n} 模式的场可写成：

$r<b_z$

$$\begin{cases} E_\theta = \dfrac{j\omega\mu_0}{k_{c1}} J_1(k_{c1} r) \\ B_r = -\dfrac{j\omega\mu_0}{k_{c1}} J_1(k_{c1} r) \\ B_z = \mu_0 J_0(k_{c1} r) \end{cases} \tag{10.5.21}$$

$r>b_z$

$$\begin{cases} E_\theta = \dfrac{j\omega\mu_0}{k_{c2}} [aJ_1(k_{c2} r) + bN_1(k_{c2} r)] \\ B_r = -\dfrac{\omega\mu_0}{\mu_1 k_{c2}} [aJ_1(k_{c2} r) + bN_1(k_{c2} r)] \\ B_z = [aJ_0(k_{c2} r) + bN_0(k_{c2} r)]\mu_0 \end{cases} \tag{10.5.22}$$

式中略去了因子 $\exp(-j\omega t + jk_{/\!/} z)$. 又有

$$\begin{cases} a = \dfrac{\pi}{2}(k_{c2} b)[(k_{c1}/k_{c2}) J_1(k_{c1} b) N_0(k_{c2} b)] \\ \qquad -\mu_1 J_0(k'_{c1} b) N_1(k_{c2} b) \\ b = \dfrac{\pi}{2} k_{c2} b[\mu_1 J_0(k_{c1} b) N_1(k_{c2} b) \\ \qquad -(k_{c2}/k_{c1}) J_0(k_{c2} b) N_1(k'_{c1} b)] \end{cases} \tag{10.5.23}$$

由边界条件：

$$r=b: \begin{cases} E_\theta^1 = E_\theta^{11} \\ H_r^1 = H_r^{11} \end{cases} \tag{10.5.24}$$

可以得到色散方程：

$$\begin{aligned} &(k_{c1}/k_{c2}) J_1(k'_{c1} b)[J_0(k_{c2} a) N_0(k_{c2} b) - J_0(k_{c2} b) N_1(k_{c2} a)] \\ &\quad + \mu_1 J_0(k'_{c1} b)[J_1(k_{c2} b) N_1(k_{c2} a) - J_1(k_{c2} a) N_1(k_{c2} b)] = 0 \end{aligned} \tag{10.5.25}$$

以上各式中，

---

①在图 10.5.3 中用环形空心介质填充. 也可以用介质棒，沿波导安放.

$$\begin{cases} k_{c1}^2 = k^2 - k_{/\!/}^2 = (j\tau_1)^2 \\ k_{c2}^2 = \mu_1\varepsilon_1 k^2 - k_{/\!/}^2 \\ k'^2 = \omega^2/c^2 \end{cases} \tag{10.5.26}$$

图 10.5.4 及图 10.5.5 给出了填充介质圆波导 TE_{01} 模的色散特性曲线及场分布(E_θ). 可见当填充介质时,E_θ 最大处已不处于真空中,而处于介质中. 单纯从场分布的角度看来,似乎适于二次回旋谐波的工作,这是需要进一步研究的问题.

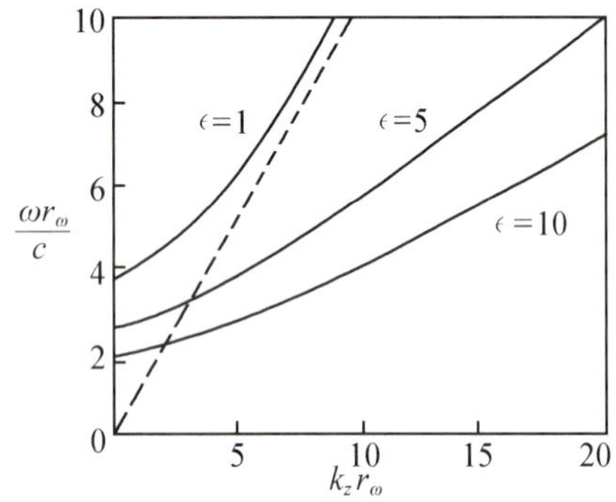

图 10.5.4 介质填充圆波导 TE_{01} 模的色散特性

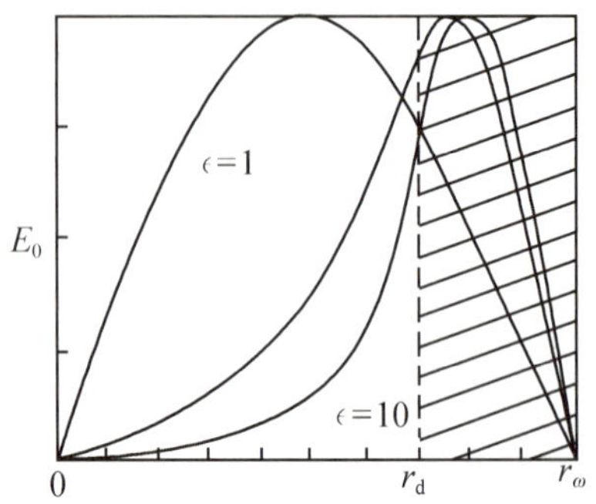

图 10.5.5 介质填充圆波导 TE_{01} 模的场分布特性

在方程(10.5.26)的第一式中,由于

$$\frac{\omega^2}{c^2} < \frac{\omega^2}{v_p^2} \quad (v_p < c) \tag{10.5.27}$$

所以 $k_{c1}^2 < 1$,即

$$k'_{c1} = jk_{c1} \tag{10.5.28}$$

利用虚宗量贝塞尔函数的关系

$$J_n(jz) = (j)^n I_n(z) \tag{10.5.29}$$

这样,Ⅰ区的场就可写成

$$\begin{cases} E_\theta = -\dfrac{\omega\mu_0}{\tau_1} J_1(\tau_1 r) \\ B_r = -\dfrac{\omega\mu_0}{\tau_1} I_1(\tau_1 r) \\ B_z = \mu_0 I_0(\tau_1 r) \end{cases} \tag{10.5.30}$$

电子显然只能在Ⅰ区内与场相互作用. 为了按 9.5 节所述方法进行分析,可以将方程(10.5.30)的场按局部展开,于是得到

$$\begin{cases} E_r = -\dfrac{\omega\mu_0}{\tau_1^2} \sum\limits_l \left(\dfrac{l}{r}\right) I_l(\tau_1 r) I_l(\tau_1 R_0) e^{-jl\varphi_0 + jl\theta} \\ E_\theta = -\dfrac{j\omega\mu_0}{\tau_1} \sum\limits_l I'_l(\tau_1 r) I_l(\tau_1 R_0) e^{-jl\varphi_0 + jl\theta} \\ B_r = \dfrac{j\omega\mu_0}{\tau_1} \sum\limits_l I'_l(\tau_1 r) I_l(\tau_1 R_0) e^{-jl\varphi_0 + jl\theta} \\ B_z = \mu_0 \sum\limits_l I_l(\tau_1 r) I_l(\tau_1 R_0) e^{-jl\varphi_0 + jl\theta} \end{cases} \tag{10.5.31}$$

于是,按 9.5 节所述的方法可以求得色散方程:

$$\frac{\omega^2}{c^2} - k_{/\!/}^2 + \tau_1^2 \left(\frac{1 + F\mathscr{H}_{0l}}{1 + \mathscr{H}_{0l}}\right) = \frac{\omega_p^2}{c^2}\left(1 + \frac{1}{\mathscr{H}_{0l}}\right) \cdot \left[\frac{Q_{0l}(\omega - k_{/\!/} v_z)}{\omega - k_{/\!/} v_z - l\omega_c} - \frac{\beta_{\perp 0}^2 W_{0l}(\omega^2 - k_{/\!/}^2 c^2)}{(\omega - k_{/\!/} v_z - l\omega_c)^2}\right] \tag{10.5.32}$$

式中

$$W_{0l}=\frac{4(\tau_1 R_0)(\tau_1 r_c)}{(\tau_1 b)^2}\frac{\mathrm{I}_l'^2(\tau_1 r_c)\mathrm{I}_l^2(\tau_1 R_0)}{\left[1+\frac{1}{(\tau_1 b)^2}\right]\mathrm{I}_1^2(\tau_1 b)-\mathrm{I}_1'^2(\tau_1 b)} \tag{10.5.33}$$

$$Q_{0l}=2W_{0l}+\frac{8(\tau_1 R_0)(\tau_1 r_c)}{(\tau_1 b)^2}\frac{(\tau_1 r_c)\mathrm{I}_l'(\tau_1 r_c)\mathrm{I}_l''(\tau_1 r_c)\mathrm{I}_l^2(\tau_1 R_0)}{\left[1+\frac{1}{(\tau_1 b)^2}\right]\mathrm{I}_1^2(\tau_1 b)-\mathrm{I}_1'^2(\tau_1 b)} \tag{10.5.34}$$

$$\mathscr{H}_{0l}=\frac{\mathrm{J}_1'^2(k_{c2}a)-\mathrm{J}_l'^2(k_{c2}b)-\left[1-\frac{1}{(k_{c2}b)^2}\right]\mathrm{J}_1^2(k_{c2}b)}{\left[1+\frac{1}{(\tau_1 b)^2}\right]\mathrm{I}_1^2(\tau_1 b)-\mathrm{I}_1'^2(\tau_1 b)} \tag{10.5.35}$$

$$F=-\frac{k_{c2}^2}{\tau_1^2} \tag{10.5.36}$$

不难看出，当 $b\to a$ 时，以上结果就与 9.5 节中的完全一致.

色散方程的求解方法，已在 9.8 节中讨论过. 令 ω 为实数，可解得

$$k=k_c+\mathrm{j}k_i \tag{10.5.37}$$

在线性范围内，功率按指数增长：

$$P=P_0\mathrm{e}^{2k_iL} \tag{10.5.38}$$

由此求得功率增长为

$$G=10\lg\left(\frac{P}{P_0}\right)=8.7(k_iL)(\mathrm{dB}) \tag{10.5.39}$$

或写成

$$g=\frac{G}{L}=8.7k_i(\mathrm{dB/m}) \tag{10.5.40}$$

式中，g 表示单位长度增益.

数值计算结果，如图 10.5.6 所示(引自本篇参考文献[202]).

慢波回旋行波管的理论也可以完全按照 10.4 节所述方法进行分析.

慢波回旋器件有一个重要特点，就是可能对电子的速度零散比较敏感. 这从物理上是容易理解的. 因为对于慢波，$k_{/\!/}=\omega/v_p(v_p<c)$ 比较大，因此 $k_{/\!/}v_z$ 的影响就比较大. 如果假定电子注在动量空间的分布为

$$g(p_\perp,p_z)=A\delta(r-r_0)\mathrm{e}^{-\frac{(p_z-p_{z0})^2}{2\Delta p_z^2}} \tag{10.5.41}$$

则可求得速度零散的影响，数值计算结果如图 10.5.7 所示(与图 10.5.6 引自同一文献).

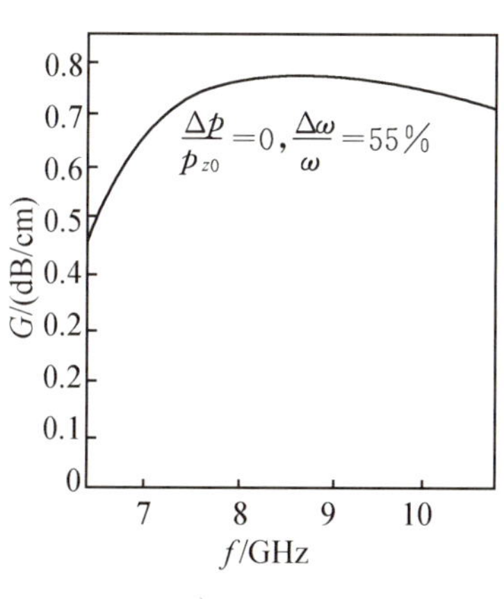

图 10.5.6　增益的数值计算

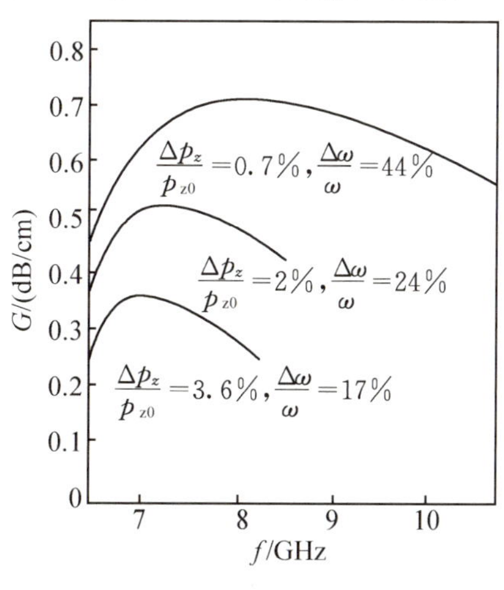

图 10.5.7　考虑速度零散后增益的数值计算

采用介质填充慢波结构的慢波回旋行波管的理论已得到实验证实. 周期性结构的慢波回旋器件的研究工作也在进行中.

10.6 大回旋半径回旋管、回旋磁控管及可调谐回旋管

以上讨论的回旋管,均采用波导或波导型开放式谐振腔. 这类结构的回旋管,在毫米波段取得了很大成绩,成功制作了从 28 GHz 到 94 GHz 或更高频率的回旋单腔管振荡器,获得了数百千瓦的输出功率和 30% 以上的效率. 毫米波回旋管已开始进入工程实际. 但是,当波长短于 1 mm 甚至更短时,现有结构的回旋管就难以胜任了.

现有结构的回旋管在更短波长上难于工作的一个主要困难是所需的磁场强度太高,难以实现. 众所周知,回旋管工作在回旋谐振频率上,即

$$\omega \approx l\omega_c = l\left(\frac{eB_0}{m_0\gamma}\right) \tag{10.6.1}$$

当工作波长约为 1 mm 时,如工作在回旋基波($l=1$),则所需的磁场强度高达 120 kGs,这在目前的技术水平下,即使采用超导磁场也很难实现.

因此,发展短毫米波及亚毫米波回旋管的一个急需解决的问题,就是寻求采用高次回旋谐波的途径,这样要求的磁场强度将成倍减小(采用第 l 次回旋谐波,要求的磁场强度为基波时的 l^{-1} 倍.)

还有一个重要的问题,对于回旋管的发展也很重要,这就是有关回旋管的实际应用问题. 到目前为止,回旋管主要作为大功率毫米波源,主要用于等离子体加热. 推广回旋管的应用范围,研制小功率可调谐回旋管,使之能用于各种信号源中,是很重要的.

综上所述,在本节中,我们研究了三种不同类型的回旋管,即大回旋半径回旋管、回旋磁控管及可调谐回旋管. 虽然目前这几种回旋管并不成熟,还有很多问题有待研究,但是这几种回旋管所代表的方向,却是极为重要的.

1. 大回旋半径回旋管

为了使用高次回旋谐波,人们做了很多努力. 到目前为止,至少已有两种不同的方案,其中一种是采用普通高模式(TE_{mnq}, $m>1$)波导谐振腔及高能量电子注(一百万至数百万电子伏). 这时,电子旋转的拉姆半径比较大,回旋运动是一种绕轴的旋转运动,如图 10.6.1 所示.

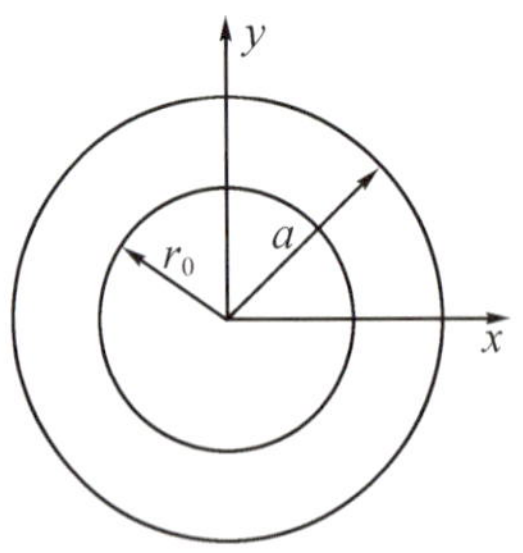

图 10.6.1 大回旋半径回旋管电子的回旋运动

可以看到这种方案与以上研究的回旋管并没有本质的区别,只是拉姆半径较大. 但是分析及实验表明,利用这种方案还是有前途的. 例如,已有报道表明,在 30~96 GHz,$B_0=4$ kGs 时,已得到 1 kW 输出,效率为 5%. 计算表明,在 100 GHz 时,管子效率可达 15%.

如上所述,由于绕波导轴旋转的大拉姆半径回旋管与一般的回旋管无实质性区别,因此,10.2 节,10.3 节以及第 9 章有关各节所述也适用于此种情况.

下面我们就按以上指出的各节所述方法，来建立绕波导轴旋转的电子回旋脉塞的线性动力学理论. 按场的局部展开式，我们可以得到

$$\begin{cases} E_r^{\pm} = \mp \mathrm{j}\omega\mu_0 \sum\limits_l \left(\dfrac{l}{r}\right) \mathrm{J}_l(k_c r)\mathrm{J}_{m\mp l}(k_c R_0) \cdot \mathrm{e}^{\mathrm{j}(m\mp l)\varphi_0 + \mathrm{j}l\theta} \\ E_{\mp}^{\theta} = \mp \mathrm{j}\omega\mu_0 k_c \sum\limits_l \mathrm{J}_l'(k_c r)\mathrm{J}_{m\mp l}(k_c R_0) \cdot \mathrm{e}^{\mathrm{j}(m\mp l)\varphi_0 + \mathrm{j}l\theta} \\ H_r^{\pm} = \pm \mathrm{j}k_{/\!/} k_c \sum\limits_l \mathrm{J}_l'(k_c r)\mathrm{J}_{m\mp l}(k_c R_0) \cdot \mathrm{e}^{\mathrm{j}(m\mp l)\varphi_0 + \mathrm{j}l\theta} \\ H_\theta^{\pm} = \mp k_{/\!/} \sum\limits_l \left(\dfrac{l}{r}\right) \mathrm{J}_l(k_c r)\mathrm{J}_{m\mp l}(k_c R_0) \cdot \mathrm{e}^{\mathrm{j}(m\mp l)\varphi_0 + \mathrm{j}l\theta} \\ H_z = k_c^2 \sum\limits_l \mathrm{J}_l(k_c r)\mathrm{J}_{m\mp l}(k_c R_0) \mathrm{e}^{\mathrm{j}(m\mp l)\varphi_0 + \mathrm{j}l\theta} \end{cases} \tag{10.6.2}$$

在大回旋半径的条件下，电子绕波导轴旋转，因此有

$$\begin{cases} r = R_g \\ R_0 = 0 \end{cases} \tag{10.6.3}$$

R_g 表示电子绕波导轴旋转的半径. 在这种情况下，电子回旋中心坐标系与波导轴坐标系合而为一，即

$$(r,\theta,z) \to (R,\varphi,z)$$

利用贝塞尔函数的以下性质：

$$\mathrm{J}_{m-l}(0) = \begin{cases} 1(m=l) \\ 0(m\neq l) \end{cases} \tag{10.6.4}$$

可见，绕波导轴旋转的大拉姆半径回旋管必须工作在 $l=m$ 的谐波上，或者说，谐波的次数与波导模的角向序数应相等. 这是这种回旋管具有的一个特点.

由于大回旋半径回旋管希望在高模式高次谐波上工作，因此，为了方便使用，将各模式的 $\mu_{mn}(\lambda_{cmn}/a)$ 列于表 10.6.1 中.

表 10.6.1 圆波导 H 模的根和截止波长

模　式	μ_{mn}	$(\lambda_c)_{mn}/a$
H_{01}	3.832	1.64
H_{02}	7.016	0.90
H_{03}	10.173	0.62
H_{04}	13.324	0.472
H_{11}	1.841	3.41
H_{12}	5.731	1.18
H_{13}	8.536	0.74
H_{14}	11.706	0.537
H_{21}	3.054	2.06
H_{22}	6.706	0.94
H_{31}	4.201	1.49
H_{41}	5.317	1.18
H_{51}	6.416	0.98
H_{61}	7.501	0.837
H_{62}	11.738	0.535
H_{71}	8.578	0.732
H_{72}	12.932	0.486

考虑到式(10.6.3)及式(10.6.4),展开式(10.6.2)即化为

$$
\begin{cases}
E_r^{\pm} = E_R^{\pm} = \mp\omega\mu_0\left(\dfrac{m}{R}\right)\mathrm{J}_m(k_c R)\mathrm{e}^{\pm \mathrm{j}m\varphi} \\
E_\theta^{\pm} = E_\varphi^{\pm} = \mp\mathrm{j}\omega\mu_0 k_c \mathrm{J}'_m(k_c R)\mathrm{e}^{\pm \mathrm{j}m\varphi} \\
H_r^{\pm} = H_R^{\pm} = \pm\mathrm{j}k_{/\!/} k_c \mathrm{J}'_m(k_c R)\mathrm{e}^{\pm \mathrm{j}m\varphi} \\
H_\theta^{\pm} = H_\varphi^{\pm} = \mp k_{/\!/}\left(\dfrac{m}{k}\right)\mathrm{J}_m(k_c R)\mathrm{e}^{\pm \mathrm{j}m\varphi} \\
H_z^{\pm} = H_z^{\pm} = k_c^2 \mathrm{J}_m(k_c R)\mathrm{e}^{\pm \mathrm{j}m\varphi}
\end{cases}
\tag{10.6.5}
$$

自然地回到原来的场方程.

这样,完全按照 9.4 节、9.5 节所述的方法即可求得色散方程:

$$
\frac{\omega^2}{c^2} - k_{/\!/}^2 - k_c^2 = \frac{\omega_p^2}{c^2}\left\{\frac{Q_m(\omega - k_{/\!/}v_{/\!/})}{(\omega - k_{/\!/}v_{/\!/} - m\omega_c)} - \frac{\beta_{\perp 0}^2 W_m(\omega^2 - k_{/\!/}^2 c^2)}{(\omega - k_{/\!/}v_{/\!/} - m\omega_c)^2}\right\}
\tag{10.6.6}
$$

式中

$$
W_m = \frac{4\Delta R_g \mathrm{J}'^2_m(k_c R_g)}{a^2\left(1 - \dfrac{m^2}{k_c^2 a^2}\right)\mathrm{J}_m^2(k_c a)}
\tag{10.6.7}
$$

$$
Q_m = 2W_m + \frac{4(k_c R_g)^2(k_c\Delta)\mathrm{J}'_m(k_c R_g)\mathrm{J}''_m(k_c R_g)}{(k_c^2 a^2)\left(1 - \dfrac{m^2}{k_c^2 a^2}\right)\mathrm{J}_m^2(k_c a)}
\tag{10.6.8}
$$

式中,Δ 表示电子注薄层的厚度.

可见,色散方程与 9.5 节所述的基本一致,仅需做很小的修正.

同样,按照本章 10.2 节、10.3 节所述的方法,可以求出在大回旋半径条件下,电子与波的互作用功率

$$
P = P_1 + P_2 + P_3 + P_4
\tag{10.6.9}
$$

式中,P_1,P_2,P_3,P_4 的表示式与式(10.3.54)一致,只是系数 W_m,Q_m 应用以下的表示式代入:

$$
\begin{cases}
W_p = \mathrm{J}'^2_m(k_c R_g) \\
Q_p = 2W_p + (k_c R_g)\mathrm{J}'_m(k_c R_g)\mathrm{J}''_m(k_c R_g)
\end{cases}
\tag{10.6.10}
$$

及

$$
\begin{cases}
Q = \omega - k_{/\!/}v_{/\!/} - m\omega_c \\
Q' = \omega + k_{/\!/}v_{/\!/} = m\omega_c
\end{cases}
\tag{10.6.11}
$$

这样,也可以求出起振功率及起振电流的表示式为

$$
\begin{cases}
P_{st} = \dfrac{\omega k_c^4 \mu_0 v_0\left(\dfrac{1 - m^2}{k_c^2 a^2}\right)\mathrm{J}_m^2(k_c a)}{(2 - \delta_m^0)(1 - q^2\lambda_0^2/4L^2)Q_\mathrm{T}} \\
U_0 = \pi a^2 L
\end{cases}
\tag{10.6.12}
$$

式中

$$
\delta_m^0 = \begin{cases} 1(m=0) \\ 0(m\neq 0) \end{cases}
\tag{10.6.13}
$$

及

$$
I_{st} = \frac{\pi k_c^2 a^2 v_z \gamma\left(1 - \dfrac{m^2}{k_c^2 a^2}\right)\mathrm{J}_m^2(k_c a)}{(2 - \delta_m^0)\eta_0\mu_0(1 - q^2\lambda_0^2/(4L^2))Q_\mathrm{T}\sum\limits_{i=1}^{4}\mathrm{Re}(\overline{P}_i)}
\tag{10.6.14}
$$

式中

$$
\overline{P}_i = \frac{P_i}{2\pi\Delta R_g L\omega\mu_0 k_c^2(\omega_p^2/c^2)}
\tag{10.6.15}
$$

而频偏的表示式为

$$\frac{\Delta\omega}{\omega_0}=\frac{2W_p^2\left(\frac{R_g\Delta}{a^2}\right)\left\{\sum_{i=1}^{4}\mathrm{Im}(\overline{P}_i)\right\}(1-q^2\lambda_0^2/(4L^2))}{k_c^2a^2\left(\frac{1-m^2}{k_c^2a^2}\right)\mathrm{J}_m^2(k_ca)}$$

利用上述各式，一些数值计算结果列于表 10.6.2 中.

表 10.6.2 大回旋半径回旋管线性理论的数值计算($f_0=300$ GHz, $V=683$ kV)

模式	$H_{10,11}$		$H_{12,11}$		$H_{15,11}$	
	Ⅰ	Ⅱ	Ⅰ	Ⅱ	Ⅰ	Ⅱ
谐波次数 l	10		12	12	15	15
I_{st}/mA	43		130	14	810	47
B_0/kGs	14.3		11.93	13.8	9.55	11.05
R_g/a	0.556		0.564	0.652	0.575	0.663

在有关文献中①，还对大回旋半径回旋管做了大信号计算.

由上述可见，这种回旋管的另一个特点是电子的能量较高，达数百千伏. 这样就有两种方案：一种是直接用加速器注入(如 Max 发生器等)，另一种是在电子枪与互作用腔之间另加一个加速腔. 工作在 TE_{111} 模式，用 x 波段 50 kW 的磁控管供给能量，可将 10～100 mA 的实心电子注加速到 $B_\perp$，相当于 500 keV. 因此，从某种观点来看，这种器件相当于增频器，把较低频的电磁波能量转化为较高频的电磁波能量.

2. 回旋磁控管

回旋磁控管的结构示意如图 10.6.2 所示. 由图可见，高频结构完全类似于普通磁控管的阳极块. 以后的分析表明，不同于磁控管，在回旋磁控管中，不是工作于 π 模式，而是工作于 2π 模式. 另外，与磁控管不同的是，电子注是从外面引入的. 如图所示，一绕波导轴旋转的薄层电子注从电子枪部分出来，注入高频系统. 此种环形旋转电子注在高频结构中的角向场的作用下，产生角向群聚，从而实现与场的能量交换. 因此，从互作用机理上来讲，与位能交换的普通磁控管(见第一篇参考文献[17])是完全不同的. 我们来对回旋磁控管做定性的分析.

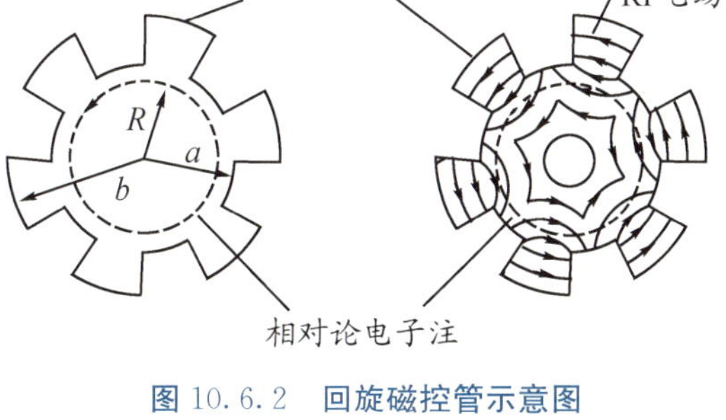

图 10.6.2 回旋磁控管示意图

如图 10.6.2 所示，设高频结构由 N 个周期间隙组成，每个间隙占空间角为 φ_0，设电子注的半径为 R_0. 采用(R,φ,z)圆柱坐标系，将互作用空间分为三个区域：$0<R<R_0$ 为Ⅰ区，$R_0<R<a$ 为Ⅱ区，$a<R<b$ 为Ⅲ区. 可见，Ⅲ区为间隙区. 略去波向 z 轴传播的因子，仅考虑波沿 φ 方向传播. 于是，不考虑电子注时，冷高频结构中各区中的场可以用以下方程表示：

Ⅰ区：$0<R<R_0$

①徐梅生. 大回旋半径回旋管的数值计算[D]. 成都：成都电讯工程学院，1984.

$$
\begin{cases}
H_z(R,\varphi)=\sum\limits_{n=-\infty}^{\infty}A_n\mathrm{J}_n(kR)\mathrm{e}^{-\mathrm{j}\omega t+\mathrm{j}n\varphi}\\
E_R(R,\varphi)=\sum\limits_{n=-\infty}^{\infty}\left(\dfrac{\mathrm{j}\omega\mu_0 n}{k^2R}\right)A_n\mathrm{J}_n(kR)\mathrm{e}^{-\mathrm{j}\omega t+\mathrm{j}n\varphi}\\
E_\varphi(R,\varphi)=\sum\limits_{n=-\infty}^{\infty}\left(-\dfrac{\mathrm{j}\omega\mu_0}{k}\right)A_n\mathrm{J}_n'(kR)\mathrm{e}^{-\mathrm{j}\omega t+\mathrm{j}n\varphi}
\end{cases}
\tag{10.6.16}
$$

式中，$k=\omega/c$.

Ⅱ区：$R_0<R<a$

$$
\begin{cases}
H_z(R,\varphi)=\sum\limits_{n=-\infty}^{\infty}[B_n\mathrm{J}_n(kR)+C_n\mathrm{N}_n(kR)]\mathrm{e}^{-\mathrm{j}\omega t+\mathrm{j}n\varphi}\\
E_R(R,\varphi)=\sum\limits_{n=-\infty}^{\infty}\left(\dfrac{\omega\mu_0 n}{k^2R}\right)[B_n\mathrm{J}_n(kR)+C_n\mathrm{N}_n(kR)]\mathrm{e}^{-\mathrm{j}\omega t+\mathrm{j}n\varphi}\\
E_\varphi(R,\varphi)=\sum\limits_{n=-\infty}^{\infty}\left(\dfrac{-\mathrm{j}\omega\mu_0}{R}\right)[B_n\mathrm{J}_n'(kR)+C_n\mathrm{N}_n'(kR)]\mathrm{e}^{-\mathrm{j}\omega t+\mathrm{j}n\varphi}
\end{cases}
\tag{10.6.17}
$$

当电子注不存在时，对 $R=R_0$，应有连续条件：

$$E_\varphi^{\mathrm{I}}(R=R_0,\varphi)=E_\varphi^{\mathrm{II}}(R=R_0,\varphi)\tag{10.6.18}$$

将方程(10.6.16)、方程(10.6.17)中最后一式代入

$$A_n\mathrm{J}_n'(kR)=B_n\mathrm{J}_n'(kR_0)+C_n\mathrm{N}_n'(kR_0)\tag{10.6.19}$$

$R=a$ 处的边界条件可以这样来考虑. 在 $R=a$ 的边界上，我们遇到角向周期性结构. 略去边缘场的影响，可以认为在间隙上的场是一个常数. 这样 $R=a$ 处的场分布如图 10.6.3 所示. 于是按 Floquet 定律，相邻间隙上的场仅差一个常数，即可得到

$$E_{\varphi,i}=E_0\mathrm{e}^{-\mathrm{j}\lambda i}\tag{10.6.20}$$

式中，$E_{\varphi,i}$表示第 i 个间隙上的角向场.

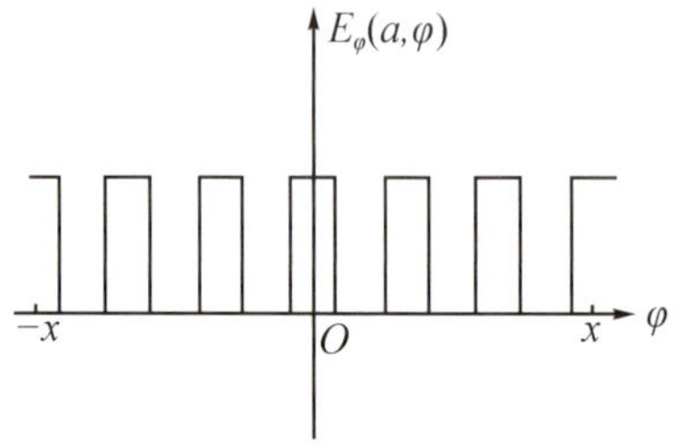

图 10.6.3 周期结构中的场分布

由于间隙数为 N，则有

$$E_{\varphi,i}=E_{\varphi,i+N}\tag{10.6.21}$$

由此得到

$$\lambda=2\pi m/N(m=0,\pm1,\pm2,\cdots)\tag{10.6.22}$$

因而式(10.6.20)可写成

$$E_{\varphi,i}=E_0\mathrm{e}^{-\mathrm{j}\frac{2\pi m}{N}i}\tag{10.6.23}$$

可见，同普通磁控管阳极块情况一样，当 $m=0$ 时，称为 0 模式；$m=N/2$ 时，称为 π 模式；而 $m=N$ 时，称为 2π 模式，此时相邻两间隙上场的相位相差 2π.

我们来看看，在这种情况下，可工作于那一次回旋谐波. 设可工作于 l 次回旋谐波，于是此第 l 次谐波应与波同步，因此有

$$\frac{2\pi}{l}=\frac{2\pi}{(N/m)}\tag{10.6.24}$$

或

$$l=\frac{N}{m} \tag{10.6.25}$$

可见，当 $m=N$ 时，即工作于 2π 模式时，可以工作在第 N 次回旋谐波. 此时与基次回旋谐波相比，磁场降低为 $1/N$. 不难看到，当工作于 $m=N/2$ 模式时，可工作在 $l=N/2$ 次回旋谐波，此时磁场可降低为 $N/2$.

我们继续来讨论 $R=a$ 处的边界条件. 按照 Floquet 定律展开：

$$E_\varphi=\sum_{q=-\infty}^{\infty} F\mathrm{e}^{\mathrm{j}\frac{2\pi q}{N}}=\begin{cases}E_0\left(\dfrac{N\theta_0}{\pi}\right)\left(\dfrac{\sin n\theta_0}{n\theta_0}\right)(n=m+qN)\\ 0 \qquad\qquad\qquad (\text{其他情况})\end{cases} \tag{10.6.26}$$

因此，边界条件为

$$\frac{\mathrm{j}\omega\mu_0}{k}[B_n\mathrm{J}_n'(ka)+C_n\mathrm{N}_\pi'(ka)]=\begin{cases}E_0\left(\dfrac{N\theta_0}{\pi}\right)\left(\dfrac{\sin n\theta_0}{n\theta_0}\right)(n=m+qN)\\ 0 \qquad\qquad\qquad (\text{其他情况})\end{cases} \tag{10.6.27}$$

于是可得到冷高频系统的色散方程：

$$\frac{\mathrm{J}_0(ka)\mathrm{N}_0'(kb)-\mathrm{J}_0'(kb)\mathrm{N}_0'(ka)}{\mathrm{J}_0'(ka)\mathrm{N}_0'(kb)-\mathrm{J}_0'(kb)\mathrm{N}_0'(ka)}=\sum_{q=-\infty}^{\infty}\left(\frac{N\varphi_0}{\pi}\right)\left(\frac{\sin n\varphi_0}{n\varphi_0}\right)^2\frac{\mathrm{J}_n(ka)}{\mathrm{J}_n'(ka)} \tag{10.6.28}$$

式中

$$n=m+qN \tag{10.6.29}$$

当考虑电子注时，在 $R=R_0$ 处将引起场的变化. 可以求出表面交变电荷密度为

$$\sigma_1=\frac{\mathrm{j}l\sigma_0}{R_0}\beta_\perp^2\frac{eE_\varphi}{rm_0(\omega-l\omega_c)^2} \tag{10.6.30}$$

式中，σ_0 表示平衡态表面电荷密度. 将 E_φ 的方程代入上式，可得

$$\sigma_1=\sum_{n=-\infty}^{\infty}\sigma_{1n}\mathrm{e}^{-\mathrm{j}\omega t+\mathrm{j}n\theta} \tag{10.6.31}$$

式中

$$\sigma_{1n}=\frac{-\mathrm{j}\omega\mu_0 n\sigma_0}{kR_0}\beta_\perp^2\frac{A_n e}{\gamma_0 m_0(\omega-\omega_c)^2}\mathrm{J}_n'(kR_0) \tag{10.6.32}$$

这样在 $R=R_0$ 处的边界条件就应写成

$$E_R^{\mathrm{I}}-E_R^{\mathrm{II}}=\sigma_1/\varepsilon_0 \tag{10.6.33}$$

于是可以得到色散方程：

$$\begin{aligned}&\frac{\mathrm{J}_0(ka)\mathrm{N}_0'(kb)-\mathrm{J}_0'(kb)\mathrm{N}_0(ka)}{\mathrm{J}_0'(ka)\mathrm{N}_0'(kb)-\mathrm{J}_0'(kb)\mathrm{N}_0'(ka)}-\sum_{q=-\infty}^{\infty}\left(\frac{N\theta_0}{\pi}\right)\left(\frac{\sin n\theta_0}{n\theta_0}\right)^2\frac{\mathrm{J}_n(ka)}{\mathrm{J}_0'(ka)}\\&=\left(\frac{N\theta_0}{\pi}\right)\left(\frac{2}{\pi ka}\right)\sum_{q=-\infty}^{\infty}\left(\frac{\sin n\theta_0}{n\theta_0}\right)^2\frac{\Delta}{1+\Delta\,\mathrm{J}_n'(kR_0)\mathrm{N}_n'(kR_0)}\end{aligned} \tag{10.6.34}$$

式中

$$\Delta=(kR_0)\beta_\perp^2\omega_p^2\left(\frac{\pi kR_0}{2}\right)/(\omega-n\omega_c)^2 \tag{10.6.35}$$

$$\omega_p^2=\frac{e\sigma_0}{m_0\gamma_0\varepsilon_0 R_0} \tag{10.6.36}$$

可见，当 $\omega_p^2=0$ 时，即化为式(10.6.28).

色散方程(10.6.34)比较复杂，我们来研究一种重要的简化情况，即 $\omega\approx q\omega_c\approx\omega_{kp}$ 的情况，式中 ω_{kp} 表示截止频率. 这时，式(10.6.34)可简化为

$$(\omega-q\omega_c)^2(\omega^2-\omega_{kp}^2)=-\omega_{kp}^4\varepsilon \tag{10.6.37}$$

式中

$$\varepsilon=4\left(\frac{\omega}{\omega_{kp}}\right)^2\left(\frac{N\theta_0}{\pi}\right)\frac{1}{\pi(ka)^2}\left(\frac{\sin^2 q\theta_0}{q\theta_0}\right)^2\frac{1}{[J_q'(ka)]^2 S} \tag{10.6.38}$$

式中

$$S=\left.\frac{\partial G}{\partial(ka)}\right|_{\omega\approx\omega_{kp}} \tag{10.6.39}$$

G 表示方程(10.6.34)的右边. 可以看到,S 是一个接近 1 的正数. 因此,ε 是一个正数. 于是从方程(10.6.39)可以看到,在 $\omega \gtrsim q\omega_c$,$\omega \gtrsim \omega_{kp}$ 的条件下,可以得到不稳定性增益,增益的大小取决于 ω_{kp} 及 ε. 图 10.6.4、图 10.6.5 中给出了 ε 与 $\beta_\perp$ 及 b/a 的关系曲线.

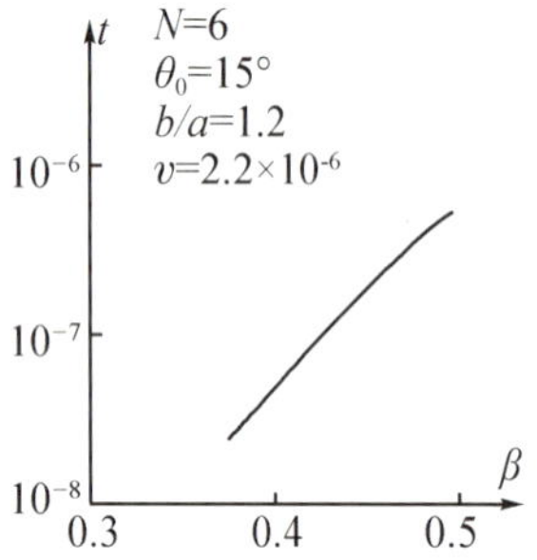

图 10.6.4 ε 与 $\beta_\perp$ 的关系

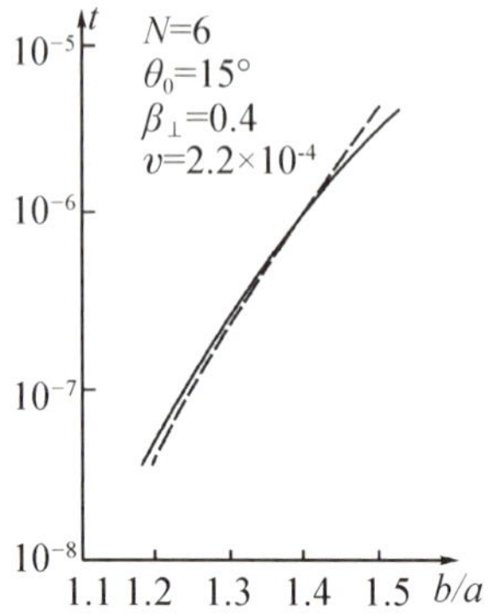

图 10.6.5 ε 与 b/a 的关系

在本篇参考文献[248]中,对此种器件有较详细的论述. 作者认为,这种器件的主要优点是可以实现高次回旋谐波的互作用,它的缺点可能是在短毫米及亚毫米波段,高频结构的加工比较困难. 此外,电子注能量较高也是一个重要的缺点.

3. 可调谐毫米波回旋管振荡器

另一种低功率回旋管方案是采用高次模式,如图 10.6.6 所示.

略去两边端部的影响,如第 7 章所述,谐振频率可按下式计算:

$$\omega_0=c^2\left(\frac{\chi_{ml}^2}{a^2}+\frac{n^2\pi^2}{L^2}\right)^{\frac{1}{2}} \tag{10.6.40}$$

各模式及谐振频率见表 10.6.3 所列(表中所得到的 ω_0 考虑了两端的影响,计算方法如第 7 章所述). 相应的模式分布如图 10.6.7 所示.

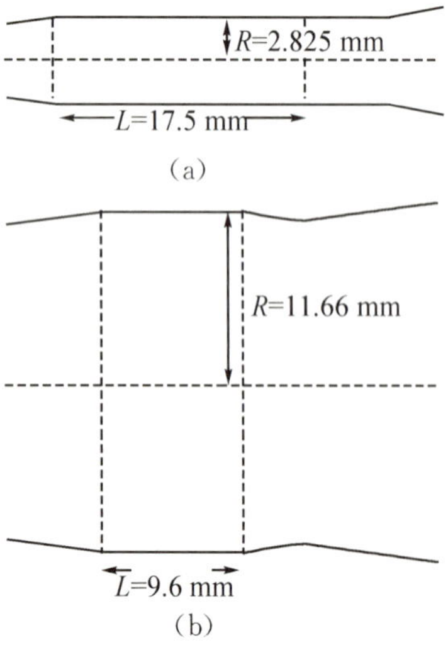

图 10.6.6 可调谐毫米波回旋管

图 10.6.7 模式分布

表 10.6.3 图 10.6.6 所示谐振腔的谐振频率

TE_{mnl}	ω_0/GHz	TE_{mnl}	ω_0/GHz
0101	132.1	1161	202.7
1111	138.5	0161	209.2
0111	145.0	1171	215.6
1121	151.4	0171	222.0
0121	157.8	1181	228.4
1131	164.2	0181	234.9
0131	170.7	1191	241.3
1141	177.0	0191	247.7
0141	183.5	1201	254.1
1151	189.9	0201	260.6
0151	196.4		

此种回旋管所用谐振腔的另一个特点就是 Q 值较高. 如图 10.6.7 所示,在输出端有一较长的截止,因此绕射 Q 值很高. 例如,对于 TE_{0151} 模式,Q_d 约为 2.2×10^9,而腔壁欧姆损耗引起的 Q_0 约为 7.8×10^4,所以腔的 Q 值主要由损耗决定.

不难看到,当工作直流磁场变化时,此种回旋管将依次工作在从较低模式到较高模式上. 已有文献报道了此种管子的实验结果:磁场从 48 kGs 到 95 kGs 变化时,振荡频率从 130 到 260 GHz. 阴极电压为 −19 kV,第一阳极电压为 −17 kV(均为对谐振腔的电位,谐振腔为零电位). 注入电流为 40 mA,输出功率可达瓦级.

此种磁场调谐的振荡器有两个缺点:其一是用改变磁场来改变工作频率,这在很多情况下是不方便的,而且可能改变电子注的工作情况;其二是不能实现频率的连续调谐. 某些改进的设想在文献中也有讨论.

10.7 准光腔回旋管

10.6 节指出,当波长为 1～2 mm,甚至更短时,现有结构的回旋管就难以胜任了. 现有结构回旋管在更短波长上难以工作的另一个主要困难是由它的高频系统——波导型开放式谐振腔引起的.

波导型开放式谐振腔原则上属于传统的封闭电动力学系统,这种结构有两个原理上的特点:其一是尺寸与波长之间的共度性,即随着波长缩短,腔的尺寸要减小;其二是腔内本征模式随着频率增高而更加密集,即高模式愈来愈密,高次模式之间的间隔随着模式号数的增大而减小.

第一个特点使得普通波导型开放式谐振腔在基模状态下不能很好地工作在更短波长上,因为腔的尺寸太小,难于加工,Q 值也难于做得高. 上述第二个特点又使得普通波导型开放式谐振腔在高模式状态下,也难于工作在更短波长上. 因为当工作模式很高时,将产生很难解决的模式竞争问题.

很多学者都在努力寻求解决的办法. 国际上公认的最有前途的解决方向大致上是:抛弃普通波导型开放式谐振腔,采用准光谐振腔. 由此看来,准光腔与电子回旋不稳定性(以及其他类型的不稳定性,如伯恩斯坦模)相结合,可能是解决上述问题的一个重要途径.

在本节中我们研究准光腔回旋管. 首先分析准光腔电子回旋脉塞的各种可能方案,包括作者提出的一些新方案;然后从线性弗拉索夫-麦克斯韦方程出发,详细研究准光腔电子回旋脉塞,建立各种方案下的动力学理论，求出电子与波的互作用功率、起振电流和频偏的表示式，以研究高次模式及腔中波场不同极化的影响. 本节得到的一系列新的重要结论表明，与波导型开放式谐振腔回旋管相比，准光腔电子回旋脉塞具有很多重要的特性.

1. 准光谐振腔电子回旋脉塞的可能方案

利用准光腔发展电子回旋脉塞，可能有几种不同的方案. 为简单计且不失普遍性，假定准光腔是由两个完全对称的镜面组成. 这样，准光腔电子回旋脉塞就可能有如图 10.7.1 所示的各种方案. 要指出的是，在图 10.7.1 所示的各种方案中，图(b)和图(c)两种方案是作者首先提出的，而图(e)和图(f)两种方案则是作者在 1980 年第五届国际红外与毫米波会议上讨论P. Sprangle的报告时首先提出的.

图 10.7.1(a)所示的方案，为电子注沿 z 轴注入，电子回旋引导中心位于 z 轴上；在图 10.7.1(b)和(c)所示的方案中，电子注同样平行于 z 轴注入，但引导中心并不位于 z 轴上. 在图(c)的方案中，为一环形空心电子注(如同普通回旋管中采用的由磁控注入电子枪所提供的那样)；而在图(b)的方案中，电子注情况与图(a)的方案中一样，只是引导中心位于(R_g, ϕ_0, z)坐标上. 在图(d)的方案中，电子注沿垂直于准光腔轴线方向注入；而在图(e)和(f)的方案中，电子注以一定倾角注入. 以后的分析表明，不同的方案，可能具有不同的特性，而作者所提出的新方案有着明显的优点.

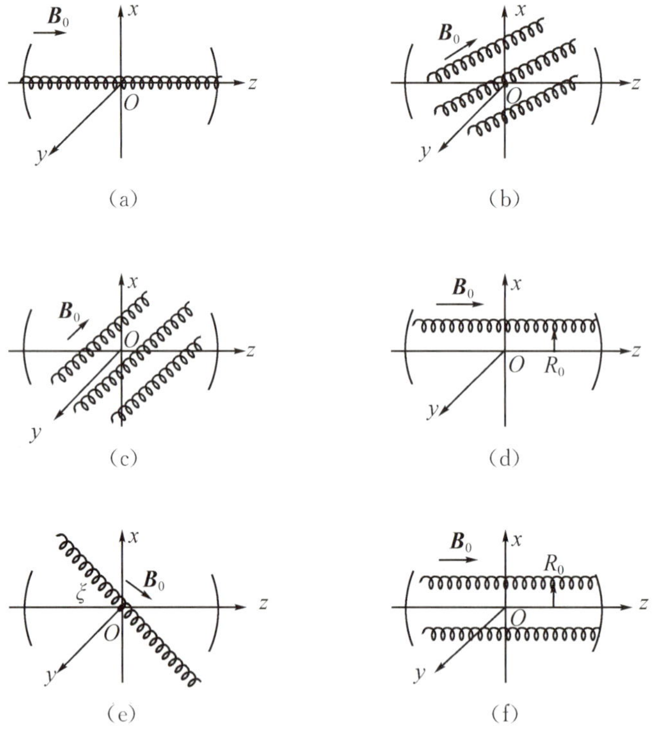

图 10.7.1　准光腔电子回旋脉塞的几种方案

为了建立准光腔电子回旋脉塞的动力学理论，可以利用第 9 章及本章以前各节中所采用的方法. 即按沿未扰轨道求积分的方法，可以求得扰动分布函数为

$$f_1 = -e\int_{-\infty}^{0} \mathrm{d}t'(\boldsymbol{E}_1' + \boldsymbol{v}' \times \boldsymbol{B}_1) \cdot \nabla_{p'} f_0 \tag{10.7.1}$$

式中，$\boldsymbol{v}$ 表示电子的运动速度，场 $\boldsymbol{E}_1$，$\boldsymbol{B}_1$ 应由准光腔理论给出. 积分沿未扰轨道进行.

扰动电流密度为

$$\boldsymbol{J}_1 = -e\int f_1 \frac{P}{m_0\gamma}\mathrm{d}^3 p \tag{10.7.2}$$

式中，m_0 表示电子的静止质量，$r=(1-\beta^2)^{-1/2}$，$\beta=\frac{|\boldsymbol{v}|}{c}$.

电子与波的互作用功率则可表示为

$$P=\frac{1}{2}\int \boldsymbol{J}_1\cdot\boldsymbol{E}_1^*\,\mathrm{d}V=\mathrm{Re}(P)+\mathrm{jIm}(P) \tag{10.7.3}$$

式中，Re(P)及 Im(P)分别表示功率的有功分量及无功分量. 积分在整个体积中进行.

设光腔的有载品质因数为 Q_d，则起振功率为

$$P_{st}=\frac{\omega W}{Q_\mathrm{d}} \tag{10.7.4}$$

式中，W 为光腔内的储能. 而起振电流 I_{st} 则可按以下关系求得：

$$\mathrm{Re}(P)+P_{st}=0 \tag{10.7.5}$$

从原则上讲，对于准光腔电子回旋脉塞的各种方案，可以建立一个统一的理论. 不过，对各种方案统一处理，将使方程的推导过于繁杂，以致往往不得不做一些不必要的简化和近似. 更重要的缺点是不能对不同的方案根据其不同的物理特征进行细致的分析. 而对不同方案按其特点分别进行研究，不仅可以更为严格，而且物理概念也更为清楚. 所以在本节中，我们宁愿采用后一种方法. 为此，我们将图 10.7.1 所示的各种方案，按其物理特点分为三种不同的情况，即平行于 z 轴注入的情况，横向注入的情况及有倾角注入的情况. 下面我们就分别对上述三种情况进行详细的研究.

2. 轴向注入准光腔电子回旋脉塞

在本知识点中，我们研究图 10.7.1 中的(a)、(e)、(f)三种情况，即电子注沿 z 轴注入的情况. 现在我们仅限于研究 TEM_{00q}基次模式，高次模式的问题将在后面讨论.

按准光腔理论，腔中 TEM_{00q}模式的电场，可能有以下三种极化情况：

(1)沿 x 轴线极化；

(2)沿 y 轴线极化；

(3)圆极化.

不难看到，对于球面镜的情况，沿 x 轴及沿 y 轴线极化，将给出完全一致的结果. 现在，我们仅研究沿 x 轴线极化，圆极化的情况将在后面研究.

沿 x 轴线极化的场，可以写成如下形式：

$$\begin{cases}\boldsymbol{E}_1=\sqrt{2}E_0 g(x,y)\cos kz\,\mathrm{e}^{-\mathrm{j}\omega t}\boldsymbol{e}_x\\ \boldsymbol{B}_1=\dfrac{\mathrm{j}k}{\omega}\sqrt{2}E_0 g(x,y)\sin kz\,\mathrm{e}^{-\mathrm{j}\omega t}\boldsymbol{e}_y\end{cases} \tag{10.7.6}$$

式中，$\boldsymbol{e}_x$、$\boldsymbol{e}_y$ 为单位矢量. $g(x,y)$表示波场在横方向上的分布. 在方程(10.7.6)中，我们假定电场沿 z 轴为偶函数分布，可以指出，对于奇函数分布，所得结果完全一致.

对于准平面波，TEM_{00q}模式的场在横向的分布为

$$g(x,y)=\mathrm{e}^{-\frac{x^2+y^2}{r_0^2}} \tag{10.7.7}$$

为简单计，可以认为光斑半径 r_0 是一个常数.

为了分析方便，腔中的场可分解为两个行波分量，因而有

$$\begin{cases}\boldsymbol{E}_1=\dfrac{\sqrt{2}}{2}E_0 g(x,y)(\mathrm{e}^{\mathrm{j}kz}+\mathrm{e}^{-\mathrm{j}kz})\mathrm{e}^{-\mathrm{j}\omega t}\boldsymbol{e}_x\\ \boldsymbol{B}_1=\dfrac{k\sqrt{2}}{2\omega}E_0 g(x,y)(\mathrm{e}^{\mathrm{j}kz}-\mathrm{e}^{-\mathrm{j}kz})\mathrm{e}^{-\mathrm{j}\omega t}\boldsymbol{e}_y\end{cases} \tag{10.7.8}$$

由图 10.7.1 可以看到，我们仅需着重分析图 10.7.1(f)中的情况，因为当 $R_g \to 0$ 时，即得图 10.7.1 中(a)的方案，而令引导中心位于(R_g, ϕ_0, z)上，又可得到图 10.7.1 中(e)的方案. 而实际上，对于 TEM_{00q} 模来说，引导中心的角向位置没有影响. 为了进行具体计算，最方便的方法是采用电子回旋中心坐标系中场的局部展开的方法. 于是有

$$g(x,y)=g(r,\theta)=\sum_l F_l e^{jl\theta} \tag{10.7.9}$$

式中，(r,θ)表示回旋中心坐标系. 上式中

$$F_l=\frac{1}{2\pi}\int_{-\pi}^{\pi} g(r,\theta)e^{-jl\theta}d\theta=\frac{1}{2\pi}\left(\int_{-\pi}^{\pi} e^{-\frac{2R_g r\cos\theta}{r_0^2}-jl\theta}d\theta\right)e^{-\frac{R_g^2+r^2}{r_0^2}} \tag{10.7.10}$$

对上式积分后，可以得到以下的展开式：

$$g(r,\theta)=e^{-\frac{R_g^2+r^2}{r_0^2}}\sum_l(-1)^l I_l\left(\frac{2R_g r}{r_0^2}\right)e^{jl\theta} \tag{10.7.11}$$

式中，$I_l\left(\frac{2R_g r}{r_0^2}\right)$表示第 l 阶第一类变态贝塞尔函数.

经过适当的运算以后，就可得到扰动分布函数：

$$\begin{aligned} f_1^{(1)}=&\frac{\sqrt{2}}{2}eE_0\sum_l(-1)^l\left\{\left[\left(1-\frac{kv_{/\!/}}{\omega}\right)\frac{\partial f_0}{\partial p_\perp}+\frac{kv_\perp}{\omega}\frac{\partial \rho_0}{\partial p_{/\!/}}\right]\right.\\ &\left.\cdot\left[\frac{1-e^{-jQ_l\left(z+\frac{L}{2}\right)/v_{/\!/}}}{Q_l}\right](F_{l+1}+F_{l-1})\right\}e^{jl\theta+jkz-j\omega t} \end{aligned} \tag{10.7.12}$$

式中

$$Q_l=\omega-kv_{/\!/}-l\omega_c \tag{10.7.13}$$

方程(10.7.12)中上角标(1)表示前向波分量引起的扰动分布函数. 以后用上角标(2)表示返向波引起的有关物理量，L 表示光腔长度.

沿 θ 方向的扰动电流可表示为

$$\begin{aligned} J_\theta^{(1)}=&\frac{\sqrt{2}}{2}e^2E_0\sum_l\left\{(-1)^l\int_0^{2\pi}d\phi\int_{-\infty}^{\infty}dp_{/\!/}\int_0^{\infty}dp_\perp(F_{l+1}+F_{l-1})\frac{p_\perp^2}{m_0\gamma}\right.\\ &\left.\cdot\left[\left(1-\frac{kv_{/\!/}}{\omega}\right)\frac{\partial f_0}{\partial p_\perp}+\frac{kv_\perp}{\omega}\frac{\partial f_0}{\partial p_{/\!/}}\right]\left[\frac{1-e^{-\frac{jQ_l\left(z+\frac{L}{2}\right)}{v_{/\!/}}}}{Q_l}\right]\right\} \end{aligned} \tag{10.7.14}$$

式中，因子 $\exp(-j\omega t+jkz+jl\theta)$略去. 按方程(10.7.3)及 9.5 节所述的方法，可以求得电子与波的互作用功率为

$$P=P_1+P_2+P_3+P_4 \tag{10.7.15}$$

式中

$$\begin{cases} P_1=\frac{1}{2}\int \boldsymbol{J}_1^{(1)}\cdot\boldsymbol{E}_1^{(1)*}dV\\ P_2=\frac{1}{2}\int \boldsymbol{J}_1^{(2)}\cdot\boldsymbol{E}_1^{(2)*}dV\\ P_3=\frac{1}{2}\int \boldsymbol{J}_1^{(1)}\cdot\boldsymbol{E}_1^{(2)*}dV\\ P_4=\frac{1}{2}\int \boldsymbol{J}_1^{(2)}\cdot\boldsymbol{E}_1^{(1)*}dV \end{cases} \tag{10.7.16}$$

以及

$$P_i=\mathrm{Re}(P_i)+j\mathrm{Im}(P_i)\ (i=1,2,3,4) \tag{10.7.17}$$

这样，利用以上各有关方程，经过适当的数学运算之后，可以求得电子与前向波的互作用功率的表达式：

$$\begin{aligned}\mathrm{Re}(P_1)=&\frac{LS_e\omega_p^2}{16\ \omega}\varepsilon_0 E_0^2\sum_l\left\{\frac{\beta_{\perp 0}^2 W_l L^2}{v_{/\!/}^2\phi_l^3}\Big[(\omega^2-k^2c^2)(\phi_l\sin\phi_l\right.\\&-2(1-\cos\phi_l))-kc^2\frac{\phi_l}{L}(\phi_l\sin\phi_l-(1-\cos\phi_l))\Big]\\&\left.+\frac{Q_lL}{v_{/\!/}\phi_l^2}(\omega-kv_{/\!/})\cdot(1-\cos\phi_l)\right\}\end{aligned}\tag{10.7.18}$$

$$\begin{aligned}\mathrm{Im}(P_1)=&\frac{LS_e\omega_p^2}{16\ \omega}\varepsilon_0 E_0^2\sum_l\left\{\frac{\beta_{\perp 0}^2 W_l L^2}{v_{/\!/}^2\phi_l^3}\Big[(\omega^2-k^2c^2)(2\sin\phi_l-\phi_l\right.\\&\cdot(1+\cos\phi_l))-kc^2\frac{\phi_l}{L}(\sin\phi_l-\phi_l\cos\phi_l)\Big]\\&\left.-\frac{Q_lL}{v_{/\!/}\phi_l^2}(\omega-kv_{/\!/})\cdot(\sin\phi_l-\phi_l)\right\}\end{aligned}\tag{10.7.19}$$

$$\begin{aligned}\mathrm{Re}(P_3)=&\frac{LS_e\omega_p^2}{16\ \omega}\varepsilon_0 E_0^2\sum_l\left\{\frac{\beta_{\perp 0}^2 W_l L^2}{v_{/\!/}^2\phi_l^2\phi_l'}\Big[(\omega^2-k^2c^2)\Big(-\frac{\phi_l}{\psi}(1-\cos\psi)\right.\\&+\Big(1+\frac{\phi_l}{\phi_l'}\Big)(I'-\cos\phi_l')-\phi_l\sin\phi_l'\Big)\\&-kc^2\frac{\phi_l}{L}\Big(\frac{\phi_l}{\phi_l'}(1-\cos\phi_l')-\phi_l\sin\phi_l'\Big)\Big]\\&\left.-\frac{Q_lL}{v_{/\!/}\phi_l\phi_l'}(\omega-kv_{/\!/})\Big[-\frac{\phi_l'}{\psi}(1-\cos\psi)+(1-\cos\phi_l')\Big]\right\}\end{aligned}\tag{10.7.20}$$

$$\begin{aligned}\mathrm{Im}(P_3)=&\frac{LS_e\omega_p^2}{16\ \omega}\varepsilon_0 E_0^2\sum_l\left\{\frac{\beta_{\perp 0}^2 W_l L^2}{v_{/\!/}^2\phi_l^2\phi_l'}\Big[(\omega^2-k^2c^2)\Big(-\frac{\phi_l'}{\psi}\sin\psi\right.\\&-\Big(1+\frac{\phi_l}{\phi_l'}\Big)\sin\phi_l'+\phi_l\cos\phi_l'\Big)\\&-\frac{kc^2\phi_l}{L}\Big(\phi_l\cos\phi_l'-\frac{\phi_l}{\phi_l'}\sin\phi_l'\Big)\Big]\\&\left.+\frac{Q_lL}{v_{/\!/}\phi_l'\phi_l}(\omega-kv_{/\!/})\Big(\frac{\phi_l'}{\phi_l}\sin\psi+\sin\phi_l'\Big)\right\}\end{aligned}\tag{10.7.21}$$

式中

$$\begin{cases}\phi_l=(\omega-kv_{/\!/}-l\omega_c)L/v_{/\!/}\\\phi_l'=(\omega+kv_{/\!/}-l\omega_c)L/v_{/\!/}\\\psi=2kL\end{cases}\tag{10.7.22}$$

$$W_l=\left(\frac{er_0^2}{R_gr_c}\right)^2\mathrm{e}^{-\frac{2(R_g^2+r_c^2)}{r_0^2}}\mathrm{I}_l^2\left(\frac{2R_gr_c}{r_0^2}\right)\tag{10.7.23}$$

$$\begin{aligned}Q_l=&\left(\frac{lr_0^2}{R_gr_c}\right)^2\mathrm{e}^{-\frac{2(R_g^2+r_c^2)}{r_0^2}}\Big[\Big(1-\frac{2r_c^2}{r_0^2}\Big)\mathrm{I}_l^2\Big(\frac{2R_gr_c}{r_0^2}\Big)\\&+\frac{2R_gr_c}{r_0^2}\mathrm{I}_l\Big(\frac{2R_gr_c}{r_0^2}\Big)\mathrm{I}_l'\Big(\frac{2R_gr_c}{r_0^2}\Big)\Big]\end{aligned}\tag{10.7.24}$$

式中，$\mathrm{I}_l'(z)$表示对宗量的导数，r_c 表示拉姆半径.

在式(10.7.18)至式(10.7.21)中，用$-k$ 代替k，可由 P_1 的表达式得到 P_2 的表达式；由 P_3 的表达式得到 P_4 的表达式.

现在来求起振电流. 准光腔中 TEM_{00q}模式的储能可求得为

$$W=\frac{\pi}{4}\varepsilon_0 E_0^2 r_0^2 L(1-e^{-2})=\frac{\pi}{4}\varepsilon_0 E_0^2 r_0^2 L \tag{10.7.25}$$

由此可以得到起振功率为

$$P_{st}=\frac{\pi\varepsilon_0 E_0^2 r_0^2 L\omega}{4Q_d} \tag{10.7.26}$$

利用式(10.7.26)及式(10.7.5)就可得到起振电流的表达式为

$$I_{st}=-\frac{4\pi\varepsilon_0\omega^2\gamma v_{/\!/} r_0^2}{\left(\frac{e}{m_0}\right)Q_d\left[\sum_{i=1}^{4}\mathrm{Re}(\overline{P}_i)\right]} \tag{10.7.27}$$

式中

$$\mathrm{Re}(\overline{P}_i)=\frac{\mathrm{Re}(P_i)}{\left(\frac{1}{8}\frac{\omega_p^2}{\omega_c}\varepsilon_0 E_0^2 L S_e\right)} \tag{10.7.28}$$

$\mathrm{Re}(P_i)$的表示式上面已给出.

在线性状态下的频偏可以求得,为

$$\frac{\Delta\omega}{\omega}=\frac{S_e\omega_p^2\left[\sum_{i=1}^{4}\mathrm{Im}(\overline{P}_i)\right]}{4\pi\omega^2 r_0^2} \tag{10.7.29}$$

式中

$$\mathrm{Im}(\overline{P}_i)=\frac{\mathrm{Im}(P_i)}{\left(\frac{1}{8}\frac{\omega_p^2}{\omega_c}\varepsilon_0 E_0^2 L S_e\right)} \tag{10.7.30}$$

$\mathrm{Im}(P_i)$的表示式也已给出.

在以上方程中,S_e 表示电子注的截面积. 可见,对于图 10.7.1(f)所示的情况,我们有

$$S_e=4\pi R_g r_c \tag{10.7.31}$$

而对于图 10.7.1(a)及图 10.7.1(e)所示的情况,在理想情况下,在横截面上表现为线电荷. 实际上这时的电子注截面积为 $S_e=2\pi r_c\Delta r$,Δr 表示电子注的厚度.

由式(10.7.10)和式(10.7.11)可以得到,当 $R_g\to 0$ 时,有

$$F_l=\begin{cases}1(l=1)\\0(l\neq 1)\end{cases} \tag{10.7.32}$$

以上结果给出一个重要结论:在 TEM_{00q} 基模的情况下,对于图 10.7.10(a)所示的方案,原则上没有高次回旋谐波的互作用,仅有 $l=1$ 的基波的互作用.

3. 横向注入准光腔电子回旋脉塞

现在来研究电子注横向注入的情况,即图 10.7.1(b)所示的方案. 为不失普遍性,取 z 轴与电子回旋中心漂移的方向一致. 假定电子注是一带状注,沿 y 轴宽度为 $2L_p$,厚度为 $2r_c$.

如 10.6 节所述,腔中的场可以有两种线极化,即

(1)电场沿 x 轴方向线极化:

$$\begin{cases}\boldsymbol{E}_1=\sqrt{2}E_0 g(z,x)\cos ky\,e^{-j\omega t}\boldsymbol{e}_x\\ \boldsymbol{B}_1=-\frac{jk}{\omega}\sqrt{2}E_0 g(z,x)\sin ky\,e^{-j\omega t}\boldsymbol{e}_x\end{cases} \tag{10.7.33}$$

(2)电场沿 z 轴方向线极化:

$$
\begin{cases}
\boldsymbol{E}_1=\sqrt{2}E_0 g(x,z)\cos ky \mathrm{e}^{-\mathrm{j}\omega t}\boldsymbol{e}_z \\
\boldsymbol{B}_1=\dfrac{\mathrm{j}k}{\omega}\sqrt{2}E_0 g(x,z)\sin ky \mathrm{e}^{-\mathrm{j}\omega t}\boldsymbol{e}_x
\end{cases}
\tag{10.7.34}
$$

在 10.6 节中曾指出，对于电子注平行于腔轴注入的情况，上述两种极化方向给出相同的结果. 但是，在电子注横向注入的情况下，上述两种线极化就不相同了. 对于电场沿 x 方向极化，电场矢量与回旋中心漂移速度垂直，因此可称为“垂直”极化波；而对于沿 z 方向极化，电场与回旋中心漂移速度平行，因此可称为“平行”极化波.

我们先来研究垂直极化波的情况. 将波场写成行波形式后，不难求得前向波引起的扰动分布函数：

$$
f_1^{(1)}=-\frac{e}{2}\int_{-\infty}^{0}\mathrm{d}\tau\left\{\frac{\partial\rho_0}{\partial p_\perp}\cos(\phi-\omega_0\tau)\mathrm{e}^{\mathrm{j}\frac{kv_\perp}{\omega_c}[\cos(\phi-\omega_c\tau)-\cos\phi]}\right.
$$
$$
\left.\cdot\,\mathrm{e}^{-\mathrm{j}\omega\tau}(\sqrt{2}E_0)g(x',z')\mathrm{e}^{\mathrm{j}ky-\mathrm{j}\omega t}\right\}
\tag{10.7.35}
$$

这里说明一下，在横向注入的条件下，坐标系统的选择在于使电子回旋中心的漂移方向仍为 z 轴方向. 对其他注入情况也是一样.

利用积分关系式

$$
\int_0^{2\pi}\mathrm{d}\phi\cos\phi\cos(\phi-\omega_0\tau)\mathrm{e}^{-\mathrm{j}\frac{kv_\perp}{\omega_c}[\cos\phi-\cos(\phi-\omega_c\tau)]}=2\pi\sum_{l=-\infty}^{\infty}\mathrm{e}^{\mathrm{j}l\omega_c\tau}\left[\mathrm{J}_l'\left(\frac{kv_\perp}{\omega_c}\right)\right]^2
\tag{10.7.36}
$$

即可求得前向波与电子注的互作用功率为

$$
P_1=-\frac{\pi}{2}e^2E_0^2\int_{se}\mathrm{d}s\int_{-\infty}^{\infty}\mathrm{d}z\int_{-\infty}^{z}\mathrm{d}z'\int_{-\infty}^{\infty}\mathrm{d}p_{/\!/}\int_0^{\infty}\mathrm{d}p_\perp\left\{\frac{p_\perp^2}{m_0\gamma v_{/\!/}}\frac{\partial\rho_0}{\partial p_\perp}\mathrm{e}^{-\frac{2x^2}{r_0^2}}\right.
$$
$$
\left.\cdot\left[\sum_l \mathrm{J}_l'^2\left(\frac{kv_\perp}{\omega_c}\right)\mathrm{e}^{-\frac{z^2+z'^2}{r_0^2}+\mathrm{j}b(z-z')}\cdot\left(1-\frac{2r_c^2}{r_0^2}(1-\cos\omega_c\tau)\right)\right]\right\}
\tag{10.7.37}
$$

式中

$$
b=(\omega-l\omega_c)/v_{/\!/}
\tag{10.7.38}
$$

在式(10.7.37)中，对 z 及 z' 积分可以求得

$$
\begin{aligned}
I&=\int_{-\infty}^{\infty}\mathrm{d}z\int_{-\infty}^{z}\mathrm{d}z'\mathrm{e}^{-\left[\frac{z'^2+z^2}{r_0^2}+\mathrm{j}b(z'-z)\right]}\\
&=\frac{\pi}{2}r_0^2\mathrm{e}^{-\frac{b^2r_0^2}{2}}+\mathrm{j}\frac{\sqrt{\pi}}{2}r_0^2\mathrm{e}^{\frac{b^2r_0^2}{2}}\int_{-\infty}^{\infty}\mathrm{e}^{-\mu^2}\sin(2br_0u)\mathrm{erf}(u)\mathrm{d}u
\end{aligned}
\tag{10.7.39}
$$

式中，$\mathrm{erf}(u)$为误差函数.

这样，完成动量空间积分后，即可求出

$$
\mathrm{Re}(P_1)=\frac{\pi}{2}\frac{\omega_p^2}{\omega}\varepsilon_0E_0^2r_0^2L_p\sum_l\left\{\mathrm{e}^{-\frac{b^2r_0^2}{2}}\left[\left(1-\frac{2r_c^2}{r_0^2}\right)\cdot\left(\frac{2p_\perp}{p_{/\!/}}\mathrm{J}_l'^2\right.\right.\right.
$$
$$
\left.\left.+\frac{2kv_\perp}{\omega_c}\left(\frac{p_\perp}{p_{/\!/}}\right)\mathrm{J}_l'\mathrm{J}_l''\right)-\frac{p_\perp^2}{p_{/\!/}}\mathrm{J}_l'^2\left(\frac{4r_c}{\omega_cm_0\gamma r_0^2}+\frac{\left(1-\frac{2r_c^2}{r_0^2}\right)bv_\perp l\omega_cr_0^2}{p_{/\!/}c^2}\right)\right]
$$
$$
+\mathrm{e}^{-\frac{b^2-r_0^2}{2}}\left[\left(\frac{2p_\perp}{p_{/\!/}}\frac{r_0^2}{r_0^2}\mathrm{J}_l'^2+\frac{2kv_\perp}{\omega_c}\frac{r_c^2}{r_0^2}\left(\frac{p_\perp}{p_{/\!/}}\right)\mathrm{J}_l'\mathrm{J}_l''\right)+\frac{p_\perp^2}{p_{/\!/}}\mathrm{J}_l'^2\right.
$$
$$
\left.\cdot\left(\frac{2r_c}{\omega_cm_0\gamma r_0^2}-\frac{b-v_\perp\omega r_c^2}{p_{/\!/}c^2}\right)\right]+\mathrm{e}^{-\frac{b^2+r_0^2}{2}}\left[\left(\frac{2p_\perp}{p_{/\!/}}\frac{r_c^2}{r_0^2}\mathrm{J}_l'^2+\frac{2kv_\perp}{\omega_c}\frac{r_c^2}{r_0^2}\right.\right.
$$
$$
\left.\left.\left.\cdot\left(\frac{p_\perp}{p_{/\!/}}\right)\mathrm{J}_l'\mathrm{J}_l''\right)+\frac{p_\perp^2}{p_{/\!/}}\mathrm{J}_l'^2\left(\frac{2r_c}{\omega_cm_0\gamma r_0^2}-\frac{b+v_\perp\omega r_c^2}{p_{/\!/}c^2}\right)\right]\right\}
\tag{10.7.40}
$$

$$\mathrm{Im}(P_1)=\sqrt{\frac{\pi}{2}}\frac{\omega_p^2}{\omega}\varepsilon_0 E_0^2 r_0^3 L_p \mathrm{e}^{\frac{b^2 r_0^2}{2}}\left\{\frac{2bp_\perp}{p_{/\!/}}\left(1-\frac{2r_c^2}{r_0^2}\right)\left[\mathrm{J}_l'^2+\frac{kv_\perp}{\omega_c}\mathrm{J}_l'\mathrm{J}_l''\right.\right.$$

$$\left.\left.+\frac{p_\perp^2}{p_{/\!/}}\mathrm{J}_l'^2\left[\left(1-\frac{2r_c^2}{r_0^2}\right)(1+b^2r_0^2)\frac{\omega}{m_0\gamma c^2}\left(\frac{p_\perp}{p_{/\!/}}\right)-\frac{4bv_\perp}{\omega_c^2 m_0\gamma r_0^2}\right]\right]\right\} \tag{10.7.41}$$

式中

$$b_\pm=[\omega-(l\pm1)\omega_c]/v_{/\!/} \tag{10.7.42}$$

如果仅限于考虑谐振项，则可得到

$$\mathrm{Re}(P_1)=\pi\frac{\omega_p^2}{\omega_c}\varepsilon_0 E_0^2 r_0^2 L_p\left(\frac{p_\perp}{p_{/\!/}}\right)\left[\left(\mathrm{J}_l'^2+\frac{kv_\perp}{\omega_c}\mathrm{J}_l'\mathrm{J}_l''\right)\right.$$

$$\left.-\frac{p_\perp^2}{p_{/\!/}^2}\left(\frac{2r_c}{\omega_c m_0\gamma r_0^2}\right)\mathrm{J}_l'^2\right] \tag{10.7.43}$$

$$\mathrm{Im}(P_1)=\sqrt{\frac{\pi}{2}}\frac{\omega_p^2}{\omega}\varepsilon_0 E_0^2 r_0^3 L_p\left(\frac{p_\perp}{p_{/\!/}}\right)^2\left(\frac{\omega v_\perp}{c^2}\right)\mathrm{J}_l'^2 \tag{10.7.44}$$

在以上各式中，为简化书写略去贝塞尔函数的宗量，即

$$\mathrm{J}_l=\mathrm{J}_l\left(\frac{kv_\perp}{\omega_c}\right),\mathrm{J}_l'=\mathrm{J}_l'\left(\frac{kv_\perp}{\omega_c}\right) \tag{10.7.45}$$

等，且 $l\approx\omega/\omega_c$.

用完全类似的方法，可以求得 P_2,P_3,P_4. 实际上，在式(10.7.40)和式(10.7.41)中，用$(-k)$代替 k，就可得到 P_2 的表示式，又由

$$P_3=P_1\left(\frac{\sin 2kL_p}{2kL_p}\right) \tag{10.7.46}$$

可得 P_3；P_4 与 P_1 的关系同上.

对于平行极化的波，也可用同样方法进行研究. 于是，可以得到互作用功率：

$$\mathrm{Re}(P_1)=\frac{\pi}{2}\frac{\omega_p^2}{\omega}\varepsilon_0 E_0^2 L_p\sum_l\left\{\mathrm{J}_l^2\left(1-\frac{l\omega_c}{\omega}\right)\left[-br_0^2(r_0^2-2r_c^2)\right.\right.$$

$$\cdot\frac{\omega v_{/\!/}-bc^2}{c^2}\mathrm{e}^{-\frac{b^2r_0^2}{2}}-b+r_0^2r_c^2\left(\frac{\omega v_{/\!/}-b+c^2}{c^2}\right)\mathrm{e}^{-\frac{b^2+r_0^2}{2}}-b-r_0^2r_c^2$$

$$\left.\cdot\left(\frac{\omega v_{/\!/}-b-c^2}{c^2}\right)\mathrm{e}^{-\frac{b^2-r_0^2}{2}}\right]\left(\frac{p_\perp}{p_{/\!/}}\right)+\left[(r_0^2-2r_c^2)\mathrm{e}^{-\frac{b^2r_0^2}{2}}+r_c^2\right.$$

$$\left.\cdot\left(\mathrm{e}^{-\frac{b^2+r_0^2}{2}}+\mathrm{e}^{-\frac{b^2-r_0^2}{2}}\right)\right]\left[\frac{l\omega_c}{\omega}\beta_\perp\beta_{/\!/}\mathrm{J}_l^2+\frac{l\omega_c}{\omega}\left(\frac{p_{/\!/}}{p_\perp}\right)\left(\frac{2kv_\perp}{\omega_c}\mathrm{J}_l\mathrm{J}_l'\right.\right.$$

$$\left.\left.-\beta_\perp^2\mathrm{J}_l^2\right)\right]+\frac{l\omega_c p_{/\!/}}{\omega}\mathrm{J}_l^2\left[-\mathrm{e}^{-\frac{b^2r_0^2}{2}}\left(\frac{4r_c}{\omega_c m_0\gamma}+\frac{(r_0^2-2r_c^2)bp_\perp l\omega_c r_0^2}{p_{/\!/}c^2m_0\gamma}\right)\right.$$

$$+\mathrm{e}^{-\frac{b^2+r_0^2}{2}}\left(\frac{2r_c}{m_0\gamma\omega_c}-\frac{p_\perp b+\omega r_c^2r_0^2}{p_{/\!/}c^2m_0\gamma}\right)+\mathrm{e}^{-\frac{b^2-r_0^2}{2}}\left(\frac{2r_c}{m_0\gamma\omega_c}\right.$$

$$\left.\left.\left.-\frac{p_\perp b-\omega r_c^2r_0^2}{p_{/\!/}c^2m_0\gamma}\right)\right]\right\} \tag{10.7.47}$$

$$\mathrm{Im}(P_1)=\sqrt{\frac{\pi}{2}}\frac{\omega_p^2}{\omega}\varepsilon_0 E_0^2 r_0^3 L_p\mathrm{e}^{\frac{b^2r_0^2}{2}}\left\{\left(1-\frac{2r_c^2}{r_0^2}\right)\mathrm{J}_l^2\cdot\left[\frac{l\omega_c\beta^2 b}{\omega}+\left(1-\frac{l\omega_c}{\omega}\right)(1+b^2r_0^2)\frac{\omega v_\perp}{c^2}\left(\frac{p_\perp}{p_{/\!/}}\right)\right]\right.$$

$$+\left(1-\frac{2r_c^2}{r_0^2}\right)\frac{l\omega_c p_{/\!/}}{\omega}\left[\frac{2kb}{\omega_c m_0\gamma}\mathrm{J}_l\mathrm{J}_l'+\frac{\omega p_\perp}{c^2m_0\gamma p_{/\!/}}(1+b^2r_0^2)\mathrm{J}_l^2\right]$$

$$\left.-b\mathrm{J}_l^2\left[\left(1-\frac{2r_c^2}{r_0^2}\right)\frac{l\omega_c}{\omega}\beta_\perp\beta_{/\!/}+\frac{4l\omega_c}{\omega}\frac{r_c^2}{r_0^2}\right]\right\} \tag{10.7.48}$$

如果仅取谐振项，则有 $b\approx0$，上两式化为

$$\mathrm{Re}(P_1)=\frac{\pi}{2}\frac{\omega_p^2}{\omega}\varepsilon_0 E_0^2 L_p\left\{\left[\left(\beta_\perp\beta_{/\!/}-\beta_\perp^2\left(\frac{p_\perp}{p_{/\!/}}\right)\right)r_0^2-\frac{4p_{/\!/}r_c}{\omega_c m_0 r}\right]\mathrm{J}_l^2+\left(\frac{p_{/\!/}}{p_{/\!/}}\right)\frac{2r_0^2 kv_\perp}{\omega_c}\mathrm{J}_l\mathrm{J}_l'\right\} \tag{10.7.49}$$

$$\mathrm{Im}(P_1)=\sqrt{\frac{\pi}{2}}\frac{\omega_p^2}{\omega_c}\varepsilon_0 E_0^2 r_0^3 L_p\left(\frac{\omega\beta_\perp}{c}\right)\mathrm{J}_l^2 \tag{10.7.50}$$

在上面各方程中，用$(-k)$代替 k，可求得 P_2，而 P_3、P_4 可按下式求得

$$\frac{P_3}{P_1}=\frac{P_4}{P_2}=\frac{\sin 2kL_P}{2kL_P} \tag{10.7.51}$$

求得功率流表示式后，代入式(10.7.25)、式(10.7.26)、式(10.7.28)，即可求得起振功率、起振电流及频偏的表达式.

4. 有倾角注入准光腔电子回旋脉塞

前面研究了电子注平行于腔轴及垂直于腔轴注入的两种情况，现在来研究电子注注入方向与腔轴有一倾角的情况. 如图 10.7.1(c)和(d)两种方案所示. 前面曾指出，如果镜面是轴对称的，光腔就是轴对称系统，在这种情况下，图(c)和(d)两种方案没有区别. 为便于分析，取坐标系如图 10.7.2 所示. 在图 10.7.2 中，$(\bar{x},\bar{y},\bar{z})$为准光腔坐标系，$(x,y,z)$为电子注坐标系. 它们之间有以下的几何关系：

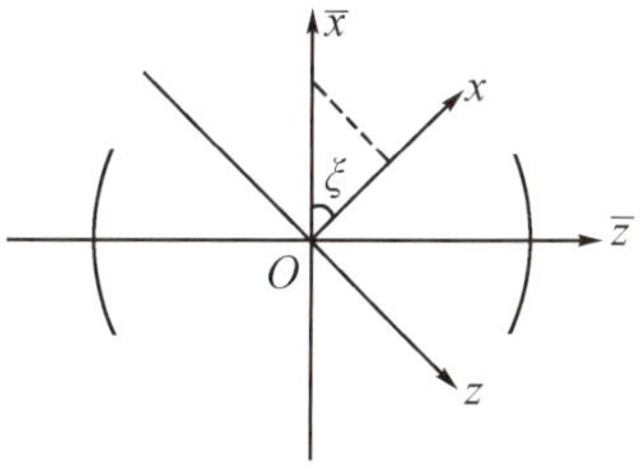

图 10.7.2　有倾角注入准光腔电子回旋脉塞

$$\begin{cases}k_{/\!/}=k_z=k\cos\xi\\ k_\perp=k_x=k\sin\xi\end{cases} \tag{10.7.52}$$

$$\begin{cases}\bar{z}=z\cos\xi+x\sin\xi\\ \bar{x}=x\cos\xi-z\sin\xi\\ \bar{y}=y\end{cases} \tag{10.7.53}$$

显然有

$$\bar{x}^2+\bar{y}^2+\bar{z}^2=x^2+y^2+z^2 \tag{10.7.54}$$

利用以前面各知识点所述的方法及上述几何关系，可以求得

$$f_1^{(1)}=-e\int_{-\infty}^{0}\mathrm{d}t'\frac{\sqrt{2}}{2}E_0\left\{\mathrm{e}^{-\frac{\bar{x}^2+\bar{y}^2}{r_0^2}}\mathrm{e}^{\mathrm{j}k_{/\!/}x'+\mathrm{j}k_\perp x'-\mathrm{j}\omega t'}\cdot\left[\cos\phi'\left(\cos\xi-\frac{kv_{/\!/}}{\omega}\right)\frac{\partial f_0}{\partial p_\perp'}-\left(\sin\xi-\cos\phi'\frac{kv_\perp}{\omega}\right)\frac{\partial f_0}{\partial p_{/\!/}'}\right]\right\} \tag{10.7.55}$$

由上式可见：

当 $\xi=0$ 时，即为轴向注入情况；

当 $\xi=-\pi/2$ 时，即为横向注入情况(需做相应的坐标变换).

这样，经过适当的数学处理之后，就可求得

$$
\begin{aligned}
\mathrm{Re}(P_1)=&\frac{\pi}{2}\ \frac{\omega_p^2}{\omega}\varepsilon_0 E_0^2 r_0^2 L_p \frac{1}{\sin\xi}\sum_l \Big\{ \mathrm{e}^{\frac{b^2 r_0^2}{2}}\Big[\cot\xi\Big(\frac{l\omega_c \alpha^2 \sin\xi}{k v_\perp} \\
&-\frac{l^2\omega_c^2 v_\perp (1+\beta_{/\!/}^2)}{k\omega \sin\xi v_{/\!/}^2}+\frac{l^2\omega_c^2 k v_\perp}{k_\perp^2 c^2\omega}-\frac{p_\perp l\alpha\omega_c}{k_\perp v_\perp}\Big(\frac{l\omega_c}{\omega\sin\xi}-\sin\xi\Big) \\
&\cdot\frac{\omega v_{/\!/}-\bar{b}c^2}{c^2 p_{/\!/}\sin\xi}r_0^2\,\bar{b}-\frac{\alpha^2 l^2\omega_c^2\omega r_0^2 b}{k_\perp^2 v_\perp \sin\xi}\Big(\cos\xi-\frac{k v_{/\!/}}{\omega}\Big)\Big)-\Big(\frac{l\omega_c k\beta_\perp\beta_{/\!/}}{k_\perp\omega}-\Big(\cos\xi-\frac{k v_{/\!/}}{\omega}\Big) \\
&\cdot\frac{l\omega_c\alpha\omega\bar{b}r_0^2}{k_\perp c^2\sin\xi}-\frac{l\omega_c k v_{/\!/}\beta_\perp^2}{k_\perp v_\perp\omega}-\Big(\frac{k v_{/\!/}}{\omega}-\sin\xi\Big)\cdot\frac{l\omega_c\alpha\bar{b}r_0^2(\omega v_{/\!/}-bc^2)}{k_\perp v_\perp c^2\sin\xi}\Big)\Big]\mathrm{J}_l^2 \\
&+\Big[\frac{2l^2\omega_c\cot\xi}{k_\perp v_{/\!/}}\Big(\cos\xi-\frac{k v_{/\!/}}{\omega}\Big)-\frac{2lk_\perp}{k}\Big]\mathrm{J}_l\mathrm{J}_l'\Big\}
\end{aligned}
\tag{10.7.56}
$$

$$
\begin{aligned}
\mathrm{Im}(P_1)=&\sqrt{\frac{\pi}{2}}\frac{\omega_p^2}{\omega_c}\varepsilon_0 E_0^2 r_0^3 L_p \frac{1}{\sin^2\xi}\mathrm{J}_l^2\cdot\frac{\omega(\omega-k_{/\!/}v_{/\!/})}{k_\perp c^2} \\
&\cdot\Big[\alpha\Big(\frac{\omega-k_{/\!/}v_{/\!/}}{\omega\sin^2\xi}-1\Big)+\Big(\sin\xi-\frac{k v_\perp}{\omega}\Big)+\alpha\Big(\cos\xi-\frac{k v_{/\!/}}{\omega}\Big) \\
&\cdot\Big(\alpha\frac{\omega-k_{/\!/}v_{/\!/}}{k_\perp v_\perp\sin\xi}-1\Big)\Big]\mathrm{J}_l^2
\end{aligned}
\tag{10.7.57}
$$

式中

$$\bar{b}=\frac{\omega-k_{/\!/}v_{/\!/}-l\omega_c}{v_{/\!/}\sin\xi} \tag{10.7.58}$$

$$\alpha=\frac{\beta_\perp}{\beta_{/\!/}} \tag{10.7.59}$$

在这种情况下，P_2，P_3，P_4 的表示式可以按方程(10.7.46)求得.

这里要说明一下，由于在复杂的推导中，采用了一些近似步骤，就不能由方程(10.7.56)和方程(10.7.57)利用 $\xi=0$，$\xi=-\pi/2$ 的条件直接得到方程(10.7.18)至方程(10.7.21)及方程(10.7.40)、方程(10.7.41)等，这在本节前面已讨论过. 所以在方程(10.7.56)和方程(10.7.57)中，不存在 $\sin\xi=0$ 的情况.

5. 高次模式

在以上各知识点中，我们详细讨论了 TEM_{00q} 基模情况下各种方案准光腔电子回旋脉塞中电子与波的互作用问题. 本知识点讨论高次模 TEM_{00q}. 按准光腔理论，当腔尺寸足够大(远大于波长)，腔中场仍然可以认为是准平面波. 在这些条件下，腔中的场仍然可以写成方程(10.7.6)的形式，只是场在横方向上的分布更为复杂，应写成

$$g(x,y)=g(R,\varphi)=G(R)\mathrm{e}^{-\mathrm{j}n\varphi} \tag{10.7.60}$$

式中

$$R=(R_g^2+r^2+2R_g r\cos(\theta-\varphi_0))^{1/2} \tag{10.7.61}$$

这样，我们可用前面各知识点所述方法进行分析. 为了不使本知识点篇幅过长，我们仅给出轴向注入情况的分析，对于其他方案，可按类似的方法处理.

为此，我们将由式(10.7.60)表示的场进行局部展开：

$$g(R,\varphi)=\sum_l (F_l)_{mn}\mathrm{e}^{\mathrm{j}l\theta} \tag{10.7.62}$$

式中

$$(F_l)_{mn}=\frac{1}{2\pi}\int_{-\pi}^{\pi} g(R,\varphi)\mathrm{e}^{-\mathrm{j}l\theta}\,\mathrm{d}\theta \tag{10.7.63}$$

这样，只需在10.2节中用 $(F_l)_{mn}$ 代替 F_l，即可求得高模式下电子与波的互作用功率的表达式.

不失普遍性，我们来研究一种球对称镜面的几何结构，对于这种光腔，有

$$g(R,\varphi)=\left(\frac{\sqrt{2}R}{r_0}\right)^n \mathrm{L}_m^n\left(\frac{2R^2}{r_0^2}\right)\mathrm{e}^{-\frac{R}{r_0^2}}\mathrm{e}^{-\mathrm{j}n\varphi} \tag{10.7.64}$$

式中，$\mathrm{L}_m^n(Z)$是拉盖尔多项式.

为了将式(10.7.64)的场按局部场展开，可以利用拉盖尔多项式的加法定理：

$$\begin{aligned}&\mathrm{L}_m^{n_1+n_2+n_3+\cdots+n_k+k-1}(x_1,x_2,\cdots,x_k)\\&=\sum_{i_1+i_2+\cdots+i_k=m}\mathrm{L}_{i_1}^{n_1}(x_1)\mathrm{L}_{i_2}^{n_2}(x_2)\cdots\mathrm{L}_{i_k}^{n_k}(x_k)\end{aligned} \tag{10.7.65}$$

于是，经过适当的处理后，可以得到如下的展开式：

$$\begin{aligned}g(R,\varphi)=&\left(\frac{\sqrt{2}}{r_0}\right)^n(R_g^2+r^2)^{\frac{n}{2}}\mathrm{e}^{-\frac{R_g^2+r_c^2}{r_0^2}}\sum_{q=0}^{\infty}\sum_{k'=0}^{q}\sum_{s'=0}^{i_1}\sum_{s=0}^{i_2}\sum_{k=0}^{s}\\&\cdot\sum_{i_1+i_2=m}\left\{C_4^{\frac{n}{2}}C_4^{k'}C_s^k\left(\frac{R_{g_r}}{R^2+r^2}\right)\left[\frac{(m+n-1)!\ i_2!\ \left(-\frac{2(R_g^2+r^2)}{r_0^2}\right)^{s'}}{(i_1-s')!\ (n-1+s')!\ s'!}\right]\right.\\&\left.\cdot\left[\frac{(i_2)!\ \left(-\frac{4R_g r}{r_0^2}\right)^s}{(i_2-s)!\ s!}\right]\mathrm{e}^{-\frac{2R_g r\cos\theta}{r_0^2}}\mathrm{e}^{\mathrm{j}[q+s-2(k+k')]\theta}\right\}\mathrm{e}^{-\mathrm{j}n\varphi_0}\end{aligned} \tag{10.7.66}$$

式中

$$C_s^k=\frac{s(s-1)\cdots(s-k+1)}{k!} \tag{10.7.67}$$

$s!$ 等表示阶乘.

由式(10.7.64)不难看到，当 $m=n=0$ 时，得到

$$g(R,\varphi)=g(R,\theta)\mathrm{e}^{-\frac{R_g^2+r^2+2R_g r\cos(\varphi-\theta)}{r_0^2}}=\mathrm{e}^{-\frac{x^2+y^2}{r_0^2}} \tag{10.7.68}$$

即所得结果与第 2 个知识点中研究的 TEM_{00q} 基模完全一致.

利用式(10.7.66)和式(10.7.63)，可以求得局部场展开：

$$\begin{aligned}(F_l)_{mn}=&\left(\frac{\sqrt{2}}{r_0}\right)(R_g^2+r^2)^{\frac{n}{2}}\mathrm{e}^{-\frac{r_g^2+r_c^2}{r_0^2}}\sum_{q=0}^{\infty}\sum_{k'=0}^{q}\sum_{s'=0}^{i_1}\sum_{s=0}^{i_2}\sum_{k=0}^{s}\\&\cdot\sum_{i_1+i_2=m}\left\{c_{\frac{n}{2}}^{q}c_q^{k'}c_s^k\left(\frac{R_g r}{R_g^2+r^2}\right)\left[\frac{i_2!\ \left(-\frac{4R_g r}{r_0^2}\right)^s}{(i_2-s)!\ s!}\right]\right.\\&\left.\times\left[\frac{(m+n-1)!\ \left(-\frac{2(R_g^2+r^2)}{r_0^2}\right)^{s'}}{(i_1-s')!\ (n-1+s')!\ s'!}\right]\cdot(-1)^{l'}\mathrm{I}_{l'}\left(\frac{2R_g r}{r_0^2}\right)\right\}\mathrm{e}^{-\mathrm{j}n\varphi_0}\end{aligned} \tag{10.7.69}$$

式中

$$l'=l+[q+s-2(k+k')] \tag{10.7.70}$$

我们来分析一个具体的例子，即研究一个最简单的高次模式 TEM_{10q}，即 $m=1,n=0$ 的情况. 于是可以得到

$$g(R,\varphi)=\left[1-\frac{2(R_g^2+r^2)}{r_0^2}-\frac{4(R_g r)}{r_0^2}\cos\theta\right]\mathrm{e}^{-\frac{R_g^2+r^2}{r_0^2}-\frac{2R_g r\cos\theta}{r_0^2}} \tag{10.7.71}$$

这样，就可得到局部场展开式：

$$\begin{aligned}(F_l)_{1,0}=&(-1)^l\mathrm{e}^{-\frac{R_g^2+r^2}{r_0^2}}\left\{\left[1-\frac{2(R_g^2+r^2)}{r_0^2}\right]\mathrm{I}_l\left(\frac{2R_g r}{r_0^2}\right)\right.\\&\left.+\frac{4R_g r}{r_0^2}\mathrm{I}_l'\left(\frac{2R_g r}{r_0^2}\right)\right\}\end{aligned} \tag{10.7.72}$$

可见，考虑到高次模后，在原则上可以得到高次回旋谐波的互作用. 对于 TEM_{10q} 来说，利用第 3 个知识点所述方法，可以得到与式(10.7.19)、式(10.7.20)完全类似的互作用功率的表达式，只是 W_l 及 Q_l 应按下式计算：

$$W_l=\left\{\left[1+\frac{2(R_g^2+r_c^2)}{r_0^2}\right]\frac{lr_0^2}{R_g r_c}\mathrm{I}_l\left(\frac{2R_g r_c}{r_0^2}\right)-4l\mathrm{I}_l'\left(\frac{2R_g r_c}{r_0^2}\right)\right\}^2 \mathrm{e}^{-\frac{2(R_g^2+r_c^2)}{r_0^2}} \tag{10.7.73}$$

$$\begin{aligned}Q_l=&\left\{\left[\left(\frac{lr_0^2}{R_g r_c}\right)^2\left(1+\frac{2(R_g^2+r_c^2)}{r_0^2}\right)\left(1-\frac{2r_c^2}{r_0^2}\right)-\frac{2lr_0^2}{R_g^2}\left(1+\frac{2(R_g^2+r_c^2)}{r_0^2}\right)\right]\right.\\&\cdot \mathrm{I}_l^2\left(\frac{2R_g r_c}{r_0^2}\right)-\left[\frac{8l^2R_g^2}{r_0^2}\left(\frac{R_g}{r_c}-\frac{3r_c^3}{R_g^3}-\frac{2r_c}{R_g}\right)+\frac{6l^2r_0^2}{R_g r_c}\left(1+\frac{4R_g^2}{r_0^2}\right)\right.\\&\left.-\frac{8lr_c}{R_g}\right]\mathrm{I}_l\left(\frac{2R_g r_c}{r_0^2}\right)\mathrm{I}_l'\left(\frac{2R_g r_c}{r_0^2}\right)-8l^2\left[1+\frac{2(R_g^2+r_c^2)}{r_0^2}\right]\mathrm{I}_l\left(\frac{2R_g r_c}{r_0^2}\right)\\&\cdot \mathrm{I}_l''\left(\frac{2R_g r_c}{r_0^2}\right)+8l^2\left[3+\frac{2(R_g^2+r_c^2)}{r_0^2}\right]\mathrm{I}_l''\left(\frac{2R_g r_c}{r_0^2}\right)+\frac{32l^2R_g r_c}{r_0^2}\\&\left.\cdot \mathrm{I}'l\left(\frac{2R_g r_c}{r_0^2}\right)\mathrm{I}_l''\left(\frac{2R_g r_c}{r_0^2}\right)\right\}\mathrm{e}^{-\frac{2(R_g^2+r_c^2)}{r_0^2}}\end{aligned} \tag{10.7.74}$$

6. 场极化的影响

前面已经指出，腔中的场可能有不同的极化情况，即两种线极化及圆极化. 线极化场与圆极化场有以下关系：

$$\begin{cases}\boldsymbol{E}_1=E_0 g(x,g)\cos k_z \mathrm{e}^{-\mathrm{j}\omega t}(\boldsymbol{e}_x\mp\boldsymbol{e}_y)\\ \boldsymbol{B}_1=\dfrac{\mathrm{j}k}{\omega}E_0 g(x,g)\sin k_z \mathrm{e}^{-\mathrm{j}\omega t}(\boldsymbol{e}_y\pm\mathrm{j}\boldsymbol{e}_x)\end{cases} \tag{10.7.75}$$

第 2 个知识点和第 3 个知识点研究的结果指出，对于平行于轴注入的情况，两种线极化给出同样的结果. 而对于横向注入情况，两种线极化，将给出不同的结果. 在本知识点中，我们来讨论圆极化的情况，主要研究轴向注入的情况.

由式(10.7.75)，对于圆极化波，可以求得电子的扰动分布函数为

$$\begin{aligned}f_1^{(1)}=&\frac{e}{2}E_0\sum_l(-1)^l\left\{\left[\left(1-\frac{kv_{/\!/}}{\omega}\right)\frac{\partial f_0}{\partial p_\perp}+\frac{kv_\perp}{\omega}\frac{\partial f_0}{\partial p_{/\!/}}\right]\right.\\&\left.\cdot\left[\frac{1-\mathrm{e}^{-\mathrm{j}\frac{Q_l(z+L/2)}{v_{/\!/}}}}{Q_l}\right]F_{l\pm1}\right\}\mathrm{e}^{\mathrm{j}kz+\mathrm{j}l\theta-\mathrm{j}\omega t}\end{aligned} \tag{10.7.76}$$

式中，脚标 $l\pm1$ 表示左旋(+)及右旋(−)圆极化波. 可见，左旋及右旋是不同的.

于是按第 2 个知识点所述方法，可以求得电子与波的互作用功率：

$$\begin{aligned}\mathrm{Re}(P_1)=&\frac{LS_e\omega_p^2}{8\omega_c}\varepsilon_0E_0^2\sum_l\left\{\frac{\beta_{\perp0}^2W_{l\pm1}L^2}{v_{/\!/}^2\phi_l^3}-\left[(\omega^2-k^2c^2)\right.\right.\\&\left.\cdot(\phi_l\sin\phi_l-2(1-\cos\phi_l))-\frac{kc^2\phi_l}{L}(\phi_l\sin\phi_l-(1-\cos\phi_l))\right]\\&\left.-\frac{Q_lL}{v_{/\!/}\phi_l^2}(\omega-kv_{/\!/})(1-\cos\phi_l)\right\}\end{aligned} \tag{10.7.77}$$

$$\begin{aligned}\mathrm{Im}(P_1)=&\frac{LS_e\omega_p^2}{8\omega_c}\varepsilon_0E_0^2\sum_l\left\{\frac{\beta_{\perp0}^2W_{l\pm1}L^2}{v_{/\!/}^2\phi_l^2}\left[(\omega^2-k^2c^2)\right.\right.\\&\left.\cdot(\phi_l\sin\phi_l-\phi_l(1+\cos\phi_l))-\frac{kc^2}{L}(\sin\phi_l-\phi_l\cos\phi_l)\right]\\&\left.-\frac{Q_lL}{v_{/\!/}\phi_l^2}(\omega-kv_{/\!/})(\sin\phi_l-\phi_l)\right\}\end{aligned} \tag{10.7.78}$$

$$\mathrm{Re}(P_3)=\frac{LS_e}{8}\frac{\omega_p^2}{\omega_c}\varepsilon_0 E_0^2\sum_l\left\{\frac{\beta_{\perp 0}^2 W_{l\pm1}L^2}{v_{/\!/}^2\phi_l^2\phi_l'}\left[(\omega^2-k^2c^2)\right.\right.$$

$$\cdot\left(-\frac{\phi_l}{\psi}(1-\cos\psi)+\left(1+\frac{\phi_l}{\phi_l'}\right)(1-\cos\phi_l')-\phi_l\sin\phi_l'\right)$$

$$\left.-\frac{kc^2}{L}\left(\frac{\phi_l}{\phi_l'}(1-\cos\phi_l')-\phi_l\sin\phi_l'\right)\right]-\frac{Q_lL}{v_{/\!/}\phi_l\phi_l'}(\omega-kv_{/\!/})$$

$$\left.\cdot\left[-\frac{\phi_l'}{\psi}(1-\cos\phi)+(1-\cos\phi_l')\right]\right\}\tag{10.7.79}$$

$$\mathrm{Im}(P_3)=\frac{LS_e}{8}\frac{\omega_p^2}{\omega_c}\varepsilon_0 E_0^2\sum_l\left\{\frac{\beta_{\perp 0}^2 W_{l\pm1}L^2}{v_{/\!/}^2\phi_l^2\phi_l'}-\left[(\omega^2-k^2c^2)\right.\right.$$

$$\cdot\left(-\frac{\phi_l'}{\psi}\sin\psi-\left(1+\frac{\phi_l}{\phi_l'}\right)\sin\phi_l'+\phi_l\cos\phi_l'\right)$$

$$\left.-\frac{kc^2}{L}\left(\phi_l\cos\phi_l'-\frac{\phi_l}{\phi_l'}\sin\phi_l'\right)\right]+\frac{Q_lL}{v_{/\!/}\phi_l\phi_l'}$$

$$\left.\cdot(\omega-kv_{/\!/})\left(\frac{\phi_l}{\psi}\sin\psi+\sin\phi_l'\right)\right\}\tag{10.7.80}$$

在以上方程中，相应地用$(-k)$代替 k，即可得到 P_2，P_4 的表达式.

对于其他注入情况，也可按类似的方法，得到圆极化波的情况.

7. 分析与讨论

分析以上各个知识点所得到的结果，可以得出以下一些重要的结论.

(1)当电子注沿轴向注入，且电子的回旋中心位于 z 轴上，即图 10.7.1(a)所示的方案，则如方程(10.7.32)所示，在 TEM_{00q}基模的条件下，仅有 $l=1$ 的基次回旋谐波互作用，没有高次谐波的互作用，因此，如不采用高次模式，则图 10.7.1(a)所示的方案，原则上不能用于高次回旋谐波.

(2)如果电子注为一空心环形，且回旋中心位于 $R=R_g=$常数的圆周上，如方程(10.7.11)等所示，对于 TEM_{00q}基模，也可以有各次回旋谐波的互作用. 首先，与普通波导腔电子回旋脉塞相比，这种方案具有许多特点. 例如，由方程(10.7.11)、方程(10.7.23)等可以看到，在准光腔的条件下，局部场展开系数按变态贝塞尔函数的阶数递减；其次，我们来比较一下图 10.7.1(a)的方案及作者提出的图 10.7.1(f)的方案. 我们知道，在电子回旋脉塞的互作用机理中，W_l 项是不稳定项. 所以在线性理论的范围内，W_l 项的大小是不稳定性的度量. 我们来看看在上述两种方案中此项的大小.

表 10.7.1 中列出了按方程(10.7.23)计算的结果. 由此表可以看到，当(R_g/r_0)不太大时，W_l 下降很少. 在 $r_c/r_0=0.01$ 时，$R_g/r_0=0$[图 10.7.1(a)的方案]，$W_l=1$；而 $R_g/r_0=0.4$ 时，$W_l=0.726$[图 10.7.1(f)的方案]. 可见，下降不到 30%. 但是由于采用了环形空心电子注，注的面积大为增加，增大的比例为

$$\frac{(S_e)_{(f)}}{(S_e)_{(a)}}=\frac{4\pi R_g r_c}{\pi r_c(\Delta r)}=4\frac{R_g}{\Delta r}\tag{10.7.81}$$

表 10.7.1 方程(10.7.23)的计算结果

$\frac{R_g}{r_0}$	$W_l(l=1)$		
	$\frac{r_c}{r_0}=0.01$	$\frac{r_c}{r_0}=0.02$	$\frac{r_c}{r_0}=0.03$
0	0.999 80	0.999 20	0.998 20
0.1	0.980 00	0.979 42	0.978 44

续表

$\frac{R_g}{r_0}$	$W_l(l=1)$		
	$\frac{r_c}{r_0}=0.01$	$\frac{r_c}{r_0}=0.02$	$\frac{r_c}{r_0}=0.03$
0.2	0.922 94	0.922 39	0.921 48
0.3	0.835 11	0.834 62	0.833 84
0.4	0.726 02	0.725 62	0.724 95
0.5	0.606 42	0.606 11	0.605 58
0.6	0.486 67	0.486 43	0.486 03
0.7	0.375 25	0.375 08	0.374 80
0.8	0.277 99	0.277 88	0.277 69
0.9	0.197 88	0.197 80	0.197 69

因此，如果电流密度相等，则电流增大了 $4\left(\frac{R_g}{\Delta r}\right)$ 倍. 如果令 $\Delta r=0.2r_c$，则为 80 倍. 由此可见，图 10.7.1(f) 的方案比图 10.7.1(a)的方案具有明显的优点.

(3)对于横向注入及有倾角注入的情况，如第 2 个知识点和第 3 个知识点所述，在这些情况下，没有一般意义下的谐振，即不存在形如

$$\frac{1}{Q_l}=\frac{1}{\omega-k_{/\!/}v_{/\!/}-l\omega_c} \tag{10.7.82}$$

的项，而是出现

$$e^{-\frac{b^2r_0^2}{2}}=\exp\left[-\frac{r_0}{2}(\omega-l\omega_c)/v_{/\!/}\right]^2 \tag{10.7.83}$$

的谐振项.

这两种谐振情况，有很大的差别. 在方程(10.7.82)谐振的意义下出现谐振时，幅值就趋向无限大(略去损耗)；而在条件(10.7.83)谐振意义下谐振时，幅值取有限的最大值. 这两种不同的谐振曲线如图 10.7.3 所示.

由第 3 个知识点和第 4 个知识点的分析可知，这种不同的谐振特性，是电子注引进过程中所遇到的场的不同分布所引起的. 一般来讲，如果在电子注引导中心前进的方向上场具有衰减的性质，就会出现方程(10.7.83)所表示的谐振类型. 在这种情况下，谐振特性不是很明显.

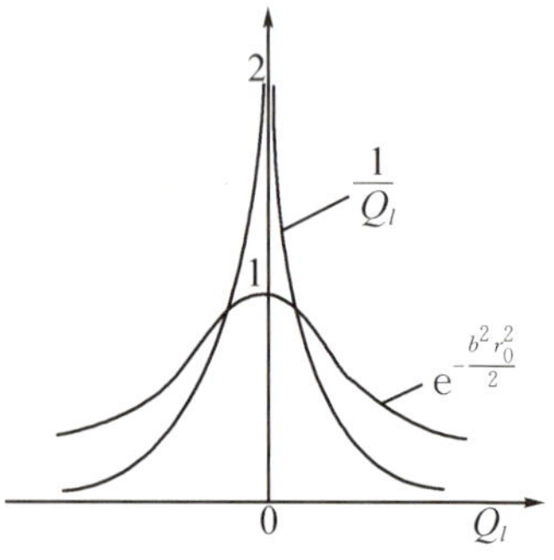

图 10.7.3　两种不同的谐振曲线

(4)如果考虑到高次模式 TEM_{mnq}，则如第 6 个知识点所述，在任何情况下都可以有高次回旋谐波的互作用，而且这种互作用可能较强. 例如，对于 TEM_{10q} 高模式，由方程(10.7.73)可以得到 W_l，即耦合系数. 而对于 TEM_{00q}，由方程(10.7.23)也可得到耦合系数 W_l. 在表 10.7.2 中，我们列出了 $(W_l)_{TEM_{10q}}$ 与 $(W_l)_{TEM_{00q}}$ 的比值，这时 $R_g/r_0=0.1$.

表 10.7.2　$(W_l)_{TEM_{10q}}/(W_l)_{TEM_{00q}}$ 的比值

$\frac{r_c}{r_0}$	$(W_l)_{TEM_{10q}}/(W_l)_{TEM_{00q}}$		
	$l=1$	$l=2$	$l=3$
0.02	0.958 849	8.875 66	24.993 1
0.04	0.954 201	8.861 46	24.968 1

续表

$\frac{r_c}{r_0}$	$(W_l)_{TEM_{10q}}/(W_l)_{TEM_{00q}}$		
	$l=1$	$l=2$	$l=3$
0.06	0.946 481	8.837 83	24.928 2
0.08	0.935 724	8.804 78	24.872 3
0.10	0.921 984	8.762 38	24.800 5

由表可见，对于基波 $l=1$ 时，高次模式与基模式相差很小. 但对于 $l=2$ 以上的高次回旋谐波，高次模式的耦合系数比基模的大得多. 这表明，从这个意义上来说，高次模式的高次回旋谐波的互作用比基模式的要强得多.

(5)在准光谐振腔中，可能存在圆极化场，在圆极化情况下，电子与波的互作用与线极化的不同. 圆极化又可分为左旋及右旋圆极化波(与电子回旋方向一致)，耦合系数为

$$W_{l-1}=\mathrm{e}^{-\frac{2(R_g^2+r_c^2)}{r_0^2}}\mathrm{I}_{l-1}^2\left(\frac{2R_g r_c}{r_0^2}\right) \tag{10.7.84}$$

由于变态贝塞尔函数的性质(随阶数的增大而迅速减小)，这种情况就很有利. 可见，利用左旋圆极化波有可能得到比线性极化波强得多的互作用. 这一点可能是很重要的. 而在准光腔中实现圆极化波的激励是不困难的，有很多具体的实现办法.

10.8 特殊准光腔回旋管

10.7 节中研究的准光腔回旋管，采用的是一般的两个反射镜组成的准光腔，Fabry-Perot(法布里-珀罗)腔就是一个典型. 利用这种准光腔制作回旋管，有以下几个缺点：

(1)不便于采用成熟的电子光学系统，特别是磁控注入式电子光学系统；

(2)输入输出耦合均有困难；

(3)电子注的注入及收集，特别对于平行纵轴的电子注方案(见 10.7 节中所述)，电子注的注入及收集均有一定的困难；

(4)由于基模场按 $\mathrm{I}_l(2R_g r_c/r_0^2)$ 变化，因此，高次回旋谐波的场衰减很快，所以难以工作在高次模式中.

这些缺点，从 10.7 节所述可以看得很清楚.

在本节中，我们研究一类新型的准光腔电子回旋脉塞，其中使用了一类特殊的准光腔. 这类新型的准光腔电子回旋脉塞是作者首先提出的，研究工作是由作者及其研究生们共同进行的.

本节分以下几个知识点叙述.

1. 建立新型准光腔电子回旋脉塞的思想

建立特殊准光腔电子回旋脉塞的新思想，可由图 10.8.1 清楚地看出. 图 10.8.1(a)所示为由两对反射镜组成的准光谐振系统，它实际上就是由两个 Fabry-Perot 型准光腔相互垂直安置而组成一个准光谐振系统. 这种谐振系统显然也可用来作为回旋管的谐振腔，但不难看到，它们摆脱不了上述缺点. 为此，我们将图 10.8.1(a)所示系统绕轴 z-z' 旋转，就构成了如图 10.8.1(c)所示的特殊的轴对称双反射镜光学谐振系统.

图 10.8.1 中(b)到(d)及(e)，是建立另一类旋转对称准光谐振系统的思想. 与图(a)到(c)不同，在图(a)所示准光谐振系统中放另一镜面Ⅲ，与 z 轴成 45°角；然后绕 z'-z' 或 z''-z'' 轴旋转，就构成了如图(d)或图(e)

所示的三反射镜旋转对称准光学谐振系统.

可以看到,这类新型准光腔电子回旋脉塞可能具有以下优点:

(1)适合于采用成熟的电子光学系统,特别是磁控注入电子光学系统;

(2)电子注与场的交换能量区域与电子注的收集可以分开,从而可能制成大功率器件,也可以为采用降压收集极提高效率提供可能性;

(3)易于设计较好的输入输出系统.

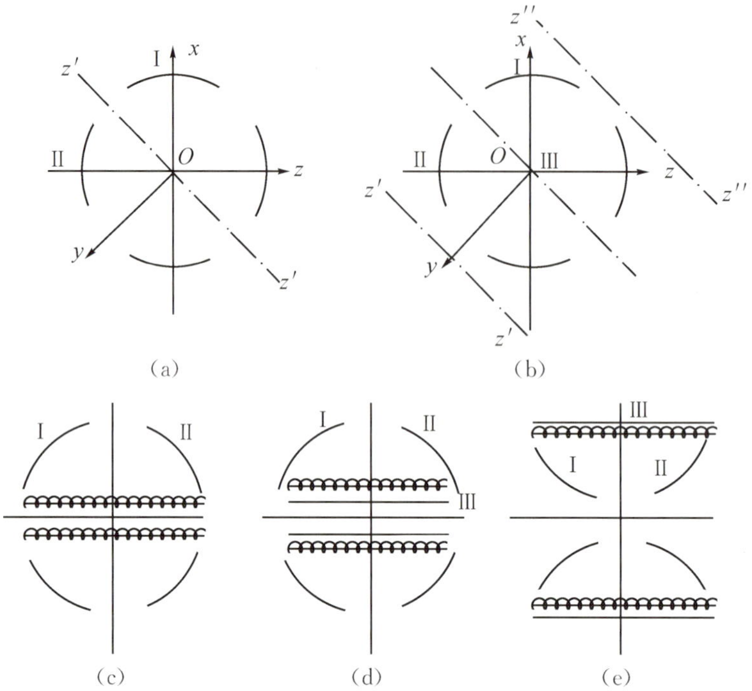

图 10.8.1　一类特殊的准光腔

理论分析不仅证实了上述优点,而且表明这类新型准光腔电子回旋脉塞还有其他优点,例如,可能工作于高次回旋谐波.因此,这类新型准光腔电子回旋脉塞对于发展短毫米波及亚毫米波回旋管可能具有重要的意义.

2. 特殊准光腔中的场方程

这类特殊准光腔的严格理论分析及实验验证,已经在本篇参考文献[174,225]中研究了,这里我们用近似的方法求此种腔中的场.但要指出,本知识点所述理论虽不是很严格,但是具有较直观的概念,而且也具有足够的精度.

先从图 10.8.1(a)所示的两对镜谐振系统出发,设系统是柱面系统,即在 y 方向上无限伸长,则镜Ⅰ产生的场为

$$\boldsymbol{E}_1 = \pm E_0 \mathrm{e}^{-\frac{x'}{r_0^2}} \sin kz \mathrm{e}^{-\mathrm{j}\omega t} \begin{cases} \boldsymbol{e}_y \\ \boldsymbol{e}_x \end{cases} \tag{10.8.1}$$

$$\boldsymbol{B}_1 = \mp \frac{\mathrm{j}k}{\omega} E_0 \mathrm{e}^{-\frac{x'}{r_0^2}} \cos kz \mathrm{e}^{-\mathrm{j}\omega t} \begin{cases} \boldsymbol{e}_x \\ \boldsymbol{e}_y \end{cases} \tag{10.8.2}$$

而由第二对镜产生的场则可写成

$$\boldsymbol{E}_2 = \pm E_0 \mathrm{e}^{-\frac{z}{r_0^2}} \sin kx \mathrm{e}^{-\mathrm{j}\omega t} \begin{cases} \boldsymbol{e}_y \\ \boldsymbol{e}_z \end{cases} \tag{10.8.3}$$

$$\boldsymbol{B}_2=\pm\frac{\mathrm{j}k}{\omega}E_0\mathrm{e}^{-\frac{z'}{r_0^2}}\cos kx\mathrm{e}^{-\mathrm{j}\omega t}\begin{cases}\boldsymbol{e}_z\\ \boldsymbol{e}_y\end{cases}\tag{10.8.4}$$

现在假定两对镜组成的腔中的场是由每一对镜产生的场的叠加，则可得到以下四种情况.

$$\begin{cases}\boldsymbol{E}^{(1)}=E_0(\mathrm{e}^{-\frac{x^2}{r_0^2}}\sin kz\pm\mathrm{e}^{-\frac{z^2}{r_0^2}}\sin kx)\boldsymbol{e}_y\\ \boldsymbol{B}^{(1)}=-\frac{\mathrm{j}k}{\omega}E_0(\mathrm{e}^{-\frac{x^2}{r_0^2}}\cos kz\boldsymbol{e}_x\mp\mathrm{e}^{-\frac{z^2}{r_0^2}}\cos kx\boldsymbol{e}_z)\end{cases}\tag{10.8.5}$$

$$\begin{cases}\boldsymbol{E}^{(2)}=E_0(\mathrm{e}^{-\frac{x^2}{r_0^2}}\sin kz\boldsymbol{e}_y\pm\mathrm{e}^{-\frac{z^2}{r_0^2}}\sin kx\boldsymbol{e}_z)\\ \boldsymbol{B}^{(2)}=-\frac{\mathrm{j}k}{\omega}E_0(\mathrm{e}^{-\frac{x^2}{r_0^2}}\cos kz\boldsymbol{e}_x\mp\mathrm{e}^{-\frac{z^2}{r_0^2}}\cos kx\boldsymbol{e}_y)\end{cases}\tag{10.8.6}$$

$$\begin{cases}\boldsymbol{E}^{(3)}=E_0(\mathrm{e}^{-\frac{x^2}{r_0^2}}\sin kz\boldsymbol{e}_x\pm\mathrm{e}^{-\frac{z^2}{r_0^2}}\sin kx\boldsymbol{e}_y)\\ \boldsymbol{B}^{(3)}=-\frac{\mathrm{j}k}{\omega}E_0(\mathrm{e}^{-\frac{x^2}{r_0^2}}\cos kz\boldsymbol{e}_y\pm\mathrm{e}^{-\frac{z^2}{r_0^2}}\cos kx\boldsymbol{e}_z)\end{cases}\tag{10.8.7}$$

$$\begin{cases}\boldsymbol{E}^{(4)}=E_0(\mathrm{e}^{-\frac{x^2}{r_0^2}}\sin kz\boldsymbol{e}_x\pm\mathrm{e}^{-\frac{z^2}{r_0^2}}\sin kx\boldsymbol{e}_x)\\ \boldsymbol{B}^{(4)}=-\frac{\mathrm{j}k}{\omega}E_0(\mathrm{e}^{-\frac{x^2}{r_0^2}}\cos kz\boldsymbol{e}_y\mp\mathrm{e}^{-\frac{z^2}{r_0^2}}\cos kx\boldsymbol{e}_y)\end{cases}\tag{10.8.8}$$

现在转换到(x',y',z')坐标系中去，转换关系为

$$\begin{cases}x=\frac{\sqrt{2}}{2}(x'-z')\\ y=y'\\ z=\frac{\sqrt{2}}{2}(x'+z')\end{cases}\tag{10.8.9}$$

及

$$\begin{cases}\boldsymbol{e}_x=\frac{\sqrt{2}}{2}(\boldsymbol{e}_{x'}-\boldsymbol{e}_{z'})\\ \boldsymbol{e}_y=\boldsymbol{e}_{y'}\\ \boldsymbol{e}_z=\frac{\sqrt{2}}{2}(\boldsymbol{e}_{x'}+\boldsymbol{e}_{z'})\end{cases}\tag{10.8.10}$$

将上两式代入方程(10.8.5)至方程(10.8.8)即可得到

$$\begin{cases}\boldsymbol{E}^{(1)}=E_0[\mathrm{e}^{-\frac{(x'-z')^2}{2r_0^2}}\sin k_{/\!/}(x'+z')\pm\mathrm{e}^{-\frac{(x'+z')^2}{2r_0^2}}\sin k_{/\!/}(x'+z')]\boldsymbol{e}_{y'}\\ \boldsymbol{B}^{(1)}=-\frac{\mathrm{j}k_{/\!/}}{\omega}E_0\Big[\mathrm{e}^{-\frac{(x'-z')^2}{2r_0^2}}\cos k_{/\!/}(x'+z')\cdot(\boldsymbol{e}_{x'}-\boldsymbol{e}_{z'})\\ \qquad\pm\mathrm{e}^{-\frac{(x'+z')^2}{2r_0^2}}\cos k_{/\!/}(x'-z')(\boldsymbol{e}_{x'}+\boldsymbol{e}_{y'})\Big]\end{cases}\tag{10.8.11}$$

$$\begin{cases}\boldsymbol{E}^{(2)}=E_0[\mathrm{e}^{-\frac{(x'-z')^2}{2r_0^2}}\sin k_{/\!/}(x'+z')\boldsymbol{e}_y\\ \qquad\pm\mathrm{e}^{-\frac{(x'+z')^2}{2r_0^2}}\sin k_{/\!/}(x'-z')\frac{\sqrt{2}}{2}(\boldsymbol{e}_{x'}-\boldsymbol{e}_{z'})]\\ \boldsymbol{B}^{(2)}=\frac{\mathrm{j}k_{/\!/}}{\omega}E_0[\mathrm{e}^{-\frac{(x'-z')^2}{2r_0^2}}\cos k_{/\!/}(x'+z')(\boldsymbol{e}_{z'}-\boldsymbol{e}_{y'})\\ \qquad\pm\mathrm{e}^{-\frac{(x'+z')^2}{2r_0^2}}\cos k_{/\!/}(x'-z')\sqrt{2}\boldsymbol{e}_{y'}]\end{cases}\tag{10.8.12}$$

$$\begin{cases}\boldsymbol{E}^{(3)}=E_0\left[\mathrm{e}^{-\frac{(x'-z')^2}{2r_0^2}}\sin k_{/\!/}(x'+z')\frac{\sqrt{2}}{2}(\boldsymbol{e}_{x'}-\boldsymbol{e}_{z'})\right.\\ \qquad\left.\pm\mathrm{e}^{-\frac{(x'-z')^2}{2r_0^2}}\sin k_{/\!/}(x'-z')\boldsymbol{e}_{y'}\right]\\ \boldsymbol{B}^{(3)}=E_0\frac{\mathrm{j}k_{/\!/}}{\omega}\left[\mathrm{e}^{-\frac{(x'-z')^2}{2r_0^2}}\cos k_{/\!/}(x'+z')\sqrt{2}\boldsymbol{e}_{y'}\right.\\ \qquad\left.\mp\mathrm{e}^{-\frac{(x'+z')^2}{2r_0^2}}\cos k_{/\!/}(x'-z')(\boldsymbol{e}_{x'}+\boldsymbol{e}_{z'})\right]\end{cases}\tag{10.8.13}$$

$$\begin{cases}\boldsymbol{E}^{(4)}=\frac{\sqrt{2}}{2}E_0\left[\mathrm{e}^{-\frac{(x'-z')^2}{2r_0^2}}\sin k_{/\!/}(x'+y')(\boldsymbol{e}_{x'}-\boldsymbol{e}_{z'})\right.\\ \qquad\left.\pm\mathrm{e}^{-\frac{(x'+z')^2}{2r_0^2}}\sin k_{/\!/}(x'-z')(\boldsymbol{e}_{x'}-\boldsymbol{e}_{z'})\right]\\ \boldsymbol{B}^{(4)}=\mathrm{j}\frac{k_{/\!/}\sqrt{2}}{\omega}E_0\left[\mathrm{e}^{-\frac{(x'-z')}{2r_0^2}}\cos k_{/\!/}(x'+z')\right.\\ \qquad\left.\pm\mathrm{e}^{-\frac{(x'+z')^2}{2r_0^2}}\cos k_{/\!/}(x'+z')\right]\boldsymbol{e}_{y'}\end{cases}\tag{10.8.14}$$

式中

$$k_{/\!/}=\frac{\sqrt{2}}{2}k_0$$

绕 z'-z' 轴旋转后，可做如下的变换：

$$\begin{cases}x'\to R\\ z'\to z\end{cases}\tag{10.8.15}$$

以及

$$\begin{cases}\boldsymbol{e}_{y'}\to\boldsymbol{e}_{\varphi}\\ \boldsymbol{e}_{x'}\to\boldsymbol{e}_R\\ \boldsymbol{e}_{z'}\to\boldsymbol{e}_z\end{cases}\tag{10.8.16}$$

就可得到旋转对称准光腔中的场：

$$\begin{cases}\boldsymbol{E}^{(1)}=E_0\left[\mathrm{e}^{-\frac{(R-z)^2}{2r_0^2}}\sin k_{/\!/}(R+z)\pm\mathrm{e}^{-\frac{(R+z)^2}{2r_0^2}}\sin k_{/\!/}(R-z)\right]\boldsymbol{e}_y\\ \boldsymbol{B}^{(1)}=-\frac{\mathrm{j}k_{/\!/}}{\omega}E_0\left[\mathrm{e}^{-\frac{(R-z)^2}{2r_0^2}}\cos k_{/\!/}(R+z)(\boldsymbol{e}_R-\boldsymbol{e}_z)\right.\\ \qquad\left.\pm\mathrm{e}^{-\frac{(R+z)^2}{2r_0^2}}\cos k_{/\!/}(R-z)(\boldsymbol{e}_R+\boldsymbol{e}_z)\right]\end{cases}\tag{10.8.17}$$

$$\begin{cases}\boldsymbol{E}^{(2)}=E_0\left[\mathrm{e}^{-\frac{(R-z)^2}{2r_0^2}}\sin k_{/\!/}(R+z)\boldsymbol{e}_{\varphi}\right.\\ \qquad\left.\pm\mathrm{e}^{-\frac{(R+z)^2}{2r_0^2}}\sin k_{/\!/}(R-z)\frac{\sqrt{2}}{2}(\boldsymbol{e}_R-\boldsymbol{e}_z)\right]\\ \boldsymbol{B}^{(2)}=-\frac{\mathrm{j}k_{/\!/}}{\omega}E_0\left[\mathrm{e}^{-\frac{(R-z)^2}{2r_0^2}}\cos k_{/\!/}(R+z)(\boldsymbol{e}_R-\boldsymbol{e}_z)\right.\\ \qquad\left.\pm\mathrm{e}^{-\frac{(R+z)^2}{2r_0^2}}\cos k_{/\!/}(R-z)\sqrt{2}\boldsymbol{e}_{\varphi}\right]\end{cases}\tag{10.8.18}$$

$$\begin{cases}\boldsymbol{E}^{(3)}=E_0\left[\mathrm{e}^{-\frac{(R-z)^2}{2r_0^2}}\sin k_{/\!/}(R+z)\frac{\sqrt{2}}{2}(\boldsymbol{e}_R-\boldsymbol{e}_z)\right.\\ \qquad\left.\pm\mathrm{e}^{-\frac{(R+z)^2}{2r_0^2}}\sin k_{/\!/}(R-z)\boldsymbol{e}_{\varphi}\right]\\ \boldsymbol{B}^{(3)}=\frac{\mathrm{j}k_{/\!/}}{\omega}E_0\left[\mathrm{e}^{-\frac{(R-z)^2}{2r_0^2}}\cos k_{/\!/}(R+z)\boldsymbol{e}_{\varphi}\sqrt{2}\right.\\ \qquad\mp\mathrm{e}^{-\frac{(R+z)^2}{2r_0^2}}\cos k_{/\!/}(R-z)(\boldsymbol{e}_R+\boldsymbol{e}_z)\end{cases}\tag{10.8.19}$$

$$
\begin{cases}
\boldsymbol{E}^{(4)}=\dfrac{\sqrt{2}}{2}E_0\left[\mathrm{e}^{-\frac{(R-z)^2}{2r_0^2}}\sin k_{/\!/}(R+z)(\boldsymbol{e}_R-\boldsymbol{e}_z)\right.\\
\qquad\left.\pm\mathrm{e}^{-\frac{(R+z)^2}{2r_0^2}}\sin k_{/\!/}(R-z)(\boldsymbol{e}_R-\boldsymbol{e}_z)\right]\\
\boldsymbol{B}^{(4)}=\mathrm{j}\dfrac{k_{/\!/}\sqrt{2}}{\omega}E_0\left[\mathrm{e}^{-\frac{(R-z)^2}{2r_0^2}}\cos k_{/\!/}(R+z)\right.\\
\qquad\left.\pm\mathrm{e}^{-\frac{(R+z)^2}{2r_0^2}}\cos k_{/\!/}(R-z)\right]\boldsymbol{e}_\varphi
\end{cases}
\tag{10.8.20}
$$

不难验证，上述由直观概念得到的特殊旋转对称准光腔中的场，能满足或近似满足麦克斯韦方程. 不过显然，利用这种方法，我们只能求得轴对称场的方程，即与 φ 角无关的场，不能考虑非轴对称的高次模式的场.

上述场方程，对于图 10.8.1(b)所述的旋转对称腔都能适用，但对于图(d)及图(e)所示的两种系统，还需做一些修正. 因为此两种系统是由图(c)旋转得到的，而在图(c)中，除两对镜以外，还有第三个反射镜. 在此镜面上，电场的切向分量应为零，即 $\boldsymbol{e}_\varphi$、$\boldsymbol{e}_z$ 方向分量在此镜面上不能存在. 基于这种考虑，图(d)及图(e)两种谐振系统中的场，应取以下的形式：

$$
\begin{cases}
\boldsymbol{E}=\pm\dfrac{\sqrt{2}}{2}E_0\left[\mathrm{e}^{-\frac{(R-z)^2}{2r_0^2}}\sin k_{/\!/}(R+z)\right.\\
\qquad\left.+\mathrm{e}^{-\frac{(R+z)^2}{2r_0^2}}\sin k_{/\!/}(R-z)\right]\boldsymbol{e}_R\\
\boldsymbol{B}=\pm\dfrac{\mathrm{j}k_{/\!/}}{\omega}E_0\left[\mathrm{e}^{-\frac{(R-z)^2}{2r_0^2}}\cos k_{/\!/}(R+z)\right.\\
\qquad\left.-\mathrm{e}^{-\frac{(R+z)^2}{2r_0^2}}\cos k_{/\!/}(R-z)\right]\boldsymbol{e}_\varphi
\end{cases}
\tag{10.8.21}
$$

式中，$\pm$号分别表示对应于图 10.8.1(d)及图(c)的两种情况.

由以上的分析可以看到，在此类特殊的旋转对称准光腔中，场在 z 方向上呈正弦及高斯型的混合分布.

3. 动力学理论

现在就可以来建立此类准光腔电子回旋脉塞的线性动力学理论. 我们将按第 9 章所述的方法，分别研究图 10.8.1 中(b)、(d)和(e)的情况.

在图 10.8.1(b)的场方程(10.8.17)至方程(10.8.20)中，我们仅研究最有兴趣的方程(10.8.7)的情况，对其余情况的分析可按完全类似的方法进行. 于是，可得到以下的场方程：

$$
\begin{cases}
E_\varphi=E_0\left[\mathrm{e}^{-\frac{(R-z)^2}{2r_0^2}}\sin k_{/\!/}(R+z)-\mathrm{e}^{-\frac{(R+z)^2}{2r_0^2}}\sin k_{/\!/}(R-z)\right]\\
B_R=\dfrac{\mathrm{j}k_{/\!/}}{\omega}E_0\left[\mathrm{e}^{-\frac{(R-z)^2}{2r_0^2}}\cos k_{/\!/}(R+z)-\mathrm{e}^{-\frac{(R+z)^2}{2r_0^2}}\cos k_{/\!/}(R-z)\right]\\
B_z=\dfrac{\mathrm{j}k_{/\!/}}{\omega}E_0\left[\mathrm{e}^{-\frac{(R-z)^2}{2r_0^2}}\cos k_{/\!/}(R+z)+\mathrm{e}^{-\frac{(R+z)^2}{2r_0^2}}\cos k_{/\!/}(R-z)\right]
\end{cases}
\tag{10.8.22}
$$

按照第 9 章所述的方法，下一步需要求得场在回旋中心坐标系中的局部展开式. 不难求得

$$
\boldsymbol{E}=\boldsymbol{E}^{f}+\boldsymbol{E}^{b}
\tag{10.8.23}
$$

式中，$\boldsymbol{E}^f$ 及 $\boldsymbol{E}^b$ 分别表示前向波及返向波场，即我们将腔中的场分解为前向波分量及返向波分量. 于是得到

$$
\begin{aligned}
E_\theta^f=-\frac{\mathrm{j}E_0}{4}\Bigg\{&\sum_{l=-\infty}^{\infty}\left[\mathrm{J}_{l-1}(k_{/\!/}r)\mathrm{e}^{\mathrm{j}l\theta-\mathrm{j}\varphi}+\mathrm{J}_{l+1}(k_{/\!/}r)\mathrm{e}^{\mathrm{j}l\theta+\mathrm{j}\varphi}\right]\\
&\cdot\Big[(-1)^l\mathrm{e}^{\mathrm{j}k_{/\!/}(z-R_0)}\mathrm{e}^{-\frac{(z+R_0)^2}{2r_0^2}}-\big(\mathrm{e}^{\mathrm{j}k_{/\!/}(z+R_0)}\\
&+(-1)^l\mathrm{e}^{\mathrm{j}k_{/\!/}(z-R_0)}\big)\mathrm{e}^{-\frac{(z-R_0)}{2r_0^2}}\Big]\Bigg\}
\end{aligned}
\tag{10.8.24}
$$

及

$$E_\theta^b = -\frac{\mathrm{j}E_0}{2}\Big\{ \sum_l [\mathrm{J}_{l-1}(k_{/\!/} r)\mathrm{e}^{\mathrm{j}l\theta-\mathrm{j}\varphi} + \mathrm{J}_{l+1}(k_{/\!/} r)\mathrm{e}^{\mathrm{j}l\theta+\mathrm{j}\varphi}] \cdot [\mathrm{e}^{-\mathrm{j}k_{/\!/}(z-R_0)}\mathrm{e}^{-\frac{(z+R_0)^2}{2r_0^2}}]\Big\} \tag{10.8.25}$$

其余分量的表达式均略去.

为了便于进一步计算扰动分布函数及互作用功率，将场进一步分成以下 8 个分量：

$$E_\theta = \sum_{i=l}^{8} E_{\theta_i} \tag{10.8.26}$$

式中

$$\begin{cases}
E_{\theta 1} = -\frac{\mathrm{j}}{4}E_0 \sum_l \mathrm{J}_{l-1}(k_{/\!/} r)\mathrm{e}^{\mathrm{j}l\theta-\mathrm{j}\varphi}(-1)^l \mathrm{e}^{\mathrm{j}k_{/\!/}(z-R_0)}\mathrm{e}^{-\frac{(z+R_0)}{2r_0^2}} \\
E_{\theta 2} = -\frac{\mathrm{j}E_0}{4} \sum_l \mathrm{J}_{l+1}(k_{/\!/} r)\mathrm{e}^{\mathrm{j}l\theta-\mathrm{j}\varphi}(-1)^l \mathrm{e}^{\mathrm{j}k_{/\!/}(z-R_0)}\mathrm{e}^{-\frac{(z+R_0)^2}{2r_0^2}} \\
E_{\theta 3} = \frac{\mathrm{j}E_0}{4} \sum_l \mathrm{J}_{l-1}(k_{/\!/} r)\mathrm{e}^{\mathrm{j}l\theta-\mathrm{j}\varphi}\mathrm{e}^{\mathrm{j}k_{/\!/}(z+R_0)}\mathrm{e}^{-\frac{(z-R_0)^2}{2r_0^2}} \\
E_{\theta 4} = \frac{\mathrm{j}E_0}{4} \sum_l \mathrm{J}_{l+1}(k_{/\!/} r)\mathrm{e}^{\mathrm{j}l\theta+\mathrm{j}\varphi}\mathrm{e}^{\mathrm{j}k_{/\!/}(z+R_0)}\mathrm{e}^{-\frac{(z-R_0)^2}{2r_0^2}} \\
E_{\theta 5} = \frac{\mathrm{j}E_0}{4} \sum_l \mathrm{J}_{l-1}(k_{/\!/} r)\mathrm{e}^{\mathrm{j}l\theta-\mathrm{j}\varphi}(-1)^l \mathrm{e}^{\mathrm{j}k_{/\!/}(z+R_0)}\mathrm{e}^{-\frac{(z-R_0)^2}{2r_0^2}} \\
E_{\theta 6} = \frac{\mathrm{j}E_0}{4} \sum_l \mathrm{J}_{l+1}(k_{/\!/} r)\mathrm{e}^{\mathrm{j}l\theta+\mathrm{j}\varphi}(-1)^l \mathrm{e}^{\mathrm{j}k_{/\!/}(z+R_0)}\mathrm{e}^{-\frac{(z-R_0)^2}{2r_0^2}} \\
E_{\theta 7} = -\frac{\mathrm{j}E_0}{4} \sum_l \mathrm{J}_{l-1}(k_{/\!/} r)\mathrm{e}^{\mathrm{j}l\theta-\mathrm{j}\varphi}\mathrm{e}^{-\mathrm{j}k_{/\!/}(z-R_0)}\mathrm{e}^{-\frac{(z+R_0)^2}{2r_0^2}} \\
E_{\theta 8} = -\frac{\mathrm{j}E_0}{4} \sum_l \mathrm{J}_{l+1}(k_{/\!/} r)\mathrm{e}^{\mathrm{j}l\theta+\mathrm{j}\varphi}\mathrm{e}^{-\mathrm{j}k_{/\!/}(z-R_0)}\mathrm{e}^{-\frac{(z+R_0)^2}{2r_0^2}}
\end{cases} \tag{10.8.27}$$

这样按 10.3 节所述方法，可以求得电子与波的互作用功率：

$$P_e = \mathrm{Re}(P_e) + \mathrm{j}\,\mathrm{Im}(P_e) \tag{10.8.28}$$

式中

$$\begin{cases}
\mathrm{Re}(P_e) = \mathrm{Re}\left(\sum_{i=1}^{8} P_e^i\right) \\
\mathrm{Im}(P_e) = \mathrm{Im}\left(\sum_{i=1}^{8} P_e^i\right)
\end{cases} \tag{10.8.29}$$

$$\begin{aligned}
\mathrm{Re}(P_e^i) = {} & 2\pi R_0 r_c L\omega\mu_0 k_{/\!/}^2 \frac{\omega_p^2}{c^2} \sum_l Q_l \Big\{ \left(\frac{l\omega_c L}{\sqrt{2}v_{/\!/}} - \frac{\beta_{\perp 0}^2 \Delta}{\beta_{/\!/}^2} \right) \\
& \times \frac{\pi\sqrt{2\pi}}{4}\mathrm{e}^{-\Delta^2}\mathrm{Re}(1) + \frac{\beta_{\perp 0}^2 L}{v_{/\!/}^2}\left[\omega^2 - (\omega - l\omega_c - k_{/\!/} v_{/\!/})^2 \frac{c^2}{v_{/\!/}^2}\right] \\
& \times \frac{\sqrt{2\pi}}{4}\mathrm{e}^{-\Delta^2}\mathrm{e}^{-\left(\frac{\sqrt{2}}{2}-A\right)^2}[\sin\Delta\,\mathrm{Re}(3) + \cos\Delta\,\mathrm{Im}(3)] \\
& + \left[1 - \frac{\beta_{\perp 0}^2}{2\beta_{/\!/}^2}\Delta(\Delta^2 - 1)\right]\frac{\sqrt{2\pi}}{2}\mathrm{e}^{-\Delta^2}\mathrm{e}^{-A^2}\mathrm{Re}(2) + \frac{\beta_{\perp 0}^2}{2\beta_{/\!/}^2}\Delta\mathrm{e}^{-A^2} \\
& \times \left[\mathrm{e}^{-\left(\frac{\sqrt{2}}{2}-A\right)^2}\sin\Delta - A\sqrt{\pi}\mathrm{e}^{-\Delta^2}\mathrm{Im}(2)\right]\Big\}
\end{aligned} \tag{10.8.30}$$

$$\mathrm{Im}(P_e^i)=2\pi R_0 r_c L\omega\mu_0 k_{/\!/}^2\frac{\omega_p^2}{c^2}\sum_l Q_l\left\{\left(\frac{\sqrt{2}l\omega_c L}{v_{/\!/}}-\frac{\beta_{\perp 0}^2\Delta}{\beta_{/\!/}^2}\right)\right.$$

$$\times\frac{\pi\sqrt{2\pi}}{4}\mathrm{e}^{-\Delta^2}\mathrm{Im}(1)+\frac{2\beta_{\perp 0}^2 L}{v_{/\!/}^2}\left[\omega^2-(\omega-l\omega_c-k_{/\!/}v_{/\!/})\frac{c^2}{v_{/\!/}^2}\right]$$

$$\times\frac{\sqrt{2\pi}}{4}\left[\mathrm{e}^{-A^2}-\mathrm{e}^{-\left(\frac{\sqrt{2}}{2}-A\right)^2}(\cos\Delta\mathrm{Re}(3)-\sin\Delta\,\mathrm{Im}(3))\right.$$

$$\left.+1-\frac{\beta_{\perp 0}^2}{2\beta_{/\!/}^2}(\Delta^2-1)\right]\sqrt{\frac{\pi}{2}}\mathrm{e}^{-\Delta^2}\mathrm{e}^{-A^2}\mathrm{Im}(2)+\frac{\beta_{\perp 0}^2\Delta}{2\beta_{/\!/}^2}\mathrm{e}^{-A^2}$$

$$\left.\times\left[\mathrm{e}^{-A^2}-\mathrm{e}^{-\left(\frac{\sqrt{2}}{2}-A\right)^2}\cos\Delta+A\sqrt{\pi}\mathrm{e}^{-\Delta^2}\mathrm{Re}(2)\right]\right\}\tag{10.8.31}$$

式中

$$\begin{cases}A=-\dfrac{\sqrt{2}}{2}\dfrac{R_0}{r_0}(\text{当 } i=1,2,7,8\text{ 时})\\[2ex] A=\dfrac{\sqrt{2}}{2}\dfrac{R_0}{r_0}(\text{当 } i=3,4,5,6,6\text{ 时})\end{cases}\tag{10.8.32}$$

其他参量，如Δ，Re(1)，Re(2)，Re(3)，Im(1)，Im(2)，Im(3)等均与 10.3 节中所述相同.

此种特殊准光腔中的储能为

$$W=\frac{1}{2}\varepsilon_0\int|E|^2\mathrm{d}\sigma=\frac{\sqrt{\pi}}{2}(k_{/\!/})^2\frac{K_E}{\varepsilon_0 c^2}\left[\mathrm{erf}\left(\frac{R_0}{r_0}\right)+\mathrm{erf}\left(1-\frac{R_0}{r_0^2}\right)\right]\tag{10.8.33}$$

由此可以得到起振电流的表示式：

$$I_{st}=\frac{\sqrt{\pi}v_{/\!/}\gamma k_{/\!/}^2}{2\eta_0\mu_0[\mathrm{Re}(P_e)]Q_T}K_E\left[\mathrm{erf}\left(\frac{R_0}{r_0}\right)+\mathrm{erf}\left(1-\frac{R_0}{r_0}\right)\right]\tag{10.8.34}$$

及频偏的表示式：

$$\frac{\Delta\omega}{\omega_0}=\left[\frac{\mathrm{Im}(P_e)}{\mathrm{Re}(P_e)}\right]\frac{1}{Q_T}\tag{10.8.35}$$

对于图 10.8.1 中的(d)、(e)结构，场方程的局部展开式可写成

$$E_\theta^1=-\sqrt{2}E_0\left\{\sum_l(\mathrm{J}_{l-1}\mathrm{e}^{\mathrm{j}l\theta-\mathrm{j}\varphi}-\mathrm{J}_{l+1}\mathrm{e}^{\mathrm{j}l\theta+\mathrm{j}\varphi})\left[(-1)^l\mathrm{e}^{\mathrm{j}k_{/\!/}(z-R_0)}\right.\right.$$

$$\left.\left.\times\mathrm{e}^{-\frac{(R_0+z)^2}{2r_0^2}}+(\mathrm{e}^{\mathrm{j}k_{/\!/}(z+R_0)}+(-1)^l\mathrm{e}^{\mathrm{j}k_{/\!/}(z-R_0)})\mathrm{e}^{-\frac{(z-R_0)^2}{2r_0^2}}\right]\right\}\tag{10.8.36}$$

$$E_\theta^b=-\sqrt{2}E_0\left[\sum_l(\mathrm{J}_{l-1}\mathrm{e}^{\mathrm{j}l\theta-\mathrm{j}\varphi}-\mathrm{J}_{l+1}\mathrm{e}^{\mathrm{j}l\theta+\mathrm{j}\varphi})\mathrm{e}^{-\mathrm{j}k_{/\!/}(z-R_0)}\mathrm{e}^{-\frac{(z+R_0)^2}{2r_0^2}}\right]\tag{10.8.37}$$

将方程(10.8.36)和方程(10.8.37)与方程(10.8.24)和方程(10.8.25)比较，可以看到，其余有关公式在形式上也是一致的，只差一个常数系数. 不过，为了求起振电流，必须求得系统的储能. 图(d)及(e)所示系统的储能可按下式近似求得：

$$W=\pi\varepsilon_0E^2\int_{R=a}^{R=b}R\mathrm{d}R\int_0^L\mathrm{d}z\left[\mathrm{e}^{-\frac{(R-z)^2}{2r_0^2}}\sin k_{/\!/}(R+z)\right.$$

$$\left.+\mathrm{e}^{-\frac{(R+z)^2}{2r_0^2}}\sin k_{/\!/}(R-z)\right]^2\tag{10.8.38}$$

积分后，可以得到①

$$W\cong\frac{(7-3\sqrt{2})}{24q}\pi\varepsilon_0E_0^2L^3\tag{10.8.39}$$

①方程(10.8.38)的积分很难严格求出，这里给出的是近似式. 可参看：成都电讯工程学院杨中海的博士学位论文(1984).

式中,q 表示半波长数.

4. 分析与讨论

根据本节以上所述,可以得到以下几点结论:

(1)在此类特殊的旋转对称准光腔中,场沿 z 方向呈正弦与高斯乘积的分布;

(2)在此类系统中,波沿 z 轴传播属于慢波;

(3)在此类新型准光腔电子回旋脉塞中,不同回旋谐波的场按 $\mathrm{J}_{l-1}(k_{/\!/}r)$变化[略去$\mathrm{J}_{l+1}(k_{/\!/}r)$],这与普通波导开放腔及普通准光腔电子回旋脉塞都不同.前者是$\mathrm{J}_l'(k_c r)\mathrm{J}_{m-l}(k_c R_0)$的变化,后者是 $\mathrm{I}_{l-1}(2R_g r_c/r_0^2)$变化.由此可见,此类新型准光腔电子回旋脉塞可能有助于工作在较高次的回旋谐波.

大信号数值计算表明,这类回旋管的效率可达 30%以上.

再考虑到本节一开始所提到的一些优点,可以预计,此类新型准光腔电子回旋脉塞对于发展短毫米波及亚毫米波回旋管是有重要意义的.

10.9 伯恩斯坦模电子回旋脉塞

10.7 和 10.8 两节讨论了如何克服回旋管向更短波长发展所遇到的困难的两种主要途径.近年来,对于采用伯恩斯坦(Berstein)模以便得到高模式的互作用进行了一些理论和实验研究工作.从已取得的成果看来,这一方案在小功率器件方面可能是有前途的.理论表明,直至 20 次谐波都有较强的互作用.而将伯恩斯坦模与准光腔相结合,观察到了四次回旋谐波的振荡.

按本书第 8 章所述方法,对于垂直于磁场方向传播的电磁波,即 $k_{/\!/}=0$ 时,可以得到以下关系:

$$\boldsymbol{R}\cdot\boldsymbol{E}_{k,\omega}=0 \tag{10.9.1}$$

式中,令

$$\begin{cases}\boldsymbol{E}_{k,\omega}=\displaystyle\int_0^{\infty}\mathrm{d}t\mathrm{e}^{-\mathrm{j}\omega t}\boldsymbol{E}_k(t)\\ \boldsymbol{E}_1(\boldsymbol{r},t)=\displaystyle\int_{-\infty}^{\infty}\boldsymbol{E}_k(t)\mathrm{e}^{\mathrm{j}\boldsymbol{k}\cdot\boldsymbol{r}}\mathrm{d}^3k\end{cases} \tag{10.9.2}$$

即为电场 $\boldsymbol{E}(\boldsymbol{r},t)$的拉普拉斯-傅里叶展开系数.

由方程(10.9.1)可以得到波的色散方程:

$$|\boldsymbol{R}|=0 \tag{10.9.3}$$

式中

$$\begin{aligned}\frac{1}{\omega_{c0}^2}\boldsymbol{R}=&-\frac{\omega}{\omega_{c0}}\boldsymbol{e}_x\boldsymbol{e}_x+\left[\frac{c^2Z^2}{v_\perp^2}-\left(\frac{\omega}{\omega_{c0}}\right)^2\right](\boldsymbol{e}_y\boldsymbol{e}_y+\boldsymbol{e}_z\boldsymbol{e}_z)\\&+\varepsilon\left\{\boldsymbol{e}_z\boldsymbol{e}_z+\sum_{l=-\infty}^{\infty}\left[\left(\frac{\dfrac{\omega}{\omega_{c0}}}{\dfrac{\omega}{\omega_c}-\dfrac{l}{\gamma}}\right)\boldsymbol{X}_l-\left(\frac{\dfrac{\omega}{\omega_{c0}}}{\dfrac{\omega}{\omega_{c0}}-\dfrac{l}{\gamma}}\right)^2\boldsymbol{Y}_l\right]\right\}\end{aligned} \tag{10.9.4}$$

式中

$$\varepsilon=\frac{\omega_p^2}{\omega_c^2\gamma} \tag{10.9.5}$$

张量 $\boldsymbol{X}_l$、$\boldsymbol{Y}_l$ 的元素列于表 10.9.1 中.

对于电子与波的互作用,可以证明$\varepsilon\ll1$.因此,在方程(10.9.1)中,可以写成各次谐波的和,即可以把 l

看作是一个参变量.如果在电子的纵向运动坐标系中考察,则有

$$v_{/\!/}=0 \tag{10.9.6}$$

于是,由表 10.9.1 可见,有

$$X_{13}=X_{23}=X_{31}=X_{32}=X_{33}=Y_{13}=Y_{31}=Y_{23}=Y_{32}=Y_{33}=0 \tag{10.9.7}$$

这样,方程(10.9.1)就化为

$$\left(\frac{c^2Z^2}{v_\perp^2}-\frac{\omega^2}{\omega_{c0}^2}+\varepsilon\right)\left[\left(-\frac{\omega^2}{\omega_{c0}^2}+\varepsilon p_{/\!/}\right)\left(\frac{c^2Z^2}{v_\perp^2}-\frac{\omega^2}{\omega_{c0}^2}+\varepsilon p_{22}\right)+\varepsilon^2p_{12}^2\right]=0 \tag{10.9.8}$$

式中

$$p_{ij}=\left[\frac{\omega}{\omega_{c0}}\Big/\left(\frac{\omega}{\omega_{c0}}-\frac{l}{\gamma}\right)\right]X_{ij}-\left[\frac{\omega}{\omega_{c0}}\Big/\left(\frac{\omega}{\omega_{c0}}-\frac{l}{\gamma}\right)\right]^2Y_{ij} \tag{10.9.9}$$

在方程(10.9.8)中,令第一个小括号为零,可以得到

$$\omega^2=k_\perp^2c^2-\omega_p^2 \tag{10.9.10}$$

这是寻常波的色散方程,在第 8 章中已讨论过.这种波的电场的极化方向沿磁场方向,与电子的横向运动(回旋运动)方向垂直,不能产生有效的互作用.

表 10.9.1　张量 X_l、Y_l 的元素

ij	X_{ij}	r^2Y_{ij}
11	$\frac{n^2}{Z}(\mathrm{J}_n^2)'$	$n^2\frac{v_\perp^2}{c^2}\frac{1}{Z^2}\mathrm{J}_n^2$
12	$\frac{in}{Z}(Z\mathrm{J}_n\mathrm{J}_n')'$	$in\frac{v_\perp^2}{c^2}\frac{1}{Z}\mathrm{J}_n\mathrm{J}_n'$
13	$\frac{nv_{/\!/}}{v_\perp}(\mathrm{J}_n^2)'$	$n\frac{v_{/\!/}}{c}\frac{v_\perp}{c}\frac{1}{Z}\mathrm{J}_n^2$
21	$-\frac{in}{Z}(Z\mathrm{J}_n\mathrm{J}_n')'$	$-in\frac{v_\perp^2}{c^2}\frac{1}{Z}\mathrm{J}_n\mathrm{J}_n'$
22	$\frac{1}{Z}(Z'\mathrm{J}_n'^2)$	$\frac{v_\perp^2}{c^2}\mathrm{J}_n'^2$
23	$-i\frac{v_{/\!/}}{v_\perp}(Z\mathrm{J}_n\mathrm{J}_n')'$	$-i\frac{v_\perp}{c}\frac{v_{/\!/}}{c}\mathrm{J}_n\mathrm{J}_n'$
31	$n\frac{v_{/\!/}}{v_\perp}(\mathrm{J}_n^2)'$	$n\frac{v_{/\!/}}{c}\frac{v_\perp}{c}\frac{1}{Z}\mathrm{J}_n^2$
32	$i\frac{v_{/\!/}}{v_\perp}(Z\mathrm{J}_n\mathrm{J}_n')'$	$i\frac{v_{/\!/}}{c}\frac{v_\perp}{c}\mathrm{J}_n\mathrm{J}_n'$
33	$Z\frac{v_{/\!/}^2}{v_\perp^2}(\mathrm{J}_n^2)'$	$\frac{v_{/\!/}^2}{c^2}\mathrm{J}_n^2$

在方程(10.9.8)中,令第二项的中括号为零,即得非寻常波的色散方程,其电场在 x-y 平面内极化.其极化方向可以由下式确定:

$$\frac{E_x}{E_y}=\frac{\varepsilon p_{12}}{-\frac{\omega^2}{\omega_{c0}^2}+\varepsilon p_{/\!/}} \tag{10.9.11}$$

在上式中,如果有

$$-\frac{\omega^2}{\omega_{c0}^2}+\varepsilon p_{/\!/}\to 0 \tag{10.9.12}$$

则必要求

$$E_y \to 0 \tag{10.9.13}$$

即仅存在 E_x 分量，此时场接近于同波的传播方向一致，是一种近纵向波.

我们可以预计，最大增长率发生在 $J_l'(Z_l)=0$ 处. 在这种情况下，利用方程(10.9.12)可以得到

$$\omega = \frac{l\omega_{c0}}{r} \pm \mathrm{j}\frac{\omega_p}{r^{\frac{3}{2}}}\frac{v_\perp}{c}\left[\frac{lJ_l(Z_l)}{Z_l}\right] \tag{10.9.14}$$

式中，令

$$Z = \frac{k_\perp v_\perp}{\omega_{c0}} \tag{10.9.15}$$

可见增长率正比于 $[lJ_l(Z_l)/Z_l]$，此因子随着 l 的增加而缓慢减小. 例如，当 $l=20$ 时，此因子仍有约 0.3 的值. 因此可望得到较高次回旋谐波的互作用.

利用条件 $J_l'(Z_l)=0$，可以得到

$$\begin{cases} X_{22}=Y_{12}=Y_{21}=Y_{22}=0 \\ X_{12}=-X_{21}=\mathrm{j}lJ_l(Z_l)J_l''(Z_l) \end{cases} \tag{10.9.16}$$

及

$$\begin{cases} p_{11}=-\left[\dfrac{\omega}{\omega_{c0}}\Big/\left(\dfrac{\omega}{\omega_{c0}}-\dfrac{l}{\gamma}\right)\right]^2 Y_{11} \\ p_{22}=0 \\ p_{12}=\mathrm{j}\left[\dfrac{\omega}{\omega_{c0}}\Big/\left(\dfrac{\omega}{\omega_{c0}}-\dfrac{l}{\gamma}\right)\right]X_{12} \end{cases} \tag{10.9.17}$$

最后，可以得到色散方程：

$$\left[-\frac{\omega^2}{\omega_{c0}^2}+\varepsilon\left(\frac{\omega}{\omega-\dfrac{l\omega_{c0}}{\gamma}}\right)^2 Y_{11}\right]\left(\frac{c^2Z^2}{v_\perp^2}-\frac{\omega^2}{\omega_{c0}^2}\right)+\varepsilon^2\left(\frac{\omega}{\omega-\dfrac{l\omega_{c0}}{\gamma}}\right)^2 X_{12}=0 \tag{10.9.18}$$

由于近纵波属慢波，故有

$$\frac{cZ}{v_\perp} \geqslant \frac{\omega}{\omega_{c0}}，即\ k_\perp \geqslant \frac{\omega}{c} \tag{10.9.19}$$

于是可以得到

$$\omega = \frac{l\omega_{c0}}{r} \pm \mathrm{j}\frac{\omega_p}{r^{\frac{3}{2}}}\frac{v_\perp}{c}\left[\frac{lJ_l(Z_l)}{Z_l}\right]\left[1+\varepsilon r^2 l^2 J_l''^2(Z_l)\right]^{\frac{1}{2}} \tag{10.9.20}$$

及

$$\frac{E_y}{E_x} = \pm\frac{c}{v_{/\!/}}\frac{r^{\frac{1}{2}}\omega_{c0}}{\omega_p}\left[\frac{Z_l}{lJ_l'(Z_l)}\right] \tag{10.9.21}$$

J. L. Hirshfield 建议把回旋电子注横向注入准光腔. 为了研究在此种结构中伯恩斯坦模的不稳定性，采用如图 10.9.1 所示的模型. 为简化分析，假定镜面 M_1，M_2 都是平面镜. 这样，在此种腔内可能存在两种类型的模式：一种是对称的，另一种是非对称的. 对于对称场，在电子注内 $(0<|x|<l)$，

$$\boldsymbol{E}_j(x,t) = (E_{/\!/}\boldsymbol{e}_x + \boldsymbol{e}_y E_\perp)\cos k_l x \cos \omega t \tag{10.9.22}$$

在电子注外，

$$\boldsymbol{E}_0(x,t) = \boldsymbol{e}_y E_0 \sin\left[\frac{\omega}{c}(L-|x|)\right]\cos \omega t \tag{10.9.23}$$

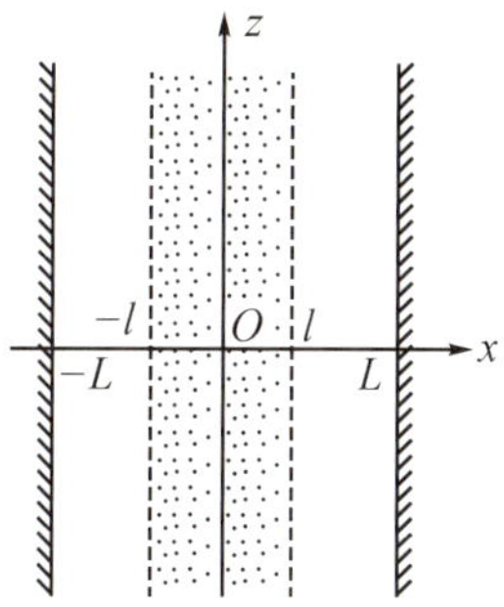

图 10.9.1　理想化回旋谐波脉塞示意图

在电子注边界上的匹配条件给出

$$\begin{cases} E_{\perp}\cos k_l l = E_0 \sin\left[\dfrac{\omega}{c}(L-l)\right] \\ k_l E_{\perp}\sin k_l l = \dfrac{\omega}{c}E_0\left[\dfrac{\omega}{c}(L-l)\right] \end{cases} \tag{10.9.24}$$

由于得出色散关系：

$$\frac{\cot k_l l}{k_l l} = \left(\frac{L-l}{l}\right)\frac{\tan\left[\dfrac{\omega}{c}(L-l)\right]}{\left[\dfrac{\omega}{c}(L-l)\right]} \tag{10.9.25}$$

而对于非对称的场，同样可以得到色散方程：

$$-\frac{\tan k_l l}{k_l l} = \left(\frac{L-l}{l}\right)\frac{\tan\left[\dfrac{\omega}{c}(L-l)\right]}{\left[\dfrac{\omega}{c}(L-l)\right]} \tag{10.9.26}$$

色散方程的解给出：

$$\omega_{ml} = \frac{m\pi c}{(L-l)}\left[1+\delta_l\left(\frac{l}{L-l}\right)\right] \tag{10.9.27}$$

式中

$$\delta_l = \begin{cases} \cot k_l l / k_l l & （对称场） \\ -\tan k_l l / k_l l & （非对称场） \end{cases} \tag{10.9.28}$$

谐振频率 ω_{ml} 中的两个下角标 m、l 分别表示腔的模式号数(m)及电子回旋谐波的号数(l).

利用关系式

$$\frac{\mathrm{Im}(\omega)}{\mathrm{Re}(\omega)} \geqslant \frac{1}{2Qf} \tag{10.9.29}$$

式中，Q 表示准光腔的品质因数，f 表示几何填充因子. 有

$$f = \frac{r_b}{r_0} \tag{10.9.30}$$

r_0 表示场斑的最小半径，r_b 表示电子注的半径. 由此可以求得起振电流：

$$I_{st}^{(l)} = 6.6\times 10^4\left(\frac{lr_0 B_0}{Q}\right)^2 V^{-\frac{1}{2}}(1+\alpha^2)^{\frac{1}{2}}\alpha^{-2} \tag{10.9.31}$$

式中

$$\alpha = p_{\perp}/p_{/\!/} \tag{10.9.32}$$

由方程(10.9.14)及方程(10.9.27)可以看到，当第 l 次回旋谐波的频率与第(m,l)次腔的谐振频率接近时，就可以产生振荡. 计算结果列于表 10.9.2 中.

表 10.9.2 准光腔伯恩斯坦模的振荡频率

($L=3.15$ cm,$r=1.0371$,f_F 为准光腔的谐振频率,磁场 B_0 单位为 kGs,频率均用 GHz)

回旋谐波号数 l	f_F	62.4	67.2	72.0	76.8	81.6	86.4	91.2	96.0	100.8	105.6
	准光腔模式号数 m	13	14	15	16	17	18	19	20	21	22
1	B_0	23.2	24.9	26.7	28.6	30.4	32.2	34.0	36.2	38.1	40.0
	f_0	62.6	67.2	72.1	77.2	82.1	86.9	91.8	97.7	102.9	108.0
2	B_0	11.5	12.4	13.3	14.3	15.2	16.1	17.1	18.0	18.8	19.8
	f_0	62.1	67.0	71.8	77.2	82.1	86.9	92.3	97.2	101.5	106.9
3	B_0	7.7	8.3	8.9	9.6	10.1	10.7				
	f_0	62.4	67.2	72.1	77.8	81.8	86.7				
4	B_0	5.7									
	f_0	61.6									

梁正建议采用两个准光腔构成准光腔伯恩斯坦模回旋速调管(见本篇参考文献[263]). 如图 10.9.2 所示.

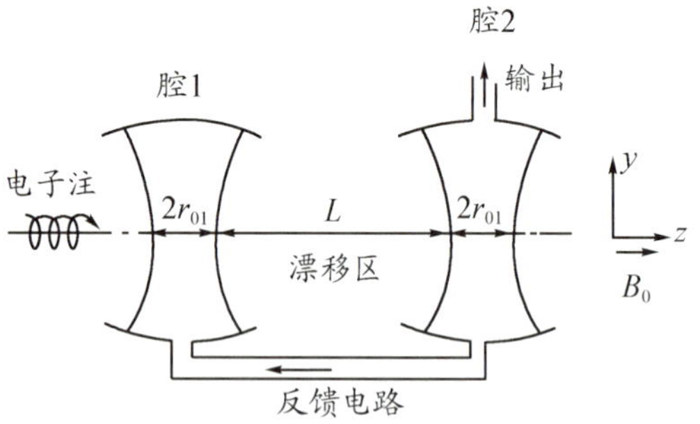

图 10.9.2 伯恩斯坦模准光腔回旋速调管示意图

假定腔中的场分布为

$$\begin{cases} E_y \approx E_0 \mathrm{e}^{-\frac{z'}{r_0^2}} \sin k_\perp y \cos \omega t \\ E_x \approx \varepsilon E_0 \mathrm{e}^{-\frac{z'}{r_0^2}} \sin k_\perp y \cos \omega t \\ B_z \approx \dfrac{\varepsilon k_\perp c}{\omega} E_0 \mathrm{e}^{-\frac{z'}{r_0^2}} \cos k_\perp y \sin \omega t \end{cases} \tag{10.9.33}$$

可以求得电子注通过第一谐振腔时动量的变化:

$$P_{\perp 1} \approx -\sqrt{\pi} E_{01} \frac{l \mathrm{J}_l(\beta_0)}{\beta_0} \frac{\mathrm{e} m_0 \gamma_0 \gamma_{01}}{p_z} \cos\left(k_\perp y_{\mathrm{g}} - l\frac{\pi}{2}\right) \times \sin l\theta_0 \exp\left[-\frac{(l\omega_{\mathrm{c}} - \gamma\omega)^2 m_0^2 r_{01}^2}{4p_z^2}\right] \tag{10.9.34}$$

式中

$$\beta_0 = \frac{k_\perp p_{\perp 0}}{m_0 \omega_{\mathrm{c}0}} \tag{10.9.35}$$

r_{01} 表示第一腔中最小光斑尺寸;$(y_{\mathrm{g}}, x_{\mathrm{g}})$ 表示电子注回旋中心的坐标.

可见,回旋电子注通过第一腔时受到调制,出现横向动量的交变分量.

电子注通过漂移区后,进入第二腔,可以求出电子注与第二腔中场的互作用功率:

$$\Delta P_{\mathrm{B}}=\sqrt{\pi}\frac{I_0 p_{\perp 0} r_{02} E_{02}}{p_z}\frac{l\mathrm{J}_l(\beta_0)}{\beta_0}\sin\left[\phi_0+\frac{m_0}{p_z}(l\omega_{c0}-r_0\omega)L\right]$$
$$\times\exp\left[-\frac{r_{02}^2 m_0^2(l\omega_{c0}-r_0\omega)^2}{4p_z^2}\right]\int f(y_g)\mathrm{d}y_g$$
$$\times\cos\left(ky_g-l\frac{\pi}{2}\right)\mathrm{J}_1\left[q\cos\left(ky_g-l\frac{\pi}{2}\right)\right] \tag{10.9.36}$$

式中，ϕ_0 是两腔之间的相差.

如果令

$$\begin{cases}f(y_g)=\delta(y_g-y_{g0})\\ \cos\left(ky_{g0}-l\dfrac{\pi}{2}\right)=1\\ \sin\left[\phi_0+\dfrac{m_0}{p_z}(l\omega_{c0}-r_0\omega)\right]=1\end{cases} \tag{10.9.37}$$

则方程(10.9.36)给出：

$$\Delta P_{\mathrm{B}}=\sqrt{\pi}\frac{I_0 p_{\perp 0} r_{02} E_{02}}{p_z}\frac{l\mathrm{J}_l(\beta_0)}{\beta_0}\mathrm{J}_1(q)$$
$$\times\exp\left[-\frac{r_{02}^2 m_0^2(l\omega_{c0}-r_0\omega)^2}{4p_z^2}\right] \tag{10.9.38}$$

式中

$$q\approx\frac{\sqrt{\pi}e\omega E_{01} l\mathrm{J}_l(\beta_0)p_{\perp 0}r_{01}L}{\beta_0 p_z^2 c^2}\exp\left(\frac{(l\omega_{c0}-r\omega)^2 m_0^2 r_{01}^2}{4p_z^2}\right) \tag{10.9.39}$$

按类似方法可以求出双准光腔速调管中非伯恩斯坦模场(电磁波模式)与回旋电子注的互作用功率. 对准光腔中的准平面波，可以得到

$$\begin{cases}E_x\approx E_0 \mathrm{e}^{-\frac{z}{r_0^2}}\sin k_\perp y\cos\omega t\\ B_z\approx E_0 \mathrm{e}^{-\frac{z}{r_0^2}}\cos k_\perp y\sin\omega t\end{cases} \tag{10.9.40}$$

式中

$$k_\perp=\omega/c \tag{10.9.41}$$

这样得到的电子与波的互作用功率为

$$\Delta P_{\mathrm{T}}\approx\sqrt{\pi}\frac{I_0 p_{\perp 0} r_{02} E_{02}}{p_z}\mathrm{J}_l'(\beta_0)\exp\left[-\frac{m_0^2 r_{02}^2(l\omega_{c0}-r_0\omega)^2}{4p_z}\right]$$
$$\times\sin\left[\phi_0+\frac{m_0}{p_z}(l\omega_{c0}-r_0\omega)L\right]\int f(y_g)\mathrm{d}y$$
$$\times\cos\left(ky_g-l\frac{\pi}{2}\right)\mathrm{J}_1\left[q\cos\left(k_\perp y_g-l\frac{\pi}{2}\right)\right] \tag{10.9.42}$$

在同样的条件[方程(10.9.38)]下，上述方程可以得到

$$\Delta P_{\mathrm{T}}\approx\sqrt{\pi}\frac{I_0 p_{\perp 0} r_{02} E_{02}}{p_z}\mathrm{J}_l(\beta_0)\exp\left[-\frac{m_0^2 r_{02}^2(l\omega_{c0}-r_0\omega)^2}{4p_z^2}\right] \tag{10.9.43}$$

比较一下方程(10.9.36)与方程(10.9.42)是很有意义的. 对于伯恩斯坦模，互作用功率按$\dfrac{l\mathrm{J}_l(\beta)}{\beta_0}\mathrm{J}_1(q_{\mathrm{B}})$因子变化；而对于普通电磁波模式，互作用功率按$\mathrm{J}_l'(\beta_0)\mathrm{J}_1(q_T)$因子变化. 进一步的分析可以得到以下的关系：

$$\begin{cases}\Delta P_{\mathrm{B}}\sim\left[\dfrac{l\mathrm{J}_l(\beta_0)}{\beta_0}\right]^2\\ \Delta P_{\mathrm{T}}\sim[\mathrm{J}_l'(\beta_0)]^2\end{cases} \tag{10.9.44}$$

由于$[lJ_l(\beta_0)/\beta_0]^2$随$l$的增大变化很小，所以可以得到较高次回旋谐波的互作用功率. 而$[J_l'(\beta_0)]^2$则随着l的增大而迅速下降，所以对于普通的电磁波模式，很难得到高于二次以上的互作用.

图 10.9.3 中给出了$\Delta p_{Bl}/\Delta P_{B1}$及$\Delta P_{Tl}/\Delta P_{T1}$的计算曲线，由图可见，对于伯恩斯坦模，$l$增大时，互作用功率的降低不明显；而对于一般的电磁波模式，l增大，互作用功率急剧下降.

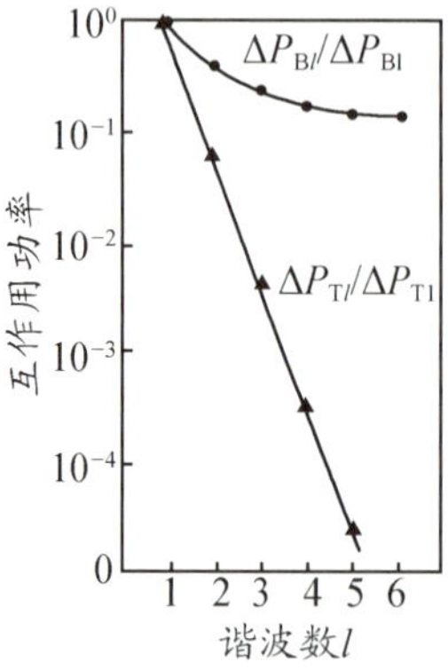

图 10.9.3 伯恩斯坦模及电磁波模互作用功率的比较

第 11 章　电子回旋脉塞及回旋管的非线性理论

11.1 引言

在前面两章中，我们较详细地讨论了电子回旋脉塞及回旋管的动力学理论.动力学理论是以线性弗拉索夫方程为基础的，因而这种理论属于线性理论.前面曾经指出，线性理论是基础理论，它给出了电子与波互作用机理的基本描述，揭示了电子与波能量交换的物理过程及一切必要的物理条件.但是，线性理论不能研究非线性过程，因此，它不能给出关于电子与波互作用的非线性状态的正确图像，因而不能正确地提供计算输出功率、效率及其他非线性问题的方程，也不能正确描述电子与波互作用的非线性演变过程.因此，在线性理论的基础上，研究非线性理论就是自然的和必需的，也是实际工作所要求的.

同线性理论一样，非线性理论也存在两种不同的处理.一种是近似的非线性理论，它是以给定场近似为基础发展起来的，通常称为轨道理论.在这种理论中，场是给定的，换句话说，就是场的空间分布、时间变化及幅值是预先给定的.这样，问题就归结为在给定场作用下求电子的运动及群聚情况，然后求电子与场的能量交换.理论及实践证明，这种给定场近似的非线性理论，对于互作用效率及输出功率的计算，能给出足够准确的结果.同时，由给定场计算出的电子群聚的图像也是基本正确的，反映了电子群聚的本质.

不过，以给定场为基础的轨道理论，不能给出电子与波非线性互作用的演变过程，因而不能给出物理机理的深刻解释.为此，又发展出了另一种自洽的非线性理论.在自洽的非线性理论中，场的幅值是时间的待定函数，由电子与波互作用的结果自洽地确定.因此，自洽非线性理论比较完整地反映了电子与波的非线性互作用过程，是一种较理想的理论描述.不过，为了简化计算，仍然不得不做一些假定.例如，场的空间分布仍然是假定的，即假定场的空间分布不受电子的影响.显然，只有当电子流密度很小时，这种假定才足够精确.

在本章中，我们先给出自洽非线性理论，然后讨论非自洽的轨道理论.

同一切非线性现象一样，由电子与波互作用过程所得到的是非线性微分积分方程，在一般情况下是很难得到解析解的，因此，非线性理论的大量工作要通过计算机计算.

利用孤粒子理论来分析回旋管中电子与波的互作用过程取得了较好的结果，本章将在最后一节讨论利用孤粒子概念研究回旋管非线性理论的问题.

11.2 坐标系转换

在进行非线性理论研究时，要利用计算机计算.为了便于计算，有时往往希望在相对静止的坐标系中进行研究.所以，在讨论非线性理论之前，我们先研究一下坐标系变换的问题.

在具体物理问题的分析中，我们都假定有平面波波动因子 $\exp(-\mathrm{j}\omega+\mathrm{j}\boldsymbol{k}\cdot\boldsymbol{r})$.在 5.10 节中，我们曾定义了一个四维波矢量 $\boldsymbol{k}_{\square}$：

$$\boldsymbol{k}_{\square}=\left(\boldsymbol{k},\mathrm{j}\frac{\omega}{c}\right) \tag{11.2.1}$$

在以后的分析中,我们令实验室坐标系中的物理量不带一撇,而运动坐标系中的物理量则带一撇.取笛卡儿坐标系$(x,y,z,\mathrm{j}ct)$,设坐标系$(x',y',z',\mathrm{j}ct')$相对于原坐标系沿 z 轴有一均匀直线运动,速度为 v.于是按 5.10 节所述,有

$$[\boldsymbol{k}'_{\square}]=[\mathscr{L}]\cdot[\boldsymbol{k}_{\square}] \tag{11.2.2}$$

式中,$[\mathscr{L}]$为洛伦兹变换:

$$[\mathscr{L}]=\begin{bmatrix}1&0&0&0\\0&1&0&0\\0&0&\gamma&\mathrm{j}\beta\gamma\\0&0&-\mathrm{j}\beta\gamma&\gamma\end{bmatrix} \tag{11.2.3}$$

将式(11.2.2)展开得到

$$\boldsymbol{k}'_{\perp}=\boldsymbol{k}_{\perp}(k'_x=k_x,k'_y=k_y) \tag{11.2.4}$$

$$\begin{cases}k'_{\perp}=\gamma(k_3+\mathrm{j}\beta k_4)\\k'_{/\!/}=\gamma\left(k_{/\!/}-\dfrac{v}{c}\dfrac{\omega}{c}\right)\end{cases} \tag{11.2.5}$$

$$\begin{cases}k'_4=\gamma(k_4-\mathrm{j}\beta k_3)\\\omega'=\gamma\omega(1-vk_{/\!/})\end{cases} \tag{11.2.6}$$

式中,$\gamma=(1-\beta^2)^{-\frac{1}{2}}$;$\beta=v/c$.

由式(11.2.5)可见,如果

$$\omega\frac{v}{c^2}=k_{/\!/},\text{即 } v=v_{\mathrm{g}} \tag{11.2.7}$$

则可得到

$$k''_{/\!/}=0 \tag{11.2.8}$$

因为按波导理论,有

$$v_{\mathrm{g}}v_p=c^2 \tag{11.2.9}$$

在 $k'_{/\!/}=0$ 的情况下,波是截止的,因此,$v=v_{\mathrm{g}}$ 的运动坐标系就是截止坐标系.

如果出现波的不稳定性,情况就要稍微复杂一些.如果在实验室坐标系中,仅有时间不稳定,即 $k_{/\!/}$ 是纯实数,而 ω 有虚数部分,则由式(11.2.5)可以看到

$$\begin{aligned}k'_{/\!/}&=\gamma\left[k_{/\!/}-\frac{v}{c^2}(\omega_r+\mathrm{j}\omega_i)\right]\\&=\gamma\left(k_{/\!/}-\frac{v}{c^2}\omega_r-\mathrm{j}\frac{v}{c^2}\omega_i\right)\end{aligned} \tag{11.2.10}$$

$$\omega'=\gamma(\omega_r+\mathrm{j}\omega_i)(1-vk_{/\!/})=\gamma(1-vk_{/\!/})\omega_r+\mathrm{j}\gamma(1-vk_{/\!/})\omega_i \tag{11.2.11}$$

可见,这时在运动坐标系中,ω'及 $k'_{/\!/}$ 都有虚数部分,即不仅有时间的不稳定性,而且有空间的不稳定性.

同样,如果在实验室坐标系中,波的频率为纯实数,仅有空间不稳定性,即仅 $k_{/\!/}$ 为复数,则可得到

$$\begin{aligned}k'_{/\!/}&=\gamma\left[(k_{/\!/r}+\mathrm{j}k_{/\!/i})-\frac{v}{c^2}\omega\right]\\&=\gamma\left(k_{/\!/r}-\frac{v}{c^2}\omega+\mathrm{j}k_{/\!/i}\right)\end{aligned} \tag{11.2.12}$$

$$\begin{aligned}\omega'&=\gamma\omega[1-v(k_{/\!/r}+\mathrm{j}k_{/\!/i})]\\&=\gamma_{\omega}(1-vk_{/\!/r}-\mathrm{j}k_{/\!/i}v)\end{aligned} \tag{11.2.13}$$

即在运动坐标系中，也将出现空间及时间的不稳定性.

这里我们要提出一个物理学上的问题，就是在洛伦兹变换公式中，本来并没有考虑到波有不稳定性的问题，也就是说，在爱因斯坦狭义相对论中，假定 ω、k 均为实数. 以上的讨论默认了一个假定，即当四维矢量为复数时，洛伦兹变换仍然是正确的.

承认以上讨论是有效的之后，可以由上述结果得到不稳定性增长率的转换公式：

$$\mathrm{Im}(k'_{/\!/}) = -\gamma \frac{v}{c^2}\mathrm{Im}(\omega) \tag{11.2.14}$$

$$\mathrm{Im}(\omega') = \gamma(1 - vk_{/\!/})\mathrm{Im}(\omega) \tag{11.2.15}$$

在截止坐标系中，上两式化为

$$\mathrm{Im}(k'_{/\!/}) = -\gamma \frac{v_g}{c^2}\mathrm{Im}(\omega) \tag{11.2.16}$$

$$\mathrm{Im}(\omega') = \gamma(1 - k_{/\!/}v_g)\mathrm{Im}(\omega) \tag{11.2.17}$$

由于在均匀波导中，我们有 $v_p > c$，因此，$v_g < c$. 式(11.2.16)表明，$\mathrm{Im}(k'_{/\!/})$很小，且与 $\mathrm{Im}(\omega)$反号. 而由式(10.2.17)可见，在弱相对论条件下，有

$$\mathrm{Im}(\omega') \approx \mathrm{Im}(\omega) \tag{11.2.18}$$

即在弱相对论条件下，两坐标系中波的时间增长率大致相同.

同样，由式(11.2.12)和式(11.2.15)可以得到

$$\mathrm{Im}(k'_{/\!/}) = \gamma\mathrm{Im}(k_{/\!/}) \tag{11.2.19}$$

$$\mathrm{Im}(\omega') = -\gamma\omega v\mathrm{Im}(k_{/\!/}) \tag{11.2.20}$$

仍然是，如果 $v = v_g$，同时 $\gamma \approx 1$(弱相对论情况)，有

$$\mathrm{Im}(k'_{/\!/}) \approx \mathrm{Im}(k_{/\!/}) \tag{11.2.21}$$

$$\mathrm{Im}(\omega') \approx 0 \tag{11.2.22}$$

即在上述条件下，波的空间增长率在两坐标系中也大致相同.

在计算时，往往要计算动量. 我们来讨论动量的转换问题. 在 5.7 节中曾讨论过，四维能量矢量定义为

$$\boldsymbol{P}_{\square} = (\boldsymbol{p}, \mathrm{j}\mathscr{E}/c) \tag{11.2.23}$$

式中，$\boldsymbol{P}$ 为动量，$\boldsymbol{E} = m_0c^2\gamma$ 为能量. 但在电子回旋脉塞的计算中，常常把动量分解为平行分量及垂直分量：

$$\boldsymbol{p} = \boldsymbol{p}_{\perp} + p_{/\!/}\boldsymbol{e}_z \tag{11.2.24}$$

于是由变换公式：

$$[\boldsymbol{p}'_{\square}] = [\mathscr{L}] \cdot [\boldsymbol{p}_{\square}] \tag{11.2.25}$$

可以得到

$$\boldsymbol{p}'_{\perp} = \boldsymbol{p}_{\perp} \tag{11.2.26}$$

$$\boldsymbol{p}'_{/\!/} = \gamma p_{/\!/}\left[1 - \frac{\beta^2}{1 - \beta\left(\dfrac{v_{/\!/}}{c}\right)}\right] \tag{11.2.27}$$

$$\mathscr{E} = \gamma\mathscr{E}\left[1 - \beta\frac{v_{/\!/}}{c}\right] \tag{11.2.28}$$

式中

$$v_{/\!/} = p_{/\!/}/m_0\gamma \tag{11.2.29}$$

$$\mathscr{E} = m_0c^2\gamma' \tag{11.2.30}$$

四维力矢量则定义为

$$\boldsymbol{F}_{\square} = \left(\frac{\mathrm{d}\boldsymbol{p}}{\mathrm{d}t}, \frac{\mathrm{j}}{c}\frac{\mathrm{d}\mathscr{E}}{\mathrm{d}t}\right) \tag{11.2.31}$$

于是又可得到以下的变换公式：

$$\frac{\mathrm{d}p'_{\perp}}{\mathrm{d}t'}=\frac{1}{\gamma\left(1-\frac{\beta v_{/\!/}}{c}\right)}\frac{\mathrm{d}p_{\perp}}{\mathrm{d}t} \tag{11.2.32}$$

$$\frac{\mathrm{d}p'_{/\!/}}{\mathrm{d}t'}=\frac{1}{\left(1-\frac{\beta v_{/\!/}}{c}\right)}\frac{\mathrm{d}}{\mathrm{d}t}\left\{p_{/\!/}\left[1-\frac{\beta^2}{\left(1-\frac{\beta v_{/\!/}}{c}\right)}\right]\right\} \tag{11.2.33}$$

$$\frac{\mathrm{d}\mathscr{E}}{\mathrm{d}t'}=\frac{1}{\left(1-\frac{\beta v_{/\!/}}{c}\right)}\frac{\mathrm{d}}{\mathrm{d}t}\left[\frac{\mathscr{E}}{\left(1-\frac{\beta v_{/\!/}}{c}\right)}\right] \tag{11.2.34}$$

电磁场方程的变换关系，已在第 5 章中详细讨论过，此处不再赘述.

最后，我们来讨论一下相对论因子 γ 的转换关系，以便得到效率的转换关系. 注意，这时我们又必须把运动坐标系中的物理量加上一撇.

$$\gamma=\sqrt{1+\frac{1}{m_0^2c^2}(p^2)}=\sqrt{1+\frac{1}{m_0^2c^2}(p_{/\!/}^2+p_{\perp}^2)} \tag{11.2.35}$$

于是利用式(11.2.26)、式(11.2.27)可以得到

$$\gamma=\gamma_{/\!/}\gamma'_{\perp} \tag{11.2.36}$$

或写成

$$\gamma'_{\perp}=\gamma/\gamma_{/\!/} \tag{11.2.37}$$

另外，由电子浓度守恒，即

$$N'=N \tag{11.2.38}$$

按洛伦兹变换，可以求得表面电荷密度 σ_0 的变换公式：

$$\sigma'_0=\sigma_0/\gamma_{/\!/} \tag{11.2.39}$$

从而可以求得效率的变换公式：

$$\eta'=\frac{\gamma'_{0\perp}(\gamma_0-1)}{\gamma_0(\gamma'_{0\perp}-1)}\eta \tag{11.2.40}$$

或

$$\eta=\frac{\gamma_0(\gamma'_{0\perp}-1)}{\gamma'_{0\perp}(\gamma_0-1)}\eta' \tag{11.2.41}$$

式中，η 可 η' 分别表示在静止坐标系及运动坐标系中的效率.

11.3 电子回旋脉塞的自洽非线性理论

现在我们来研究电子回旋脉塞的自洽非线性理论. 如上所述，我们将把电子与波作为一个统一的整体来考虑. 为了不使计算过于繁杂，我们研究 TE_{01} 模式第一次回旋谐波的情况，这样既可以使问题的处理得以简化，又可以得到明确的物理概念. 对于其他模式和高次回旋谐波，不难用类似的方法处理. 此外，我们还需做如下的假设.

(1)假定在系统内仅有一个单一的模式，即 TE_{01} 模式，不考虑其他模式的存在. 这个假定的正确性在本篇参考文献[108]中已做过较详细的讨论. 实际上，如果能设法使得 TE_{01} 模第一次回旋谐波的起振电流最小，则 TE_{01} 模第一次回旋谐波的互作用最优先被激起，而其他模式就有可能被抑制. 实际上，在以前的所有

讨论中，我们也是默认了这一假定的.

(2)略去空间电荷效应. 关于这个问题已在 9.7 节中讨论过.

(3)略去电子的速度零散，认为所有电子都具有完全相同的纵向动能和横向动能.

(4)在有些情况下忽略高频纵向磁场. 对于 TE_{01} 模来说，场分量为

$$\begin{cases} B_z = k_c^2 \mathrm{j}_0(k_c R)\mathrm{e}^{-\mathrm{j}\omega t+\mathrm{j}k_{/\!/}z} \\ B_R = \mathrm{j}\mu_0 k_c k_{/\!/} \mathrm{J}_1(k_c R)\mathrm{e}^{-\mathrm{j}\omega t+\mathrm{j}k_{/\!/}z} \\ E_\varphi = \mathrm{j}\omega\mu_0 k_c \mathrm{J}_1(k_c R)\mathrm{e}^{-\mathrm{j}\omega t+\mathrm{j}k_{/\!/}z} \end{cases} \tag{11.3.1}$$

由于在一般情况下有

$$B_z \ll B_0 \tag{11.3.2}$$

即高频纵向磁场远小于直流纵向磁场，因此，这一假定是允许的.

11.2 节中曾指出，为了便于计算，我们希望采用某种运动坐标系. 利用洛伦兹变换，可以求出运动坐标系中的方程. 5.4 节中已经指出，变换后的场由以下方程确定：

$$\begin{cases} \boldsymbol{E}'_\perp = \gamma[\boldsymbol{E}_\perp + (\boldsymbol{v}\times\boldsymbol{B})_\perp] \\ \boldsymbol{B}'_\perp = \gamma\left[\boldsymbol{B}_\perp - \dfrac{1}{c^2}(\boldsymbol{v}\times\boldsymbol{E})_\perp\right]^2 \\ \boldsymbol{E}'_{/\!/} = \boldsymbol{E}_{/\!/} \\ \boldsymbol{B}'_{/\!/} = \boldsymbol{B}_{/\!/} \end{cases} \tag{11.3.3}$$

由方程(11.3.1)、方程(11.3.3)可以看到，B'_R 与 $k'_{/\!/}$ 成正比. 而按 11.2 节所述，如果取运动坐标系的运动速度 $v=v_g$，则在此种坐标系中，有

$$k'_{/\!/} = 0 \tag{11.3.4}$$

因此，在 $v=v_g$ 条件下，磁场的横向分量也为零，即

$$B'_R = 0 \tag{11.3.5}$$

可见，对于 TE_{01} 模式来说，利用静止坐标系可使计算大为简化，因为在这种情况下，只考虑场的一个分量，即 E_φ.

另外，从第 9 章所述的线性理论我们知道，在 $v_z=v_g$ 条件下，电子与波的互作用结果给出了最大的增长率. 因此，如果我们再令电子运动速度与群速相等，又可以得到，在截止坐标系中，电子无纵向运动. 这样一来，又使计算得到进一步的简化.

由于本节内容较多，故分为以下几个知识点来叙述.

1. 非线性互作用方程

有了以上这些叙述之后，我们就着手来建立电子回旋脉塞的自洽非线性方程组. 按照以上所述，在静止坐标系中，对于 TE_{01} 模我们仅需考虑角向电场 E_φ. 于是我们得到

$$E_\varphi(k,t) = E_0(t)\mathrm{J}_1(k_c R)\cos[\omega_0 t + \alpha(t)] \tag{11.3.6}$$

在方程(11.3.6)中，为了简化书写便于以后的计算，已将时间 t' 写成 t，不过我们要记住，今后的计算是在运动坐标系中进行的. 采用余弦函数形式而不用指数形式是为了便于数值计算. $E_0(t)$的引入是为了自洽地处理场的幅值随互作用发展的演变过程，而$\alpha(t)$的引入则是为了研究波的频率及相位随着电子与波互作用发展的演化. 由于在电子与波的互作用过程中，波的幅值及频率和相位的演化速度比起波的频率本身来说是很小的，因此，我们可以认为它们都是时间的缓变函数. 即如果我们可以假定

$$E_0(t) = E_0 \mathrm{e}^{\int_0^{t'} r(t')\mathrm{d}t'} \tag{11.3.7}$$

则有

$$\frac{\partial}{\partial t}[\ln E_0(t)]\ll\omega_0 \tag{11.3.8}$$

因而我们得到

$$\frac{\partial\alpha(t)}{\partial t}\ll\omega_0 \tag{11.3.9}$$

为了研究电子与波的互作用过程，我们仍把问题分解为两个方面：其一是波在电子的作用下（激发下）的发展，其二是电子在波场作用下的群聚．然后将两个方面所得到的方程自洽地联合求解，就得到我们要求的结果．我们先分析波在电子作用下的发展，这时，电子与波的互作用可由以下的非齐次波方程描述：

$$\nabla^2\boldsymbol{E}-\frac{1}{c^2}\frac{\partial^2\boldsymbol{E}}{\partial t^2}=\mu_0\frac{\partial\boldsymbol{J}}{\partial t} \tag{11.3.10}$$

由于

$$\begin{cases}\boldsymbol{E}_R=\boldsymbol{E}_z=0\\ \dfrac{\partial E_\varphi}{\partial\varphi}=\dfrac{\partial E_\varphi}{\partial z}=0\end{cases} \tag{11.3.11}$$

于是式(11.3.10)给出

$$\frac{\partial^2E_\varphi}{\partial R^2}+\frac{1}{R}\frac{\partial E_\varphi}{\partial R}-\frac{E_\varphi}{R^2}-\frac{1}{c^2}\frac{\partial^2E_\varphi}{\partial t^2}=\mu\frac{\partial \mathrm{J}_\varphi}{\partial t} \tag{11.3.12}$$

将式(11.3.12)两边对 t 积分，略去与时间无关的常数，就可得到

$$\int\left(\frac{\partial^2E_\varphi}{\partial R^2}+\frac{1}{R}\frac{\partial E_\varphi}{\partial R}-\frac{E_\varphi}{R^2}-\frac{1}{c^2}\frac{\partial^2E_\varphi}{\partial t^2}\right)\mathrm{d}t-\frac{1}{c^2}\frac{\partial E_\varphi}{\partial t}=\mu_0\mathrm{J}_\varphi \tag{11.3.13}$$

但由式(11.3.6)可以得到

$$\frac{\partial E_\varphi}{\partial t}=\mathrm{J}_1(k_cR)\{\dot{E}_0(t)\cos[\omega_0t+\alpha(t)]-E_0(t)[\omega_0+\dot{\alpha}(t)]\sin[\omega_0t+\alpha(t)]\} \tag{11.3.14}$$

以及

$$\begin{cases}\dfrac{\partial E_\varphi}{\partial R}=k_cE_0(t)\mathrm{J}_1'(k_cR)\cos[\omega_0t+\alpha(t)]\\ \dfrac{\partial^2E_\varphi}{\partial R^2}=k_c^2E_0(t)\mathrm{J}_1''(k_cR)\cos[\omega_0t+\alpha(t)]\end{cases} \tag{11.3.15}$$

$$\begin{cases}\dot{E}_0(t)=\dfrac{\mathrm{d}E(t)}{\mathrm{d}t}\\ \dot{\alpha}(t)=\dfrac{\mathrm{d}\alpha(t)}{\mathrm{d}t}\end{cases} \tag{11.3.16}$$

将式(11.3.14)、式(11.3.15)代入式(11.3.13)，可以得到

$$\begin{aligned}&\left[k_c^2\mathrm{J}_1''(k_cR)+\frac{k_c}{R}\mathrm{J}'(k_cR)-\frac{1}{R^2}\mathrm{J}_1(k_cR_0)\right]\cdot\int\{E_0(t)\\&\cdot\cos[\omega_0t+\alpha(t)]\}\mathrm{d}t-\frac{1}{c^2}\mathrm{J}_1(k_cR)\{\dot{E}_0(t)\cos[\omega_0t+\alpha(t)]\\&-E_0(t)[\omega_0+\dot{\alpha}(t)]\sin[\omega_0t+\alpha(t)]\}=\mu_0\mathrm{J}_\varphi\end{aligned} \tag{11.3.17}$$

在式(11.3.17)中，左边对时间 t 积分可以得到

$$\begin{aligned}\int E_0(t)\cos[\omega_0t+\alpha(t)]\mathrm{d}t=&\frac{1}{\omega_0}\{E_0(t)[\omega_0-\dot{\alpha}(t)]\\&\cdot\sin[\omega_0t+\alpha(t)]+\dot{E}_0(t)\cos[\omega_0t+\alpha(t)]\}\end{aligned} \tag{11.3.18}$$

在得到上式时，已利用了缓变条件，略去二阶以上微小量.

将式(11.3.18)代入式(11.3.17),即可得到

$$
\begin{aligned}
& c^2 k_c^2 \mathrm{J}_1(k_c R)\{E_0(t)[\omega_0-\dot{\alpha}(t)]\sin[\omega_0 t+\alpha(t)] \\
& +\dot{E}_0(t)\cos[\omega_0 t+\alpha(t)]\}-\omega_0^2 \mathrm{J}_1(k_c R)\{\dot{E}_0(t)\cos[\omega_0 t+\alpha(t)] \\
& -E_0(t)[\omega_0+\dot{\alpha}(t)]\sin[\omega_0 t+\alpha(t)]\}=-\mu_0 \mathrm{J}_\varphi(R,t)
\end{aligned}
\tag{11.3.19}
$$

在推导上式时,利用了贝塞尔函数的递推公式:

$$
\mathrm{J}_1'(k_c R)=-\frac{\mathrm{J}_1(k_c R)}{k_c R}+\mathrm{J}_0(k_c R) \tag{11.3.20}
$$

将式(11.3.19)两边乘 $R\cdot \mathrm{J}_1(k_c R)$,然后对 $R=0$ 到 $R=R$ 积分,并利用洛默尔积分公式:

$$
\int_0^R \mathrm{J}_p^2(k_c R)R\mathrm{d}R=\frac{R^2}{2}\left[\mathrm{J}_p'^2(k_c R)+\left(1-\frac{p^2}{k_c^2 R^2}\right)\mathrm{J}_p^2(k_c R)\right] \tag{11.3.21}
$$

可以得到

$$
\begin{aligned}
& c^2 k_c^2\{E_0(t)[\omega_0-\dot{\alpha}(t)]\sin[\omega_0 t+\alpha(t)] \\
& +E_0(t)\cos[\omega_0 t+\alpha(t)]\}+\omega_0^2\{\dot{E}_0(t)\cos[\omega_0 t+\alpha(t)] \\
& -E_0(t)[\omega_0+\dot{\alpha}(t)]\sin[\omega_0 t+\alpha(t)]\} \\
& =-\frac{2c^2\omega_0^2\mu_0}{R^2\mathrm{J}_0^2(k_c R)}\int_0^R \mathrm{J}_\varphi(R,t)R\mathrm{J}_1(k_c R)\mathrm{d}R
\end{aligned}
\tag{11.3.22}
$$

到现在为止,需要进一步处理的是电子角向电流 J_φ. 由于对 TE_{01} 模式,每一个电子回旋轨道都完全一样,所以我们仅需考虑其中的一个. 在一个电子回旋轨道内,我们一开始取平均间隔为 $1/N$,即假定有 N 个电子,开始时它们均匀地分布在回旋轨道上. 随着电子与波互作用过程的发展,这 N 个电子的相互位置发生变化,从而产生群聚. 设第 i 个电子在时间 t 时,相角为 ϕ_i,于是电子的角向电流就可写成以下的形式:

$$
\mathrm{J}_\varphi(R,t)=-\frac{|e|\sigma_0}{N}\sum_{i=1}^{N} v_\varphi(\phi_i,t)\delta[R-R(\phi_i,t)] \tag{11.3.23}
$$

式中,σ_0 表示在电子回旋轨道圆柱面上的电子表面密度,$R(\phi_i,t)$表示第 i 个电子在 t 时刻的径向位置. 显然有,当 $N\to\infty$时,求和化为积分,即

$$
\frac{1}{N}\sum \to \frac{1}{2\pi}\int_0^{2\pi}\mathrm{d}\phi_0 \tag{11.3.24}
$$

式中,用 $\mathrm{d}\phi_0$ 代替 $\mathrm{d}\phi_i$.

将式(11.3.23)代入式(11.3.22),并将方程两边对电子初相取平均值,即可得到

$$
\begin{aligned}
& c^2 k_c^2\{E_0(t)[\omega_0-\dot{\alpha}(t)]\sin[\omega_0 t+\alpha(t)]+E_0(t)\cos[\omega_0 t+\alpha(t)]\} \\
& +\omega_0^2\{\dot{E}_0(t)\cos[\omega_0 t+\alpha(t)]-E_0(t)[\omega_0 t+\dot{\alpha}(t)]\sin[\omega_0 t+\alpha(t)]\} \\
& =\frac{2c^2\omega_0^2\mu_0\sigma_0|e|}{R^2\mathrm{J}_0^2(k_c R)}\langle v_\varphi(\phi_0,t)R(\phi_0,t)\mathrm{J}_1[k_c R(\phi_0,t)]\rangle
\end{aligned}
\tag{11.3.25}
$$

式中,

$$
\langle\cdots\rangle=\frac{1}{2\pi}\int_0^{2\pi}(\cdots)\mathrm{d}\phi \tag{11.3.26}
$$

将式(11.3.26)乘以 $\sin[\omega_0 t+\alpha(t)]$或乘以 $\cos[\omega_0 t+\alpha(t)]$,然后在一个时间周期内积分,利用正交性:

$$
\int_T \sin t\ \cos t\mathrm{d}t=0 \tag{11.3.27}
$$

并且假定在一个周期内,$\dot{\alpha}(t)$和 $\Gamma(t)$变化很小及近似,令

$$
\dot{E}(t)=\frac{\mathrm{d}E(t)}{\mathrm{d}t}\approx\Gamma(t)E_0(t) \tag{11.3.28}
$$

可以得到

$$
\begin{aligned}
&[c^2k_c^2\omega_0-\omega_0^3-(c^2k_c^2+\omega_0^2)\dot{\alpha}(t)]\int_{t-\{2\pi/[\omega_0+\dot{\alpha}(t)]\}}^{t}E_0(t')\\
&\cdot\sin[\omega_0t'+\alpha(t')]\mathrm{d}t'=\frac{2c^2\omega_0^2\mu_0\sigma|e|}{R^2\mathrm{J}_0^2(k_cR)}\\
&\cdot\int_{t-\{2\pi/[\omega_0+\dot{\alpha}(t)]\}}^{t}\langle v_\varphi(\phi_0,t')R(\phi_0,t')\mathrm{J}_1[k_cR(\phi_0,t')]\rangle\\
&\cdot\sin[\omega_0t'+\alpha(t')]\mathrm{d}t'
\end{aligned}
\tag{11.3.29}
$$

$$
\begin{aligned}
&(c^2k_c^2+\omega_0^2)\Gamma(t)\int_{t-2\pi/[\omega_0+\dot{\alpha}(t)]}^{t}E_0(t')\cos^2[\omega_0t'+\alpha(t')]\mathrm{d}t'\\
=&\frac{2c^2\omega_0^2\mu_0\sigma|e|}{R^2\mathrm{J}_0^2(k_cR)}\int_{t-2\pi/[\omega_0+\dot{\alpha}(t)]}^{t}\langle v_\varphi(\phi_0,t)R(\phi_0,t')\mathrm{J}_1[k_cR(\phi_0,t')]\rangle\\
&\cdot\cos[\omega_0t+\alpha(t')]\mathrm{d}t'
\end{aligned}
\tag{11.3.30}
$$

在计算一周期内积分时，利用 $2\pi/[\omega_0+\dot{\alpha}(t)]$就可以保证在实际的周期内积分，这样可以考虑波在演化过程中频率的变化.

这样，就可以得到关于 $\dot{\alpha}(t)$及 $\Gamma(t)$的两个方程：

$$
\begin{aligned}
\frac{\mathrm{d}\alpha(t)}{\mathrm{d}t}=&\frac{\omega_0}{c^2k_c^2+\omega_0^2}\left[c^2k_c^2-\omega_0^2+\frac{2\sigma_0\omega_0|e|}{\varepsilon_0R^2\mathrm{J}_0^2(k_cR)}\right]\\
&\cdot\left\{\int_{t-2\pi/[\omega_0+\dot{\alpha}(t)]}^{t}\langle v_\varphi(\phi_0,t')R(\phi_0,t')\mathrm{J}_1[k_cR(\phi_0,t')]\rangle\right.\\
&\left.\cdot\sin[\omega_0t'+\alpha(t')]\mathrm{d}t'\right\}\cdot\left\{\int_{t-2\pi/[\omega_0+\dot{\alpha}(t)]}^{t}E_0(t')\cdot\sin[\omega_0t'+\alpha(t')]\mathrm{d}t'\right\}^{-1}
\end{aligned}
\tag{11.3.31}
$$

以及

$$
\begin{aligned}
\Gamma(t)=&\frac{\omega_0}{c^2k_c^2+\omega_0^2}\cdot\frac{2\sigma_0\omega_0|e|}{\varepsilon_00R^2\mathrm{J}_0^2(k_cR)}\\
&\cdot\left\{\int_{t-2\pi/[\omega_0+\dot{\alpha}(t)]}^{t}\langle v_\varphi(\phi_1,t')\cdot R(\phi_0,t')\mathrm{J}_1[k_cR(\phi_0,t')]\rangle\right.\\
&\left.\cdot\cos[\omega_0t'+\alpha(t')]\mathrm{d}t\right\}\cdot\left\{\int_{t-2\pi/[\omega_0+\dot{\alpha}(t)]}^{t}E_0(t')\cos^2[\omega_0t'+\alpha(t')\mathrm{d}t']\right\}^{-1}
\end{aligned}
\tag{11.3.32}
$$

方程(11.3.31)、方程(11.3.32)就是关于 $\dot{\alpha}(t)$及 $\Gamma(t)$的非线性微分积分方程. 这两个方程描述在电子作用下波的振幅及频率和相位的演变过程.

按照我们在本节前面所制定的办法，下一步就是讨论在波场的作用下电子的群聚过程. 电子的相对论运动方程可写成

$$
\frac{\mathrm{d}\boldsymbol{p}}{\mathrm{d}t}=-|e|(\boldsymbol{E}+\boldsymbol{v}\times\boldsymbol{B})
\tag{11.3.33}
$$

或写成更方便的形式：

$$
\frac{\mathrm{d}\boldsymbol{v}}{\mathrm{d}t}=-\frac{|e|}{\gamma m_0}\left[\boldsymbol{E}+\boldsymbol{v}\times\boldsymbol{B}-\frac{\boldsymbol{v}}{c^2}(\boldsymbol{v}\cdot\boldsymbol{E})\right]
\tag{11.3.34}
$$

如图 11.3.1 所示，坐标系(X,Y,Z)为以波导轴为 z 轴的坐标系，而$(x,y,z=Z)$为电子回旋中心坐标系，如写成柱面坐标，则可写成(r,θ,z)，ϕ 为动量空间角. 这样，在坐标系(x,y,z)中，可以将方程(11.3.34)展开成以下形式：

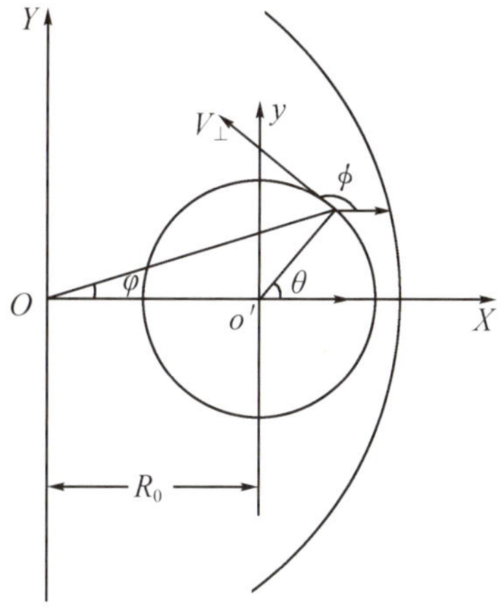

图 11.3.1 波导轴坐标系与电子回旋中心坐标系

$$\frac{\mathrm{d}\beta_\perp}{\mathrm{d}t}=-\frac{|e|}{\gamma\gamma_\perp^2 m_0 c}(E_x\cos\phi+E_y\sin\phi)-\frac{|e|\beta_\perp}{\gamma m_0}(B_x\sin\phi-B_y\cos\phi) \tag{11.3.35}$$

$$\frac{\mathrm{d}\beta_{/\!/}}{\mathrm{d}t}=\frac{|e|\beta_{/\!/}\beta_\perp}{\gamma m_0 c}(E_x\cos\phi+E_y\sin\phi)-\frac{|e|\beta_\perp}{\gamma m_0}(B_y\cos\phi-B_x\sin\phi) \tag{11.3.36}$$

$$\frac{\mathrm{d}\phi}{\mathrm{d}t}=\frac{|e|B_0}{\gamma m_0}-\frac{|e|}{\gamma m_0 c\beta_\perp}-(E_y\cos\phi-E_x\sin\phi)-\frac{|e|\beta_{/\!/}}{\gamma m_0}(B_y\cos\phi-B_x\sin\phi) \tag{11.3.37}$$

式中

$$\begin{cases}\gamma_\perp=(1-\beta_\perp^2)^{\frac{1}{2}}, & \beta_\perp=v_\perp/c\\ \gamma=(1-\beta^2)^{-\frac{1}{2}}=(1-\beta_{/\!/}^2-\beta_\perp^2)^{-\frac{1}{2}}, & \beta_{/\!/}=v_{/\!/}/c\end{cases} \tag{11.3.38}$$

及

$$\begin{cases}E_x=-E_\varphi\sin\varphi\\ E_y=E_\varphi\cos\varphi\end{cases} \tag{11.3.39}$$

不过,在静止坐标系中,如果又有 $v_z=v_g$,则有

$$v_{/\!/}=0 \quad \beta_{/\!/}=0 \tag{11.3.40}$$

则方程(11.3.35)至方程(11.3.39)简化为

$$\frac{\mathrm{d}\beta_\perp}{\mathrm{d}t}=-\frac{|e|E_\varphi(R,t)}{\gamma_\perp^3 m_0 c}\sin[\phi(\phi_0,t)-\varphi(\phi_0,t)] \tag{11.3.41}$$

$$\frac{\mathrm{d}\phi}{\mathrm{d}t}=\frac{\omega_{c0}}{\gamma}-\frac{|e|E_\varphi(R,t)}{\gamma_\perp m_0 c\beta_\perp}\cos[\phi(\phi_0,t)-\varphi(\phi_0,t)] \tag{11.3.42}$$

显然,还可以得到下面两个方程:

$$\begin{cases}\dfrac{\mathrm{d}x}{\mathrm{d}t}=c\beta_\perp\cos[\phi(\phi_0,t)]\\ \dfrac{\mathrm{d}y}{\mathrm{d}t}=c\beta_\perp\sin[\phi(\phi_0,t)]\end{cases} \tag{11.3.43}$$

方程(11.3.41)至方程(11.3.43)就是描述电子在波场作用下的运动方程.

这样,方程(11.3.31)、方程(11.3.32)、方程(11.3.41)和方程(11.3.43)就构成了电子回旋脉塞中电子与波的非线性互作用工作方程组.联解这六个方程,就可以得到关于电子与波非线性互作用的一切信息.

不难看到,利用计算机联立求解上述方程组是很繁杂的,有时往往会出现某些差错.因此,如何确保计算的每一步都是正确的,是十分重要和必要的.不过,在轴对称结构及 TE_{01} 模式下,我们可以利用正则角动量守恒 P_φ=常数及能量守恒定律来加以监测.就是说,每计算一步(或数步),我们都检查一次 P_φ 以及总能量 $\mathscr{E}_\mathrm{T}$,如果无误,即可继续算下去,如果出现差错,就可立即停机,进行检查.正则角动量 P_φ 可以由拉格朗

日函数求得

$$
\begin{aligned}
\mathscr{L} &= -m_0c^2\sqrt{1-\beta^2}-|e|\boldsymbol{v}\cdot\boldsymbol{A}+|e|\varphi \\
&= -m_0c^2\left[1-\frac{1}{c^2}(\dot{R}^2+\dot{z}^2+R^2\dot{\varphi}^2)\right]^{-\frac{1}{2}} \\
&\quad -|e|B_0R^2\dot{\varphi}/2-|e|R\dot{\varphi}A_\varphi
\end{aligned}
\tag{11.3.44}
$$

式中，A_φ 为矢量磁位的角向分量. A_φ 可以由电场的角向分量 E_φ 求出，利用方程(11.3.6)可以得到

$$
A_\varphi(R,t)=-\frac{1}{\omega_0}\left\{\left(1-\frac{\dot{\alpha}}{\omega_0}\right)E_0(t)\sin[\omega_0t-\alpha(t)]+\frac{\dot{E}(t)}{\omega_0}\cos[\omega_0t+\alpha(t)]\right\}\mathrm{J}_1k_\mathrm{c}R \tag{11.3.45}
$$

而 P_φ 则为

$$
P_\varphi=\frac{\partial\mathscr{L}}{\partial\varphi}=\left[\gamma_\perp m_0v_\varphi(R,t)-|e|A_\varphi(R,t)-\frac{1}{2}|e|B_0\right]R=\mathrm{const} \tag{11.3.46}
$$

总能量守恒则可写成以下形式：

$$
\mathscr{E}_\mathrm{T}=\mathscr{E}_f+\mathscr{E}_p \tag{11.3.47}
$$

式中，$\mathscr{E}_f$表示波的能量，$\mathscr{E}_p$表示电子的动能：

$$
\mathscr{E}_f=\frac{\varepsilon_0}{R^2}\int_0^R(E_\varphi^2+c^2B_z^2)R\mathrm{d}R \tag{11.3.48}
$$

而

$$
\mathscr{E}_p=\frac{1}{R}\int_0^R\sigma_0m_0c^2\langle[\gamma(\Phi_0,t)-1]\delta[R-R(\Phi_0,t)]\rangle\mathrm{d}R=\frac{\sigma_0m_0c^2}{R}\langle\gamma(\Phi_0,t)-1\rangle \tag{11.3.49}
$$

将场分量代入式(11.3.48)，在一个周期内取平均值，可以得到

$$
\frac{1}{T}\int_0^T\mathscr{E}_f\mathrm{d}t=\frac{\varepsilon_0}{4}\mathrm{J}_0^2(k_\mathrm{c}R)E_0^2(t)\cdot\left\{1+c^2k_\mathrm{c}^2\left[1-\frac{2\dot{\alpha}(t)}{\omega_0}\right]\frac{1}{\omega_0^2}\right\} \tag{11.3.50}
$$

又由式(11.3.49)可得

$$
\frac{1}{T}\int_0^T\mathscr{E}_p\mathrm{d}t=\frac{\sigma_0m_0c^2\langle[\gamma_\perp(\Phi_0,t)-1]\rangle}{R} \tag{11.3.51}
$$

但总能量为

$$
\frac{1}{T}\int_0^T\mathscr{E}_\mathrm{T}\mathrm{d}t\,\frac{\sigma_0m_0c^2(\gamma_{0\perp}-1)}{R} \tag{11.3.52}
$$

将上述三式代入式(11.3.47)可以得到

$$
E_0(t)=\frac{2m_0c\omega'p}{|e|\,|\mathrm{J}_0(k_0R)|}\left\{\left[1+\left(\frac{ck_\mathrm{c}}{\omega_0}\right)^2\left(1-\frac{2\dot{\alpha}(t)}{\omega_0}\right)\right]^{-\frac{1}{2}}[\gamma_{0\perp}-\langle\gamma_\perp\rangle]^{1/2}\right\} \tag{11.3.53}
$$

式中，

$$
(\omega_p')^2=\frac{|e|^2\sigma_0}{m_0\varepsilon_0R} \tag{11.3.54}
$$

表示等效等离子体频率.

如果考虑到

$$
\begin{cases}
\omega_0\approx ck_\mathrm{c}\\
\dot{\alpha}/\omega_0\ll1
\end{cases} \tag{11.3.55}
$$

则可得到

$$
E_0(t)\simeq\frac{\sqrt{2}m_0c\omega'p}{|e|\,|\mathrm{J}_0(k_\mathrm{c}R)|}(\gamma_{0\perp}-\langle\gamma_\perp\rangle)^{\frac{1}{2}} \tag{11.3.56}
$$

这样，方程(11.3.46)和方程(11.3.56)就提供了两个监控参量. 借助于这两个监控参量，在计算时，可以随时检查计算结果是否正确.

2. 饱和机理

在没有讨论利用所得到的非线性互作用方程进行进一步计算之前，我们先来研究一下电子回旋脉塞中互作用的饱和机理，这对于推导以后的计算以及对于计算结果的理解都是非常重要的.

在电子回旋脉塞的互作用中，有两种状态可以导致饱和，即存在两种不同的饱和机理.

(1)自由能耗尽. 自由能耗尽导致的饱和是很容易理解的. 由线性动力学理论知道，电子回旋脉塞不稳定性要求一定的门槛值，这就是 $\beta_{\perp\text{crit}}$ 阈值. 只有当条件

$$\beta_{0\perp} > \beta_{\perp\text{crit}} \tag{11.3.57}$$

成立时，才有脉塞不稳定性. 由此显然可得，单个电子可以交给波的最大自由能为

$$\mathscr{E}_{\text{free}} = (\gamma_{0\perp} - \gamma_{\perp\text{crit}}) m_0 c^2 \tag{11.3.58}$$

式中

$$\gamma_{\perp\text{crit}} = (1 - \beta^2{}_{\perp\text{crit}})^{-\frac{1}{2}} \tag{11.3.59}$$

因此，当全部电子都把自由能交给波场以后，就达到饱和状态. 所以饱和效率应为

$$\eta_s = \frac{\gamma_{0\perp} - \gamma_{\perp\text{crit}}}{\gamma_{0\perp} - 1} \tag{11.3.60}$$

这样，按方程(11.3.56)在自由能耗尽引起的饱和状态下，场的最大幅值应为

$$E_{0s} = \frac{\sqrt{2} m_0 c \omega_p'}{|e| |\mathrm{J}_0(k_c R)|} (r_{0\perp} - \gamma_{\perp\text{crit}})^{\frac{1}{2}} \tag{11.3.61}$$

理论和实验表明，如果电子的能量 $\gamma_{0\perp}$ 比阈值 $\gamma_{\perp\text{crit}}$ 大得不多，即 $\gamma_{0\perp} \lesssim \gamma_{\perp\text{crit}}$，则饱和的主要机理是自由能耗尽引起的. 但是如果电子的自由能很大，即 $\gamma_{0\perp} \gg \gamma_{\perp\text{crit}}$，则可能发生另外的饱和状态. 换句话说，在自由能耗尽这种饱和状态尚未发生时，就产生了另外一种导致饱和的机理. 这就是相位捕获饱和机理.

(2)相位捕获. 现在来讨论相位捕获导致饱和的机理. 在第9章中曾指出，工作频率与电子回旋频率必须满足以下的关系：

$$\omega_0 \lesssim \omega_c = \omega_{c0}/\gamma \tag{11.3.62}$$

或

$$\omega - \omega_{c0}/\gamma_{0\perp} - \Delta\omega \lesssim 0 \tag{11.3.63}$$

才可能产生脉塞不稳定性. 由此可以得到，在以下条件满足时，就出现饱和：

$$\omega - \omega_{c0}/\gamma_{0\perp} = \omega - \omega_{c0}/\langle\gamma_\perp\rangle_s \cong -\Delta\omega \tag{11.3.64}$$

由式(11.3.63)、式(11.3.64)可以得到

$$\gamma_{0\perp} - \langle\gamma_\perp\rangle_s \approx 2\gamma_{0\perp}\Delta\omega/\omega_0 \tag{11.3.65}$$

上两式中，$\langle\gamma_\perp\rangle_s$ 表示饱和出现时 $\gamma_\perp$ 的一周平均值.

这样就可以求得饱和效率为

$$\eta_s = \frac{2\gamma_{0\perp}}{\gamma_{0\perp} - 1}\left(\frac{\Delta\omega}{\omega_0}\right) \tag{11.3.66}$$

又可由式(11.3.61)得到饱和时的幅值：

$$E_{0s} = \frac{2\sqrt{2} m_0 c \omega_p'}{|e| |\mathrm{J}_0(k_c R)|}\left(\gamma_{0\perp}\frac{\Delta\omega}{\omega_0}\right)^{\frac{1}{2}} \tag{11.3.67}$$

我们来讨论一下这种饱和机理. 式(11.3.64)表明，在饱和出现时，电子群聚在场的加速区. 因为 $(\omega - \omega_{c0}/\gamma)$ 实际上表示电子相对于波的相位. 电子群聚于场的加速区而导致的饱和，就是相位捕获机理的物理本质，这一点由以后的计算可以清楚地看出.

相位捕获的机理还可以由轨道方程导出的运动常数的变化来加以讨论，如果 $\gamma_c \ll R_0$，就可得到 $\varphi(\phi_0, t)$ 始终是一个很小的数值(由图 11.3.1 可知). 于是由方程(11.3.41)、方程(11.3.42)得出：

$$\frac{d\beta_\perp}{dt} = -\frac{|e|E_0}{\gamma_\perp^3 m_0 c} J_1(k_c R_0) \cos[(\omega_0 + \Delta\omega)t] \sin\phi(\phi_0, t) \tag{11.3.68}$$

$$\begin{aligned}\frac{d\phi}{dt} &= \frac{\omega_{c0}}{\gamma_\perp} - \frac{|e|E_0}{\gamma_\perp m_0 c \beta_\perp} J_1(k_c R_0)\cos[(\omega_0+\Delta\omega)t]\cos\phi(\phi_0,t) \\ &\quad + \frac{|e|}{\gamma_\perp m_0 \omega_0}\left[\frac{J_1(k_c R)}{R_0} + k_c J_1'(k_c R_0)\right]\left[\left(1-\frac{\dot{\alpha}}{\omega_0}\right)E_0 \sin(\omega_0 t \right. \\ &\quad \left. + \alpha) + \frac{\dot{E}_0}{\omega_0}\cos(\omega_0 t + \alpha)\right]\end{aligned} \tag{11.3.69}$$

在上面两个方程中，如果认为 $E_0(t)$ 和 $\omega_0 + \Delta\omega$ 是不变的，则利用三角函数的关系，可以导出以下的缓变参量(慢时刻度)方程：

$$\begin{cases} \dfrac{du_\perp}{dt} = \dfrac{|e|E_0}{2m_0 c} J_1(k_c R_0) \sin\lambda \\ \dfrac{d\lambda}{dt} = \omega_0 + \Delta\omega - \dfrac{\omega_{c0}}{\gamma_\perp} + \dfrac{|e|E_0}{2m_0 c u_\perp} J_1(k_c R_0)\cos\lambda \end{cases} \tag{11.3.70}$$

式中

$$\begin{cases} u_\perp = \beta_\perp \gamma_\perp \\ \lambda = (\omega_0 + \Delta\omega)t - \phi(\phi_0, t) \end{cases} \tag{11.3.71}$$

由上述两个方程，可以证明以下的常数：

$$\frac{|e|E_0}{m_0 c} J_1(k_c R_0) u_\perp \cos\lambda + (\omega_0 + \Delta\omega)\left(\gamma_\perp - \frac{\omega_0}{\omega_0 + \Delta\omega}\right)^2 = \text{const} \tag{11.3.72}$$

这就是慢时刻度运动方程的运动常数. 根据慢时刻度运动方程，可以给出如图 11.3.2 所示的相空间图. 我们来研究一下此相空间图. 每一个电子都在相空间图上按确定的常数 c 所规定的轨道上运动. 初始电子均匀分布于初相 ϕ_0，也就是分布在 $0 \leqslant \lambda \leqslant 2\pi$ 内，而且都具有初速 $u_\perp = u_{0\perp}$. 由于初相 ϕ_0 不同的电子受到不同相位的高频场的作用，因而得到不同的 $u_\perp$ 值，因此 $\gamma_\perp$ 值也不同. 所以以后不同的电子就具有不同的 c 值，或者说，不同初相 ϕ_0 出来的电子将沿着不同的轨道运动.

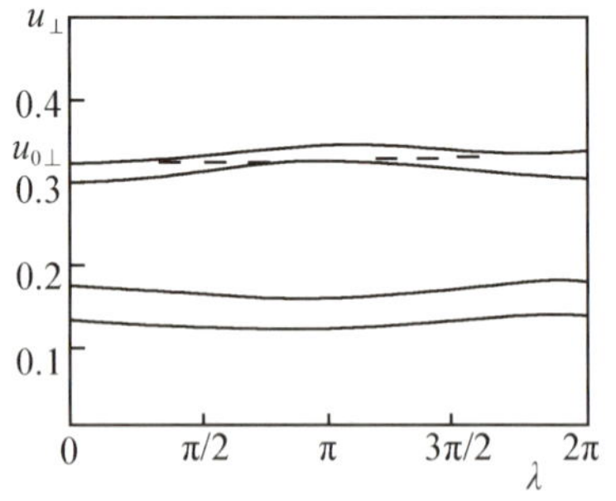

(a) $E = 9.6 \times 10^{-3}$, $\dfrac{d\alpha}{d\tau} = 0.0194$

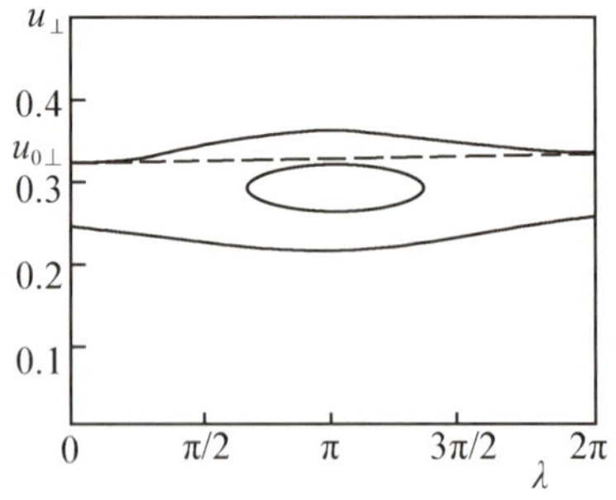

(b) $E = 1.3 \times 10^{-4}$, $\dfrac{d\alpha}{d\tau} = 0.009$

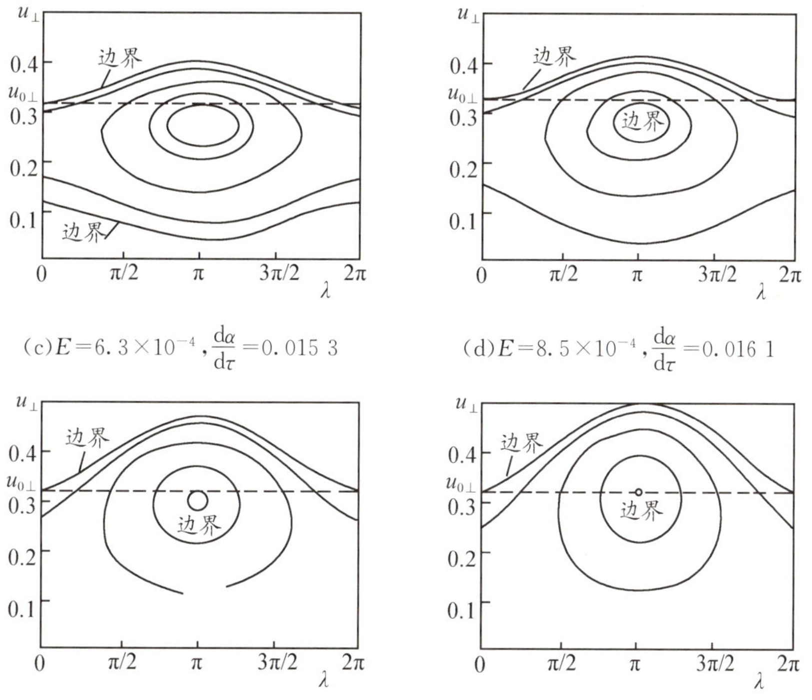

(c) $E=6.3\times10^{-4}$，$\frac{d\alpha}{d\tau}=0.0153$

(d) $E=8.5\times10^{-4}$，$\frac{d\alpha}{d\tau}=0.0161$

(e) $E=1.52\times10^{-3}$，$\frac{d\alpha}{d\tau}=0.0143$

(f) $E=2.02\times10^{-3}$，$\frac{d\alpha}{d\tau}=0.0126$

图 11.3.2　缓变参量(慢时刻度)相空间图

由图可以看到，有两种不同形状的轨道：一种是封闭的，另一种是不封闭的. 凡电子运动轨道为封闭的曲线，那么该电子就被捕获了，而沿不封闭曲线运动的电子是未被捕获的. 这是因为如果电子沿不封闭的曲线运动，电子就可以到达任意相位，而如果电子沿封闭曲线运动，则电子将不能到达某些相位，只能局限在一定相位范围内. 曲线的形状位置则取决于 E_0，ω_0 等参量. 具体计算表明，当 E_0 很小时，电子不可能在封闭曲线上，因此不可能被捕获. 而当 E_0 增大时，首先进入捕获的是初始位于($u_{0\perp}$，π)的那个电子. 这时，$\lambda=0$ 及 $\lambda=2\pi$ 处有两个转折点，$d\lambda/dt=0$. 这是由不封闭曲线向封闭曲线转化的临界状态. 因此，这时的电场幅度为相位捕获的阈值. 令

$$E_k=|e|E_0\mathrm{J}_1(k_cR_0)/\omega_0m_0c \tag{11.3.73}$$

利用方程(11.3.72)，可以得到

$$1+\frac{\Delta\omega}{\omega_0}-\frac{\gamma_{0\perp}}{\gamma_\perp}+\frac{E_k}{2u_\perp}=0 \tag{11.3.74}$$

$$-E_ku_{0\perp}+\left(1+\frac{\Delta\omega}{\omega}\right)\left[\gamma_{0\perp}-\frac{\gamma_{0\perp}}{\left(1+\frac{\Delta\omega}{\omega_0}\right)}\right]^2=E_ku_\perp+\left(1+\frac{\Delta\omega}{\omega_0}\right)\left[\gamma_\perp-\frac{\gamma_{0\perp}}{\left(1+\frac{\Delta\omega}{\omega_0}\right)}\right]^2 \tag{11.3.75}$$

利用关系式

$$\begin{cases}u^2=\gamma^2-1\\ \sqrt{1+u^2}\approx1+\frac{1}{2}u^2\\ (1+u^2)^{-\frac{1}{2}}=1-\frac{1}{2}u^2\end{cases} \tag{11.3.76}$$

由方程(11.3.74)、方程(11.3.75)略去四阶微小量可以得到

$$E_k=u_\perp\left(u_{0\perp}^2-u_\perp^2-2\frac{\Delta\omega}{\omega_0}\right) \tag{11.3.77}$$

及

$$E_k(u_\perp + u_{0\perp}) + \frac{\Delta\omega}{\omega_0}(\gamma_\perp^2 - \gamma_{0\perp}^2) + \gamma_\perp^2 + \gamma_{0\perp}^2 - 2\gamma_\perp\gamma_{0\perp} = 0 \tag{11.3.78}$$

最后可以求出电场幅值的阈值：

$$E_B = \frac{4\omega_0 m_0 c}{27|e|\mathrm{J}_1(k_c R_0)}\left[\left(u_{0\perp}^2 - \frac{3\Delta\omega}{\omega_0}\right)\left(\sqrt{u_{0\perp}^2 - \frac{3\Delta\omega}{\omega_0}} - u_{0\perp}\right) + \frac{3}{2}\ \frac{\Delta\omega u_{0\perp}}{\omega_0}\right] \tag{11.3.79}$$

随着 E_0 逐步增大，进入封闭曲线轨道的电子越来越多，封闭曲线也愈来愈少. 继续增大 E_0，封闭曲线愈来愈多，内边界不断收缩，外边界则不断扩张. 最后，内边界收缩为一点，位于 $u_\perp = u_{0\perp}$，$\lambda = \pi$ 处. 当 E_0 取这个值时，电子的平均能量就停止减小了. 内边界收缩为一点所需的电场幅值为

$$E_p \approx \frac{2m_0 c\omega_0 u_{0\perp}}{|e|\,|\mathrm{J}_1(k_c R_0)|}\left|\left(\frac{\Delta\omega}{\omega_0}\right)\right| \tag{11.3.80}$$

事实上，利用条件 $\lambda = \pi$，$\mathrm{d}\lambda/\mathrm{d}t = 0$，$\gamma_\perp = \gamma_{0\perp}$，$u_\perp = u_{0\perp}$，$\omega_0 = \omega_{c0}/\gamma_{0\perp}$ 等及慢时刻度运动方程，立即可得到上式.

图 11.3.2 中(a)～(f)生动地描述了随着 E_0 增大，在相空间内电子运动轨道的演化过程. 由图可见，随着 E_0 的增加，从图(a)的没有封闭曲线，到图(b)有封闭曲线，即从图(a)到图(b)跨越了电场幅值阈值 E_B. 随着 E_0 不断增大，内边界不断缩小，外边界不断扩大，这表示电子在相空间中的范围不断扩大. 在图(f)上，内边界已收缩至几乎为一点.

以上的讨论为数值计算所完全证实.

另外，从相空间图还可以看到电子群聚的过程. 为此，我们在图 11.3.3 中，重新给出了一个典型的相空间图. 为了便于讨论，将图分为四个部分(四个象限). 首先，我们看到，凡是轨道在水平线 $u_{0\perp}$ 上面的，均从场中得到能量，而凡是轨道在水平线 $u_{0\perp}$ 下面的，均把能量交给场. 其次，我们看到，如果电子的曲线是封闭的，则在第一象限的电子有到第四象限的倾向，即倾向于交出能量；而在第四象限的电子，则有进一步交出能量的倾向，因为下一步它们将进入第三象限. 但位于第三象限的电子，则有向场吸取能量的倾向，因为下一步它们将进入第二象限.

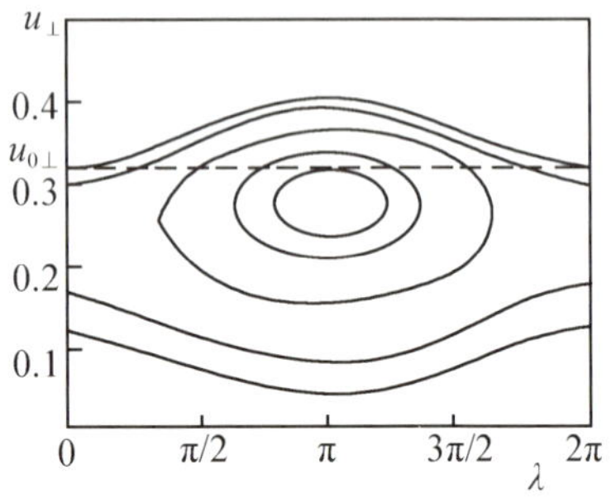

$E = 6.3\times10^{-4}$，$\frac{\mathrm{d}\alpha}{\mathrm{d}\tau} = 0.015\,3$

图 11.3.3 电子的相空间图

由此可见，利用相空间图，可以得到关于电子与场相互作用的很多概念.

3. 数值计算

有了以上的讨论之后，在本知识点中，我们来研究非线性互作用方程组的数值解问题. 首先，为了简化计算，并且使计算结果具有普遍性，需将各物理量进行归一化. 归一化参量定义如下：

$\tau = \omega_0 t$	归一化时间
$\bar{R} = R/a$	归一化径向坐标
$\bar{x} = x/a$	归一化 x 坐标
$\bar{y} = y/a$	归一化 y 坐标
$\bar{R}_0 = R_0/a \approx 1.84\mu_{01}$	归一化引导中心坐标
$\Gamma(\tau) = \Gamma(t)/\omega_0$	
$E_0(\tau) = \mathrm{J}_0^2(k_c R)\lvert e\rvert E_0(t)/m_0\omega_0 c$	归一化电场幅值
$B_z(\tau) = B_z(t)\lvert e\rvert a/m_0 c$	归一化磁场幅值
$P_\varphi = P_\varphi/m_0 ca$	归一化正则角动量
$\dot{E}(\tau) = \mathrm{J}_0^2(k_c R)\lvert e\rvert \dot{E}_0(t)/m_0\omega_0^2 c$	

式中，$\mu_{01} = 3.813\,171$.

利用上面的归一化参量，并引入无量纲参量：

$$\mu=\frac{\omega_p'}{\sqrt{\gamma_{0\perp}\omega_0}} \tag{11.3.81}$$

则可得到以下的归一化方程：

$$E_0(\tau)=\varepsilon_0\,\mathrm{e}^{\int_0^\tau \Gamma(\tau')\mathrm{d}\tau'} \tag{11.3.82}$$

$$\frac{\mathrm{d}\beta_\perp}{\mathrm{d}\tau}=-E_0(\tau)\mathrm{J}_1(\mu_0\bar{R})\cos[\tau+\alpha(\tau)]\sin(\phi-\varphi)/\gamma_\perp^3 \tag{11.3.83}$$

$$\begin{aligned}\frac{\mathrm{d}\phi}{\mathrm{d}\tau}=&\frac{\gamma_{0\perp}}{\gamma_\perp}-E_0(\tau)\mathrm{J}_1(\mu_0\bar{R})\cos[\tau+\dot{\alpha}(\tau)]\cos(\phi-\varphi)/\gamma_\perp\beta_\perp\\&+\{[1-\dot{\alpha}(\tau)]E_0(\tau)\sin[\tau+\alpha(\tau)]\\&+\dot{E}_0(\tau)\cos[\tau+\dot{\alpha}(\tau)]\}\mathrm{J}_0(\mu_{01}\bar{R})/\gamma_\perp\end{aligned} \tag{11.3.84}$$

$$\begin{cases}\dfrac{\mathrm{d}\bar{x}}{\mathrm{d}\tau'}=\beta_\perp\cos\phi/\mu_{01}\\[2ex]\dfrac{\mathrm{d}\bar{y}}{\mathrm{d}\tau'}=\beta_\perp\sin\phi/\mu_{01}\end{cases} \tag{11.3.85}$$

$$\begin{aligned}\frac{\mathrm{d}\alpha(\tau)}{\mathrm{d}\tau'}=&-\mu^2\gamma_{0\perp}\int_{\tau-2\pi/[1+\dot{\alpha}(\tau)]}^{\tau}\langle\beta_\perp(\phi_0,\tau')\\&\cdot\sin[\Phi(\phi_0,\tau')-\varphi(\phi,\tau')]\bar{R}(\Phi_0,\tau')\mathrm{J}_1[\mu_0\bar{R}(\phi_0,\tau')]\rangle\\&\cdot\sin[\tau'+\alpha(\tau')]\mathrm{d}\tau'\left\{\int_{\tau-2\pi/[1+\dot{\alpha}(\tau)]}^{\tau}E_0(\tau')\sin^2[\tau'+\alpha(\tau')]\mathrm{d}\tau'\right\}^{-1}\end{aligned} \tag{11.3.86}$$

$$\begin{aligned}\Gamma(\tau)=&\mu^2\gamma_{0\perp}\int_{\tau-2\pi/[1+\dot{\alpha}(\tau)]}^{\tau}\langle\beta_\perp(\phi_0,\tau')\sin[\Phi(\phi_0,\tau')-\varphi(\phi_0,\tau')]\\&\cdot\bar{R}(\phi,\tau')\mathrm{J}_1[\mu_0\bar{R}(\phi_0,\tau')]\rangle\cos[\tau'+\alpha(\tau')]\mathrm{d}\tau'\\&\cdot\left\{\int_{\tau-2\pi/[1+\dot{\alpha}(\tau)]}^{\tau}E_0(\tau')\cos^2[\tau'+\alpha(\tau')]\mathrm{d}\tau'\right\}^{-1}\end{aligned} \tag{11.3.87}$$

以及

$$\begin{aligned}P_\varphi=&\gamma_\perp\beta_\perp\sin(\Phi-\varphi)\bar{R}+\{[1-\dot{\alpha}(\tau)]E_0(\tau)\sin[\tau+\alpha(\tau)]\\&+\dot{E}(\tau)\cos[\tau+\alpha(\tau)]\bar{R}\mathrm{J}_1(\mu_{01}\bar{R})-\mu_{01}\gamma_{0\perp}\bar{R}^2/2\}=\mathrm{const}\end{aligned} \tag{11.3.88}$$

方程(11.3.83)至方程(11.3.87)就是回旋单腔管归一化非线性互作用工作方程组，而方程(11.3.88)就是归一化正则角动量，在计算时监控使用.

数值求解时，先把上述方程组化为差分形式，以归一化时间 τ 为步长. 初始时，电子均匀分布在 $0\leqslant\phi_0\leqslant 2\pi$ 内，适当地取电子数(例如取 $N=16$). 一开始计算时，$\Gamma(\tau)$，$\dot{\alpha}(\tau)$，$\alpha(\tau)$ 均为零，引入一个小振幅电场作为起始扰动，适当地选取参量 μ，$\gamma_{0\perp}$. 在自洽计算中，逐步增大电子数，直至计算结果不出现可以辨出差异时为止. 正则角动量则作为监视参量，随时抽查. 调节时间步长，使相邻两步的正则角动量之差与其中任一步的正则角动量之比小于 0.5%为止. 开始调节整个程序时，每一步长上都给出试验电子的速度空间图，以辅助判断. 待确信程序正确后，就可根据需要进行计算.

直接计算得的物理量为增长率、频偏、电场幅值、电子平均能量等随 τ 的变化关系. 根据这些物理量可进而求得功率和效率，特别是饱和出现时的效率、幅值、频偏、饱和时间等物理量与初始参量的关系. 在正确的情况下，计算结果应与预期相符，例如在振幅很小时，应与线性理论相符.

图 11.3.4 至图 11.3.9 中给出了计算所得的电子群聚图. 由图可见，在不同参量及不同的步长上，可以得到不同的群聚结果.

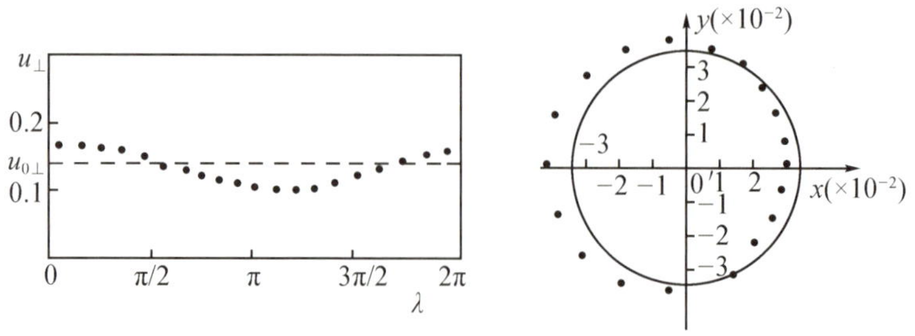

（a）　　　　　　　　（b）

图 11.3.4　$\gamma_{0\perp}=1.0093$，$\tau=410$ 的相空间及电子群聚形象

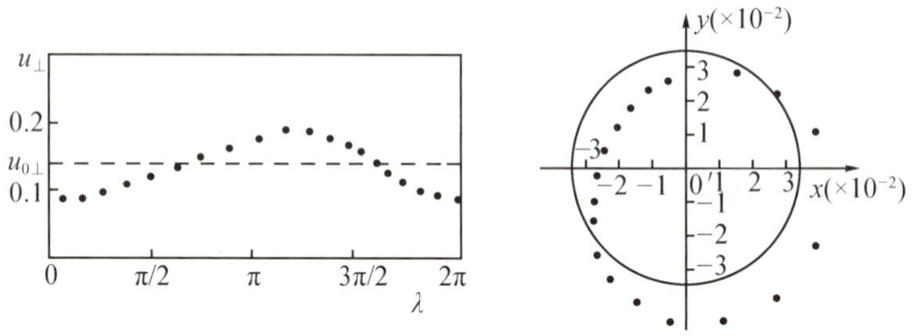

（a）　　　　　　　　（b）

图 11.3.5　$\gamma_{0\perp}=1.0093$，$\tau=590$ 的相空间及电子群聚形象

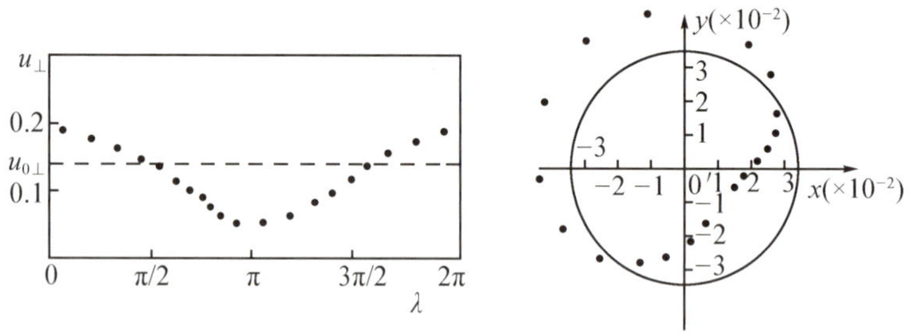

（a）　　　　　　　　（b）

图 11.3.6　$\gamma_{0\perp}=1.0093$，$\tau=590$ 的相空间及电子群聚形象

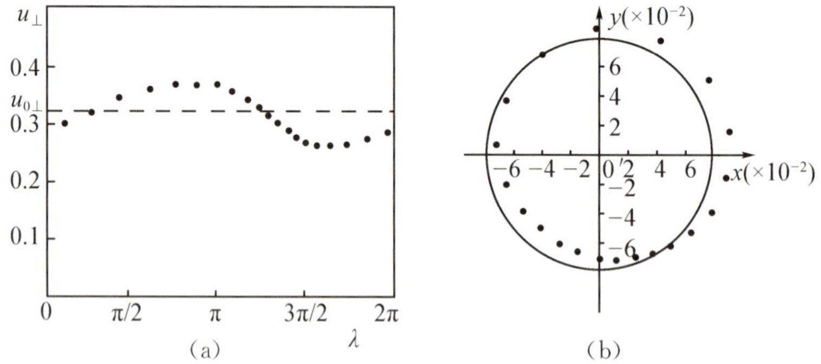

（a）　　　　　　　　（b）

图 11.3.7　$\gamma_{0\perp}=1.05$，$\tau=190$ 的相空间及电子群聚形象

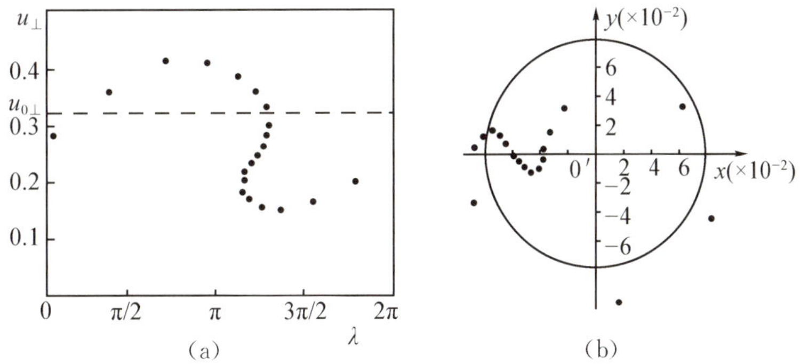

(a)　　　　　　　　(b)

图 11.3.8　$\gamma_{0\perp}=1.05, \tau=250$ 的相空间及电子群聚形象

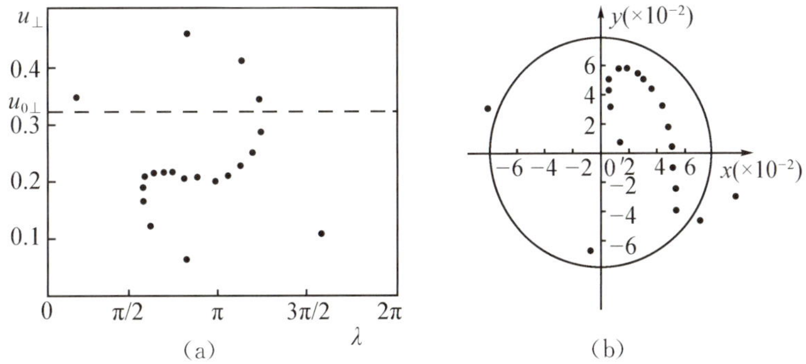

(a)　　　　　　　　(b)

图 11.3.9　$\gamma_{0\perp}=1.05, \tau=290$ 的相空间及电子群聚形象

图 11.3.10 所示为计算得到的 $\mathrm{d}\alpha/\mathrm{d}\tau$ 及增长率 $\Gamma(\tau)$ 的曲线. 由图可见，在开始阶段，$\Gamma(\tau)$ 是负值，这反映了电子的群聚所吸收的能量. 只有在一定时间范围内，$\Gamma(\tau)$ 才接近于一个常数. 可见，线性理论认为增长率是一个常数，是有局限的.

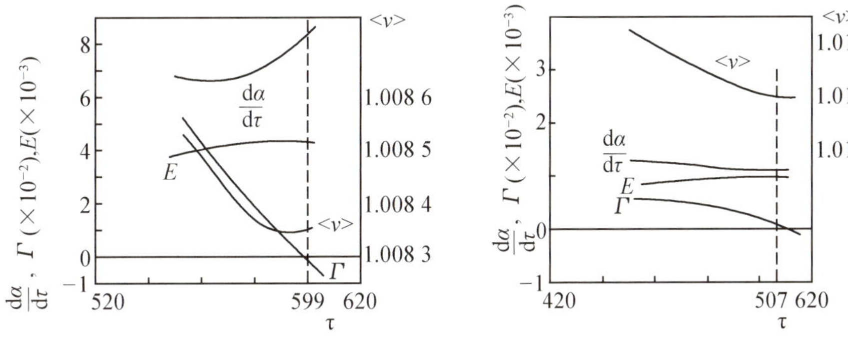

(a) $\nu_{0\perp}=1.009\ 3$　　　　(b) $\nu_{0\perp}=1.015$

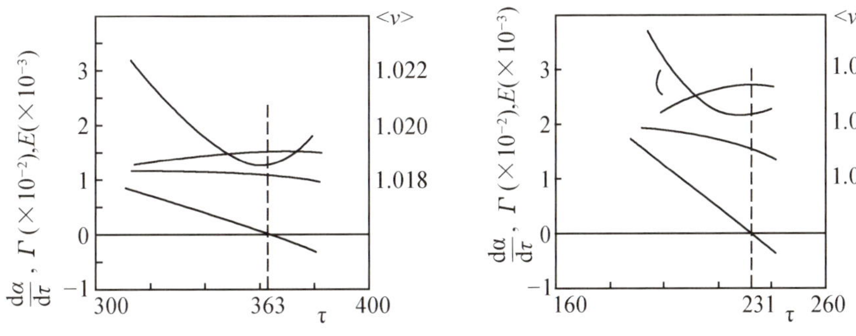

(c) $\nu_{0\perp}=1.03$　　　　(d) $\nu_{0\perp}=1.1$

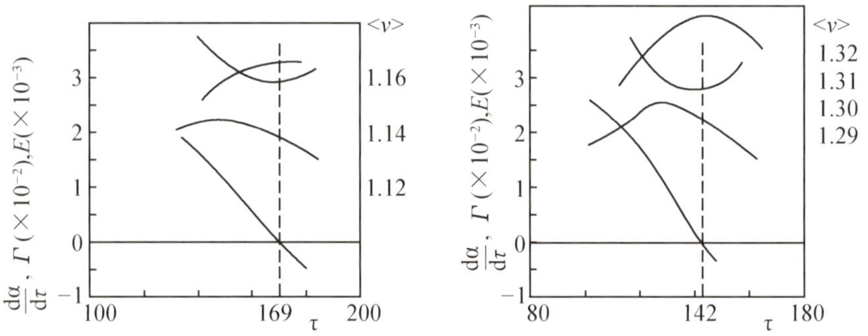

(e) $\nu_{0\perp}=1.2$　　(f) $\nu_{0\perp}=1.35$

图 11.3.10　$\mu=0.025$ 的饱和附近的频偏、增长率、场幅值、平均能量与时间的关系

在图 11.3.11 中，给出了场幅值和电子平均能量随时间的变化. 可见，在饱和之前的阶段，场幅值是上升的(起始阶段的衰减由于幅值很小，未能清楚地表示出)，到达饱和后，场的幅值反而下降，因为电子从场吸收的能量将多于交给场的能量. 电子的平均能量的变化也反映了电子与场能量交换的过程. 随着电子把能量交给场，平均动量越来越小，到饱和时达到最小，此后，平均能量就逐渐上升.

图 11.3.12 及图 11.3.13 中给出了效率的计算结果. 图 11.3.12 中同时表示出了按两种饱和机理的近似计算结果. 效率最大值发生在两种饱和机理交界的地方. 图 11.3.13 则表示不同电子浓度下的效率曲线. 由此可见，虽然浓度高的电子可以达到的最大效率稍高于浓度低的电子，但在较宽的范围内，浓度低的电子注可以达到较高的效率. 这里还必须说明，在我们的计算中并没有考虑空间电荷效应. 可以预计，如果考虑了空间电荷效应，高浓度电子注的效率可能更低.

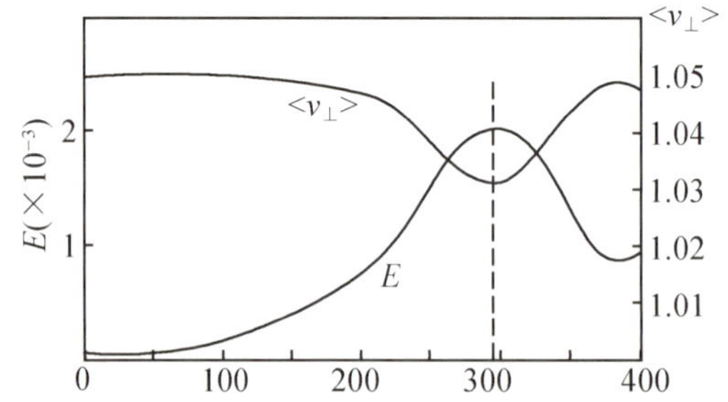

图 11.3.11　$\mu=0.25$，$\nu_{0\perp}=1.05$ 的场幅值、平均能量与时间的关系

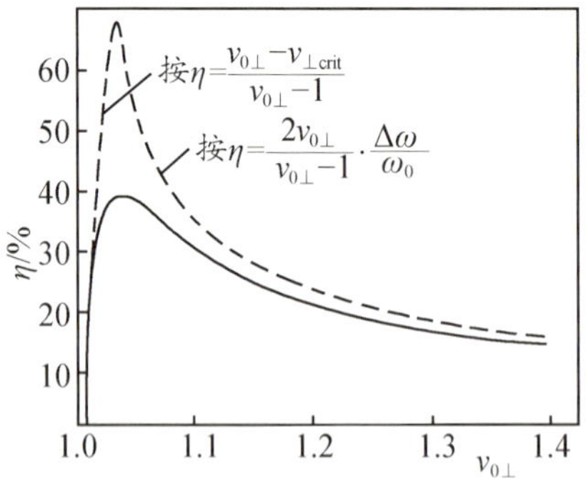

图 11.3.12　$\mu=0.25$ 的效率与能量的关系

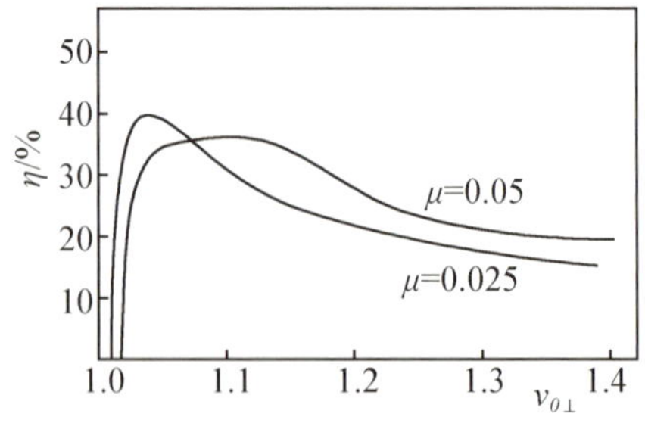

图 11.3.13　不同电子浓度下的效率与能量的关系

我们还要提醒读者注意，由上述自洽非线性理论求出的效率等物理量，是运动坐标系中的物理量，要得到实验室坐标系中的量，还必须按 11.2 节所述的公式进行换算. 这在计算机上只要附加上相应的语句就足够了.

图 11.3.14 给出了饱和时间与能量的关系，可见，横向动能越大，所需的饱和时间越短. 而图 11.3.15 给出了饱和时场的幅值与能量的关系，可见，横向能量越大，饱和时场的幅值越大，因而输出功率越大. 如图

11.3.16 所示为 $\mu=0.025$ 的饱和时场幅值与能量的关系.

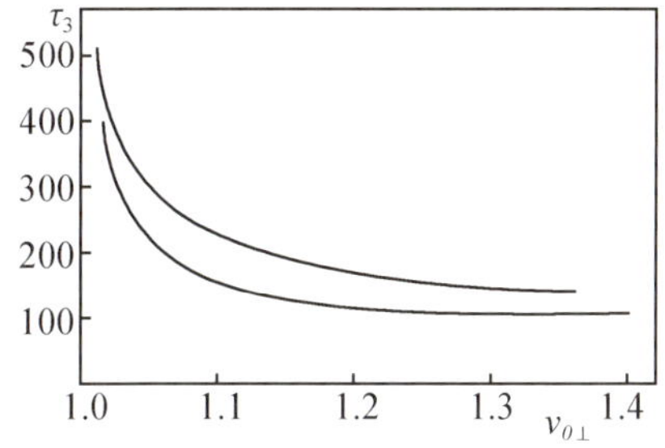

图 11.3.14　不同浓度下饱和时间与能量的关系

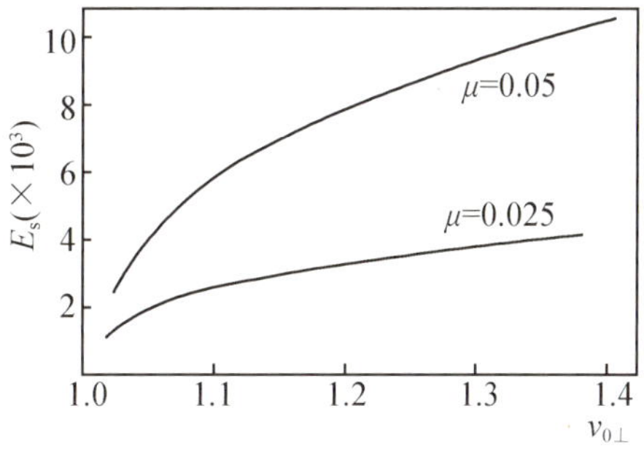

图 11.3.15　不同浓度下饱和时场幅值与能量的关系

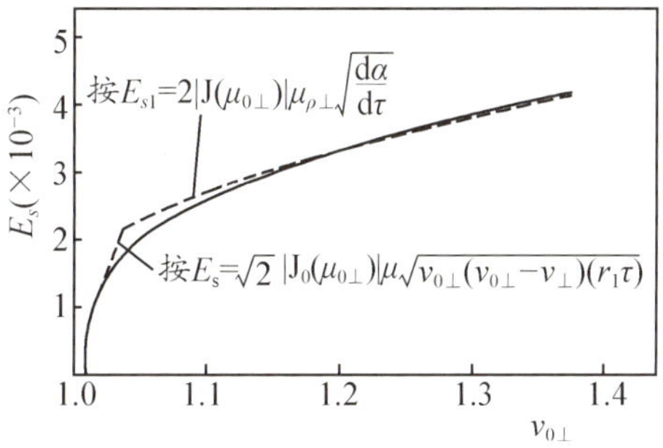

图 11.3.16　$\mu=0.025$ 的饱和时场幅值与能量的关系

在结束本节时,我们要指出,尽管本节所述的自洽非线性理论还有某些待改进的地方,但如本节所述,这种理论能较全面而正确地解释电子回旋脉塞中电子与波的非线性互作用过程,对于饱和机理的描述也是其他理论所不能做到的.

11.4 回旋管的轨道理论(非自洽大信号理论)

在 11.3 节中我们详细地研究了电子回旋脉塞的自洽非线性理论.这样,我们对于在电子回旋脉塞中所出现的非线性过程就有了清晰的概念.在本节中,我们将研究回旋管的非自洽大信号理论.11.1 节中曾指出,非自洽大信号理论就是在给定高频场下求电子运动群聚,然后研究电子与给定高频场的互作用问题,这就是所谓的轨道理论.

为了简单起见,我们仅研究由均匀圆柱波导段形成的开放式谐振腔.如图 11.4.1 所示,设腔的长度为 L,由于终端开口输出端引起波的相位移为 ψ,则腔中的场可表示为

$$\begin{cases} E_R=\pm A\omega\mu_0\left(\dfrac{m}{R}\right)\mathrm{J}_m(k_cR)\begin{matrix}\sin\\ \cos\end{matrix}m\varphi\sin(k_{/\!/}z)\cos\omega t\\ E_\varphi=A\omega\mu_0k_c\mathrm{J}'_m(k_cR)\begin{matrix}\sin\\ \cos\end{matrix}m\varphi\sin(k_{/\!/}z)\cos\omega t\\ B_R=A\mu_0k_ck_{/\!/}\mathrm{J}'_m(k_cR)\begin{matrix}\cos\\ \sin\end{matrix}m\varphi\cos(k_{/\!/}z)\sin\omega t\\ B_\varphi=\mp A\mu_0k_{/\!/}^2\left(\dfrac{m}{R}\right)\mathrm{J}_m(k_cR)\begin{matrix}\sin\\ \cos\end{matrix}m\varphi\cos(k_{/\!/}z)\sin\omega t\\ B_z=A\mu_0k_c^2\mathrm{J}_m(k_cR)\begin{matrix}\cos\\ \sin\end{matrix}m\varphi\sin(k_{/\!/}z)\sin\omega t\end{cases}\tag{11.4.1}$$

式中,A 表示振幅,可以用来考虑终端反射情况;$k_c=\mu_{mn}/a$,μ_{mn} 表示 $\mathrm{J}'_m(\mu_{mn})=0$ 的第 n 个根.a 为腔的内半

径. 对 z 轴的分布仍近似假定为正弦(或余弦)分布,因为

$$2k_{/\!/}L+\psi=(2q-1)\pi \tag{11.4.2}$$

所以

$$k_{/\!/}z=\frac{(2q-1)\pi-\psi}{2L}z \tag{11.4.3}$$

腔内的储能为

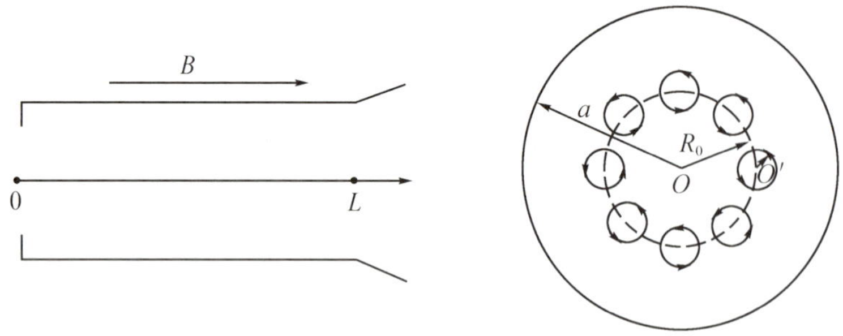

图 11.4.1　均匀圆柱波导开放式谐振腔

$$W=\frac{1}{8}\delta_m(\pi a)^2k_c^2A^2L\left(1-\frac{m^2}{k_c^2a^2}\right)\mathrm{J}_m^2(k_ca)\left(\frac{k^2}{k_c^2}-\frac{\sin\psi}{2k_{/\!/}L}\right) \tag{11.4.4}$$

式中

$$\delta_m=\begin{cases}1 & (m\neq 0)\\ 2 & (m=0)\end{cases} \tag{11.4.5}$$

设 σ 表示管壁的导电率,则可求得腔的固有品质因数 Q_0,即

$$Q_0=\frac{\sqrt{2\omega\mu_0\sigma}\left(1-\dfrac{m^2}{k_c^2a^2}\right)\dfrac{k^2}{k_c^2}L\left(1-\dfrac{k_c^2}{k^2}\dfrac{\sin\psi}{2k_{/\!/}L}\right)}{2\left\{\dfrac{L}{a}\left[1+\dfrac{k_{/\!/}^2}{k_c^2}\cdot\dfrac{m^2}{k_c^2}-\dfrac{\sin\psi}{2k_{/\!/}L}\left(1-\dfrac{k_{/\!/}^2}{k_c^2}\dfrac{m^2}{k_c^2a^2}\right)\right]+\dfrac{k_{/\!/}^2}{k_c^2}\left(1-\dfrac{m^2}{k_{/\!/}^2a^2}\right)\right\}} \tag{11.4.6}$$

设绕射品质因数为 Q_d,则腔的总品质因数 Q_T 为

$$Q_T=\frac{Q_0Q_d}{Q_0+Q_d} \tag{11.4.7}$$

一般情况下,可以近似认为 $Q_0\gg Q_d$. 因此 $Q_T=Q_d$.

电子在互作用空间的运动方程则可写成

$$\frac{\mathrm{d}\boldsymbol{p}}{\mathrm{d}t}=-e[\boldsymbol{E}_1+\boldsymbol{v}\times(\boldsymbol{B}_0+\boldsymbol{B}_1)] \tag{11.4.8}$$

但如第 6 章所述,可以更方便地写成以下的形式:

$$\frac{\mathrm{d}\beta}{\mathrm{d}t}=-\frac{e}{\gamma m_0c}\left[\boldsymbol{E}_1+\boldsymbol{v}+(\boldsymbol{B}_0+\boldsymbol{B}_1)-\frac{1}{c^2}\boldsymbol{v}(\boldsymbol{v}\cdot\boldsymbol{E}_1)\right] \tag{11.4.9}$$

式中,$\beta=\boldsymbol{v}/c$,c 为真空光速.

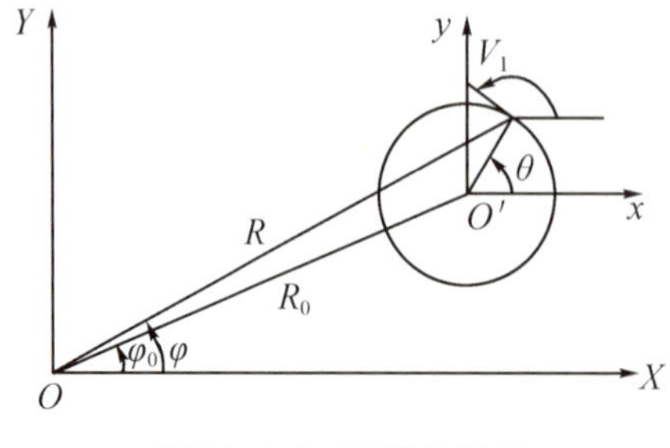

图 11.4.2　三种坐标系

为了将运动方程(11.4.9)展开，可以取如图11.4.2所示的坐标系.可见，这里有三种坐标系：即以波导轴为原点的笛卡儿坐标系[或柱坐标系(R,φ,z)]、回旋中心笛卡儿坐标系、回旋中心柱坐标系(γ,φ,z).这样，同11.3节中所述完全一样，电子运动方程仍为

$$\frac{\mathrm{d}\beta_\perp}{\mathrm{d}t}=-\frac{|e|}{\gamma\gamma_\perp^2 m_0 c}(E_x\cos\phi+E_y\sin\phi)-\frac{|e|\beta_{/\!/}}{\gamma m_0}(B_x\sin\phi-B_y\cos\phi) \tag{11.4.10}$$

$$\frac{\mathrm{d}\beta_{/\!/}}{\mathrm{d}t}=\frac{|e|\beta_{/\!/}\beta_\perp}{\gamma m_0 c}(E_x\cos\phi+E_y\sin\phi)-\frac{|e|\beta_\perp}{\gamma m_0}(B_y\cos\phi-B_x\sin\phi) \tag{11.4.11}$$

$$\frac{\mathrm{d}\phi}{\mathrm{d}t}=\frac{|e|B_0}{\gamma m_0}-\frac{|e|}{\gamma m_0 c\beta_\perp}(E_y\cos\phi-E_x\sin\phi)-\frac{|e|\beta_{/\!/}}{m_0\gamma}(\beta_y\cos\phi-B_x\sin\phi) \tag{11.4.12}$$

E_x,E_y,B_x,B_y与$E_\varphi,E_R,B_\varphi,B_R$之间有以下关系：

$$\left.\begin{matrix}E_x\\B_x\end{matrix}\right\}=\left.\begin{matrix}E_R\\B_R\end{matrix}\right\}\cos\varphi+\left.\begin{matrix}E_\varphi\\B_\varphi\end{matrix}\right\}\sin\varphi \tag{11.4.13}$$

$$\left.\begin{matrix}E_y\\B_y\end{matrix}\right\}=\left.\begin{matrix}E_R\\B_R\end{matrix}\right\}\sin\varphi+\left.\begin{matrix}E_\varphi\\B_\varphi\end{matrix}\right\}\cos\varphi \tag{11.4.14}$$

坐标位置则可用以下方程求得：

$$\begin{cases}\dfrac{\mathrm{d}x}{\mathrm{d}t}=c\beta_\perp\cos\phi\\[2mm]\dfrac{\mathrm{d}y}{\mathrm{d}t}=c\beta_\perp\sin\phi\end{cases} \tag{11.4.15}$$

以上方程，对于任意的模式TE_{mnq}均适合.下面我们仅对TE_{011}模式进行具体的计算.如上所述，还必须对全部物理量进行归一化.为了便于比较，我们采用本篇参考文献[141]中所用的归一化方法，即

$$\bar{t}=t/\left(\frac{a}{c}\right)$$

$$\bar{\omega}=\omega/\left(\frac{c}{a}\right)$$

$$\bar{L}=L/a$$

$$|\bar{E}|=|E|/\left(\frac{m_0c^2}{ac}\right)$$

$$|\bar{B}|=|B|/\left(\frac{m_0c^2}{ac}\right)$$

等等，这里c是真空中的光速.于是对于TE_{011}模式，归一化场方程可写成

$$\begin{cases}\bar{E}_\varphi=-\bar{E}_{\varphi0}\mathrm{J}_1(k_c\bar{R})\sin\left(\dfrac{3\pi-\psi}{2}\cdot\dfrac{\bar{z}}{\bar{L}}\right)\cos\bar{\omega}\bar{t}\\[2mm]\bar{B}_R=-\dfrac{3\pi-\psi}{2\bar{L}}\cdot\dfrac{1}{\bar{\omega}}\bar{E}_{\varphi0}\mathrm{J}_1(k_c\bar{R})\cos\left(\dfrac{3\pi-\psi}{2}\cdot\dfrac{\bar{z}}{\bar{L}}\right)\sin\bar{\omega}\bar{t}\\[2mm]\bar{B}_z=\dfrac{k_ca}{\bar{\omega}}\bar{E}_{\varphi0}\mathrm{J}_0(k_c\bar{R})\sin\left(\dfrac{3\pi-\psi}{2}\cdot\dfrac{\bar{z}}{\bar{L}}\right)\sin\bar{\omega}\bar{t}\\[2mm]\bar{E}_R=\bar{E}_z=\bar{B}_\varphi=0\end{cases} \tag{11.4.16}$$

$\bar{E}_{\varphi0}$表示归一化幅值.

而归一化电子运动则为

$$\frac{\mathrm{d}|\beta_\perp|}{\mathrm{d}\bar{t}}=-\frac{1}{\gamma\gamma_\perp^2}\bar{E}_\varphi\sin(\phi-\varphi)-\frac{\beta_{/\!/}}{\gamma}(\bar{B}_{0R}+\bar{B}_R)\sin(\phi-\varphi) \tag{11.4.17}$$

$$\frac{\mathrm{d}\phi}{\mathrm{d}\bar{t}}=\frac{\bar{\omega}}{\gamma}+\frac{1}{\gamma}\bar{B}_z-\frac{1}{\gamma|\beta_\perp|}\bar{E}_\varphi\cos(\phi-\varphi)$$

$$-\frac{1}{\gamma}\frac{\beta_{/\!/}}{|\beta_\perp|}(\bar{B}_{0R}+\bar{B}_R)\cos(\phi-\varphi) \tag{11.4.18}$$

$$\frac{\mathrm{d}\beta_{/\!/}}{\mathrm{d}\bar{t}}=\frac{1}{\gamma}\beta_{/\!/}|\beta_\perp|\bar{E}_\varphi\sin(\phi-\varphi)-\frac{|\beta_\perp|}{\gamma}(\bar{B}_{0R}+\bar{B}_R)\sin(\phi-\varphi) \tag{11.4.19}$$

及

$$\begin{cases}\dfrac{\mathrm{d}\bar{x}}{\mathrm{d}\bar{t}}=|\beta_\perp|\cos\phi\\[2mm]\dfrac{\mathrm{d}\bar{y}}{\mathrm{d}\bar{t}}=|\beta_\perp|\sin\phi\\[2mm]\dfrac{\mathrm{d}\bar{z}}{\mathrm{d}\bar{t}}=\beta_{/\!/}\end{cases} \tag{11.4.20}$$

后面将指出，为了提高电子与波的互作用效率，直流纵向磁场沿 z 轴应有一定的变化，即

$$\bar{B}_0=\bar{B}_{0z}+\bar{B}_{0R} \tag{11.4.21}$$

式中

$$\begin{cases}\bar{B}_{0z}=\bar{B}_{00}+\Delta\bar{B}_0(\bar{z}/\bar{L})\\[2mm]\bar{B}_{0R}=-\dfrac{1}{2}\Delta\bar{B}_0(\bar{r}/\bar{L})\end{cases} \tag{11.4.22}$$

可见，这里考虑的是磁场沿 z 轴有一线性变化的情形. 当 $\Delta\bar{B}_0=0$ 时，得 $\bar{B}_{0z}=\text{const}$，$\bar{B}_{0R}=0$.

假定环形电子注的厚度为 $2r_{c0}$，这里 r_{c0} 为电子的初始半径. 设电子回旋中心位于 $R=R_0$ 的圆周上，略去电子的速度零散，则同 11.3 节分析中所采用的方法完全一样，对于 TE_{011} 模式来说，由于场是完全对称的，所以在计算时，仅需考虑一个电子回旋系统. 设在一个电子回旋系统的圆周上取 N 个电子，在刚进入互作用腔时，这 N 个电子均匀分布在圆周上，其相互之间的相位差为

$$\Delta\theta=2\pi/N \tag{11.4.23}$$

在场的作用下，电子逐渐发生群聚. 我们从 $\bar{z}=0$ 开始计算，直到 $\bar{z}=1$. 同 11.3 节一样，可以求得电子与场的互作用效率为

$$\eta_e=\frac{1}{N}\sum_{i=1}^{n}\left(\frac{\gamma_0-\gamma_i}{\gamma_0-1}\right) \tag{11.4.24}$$

计算时，用二阶 Rung-Kutta 法将式(11.4.17)至式(11.4.20)改写成差分形式，对于 $\alpha=1.5$ 和 $\alpha=2.0$ 两种情况，利用电子计算机对给定的有关参量($\bar{L}$，$\bar{E}_{\varphi0}$，$\bar{B}_0$ 等)，可以求得最大电子效率. 同 11.3 小节一样，为了保证计算正确性，在计算过程中，可以选择总能量及角向正则动量等运动常数作为监视参量.

计算结果示于图 11.4.3 至图 11.4.7 中，在附录 N 中给出了计算程序.

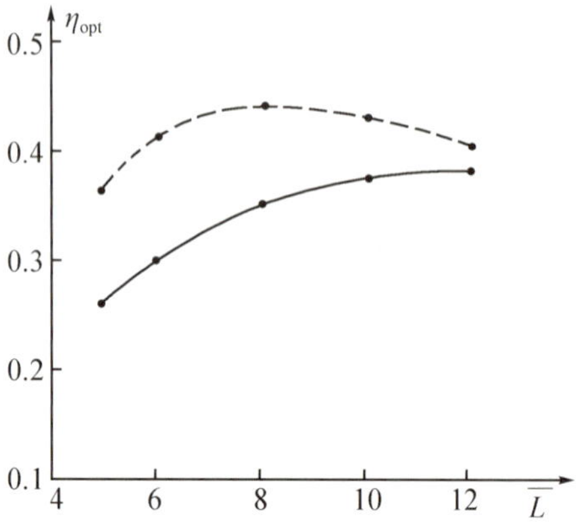

图 11.4.3　最大电子效率与腔长的关系

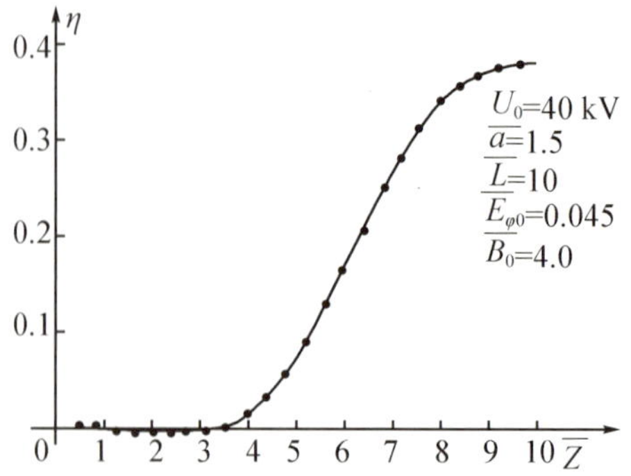

图 11.4.4　电子效率沿腔体轴向位置的变化

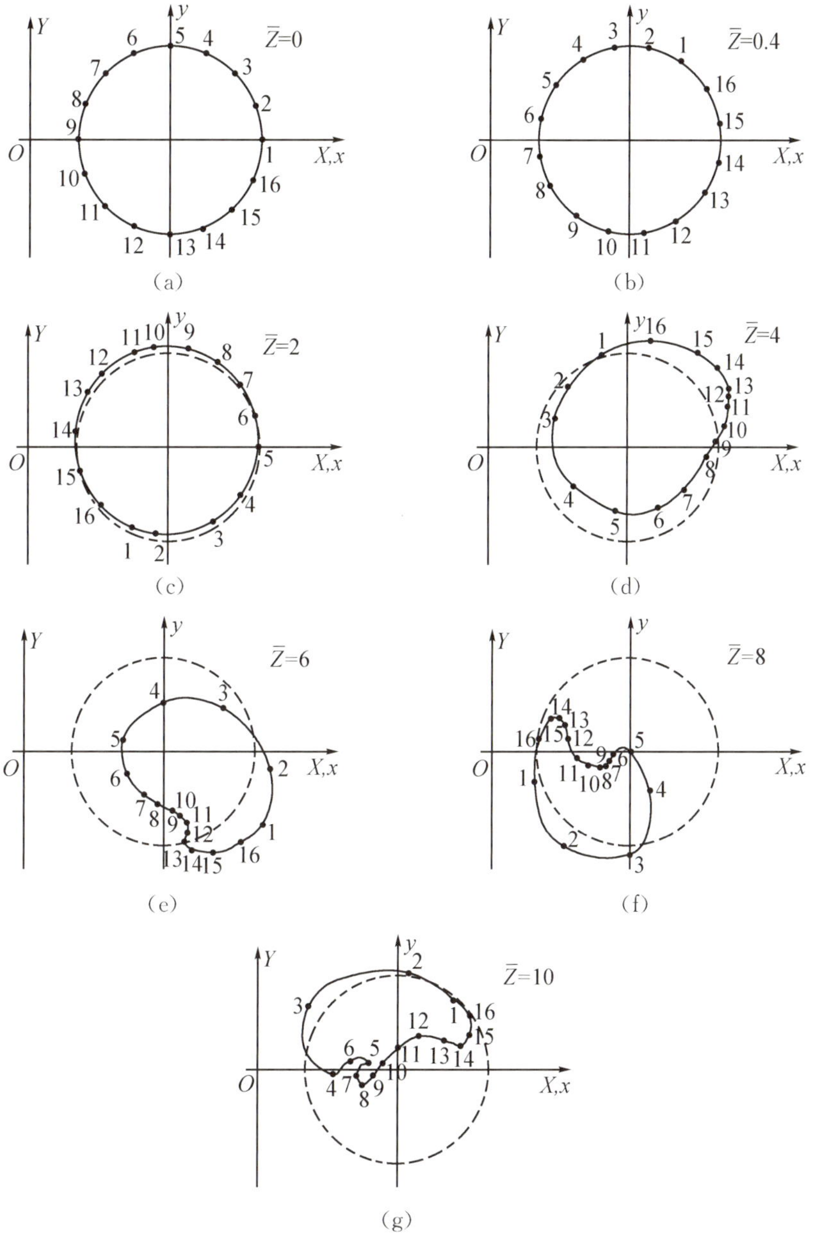

图 11.4.5　在腔体不同轴线位置电子群聚变化情况

图 11.4.3 所示为最大电子效率与腔长 $\bar{L}$ 的关系；图 11.4.4 所示为电子效率沿 z 轴的变化，可见，$\bar{Z}=0.9$ 时，即开始饱和. 图 11.4.5 所示是不同截面上电子的群聚情况. 将本节所得的结果与 11.3 节的结果比较，可以看到，群聚情况大体上是一致的. 图 11.4.6 和图 11.4.7 给出了电子效率与 $\bar{B}$ 及 $\bar{E}_{\varphi0}$ 的关系.

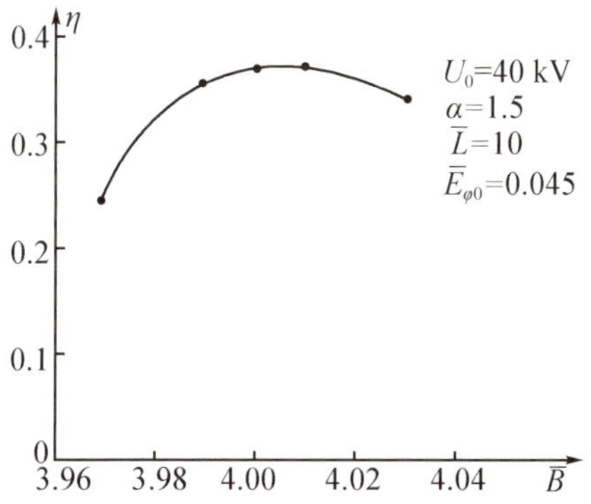

图 11.4.6　电子效率与静磁场 $\bar{B}$ 的关系

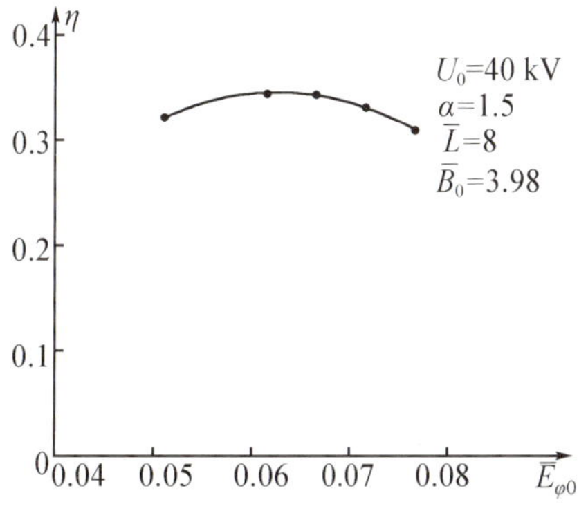

图 11.4.7　电子效率与高频电场幅值常数 $\bar{E}_{\varphi0}$ 的关系

总的来看，由本节所给的计算结果可以发现：一方面，由非自洽的轨道理论得到的结果，在很多方面都与11.3节中自洽非线性理论的结果一致；另一方面，此种轨道理论的结果与实验结果也大致相符。这表明，虽然从理论的严谨性角度来看，非自洽的轨道理论是不理想的，但它却能给出大体上正确的结果。因此，从工程实际的角度看来，这种非线性理论具有不容怀疑的价值。

表11.4.1至表11.4.6给出了对于不同模式（TE_{011}、TE_{021}、TE_{031}）的计算值。由这些表中数据可见，α愈大，则可得到的最大效率愈高，例如，当$\alpha=2.5$时，η_{opt}可达67%。

表11.4.1　$\alpha=1.5$渐变磁场最佳效率

编号	1	2	3	4	5	6
模式	TE_{011}	TE_{011}	TE_{021}	TE_{031}	TE_{021}	TE_{031}
$\bar{L}$	5	8	5	5	8	8
$\bar{r}_0$	0.48	0.48	0.26	0.18	0.26	0.18
$\bar{\omega}$	3.88	3.85	7.04	10.19	7.03	10.18
$\bar{B}_1$	3.69	3.85	7.17	10.76	7.47	11.07
$\Delta\bar{B}_0$	0.85	0.57	0.85	0.61	0.34	0.27
$\bar{E}_{\varphi 0}$	0.22	0.15	0.24	0.25	0.16	0.12
QP_b^{th}/MW	69	54	109	500	687	∞
QP_b^{op}/MW	210	126	194	195	126	85
QP_w/MW	83	62	100	109	70	40
η^{op}/%	39.5	48.9	51.6	55.7	55.4	46.9
N_c	10.7	17.4	20.0	29.2	32.1	47.2

表11.4.2　$\alpha=1.5$常数磁场最佳效率

编号	7	8	9	10	11	12
模式	TE_{011}	TE_{011}	TE_{021}	TE_{031}	TE_{021}	TE_{021}
$\bar{L}$	5	8	5	5	8	8
$\bar{r}_0$	0.48	0.48	0.26	0.18	0.26	0.18
$\bar{\omega}$	3.88	3.85	7.04	10.19	7.03	10.18
$\bar{B}_0$	4.08	4.16	7.60	11.13	7.66	11.22
$\bar{E}_{\varphi 0}$	0.20	0.13	0.18	0.15	0.10	0.08
QP_b^{th}/MW	95	41	100	172	746	∞
QP_b^{op}/MW	241	127	159	113	85	68
QP_w/MW	68	43	55	40	29	18
η^{op}/%	28.2	33.5	34.9	34.5	33.7	26.1
N_c	10.7	17.4	20.0	29.2	32.1	47.2

表 11.4.3　$\alpha=2.0$ 渐变磁场最佳效率

编号	13	14	15	16	17
模式	TE_{011}	TE_{011}	TE_{021}	TE_{011}	TE_{021}
$\bar{L}$	5	8	5	5	8
$\bar{r}_0$	0.48	0.48	0.26	0.18	0.26
$\bar{\omega}$	3.88	3.85	7.04	10.19	7.03
$\bar{B}_1$	3.83	3.96	7.34	10.93	7.58
$\Delta\bar{B}_0$	0.59	0.37	0.49	0.34	0.21
$\bar{E}_{\varphi 0}$	0.19	0.14	0.22	0.18	0.11
QP_b^{th}/MW	45	80	400	7580	∞
QP_b^{op}/MW	109	81	126	96	62
QP_w/MW	62	54	82	56	34
η^{op}/%	57.2	67.1	66.6	58.5	54.2
N_c	13.4	21.5	24.7	36.5	40.1

表 11.4.4　$\alpha=2.0$ 常数磁场最佳效率

编号	18	19	20	21	22
模式	TE_{011}	TE_{011}	TE_{021}	TE_{031}	TE_{021}
$\bar{L}$	5	8	5	5	8
$\bar{r}_0$	0.48	0.48	0.26	0.18	0.26
$\bar{\omega}$	3.88	3.85	7.04	10.19	7.03
$\bar{B}_0$	4.13	4.14	7.61	11.22	7.70
$\bar{E}$	0.15	0.10	0.15	0.14	0.08
QP_b^{th}/MW	50	85	250	∞	∞
QP_b^{op}/MW	104	66	97	100	59
QP_w/MW	40	27	39	34	18
η^{op}/%	38.5	41.2	40.2	34.1	29.7
N_c	13.4	21.5	24.7	36.5	40.1

表 11.4.5　$\alpha=2.5$ 渐变磁场景佳效率

编号	23	24	25	26	27	28
模式	TE_{011}	TE_{011}	TE_{021}	TE_{011}	TE_{021}	TE_{021}
$\bar{L}$	4	6	4	8	5	6
$\bar{r}_0$	0.48	0.48	0.26	0.48	0.26	0.26
$\bar{\omega}$	3.91	3.87	7.06	3.85	7.04	7.04
$\bar{B}_1$	3.84	3.93	7.28	3.98	7.37	7.47
$\Delta\bar{B}_0$	0.61	0.44	0.61	0.30	0.45	0.30
$\bar{E}$	0.20	0.16	0.26	0.14	0.22	0.16
QP_b^{th}/MW	33	49	191	102	199	204

续表

编号	23	24	25	26	27	28
QP_b^{op}/MW	82	72	123	69	108	74
QP_w/MW	55	53	94	54	84	53
η^{op}/%	67.0	73.5	76.5	77.8	77.5	72.2
N_c	12	19.5	23.9	26.2	30.1	36.2

表 11.4.6　$a=2.5$ 常数磁场最佳效率

编号	29	30	31	32	33	34
模式	TE_{011}	TE_{011}	TE_{021}	TE_{011}	TE_{021}	TE_{021}
$\bar{L}$	4	6	4	8	5	6
$\bar{r}_0$	0.48	0.48	0.26	0.48	0.26	0.26
$\bar{\omega}$	3.91	3.87	7.06	3.85	7.04	7.04
$\bar{B}_0$	4.12	4.15	7.63	4.18	7.68	7.71
$\bar{E}$	0.17	0.11	0.16	0.07	0.11	0.09
QP_b^{th}/MW	58	50	102	45	133	336
QP_b^{op}/MW	97	56	83	32	54	49
QP_w/MW	40	25	36	13	21	17
η^{op}(%)	41.2	44.4	43.1	41.9	39.0	34.7
N_c	12.9	19.5	23.9	26.2	30.1	36.2

以上考虑的场是 TE_{0n1} 模，即场沿角向无变化，$m=0$. 对于 $m\neq 0$ 的模式，TE_{mn1} 也可按上述方法进行，只是由于场沿角向有变化，因此，必须在不同的角向位置进行计算. 本篇参考文献[170]中，已给出了对 TE_{521} 的计算结果.

轨道理论原则上还可用于计算考虑电子的速度零散. 计算的原则是假定一个分布之后，将电子总数按不同的速度比例分配，再将不同速度的电子按上述方法进行计算. 当然，计算过程要复杂得多.

11.5　回旋行波管的非线性波动解(利用孤波概念求解)

在 11.3 和 11.4 两节中，我们研究了回旋管的非线性理论，包括自洽非线性理论和非自洽的大讯号理论. 我们看到，利用这两种非线性理论的方法，并借助于电子计算机，我们基本上可以解决有关回旋脉塞和回旋管的非线性理论问题，可以成功地计算效率、饱和功率等参量. 在本节中，我们将介绍一种新的非线性理论方法，就是利用孤波或孤粒子(solitary wave or solition)的概念来建立回旋管的非线性理论. 把孤波及孤粒子概念用于求解电子器件非线性理论，是 20 世纪 80 年代以后出现的. 这种方法的特点是可以求得非线性方程的解析解. 如上所述，回旋管的自洽和非自洽非线性理论的发展，已经可以对回旋管的非线性特性进行基本计算，因此，本小节着重介绍这种新的方法，而不是着重研究回旋管的非线性特性. 事实上，在上面两节中，我们对回旋管的一些非线性现象已做了较深入的研究.

由于本节内容较多，我们将分成四个知识点来叙述.

1. 孤波及孤粒子的基本概念

在本知识点中，我们将研究孤波及孤粒子的基本概念. 为此，首先从线性波方程出发：

$$\frac{\partial^2 \phi}{\partial t^2}-\frac{1}{c^2}\frac{\partial^2 \phi}{\partial x^2}=0 \tag{11.5.1}$$

或简写成

$$\phi_{tt}-\frac{1}{c^2}\phi_{xx}=0 \tag{11.5.2}$$

当 c 为常数时，方程(11.5.1)表示线性波动过程在无色散系统中传播时所满足的方程，或者说是线性波动过程在无色散媒质中传播的方程.

利用以下的变量变换：

$$\begin{cases}\xi=x-ct\\ \eta=x+ct\end{cases} \tag{11.5.3}$$

可以将二阶偏微分方程(11.5.1)化为以下的常微分方程：

$$\frac{\mathrm{d}}{\mathrm{d}\xi}\left(\frac{\mathrm{d}\phi}{\mathrm{d}\eta}\right)=0 \tag{11.5.4}$$

方程(11.5.4)的解为

$$\phi=f(\xi)+g(\eta)=f(x-ct)+g(x+ct) \tag{11.5.5}$$

即为两个波动解，$f(x-ct)=f(\xi)$表示向 $+x$ 方向传播的波，$g(\eta)=g(x+ct)$表示向 $-x$ 方向传播的波. 因此，这种类型的解称为驻波解. 凡是由 $\xi=x-ct$，$\eta=x+ct$ 为变量的解，统称为行波解. 对驻波解，如果仅考虑向 $+x$ 方向传播的波，则

$$\phi=f(\xi)=f(x-ct) \tag{11.5.6}$$

对于线性波动方程(11.5.1)来讲，函数 $f(\xi)=\mathrm{j}(x-ct)$一般为周期性函数，如图 11.5.1(a)所示.

不过，在无色散系统中，也可以传播另一种波动过程，如图 11.5.1 中(b)、(c)所示，即所谓的“孤波”. 在这种情况下，解 $f(\xi)$已不是周期函数 . 因此，孤波解是行波解中的特殊情况.

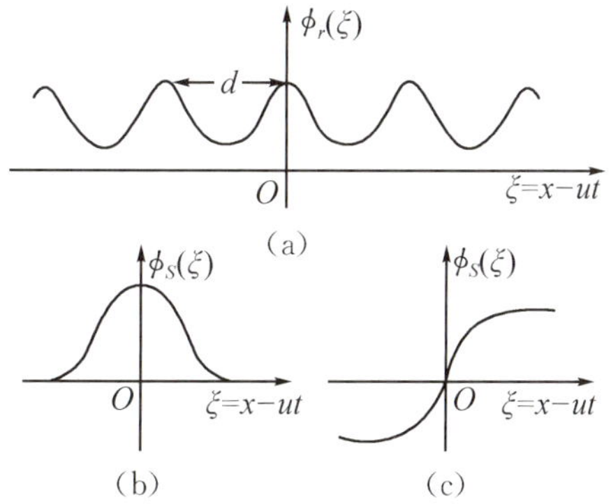

图 11.5.1　KdV 方程的解(行波、孤波)

在普遍情况下，波动过程所满足的方程可能并不像方程(11.5.1)那样简单. 但是在很多情况下，都可以存在行波解. 为了更明确了解孤波的意义，我们给出普遍情况下行波解及孤波的定义①：对于任意的波方程(为简单化，仅考虑一维情况，因此变量为 x,t). 凡 $\phi(x-ut)=\phi(\xi)$形式的解，则称为行波解. 这里 $\xi=x-ut$，ϕ 为任意函数.

①SCOTT A C, CHU F Y F, MCLAUGHLIN D W. The soliton: A new concept in a pplied science[J]. Proceedings of the IEEE, 1973, 61(10): 1443−1483.

在行波解中，具有局部性质(局部化)的解称为孤波解 $\phi_{st}(\xi)$. 换句话说，当$\xi\to-\infty$及$\xi\to+\infty$时，$\phi_{st}(\xi)\to$常数[如 $\phi_{st}(\xi)\to0$]的行波解 $\phi_{st}(\xi)$为孤波解.

由此可见，孤波解是波方程(偏微分方程)的一种特解.

这种孤波和现象的概念，很早以前就引起了人们的注意. 早在 1895 年 D. J. Korteweg 及 G. deVries 在研究浅水中的波动问题时，导出了著名的 Korteweg-deVries 方程，简称 KdV 方程，并且证明，这种非线性波方程具有孤波解. 以后的研究表明，很多种类型的非线性波方程都有孤波解.

1962 年，Perring 及 Skyrme① 研究了另一种具有孤波解的 Snie-Gordon 方程，分析了两个反向传播的孤波解发生"碰撞"后的情况，结果发现，"碰撞"后，两个孤波又会逐渐地完全恢复它们原来的形状，至多只差一个常数相位. 这就是说，在这个意义上，孤波没有像波那样的散射，却具有粒子那样的行为.

孤波的上述粒子行为其后又被很多学者所证实，例如，Zaxapob 及 Kuehl 用计算机证明了以上所述. 因此，就导致了另一个重要的概念，即"孤粒子"的形式. 孤粒子的定义可表述为：如果波方程的孤波解，相互作用之后，能渐近地保持其本来的形状和速度，则这种孤波称为孤粒子. 上述定义可用以下的数学形式表述，设波方程有 N 个孤波解：

当 $t=-\infty$时，

$$\begin{cases}\phi(x,t)\sim\sum_{i=1}^{N}\phi_{st}(\xi_i)\\ \xi_i=x-u_it,u_i=\text{const}\end{cases}\tag{11.5.7}$$

这 N 个孤波解相互作用后，有

$t\to+\infty$时，

$$\begin{cases}\phi(x,t)\sim\sum_{i=1}^{N}\phi_{st}(\xi_i)\\ \xi_i=x-u_it+\varphi_i,\varphi_i=\text{const}\end{cases}\tag{11.5.8}$$

则这些孤波称为孤粒子.

我们来分析一下孤波的物理过程. 我们看到，孤波可以看成很多波的合成，即可以看成由不同分量(频率分量或能量分量)的波叠加而成的. 在线性无色散系统中，波传播的速度(相速和群速)与频率无关，与能量也无关，因此，波在传播的过程中保持其原有的形状和速度. 因此，如图 11. 5. 1 中(b)、(c)所示的孤波，可以在线性无色散系统中传播 . 但是，如果系统有色散，但仍为线性，波传播的速度与频率有关. 因此，孤波在传播过程中，就不能保持其形状和速度，孤波就不能存在. 同样，在非线性而无色散的系统中，波的传播特性与波的能量(幅度)有关，因此，孤波在传播过程中，也不能保持其特性，因而孤波也不能存在. 但是，如果系统既是非线性的，又是有色散的，则在一定的条件下，孤波就可以存在. 换句话说，当非线性和色散之间有某种相互补偿时，就为孤波的存在提供了条件. 这样，我们就可看到以下四种行波的传播情况：

(1)线性无色散系统：可以传播孤波型的行波；

(2)线性有色散系统：不可以传播孤波型的行波；

(3)非线性无色散系统：不可以传播孤波型的行波；

(4)非线性有色散系统：可以传播孤波型的行波.

可以想象，还有一种情况可以提供孤波传播的条件，这就是非线性有耗系统，在此种系统中，如果由于非线性关系波的储能和释放与系统的损耗之间正好平衡，则可能为孤波得以传播提供条件 . 不过，在一般情况下，这种系统中传播的孤波将不具有孤粒子的性质.

①PERRING J K，SKYRME T H R. A model unified field equation[J]. Nuclear Physics，1962，31(none)：550-555.

为了更深入地了解孤波的概念，我们来研究一下在孤波理论中有极重要意义的 Korteweg-deVries 方程（KdV 方程），此方程可写成

$$\phi_t+\alpha\phi\phi_x+\phi_{xxx}=0 \tag{11.5.9}$$

式中，α 是某一常数.

方程(11.5.9)是一个非线性的波动方程，通过拉格朗日-欧拉方程，其拉格朗日密度为

$$L=\frac{1}{2}\theta_x\theta_t+\frac{\alpha}{6}\theta_x^3+\theta_x\psi_x+\frac{1}{2}\psi^2 \tag{11.5.10}$$

式中，

$$\theta_x=\phi,\psi=\phi_{xx} \tag{11.5.11}$$

如上所述，我们将取

$$\phi(x,t)=\phi_T(\xi) \tag{11.5.12}$$

$$\xi=x-ut \tag{11.5.13}$$

型的孤波解.

利用变量变换关系(11.5.13)可以将方程(11.5.9)化成以下的常微分方程形式：

$$\phi_\xi\cdot(\alpha\phi-u)+\phi_{\xi\xi\xi}=0 \tag{11.5.14}$$

方程(11.5.14)的形式允许对 ξ 积分一次，得到

$$\phi_{\xi\xi}=K_1+u\phi-\frac{\alpha}{2}\phi^2 \tag{11.5.15}$$

式中，K_1 是第一次积分常数.

将方程(11.5.15)两边乘 $\phi_{\xi\xi}$后，又可对 ξ 积分一次，于是得到

$$\frac{1}{2}\phi_s^2=K_2+K_1\phi+\frac{u}{2}\phi^2-\frac{\alpha}{6}\phi^3 \tag{11.5.16}$$

式中，K_2 为第二次积分常数.

如令

$$P(\phi)=2K_2+2K_1\phi+u\phi^2-\frac{\alpha}{3}\phi^3 \tag{11.5.17}$$

则方程(11.5.16)的解可用以下椭圆积分表示：

$$\int_{\phi_0}^{\phi}\frac{\mathrm{d}\phi}{\sqrt{P(\phi)}}=x-ut=\xi \tag{11.5.18}$$

式中，积分下限 ϕ_0 是 $\xi=x-ut=0$ 时的初值.

如上所述，孤波是一种局部波，因此，当 $\xi\to\pm\infty$时，其一阶导数及二阶导数应为零[这由图 11.5.1 中(b)、(c)可以清楚地看出]. 由此，由方程(11.5.15)、方程(11.5.16)可以得到

$$K_1=0,K_2=0 \tag{11.5.19}$$

在上述条件下，方程(11.5.18)可以积分得到：

$$\phi(\xi)=\phi(x-ut)=\frac{3u}{\alpha}\mathrm{sech}^2\left[\frac{\sqrt{u}}{2}(x-ut)\right] \tag{11.5.20}$$

还可以求出 KdV 方程的双孤波解的解析形式如下：

$$\phi=\left(\frac{72}{\alpha}\right)\cdot\frac{3+4\mathrm{ch}(2x-8t)+\mathrm{ch}(4x-64t)}{[3\mathrm{th}\cdot(x-28t)+\mathrm{ch}(3x-36t)]^2} \tag{11.5.21}$$

当 t 很大时，上式可化为

$$\phi=\frac{12k_i}{a}\mathrm{sech}^2[k_i(x-4k_it)+\delta_i] \tag{11.5.22}$$

式中

$$i=1,2,\delta_i=\text{const},k_1=1,k_2=2 \tag{11.5.23}$$

方程(11.5.22)清楚地表明有两个孤波，而且具有孤粒子的特性.

经过以上的论述后，我们可以对孤波的性质做如下的小结.

(1)孤波是一种非周期性的行波，或者说是波动方程(特别是非线性波方程)的一种特解，一种局部波型的特解.

(2)孤波的幅值随其传播速度的增大而增大，而其密度则反比于速度的平方根(这可从 sech 函数的性质看出). 换句话说，孤波的能量愈大，其速度就愈快，这正是非线性特性的反映.

(3)孤波的符号由常数系数 α 决定.

(4)对于 KdV 方程来说，孤波仅向一个方向传播，即仅含有 $\phi_T(x-ut)$ 的行波，而不含 $\phi_T(x+ut)$ 的行波，而 u 应取正值. 因为式(11.5.18)中的 $\sqrt{P(\phi)}$ 应取常数. 显然，这一条特性仅适用于 KdV 方程. 其他的非线性波方程的孤波解，则可能含有向两个方向传播的解.

(5)如果两个孤波互相作用后，能渐近地保持其原有的特性，则这类孤波具有粒子的特性，称为孤粒子. 因此可以说，孤粒子是一种特殊类型的孤波.

2. 非线性 Schzödinger 方程的解

到目前为止，已发现很多非线性偏微分方程具有孤波型的行波解. 这些非线性方程都是通过对不同的物理问题的研究得到的. 这就表明，很多物理问题都可用孤波概念来求解，从而既能表明孤波及孤粒子概念的重要性，又能大大推动孤波及孤粒子理论的发展和应用. 由于本书的特定目的和篇幅的限制，我们显然不能详述各种非线性波方程及其孤波解. 我们仅研究那些本书内容所涉及的有关问题. 因此，除上述 KdV 方程外，我们再来研究非线性 Sohzödinger 方程. 因为以后就会看到，对回旋管非线性现象的研究，导致非线性 Schzödinger 方程.

非线性 Schzödinger 方程取以下形式：

$$\phi_{xx}+\mathrm{j}\phi_t+k|\phi|^2\phi=0(k>0) \tag{11.5.24}$$

式中，$\mathrm{j}=\sqrt{-1}$.

方程(11.5.24)可由以下的拉格朗日函数导出：

$$L=\frac{\mathrm{j}}{2}(\phi\phi_t^*-\phi^*\phi_t)+|\phi_x|^2-\frac{k}{2}|\phi|^4 \tag{11.5.25}$$

式中，* 号表示共轭值.

对很多物理问题的研究，均可导致上述非线性 Schzödinger 方程，例如对等离子体中纵电波非线性特性的研究①.

为了求解方程(11.5.24)，令 ϕ 取以下形式：

$$\phi=\Phi(x,t)\mathrm{e}^{\mathrm{j}\theta(x,t)} \tag{11.5.26}$$

式中，$\Phi(x,t)$，$\theta(x,t)$ 均为实函数.

将方程(11.5.26)代入方程(11.5.24)，令方程两边实数部分及虚数部分分别相等，即可得到以下两个方程：

$$\Phi_{xx}-\Phi\theta_x^2-\Phi\theta_t+k\Phi^3=0 \tag{11.5.27}$$

①FRIED B D, ICHIKAWA Y H. On the Nonlinear Schrodinger Equation for Langmuir Waves[J]. Journal of the Physical Society of Japan, 1973, 34: 1073-1082.

$$\Phi\theta_{xx}+2\Phi_x\theta_x+\Phi_t=0 \tag{11.5.28}$$

我们试取以下形式的行波解：

$$\theta=\theta(x-u_e t) \tag{11.5.29}$$

$$\Phi=\Phi(x-u_e t) \tag{11.5.30}$$

由方程(11.5.26)可以看出，上两式中 u_e 表示载波的传播速度，u_e 表示包络线的传播速度.

将方程(11.5.29)和方程(11.5.30)代入方程(11.5.27)和方程(11.5.28)可以得到

$$\Phi_{xx}-\Phi\theta_x^2+u_c\Phi\theta_x+k\Phi^3=0 \tag{11.5.31}$$

$$\Phi\theta_{xx}+2\Phi_x\theta_x-u_e\Phi_x=0 \tag{11.5.32}$$

方程(11.5.32)可化成形式

$$\frac{1}{2\theta_x-u_e}\frac{\mathrm{d}\theta_x}{\mathrm{d}x}=-\frac{1}{\Phi}\frac{\mathrm{d}\Phi}{\mathrm{d}x} \tag{11.5.33}$$

积分后得到

$$\Phi^2(2\theta_x-u_e)=K_1 \tag{11.5.34}$$

式中，K_1 为积分常数.

由上式可求解 θ_x，然后代入方程(11.5.31)求解. 如果 K_1 不为零，则方程(11.5.31)的积分将出现指数项. 因此，可令 $K_1=0$，于是由方程(11.5.34)可得

$$\theta_x=\frac{1}{2}u_e=\text{const} \tag{11.5.35}$$

这样，将方程(11.5.35)代入方程(11.5.31)后，也可得到如下的椭圆积分解：

$$\int_{\Phi(0,0)}^{\Phi(x,t)}\frac{\mathrm{d}\Phi}{\sqrt{P(\Phi)}}=x-u_e t \tag{11.5.36}$$

式中

$$P(\Phi)=-\frac{k}{2}\Phi^4+\frac{1}{4}(u_e^2-2u_e u_c)\Phi^2+k_2 \tag{11.5.37}$$

可见，解的性质取决于多项式 $P(\Phi)$.

如果积分常数 $K_2=0$，则多项式 $P(\Phi)$ 为

$$P(\Phi)=\frac{1}{4}(u_e^2-2u_e u_c)\Phi^2-\frac{k}{2}\Phi^4 \tag{11.5.38}$$

当 $u_e^2>2u_e u_c$ 时，$P(\Phi)$ 的变化如图 11.5.2 所示.

由方程(11.5.38)解得

$$\begin{cases}\Phi=0\\ \Phi=\pm\Phi_0,\ \Phi_0=\sqrt{\dfrac{u_e^2-2u_e u_c}{2k}}\end{cases} \tag{11.5.39}$$

由于 Φ_0 应为实数，因此得到

$$u_e(u_e-2u_c)>0 \tag{11.5.40}$$

解方程(11.5.36)，可以得到

$$\Phi=\Phi_0\,\mathrm{sech}\left[\sqrt{k/2}\,\Phi_0(x-u_e t)\right] \tag{11.5.41}$$

如果 $K_2\neq0$，则 $P(\Phi)$ 的图解如图 11.5.3 所示. 在 K_2 满足以下条件：

$$-\frac{1}{8k}\left(\frac{u_e^2}{2}-u_e u_c\right)^2<c<0 \tag{11.5.42}$$

时，多项式 $P(\Phi)$有两对根：

$$\begin{cases}\Phi=\pm\Phi_1\\ \Phi=\pm\Phi_2\end{cases}\tag{11.5.43}$$

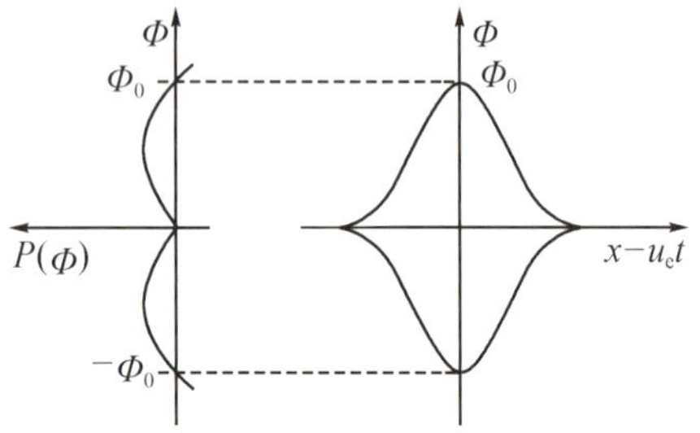

图 11.5.2 非线性 Schrödinger 方程的孤粒子包络

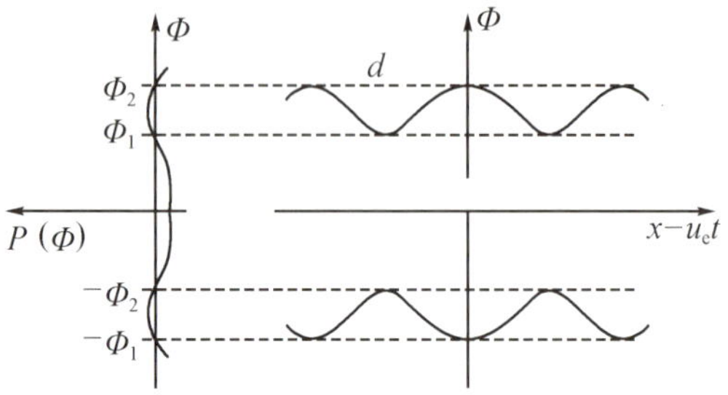

图 11.5.3 非线性 Schrödinger 方程的周期包络

这样，积分方程(11.5.36)化为

$$\Phi=\Phi_1\left\{1-\left[\left(1-\frac{\Phi_1^2}{\Phi_2^2}\right)\cdot \mathrm{sn}^2\left(\frac{k}{2}(x-u_e t)\right)\right]^{-\frac{1}{2}}\right\}\tag{11.5.44}$$

式中，sn 为第一类椭圆函数，其模为

$$r=\left(1-\frac{\Phi_1^2}{\Phi_2^2}\right)\tag{11.5.45}$$

当 $K_2\to0$，$\Phi_1\to0$ 时，方程(11.5.45)化为方程(11.5.41)。

我们考虑 $K_2=0$ 的情形，则利用方程(11.5.41)、方程(11.5.35)及方程(11.5.26)可以得到非线性 Schrödinger 的解：

$$\phi=\Phi_0\,\mathrm{sech}\left[\sqrt{\frac{k}{2}}\Phi_0(x-u_e t)\right]\cdot\exp\left[\mathrm{j}\left(\frac{u_e}{2}\right)(x-u_c t)\right]\tag{11.5.46}$$

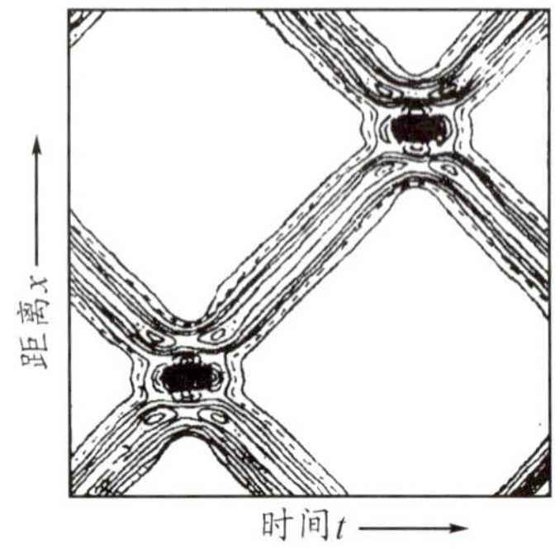

图 11.5.4 $1/2\phi_{xx}+i\phi_t+400|\phi|^2\phi=0$ 的孤粒子解相互作用的概要曲线

方程(11.5.46)与方程(11.5.20)、方程(11.5.21)的解性质有些不同. 方程(11.5.46)会有两个因子，指数因子 $\exp\left[\mathrm{j}\frac{u_e}{2}(x-u_c t)\right]$是真正的行波，相速为 u_c，表示载波；而另一因子 $\Phi_0\,\mathrm{sech}\left[\sqrt{\frac{k}{2}}\Phi_0(x-u_e t)\right]$则为孤波，表示包络线. 因此可见，非线性 Schrödinger 方程解的包络线是孤波，并且具有孤粒子的特性. 数值求解非线性 Schrödinger 方程的结果，如图 11.5.4 所示.

由以上对 KdV 方程及非线性 Schrödinger 方程的求解可以看到，通过适当的变量变换，可以将非线性波方程化为可以积分的形式，因而可以求得解析解，而此种解析解具有孤波的性质. 这种求解方法对于其他具有孤波解的非线性方程是典型的． 由此可以看到，利用孤波概念求解非线性问题的优点之一是可以得到解析解.

3. 拉格朗日密度

第 2 知识点中提到，波方程可通过拉格朗日密度导出，我们来研究一下这个问题. 虽然利用拉格朗日函数求粒子运动方程在第 4 章已研究过，但是，由于拉格朗日密度函数在研究波动方程，特别是波的守恒定律时很重要，所以有必要对此加以讨论.

为了便于讨论，假定拉格朗日密度函数 L 仅为函数中及其对时间及空间的导数的显函数，而且为了简单起见，先仅考虑一维情况，然后推广到多维的情况. 这样，我们有

$$L=L(\phi,\phi_t,\phi_x)\tag{11.5.47}$$

相应的波方程可由拉格朗日-欧拉方程求出，即

$$\frac{\partial}{\partial x}\left(\frac{\partial^2}{\partial \theta_x}\right)+\frac{\partial}{\partial t}\left(\frac{\partial^2}{\partial \phi_t}\right)-\frac{\partial^2}{\partial \phi}=0 \tag{11.5.48}$$

上述过程也可以反过来讲，即如果能由方程(11.5.48)导出我们有兴趣的波方程，则方程(11.5.47)即表示此种波动过程的拉格朗日密度函数.

利用拉格朗日密度函数不仅可以求得波方程，而且可以求得其他的一些重要关系式.

首先，参照第4章中所述，动量密度可定义为

$$p=\frac{\partial L}{\partial \phi_t} \tag{11.5.49}$$

同样，再依照粒子分析力学中的概念，可以得到哈密顿密度函数：

$$\mathscr{H}=L-p\phi_t \tag{11.5.50}$$

而且利用方程(11.5.48)可以证明

$$\frac{\mathrm{d}\mathscr{H}}{\mathrm{d}t}=\frac{\partial \mathscr{H}}{\partial t}+\frac{\partial P}{\partial x}=0 \tag{11.5.51}$$

式中，令

$$P=-T\phi_t \tag{11.5.52}$$

式中，

$$T=\partial L/\partial \phi_x \tag{11.5.53}$$

表示方程的旋转动量密度函数，

可见，哈密顿密度函数是一个运动常数. 这表明，同分析力学中完全类似，哈密顿密度函数式表示系统的能量密度，而方程(11.5.51)则表示系统的能量守恒定律.

对于方程(11.5.1)表示的简单的线性无色散波方程，其拉格朗日密度函数为

$$L=\frac{1}{2}\left(\phi_x^2-\frac{1}{c^2}\phi_t^2\right) \tag{11.5.54}$$

因此，按方程(11.5.49)可以得到其相应的动量密度为

$$p=\frac{\partial L}{\partial \phi_t}=-\frac{1}{c^2}\phi_t \tag{11.5.55}$$

而旋转动量密度则为

$$T=\frac{\partial L}{\partial P_x}=\phi_x \tag{11.5.56}$$

又可得到

$$P=-\phi_x\phi_t \tag{11.5.57}$$

由此可以求得简单线性无色散波动过程的哈密顿密度函数为

$$\mathscr{H}=\frac{1}{2}\left(\phi_x^2+\frac{1}{c^2}\phi_t^2\right) \tag{11.5.58}$$

现在可以将以上所述过程推广到多自由度的情况. 设系统有 n 个自由度，于是拉格朗日密度函数定义为

$$L=L(\phi_i,\phi_{ix},\phi_{it}) \tag{11.5.59}$$

而拉格朗日-欧拉方程则为以下 n 个方程组：

$$\frac{\partial}{\partial x}\left(\frac{\partial L}{\partial \phi_{i,x}}\right)+\frac{\partial}{\partial t}\left(\frac{\partial L}{\partial \phi_{i,t}}\right)-\frac{\partial L}{\partial \phi_i}=0\quad (i=1,2,\cdots,n) \tag{11.5.60}$$

同样，可以得到

$$p_i=\frac{\partial L}{\partial \phi_{i,t}} \tag{11.5.61}$$

$$T_i = \frac{\partial L}{\partial \phi_{i,x}} \tag{11.5.62}$$

$$P = -\sum_{i=1}^{n} T_i \phi_{i,t} \tag{11.5.63}$$

及

$$\mathscr{H} = L - \sum_{i=1}^{n} p_i \phi_{i,t} \tag{11.5.64}$$

由于有关方程对变量 x 及 t 是对称的，所以，如果令

$$D = -\sum_{i=1}^{n} p_i \phi_{i,x} \tag{11.5.65}$$

$$F = L - \sum_{i=1}^{n} T_i \phi_{i,x} \tag{11.5.66}$$

则可以得到另一个守恒定律：

$$\frac{\partial D}{\partial t} + \frac{\partial F}{\partial x} = 0 \tag{11.5.67}$$

可以指明，由方程(11.5.67)所表示的守恒定律为旋转动量守恒.

4. 回旋行波管的非线性方程

现在来研究如何利用孤波概念求解回旋行波管中的非线性理论问题. 从第 2、3 两个知识点的论述我们可以看到，非线性波动过程在有色散的系统中传播，这是孤波存在的典型条件. 在回旋行波管的非线性状态下，大讯号电磁波与电子相互作用，产生非线性过程，而此种非线性波动过程又在含有电子注的波导这种色散系统中传播. 由此可见，回旋行波管中所存在的物理过程，正是提供了孤波存在的一切条件. 因此利用孤波概念来研究回旋行波管，是非常合适的.

根据以上两个知识点所述，可以看到，利用孤波及孤粒子概念来研究回旋行波管的非线性理论问题，关键是从回旋行波管中的物理概念出发，导出具有孤波解的非线性波方程，然后求解此非线性波方程，得到孤波解. 下面的研究表明，对于回旋行波管来说，得到的是非线性 Schrödinger 方程. 而如上所述，非线性 Schrödinger 方程的解已经详细地研究过.

在线性状态下，波可写成

$$\boldsymbol{E} = \boldsymbol{E}_1 \mathrm{e}^{\mathrm{j}(\boldsymbol{h}, \boldsymbol{t} - \omega t)} + c.c \tag{11.5.68}$$

式中，$\boldsymbol{E}_1$ 不是时间和 z(传播方向)的函数，$c.c$ 表示其共轭值. 而在非线性状况下，$\boldsymbol{E}_1$ 是 z 及 t 的函数，在一般情况下，则是 z 及 t 的缓变函数.

同时，我们又知道，在线性状态下，波通过磁化等离子体(回旋管就可看作这种情况)，其色散方程可写成

$$D(\omega, \boldsymbol{k}) = 0 \tag{11.5.69}$$

即色散方程与波的幅值(或能量)无关. 但是，在非线性状态下，色散方程将与波的幅值即能量有关. 在最简单情况下，非线性色散方程可表示为

$$D(\omega, \boldsymbol{k}, |\boldsymbol{E}|^2) = 0 \tag{11.5.70}$$

在现在的情况下，非线性是由于电子在场的有质动力作用下产生的非线性群聚过程所引起的，因此，如果令 n 表示电子的浓度，则应有

$$n = n_0 + n_1 \tag{11.5.71}$$

式中，n_1 表示交变电子浓度. 以下的计算表明，n_1 正比于交变电场的平方，因此，方程(11.5.70)可写成

$$D[\omega, \boldsymbol{k}, n_1(|\boldsymbol{E}|)] = 0 \tag{11.5.72}$$

因此，由于 $\boldsymbol{E}$ 是缓变函数，因此，n_1 也是一个缓变函数.

在式(11.5.72)中,ω 及 $\boldsymbol{k}$ 相应于时间及空间的运算符. 因此,方程(11.5.72)可化为缓变函数的微分方程:

$$D\left\{\omega+\mathrm{j}\frac{\partial}{\partial t},\boldsymbol{k},\mathrm{j}\nabla,n_1[(E(\boldsymbol{r},t))^2]\right\}=0 \tag{11.5.73}$$

式中

$$\begin{cases}\omega\gg\mathrm{j}\dfrac{\partial}{\partial t}\\|\boldsymbol{k}|\gg|\mathrm{j}\nabla|\end{cases} \tag{11.5.74}$$

将方程(11.5.73)按$(n-n_0)$展开:

$$\left[\mathrm{j}\frac{\partial D}{\partial\omega}\frac{\partial}{\partial t}-\mathrm{j}\frac{\partial D}{\partial\boldsymbol{k}}\cdot\nabla-\frac{1}{2}\frac{\partial^2 D}{\partial\boldsymbol{k}^2}\cdot\nabla^2+(n-n_1)\times\frac{\partial D}{\partial_n}\bigg|_{n_1=0}+\cdots\right]n_1=0 \tag{11.5.75}$$

由上式又可得到电场 $\boldsymbol{E}_1$ 的方程:

$$\mathrm{j}\left(\frac{\partial}{\partial t}+\boldsymbol{v}\cdot\nabla\right)\boldsymbol{E}_1-\boldsymbol{p}\cdot\nabla^2\boldsymbol{E}_1+q|E_1|^2\boldsymbol{E}_1=0 \tag{11.5.76}$$

式中

$$\boldsymbol{v}=-\frac{(\partial D/\partial\boldsymbol{k})}{(\partial D/\partial\omega)}=\frac{\partial\omega}{\partial\boldsymbol{k}} \tag{11.5.77}$$

$$\boldsymbol{p}=\frac{1}{2}\frac{\partial\boldsymbol{v}}{\partial\boldsymbol{k}}=\frac{1}{2}\frac{\partial^2\omega}{\partial\boldsymbol{k}^2} \tag{11.5.78}$$

$$q=\left(\frac{\partial D}{\partial n_1}\right)\Big/\left(\frac{\partial D}{\partial\omega}\right)=-\frac{\partial\omega}{\partial n_1} \tag{11.5.79}$$

引入变量变换:

$$\xi=\boldsymbol{r}-\boldsymbol{v}t \tag{11.5.80}$$

则方程(11.5.78)化为

$$\mathrm{j}\frac{\partial E_1}{\partial t}+\boldsymbol{p}\cdot\nabla_\xi^2 E_1+q|E_1|^2\boldsymbol{E}_1=0 \tag{11.5.81}$$

对于一维情况,可以得到

$$\mathrm{j}\frac{\partial\boldsymbol{E}_1}{\partial t}+p_{xx}\cdot\left(\frac{\partial^2\boldsymbol{E}_1}{\partial x^2}\right)+q|E_1|^2\boldsymbol{E}_1=0 \tag{11.5.82}$$

式中,p_{xx}是张量 $\boldsymbol{p}$ 的第一个元素. 方程(11.5.82)即为非线性 Schrödinger 方程.

从以上定性的推演可以看到,在非线性状态下,电磁波通过磁化等离子体的波动过程,由非线性 Schrödinger 方程描述.

这样,我们来考虑具体推导回旋行波管的非线性工作方程的有关问题. 我们知道,在回旋管中一般常用 TE_{0n}模式. 由 9.5 节所述可知,在 TE_{01}模的条件下,仅有 E_ω,B_r 和 B_z 三个分量. 电场 E_φ 的分布如图 11.5.5 所示.

为了研究方便,我们不用圆柱坐标系,而采用如图 11.5.6 所示的简化的笛卡儿坐标系. y 轴相当于 φ 方向,x 轴相当于 r 方向,因此,电场仅有 E_y 分量. 且令

$$E_y=E_1\mathrm{e}^{\mathrm{j}(k_x x+k_z z-\omega t)} \tag{11.5.83}$$

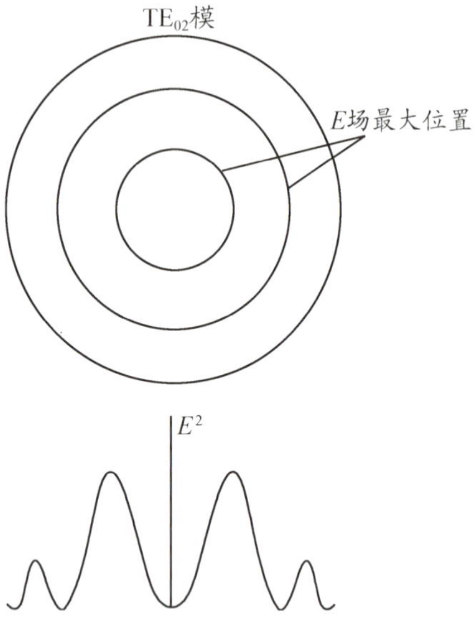

图 11.5.5　TE_{02}模场

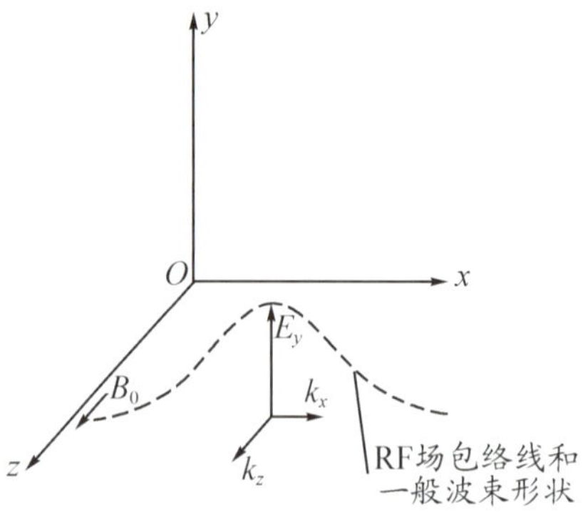

图 11.5.6　笛卡儿坐标系中的 RF 场

本章前面各节已指出，在研究回旋管中电子与波的互作用时，可以把问题分解为两个方面：一方面是电子在波的作用下的群聚过程，另一方面是电子对波的激发. 然后把这两种非线性过程结合起来统一考虑.

我们首先来研究在电磁波有质动力作用下电子的群聚问题，略去直流电场及磁场，仅考虑交变电场及磁场时，可取非相对论形式，电子的运动方程为

$$m_0 \frac{\mathrm{d}\boldsymbol{v}_1}{\mathrm{d}t} = -e(\boldsymbol{E}_1 + \boldsymbol{v} \times \boldsymbol{B}_1) \tag{11.5.84}$$

式中，$\boldsymbol{E}_1$ 及 $\boldsymbol{B}_1$ 应理解为电子瞬时所在位置的瞬时值.

首先略去磁场，并令

$$\boldsymbol{E}_1 = \boldsymbol{E}_s(\boldsymbol{r})\cos\omega t \tag{11.5.85}$$

得

$$m_0 \frac{\mathrm{d}\boldsymbol{v}_1}{\mathrm{d}t} = -e\boldsymbol{E}_s(\boldsymbol{r})\cos\omega t \tag{11.5.86}$$

由此得到

$$\boldsymbol{v}_1 = \frac{\mathrm{d}\boldsymbol{r}}{\mathrm{d}t} = -\left(\frac{e}{m_0\omega}\right)\boldsymbol{E}_s \sin\omega t \tag{11.5.87}$$

$$\delta\boldsymbol{r}_1 = \left(\frac{e}{m_0\omega^2}\right)\boldsymbol{E}_s \cos\omega t \tag{11.5.88}$$

由上式可见，作为第一级近似求出的 $\boldsymbol{v}$ 及 $\delta\boldsymbol{r}$ 均为简谐变化，其时间平均值为零. 因此，我们来求二级近似值. 首先将 $\boldsymbol{E}(\boldsymbol{r})$ 在 $\boldsymbol{r}_0$ 附近展开：

$$\boldsymbol{E}(\boldsymbol{r}) = \boldsymbol{E}(\boldsymbol{r}_0) + (\delta\boldsymbol{r}_1 \cdot \nabla)\boldsymbol{E}_{1r=r_0} + \cdots \tag{11.5.89}$$

另外，由麦克斯韦方程可以得到

$$\boldsymbol{B}_1 = -\left(\frac{1}{\omega}\right)\nabla \times \boldsymbol{E}_s|_{r=r_0} \sin\omega t \tag{11.5.90}$$

二级近似的运动方程为

$$m_0 \frac{\mathrm{d}\boldsymbol{v}_2}{\mathrm{d}t} = -e[(\delta\boldsymbol{r}_1 \cdot \nabla)\boldsymbol{E} + \boldsymbol{v}_1 \times \boldsymbol{B}_1] \tag{11.5.91}$$

利用方程(11.5.89)及方程(11.5.90)可以求得

$$m_0 \frac{\mathrm{d}\boldsymbol{v}_2}{\mathrm{d}t} = -\frac{e^2}{m\omega^2}\frac{1}{2}[(\boldsymbol{E}_s \cdot \nabla)\boldsymbol{E}_s + \boldsymbol{E}_s \times (\nabla \times \boldsymbol{E}_s)] = \boldsymbol{f}_N \tag{11.5.92}$$

式中，$\boldsymbol{f}_N$ 表示有质动力.

利用关系式：

$$\nabla(\boldsymbol{A}\cdot\boldsymbol{B})-(\boldsymbol{A}\cdot\nabla)\boldsymbol{B}+\boldsymbol{B}\times(\nabla\times\boldsymbol{A}) \tag{11.5.93}$$

可以得到

$$\boldsymbol{f}_N=-\frac{1}{4}\frac{e^2}{m\omega^2}(\nabla E_r^2)_x\boldsymbol{e}_x \tag{11.5.94}$$

如图 11.5.6 所示，波场在 x 方向有变化，而且也主要考虑电子的群聚，因此，方程(11.5.95)主要考虑 x 方向的导数. 在这种情况下可以求得

$$n_1=\frac{\omega^2x^2E_1^2}{2n_0(4\pi q)^2(V_p^2-V_T^2)} \tag{11.5.95}$$

式中，x 为等离子体的介电能量，V_T 表示电子的热速度，而

$$V_p=\omega/|k| \tag{11.5.96}$$

表示波的相速. 一般有 $V_p\gg V_T$.

由式(11.5.95)可见，n_1 与 E_1^2 成正比.

G. E. Thomas 求得回旋行波管的非线性工作方程为①

$$\mathrm{j}\frac{\partial E}{\partial\tau}+\frac{\partial^2E}{\partial\xi^2}+\frac{\partial^2E}{\partial\eta^2}+|E|^2E=0 \tag{11.5.97}$$

式中

$$\begin{cases}\tau=\dfrac{\mathrm{J}_1t'}{2\omega|D_0|}\\ \eta=\dfrac{\mathrm{J}_1z'}{|C_0|}\\ \xi=\dfrac{\mathrm{J}_1x'}{2|B_0|k_x^2}\end{cases} \tag{11.5.98}$$

及

$$\begin{cases}x'=x-u_gt',t'=t\\ z'=z\end{cases} \tag{11.5.99}$$

$$\begin{aligned}\mathrm{J}_1=&\frac{\omega_p^2}{\gamma C^2}\frac{D_{yy}^2/(4\pi q)^2n_0}{(V_p^2-V_T^2)}\left(\omega-\frac{k_{/\!/}V_{/\!/}}{\gamma}\right)\left\{\frac{1}{\omega-(k_{/\!/}V_{/\!/}+\Omega)/\gamma}\right.\\&\left.-\frac{v_\perp^2}{2C^2\gamma^3}\frac{k_{/\!/}V_{/\!/}+\Omega}{[\omega-(k_{/\!/}V_{/\!/}+\Omega)/\gamma]^2}\right\}+\frac{k_x^2v_\perp^2\omega\omega_p^2D_{yy}^2/(4\pi q)^2n_1}{8\gamma\Omega^2C^2(V_p^2-V_T^2)}\\&\cdot\left\{\frac{3}{\omega-(k_{/\!/}V_{/\!/}+\Omega)/\gamma}-\frac{v_\perp^2}{\gamma^3C^2}\frac{k_{/\!/}V_{/\!/}+\Omega}{[\omega-(k_{/\!/}V_{/\!/}+\Omega)/\gamma]^2}\right.\\&\left.-\frac{\omega\omega_p^2v_\perp^2k_x^4D_{yy}^2/(4\pi q)^2n_0}{32\gamma C^2Q^4(V_p^2-V_T^2)}\right\}\left\{\frac{5}{\omega-(k_{/\!/}V_{/\!/}+\Omega)/\gamma}\right.\\&\left.-\frac{v_\perp^2}{\gamma^3C^2}\frac{k_{/\!/}V_{/\!/}+\Omega}{[\omega-(k_{/\!/}V_{/\!/}+\Omega)/\gamma]^2}\right\}+\frac{\omega_p^2v_\perp^2k_z^2D_{yy}^2/(4\pi q)^2n_0}{\gamma C^2(V_p^2-V_T^2)}\\&\cdot\frac{1}{\omega-(k_{/\!/}V_{/\!/}+Q)/\gamma}\end{aligned} \tag{11.5.100}$$

式中

$$D_{yy}=\frac{X_{yy}}{2\omega} \tag{11.5.101}$$

---

①我们略去推导，详细推导可参见本篇参考文献[214].

式中，X_{yy}是该等离子体介电张量的元素，在第 8 章中已研究过.

我们看到，方程(11.5.96)与非线性 Schrödinger 方程(11.5.82)比较，多了一项$\partial^2 E/\partial\eta^2$，这一项对于孤波的性质有很大的影响. 如上所述，如果将这一项略去，则方程(11.5.97)化为标准的非线性 Schrödinger 方程：

$$\mathrm{j}\frac{\partial E}{\partial\tau}+\frac{\partial^2 E}{\partial\xi^2}+|E|^2E=0 \tag{11.5.102}$$

其解为

$$E=A\mathrm{sech}[A(\xi-u_c\tau)]\mathrm{e}^{\mathrm{j}[\frac{uc}{2}(\xi-u_g\tau)]} \tag{11.5.103}$$

A 表示幅值.

现在考虑$\partial^2 E/\partial\eta^2$ 项的影响. 如果$\partial^2 E/\partial\eta^2$ 项取负值，则解就不是孤波，而化为有色散的冲击波：

$$E=B\tanh[B(\xi-u_c\tau)]\mathrm{e}^{\mathrm{j}[\frac{uc}{2}(\xi-u_g\tau)]} \tag{11.5.104}$$

B 表示幅值.

为了进一步分析此项的影响，令方程(11.5.102)的解取以下形式：

$$E-E_0(\xi,\tau)+E_1(\xi,\eta,\tau) \tag{11.5.105}$$

$$E_1(\xi,\eta,\tau)=[f(AS)+\mathrm{j}g(AS)]\mathrm{e}^{\mathrm{j}[\frac{uc}{2}(\xi-u_g\tau)+\lambda\tau]} \tag{11.5.106}$$

式中，令

$$S=\xi-u_g\tau \tag{11.5.107}$$

$E_0(\xi,\tau)$表示无$\partial^2 E/\partial\eta^2$ 项时的解.

将方程(11.5.105)、方程(11.5.106)代入式(11.5.102)可以得到以下两个耦合方程：

$$\begin{cases}\dfrac{\partial^2 f}{\partial\xi^2}+2\mathrm{sech}(\xi)f-(1-k^2)f=\Lambda_g\\[2mm]\dfrac{\partial^2 g}{\partial\xi^2}+\mathrm{sech}(\xi)f-(1-k^2)g=\Lambda_f\end{cases} \tag{11.5.108}$$

式中，$k^2=k_z^2/A^2$；$\Lambda=\lambda/A^2$. 上面两个耦合方程的数值解的结果见表 11.5.1 所列.

表 11.5.1　Λ 随 k^2 的变化

k^2	Λ	k^2	Λ
0	0	0.25	0.27
0.010	0.1	0.30	0.23
0.04	0.2	0.49	0.2
0.09	0.35	0.64	0.16
0.122 5	0.41	0.81	0.11
0.116	0.37	0.902 5	0.05
0.202 5	0.3	1.0	0

由方程(11.5.108)可见，Λ表示增长率. 由表 11.5.1 可以看到，只有在 k 值在 0～1 的范围内，才有增长率，而且只有在 $k^2=0.122\,5$ 时，Λ取极大值.

按方程(11.5.97)各项的符号，对应回旋行波管的非线性工作方程，我们有以下四个不同的可能性：

增长孤波：

$$\mathrm{j}\frac{\partial E}{\partial\tau}+\frac{\partial^2 E}{\partial\xi^2}-\frac{\partial^2 E}{\partial\eta^2}+|E|^2E=0 \tag{11.5.109}$$

衰减孤波：

$$\mathrm{j}\frac{\partial E}{\partial\tau}+\frac{\partial^2 E}{\partial\xi^2}-\frac{\partial^2 E}{\partial\eta^2}+|E|^2E=0 \tag{11.5.110}$$

增长色散冲击波：

$$\mathrm{j}\frac{\partial E}{\partial \tau}+\frac{\partial^2 E}{\partial \xi^2}-\frac{\partial^2 E}{\partial \eta^2}+|E|^2E=0 \tag{11.5.111}$$

衰减色散冲击波：

$$\mathrm{j}\frac{\partial E}{\partial \tau}+\frac{\partial^2 E}{\partial \xi^2}-\frac{\partial^2 E}{\partial \eta^2}+|E|^2E=0 \tag{11.5.112}$$

在上述几种可能性中，究竟是哪一种存在，取决于参量的数值，例如直流磁场的大小.如令

$$\Omega=(k_{/\!/}v_{/\!/}+\omega_{c0})/\gamma \tag{11.5.113}$$

则某些情况所对应的参量范围见表 11.5.2 所列.

表 11.5.2 参量范围

参量范围	方程	波的性质
$\omega<\Omega\left(1+\frac{v_\perp^2}{5\gamma^2C^2}\right)$	$\mathrm{j}\frac{\partial E}{\partial \tau}+\frac{\partial^2 E}{\partial \xi^2}-\frac{\partial^2 E}{\partial \eta^2}+\|E\|^2E=0$	衰减孤波
$\Omega\left(1+\frac{v_\perp^2}{5\gamma^2C^2}\right)<\omega<\Omega\left(1+\frac{v_\perp^2}{2\gamma^2C^2}\right)$	$\mathrm{j}\frac{\partial E}{\partial \tau}-\frac{\partial^2 E}{\partial \xi^2}+\frac{\partial^2 E}{\partial \eta^2}+\|E\|^2E=0$	衰减冲击波
$\Omega\left(1+\frac{v_\perp^2}{3\gamma^2C^2}\right)<\omega<\Omega\left(1+\frac{v_\perp^2}{2\gamma^2C^2}\right)$	$\mathrm{j}\frac{\partial E}{\partial \tau}-\frac{\partial^2 E}{\partial \xi^2}+\frac{\partial^2 E}{\partial \eta^2}+\|E\|^2E=0$	衰减冲击波
$\Omega\left(1+\frac{v_\perp^2}{2\gamma^2C^2}\right)<\omega$	$\mathrm{j}\frac{\partial E}{\partial \tau}+\frac{\partial^2 E}{\partial \xi^2}-\frac{\partial^2 E}{\partial \eta^2}+\|E\|^2E=0$	增长孤波
$\Omega\left(1+\frac{v_\perp^2}{2\gamma^2C^2}\right)<\omega$	$\mathrm{j}\frac{\partial E}{\partial \tau}-\frac{\partial^2 E}{\partial \xi^2}+\frac{\partial^2 E}{\partial \eta^2}+\|E\|^2E=0$	衰减冲击波

表 11.5.2 中，临界密度由下式确定：

$$\gamma\omega^2=\omega_p^2 \tag{11.5.114}$$

由此得到

$$n_c\approx\gamma f^2/9\,000^2(1/\mathrm{cm}^3) \tag{11.5.115}$$

由表 11.5.2 可见，如果 $v_\perp\ll 2\gamma^2C^2$，则增长孤波存在的条件为

$$\omega>\Omega=(k_{/\!/}v_{/\!/}+\omega_{c0})/\gamma \tag{11.5.116}$$

这与以前的结果完全一致.

在回旋行波管中，除有上述增长孤波的解以外，孤波非线性理论还预言存在其他不同的工作状态.在本节一开始我们就提到过，用孤波理论来研究正交放大器的非线性问题时，所得到的预言均被实验证实.可以预期在回旋行波管情况下，上述预言也可能被实验证实.

第 12 章 太赫兹回旋管及回旋行波管发展现状

基于电子回旋受激辐射机理的回旋器件，根据高频互作用结构以及工作原理的不同，可分为回旋单腔管(gyro-monotron)、回旋返波管(gyro-BWO)、回旋速调管(gyro-klystron)、回旋行波速调管(gyro-twystron)和回旋行波管(gyrotron travelling-wave tube, Gyro-TWT)等. 其中，回旋单腔管和回旋返波管属于振荡器，回旋速调管、回旋行波速调管和回旋行波管属于放大器. 在回旋放大器中，由于回旋速调管和回旋行波速调管的高频结构采用了谐振腔结构，因此这两种放大器的带宽较窄.

12.1 太赫兹回旋管

在太赫兹回旋管中，太赫兹波是由高频互作用结构中的工作模式与在纵向磁场中回旋电子之间的相互作用产生的. 回旋管的结构图如图 12.1.1 所示，回旋管由磁控注入式电子枪、注波互作用腔体、收集极、准光模式变换器、输出窗等零部件构成，外接电源与磁体.

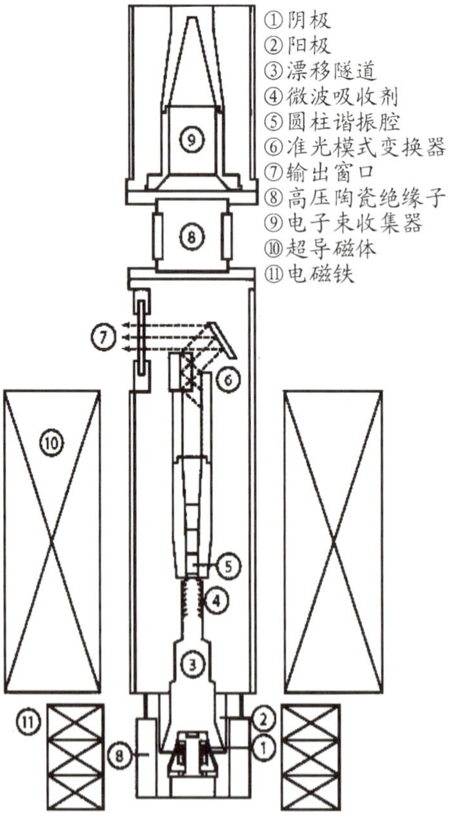

图 12.1.1 回旋管基本结构示意图

磁控注入式电子枪发射具有能量和电流密度的空心环形电子注，为太赫兹回旋管的核心器件；注波互作用腔体是电子注与太赫兹波交换能量的场所，电子注将横向能量交给高频电磁场，太赫兹回旋管的注波互作用腔体是开放式谐振腔结构；收集极用来收集经过注波互作用的电子；准光模式变换器将回旋管的工作模式($TE_{m,n}$模式)转换为高斯模式或准高斯模式;输出窗输出太赫兹波,并隔离外界与回旋管,以保证回旋管内部的真空环境.外接电源保证阴阳极有一定的电势差使阴极能够发射电子,以及使电子具有一定的能量;外部磁场用来使磁控注入式电子枪发射的电子注做回旋运动,并在绝热压缩过程中使电子的纵向能量转换为横向能量.

磁控注入式电子枪发射既有横向速度也有纵向速度的环形电子注,在磁场与电场的共同作用下,做螺旋沿轴向运动.电子从磁控注入式电子枪发射出来时,横向速度非常小,经过纵向缓慢上升磁场的绝热压缩作用,纵向速度减小,纵向能量转换为横向能量.回旋电子继续沿轴向运动,进入高频互作用结构,也就是谐振腔.

谐振腔入口横截面如图 12.1.2 所示,此时已经建立起高频电磁场,假设此时的高频电磁场模式为 TE_{01} 模式,所有电子都在做同样的回旋运动.图中 r_g 为电子注引导中心半径,r_w 为腔体半径,r_L 为拉莫半径,E_φ 为角向电场.

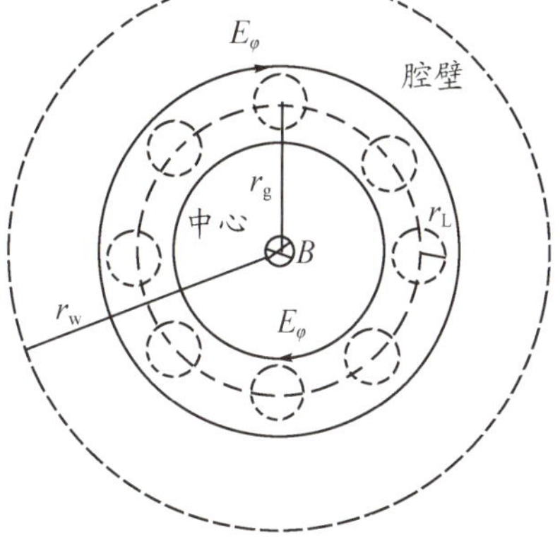

图 12.1.2　腔体横截面电子注与场分量示意图

当回旋电子进入互作用区域时,在恒定磁场的作用下做一定频率的回旋运动,此时电子的速度在 10^7 m/s 左右,接近光速,所以需要考虑相对论效应,回旋频率 ω_c 为

$$\omega_c = \frac{eB_0}{\gamma m_e} \tag{12.1.1}$$

式中,e 为电子的电量,B_0 为互作用区的磁场强度,m_e 为电子的质量,γ 为相对论因子,$\gamma=\sqrt{1-v^2/c^2}$,代表电子的能量,v 为电子的速度,c 为光速.电子的拉莫半径为

$$r_L = \frac{v_\perp}{\omega_c} = \frac{v_\perp}{\omega_{c0}}\gamma = r_{L0}\gamma \tag{12.1.2}$$

式中,ω_{c0} 与 r_{L0} 为不考虑相对论效应时的电子回旋频率与拉莫半径.由式(12.1.1)与式(12.1.2)可知,回旋频率与电子能量成反比,而拉莫半径与电子能量成正比,即当电子失去能量时,回旋频率增大,拉莫半径减小;电子得到能量时,回旋频率减小,拉莫半径减少.

在实际的回旋管高频互作用腔体中,电子的数量很多,无数个回旋轨道分布在引导中心上面,每个回旋轨道也分布着无数的电子.在这里,为了更简明地说明电子与电磁波的换能过程,引入宏粒子来等效.互作用腔体中电子的角向群聚如图 12.1.3 所示,在一个回旋轨道上使用 8 个宏粒子来说明换能过程.

8 号宏粒子、1 号宏粒子、2 号宏粒子的运动方向与电场方向一致,做减速运动,即交出能量,拉莫半径减小,回旋频率增大,群聚在 1 号电子周围,向圈内漂移,由于粒子的回旋频率略大于电场的频率而使得相位略超过场;4 号宏粒子、5 号宏粒子、6 号宏粒子运动方向相反,做加速运动,即获得能量,回旋半径减小,拉莫半径增大,群聚在 5 号宏粒子周围,向圈外漂移,由于粒子的回旋频率略慢于电场的频率而使得相位略落后于场;而 3 号电子与 7 号电子的运动方向与电场方向垂直,近似地认为其速度不变,回旋频率不变,拉莫半径不变,既不获得能量也不交出能量.当电磁波的频率与电子的回旋频率相近时,经过若干个周期后,8号宏粒子、1号宏粒子、2号宏粒子在减速场的作用下,相位越来越超过场,逐渐向3号宏粒子靠近,4号宏粒子、5号宏粒子、6号宏粒子在加速场的作用下,相位越来越落后于场,也逐渐向3号宏粒子靠近,此时,就形成了以3号宏粒子为中心的相位群聚,此时,电子交出的能量与电子获得的能量相同,相当于没有产生能量交换.

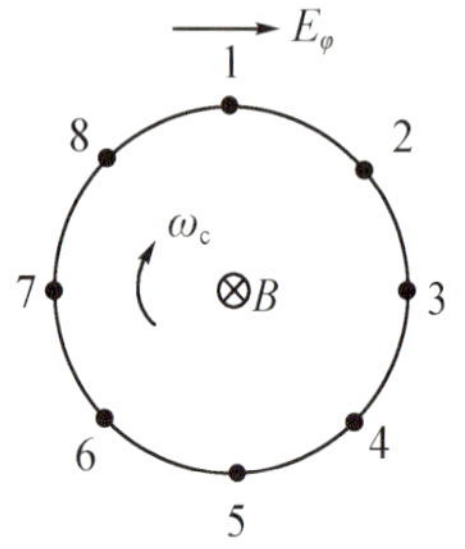

(a)注波互作用开始时

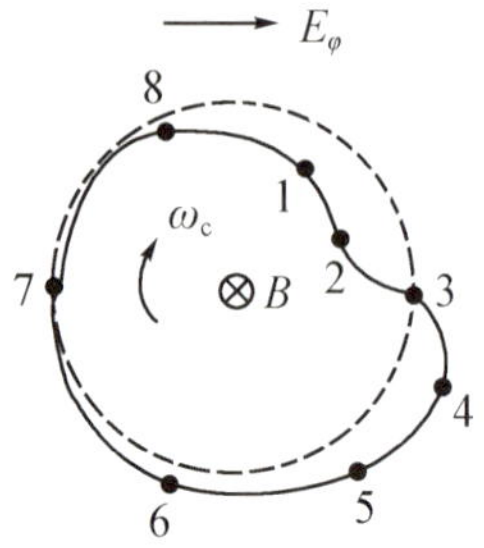

(b)经过若干个周期后

图 12.1.3　互作用腔体中电子的角向群聚图

当电磁波的频率略小于电子的回旋频率时,更多的电子受到场的作用加速,电子获得能量;当电磁波的频率略大于电子的回旋频率时,更多的电子受到场的作用减速,电子失去能量,这种情况正是回旋管振荡或放大所要求的.

以上便是电子回旋脉塞的工作机理,电子的角向群聚的前提是相对论效应,所以电子回旋脉塞不稳定性的基础是相对论效应下的电子角向群聚.回旋管是以电子回旋脉塞机理为理论基础的快波器件,与传统真空微波器件完全不同.

由于电子回旋脉塞的电子换能和角向群聚与横向电场有关,所以回旋管的工作模式选择TE模式.

要使回旋电子注与电磁波高效换能,电磁波与电子注的谐振需要满足以下条件:

$$\omega - k_z v_z - s\omega_c \approx 0 \tag{12.1.3}$$

式中,ω为电磁波频率,k_z为电磁波的纵向传播常数.$k_z>0$时,波朝正向传播;$k_z<0$时,波朝反向传播.v_z为电磁波的纵向速度,s为谐波次数.

根据电子回旋脉塞机理可知,在谐波次数确定时,工作频率与工作磁场成正比.由式(12.1.1)与式(12.1.3)可知,回旋管工作频率在基波状态下1 THz大约需要40 T的工作磁场,但是高强度磁场的研发与制作以及运行环境非常复杂,再加上各种外部环境因素,严重制约着国内回旋管的发展.根据式(12.1.3)可得,回旋管工作磁场与谐波次数成反比,即s次谐波回旋管所需工作磁场为基波时磁场的$1/s$.

虽然高次谐波解决了回旋管高强度工作对磁场的要求,但是高次谐波工作时有着严重的模式竞争问题,既有同次谐波的其他模式的竞争,又有其他次谐波的不同模式的竞争,严重影响了回旋管的正常工作.而且谐波次数过高,会导致注波互作用效率降低,输出功率减小.因此,如何提高高次谐波的输出功率,解决竞争模式问题,是回旋管面临的难题之一.

12.2 太赫兹回旋管的应用

回旋管可填补传统微波器件和激光器在太赫兹波段的缺口,在太赫兹波段能够产生高效率、高功率的电磁辐射,广泛应用在受控热核聚变、材料处理以及波谱分析等领域.

日本原子能研究开发机构(JAEA)研制出了频率为170 GHz的两种型号的回旋管(如图12.2.1所示),分别产生1 MW功率与1.2 MW功率,这两种型号的回旋管都用于国际热核实验反应堆(ITER计划);研制了频率为154 GHz、功率为1 MW用于日本本国受控热核聚变装置LHD;研制了可工作在110 GHz、

138 GHz 以及 82 GHz 三种频率的回旋管，在这三个频率点产生的功率均大于 1 MW，该回旋管用于 JT-60SA 托卡马克反应堆. 同时，还与日本 QST 合作共同研发用于商用示范聚变堆（DEMO 计划）的回旋管，工作在 203 GHz、170 GHz、137 GHz、104 GHz 四个频率点，功率大于 1 MW. 日本福井大学的远红外中心研制了频率为 389 GHz 的回旋管，功率为 83 kW，该回旋管用于 collective thomson scattering(CTS).

图 12.2.1 日本 170 GHz 回旋管

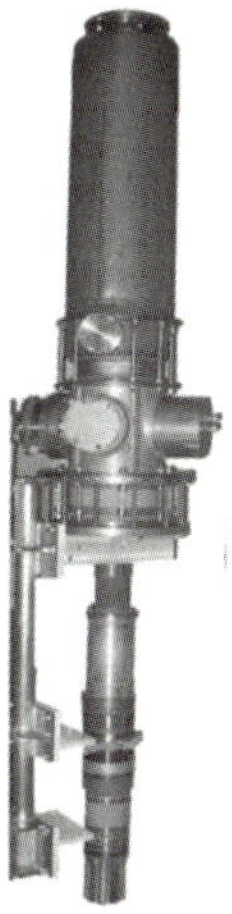

图 12.2.2 俄罗斯 170 GHz 回旋管

俄罗斯科学院应用物理研究所（IAP）与美国马里兰大学共同研制了应用于 CTS 的 670 GHz 回旋管，该回旋管产生的功率为 210 kW. IAP 与 GYCOM 公司以及莫斯科 Kurchatov 研究所共同研制了应用于 ITER 计划的 170 GHz 回旋管（如图 12.2.2 所示），该回旋管产生的最大功率为 1.2 MW. 同时，IAP 与 GYCOM 公司共同研究了应用于多个用途的多只回旋管，如应用于中国 EAST 托卡马克核聚变实验堆和韩国 KSTAR 核聚变装置的回旋管，该回旋管工作在 140 GHz、105 GHz 两个频率点，功率均为 1 MW；应用于 AUG 和 HL-2A 装置的 140 GHz、105 GHz 回旋管，功率分别为 0.85 MW 和 0.95 MW；应用于 DEMO 计划的 249.74 GHz 回旋管，功率为 330 kW.

欧洲回旋管联盟（EGYC）与法国 THALES（泰雷兹）公司研制的 170 GHz 回旋管用于 ITER 计划，该回旋管产生的功率为 0.8 MW. THALES 公司研制的回旋管工作在 84 GHz、126 GHz 两个频率点，功率分别为 0.9 MW 和 1 MW，用于瑞士的 TCV 托卡马克装置. 德国卡尔斯鲁厄理工学院（KIT）研制的 170 GHz 回旋管（如图 12.2.3 所示）用于 DEMO 计划，功率为 2 MW. 美国通信与电力工业公司（CPI）研制的 140 GHz 回旋管，功率为 0.9 MW，用于 EAST 托卡马克核聚变实验堆和 W7-X 仿星受控热核聚变装置. CPI 公司研制的工作在 110 GHz、117.5 GHz 两个频率点的回旋管，功率为 1.28 MW、1.7 MW，应用于美国的 DⅢ-D 托卡马克装置.

图 12.2.3 KIT 170 GHz 同轴回旋管

美国麻省理工学院一直在进行动态核极化核磁共振和电子磁共振系统的研究. 1992 年,美国麻省理工学院率先将研制的 140 GHz 回旋管用于动态核极化核磁共振实验,该回旋管工作在基波状态,连续波功率为 20 W,脉冲功率为 200 W. 美国麻省理工学院研制的 250 GHz 回旋管,输出功率大于 10 W,该回旋管应用于 380 MHz ^{1}H 核磁共振波谱系统(如图 12.2.4 所示),^{1}H 核增强达到 170. 美国麻省理工学院研制的 330 GHz 回旋管,输出功率为 2.5 W, 应用于 500 MHz 核磁共振波谱系统. 美国麻省理工学院研制的用于 700 MHz 核磁共振波谱系统的 460 GHz 二次谐波回旋管,输出功率为 16 W. 2014 年,美国麻省理工学院研制出用于 800 MHz 核磁共振波谱系统的 527 GHz 回旋管,输出功率为 9.3 W.

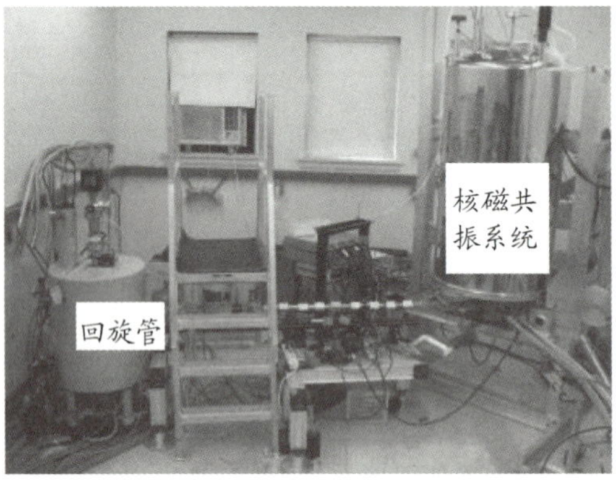

图 12.2.4 380 MHz 增强核磁共振系统

美国通信与电力工业公司(CPI)研制出四个频段的频率可调回旋管并量产,分别为 263 GHz、395 GHz、527 GHz 和 593 GHz 回旋管. 其中,263 GHz 回旋管(如图 12.2.5 所示)工作在基波状态,输出功率为 20~90 W;395 GHz 回旋管工作模式为二次谐波,输出功率为 160 W;527 GHz 回旋管输出功率大于 50 W;593 GHz 回旋管输出功率为 50 W. 它们分别应用于 Brucker(布鲁克)公司的 400 MHz、600 MHz、800 MHz 和 900 MHz 动态核极化核磁共振波谱系统,该系统已经商用.

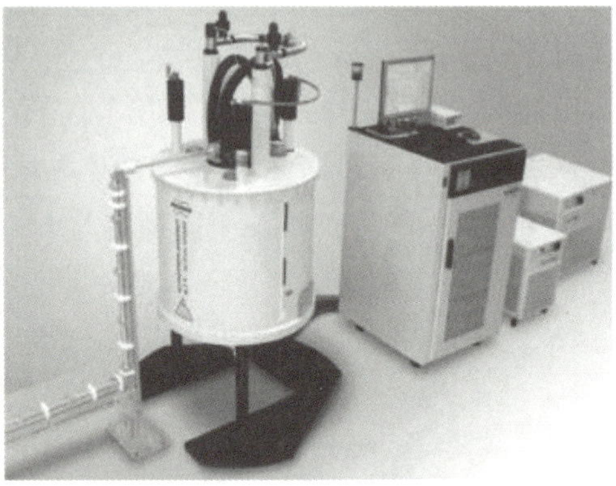

图 12.2.5 Brucker(布鲁克)公司商用动态核极化高场核磁共振波谱系统 263 GHz 回旋管

美国 Bridge 12 公司开展了两个频段的频率可调回旋管研究,分别是 198 GHz 和 395 GHz 回旋管,其中,198 GHz 回旋管输出功率大于 5 W,395 GHz 回旋管输出功率大于 20 W.

日本福井大学远红外中心 T. Idehara 教授课题组也开展了动态核极化高场核磁共振系统的研究,研制出了四种系列的连续波频率可调回旋管,其中系列Ⅱ用于日本大阪大学蛋白质研究所的亚毫米波波谱实验,频率范围为 110~400 GHz,输出功率为 20~200 W,磁场强度为 8 T,Ⅵ系列(如图 12.2.6 所示)用于日本大阪大学蛋白质研究所 600 MHz 动态核极化核磁共振实验中的蛋白质研究,频率为 393~396 GHz,功率为 50~100 W. 福井大学 200 MHz 动态核极化核磁共振实验中频率可调回旋管为福井大学Ⅳ系列回旋管,频率为 131~139 GHz,输出功率范围为 5~60 W. 系列Ⅶ回旋管用于英国华威大学 300 MHz 和 600 MHz 动态核极化核磁共振实验,研究聚合物的表面结构,工作频率在 203.7 GHz 和 395.3 GHz,输出功率为 200 W 和 50 W.

图 12.2.6　Ⅵ系列回旋管

日本福井大学远红外中心与俄罗斯科学院应用物理研究所联合研制的 300 GHz 回旋管(如图 12.2.7 所示),输出功率为 3 kW,利用波纹波导将高斯波束传输至材料表面进行热处理.用于制造核电站反应堆控制棒的战略材料碳化硼(B_4C)、具有显著机械性能的氧化锆(ZrO_2)陶瓷和烧结基于不同硅干凝胶的陶瓷,来源于粉煤灰中的硅干凝胶.

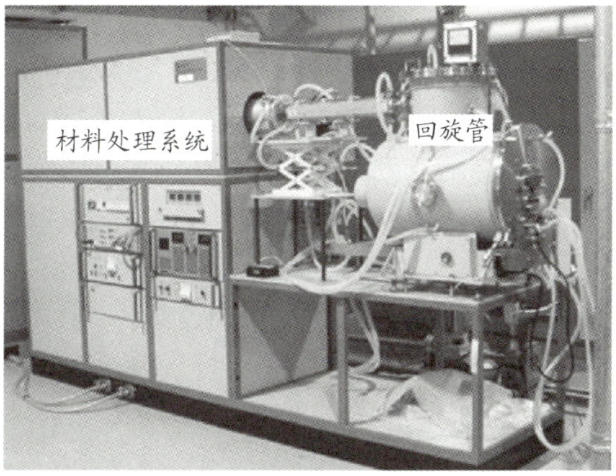

图 12.2.7　回旋管材料处理系统

俄罗斯利用其研制的频率为 263 GHz、输出功率为 1 kW 的回旋管搭建的纳米粉体生产系统(如图 12.2.8 所示),利用传输线将太赫兹波耦合到放置在蒸发冷凝装置内的目标材料上.生成的 ZnO 和 WO_3 颗粒的尺寸范围为 20～500 nm.

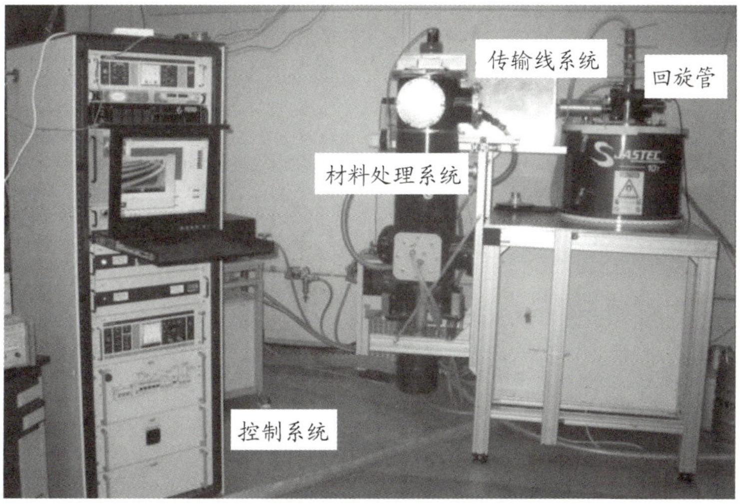

图 12.2.8　纳米粉体生产系统

日本福井大学远红外中心利用其研制的频率为 154 GHz、输出功率为 150 W 的回旋管搭建了高频顺磁共振研究系统，使 ESR 信号达到饱和，所获得的 FDESR 谱在 80 K 温度下具有 1 012 spins/G 的高自旋灵敏度.

日本福井大学远红外中心利用其研制的 FU-Ⅱ系列回旋管(频率为 140 GHz、输出功率为 1 kW)，搭建了如图 12.2.9 所示的 X 射线检测磁共振波谱系统(XDMR)，利用回旋管产生的太赫兹波照射置于恒定磁场中的样品，同时用 X 射线探测磁化的共振进动. 同时，该研究还表明同样的方法也可用于研究各种新的 X 射线电光和磁电效应. 另一个重要结论是，使用更高频率的回旋管辐射还可用于 Van Vleck 轨道顺磁性动力学的研究.

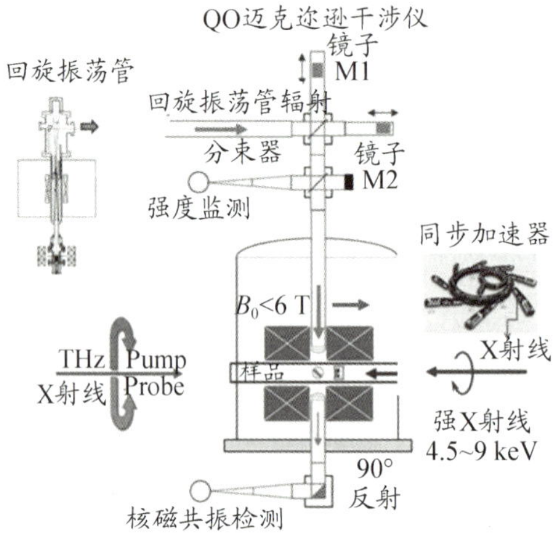

图 12.2.9　X 射线检测磁共振波谱系统

日本福井大学远红外中心利用其研制的频率可调回旋管(频率为 201～205 GHz，功率超过 20 kW)搭建系统照射 FP 谐振腔中的正电子素，检测到一些 o-P(衰变为三个光子)转变为 p-Ps(衰变为两个光子)的 Bret-Wigner 共振现象，该系统开启了太赫兹光谱学的新时代，能够直接确定 para-Ps 的超精细区间和衰减宽度，如图 12.2.10 所示.

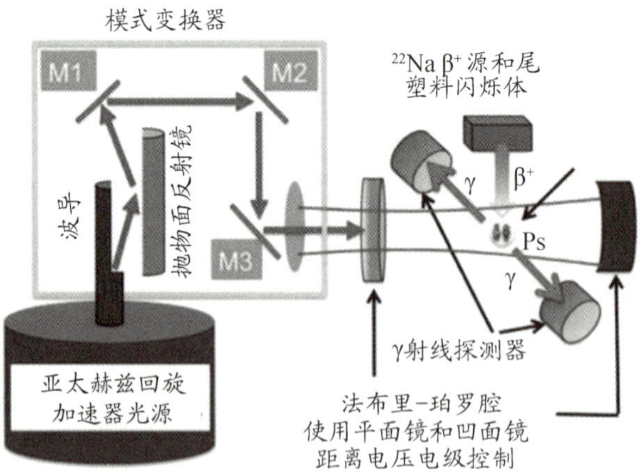

图 12.2.10　正电子素超精细分裂检测实验

日本筑波大学利用频率为 303 GHz、功率为 300 kW 的回旋管进行无线电力传输实验，如图 12.2.11 所示，RF-DC 转换效率为 2.17%.

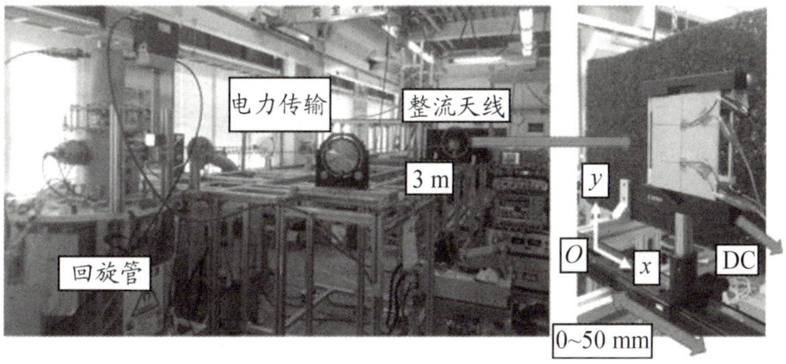

图 12.2.11　无线电力传输实验

俄罗斯科学院应用物理研究所利用其研制的频率为 250 GHz、输出功率为 250 kW 的回旋管进行了局部气体放电实验，如图 12.2.12 所示，放电峰值电子密度高达 3×10^{17} 个/cm^2. 同时还利用输出功率为 1 kW 的 263 GHz 回旋管对气体击穿阈值进行了实验和理论研究，高斯波束束斑小于 3 mm 时，功率密度达到 15 kW/cm^2，电场强度足以引发击穿，击穿压力范围为 10～300 Torr(1 Torr=133.322 Pa).

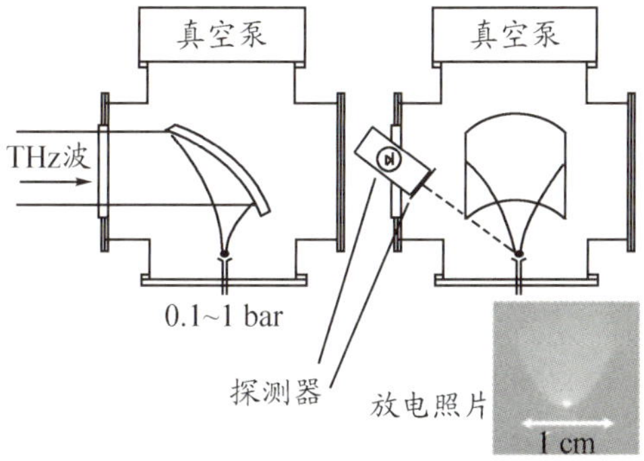

图 12.2.12　局部气体放电实验

2016 年，日本福井大学报道利用频率为 203 GHz 的回旋管对植入小鼠的癌性肿瘤进行照射，发现肿瘤组织体积稳定减小，最后消失，为太赫兹回旋管的应用开辟了新的道路，如图 12.2.13 所示.

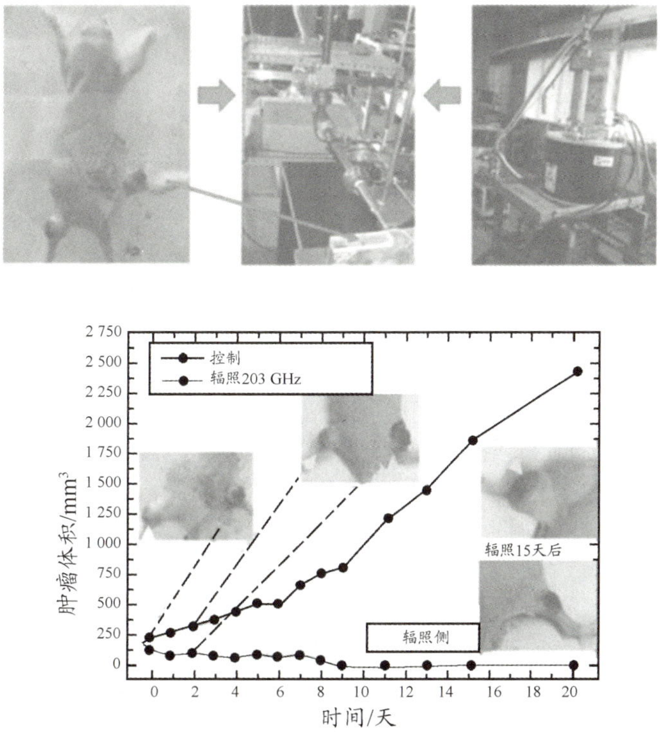

图 12.2.13　回旋管照射实验

韩国电气研究院利用 0.2 THz 回旋管和 0.4 THz 回旋管搭建无损视频检测主动实时成像系统，该系统可对 200 mm 宽、速度为 500 mm/s 的传送带上的食品进行无损检测，如图 12.2.14 和图 12.2.15 所示. 同时，该系统还可用于安全检查以及危险物品的检测.

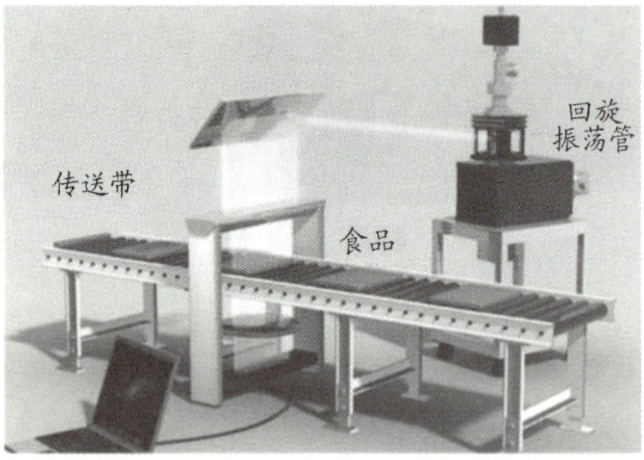

图 12.2.14 食品无损检测系统

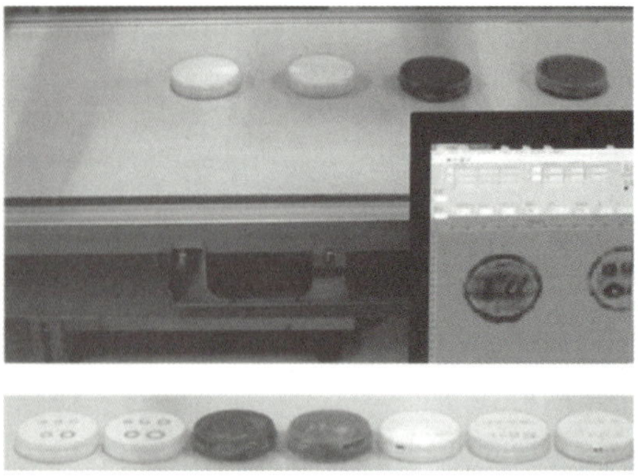

图 12.2.15 检测结果

2001 年，QST 公司在大气条件下，使用回旋管发射高斯波束点燃等离子体. 2003 年，进行第一次发射实验，通过使用 930 kW 功率的回旋管，一个重 10 g 的微型火箭模型被提升到 2 m 的高度. 2009 年，在重复脉冲模式下，一个 126 g 的推进器模型发射到 1.2 m 的高度，如图 12.2.16 所示. 2011 年，通过增加回旋管的输出功率和推力占空比增加了推力，通过理论计算，使用兆瓦级回旋管可以发射千克级飞行器.

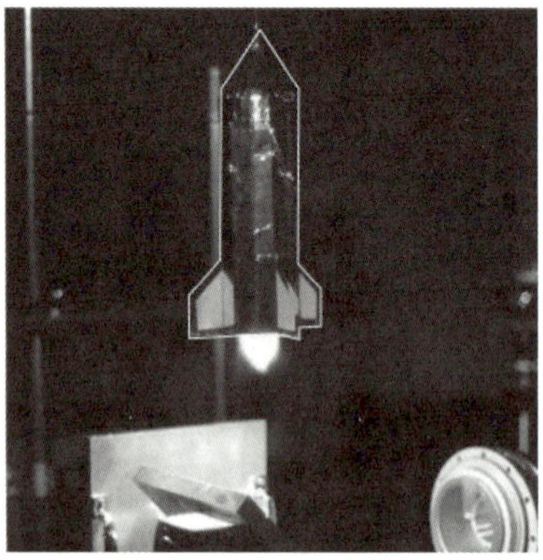

图 12.2.16 126 g 飞行器推动实验

美国军队、美国通信与电力工业公司(CPI)和其他几个研究机构利用功率为 100 kW 的回旋管共同开发了第一个车载主动拒止武器系统，如图 12.2.17 所示. 该武器系统不会致命，但会使人体感受到无法忍受的疼痛.

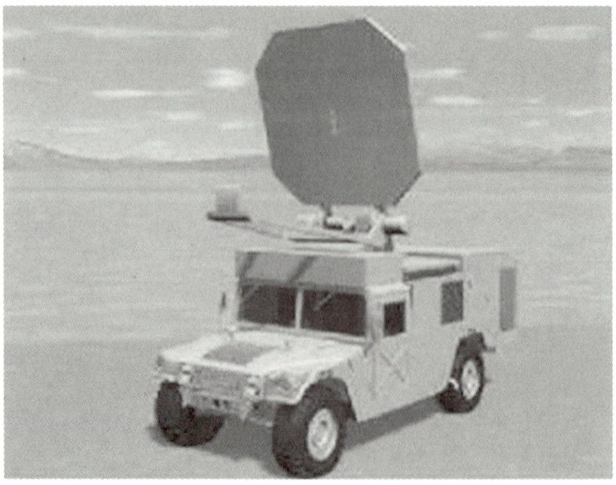

图 12.2.17 车载主动拒止武器

电子科技大学研制了面向生物医学的 500 GHz 频率的可调谐回旋管，频率调谐范围为 499.26～

500.54 GHz，输出功率为 4～220 W. 对应用于 400 MHz 动态核极化核磁共振系统的 263 GHz 频率可调回旋管(如图 12.2.18 所示)进行了理论和实验研究，频率调谐范围是 263.39～264.84 GHz，输出功率为 26～463 W.

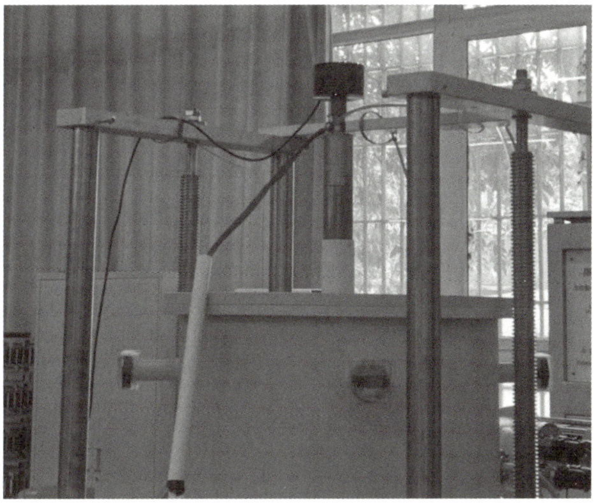

图 12.2.18　263 GHz 频率可调回旋管

12.3　同轴双电子注太赫兹回旋管

为了增大腔体的功率容量并减少腔体的欧姆损耗，回旋管必须选择高阶工作模式，如 $TE_{34,19}$ 模式，但高阶工作模式会导致严重的模式竞争. 为了改善模式竞争并提高输出功率，科学家们提出了同轴内开槽回旋谐振腔结构，这种结构具有更高的空间电荷限制流，同时在模式选择上也比普通的管状结构更加灵活. 经过科学家的多年努力，目前用于 ITER 计划中辅助加热的回旋管只能达到准连续波，其输出功率也只有 1 MW. 为了抑制模式竞争和提高输出功率，刘盛纲院士提出了同轴双电子注回旋管. 本章采用耦合波理论对工作在单频、双频的同轴双电子注回旋管进行详细讨论，并与相同几何结构的同轴单电子注回旋管进行比较.

1. 同轴双电子注回旋管的耦合波理论

(1)单频同轴双电子注回旋管的耦合波理论

同轴双电子注回旋管结构示意图如图 12.3.1 所示. 其中，R_1、R_2 分别为两个电子注的引导中心半径；b、a 为同轴谐振腔的内、外导体半径. 当同轴双电子注回旋管单频工作时，即两个电子注只与一个模式相互作用时，对波导中的 TE 模式，利用正交归一化函数 $\boldsymbol{E}_{tn}$，$\boldsymbol{H}_{tn}$ 和 $\boldsymbol{H}_{zn}$，场可表示为如下的形式：

$$\begin{cases} \boldsymbol{E}(\boldsymbol{r},t) = \sum\limits_{n=-\infty}^{+\infty} v_n(z,t)\boldsymbol{E}_{tn}(\boldsymbol{r},t) \\ \boldsymbol{H}(\boldsymbol{r},t) = \sum\limits_{n=-\infty}^{+\infty} [i_n(z,t)\boldsymbol{H}_{tn}(\boldsymbol{r},t) + p_n(z,t)\boldsymbol{H}_{zn}(\boldsymbol{r},t)] \end{cases} \tag{12.3.1}$$

式中，$v_n(z,t)$，$i_n(z,t)$ 和 $p_n(z,t)$ 均为场的纵向分布函数. $\boldsymbol{H}_{zn}(\boldsymbol{r})$ 满足：

$$(\nabla_t^2 + k_{cn}^2)\boldsymbol{H}_{zn}(\boldsymbol{r}) = 0 \tag{12.3.2}$$

横向波数 k_{cn} 满足 $k_{cn}^2 = k^2 - k_{zn}^2$，$k_{zn}$ 为模式的纵向波数，$k = \omega/c = \omega\sqrt{\mu_0\varepsilon_0}$，$\omega$ 为工作频率，ε_0、μ_0 分别为真空介电常数和磁导率.

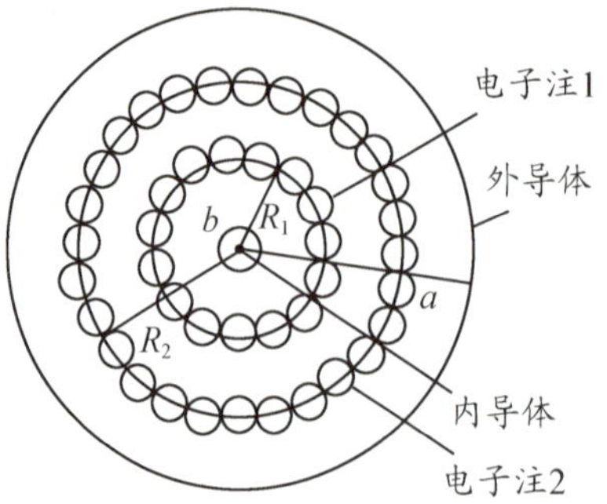

图 12.3.1　同轴双电子注回旋管模型

TE 模式的横向电场与横向磁场满足如下方程：

$$\boldsymbol{E}_{tn}=\boldsymbol{H}_{tn}\times\boldsymbol{e}_z,\boldsymbol{H}_{tn}=\boldsymbol{e}_z\times\boldsymbol{H}_{tn} \tag{12.3.3}$$

横向磁场与纵向磁场的关系为

$$\boldsymbol{H}_{tn}=-\mathrm{j}\frac{\omega\mu}{k_{cn}^2}\nabla_t\boldsymbol{H}_{zn} \tag{12.3.4}$$

随时谐因子 $e^{j\omega t}$ 变化的场函数满足方程

$$\begin{cases}\nabla\times\boldsymbol{E}_{tn}=-\mathrm{j}\omega\mu_0\boldsymbol{H}_{zn}\\ \nabla\times\boldsymbol{H}_{zn}=\mathrm{j}\dfrac{k_{cn}^2}{\omega^2\mu_0}\boldsymbol{E}_{tn}\end{cases} \tag{12.3.5}$$

根据有源麦克斯韦方程

$$\begin{cases}\nabla\times\boldsymbol{E}=-\mathrm{j}\omega\mu_0\boldsymbol{H}\\ \nabla\times\boldsymbol{H}=\mathrm{j}\omega\varepsilon_0\boldsymbol{E}+\boldsymbol{J}_b\end{cases} \tag{12.3.6}$$

式中，$\boldsymbol{J}_b=\boldsymbol{J}_1+\boldsymbol{J}_2$，$\boldsymbol{J}_1$，$\boldsymbol{J}_2$ 分别为电子注 1 和电子注 2 的电流密度. 将式(12.3.1)、式(12.3.5)代入式(12.3.6)可得

$$\begin{cases}\displaystyle\sum_n\left(\frac{\partial v_n}{\partial z}\boldsymbol{H}_{tn}-\mathrm{j}v_n\omega\mu_0\boldsymbol{H}_{zn}\right)=-\mathrm{j}\omega\mu_0\sum_n(i_n\boldsymbol{H}_{tn}+p_n\boldsymbol{H}_{zn})\\ \displaystyle\sum_n\left(\frac{\partial i_n}{\partial z}\boldsymbol{E}_{tn}-\mathrm{j}v_n\frac{k_{cn}^2}{\omega^2\mu_0}\boldsymbol{E}_{tn}\right)=-\mathrm{j}\omega\varepsilon_0\sum_n v_n\boldsymbol{E}_{tn}-\boldsymbol{J}_b\end{cases} \tag{12.3.7}$$

利用模式的正交性，根据式(12.3.7)可以得到

$$\begin{cases}\dfrac{\partial v_1}{\partial z}=-\mathrm{j}k_{z1}Z_1i_1\\ \dfrac{\partial i_1}{\partial z}=-\mathrm{j}\dfrac{k_{z1}}{Z_1}v_1-\displaystyle\int_S(\boldsymbol{J}_1+\boldsymbol{J}_2)\cdot\boldsymbol{E}_{t1}^*\,\mathrm{d}S\end{cases} \tag{12.3.8}$$

式中，v_1，i_1，Z_1 分别对应模式 1 的参数. $Z_1=\omega\mu_0/k_{z1}$ 为模式 1 的特征阻抗，令

$$\begin{cases}a_{1+}=\dfrac{1}{2\sqrt{2Z_1}}(-v_1+Z_1i_1)\\ a_{1-}=\dfrac{1}{2\sqrt{2Z_1}}(-v_1-Z_1i_1)\end{cases} \tag{12.3.9}$$

将式(12.3.9)代入式(12.3.8)可得

$$\begin{cases}\dfrac{\partial a_{1+}}{\partial z}=-\mathrm{j}k_{z1}a_{1+}-\dfrac{1}{2}\sqrt{\dfrac{Z_1}{2}}A\\ \dfrac{\partial a_{1-}}{\partial z}=\mathrm{j}k_{z1}a_{1-}+\dfrac{1}{2}\sqrt{\dfrac{Z_1}{2}}A\end{cases} \tag{12.3.10}$$

式中，$A=\int_S(\boldsymbol{J}_1+\boldsymbol{J}_2)\cdot\boldsymbol{E}_{t1}^*\,\mathrm{d}S$ 为电子注和电磁波的耦合项. a_+，a_- 分别表示前向波和反向波.

在回旋中心坐标系中,做如下小信号假设:

$$\begin{cases} \boldsymbol{v}=\boldsymbol{v}_0+\boldsymbol{v}_1, & |\boldsymbol{v}_1|\ll|\boldsymbol{v}_0|; \quad \boldsymbol{J}=\boldsymbol{J}_0+\boldsymbol{J}_1, \quad |\boldsymbol{J}_1|\ll|\boldsymbol{J}_0| \\ \rho=\rho_0+\rho_1, & |\rho_1|\ll|\rho_0|; \quad \gamma=\gamma_0+\gamma_1, \quad |\gamma_1|\ll|\gamma_0| \\ r=r_0+r_1, & |r_1|\ll|r_0|; \quad \theta=\theta_0+\theta_1, \quad |\theta_1|\ll|\theta_0| \end{cases} \tag{12.3.11}$$

式中,$\boldsymbol{v}_0$ 为电子横向速度,$\boldsymbol{J}_0$,ρ_0,γ_0 分别为电子注电流密度、电荷密度和相对论因子,r_0,θ_0 为电子的横向坐标,$\boldsymbol{v}_1$,$\boldsymbol{J}_1$,ρ_1,γ_1,r_1、θ_1 为对应的扰动量.假设所有的量都有时间因子 $e^{j\Omega t}$,其中 $\Omega=\omega-k_{/\!/}v_z-l\dot{\theta}_0$,$l$ 为回旋谐波次数,可以得到回旋中心坐标系中的角向电流:

$$\begin{cases} J_{1\theta}=-\mathrm{j}er_0\rho_{10}(l\dot{\theta}_0-\Omega)\theta_1 \\ J_{2\theta}=-\mathrm{j}er_0\rho_{20}(l\dot{\theta}_0-\Omega)\theta_2 \end{cases} \tag{12.3.12}$$

式中,$J_{i\theta}$,$\rho_{i\theta}$分别为电子注 i 在回旋中心坐标系中的角向电流密度和电荷密度.

根据电子运动方程

$$m_0\gamma\frac{\mathrm{d}\boldsymbol{v}}{\mathrm{d}t}+m_0\boldsymbol{v}\frac{d\gamma}{\mathrm{d}t}=F \tag{12.3.13}$$

式中,m_0 为电子质量,F 为电子受到的电磁作用力.做如下定义

$$\begin{cases} v_+=\dot{r}_1+\mathrm{j}r_0\dot{\theta}_1 \\ v_-=\dot{r}_1-\mathrm{j}r_0\dot{\theta}_1 \end{cases} \tag{12.3.14}$$

将式(12.3.14)根据式(12.3.11)在回旋中心坐标系中展开,可以得到

$$\begin{cases} \dot{v}_+=-\mathrm{j}\dot{\theta}_0v_++\dfrac{f_r+\mathrm{j}f_\theta}{m_0\gamma_0}+\dfrac{r_0\dot{\theta}_0}{\gamma_0}(\dot{\theta}_0\gamma_1-\mathrm{j}\dot{\gamma}_1) \\ \dot{v}_-=\mathrm{j}\dot{\theta}_0v_-+\dfrac{f_r-\mathrm{j}f_\theta}{m_0\gamma_0}+\dfrac{r_0\dot{\theta}_0}{\gamma_0}(\dot{\theta}_0\gamma_1+\mathrm{j}\dot{\gamma}_1) \end{cases} \tag{12.3.15}$$

式中,f_r,f_θ 为电子在径向和角向受到的电磁作用力.对电子注1,定义 $a_{1c\pm}=k_1v_{1\pm}$可以得到

$$\begin{cases} \dfrac{\mathrm{d}a_{1c+}}{\mathrm{d}t}=-\mathrm{j}\dot{\theta}_0a_{1c+}-k_1C_{11+}a_{1+}-k_1C_{11+}a_{1-} \\ \dfrac{\mathrm{d}a_{1c-}}{\mathrm{d}t}=\mathrm{j}\dot{\theta}_0a_{1c-}-k_1C_{11-}a_{1+}-k_1C_{11-}a_{1-} \end{cases} \tag{12.3.16}$$

模式1对电子注1的作用项为

$$\begin{cases} C_{11+}=\sqrt{2Z_1}\left\{\dfrac{f'_{11r}+\mathrm{j}f'_{11\theta}}{m_0\gamma_0}+\mathrm{j}\dfrac{r_0\dot{\theta}_0}{m_0\gamma_0c}(\beta_\perp f'_{11\theta}+\beta_{/\!/}f'_{11z})\left(\dfrac{\dot{\theta}_0}{\Omega}+1\right)\right\}\Big/N_1 \\ C_{11-}=\sqrt{2Z_1}\left\{\dfrac{f'_{11r}-\mathrm{j}f'_{11\theta}}{m_0\gamma_0}+\mathrm{j}\dfrac{r_0\dot{\theta}_0}{m_0\gamma_0c}(\beta_\perp f'_{11\theta}+\beta_{/\!/}f'_{11z})\left(\dfrac{\dot{\theta}_0}{\Omega}-1\right)\right\}\Big/N_1 \end{cases} \tag{12.3.17}$$

其中

$$N_1^2=\int_S\boldsymbol{E}_{1tn}\cdot\boldsymbol{E}_{1tn}^*\mathrm{d}S \tag{12.3.18}$$

模式1对电子注1的归一化电磁作用力为

$$f'_{11r}=\frac{f_{11r}}{N_1v_1},f'_{11\theta}=\frac{f_{11\theta}}{N_1v_1},f'_{1z}=\frac{f_{11z}}{N_1v_1} \tag{12.3.19}$$

在回旋中心坐标系中,TE模式的电场分量可写成如下形式:

$$\begin{cases} E_r=-v_n\sum\limits_l\left(\dfrac{l}{r}\right)\mathrm{J}_l(k_cr_0)Z_{m-l}(k_cR) \\ E_\theta=-\mathrm{j}v_nk_c\sum\limits_l\mathrm{J}'_l(k_cr_0)Z_{m-l}(k_cR) \\ E_z=0 \end{cases} \tag{12.3.20}$$

在回旋中心坐标系中，TE 模式的磁场分量可写成如下形式：

$$\begin{cases} H_r = -\mathrm{j}i_n k_c \sum\limits_l \mathrm{J}_l'(k_c r_0) Z_{m-l}(k_c R) \\ H_\theta = i_n \sum\limits_l \left(\dfrac{l}{r}\right)\mathrm{J}_l(k_c r_0) Z_{m-l}(k_c R) \\ H_z = \dfrac{k_c^2}{\omega\mu_0} v_n \sum\limits_l \mathrm{J}_l(k_c r_0) Z_{m-l}(k_c R) \end{cases} \tag{12.3.21}$$

电子受到的高频场作用力为

$$\begin{cases} f_r = -e(E_r + v_\perp B_z - v_{/\!/} B_\theta) \\ f_\theta = -e(E_\theta + v_{/\!/} B_r) \\ f_z = e v_\perp B_r \end{cases} \tag{12.3.22}$$

根据式(12.3.20)、式(12.3.21)和式(12.3.22)可以得到

$$\begin{cases} f_{11r}' = \dfrac{e}{N_1}\sum\limits_l \left(\dfrac{l}{r} - \dfrac{k_{c1}^2 v_\perp}{\omega} - \dfrac{l}{r}\dfrac{k_{/\!/} v_z}{\omega}\right)\mathrm{J}_l(k_{c1} r_0) Z_{m_1-l}(k_{c1} R_1) \\ f_{11\theta}' = \mathrm{j}\dfrac{e k_{c1}}{N_1}\sum\limits_l \left(1 - \dfrac{k_{/\!/} v_z}{\omega}\right)\mathrm{J}_l'(k_{c1} r_0) Z_{m_1-l}(k_{c1} R_1) \\ f_{11z}' = \mathrm{j}\dfrac{e k_{c1}}{N_1}\dfrac{k_{/\!/} v_\perp}{\omega}\sum\limits_l \mathrm{J}_l'(k_{c1} r_0) Z_{m_1-l}(k_{c1} R_1) \end{cases} \tag{12.3.23}$$

式中，r_0 为电子注 1 中回旋运动电子的拉莫半径，R_1 为电子注 1 的引导中心半径，e 为电子电量，k_{c1} 为模式 1 的横向截止波数.

对电子注 2，定义 $a_{2c\pm} = k_1 v_{2\pm}$，可以得到

$$\begin{cases} \dfrac{\mathrm{d}a_{2c+}}{\mathrm{d}t} = -\mathrm{j}\dot{\theta}_0 a_{2c+} - k_2 C_{21+} a_{1+} - k_2 C_{21+} a_{1-} \\ \dfrac{\mathrm{d}a_{2c-}}{\mathrm{d}t} = \mathrm{j}\dot{\theta}_0 a_{2c-} - k_2 C_{21-} a_{1+} - k_2 C_{21-} a_{1-} \end{cases} \tag{12.3.24}$$

模式 1 对电子注 2 的作用项为

$$\begin{cases} C_{21+} = \sqrt{2Z_1}\left\{\dfrac{f_{21r}' + \mathrm{j}f_{21\theta}'}{m_0\gamma_0} + \mathrm{j}\dfrac{r_0\dot{\theta}_0}{m_0\gamma_0 c}(\beta_\perp f_{21\theta}' + \beta_{/\!/} f_{21z}')\left(\dfrac{\dot{\theta}_0}{\Omega} + 1\right)\right\}\Big/ N_1 \\ C_{21-} = \sqrt{2Z_1}\left\{\dfrac{f_{21r}' - \mathrm{j}f_{21\theta}'}{m_0\gamma_0} + \mathrm{j}\dfrac{r_0\dot{\theta}_0}{m_0\gamma_0 c}(\beta_\perp f_{21\theta}' + \beta_{/\!/} f_{21z}')\left(\dfrac{\dot{\theta}_0}{\Omega} - 1\right)\right\}\Big/ N_1 \end{cases} \tag{12.3.25}$$

模式 1 对电子注 2 的归一化电磁作用力为

$$f_{21r}' = \frac{f_{21r}}{N_1 v_1},\ f_{21\theta}' = \frac{f_{21\theta}}{N_1 v_1},\ f_{2z}' = \frac{f_{21z}}{N_1 v_1} \tag{12.3.26}$$

根据式(12.3.20)、式(12.3.21)和式(12.3.22)可以得到

$$\begin{cases} f_{21r}' = \dfrac{e}{N_2}\sum\limits_l \left(\dfrac{l}{r} - \dfrac{k_{c1}^2 v_\perp}{\omega} - \dfrac{l}{r}\dfrac{k_{/\!/} v_z}{\omega}\right)\mathrm{J}_l(k_{c1} r_0) Z_{m_1-l}(k_{c1} R_2) \\ f_{21\theta}' = \mathrm{j}\dfrac{e k_{c1}}{N_2}\sum\limits_l \left(1 - \dfrac{k_{/\!/} v_z}{\omega}\right)\mathrm{J}_l'(k_{c1} r_0) Z_{m_1-l}(k_{c1} R_2) \\ f_{21z}' = \mathrm{j}\dfrac{e k_{c1}}{N_2}\dfrac{k_{/\!/} v_\perp}{\omega}\sum\limits_l \mathrm{J}_l'(k_{c1} r_0) Z_{m_1-l}(k_{c1} R_2) \end{cases} \tag{12.3.27}$$

式中，R_2 为电子注 2 的引导半径. 根据式(12.3.12)，定义

$$c_{i0} = 2\pi R_i r_0 \rho_{i0}\left(1 - \frac{l\dot{\theta}_0}{\Omega}\right) E_{1ln}^* \quad (i = 1, 2) \tag{12.3.28}$$

将式(12.3.28)代入电子注与电磁波的耦合项可得

$$A = \mathrm{j}c_{10}\frac{a_{1c+}-a_{1c-}}{k_1}+\mathrm{j}c_{20}\frac{a_{2c+}-a_{2c-}}{k_1} \tag{12.3.29}$$

将式(12.3.29)代入式(12.3.10),联立式(12.3.16)、式(12.3.24)可得单频同轴双电子注的注波互作用方程

$$\begin{bmatrix} \mathrm{j}(k_{/\!/}+k_{z1}) & 0 & \frac{\mathrm{j}}{2k_1}\sqrt{\frac{Z_1}{2}}c_{10} & \frac{\mathrm{j}}{2k_1}\sqrt{\frac{Z_1}{2}}c_{20} \\ 0 & \mathrm{j}(k_{/\!/}-k_{z1}) & -\frac{\mathrm{j}}{2k_1}\sqrt{\frac{Z_1}{2}}c_{10} & -\frac{\mathrm{j}}{2k_1}\sqrt{\frac{Z_1}{2}}c_{20} \\ k_1C_{11+} & k_1C_{11+} & -\mathrm{j}(\Omega-\dot{\theta}_0) & 0 \\ k_1C_{21+} & k_1C_{21+} & 0 & -\mathrm{j}(\Omega-\dot{\theta}_0) \end{bmatrix}\begin{bmatrix} a_{1+} \\ a_{1-} \\ a_{1c+} \\ a_{2c+} \end{bmatrix}=0 \tag{12.3.30}$$

将式(12.3.30)化简即可得到单频同轴双电子注的色散方程:

$$(\Omega-\dot{\theta}_0)(k_{/\!/}^2-k_{z1}^2)+\mathrm{j}\frac{(c_{10}c_{11+}+c_{20}c_{21+})k_{z1}\sqrt{Z_1}}{\sqrt{2}}=0 \tag{12.3.31}$$

(2)双频同轴双电子注回旋管的耦合波理论

与单频同轴双电子注回旋管的方法类似,当同轴双电子注回旋管同时与两个模式相互作用时,根据麦克斯韦方程可得

$$\begin{cases} \dfrac{\partial v_1}{\partial z}=-\mathrm{j}k_{z1}Z_1i_1 \\ \dfrac{\partial v_2}{\partial z}=-\mathrm{j}k_{z2}Z_2i_2 \\ \dfrac{\partial i_1}{\partial z}=-\mathrm{j}\dfrac{k_{z1}}{Z_1}v_1-\displaystyle\int_S(\boldsymbol{J}_1^1+\boldsymbol{J}_2^1)\cdot(\boldsymbol{E}_{t1}^*+\boldsymbol{E}_{t2}^*)\mathrm{d}S \\ \dfrac{\partial i_2}{\partial z}=-\mathrm{j}\dfrac{k_{z2}}{Z_2}v_2-\displaystyle\int_S(\boldsymbol{J}_1^2+\boldsymbol{J}_2^2)\cdot(\boldsymbol{E}_{t1}^*+\boldsymbol{E}_{t2}^*)\mathrm{d}S \end{cases} \tag{12.3.32}$$

式中,$\boldsymbol{J}_1^1$,$\boldsymbol{J}_2^1$ 分别为电子注1和电子注2的一次谐波分量,$\boldsymbol{J}_1^2$,$\boldsymbol{J}_2^2$ 分别为电子注1和电子注2的二次谐波分量,v_1,i_1,Z_1,k_{z1} 和 v_2,i_2,Z_2,k_{z2} 分别对应模式1、模式2.

TE模式的特征阻抗为

$$Z_1=\frac{\omega\mu_0}{k_{z1}},Z_2=\frac{\omega\mu_0}{k_{z2}} \tag{12.3.33}$$

令

$$\begin{cases} a_{1+}=\dfrac{1}{2\sqrt{2Z_1}}(-v_1+Z_1i_1) \\ a_{1-}=\dfrac{1}{2\sqrt{2Z_1}}(-v_1-Z_1i_1) \\ a_{2+}=\dfrac{1}{2\sqrt{2Z_2}}(-v_2+Z_2i_2) \\ a_{2-}=\dfrac{1}{2\sqrt{2Z_2}}(-v_2-Z_2i_2) \end{cases} \tag{12.3.34}$$

将式(12.3.34)代入式(12.3.32)可得

$$
\begin{cases}
\dfrac{\partial a_{1+}}{\partial z}=-\mathrm{j}k_{z1}a_{1+}-\dfrac{1}{2}\sqrt{\dfrac{Z_1}{2}}A_1\\[2ex]
\dfrac{\partial a_{1-}}{\partial z}=\mathrm{j}k_{z1}a_{1-}+\dfrac{1}{2}\sqrt{\dfrac{Z_1}{2}}A_1\\[2ex]
\dfrac{\partial a_{2+}}{\partial z}=-\mathrm{j}k_{z2}a_{2+}-\dfrac{1}{2}\sqrt{\dfrac{Z_2}{2}}A_2\\[2ex]
\dfrac{\partial a_{2-}}{\partial z}=\mathrm{j}k_{z2}a_{2-}+\dfrac{1}{2}\sqrt{\dfrac{Z_1}{2}}A_2
\end{cases}
\tag{12.3.35}
$$

式中，注波耦合项为

$$
\begin{cases}
A_1=\displaystyle\int_S(\boldsymbol{J}_1^1+\boldsymbol{J}_2^1)\cdot(\boldsymbol{E}_{t1}^*+\boldsymbol{E}_{t2}^*)\mathrm{d}S\\[2ex]
A_2=\displaystyle\int_S(\boldsymbol{J}_1^2+\boldsymbol{J}_2^2)\cdot(\boldsymbol{E}_{t1}^*+\boldsymbol{E}_{t2}^*)\mathrm{d}S
\end{cases}
\tag{12.3.36}
$$

根据电子运动方程，对电子注 1，令 $a_{1c\pm}=k_1v_\pm$ 可得

$$
\begin{cases}
\dfrac{\mathrm{d}a_{1c+}}{\mathrm{d}t}=-\mathrm{j}\dot{\theta}_0a_{1c+}-k_1C_{11+}a_{1+}-k_1C_{11+}a_{1-}-k_1C_{12+}a_{2+}-k_1C_{12+}a_{2-}\\[2ex]
\dfrac{\mathrm{d}a_{1c-}}{\mathrm{d}t}=\mathrm{j}\dot{\theta}_0a_{1c-}-k_1C_{11-}a_{1+}-k_1C_{11-}a_{1-}-k_1C_{12-}a_{2+}-k_1C_{12-}a_{2-}
\end{cases}
\tag{12.3.37}
$$

式(12.3.37)中，模式 1 对电子注 1 的作用项 C_{11+} 和 C_{11-} 表示为

$$
\begin{cases}
C_{11+}=\sqrt{2Z_1}\left\{\dfrac{f'_{11r}+\mathrm{j}f'_{11\theta}}{m_0\gamma_0}+\mathrm{j}\dfrac{r_0\dot{\theta}_0}{m_0\gamma_0c}(\beta_\perp f'_{11\theta}+\beta_{/\!/}f'_{11z})\left(\dfrac{\dot{\theta}_0}{\Omega_1}+1\right)\right\}\Big/N_1\\[2ex]
C_{11-}=\sqrt{2Z_1}\left\{\dfrac{f'_{11r}-\mathrm{j}f'_{11\theta}}{m_0\gamma_0}+\mathrm{j}\dfrac{r_0\dot{\theta}_0}{m_0\gamma_0c}(\beta_\perp f'_{11\theta}+\beta_{/\!/}f'_{11z})\left(\dfrac{\dot{\theta}_0}{\Omega_1}-1\right)\right\}\Big/N_1
\end{cases}
\tag{12.3.38}
$$

模式 2 对电子注 1 的作用项 C_{12+} 和 C_{12-} 表示为

$$
\begin{cases}
C_{12+}=\sqrt{2Z_2}\left\{\dfrac{f'_{12r}+\mathrm{j}f'_{12\theta}}{m_0\gamma_0}+\mathrm{j}\dfrac{r_0\dot{\theta}_0}{m_0\gamma_0c}(\beta_\perp f'_{12\theta}+\beta_{/\!/}f'_{12z})\left(\dfrac{\dot{\theta}_0}{\Omega_2}+1\right)\right\}\Big/N_2\\[2ex]
C_{12-}=\sqrt{2Z_2}\left\{\dfrac{f'_{12r}-\mathrm{j}f'_{12\theta}}{m_0\gamma_0}+\mathrm{j}\dfrac{r_0\dot{\theta}_0}{m_0\gamma_0c}(\beta_\perp f'_{12\theta}+\beta_{/\!/}f'_{12z})\left(\dfrac{\dot{\theta}_0}{\Omega_2}-1\right)\right\}\Big/N_2
\end{cases}
\tag{12.3.39}
$$

式中

$$
N_1^2=\int_s\boldsymbol{E}_{1tn}\cdot\boldsymbol{E}_{1tn}^*\mathrm{d}s
\tag{12.3.40}
$$

$$
N_2^2=\int_s\boldsymbol{E}_{2tn}\cdot\boldsymbol{E}_{2tn}^*\mathrm{d}s
\tag{12.3.41}
$$

模式 1、模式 2 对电子注 1 的归一化作用力表示为

$$
\begin{cases}
f'_{11r}=\dfrac{f_{11r}}{N_1v_1},f'_{11\theta}=\dfrac{f_{11\theta}}{N_1v_1},f'_{1z}=\dfrac{f_{11z}}{N_1v_1}\\[2ex]
f'_{12r}=\dfrac{f_{12r}}{N_2v_2},f'_{12\theta}=\dfrac{f_{12\theta}}{N_2v_2},f'_{1z}=\dfrac{f_{12z}}{N_2v_2}
\end{cases}
\tag{12.3.42}
$$

f_{11r}，$f_{11\theta}$，f_{11z} 分别为模式 1 对电子注 1 的径向、角向和纵向电磁作用力，f_{12r}，$f_{12\theta}$，f_{12z} 分别为模式 2 对电子注 1 的径向、角向和纵向电磁作用力. 将场表达式代入式(12.3.42)可得模式 1 对电子注 1 中电子的电磁作用力：

$$
\begin{cases}
f'_{11r}=\dfrac{e}{N_1}\sum\limits_l\left(\dfrac{l}{r}-\dfrac{k_{c1}^2 v_\perp}{\omega}-\dfrac{l}{r}\dfrac{k_{/\!/}v_z}{\omega}\right)J_l(k_{c1}r_0)Z_{m_1-l}(k_{c1}R_1)\\
f'_{11\theta}=j\dfrac{ek_{c1}}{N_1}\sum\limits_l\left(1-\dfrac{k_{/\!/}v_z}{\omega}\right)J'_l(k_{c1}r_0)Z_{m_1-l}(k_{c1}R_1)\\
f'_{11z}=j\dfrac{ek_{c1}}{N_1}\dfrac{k_{/\!/}v_\perp}{\omega}\sum\limits_l J'_l(k_{c1}r_0)Z_{m_1-l}(k_{c1}R_1)
\end{cases}
\tag{12.3.43}
$$

模式 2 对电子注 1 中电子的电磁作用力为

$$
\begin{cases}
f'_{12r}=\dfrac{e}{N_2}\sum\limits_l\left(\dfrac{l}{r}-\dfrac{k_{c2}^2 v_\perp}{\omega}-\dfrac{l}{r}\dfrac{k_{/\!/}v_z}{\omega}\right)J_l(k_{c2}r_0)Z_{m_2-l}(k_{c2}R_1)\\
f'_{12\theta}=j\dfrac{ek_{c2}}{N_2}\sum\limits_l\left(1-\dfrac{k_{/\!/}v_z}{\omega}\right)J'_l(k_{c2}r_0)Z_{m_2-l}(k_{c2}R_1)\\
f'_{12z}=j\dfrac{ek_{c2}}{N_2}\dfrac{k_{/\!/}v_\perp}{\omega}\sum\limits_l J'_l(k_{c2}r_0)Z_{m_2-l}(k_{c2}R_1)
\end{cases}
\tag{12.3.44}
$$

在式(12.3.43)、式(12.3.44)中，R_1 为电子注 1 的引导半径，r_0 为电子的拉莫半径，k_{c1}、k_{c2}分别为模式 1、模式 2 的横向截止波数.

对电子注 2，令 $a_{2c\pm}=k_2 v_\pm$，可得

$$
\begin{cases}
\dfrac{da_{2c+}}{dt}=-j\dot{\theta}_0 a_{2c+}-k_2C_{21+}a_{1+}-k_2C_{21+}a_{1-}-k_2C_{22+}a_{2+}-k_2C_{22+}a_{2-}\\
\dfrac{da_{2c-}}{dt}=j\dot{\theta}_0 a_{2c-}-k_2C_{21-}a_{1+}-k_2C_{21-}a_{1-}-k_2C_{21-}a_{2+}-k_2C_{21-}a_{2-}
\end{cases}
\tag{12.3.45}
$$

式(12.3.45)中，模式 1 对电子注 2 的作用项为

$$
\begin{cases}
C_{21+}=\sqrt{2Z_1}\left\{\dfrac{f'_{21r}+jf'_{21\theta}}{m_0\gamma_0}+j\dfrac{r_0\dot{\theta}_0}{m_0\gamma_0 c}(\beta_\perp f'_{21\theta}+\beta_{/\!/}f'_{21z})\left(\dfrac{\dot{\theta}_0}{\Omega_1}+1\right)\right\}\Big/N_1\\
C_{21-}=\sqrt{2Z_1}\left\{\dfrac{f'_{21r}-jf'_{21\theta}}{m_0\gamma_0}+j\dfrac{r_0\dot{\theta}_0}{m_0\gamma_0 c}(\beta_\perp f'_{21\theta}+\beta_{/\!/}f'_{21z})\left(\dfrac{\dot{\theta}_0}{\Omega_1}-1\right)\right\}\Big/N_1
\end{cases}
\tag{12.3.46}
$$

模式 2 对电子注 2 的作用项为

$$
\begin{cases}
C_{22+}=\sqrt{2Z_2}\left\{\dfrac{f'_{22r}+jf'_{22\theta}}{m_0\gamma_0}+j\dfrac{r_0\dot{\theta}_0}{m_0\gamma_0 c}(\beta_\perp f'_{22\theta}+\beta_{/\!/}f'_{22z})\left(\dfrac{\dot{\theta}_0}{\Omega_2}+1\right)\right\}\Big/N_2\\
C_{22-}=\sqrt{2Z_2}\left\{\dfrac{f'_{22r}-jf'_{22\theta}}{m_0\gamma_0}+j\dfrac{r_0\dot{\theta}_0}{m_0\gamma_0 c}(\beta_\perp f'_{22\theta}+\beta_{/\!/}f'_{22z})\left(\dfrac{\dot{\theta}_0}{\Omega_2}-1\right)\right\}\Big/N_2
\end{cases}
\tag{12.3.47}
$$

模式 1、模式 2 对电子注 2 的归一化作用力表示为

$$
\begin{cases}
f'_{21r}=\dfrac{f_{21r}}{N_1 v_1},\ f'_{21\theta}=\dfrac{f_{21\theta}}{N_1 v_1},\ f'_{2z}=\dfrac{f_{21z}}{N_1 v_1}\\
f'_{22r}=\dfrac{f_{22r}}{N_2 v_2},\ f'_{2\theta}=\dfrac{f_{22\theta}}{N_2 v_2},\ f'_{2z}=\dfrac{f_{22z}}{N_2 v_2}
\end{cases}
\tag{12.3.48}
$$

f_{21r}，$f_{21\theta}$，f_{21z}分别为模式 1 对电子注 2 的径向、角向和纵向电磁作用力，f_{22r}，$f_{22\theta}$，f_{22z}分别为模式 2 对电子注 2 的径向、角向和纵向电磁作用力. 将 TE 模场的表达式代入式(12.3.41)可得模式 1 对电子注 2 的电磁作用表达式：

$$
\begin{cases}
f'_{21r}=\dfrac{e}{N_1}\sum\limits_l\left(\dfrac{l}{r}-\dfrac{k_{c1}^2 v_\perp}{\omega}-\dfrac{l}{r}\dfrac{k_{/\!/}v_z}{\omega}\right)J_l(k_{c1}r_0)Z_{m_1-l}(k_{c1}R_2)\\
f'_{21\theta}=j\dfrac{ek_{c1}}{N_1}\sum\limits_l\left(1-\dfrac{k_{/\!/}v_z}{\omega}\right)J'_l(k_{c1}r_0)Z_{m_1-l}(k_{c1}R_1)\\
f'_{21z}=j\dfrac{ek_{c1}}{N_1}\dfrac{k_{/\!/}v_\perp}{\omega}\sum\limits_l J'_l(k_{c1}r_0)Z_{m_1-l}(k_{c1}R_1)
\end{cases}
\tag{12.3.49}
$$

模式 2 对电子注 2 的电磁作用力表达式：

$$\begin{cases} f'_{22r}=\dfrac{e}{N_2}\sum\limits_l\left(\dfrac{l}{r}-\dfrac{k_{c2}^2 v_\perp}{\omega}-\dfrac{l}{r}\dfrac{k_{/\!/}v_z}{\omega}\right)\mathrm{J}_l(k_{c2}r_0)Z_{m_2-l}(k_{c2}R_2)\\ f'_{22\theta}=\mathrm{j}\dfrac{ek_{c2}}{N_2}\sum\limits_l\left(1-\dfrac{k_{/\!/}v_z}{\omega}\right)\mathrm{J}'_l(k_{c2}r_0)Z_{m_2-l}(k_{c2}R_2)\\ f'_{22z}=\mathrm{j}\dfrac{ek_{c2}}{N_2}\dfrac{k_{/\!/}v_\perp}{\omega}\sum\limits_l\mathrm{J}'_l(k_{c2}r_0)Z_{m_2-l}(k_{c2}R_2)\end{cases}\tag{12.3.50}$$

定义

$$\begin{cases} c_{10}^i=2\pi R_1 r_0\rho_{10}\left(1-\dfrac{l_i\dot\theta_{10}}{\Omega_i}\right)(E_{1t\theta}^*+E_{2t\theta}^*)\\ c_{20}^i=2\pi R_2 r_0\rho_{20}\left(1-\dfrac{l_i\dot\theta_{20}}{\Omega_i}\right)(E_{1t\theta}^*+E_{2t\theta}^*)\end{cases}\tag{12.3.51}$$

$\Omega_i=\omega-k_z v_z-l_i\dot\theta_0(i=1,2)$，$l_i$ 为回旋谐波次数.将扰动电流表达式(12.3.51)代入注波耦合项式(12.3.36)可得

$$\begin{cases} A_1=\mathrm{j}c_{10}^1\dfrac{a_{1c+}-a_{1c-}}{k_1}+\mathrm{j}c_{20}^1\dfrac{a_{2c+}-a_{2c-}}{k_2}\\ A_2=\mathrm{j}c_{10}^2\dfrac{a_{1c+}-a_{1c-}}{k_1}+\mathrm{j}c_{20}^2\dfrac{a_{2c+}-a_{2c-}}{k_2}\end{cases}\tag{12.3.52}$$

联立式(12.3.35)、式(12.3.37)、式(12.3.45)、式(12.3.52)可得

$$\begin{bmatrix} \mathrm{j}(k_{/\!/}+k_{z1}) & 0 & 0 & 0 & \dfrac{\mathrm{j}}{2k_1}\sqrt{\dfrac{Z_1}{2}}c_{10}^1 & \dfrac{\mathrm{j}}{2k_2}\sqrt{\dfrac{Z_1}{2}}c_{20}^1\\ 0 & \mathrm{j}(k_{/\!/}-k_{z1}) & 0 & 0 & -\dfrac{\mathrm{j}}{2k_1}\sqrt{\dfrac{Z_1}{2}}c_{10}^1 & -\dfrac{\mathrm{j}}{2k_1}\sqrt{\dfrac{Z_1}{2}}c_{20}^1\\ 0 & 0 & \mathrm{j}(k_{/\!/}+k_{z2}) & 0 & \dfrac{\mathrm{j}}{2k_1}\sqrt{\dfrac{Z_2}{2}}c_{10}^2 & \dfrac{\mathrm{j}}{2k_2}\sqrt{\dfrac{Z_2}{2}}c_{20}^2\\ 0 & 0 & 0 & \mathrm{j}(k_{/\!/}-k_{z2}) & -\dfrac{\mathrm{j}}{2k_1}\sqrt{\dfrac{Z_2}{2}}c_{10}^2 & -\dfrac{\mathrm{j}}{2k_2}\sqrt{\dfrac{Z_2}{2}}c_{20}^2\\ k_1C_{11+} & k_1C_{11+} & k_1C_{12+} & k_1C_{12+} & -\mathrm{j}(\Omega_1+\Omega_2-\dot\theta_0) & 0\\ k_2C_{21+} & k_2C_{21+} & k_2C_{22+} & k_2C_{22+} & 0 & -\mathrm{j}(\Omega_1+\Omega_2-\dot\theta_0)\end{bmatrix}\begin{bmatrix}a_{1+}\\ a_{1-}\\ a_{2+}\\ a_{2-}\\ a_{1c+}\\ a_{2c+}\end{bmatrix}=0\tag{12.3.53}$$

将式(12.3.53)化简即可以到双频同轴双电子注回旋管的色散方程：

$$\begin{aligned}&\left[(\Omega_1+\Omega_2-\dot\theta_0)(k^2-k_{z1}^2)+\mathrm{j}\frac{(C_{10}^1C_{11+}+C_{20}^1C_{21+})k_{z1}\sqrt{Z_1}}{\sqrt2}\right]\\ &\times\left[(\Omega_1+\Omega_2-\dot\theta_0)(k^2-k_{z2}^2)+\mathrm{j}\frac{(C_{10}^2C_{12+}+C_{20}^2C_{22+})k_{z2}\sqrt{Z_2}}{\sqrt2}\right]\\ &+\frac12(C_{10}^2C_{11+}+C_{20}^2C_{21+})(C_{20}^1C_{22+}+C_{10}^1C_{12+})k_{z1}\sqrt{Z_1}k_{z2}\sqrt{Z_2}=0\end{aligned}\tag{12.3.54}$$

(3)同轴单电子注回旋管的耦合波理论

为了便于比较，下面将对同轴单电子注回旋管的耦合波理论进行讨论，电子注的位置与同轴双电子注回旋管中电子注 1 的位置相同，工作模式为模式 1，根据有源麦克斯韦方程组可以得到

$$\begin{cases}\dfrac{\partial a_{1+}}{\partial z}=-\mathrm{j}k_{z1}a_{1+}-\dfrac12\sqrt{\dfrac{Z_1}{2}}A\\ \dfrac{\partial a_{1-}}{\partial z}=\mathrm{j}k_{z1}a_{1-}+\dfrac12\sqrt{\dfrac{Z_1}{2}}A\end{cases}\tag{12.3.55}$$

其中，注波耦合项 $A=\int_S \boldsymbol{J}_1 \cdot \boldsymbol{E}_{t1}^* \mathrm{d}S$. 根据电子运动方程可以得到

$$\begin{cases}\dfrac{\mathrm{d}a_{1c+}}{\mathrm{d}t}=-\mathrm{j}\dot{\theta}_0 a_{1c+}-k_1 C_{11+}a_{1+}-k_1 C_{11+}a_{1-} \\ \dfrac{\mathrm{d}a_{1c-}}{\mathrm{d}t}=\mathrm{j}\dot{\theta}_0 a_{1c-}-k_1 C_{11-}a_{1+}-k_1 C_{11-}a_{1-}\end{cases} \tag{12.3.56}$$

将扰动电流的表达式代入式(12.3.55)，联立式(12.3.55)、式(12.3.56)可得同轴单电子注回旋管的色散方程：

$$\begin{bmatrix}\mathrm{j}(k_{/\!/}+k_{z1}) & 0 & \mathrm{j}\dfrac{1}{2k_1}\sqrt{\dfrac{Z_1}{2}}c_{10} \\ 0 & \mathrm{j}(k_{/\!/}-k_{z1}) & -\mathrm{j}\dfrac{1}{2k_1}\sqrt{\dfrac{Z_1}{2}}c_{10} \\ k_1 C_{11+} & k_1 C_{11+} & -\mathrm{j}(\Omega+\dot{\theta}_0)\end{bmatrix}\begin{bmatrix}a_{1+} \\ a_{1-} \\ a_{1c+}\end{bmatrix}=0 \tag{12.3.57}$$

将式(12.3.57)化简可以得到

$$(\Omega_1-\dot{\theta}_0)(k_{/\!/}^2-k_{z1}^2)+\frac{\mathrm{j}C_{11+}C_{10}k_{z1}\sqrt{Z_1}}{\sqrt{2}}=0 \tag{12.3.58}$$

当单频同轴单电子注工作在模式 2，电子注位置与同轴双电子注回旋管中电子注 2 的位置相同时，其色散方程为

$$(\Omega_2-\dot{\theta}_0)(k_{/\!/}^2-k_{z2}^2)+\frac{\mathrm{j}c_{22+}c_{20}k_{z2}\sqrt{Z_2}}{\sqrt{2}}=0 \tag{12.3.59}$$

2. 数值计算

以一次谐波工作在 100 GHz、二次谐波工作在 200 GHz 的同轴双电子注回旋管为例，一次谐波对应的工作模式为 TE_{02} 模，二次谐波对应工作模式为 TE_{04} 模，电子注电压为 40 kV，电流为 10 A，利用上述耦合波理论来计算其色散关系. 该回旋管的主要参数见表 12.3.1 所列.

表 12.3.1 回旋管主要参数

电子注电压	40 kV
电子注电流	10 A
横纵速度比	1.5
腔体内半径	4 mm
腔体外半径	7 mm
电子注 1 引导半径	4.7 mm
电子注 2 引导半径	5.5 mm
工作模式 1($l=1$)	TE_{02}
工作模式 2($l=2$)	TE_{04}

单频同轴双电子注位置示意图如图 12.3.2 所示.

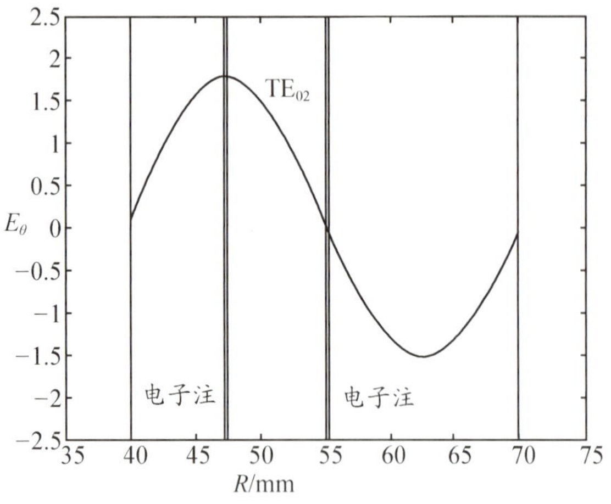

(a) 工作模式为 TE_{02} 模

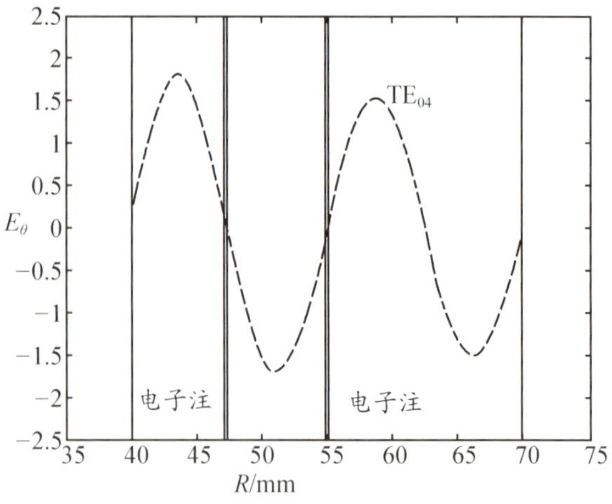

(b) 工作模式为 TE_{04} 模

图 12.3.2　单频同轴双电子注回旋管结构示意图

图 12.3.2 中，(a)为两个电子注都工作在一次谐波，工作模式为 TE_{02} 模；(b)为两个电子注都工作在二次谐波，工作模式为 TE_{04} 模.

图 12.3.3 所示为双频同轴双电子注回旋管示意图. 其中电子注 1、电子注 2 的一次谐波激励 TE_{02} 模，电子注 1、电子注 2 的二次谐波激励 TE_{04} 模.

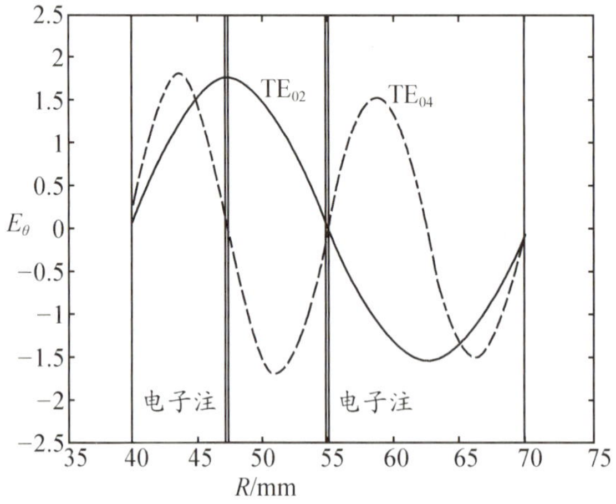

图 12.3.3　双频同轴双电子注回旋管示意图

为方便比较，突出同轴双电子注回旋管的特点，我们考虑同轴单电子注回旋管的情况，其结构示意图如图 12.3.4 所示.

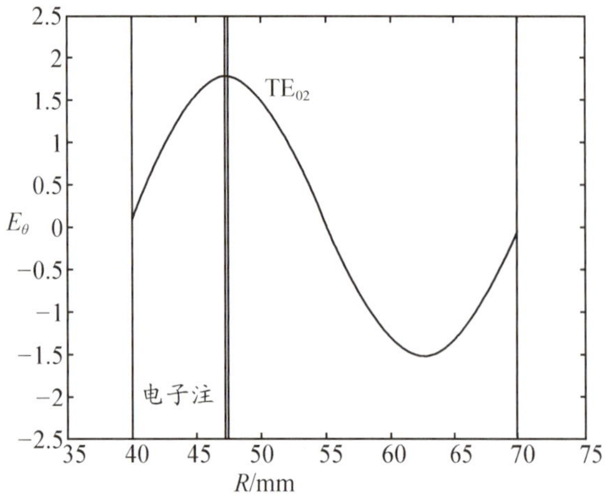

(a) 工作模式为 TE_{02} 模

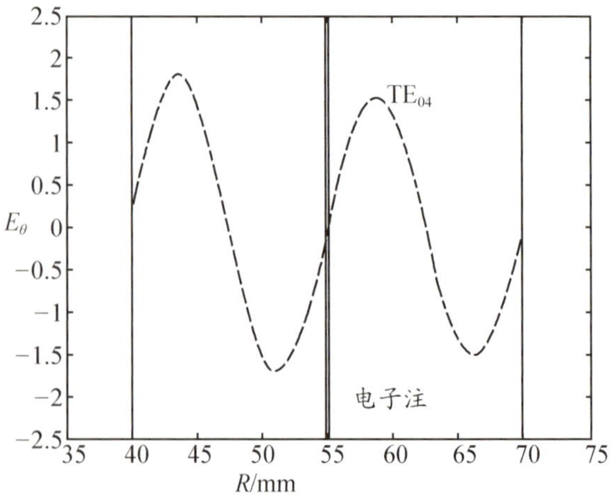

(b) 工作模式为 TE_{04} 模

图 12.3.4　单频同轴单电子注回旋管

在图 12.3.4(a)中，电子注的位置与同轴双电子注回旋管中电子注 1 的位置相同，电子注的一次谐波激励 TE_{02}模；在图 12.3.4(b)中，电子注的位置与同轴双电子注回旋管中电子注 2 的位置相同，电子注的一次谐波激励 TE_{04}模.

图 12.3.5 为单频同轴双电子注回旋管与相同几何结构的同轴单电子注回旋的色散曲线比较. 曲线①对应同轴单电子注回旋管，曲线②对应单频同轴双电子注回旋管. 通过比较可以看出，跟同轴单电子注回旋管相比，在单频同轴双电子注回旋管中，电子注 2 的一次谐波与 TE_{02}模互作用很弱，对 TE_{02}模基本没有产生影响；但电子注 2 的二次谐波与 TE_{04}模的互作用很强，TE_{04}模显著增强.

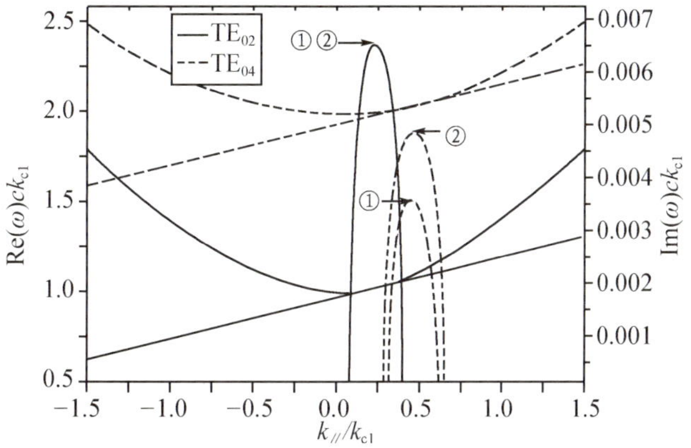

图 12.3.5 单频同轴双电子注回旋管与同轴单电子注回旋管的色散曲线比较

图 12.3.6 为相同几何结构的单频同轴双电子注回旋管和双频同轴双电子注回旋管的色散曲线比较. 曲线②对应单频同轴双电子注回旋管，曲线③对应双频同轴双电子注回旋管. 通过比较可以看出，跟单频同轴双电子注回旋管相比，双频同轴双电子注中的一次回旋谐波对应的 TE_{02}模有所增强，而二次回旋谐波对应的 TE_{04}模的激励则减弱.

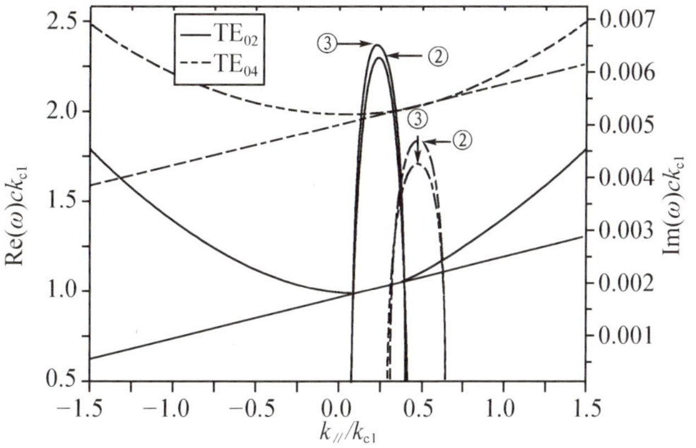

图 12.3.6 单频同轴双电子注回旋管与双频同轴双电子注回旋管的色散曲线比较

图 12.3.7 为相同几何尺寸的单频同轴单电子注回旋管与双频同轴双电子注回旋管的色散曲线比较. 其中，曲线①对应单频同轴单电子注回旋管，线③对应双频同轴双电子注回旋管. 通过比较可以看出，跟单频同轴单电子注回旋管相比，双频同轴双电子注回旋管中一次回旋谐波对应的 TE_{02}模，二次回旋谐波对应的 TE_{04}模均得到增强.

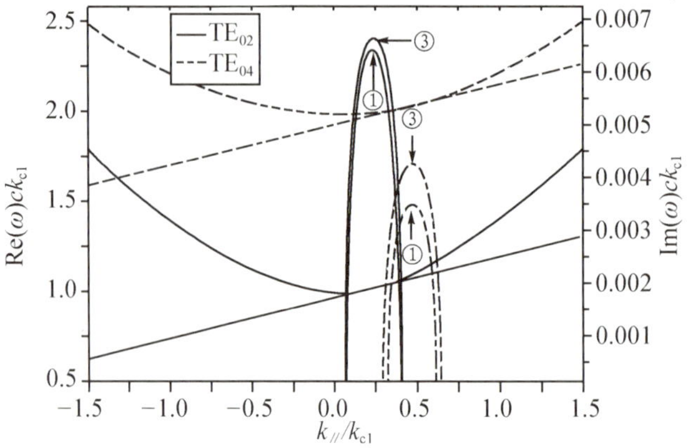

图 12.3.7　单频同轴单电子注回旋管与双频同轴双电子注回旋管的色散曲线比较

图 12.3.5、图 12.3.6 和图 12.3.7 对相同几何尺寸和电子参数的同轴单电子注回旋管、单频同轴双电子注回旋管、双频同轴双电子注回旋管的色散曲线进行了比较. 通过比较发现,由于模式与电子注间的耦合,跟相同几何结构的同轴单电子注回旋管相比,双频同轴双电子回旋管的两个模式都得到增强.

跟同轴单电子注回旋管相比,同轴双电子注回旋管有诸多优点. 通过合理的设计,同轴双电子回旋管既可以单频工作,也可以双频工作. 当其双频工作时,相当于两个单电子注回旋管,且跟单电子注同轴回旋管相比,两个模式都得到增强.

12.4　回旋行波管中的关键技术及其发展历程

1. 回旋行波管概述

20 世纪 50 年代,澳大利亚天文学家特威斯与苏联科学家伽波诺夫-麦格列霍夫分别独立发现电子回旋脉塞(electron cyclotron maser,ECM)机理,回旋行波管便开始了发展. 在回旋行波管的研究发展过程中,重点集中在高效率、高功率、向高频段扩展以及宽带宽等方面. 本小节结合回旋行波管的发展历程,简要概述和总结回旋行波管中的一些关键技术.

2. 抑制不稳定性振荡技术

回旋行波管发展的初期,由于科学家经验尚浅,对回旋行波管中不稳定性振荡等因素的认知有所欠缺,难以提升回旋行波管的输出功率、效率以及增益. 20 世纪八九十年代,任职于台湾清华大学的朱国瑞教授和美国海军实验室的 Y. Y. Lau 等人深入研究了回旋行波管的线性理论、速度离散、空间电荷效应以及不稳定性振荡等问题,概括出引起回旋行波管不稳定性振荡的三大因素,分别为工作模式的自激振荡、寄生模式的返波振荡以及反射振荡.

为了抑制不稳定性振荡,通过在高频线路中加载某种损耗材料是较为有效的方法. 也就是说,损耗材料对工作模式在工作频率附近的衰减较弱,对工作模式的放大信号有着积极的影响;而对在截止频率附近的工作模式衰减较强,进而提高在截止频率附近工作模式自激振荡的起振电流. 此外,损耗材料还对低阶寄生模式有着较强的衰减,从而提高了寄生模式返波振荡的起振长度. 分布式损耗加载如图 12.4.1(a)所示,典型成果为台湾清华大学于 1998 年对 Ka 波段回旋行波管进行的实验研究,该研究采用在圆波导中加载石墨层的分布衰减结构,工作模式为 TE_{11} 模,在 33.6 GHz 处获得了 93 kW 的饱和输出功率,效率为 26.5%,相对带宽为 8.6%,增益为 70 dB. 如图 12.4.1(b)所示为周期损耗陶瓷加载,相较于分布式衰减,由铜环和陶瓷交错分布的结构可以消除陶瓷环上的静电荷积累,而更适合高平均功率运行.美国海军实验室于 2002 年采用该结构进行了 Ka 波段回旋行波管的实验研究,该放大器工作模式为 TE_{01} 模,在 34.1 GHz 处获得了 137 kW 的饱和输出功率,效率为 17%,相对带宽为 3.3%,增益为 47 dB.

(a)分布式损耗介质加载　　(b)周期损耗陶瓷加载

图 12.4.1 介质加载回旋行波管高频结构示意图

除在金属波导中加载损耗材料外,另外一种抑制不稳定性振荡的有效方法为构造具有模式选择特性的高频结构.图 12.4.2(a)为开缝波导结构,图 12.4.2(b)为开槽波导结构.这两种结构的原理是:通过在波导壁上开槽或者开缝可以有效切断寄生模式的壁电流,从槽缝中衍射出寄生模式,使得寄生模式的损耗远大于工作模式,从而达到抑制模式竞争的目的.美国加州大学戴维斯分校于 1996 年开展了基于图 12.4.2(a)所示开缝波导结构的 Ku 波段二次谐波回旋行波管实验,其采用 TE_{21} 模为工作模式,频率为 15.7 GHz,饱和输出功率为 207 kW,效率为 12.9%,相对带宽为 2.1%,增益为 16 dB.之后美国加州大学戴维斯分校又于 1998 年开展了基于图 12.4.2(b)所示开槽波导结构的 X 波段三次谐波回旋行波管实验,其采用类似于磁控管中的 π 模为工作模式,在 10.3 GHz 处获得了 6 kW 的输出功率、5%的效率、3%的相对带宽以及 11 dB 的增益.

与回旋管相似,相比于工作在基波状态下的回旋行波管,谐波次数越高,回旋行波管所需要的工作磁场则大幅降低,极大地降低了实验对磁场的要求.但回旋行波管工作在高次谐波状态下,模式竞争更加激烈.

回旋行波管中的不稳定性振荡,既影响整管的稳定工作状态,又限制了整管性能的完全发挥,因此抑制不稳定性振荡是回旋行波管发展中最为关键的问题.

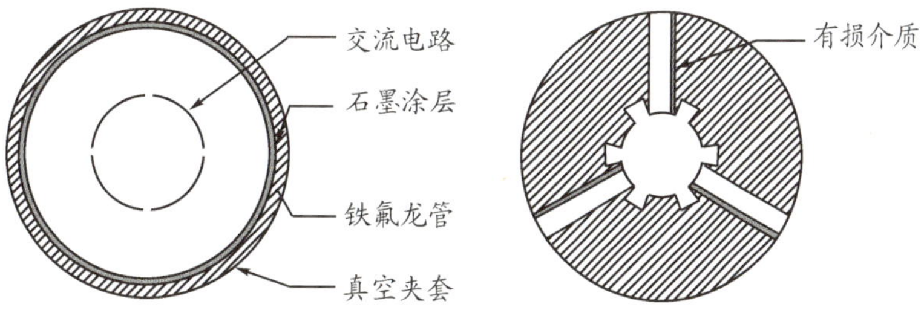

(a)开缝波导结构　　(b)开槽波导结构

图 12.4.2 具有模式选择特性的高频结构

3. 宽带技术

回旋行波管研究中的另一个重要问题是,如何进一步拓展回旋行波管的工作带宽.根据色散曲线可知,回旋行波管高频结构中的注-波互作用发生在波导色散曲线与电子注色散曲线的切点附近,因此如果将高频结构设计为半径沿轴向渐变的波导,并将磁场强度沿轴向渐变,那么波导的色散曲线和电子的色散曲线就可以在较宽的范围上保持相切,带宽就可以得到扩展.

基于这一思路,美国海军实验室于 1995 年开展了 Ka 波段矩形波导半径渐变结构的宽带回旋行波管实验,如图 12.4.3(a)所示,该实验样管的工作模式为 TE_{10} 模式,在 33%的相对带宽上获得了 20 dB 的饱和增益、10%的效率以及 6.3 kW 的峰值输出功率.由于该实验样管仅采用了单段渐变式结构并且受输出窗的限制,因此对反射振荡的影响较为敏感,未能完全发挥该管的性能.之后,美国海军实验室又进行了 Ka 波段回旋行波管实验,该回旋行波管的高频结构采用两段式半径渐变结构,如图 12.4.3(b)所示.该管工作模式为圆波导的 TE_{11} 模,在 20%的相对带宽上获得了 25 dB 的饱和增益、16%的效率以及 8 kW 的峰值输出功率.这两组实验表明,半径渐变结构的回旋行波管能够有效地拓展工作带宽,然而,渐变结构中注-波互作用的过程仅可在较短的长度上有效进行，因此该结构的放大器的增益和效率相对较低.

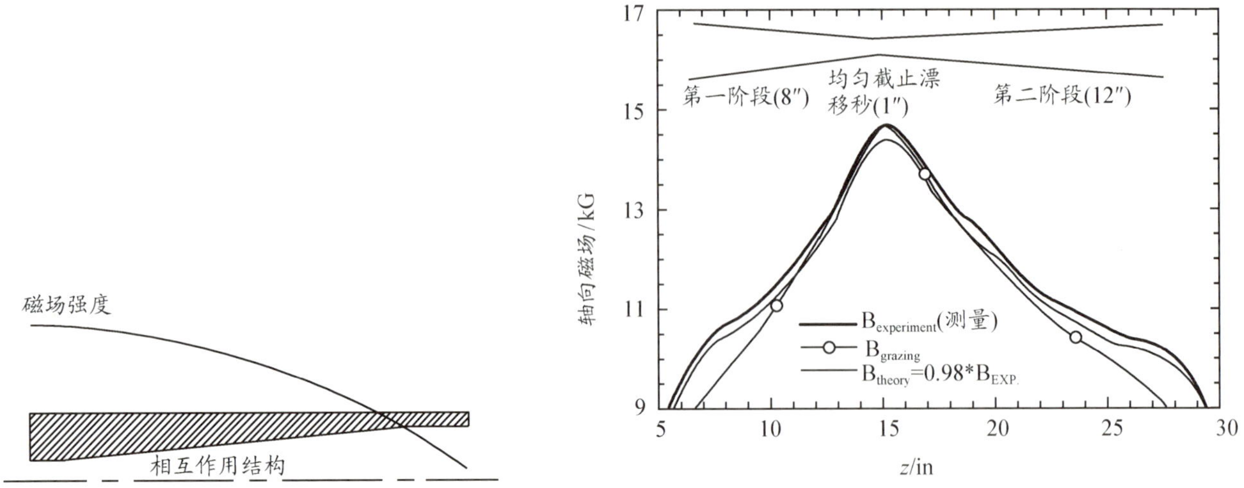

(a)单段式　　　　(b)双段式

图 12.4.3　半径渐变的高频结构

1996 年，加利福尼亚大学洛杉矶分校对 X 波段宽带回旋行波管进行了实验研究. 该回旋行波管在矩形波导中加载低损耗介质(Macor)结构，相对带宽为 11%，峰值输出功率为 55 kW，效率为 11%，增益为 27 dB. 然而，该回旋行波管理论计算的相对带宽为 20%，这是因为电子枪的性能受限，该回旋行波管的宽带特性未能充分发挥.

与加载有耗介质不同的是，之所以在波导中加载损耗为零或者损耗较低的介质，就是为了改变波导的色散特性，使得波导的色散曲线较为“平坦”，从而使电子注与波导模式能够在更宽的频带范围内相互作用.

很多人在该方面做了十分详细的研究，如图 12.4.4(a)所示为全介质加载回旋行波管高频结构示意图，为了改变波导的色散特性，在波导中加载了无耗介质；同时，为了抑制放大器中的不稳定性振荡，在波导中加载有耗介质. 如图 12.4.4(b)所示为介质波导中 TE_{02}^{d} 模的色散曲线随介质厚度的变化，从图中可以看到，随着加载介质厚度的增加，TE_{02}^{d} 模的色散曲线变得更加“平坦”. 通过加载无耗介质，该 Ka 波段宽带回旋行波管 3 dB 带宽为 20%，峰值输出功率为 100 kW，饱和带宽为 44 dB，效率为 15%.

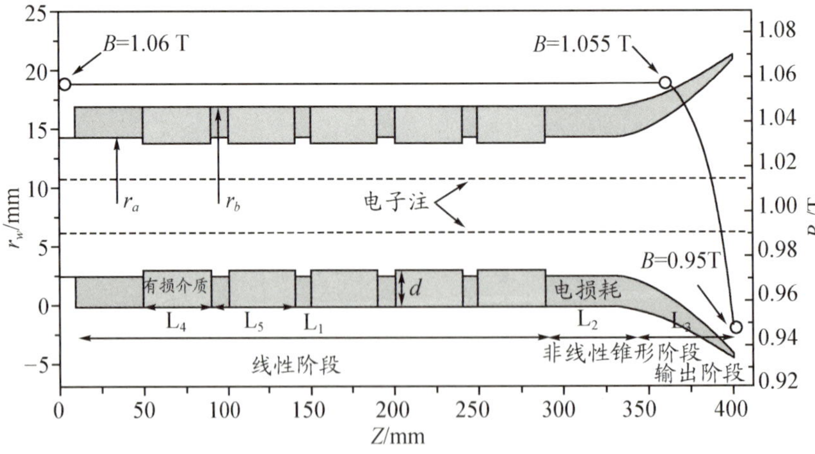

(a)高频结构示意图

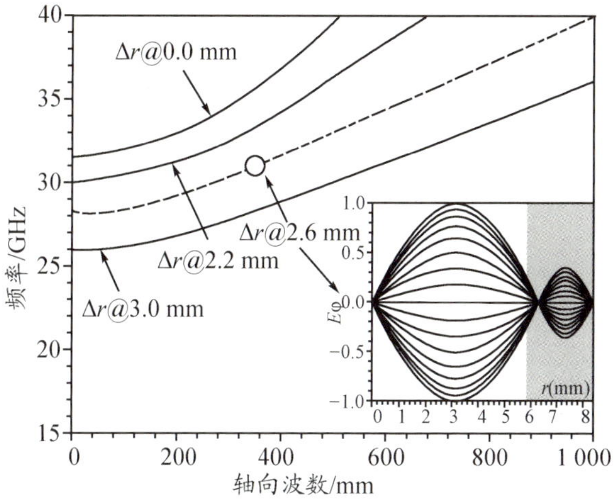

(b)介质厚度对波导色散特性的影响

图 12.4.4　全介质加载宽带回旋行波管

另一种方法是回旋行波管采用 TE_{11} 和 TE_{21} 的耦合模作为工作模式，同时高频互作用结构为螺旋波纹波导(helically corrugated waveguide，HCW)结构，该模式在截止频率附近的色散曲线非常“平坦”，相速近似为常数，如图 12.4.5 所示. 由此可见，采用该结构的回旋行波管具备宽带工作的能力.

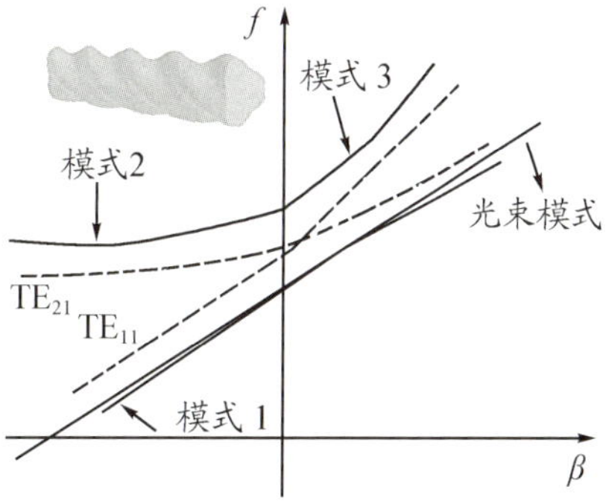

图 12.4.5　螺旋波纹波导模型及色散特性

俄罗斯科学院应用物理研究所和英国格拉斯哥斯特拉斯克莱德大学对基于该结构的回旋行波管和大回旋电子枪开展了一系列的合作研究，工作频段包含 X、Ka、W 波段. 基于螺旋波纹波导的回旋行波管相比于其他结构的回旋行波管具有明显的带宽优势. 但其增益较低，高频结构相对复杂，导致加工较为困难. 表 12.4.1 对该结构的回旋行波管工作参数以及性能进行了总结.

表 12.4.1　螺旋波纹波导结构回旋行波管的研究进展

波段	电压/kV	电流/A	功率/kW	效率	增益/dB	相对带宽	年份/年
X 波段	200	25	1 000	20%	23	10%	1998
	185	20	1 100	29%	37	20%	2000
	185	6	220	20%	24	22%	2007
Ka 波段	80	20	180	27%	25	5%	2002
	21	0.85	4(CW)	22%	27	3%	2012
	70	10	160	36%	20	7%	2014
	40	1.5	7.7(CW)	33%	—	6%	2014
W 波段	35	1	3(CW)	15%	54	2%	2020

4. 高频扩展技术

当工作模式为基模或者低阶模式的回旋行波管工作在高频段时，高频结构的横截面尺寸将会大幅度减小，使得器件的功率容量随之下降；并且和线性注器件一样，给整管的加工、装配以及散热都带来了极大的挑战. 此外，随着截面尺寸的减小，电子注容易打在波导壁上. 因此，回旋行波管采用高阶模工作模式是在高频段工作的重要方法，此外也能提升输出功率.

然而随着回旋行波管工作模式的提升，抑制来自低阶模式的寄生振荡成了重大挑战. 目前，在采用圆波导结构的回旋行波管的实验研究中，采用的最高阶的工作模式是 TE_{02} 模，最高的工作频段为 W 波段，这与采用超高阶模式(如 $TE_{31,8}$ 模)的回旋振荡管相比，仍然属于十分低阶的模式. 美国麻省理工学院对基于准光波导结构和光子晶体结构的回旋行波管进行实验研究，工作频率为 140 GHz 频段和 250 GHz 频段. 准光波导结构和光子晶体结构是迄今为止工作频段最高的两种高频互作用结构. 基于准光结构的回旋行波管将在下一个知识点进行讲述，此处主要介绍基于光子晶体结构的回旋行波管.

采用周期结构的光子晶体对特定频段的电磁波具有禁阻作用，通过在光子晶体中引入光子带隙的缺陷，可以将处于禁带范围内的电磁波限制在光子带隙的缺陷中，使其以高阶模的形式存在. 而禁带范围以外的电磁波从光子晶体缝隙中透射出去. 因此，引入缺陷的光子晶体具有极强的模式选择特性，用于回旋器件的光子晶体高频结构模型如图 12.4.6 所示.

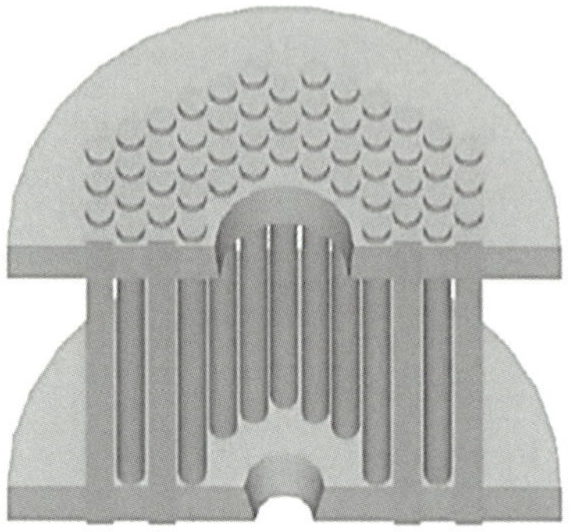

图 12.4.6　光子晶体高频结构模型

美国麻省理工学院于 2001 年进行了 140 GHz 光子晶体回旋振荡管的实验研究，该管采用 TE_{041} 模作为工作模式，工作电压为 68 kV，工作电流为 5 A，峰值输出功率达到了 25 kW，在较大范围内调节磁场，该管并没有观察到寄生模式的存在，显示出了该管具有较强的抑制模式竞争的能力. 美国麻省理工学院于 2013 年开展了 250 GHz 光子晶体回旋行波管的实验，该实验样管采用类 TE_{03} 模为工作模式，在工作电压和电流分别为 32 kV 和 0.345 A 的电子注的驱动下，实现了 38 dB 的增益，45 W 的最高输出功率，0.4 GHz 的 3 dB 带宽. 通过调节电参数，可实现工作频率为 245～256 GHz 的调谐. 当工作电压和电流分别为 19.3 kV 和 0.4 A 时，最大带宽为 4.5 GHz，但在此工作状态下，输出功率仅为 4.4 W，最大增益仅为 24 dB. 由于该实验样管的输入耦合器采用了同轴谐振腔结构，因此限制了该放大器带宽的性能. 之后美国麻省理工学院于 2021 年对该管进行了改进：一方面将输入结构更换为 Vlasov 准光输入耦合器，极大地提升了放大器的带宽；另一方面将高频结构由原先的 26 cm 增长至 30 cm，抑制了输出端带来的不稳定性振荡. 最终，当该管工作电压和电流分别为 22.8 kV 和 0.675 A 时，实现了 8 GHz 的 3 dB 带宽以及最高 38 dB 的增益，并且通过提高工作电流至 0.7 A，该管可实现高于 55 dB 的增益. 此外，基于该实验样管，美国麻省理工学院还进行了对皮秒量级脉冲信号的放大实验. 实验表明，当输入信号的脉宽大于 800 ps 时，输出的脉冲信号不会遭到任何破坏；当输入信号的脉宽小于 800 ps 时，输出信号的脉宽会被压缩.

光子晶体的模式选择特性，可以将回旋行波管的工作频率扩展至更高频段. 然而，光子晶体中的棒状结构在高功率运行时，无法像传统圆波导那样降低欧姆损耗带来的热量，进而影响光子晶体的工作.

5. 基于准光结构的回旋行波管

基于准光结构的回旋行波管是指高频结构由两面圆柱形反射镜组成的横向开敞的波导系统组成，称为“共焦波导”. 该波导系统不存在模式浓缩现象，相比于圆波导等封闭波导系统，其模式密度要稀疏很多. 除此以外，共焦波导具备横向衍射损耗的特性，无须加载损耗介质，便可抑制寄生振荡.

基于上述特点，共焦波导回旋行波管可以在高阶模状态下稳定工作. 同时，在相同频率下共焦波导回旋行波管的高频结构横向尺寸更大，具有更高的功率容量以及更大的电子注通道，电子注具有较好的通过性. 另外，由于共焦波导的本征模具有准高斯波束的特性，因此在输出端可以较为容易地将工作模式转换为高斯波束输出，简化了输出模式变换器的设计. 美国麻省理工学院在准光回旋行波管方面做了很多开创性的研究，也是目前唯一在实验上取得成功的研究机构. 在近 20 年的研究历程中，美国麻省理工学院报道了三次对应用于 DNP/NMR 系统的共焦波导回旋行波管研究实验（工作模式均为 HE_{06} 模，工作频段均为 140 GHz）.

美国麻省理工学院于 2003 年报道了初代实验样管的研究成果，该管采用单截止段结构（即高频互作用结构被截止段分隔为两部分），如图 12.4.7 所示. 通过理论计算，该管工作电压为 65 kV，电流为 7 A，电子注速度比为 1.2 时，并能够在 140 GHz 的频率下输出 100 kW 的功率，增益为 38 dB，效率为 28%以及约 4 GHz 的带宽. 然而在实际测试中，受诸多因素影响，最终通过大范围调节电参数，在电压为 50 kV、电流为 3.9 A、速度比为 0.9 的电子注状态下获得了 27 kW 的峰值输出功率、29 dB 的增益、12%的效率以及 2.3 GHz 的带宽. 实验测试中发现，在脉冲电压的上升沿和下降沿附近（此处电压波动较大，导致该处的电子注速度比也在较大范围上波动）分别出现了频点为 130.74 GHz 和 137.46 GHz 的不稳定性振荡，其中 137.46 GHz 的振荡属于工作模式 HE_{06} 模的绝对不稳定性振荡，而 130.74 GHz 的振荡则认为是发生在电子注通道内的前腔或后腔振荡. 通过对实验结果进行总结可知，电子注速度比大于 1 时电子注的速度零散急剧增大，导致放大器的增益和输出功率急剧下降. 此外，在理论计算中，互作用区的磁场为均匀磁场，而实验中的真实磁场是一个具有坡度的磁场，这也是导致器件性能未能完全发挥的关键因素. 并且，电子注速度比大于 1 时，存在明显的发生于电子注通道内的不稳定性振荡.

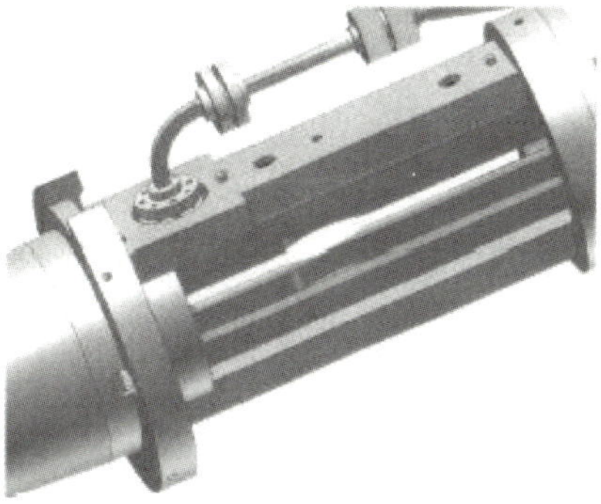

图 12.4.7　单截止段结构的共焦波导高频互作用线路

美国麻省理工学院于 2009 年报道了第二代实验样管的研究成果，第二代实验样管采用双截止段结构（即高频互作用结构被截止段分隔为三部分），如图 12.4.8 所示. 相较于上一代的单截止段结构，双截止段结构更有利于抑制回旋行波管中的返波振荡. 该管理论设计的工作电压为 30 kV，电流为 2 A，电子注速度比为 0.75，通过理论计算可在 141 GHz 处实现大于 1 kW 的输出功率、大于 50 dB 的增益以及 4 GHz 的带宽. 然而在实际测试中，为了避免不稳定性振荡的出现，通过调节工作电压以及阴极区磁场，将电子注的速度比降低至 0.5～0.6，并最终在电压为 37.7 kV、电流为 2.7 A 的状态下，获得 820 W 的峰值输出功率以及 0.8 GHz 的带宽. 此外，在另一工作点处（电压为 38.5 kV，电流为 2.5 A）获得 570 W 的峰值输出功率以及 1.5 GHz 的带宽. 结合一系列测试数据，美国麻省理工学院总结该放大器理论与实验结果存在较大差异的原因如下：(1) 放大器难以在高速度比状态下稳定工作，而较低的速度比降低了放大器的输出功率、效率以及增益；(2) 输入耦合器的带宽较窄（约 1.5 GHz），限制了放大器带宽性能的发挥；(3) 传输线的插损较大且带内平整度较差，也限制了放大器的带宽；(4) 来自输出窗的反射振荡严重影响了放大器的性能.

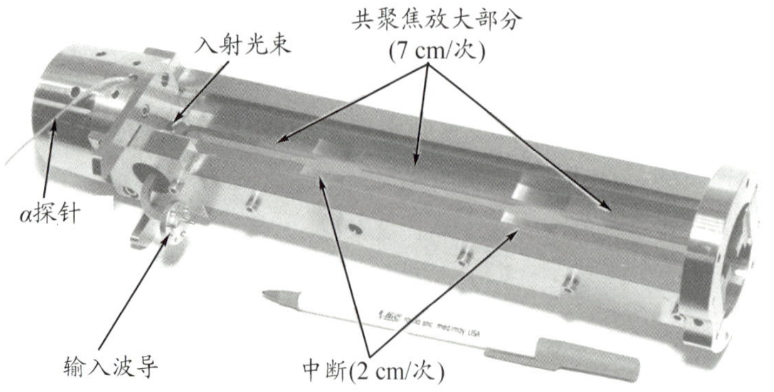

图 12.4.8　双截止段结构的共焦波导高频互作用线路

美国麻省理工学院于 2017 年报道了第三代实验样管的研究成果，第三代实验样管的高频结构采用无截止段的均匀波导，并且在共焦波导外围加载衰减材料以吸收从波导中衍射出来的电磁波，进而达到抑制“空腔模”的目的. 此外，该实验样管采用 Vlasov 型的准光模式变换器作为输入和输出的耦合装置，如图 12.4.9 所示. 经过测试，包括传输线、输入和输出耦合器的整体插损大约为 −12 dB. 该放大器工作电压为 48 kV、电流为 3 A、速度比为 0.64，实现了 35 dB 的最大增益、1.2 GHz 的带宽以及 550 W 的输出功率.

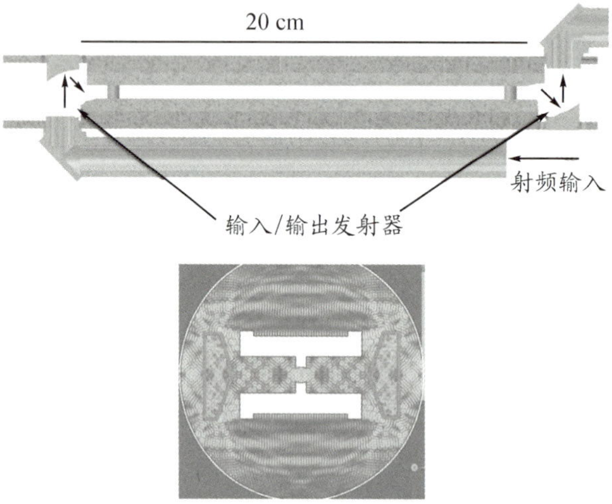

图 12.4.9　无截止段结构的介质加载共焦波导高频互作用线路

国内对准光回旋行波管的研究主要集中在电子科技大学、中国工程物理研究院、中国科技学院空天信息创新研究院等单位. 其中，电子科技大学对基于 HE_{04} 模开展了 W 波段回旋行波管的研究. 在研究中，首次发现了共焦波导的衍射反馈现象，利用动力学理论与非线性理论详细分析了准光回旋行波管中的放大和振荡问题. 此外，该团队于最近提出了一种基于超材料的平板型准光结构的高频互作用电路，如图 12.4.10 所示. 该平板准光结构基于反射型超材料的相位调制原理可以支持类似于共焦波导中的 HE_{0n} 模式，并且相比于共焦波导，其具备更强的模式选择能力. 其仿真结果表明，无须采用截断结构便可以实现稳定的功率放大.

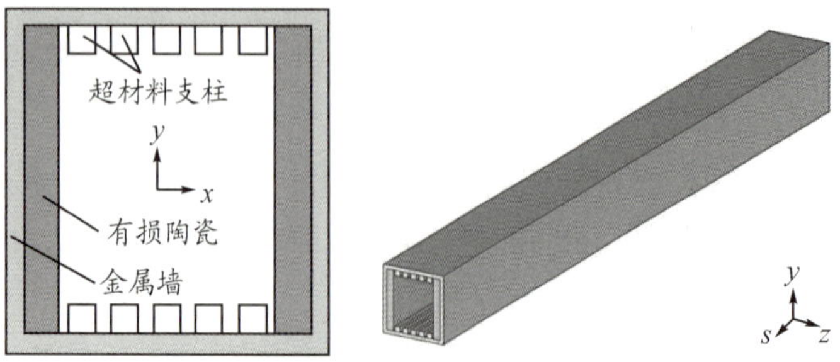

图 12.4.10　超材料加载平板型准光波导互作用结构模型

第 3 篇

自由电子激光

第 13 章　自由电子的自发辐射和散射

13.1 引言

从本章起，我们将讨论自由电子激光(FEL). 从原则上来讲，自由电子激光与电子回旋脉塞一样，利用的是自由电子的受激辐射的工作机理. 不过两者相比，自由电子激光具有以下特点：其一，自由电子激光的工作波段一般位于红外及可见光波段(虽然也有毫米波自由电子激光，但不是典型的)，这也是其被称为“自由电子激光”的原因；其二，在自由电子激光器中，电子的能量一般都很高(在百万伏以上)，因此，属于强相对论效应范围，所以有人把自由电子激光称为“强相对论自由电子受激辐射”；其三，在自由电子激光中，一般有明显的“泵波源”，而在回旋管中，虽然可以认为绝热压缩部分相当于泵的作用，但不如自由电子激光中明显. 因此在自由电子激光中，受激散射机理起着很重要的作用.

从自由电子辐射的角度来看，强相对论条件下的情况比弱相对论条件下的要复杂得多. 例如，在强相对论条件下，自发辐射现象非常重要，而在弱相对论条件下，一般不从自发辐射的观点来考虑问题. 而且，理论与实际都已证明，自由电子的受激辐射与自发辐射之间有密切的关系. 这也是我们在研究自由电子激光之前，先讨论自由电子自发辐射与散射的原因. 我们认为，只有深入地了解自由电子的自发辐射与散射，才能透彻地理解各种自由电子受激辐射，特别是自由电子激光的工作机理.

在本章中，我们讨论自由电子的受激辐射与散射，对自由电子激光的研究放在第 14 章. 在研究自由电子激光时，我们以目前发展较多的静磁泵型为重点，对于其他类型的自由电子激光，也进行适当的分析. 人们对无摇摆场自由电子激光比较重视，本篇最后也会进行一定的叙述.

13.2 运动电荷产生的场

为研究自由电子的自发辐射，首先要研究运动电荷产生的场. 考虑单个运动电荷的情况，如图 13.2.1 所示. 设坐标原点为 O，$p(x,t)$为 t 时刻的观察点，电子在 t 时刻的位置是 $\boldsymbol{r}(t)$，瞬时速度为 $\boldsymbol{v}(t)$. 按照第 5 章所述，观察点 $p(x,t)$的场，是电子在较早时刻 t'产生的场经过$(t-t')$时间传播到 $p(x,t)$点的. 由图可见，

$$\boldsymbol{R}'^2 = |\boldsymbol{r}-\boldsymbol{r}(t')|^2 = \sum_{i=1}^{3}[x_i - x_i(t')]^2 = c^2(t-t')^2 \tag{13.2.1}$$

或者可以写成

$$|\boldsymbol{R}'| = |\boldsymbol{r}-\boldsymbol{r}(t')| = c(t-t') \tag{13.2.2}$$

在 5.8 节中已经求得，四维位矢量函数 $\boldsymbol{\Phi}_{\square}$ 可表示为

$$\boldsymbol{\Phi}_{\square}(x_1, x_2, x_3, x_4) = \frac{\mu_0}{4\pi^2}\int \boldsymbol{J}_{\square}\frac{1}{\boldsymbol{R}'^2_{\square}}\mathrm{d}x_1'\mathrm{d}x_2'\mathrm{d}x_3'\mathrm{d}x_4' \tag{13.2.3}$$

如果在上式中四维电流密度矢量 $\boldsymbol{J}_{\square}(x'_{\square})$是已知的，则四维位矢量 $\boldsymbol{\Phi}_{\square}$ 就可以求出. 要注意的是方程(13.2.3)中 $\boldsymbol{R}'_{\square}$是四维矢量，即除三维空间分量外，还有时间分量.

为不失普遍性，我们可以选择观察的时刻为 $t=0$，即时间 t 从观察时开始计算.

电子运动轨迹可以写成以下形式：

$$\begin{cases} x_i' = f_i(t') \qquad (i=1,2,3) \\ x_4' = f_4(t') = \mathrm{j}ct' \end{cases} \tag{13.2.4}$$

对于单个运动电子，三维电流密度可以写成

$$\boldsymbol{J} = e\boldsymbol{v}(t')\delta[\boldsymbol{r}' - \boldsymbol{r}(t')] \tag{13.2.5}$$

因此得到

$$\begin{aligned} \int \mathrm{d}x_1' \int \mathrm{d}x_2' \int \mathrm{d}x_3' \boldsymbol{J} &= \int \mathrm{d}x_1' \int \mathrm{d}x_2' \int \mathrm{d}x_3' \int \mathrm{d}x_3' e\boldsymbol{v}\delta[\boldsymbol{r}' - \boldsymbol{r}(t')] \\ &= e\boldsymbol{v}(t') = e\frac{\mathrm{d}x'}{\mathrm{d}t'} = e\frac{\mathrm{d}f_i}{\mathrm{d}t'}\boldsymbol{e}_i \end{aligned} \tag{13.2.6}$$

式中，$\boldsymbol{e}_i$ 表示各空间坐标的单位矢量.

将式(13.2.6)代入方程(13.2.3)，可以得到

$$\Phi_{\Box} = \frac{\mu_0}{4\pi^2} e \int \frac{\mathrm{d}x_{\Box}'}{\mathrm{d}t'}\bigg|_{t=t'} \frac{1}{\boldsymbol{R}'^2_{\Box}} \mathrm{d}x_4' \tag{13.2.7}$$

或写成分量形式

$$\Phi_{\mu} = \frac{\mu_0}{4\pi^2} e \int \frac{\mathrm{d}x_{\mu}'}{\mathrm{d}t'} \frac{1}{\boldsymbol{R}'^2_{\Box}} \mathrm{d}x_4' \tag{13.2.8}$$

式中，$\boldsymbol{R}'_{\Box}$ 为四维矢量，所以有

$$\begin{aligned} \boldsymbol{R}'^2_{\Box} &= \sum_{i=1}^{3} [x_i - x_i(t')]^2 + [x_4 - x_4(t')]^2 \\ &= \boldsymbol{R}'^2 + x_4'^2 = \boldsymbol{R}'^2 - c^2 t'^2 \end{aligned} \tag{13.2.9}$$

代入方程(13.2.8)，得

$$\Phi_{\mu} = \frac{\mu_0 e}{4\pi^2} \int \frac{\mathrm{d}x_{\mu}'}{\mathrm{d}t'} \frac{\mathrm{d}x_4'}{(\boldsymbol{R}' - \mathrm{j}x_4')(\boldsymbol{R}' + \mathrm{j}x_4')} \tag{13.2.10}$$

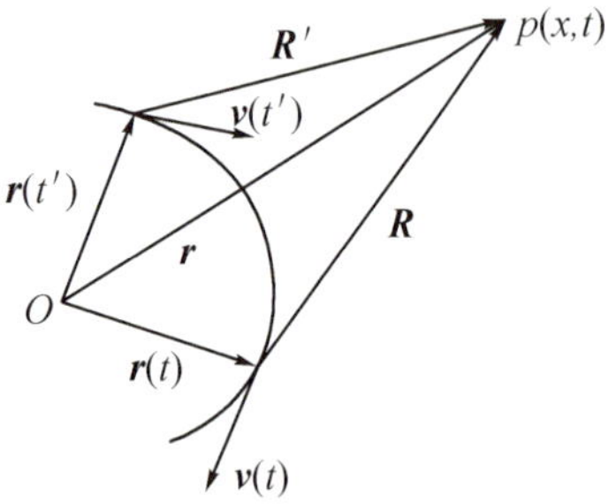

图 13.2.1 单个运动电荷产生的场

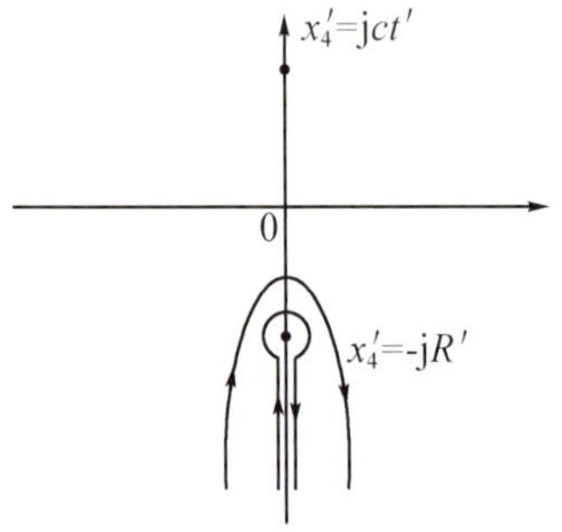

图 13.2.2 Linenard-Wiechert 位积分路径

电子的运动轨迹由方程(13.2.4)表示. 所以 $x_i = f_i(t')$ 可认为是 t' 的解析函数. 方程(13.2.10)中含有两个孤立奇点：$\boldsymbol{R}' = \pm \mathrm{j}x_4'$. 但由于我们已取 $t=0$，所以 t' 总是取负值，因此实际上奇点位于 x_4' 负轴上，如图 13.2.2 所示. 图中同时给出了积分路径，可见积分的主要贡献是沿奇异点的邻域的积分. 为此，将方程(13.2.8)中的 $\boldsymbol{R}'^2_{\Box}$ 在此奇异点展开：

$$\boldsymbol{R}'_{\Box} = \boldsymbol{R}'^2_{\Box}\big|_{t=t'} + \frac{\mathrm{d}\boldsymbol{R}'^2_{\Box}}{\mathrm{d}x_4'}(x_4' - \bar{x}_4') + \cdots \tag{13.2.11}$$

但

$$\boldsymbol{R}'^2_{\Box}\big|_{t=t'} = 0 \tag{13.2.12}$$

而

$$\frac{\mathrm{d}\boldsymbol{R}'^2_{\square}}{\mathrm{d}x'_4}=\frac{1}{\mathrm{j}c}\frac{\mathrm{d}(\boldsymbol{R}'_{\square}\cdot\boldsymbol{R}'_{\square})}{\mathrm{d}t'}=\frac{2}{\mathrm{j}c}(\dot{\boldsymbol{R}}'_{\square}\cdot\boldsymbol{R}'_{\square}) \tag{13.2.13}$$

将上述各式代入方程(13.2.8)可以得到

$$\begin{aligned}\Phi_\mu&=\frac{\mu_0 e}{4\pi^2}\int\frac{\mathrm{d}x'_\mu}{\mathrm{d}t'}\frac{\mathrm{d}x'_4}{\frac{2}{\mathrm{j}c}(\dot{\boldsymbol{R}}'_{\square}\cdot\boldsymbol{R}'_{\square})(x'_4-\overline{x}'_4)}\\&=\frac{\mathrm{j}c\mu_0 e}{4\pi^2}\frac{1}{2(\dot{\boldsymbol{R}}'_{\square}\cdot\boldsymbol{R}'_{\square})}\oint_c\frac{\mathrm{d}x'_\mu}{\mathrm{d}t'}\frac{\mathrm{d}x'_4}{(x'_4-\overline{x}'_4)}\end{aligned} \tag{13.2.14}$$

积分路径如图 13.2.2 所示.

但式(13.2.14)中 $\boldsymbol{R}'_{\square}$ 为四维矢量,因此

$$\begin{cases}\dot{\boldsymbol{R}}'_{\square}=-(\boldsymbol{v}',\mathrm{j}c),\boldsymbol{R}'_{\square}=(\boldsymbol{R}',-\mathrm{j}ct')=(\boldsymbol{R}',\mathrm{j}R')\\\dot{\boldsymbol{R}}'_{\square}\cdot\boldsymbol{R}'_{\square}=-\boldsymbol{v}'\cdot\boldsymbol{R}'+(-\mathrm{j}c)\cdot\mathrm{j}R'=R'c-\boldsymbol{v}'\cdot\boldsymbol{R}'=R'c\left(1-\dfrac{v_{R'}}{c}\right)\end{cases} \tag{13.2.15}$$

式中,$v_{R'}$ 表示电子在 t' 时刻在 $\boldsymbol{R}'$ 方向上的速度分量. 同时在对式(13.2.14)积分时,利用留数定理即可求得

$$\begin{aligned}\Phi_\mu&=\frac{\mathrm{j}c\mu_0 e}{4\pi^2}\frac{1}{2R'c\left(1-\dfrac{v_{R'}}{c}\right)}2\pi\mathrm{j}\frac{\mathrm{d}x'_\mu}{\mathrm{d}t'}\\&=-\frac{\mu_0 e}{4\pi}\frac{1}{R'\left(1-\dfrac{v_{R'}}{c}\right)}\frac{\mathrm{d}x'_\mu}{\mathrm{d}t'}\end{aligned} \tag{13.2.16}$$

注意到

$$\frac{\mathrm{d}x'_\mu}{\mathrm{d}t'}=\left(\frac{\mathrm{d}x'_i}{\mathrm{d}t'},\frac{\mathrm{d}\mathrm{j}ct'}{\mathrm{d}t'}\right)=(\boldsymbol{v}',\mathrm{j}c)$$

将上式中的空间分量及时间分量分别写出,即得到矢量位 $\boldsymbol{A}$ 及标量位 φ 的表达式:

$$\boldsymbol{A}=\frac{\mu_0 e}{4\pi}\cdot\frac{\boldsymbol{v}'}{R'(1-v_{R'}/c)} \tag{13.2.17}$$

$$\varphi=\frac{1}{4\pi\varepsilon_0}\cdot\frac{e}{R'(1-v_{R'}/c)} \tag{13.2.18}$$

上两式称为 Lienard-Wiechert 位,它是研究运动电子产生的场及运动电子辐射的基础.

现在根据以上所得结果,进一步求出运动电子产生的电场和磁场. 场与位函数有以下关系:

$$\begin{cases}\boldsymbol{E}=-\dfrac{\partial\boldsymbol{A}}{\partial t}-\nabla\varphi\\\boldsymbol{B}=\nabla\times\boldsymbol{A}\end{cases} \tag{13.2.19}$$

但在方程(13.2.19)中,微分运算是对观察点($x_1,x_2,x_3;x_4=\mathrm{j}ct$)变量进行的,而求得的位函数 $\boldsymbol{A}$、φ 的方程(13.2.17)、方程(13.2.18)则是以电子瞬时所在点位置的变量($x'_1,x'_2,x'_3;x'_4=\mathrm{j}ct'$)表示的. 因此在计算时,必须考虑到变量之间的变换关系. 我们可以将方程(13.2.17)及方程(13.2.18)看作 t' 的函数,而 t' 又是($x_1,x_2,x_3;x_4=\mathrm{j}ct$)的函数. 于是,按隐函数微分法则,有

$$\frac{\partial R'}{\partial t}=\frac{\partial R'}{\partial t'}\frac{\partial t'}{\partial t}=-\frac{\boldsymbol{R}'\cdot\boldsymbol{v}'}{R'}\cdot\frac{\partial t'}{\partial t} \tag{13.2.20}$$

另外,由 $R'=c(t-t')$ 可得

$$\frac{\partial R'}{\partial t}=c\left(1-\frac{\partial t'}{\partial t}\right) \tag{13.2.21}$$

由上两式可以得到

$$\frac{\partial t'}{\partial t}=\frac{1}{\left(1-\dfrac{\boldsymbol{R}'\cdot\boldsymbol{v}'}{R'c}\right)} \tag{13.2.22}$$

又对 $R'=c(t-t')$ 两边求梯度，可以得到

$$-\nabla' R' + \nabla t' \frac{\partial R'}{\partial t'} = -c\,\nabla t' \tag{13.2.23}$$

式中，∇，∇' 分别表示对 x 及 x' 求导.

但

$$-\nabla' R' = \frac{\boldsymbol{R}'}{R'} \tag{13.2.24}$$

这样由方程(13.2.22)可以得到

$$\nabla t' = -\frac{\boldsymbol{R}'}{c\left(R' - \dfrac{\boldsymbol{R}' \cdot \boldsymbol{v}'}{c}\right)} \tag{13.2.25}$$

利用以上这些结果，将方程(13.2.17)、方程(13.2.18)代入方程(13.2.19)，最后可以求得

$$\boldsymbol{E}(x, \mathrm{j}ct) = \frac{1}{4\pi\varepsilon_0} \frac{e\left(1 - \dfrac{v'^2}{c^2}\right)\left(\boldsymbol{R}' - \dfrac{R' \cdot \boldsymbol{v}'}{c}\right)}{\left(R' - \dfrac{1}{c}\boldsymbol{R}' \cdot \boldsymbol{v}'\right)^3} + \frac{e}{4\pi\varepsilon_0 c^2} \frac{\boldsymbol{R}' \times [(\boldsymbol{R}' - R'\boldsymbol{v}'/c) \times \dot{\boldsymbol{v}}']}{\left(R' - \dfrac{1}{c}\boldsymbol{R}' \cdot \boldsymbol{v}'\right)^3} \tag{13.2.26}$$

$$\boldsymbol{B}(\boldsymbol{x}, \mathrm{j}ct) = \frac{\boldsymbol{R}'}{R'} \times \frac{\boldsymbol{E}}{c} \tag{13.2.27}$$

这里要提醒注意的是，上两式中 $\boldsymbol{E}$ 及 $\boldsymbol{B}$ 均写成 (x', t') 的显函数，因而是 $(\boldsymbol{x}, t)$ 的隐函数. 式中

$$\dot{\boldsymbol{v}}' = \frac{\partial \boldsymbol{v}'}{\partial t'} \tag{13.2.28}$$

方程(13.2.26)及方程(13.2.27)表明，运动电子产生的电场和磁场相互正交，两者又均同 $\boldsymbol{R}'$ 正交.

由方程(13.2.26)还可进一步看到，运动电子产生的场可以分成性质不同的两部分. 第一部分仅与电子的运动速度有关，由式中第一项决定. 当 R' 很大时，这部分场与 $1/\boldsymbol{R}'$ 成正比. 由式中第二项代表的场与 $\boldsymbol{v}'$ 无关，而是取决于 $\dot{\boldsymbol{v}}$，即取决于电子运动的加速度，这是第二部分场，当 $\boldsymbol{R}'$ 很大时，这部分场与 $1/\boldsymbol{R}'$ 成正比. 显然，磁场也可分成这样的两部分. 可以指出，上述第一部分场是与粒子本身联系在一起的，因而不引起辐射效应. 第二部分场则是粒子产生辐射的场. 事实上，我们包围电子做一个封闭面积分，只要封闭球面的半径足够大，则有

$$\int \boldsymbol{P} \cdot \mathrm{d}s = \int (\boldsymbol{E} \times \boldsymbol{H}^*) \cdot \mathrm{d}s = \int (\boldsymbol{E}_1 \times \boldsymbol{H}_1^* + \boldsymbol{E}_2 \times \boldsymbol{H}_2^*) \cdot \mathrm{d}s$$

$$\sim \{E_1^2 \cdot 4\pi R'^2 + E_2^2 \cdot 4\pi R'^2\} \sim \left\{\frac{4\pi}{R'^4} R'^2 + \frac{4\pi}{R'^2} R'^2\right\} \sim \{0 + \text{有限值}\}$$

可见第一部分对辐射无贡献.

仅与粒子运动速度有关的那部分场不产生辐射，这点从相对论角度来看是容易理解的. 因为无加速度的运动都是匀速直线运动(静止是其特殊情形)，而匀速直线运动系统是一个惯性系，这样，无加速运动的电子产生的场，在此运动系统中是一个静止场，而静止场是不产生辐射的.

以上讨论的是单个运动电荷产生的场. 如果有很多个电子，则在电子之间的互作用可以忽略的情况下，总的场就是各单个电子产生的场的线性叠加. 当电子之间的互作用不能忽略时，情况就要复杂得多.

13.3 单个匀速运动电子的场

我们来详细地分析一种最简单的情况，即做直线匀速运动的电子产生的电磁场. 在这种情况下，$\dot{\boldsymbol{v}}=0$，由方程(13.2.26)及方程(13.2.27)可以得到场的表达式为

$$\begin{cases}\boldsymbol{E}(x,\text{j}ct)=\dfrac{1}{4\pi\varepsilon_0}\dfrac{e\left(1-\dfrac{v'^2}{c^2}\right)\left(\boldsymbol{R}'-\dfrac{R'\boldsymbol{v}''}{c}\right)}{\left(R'-\dfrac{1}{c}\boldsymbol{R}'\cdot\boldsymbol{v}'\right)^3}\\ \boldsymbol{B}(x,\text{j}ct)=\dfrac{\boldsymbol{R}'}{R'}\times\dfrac{\boldsymbol{E}}{c}\end{cases} \tag{13.3.1}$$

如 13.2 节所述，在式(13.3.1)中将场通过(x',t')变量写出，因而是(x,t)的隐函数，不便于计算. 我们希望能得到显函数的形式，即希望用(x,t)变量写出. 自然可以利用式(13.3.1)进行变换，不过，直接从四维位函数变换着手，可以更为方便. 为此将位函数重新写出：

$$\begin{cases}\boldsymbol{A}=\dfrac{\mu_0}{4\pi}\dfrac{e\boldsymbol{v}'}{\left(R'-\dfrac{\boldsymbol{R}'\cdot\boldsymbol{v}'}{c}\right)}\\ \varphi=\dfrac{1}{4\pi\varepsilon_0}\dfrac{e}{\left(R'-\dfrac{\boldsymbol{R}'\cdot\boldsymbol{v}'}{c}\right)}\end{cases} \tag{13.3.2}$$

因此我们的任务就是将 $\boldsymbol{v}'$及$\boldsymbol{R}'$用 $\boldsymbol{v}$ 及 $\boldsymbol{R}$ 来表示.

如图 13.3.1 所示，设电子在 t 时刻的位置为 A 点，观察点为 P 点，$\overrightarrow{AP}=\boldsymbol{R}$；在 t'时刻电子位于 A'点，$\overrightarrow{A'P}=\boldsymbol{R}'$. 电子由 A'点到达 A 点时，场由 A'点传播到达 P 点. 因此有

$$A'B=\boldsymbol{v}'\cdot\frac{\boldsymbol{R}'}{c}=\boldsymbol{v}\cdot\frac{\boldsymbol{R}'}{c} \tag{13.3.3}$$

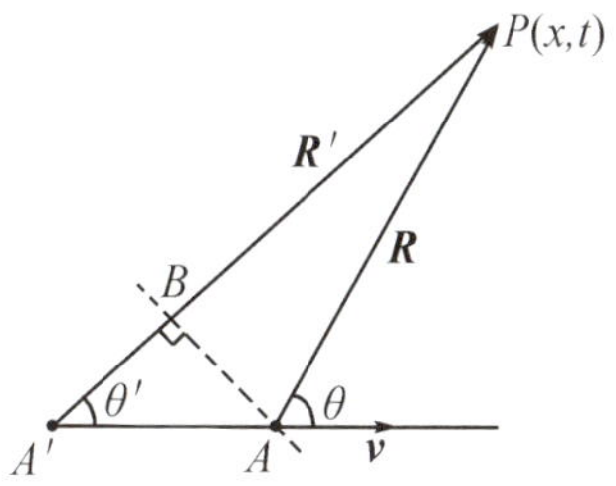

图 13.3.1　单个匀速运动电子的场

因为考虑的是匀速运动，所以 $v'=v$. 由图 13.3.1 又可看到

$$\boldsymbol{R}'-\boldsymbol{R}=\boldsymbol{v}(t-t')=\frac{R'}{c}\boldsymbol{v} \tag{13.3.4}$$

$$\begin{cases}\overline{A'B}=\dfrac{1}{c}\boldsymbol{R}'\cdot\boldsymbol{v}\\ \overline{AB}=\dfrac{1}{c}|\boldsymbol{R}\times\boldsymbol{v}|\end{cases} \tag{13.3.5}$$

于是可以求得

$$\left(R'-\frac{\boldsymbol{R}'\cdot\boldsymbol{v}'}{c}\right)^2=R^2-\left|\frac{\boldsymbol{R}\times\boldsymbol{v}}{c}\right|^2=R^2-\frac{R^2v^2}{c^2}\sin^2\theta \tag{13.3.6}$$

式中，θ 是 $\boldsymbol{v}$ 和 $\boldsymbol{R}$ 之间的夹角. 因而有

$$\left(R'-\frac{\boldsymbol{R}'\cdot\boldsymbol{v}'}{c}\right)=R\left(1-\frac{v^2}{c^2}\sin^2\theta\right)^{\frac{1}{2}} \tag{13.3.7}$$

将上式代入式(13.3.2)即得

$$\begin{cases}\boldsymbol{A}=\dfrac{\mu_0}{4\pi}\dfrac{e\boldsymbol{v}}{R(1-\beta^2\sin^2\theta)^{\frac{1}{2}}}\\ \varphi=\dfrac{1}{4\pi\varepsilon_0}\dfrac{e}{R(1-\beta^2\sin^2\theta)^{\frac{1}{2}}}\end{cases} \tag{13.3.8}$$

式中，$\beta=v/c$.

这样，将 $\boldsymbol{A}$ 及 φ 表示成观察点坐标及时间的函数，就可用通常的方法求出电场和磁场：

$$\begin{cases}\boldsymbol{E}=\dfrac{1}{4\pi\varepsilon_0}\dfrac{e(1-\beta^2)\boldsymbol{R}}{R^3(1-\beta^2\sin 2\theta)^{3/2}} \\ \boldsymbol{B}=\dfrac{\boldsymbol{v}\times\boldsymbol{E}}{c^2}\end{cases} \tag{13.3.9}$$

匀速直线运动电子所产生的场，也可以用洛伦兹变换直接求出，具体求法读者可以自行进行. 这里我们仅提醒，在方程(13.3.9)中，分母中的系数$(1-\beta^2\sin^2\theta)$及分子中的系数$(1-\beta^2)$是由相对论效应引起的. 或者更具体地说，是按洛伦兹公式进行坐标变换产生的.

方程(13.3.9)就是在静止坐标系中观察到的匀速直线运动产生的场. 由此可以看到，电场 $\boldsymbol{E}$ 与 $\boldsymbol{R}$ 平行，磁场 $\boldsymbol{B}$ 与 $\boldsymbol{E}$ 及 $\boldsymbol{v}$ 垂直. 此外，一个重要的情况是电场在各个方向上并不是均匀的，这种情况可以从图 13.3.2 中看出. 图(a)为静止电子的场，可以看成是在运动坐标系中看到的场，在运动坐标系中的场与静电场完全一致. 图(b)为在静止坐标系中看到的场，可见场集中于横方向. 由方程(13.3.9)可以看到，在横方向($\theta=\pm\pi/2$)，场比较大，而在平行于速度方向($\theta=0$ 或 π)，场比较小. 按相对论的观点，可以这样来想象：在垂直于速度的方向，距离 R 缩短了$(1-\beta^2)^{\frac{1}{2}}$. 当电子速度很大时，$v\approx c$，这时场几乎全部集中在垂直方向上. 另一个重要的差别是：与静止场比较，场的幅度减小了$(1-\beta^2)$，好像电子的电荷减小了$(1-\beta^2)$一样.

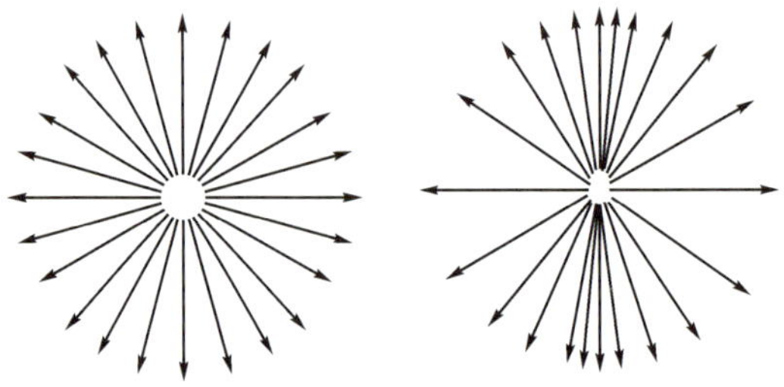

(a)　　(b)

图 13.3.2　静止电荷(a)与运动电荷(b)产生的场

我们来看看单位时间通过单位面积的能量流：

$$\boldsymbol{p}=\boldsymbol{E}\times\boldsymbol{H}^*=\boldsymbol{E}\times\frac{1}{\mu_0}\boldsymbol{B} \tag{13.3.10}$$

将式(13.3.9)代入式(13.3.10)得

$$\boldsymbol{p}=\varepsilon_0\boldsymbol{E}\times(\boldsymbol{v}\times\boldsymbol{E})=\varepsilon_0 E^2\left[\boldsymbol{v}-(\boldsymbol{v}\cdot\boldsymbol{E})\frac{\boldsymbol{E}}{E}\right] \tag{13.3.11}$$

当 $v\approx c$ 时，场完全集中在垂直方向，因此 $\boldsymbol{v}\cdot\boldsymbol{E}\approx 0$，于是将得到

$$\boldsymbol{p}=\varepsilon_0 E^2\boldsymbol{v}$$

可见场的能量以速度 $\boldsymbol{v}$ 沿电子运动的方向前进，这再次说明匀速运动电子的场是与电子本身联系在一起的. 实际上，当 $v=c$ 时，除电子所在点为一奇异点以外①，电磁波好像一个平面的冲击波，以电子运动的速度 $v=c$ 前进.

13.4 加速运动电子的辐射场

考虑加速运动时运动电子产生的场，已由方程(13.2.26)、方程(13.2.27)给出，由于方程比较复杂，所

①如果把电子当作一个质点，则电子所在点为奇异点；如果把电子当作一个荷电小球，则可以求出小球的半径. 对这个问题的讨论，可参看以后各节及有关的电动力学书籍和文献.

以我们分以下几种具体情况来加以分析.

1. 非相对论情况

如果电子的运动速度较小,则在方程(13.2.26)中,$v'^2/c^2 \ll 1$ 及 $v'/c \ll 1$ 可以略去,这样可得到简化的表示式

$$\begin{cases} \boldsymbol{E} = \dfrac{e\boldsymbol{R}'}{4\pi\varepsilon_0 R'^3} + \dfrac{e}{4\pi\varepsilon_0 c^2 R'^3}\boldsymbol{R}' \times (\boldsymbol{R}' \times \dot{\boldsymbol{v}}) \\ \boldsymbol{B} = \dfrac{\boldsymbol{R}'}{R'} \times \dfrac{\boldsymbol{E}}{c} \end{cases} \tag{13.4.1}$$

前面已经提出,方程(13.4.1)中第一项相当于静止场,与辐射无关.第二项是决定辐射的项.我们主要研究场的辐射,所以来研究上式中的第二项,即

$$\begin{cases} \boldsymbol{E}_r = \dfrac{e\boldsymbol{R}' \times (\boldsymbol{R}' \times \dot{\boldsymbol{v}}')}{4\pi\varepsilon_0 c^2 R'^3} = \dfrac{e\,\boldsymbol{e}_{R'} \times (\boldsymbol{e}_{R'} \times \dot{\boldsymbol{v}}')}{4\pi\varepsilon_0 c^2 R'} \\ \boldsymbol{B}_r = \dfrac{1}{c}\boldsymbol{e}_{R'} \times \boldsymbol{E}_r = \dfrac{e}{4\pi\varepsilon_0 c^3 R'}\dot{\boldsymbol{v}}' \times \boldsymbol{e}_{R'} \end{cases} \tag{13.4.2}$$

式中,$\boldsymbol{e}_{R'}$ 表示在 $\boldsymbol{R}'$ 方向上的单位矢量.由方程(13.4.2)可见,辐射场在 $\dot{\boldsymbol{v}}$ 及 $\boldsymbol{n}$ 的平面内线性极化.

辐射功率流密度矢量可表示为

$$\boldsymbol{p} = \boldsymbol{E}_r \times \boldsymbol{H}_r^* = \frac{1}{\mu_0}\boldsymbol{E}_r \times \boldsymbol{B}_r^* = \frac{1}{\mu_0 c}\boldsymbol{E}_r \times (\boldsymbol{e}_{R'} \times \boldsymbol{E}_r) = \varepsilon_0 c E^2 \boldsymbol{e}_{R'} \tag{13.4.3}$$

将方程(13.4.2)代入上式,可得

$$\boldsymbol{p} = \frac{e^2}{16\pi^2\varepsilon_0 c^3}\frac{\dot{\boldsymbol{v}}'^2}{R'^2}\sin^2\theta\,\boldsymbol{e}_{R'} \tag{13.4.4}$$

式中,θ 表示 $\boldsymbol{R}'$ 与 $\dot{\boldsymbol{v}}'$ 之间的夹角.

功率流密度矢量 $\boldsymbol{p}$ 表示单位时间内通过单位面积辐射的能量,更确切地说,$\boldsymbol{p}$ 表示观察者在时间 t、位置 $p(x,t)$ 所测得的单位时间通过单位面积辐射的能量.因此可以看到,这能量是电子在 t' 时刻、$A'(x',t')$ 位置上辐射的.方程(13.4.4)表明,功率流密度矢量是沿 $\boldsymbol{e}_{R'}$ 指向,这表明功率流密度矢量是从电子瞬时所在位置沿 $\boldsymbol{R}'$ 方向的.不过,因为场沿各方向的分布并不均匀,所以辐射场也不是均匀分布的.通过 θ 方向单位立体角内的功率流密度,即辐射能量的角分布为

$$\frac{\mathrm{d}P}{\mathrm{d}\Omega} = (\boldsymbol{p} \cdot \boldsymbol{e}_{R'})R'^2 = \frac{e^2\dot{\boldsymbol{v}}'^2}{16\pi^2\varepsilon_0 c^3}\sin^2\theta \tag{13.4.5}$$

式中,P 表示单位时间内电子辐射的总能量.功率流密度在空间的分布如图 13.4.1 所示.由图可见,在与 $\dot{\boldsymbol{v}}'$ 垂直的方向辐射最强,而在 $\dot{\boldsymbol{v}}'$ 平行的方向上没有辐射.由此得出:低能电子加速辐射主要沿 $\dot{\boldsymbol{v}}'$ 垂直的方向.

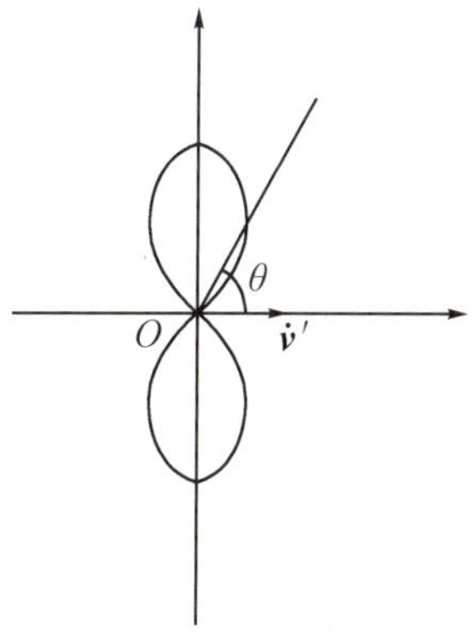

图 13.4.1　低能电子的加速辐射特性

电子辐射的总能量为

$$\begin{aligned} P(t') &= \int (\boldsymbol{p} \cdot \boldsymbol{e}_{R'})R'^2\mathrm{d}\Omega \\ &= \frac{e^2\dot{\boldsymbol{v}}^2}{16\pi^2\varepsilon_0 c^3}\int_0^{2\pi}\mathrm{d}\varphi\int_0^{\pi}\sin^2\theta \cdot \sin\theta\mathrm{d}\theta \\ &= \frac{e^2\dot{\boldsymbol{v}}^2}{6\pi\varepsilon_0 c^3} \end{aligned} \tag{13.4.6}$$

电子在单位时间内辐射的总能量,应等于电子总能量的减少,即

$$P(t)=\frac{-\mathrm{d}W}{\mathrm{d}t}=\frac{e^2\dot{\boldsymbol{v}}}{6\pi\varepsilon_0c^3} \tag{13.4.7}$$

式中,W 表示电子的能量.方程(13.4.6)和方程(13.4.7)表明,当电子的加速度不是很大时,低能电子的辐射是很微弱的.这两个方程常称为 Larmor 公式.

2. 相对论情况

当电子的能量很高时,v/c 及 v^2/c^2 项均不能忽略,需考虑这种情况下引起辐射的场.因此在方程(13.2.26)、方程(13.2.27)中取场的第二项,于是得到

$$\begin{cases}\boldsymbol{E}_r=\dfrac{e}{4\pi\varepsilon_0c^2}\dfrac{\boldsymbol{R}'\times\left[\left(\boldsymbol{R}'-\dfrac{R'}{c}\boldsymbol{v}'\right)\times\dot{\boldsymbol{v}}'\right]}{\left(R'-\dfrac{1}{c}\boldsymbol{R}'\cdot\boldsymbol{v}'\right)^3}\\ \boldsymbol{B}_r=\dfrac{\boldsymbol{R}'}{R'}\times\dfrac{\boldsymbol{E}_r}{c}\end{cases} \tag{13.4.8}$$

这样可以求出辐射功率流密度矢量:

$$\begin{aligned}\boldsymbol{p}&=\boldsymbol{E}_r\times\boldsymbol{H}_r^*=\frac{1}{\mu_0c}\boldsymbol{E}_r\times(\boldsymbol{e}_R{}'\times\boldsymbol{E}_r)=\varepsilon_0cE_r\boldsymbol{e}_{R'}\\&=\frac{e^2}{16\pi^2\varepsilon_0c^3R'^2}\frac{\left|\boldsymbol{e}_{R'}\times\left[\left(\boldsymbol{e}_{R'}-\dfrac{\boldsymbol{v}'}{c}\right)\times\dot{\boldsymbol{v}}'\right]\right|^2}{\left(1-\dfrac{\boldsymbol{v}'\cdot\boldsymbol{e}_{R'}}{c}\right)^6}\boldsymbol{e}_{R'}\end{aligned} \tag{13.4.9}$$

前面曾指出,辐射能量流密度表示在 t 时刻观察者在观察点所测得的单位时间内单位面积上通过的辐射能量,而此能量是 t' 时刻电子在其瞬时位置所辐射的,并经过 $(t-t')$ 的时间间隔传播到观察点.以 $P(t')$ 表示在 t' 单位时间内辐射的功率,则

$$P(t')=\int\boldsymbol{p}\cdot\boldsymbol{e}_{R'}\frac{\mathrm{d}t}{\mathrm{d}t'}R'^2\mathrm{d}Q \tag{13.4.10}$$

因此辐射功率的角分布可写成以下形式:

$$\frac{\mathrm{d}P(t')}{\mathrm{d}Q}=\boldsymbol{p}\cdot\boldsymbol{e}_{R'}\frac{\mathrm{d}t}{\mathrm{d}t'}R'^2 \tag{13.4.11}$$

但由式(13.2.22)有

$$\frac{\mathrm{d}t}{\mathrm{d}t'}=\left(\frac{1}{\dfrac{\mathrm{d}t'}{\mathrm{d}t}}\right)=1-\frac{\boldsymbol{R}'\cdot\boldsymbol{v}'}{R'c}=1-\frac{\boldsymbol{e}_{R'}\cdot\boldsymbol{v}'}{c} \tag{13.4.12}$$

将式(13.4.12)及方程(13.4.9)代入式(13.4.11),即可得到

$$\frac{\mathrm{d}P(t')}{\mathrm{d}Q}=\frac{e^2}{16\pi^2\varepsilon_0c^3}\frac{\left|\boldsymbol{e}_{R'}\times\left[\left(\boldsymbol{e}_{R'}-\dfrac{\boldsymbol{v}'}{c}\right)\times\dot{\boldsymbol{v}}'\right]\right|^2}{\left(1-\dfrac{\boldsymbol{v}'\cdot\boldsymbol{e}_{R'}}{c}\right)^5} \tag{13.4.13}$$

由上式可以看到,在相对论情况下,电子辐射能量的角分布一方面取决于 $\boldsymbol{v}'$ 及 $\dot{\boldsymbol{v}}'$ 之间的关系,即速度与加速度之间的关系,另一方面又取决于速度 $\boldsymbol{v}'$ 与 $\boldsymbol{e}_{R'}$ 之间的关系,这由分母中 $\left(1-\dfrac{\boldsymbol{v}'\cdot\boldsymbol{e}_{R'}}{c}\right)$ 确定.容易看到,在强相对论条件下,分母下面的因子将起重要作用.

现在来求在相对论情形下电子辐射的角分布的两种特殊形式.首先考虑 $\dot{\boldsymbol{v}}$ 与 $\boldsymbol{v}$ 平行的情况.如令 θ 表示 $\boldsymbol{R}'$ 与 $\boldsymbol{v}'$ 之间的夹角,则由方程(13.4.13)可以得到

$$\frac{\mathrm{d}P(t')}{\mathrm{d}Q}=\frac{e^2}{16\pi^2\varepsilon_0c^3}\frac{\dot{\boldsymbol{v}}'^2\sin^2\theta}{(1-\beta\cos\theta)^5} \tag{13.4.14}$$

当 $\beta \ll 1$ 时，上式即化为式(13.4.4).

图 13.4.2 表示运动电子辐射能量流的角向分布图. 由图可见，当 β 比较大时，电子的辐射逐渐倾向于沿速度方向. 由方程(13.4.14)可以求得辐射最大的角度：

$$\theta_{\max} = \cos^{-1}\left[\frac{1}{3\beta}\sqrt{1+15\beta^2}-1\right] \tag{13.4.15}$$

上述方程有以下极限

$$\lim_{\beta\to 1}\theta_{\max} = \frac{1}{2\gamma} \tag{13.4.16}$$

可见当能量很高时，$\theta_{\max}\to 0$，电子的辐射实际上集中在沿速度方向的很小张角内.

将方程(13.4.14)对立体角积分，就可以求得辐射总功率

$$P(t') = \int \frac{\mathrm{d}P(t')}{\mathrm{d}Q}\mathrm{d}Q = \frac{e^2\dot{\boldsymbol{v}}'^2}{16\pi^2\varepsilon_0 c^3}\int\frac{\sin^2\theta}{(1-\beta\cos\theta)^5}\mathrm{d}Q = \frac{e^2\dot{\boldsymbol{v}}'^2}{6\pi\varepsilon_0 c^3}\gamma^6 \tag{13.4.17}$$

现在再来讨论 $\dot{\boldsymbol{v}}$ 与 $\boldsymbol{v}$ 垂直的情况. 为计算简便起见，可以令速度 $\boldsymbol{v}'$ 沿 z 轴，而 $\dot{\boldsymbol{v}}'$ 沿 x 轴，如图 13.4.3 所示.

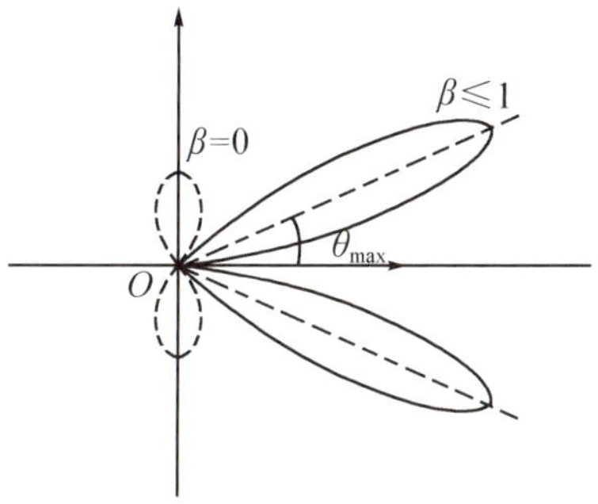

图 13.4.2 高能电子的加速辐射特性

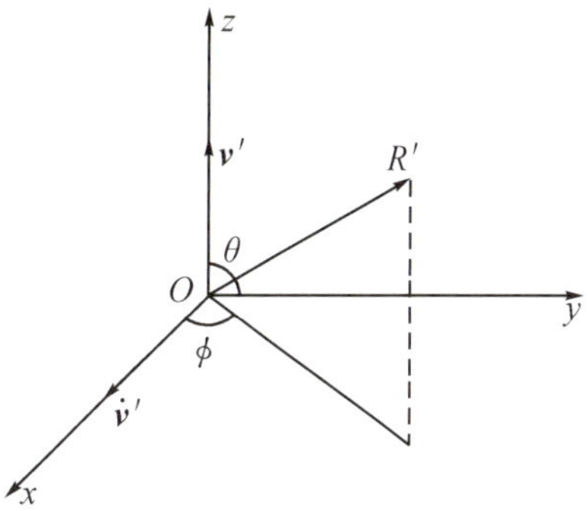

图 13.4.3 单个电子的加速运动

由方程(13.4.13)，考虑到图 13.4.3 所示各矢量之间的关系，可以求得

$$\begin{aligned}\frac{\mathrm{d}P(t')}{\mathrm{d}Q} &= \frac{e^2\dot{\boldsymbol{v}}'^2}{16\pi^2\varepsilon_0 c^3}\frac{1}{(1-\beta\cos\theta)^3}\left[1-\frac{\sin^2\theta\cos^2\phi}{\gamma^2(1-\beta\cos\theta)^2}\right]\\ &= \frac{e^2\dot{\boldsymbol{v}}'^2}{16\pi^2\varepsilon_0 c^3}\frac{(1-\beta\cos\theta)^2-(1-\beta^2)\sin\theta\cos^2\phi}{(1-\beta\cos\theta)^5}\end{aligned} \tag{13.4.18}$$

由此可以求得总辐射率为

$$P = \int\frac{\mathrm{d}P}{\mathrm{d}Q}\mathrm{d}Q = \frac{e^2\dot{\boldsymbol{v}}'^2}{6\pi\varepsilon_0 c^3}\gamma^4 \tag{13.4.19}$$

比较一下方程(13.4.19)与方程(13.4.17)，可以得到一个重要的结论，在 $|\dot{\boldsymbol{v}}|$ 相同的条件下，即在加速度数值相等时，加速度与速度平行条件下的辐射比加速度与速度垂直条件下的辐射更有效，因为前者比后者大 γ^2 倍，而当电子的能量很大时，γ^2 是一个很大的数值. 不过，对于这个问题，还可以从另一个角度来考虑. 速度 $\boldsymbol{v}$ 可写为

$$\boldsymbol{v} = \boldsymbol{p}/m_0\gamma \tag{13.4.20}$$

因此有

$$\dot{\boldsymbol{v}} = \frac{1}{m_0\gamma}\frac{\mathrm{d}\boldsymbol{p}}{\mathrm{d}t} \tag{13.4.21}$$

式中，利用了在速度与加速度垂直条件下，

$$\frac{\mathrm{d}\gamma}{\mathrm{d}t} = 0 \tag{13.4.22}$$

因此方程(13.4.19)可写成

$$P(t')=\frac{e^2}{6\pi\varepsilon_0 m^2c^3}\gamma^2\left|\frac{\mathrm{d}\boldsymbol{p}'}{\mathrm{d}t'}\right|^2 \tag{13.4.23}$$

而方程(13.4.17)可写成

$$P(t')=\frac{e^2}{6\pi\varepsilon_0 m^2c^3}\left|\frac{\mathrm{d}\boldsymbol{p}'}{\mathrm{d}t'}\right|^2 \tag{13.4.24}$$

注意到 $\mathrm{d}\boldsymbol{p}/\mathrm{d}t$ 代表作用于电子上的力(引起电子产生加速度的力). 由此可以得到另一个重要的结论:在作用于电子上的力相等的条件下,加速度与速度垂直情况下电子的辐射比加速度与速度平行条件下的电子的辐射大 γ^2 倍,因而更为有效.

13.5 运动电荷辐射电磁波的频谱

在一般情况下,运动电荷自发辐射的电磁波并不是单色的,也不是相干的. 不过在很多情况下,我们可以把这类辐射的电磁波展开为单色波的叠加. 这种展开就可以使我们了解辐射电磁波的频谱问题,有时辐射的频谱是很重要的. 我们来研究这一问题.

运动电荷产生的场可按 Lienard-Wiechert 位求得,因此我们考虑把位函数按频谱展开. 位函数可表示为傅里叶积分:

$$\begin{cases}\boldsymbol{A}(t)=\displaystyle\int_{-\infty}^{\infty}\boldsymbol{A}(\omega)\mathrm{e}^{-\mathrm{j}\omega t}\mathrm{d}\omega\\ \varphi(t)=\displaystyle\int_{-\infty}^{\infty}\varphi(\omega)\mathrm{e}^{-\mathrm{j}\omega t}\mathrm{d}\omega\end{cases} \tag{13.5.1}$$

式中,$\boldsymbol{A}(\omega)$及 $\varphi(\omega)$分别是 $\boldsymbol{A}(t)$和 $\varphi(t)$的角频率为 ω 的傅里叶分量. 式(13.5.1)的逆变换为

$$\begin{cases}\boldsymbol{A}(\omega)=\dfrac{1}{2\pi}\displaystyle\int_{-\infty}^{\infty}\boldsymbol{A}(t)\mathrm{e}^{-\mathrm{j}\omega t}\mathrm{d}t\\ \varphi(\omega)=\dfrac{1}{2\pi}\displaystyle\int_{-\infty}^{\infty}\varphi(t)\mathrm{e}^{-\mathrm{j}\omega t}\mathrm{d}t\end{cases} \tag{13.5.2}$$

这样,如果 $\boldsymbol{A}$ 及 φ 对时间 t 的函数形式已给出,就可按上述方程求出波的各单色分量的形式:$\boldsymbol{A}(\omega)$和 $\varphi(\omega)$. 自然,不从位函数 $\boldsymbol{A},\varphi$ 出发,直接展开电场 $\boldsymbol{E}$ 及磁场 $\boldsymbol{B}$ 也是同样可以的. 不过在很多情况下,我们还可以直接从源的展开出发,因为 $\boldsymbol{A}$ 及 φ 由以下熟知的推迟位公式决定:

$$\begin{cases}\boldsymbol{A}=\dfrac{\mu_0}{4\pi}\displaystyle\int_V\frac{1}{R}\boldsymbol{J}\left(t-\frac{R}{c}\right)\mathrm{d}V\\ \varphi=\dfrac{1}{4\pi\varepsilon_0}\displaystyle\int_V\frac{1}{R}\rho\left(t-\frac{R}{c}\right)\mathrm{d}V\end{cases} \tag{13.5.3}$$

将源 $\boldsymbol{J}$ 和 ρ 展开为傅里叶积分:

$$\begin{cases}\boldsymbol{J}(x,t)=\displaystyle\int_{-\infty}^{\infty}\boldsymbol{J}(x,\omega)\mathrm{e}^{-\mathrm{j}\omega t}\mathrm{d}\omega\\ \rho(x,t)=\displaystyle\int_{-\infty}^{\infty}\rho(x,\omega)\mathrm{e}^{-\mathrm{j}\omega t}\mathrm{d}\omega\end{cases} \tag{13.5.4}$$

其逆变换为

$$\begin{cases}\boldsymbol{J}(x,\omega)=\dfrac{1}{2\pi}\displaystyle\int_{-\infty}^{\infty}\boldsymbol{J}(x,t)\mathrm{e}^{-\mathrm{j}\omega t}\mathrm{d}t\\ \rho(x,\omega)=\dfrac{1}{2\pi}\displaystyle\int_{-\infty}^{\infty}\rho(x,t)\mathrm{e}^{-\mathrm{j}\omega t}\mathrm{d}t\end{cases} \tag{13.5.5}$$

考虑到式(13.5.4)及式(13.5.5)之后,式(13.5.3)中的矢量位变为

$$\begin{aligned}\mathbf{A}(x,t)&=\frac{\mu_0}{4\pi}\int\frac{\boldsymbol{J}\left(x',t-\frac{R'}{c}\right)}{R'}\mathrm{d}V'\\&=\frac{\mu_0}{4\pi}\int\frac{1}{R'}\mathrm{d}V'\int_{-\infty}^{\infty}\boldsymbol{J}(x',\omega)\mathrm{e}^{-\mathrm{j}\omega t\left(t-\frac{R'}{c}\right)}\mathrm{d}\omega\\&=\frac{\mu_0}{4\pi}\int_{-\infty}^{\infty}\mathrm{e}^{-\mathrm{j}\omega t}\mathrm{d}\omega\int\frac{\boldsymbol{J}(x',\omega)\mathrm{e}^{-\mathrm{j}\frac{\omega}{t}R'}}{R'}\mathrm{d}V'\end{aligned}\tag{13.5.6}$$

因此矢量位 $\mathbf{A}(x,t)$的 ω 分量为

$$\mathbf{A}(x,\omega)=\frac{\mu_0}{4\pi}\int\frac{\boldsymbol{J}(x',\omega)\mathrm{e}^{\mathrm{j}\frac{\omega}{t}R'}}{R'}\mathrm{d}V'\tag{13.5.7}$$

把式(13.5.5)中的积分变数写为 t',代入上式得

$$\mathbf{A}(x,\omega)=\frac{\mu_0}{8\pi^2}\int\mathrm{e}^{-\mathrm{j}\omega\left(t'+\frac{R'}{c}\right)}\mathrm{d}t'\int\frac{\boldsymbol{J}(x',t')}{R'}\mathrm{d}V'\tag{13.5.8}$$

同样的方法可以得到标量位 $\varphi(x,t)$的 ω 分量为

$$\varphi(x,\omega)=\frac{1}{8\pi^2\varepsilon_0}\int\mathrm{e}^{-\mathrm{j}\omega\left(t'+\frac{R'}{c}\right)}\mathrm{d}t'\int\frac{\rho(x',t')}{R'}\mathrm{d}V'\tag{13.5.9}$$

这样,我们就有两种求放射频谱的方法:一种是直接将场按傅里叶积分展开;另一种是先将源按傅里叶积分展开,然后求源的每个分量所产生的场. 下面我们具体应用这两种方法讨论运动电子的辐射频谱问题. 先讨论将场直接展开的方法.

运动电子产生的辐射场为

$$\boldsymbol{E}(t)=\frac{e}{4\pi\varepsilon_0c^2}\frac{\boldsymbol{e}_{R'}\times\left[\left(\boldsymbol{e}_{R'}-\frac{\boldsymbol{v}'}{c}\right)\times\dot{\boldsymbol{v}}'\right]}{R'\left(1-\frac{\boldsymbol{v}'\cdot\boldsymbol{e}_{R'}}{c}\right)^3}\tag{13.5.10}$$

其 ω 分量为

$$\boldsymbol{E}(\omega)=\frac{e}{4\pi\varepsilon_0c^2}\cdot\frac{1}{2\pi}\int_{-\infty}^{\infty}\mathrm{e}^{\mathrm{j}\omega t}\frac{\boldsymbol{e}_{R'}\times\left[\left(\boldsymbol{e}_{R'}-\frac{\boldsymbol{v}'}{c}\right)\times\dot{\boldsymbol{v}}'\right]}{R'\left[1-\frac{1}{c}(\boldsymbol{v}'\cdot\boldsymbol{e}_{R'})\right]^3}\mathrm{d}t\tag{13.5.11}$$

注意到 $t=t'+\frac{R'}{c}$,上式变为

$$\boldsymbol{E}(\omega)=\frac{e}{8\pi^2\varepsilon_0c^2}\int_{-\infty}^{\infty}\mathrm{e}^{\mathrm{j}\omega\left(t'+\frac{R'}{c}\right)}\frac{\boldsymbol{e}_{R'}\times\left[\left(\boldsymbol{e}_{R'}-\frac{\boldsymbol{v}'}{c}\right)\times\dot{\boldsymbol{v}}'\right]}{R'\left[1-\frac{1}{c}(\boldsymbol{v}'\cdot\boldsymbol{e}_{R'})\right]^2}\mathrm{d}t'\tag{13.5.12}$$

注意式中已利用了 $\mathrm{d}t/\mathrm{d}t'$的有关方程. 且积分是在电子的轨道上进行的.

另外,辐射的功率流密度为

$$\boldsymbol{p}=\boldsymbol{E}\times\boldsymbol{H}^*=\frac{1}{\mu_0}\boldsymbol{E}\times\boldsymbol{B}^*=\frac{1}{\mu_0c}\boldsymbol{E}\times(\boldsymbol{e}_{R'}\times\boldsymbol{E})=\varepsilon_0c|\boldsymbol{E}|^2\boldsymbol{e}_{R'}\tag{13.5.13}$$

辐射的角分布则为

$$\frac{\mathrm{d}P(t)}{\mathrm{d}Q}=(\boldsymbol{p}\cdot\boldsymbol{e}_{R'})R'^2=\varepsilon_0cR'^2|\boldsymbol{E}(t)|^2\tag{13.5.14}$$

在单位立体角内总的辐射能量为

$$\frac{\mathrm{d}W}{\mathrm{d}Q}=\int_{-\infty}^{\infty}\frac{\mathrm{d}P}{\mathrm{d}Q}\mathrm{d}t=\int_{-\infty}^{\infty}\varepsilon_0cR'^2|\boldsymbol{E}(t)|^2\mathrm{d}t=\int_{-\infty}^{\infty}|\mathbf{A}(t)|^2\mathrm{d}t\tag{13.5.15}$$

式中

$$A(t)=(\varepsilon_0 c)^{\frac{1}{2}}(R'E) \tag{13.5.16}$$

引入$A(t)$的傅里叶变换及其反变换：

$$\begin{cases} A(t) = \int_{-\infty}^{\infty} A(\omega)e^{-j\omega t}d\omega \\ A(\omega) = \dfrac{1}{2\pi}\int_{-\infty}^{\infty} A(t)e^{j\omega t}dt \end{cases} \tag{13.5.17}$$

则式(13.5.15)可以写成

$$\frac{dW}{dQ}=\int_{-\infty}^{\infty}dt\int_{-\infty}^{\infty}d\omega\int_{-\infty}^{\infty}d\omega' A^*(\omega')\cdot A(\omega)e^{j(\omega'-\omega)t} \tag{13.5.18}$$

利用关系式

$$\frac{1}{2\pi}\int_{-\infty}^{\infty}dt\int_{-\infty}^{\infty}d\omega' e^{j(\omega'-\omega)t}=\int_{-\infty}^{\infty}\delta(\omega'-\omega)d\omega' \tag{13.5.19}$$

可将方程(13.5.18)改写成

$$\frac{dW}{dQ}=2\pi\int_{-\infty}^{\infty}|A(\omega)|^2d\omega \tag{13.5.20}$$

注意到傅里叶积分的性质

$$A*(\omega)=A(-\omega) \tag{13.5.21}$$

所以方程(13.5.20)又可写成

$$\frac{dW}{dQ}=4\pi\int_{0}^{\infty}|A(\omega)|^2d\omega=4\pi\varepsilon_0 R^2 c\int_{0}^{\infty}|E(\omega)|^2d\omega \tag{13.5.22}$$

我们再来看看方程(13.5.12)中的积分，可以看到，该式的大括号内是一个全微分：

$$\frac{e_{R'}\times\left[\left(e_{R'}-\dfrac{v'}{c}\right)\times\dot{v}\right]}{\left(1-\dfrac{1}{c}v'\cdot e_{R'}\right)}=\frac{d}{dt'}\left[\frac{e_{R'}\times(e_{R'}\times v')}{\left(1-\dfrac{1}{c}v'\cdot e_{R'}\right)}\right] \tag{13.5.23}$$

而指数因子可按图13.5.1所示化简，即考虑粒子在有限区域内运动，而我们在远处观察辐射场. 由图可见，

$$R'\approx R+e_{R'}\cdot x(t') \tag{13.5.24}$$

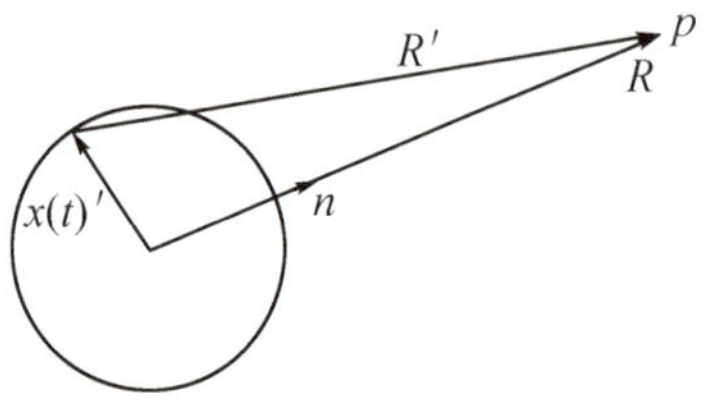

图 13.5.1　运动电子的场的展开

这样，对于方程(13.5.12)，有

$$\begin{aligned} E(x,\omega)&=\frac{e}{8\pi^2\varepsilon_0 c^2}\frac{e^{jKR}}{R}\int_{-\infty}^{\infty}\frac{e_{R'}\times\left[\left(e_{R'}-\dfrac{v'}{c}\right)\times\dot{v}'\right]}{\left(1-\dfrac{1}{c}v'\cdot e_{R'}\right)^2}e^{j\omega\left[t'+\frac{e_{R'}\cdot x(t')}{c}\right]}dt' \\ &=-\frac{je\omega}{8\pi^2\varepsilon_0 c^2}\frac{e^{jKR}}{R}\int_{-\infty}^{\infty}e_{R''}\times(e_{R'}\times v')e^{j\omega\left[t'+\frac{e_{R'}\cdot x(t')}{c}\right]}dt' \end{aligned} \tag{13.5.25}$$

将式(13.5.25)代入式(13.5.22)，可以求得

$$\begin{aligned} \frac{d^2W}{d\omega dQ}&=4\pi\varepsilon_0 R^2 c\frac{e^2\omega^2}{64\pi^4\varepsilon_0^2 c^4}\frac{1}{R^2}\left|\int_{-\infty}^{\infty}e_{R'}\times(e_{R'}\times v')e^{j\omega\left[t'+\frac{e_{R'}\cdot x(t')}{c}\right]}dt'\right|^2 \\ &=\frac{e^2\omega^2}{16\pi^3\varepsilon_0 c^3}\left\{\int_{-\infty}^{\infty}e_{R'}\times(e_{R'}\times v')e^{j\omega\left[t'+\frac{e_{R'}\cdot x(t')}{c}\right]}dt'\right\}^2 \end{aligned} \tag{13.5.26}$$

这样直接通过将场展开，就可以按上式求得辐射频谱.

我们再来看将源展开的方法. 对于单个运动电子，设其位矢为 $x=x'(t)$，速度为$\boldsymbol{v}(t)$，则其电荷密度和电流密度为

$$\begin{cases}\rho(x,t)=e\delta[x-x(t)] \\ \boldsymbol{J}(x,t)=e\boldsymbol{v}(t)\delta[x-x(t)]\end{cases} \tag{13.5.27}$$

将上式代入方程(13.5.8)、方程(13.5.9)，对粒子体积积分后，相当于把 x'换作粒子的坐标 $x(t')$，因此，有

$$\begin{cases}\boldsymbol{A}(x,\omega)=\dfrac{\mu_0}{8\pi^2}\displaystyle\int\dfrac{e\boldsymbol{v}(t')}{R'}\mathrm{e}^{\mathrm{j}\omega\left(t'+\frac{R'}{c}\right)}\mathrm{d}t' \\ \varphi(x,\omega)=\dfrac{1}{8\pi^2\varepsilon_0}\displaystyle\int\dfrac{e}{R'}\mathrm{e}^{\mathrm{j}\omega\left(t'+\frac{R'}{c}\right)}\mathrm{d}t'\end{cases} \tag{13.5.28}$$

上述方程在以后研究一些具体问题时还要用到.

13.6 磁轫致辐射

13.4 节中指出，当作用力一定时，电子运动的加速度与速度垂直情形下辐射效果较好. 在本节中，我们来详细地研究这一问题. 我们知道，具有一定速度的电子在均匀磁场中做圆周运动(如考虑纵向速度，则电子做螺旋运动，这种运动在回旋管中是典型的，已在第 2 篇中详细研究过). 注意到电子在磁场中做圆周运动，正是属于加速度与速度垂直的情况. 当电子能量很高时，这种辐射很强，近代同步加速器中的辐射主要归于这类辐射. 这种电子在磁场中做圆周运动所引起的辐射，称为“磁轫致辐射”.

我们仍然从方程(13.4.8)出发，有

$$\boldsymbol{E}=\frac{e}{4\pi\varepsilon_0c^2}\frac{\boldsymbol{e}_{R'}\times\left[\left(\boldsymbol{e}_{R'}-\frac{1}{c}\boldsymbol{v}'\right)\times\dot{\boldsymbol{v}}'\right]}{R'\left(1-\frac{1}{c}\boldsymbol{v}'\cdot\boldsymbol{e}_{R'}\right)^3} \tag{13.6.1}$$

同时将方程(13.4.13)重写如下：

$$\frac{\mathrm{d}P(t')}{\mathrm{d}\Omega}=\frac{e^2}{16\pi^2\varepsilon_0c^3}\frac{\left|\boldsymbol{e}_{R'}\times\left[\left(\boldsymbol{e}_{R'}-\frac{1}{c}\boldsymbol{v}'\right)\times\dot{\boldsymbol{v}}'\right]\right|^2}{\left(1-\frac{1}{c}\boldsymbol{v}'\cdot\boldsymbol{e}_{R'}\right)^5} \tag{13.6.2}$$

将上式中的分子展开，即

$$\begin{aligned}\left|\boldsymbol{e}_{R'}\times\left[\left(\boldsymbol{e}_{R'}-\frac{\boldsymbol{v}'}{c}\right)\times\dot{\boldsymbol{v}}'\right]\right|^2&=\left|(\boldsymbol{e}_{R'}\cdot\dot{\boldsymbol{v}}')\boldsymbol{e}_{R'}-\frac{1}{c}(\boldsymbol{e}_{R'}\cdot\dot{\boldsymbol{v}}')\boldsymbol{v}'-\left(1-\frac{\boldsymbol{v}'\cdot\boldsymbol{e}_{R'}}{c}\right)\dot{\boldsymbol{v}}'\right|^2\\&=\frac{2}{c}\left(1-\frac{\boldsymbol{v}'\cdot\boldsymbol{e}_{R'}}{c}\right)(\boldsymbol{e}_{R'}\cdot\dot{\boldsymbol{v}}')(\dot{\boldsymbol{v}}'\cdot\boldsymbol{v}')\\&\quad+\left(1-\frac{\boldsymbol{v}'\cdot\boldsymbol{e}_{R'}}{c}\right)^2\dot{\boldsymbol{v}}'^2-\left(1-\frac{\boldsymbol{v}'^2}{c^2}\right)(\boldsymbol{e}_{R'}\cdot\dot{\boldsymbol{v}}')^2\end{aligned} \tag{13.6.3}$$

再代入式(13.6.2)，可以得到

$$\begin{aligned}\frac{\mathrm{d}P(t')}{\mathrm{d}\Omega}=\frac{e^2}{16\pi^2\varepsilon_0c^3}&\left[\frac{2(\boldsymbol{e}_{R'}\cdot\dot{\boldsymbol{v}}')(\dot{\boldsymbol{v}}'\cdot\boldsymbol{v}')}{c\left(1-\frac{\boldsymbol{e}_{R'}\cdot\boldsymbol{v}'}{c}\right)^4}+\frac{\dot{\boldsymbol{v}}'^2}{\left(1-\frac{1}{c}\boldsymbol{e}_{R'}\cdot\boldsymbol{v}'\right)^3}\right.\\&\left.-\frac{(1-\beta^2)(\boldsymbol{e}_{R'}\cdot\dot{\boldsymbol{v}}')^2}{\left(1-\frac{1}{c}\boldsymbol{e}_{R'}\cdot\boldsymbol{v}'\right)^5}\right]\end{aligned} \tag{13.6.4}$$

这里需要注意，为以后积分方便，我们仍然用的是 $P(t)$.

现在，利用以上所得到的普遍方程研究具体问题. 在现在的情况下，电子在均匀磁场中做回旋运动，因此回旋频率 ω_c 及回旋半径 r_c 为

$$\begin{cases}\omega_c=\dfrac{eB_0}{m_0}(1-\beta^2)^{\frac{1}{2}}=\dfrac{\omega_{c0}}{\gamma}\\ r_c=\dfrac{m_0 v}{eB_0}(1-\beta^2)^{-\frac{1}{2}}=r_{c0}\gamma\end{cases}\tag{13.6.5}$$

式中

$$\begin{cases}\omega_{c0}=\dfrac{eB_0}{m_0}\\ r_{c0}=\dfrac{m_0 v}{eB_0},\gamma=(1-\beta^2)^{-\frac{1}{2}}\end{cases}\tag{13.6.6}$$

电子运动的情况如图 13.6.1 所示. 电子运动的加速度就是回旋运动的向心加速度. 由图 13.6.1 可以看到，磁场 $\boldsymbol{B}_0$ 沿 z 轴方向，因此略去纵向速度电子在 xy 平面内做回旋运动，有

$$\varphi=\omega_c t\tag{13.6.7}$$

$$\boldsymbol{e}_{R'}\cdot\boldsymbol{v}=v\sin\theta\cos\varphi\tag{13.6.8}$$

以及

$$\begin{cases}\boldsymbol{v}\cdot\dot{\boldsymbol{v}}=0\\ \boldsymbol{e}_{R'}\cdot\dot{\boldsymbol{v}}=|\dot{\boldsymbol{v}}|\sin\theta\sin\varphi\end{cases}\tag{13.6.9}$$

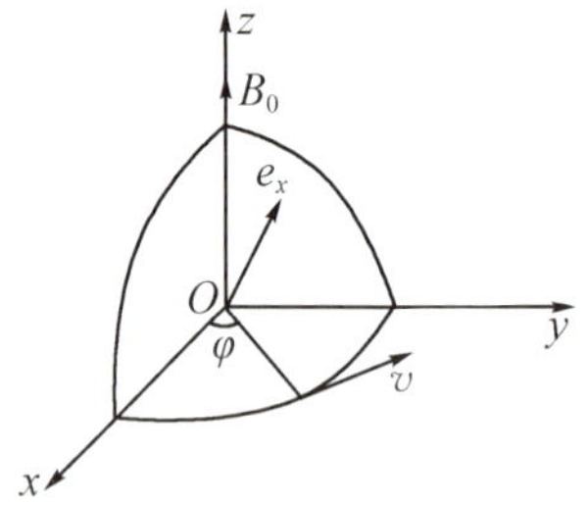

图 13.6.1　电子在磁场中的回旋运动

代入方程(13.6.4)，可以求得

$$\frac{\mathrm{d}P(\theta,\varphi)}{\mathrm{d}Q}=\frac{e^2}{16\pi^2\varepsilon_0 c^3}\left[\frac{\dot{\boldsymbol{v}}^2\left(1-\dfrac{1}{c}\boldsymbol{e}_{R'}\cdot\boldsymbol{v}\right)^2-(1-\beta^2)(\boldsymbol{e}_{R'}\cdot\dot{\boldsymbol{v}})^2}{\left(1-\dfrac{1}{c}\boldsymbol{e}_{R'}\cdot\boldsymbol{v}\right)^5}\right]$$

$$=\frac{e^2\dot{\boldsymbol{v}}^2}{16\pi^2\varepsilon_0 c^3}\left[\frac{(1-\beta\sin\theta\cos\varphi)^2-(1-\beta^2)\sin^2\theta\sin^2\varphi}{(1-\beta\sin\theta\cos\varphi)^5}\right]\tag{13.6.10}$$

注意到

$$(1-\beta\sin\theta\cos\varphi)^2-(1-\beta^2)\sin^2\theta\sin^2\varphi$$
$$=(1-\beta^2)\cos^2\theta+(\beta-\sin\theta\cos\varphi)^2\tag{13.6.11}$$

故式(13.6.10)又可写为

$$\frac{\mathrm{d}P(\theta,\varphi)}{\mathrm{d}Q}=\frac{e^2\dot{\boldsymbol{v}}^2}{16\pi^2\varepsilon_0 c^3}\left[\frac{(1-\beta)^2\cos^2\theta+(\beta-\sin\theta\sin\varphi)^2}{(1-\beta\sin\theta\cos\varphi)^5}\right]\tag{13.6.12}$$

对 φ 积分后得到

$$\frac{\mathrm{d}P(\theta)}{\mathrm{d}Q}=\frac{e^2\dot{\boldsymbol{v}}^2}{16\pi^2\varepsilon_0 c^3}\int_0^{2\pi}\frac{(1-\beta^2)\cos^2\theta+(\beta-\sin\theta\cos\varphi)^2}{(1-\beta\sin\theta\cos\varphi)^5}\mathrm{d}\varphi$$

$$=\frac{e^2\dot{\boldsymbol{v}}^2}{16\pi^2\varepsilon_0 c^3}\left[\frac{2+\beta^2\sin^2\theta}{(1+\beta^2\sin^2\theta)^{5/2}}-\frac{(1-\beta^2)(4+\beta^2\sin^2\theta)\sin^2\theta}{4(1-\beta^2\sin^2\theta)^{7/2}}\right]\tag{13.6.13}$$

可见角分布是一个 θ 的复杂函数. 我们来研究 $\theta=0$ 及 $\theta=\pi/2$ 两种特殊情况，即在与磁场平行方向及与磁场垂直方向的两种情况.

$$\left.\frac{dP(\theta)}{dQ}\right|_{\theta=0}=\frac{e^2\dot{\boldsymbol{v}}^2}{16\pi^2\varepsilon_0 c^3}\cdot 2 \tag{13.6.14}$$

$$\begin{aligned}\left.\frac{\mathrm{d}P(\theta)}{\mathrm{d}Q}\right|_{\theta=\frac{\pi}{2}}&=\frac{e^2\dot{\boldsymbol{v}}^2}{16\pi^2\varepsilon_0 c^3}\left[\frac{4(2+\beta^2)-(4+\beta^2)}{4(1-\beta^2)^{5/2}}\right]\\&=\frac{e^2\dot{\boldsymbol{v}}^2}{16\pi^2\varepsilon_0 c^3}\left[\frac{4+3\beta^2}{4(1-\beta^2)^{5/2}}\right]\end{aligned} \tag{13.6.15}$$

式(13.6.14)和式(13.6.15)之比为

$$\frac{\left.\frac{\mathrm{d}P(\theta)}{\mathrm{d}Q}\right|_{\theta=\frac{\pi}{2}}}{\left.\frac{\mathrm{d}P(\theta)}{\mathrm{d}Q}\right|_{\theta=0}}=\frac{4+3\beta^2}{8(1-\beta^2)^{5/2}} \tag{13.6.16}$$

由上式可见，当 $\beta\to 0$ 时，上述比值为 1/2，即与磁场平行方向的辐射比与磁场垂直方向的辐射大 2 倍. 而当 $\beta\to 1$ 时，则式(13.6.16)表示的比值变得很大，即在强相对论情况下，辐射主要在轨道平面内，而且根据 13.5 节所述，这时电子的辐射主要集中在沿切线速度 v 的方向上.

现在来考虑磁韧致辐射的频谱. 由于电子的运动是周期性的，所以可以做傅里叶分析. 于是对于矢量位可以得到

$$\boldsymbol{A}(x,t)=\frac{e}{4\pi\varepsilon_0 c^2}\frac{\boldsymbol{v}'}{R'\left(1-\frac{1}{c}\boldsymbol{e}_{R'}\cdot\boldsymbol{v}'\right)}=\sum_{n=1}^{\infty}\boldsymbol{A}_n\mathrm{e}^{-\mathrm{j}n\omega_c t} \tag{13.6.17}$$

式中，第 n 次谐波的傅里叶分量

$$\begin{aligned}\boldsymbol{A}_n&=\frac{e}{4\pi\varepsilon_0 c^2}\frac{\omega_c}{2\pi}\int_0^{2\pi/\omega_c}\frac{\boldsymbol{v}'}{R'\left(1-\frac{1}{c}\boldsymbol{e}_{R'}\cdot\boldsymbol{v}'\right)}\mathrm{e}^{\mathrm{j}n\omega_c t}\mathrm{d}t\\&=\frac{e\omega_c}{8\pi^2\varepsilon_0 c^2}\int_0^{2\pi/\omega_c}\frac{\boldsymbol{v}'}{R'}\mathrm{e}^{\mathrm{j}n\omega_c\left(t'+\frac{R'}{c}\right)}\mathrm{d}t'\end{aligned} \tag{13.6.18}$$

如图 13.6.2 所示，设圆周轨道中心到观察点 p 的距离为 R，则 R 和 R' 都远大于 r，

$$R'\approx R-r\sin\theta\sin\varphi' \tag{13.6.19}$$

在式(13.6.18)中，相因子内的 R' 用式(13.6.19)代入，而分母的 R' 可以简单地代为 R，得

$$\boldsymbol{A}_n=\frac{e\omega_c\mathrm{e}^{\mathrm{j}n\omega_c R/c}}{8\pi^2\varepsilon_0 c^2 R}\int_0^{2\pi/\omega_c}\boldsymbol{v}'\mathrm{e}^{\mathrm{j}n\omega_c\left(t'-\frac{r}{c}\sin\theta\sin\varphi'\right)}\mathrm{d}t' \tag{13.6.20}$$

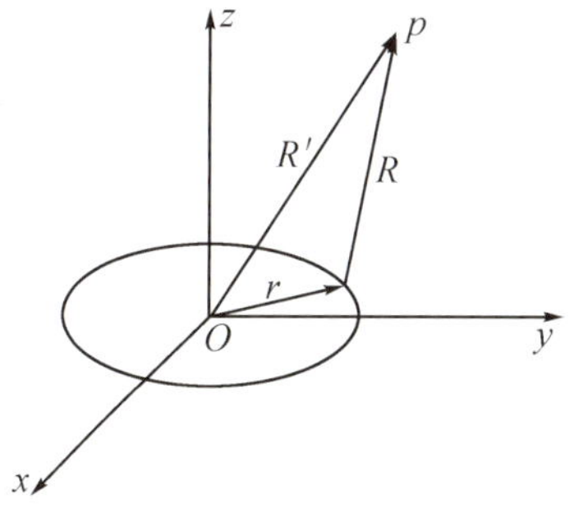

图 13.6.2　电子在磁场中的回旋轨道

由于

$$\begin{cases}v_x=-v\sin\varphi\\v_y=v\cos\varphi,v=r\omega_c\end{cases} \tag{13.6.21}$$

于是有

$$\begin{cases}A_{xn}\approx-\dfrac{ev\mathrm{e}^{\mathrm{j}n\omega_c R/c}}{8\pi^2\varepsilon_0 c^2 R}\displaystyle\int_0^{2\pi}\mathrm{e}^{\mathrm{j}n\left(\phi-\frac{v}{c}\sin\theta\sin\varphi\right)}\sin\varphi\mathrm{d}\varphi\\A_{yn}\approx-\dfrac{ev\mathrm{e}^{\mathrm{j}n\omega_c R/c}}{8\pi^2\varepsilon_0 c^2 R}\displaystyle\int_0^{2\pi}\mathrm{e}^{\mathrm{j}n\left(\phi-\frac{v}{c}\sin\theta\sin\varphi\right)}\cos\varphi\mathrm{d}\varphi\end{cases} \tag{13.6.22}$$

利用贝塞尔函数的积分表达式

$$\mathrm{J}_n(z)=\frac{1}{2\pi}\int_0^{2\pi}\mathrm{e}^{\mathrm{j}z\sin\theta-\mathrm{j}n\theta}\mathrm{d}\theta \tag{13.6.23}$$

可以将式(13.6.22)化为

$$\begin{cases} A_{xn} \approx -\dfrac{\mathrm{j}ev}{4\pi\varepsilon_0 c^2}\mathrm{J}_n'\left(n\dfrac{v}{c}\sin\theta\right)\dfrac{\mathrm{e}^{\mathrm{j}n\omega_c R/c}}{R} \\ A_{yn} \approx \dfrac{ev}{4\pi\varepsilon_0 c^2} n \dfrac{\mathrm{J}_n\left(n\dfrac{v}{c}\sin\theta\right)}{n\dfrac{v}{c}\sin\theta}\dfrac{\mathrm{e}^{\mathrm{j}n\omega_c R/c}}{R} \end{cases} \tag{13.6.24}$$

注意到

$$\begin{cases} \boldsymbol{B} = \nabla \times \boldsymbol{A} \\ \boldsymbol{e}_{R'} \times \dfrac{\boldsymbol{E}}{c} = \boldsymbol{B} = \nabla \times \boldsymbol{A} \end{cases} \tag{13.6.25}$$

于是第 n 次谐波的能流密度矢量的时间平均值为

$$\begin{aligned} \langle \boldsymbol{p} \rangle &= \varepsilon_0 c^3 |\boldsymbol{B}|^2 e_R = \varepsilon_0 c^3 |\nabla \times \boldsymbol{A}|^2 e_R \\ &= \frac{e^2 (n\omega_c)^2}{16\pi^2 \varepsilon_0 c}\frac{1}{R^2}\left[\frac{v^2}{c^2}\mathrm{J}_n'\left(n\frac{v}{c}\sin\theta\right) + \mathrm{J}_n^2\left(n\frac{v}{c}\sin\theta\right)\cdot\cot^2\theta\right]e_R \end{aligned} \tag{13.6.26}$$

按上两节所述方法，即可求出辐射能量的角分布为

$$\frac{\mathrm{d}P_n(\theta)}{\mathrm{d}\Omega} = \frac{e^2 (n\omega_c)^2}{16\pi^2 \varepsilon_0 c}\left[\frac{v^2}{c^2}\mathrm{J}_n'\left(n\frac{v}{c}\sin\theta\right) + \mathrm{J}_n^2\left(n\frac{v}{c}\sin\theta\right)\cdot\cot^2\theta\right] \tag{13.6.27}$$

将上式对立体角积分，可以得到第 n 次谐波的总辐射功率：

$$P_n = \frac{e^2 \omega_c^2}{4\pi\varepsilon_0 v}\left[n\frac{v^2}{c^2}\mathrm{J}_{2n}'\left(2n\frac{v}{c}\right) - n^2\left(1 - \frac{v^2}{c^2}\right)\int_0^{v/c}\mathrm{J}_{2n}(2n\xi)\mathrm{d}\xi\right] \tag{13.6.28}$$

可以证明，电子的总辐射功率为各谐波功率之和，即

$$P = \sum_n P_n \tag{13.6.29}$$

所以原则上，把式(13.6.28)代入式(13.6.29)就可求得电子的总辐射功率.

我们可以将式(13.6.28)改写一下以便于计算. 由于

$$r_c = \frac{m_0 v}{eB_0\sqrt{1-\beta^2}} = \frac{v}{\omega_c} \tag{13.6.30}$$

故式(13.6.28)可以写为

$$P_n = \frac{e^2 vn}{4\pi\varepsilon_0 r_c^2}\left[\beta^2 \mathrm{J}_{2n}'(2n\beta) - \frac{1}{2}(1-\beta^2)\int_0^{2\beta n}\mathrm{J}_{2n}(x)\mathrm{d}x\right] \tag{13.6.31}$$

这样，我们就可以分两种情况来进行讨论，即弱相对论情况($\beta \ll 1$)和强相对论情况($\beta \approx 1$). 首先讨论弱相对论情况. 这时当 n 不很大时，有

$$\begin{cases} \mathrm{J}_{2n}(2n\beta) = \dfrac{(n\beta)^{2n}}{(2n)!} \\ \mathrm{J}_{2n}'(2n\beta) = \dfrac{(n\beta)^{2n-1}}{2(2n-1)!} \end{cases} \tag{13.6.32}$$

方程(13.6.31)中第二项可以忽略，于是得到

$$P_n = \frac{ce^2 \beta^{2n+2} n^{2n}}{4\pi\varepsilon_0 r_c^2 2(2n-1)!} \tag{13.6.33}$$

当 $n=1$ 时，即基波情况下，电子的辐射功率最大，这时为

$$P_1 = \frac{e^2 c}{8\pi\varepsilon_0 r_c^2}\beta^4 \tag{13.6.34}$$

各高次谐波幅值则很小. 基波的波长为

$$\lambda_1=2\pi r_c\frac{c}{v} \tag{13.6.35}$$

现在考虑强相对论情况，$\beta\approx 1$，$1-\beta^2\approx 0$. 这时辐射主要在较高次的谐波上. 为便于讨论，引入另一参量，令

$$x=2n\beta=2n(1-\xi),\ \xi=1-\frac{x}{2n}\ll 1 \tag{13.6.36}$$

我们有贝塞尔函数的下列渐近公式：

$$\begin{cases} \mathrm{J}_{2n}(x)=\dfrac{1}{\pi}\sqrt{\dfrac{2\xi}{3}}\mathrm{K}_{\frac{1}{3}}\left[\dfrac{2n}{3}(2\xi)^{\frac{3}{2}}\right] \\ \mathrm{J}'_{2n}(x)=\dfrac{1}{\pi}\dfrac{2\xi}{\sqrt{3}}\mathrm{K}_{\frac{2}{3}}\left[\dfrac{2n}{3}(2\xi)^{\frac{3}{2}}\right] \end{cases} \tag{13.6.37}$$

以及

$$\int_0^x \mathrm{J}_{2n}(x)\mathrm{d}x=-\frac{2n}{\pi\sqrt{3}}\int_\xi^1\sqrt{2\xi}\mathrm{K}_{\frac{1}{3}}\left[\frac{2n}{3}(2\xi)^{\frac{3}{2}}\right]\mathrm{d}\xi \tag{13.6.38}$$

如果引进新的变数：$y=\dfrac{2n}{3}(2\xi)^{\frac{3}{2}}$，同时让积分延伸到很大的 n，我们便得高阶贝塞尔函数的渐近表示：

$$\int_0^x \mathrm{J}_{2n}(x)\mathrm{d}x=\frac{1}{\pi\sqrt{3}}\int_{\frac{2n}{3}(2\xi)^{\frac{3}{2}}}^{\infty}\mathrm{K}_{\frac{1}{3}}(y)\mathrm{d}y \tag{13.6.39}$$

将上述关系式代入方程(13.6.31)，对于 n 次谐波的辐射得出下列式子：

$$\begin{aligned} P_n &= \frac{e^2vn}{4\pi\varepsilon_0 r_c^2}\left[\mathrm{J}'_{2n}(2n(1-\xi))-\xi\int_0^{2n(1-\xi)}\mathrm{J}_{2n}(x)\mathrm{d}x\right] \\ &= \frac{e^2vn}{4\pi\varepsilon_0 r_c^2}\frac{\xi}{\pi\sqrt{3}}\left[2\mathrm{K}_{\frac{2}{3}}\left(\frac{2n}{3}(2\xi)^{\frac{3}{2}}\right)-\int_{\frac{2n}{3}(2\xi)^{\frac{3}{2}}}^{\infty}\mathrm{K}_{\frac{1}{3}}(y)\mathrm{d}y\right] \end{aligned} \tag{13.6.40}$$

这里

$$\sqrt{2\xi}=\sqrt{2(1-\beta)}\approx\frac{mc^2}{\mathscr{E}} \tag{13.6.41}$$

式中，$\mathscr{E}$ 为电子的总能量. 辐射谐波之频率为

$$\omega=n\omega_c \tag{13.6.42}$$

n 为谐波号数. 当 n 很大时，n 从 n 变化到 $n\pm 1$ 时，辐射频率的改变为

$$\mathrm{d}\omega=\omega_c\mathrm{d}n,\ \mathrm{d}n=1 \tag{13.6.43}$$

对于很大的 n，$\mathrm{d}n=1$ 可以看作微小量，于是可以得到 n 变化为 1 时辐射能量的变化：

$$\mathrm{d}P_n=P_n\mathrm{d}n=\frac{e^2c}{8\pi\varepsilon_0 r_c^2}\frac{3\sqrt{3}}{4\pi}\left(\frac{\mathscr{E}}{mc^2}\right)^4 y\mathrm{d}y\left[2\mathrm{K}_{\frac{2}{3}}(y)-\int_y^\infty \mathrm{K}_{\frac{1}{3}}(x)\mathrm{d}x\right] \tag{13.6.44}$$

式中

$$y=\frac{\omega}{\omega_k}=n\frac{\omega_c}{\omega_k} \tag{13.6.45}$$

$$\omega_k=\frac{3\omega_c}{2(2\xi)^{3/2}}=\frac{3\omega_c}{2}\left(\frac{\mathscr{E}}{mc^2}\right)^3=\frac{3\omega_c}{2}(1-\beta)^{-\frac{3}{2}} \tag{13.6.46}$$

ω_k 为临界频率，临界频率时的辐射最大.

利用贝塞尔函数熟知的关系，有

$$2\mathrm{K}'_{\frac{2}{3}}(x)+\mathrm{K}_{\frac{1}{3}}(x)=-\mathrm{K}_{\frac{2}{3}}(x) \tag{13.6.47}$$

方程(13.6.44)可改写为

$$\mathrm{d}P_n=\frac{e^2c}{8\pi\varepsilon_0 r_c^2}\frac{3\sqrt{3}}{4\pi}\left(\frac{\mathscr{E}}{mc^2}\right)^4 y\mathrm{d}y\int_y^\infty \mathrm{K}_{\frac{2}{3}}(x)\mathrm{d}x \tag{13.6.48}$$

在 $\omega \ll \omega_k$ 的情形下，有 $y \ll 1$，利用公式

$$\begin{cases} K_n(y)=\dfrac{2^{n-1}\Gamma(n)}{y^n} \quad (y \to 0, n>0) \\ \displaystyle\int_0^{\infty} K_n(x)x^{2m+1-n}\mathrm{d}x = 2^{2m-n}\Gamma(m+1)\Gamma(m+1-n) \quad (m+1>n>0) \\ \Gamma\left(\dfrac{1}{3}\right)\Gamma\left(\dfrac{2}{3}\right)=\dfrac{2\pi}{\sqrt{3}} \end{cases} \tag{13.6.49}$$

方程(13.6.48)变为

$$\mathrm{d}P_n=\frac{e^2 c}{8\pi\varepsilon_0 r_c^2}\frac{3\sqrt{3}}{2^{\frac{4}{3}}\pi}\left(\frac{\mathscr{E}}{mc^2}\right)\Gamma\left(\frac{2}{3}\right)y^{\frac{1}{3}}\mathrm{d}y \tag{13.6.50}$$

可见，在此条件下，辐射能量与 n 的三次方根成正比.

当 $\omega \gg \omega_k$ 时，有 $y \gg 1$，利用公式

$$K_{\frac{5}{3}}(y)=\sqrt{\frac{\pi}{2y}}\mathrm{e}^{-y} \quad (y \gg 1)$$

方程(13.6.48)变为

$$\mathrm{d}P_n=\frac{e^2 c}{8\pi\varepsilon_0 r_c^2}\frac{3\sqrt{3}}{4\sqrt{2}}\left(\frac{\mathscr{E}}{mc^2}\right)^4 y[1-g(\sqrt{y})]\mathrm{d}y \tag{13.6.51}$$

这里

$$g(z)=\frac{2}{\sqrt{\pi}}\int_0^z \mathrm{e}^{-t^2}\mathrm{d}t \tag{13.6.52}$$

对于大的 z 值，上式积分可表示为

$$g(z)=1-\frac{\mathrm{e}^{-z^2}}{z\sqrt{\pi}}+\cdots \tag{13.6.53}$$

故式(13.6.51)可写为

$$\mathrm{d}P_n=\frac{e^2 c}{8\pi\varepsilon_0 r_c^2}\frac{3\sqrt{3}}{4\sqrt{2\pi}}\left(\frac{\mathscr{E}}{mc^2}\right)^4\sqrt{y}\mathrm{e}^{-y}\mathrm{d}y \tag{13.6.54}$$

可见在此条件下，辐射能量随 n 的增大而迅速下降，而在 $y=1$，即 $\omega=\omega_c$ 时，辐射能量最大.

辐射能量 P_n 与 n 的关系则为

$$P_n=\int\frac{\mathrm{d}P_n}{\mathrm{d}n}\mathrm{d}n=\int\left(\frac{\mathrm{d}P_n}{\mathrm{d}y}\right)\mathrm{d}y \tag{13.6.55}$$

如图 13.6.3 所示.

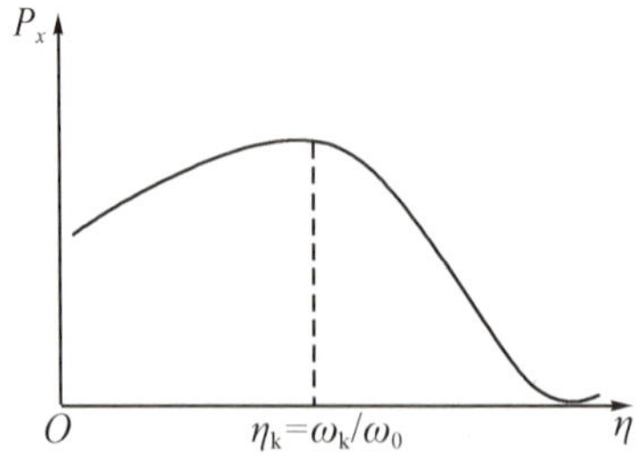

图 13.6.3 回旋电子的辐射特性

由方程(13.6.48)，总辐射能量将等于

$$P_n=\frac{e^2\beta}{8\pi\varepsilon_0 r_c^2}\frac{3\sqrt{3}}{4\pi}\left(\frac{\mathscr{E}}{mc^2}\right)^4\int_0^{\infty} y\mathrm{d}y\int_y^{\infty} K_{\frac{5}{3}}(x)\mathrm{d}x \tag{13.6.56}$$

但

$$\int_0^\infty y\mathrm{d}y\int_y^\infty \mathrm{K}_{\frac{5}{3}}(x)\mathrm{d}x=\frac{1}{2}\int_0^\infty y^2\mathrm{K}_{\frac{5}{3}}(y)\mathrm{d}y=\frac{8\pi}{9\sqrt{3}} \tag{13.6.57}$$

故

$$P_n=\frac{e^2\beta}{8\pi\varepsilon_0 r_c^2}\frac{3\sqrt{3}}{4\pi}\left(\frac{\mathscr{E}}{mc^2}\right)^4\frac{8\pi}{9\sqrt{3}}=\frac{e^2c}{12\pi\varepsilon_0 r_c^2}\left(\frac{\mathscr{E}}{mc^2}\right)^4 \tag{13.6.58}$$

电子做圆周运动时产生的辐射在同步加速器、电子回旋加速器中都是典型的.这种辐射目前有重要的实用意义,被用作一种新的高强度的光源.

13.7 Черенков 辐射

在以上各节的讨论中,我们已指出,只有当电子做加速(变速)运动时,才辐射电磁波.因为按相对论,对于匀速直线运动的电子,可选择一坐标系,电子在此坐标系中处于静止状态,而静止电子是不能辐射电磁波的.但是,在一定的条件下,匀速直线运动的电子也可能辐射电磁波,本节就研究这一问题.

根据相对论,电子的运动速度不可能大于真空中的光速,但却可能大于某种介质中的光速,即 $c>v>c/n$.这里 n 是折射率,$n>1$.所以在这种情况下,运动的电子将"超过"它的场,场离开了电子,于是产生电磁波的辐射.这种辐射称为 Черенков 辐射.

考虑单个电子在某种介质中运动,其运动速度为 $\boldsymbol{u}$,介质的介电常数为 $\varepsilon=\varepsilon_0\varepsilon_r$,折射率为 $n=\sqrt{\varepsilon_r}$,ε_r 是相对介电常数.假定电子沿 z 轴运动,麦克斯韦方程可写成

$$\begin{cases}\nabla\times\boldsymbol{H}=\dfrac{\partial\boldsymbol{D}}{\partial t}+\boldsymbol{J}\\ \nabla\cdot\boldsymbol{D}=\rho\end{cases} \tag{13.7.1}$$

式中

$$\boldsymbol{D}=\varepsilon\boldsymbol{E}=\varepsilon_0 n^2\boldsymbol{E} \tag{13.7.2}$$

ε 及 n 均可能有色散,即可能是频率的函数.引入矢量位 $\boldsymbol{A}$ 及标量位 φ,则有

$$\begin{cases}\boldsymbol{B}=\nabla\times\boldsymbol{A}\\ \boldsymbol{E}=-\nabla\varphi-\dfrac{\partial\boldsymbol{A}}{\partial t}\end{cases} \tag{13.7.3}$$

洛伦兹条件可写成

$$\nabla\cdot\boldsymbol{A}+\frac{n^2}{c^2}\frac{\partial\varphi}{\partial t}=0 \tag{13.7.4}$$

标量位 φ 及矢量位 $\boldsymbol{A}$ 满足以下方程:

$$\begin{cases}\nabla^2\varphi-\dfrac{n^2}{c^2}\dfrac{\partial^2\varphi}{\partial t^2}=-\dfrac{\rho}{\varepsilon}\\ \nabla^2\boldsymbol{A}-\dfrac{n^2}{c^2}\dfrac{\partial^2\boldsymbol{A}}{\partial t^2}=-\mu\boldsymbol{J}\end{cases} \tag{13.7.5}$$

因此,在 $n^2=\varepsilon_r$ 及 $\varepsilon=\varepsilon_0\varepsilon_r$ 与频率无关的条件下,即不考虑介质的色散效应时,13.3 节所述结果完全适用,只需做如下代换:

$$c\rightarrow\frac{c}{n},\text{从而 }\beta\rightarrow n\beta$$

$$\varepsilon_0\rightarrow\varepsilon=\varepsilon_0\varepsilon_r=\varepsilon_0 n^2$$

于是我们得到介质中运动电子产生的位:

$$\begin{cases}\varphi=\dfrac{1}{4\pi\varepsilon_0\varepsilon_r}\dfrac{e}{R(1-n^2\beta^2\sin^2\theta)^{1/2}}\\ \boldsymbol{A}=\dfrac{\mu_0}{4\pi}\dfrac{e\boldsymbol{u}}{R(1-n^2\beta^2\sin^2\theta)^{1/2}}=\dfrac{n^2}{c^2}\boldsymbol{u}\varphi\end{cases}\tag{13.7.6}$$

由上式可见，当$(1-n^2\beta^2\sin^2\theta)<1$时，出现虚数. 而这个问题在$n=1$的真空中是不可能发生的. 我们来具体地研究这个问题.

电子在自己运动路径的每一点上产生球面子波，这些球面子波在介质中的传播速度$v=c/n$. 图 13.7.1 表示运动电子产生的场的两种情况.

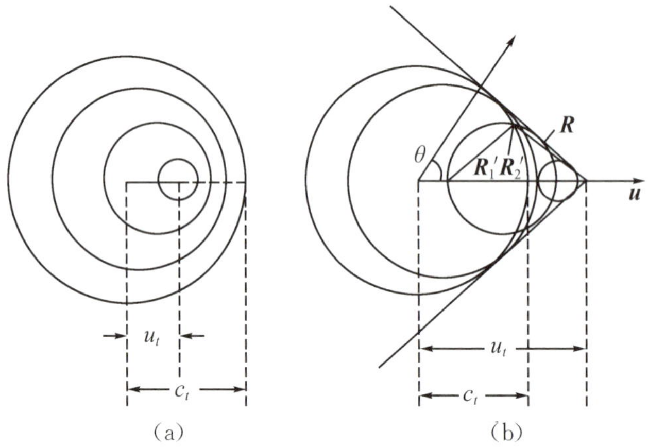

图 13.7.1　Черенков 辐射原理示意

图 13.7.1 中(a)相当于一般情况，即$u<c/n$，13.3 节中已详细讨论过. 这种情况下，如电子不做加速运动，就不产生辐射场.

图 13.7.1 中(b)所示为 Черенков 辐射的情况，此时$u>c/n$，相继发生的球面子波干涉的结果形成一个在电子后面的锥形的尾波. 在这种情况下，即使电子是等速的，也有显著的辐射作用. 场源(超光速电子)的速度超过了场的传播速度，于是源(电子)就“抛开”了场，而场便从源“离开”，即辐射开来.

比较图 13.7.1 中(a)和(b)，有一个重要的差别，在图 13.7.1 中(a)的情况下，每一点的场，只由与其相应的推迟位置上的电子产生，即与t对应的推迟时刻t'只有一个. 而在图 13.7.1(b)中，电磁波仅存在于与运动电子一起前进的锥体中，锥内每一点的场，均可以对应于两个电子的位置，即与t对应的推迟时刻有t_1'和t_2'两个.

由图 13.7.1(b)可见，电子在介质中做等速直线运动时，两个推迟时刻t_1'、t_2'均满足下述方程：

$$t-t_{1,2}'=\frac{1}{\frac{c}{n}}R_{1,2}'=\frac{1}{\frac{c}{n}}|\boldsymbol{R}+\boldsymbol{u}(t-t_{1,2}')|\tag{13.7.7}$$

即

$$t-t_{1,2}'=\frac{n}{c}[R^2+2\boldsymbol{R}\cdot\boldsymbol{u}(t-t_{1,2}')+u^2(t-t_{1,2}')^2]^{\frac{1}{2}}\tag{13.7.8}$$

这个关于$t-t_{1,2}'$的二次方程的根为

$$t-t_{1,2}'=\frac{-\boldsymbol{R}\cdot\boldsymbol{u}\pm\sqrt{(\boldsymbol{R}\cdot\boldsymbol{u})^2-\left[u^2-\left(\frac{c}{n}\right)^2\right]R^2}}{u^2-\left(\frac{c}{n}\right)^2}\tag{13.7.9}$$

由上式可以看到，如果$u<c/n$，则根号内的值恒为正，且大于$(\boldsymbol{R}\cdot\boldsymbol{u})$. 但因$(t-t_{1,2}')$应取正值，因此，合理的根只有一个

$$t-t_1'=\frac{+\boldsymbol{R}\cdot\boldsymbol{u}\sqrt{(\boldsymbol{R}\cdot\boldsymbol{u})^2+\left(\frac{c^2}{n^2}-u^2\right)R^2}}{\left(\frac{c}{n}\right)^2-u^2}\tag{13.7.10}$$

而当 $u>c/n$ 时，情况就有所不同了. 如果

$$\left[u^2-\left(\frac{c}{n}\right)^2\right]|\boldsymbol{R}|^2>(\boldsymbol{R}\cdot\boldsymbol{u})^2\tag{13.7.11}$$

则根号内为负数，$t-t_{1,2}'$ 为虚数，没有物理意义.

而如果

$$\left[u^2-\left(\frac{c}{n}\right)^2\right]|\boldsymbol{R}|^2<(\boldsymbol{R}\cdot\boldsymbol{u})^2\tag{13.7.12}$$

则根号一项取实数，且小于$(\boldsymbol{R}\cdot\boldsymbol{u})$. 因而 $t-t_{1,2}'$ 有如方程(13.7.9)所示的两个根.

于是 Черенков 锥内的一点在某一观察时刻 t，由电子在 t_1' 和 t_2' 两个推迟时刻产生的位叠加为

$$\begin{cases}\varphi(x,t)=\dfrac{1}{4\pi\varepsilon_0\varepsilon_r}\left(\dfrac{e}{R_1'-\dfrac{\boldsymbol{R}_1'\cdot\boldsymbol{u}}{\frac{c}{n}}}+\dfrac{e}{R_2'-\dfrac{\boldsymbol{R}_2'\cdot\boldsymbol{u}}{\frac{c}{n}}}\right)\\ \boldsymbol{A}(x,t)=\dfrac{n^2}{c^2}\boldsymbol{u}\varphi\end{cases}\tag{13.7.13}$$

式中，$\boldsymbol{R}_1'$、$\boldsymbol{R}_2'$ 和 $\boldsymbol{R}$ 的关系如图 13.7.1(b)所示. 应用和 13.3 节中类似的计算，把推迟距离表示为同时距离，式(13.7.13)右边两项给出的结果相等，于是得

$$\begin{cases}\varphi(x,t)=\dfrac{1}{4\pi\varepsilon_0\varepsilon_r}\dfrac{2e}{R(1-n^2\beta^2\sin^2\theta)^{\frac{1}{2}}}\\ \boldsymbol{A}(x,t)=\dfrac{n^2}{c^2}\boldsymbol{u}\varphi\end{cases}\tag{13.7.14}$$

我们来讨论一下所得到的方程(13.7.14). 可以看到，仅当

$$\sin\theta<\frac{1}{n\beta}=\frac{c}{nu}\tag{13.7.15}$$

时，方程(13.7.14)才给出具有物理意义的场. 临界值为

$$\theta_c=\theta_{\max}=\sin^{-1}\frac{c}{nu}\tag{13.7.16}$$

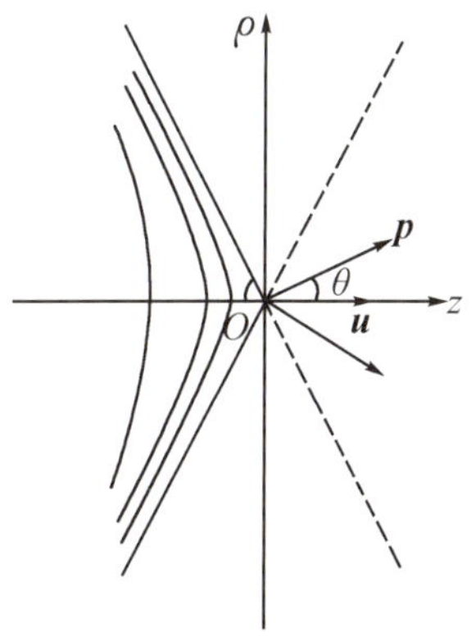

图 13.7.2　Черенков 辐射的特性

在此临界值上，为场的一个奇点. 场全部集中在 $\theta=\theta_c$ 的锥体内. 整个波以此锥面为边界形成一个冲击波，这就是 Черенков 辐射的特点.

由方程(13.7.14)还可以得到 Черенков 辐射的等位面方程为

$$R\sqrt{1-n^2\beta^2\sin^2\theta}=\text{const}\tag{13.7.17}$$

即

$$R^2-n^2\beta^2R^2\sin^2\theta=\text{const}\tag{13.7.18}$$

取坐标系如图 13.7.2 所示，则方程(13.7.18)可写成形式

$$z^2-\rho^2(n^2\beta^2-1)=\text{const}\tag{13.7.19}$$

这是一个旋转双曲面，但仅左边一叶(即 $z^2>\rho^2|n^2\beta^2-1|^2$)有物理意义. 如图中所示. 因为 $u>c/n$ 在另一叶内不可能有电磁场. 锥面的夹角为 $2(90°-\theta_c)$.

利用得到的位函数方程(13.7.14)，可以求得电场和磁场：

$$\begin{cases}\boldsymbol{E}=\dfrac{1}{4\pi\varepsilon_0\varepsilon_r}\dfrac{2e(1-n^2\beta^2)\boldsymbol{R}}{R^3(1-n^2\beta^2\sin^2\theta)^{\frac{1}{2}}}\\ \boldsymbol{B}=\dfrac{n^2}{c^2}(\boldsymbol{u}\times\boldsymbol{E})\end{cases}\tag{13.7.20}$$

现在我们来计算单位时间内电子的辐射能.空间任一点的坡印廷矢量为

$$\boldsymbol{p}=\boldsymbol{E}\times\boldsymbol{H}^*=\boldsymbol{E}\times\frac{n^2}{c^2\mu}(\boldsymbol{u}\times\boldsymbol{E})=\frac{n^2}{c^2\mu}E^2\boldsymbol{u}-\frac{n^2}{c^2\mu}(\boldsymbol{u}\cdot\boldsymbol{E})\boldsymbol{E}$$

辐射功率：

$$P=-\frac{n^2}{c^2\mu}\iint(\boldsymbol{u}\cdot\boldsymbol{E})\boldsymbol{E}\cdot\mathrm{d}\sigma\tag{13.7.21}$$

最后一步是由于我们考虑一个以 z 轴为轴线的圆柱面 σ. 因为 $\boldsymbol{u}\cdot\mathrm{d}\sigma=0$,故第一项对积分无贡献.

在柱坐标下,场量式(13.7.20)变为

$$\begin{cases}\boldsymbol{E}=-\dfrac{1}{4\pi\varepsilon_0\varepsilon_r}\dfrac{2e(n^2\beta^2-1)\boldsymbol{R}}{[z^2-(n^2\beta^2-1)\rho^2]^{\frac{1}{2}}}\\ \boldsymbol{B}=\dfrac{n^2}{c^2}(\boldsymbol{u}\times\boldsymbol{E})\end{cases}\tag{13.7.22}$$

将式(13.7.22)代入式(13.7.21),可得积分

$$\begin{aligned}P&=-\frac{n^2}{c^2\mu}\iint\frac{e^2}{4\pi^2\varepsilon_0^2\varepsilon_r^2}\frac{(n^2\beta^2-1)^2(\boldsymbol{R}\cdot\boldsymbol{u})}{[z^2-(n^2\beta^2-1)\rho^2]^3}\boldsymbol{R}\cdot\mathrm{d}\sigma\\&=-\frac{n^2}{c^2\mu}\iint\frac{e^2}{4\pi^2\varepsilon_0^2\varepsilon_r^2}\frac{(n^2\beta^2-1)^2zu}{[z^2-(n^2\beta^2-1)\rho^2]^3}\rho\mathrm{d}\sigma\end{aligned}\tag{13.7.23}$$

式中,积分只限于 $z<-\sqrt{n^2\beta^2-1}\rho$ 的区域. 由于 $\mathrm{d}\sigma=\rho\mathrm{d}z\mathrm{d}\varphi$,故上面的积分又可化为

$$\begin{aligned}P&=-\frac{n^2}{c^2\mu}\frac{2\pi e^2u(n^2\beta^2-1)^2\rho^2}{4\pi^2\varepsilon_0^2\varepsilon_r^2}\int_{-\infty}^{-\sqrt{n^2\beta^2-1}\rho}\frac{z\mathrm{d}z}{[z^2-(n^2\beta^2-1)\rho^2]^3}\\&=\frac{n^2}{c^2\mu}\frac{e^2u(n^2\beta^2-1)^2\rho^2}{8\pi\varepsilon_0^2\varepsilon_r^2}\frac{1}{[z^2-(n^2\beta^2-1)\rho^2]^2}\Bigg|_{z=-\infty}^{z=-\sqrt{n^2\beta^2-1}\rho}\end{aligned}\tag{13.7.24}$$

如果在上式中代入 $z=-\sqrt{n^2\beta^2-1}\rho$,我们将得到无穷大的值,这是在边界区域内($z\approx-\sqrt{n^2\beta^2-1}\rho$),式(13.7.24)不正确所致.

在边界上取吸收作用很强的薄层 δ,可把式(13.7.24)中的上界换为 $z=-\sqrt{n^2\beta^2-1}\rho-\delta$,于是

$$\begin{aligned}P&=\frac{n^2}{c^2\mu}\frac{e^2u(n^2\beta^2-1)^2\rho^2}{8\pi\varepsilon_0^2\varepsilon_r^2}\cdot\frac{1}{4(n^2\beta^2-1)\rho^2\delta^2}\\&=\frac{n^2}{c^2\mu}\frac{e^2un^2\beta^2}{32\pi\varepsilon_0^2\varepsilon_r^2}\left(1-\frac{1}{n^2\beta^2}\right)\frac{1}{\delta^2}=\frac{e^2u^3}{32\pi\varepsilon_0c^2}\left(1-\frac{1}{n^2\beta^2}\right)\frac{1}{\delta^2}\end{aligned}\tag{13.7.25}$$

式(13.7.25)表示能量将连续地放出. 由式(13.7.24)可以看出,放出的能量将主要集中在 $z\approx-\sqrt{n^2\beta^2-1}\rho$ 的区域内. 这个能量前进的方向也就是冲击波面 $z=-\sqrt{n^2\beta^2-1}\rho$ 前进的方向. 在 ρ 很大处,这个冲击波可看作一个平面波,其前进方向即波前进的方向,这个方向与 z 轴间的夹角 θ 为

$$\begin{cases}\theta=\cot^{-1}\dfrac{1}{\sqrt{n^2\beta^1-1}}=\cos^{-1}\dfrac{1}{\beta n}\\ \cos\theta=\dfrac{1}{\beta n}\end{cases}\tag{13.7.26}$$

上面曾指出,$\theta=\theta_c$ 的锥面上存在场的奇异点,此处场幅值趋于无穷大,这显然是不符合物理真实情况的. 这一结果的出现,是由于我们略去了介质的介电常数与频率的依赖关系. 这样,各种频率成分的场的速

度都相同,集中在同一个锥面上相互叠加,从而导致出现无穷大的奇异面.实际上,考虑介质的色散效应时,就不会出现这种明显的界面.而代之以在锥面附近区域有一层强度很大的冲击波.这时无穷大就不再出现.

因此,为了深入研究 Черенков 辐射,必须考虑介质的色散.我们仍然从方程(13.7.5)出发,记住这时 $n^2=\varepsilon_r$ 是频率的函数.设电子在均匀各向同性介质中沿 z 轴方向以匀速 $\boldsymbol{u}$ 运动,其产生的位满足如下的方程:

$$\begin{cases}\nabla^2\varphi-\varepsilon\mu\dfrac{\partial^2\varphi}{\partial t^2}=-\dfrac{\rho}{\varepsilon}\\ \nabla^2 A_z-\varepsilon\mu\dfrac{\partial a_z}{\partial t^2}=-\mu J_z\\ A_x=0\\ A_y=0\end{cases}\tag{13.7.27}$$

$$\begin{cases}\rho=e\delta(x)\delta(y)\delta(z-ut)\\ J_z=eu\delta(x)\delta(y)\delta(z-ut)\end{cases}\tag{13.7.28}$$

而且有

$$\begin{cases}\boldsymbol{A}=(0,0,A_z)\\ A_z=\varepsilon\mu u\varphi\end{cases}\tag{13.7.29}$$

电磁场各分量则为

$$\begin{cases}E_x=-\dfrac{\partial\varphi}{\partial x},E_y=-\dfrac{\partial\varphi}{\partial y},E_z=-(1-\varepsilon\mu u^2)\dfrac{\partial\varphi}{\partial z}=(n^2\beta^2-1)\dfrac{\partial\varphi}{\partial z}\\ B_x=\varepsilon\mu u\dfrac{\partial\varphi}{\partial y},B_y=-\varepsilon\mu u\dfrac{\partial\varphi}{\partial x},B_z=0\end{cases}\tag{13.7.30}$$

可见,只要从方程(13.7.27)中求出 φ,代入式(13.7.30)就可以确定电磁场矢量.所以问题归结为求解方程

$$\nabla^2\varphi-\varepsilon\mu\frac{\partial^2\varphi}{\partial t^2}=-\frac{1}{\varepsilon}e\delta(x)\delta(y)\delta(z-ut)\tag{13.7.31}$$

为此将上式右边的 δ 函数按傅里叶积分展开

$$\delta(x)\delta(y)\delta(z-ut)=\frac{1}{(2\pi)^3}\int \mathrm{d}k_1\mathrm{d}k_2\mathrm{d}k_{/\!/}\,\mathrm{e}^{\mathrm{j}[k_1x+k_2y+k_{/\!/}(z-ut)]}\tag{13.7.32}$$

这样,按 3.7 节所述,就可求得相应的格林函数的奇异部分:

$$G_1=\frac{1}{(2\pi)^3}\int\frac{\mathrm{e}^{\mathrm{j}[k_1x+k_2y+k_{/\!/}(z-ut)]}}{k_1^2+k_2^2-(n^2\beta^2-1)k_{/\!/}^2}\mathrm{d}k_1\mathrm{d}k_2\mathrm{d}k_{/\!/}\tag{13.7.33}$$

非奇异部分选择为

$$\begin{aligned}G_0=&\frac{1}{(2\pi)^3}\int \mathrm{j}\pi\frac{k_{/\!/}}{|k_{/\!/}|}\mathrm{e}^{\mathrm{j}[k_1x+k_2y+k_{/\!/}(z-ut)]}\\ &\cdot\delta[k_1^2+k_2^2-(n^2\beta^2-1)k_{/\!/}^2]\mathrm{d}k_1\mathrm{d}k_2\mathrm{d}k_{/\!/}\end{aligned}\tag{13.7.34}$$

于是标量位函数 φ 就可写成

$$\begin{aligned}\varphi=&\frac{e}{(2\pi)^3\varepsilon_0}\int\frac{1}{n^2}\mathrm{e}^{\mathrm{j}[k_1x+k_2y+k_{/\!/}(z-ut)]}\mathrm{d}k_1\mathrm{d}k_2\mathrm{d}k_{/\!/}\\ &\cdot\left\{\frac{1}{k_1^2+k_2^2-(n^2\beta^2-1)k_{/\!/}^2}+\pi\mathrm{j}\frac{k_{/\!/}}{|k_{/\!/}|}\delta[k_1^2+k_2^2-(n^2\beta^2-1)k_{/\!/}^2]\right\}\end{aligned}\tag{13.7.35}$$

为了便于积分方程(13.7.35),引用以下的柱面坐标$(k,\psi,k_{/\!/})$:

$$\begin{cases} k^2 = k_1^2 + k_2^2 \\ \psi = \arctan\left(\dfrac{k_2}{k_1}\right) \\ k_{/\!/} = k_{/\!/} \end{cases} \tag{13.7.36}$$

于是有

$$\mathrm{d}k_1 \mathrm{d}k_2 \mathrm{d}k_{/\!/} = k\mathrm{d}k\mathrm{d}\psi\mathrm{d}k_{/\!/} \tag{13.7.37}$$

将上述各式代入式(13.7.35),并对 ψ 积分,可以得到

$$\varphi = \frac{e}{4\pi^2\varepsilon_0}\int \frac{1}{n^2}\mathrm{e}^{\mathrm{j}[k_{/\!/}(z-ut)]}\mathrm{d}k_{/\!/}\int_0^{\infty} k\mathrm{J}_0(kr)$$

$$\cdot \left\{\frac{1}{k^2-(n^2\beta^2-1)k_{/\!/}^2} + \mathrm{j}\pi\frac{k_{/\!/}}{|k_{/\!/}|}\delta[k^2-(n^2\beta^2-1)k_{/\!/}^2]\right\}\mathrm{d}k \tag{13.7.38}$$

式中

$$r^2 = x^2 + y^2 \tag{13.7.39}$$

利用以下的贝塞尔函数的积分公式:

$$\begin{cases} \displaystyle\int_0^{\infty} \frac{\mathrm{J}_0(kr)}{k^2+a^2}k\mathrm{d}k = \frac{\mathrm{j}\pi}{2}\mathrm{H}_0^{(1)}(\mathrm{j}ar) \\ \displaystyle\int_0^{\infty} \frac{\mathrm{J}_0(kr)}{k^2-a^2}k\mathrm{d}k = -\frac{\pi}{2}\mathrm{N}_0(ar) \\ \displaystyle\int_0^{\infty} \mathrm{J}_0(kr)\delta(k^2-a^2)k\mathrm{d}k = \frac{1}{2}\mathrm{J}_0(ar) \end{cases} \tag{13.7.40}$$

方程(13.7.38)就可写成

$$\varphi = \frac{\mathrm{j}e}{8\pi\varepsilon_0}\int \frac{1}{n^2}\mathrm{e}^{\mathrm{j}k_{/\!/}(z-ut)}\left\{\frac{k_{/\!/}}{|k_{/\!/}|}\mathrm{J}_0[|k_{/\!/}|(n^2\beta^2-1)^{\frac{1}{2}}r]\right.$$

$$\left. + \mathrm{j}\mathrm{N}_0[|k_{/\!/}|(n^2\beta^2-1)^{\frac{1}{2}}r]\right\}\mathrm{d}k_{/\!/} \tag{13.7.41}$$

式中,由于

$$k_{/\!/} = \frac{\omega}{u}, \mathrm{d}k_{/\!/} = \frac{1}{u}\mathrm{d}\omega \tag{13.7.42}$$

式中,u 是电子的速度. 因此,上式被积函数是频率的函数. 当介质的色散特性已知时,即 $n(\omega)$ 的关系式已知时,方程(13.7.41)即可解出. 这样,利用方程(13.7.30)就可得到电磁场各分量的表示式. 不过,在此我们可以求出辐射的功率流为

$$P = \int (\boldsymbol{E}\times\boldsymbol{H}) \cdot \mathrm{d}\boldsymbol{s} \tag{13.7.43}$$

式中,积分是沿着半径是 r,几何轴是 z 轴的圆柱面进行的. 表面元 $\mathrm{d}\boldsymbol{s}$ 为

$$\mathrm{d}\boldsymbol{s} = r\mathrm{d}\varphi\mathrm{d}z\,\frac{\boldsymbol{r}}{r} \tag{13.7.44}$$

注意场分量值(13.7.30),我们有

$$(\boldsymbol{E}\times\boldsymbol{H}) \cdot \mathrm{d}\boldsymbol{s} = r\mathrm{d}\varphi\mathrm{d}z\left[(n^2\beta^2-1)\frac{\partial\varphi}{\partial z}\right]\left(\varepsilon u\frac{\partial\varphi}{\partial r}\right) \tag{13.7.45}$$

而且,根据方程(13.7.41)有

$$\begin{cases} (n^2\beta^2-1)\dfrac{\partial\varphi}{\partial z}=-\dfrac{e}{8\pi\varepsilon_0}\displaystyle\int\dfrac{(n^2\beta^2-1)}{n^2}e^{jk_{/\!/}(z-ut)} \\ \qquad\cdot\{|k_{/\!/}|J_0[|k_{/\!/}|(n^2\beta^2-1)^{\frac{1}{2}}r]+jk_{/\!/}N_0[|k_{/\!/}|(n^2\beta^2-1)^{\frac{1}{2}}r]\}dk_{/\!/} \\ \varepsilon u\dfrac{\partial\varphi}{\partial r}=-\dfrac{eju}{8\pi\varepsilon_0}\displaystyle\int\varepsilon(n^2\beta^2-1)^{\frac{1}{2}}e^{-jk'_{/\!/}(z-ut)} \\ \qquad\cdot\{k'_{/\!/}J'_0[(n^2\beta^2-1)^{\frac{1}{2}}|k'_{/\!/}|r]-j|k'_{/\!/}|N'_0[n^2\beta^2-1]^{\frac{1}{2}}|k'_{/\!/}|r\}dk'_{/\!/} \end{cases} \tag{13.7.46}$$

式中,一撇表示对宗量的导数.

把上式代入式(13.7.45),然后再代入式(13.7.43),注意到积分号下的式子具有方位对称,另外,在对变数 z 及 $k'_{/\!/}$ 积分时,考虑到

$$\int e^{j(k_{/\!/}-k'_{/\!/})z}dz=2\pi\delta(k_{/\!/}-k'_{/\!/}) \tag{13.7.47}$$

最后,当对量 $k_{/\!/}$ 从 $-\infty$ 到 $+\infty$ 的极限间积分时,去掉积分号下的奇函数,并且用两倍从 0 到 ∞ 极限间的积分代替偶函数,便得到

$$P=\frac{e^2r}{8\varepsilon_0^2}\int_0^{\infty}\frac{\varepsilon uk_{/\!/}^2}{n^4}(n^2\beta^2-1)^{\frac{3}{2}}(N'_0J_0-J'_0N_0)dk_{/\!/} \tag{13.7.48}$$

利用贝塞尔函数关系

$$N'_0(x)J_0(x)-J'_0(x)N_0(x)=\frac{2}{\pi x} \tag{13.7.49}$$

最后可以得到

$$P=\frac{e^2u}{4\pi\varepsilon_0c^2}\int_0^{\infty}\omega\left(1-\frac{1}{\beta^2n^2}\right)d\omega \tag{13.7.50}$$

在一般情况下,ε(或 n^2)随着频率增大而减小,在一定频率下达到

$$\beta n(\omega_m)=1 \tag{13.7.51}$$

即达到临界值,此后 Черенков 辐射不再产生. 所以 ω_m 可以称为最大频率,故方程(13.7.50)应改写为

$$P=\frac{e^2u}{4\pi\varepsilon_0c^2}\int_0^{\omega_m}\omega\left(1-\frac{1}{\beta^2n^2}\right)d\omega \tag{13.7.52}$$

13.8 自由电子对电磁波的散射

前面研究了自由电子运动时产生的辐射. 电子运动时要产生辐射场,特别是当电子运动的速度很大(相对论情况)时,这种辐射往往是很强烈的. 不过在上面的研究中,我们并没有说明电子的运动是如何产生的. 在本节中,我们来研究自由电子对电磁波的散射,也就是说,我们来研究当电磁波投射到电子上时,将产生怎样的结果. 不难看到,当电磁波投射到自由电子上时,电子就会在此电磁场作用下运动. 按本章前面所述,这种运动将导致辐射场的产生,即电子受到电磁波作用而产生的运动所引起的辐射场,这种场称为电子对原投射波的散射波场. 这种过程就是自由电子对电磁波的散射.

设投射到电子上的电磁波的功率流(坡印廷矢量)为 $\boldsymbol{s}$,单位时间内在立体角 $d\Omega$ 内电子的散射的能量(即在 $d\Omega$ 内的散射功率)为 dP,则微分散射截面定义为

$$d\sigma=\frac{dP}{|\boldsymbol{s}|} \tag{13.8.1}$$

总的散射截面则定义为

$$\sigma = \int \frac{\mathrm{d}P}{|\boldsymbol{s}|} = \int \frac{1}{|\boldsymbol{s}|}\frac{\mathrm{d}P}{\mathrm{d}Q}\mathrm{d}Q \tag{13.8.2}$$

我们讨论单个自由电子对平面波的散射问题(见图 13.8.1).平面波可写成

$$\boldsymbol{E}_i = \boldsymbol{E}_0 \mathrm{e}^{\mathrm{j}(\boldsymbol{k}\cdot\boldsymbol{r}-\omega t+\varphi_0)} \tag{13.8.3}$$

式中,$\boldsymbol{E}_0$ 为幅值,$\boldsymbol{k}$ 为波矢量,φ_0 为初相位.

电子的运动方程为

$$\frac{\mathrm{d}(m\gamma\boldsymbol{v})}{\mathrm{d}t} = \mathrm{e}\left[\boldsymbol{E}_i + \boldsymbol{v} + \frac{1}{\omega}(\boldsymbol{k}+\boldsymbol{E}_i)\right] \tag{13.8.4}$$

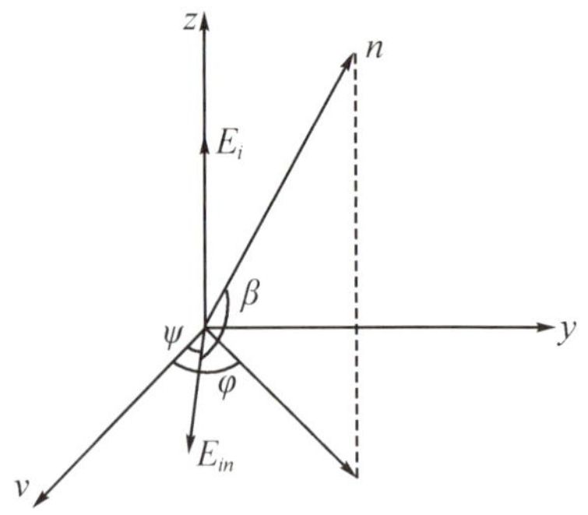

图 13.8.1　单个自由电子对平面波的散射

由于在交变场作用下,电子的速度一般很小(除非场幅值极大),因此可以略去相对论效应.于是上式变为

$$\frac{\mathrm{d}\boldsymbol{v}}{\mathrm{d}t} = \frac{e}{m}\boldsymbol{E}_i \text{ 或} \frac{\mathrm{d}^2\boldsymbol{r}}{\mathrm{d}t^2} = \frac{e}{m}\boldsymbol{E}_i \tag{13.8.5}$$

或者写为

$$\frac{\mathrm{d}^2(e\boldsymbol{r})}{\mathrm{d}t^2} = \frac{e^2}{m}\boldsymbol{E}_i \text{ 即} \frac{\mathrm{d}^2\boldsymbol{p}}{\mathrm{d}t^2} = \frac{e^2}{m}\boldsymbol{E}_i \tag{13.8.6}$$

式中,$\boldsymbol{p}=e\boldsymbol{r}$,为自由电子的电偶极矩.可见在投射平面波作用下,电子随着投射场的周期做简谐运动.电子在这种运动下的辐射可视为电偶极辐射.偶极辐射的位函数为

$$\begin{cases} \varphi = \dfrac{\boldsymbol{n}\cdot\dot{\boldsymbol{p}}}{4\pi\varepsilon_0 cr} \\ \boldsymbol{A} = \dfrac{\mu_0\dot{\boldsymbol{p}}}{4\pi r} \end{cases} \tag{13.8.7}$$

由此得到电场和磁场

$$\begin{cases} \boldsymbol{E} = -\nabla\varphi - \dfrac{\partial \boldsymbol{A}}{\partial t} = \dfrac{\mu_0}{4\pi r}[(\ddot{\boldsymbol{p}}\times\boldsymbol{n})\times\boldsymbol{n}] = \sqrt{\dfrac{\mu_0}{\varepsilon_0}}\boldsymbol{H}\times\boldsymbol{n} \\ \boldsymbol{B} = \nabla\times\boldsymbol{A} = \dfrac{\mu_0\ddot{\boldsymbol{p}}\times\boldsymbol{n}}{4\pi cr} \end{cases} \tag{13.8.8}$$

式中,$\boldsymbol{n}$ 表示 $\boldsymbol{r}$ 方向上的单位矢量.

将式(13.8.6)代入式(13.8.8),得到

$$\begin{cases} \boldsymbol{B} = -\dfrac{\mu_0}{4\pi cr}\dfrac{e^2}{m}(\boldsymbol{n}\times\boldsymbol{E}_i) \\ \boldsymbol{E} = \dfrac{\mu_0}{4\pi r}[\boldsymbol{n}\times(\boldsymbol{n}\times\boldsymbol{E}_i)]\dfrac{e^2}{m} \end{cases} \tag{13.8.9}$$

这就是自由电子对平面电磁波的散射波场.散射功率流为

$$\mathrm{d}P = \frac{e^4}{32\pi^2\varepsilon_0 m^2 c^3}(\boldsymbol{E}_i\times\boldsymbol{n})^2\mathrm{d}Q = \frac{e^4 E_i^2}{32\pi^2\varepsilon_0 m^2 c^3}\sin^2\theta\mathrm{d}Q \tag{13.8.10}$$

式中,θ 为 $\boldsymbol{E}_i$ 和 $\boldsymbol{n}$ 之间的夹角.

投射波的功率流密度为

$$\boldsymbol{s} = \frac{1}{2}\boldsymbol{E}_i\times\boldsymbol{H}_i^* = \frac{\varepsilon_0 c}{2}\boldsymbol{E}_i^2\frac{\boldsymbol{k}}{|k|} \tag{13.8.11}$$

于是可求得微分散射截面为

$$\mathrm{d}\sigma = \frac{\mathrm{d}p}{|\boldsymbol{s}|} = \frac{e^4 E_i^2\sin^2\theta}{16\pi^2\varepsilon_0 m^2 c^3 E_i^2}\mathrm{d}Q = \frac{e^4}{16\pi^2\varepsilon_0^2 m^2 c^4}\sin^2\theta\mathrm{d}Q \tag{13.8.12}$$

以 $\mathrm{d}Q=\sin\theta\mathrm{d}\theta\mathrm{d}\varphi$ 代入上式，对整个立体角积分，即可得到总的散射截面：

$$\sigma=\int_0^{\pi}\sin\theta\mathrm{d}\theta\int_0^{2\pi}\mathrm{d}\varphi\frac{e^4}{16\pi^2\varepsilon_0^2m^2c^4}\sin^2\theta=\left(\frac{e^2}{4\pi\varepsilon_0mc^2}\right)\frac{8\pi}{3}=\frac{8\pi}{3}r_c^2 \tag{13.8.13}$$

式中，令

$$r_e=\frac{e^2}{4\pi\varepsilon_0mc^2} \tag{13.8.14}$$

为电子的经典半径. 式(13.8.13)称为 Thomson 散射公式，σ 称为 Thomson 散射截面. 这种单个“静止”电子对电磁波的散射称为 Thomson 散射. 我们看到 Thomson 散射的特点是散射波的频率与投射波的频率相同.

需要指出，对无极化波，应当将式(13.8.10)和式(13.8.12)对矢量 $\boldsymbol{E}_i$ 的所有方向求平均值. 有

$$\overline{\sin^2\theta}=1-\frac{\sin^2\Theta}{2}=\frac{1+\cos^2\Theta}{2} \tag{13.8.15}$$

式中，Θ 表示入射波的方向 $\boldsymbol{k}$ 和散射波进行方向 $\boldsymbol{n}$ 之间的夹角. 将式(13.8.15)代入式(13.8.12)，便得到一个未极化的波被自由电子散射的有效截面：

$$\mathrm{d}\sigma=\frac{1}{2}r_e^2(1+\cos^2\Theta)\mathrm{d}Q \tag{13.8.16}$$

以上的讨论仅对频率比较低的投射波才适合. 显然如果投射波的频高到使量子能量 $h\omega$ 与电子的静止能量 m_0c^2 相比时，以上讨论就不再适合了. 这也可以从另一方面来看，如果投射波的波长小于电子的 Compton 波长 h/m_0c，以上所述也不合适. 当频率高到上述情况时，需要采用量子理论来处理. 这时，散射过程就由经典的 Thomson 散射过渡到量子的 Compton 散射.

当电子运动速度很高时，散射波的频率也可能与投射波的频率不一样. 散射波的频率与投射波的频率相同时，称为相干散射；而频率不相同时，称为非相干散射. 我们来研究这一问题.

设有一相对论电子，运动速度为 $\boldsymbol{v}_0$，取坐标轴 z 使之与 $\boldsymbol{v}_0$ 平行. 为了便于研究，我们在电子运动坐标系中来考察电子的散射过程，然后用洛伦兹变换转到静止坐标系中去. 在电子运动坐标系中，电子的运动方程仍为

$$m_0=\frac{\mathrm{d}\boldsymbol{v}'}{\mathrm{d}t'}=e\boldsymbol{E}_i=e\boldsymbol{E}_0\mathrm{e}^{-\mathrm{j}(\omega't'-\boldsymbol{k}_i'\cdot\boldsymbol{r}')} \tag{13.8.17}$$

显然，我们研究的仍是投射一个平面波. 由此得到

$$\boldsymbol{v}'=-\frac{e\boldsymbol{E}_0}{\mathrm{j}m_0\omega'}=\mathrm{e}^{-\mathrm{j}(\omega't'-\boldsymbol{k}_i'\cdot\boldsymbol{r}')} \tag{13.8.18}$$

于是可以求出矢量位 $\boldsymbol{A}'$：

$$\boldsymbol{A}'=\frac{\mu_0}{4\pi r'}e\boldsymbol{v}'=\frac{\mathrm{j}e^2\mu_0\boldsymbol{E}_0}{4\pi r'\omega'm_0}\mathrm{e}^{-\mathrm{j}(\omega't'-\boldsymbol{k}_i'\cdot\boldsymbol{r}')} \tag{13.8.19}$$

相应的电磁场量为

$$\begin{cases}\boldsymbol{B}'=\nabla'\times\boldsymbol{A}'=-\dfrac{e^2\mu_0\boldsymbol{k}_i'\times\boldsymbol{E}_0}{4\pi^2\omega'm_0}\mathrm{e}^{-\mathrm{j}(\omega't'-\boldsymbol{k}_i'\cdot\boldsymbol{r}')}\\[2ex]\boldsymbol{E}'=\dfrac{e^2}{4\pi r'}\dfrac{1}{\varepsilon_0\,\omega'^2m_0}\boldsymbol{k}_i'\times(\boldsymbol{k}_i'\times\boldsymbol{E}_0)\mathrm{e}^{-\mathrm{j}(\omega't'-\boldsymbol{k}_i'\cdot\boldsymbol{r}')}\end{cases} \tag{13.8.20}$$

上面各式中均用带撇的量表示电子运动坐标系中的量. 利用以上各式求出的微分散射截面仍然为

$$\mathrm{d}\sigma=\frac{e^4}{16\pi^2\varepsilon_0^2m^2c^4}\sin^2\theta\mathrm{d}Q \tag{13.8.21}$$

而散射波的频率为

$$\omega=\omega_i\pm k_iv \tag{13.8.22}$$

即为投射波频率的多普勒频移.

最后，我们来讨论电子的经典半径问题. 我们看到在各种情况下，电子的散射截面均正比于 $e^2/4\pi\varepsilon_0 mc^2$，而且其中均由物理常数构成，具有长度的量纲. 于是自然使我们想到，电子可以视为以此量为半径的一个球体，并称为电子的经典半径，如式(13.8.14)所示. 不过，把电子看成一个球体在物理上遇到很多困难，这些问题的讨论已超出本书的范围.

13.9 自由电子的衍射(绕射)辐射

运动电子产生辐射，除以上各种机理外，还有一种称为衍射(绕射)辐射. 试考虑一个运动电子，在其途径上，有一个半无限金属片，如图 13.9.1 所示. 电子将在此金属板上感应起电荷，当电子运动时，感应电荷随之发生变化. 因此，该金属板犹如一根天线，感应电荷的变化就构成天线上的电流，从而产生电磁波的辐射.

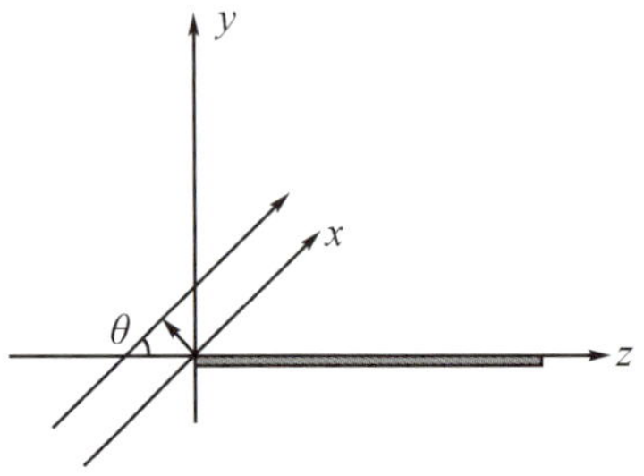

图 13.9.1　衍射辐射示意

严格地求解这一问题，遇到很多数学问题，本节中仅给出简单化的二维处理. 在二维简化情况下，运动电子实际上变成运动的电流线. 这时图 13.9.1 应理解为一电流线，单位长度荷电量为 q，以匀速 $\boldsymbol{u}$ 运动，半无限金属板在 x 方向无限伸展. 这样，电流可写成

$$\boldsymbol{J}=q\boldsymbol{u}\delta(\boldsymbol{r}-\boldsymbol{a}-\boldsymbol{u}t) \tag{13.9.1}$$

式中，$\boldsymbol{a}$ 矢量的意义在图中可以看出.

引入赫兹矢量

$$\begin{cases}\boldsymbol{E}=\left(\nabla\nabla-\dfrac{1}{c^2}\dfrac{\partial^2}{\partial t^2}\right)\boldsymbol{\Pi}\\[2ex] \boldsymbol{H}=\dfrac{1}{c}\nabla\times\left(\dfrac{\partial}{\partial t}\right)\boldsymbol{\Pi}\end{cases} \tag{13.9.2}$$

则 $\boldsymbol{\Pi}$ 满足以下方程：

$$\left(\nabla^2-\frac{1}{c^2}\frac{\partial^2}{\partial t^2}\right)\boldsymbol{\Pi}=-4\pi\mathscr{P} \tag{13.9.3}$$

式中，极化矢量 $\boldsymbol{P}$ 由下式确定：

$$\boldsymbol{J}=\frac{1}{c}\frac{\partial\mathscr{P}}{\partial t} \tag{13.9.4}$$

或

$$\mathscr{P}=c\int_{-\infty}^{0}\boldsymbol{J}\,\mathrm{d}t \tag{13.9.5}$$

由于 $\boldsymbol{u}=(u_y,u_z)$，并假定 $\boldsymbol{k}=(k_x,k_y)$，将方程(13.9.1)代入上式，并将 δ 函数展开，即可求得

$$\mathscr{P}=\frac{\mathrm{j}q\boldsymbol{u}}{(2\pi)^2}\int \mathrm{e}^{\mathrm{j}\boldsymbol{k}\cdot(\boldsymbol{r}-\boldsymbol{a}-\boldsymbol{u}t)}\frac{\mathrm{d}k_x\mathrm{d}k_y}{\boldsymbol{k}\cdot\boldsymbol{u}} \tag{13.9.6}$$

这样，由方程(13.9.3)就可以求得没有金属板时的赫兹矢量：

$$\boldsymbol{\Pi}_0=\frac{\mathrm{j}q\boldsymbol{u}}{\pi}\int\frac{\mathrm{e}^{\mathrm{j}\boldsymbol{k}\cdot(\boldsymbol{r}-\boldsymbol{a}-\boldsymbol{u}t)}}{\left[|\boldsymbol{k}|^2-\dfrac{(\boldsymbol{k}\cdot\boldsymbol{u})^2}{c^2}\right](\boldsymbol{k}\cdot\boldsymbol{u})}\mathrm{d}k_x\mathrm{d}k_y \tag{13.9.7}$$

如令

$$\begin{cases}\boldsymbol{k}\cdot\boldsymbol{u}=\omega\\ k_a=\dfrac{\boldsymbol{k}\cdot\boldsymbol{a}}{a}\end{cases} \tag{13.9.8}$$

及

$$k=\frac{\omega}{c},\beta=\frac{|\boldsymbol{u}|}{c},\gamma=\frac{\sqrt{1-\beta^2}}{\beta} \tag{13.9.9}$$

可见，k_a 表示波矢量 $\boldsymbol{k}$ 在 $\boldsymbol{a}$ 方向上的分量. 则方程(13.9,7)可化为

$$\boldsymbol{\Pi}_0=\frac{\mathrm{j}q\boldsymbol{u}}{\pi}\int\frac{\mathrm{e}^{\mathrm{j}(\boldsymbol{k}\cdot\boldsymbol{r}-\omega t)}}{\left[k_a^2+\dfrac{\omega^2}{u^2}(1-\beta^2)\right]}\frac{\mathrm{d}\omega}{\omega}\mathrm{d}k_a \tag{13.9.10}$$

将上式对 k_a 积分后，可以得到

$$\boldsymbol{\Pi}_0=\frac{\mathrm{j}q\boldsymbol{u}}{\pi u}\int\mathrm{e}^{\mathrm{j}(\boldsymbol{k}\cdot\boldsymbol{r}-\omega t)}K_0(rk|\boldsymbol{r}-\boldsymbol{a}|_\perp)\frac{\mathrm{d}\omega}{\omega} \tag{13.9.11}$$

式中，K_0 表示零阶第二类贝塞尔函数，而 $|\boldsymbol{r}-\boldsymbol{a}|_\perp$ 表示矢量 $(\boldsymbol{r}-\boldsymbol{a})$ 在与 $\boldsymbol{u}$ 垂直的方向上的分量.

当有金属板存在时，场应写成两部分之和，即

$$\boldsymbol{\Pi}=\boldsymbol{\Pi}_0+\boldsymbol{\Pi}_1 \tag{13.9.12}$$

式中，$\boldsymbol{\Pi}_0$ 表示无金属板存在时的场，而 $\boldsymbol{\Pi}_1$ 则表示衍射场. 所以问题归结为求衍射场 $\boldsymbol{\Pi}_1$.

设沿金属板的感应电流为 $\boldsymbol{J}_1(z)$，则由方程(13.9.3)、方程(13.9.4)可以得到

$$\boldsymbol{\Pi}_1=\frac{\mathrm{j}}{\omega}\int\frac{\mathrm{e}^{\mathrm{j}\boldsymbol{k}\cdot\boldsymbol{R}}}{R}\boldsymbol{J}_1(z)\mathrm{d}s \tag{13.9.13}$$

积分在整个金属板上进行. 式中

$$R^2=[(x-x')^2+y^2+(z-z')^2] \tag{13.9.14}$$

由于 $\boldsymbol{J}_1(z)$ 与 x 坐标无关，故对 x 的积分可以解除. 利用关系式

$$\frac{1}{\mathrm{j}\pi}\int_{-\infty}^{\infty}\frac{\mathrm{e}^{\mathrm{j}k\sqrt{D^2+\xi^2}}}{\sqrt{D^2+\xi^2}}\mathrm{d}\xi=\mathrm{H}_0^1(k|D|) \tag{13.9.15}$$

式中，$\mathrm{H}_0^{(1)}$ 表示第一类汉开尔函数. 即可将方程(13.9.13)写成

$$\boldsymbol{\Pi}_1=-\frac{\pi}{\omega}\int_0^{\infty}\mathrm{H}_0^{(1)}[k\sqrt{y^2+(z^2-\xi^2)}]\mathrm{j}(\xi)\mathrm{d}\xi \tag{13.9.16}$$

求得赫兹矢量后，就可按方程(13.9.2)得到电场及磁场. 对于图 13.9.1 所示的情况，仅存在 $\mathrm{H}_x^{(1)}$、$E_x^{(1)}$、$E_z^{(1)}$ 各分量①：

$$\mathrm{H}_{x_\omega}^{(1)}=\frac{2q}{c}\frac{\mathrm{e}^{\mathrm{j}\left(kr+\frac{\pi}{4}\right)}}{\sqrt{2\pi kx}}\mathrm{e}^{-k\gamma a}\frac{\cos\dfrac{\varphi}{2}\cdot\cos\dfrac{\theta+\theta_0}{2}}{\cos\varphi+\cos(\theta+\theta_0)} \tag{13.9.17}$$

式中，θ_0 定义如下：

$$\begin{cases}\cos\theta_0=\dfrac{1}{\beta}\\ \sin\theta_0=\mathrm{j}r=\mathrm{j}\dfrac{\sqrt{1-\beta^2}}{\beta}\end{cases} \tag{13.9.18}$$

---

①详细推导过程请参看：ЪОЛОТОВСКИ Й В М，ВОСКРЕНСКИ Й Г В. успехи физический иауk，88(2)，1966 209 (1966).

及

$$\varphi=\pi-\theta \tag{13.9.19}$$

$H_{x_\omega}^{(1)}$ 表示 $H_x^{(1)}$ 的傅里叶分量.

$E_{x_\omega}^{(1)}$、$E_{z_\omega}^{(1)}$ 可通过 $H_{x_\omega}^{(1)}$ 求出.

由此可以得到单位时间内辐射能量的频谱：

$$P_\omega=\frac{q^2}{\omega\gamma}\mathrm{e}^{-2k\gamma_a}=\frac{\beta q^2\mathrm{e}^{-2k\gamma_a}}{\omega\sqrt{1-\beta^2}} \tag{13.9.20}$$

可见，当电子运动速度很高，极接近平板时(a 很小)，辐射能量是可观的.

很多物理效应在本质上都可归结为衍射辐射，例如 Smith-Purcell 效应. 对自由电子的衍射辐射的研究对于 Orotron(一种具有准光谐振腔及衍射光栅的振荡器)是非常重要的. 更详细的讨论可参看有关文献.

13.10 电子辐射的反作用

在前面研究电子的辐射和散射时，我们把问题分为两个方面：电子的运动与运动电子的辐射. 也就是说，一方面，当研究电子的运动时，我们仅考虑电子在外电磁场作用下产生的运动，而不考虑电子的辐射；另一方面，在研究电子的辐射时，我们又认为电子的运动(速度 $\boldsymbol{v}$ 和加速度 $\dot{\boldsymbol{v}}$)是已知的，根据此种已知的电子运动状态来讨论电子的辐射. 实际上，这两种过程是不能分割的. 因为电子在辐射时，将把能量及动量辐射出去(抛出去)，从而产生反作用力. 这种由辐射而产生的反作用力必然要影响电子本身的运动. 所以严格地讲，在计算电子运动时，必须考虑电子在运动时的辐射，而在计算电子的辐射时，又必须考虑电子运动的变化. 即应当把这两方面的问题联系起来求解，求出所谓的自洽场解. 然而这种严格的求解遇到很多物理和数学上的困难，一般难以得到真正严格的解. 不过，上述把问题分成两个方面求解的方法在很多情况下都能给出足够精确的解. 虽不严格，却仍是很有用的. 这里可以提醒一下读者，在工程科学上很多问题都是这样处理的，并取得了很大的成功(见第一篇参考文献[17]).

我们来研究一下电子辐射引起的反作用力的问题，为简单计，暂时略去相对论效应.

不考虑辐射反作用力时，电子的运动方程为

$$m_0\frac{\mathrm{d}\boldsymbol{v}}{\mathrm{d}t}=\boldsymbol{F}_{\mathrm{ext}},\ \dot{\boldsymbol{v}}=\frac{1}{m_0}\boldsymbol{F}_{\mathrm{ext}} \tag{13.10.1}$$

式中，$\boldsymbol{F}_{\mathrm{ext}}$ 表示外加的作用力. 电子在此外力作用下引起加速度 $\dot{\boldsymbol{v}}$，于是要产生辐射. 单位时间内辐射的能量(辐射功率)为

$$P=\frac{e^2}{6\pi\varepsilon_0c^3}\dot{\boldsymbol{v}}^2 \tag{13.10.2}$$

如上所述，由于这种辐射，电子又将受到辐射反作用力的作用. 因此，电子的运动方程应改写成

$$m_0\frac{\mathrm{d}\boldsymbol{v}}{\mathrm{d}t}=\boldsymbol{F}_{\mathrm{ext}}+\boldsymbol{F}_{\mathrm{rad}} \tag{13.10.3}$$

式中，$\boldsymbol{F}_{\mathrm{rad}}$ 表示辐射反作用力. 我们来看看如何确定此辐射反作用力.

首先，我们看到，辐射反作用力应同 $\dot{\boldsymbol{v}}$ 有关，当 $\dot{\boldsymbol{v}}=0$ 时，应有 $\boldsymbol{F}_{\mathrm{rad}}=0$，因为此时已没有辐射；其次，能量守恒定理应满足，即辐射的能量应等于 $\boldsymbol{F}_{\mathrm{rad}}$ 做的功. 即

$$\int_{t_1}^{t_2}\boldsymbol{F}_{\mathrm{rad}}\cdot\boldsymbol{v}\mathrm{d}t=-\int_{t_1}^{t_2}\frac{e^2}{6\pi\varepsilon_0c^3}\dot{\boldsymbol{v}}\mathrm{d}t \tag{13.10.4}$$

上式在时间间隔 $t_1<t<t_2$ 内应成立. 利用分部积分，上式给出

$$\int_{t_1}^{t_2} \boldsymbol{F}_{\text{rad}} \cdot \boldsymbol{v}\mathrm{d}t = -\frac{e^2}{6\pi\varepsilon_0 c^3}\dot{\boldsymbol{v}} \cdot \boldsymbol{v}\Big|_{t_1}^{t_2} + \int_{t_1}^{t_2} \frac{e^2}{6\pi\varepsilon_0 c^3}\ddot{\boldsymbol{v}} \cdot \boldsymbol{v}\mathrm{d}t \tag{13.10.5}$$

假定在所取的时间间隔的起点 t_1 及终点 t_2，有

$$\dot{\boldsymbol{v}} \cdot \boldsymbol{v} = 0 \quad (t = t_1, t = t_2) \tag{13.10.6}$$

即，或者是 $\dot{\boldsymbol{v}}|_{t=t_1,t_2} = 0$，或者是 $\dot{\boldsymbol{v}}|_{t=t_1,t_2}$ 与 $\boldsymbol{v}$ 垂直. 在这种情况下，得到

$$\int_{t_1}^{t_2} \left(\boldsymbol{F}_{\text{rad}} - \frac{e^2 \ddot{\boldsymbol{v}}}{6\pi\varepsilon_0 c^3} \cdot \boldsymbol{v}\mathrm{d}t = 0\right) \tag{13.10.7}$$

于是电子的辐射反作用力为

$$\boldsymbol{F}_{\text{rad}} = \frac{e^2}{6\pi\varepsilon_0 c^3}\ddot{\boldsymbol{v}} \tag{13.10.8}$$

电子的运动方程(13.10.3)则可写为

$$m_0 \dot{\boldsymbol{v}} - \frac{e^2}{6\pi\varepsilon_0 c^3}\ddot{\boldsymbol{v}} = \boldsymbol{F}_{\text{ext}} \tag{13.10.9}$$

上式称为亚伯拉罕-洛伦兹(Abraham-Larentz)电子运动方程.

以上的推导是不严格的，所得到的结果也有局限性. 例如，在方程(13.10.9)中，令 $\boldsymbol{F}_{\text{ext}} = 0$，即无外力作用下，方程的解可以给出为

$$\dot{\boldsymbol{v}}(t) = \begin{cases} 0 \\ \boldsymbol{a}\mathrm{e}^{\frac{e^2}{6\pi\varepsilon_0 c^3}t} \end{cases} \quad (\boldsymbol{F}_{\text{ext}} = 0) \tag{13.10.10}$$

第一个解是符合物理意义的，而第二个解则是不合理的，因为电子不可能在其自身的辐射反作用力作用下得到越来越大直到无穷大的加速度. 这是方程(13.10.9)的一个严重缺陷. 改进上述理论就成为经典电动力学的一个重要课题，很多学者在这方面做了不少工作. 下面我们仅研究其中的某些问题.

假定电子做直线运动，取坐标轴 z 与此直线重合，于是电子的运动方程为

$$m_0 \frac{\mathrm{d}^2 z}{\mathrm{d}t^2} = F_{\text{ext}} + F_s = eE_{\text{ext}} + \int E_s \rho_0(\boldsymbol{r})\mathrm{d}\boldsymbol{r} \tag{13.10.11}$$

式中

$$E_s = \int E\rho_0(\boldsymbol{r}')\mathrm{d}\boldsymbol{r} \tag{13.10.12}$$

是电子本身所产生的场在电子所占体积内的平均值，而 $\rho_0(\boldsymbol{r})$ 的定义如下：

$$\begin{cases} \displaystyle\int \rho_0(\boldsymbol{r})\mathrm{d}\boldsymbol{r} = 1 \\ \rho_0(\boldsymbol{r}) = \dfrac{1}{e}\rho(\boldsymbol{r}) \end{cases} \tag{13.10.13}$$

可见，$\rho_0(\boldsymbol{r})$ 表示电子的电荷在某一体积内的分布.

标量位及矢量位函数可写成

$$\begin{cases} \varphi = \dfrac{e}{4\pi\varepsilon_0}\displaystyle\int \frac{\delta\left(t' - t + \frac{R'}{c}\right)}{R'}\mathrm{d}t' \\ A_z = \dfrac{\mu_0 e}{4\pi}\displaystyle\int v(t')\frac{\delta\left(t' - t + \frac{R'}{c}\right)}{R'}\mathrm{d}t' \end{cases} \tag{13.10.14}$$

式中，$\boldsymbol{R}' = \boldsymbol{r} - \boldsymbol{r}'(t')$，如图 13.10.1 所示.

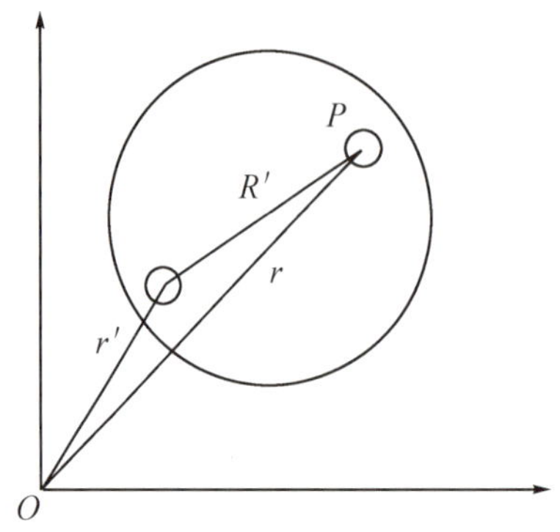

图 13.10.1　电子辐射的反作用坐标系

将 δ 函数按 R'/c 幂展开，以求在同一时刻 t 的自作用力

$$\delta\left(t'-t+\frac{R'}{c}\right)=\delta(t'-t)+\frac{R'}{c}\dot{\delta}(t'-t)+\frac{R'^2}{2c^2}\ddot{\delta}(t'-t)+\frac{R'^3}{6c^3}\dddot{\delta}(t'-t)+\cdots \tag{13.10.15}$$

式中，δ 函数上面的点表示对时间 t' 的导数.

把展开式代入方程(13.10.14)，并利用 δ 函数的有关性质，可以得到

$$\begin{cases}\varphi=\dfrac{1}{4\pi\varepsilon_0}\left[\dfrac{e}{R}+\dfrac{e}{2c^2}\dfrac{\partial^2 R}{\partial t^2}-\dfrac{e}{6c^3}\dfrac{\partial^3 R^2}{\partial t^3}+\cdots\right]\\ A_z=\dfrac{\mu_0}{4\pi}\left(\dfrac{ev}{R}-\dfrac{e\dot{v}}{c}+\cdots\right)\end{cases} \tag{13.10.16}$$

式中

$$\boldsymbol{R}=\boldsymbol{r}-\boldsymbol{r}'(t),\ \dot{\boldsymbol{r}}'(t)=\boldsymbol{v},\ \boldsymbol{v}=v\boldsymbol{e}_z \tag{13.10.17}$$

式中，已将对 t' 的微分化为对 t 的微分.

注意到

$$\begin{cases}\dfrac{\partial R}{\partial t}=-\dfrac{\boldsymbol{R}\cdot\boldsymbol{v}}{R}=-\dfrac{R_z}{R}v\\ \dfrac{\partial R^2}{\partial t}=-2(\boldsymbol{R}\cdot\boldsymbol{v})=-2R_z v\end{cases} \tag{13.10.18}$$

式中

$$R_z=z-z'(t) \tag{13.10.19}$$

将上述各式代入式(13.10.16)，只保留速度及加速度的线性项，略去高次项，可以得到

$$\begin{cases}\varphi=\dfrac{1}{4\pi\varepsilon_0}\left(\dfrac{e}{R}-\dfrac{eR_z\dot{v}}{2c^2R}+\dfrac{eR_z\ddot{v}}{3c^3}-\cdots\right)\\ A_z=\dfrac{\mu_0}{4\pi}\left(\dfrac{ev}{R}-\dfrac{e\dot{v}}{c}+\cdots\right)\end{cases} \tag{13.10.20}$$

电场强度可表示为

$$\boldsymbol{E}=E_z\boldsymbol{e}_z=\left(-\frac{\partial\varphi}{\partial z}-\frac{\partial a_z}{\partial t}\right)\boldsymbol{e}_z \tag{13.10.21}$$

由方程(13.10.20)，有

$$\begin{cases}\dfrac{\partial\varphi}{\partial z}=\dfrac{1}{4\pi\varepsilon_0}\left(-\dfrac{eR_z}{R^3}-\dfrac{e\dot{v}}{2c^2R}+\dfrac{eR_z^2\dot{v}}{2c^2R^3}+\dfrac{e\ddot{v}}{3c^3}\right)\\ \dfrac{\partial a_z}{\partial t}=\dfrac{\mu_0}{4\pi}\left(\dfrac{e\dot{v}}{R}+\dfrac{ev^2}{R^3}-\dfrac{e\ddot{v}}{c}\right)\end{cases} \tag{13.10.22}$$

这样，可以求得

$$E_z=\frac{1}{4\pi\varepsilon_0}\left[\frac{eR_z}{R^3}-\frac{e}{2c^2R}\left(\frac{R_z^2}{R^2}\dot{v}+\dot{v}\right)+\frac{2e}{3c^3}\ddot{v}+\cdots\right] \tag{13.10.23}$$

现在来考察方程(13.10.11)中右方第二项，自作用力 F_s 为

$$F_s=\int E_s\rho_0(\boldsymbol{r})\mathrm{d}\boldsymbol{r}=e\int\rho_0(\boldsymbol{r}')\mathrm{d}\boldsymbol{r}'\int\rho_0(\boldsymbol{r})E\mathrm{d}\boldsymbol{r} \tag{13.10.24}$$

如果假定电子是球形的，则在球面对称的条件及方程(13.10.13)的定义下，有以下关系：

$$\begin{cases}\displaystyle\int\rho_0(r')\mathrm{d}r'\int\rho_0(r)f(R)R_z\mathrm{d}r=0\\[2ex]\displaystyle\int\rho_0(r')\mathrm{d}r'\int\rho_0(r)f(R)\frac{R_z^2}{R^2}\mathrm{d}r=\frac{1}{3}\int\rho_0(r')\mathrm{d}r'\int\rho_0(r)f(R)\mathrm{d}r\end{cases} \tag{13.10.25}$$

将式(13.10.23)代入式(13.10.24)，则可以得到在考虑自作用力后，非相对论电子的运动方程

$$m_0\frac{\mathrm{d}^2z}{\mathrm{d}t^2}=eE_{\text{ext}}-m_{em}\frac{\mathrm{d}^2z}{\mathrm{d}t^2}+\frac{1}{4\pi\varepsilon_0}\frac{2}{3}\frac{e^2}{c^3}\frac{\mathrm{d}^3z}{\mathrm{d}t^3}+\cdots \tag{13.10.26}$$

式中

$$m_{em}=\frac{1}{4\pi\varepsilon_0}\frac{2}{3}\frac{e^2}{c^2}\int\mathrm{d}(r')\int\frac{\rho_0(r)\rho_0(r')}{R}\mathrm{d}r \tag{13.10.27}$$

称为电子的电磁质量. 这样方程(13.10.26)又可写成

$$(m_0+m_{em})\frac{\mathrm{d}^2z}{\mathrm{d}t^2}=eE_{\text{ext}}+\frac{1}{4\pi\varepsilon_0}\frac{2}{3}\frac{e^2}{c^2}\frac{\mathrm{d}^3z}{\mathrm{d}t^3}+\cdots \tag{13.10.28}$$

可见，我们得到的结果是，考虑电子的自身场后，电子除有静止质量 m_0 外，还有电磁质量 m_{em}. 同时，电子自身场的作用力还与速度的二阶导数有关.

我们来看看方程(13.10.27)，以便了解电磁质量 m_{em} 的含义. 在电荷密度为 $\rho(r)$ 时，场的位能为

$$U_0=\frac{e}{2}\int\rho_0(r)\varphi(r)\mathrm{d}r \tag{13.10.29}$$

而位函数为

$$\varphi(r)=\frac{e}{4\pi\varepsilon_0}\int\frac{\rho_0(r')}{R}\mathrm{d}r' \tag{13.10.30}$$

因此由上面两式可以得到

$$U_0=\frac{e^2}{8\pi\varepsilon_0}\int\mathrm{d}r'\int\frac{\rho_0(r)\rho_0(r')}{R}\mathrm{d}r \tag{13.10.31}$$

比较式(13.10.27)与式(13.10.31)，可以得到

$$m_{em}=\frac{4}{3}\frac{U_0}{c^2} \tag{13.10.32}$$

由此可见，除常系数 4/3 以外，上式同能量与质量的关系是一致的.

在研究自由电子激光时，常常忽略电子的自身场作用(辐射反作用). 但是，今后也可能会遇到在某种情况下需要考虑的情形.

第 14 章　自由电子激光

14.1 引言

在本章，我们将讨论另一种自由电子的受激辐射，即自由电子激光器. 按激光的术语来讲，自由电子激光是以自由电子为工作物质的激光器. 从 20 世纪 70 年代中期到现在，自由电子激光有了极为迅速的发展，成为一门极为活跃的新学科.

为了了解自由电子激光发展的物理基础，我们先来回顾一下历史过程. 以后将会具体指出，自由电子激光的物理基础是运动的自由电子对电磁波的受激散射，而运动物体的电动力学正是 1905 年爱因斯坦狭义相对论的基础. 1933 年，卡皮查(Kapitza)及迪拉克(Dirac)提出并研究了相对论电子注与电磁波的相互作用问题，这些工作为自由电子激光在物理学上奠定了基础. 明确地指明可以利用相对论电子注与电磁波相互作用而产生电磁波的概念是 1947 年由金斯堡(Гинзбург)所提出的，1951 年，莫茨(Motz)提出了 Undulator 的概念，研究了电子在线极化周期性静磁场中做摆动运动时所产生的散射问题. 1952 年，科尔曼(Coleman)提出了 Harmonotron，为进一步提高电子注的纵向群聚做出了努力. 1959 年，潘特尔(Pantell)提出了 Ubitron 等. 不过，当时由于激光尚未发展，人们对受激辐射的概念还不太重视；另外，由于当时加速器技术尚不如今天这样发达，所以早期的工作都不够理想，未能得到较好的结果，理论分析也不够深入. 不过，这些工作为自由电子激光以后的发展，起到了先驱的作用.

相对论电子注对电磁波的受激散射是 20 世纪 60 年代末、70 年代初开始的. 60 年代末，格拉纳茨坦(Granatstein)等人研究了电磁波与相对论电子注相互碰撞引起的受激散射，他们利用3 cm电磁波与相对论电子注相互作用，产生受激散射，得到了 8 mm 的散射波. 之后，马迪(Madey)等人研究了相对论电子注通过周期性静磁场产生的受激散射，并且实验验证了自由电子受激辐射的机理. 可以说，这两方面的工作是自由电子激光发展的开始. 从此以后，世界各国都纷纷开展了自由电子激光的研究工作.

自由电子激光可分为以下几种，如图 14.1.1 所示.

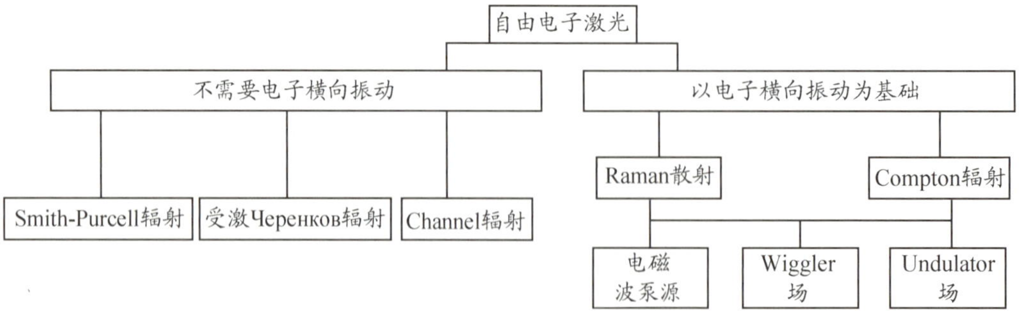

图 14.1.1　自由电子激光的分类

(1)以电子横向振动为基础的自由电子激光. 现在的自由电子激光主要指的是此种类型. 这类自由电子激光又按电子注浓度的不同分为 Raman 散射及 Compton 散射. 如果电子注的能量较大，但浓度很低，则互作用机理是以单个电子的 Compton 散射为基础的. 因此，在这种情况下，电子注与电磁波碰撞时，每个电子都能参与散射过程,整个电子注对电磁波的散射就是各个电子散射的总和. 当电子注的浓度很大但能量不太大时,电子注与电磁波碰撞时仅前沿电子能受到电磁波的作用,后面的电子由于前沿电子的屏蔽作用,实际上不能直接与电磁波相互碰撞. 另外,由于电子注内的集体效应(空间电荷效应)不能忽略,电子受到电磁波作用而产生的扰动,将以空间电荷波的形式传播,而电磁波又可深入电子注内部,因此,在这种状态下,电子与波互作用系统中除投射波、散射波以外,还有空间电荷波,形成三个波的过程,称为 Raman 散射.

当然,以上讲的是两种典型状态,实际上,不同的电子注参量,可能有不同的机理.

从泵源的角度来看,可分为电磁波泵源、Wiggler 场、Undulator 场等,后两者都是空间周期性的静态磁场;原则上也可以有空间周期性静电场作为泵源的,但用得很少.

(2)不需要电子横向运动的自由电子激光. 这类自由电子激光主要有以下三种.

①受激 Черенков 辐射. 如前所述,Черенков 辐射是一种超光速辐射,即当电子运动速度(均匀速度)超过周围介质中光速时产生的一种辐射,因此原则上不需要电子做横向运动.

②Smith-Purcell 辐射. 电子沿光栅前进,像电荷则在光栅中做周期性摆动,从而产生辐射. 这种效应是史密斯・泊塞尔(Smith-Purcell)于 1953 年发现的. 因此,这种效应是以平行电子注与光栅上场互作用为基础的,也不需要电子做横向运动. 不过,在实际上,由于电子受到光栅上场的作用,仍然是有微小的横向运动的.

③Channel 辐射. 这种辐射是电子在晶体结构中运动,受到晶体中周期场互作用而产生的一种辐射,是由 Курмахов 首先发现的. 因此,这种效应也不需要电子做横向运动.

当然,自由电子的辐射效应是多种多样的,在一般情况下,总可以实现受激的辐射. 不过,在目前看来,提到 FEL 主要是指上述第一类及第二类里的 Черенков 辐射. Smith-Purcell 辐射不需要相对论电子注. Channel 辐射的研究工作还不成熟,有可能构成强功率 γ 射线源,也是极为重要的.

FEL 的实验工作已报道了很多,现将其中的一部分列于表 14.1.1 中.

表 14.1.1　FEL 的实验工作

电子注参量	泵波	辐射输出	单位
24 MeV　0.07 A $E_{th}/E_0=0.1\%$	Mag.Wiggler 2.4 kGs	10.6 μm $G_L=0.035$	Stanford (1976)
43 MeV 2.6 A $E_{th}/E_0=0.05\%$	Mag.Wiggler 2.4 kGs	3.4 μm 7 kW	Stanford (1977)
2 MeV　30 kA $\Delta E/E_0=4\%$	Electromag.Wave 4×10^4 V/cm	400 μm $G_L>2$	NRL (1977)
0.86 MeV　5 kA $\Delta E/E_0=2\%$	Mag.Wiggler 0.5 kGs	1 500 μm 8 MW	Columbia (1977) (1978)
1.2 MeV　25 kA $\Delta E/E_0=3\%$	Mag.Wiggler 0.4 kGs	400 μm 1 MW	NRL&Columbia (1978)
1.35 MeV　1.5 kA 轴向速度离散 <0.1%	Mag.Wiggler 4 kGs	~4 mm 35 MW $\eta=2.5\%$	NRL (1982)
25 MeV　15 A	Mag.Wiggler $B_i=2.67$ kGs $B_f=2.61$ kGs	10.6 μm $G_L=2.7\%$ 20 MW	TRW (1982)

续表

电子注参量	泵波	辐射输出	单位
43 MeV　66 μA		～3.2 μm 400 kW	Stanford (1982)
19～22 MeV	Mag.Wiggler B_0=0.31 T	10.6 μm 50～900 MW η=3.7% Im(ω)=3.1%	Los.Alamos (1983)

除早期的实验外，最早实现用电磁波泵源得到受激散射的是美国海军研究实验室(NRL)的格拉纳特盛(Granatsein)等人. 首先用 Wiggler 场泵源得到 FEL 的是美国斯坦福(Stanford)大学的研究小组. 他们先用能量为 24 MeV、流强为 0.07 A 的电子注，得到波长为 10.6 μm 的放大(单次增益为 3.5%)(1977 年)，后来又用 43 MeV、0.64 A 的电子注得到 3.4 μm 的振荡. 这两个实验的成功对于推动 FEL 研究工作起到了很大作用.

从表 14.1.1 中可以看到，实验工作确实可分为两大类：一类是用高能量低流强的电子注(能量在数十兆电子伏以上，电流在 1 A 以下)，另一类用较低能量较大流强的电子注(数兆电子伏以下，数千安以上). 前者一般用直线加速器，如 Stanford 直线加速器，意大利的具有储存环的直线加速器，而后者使用 Max 发生器，作为高压能量.

从表 14.1.1 中可以看到，FEL 实际上从数毫米波长到几个微米波长均已有实验验证.

这里值得提出的是英国、美国、联邦德国等有关科学家合作的 FEL 研究计划，他们拟利用英国格拉斯哥大学的 LINAC 直线加速器开展 FEL 的研究工作. 分两期进行，其指标及要求如下。

直线加速器参量：

$E=30\sim100$ MeV

$\bar{I}=250$ mA

$I_A=15$ A

$\tau_f=5$ ps

$\tau=4\ \mu$s

$f=100$ Hz

$\Delta P/P=\pm0.5\%$

$\varepsilon=2$ MWrad

第一实验方案：

Wiggler Ⅰ　$L=5$ m

$L_0=8$ cm

$B=0.2$ T

利用 30 MeV 电子注，希望得到

$2.1\ \mu\text{m}\leqslant\lambda\leqslant23.5\ \mu\text{m}$

$1.2\%<G_1<3.9\%$

第二实验方案：.

Wiggler Ⅱ　$L=2$ m

$L_0=2$ cm

$B=0.3$ T

用 100 MeV 电子注，希望得到

$$0.5\ \mu m \leqslant \lambda \leqslant 3.2\ \mu m$$

$$1\% \leqslant G_{II} \leqslant 4.2\%$$

按其理论体系来讲，FEL 的理论工作大体上可分为五种类型.

(1)FEL 的量子理论. 用量子理论来分析 FEL 工作机理的代表者是 J. M. J. Madey，他利用所谓的 Weizsacker-William 近似法，把 Wiggler 场当作虚光子来处理，求得激光光子辐射.

(2)FEL 的单粒子理论. 对于受激 Compton 散射，可以研究单个电子与波的互作用过程，所以单粒子理论适用于德拜长度远大于波长的情况. 分析结果得到非线性摆方程，成为 FEL 理论的重要基础. 这方面的代表者是 W. B. Colson. 单粒子理论虽然不考虑粒子之间的作用，但其优点是能给出较明确的物理过程. 本书将对单粒子理论进行详细的讨论.

(3)动力学理论. 同 Gyrotron 中的情况一样，用动力学理论来研究 FEL 是最合适的. 虽然在联解弗拉索夫-麦克斯韦方程方面会遇到很多困难，但是这种理论可以考虑电子注的能量离散、电子的集体效应等. 从文献上来看，动力学理论也是最受重视的. 在本书中，我们要详细讨论 FEL 的动力学理论.

(4)非线性理论. 以上均是分析互作用机理的线性理论，为了研究饱和特性，提高效率，必须发展非线性理论. 已经发展了一维及三维的非线性理论. 非线性理论必须利用电子计算机才能得到结果. 本书对非线性理论也做了较详细的介绍.

(5)行波管理论. 用典型的行波管互作用耦合方程来分析 FEL 的机理，是一项很有意义的工作，因此值得一提. 从电子与波互作用及能量交换的观点看来，FEL 与 O 型行波管确有很多类似之处(尽管两者有其本质上的区别)，例如，两者都是以电子动能交换为基础的. 这方面的工作，见于 H. A. Haus 的文章中.

以上各种理论分析所得到的结果略有差异，但基本结论是一致的，这在以后将会看到. 从目前的研究工作看来，主要的问题在于理论与实验之间存在较大的距离. 例如，理论 η 可达 20%以上，而现在最好的实验结果仅达 3.7%. 因此，如何提高实验 η 就是 FEL 研究工作的一个重要任务.

14.2 运动电子注对电磁波的散射

如上所述，自由电子激光的一个基本原理是利用相对论电子注对电磁波的散射. 单个运动电子对电磁波的散射，已在第 13 章讨论过. 在本节中，我们主要从基本概念出发，研究一种简化的模型，以便能更好地了解运动电子注引起的电磁波的受激散射的物理实质. 详细地研究自由电子激光的理论将在以后各小节给出.

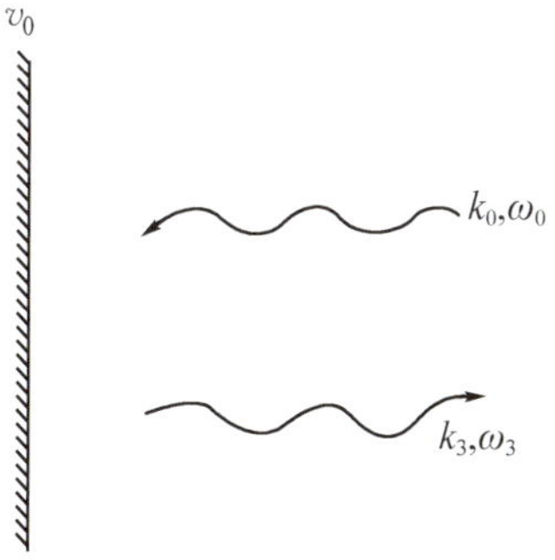

图 14.2.1　电磁波的散射

如图 14.2.1 所示，设有一电磁波沿法线方向向金属反射面投射，而此理想反射镜又以速度 v_0 迎着电磁波运动. 电磁波受到运动镜面的反射后，朝相反方向(与镜面运动方向相同)传播. 假定在静止坐标系中投射波的频率为 ω_0，波矢量为 $\boldsymbol{k}_0$；反射波的频率为 ω_s，波矢量为 $\boldsymbol{k}_s$. 现在来计算 ω_0，$\boldsymbol{k}_0$ 与 ω_s，$\boldsymbol{k}_s$ 之间的关系.

如果镜面是静止的，电磁波受理想的静止镜面反射是一个早已解决的简单问题，在这种情况下，有

$$\begin{cases}\omega_s = \omega_0 \\ \boldsymbol{k}_s = -\boldsymbol{k}_0\end{cases} \quad (v_0 = 0) \tag{14.2.1}$$

但当镜面运动时，情况就发生了变化，我们来考虑这一问题. 我们先在镜面的运动坐标系中来考虑上述

情况.显然,在此运动坐标系中,所发生的情况与以上所述情况完全相同,因为按狭义相对论,光的传播速度与光源和观察者的相对运动无关.假定在运动坐标系中投射波及反射波的频率和波矢量分别为 ω_0',$\boldsymbol{k}_0'$,ω_s',$\boldsymbol{k}_s'$,则按以上所述,应有

$$\begin{cases}\omega_s' = \omega_0' \\ \boldsymbol{k}_s' = -\boldsymbol{k}_0'\end{cases} \tag{14.2.2}$$

第 5 章中已指出,波矢量及频率组成一四维空间矢量($\boldsymbol{k}$;ω/c).因此,我们可以按洛伦兹变换将关系式(14.2.2)转换到静止坐标系中,则有

$$\begin{cases}(\boldsymbol{k}_0, \omega_0/c) = [\mathscr{L}] \cdot (\boldsymbol{k}_0', \omega'/c) \\ (\boldsymbol{k}_s, \omega_s/c) = [\mathscr{L}] \cdot (\boldsymbol{k}_s', \omega'/c)\end{cases} \tag{14.2.3}$$

式中,$[\mathscr{L}]$表示洛伦兹变换矩阵,由上面两式即可得到

$$\begin{cases}\omega_0' = \gamma(\omega_0 + v_0 k_0) = \gamma(1+\beta)\omega_0 \\ \omega_s' = \gamma(\omega_0 - v_0 k_0) = \gamma(1-\beta)\omega_s\end{cases} \tag{14.2.4}$$

式中

$$\begin{cases}\beta = v_0/c \\ \gamma = (1-\beta^2)^{-1/2}\end{cases} \tag{14.2.5}$$

再利用方程(14.2.2)即可求得

$$\omega_s = (1+\beta)^2 \gamma^2 \omega_0 \tag{14.2.6}$$

另外,根据 5.8 节所述,对于电磁波的能量,还可得到

$$\frac{\varepsilon_0}{\omega_0} = \frac{\varepsilon_s}{\omega_s} \tag{14.2.7}$$

式中,ε_0,ε_s 分别表示投射波及反射波的能量密度.由此可以得到

$$\varepsilon_s = (1+\beta)^2 \gamma^2 \varepsilon_0 \tag{14.2.8}$$

即能量密度的变化与频率的变化相同.

以上的讨论虽然是一种理想的情况,但它说明了一个重要的事实:被运动镜面反射(散射)的电磁波,其频率要比原投射波的频率高,升高的倍数是$(1+\beta)^2\gamma^2$,即完全由反射镜面的运动速度决定.

在实际情况下当然不是普通的镜面,物质的镜面实际上不可能达到相对论速度.事实上,在自由电子激光等情况下,是由相对论电子注形成散射系统.在相对论电子注的情况下,一般有

$$\beta \approx 1$$

即电子运动速度很接近光速.在这种情况下,γ 是一个很大的数字.如果方程(14.2.6)仍适用,则有

$$\omega_s \approx 4\gamma^2 \omega_0 \tag{14.2.9}$$

例如,当 $\beta=0.99$,$\gamma=6$ 时,可以得到

$$\omega_s \approx 144\omega_0 \tag{14.2.10}$$

可见散射波频率比投射波频率提高了大约 150 倍.当电子注能量更大时,比例更大.按方程(14.2.6)及电子注能量的一些计算结果,列于表 14.2.1 中.

表 14.2.1 运动电子注对电磁波的散射(f_0=37.5 GHz)

电压 U/V	相对论因子 γ	变换因子$(1+\beta)^2\gamma^2$	散射波频率 f_s/GHz
10	1.000 0	1.012 6	37.972
100	1.000 1	1.040 4	39.013
1 000	1.002 0	1.133 3	42.497

续表

电压 U/V	相对论因子 γ	变换因子 $(1+\beta)^2\gamma^2$	散射波频率 f_s/GHz
10 000	1.019 6	1.484 4	55.666
1×10^5	1.195 7	3.426 9	128.510
2×10^5	1.391 4	5.564 1	208.655
3×10^5	1.587 1	7.949 6	298.108
4×10^5	1.782 8	10.619 0	398.217
5×10^5	1.978 5	13.583 8	509.393
6×10^5	2.174 2	16.848 7	631.825
7×10^5	2.396 9	20.416 0	765.601
8×10^5	2.565 6	24.287 2	910.769
9×10^5	2.761 3	28.462 9	1 067.360
1×10^6	2.956 9	32.943 8	1 235.392
5×10^6	10.784 7	463.239 9	17 371.498
1×10^7	20.569 5	1 690.412 1	63 390.452

由表 14.2.1 还可以看到一个重要的情况，就是散射波的频率随 γ 的变化而变化，这样，就可以容易用改变电子注能量的办法来改变散射波的频率，从而可以实现频率的电调谐. 另一个有趣的结果是，这种频率的提高还伴随着能量密度的提高，这可由方程(14.2.8)看出.

不过，当用相对论电子注代替运动镜面时，很显然，物理过程要远比简单的理想反射镜复杂得多. 电子注是由很多的电子组成，电子浓度的大小对于电子注的电特性，即电子注对电磁波的反应，有很大的影响. 这种影响可以用德拜长度 λ_D 来表示. λ_D 的定义为(在电子注坐标系中)

$$\lambda_D=\frac{v_{th}}{\omega_p},\omega_p^2=\frac{n_0e^2}{m_0\varepsilon_0} \tag{14.2.11}$$

可见，λ_D 与电子的浓度成反比，这在第 8 章中已经说明，德拜长度表示电磁波透过电子注的深度. 一般电磁波透过一个 λ_D 后，幅度减到 e^{-1}. 因此，λ_D 是电子注对电磁波的屏蔽厚度.

如果电子注的浓度很大，而热速度离散 v_{th} 很小，以致

$$\lambda_D\ll\lambda \tag{14.2.12}$$

式中，λ 为散射波长. 由等离子体物理学可知，这样的等离子体对于电磁波动的行为好像一些宏观粒子，在每一粒子邻域内的场可视为不变，等离子体以集体方式参加相互作用，即在电子注内部存在空间电荷波. 因此，在这种情况下，自由电子激光的物理过程为三波相互作用(散射波、泵波及空间电荷波)，Raman 型自由电子激光即属于这种类型.

如果电子注很稀疏，而热速度离散 v_{th} 很大，以致

$$\lambda_D\gg\lambda \tag{14.2.13}$$

这说明德拜球内的场有很大变化，每个电子的情况都不同，不能看作一团宏观粒子，由于密度小，集体效应可以略去，只考虑单个电子与场的相互作用，此时，自由电子激光的物理过程为波粒子共振，Compton 型自由电子激光即属于这种类型.

自然，上述两种状态是典型的，而在实际情况下，可能是介乎两种状态之间. 究竟是哪一种状态占主要，取决于 λ_D 与波长的关系. λ_D 不仅由电子注的浓度决定，而且与电子的热速度有关. 而电子注的热速度实际上又是由加速器的能量离散度所决定. 因此，可以按这个观点来讨论究竟是属于 Raman 散射还是 Compton

散射. 如果空间电荷波的速度远大于电子的热速度,即

$$\frac{\omega_p}{k_p} \gg v_{\text{th}} \tag{14.2.14}$$

则可以发生三个波的互作用,为 Raman 散射状态. 而如果

$$\frac{\omega_p}{k_p} \sim v_{\text{th}} \tag{14.2.15}$$

或空间电荷波的相速落在电子速度分布函数内,则仅有两个波的互作用,称为 Compton 散射. 这种情况如图 14.2.2 所示.

由此可以看到,方程(14.2.4)至方程(14.2.6)的讨论,实际上只针对前沿电子碰撞的互作用情况是正确的,对于三波互作用未必适合. 不过,我们可以证明,方程(14.2.6)的关系对于 Raman 散射也是近似成立的. 在三波互作用的情况下,电子注中发生参量过程. 因此,可以采用 Manley-Rowe 方程(由能量守恒及动量守恒定律得到),于是有

$$\begin{cases} \omega_0' = \omega_s' + \omega_p' \\ k_p' = k_s' + k_0' \end{cases} \tag{14.2.16}$$

由洛伦兹变换可得

$$\begin{cases} \omega_0' = \gamma(\omega_0 + k_0 v_z) \\ \omega_s' = \gamma(\omega_s - k_s v_z) \end{cases} \tag{14.2.17}$$

由此可以得到

$$\omega_s - k_s v_z = (\omega_0 + k_0 v_z) - \frac{\omega_p}{\gamma} \tag{14.2.18}$$

如令

$$\frac{\omega_0}{k_0} \approx \frac{\omega_s}{k_s} \approx c \tag{14.2.19}$$

则可得到

$$\begin{aligned} \omega_s &= \frac{1+\beta}{1-\beta}\omega_0 - \frac{\omega_p/\gamma}{1-\beta} = (1+\beta)^2\gamma^2\omega_0 - (1+\beta)\gamma\omega_p \\ &\approx (1+\beta)^2\gamma^2\omega_0 \end{aligned} \tag{14.2.20}$$

可见与方程(14.2.6)一致.

三波互作用还可用所谓的 Stokes 图来说明. 如图 14.2.3 所示,在电子注坐标系中有三个波:泵波、散射波和空间电荷波. 泵波及散射波均为电磁波,而空间电荷波属纵向波.

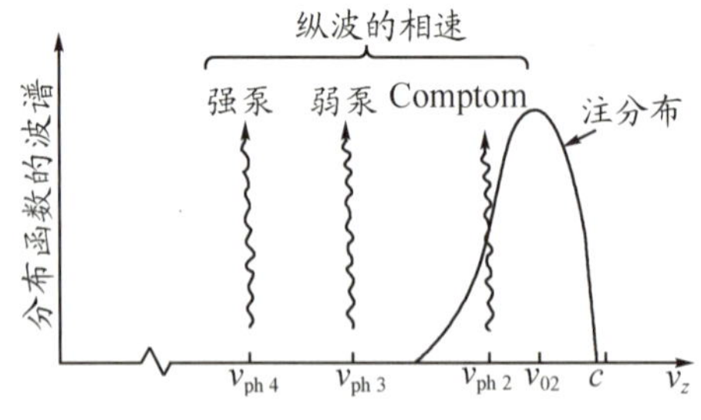

图 14.2.2 纵波的相速和电子注分布函数的图示

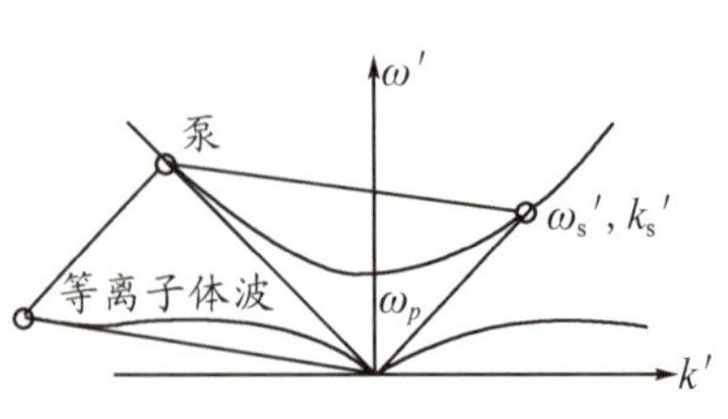

图 14.2.3 磁化电子注的受激 Raman 散射

从下一节起,我们就对自由电子激光进行较系统的分析. 我们先讨论单粒子轨道理论,以便得到简单但清晰的概念,然后讨论动力学理论、非线性理论等. 可以看到,跟前面研究电子回旋脉塞一样,我们研究的是经典理论.

14.3 静磁泵自由电子激光中电子的静态运动

我们仍然按照这样的理论体系来分析自由电子激光中电子与波的互作用过程，先讨论电子的静态运动，即在没有散射波场作用下电子的运动，或者说研究无交变场时，电子在周期性静场(一般是磁场)作用下的运动①. 我们认为，只有透彻地了解电子的静态运动，才能深刻理解自由电子激光中电子与波的互作用过程与机理.

首先，我们研究自由电子激光中的周期性磁场. 14.1 节中指出，周期磁场基本上有两种形式，即由反向双螺旋线电流产生的摇摆场(wiggler field)和由周期性排列的永磁铁建立的周期性场. 前者一般称为 Wiggler 场，后者称为 Undulator 场. 在一般情况下，前者建立的磁场是一种旋转极化场(常简称为“圆极化场”)，而后者建立的则是一种线极化场.

为了简化计算，一般周期性磁场都用以下的简化函数形式表示.

线极化：

$$\boldsymbol{B}_0 = B_{0\perp}\cos k_0 z\,\boldsymbol{e}_x \text{ 或 } \boldsymbol{B}_0 = B_{0\perp}\cos k_0 z\,\boldsymbol{e}_y \tag{14.3.1}$$

圆极化：

$$\boldsymbol{B}_0 = B_{0\perp}\cos k_0 z\,\boldsymbol{e}_x \pm B_{0\perp}\sin k_0 z\,\boldsymbol{e}_y \tag{14.3.2}$$

上两式中，$B_{0\perp}$ 表示磁场幅值，$k_0=2\pi/L_0$ 表示磁场的空间波数. 方程(14.3.2)中，“+”号表示右旋圆极化，“−”表示左旋圆极化.

我们来看看为什么把方程(14.3.2)的静磁场称为圆极化场. 为此，把方程(14.3.2)表示的静磁场通过洛伦兹变换化到电子坐标系中去，可以得到

$$\begin{cases}\boldsymbol{B}' = \gamma B_{0\perp}[\cos(k_0'z'+\omega_0't')\boldsymbol{e}_x \pm \sin(k_0'z'+\omega_0't')\boldsymbol{e}_y]\\ \boldsymbol{E}' = \gamma v_z B_{0\perp}[-\sin(k_0'z'+\omega_0't')\boldsymbol{e}_x \pm \cos(k_0'z'+\omega_0't')\boldsymbol{e}_y]\end{cases} \tag{14.3.3}$$

式中

$$\begin{cases}k_0' = \gamma k_0\\ \omega_0' = \gamma k_0 v_z\end{cases} \tag{14.3.4}$$

v_z 代表电子注的纵向速度.

由此可见，静止坐标系中的静磁场，在电子注坐标系中(在电子看来)是电磁波，其波矢量及频率由方程(14.3.4)确定. 而方程(14.3.3)所表示的电磁波，确实是圆极化波.

把方程(14.3.2)表示的空间周期性静磁场看成线性化及圆极化的意义还在于，由于采用相应的周期性磁场结构，就可得到散射波的相应的极化情况. 所以也可以这样说：能产生线极化散射波的周期磁场及能产生圆极化散射波的周期磁场.

研究表明，空间周期性磁场的分布可能与方程(14.3.1)及方程(14.3.2)所示相差很远，除非电子注的直径很小. 限于篇幅，有关 Wiggler 场及 Undulator 场的问题，请读者参考专门的文献，如本篇参考文献[34，63]. 在本书中，我们就只采用方程(14.3.1)及方程(14.3.2)表示的近似式. 这种近似场分布所引入的误差，在某些情况下可能是严重的，这或许是一个重要的研究课题.

我们来讨论电子在上述周期性磁场中的静态运动. 运动方程可写成

①虽然这样一来，我们的分析就局限于研究此种类型的自由电子激光，不过这是一种具有典型意义的模型，而且这种分析方法也适用于其他类型的自由电子激光器.

$$\frac{\mathrm{d}}{\mathrm{d}t}(\gamma\beta)=\frac{e}{m_0c}\boldsymbol{\beta}\times\boldsymbol{B}_0 \tag{14.3.5}$$

$$\frac{\mathrm{d}\gamma}{\mathrm{d}t}=0 \tag{14.3.6}$$

式中，$\boldsymbol{\beta}=\boldsymbol{v}/c$，$\boldsymbol{v}$ 表示电子的运动速度.

为了便于求解，可将电子的运动速度分解为横向的及纵向的分量：

$$\boldsymbol{\beta}=\beta_z\boldsymbol{e}_z+\boldsymbol{\beta}_\perp \tag{14.3.7}$$

代入式(14.3.5)，即可得到

$$\frac{\mathrm{d}}{\mathrm{d}t}(\gamma\beta_z)=\frac{e}{m_0c}(\boldsymbol{\beta}_\perp\times\boldsymbol{B}_0)\cdot\boldsymbol{e}_z \tag{14.3.8}$$

$$\frac{\mathrm{d}}{\mathrm{d}t}(\gamma\boldsymbol{\beta}_\perp)=\frac{e}{m_0c}\beta_z\boldsymbol{e}_z\times\boldsymbol{B}_0 \tag{14.3.9}$$

利用方程(14.3.6)可以得到

$$\frac{\mathrm{d}\beta_z}{\mathrm{d}t}=\frac{e}{m_0c\gamma}(\boldsymbol{\beta}_\perp\times\boldsymbol{B}_0)\cdot\boldsymbol{e}_z \tag{14.3.10}$$

$$\frac{\mathrm{d}\boldsymbol{\beta}_\perp}{\mathrm{d}t}=\frac{e}{m_0c\gamma}\beta_z\boldsymbol{e}_z\times\boldsymbol{B}_0 \tag{14.3.11}$$

这样，求解电子静态运动的问题就归结为求解上述两个微分方程. 严格求解通常会遇到较大的困难，不过在实际情况下，我们有

$$\beta_z\approx1,\ |\boldsymbol{\beta}_\perp|\ll\beta_z \tag{14.3.12}$$

即我们可以认为电子的纵向速度实际上变化很小. 在这种近似下，方程(14.3.11)中右边的 β_z 就可以看作一个常数，于是可将方程(14.3.9)积分：

$$\boldsymbol{\beta}_\perp=\frac{e}{m_0c^2\gamma}\int(\boldsymbol{e}_z\times\boldsymbol{B}_0)\mathrm{d}z \tag{14.3.13}$$

以上利用了关系式

$$\mathrm{d}t=\frac{1}{\beta_zc}\mathrm{d}z \tag{14.3.14}$$

代入式(14.3.10)，又可得到

$$\frac{\mathrm{d}\beta_z}{\mathrm{d}t}=\left(\frac{e}{m_0c\gamma}\right)^2\frac{1}{c}\left\{\left[\int(\boldsymbol{e}_z\times\boldsymbol{B}_0)\mathrm{d}z\right]\times\boldsymbol{B}_0\right\}\cdot\boldsymbol{e}_z \tag{14.3.15}$$

给出 $\boldsymbol{B}_0$ 的表示式后，代入式(12.3.13)及式(12.3.15)就可以求出电子速度的变化，再次积分就可求得电子的静态轨迹.

在上面各式中，积分常数的选择取决于电子的初始运动状态. 如果认为电子运动处于平衡状态，即认为电子在无穷远之前就进入此种周期性磁场中，那么就可认为积分常数等于零.

利用以上所得结果，我们来求由方程(14.3.1)及方程(14.3.2)在两种周期磁场情况下电子的静态运动.

对于方程(14.3.1)所示的线极化磁场，代入式(14.3.13)及式(14.3.15)积分后，就可求得

$$\begin{cases}\boldsymbol{\beta}_\perp=\left(\dfrac{eB_{0\perp}}{m_0\gamma c^2k_0}\right)\sin k_0z\boldsymbol{e}_y\\ \text{或}\\ \boldsymbol{\beta}_\perp=-\left(\dfrac{eB_{0\perp}}{m_0\gamma c^2k_0}\right)\sin k_0z\boldsymbol{e}_x\end{cases} \tag{14.3.16}$$

而对于方程(14.3.2)所示的圆极化场，可以得到

$$\boldsymbol{\beta}_\perp=\frac{eB_{0\perp}}{m_0\gamma c^2k_0}(\pm\cos k_0z\boldsymbol{e}_x+\sin k_0z\boldsymbol{e}_y) \tag{14.3.17}$$

求电子运动的纵向速度 β_z 就可以直接利用能量守恒定律，不需要积分方程(14.3.15)，由能量守恒定律

可以得到

$$\beta_z^2=\beta_0^2-\beta_\perp^2 \tag{14.3.18}$$

于是，对于线极化磁场，有

$$\beta_z^2=\beta_0^2-\left(\frac{eB_{0\perp}}{m_0c^2\gamma k_0}\right)^2\sin^2 k_0 z \tag{14.3.19}$$

而对于圆极化磁场，可以得到

$$\beta_z^2=\beta_0^2-\left(\frac{eB_{0\perp}}{m_0c^2\gamma k_0}\right)^2 \tag{14.3.20}$$

由此得到一个重要的结果，在圆极化情况下，电子注的纵向速度是一个常数，而在线极化磁场的情况下，电子的纵向运动也有周期性的变化. 这是从静态运动的角度来看两种极化磁场的重要差别.

不难看到，在两种情况下，电子的运动轨迹都是一个螺旋轨迹，只是在线极化磁场的情况下，电子的纵向运动有周期性变化.

对于以上所述，可以做较普遍的讨论. 空间周期性磁场可以用以下形式写出：

$$\boldsymbol{B}_0=B_{0\perp}\mathrm{e}^{\mathrm{j}k_0 z}(\boldsymbol{e}_z\times\boldsymbol{a}_\perp) \tag{14.3.21}$$

式中，矢量 $\boldsymbol{a}_\perp$ 是决定磁场极化情况的一个矢量. 一般 $\boldsymbol{a}_\perp$ 有以下几种情况：

$$\boldsymbol{a}_\perp=\begin{cases}(0,-1,0) & (\text{相当于沿 } x \text{ 轴线极化})\\(1,0,0) & (\text{相当于沿 } y \text{ 轴线极化})\\(\mathrm{j},-1,0) & (\text{相当于左旋圆极化})\\(\mathrm{j},1,0) & (\text{相当于右旋圆极化})\end{cases} \tag{14.3.22}$$

在方程(14.3.21)中取实数部分，则可以得到以下几种情况与式(14.3.21)相对应：

$$\boldsymbol{B}_0=\begin{cases}B_{0\perp}\cos k_0 z\boldsymbol{e}_x\\B_{0\perp}\cos k_0 z\boldsymbol{e}_y\\B_{0\perp}(\cos k_0 z\boldsymbol{e}_x-\sin k_0 z\boldsymbol{e}_y)\\B_{0\perp}(\cos k_0 z\boldsymbol{e}_x+\sin k_0 z\boldsymbol{e}_y)\end{cases} \tag{14.3.23}$$

这样，电子的运动方程就可写成以下形式：

$$\frac{\mathrm{d}\boldsymbol{\beta}_\perp}{\mathrm{d}t}=\frac{e}{m_0\gamma c}B_{0\perp}\mathrm{e}^{\mathrm{j}k_0 z}\beta_z\boldsymbol{a}_\perp \tag{14.3.24}$$

$$\frac{\mathrm{d}\boldsymbol{\beta}_z}{\mathrm{d}t}=-\frac{e}{m_0\gamma c}B_{0\perp}\mathrm{e}^{\mathrm{j}k_0 z}(\boldsymbol{\beta}_\perp\cdot\boldsymbol{a}_\perp) \tag{14.3.25}$$

按照以前采用的积分方法，由式(14.3.24)可得

$$\boldsymbol{\beta}_\perp=-\frac{\mathrm{j}e}{m_0c\gamma k_0}B_{0\perp}\mathrm{e}^{\mathrm{j}k_0 z}\boldsymbol{a}_\perp \tag{14.3.26}$$

可见，$\boldsymbol{\beta}_\perp$ 矢量在方向上与矢量 $\boldsymbol{a}_\perp$ 差一个 $\pi/2$ 相位.

将方程(14.3.26)代入方程(14.3.25)可以得到

$$\beta_z=\beta_{z0}+\left(\frac{eB_{0\perp}}{m_0\gamma c}\right)^2\frac{1}{2k_0^2}\mathrm{e}^{\mathrm{j}2k_0 z}(\boldsymbol{a}_\perp\cdot\boldsymbol{a}_\perp) \tag{14.3.27}$$

式中，$(\boldsymbol{a}_\perp\cdot\boldsymbol{a}_\perp)$可由方程(14.3.22)确定：

$$\boldsymbol{a}_\perp\cdot\boldsymbol{a}_\perp=\begin{cases}1 & (\text{线极化})\\0 & (\text{圆极化})\end{cases} \tag{14.3.28}$$

可见线极化磁场引起电子注纵向运动速度的波动，而在圆极化的情况下，电子的纵向运动速度是一个常数. 这与以前的结果完全一致.

在以上的分析中，也可采用哈密顿正则运动方程，所得结果当然一致. 建议读者自己去分析.

研究表明，为了提高自由电子激光的增益，以减少周期磁场的强度，可以在周期磁场上叠加一个纵向直流磁场，这样，磁场就应为

$$\boldsymbol{B}_0=\boldsymbol{B}_{0z}\boldsymbol{e}_z+B_{0\perp} \tag{14.3.29}$$

式中，$B_{0\perp}$ 即为由方程(14.3.1)或方程(14.3.2)表示的横向空间周期磁场. 我们来研究一下这种情况下电子的静态运动. 这时电子运动方程(14.3.8)和方程(14.3.9)化为

$$\begin{cases}\dfrac{\mathrm{d}}{\mathrm{d}t}(\gamma\beta_z)=\dfrac{e}{m_0c}\boldsymbol{\beta}_\perp\times\boldsymbol{B}_0\\[2ex]\dfrac{\mathrm{d}}{\mathrm{d}t}(\gamma\boldsymbol{\beta}_\perp)=\dfrac{e}{m_0c}(\boldsymbol{\beta}_\perp\times\boldsymbol{e}_zB_{0z}+\beta_z\boldsymbol{e}_z\times\boldsymbol{B}_0)\end{cases} \tag{14.3.30}$$

可见，电子轴向运动方程未变，而横向运动方程改变了，增加了受到轴向磁场影响的一项.

严格地求方程(14.3.30)的通解比较困难，但我们可以很容易得到一个有重要意义的特解①：

$$\boldsymbol{\beta}_\perp=\frac{e\bar{\beta}_\perp}{m_0c\gamma}(\cos k_0z\boldsymbol{e}_x+\sin k_0z\boldsymbol{e}_y) \tag{14.3.31}$$

式中，

$$\bar{\beta}_\perp=\frac{\omega_{c\perp}\beta_z}{\omega_{c/\!/}-k_0c\beta_z} \tag{14.3.32}$$

$$\omega_{c\perp}=\frac{|e|B_{0\perp}}{m_0c\gamma},\omega_{c/\!/}=\frac{|e|B_{z0}}{m_0c\gamma} \tag{14.3.33}$$

$\omega_{c/\!/}$ 表示电子单独在纵向直流磁场中的相对论回旋频率，而 $\omega_{c\perp}$ 则表示电子单独在强度为 $B_{\perp0}$ 的均匀磁场中的回旋频率.

求得电子运动的横向速度后，可按能量守恒定律求出电子运动的纵向速度：

$$\beta_z=\frac{1}{m_0\gamma}\left(1-\beta_\perp^2-\frac{1}{\gamma^2}\right)^{1/2} \tag{14.3.34}$$

如果引入螺旋坐标系($\boldsymbol{e}_1,\boldsymbol{e}_2,\boldsymbol{e}_3=\boldsymbol{e}_z$)

$$\begin{cases}\boldsymbol{e}_1=-\sin k_0z\boldsymbol{e}_x+\cos k_0z\boldsymbol{e}_y\\\boldsymbol{e}_2=-(\cos k_0z\boldsymbol{e}_x+\sin k_0z\boldsymbol{e}_y)\end{cases} \tag{14.3.35}$$

这种螺旋坐标系符合右手法则，即

$$\begin{cases}\boldsymbol{e}_3=\boldsymbol{e}_1\times\boldsymbol{e}_2\\\boldsymbol{e}_1=\boldsymbol{e}_2\times\boldsymbol{e}_3\\\boldsymbol{e}_2=\boldsymbol{e}_3\times\boldsymbol{e}_1\end{cases} \tag{14.3.36}$$

实际上 $\boldsymbol{e}_1,\boldsymbol{e}_2$ 表示两组正交的螺旋坐标，一个为右旋，一个为左旋. 在这种坐标系下，方程(14.3.31)的解可以简化为

$$\begin{cases}\boldsymbol{\beta}=(0,\beta_2,\beta_3)\\\beta_2=\dfrac{e\bar{\beta}_\perp}{m_0c\gamma}\\\beta_3=\beta_z=(1-\beta_\perp^2-\gamma^{-2})^{1/2}\\\beta_1=0\end{cases} \tag{14.3.37}$$

如果纵向均匀磁场不存在，即 $B_{0z}=0$，即有

$$\bar{\beta}_\perp=\beta_\perp=\frac{eB_{0\perp}}{m_0\gamma c} \tag{14.3.38}$$

①这里我们仅讨论圆极化 Wiggler 场的情况.

这与上面所得结果一致.

由方程(14.3.32)可见,当

$$\omega_{c//}=k_0 c\beta_z \tag{14.3.39}$$

时,即发生谐振时,横向速度趋向于无限大.此时,电子运动不稳定.这从物理上来看是很明显的,因为当空间周期场对电子的周期性扰动与纵向磁场引起的回旋运动谐振时,电子横向运动的幅值就愈来愈大,以至于无限.

电子的静态不稳定性不仅发生在上述谐振时.事实上,联解方程(14.3.31)的前两个式子,可以得到 β_3,其图解如图 14.3.1 所示.可见,β_z 与 ω_c/c 的关系比较复杂,有三个分支,即图中 A、B、C 三支曲线.当 $\omega_c>\omega_{crit}$ 时,曲线是单值的,在其他情况下,曲线是三支的,即对应一个 ω_c/c 有三个 β_z 的解.可以证明,分支 A、C 是稳定的,而分支 B 是不稳定的(可见本篇参考文献[45]).

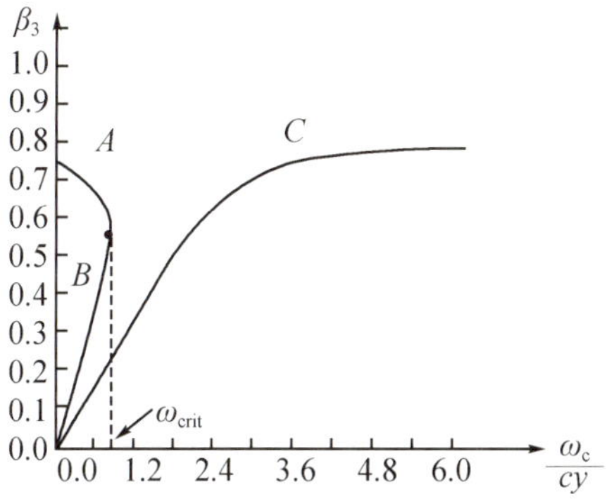

图 14.3.1　β_{30} 的正实部随 Ω 的变化

当纵向磁场逐渐增加时,β_z 沿曲线 A 分支变化,到达 d 点时,出现不稳定,此时有

$$\omega_{crit}=k_0 C[(\gamma^2-1)^{1/3}-\xi^{2/3}]^{3/2} \tag{14.3.40}$$

式中

$$\xi=\frac{eB_{0\perp}}{k_0 m_0 c} \tag{14.3.41}$$

同样,如果 $\omega_{c//}$ 是固定的(β_{0z} 固定),逐渐增大 $B_{0\perp}$,因而 ξ 逐渐增大,当达到

$$\xi_{crit}=[(\gamma^2-1)^{1/3}-(\omega_c/(k_0 c))^{2/3}]^{3/2} \tag{14.3.42}$$

时,也出现不稳定.

不过,在实际上,电子在 Wiggler 场中的运动情况远比以上分析的更复杂.因为 Wiggler 场并不像所假设的那样是理想的正弦分布,同时还存在其他的磁场分量.

最后,我们还要说明一点,在本节中,我们得到的解都是稳定的解,因此,它相当于一个无限长的 Wiggler 场系统中电子的运动.实际上,电子注是从一个无 Wiggler 场区注入的,而这一点我们在以上的分析中并没有考虑进去.不过,我们认为,如果 Wiggler 场是绝热增加而逐步建立的,则在某种条件下可以建立起与上述稳定解相对应的运动状态.

14.4　静磁泵自由电子激光的单粒子理论(Ⅰ)

从本节起,我们将开始研究自由电子激光的理论问题.我们首先讨论单粒子模型,给出单粒子轨道理论,这样可以对自由电子激光中所发生的物理过程有较清楚的了解.从物理上来看,当电子的密度较低,电子之间的相互作用(如空间电荷波等效应)可以忽略,则单粒子理论有较好的近似.

上面曾经提到,从泵波的类型上来看,自由电子激光有两种基本方案:一种是高频电磁波泵源,另一种是周期性静场(如周期性磁场)的直流泵,这种直流泵一般称为 Wiggler 场或 Undulator 场.我们先讨论后一种情况,如图 14.4.1 所示.

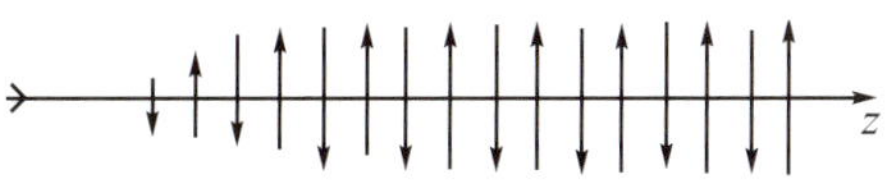

图 14.4.1　Wiggler 场示意

如果电子注的直径远小于场的周期，则 Wiggler 场可以近似写成

$$\boldsymbol{B}_0=B_{0\perp}(\cos k_0 z, \sin k_0 z, 0) \tag{14.4.1}$$

可见，我们假定周期性磁场是圆极化的.

我们又可假定散射场为右旋圆极化场. 于是有

$$\begin{cases}\boldsymbol{E}_s=E_s(t)(\cos\Phi, -\sin\Phi, 0)\\ \boldsymbol{B}_s=B_s(t)(\sin\Phi, \cos\Phi, 0)\end{cases} \tag{14.4.2}$$

式中，辐射场的相角为

$$\Phi=k_s z-\omega_s t+\phi \tag{14.4.3}$$

ϕ 表示初相，ω_s 和 k_s 表示散射波的频率及波数.

电子与波的互作用总是包括两个部分：一部分是场对电子的作用，另一部分是电子对场的作用. 考虑场对电子的作用主要是要研究在场作用下电子的运动. 在单粒子模型下，电子的相对论运动方程为

$$\frac{\mathrm{d}\boldsymbol{P}}{\mathrm{d}t}=e[\boldsymbol{E}_s+\boldsymbol{\beta}\times(\boldsymbol{B}_0+\boldsymbol{B}_s)] \tag{14.4.4}$$

式中，动量 $\boldsymbol{P}$ 为

$$\begin{cases}\boldsymbol{P}=m_0 c\gamma\boldsymbol{\beta}\\ \boldsymbol{\beta}=\boldsymbol{v}/C\end{cases} \tag{14.4.5}$$

将方程(14.4.5)代入式(14.4.4)，可得

$$\left(\boldsymbol{\beta}\frac{\mathrm{d}\gamma}{\mathrm{d}t}+\gamma\frac{\mathrm{d}\boldsymbol{\beta}}{\mathrm{d}t}\right)=\frac{e}{m_0 c}[\boldsymbol{E}_s+\boldsymbol{\beta}\times(\boldsymbol{B}_0+\boldsymbol{B}_s)] \tag{14.4.6}$$

以 $\boldsymbol{\beta}$ 点乘上式，并利用关系式

$$\gamma^2=(1-\beta^2)^{-1} \tag{14.4.7}$$

即可得到

$$\frac{\mathrm{d}\gamma}{\mathrm{d}t}=\frac{e}{m_0 c}\boldsymbol{\beta}\cdot\boldsymbol{E}_s \tag{14.4.8}$$

方程(14.4.8)是电子与波互作用的能量关系，因为在相对论条件下，电子的能量为

$$\mathscr{E}=m_0 c^2\gamma \tag{14.4.9}$$

为了下面的计算方便，仍将电子的速度分为平行的及垂直的两部分：

$$\boldsymbol{\beta}=\beta_{/\!/}\boldsymbol{e}_z+\boldsymbol{\beta}_\perp \tag{14.4.10}$$

同时方程(14.4.4)又可写成

$$\frac{\mathrm{d}}{\mathrm{d}t}(\gamma\boldsymbol{\beta})=\frac{e}{m_0 c}[\boldsymbol{E}_s+\boldsymbol{\beta}\times(\boldsymbol{B}_0+\boldsymbol{B}_s)] \tag{14.4.11}$$

将方程(14.4.10)代入上式，可以得到

$$\frac{\mathrm{d}(\gamma\beta_z)}{\mathrm{d}t}=\frac{e}{m_0 c}[\boldsymbol{\beta}_\perp\times(\boldsymbol{B}_0+\boldsymbol{B}_s)] \tag{14.4.12}$$

及

$$\frac{\mathrm{d}(\gamma\boldsymbol{\beta}_\perp)}{\mathrm{d}t}=\frac{e}{m_0 c}[(1-\beta_z)\boldsymbol{E}_s+\boldsymbol{\beta}_z\times\boldsymbol{B}_0] \tag{14.4.13}$$

在求得上式时，利用了关系式

$$\beta_z\boldsymbol{e}_z\times\boldsymbol{B}_s=-\beta_z\boldsymbol{E}_s \tag{14.4.14}$$①

在一般情况下，方程(14.4.13)中右边第二项远大于第一项，即 $\boldsymbol{\beta}_z\times B_0\gg(1-\beta_z)\boldsymbol{E}_s$，因此，方程

①注意这里用的是高斯单位制.

(14.4.13)可简化为

$$\frac{\mathrm{d}(\gamma \boldsymbol{\beta}_{\perp})}{\mathrm{d}t} \approx \frac{e}{m_0 c} \beta_z \times \boldsymbol{B}_0 \tag{14.4.15}$$

方程(14.4.15)容易求解：

$$\boldsymbol{\beta}_{\perp} = \frac{e\boldsymbol{B}_0}{m_0 c^2 \gamma k_0} + C \tag{14.4.16}$$

如果假定电子在进入互作用区之前是一个稳定的螺旋轨道，则有常数 $C=0$，这样，即可得到

$$\boldsymbol{\beta}_{\perp} = \frac{e\boldsymbol{B}_0}{m_0 c^2 \gamma k_0} \tag{14.4.17}$$

由上式可见，在上述近似条件下，电子的横向速度与 Wiggler 场的幅度成正比.

现在，再来看看纵向速度的变化情况，按式(14.4.10)，可以得到

$$\gamma^{-2} = 1 - \beta_{\perp}^2 - \beta_z^2 \tag{14.4.18}$$

另外，在方程(14.4.17)中，如令

$$|\alpha| = \frac{e|\boldsymbol{B}_0|}{m_0 c^2 k_0} \tag{14.4.19}$$

可见，当 Wiggler 场的幅度和周期不变时，α 是一个常数. 因此，由式(14.4.17)可得

$$|\boldsymbol{\beta}_{\perp}| = \beta_{\perp} = \frac{\alpha}{\gamma} \tag{14.4.20}$$

于是方程(14.4.18)可以写成

$$\frac{1+\alpha^2}{\gamma^2} = 1 - \beta_z^2 \tag{14.4.21}$$

将上式两边对 t 取微分，并令 $\beta_z \approx 1$，可以得到

$$\frac{\mathrm{d}\beta_z}{\mathrm{d}t} = \frac{(1+\alpha^2)}{\gamma^3} \frac{\mathrm{d}\gamma}{\mathrm{d}t} \tag{14.4.22}$$

将式(14.4.8)代入即得

$$\frac{\mathrm{d}\beta_z}{\mathrm{d}t} = \frac{(1+\alpha^2)}{\gamma^3} \frac{e}{m_0 c} \boldsymbol{E}_s \cdot \boldsymbol{\beta}_{\perp} \tag{14.4.23}$$

再将式(14.4.1)、式(14.4.2)、式(14.4.17)代入即可得到

$$\frac{\mathrm{d}\beta_z}{\mathrm{d}t} = \frac{\alpha(1+\alpha^2)}{\gamma^4} \frac{e}{m_0 c} E_s(t) \cos \Psi \tag{14.4.24}$$

式中，相角

$$\Psi = (k_0 + k_s) z - \omega_s t + \phi \tag{14.4.25}$$

由以上各式的推导可以看到，电子纵向速度的变化与能量的变化成正比，这种变化又取决于电子的横向运动速度与散射场之间的相位差.

为了进一步研究电子与场的互作用过程，我们来研究电子的纵位移. 为此令

$$z(t) = z_0 + \beta_{z0} ct + \delta(t) \tag{14.4.26}$$

式中，β_{z0} 表示无散射场时电子的纵向速度，z_0 表示电子的初始位置. $\delta(t)$ 则表示由于散射场的作用引起电子的扰动.

将式(14.4.26)对 t 微分一次，得

$$\frac{\mathrm{d}z}{\mathrm{d}t} = \beta_{z0} c + \frac{\mathrm{d}\delta}{\mathrm{d}t} \tag{14.4.27}$$

再微分一次，得

$$\frac{d^2z}{dt^2}=\frac{d^2\delta}{dt^2}=c\,\frac{d\beta_z}{dt} \tag{14.4.28}$$

将式(14.4.23)代入,即可求得

$$\frac{d^2\delta}{dt^2}=\frac{(1+\alpha^2)}{\gamma^2}\frac{e}{m_0}\boldsymbol{E}_s\cdot\boldsymbol{\beta}_\perp \tag{14.4.29}$$

将方程(14.4.17)、方程(14.4.18)及方程(14.4.2)代入上式,即可求得

$$\frac{d^2\zeta}{dt^2}=-K^2\sin[\zeta(t)] \tag{14.4.30}$$

式中

$$K^2=\frac{2e^2B_0E_0}{\gamma_s^2m_0^2c^2},\gamma_s^2=\gamma_0^2\left(1+\frac{e^2B_0^2}{m_0^2c^4k_0^2}\right) \tag{14.4.31}$$

$$\zeta=\zeta_0+\Delta\omega t+(k_s+k_0)\delta \tag{14.4.32}$$

$$\zeta_0=\zeta(0)=(k_s+k_0)z_0+\phi-\frac{\pi}{2} \tag{14.4.33}$$

$$\Delta\omega=\beta_{z0}k_0c+\beta_{z0}ck_s-\omega_s \tag{14.4.34}$$

考虑到 $k_s\gg k_0$,上述三式可以简化为

$$\begin{cases}\zeta=\zeta_0+\Delta\omega t+k_s\delta\\ \zeta_0=\zeta(0)=k_sz_0+\phi-\dfrac{\pi}{2}\\ \Delta\omega=-\omega_s(1-\beta_{z0})\end{cases} \tag{14.4.35}$$

方程(14.4.30)是自由电子激光单粒子模型的基本方程.从数学上来看,方程(14.4.30)是非线性摆方程.可见,在自由电子激光中,单粒子运动满足非线性摆方程.

用 $d\zeta/dt$ 乘方程(14.4.30)的两边,积分后可以得到

$$\left(\frac{d\zeta}{dt}\right)^2=2K^2(\cos\zeta-\cos\zeta_0)+c \tag{14.4.36}$$

式中,积分常数可以按以下方法求得:在初始时刻 $d\delta/dt=0,\zeta=\zeta_0,\zeta=\Delta\omega$,所以有

$$\left(\frac{d\zeta}{dt}\right)^2=2K^2(\cos\zeta-\cos\zeta_0)+\Delta\omega^2 \tag{14.4.37}$$

在做进一步的分析之前,我们来讨论一下 $\Delta\omega$ 的物理意义.为此,我们来看看 $\Delta\omega=0$ 的意义.设电子沿 z 轴运动的速度为 v_0,如果 v_0 满足

$$\beta_{z0}=\frac{v_0}{c}=\frac{\omega_s}{\omega_s+\omega_0} \tag{14.4.38}$$

式中,$\omega_0=k_0c$ 为泵波的等效频率,则可得到

$$\beta_{z0}k_0c=\omega_s(1-\beta_{z0}) \tag{14.4.39}$$

这表示当电子通过一个磁泵周期长度时,一个光波长(λ_s)正好越过一个电子.上式正是 $\Delta\omega=0$ 的条件.这种状态称为"谐振",可见 $\Delta\omega=0$ 相当于谐振条件.不难看到,在谐振条件下,电子横向运动相对于散射场的相位得以相对地保持不变,电子与波的相互作用是给场以能量还是从场中得到能量,完全取决于电子进入互作用区的初相或初始位置 z_0.现在就来较仔细地讨论这种情况.

设开始时电子处于谐振状态($\Delta\omega=0$),又设某电子的初始位置为 $\zeta(0)=n\pi$(n 为整数).这样,按方程(14.4.30)及方程(14.4.37)可以得到,在 $\zeta=\zeta(0)$时,有

$$\dot{\zeta}\dot{\zeta}(0)=0,\ddot{\zeta}(0)=0 \tag{14.4.40}$$

可见,在谐振条件下,对于初相为 $n\pi$ 的电子,在相平面$(\zeta,\dot{\zeta})$,$(n\pi,0)$为临界点位置,如图 14.4.2 所示.

由图可见,当 n 为奇数时,在相平面上为不稳定点,而当 n 为偶数时,为稳定点.但无论怎样,在谐振条件

下，电子与波将无净的能量交换. 因为在“正”的半周相位内，电子把能量交给场，而在“负”的半周内，电子则从场中汲取能量，净的结果为零. 这种情况完全类似于普通行波管中的纵向群聚过程.

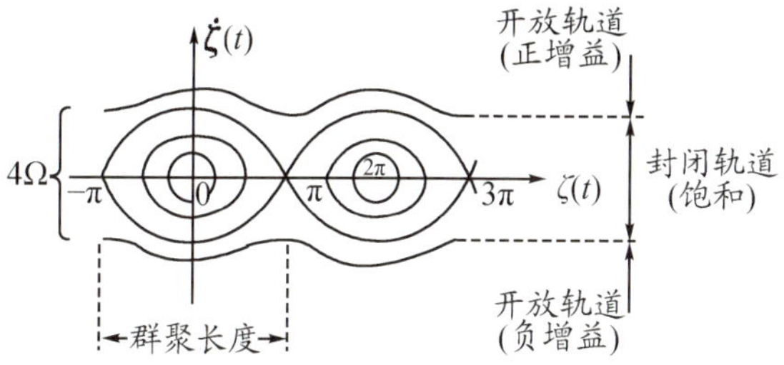

图 14.4.2　电子相空间曲线

现在来讨论偏离谐振的情况. 这时 $\Delta\omega\neq 0$，但为了使问题的讨论得以简化，假定泵场很弱，即 $K^2\ll\Delta\omega^2$. 讨论一个处于任意初始位置 z_0 的电子，其运动由方程(14.4.30)及方程(14.4.37)描述. 由方程(14.4.37)可见，由于 $\Delta\omega\neq 0$，这时 $\dot{\zeta}$ 与 ζ 的关系已不是简单的简谐关系. 为了进一步求解此电子的运动过程，可以将方程(14.4.37)按$(K^2/\Delta\omega)\ll 1$ 的小量展开，于是可以得到

$$z(t)-z_0=\beta_{z0}ct+\frac{K^2c}{\omega_s\Delta\omega^2}[\sin(\Delta\omega t+\zeta_0)-\sin\zeta_0-\Delta\omega t\cos\zeta_0]+\cdots \tag{14.4.41}$$

方程(14.4.41)表明，由于 $\Delta\omega\neq 0$，不同的初始位置出发的电子的轨迹已不相同. 这点也同普通 O 型微波管中电子的群聚过程类似.

利用方程(14.4.41)还可进一步求电子与场的能量交换问题. 由方程(14.4.21)可以得到

$$\beta_z^2-\beta_{z0}^2=\frac{1+\alpha^2}{\gamma_0^2}-\frac{1+\alpha^2}{\gamma^2}=(1+\alpha^2)\frac{\gamma^2-\gamma_0^2}{\gamma_0^2\gamma^2} \tag{14.4.42}$$

另外，将方程(14.4.41)对 t 微分，得到

$$\beta_z-\beta_{z0}=\frac{K^2}{\omega_s\Delta\omega}[\cos(\Delta\omega t+\zeta_0)-\cos\zeta_0] \tag{14.4.43}$$

将式(14.4.42)代入上式，即可得到

$$\frac{\gamma(t)-\gamma_s}{\gamma_s}=\frac{\gamma_0^2K^2}{\omega_s\Delta\omega}[\cos(\Delta\omega t+\zeta_0)-\cos\zeta_0] \tag{14.4.44}$$

可见，不同初始位置的电子与波的互作用不同. 不过，在以上的近似上，仍求不出电子与波的净能量交换. 为了求得电子与波的净能量交换，可以利用方程(14.4.37). 将此式按 $K^2/\Delta\omega^2$ 展开得到四次方项：

$$\frac{\mathrm{d}\zeta}{\mathrm{d}t}=\Delta\omega\left[1+\frac{K^2}{\Delta\omega^2}(\cos\zeta-\cos\zeta_0)+\frac{1}{4}\frac{K^4}{\Delta\omega^4}(\cos\zeta-\cos\zeta_0)^2\right] \tag{14.4.45}$$

这样

$$\beta_z-z_{z0}=2\Delta\omega+\Delta\omega\left[\frac{K^2}{\Delta\omega}(\cos\zeta-\cos\zeta_0)+\frac{1}{4}\frac{K^4}{\Delta\omega^4}(\cos\zeta-\cos\zeta_0)^2\right] \tag{14.4.46}$$

代入式(14.4.42)，得到

$$\frac{\gamma(t)-\gamma_{z0}}{\gamma_s}=\frac{\gamma_0^2K^2}{\omega_s\Delta\omega}\left[(\cos\zeta-\cos\zeta_0)+\frac{1}{4}\frac{K^2}{\Delta\omega^2}(\cos\zeta-\cos\zeta_0)^2\right] \tag{14.4.47}$$

将上式对 ζ_0 在一个周期内积分求平均值，即得单位电子平均的辐射能的变化：

$$\left\langle\frac{\gamma(t)-\gamma_{z0}}{\gamma_s}\right\rangle=\frac{\gamma_0^2K^2}{\omega_s\Delta\omega}\int_0^{2\pi}\mathrm{d}\zeta_0\left[(\cos\zeta-\cos\zeta_0)+\frac{1}{4}\frac{K^2}{\Delta\omega^2}(\cos\zeta-\cos\zeta_0)^2\right] \tag{14.4.48}$$

另外，体积 V 内含有的电子数为 ρ_eV，而总的辐射能量则为

$$\mathscr{E}_r=\frac{1}{4\pi}E_0^2V \tag{14.4.49}$$

所以平均每个电子的辐射能量则为

$$\langle\mathscr{E}\rangle_e=\frac{E_0}{4\pi}/\rho_e \tag{14.4.50}$$

这样，按以下的关于自由电子激光单次通过增益的变化：

$$增益=\frac{总的电子动能的平均变化}{辐射能} \tag{14.4.51}$$

由式(14.4.49)和式(14.4.50)即可求得增益 G:

$$G(T)=\frac{2e^4B_0^2\rho_e\lambda_D}{(\Delta\omega\gamma_s m_0 c)^3}[2(1-\cos(\Delta\omega T))-\Delta\omega t\sin(\Delta\omega T)] \tag{14.4.52}$$

由上式可见,增益随互作用时间而变化.不过,上式再次表明,在完全谐振时,即当 $\Delta\omega=0$ 时,在任何时刻都没有增益,设互作用区长度为 $N\lambda_0$,则由方程(14.4.52)容易求得最大增益的条件为

$$\Delta\omega=2.605\left(\frac{\beta_0 c}{N\lambda_0}\right) \tag{14.4.53}$$

最后,我们再来研究方程(14.4.52),电子一次渡过互作用区(长度为 $N\lambda_0$)的时间为

$$T=\frac{N\lambda_0}{\beta_0 c} \tag{14.4.54}$$

则式(14.4.52)可改写成

$$G(T)=\frac{2e^4B_0^2\rho_e\lambda_D}{(\gamma_s m_0 c)^3}\frac{(\beta_0 c)^3}{(N\lambda_0)^3}\frac{[2(1-\cos\chi)-\chi\sin\chi]}{\chi^3} \tag{14.4.55}$$

式中,$\chi=\frac{1}{2}\Delta\omega\cdot T$.由此可以得到

$$G(T)=\frac{2e^4B_0^2\rho_e\lambda_0\beta_0^3}{(N\lambda_0\gamma_s m)^3}\frac{df(\chi)}{d\chi} \tag{14.4.56}$$

式中

$$f(\chi)=\left(\frac{\sin\chi}{\chi}\right)^2 \tag{14.4.57}$$

方程(14.4.57)有重要的物理意义,它把自由电子的受激辐射和自发辐射联系起来,详见后面的讨论.

14.5 静磁泵自由电子激光的单粒子理论(Ⅱ)

14.4 节从相对论运动方程出发,在实验坐标系中,建立了自由电子激光的单粒子理论.本节继续讨论 FEL 单粒子理论,但我们将在电子运动坐标系中来加以描述.为此,我们首先来讨论这两种坐标系中有关物理量的变换问题.设在实验室坐标系中电子运动的速度为 v_0,同以前一样,我们用带一撇的量表示运动坐标系中的物理量,不带撇的量表示实验室坐标系中的物理量.取 z 轴平行于(当无 Wiggler 场时)电子运动的速度,于是有

$$\begin{cases}z'=\gamma(z-v_0 t)\\ z=\gamma(z'+v_0 t')\end{cases} \tag{14.5.1}$$

$$\begin{cases}t'=\gamma\left(t-\frac{v_0}{c^2}z\right)\\ t=\gamma\left(t'+\frac{v_0}{c^2}z'\right)\end{cases} \tag{14.5.2}$$

由上两式即可得到速度的变换关系:

$$\begin{cases}v_z=\dfrac{v_z'+v_0}{1+\dfrac{v_0 v_z'}{c^2}}\\ v_\perp=\dfrac{v_\perp'}{\gamma\left(1+\dfrac{v_0 v_z'}{c^2}\right)}\end{cases} \tag{14.5.3}$$

电场和磁场的变换公式则为

$$\begin{cases} E'_z = E_z, \boldsymbol{E}'_\perp = \gamma\left(\boldsymbol{E}_\perp + \dfrac{1}{c}\boldsymbol{v}_0 \times \boldsymbol{B}\right) \\ B'_z = B_z, \boldsymbol{B}'_\perp = \gamma\left(\boldsymbol{B}_\perp + \dfrac{1}{c}\boldsymbol{v}_0 \times \boldsymbol{E}\right) \end{cases} \tag{14.5.4}$$

四维波矢量的变换关系则给出

$$\begin{cases} k' = \gamma\left(k + \dfrac{v_0}{c^2}\omega\right) \\ \omega' = \gamma(\omega - k v_0) \\ \lambda' = \gamma\lambda\left(1 + \dfrac{v_0}{c}\right) \end{cases} \tag{14.5.5}$$

设互作用区长度为 L，则可得变换关系：

$$L' = \frac{L}{\gamma} \tag{14.5.6}$$

这实际上就是所谓的洛伦兹收缩.

显然，这些公式以前均已得到，这里重复写下来只是为了叙述方便.

在实验室坐标系中，由方程(14.4.1)表述的 Wiggler 场，可近似用以下的矢量位 $\boldsymbol{A}_0$ 表示：

$$\boldsymbol{A}_0 = -\frac{\boldsymbol{B}_0}{k_0} = -\frac{B_0}{k_0}(\cos k_0 z, \sin k_0 z, 0) \tag{14.5.7}$$

同样，方程(14.4.2)表示的散射波场也可通过以下的矢量位表示：

$$\boldsymbol{A}_s = \frac{B_s(t)}{k_s}(\cos \Phi, \sin \Phi, 0) \tag{14.5.8}$$

为了便于以后的计算，可采用以下的螺旋坐标以代替笛卡儿坐标：

$$\begin{cases} \boldsymbol{e} = \dfrac{1}{2}(\boldsymbol{e}_x + \mathrm{j}\boldsymbol{e}_y) \\ \boldsymbol{e}^* = \dfrac{1}{2}(\boldsymbol{e}_x - \mathrm{j}\boldsymbol{e}_y) \end{cases} \tag{14.5.9}$$

由上式可见

$$\begin{cases} \boldsymbol{e} \cdot \boldsymbol{e} = \boldsymbol{e}^* \cdot \boldsymbol{e}^* = 0 \\ \boldsymbol{e} \cdot \boldsymbol{e}^* = \dfrac{1}{2} \end{cases} \tag{14.5.10)*$$

这样，在实验室坐标系中，矢量位函数即可写成

$$\boldsymbol{A}_0 = -[A_0 \boldsymbol{e}^* \mathrm{e}^{\mathrm{j}(k_0 z - \omega_0 t)} + A_0^* \boldsymbol{e} \mathrm{e}^{-\mathrm{j}k_0 z}] \tag{14.5.11}$$

及

$$\boldsymbol{A}_s = [A_s^* \boldsymbol{e} \mathrm{e}^{\mathrm{j}(k_0 x - w_s t)} + A_s \boldsymbol{e}^* \mathrm{e}^{-\mathrm{j}(k_0 z - w_s t)}] \tag{14.5.12}$$

系统的哈密顿函数为

$$\mathscr{H} = [(\boldsymbol{p} - e\boldsymbol{A})^2 c^2 + m_0^2 c^4]^{1/2} \tag{14.5.13}$$

式中，$\boldsymbol{p}$ 为正则动量. 矢量位函数 $\boldsymbol{A}$ 中包括了 Wiggler 场及散射场两部分：

$$\boldsymbol{A} = \boldsymbol{A}_0 + \boldsymbol{A}_s \tag{14.5.14}$$

在一维理论中，横向正则动量为运动常数，对于单电子可以取为零，即

$$\begin{cases} P_x = p_x - eA_x = 0 \\ P_y = p_y - eA_y = 0 \end{cases} \tag{14.5.15}$$

式中，p_x，p_y 为横向机械动量，在纵向有

$$P_z = p_z \tag{14.5.16}$$

代入式(14.5.13),可得

$$\mathscr{H} = [(p_z^2 + e^2 |\mathbf{A}|^2)c^2 + m_0^2 c^4]^{1/2} \tag{14.5.17}$$

将式(14.5.14)代入上式,注意到

$$\mathscr{H}_0 = \mathscr{H}|_{\mathbf{A}_s=0} = \gamma m_0 c^2 = [(p_z^2 + e^2 A_{0x}^2 + e^2 A_{0y}^2)c^2 + m_0^2 c^4]^{1/2} \tag{14.5.18}$$

将 $\mathscr{H}$ 关于 $\mathscr{H}_0$ 作泰勒展开,可得

$$\mathscr{H} \approx \gamma m_0 c^2 + \frac{e^2}{\gamma m}\mathbf{A}_0 \cdot \mathbf{A}_s = O(A_s^2) \tag{14.5.19}$$

式中,

$$m = m_0 \left[1 + \frac{e^2 A_0^2}{c^2 m_0^2}\right]^{\frac{1}{2}} = m_0 \left[1 + \frac{e^2 B_0^2}{c^2 k_0^2 m_0^2}\right]^{\frac{1}{2}} \tag{14.5.20}$$

及

$$\gamma = \left(1 + \frac{p^2}{m^2 c^2}\right)^{1/2} \tag{14.5.21}$$

用有效质量 m 代替 m_0 是由于电子本身是三维运动. 而我们现在仅考虑一维运动.

方程(14.5.19)中的$\frac{e^2}{\gamma m}\mathbf{A}_0 \cdot \mathbf{A}_s$ 表示 Wiggler 场通过电子运动与散射场耦合起来,这一项在自由电子激光的理论中起很重要的作用,称为有质动力位.

现在我们要在运动坐标系统中研究以上所得方程,于是有

$$\begin{aligned} \mathbf{A}' = \mathbf{A}_0' + \mathbf{A}_s' = & -[A_0 \boldsymbol{e}^* \mathrm{e}^{\mathrm{j}(k_0' z' \omega_0' t')} + A_0^* \boldsymbol{e} \mathrm{e}^{\mathrm{j}(k_0' z - \omega_s' t')}] \\ & + [A_s^* \boldsymbol{e} \mathrm{e}^{\mathrm{j}(k_s' z' - \omega_s' t')} + A_s \boldsymbol{e}^* \mathrm{e}^{-\mathrm{j}(k_s' z' - \omega_s' t')}] \end{aligned} \tag{14.5.22}$$

式中,按变换关系式(14.5.5),可得

$$\begin{cases} k_0' = \gamma\left(k_0 + \dfrac{v_0}{c^2}\omega_0\right) = \gamma k_0 \\ \omega_0' = \gamma(\omega_0 - k_0 v_0) = \gamma k_0 v_0 = k_0' v_0 \end{cases} \tag{14.5.23}$$

$$\begin{cases} k_s' = \gamma\left(k_s + \dfrac{v_0}{c^2}\omega_s\right) \\ \omega_s' = \gamma(\omega_s + k_s v_0) \end{cases} \tag{14.5.24}$$

将方程(14.5.22)至(14.5.24)代入方程(14.5.19),可得到

$$\begin{aligned} \mathscr{H} &= \gamma m_0 c^2 - \frac{2e^2}{\gamma m}|\mathbf{A}_s \cdot \mathbf{A}_0| \cos(kz' - \Delta\omega t' + \Delta\varphi) \\ &\approx m_0 c^2 + \frac{p^2}{2m} - \frac{2e^2}{\gamma m}|\mathbf{A}_s \cdot \mathbf{A}_0| \cos(kz' - \Delta\omega t' + \Delta\varphi) \end{aligned} \tag{14.5.25}$$

式中,

$$k = k_s' + k_0', \Delta\omega = \omega_s' - \omega_0' \tag{14.5.26}$$

而 $\Delta\varphi$ 为运动坐标系中 Wiggler 场(波)与散射波之间的相位差.

方程(14.5.25)表明,有质动力位函数作为波的形式,其频率正好是泵波频率与散射波频率的拍频,而其相速为

$$v_p = \frac{\Delta\omega}{k} = \left(\frac{k_s' + k_0'}{\omega_s' - \omega_0'}\right)^{-1} \tag{14.5.27}$$

由此可见,如果运动坐标系正好以 v_p 速度运动,则在此坐标系中,有质动力位函数将是一个稳态的场,在这种坐标系中,有

$$\omega_s' = \omega_0' \tag{14.5.28}$$

由方程(14.5.23)、方程(14.5.24)可以得到

$$\gamma k_0 v_0 = \gamma(\omega_s - k_s v_0) \tag{14.5.29}$$

由此得到

$$v_0 = c\,\frac{k_s}{(k_s + k_0)} \tag{14.5.30}$$

方程(14.5.29)、方程(14.5.30)正是方程(14.4.39)所提出的谐振条件. 在谐振条件下,由方程(14.5.25),哈密顿函数取以下形式:

$$\mathscr{H} = \gamma m_0 c^2 - \frac{2e^2}{\gamma m}|\boldsymbol{A}_s \cdot \boldsymbol{A}_0|\cos(2kz' + \Delta\varphi) \tag{14.5.31}$$

因为条件(14.5.29)给出了

$$k_0' \approx k_s' = k \tag{14.5.32}$$

在此种坐标系中,哈密顿正则方程可写成

$$\begin{cases} \dfrac{\mathrm{d}P_i}{\mathrm{d}t} = -\dfrac{\partial \mathscr{H}}{\partial x_i} \\ \dfrac{\mathrm{d}x_i}{\mathrm{d}t} = \dfrac{\partial \mathscr{H}}{\partial P_i} \end{cases} \quad (i=1,2,3) \tag{14.5.33}$$

式中,为简化书写,令 $x_1 = x, x_2 = y, x_3 = z$ 等.

于是可以得到

$$\begin{cases} \dfrac{\mathrm{d}P_z}{\mathrm{d}t} = -\dfrac{4e^2 k|\boldsymbol{A}_0 \cdot \boldsymbol{A}_s|}{\gamma m}\sin(2kz' + \Delta\varphi) \\ \dfrac{\mathrm{d}z'}{\mathrm{d}t} = \dfrac{P_z}{m^2 c^2 \gamma}\left[mc^2 + \dfrac{2e^2}{\gamma^2 m}|\boldsymbol{A}_0 \cdot \boldsymbol{A}_s|\cos(2kz' + \Delta\varphi)\right] \end{cases} \tag{14.5.34}$$

由方程(14.5.34)中第二式再对 t 微分一次,得到

$$\ddot{z}' = -\frac{4e^2 k|\boldsymbol{A}_s \cdot \boldsymbol{A}_0|}{m^2}\sin(2kz' + \Delta\varphi) \tag{14.5.35}$$

我们得到的仍然是方程(14.4.30)类型的非线性摆方程,不同的是现在是利用矢量位函数在运动坐标系中写出的.

至此我们看到,在运动坐标系中描述自由电子激光中电子的运动过程的基本方程是方程(14.5.34). 下面我们讨论一种用微扰法求解此方程的办法. 为此引入以下无量纲变量:

$$\begin{cases} U = \dfrac{p_z}{p_0} \\ \chi = \dfrac{2k}{m} p_0 t \end{cases} \tag{14.5.36}$$

式中,p_0 为电子的初始动量. 以及

$$\begin{cases} \psi_0 - \psi = 2kz + \Delta\varphi \\ \alpha = \dfrac{2e^2|\boldsymbol{A}_s \cdot \boldsymbol{A}_0|}{p_0^2} \end{cases} \tag{14.5.37}$$①

这样,正则运动方程(14.5.34)就化为

$$\frac{\mathrm{d}U}{\mathrm{d}\chi} = \alpha\sin(\psi - \psi_0), \quad \frac{\mathrm{d}\psi}{\mathrm{d}\chi} = -U \tag{14.5.38}$$

---

①为书写方便,略去 z 的上角一撇.

初始条件是

$$\psi=\psi_0\ :\ U=U_0=1 \tag{14.5.39}$$

在方程(14.5.38)的第二式中，略去了与有质动力位有关的一项. 因此，方程组(14.5.38)是近似的.

这样，我们的任务就在于在初始条件(14.5.39)下，求解方程组(14.5.38)，求出不同初相角 ψ_0 下的 U，然后求平均值，于是平均值 $\langle(U-1)\rangle$ 就是电子交给场的能量. 由于方程(14.5.38)是非线性的，我们用微扰方法进行求解. 为此，令

$$\begin{cases}\psi=\sum\limits_{n=0}^{\infty}\alpha^n\psi^{(n+1)}\\ U=\sum\limits_{n=0}^{\infty}\alpha^n U^{(n)}\end{cases} \tag{14.5.40}$$

即将待求的函数按 α 幂级数展开，因 α 是一个微小量[见方程(14.5.37)]，可见展开式(14.5.40)是收敛的. 代入初始条件

$$\psi(0)=\psi_0,U(0)=1$$

即可得到以下形式的微扰递推公式：

$$\frac{d\psi^{(n+1)}}{d\chi}=-U^{(n)} \tag{14.5.41}$$

$$\frac{dU^{(n)}}{d\chi}=-\frac{1}{n!}\left\{\frac{\partial^n}{\partial\alpha^n}[\alpha\sin(\psi-\psi_0)]\right\}_{\alpha=0} \tag{14.5.42}$$

下面用逐次逼近法求解上述两式. 先求 $n=1$ 时的情况，于是得

$$\frac{dU^{(1)}}{d\chi}=\sin(\psi^{(1)}-\psi_0) \tag{14.5.43}$$

$$\frac{d\psi^{(1)}}{d\chi}=-1 \tag{14.5.44}$$

对上两式进行积分，可以得到

$$U^{(1)}=\cos(\chi+\psi_0)-\cos\psi_0=-2\sin\left(\frac{1}{2}\chi+\psi_0\right)\sin\left(\frac{1}{2}\chi\right) \tag{14.5.45}$$

将上式对 ψ_0 在一个周期内求平均值，可以得到

$$\langle U^{(1)}\rangle=0 \tag{14.5.46}$$

因此，必须求下一步

$$\frac{d\psi^{(2)}}{d\chi}=\cos\psi_0-\cos(\chi+\psi_0) \tag{14.5.47}$$

将上式积分后代入式(14.5.42)，得

$$\frac{dU^{(2)}}{d\chi}=[\chi\cos\psi_0-\sin(\chi+\psi_0)+\sin\psi_0]\cdot\cos(\chi+\psi_0) \tag{14.5.48}$$

对上式积分，可求出 $U^{(2)}$：

$$\begin{aligned}U^{(2)}=&\chi\cos\psi_0\sin(\chi+\psi_0)+\cos\psi_0\cos(\chi+\psi_0)\\&+\sin\psi_0\sin(\chi+\psi_0)+\frac{1}{4}\cos 2(\chi+\psi_0)-\left(1+\frac{1}{4}\cos 2\psi_0\right)\end{aligned} \tag{14.5.49}$$

对上式求平均值得到

$$\langle U^{(2)}\rangle=-\frac{1}{2}[\chi\sin\chi-2(1-\cos\chi)] \tag{14.5.50}$$

方程(14.5.50)表明，所得结果与14.4节中的方程(14.4.52)一致.

利用逐次逼近法，还可求更下一步的解，得到非线性特性. 不过，我们将自由电子激光的非线性理论留在以后进行讨论.

由本节及 14.4 节所述可以看到，自由电子激光的单粒子理论虽然具有一定的近似和局限性，但可以给出自由电子激光的物理过程的一些基本图像，清晰而简洁；同时，还可以给出诸如增益等基本参量的初步计算.

14.6 静磁泵自由电子激光的动力学理论

在以上各节中，我们对自由电子激光的基本物理机理做了详细的分析，并在此基础上，研究了自由电子激光的单粒子理论. 在本节中，我们将详细地讨论自由电子激光的线性动力学理论. 前面曾指出，利用自由电子的受激散射做自由电子激光，有两种方案：一种是强的较低频的电磁波泵，另一种是周期性场（静电或静磁场）形成的泵源. 从实际情况来看，研究得较多的是周期性磁场泵的自由电子激光. 因此，在本节中，我们仍主要研究这种系统.

为了便于讨论，我们再将此种由周期性磁场形成泵源的自由电子激光的示意图绘于图 14.6.1 中. 为了使电子注运动稳定，一开始磁场是缓变的，逐渐进入一个周期性结构. 14.2 节中曾指出，对于运动电子注来说，此种空间周期性磁场系统相当于一个电磁波泵源.

为了清楚起见，本节分为以下几个知识点来进行叙述.

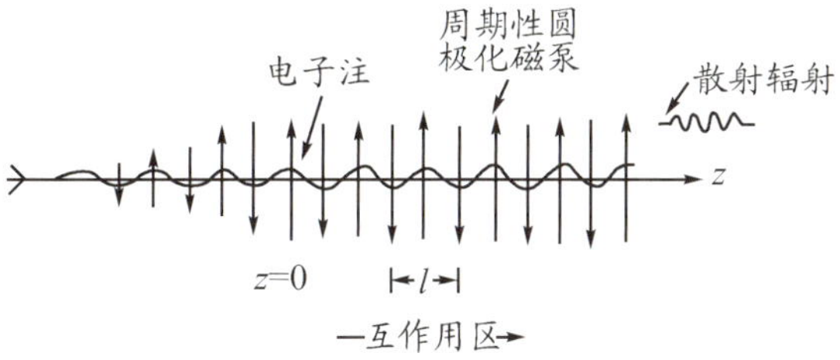

图 14.6.1　周期性结构自由电子激光

1. 基本方程

为简单计，假定如图 14.6.1 所示的磁场系统在稳定区内可表示为

$$\boldsymbol{B}_o = B_{0\perp}(\cos k_0 z, \sin k_0 z, 0) \tag{14.6.1}$$

式中，$B_{0\perp}$ 表示磁场的幅值，k_0 为

$$k_0 = \frac{2\pi}{L_0} \tag{14.6.2}$$

L_0 表示磁场的空间周期.

方程（14.6.1）表示一个螺旋矢量磁场，如前面几节所述，这种磁场在自由电子激光中称为圆极化场. 而且，由方程（14.6.1）表示的周期性静磁场，只是近似的. 例如，下式就不能满足静磁场应满足的微分方程：

$$\nabla \times \boldsymbol{B}_0 = 0 \tag{14.6.3}$$

严格地求解摇摆场或其他周期性磁场中的场是很困难的. 不过，当电子注的半径很小，即满足条件 $r_0 \ll L_0/2\pi$ 时，式（14.6.1）有较好的近似.

采用近似式（14.6.1）后，可以求得矢量磁位为

$$\boldsymbol{A}_{0\perp} = -\boldsymbol{B}_0/k_0 \tag{14.6.4}$$

这样，就可将电子的未扰运动方程写为

$$\frac{\mathrm{d}\boldsymbol{p}}{\mathrm{d}t} = \frac{e}{c}(\boldsymbol{v}\times\boldsymbol{B}_0) = \frac{e}{c}(\boldsymbol{v}\times\nabla\times A_{0\perp}) \tag{14.6.5}$$ ①

①为了使读者便于查阅文献，本章中，我们采用高斯单位制. 高斯单位制与 MKS 制的换算关系，在附录中可以查到.

在一维近似下，运动方程(14.6.5)可展开为

$$\begin{cases}\dfrac{\partial p_x}{\partial z}=\dfrac{e}{c}\dfrac{\partial a_{0x}}{\partial z}\\[2ex]\dfrac{\partial p_y}{\partial z}=\dfrac{e}{c}\dfrac{\partial a_{0y}}{\partial z}\\[2ex]p_z\dfrac{\partial p_z}{\partial z}=-\dfrac{e}{c}\left(p_z\dfrac{\partial a_{0x}}{\partial z}+p_y\dfrac{\partial a_{0y}}{\partial z}\right)\end{cases}\tag{14.6.6}$$

方程(14.6.6)的积分可以得到以下的运动常数：

$$\begin{cases}P_x=p_x-\dfrac{e}{c}A_{0x}=p_x+\dfrac{e}{c}\dfrac{B_{0\perp}}{k_0}\cos k_0z=\alpha(p_x,z)\\[2ex]P_y=p_y-\dfrac{e}{c}A_{0y}=p_y+\dfrac{e}{c}\dfrac{B_{0\perp}}{k_0}\sin k_0z=\beta(p_y,z)\\[2ex]u(\boldsymbol{p})=(p_x^2+p_y^2+p_z^2)^{1/2}\end{cases}\tag{14.6.7}$$

式中，P_x，P_y 为相应坐标的正则动量. 事实上，在一维的假定下，x，y 两个坐标均为循环坐标，由此即可得到

$$\begin{cases}P_x=\text{const}\\P_y=\text{const}\end{cases}\tag{14.6.8}$$

它们就是式(14.6.7)的前两式.

这样，按第 8 章所述关于平衡弗拉索夫理论，在此种坐标系中，电子的平衡函数就可写成

$$f_0(\boldsymbol{p},\boldsymbol{r})=f_0(\alpha,\beta,u,z)=g_0(\alpha,\beta,u)\tag{14.6.9}$$

即平衡分布函数是运动常数(α,β,u)的任意函数.

在一维限制下，交变电磁场可写成 $\boldsymbol{E}(z,t)$，$\boldsymbol{B}(z,t)$形式，它们可以通过矢量位 $\boldsymbol{A}(z,t)$及标量位 $\phi(z,t)$来表示

$$\begin{cases}\boldsymbol{E}(z,t)=-\dfrac{\partial\phi}{\partial z}\boldsymbol{e}_z-\dfrac{1}{c}\dfrac{\partial\boldsymbol{A}}{\partial t}\\[2ex]\boldsymbol{B}(z,t)=\nabla\times\boldsymbol{A}\end{cases}\tag{14.6.10}$$

可见在一维情况下，标量位函数 ϕ 仅对电场的纵向分量有贡献.

线性弗拉索夫方程为

$$\begin{aligned}\frac{\partial f_1}{\partial t}+v_z\frac{\partial f_1}{\partial z}-\frac{e}{c}(\boldsymbol{v}\times\boldsymbol{B}_0)\cdot\frac{\partial f_1}{\partial\boldsymbol{p}}&=\frac{\mathrm{d}f_1}{\mathrm{d}t}\\&=e\left(\boldsymbol{E}_1+\boldsymbol{v}\times\frac{\boldsymbol{B}_1}{c}\right)\cdot\frac{\partial f_0}{\partial\boldsymbol{p}}\end{aligned}\tag{14.6.11}$$

式中，扰动分布函数 f_1 可写成

$$f_1(\boldsymbol{p},z,t)=g_1(\alpha,\beta,u,z,t)\tag{14.6.12}$$

由于

$$\frac{\mathrm{d}f_1}{\mathrm{d}t}=\frac{\mathrm{d}g_1}{\mathrm{d}t}\tag{14.6.13}$$

而

$$\begin{aligned}\frac{\mathrm{d}g_1}{\mathrm{d}t}&=\frac{\partial g_1}{\partial t}+\frac{\partial g_1}{\partial\alpha}\dot{\alpha}+\frac{\partial g_1}{\partial\beta}\dot{\beta}+\frac{\partial g_1}{\partial u}\frac{\boldsymbol{p}}{u}\cdot\dot{\boldsymbol{p}}+\frac{\partial g_1}{\partial z}\dot{z}\\&=\frac{\partial g_1}{\partial t}+v_z\frac{\partial g_1}{\partial z}=\frac{\partial g_1}{\partial t}+\frac{p_z}{m_0\gamma}\frac{\partial g_1}{\partial z}\end{aligned}\tag{14.6.14}$$

这是因为

$$\begin{cases}\dot{\alpha}=\dot{\beta}=0\\ \boldsymbol{p}\cdot\dot{\boldsymbol{p}}=0\end{cases}\tag{14.6.15}$$

这样线性弗拉索夫方程就化简成

$$\frac{\mathrm{d}g_1}{\mathrm{d}t}=\frac{\partial g_1}{\partial t}+v_z\frac{\partial g_1}{\partial z}=\boldsymbol{F}\cdot\boldsymbol{L}(g_0)\tag{14.6.16}$$

式中，算符 $\boldsymbol{L}$ 定义为

$$\boldsymbol{L}(\alpha,\beta,u,z)=\frac{\partial}{\partial x}\boldsymbol{e}_x+\frac{\partial}{\partial y}\boldsymbol{e}_y+\frac{\boldsymbol{p}}{u}\frac{\partial}{\partial u}\tag{14.6.17}$$

$\boldsymbol{F}$ 表示洛伦兹力，

$$\boldsymbol{F}=e\left(\boldsymbol{E}+\frac{1}{\gamma m_0 c}\boldsymbol{p}\times\boldsymbol{B}\right)\tag{14.6.18}$$

于是问题归结为求方程(14.6.16)的解，由于静磁场是螺旋对称的. 因此，为了以后计算的方便，同 11.5 节一样，采用螺旋坐标系，其基矢量为

$$\begin{cases}\boldsymbol{e}_+=\dfrac{1}{2}(\boldsymbol{e}_x+\mathrm{j}\boldsymbol{e}_y)\\ \boldsymbol{e}_-=\dfrac{1}{2}(\boldsymbol{e}_x-\mathrm{j}\boldsymbol{e}_y)\\ \boldsymbol{e}_z=\boldsymbol{e}_z\end{cases}\tag{14.6.19}$$

由此得到

$$\begin{cases}\boldsymbol{e}_x=\boldsymbol{e}_++\boldsymbol{e}_-\\ \boldsymbol{e}_y=(\boldsymbol{e}_+-\boldsymbol{e}_-)/\mathrm{j}\\ \boldsymbol{e}_z=\boldsymbol{e}_z\end{cases}\tag{14.6.20}$$

在这种螺旋坐标系中，场方程可写成

$$\boldsymbol{E}(z,t)=-\frac{1}{2}\frac{\partial\phi}{\partial z}\boldsymbol{e}_z+\mathrm{j}\frac{\omega}{c}[\boldsymbol{A}_+(z)\boldsymbol{e}_++\boldsymbol{A}_-(z)\boldsymbol{e}_-]\tag{14.6.21}$$

$$\boldsymbol{B}(z,t)=-\mathrm{j}\left[\frac{\partial a_+}{\partial z}\boldsymbol{e}_+-\frac{\partial a_-}{\partial z}\boldsymbol{e}_-\right]\tag{14.6.22}$$

这里，我们略去了因子 $\exp(-\mathrm{j}\omega t)$.

利用上述方程及方程(14.6.11)，可以得到

$$\begin{aligned}\boldsymbol{F}(\alpha,\beta,u,z,t)=&F_+(\alpha,\beta,u,z,t)\boldsymbol{e}_+\\&+F_-(\alpha,\beta,u,z,t)\boldsymbol{e}_-+F_z(\alpha,\beta,u,z,t)\boldsymbol{e}_z\end{aligned}\tag{14.6.23}$$

及

$$\begin{aligned}\boldsymbol{L}(\alpha,\beta,u,z)=&L_+(\alpha,\beta,u,z)\boldsymbol{e}_++L_-(\alpha,\beta,u,z)\boldsymbol{e}_-\\&+L_z(\alpha,\beta,u,z)\boldsymbol{e}_z\end{aligned}\tag{14.6.24}$$

上两式中按螺旋坐标系展开的各分量为

$$\begin{cases}F_\pm=\dfrac{e}{c}\left[\mathrm{j}\omega-v_z(\alpha,\beta,z)\dfrac{\partial}{\partial z}\right]A_\pm(z)\\ F_z=\dfrac{e}{2}\left\{-\dfrac{\partial\phi(z)}{\partial z}+\dfrac{1}{\gamma m_0 c}\left[P_-(\alpha,\beta,z)\dfrac{\partial a_+}{\partial z}+P_+(\alpha,\beta,z)\dfrac{\partial a_-}{\partial z}\right]\right\}\\ L_\pm=\dfrac{\partial}{\partial\alpha}\mp\mathrm{j}\dfrac{\partial}{\partial\beta}+\left[P_\pm(\alpha,\beta,u)\dfrac{1}{u}\right]\dfrac{\partial}{\partial u}\\ L_z=\dfrac{p_z(\alpha,\beta,u)}{u}\dfrac{\partial}{\partial u}\end{cases}\tag{14.6.25}$$

而线性弗拉索夫方程(14.6.16)化为

$$\frac{\partial g_1}{\partial t}+v_z\frac{\partial g_1}{\partial z}=H(\alpha,\beta,u,z) \tag{14.6.26}$$

式中

$$\begin{aligned}H=\frac{e}{2c}\Big\{&\Big[\Big(\mathrm{j}\omega-v_z\frac{\partial}{\partial z}\Big)A_+\Big]\Big[\frac{\partial}{\partial\alpha}+\mathrm{j}\frac{\partial}{\partial\beta}\Big]g_0\\&+\Big[\Big(\mathrm{j}\omega-v_z\frac{\partial}{\partial z}\Big)A_-\Big]\Big[\frac{\partial}{\partial\alpha}-\mathrm{j}\frac{\partial}{\partial\beta}\Big]g_0\\&+\Big[\mathrm{j}\omega(P_-A_++P_+A_-)-cp_z\frac{\partial\phi}{\partial z}\Big]\frac{1}{u}\frac{\partial g_0}{\partial u}\Big\}\end{aligned} \tag{14.6.27}$$

$$P_\pm=p_x\mp\mathrm{j}p_y-\frac{|e|B_{0\perp}}{ck_0}\mathrm{e}^{\mp\mathrm{j}k_0z} \tag{14.6.28}$$

方程(14.6.26)的求解可以这样进行,令

$$g_1=g_\pm+g_z \tag{14.6.29}$$

代入方程(14.6.26),并利用方程(14.6.27),可以得到

$$\begin{cases}\dfrac{\partial g_+}{\partial t}+v_z\dfrac{\partial g_+}{\partial z}=\dfrac{e}{2c}\Big[\dfrac{\mathrm{d}A_+}{\mathrm{d}t}\Big(\dfrac{\partial}{\partial\alpha}+\mathrm{j}\dfrac{\partial}{\partial\beta}\Big)g_0\Big]\\[2ex]\dfrac{\partial g_-}{\partial t}+v_z\dfrac{\partial g_-}{\partial z}=\dfrac{e}{2c}\Big[\dfrac{\mathrm{d}A_-}{\mathrm{d}t}\Big(\dfrac{\partial}{\partial\alpha}-\mathrm{j}\dfrac{\partial}{\partial\beta}\Big)g_0\Big]\end{cases} \tag{14.6.30}$$

及 g_z 满足的方程

$$\Big[-\mathrm{j}\omega+v_z(\alpha,\beta,u,z)\frac{\partial}{\partial z}\Big]g_z=\Big[\mathrm{j}\omega(P_-A_++P_+A_-)-cp_z\frac{\partial\phi}{\partial z}\Big]\frac{1}{u}\frac{\partial g_0}{\partial u} \tag{14.6.31}$$

这样,问题就分解成求解上述三个方程. 方程(14.6.30)是两个全微分形式,因此可立即积分

$$g_\pm=\frac{e}{2c}\big[A_\pm(z)-A\pm(0)\mathrm{e}^{\mathrm{j}\omega\tau(\alpha,\beta,u,z,0)}\big]\cdot\Big[\frac{\partial}{\partial\alpha}\pm\mathrm{j}\frac{\partial}{\partial\beta}\Big]g_0(\alpha,\beta,u) \tag{14.6.32}$$

而方程(14.6.31)是一个变系数非齐次一阶偏微分方程,其特解为

$$\begin{aligned}g_z=\frac{1}{2cu}\Big\{&\int_0^z\mathrm{d}z'M(\alpha,\beta,u,z,z')\cdot\Big[\mathrm{j}\omega P-(\alpha,\beta,z')A_+(z')+\mathrm{j}\omega P\\&+(\alpha,\beta,z')A_-(z')-cp_z(\alpha,\beta,u,z')\frac{\partial\phi(z')}{\partial z'}\Big]\Big\}\cdot\frac{\partial}{\partial u}g_0(\alpha,\beta,u)\end{aligned} \tag{14.6.33}$$

式中

$$M(\alpha,\beta,u,z,z')=\frac{1}{v_z(\alpha,\beta,u,z,z')}\mathrm{e}^{\mathrm{j}\omega\tau(\alpha,\beta,u,z,z')} \tag{14.6.34}$$

$$\tau=\int_{z'}^{z}\frac{1}{v_z(\alpha,\beta,u,z',z)}\mathrm{d}z' \tag{14.6.35}$$

电子注的扰动电流,是受激散射波的源,可以用下式求出:

$$\boldsymbol{J}_1(z)=e\int f_1\boldsymbol{v}\mathrm{d}^3p \tag{14.6.36}$$

采用变量(α,β,u)后,有

$$\mathrm{d}^3p=\frac{u}{p_z(\alpha,\beta,u,z)}\mathrm{d}\alpha\mathrm{d}\beta\mathrm{d}u \tag{14.6.37}$$

所以方程(14.6.36)改写成

$$\boldsymbol{J}_1(z)=e\int_{-\infty}^{\infty}\int_{-\infty}^{\infty}\int_0^{\infty}\frac{\boldsymbol{v}ug_1(\alpha,\beta,u,z)}{p_z(\alpha,\beta,u,z)}\mathrm{d}\alpha\mathrm{d}\beta\mathrm{d}u \tag{14.6.38}$$

将交变电流矢量 $\boldsymbol{J}_1(z)$ 在螺旋坐标基矢量系中展开为

$$\boldsymbol{J}_1(z,t)=[J_+(z)\boldsymbol{e}_+ + J_-(z)\boldsymbol{e}_- + J_z(z)\boldsymbol{e}_z]\mathrm{e}^{-\mathrm{j}\omega t} \tag{14.6.39}$$

式中

$$\begin{cases} J_\pm(z) = -\dfrac{e}{m_0}\displaystyle\int_{-\infty}^{\infty}\int_{-\infty}^{\infty}\int_0^{\infty}\dfrac{1}{\gamma(u)}P_\pm(\alpha,\beta,z)\dfrac{ug_1(\alpha,\beta,u,z)}{p_z(\alpha,\beta,u,z)}\mathrm{d}\alpha\mathrm{d}\beta\mathrm{d}u \\ J_z(z) = -\dfrac{e}{m_0}\displaystyle\int_{-\infty}^{\infty}\int_{-\infty}^{\infty}\int_0^{\infty}\dfrac{1}{\gamma(u)}p_z(\alpha,\beta,u)\dfrac{ug_1(\alpha,\beta,u,z)}{p_z(\alpha,\beta,u,z)}\mathrm{d}\alpha\mathrm{d}\beta\mathrm{d}u \end{cases} \tag{14.6.40}$$

至此，我们研究了电子与波互作用过程的一个方面，即波场对电子的作用. 我们看到，由于波场对电子运动的影响，产生电子注中的激励电流. 此种激励电流，反过来对波场产生影响，这是电子与波互作用过程的第二个方面. 下面我们来研究这方面的问题. 不过在研究第二方面的问题之前，我们再来看看波对电子的作用——产生电子群聚的物理过程，以便进一步了解自由电子激光中电子与波互作用的物理实质. 由方程(14.6.10)、方程(14.6.21)、方程(14.6.22)可知，除标量位引起纵向场分量外，场均是横向的，而标量位则是由电子的纵向群聚而引起的空间电荷位. 这里产生了一个问题，横向的场是如何引起电子的纵向调制的呢？这个问题在前面两节中已研究过，正是周期性静磁场(作为泵源)和交变场一起引起了电子注的纵向调制. 我们再来看看这个问题. 如果令 $\alpha=\beta=0$，则系统的哈密顿函数为

$$\mathscr{H}=\{c^2p_z^2+|e|c^2[\mathbf{A}_0(z)+\mathbf{A}(z,t)]^2+m_0^2c^4\}^{1/2}-|e|\phi(z,t) \tag{14.6.41}$$

如果假定 $|\mathbf{A}|\ll|\mathbf{A}_0|$，将上式展开，略去二级以上微小量，则可得到

$$\mathscr{H}=\{c^2p_z^2+|e|^2|\mathbf{A}_0|^2+m_0^2c^4\}^{1/2}-|e|[\phi(z,t)+\phi_{\text{pound}}(z,t)] \tag{14.6.42}$$

式中，ϕ_{pound} 称为有质动力位函数，已在 14.5 节中讨论过.

$$\phi_{\text{pound}}(z,t)=-\frac{|e|}{\gamma m_0c^2}\mathbf{A}_0(z)\cdot\mathbf{A}_s(z,t) \tag{14.6.43}$$

方程(14.6.43)、方程(14.6.41)表明，有质动力位引起电子的纵向群聚，这种纵向群聚产生纵向场. 最后，这两个位(ϕ 及 ϕ_{pound})都产生纵向场分量，在这一点上，两者是类似的.

现在就可以研究电子对波的作用. 根据麦克斯韦电磁理论，激励电子流对波的影响，可由以下的波动方程来讨论：

$$\begin{cases} \dfrac{\partial^2\phi}{\partial z\partial t}=4\pi J_z \\ \left(\dfrac{\partial^2}{\partial z^2}-\dfrac{1}{c^2}\dfrac{\partial^2}{\partial t^2}\mathbf{A}_\pm=-\dfrac{4\pi}{c}\boldsymbol{J}_\pm\right) \end{cases} \tag{14.6.44}$$

下面分低增益和高增益两种情形进行推导，以求出自由电子激光的色散方程.

2. 色散方程及增益

现在，利用以上所述结果导出自由电子激光的色散方程. 不过由于问题比较复杂，要立即求得考虑全面因素的色散方程比较困难，会引起很多数学推导上的麻烦. 为了能对问题的实质有较深的了解，我们从某些简化的情况出发. 首先考虑低增益的情况，而且略去空间电荷效应. 这样 $\phi=0$，且有

$$A_+(z)=A_+(0)\mathrm{e}^{\mathrm{j}\int_0^z k_+(z')\mathrm{d}z'} \tag{14.6.45}$$

式中

$$\begin{cases} k_+=k_{+0}+\delta k(z) \\ |\delta k(z)|\ll|k_{+0}| \end{cases} \tag{14.6.46}$$

我们认为 $k_+(0)$ 是实数，而 $\delta k(z)$ 为复数，且是 z 的缓变函数. 这样，利用方程(14.3.40)和方程(14.6.32)，可以求得

$$J_+(z) = -\frac{\omega_p^2}{4\pi c}\int_0^\infty \mathrm{d}u\left\{\frac{u}{\gamma u_z}\left[\left(1+\frac{\beta_\perp^2}{2}\right)(1-\mathrm{e}^{\mathrm{j}\psi(u,z)}) - \frac{\beta_\perp^2}{2}\frac{\omega}{k_0 v_z}\mathrm{e}^{-\mathrm{j}\psi(u,z)}(1-\mathrm{e}^{-\mathrm{j}k_0 z})\right] + \mathrm{j}\frac{\beta_\perp^2}{2}\omega m_0 \cdot \mathrm{e}^{-\mathrm{j}[\psi(u,z)+k_0 z]}\int_0^z \mathrm{d}z'\,\mathrm{e}^{\mathrm{j}[\psi(u,z')+k_0 z']}\frac{\partial}{\partial u}\right\} \cdot g_0 A_+(0)\,\mathrm{e}^{\mathrm{j}\int_0^z k_+(z')\mathrm{d}z'} \tag{14.6.47}$$

式中

$$\psi(u,z) = \int_0^z k_+(z')\mathrm{d}z' - \frac{\omega z}{v_z},\quad \omega_p^2 = \frac{4\pi e^2 n_0}{m_0} \tag{14.6.48}$$

由于不考虑空间电荷效应，故波动方程(14.6.44)中第一式可不考虑. 由方程(14.6.44)的第二式及方程(14.6.47)可以得到

$$k_{+0}^2 - \frac{\omega^2}{c^2} + 2k_{+0}\delta k(z) = -\frac{\omega_p^2}{c^2}\mu(\omega,k_{+0},z) \tag{14.6.49}$$

式中

$$\mu(\omega,k_{+0},z) = \int_0^\infty \left\{\frac{u}{\gamma u_z}\left[\left(1+\frac{\beta_\perp^2}{2}\right)\left(1-\mathrm{e}^{-\mathrm{j}(k_{+0}-\frac{\omega}{v_z})z}\right) - \frac{\beta_\perp^2}{2}\frac{\omega}{k_0 v_z}\mathrm{e}^{-\mathrm{j}(k_{+0}-\omega/v_z)z}(1-\mathrm{e}^{-\mathrm{j}k_0 z})\right] - \frac{\beta_\perp^2}{2}m_0 v_z\omega\frac{(1-\mathrm{e}^{-\mathrm{j}(k-\omega/v_z)z})}{(\omega-kv_z)}\frac{\partial}{\partial u}\right\}g_0\,\mathrm{d}u \tag{14.6.50}$$

式中，已令

$$k = k_{+0} \tag{14.6.51}$$

在得到上式时，采用了以下的近似：

$$\psi(u,z) = \int_0^z k_+(z')\mathrm{d}z' - \frac{\omega z}{v_z} \approx k_{+0}z - \frac{\omega z}{v_z} \tag{14.6.52}$$

求解方程(14.6.49)中 $\delta k(z)$ 的虚部分，即可得到

$$\mathrm{Im}(\delta k) = -\frac{\omega_p^2}{2k_{+0}c^2}\int_0^\infty\left\{\frac{\beta_\perp^2}{2}\frac{m_0\omega\sin((\omega/v_z-k)z)}{(\omega/v_z-k)}\frac{\partial}{\partial u} - \frac{u}{\gamma u_z}\left[\left(1+\frac{\beta_\perp^2}{2}\right)\sin((\omega/v_z-k_{+0})z) + \frac{\beta_\perp^2}{2}\frac{\omega}{k_0 v_z}\cdot(\sin((\omega/v_z-k_{+0})z)-\sin((\omega/v_z-k)z))\right]\right\}g_0\,\mathrm{d}u \tag{14.6.53}$$

设互作用区长度为 L，则可以求得增益为

$$\begin{aligned} G_L &= -\int_0^L \mathrm{Im}(\delta k)\mathrm{d}z \\ &= \frac{\omega_p^2}{2k_{+0}c^2}\int_0^\infty\left\{\frac{\beta_\perp^2}{4}m_0\omega L^2\left[\frac{\sin((k-\omega/v_z)L/2)}{(k-\omega/v_z)L/2}\right]\frac{\partial}{\partial u}\right. \\ &\quad - \frac{u}{\gamma u_z}\left[\frac{\beta_\perp^2}{2}\frac{\omega L}{k_0 v_z}\frac{\sin^2((k-\omega/v_z)L/2)}{(k-\omega/v_z)L/2}\right. \\ &\quad \left.\left. - \left(1+\frac{\beta_\perp^2}{2}\frac{\omega}{k_0 v_z}\right)L\frac{\sin^2((k_{+0}-\omega/v_z)L/2)}{(k_{+0}-\omega/v_z)L/2}\right]\right\}\cdot g_0\,\mathrm{d}u \end{aligned} \tag{14.6.54}$$

如令

$$g_0(u) = (u_z/u)\delta(u-u_0) \tag{14.6.55}$$

而且假定为强相对论电子注情况，因此有

$$\begin{cases} v_z \approx c \\ u_z \approx u \\ k_{\pm 0} \approx 2\gamma_z^2 k_0 \end{cases} \tag{14.6.56}$$

则由方程(14.6.54)和方程(14.6.55)可以得到以下的增益公式：

$$G_L=\left(\frac{\xi}{2\gamma_{z0}}\right)^2 k_0 L F(\theta_0, k_0 L, \beta_{\perp 0}, \gamma_{z0}) \tag{14.6.57}$$

式中

$$\xi=\frac{\omega p}{\gamma_0^{1/2} k_0 c} \tag{14.6.58}$$

$$F(\theta_0, k_0 L, \beta_{\perp 0}, \gamma_{z0})=\frac{\beta_{\perp 0}^2 \gamma_{z0}^2}{2}\left[(k_0 L)^2 \frac{\partial}{\partial \theta_0}\left(\frac{\sin \theta_0}{\theta_0}\right)^2+2 \frac{\sin^2 \theta_0}{\theta_0}\right]$$
$$-(1+\beta_{\perp 0}^2 \gamma_{z0}^2) \frac{\sin^2(\theta_0+k_0 L/2)}{(\theta_0+k_0 L/2)} \tag{14.6.59}$$

$$\theta_0=\left(\frac{\omega}{v_{z0}}-k_{+0}-k_0\right) \frac{L}{2} \tag{14.6.60}$$

由此可见，在低增益略去空间电荷效应的条件下，自由电子激光的增益取决于函数 $F(\theta, k_0 L, \beta_{\perp 0}, \gamma_{z0})$. 图 14.6.2 中给出了此函数的曲线，此时，$L=160L_0$，即包含有 160 个周期. 可以看到，此曲线有最大值，相当于最大增益的条件. 事实上，在方程(14.6.59)中，由于$(k_0 L)$较大，故以后各项均可略去，于是可以得到以下的增益公式：

$$G_L=\left(\frac{\xi^2}{8}\right) \beta_{0\perp}^2 (k_0 L)^3 \frac{\partial}{\partial \theta}\left(\frac{\sin \theta_0}{\theta_0}\right)^2 \tag{14.6.61}$$

方程(14.6.61)与方程(14.4.56)一致. 即在低增益不考虑空间电荷效应时，动力学理论的结果同单粒子轨道理论的结果是相同的.

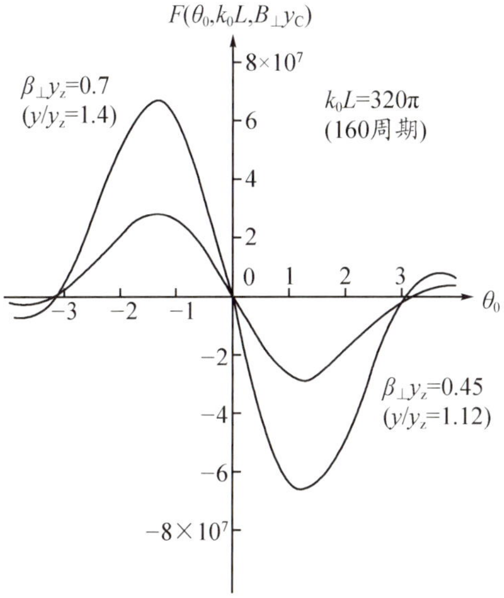

图 14.6.2　低增益、稀冷电子注散射的增益函数 $F(\theta, kL, \beta_{\perp 0}, \gamma_{0z})$

进一步，我们看到，当 $\theta_0=-1.3$ 时，$\frac{\partial}{\partial \theta}\left(\frac{\sin \theta_0}{\theta_0}\right)^2$ 取最大值，为 0.54，因此，又可以得到

$$G_{L\max} \approx \left(\frac{\xi}{4}\right)^2 \beta_{0\perp}^2 (k_0 L)^3 \tag{14.6.62}$$

下面再考虑高增益及强流电子注的情况，此时空间电荷效应必须考虑. 这样，可以令

$$\begin{cases} A_+(z)=A_+(0) \mathrm{e}^{\mathrm{j} k_+ z} \\ \phi(z)=\phi(0) \mathrm{e}^{\mathrm{j} k z} \end{cases} \tag{14.6.63}$$

由于考虑的是高增益，因此有

$$|\mathrm{e}^{\mathrm{j} k_+ z}| \gg 1, |\mathrm{e}^{\mathrm{j} k z}| \gg 1 \tag{14.6.64}$$

可以求得

$$J_+(z)=-\frac{\omega_p^2}{8\pi} \int_0^{\infty}\left\{\left[\frac{u}{\gamma u_z c}(2+\beta_\perp^2)-\frac{\beta_\perp^2 \ m_0 v_z \omega / c}{\omega-v_z(k_+ + k_0)} \frac{\partial}{\partial u}\right]\right.$$
$$\left. \cdot A_+(0) \mathrm{e}^{\mathrm{j} k_+ z}-\frac{\beta_\perp \ m_0 v_z k}{\omega-k v_z} \frac{\partial}{\partial u} \phi(0) \mathrm{e}^{\mathrm{j}(k-k_0) z}\right\} g_0 \mathrm{d} u \tag{14.6.65}$$

式中，$k=k_+ + k_0$.

按照类似的方法，采用同样的平衡分布函数(14.6.55)，可以求得色散方程为

$$[k-(k_0+K)][k-(k_0-K)]\left[k-\left(\frac{\omega}{v_{z0}}+\chi\right)\right] \cdot\left[k-\left(\frac{\omega}{v_{z0}}-\chi\right)\right]=-\alpha^2 k_0 k \tag{14.6.66}$$

式中

$$\begin{cases} K=\left(\dfrac{\omega^2}{c^2}-\dfrac{\omega_p^2}{\gamma_0 c^2}\right)^{1/2}>0 \\ \chi=\dfrac{\omega_p}{v_{z0}\gamma_{z0}\gamma_0^{1/2}} \\ \alpha^2=(\xi\beta_{0\perp}k_0)^2 \\ B_{\perp 0}=\dfrac{\omega_{c0}}{k_0 v_{z0}} \\ \omega_{c0}=\dfrac{eB_{0\perp}}{m_0} \end{cases} \tag{14.6.67}$$

可见色散方程与 α^2 有关,而 α^2 正比于周期磁场泵源的幅度 $B_{0\perp}$ 的大小.下面我们分成弱泵场及强泵场两种情况来讨论.

先讨论弱泵场的情况.

我们知道,当无泵源时,在电子注中存在空间电荷波(正能量的空间电荷快波及负能量的空间电荷慢波),当泵源很弱时,这两种空间电荷波受到的影响不大.因此我们可以认为是负能量的慢空间电荷波通过泵源与横电磁波耦合起来.这种情况如图 14.6.3 所示.

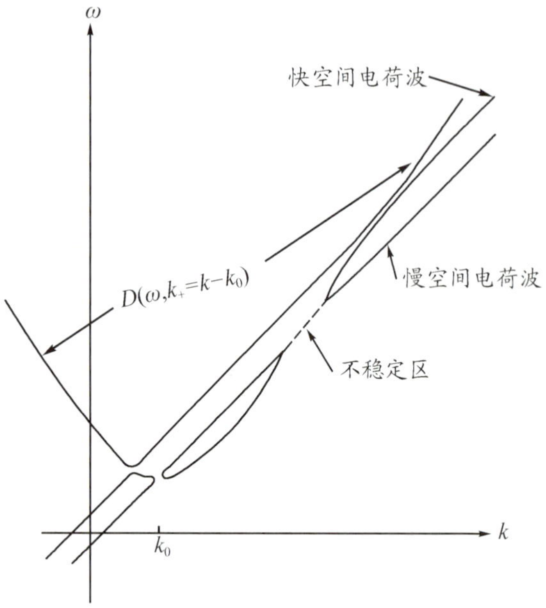

图 14.6.3　电子注波与横电磁波的耦合色散

在这种情况下,我们可以令

$$k=k_0+K+\delta K=\frac{\omega}{v_{z0}}+\chi+\delta k \tag{14.6.68}$$

将上式代入色散方程(14.6.66),可以求得

$$\begin{aligned}\delta k &=-\mathrm{j}\left(\frac{\alpha}{2}\right)\left(\frac{k_0}{\chi}\right)^{1/2} \\ &=-\left(\frac{\mathrm{j}}{2}\right)\beta_{0\perp}(\gamma_{z0}\xi)^{1/2}k_0\end{aligned} \tag{14.6.69}$$

可见,δk 仅有虚部,而且是一个常数.因此,增益为

$$G_L=\frac{\beta_{0\perp}}{2}(\gamma_{z0}\xi)^{1/2}(k_0 L) \tag{14.6.70}$$

对于强泵源的情况,我们可以认为由于泵的存在,使电子注中的波动过程与无泵时的空间电荷波相差很远,即有

$$|\delta k|\gg 2\chi \tag{14.6.71}$$

于是方程(14.6.68)化为

$$k=k_0+K+\delta k=\frac{\omega}{v_{z0}}+\delta k \tag{14.6.72}$$

以此式代入方程(14.6.66),可以得到

$$(\delta k)^3=-\frac{1}{2}\xi^2\beta_{0\perp}^2 k_0^3 \tag{14.6.73}$$

其解给出

$$\delta k=\left(1-\frac{\mathrm{j}\sqrt{3}}{2^{4/3}}\right)(\xi\beta_{0\perp})^{2/3}k_0 \tag{14.6.74}$$

由此得到增益为

$$G_L=\frac{\sqrt{3}}{2^{4/3}}(\xi\beta_{0\perp})^{2/3}(k_0L) \tag{14.6.75}$$

我们来讨论一下弱泵源及强泵源的界限. 如上所述,在强泵源条件下,有条件(14.6.71),因而在弱泵源的条件下,应有

$$|\delta k|\ll 2\chi \tag{14.6.76}$$

注意到

$$\chi\approx\frac{\xi k_0}{\gamma_{z0}}$$

因而可以得到以下的判据:

$$\beta_{0\perp}\begin{cases}\ll\beta_{\text{crit}}(\text{弱泵})\\ \gg\beta_{\text{crit}}(\text{强泵})\end{cases} \tag{14.6.77}$$

式中,已令

$$\beta_{\text{crit}}=4(\xi/\gamma_{z0}^3)^{1/2} \tag{14.6.78}$$

表示阈值.

3. 饱和状态的估计

以上从线性动力学理论出发,得到了自由电子激光的色散方程和增益公式. 以此种线性理论为依据,我们还可粗略地估计自由电子激光的饱和状态. 如上所述,在最大增益处,纵波的相速为

$$v_{pl}=\frac{\omega}{\text{Re}(k)} \tag{14.6.79}$$

因此,相速与电子纵向速度之差为

$$v_{pl}-v_{z0}=-\Delta v \tag{14.6.80}$$

式中,$\Delta v>0$,这可由 14.5 节中波的色散方程看出. 这表示,电子的纵向速度略大于波的纵向相速时,可能产生净的能量交换,电子把动能交给波. 随着这种换能过程的发展,电子的纵向速度逐渐降低. 我们可以认为,到达以下情况时就出现饱和状态:

$$v_{pl}-v_{zs}=\Delta v \tag{14.6.81}$$

式中,v_{zs} 表示饱和时电子的纵向速度. 不难看到,这种考虑同电子回旋脉塞(第 11 章)中研究非线性现象时完全一样. 因此我们有

$$v_{z0}-v_{zs}=2\Delta v \tag{14.6.82}$$

于是电子动能的变化为

$$\begin{aligned}\Delta E_k&=[\gamma(v_{z0})-\gamma(v_{zs})]m_0c^2\approx 2\left(\frac{\partial\gamma}{\partial v_z}\right)_{v_z=v_{z0}}\Delta v m_0c^2\\&=2\gamma_0\gamma_{z0}^2m_0v_{z0}\Delta v\end{aligned} \tag{14.6.83}$$

由此可以得到效率为

$$\eta=\frac{\Delta E_k}{(\gamma_0-1)m_0c^2}\approx 2\gamma_{z0}^2\Delta v/c \tag{14.6.84}$$

上式中已考虑到 $v_{z0}\approx c$.

另外,由总功率流守恒可以得到

$$\frac{\partial}{\partial z}\left[cnv_z(\gamma-1)m_0c^2\boldsymbol{e}_z+\frac{c}{4\pi}\boldsymbol{E}\times\boldsymbol{B}\right]=0 \tag{14.6.85}$$

将上式从 $z=z_0$ 积分到 $z=z_{\text{sat}}$(饱和点),考虑到 $z=z_{\text{sat}}$ 时,$\boldsymbol{A}_-=0$,$(\boldsymbol{E}\times\boldsymbol{B})\approx\frac{\omega^2}{c^2}|A_+(z)|^2$ 等,可以得到以下

的表达式

$$
\begin{aligned}
|A_+(z=z_{\text{sat}})|^2 &\approx |A_+(z=0)|^2+\left(\frac{4\pi n_0 c^2}{\omega^2}\right)\Delta E_k \\
&\approx |A_+(z=0)|^2+\left[\frac{4\pi n_0}{(\omega/c)^2}\right]\eta\gamma_0 m_0 c^2
\end{aligned}
\tag{14.6.86}
$$

但场幅值间有关系

$$
|\boldsymbol{E}_{\text{sat}}|=\left(\frac{\omega}{c}\right)|A_+(z=z_{\text{sat}})|
\tag{14.6.87}
$$

而我们认为

$$
z=z_{\text{sat}}=L:\theta_0=-1.3
\tag{14.6.88}
$$

即

$$
v_{pl}-v_{z0}=-\left(\frac{2.6}{kL}\right)v_{z0}=-\Delta v
\tag{14.6.89}
$$

代入式(14.6.84)得

$$
\eta\approx 5.2\gamma_{z0}^2/(kL)\approx\gamma_{z0}^2\lambda_s/L
\tag{14.6.90}
$$

由于增益小,因此有

$$
A_+(z)=A_+(0)e^{G_L}\approx A_+(0)(1+G_L)
\tag{14.6.91}
$$

利用式(14.6.87)可以得到

$$
|A_+(z=0)|^2\approx\left[\frac{2\pi n_0}{(\omega/c)^2}\right]\left(\frac{\eta}{G_L}\right)\gamma_0 m_0 c^2
\tag{14.6.92}
$$

将 G_L,η 的表示式代入可以求得低增益情况下的饱和电场幅值:

$$
|\boldsymbol{E}_{\text{sat}}|\approx 2\sqrt{5.2}\left(\frac{m_0 c^2}{|e|}\right)\frac{k_0\gamma_0}{\beta_{0\perp}(k_0 L)^2}
\tag{14.6.93}
$$

用类似的方法,可以求得高增益情况下的效率及场幅值.

在弱泵源情况下,有

$$
\eta=\frac{\xi}{\gamma_{z0}}
\tag{14.6.94}
$$

$$
|\boldsymbol{E}_{\text{sat}}|=\left(\frac{m_0 c^2}{|e|}\right)k_0\left(\frac{\gamma_0}{\gamma_{z0}^{1/3}}\right)\xi^{3/2}
\tag{14.6.95}
$$

在强泵源情况下,有

$$
\eta=\left(\frac{\xi\beta_{\perp 0}}{4}\right)^{2/3}
\tag{14.6.96}
$$

$$
|\boldsymbol{E}_{\text{sat}}|=\frac{m_0 c^2 k_0}{|e|}\left(\frac{\xi^4\gamma_0^3\beta_{\perp 0}}{4}\right)^{1/3}
\tag{14.6.97}
$$

4. 纵向直流磁场的作用

14.3 节中详细讨论了同时具有静磁泵场及纵向直流磁场时电子的运动状态. 由该小节的分析可知,纵向直流磁场的存在对电子的运动状况有很大的影响,特别是运动状态分为三个分支,其中有不稳定的分支. 在本篇参考文献[55,78]中,分别用流体力学及动力学理论方法研究了具有纵向直流磁场的静磁泵自由电子激光的理论,得到了色散方程. 对色散方程的分析表明,纵向直流磁场的存在,有以下影响:

(1)可以降低静磁泵场的幅度;

(2)在接近谐振的条件下($\omega_c\approx k_0 v_z$),可以得到较高的增益;

(3)不稳定模的工作范围向低频及高频两个方向显著扩大.

可见,利用纵向直流磁场是有好处的,但必须仔细地调整电子注的工作状态.

14.7 静磁泵自由电子激光的非线性理论

前面研究了磁摇摆器自由电子激光的线性理论. 研究线性理论，我们弄清楚了自由电子激光的工作机理，并求得了增益公式. 同回旋管一样，为了计算效率，必须研究非线性理论. 非线性理论能给出各物理量在互作用过程中的演变过程.

为简单计，我们先讨论一维的模型，即假定物理量均与横向坐标无关. 同时，为了普遍起见，我们认为 Wiggler 场的幅值、周期均是可变的，即均是 z 的缓变函数. 以后就会指出，采用缓变 Wiggler 场是提高自由电子激光效率的一个有效途径.

这样，参照图 14.4.1，可以将 Wiggler 场的矢量磁位写成

$$\boldsymbol{A}_0(z)=A_0(z)\left\{\cos\left[\int_0^z k_0(z')\mathrm{d}z'\right]\boldsymbol{e}_x+\sin\left[\int_0^z k_0(z')\mathrm{d}z'\right]\boldsymbol{e}_y\right\} \tag{14.7.1}$$

式中，$A_0(z)$，$k_0(z)=2\pi/l(z)$均为 z 的缓变函数.

散射场的矢量位 $\boldsymbol{A}_s(z,t)$及标量位 $\phi(z,t)$也可写成

$$\begin{aligned}\boldsymbol{A}(z,t)=&A_x(z)\cos\left[\int_0^z k_s(z')\mathrm{d}z'-\omega t+\theta\right]\boldsymbol{e}_x\\&-A_y(z)\sin\left[\int_0^z k_s(z')\mathrm{d}z'-\omega t+\theta\right]\boldsymbol{e}_y\end{aligned} \tag{14.7.2}$$

及

$$\phi(z,t)=\phi(z)\cos\left[\int_0^z k(z')\mathrm{d}z'-\omega t+\theta_z\right] \tag{14.7.3}$$

式中，$A_z(z)$，$A_y(z)$，$\phi(z)$及 $k_s(z)$，$k(z)$均为 z 的缓变函数。

标量位 $\phi(z,t)$还可写成以下形式：

$$\begin{aligned}\phi(z,t)=&\phi_1(z)\cos\left\{\int_0^z[k_s(z')+k_0(z')]\mathrm{d}z'-\omega t+\theta\right\}\\&+\phi_2(z)\sin\left\{\int_0^z[k_s(z')+k_0(z')]\mathrm{d}z'-\omega t+\theta\right\}\end{aligned} \tag{14.7.4}$$

式中

$$\begin{cases}\phi_1(z)=\phi(z)\cos\left\{\int_0^z[k(z')-k_s(z')-k_0(z')]\mathrm{d}z+\theta_z-\theta\right\}\\\phi_2(z)=-\phi(z)\sin\left\{\int_0^z[k(z')-k_s(z')-k_0(z')]\mathrm{d}z+\theta_z-\theta\right\}\end{cases} \tag{14.7.5}$$

另外，同线性理论一样，矢量位 $\boldsymbol{A}$ 及标量位 ϕ 都应满足以下的场方程：

$$\left(\frac{\partial^2}{\partial z^2}-\frac{1}{c^2}\frac{\partial^2}{\partial t^2}\right)\boldsymbol{A}(z,t)=-\frac{4\pi}{c}\boldsymbol{J}_\perp(z,t) \tag{14.7.6}$$

$$\frac{\partial^2}{\partial z\partial t}\phi(z,t)=4\pi\boldsymbol{J}z(z,t) \tag{14.7.7}$$

将 $\boldsymbol{A}(z,t)$及 $\phi(z,t)$的表示式代入式(14.7.6)、式(14.7.7)，并且考虑到以上所述的缓变函数的关系，略去$\frac{\partial^2 A}{\partial z^2}$，$\frac{\partial\phi_1}{\partial z}$，$\frac{\partial\phi_2}{\partial z}$等项，由式(14.7.6)、式(14.7.7)即可得到

$$\left[\frac{\omega^2}{c^2}-k_s^2(z)\right]A_x(z)\cos\psi(z,t)-2k_s^{1/2}(z)\cdot\frac{\partial}{\partial z}[A_x(z)k_s^{1/2}(z)]\sin\psi(z,t)=-\frac{4\pi}{c}J_x(z,t) \tag{14.7.8}$$

$$\left[\frac{\omega^2}{c^2}-k_s^2(z)\right]A_y(z)\sin\psi(z,t)+2k_s^{1/2}(z)\cdot\frac{\partial}{\partial z}[A_y(z)k_s^{1/2}(z)]\cos\psi(z,t)=\frac{4\pi}{c}J_y(z,t) \tag{14.7.9}$$

$$[k_s(z)+k_0(z)][\phi_1(z)\cos\Psi(z,t)+\phi_2(z,t)\sin\Psi(z,t)]=\frac{4\pi}{\omega}J_z(z,t) \tag{14.7.10}$$

式中

$$\psi(z,t)=\int_0^z k_s(z')\mathrm{d}z'-\omega t+\theta \tag{14.7.11}$$

$$\Psi(z,t)=\psi(z,t)+\int_0^z k_0(z')\mathrm{d}z' \tag{14.7.12}$$

在方程(14.7.8)至方程(14.7.10)中,左边 $\cos\psi$,$\sin\psi$ 或 $\cos\Psi$,$\sin\Psi$ 项的系数均为缓变函数,而 ψ 及 Ψ 本身则为 t 的迅变函数(在 z 固定时).因此,如用相应的 $\sin\psi$,$\cos\psi$ 或 $\sin\Psi$,$\cos\Psi$ 乘方程两边,并在一个时间周期内积分,就可以得到

$$\left[\frac{\omega^2}{c^2}-k_s^2(z)\right]A_x(z)=-\frac{4\omega}{c}\int_0^{2\pi/\omega}J_x(z,t)\cos\psi(z,t)\mathrm{d}t \tag{14.7.13}$$

$$2k_s^{1/2}(z)\frac{\partial}{\partial_x}[A_x(z)k_s^{1/2}(z)]=\frac{4\omega}{c}\int_0^{2\pi/\omega}J_x(z,t)\sin\psi(z,t)\mathrm{d}t \tag{14.7.14}$$

$$\left[\frac{\omega^2}{c^2}-k_s^2(z)\right]A_y(z)=\frac{4\omega}{c}\int_0^{2\pi/\omega}J_y(z,t)\sin\psi(z,t)\mathrm{d}t \tag{14.7.15}$$

$$2k_s^{1/2}(z)\frac{\partial}{\partial z}[A_y(z)k_s^{1/2}(z)]=\int_0^{2\pi/\omega}J_y(z,t)\cos\psi(z,t)\mathrm{d}t \tag{14.7.16}$$

$$[k_s(z)+k_0(z)]\phi_1(z)=4\int_0^{2\pi/\omega}J_z(z,t)\cos\Psi(z,t)\mathrm{d}t \tag{14.7.17}$$

$$[k_s(z)+k_0(z)]\phi_2(z)=4\int_0^{2\pi/\omega}J_z(z,t)\sin\Psi(z,t)\mathrm{d}t \tag{14.7.18}$$

方程组(14.7.13)至(14.7.18)表明电子流(激励电流)对场的作用,因此,这组方程描述了自由电子激光中电子与波互作用过程中电子对场的作用的部分.因此,下面我们来研究场对电子运动的作用如何引起交变电流.

为此,我们先来看看电子在场作用下的运动过程.如13.3和13.4两节所述,在这种情况下,在 x 方向和 y 方向,电子运动的正则动量是运动常数.因此,如果当 $z\to-\infty$ 时,Wiggler 场及散射场均为零,电子平行于 z 轴注入,则可以得到

$$\begin{cases} p_x(z,t)=\dfrac{|e|}{c}[A_{0x}(z)+A_x(z,t)] \\ p_y(z,t)=\dfrac{|e|}{c}[A_{0y}(z)+A_y(z,t)] \end{cases} \tag{14.7.19}$$

而 z 向运动方程可由

$$\frac{\partial\mathscr{H}}{\partial z}=\frac{\mathrm{d}p_z}{\mathrm{d}t} \tag{14.7.20}$$

得到,于是有

$$\frac{\mathrm{d}p_z(z,t)}{\mathrm{d}t}=\frac{-|e|^2}{2\gamma(z,t)m_0c^2}\left[\frac{\partial}{\partial z}(\boldsymbol{A}_0(z)+\boldsymbol{A}_s(z))^2-2\gamma(z,t)\frac{m_0c^2}{|e|}\frac{\partial\phi(z,t)}{\partial z}\right] \tag{14.7.21}$$

式中,$p_z(z,t)$ 为 z 方向的力学动量,而

$$\gamma(z,t)=\left\{1+\frac{|e|^2}{m_0^2c^4}[\boldsymbol{A}_0(z)+\boldsymbol{A}(z,t)]^2+\frac{p_z^2(z,t)}{m_0^2c^2}\right\}^{1/2} \tag{14.7.22}$$

方程(14.7.19)、方程(14.7.21)、方程(14.7.22)就是电子的运动方程.不过,在大信号理论中一般采用拉格朗日变量体系(见第1篇参考文献[17]),即采用以下的变量变换:

$$t \to \tau(t_0, v_{z0}, z) = t_0 + \int_0^z \frac{\mathrm{d}z'}{v_z(t_0, v_{z0}, z')} \tag{14.7.23}$$

$$\frac{\mathrm{d}}{\mathrm{d}t} = v_z(z,\tau)\frac{\mathrm{d}}{\mathrm{d}z} \quad v_z(z,\tau) = v_z(t_0, v_{z0}, z) \tag{14.7.24}$$

这里提醒一下，$\frac{\mathrm{d}}{\mathrm{d}z}$与$\frac{\partial}{\partial z}$的意义是不同的，这里除了在数学运算上的区别外，从物理上来讲，$\frac{\mathrm{d}}{\mathrm{d}z}$表示跟踪一个电子，即在一个电子轨道上的微分运算，而$\frac{\partial}{\partial z}$则表示在固定时刻不同点间的微商.

这样，可以将方程(14.7.19)、方程(14.7.21)改写成拉格朗日变量

$$\begin{cases} p_z(z,\tau) = \dfrac{|e|}{e}[A_{0x}(z) + A_x(z,\tau)] \\ p_y(z,\tau) = \dfrac{|e|}{c}[A_{0y}(z) + A_y(z,\tau)] \end{cases} \tag{14.7.25}$$

$$\frac{\mathrm{d}p_z^2(z,\tau)}{\mathrm{d}z} = -\frac{|e|^2}{c^2}\left\{\frac{\partial}{\partial z}[\boldsymbol{A}_0(z) + \boldsymbol{A}_s(z,\tau)]^2 - 2\gamma(z,\tau)\frac{m_0c^2}{|e|}\frac{\partial}{\partial z}\phi(z,\tau)\right\} \tag{14.7.26}$$

式中

$$\begin{cases} p_x(z,\tau) = \tilde{p}_x(t_0, v_{z0}, \tau) \\ p_y(z,\tau) = \tilde{p}_y(t_0, v_{z0}, \tau) \\ p_z(z,\tau) = \gamma(z,\tau)m_0v_z(z,\tau) = \tilde{p}_z(t_0, v_{z0}, \tau) \end{cases} \tag{14.7.27}$$

假定电子在进入工作区之前的分布函数是

$$f_0 = f_0(v_{z0}) \tag{14.7.28}$$

设电子在 $t=t_0$ 时进入 $z=0$ 的入口处，$p=p_z=p_{z0}$，如图 14.7.1 所示，在时间 $t=t'$时，电子到达 $z=\tilde{z}(t_0, v_{z0}, t)$处，具有的动量为 $\boldsymbol{p}=\tilde{\boldsymbol{p}}(t_0, v_{z0}, t)$，这样，电子在 $t=t'$时，$z=\tilde{z}(t_0, v_{z0}, t)$处的分布函数即可表示为

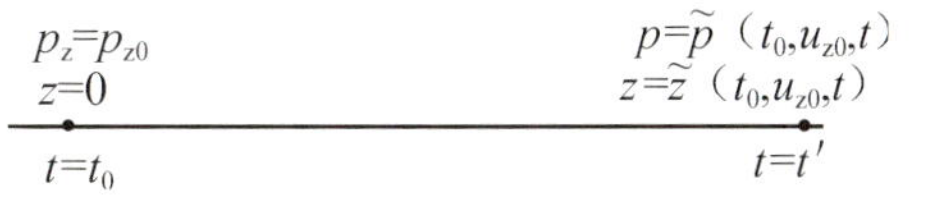

图 14.7.1　电子的运动分析

$$f(z, \boldsymbol{p}, t) = n_0 \int_{-\infty}^{\infty}\int_{-\infty}^{\infty} \frac{v_{z0}f_0(v_{z0})}{\gamma_0(v_{z0})}\delta[z - \tilde{z}(t_0, v_{z0}, t)] \cdot \delta[p_x - \tilde{p}_x(t_0, v_{z0}, t)]\delta[p_y - \tilde{p}_y(t_0, v_{z0}, t)] \cdot \delta[p_z - \tilde{p}_z(t_0, v_{z0}, t)]\mathrm{d}t_0\mathrm{d}v_{z0} \tag{14.7.29}$$

式中，n_0 表示在进入互作用区之前电子的平均浓度，电流密度则可表示为

$$\boldsymbol{J}(z,t) = -|e|\int \frac{\boldsymbol{p}}{m_0\gamma(\boldsymbol{p})}f(z, \boldsymbol{p}, t)\mathrm{d}^3\boldsymbol{p} \tag{14.7.30}$$

将上式在动量空间积分后，得到

$$\boldsymbol{J}(z,t) = -|e|n_0\int_{-\infty}^{\infty}\int_{-\infty}^{\infty} \frac{v_{z0}f_0(v_{z0})}{\gamma_0(v_{z0})}\frac{\tilde{\boldsymbol{p}}(t_0, v_{z0}, t)}{m_0\gamma[\tilde{\boldsymbol{p}}(t_0, v_{z0}, t)]} \cdot \delta[z - \tilde{z}(t_0, v_{z0}, t)]\mathrm{d}t_0\mathrm{d}v_{z0} \tag{14.7.31}$$

同样，将上式换到拉格朗日变量体系就得到

$$\boldsymbol{J}(z,\tau) = -|e|n_0\int_{-\infty}^{\infty}\int_{-\infty}^{\infty} \frac{v_{z0}f_0(v_{z0})}{\gamma_0(v_{z0})}\frac{\tilde{\boldsymbol{p}}(t_0, v_{z0}, t)}{\tilde{p}_z(t_0, v_{z0}, t)} \cdot \delta[t - \tau(t_0, v_{z0}, t)]\mathrm{d}t_0\mathrm{d}v_{z0} \tag{14.7.32}$$

将得到的激励电流方程代入式(14.7.13)至式(14.7.18),就可以得到所需的自由电子激光非线性工作方程.这里要说明的是,对 t_0 积分并不需要从 $-\infty$ 到 $+\infty$,因为假定电子流在进入互作用区之前是均匀的,因此,应是 t_0 的一个周期函数.所以,实际上仅需对 t_0 的一个周期进行积分,这样,就可以得到以下的工作方程:

$$\left[\frac{\omega^2}{c^2}-k_s^2(z)\right]A_s(z)=\frac{\omega_p^2}{2c^2}m_0v_{z0}\frac{\omega}{\pi}\int_0^{2\pi/\omega}\tilde{p}_z^{-1}[t_0,\tau(t_0,z)] \cdot\{A_0(z)\cos\tilde{\psi}[z,\tau(t_0,z)]+A_s(z)\}\mathrm{d}t_0 \tag{14.7.33}$$

$$2k_s^{1/2}(z)\frac{\partial}{\partial z}[A(z)k_s^{1/2}(z)]=-\frac{\omega_p^2}{2c^2}m_0v_{z0}\frac{\omega}{\pi} \cdot\int_0^{2\pi/\omega}\tilde{p}_z^{-1}[t_0,\tau(t_0,z)]\{A_0(z)\sin\tilde{\psi}[z,\tau(t_0,z)]\}\mathrm{d}t_0 \tag{14.7.34}$$

$$\begin{cases}[k_s(z)+k_0(z)\phi(z)=-\dfrac{\omega_p^2}{c^2}\dfrac{v_{z0}^2}{\pi}\dfrac{m_0c^2}{|e|}]\cdot\displaystyle\int_0^{2\pi/\omega}\cos\tilde{\psi}[z,\tau(t_0,z)]\mathrm{d}t_0\\ [k_s(z)+k_0(z)\phi_2(z)=-\dfrac{\omega_p^2}{c^2}\dfrac{v_{z0}^2}{\pi}\dfrac{m_0c^2}{|e|}\cdot\displaystyle\int_0^{2\pi/\omega}\sin\tilde{\psi}[z,\tau(t_0,z)]\mathrm{d}t_0\end{cases} \tag{14.7.35}$$

$$\frac{\mathrm{d}p_z^2(z,\tau)}{\mathrm{d}z}=-\frac{|e|^2}{c^2}\left\{\frac{\partial}{\partial z}[\boldsymbol{A}_0(z)+\boldsymbol{A}(z,\tau)]^2 -2\gamma(z,t)\frac{m_0c^2}{|e|}\frac{\partial}{\partial z}\phi(z,\tau)\right\} \tag{14.7.36}$$

式中

$$\gamma(z,\tau)=\left\{1+\frac{|e|^2}{m_0^2c^4}[\boldsymbol{A}_0(z)+\boldsymbol{A}(z,\tau)]^2+\frac{p_z^2(z,\tau)}{m_0^2c^2}\right\}^{1/2} \tag{14.7.37}$$

$$\tau(t,z)=t_0+\int_0^z\frac{\gamma[z',\tau(t_0,z')]m_0}{p_z[t_0,\tau(t_0,z')]}\mathrm{d}z' \tag{14.7.38}$$

$$[\boldsymbol{A}_0(z)+\boldsymbol{A}(z,\tau)]^2=A_0^2(z)+A^2(z)+2A(z)A_0(z)\cos\tilde{\psi}(z,\tau) \tag{14.7.39}$$

$$\omega_b^2=4\pi|e|^2\frac{n_0}{m_0} \tag{14.7.40}$$

在得到以上方程组时,为计算简单,我们选择

$$f_0(v_{z0})=\delta(u_z-\gamma v_{z0}) \tag{14.7.41}$$

同时,认为 $\boldsymbol{A}_s$ 是圆极化波,即 $\boldsymbol{A}_x=\boldsymbol{A}_y$.

方程(14.7.33)至方程(14.7.38)就是自由电子激光非线性工作方程组.在这里,我们注意到,由方程(14.7.39)右边最后一项所表示的为有质动力位.可见,在非线性理论中,此有质动力位也起着极其重要的作用.

我们看到,在此方程组中,待求的量有5个,分别为 $A_s(z,\tau)$,$k_s(z)$,$\phi(z)$,$p_z(z,\tau)$,$\Psi(z,\tau)$,因为 ϕ_1,ϕ_2 可通过 ϕ,Ψ 求得.5个方程正好确定5个待求物理量.在这里,$A_0(z)$,$k_0(z)$,ω,ω_p,v_{z0} 等均是给出的.

求得 A_s 及 ϕ 后,就可由场方程求出电场及磁场强度,于是可按以下方程计算自由电子激光的效率:

$$\eta=\frac{c}{4\pi}\frac{\langle\boldsymbol{E}(z,t)\times\boldsymbol{B}(z,t)\rangle_t-\langle\boldsymbol{E}(0,t)\times\boldsymbol{B}(0,t)\rangle_t}{v_{z0}n_0(\gamma_0-1)m_0c^2} \tag{14.7.42}$$

式中,$\langle\cdots\rangle$ 表示在一个时间周期($T=2\pi/\omega$)内的平均值.或者写成

$$\eta=\left(\frac{|e|}{m_0c}\right)^2\frac{\omega}{\omega_b^2}\frac{[k_s(z)A^2(z)-k_s(0)A^2(0)]}{v_{z0}(\gamma_0-1)} \tag{14.7.43}$$

下面给出根据以上非线性工作方程组用计算机计算的结果.设电子注进入互作用空间前($z\leqslant0$)是均匀的,Wiggler 场在 $z\leqslant0$ 区域内逐渐建立至 $z=0$ 时已形成一个有效的 Wiggler 场.假定在输入端,输入的幅值

很小,因此,有一个线性段.

先考虑两个非渐变的 Wiggler 场的情况,即 Wiggler 场的周期及幅值都是常数.

例 1:$\lambda=0.75\ \mu m$,电子注能量为 66 MeV,$\gamma_0=131$,泵磁场强度为 6.0 kGs,电子注的平衡横向速度为 $v_{0\perp}=6.4\times10^{-3}$ C,判别强弱泵的临界速度为 $v_{crit}=1.5\times10^{-3}$ C. 例 2:$\lambda=338\ \mu m$,电子注能量为 2.6 MeV,$\gamma_0=6$,泵磁场强度为 2.5 kGs,$\beta_{0\perp}=0.078$,$\beta_{crit}=0.22$. 两个例子的参量见表 14.7.1 所列.

表 14.7.1 两个计算例子的参量

参量		例 1	例 2
磁泵参量	周期 l	1.5 cm	20 cm
	磁场强度 B_0	6.0 kGs	2.5 kGs
电子注参量	注能量 E_0	66 MeV($\gamma_0=131$)	2.6 MeV($\gamma_0=6$)
	注电流 I_0	2 kA	5 kA
	轴向相对论系数 r_{z0}	100	5.4
	注半径 r_0	0.1 cm	0.3 cm
	横向初始速度	6.4×10^{-3}	0.078
	临界横向速度	1.5×10^{-3}	0.22
	注长度参量	0.14	0.87
	能散度	0.08%	1.7%
散射波参量	散射波长 λ	0.75 μm	338 μm
		38 cm	5.3 cm
	饱和场 A_{sat}	33 V	7 400 V
	效率 η	0.52%	9.2%
	辐射功率 P_{out}	0.69 GW	1.2 GW

对于例 1,$\omega=2\gamma_{z0}^2ck_0=2.525\times10^{15}/\text{sec}$,$A(z)$及 $\Gamma=\dfrac{\partial}{\partial z}\ln(A_z)$的计算结果绘于图 14.7.2 中. 由图可见,有一段线性增长段,$A(z)$的饱和值在大约 4.5 m 处,$A_{sat}=33$ V,最大效率为 0.52%.

图 14.7.3 中给出了空间电荷位与有质动力位之间的关系. 由图 14.7.3 可以看到,在例 1 的情况下,ϕ_{pond} 比 ϕ_{space} 大得多,空间电荷波位可以忽略.

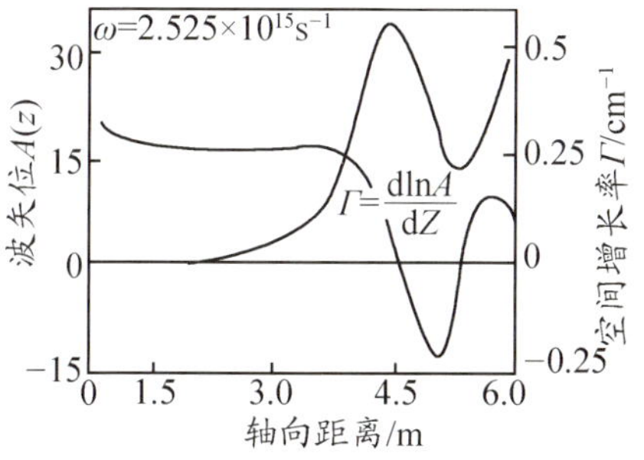

图 14.7.2 矢位 $A(z)$的空间线性增长率 Γ 作为轴向距离的函数

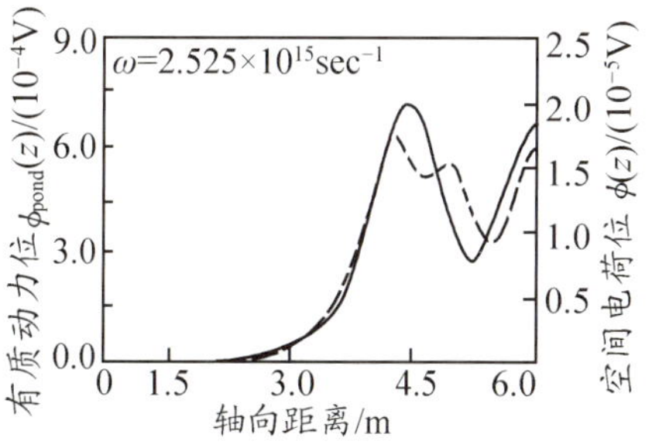

图 14.7.3 有质动力位$|\phi_{pond}(z)|$和空间电荷位$|\phi(z)|$作为轴向距离的函数

为了清楚地看到电子与波的相互作用过程,图 14.7.4 中给出了不同位置($z=0$,$z=2.0$ m,$z=4.0$ m,$z=4.3$ m,$z=4.5$ m)上电子的群聚图,在一个周期范围内有 20 个电子,认为在进入 $z=0$ 时具有相同的 v_{z0}.

由图可见，在 $z=2$ 以后，电子发生群聚，有的电子把能量交给场，因而自身的能量降低，有的电子从场得到能量，因而能量增加.

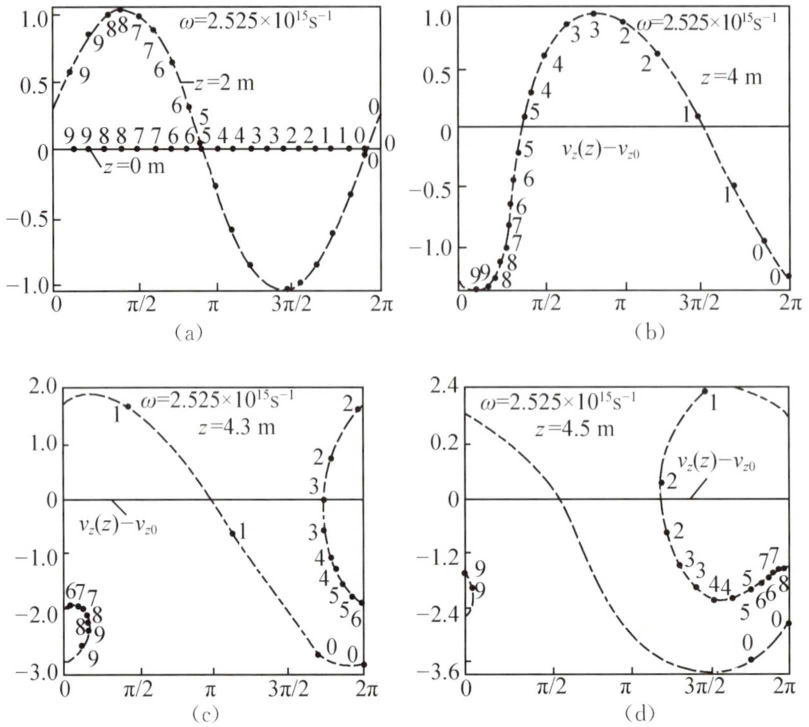

图 14.7.4 不同位置上电子的群聚图

对于第二个例子，$\omega=5.05\times10^{12}/\mathrm{s}^{-1}$，所得到的图示于图 14.7.5 至图 14.7.7 中，必须指出的是，在这种情况下，空间电荷位函数已不可忽略，如图 14.7.6 所示.

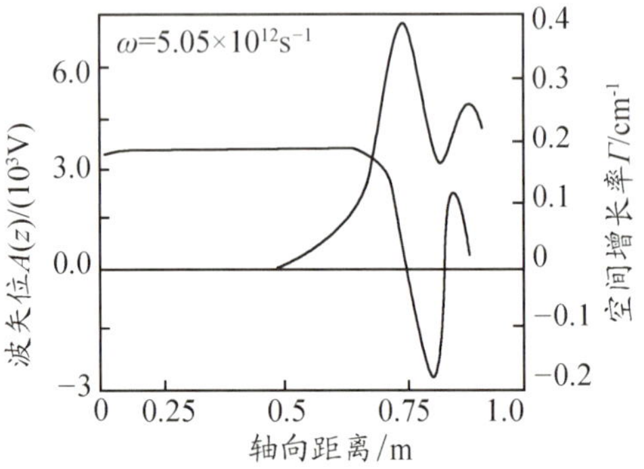

图 14.7.5 矢量位 $A(z)$ 和空间增长率 Γ 作为轴向距离的函数

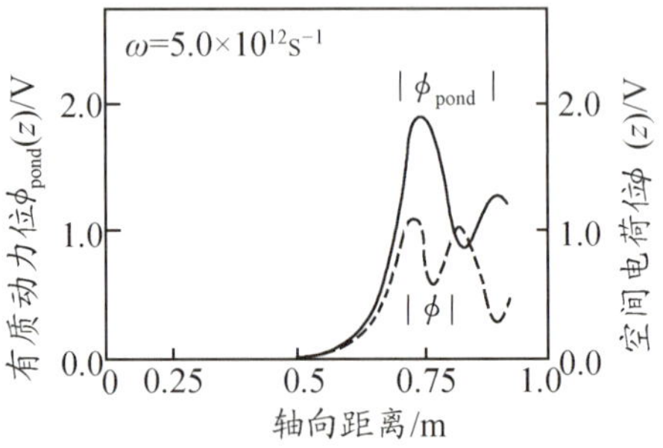

图 14.7.6 有质动力位 $|\phi_{pond}(z)|$ 和空间电荷位 $|\phi(z)|$ 的幅值比较

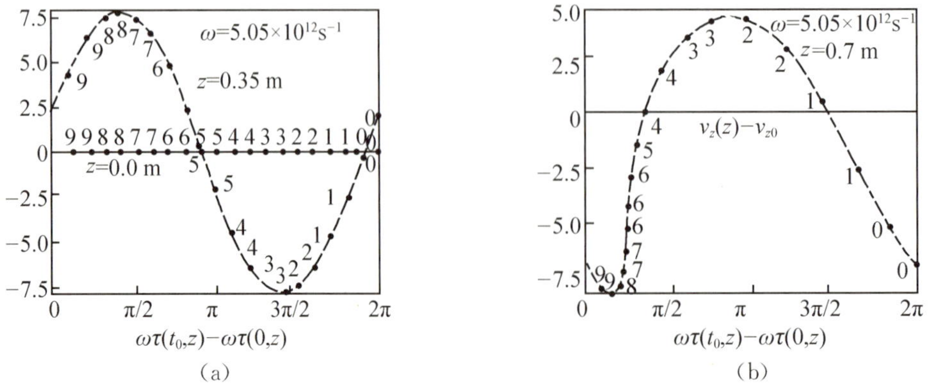

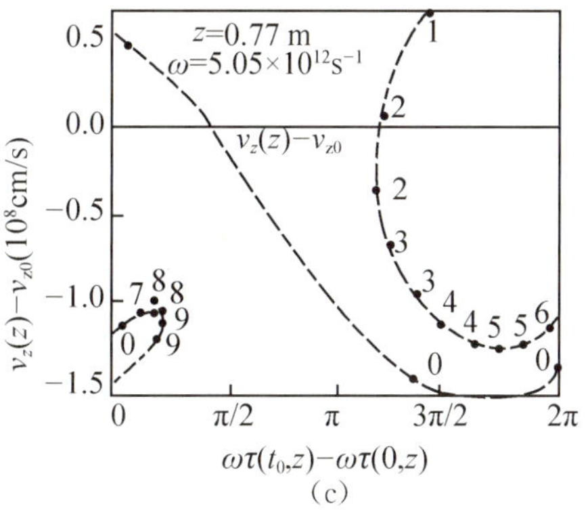

(c)

图 14.7.7 不同位置上电子的群聚图

以上研究的是 Wiggler 场的圆极化情况. 如果 Wiggler 场是线极化的，只需在以上分析的初始方程中令 $A_x=0$，详细的分析可参看本篇参考文献[56].

最后，我们来讨论一下非线性理论与线性理论的关系，由方程(14.7.12)可以得到

$$\tilde{\psi}(z,t_0,v_{z0})=\int_0^z\left[k_s(z')+k_0(z')-\frac{\omega}{v_z}\right]\mathrm{d}z'-\omega t \tag{14.7.44}$$

将上式对 z 取两次导数，即可得到

$$\begin{aligned}\frac{\mathrm{d}^2\tilde{\psi}}{\mathrm{d}z^2}=&\frac{\partial k_0}{\partial z}+\frac{\partial k_s}{\partial z}-\frac{1}{4}\left(\frac{|e|}{\gamma m_0 c}\right)^2\frac{\omega}{c}\frac{\partial a_0^2}{\partial z}-\left(\frac{|e|}{\gamma m_0 c}\right)\\&\cdot k_0k_s\left[2A_0A_s\sin\tilde{\psi}+\frac{A_0^2}{2}\sin\left(2\int_0^z k_0(z')\mathrm{d}z'\right)\right]\\&+\frac{2\omega_p^2/c^2}{\gamma\gamma_3^2}[\langle\cos\tilde{\psi}\rangle\sin\tilde{\psi}-\langle\sin\tilde{\psi}\rangle\cos\tilde{\psi}]\end{aligned} \tag{14.7.45}$$

当 $k_0=\mathrm{const}$，$A_0=\mathrm{const}$，略去$\dfrac{\partial k_s}{\partial z}$(低增益)，得到

$$\frac{\mathrm{d}^2\tilde{\psi}}{\mathrm{d}z^2}=-\left(\frac{|e|}{\gamma m_0 c^2}\right)^2 k_0k_s\left[2A_0A_s\sin\tilde{\psi}+\frac{A_0^2}{2}\cos(2k_0z)\right] \tag{14.7.46}$$

由上式可见，除相差一个非齐次项外，与方程(14.4.40)所得的线性摆方程完全一致. 由此得到增益公式：

$$G=\left(\frac{1}{8}\right)\xi^2\beta_{0\perp}^2(k_0L)^3\frac{\partial}{\partial\theta_0}\left(\frac{\sin\theta_0}{\theta_0}\right)^2 \tag{14.7.47}$$

式中

$$\theta=\frac{1}{2}L\left(k_0+k_s-\frac{\omega}{v_{z0}}\right) \tag{14.7.48}$$

与方程(14.6.17)所得完全一致.

文献中还发表了自由电子激光的三维非线性理论，有兴趣的读者可以参考本篇参考文献[54].

14.8 自由电子受激辐射与自发辐射的关系

在第 13 章中，我们研究了自由电子的自发辐射. 在本章前面各节中，我们研究了自由电子激光中电子的受激辐射. 在第 9～11 章中，我们又详细地研究了自由电子回旋谐振受激辐射. 我们曾指出，自由电子的受激辐射与自发辐射之间存在一定的关系，在本节中，我们来研究这种关系. 我们将看到，在线性范围内，我们有

两个基本定律，它们表明这两种辐射之间有着紧密的关系．同时，我们感到，在非线性范围内，可能也存在一些关系，但是这有待于人们去进一步研究．

我们从电子与波互作用的能量关系出发来分析这种关系．由方程(13.3.8)可知，

$$\frac{\mathrm{d}\gamma}{\mathrm{d}t}=\frac{e}{m_0c}\beta\cdot\boldsymbol{E} \tag{14.8.1}$$

式中

$$\begin{cases}\gamma=\dfrac{1}{m_0c}(p^2+m_0^2c^2)^{1/2}\\ \boldsymbol{\beta}=\dfrac{\boldsymbol{P}}{(p^2+m_0^2c^2)^{1/2}}\end{cases} \tag{14.8.2}$$

为了简化分析的数学过程，我们假定电子与波的互作用在 $-L/2\leqslant z<L/2$ 间，z 轴原点取在互作用区的中点，而且周期静磁场对 z 轴是对称或反对称的，即 $B_0(z)=\pm B_0(-z)$．如前面几节所述，只要适当地选择坐标原点就可办到．

将方程(14.8.1)积分一次：

$$\begin{aligned}\gamma(z)&=\gamma_0+\frac{e}{m_0c}\int_0^t \mathrm{d}t\boldsymbol{\beta}(z,t,\varphi_0)\cdot E(z,t,\varphi_0)\\ &=\gamma_0+\frac{e}{m_0c^2}\int_{-L/2}^{z}\frac{\mathrm{d}z}{\beta_{/\!/}}\boldsymbol{\beta}_{\perp}\cdot\boldsymbol{E}\end{aligned} \tag{14.8.3}$$

式中，γ_0 表示电子进入互作用区时的初始能量．由方程(14.8.3)可以得到

$$\gamma_f-\gamma_0=\frac{e}{m_0c^2}\int_{-L/2}^{L/2}\frac{\mathrm{d}z}{\beta_{/\!/}}\boldsymbol{\beta}_{\perp}\cdot\boldsymbol{E} \tag{14.8.4}$$

电子进入互作用区时遇到的初相可以是任意的，因此，为了求电子与波的净的能量交换，将方程(14.8.4)对初相的一个周期积分：

$$\langle\gamma_f-\gamma_0\rangle=\frac{e}{m_0c^2}\,\frac{1}{2\pi}\int_0^{2\pi}\mathrm{d}\varphi_0\left[\int_{-L/2}^{L/2}(\boldsymbol{\beta}_{\perp}\cdot\boldsymbol{E})\frac{\mathrm{d}z}{\beta_{/\!/}}\right] \tag{14.8.5}$$

方程(14.8.5)表示电子与波互作用能量的一周平均值．

由方程(14.8.4)，我们还可求得电子与波互作用能量的平方平均值(均方值)：

$$\langle(\gamma_f-\gamma_0)^2\rangle=\left(\frac{e}{m_0c^2}\right)\frac{1}{2\pi}\int_0^{2\pi}\mathrm{d}\varphi\left[\int_{-L/2}^{L/2}\boldsymbol{\beta}_{\perp}\cdot\boldsymbol{E}\frac{\mathrm{d}z}{\beta_{/\!/}}\right]^2 \tag{14.8.6}$$

为了便于下一步的计算，我们假定周期静磁场是线极化的，即

$$\boldsymbol{B}_0=(0,B_{0\perp}\sin k_0z,0) \tag{14.8.7}$$

而且散射波场也是线极化的：

$$\boldsymbol{B}_s=(0,B_s\sin(k_sz-\omega t+\varphi),0) \tag{14.8.8}$$

这样，按方程(14.64)，矢量位即为

$$\begin{aligned}\boldsymbol{A}&=\boldsymbol{A}_0+\boldsymbol{A}_s\\ &=-\left[\frac{1}{k_0}B_{0\perp}\cos k_0z+\frac{1}{k_s}B_s\cos(k_sz-\omega t+\varphi)\right]\boldsymbol{e}_x\end{aligned} \tag{14.8.9}$$

我们可以将 $\gamma(z)$ 做如下的展开：

$$\gamma(z)=\gamma_1+\gamma_2+\gamma_3+\cdots \tag{14.8.10}$$

式中

$$\gamma_1(z)=\frac{e}{m_0c^2}\int_{-L/2}^{z}\frac{\mathrm{d}\beta}{\beta_{/\!/}}\boldsymbol{\beta}_{\perp}^0\cdot\boldsymbol{E}(z,t^0,\varphi_0) \tag{14.8.11}$$

$$\gamma_z(z)=\frac{e}{m_0c^2}\int_{-L/2}^{z}\mathrm{d}z\left\{\left[\frac{\mathrm{d}}{\mathrm{d}\gamma_1}\left(\frac{\boldsymbol{\beta}_{\perp}^{0}}{\beta_{/\!/}^{0}(z)}\right)\cdot \boldsymbol{E}(z,t^0,\varphi_0)\cdot\frac{e}{m_0c^2}\right.\right.$$
$$\cdot\int_{-L/2}^{z}\frac{\mathrm{d}z'}{\beta_{/\!/}^{0}(z')}\boldsymbol{\beta}_{/\!/}^{0}(z')\cdot E(z',t^0,\varphi_0)\Bigg]+\left[\frac{\boldsymbol{\beta}_{\perp}^{0}(z)}{\beta_{/\!/}^{0}(z)}\right.$$
$$\cdot\frac{\partial}{\partial t}\boldsymbol{E}(z,t^0,\varphi_0)\int_{-L/2}^{z}\mathrm{d}z'\frac{1}{c}\left(\frac{\mathrm{d}}{\mathrm{d}\gamma_0}\ \frac{1}{\beta_{/\!/}^{0}(z')}\right)$$
$$\left.\left.\cdot\frac{e}{m_0c^2}\int_{-L/2}^{z'}\frac{\mathrm{d}z''}{\beta_{/\!/}^{0}(z'')}\boldsymbol{\beta}_{\perp}^{0}(z'')\cdot\boldsymbol{E}(z'',t^0,\varphi_0)\right]\right\}\tag{14.8.12}$$

等等，这里

$$\begin{cases}\boldsymbol{\beta}_{\perp}^{0}=\dfrac{1}{\gamma_0}\ \dfrac{e}{m_0c^2}A_{0x}(z)\boldsymbol{e}_x\\ \beta_{/\!/}^{0}=\left[1-\dfrac{1}{\gamma_0^2}-(\beta_{\perp}^{0})^2\right]^{1/2}\\ t^0(z)=\dfrac{1}{c}\displaystyle\int_{-L/2}^{z}\mathrm{d}z\ \frac{1}{\beta_{/\!/}^{0}}\end{cases}\tag{14.8.13}$$

我们先从方程(14.8.6)开始计算. 令电场为

$$\boldsymbol{E}_s(z,t,\varphi)=E_0\cos(k_sz-\omega t+\varphi)\boldsymbol{e}_x\tag{14.8.14}$$

则可以得到

$$\gamma_1(z)=\mathrm{Re}\left\{\left(\frac{eE_0}{m_0c^2}\right)\int_{-L/2}^{z}\frac{\mathrm{d}z'}{\beta_{/\!/}^{0}(z')}\beta_x^0(z')\mathrm{e}^{\mathrm{j}(k_sz-\omega t^0+\varphi)}\right\}$$
$$=\frac{eE_0}{m_0c^2}\left\{\left[\int_{L/2}^{z}\frac{\mathrm{d}z'}{\beta_{/\!/}^{0}(z')}\beta_x^0(z')\cos(k_sz'-\omega t^0)\right]^2\right.$$
$$\left.+\left[\int_{-L/2}^{z}\frac{\mathrm{d}z'}{\beta_{/\!/}^{0}(z')}\beta_x^0(z')\sin(k_sz'-\omega t^0)\right]\right\}^2\frac{1}{2}\cos(\varphi+\psi)\tag{14.8.15}$$

式中

$$\psi=\cos^{-1}\left\{\left[\int_{-L/2}^{z}\frac{\mathrm{d}z'}{\beta_{/\!/}^{0}(z')}\beta_x^0(z')\cos(k_sz'-\omega t^0)\right]\right.$$
$$\cdot\left[\int_{L/2}^{z}\frac{\mathrm{d}z'}{\beta_{/\!/}^{0}(z')}\beta_x^0(z')\cos(k_sz'-\omega t^0)\right]^2$$
$$\left.+\left[\int_{-L/2}^{z}\frac{\mathrm{d}z'}{\beta_{/\!/}^{0}(z')}\beta_x^0(z')\sin(k_sz'-\omega t^0)\right]^2\right\}^{-1}\tag{14.8.16}$$

代入方程(14.8.6)，可以得到

$$\langle(\gamma_f-\gamma_0)^2\rangle=\frac{1}{2}\left(\frac{eE_0}{m_0c^2}\right)^2\left\{\left[\int_{-L/2}^{L/2}\frac{\mathrm{d}z'}{\beta_{/\!/}^{0}(z')}\beta_x^0(z')\cos(kz'-\omega t^0)\right]^2\right.$$
$$\left.+\left[\int_{-L/2}^{L/2}\frac{\mathrm{d}z'}{\beta_{/\!/}^{0}(z')}\beta_x^0(z')\sin(k_sz'-\omega t^0)\right]^2\right\}\tag{14.8.17}$$

另外，根据第 13 章所述，由电子的自发辐射可以得到

$$\frac{\mathrm{d}p(\omega)}{\mathrm{d}Q}=\frac{1}{T}\frac{e^2\omega^2}{4\pi^2c}\left|\int_{-\infty}^{\infty}\mathrm{d}t\boldsymbol{n}\times(\boldsymbol{n}\times\boldsymbol{\beta})\mathrm{e}^{-\mathrm{j}\omega\left(t-\frac{\boldsymbol{n}\cdot\boldsymbol{r}}{c}\right)}\right|^2\tag{14.8.18}$$

式中，$\dfrac{\mathrm{d}P(\omega)}{\mathrm{d}Q}$表示单位时间单位立体角内的辐射谱密度. 对于向 $+z$ 方向辐射来说，有

$$\begin{cases}\boldsymbol{n}=\boldsymbol{e}_z\\ \boldsymbol{n}\times\boldsymbol{n}\times\boldsymbol{\beta}=-\boldsymbol{\beta}_{\perp}=-\beta_x\boldsymbol{e}_x\end{cases}\tag{14.8.19}$$

再利用关系式

$$t(z)=\frac{1}{c}\int_{-L/2}^{L/2}\frac{\mathrm{d}z}{\beta_{/\!/}} \tag{14.8.20}$$

方程(14.7.18)化为对 z 积分,即可得到

$$\begin{aligned}\frac{\mathrm{d}P(\omega)}{\mathrm{d}Q}&=\frac{1}{T}\frac{e^2\omega^2}{4\pi^2 c}\left|\int_{-L/2}^{L/2}\frac{\mathrm{d}z}{\beta_{/\!/}^0(z)}\beta_x(z)\mathrm{e}^{-\mathrm{j}(\omega t^0-kz)}\right|^2\\&=\frac{1}{2\pi^2}\frac{1}{T}\frac{m_0^2c^3\omega^2}{E_0^2}\langle(\gamma_f-\gamma_0)^2\rangle\end{aligned} \tag{14.8.21}$$

或改写成

$$\langle(\gamma_f-\gamma_0)^2\rangle=\frac{1}{\frac{1}{2\pi^2}\frac{1}{T}\frac{m_0^2c^3\omega^2}{E_0^2}}\frac{\mathrm{d}P(\omega)}{\mathrm{d}Q} \tag{14.8.22}$$

方程(14.8.22)表明,自由电子受激辐射能量的均方根值正比于自由电子自发辐射的功率流密度,比例系数仅与辐射频率、互作用时间及辐射强度有关.

另外,有

$$\langle(\gamma_f-\gamma_0)\rangle=\langle\gamma_2(z=L/2)\rangle \tag{14.8.23}$$

将方程(14.8.15)代入上式,可以得到

$$\begin{aligned}\langle\gamma(z)\rangle&=\frac{1}{2\pi}\int_0^{2x}\mathrm{d}\varphi_0\gamma\qquad\left(z=\frac{L}{2}\right)\\&=\frac{1}{2\pi}\int_0^{2z}\mathrm{d}\varphi_0\frac{eE_0}{m_0c^3}\mathrm{Re}\left\{\int_{-L/2}^{L/2}\mathrm{d}z(\mathrm{e}^{-\mathrm{j}(\omega t-k_sz+\varphi_0)})\right.\\&\cdot\frac{\mathrm{d}}{\mathrm{d}\gamma_0}\left[\frac{\beta_x^0(z)}{\beta_{/\!/}^0(z)}\right]\frac{eE_0}{m_0c^2}\mathrm{Re}\left[\int_{-L/2}^{z}\frac{\mathrm{d}z'}{\beta_{/\!/}^0(z)}\beta_x^0(z')\mathrm{e}^{-\mathrm{j}(\omega t-k_sz'+\varphi_0)}\right]\\&-\mathrm{j}\frac{\omega}{c}\left[\left(\frac{\beta_x^0(z)}{\beta_{/\!/}^0(z)}\mathrm{e}^{-\mathrm{j}(\omega t-kz+\varphi_0)}\right)\int_{-L/2}^{z}\mathrm{d}z'\frac{1}{\gamma_0}\left(\frac{1}{\beta_{/\!/}^0(z')}\right)\right]\\&\left.\cdot\frac{eE_0}{m_0c^2}\mathrm{Re}\left[\int_{-L/2}^{z'}\frac{\mathrm{d}z''}{\beta_{/\!/}^0(z'')}\beta_x^0(z'')\mathrm{e}^{-\mathrm{j}(\omega t-kz''+\varphi_0)}\right]\right]\right\}\end{aligned} \tag{14.8.24}$$

经过一些较复杂的运算后,可以得到以下关系式(见本篇参考文献[33]):

$$\langle(\gamma_f-\gamma_0)\rangle\approx\frac{1}{2}\frac{\mathrm{d}}{\mathrm{d}\gamma_0}\langle(\gamma_f-\gamma_0)^2\rangle \tag{14.8.25}$$

由此又可得到

$$\langle(\gamma_f-\gamma_0)\rangle=\frac{1}{2}\frac{\mathrm{d}}{\mathrm{d}\gamma_0}\left[\frac{1}{\frac{1}{2\pi^2}\frac{1}{T}\frac{m_0^2c^3\omega^2}{E_0^2}}\frac{\mathrm{d}P(\omega)}{\mathrm{d}Q}\right] \tag{14.8.26}$$

由以上所得关系可以看到,自由电子的受激辐射与自发辐射之间存在着确定的关系.这从物理上来看是容易理解的.自由电子的受激辐射是以其自发辐射为基础的,在由非相干的自发辐射转化为相干的受激辐射时,自然仍应保持原来自发辐射的某些特性.了解这种内在的联系对于理解包括自由电子激光在内的各种自由电子受激辐射的机理是很有帮助的.

14.9 电磁波泵自由电子激光

在前面各节中,我们详细地研究了静磁泵自由电子激光.在本节中,我们研究电磁波泵源的自由电子激光.在这种自由电子激光中,强的电磁波作为泵源投射至电子注,产生受激散射.其示意图如图 14.9.1 所示,

为了说明此种电磁波与电子注的互作用过程，在电子运动坐标系中来考虑更为方便.

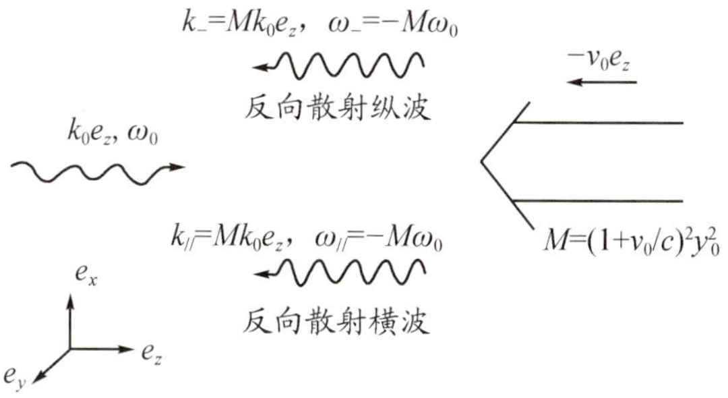

图 14.9.1　电磁波泵自由电子激光示意图

设强泵电磁波的振幅为 E_0'①，其波矢量及频率为$(\boldsymbol{k}_0',\omega_0')$. 在此种电磁波的作用下，电子产生相应的运动. 电子的运动分为两种状况：一种是在电场 $\boldsymbol{E}_0'$ 方向上的振荡运动，此种运动的频率为 ω_0'，最大值可求得为

$$v_s'=\frac{|e|E_0'}{m_0\omega_0'} \tag{14.9.1}$$

另一种是由磁场$(\boldsymbol{B}_0')$的洛伦兹力产生的. 如果泵源为横电磁波，即 $\boldsymbol{E}_0',\boldsymbol{B}_0'$ 均在横截面内(与 z 轴正交的面内)，则由 $\boldsymbol{B}_0'$ 产生的力可引起电子的纵向运动. 这样，电子注就受到了纵向扰动. 而按第 8 章所述(也可参见第 1 篇参考文献[17])，电子注中的纵向扰动，将产生纵向的静电波(即纵波). 我们已知，空间电荷波的固有振荡频率为 $\omega_p'=\omega_{//}'$. 因此，电子在纵向的振荡频率实际上应为

$$\omega_\pm'=\omega_{//}'\pm\omega_0' \tag{14.9.2}$$

反过来，这种纵向振荡运动，与横向磁场一起所提供的洛伦兹力，又将产生新的横向运动. 这种横向运动的频率就是 $\omega_\pm'$，而波数则为

$$k_\pm'=k_{//}'\pm k_0' \tag{14.9.3}$$

正是这种横向运动产生激励电流，它激发起新的散射波. 由此可见，散射波的波数及频率就应为$(k_\pm',\omega_0')$.

通过以上的讨论就非常清楚，在此种自由电子激光中，电磁波泵通过洛伦兹力把泵波、静电波、散射波这三种波相互耦合起来，从而产生受激的散射波. 不难看到，从这种意义上来讲，这种自由电子激光与上面几节讲述的静磁泵自由电子激光没有原则上的区别. 这两种情况都是由洛伦兹力(有质动力)引起受激散射的过程.

设在实验室坐标系中泵波取以下形式：

$$\begin{cases}\boldsymbol{E}_0(z,t)=E_0\cos(k_0z-\omega_0t)\boldsymbol{e}_x\\[2mm]\boldsymbol{B}_0(z,t)=\dfrac{c}{\omega_0}k_0E_0\cos(k_0z-\omega_0t)\boldsymbol{e}_y\end{cases} \tag{14.9.4}$$

纵向静电波可表示为

$$\boldsymbol{E}_{//}=E_{//}\cos(k_{//}z-\omega_{//}t+\phi_{//})\boldsymbol{e}_z \tag{14.9.5}$$

式中，$\phi_{//}$ 表示纵向波相对于泵波的相位.

散射波可取以下形式：

$$\begin{cases}\boldsymbol{E}_s=\sum\limits_{+,-}E_\pm\cos(k_\pm z-\omega_\pm t+\phi_\pm)\boldsymbol{e}_x\\[2mm]\boldsymbol{B}_s=\sum\limits_{+,-}\dfrac{ck_\pm}{\omega_\pm}E_\pm\cos(k_\pm z-\omega_\pm t+\phi_\pm)\boldsymbol{e}_y\end{cases} \tag{14.9.6}$$

式中，求和号是对“+”和“－”两种波求和. 另外

①一撇表示在电子注坐标系中的物理量.

$$\begin{cases} k_{\pm}=k_{/\!/}\pm k_0 \\ \omega_{\pm}=\omega_{/\!/}\pm\omega_0 \end{cases} \tag{14.9.7}$$

弗拉索夫方程为

$$\frac{\partial f(z,\boldsymbol{v},t)}{\partial t}+v_{/\!/}\frac{\partial f(z,\boldsymbol{v},t)}{\partial z}-|e|\left(\boldsymbol{E}+\frac{1}{\boldsymbol{c}}\boldsymbol{v}\times\boldsymbol{B}\right)\cdot\frac{\partial f(z,\boldsymbol{v},t)}{\partial \boldsymbol{p}}=0 \tag{14.9.8}$$

式中

$$\begin{cases} \boldsymbol{E}=\boldsymbol{E}_0+\boldsymbol{E}_{/\!/}+\boldsymbol{E}_s \\ \boldsymbol{B}=\boldsymbol{B}_0+\boldsymbol{B}_s \end{cases} \tag{14.9.9}$$

同时令

$$\boldsymbol{v}=v_{/\!/}e_z \tag{14.9.10}$$

以后的分析表明，在电磁波泵的条件下，仅取一级近似是不够的，需要取三级近似. 因此令

$$f=f_{(0)}+f_{(1)}+f_{(2)}+\cdots \tag{14.9.11}$$

代入方程(14.9.8)可以得到

$$\frac{\partial f_{(0)}}{\partial t}=0 \tag{14.9.12}$$

$$\left(\frac{\partial}{\partial t}+v_{/\!/}\frac{\partial}{\partial z}\right)f_{(n)}=Lf_{(n-1)} \tag{14.9.13}$$

式中，算符 L 为

$$L=|e|\left(\boldsymbol{E}+\frac{1}{c}\boldsymbol{v}\times\boldsymbol{B}\right)\cdot\nabla_p \tag{14.9.14}$$

由以上分析可以看到，我们略去了电子的横向运动，认为电子原来的运动是一维的，同时我们又没有考虑纵向直流磁场的影响，这实际上当然是有困难的，不过在分析上常常做这样的近似处理.

令平衡分布函数为

$$f_0=n_0\delta(p_x)\delta(p_y)g_0(p_{/\!/}) \tag{14.9.15}$$

式中，函数 $g_0(p_{/\!/})$ 满足归一化条件

$$\int g_0(p_{/\!/})\mathrm{d}p_{/\!/}=1 \tag{14.9.16}$$

这样可以将算符 L 也分解为

$$L=L_0+L_s \tag{14.9.17}$$

式中

$$L_0=e[E_0\cos(k_0z-\omega_0t)\mathscr{L}_0] \tag{14.9.18}$$

$$\begin{aligned} L_s=e\Big\{&E_{/\!/}\cos(k_{/\!/}z-\omega_{/\!/}t+\phi_{/\!/})\frac{\partial}{\partial p_{/\!/}} \\ &+\sum_{+,-}E_{\pm}\cos(k_{\pm}z-\omega_{\pm}t+\phi_{\pm})\mathscr{L}_{\pm}\Big\} \end{aligned} \tag{14.9.19}$$

式中，算符

$$\begin{cases} \mathscr{L}_0=\left(\dfrac{\psi_0}{\omega_0}\dfrac{\partial}{\partial p_x}+\dfrac{k_0v_x}{\omega_0}\dfrac{\partial}{\partial p_{/\!/}}\right) \\ \mathscr{L}_{\pm}=\left(\dfrac{\psi_{\pm}}{\phi_{\pm}}\dfrac{\partial}{\partial p_x}+\dfrac{k_{\pm}v_x}{w_x}\dfrac{\partial}{\partial p_{/\!/}}\right) \end{cases} \tag{14.9.20}$$

及

$$\begin{cases} \psi_0=\omega_0-k_0v_{/\!/} \\ \psi_{\pm}=\omega_{\pm}-k_{\pm}v_{/\!/} \end{cases} \tag{14.9.21}$$

空间电荷密度及电流密度则为

$$\rho_e = \sum_{n=1} \rho_e^{(1)} = \sum_{n=1} \int f_n^{(0)}(z,\boldsymbol{p},t)\mathrm{d}^3 p \tag{14.9.22}$$

$$\boldsymbol{J} = \sum_{n=1} \boldsymbol{J}_1^{(n)}(z,t) = -|e| \sum_{n=1} \int f_n\left(\frac{\boldsymbol{p}}{m_0\gamma}\right)\mathrm{d}^3 p \tag{14.9.23}$$

电子对波场的影响仍为

$$\nabla^2 \boldsymbol{E} - \frac{1}{c^2}\frac{\partial^2 \boldsymbol{E}}{\partial t^2} = \frac{4\pi}{c^2}\frac{\partial \boldsymbol{J}}{\partial t} + \nabla\nabla \cdot \boldsymbol{E} \tag{14.9.24}$$

式中，$\boldsymbol{E}$ 可以是 $\boldsymbol{E}_0$，$\boldsymbol{E}_1$ 或 $\boldsymbol{E}_\pm$.

利用平衡分布函数式(14.9.15)、式(14.9.16)，求一级微扰函数 f_1，然后代入方程(14.9.22)及方程(14.9.23)可得一级微扰的空间电荷密度及电流：

$$\rho_e^{(1)} = -\frac{|e|}{m}\frac{n_0 k_{/\!/}}{\omega_p^2}\chi(\omega_{/\!/},k_{/\!/})E_{/\!/}\sin(k_{/\!/}z-\omega_{/\!/}t+\phi_1) \tag{14.9.25}$$

$$J_{/\!/}^{(1)} = \frac{\omega_{/\!/}}{4\pi}\chi(p_{/\!/},\omega_{/\!/})E_{/\!/}\sin(k_{/\!/}z-\omega_{/\!/}t+\phi_1) \tag{14.9.26}$$

$$J_0^{(1)} = -\frac{\omega_p^2}{4\pi\langle\gamma_{/\!/}\rangle}\frac{E_0}{\omega_0}\sin(k_0 z-\omega_0 t) \tag{14.9.27}$$

$$J_\pm^{(1)} = \frac{-\omega_p^2}{4\pi\langle\gamma_{/\!/}\rangle}\frac{E_\pm}{\omega_\pm}\sin(k_\pm z-\omega_\pm t+\phi_\pm) \tag{14.9.28}$$

式中

$$\chi(\omega_{/\!/},k_{/\!/}) = \frac{\omega_p^2}{k_{/\!/}}\int \frac{1}{\psi_{/\!/}}\frac{\partial g_0(p_{/\!/})}{\partial p_{/\!/}}\mathrm{d}p_{/\!/} \tag{14.9.29}$$

$$\begin{cases} \langle\gamma_{/\!/}\rangle^{-1} = \int \dfrac{1}{\gamma_{/\!/}} g_0(p_{/\!/})\mathrm{d}p_{/\!/} \\ \gamma_{/\!/} = \left(1+\dfrac{1}{c^2}p_{/\!/}\right)^{1/2} \end{cases} \tag{14.9.30}$$

将方程(14.9.25)至方程(14.9.28)代入方程(14.9.24)，可以求得一级近似下的色散方程：

$$\begin{cases} \dfrac{\omega_0}{c^2} - k_0^2 - \dfrac{\omega_p^2}{c^2\langle\gamma_{/\!/}\rangle} = 0 \\ 1+\chi(\omega_{/\!/},k_{/\!/}) = 0 \\ \dfrac{\omega_\pm^2}{c^2} - k_\pm^2 - \dfrac{\omega_p^2}{c^2\langle\gamma_{/\!/}\rangle} = 0 \end{cases} \tag{14.9.31}$$

由上式可见，在一级近似情况下，泵波的色散方程、纵向静电波的色散方程以及散射波的色散方程，均相互独立存在，它们之间并无耦合，这从方程(14.9.25)至方程(14.9.28)也可以看出. 这说明，在一级近似情况下，尚不足以研究电磁波泵的自由电子激光. 因此需要考虑更高次近似.

将一级近似的扰动分布函数 f_1 代入方程(14.9.13)，可以求二级近似的扰动分布函数 f_2，进而利用方程(14.9.22)、方程(14.9.23)等，可求得二级近似的空间电荷密度及电流密度：

$$\begin{aligned} \rho_1^{(2)} = -\frac{k_{/\!/}^2}{8\pi\omega_0 m_0}E_0\Big[&\frac{E_+}{\omega_+}\cos(k_{/\!/}z-\omega_{/\!/}t+\phi_+) \\ &-\frac{E_-}{\omega_-}\cos(k_{/\!/}z-\omega_{/\!/}t+\phi_1)\Big]\tilde{\chi}(\omega_{/\!/},k_{/\!/}) \end{aligned} \tag{14.9.32}$$

$$\begin{aligned} J_{/\!/}^{(2)} = \frac{k_{/\!/}\omega_{/\!/}}{8\pi}\frac{|e|E_0}{m_0\omega_0}\Big[&\frac{E_+}{\omega_+}\cos(k_{/\!/}z-\omega_{/\!/}t+\phi_+) \\ &-\frac{E_-}{\omega_-}\cos(k_{/\!/}z-\omega_{/\!/}t+\phi_-)\Big]\tilde{\chi}(\omega_{/\!/},k_{/\!/}) \end{aligned} \tag{14.9.33}$$

$$J_0^{(2)}=\frac{k_{/\!/}}{8\pi}\sum_{+,-}\frac{|e|E_\pm}{m_0\omega_\pm}E_{/\!/}\cos[k_- z-\omega_0 t\pm(\phi_\pm-\phi_{/\!/})]\cdot\tilde{\chi}(\omega_{/\!/},k_{/\!/}) \tag{14.9.34}$$

$$J_\pm^{(2)}=\pm\frac{k_{/\!/}}{8\pi}\frac{|e|E_0}{m_0\omega_0}E_{/\!/}\cos[k_\pm z-\omega_\pm t+\phi_{/\!/}]\tilde{\chi}(\omega_{/\!/},k_{/\!/}) \tag{14.9.35}$$

式中

$$\tilde{\chi}_{/\!/}=\frac{\omega_p^2}{k_{/\!/}}\int\left[\frac{1}{\gamma_{/\!/}\psi_{/\!/}}-\frac{\partial g_0(p_{/\!/})}{\partial p_{/\!/}}\right]\mathrm{d}p_{/\!/} \tag{14.9.36}$$

为了计入波-粒子散射的结果,必须求出散射波的三级微扰激励电流:

$$J_\pm^{(3)}=\frac{|e|^2 n_0}{4m_0}\left(\frac{|e|E_0}{m_0\omega_0}\right)\frac{k_{/\!/}^2\omega_0}{\omega_p^2\omega_\pm}\lambda_\pm\left[\frac{E_+}{\omega_+}\sin(k_\pm z-\omega_\pm t+\phi_+)\right.$$
$$\left.-\frac{E_-}{\omega_-}\sin(k_\pm z-\omega_\pm t+\phi_-)\right] \tag{14.9.37}$$

式中

$$\lambda_\pm=-\frac{\omega_p^2}{k_{/\!/}^2}\frac{\omega_\pm}{\omega_0}\left\{\frac{g_0(p_{/\!/})}{\gamma_{/\!/}^2\phi_{/\!/}^2\phi_\pm^2}\left[\left(k_{/\!/}^2-\frac{\omega_{/\!/}^2}{c^2}\right)\psi_\pm\psi_0\right.\right.$$
$$+\left(k_0k_\pm-\frac{\omega_0\omega_\pm}{c^2}\right)\psi_{/\!/}^2+\psi_{/\!/}(k_{/\!/}\omega_0+\omega_{/\!/}k_0)$$
$$\left.\left.\cdot\left(k_\pm+\frac{p_{/\!/}\omega_\pm}{c^2\gamma_{/\!/}m_0}\right)-\left(k_0k_{/\!/}-\frac{\omega_0\omega_{/\!/}}{c^2}\right)\left(\omega_\pm+\frac{k_\pm p_{/\!/}}{\gamma_{/\!/}m_0}\right)\right]\right\} \tag{14.9.38}$$

可见,为了求三波(泵波、纵向静电波、散射波)相互耦合的 J_0,$J_{/\!/}$,仅需考虑二级扰动函数,而为了求得三波耦合的 $J_\pm$,则需要考虑三级扰动函数.而如仅取各波独立的扰动电流,则仅需考虑一级扰动函数.因此,这里同周期磁场情况有很大的不同.原因在于,在周期磁泵的情况下,磁泵引起电子平衡运动状态的改变,而在电磁波泵的情况下,没有考虑引起电子平衡运动的变化.

这样,按以上所述,可以得到

$$\begin{cases}J_0=J_0^{(1)}+J_0^{(2)}\\ J_{/\!/}=J_{/\!/}^{(1)}+J_{/\!/}^{(2)}\\ J_\pm=J_\pm^{(1)}+J_\pm^{(2)}+J_\pm^{(3)}\end{cases} \tag{14.9.39}$$

代入相应各波 E_0,$E_{/\!/}$,$E_\pm$ 的波方程(14.9.24)可以得到以下的四个耦合方程:

$$[1+\chi(\omega_{/\!/},k_{/\!/})]E_{/\!/}\mathrm{e}^{-\mathrm{j}\phi_{/\!/}+\mathrm{j}(k_{/\!/}z-\omega_{/\!/}t)}$$
$$=-\frac{\mathrm{j}}{2}\left(\frac{|e|E_0}{m_0\omega_0}\right)k_{/\!/}\tilde{\chi}_{/\!/}(\omega_{/\!/},k_{/\!/})\left[\frac{E_+}{\omega_+}\mathrm{e}^{\mathrm{j}\phi_+}-\frac{E_-}{\omega_-}\mathrm{e}^{\mathrm{j}\phi_-}\right]$$
$$\cdot\,\mathrm{e}^{+\mathrm{j}(k_{/\!/}z-\omega_{/\!/}t)} \tag{14.9.40}$$

$$D_\pm(\omega_\pm,k_\pm)E_\pm\mathrm{e}^{+\mathrm{j}\phi_\pm+\mathrm{j}(k_\pm z-\omega_\pm t)}$$
$$=\pm\frac{\mathrm{j}}{2}\left(\frac{|e|E_0}{m_0\omega_0}\right)k_{/\!/}\omega_\pm\left[\tilde{\chi}(\omega_{/\!/},k_{/\!/})\mp\lambda_\pm\frac{[1+\chi(\omega_{/\!/},k_{/\!/})]}{\tilde{\chi}(\omega_{/\!/},k_{/\!/})}\frac{\omega_0}{\omega_\pm}\right]$$
$$\cdot\,E_{/\!/}\mathrm{e}^{\mathrm{j}\phi_{/\!/}+\mathrm{j}(k_\pm z-\omega_\pm t)} \tag{14.9.41}$$

$$D_0(\omega_0,k_0)E_0\mathrm{e}^{\mathrm{j}(k_0z-\omega_0t)}=-\frac{1}{2}\frac{|e|}{m_0}k_{/\!/}\omega_0E_{/\!/}\tilde{\chi}(\omega_{/\!/},k_{/\!/})$$
$$\cdot\left[\frac{E_+}{\omega_+}\mathrm{e}^{\mathrm{j}(\phi_+-\phi_{/\!/})}+\frac{E_-}{\omega_-}\mathrm{e}^{-\mathrm{j}(\phi_--\phi_{/\!/})}\right]\mathrm{e}^{\mathrm{j}(k_0z-\omega_0t)} \tag{14.9.42}$$

式中

$$\begin{cases} D_{\pm}=\omega_{\pm}^2-c^2k_{\pm}^2-\omega_p^2 \\ D_0=\omega_0^2-c^2k_0^2-\omega_p^2 \end{cases} \tag{14.9.43}$$

用以上四个耦合方程，可以得到下面的色散方程：

$$(1+\chi)=\left(\frac{|e|E_0}{2m_0\omega_0}\right)^2 k_{/\!/}^2\chi^2\left\{\frac{\chi^2-(\lambda_+/\tilde{\chi})(1+\chi)(\omega_0/\omega_+)}{D_+}\right.$$

$$\left.+\frac{\chi^2+(\lambda_-/\tilde{\chi})(1+\chi)(\omega_0/\omega_-)}{D_-}\right\} \tag{14.9.44}$$

上述色散方程在电子注坐标系中取更简单的形式. 在电子注坐标系中，有

$$\langle p_{/\!/}\rangle=\int g_0(p_{/\!/})p_{/\!/}\mathrm{d}p_{/\!/}=0 \tag{14.9.45}$$

而且可以认为

$$|\omega_{/\!/}'|\ll|\omega_0'| \tag{14.9.46}$$

因此，由方程(14.9.7)有

$$\omega_0'\approx\pm\omega_{\pm}' \tag{14.9.47}$$

这样，我们又可得到以下的近似式：

$$\begin{cases} \lambda_{\pm}'\approx\chi' \\ \tilde{\chi}'\approx\chi' \end{cases} \tag{14.9.48}$$

在电子注坐标系中，我们显然可假定电子的热速度是非相对论的. 这样色散方程(14.9.44)就可化简为

$$(1+\chi)=-\left(\frac{v_{0s}}{2}\right)^2 k_{/\!/}'^2\chi'\left(\frac{1}{D_+}+\frac{1}{D_-}\right) \tag{14.9.49}$$

式中

$$\chi'=\frac{\omega_p^2}{k_{/\!/}^2}\int\frac{1}{(\omega_{/\!/}'-k_{/\!/}'v_{/\!/}')}\frac{\partial g_0'(p_{/\!/}')}{\partial p_{/\!/}'}\mathrm{d}p_{/\!/}' \tag{14.9.50}$$

$$D_{\pm}'=\omega_{\pm}'^2-c^2k_{\pm}'^2-\omega_p'^2 \tag{14.9.51}$$

而

$$\omega_p'=(4\pi e^2n_0'/m_0)^{1/2} \tag{14.9.52}$$

色散方程(14.9.49)既可用于 Raman 散射，又可用于 Compton 散射. 在电子注坐标系中，如果电子的平衡分布函数可取麦克斯韦分布形式：

$$g_0'(p_{/\!/}')=g_0'(v_{/\!/}')=\frac{1}{\sqrt{2\pi}v_{\mathrm{th}}'}\mathrm{e}^{-\left(\frac{v_{/\!/}'^2}{2v_{\mathrm{th}}'^2}\right)} \tag{14.9.53}$$

则上式中 χ' 可通过标准的等离子体色散函数来表示：

$$\chi'=\left(\frac{k_0'}{k_{/\!/}'}\right)[1+\xi'Z(\xi')]=-\frac{1}{2}\left(\frac{k_D'}{k_{/\!/}'}\right)^2\frac{\partial Z'}{\partial\xi'} \tag{14.9.54}$$

式中

$$Z(\xi')=\frac{1}{\sqrt{\pi}}\int_{-\infty}^{\infty}\frac{\mathrm{e}^{-x^2}}{\chi'-\xi'}\mathrm{d}\chi'\quad(\mathrm{Im}\,\xi'>0) \tag{14.9.55}$$

及

$$\begin{cases} k_D'=\dfrac{\omega_p'}{v_{\mathrm{th}}} \\ \xi'=\left(\dfrac{\omega_{/\!/}'}{k_{/\!/}'}\right)\Big/(\sqrt{2}v_{\mathrm{th}}') \end{cases} \tag{14.9.56}$$

现在，根据以上所述分别研究 Raman 散射及 Compton 散射情况下的增益. 我们先讨论 Raman 散射，而

且认为电子注是单能量的，因此有$|\omega'_{/\!/}k'_{/\!/}|\gg|v'_{\rm th}|$或$\xi'\gg1$. 在这种情况下，如14.6节所述，增益公式与泵强弱有很大关系，故可分为弱泵情况及强泵情况. 而且这两种情况可以用临界值$\beta_{\rm crit}$来表示，在这种情况下，$\beta_{\rm crit}$可表示为

$$\beta_{\rm crit}=\gamma_0^{-3/2}(1+\beta_0)^{-1/2}\left(2\frac{\omega p}{\omega_0\gamma^{1/2}}\right)^{1/2} \tag{14.9.57}$$

$\beta_{0s}\ll\beta_{\rm crit}$为弱泵情况，$\beta_{0s}\gg\beta_{\rm crit}$为强泵情况.

如14.6节所指出的，当电磁波泵很弱时，对电子注中纵向波的扰动不太严重，因而纵向静电波仍满足其本征色散方程

$$l+\chi'(\omega'_{/\!/},k'_{/\!/})=0 \tag{14.9.58}$$

而当电磁波泵很强时，电子注中的纵向波已受到较大的扰动，因此，纵向静电波已不再满足方程(14.9.58)所述的色散方程.

这样，如果认为电磁泵波满足其固有的色散方程

$$\frac{\omega_0^2}{c^2}-k_0^2-\frac{\omega_p^2}{c^2}=0 \tag{14.9.59}$$

则对于弱电磁波泵的情况，散射波的色散方程(14.9.43)就可化简为

$$\omega_\pm^2-c^2k_\pm^2-\omega_p^2=\pm\omega'_0\left[\omega'_{/\!/}-\frac{k'_0k'_{/\!/}c^2}{\omega'_0}\mp\frac{c^2\ k'^2_{/\!/}}{2\omega'_0}\right] \tag{14.9.60}$$

在方程(14.9.49)中，如果仅考虑反向散射波，略去前向散射波，即认为$D'_-\approx0$，$D'_+\neq0$，则可以得到

$$\{\omega'_{/\!/}-\omega_i^2[1-\mathrm{j}\,\mathrm{Im}(\chi')]\}(\omega'_{/\!/}-Q')=-\frac{\omega'^2_p}{8}\frac{v'_{0s}2k'_{/\!/}}{\omega'_s} \tag{14.9.61}$$

式中，令

$$\begin{cases}\omega'_i=\omega'^2_p+3v'_{\rm th}\cdot 2\,k'^1_{/\!/}\approx\omega'^2_p\\ Q'=k'_0k'_{/\!/}c^2/\omega'_0-c^2\ k'^1_{/\!/}/(2\omega'_0)\end{cases} \tag{14.9.62}$$

我们发现，得到的方程(14.9.61)是关于$k'_{/\!/}$，$\omega'_{/\!/}$的色散方程. 不过由方程(14.9.2)和方程(14.9.3)，我们可以容易通过$\omega'_{/\!/}$及$k'_{/\!/}$得到$\omega'_\pm$、$k'_\pm$. 考虑到泵波的频率ω_0、波数k'_0均是给定的，且为实数，因此，由色散方程(14.9.61)求得$\omega'_{/\!/}$(或$k'_{/\!/}$)的虚数部分，就可以得到$\omega'_\pm$(及$k'_\pm$)的虚数部分.

如果我们认为$k'_\pm$为实数，求$\omega'_\pm$的虚数部分，这表明，我们将考虑散射波的时间增长率. 如上所述，仅考虑反向散射波. 可以设想，泵波被相对论电子注散射后，在电子注坐标系中近似应有

$$k'_-\approx k'_0 \tag{14.9.63}$$

于是利用方程(14.9.3)，可以得到

$$k'_{/\!/}\approx2k_0 \tag{14.9.64}$$

令

$$\omega'_{/\!/}=\omega'_r+\delta\omega' \tag{14.9.65}$$

代入方程(14.9.61)，又考虑到$\omega'_p\ll\omega_0$，可以得到

$$\delta\omega'=-\mathrm{j}\frac{\omega'_i}{4}\mathrm{Im}(\chi')+\frac{1}{4}\mathrm{j}\left\{[\mathrm{Im}(\chi')]^2+\frac{\omega'^2_p v'_{0s}k'_{/\!/}}{\omega_0\omega'}\right\} \tag{14.9.66}$$

我们分弱泵及强泵两种情况来考虑. 对于弱泵情况，

$$\beta'_{0s}=\left(\frac{v'_{0s}}{c}\right)\ll\left(\frac{\omega'_p}{2\omega'_0}\right)^{1/2}\mathrm{Im}(\chi') \tag{14.9.67}$$

由方程(14.9.66)可以求得

$$\mathrm{Im}(\delta\omega')=\Gamma'=\frac{1}{8}\left(\frac{\omega'_p\omega'_{0s}k'_{/\!/}}{\omega'_-\,\mathrm{Im}(\chi')}\right)^2\frac{\mathrm{Im}(\chi')}{\omega'_0}$$
$$\approx\frac{\beta'_{0s}}{2}\frac{\omega'_0}{\mathrm{Im}(\chi')}\tag{14.9.68}$$

且有

$$\mathrm{Re}(\omega'_{/\!/})=\omega'_r\approx\omega'_p\tag{14.9.69}$$

当电磁波泵很强时，静电波的本征模式受到严重的影响，已不再满足其本征模的色散方程(14.9.58). 这时有：$\omega'_{/\!/}\gg\omega'_i$，$\omega'_{/\!/}\gg Q'$. 在这种情况下，色散方程(14.9.61)化为

$$\omega^3_{/\!/}=-(\beta'_{0s}\omega'_p)^2\frac{\omega'_0}{2}\tag{14.9.70}$$

由此得到

$$\begin{cases}\Gamma'=\mathrm{Im}(\omega'_{/\!/})=\dfrac{\sqrt{3}}{2}\left[(\beta'_{0s}\omega'_p)^2\dfrac{\omega'_0}{2}\right]^{1/3}\\[2ex]\mathrm{Re}(\omega'_{/\!/})=\dfrac{1}{2}\left[(\beta'_{0s}\omega'_p)^2\dfrac{\omega'_0}{2}\right]^{1/3}\end{cases}\tag{14.9.71}$$

而对于中等泵强的情况

$$\beta'_{0s}\gg(\omega'^3_t\omega'_0)^{1/2}\frac{\mathrm{Im}(\chi')}{(\omega'_r ck'_{/\!/})}\tag{14.9.72}$$

可以得到

$$\begin{cases}\Gamma'\approx\dfrac{\beta'_{0s}}{2}\left(\dfrac{\omega'_r}{\omega_0}\right)^{1/2}\\[2ex]\mathrm{Re}(\omega'_{/\!/})=\omega'_r+\dfrac{1}{16}\beta'_{0s}\dfrac{\omega'^2_p\omega'_0}{\omega'^2_r}\approx\omega'_p\end{cases}\tag{14.9.73}$$

以上得到的是在电子注坐标系中求得的，现在可利用洛伦兹变换转化到静止坐标系中去. 这样可以得到：

对于强泵，有

$$\Gamma\approx\frac{1}{2}\beta_{0s}\gamma_0^{1/2}[(1+\beta_0)\omega_0\omega_p/\gamma_0^{1/2}]^{\frac{1}{2}}\tag{14.9.74}$$

对于弱泵，有

$$\Gamma\approx\frac{\sqrt{3}}{2}\left[(1+\beta_0)\beta^2_{0s}\omega_0\omega^2_p/\left(\frac{1}{2}\gamma_0\right)\right]^{1/3}\tag{14.9.75}$$

关于电磁波泵自由电子激光更详细的讨论可参看有关文献。

14.10　多电子注自由电子激光

由前面各节的研究可见，提高自由电子激光性能有两个关键问题：一是电子注的质量，二是摇摆场（或其他类型使电子产生横向运动的场）.

电子注的质量包括电子注的密度、能量分布（速度离散）、电子注的形状（斑点大小）等. 理论及实验均表明，电子注的质量对自由电子激光的性能影响很大. 因此，改善电子注的质量对于建立自由电子激光来说，确实是本质性的问题.

不过，摇摆场却未必是本质的. 诚然，改变摇摆场对于提高此类自由电子激光无疑是关键性问题. 但是

我们可以建立不需要摇摆场的自由电子激光.这样,摇摆场的问题就不存在了.

建立无摇摆场自由电子激光的可能方案很多,例如,利用 черенков 效应的自由电子激光,以及多注自由电子激光等.电磁波泵自由电子激光自然也是一种无摇摆场自由电子激光.在本节中,我们将研究几种类型的多注自由电子激光．切伦科夫自由电子激光及 Smith-Purcell 自由电子激光,将在以后各节讨论.

设有 N 根电子注,电子注的运动状态可以分为两种:一种做直线运动,另一种做螺旋运动.这样,电子的速度可写成

$$\boldsymbol{v}_0 = v_{/\!/i}\boldsymbol{e}_z + v_{\perp i}\boldsymbol{e}_\varphi \quad (i=1,2,\cdots,N) \tag{14.10.1}$$

式中,$\boldsymbol{e}_z$ 及 $\boldsymbol{e}_\varphi$ 表示 z 向及 φ 向的单位矢量,即我们假定电子的横向运动为旋转运动.对于某一电子注,如果有 $v_{\perp i}=0$,则此电子注做直线运动.

令 f_{0i} 及 f_{1i} 分别表示第 i 根电子注的平衡及扰动分布函数,而且假定它们分别满足线性弗拉索夫方程,即有

$$\begin{aligned}\frac{\partial f_{1i}}{\partial t} + \boldsymbol{v}_i \cdot \frac{\partial f_{1i}}{\partial \boldsymbol{r}} + e(\boldsymbol{E}_0 + \boldsymbol{v}_i \times \boldsymbol{B}_i)\cdot \nabla_p f_{1i} \\ = -e(\boldsymbol{E}_1 + \boldsymbol{v}_i \times \boldsymbol{B}_1)\cdot \nabla_p f_{0i}\end{aligned} \tag{14.10.2}$$

另外,场满足以下的方程:

$$-\nabla \times \nabla \times \boldsymbol{E} + \frac{\omega^2}{c^2}\boldsymbol{E}_1 = -\mathrm{j}\omega\mu_0 \boldsymbol{J}_1 \tag{14.10.3}$$

式中,已假定扰动场随时间变化为 $\mathrm{e}^{-\mathrm{j}\omega t}$.

按沿未扰轨道积分的方法,可以得到

$$f_{1i} = -e\int_{-\infty}^{0} \mathrm{d}\tau(\boldsymbol{E}_t' + \boldsymbol{v}' \times \boldsymbol{B}_1')\cdot \nabla_p f_{0i} \quad (i=1,2,\cdots,N) \tag{14.10.4}$$

式中,$\tau = t' - t$.

而交变电流密度则应表示为

$$\begin{cases}\boldsymbol{J}_1 = \sum\limits_{i=1}^{N} \boldsymbol{J}_{i1} \\ \boldsymbol{J}_{i1} = e_i \int f_{1i}\boldsymbol{v}_i \mathrm{d}P\end{cases} \tag{14.10.5}$$

为了便于分析,我们将场及扰动电流均分解为纵向及横向分量

$$\begin{cases}\boldsymbol{E}_1 = E_{/\!/}\boldsymbol{e}_z + \boldsymbol{E}_\perp \\ \boldsymbol{B}_1 = B_{/\!/}\boldsymbol{e}_z + \boldsymbol{B}_\perp\end{cases} \tag{14.10.6}$$

及

$$\boldsymbol{J}_{1i} = J_{/\!/i}\boldsymbol{e}_z + \boldsymbol{J}_{\perp i} \tag{14.10.7}$$

由方程(14.10.4)至方程(14.10.7),可以得到

$$\begin{cases}\omega\mu_0 J_{/\!/i} = A_i E_{/\!/} + B_i E_\varphi \\ \omega\mu_0 J_{\perp i} = c_i E_{/\!/} + D_i E_\varphi\end{cases} \tag{14.10.8}$$

式中,A_i,B_i,C_i 及 D_i 由电子与波的互作用方程确定.

设扰动场为简单平面波,即假定

$$\begin{cases}\boldsymbol{E}_1 = \boldsymbol{E}_{10}\mathrm{e}^{-\mathrm{j}\omega t + \mathrm{j}k_{/\!/}z} \\ \boldsymbol{B}_1 = \boldsymbol{B}_{10}\mathrm{e}^{-\mathrm{j}\omega t + \mathrm{j}k_{/\!/}z}\end{cases} \tag{14.10.9}$$

将场方程(14.10.9)代入方程(14.10.4)至方程(14.10.7),然后再由方程(14.10.3),即可得到

$$\boldsymbol{D}\cdot \boldsymbol{E}_1 = 0 \tag{14.10.10}$$

式中

$$\boldsymbol{D}=\begin{pmatrix}\frac{\omega^2}{c^2}-A & -B\\ -C & \frac{\omega^2}{c^2}-k_{/\!/}^2-D\end{pmatrix}\tag{14.10.11}$$

式中

$$\begin{cases}A=\sum_{i=1}^{N}A_i\\ B=\sum_{i=1}^{N}B_i\\ C=\sum_{i=1}^{N}C_i\\ D=\sum_{i=1}^{N}D_i\end{cases}\tag{14.10.12}$$

色散方程即可求得为

$$\det|\boldsymbol{D}|=0$$

即

$$\left(\frac{\omega^2}{c^2}-A\right)\left(\frac{\omega^2}{c^2}-k_{/\!/}^2-D\right)=BC\tag{14.10.13}$$

为使分析简化，我们研究无限大电子注情况，即电子的平衡分布函数可取为

$$f_{0i}=\frac{n_{0i}}{2\pi p_\perp}\delta(p_{/\!/}-p_{/\!/0})g(p_\perp)\tag{14.10.14}$$

式中

$$g(p_\perp)=\begin{cases}\delta(p_\perp) & (\text{直线运动})\\ \delta(p_\perp-p_{\perp 0i}) & (\text{螺旋运动})\end{cases}\tag{14.10.15}$$

于是，由方程(14.10.4)可得扰动分布函数

$$f_{1i}=\frac{-\mathrm{j}e}{(\omega-k_{/\!/}v_{/\!/i})}\left\{\frac{\partial f_{0i}}{\partial p_{/\!/}}E_z+\left[\left(1-\frac{k_{/\!/}v_{/\!/i}}{\omega}\right)\frac{\partial f_{0i}}{\partial p_\perp}+\frac{k_{/\!/}v_{\perp i}}{\omega}\frac{\partial f_{0i}}{\partial p_{/\!/}}\right]E_\varphi\right\}\tag{14.10.16}$$

注意，我们在这里假定横向电场为

$$\boldsymbol{E}_\perp=E_\varphi\boldsymbol{e}_\varphi\tag{14.10.17}$$

而略去 $E_r\boldsymbol{e}_r$ 的分量①.

经过适当的运算后，就可以得到

$$A_i=\frac{\omega_{pi}^2}{c^2\gamma_i\gamma_{zi}^2}\frac{\omega^2}{(\omega-k_{/\!/}v_{/\!/i})^2}\tag{14.10.18a}$$

$$B_i=\frac{\omega_{pi}^2\beta_{\perp i}}{c^2\gamma_i}\left[\frac{k_{/\!/}c}{(\omega-k_{/\!/}v_{/\!/i})}-\frac{\beta_{/\!/i}(\omega^2-k_{/\!/}^2c^2)}{(\omega-k_{/\!/}v_{/\!/i})^2}\right]\tag{14.10.18b}$$

$$C_i=-\frac{\omega_{pi}^2}{c^2\gamma_i}\frac{\omega(\beta_{/\!/i}\omega-k_{/\!/}c)}{(\omega-k_{/\!/}v_{/\!/i})^2}\tag{14.10.18c}$$

$$D_i=\frac{\omega_{pi}^2}{c^2\gamma_i}\left[1-\frac{\beta_{\perp i}^2(\omega^2-k_{/\!/}^2c^2)}{(\omega-k_{/\!/}v_{/\!/i})^2}\right]\tag{14.10.18d}$$

---

①从物理上讲，电场横向分量仅存在角向分量部分的假定以及电子注为无限大等假定，未必能同时满足，但在这些近似假定下所做的分析不仅可使问题简化，而且可以使我们易于抓住问题的实质.

代入方程(14.10.13),即可求得色散方程.以下我们讨论几种特殊情况,由于多根电子注实际上难以实现,所以,我们着重研究两根电子注的情况.

我们来讨论两根电子注的情况,此时 $N=2$,又可分为以下几种运动状况.

(1)两根电子注都做直线运动的情形.由于 $J_{\perp i}=0$,从而有

$$C_i=0, D_i=0, B_i=0 \tag{14.10.19}$$

由方程(14.10.13),可得色散方程为

$$\begin{cases}\dfrac{\omega^2}{c^2}-k_{/\!/}^2=0\\[2mm] \dfrac{\omega^2}{c^2}-A=0\end{cases} \tag{14.10.20}$$

式(14.10.20)中第一个方程是无电子注存在时的色散方程,故不予考虑.将式(14.10.18a)代入上式第二个方程,即得色散方程

$$1-\sum_{i=1}^{2}\frac{\omega_{pi}^2}{\gamma_i^3(\omega-k_{/\!/}v_{/\!/i})^2}=0 \tag{14.10.21}$$

方程(14.10.21)与 Piestrop 的结果①一致,这种机理实质上是考虑相对论效应的双流不稳定性,属于两根电子注中空间电荷波的相互耦合.计算表明,当电子注的能量适当时,这种不稳定性适合于产生红外波段的电磁振荡,如图 14.10.1 所示.

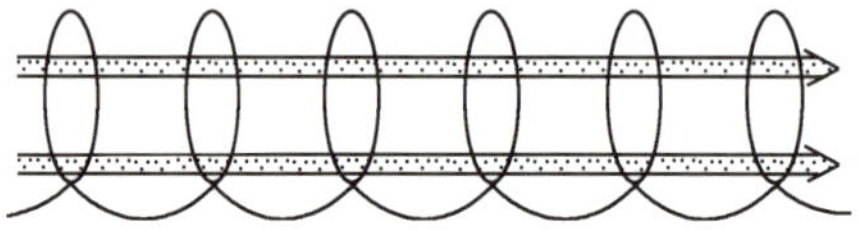

图 14.10.1 双注自由电子激光示意

(2)两根电子注,一根做直线运动,另一根做螺旋运动的情形.为简化分析,我们假定两根电子注的纵向速度相等,即

$$v_{/\!/1}=v_{/\!/11}=v_{/\!/} \tag{14.10.22}$$

同时,我们可假定

$$\omega p_1=\omega p_2 \tag{14.10.23}$$

这样,我们可以得到

$$\begin{cases}B_1=C_1=D_1=0\\ B=B_2, C=C_2, D=D_2\end{cases} \tag{14.10.24}$$

$$A=A_1+A_2=\frac{\omega_p^2}{c^2\gamma_1^2}\left(\frac{1}{\gamma_1}+\frac{1}{\gamma_2}\right)\frac{\omega^2}{(\omega-k_{/\!/}v_{/\!/})^2} \tag{14.10.25}$$

由方程(14.10.13),色散方程可以写成

$$(\omega-k_{/\!/}v_{/\!/})^2\left[1-\frac{\omega_p^2/\gamma}{(\omega-k_{/\!/}v_{/\!/})^2}\right](\omega^2-k_{/\!/}^2c^2-\omega_p^2/\gamma)=\frac{\omega_p^2\beta_{\perp 0}\beta_{/\!/0}}{c\gamma} \tag{14.10.26}$$

式中

$$\gamma=\frac{\gamma_1\gamma_2}{\gamma_1+\gamma_2}$$

色散方程(14.10.26)表明,一根电子注的旋转运动把空间电荷波模式和电磁波耦合起来.

(3)两根电子注均做螺旋运动,但速度不同的情形.此时,我们仍保留方程(14.10.22)和方程(14.10.23)的假定,这样,可以求得系数

①参见 PIESTROP M A. Applied Physics Letter,39,696(1981).

$$\begin{cases} B=C=-\dfrac{\omega_p^2}{c^2}\left(\dfrac{\beta_{\perp 1}}{\gamma_1}+\dfrac{\beta_{\perp 2}}{\gamma_2}\right)\dfrac{\omega(\beta_{/\!/}\omega-k_{/\!/}C)}{(\omega-k_{/\!/}v_{/\!/})^2} \\ D=\dfrac{\omega_p^2}{c^2}\left[\dfrac{1}{\gamma_1}+\dfrac{1}{\gamma_2}-\left(\dfrac{\beta_{\perp 1}^2}{\gamma_1}+\dfrac{\beta_{\perp 2}^2}{\gamma_2}\dfrac{(\omega^2-k_{/\!/}^2c^2)}{(\omega-k_{/\!/}v_{/\!/})^2}\right)\right] \\ \quad\approx\dfrac{\omega_p^2}{c^2}\left(\dfrac{1}{\gamma_1}+\dfrac{1}{\gamma_2}\right) \end{cases} \tag{14.10.27}$$

色散方程即为

$$\left[(\omega-k_{/\!/}v_{/\!/})^2-\frac{\omega_p^2}{\gamma_z^2}\left(\frac{1}{\gamma_1}+\frac{1}{\gamma_2}\right)\right]\left[\omega^2-k_{/\!/}^2c^2-\omega_p^2\left(\frac{1}{\gamma_1}+\frac{1}{\gamma_2}\right)\right] \\ =\left(\frac{\omega_p^2\beta_{/\!/}}{c}\right)^2\left(\frac{\beta_{\perp 1}}{\gamma_1}+\frac{\beta_{\perp 2}}{\gamma_2}\right)^2 \tag{14.10.28}$$

如令

$$\begin{cases} \omega_b^2=\omega_p^2\left(\dfrac{1}{\gamma_1}+\dfrac{1}{\gamma_2}\right) \\ \omega_0=(\omega_0^2+k_{/\!/}^2c^2)^{\frac{1}{2}} \\ \alpha=\dfrac{\omega_p^2\beta_{/\!/}}{c}\left(\dfrac{\beta_{\perp 1}}{\gamma_1}+\dfrac{\beta_{\perp 2}}{\gamma_2}\right) \end{cases} \tag{14.10.29}$$

方程(14.10.28)可化为

$$\left(\omega-k_{/\!/}v_{/\!/}+\frac{\omega_b}{\gamma_z}\right)\left(\omega-k_{/\!/}v_{/\!/}-\frac{\omega_b}{\gamma_z}\right)(\omega+\omega_0)(\omega-\omega_0)=\alpha^2 \tag{14.10.30}$$

色散方程(14.10.28)表明,这种机理类似于一根电子做直线运动,另一根电子做螺旋运动的情况,通过电子的回旋运动,电磁波与电子注中的空间电荷波耦合起来.

我们知道,由空间电荷波耦合提供不稳定性主要靠慢空间电荷波,我们来进一步分析所得到的色散方程.

令

$$\begin{cases} \omega=\omega_0+\delta\omega \\ |\delta\omega|\ll\omega_0=k_{/\!/}v_z-\dfrac{\omega_0}{\gamma_z} \end{cases} \tag{14.10.31}$$

将上式代入式(14.10.30),可以得到

$$\delta\omega^2(2\omega_0+\delta\omega)(2\omega_b/\gamma_z-\delta\omega)=-\alpha^2 \tag{14.10.32}$$

上式中左边第二个因子中略去 $\delta\omega$(略去 $\delta\omega$ 的四次方项),可简化为

$$2\omega_0\delta\omega^2\left(\frac{2\omega_b}{\gamma_z}-\delta\omega\right)-\alpha^2 \tag{14.10.33}$$

上式为一个三次代数方程,可能存在一对复根.我们讨论两种极限情况.

①弱耦合情况.此时有

$$2\omega_b\gg|\delta\omega| \tag{14.10.34}$$

于是方程(14.10.33)化为

$$4\omega_0\omega_b\delta\omega^2/\gamma_z=-\alpha^2 \tag{14.10.35}$$

由此立即得到

$$\mathrm{Im}(\delta\omega)=\frac{\alpha}{2}\sqrt{\frac{\gamma_z}{\omega_0\omega_b}} \tag{14.10.36}$$

比较方程(14.10.30)和方程(14.10.34),可以看到,弱耦合的情况相当于

$$\alpha \ll 4(\omega_0 \omega_b^3 / \gamma_z)^{1/2} \tag{14.10.37}$$

此时，电子的横向速度较小，空间电荷波与电磁波的耦合较弱，因而增长率较小.

②强耦合情况. 此时可能有

$$2\omega_b \ll |\delta\omega| \tag{14.10.38}$$

于是得到

$$2\omega_0 \delta\omega^3 = \alpha^2 \gamma_z \tag{14.10.39}$$

由此可得到

$$\mathrm{Im}(\delta\omega) = \frac{\sqrt{3}}{2}\left(\frac{\alpha^2 \gamma_z}{2\omega^2}\right)^{1/3} \tag{14.10.40}$$

同样可以得到条件为

$$\alpha \gg 4(\omega_0 \omega_b^2 / \gamma_z)^{1/2} \tag{14.10.41}$$

由于电子的横向速度大，空间电荷波与电磁波的耦合较紧，因而增长率较大.

本篇参考文献[93]中，还提出了利用一根螺旋电子注产生回旋脉塞振荡，作为另一根电子注的泵源，建立自由电子激光的方案，并做了较详细的分析计算.

14.11 Черенков 自由电子激光

以上各节研究了磁摇摆场结构和电磁波泵自由电子激光，在此两种自由电子激光中，散射电磁波与电子相互作用是通过电子的横向运动实现的. 在本节中，我们研究另一种自由电子激光器，其中电子的横向运动不起任何实质作用，但电子的纵向速度超过介质中光速，这种辐射称为 Черенков 辐射，已在第 13 章中讨论过. 在 13.7 节中，我们讨论了单个自由电子的自发 Черенков 辐射，而在本节中，我们将分析电子注引起的受激 Черенков 辐射，由此可制成 Черенков 自由电子激光. 由于高能强流加速器的发展，以及高介电常数介质的研究，这类自由电子激光具有很诱人的前景.

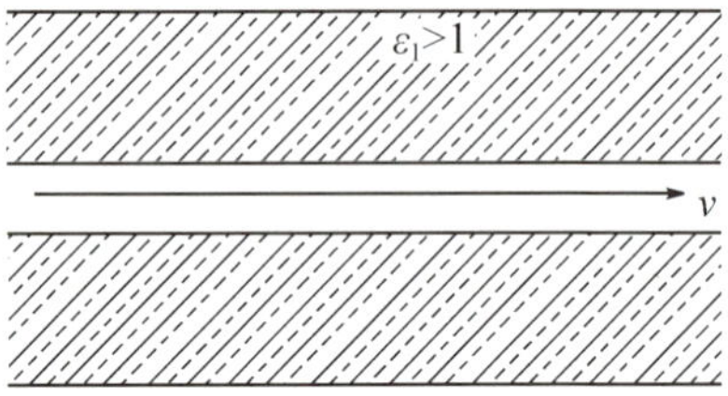

图 14.11.1 圆柱波导 Черенков 自由电子激光示意图

如图 14.11.1 所示，一圆柱波导填充了均匀介质，显然在轴线上必须留一电子注通道. 作为原理性研究，可以暂时略去此通道的存在对波导色散方程的影响.

我们从麦克斯韦方程

$$\left(\nabla^2 - \frac{1}{c^2}\frac{\partial^2}{\partial t^2}\right)\boldsymbol{E} = \frac{4\pi}{c}\boldsymbol{J}_1 + \nabla \rho_1 \tag{14.11.1}$$

及连续性方程

$$\nabla \cdot \boldsymbol{J} = -\frac{\partial \rho}{\partial t} \tag{14.11.2}$$

出发. 对以上两式取轴向分量，再做傅里叶变换，可得到

$$\nabla_\perp^2 + \left(\frac{\omega^2 \varepsilon_1}{c^2} - k_{/\!/}^2\right) E_{k_{/\!/},\omega}(r,\varphi) = \frac{4\pi \mathrm{j}\omega}{c^2}\left(1 - \frac{k_{/\!/}^2 c^2}{\omega^2 \varepsilon_1}\right) J_{k_{/\!/}2\omega} \tag{14.11.3}$$

式中

$$\left.\begin{matrix} E_{k_{/\!/},\omega} \\ J_{k_{/\!/},\omega} \end{matrix}\right\} = \int_{-\infty}^{\infty} \mathrm{d}t \int_{-\infty}^{\infty} \mathrm{d}z \mathrm{e}^{-\mathrm{j}(\omega t - k_{/\!/} z)} \left\{\begin{matrix} E_z(r,\varphi,z,t) \\ J_z(r,\varphi,z,t) \end{matrix}\right. \tag{14.11.4}$$

以上各式中，已假定电子仅沿 z 轴运动，略去电子的横向运动. 方程(14.11.3)是各傅里叶分量所应满足的方程.

为了简单起见，我们仍从单个电子的情况着手. 令单个电子的瞬时位置在

$$r=r_0, \varphi=\varphi_0, z=c\beta t \tag{14.11.5}$$

于是单个电子引起的电荷及电流可写为

$$\rho_1=-e\frac{\delta(r-r_0)}{r}\delta(\varphi-\varphi_0)\delta(z-c\beta t) \tag{14.11.6}$$

$$\boldsymbol{J}_1=-ec\beta\delta(\varphi-\varphi_0)\frac{\delta(r-r_0)}{r}\delta(z-c\beta t)\boldsymbol{e}_z \tag{14.11.7}$$

由方程(14.11.7)容易求得 $\boldsymbol{J}_1$ 的傅里叶分量：

$$J_{k_{/\!/}2\omega}=-2\pi ec\beta\delta(\varphi-\varphi_0)\frac{\delta(r-r_0)}{r}\delta(\omega-ck_{/\!/}\beta) \tag{14.11.8}$$

另外，方程(14.11.3)的齐次部分可写成

$$\left(\frac{\partial^2}{\partial r^2}+\frac{1}{r}\frac{\partial}{\partial r}\right)E_{k_{/\!/}2\omega}+kc^2E_{k_{/\!/}2\omega}=0 \tag{14.11.9}$$

式中

$$k_c^2=\frac{\omega^2\varepsilon_1}{c^2}-k_{/\!/}^2 \tag{14.11.10}$$

在方程(14.11.9)中，为简单起见，我们仅考虑了轴对称的模式，即假定$\frac{\partial}{\partial\varphi}=0$. 方程(14.11.9)的解为

$$E_{k_{/\!/},\omega}=E_0J_0(k_cr) \tag{14.11.11}$$

可见(k_ca)应由下式决定：

$$J_0(k_ca)=0 \tag{14.11.12}$$

即(k_ca)是 $J_0(k_ca)$的第 n 个根.

同时，方程(14.11.9)可以得到冷电子注时的波导模色散方程：

$$\frac{\omega^2}{c^2}-\frac{\omega_c^2}{c^2}-\frac{\omega_p^2\left(\frac{\omega^2}{c^2}-\frac{k_{/\!/}^2}{\varepsilon_1}\right)}{(\omega-ck_{/\!/}\beta_0)^2}=0 \tag{14.11.13}$$

据此，为了求电子注为任意分布时的色散关系，可以将电流表达式(14.11.8)按傅里叶-贝塞尔展开：

$$J_{k_{/\!/},\omega}(r,\varphi)=\sum_l J_{k,\omega,l}J_0(k_{cl}r) \tag{14.11.14}$$

式中，展开系数可求得为

$$J_{k_{/\!/},\omega,l}=-2\frac{ce\beta J_0(k_{ce}r_0)}{a^2J_1^2(k_{ce}a)}\delta(\omega-ck_{/\!/}\beta) \tag{14.11.15}$$

我们将场也按贝塞尔-傅里叶展开：

$$E_{k_{/\!/},\omega}(r,\varphi)=\sum_l E_{k_{/\!/},\omega,l}J_0(k_{ce}l) \tag{14.11.16}$$

代入方程(14.11.3)，可以求得

$$E_{k_{/\!/},\omega,l}=-\mathrm{j}\frac{4\pi\omega}{c^2}\frac{\left(\frac{1-c^2k_{/\!/}^2}{\omega^2\varepsilon_1}\right)J_{k_{/\!/},\omega,l}}{\left(\frac{\omega^2\varepsilon_1}{c^1}-k_{/\!/}^2-k_c^2\right)} \tag{14.11.17}$$

再将方程(14.11.15)代入上式即得

$$E_{k_{/\!/},\omega,l}=\frac{\mathrm{j}8\pi ec\beta}{c^2}\frac{J_0(k_c r)}{a^2J_1(k_c a)}\frac{\omega\left(1-\frac{c^2k_{/\!/}^2}{\omega^2\varepsilon}\right)\delta\left(\omega-\frac{ck_{/\!/}}{\beta}\right)}{\left(\frac{\omega^2-\varepsilon_1}{c^2}-k_{/\!/}^2-k_c^2\right)} \tag{14.11.18}$$

为了进一步求得色散方程，仍然利用线性弗拉索夫方程. 对于一维运动情况，有

$$\frac{\partial f_1}{\partial t}+v\frac{\partial f_1}{\partial z}-eE_{/\!/}\frac{\partial f_0}{\partial\partial p_{/\!/}}=0 \tag{14.11.19}$$

将 f_1 也按傅里叶展开：

$$f_{k_{/\!/},\omega}=\int_{-\infty}^{\infty}\mathrm{d}t\int_{-\infty}^{\infty}\mathrm{d}z\mathrm{e}^{-\mathrm{j}(\omega t-k_{/\!/}z)}f_1(r,\varphi,z,t) \tag{14.11.20}$$

然后再将 $f_{k_{/\!/},\omega}$ 按贝塞尔函数展开：

$$f_{k_{/\!/},\omega}=\sum_l f_{k_{/\!/},\omega,l}J_0(k_{cl}r) \tag{14.11.21}$$

代入方程(14.11.19)即可求得

$$f_{k_{/\!/},\omega,l}=\mathrm{j}e\frac{1}{(\omega-k_{/\!/}v_z)}\frac{\partial f_0}{\partial p_{/\!/}}E_{k_{/\!/},\omega,l} \tag{14.11.22}$$

这样利用方程

$$J_1=e\int\mathrm{d}^3p(f_1v_z) \tag{14.11.23}$$

可以求出电流

$$J_{k_{/\!/},\omega,l}=-\mathrm{j}\frac{e^2n_0}{m_0}\int\mathrm{d}p_{/\!/}\frac{v_z}{\gamma_3(\omega-k_{/\!/}v_z)}\frac{\partial f_0}{\partial v_{/\!/}}E_{k_{/\!/},\omega,l} \tag{14.11.24}$$

代入方程(14.11.3)，经过适当的数学处理后，即可求得以下的色散方程：

$$\frac{\omega^2}{c^2}-\frac{k_{/\!/}^2+k_{cl}^2}{\varepsilon_1}-\frac{1}{\varepsilon_1}\left(\frac{\omega^2}{c^2}-\frac{k_{/\!/}^2}{\varepsilon_1}\right)\frac{\omega_p^2}{\gamma^3k_{/\!/}}\int_{-\infty}^{\infty}\frac{\frac{\partial f_0}{\partial v_{/\!/}}}{(\omega-k_{/\!/}v_{/\!/})}\mathrm{d}v_{/\!/}=0 \tag{14.11.25}$$

我们首先研究一种最简单的情况，即单能量电子注的情况，此时平衡分布函数可写成

$$f_0=n_0\delta(p_\perp)\delta(p_{/\!/}-p_{/\!/0}) \tag{14.11.26}$$

代入方程(14.11.25)，即可求得色散方程：

$$\frac{\omega^2}{c^2}-\frac{1}{\varepsilon_1}(k_{/\!/}^2+k_{cl}^2)-\frac{\omega_p^2}{\varepsilon_1\gamma^3}\left(\frac{\omega^2}{c^2}-\frac{k_{/\!/}^2}{\varepsilon_1}\right)\frac{1}{(\omega-ck_{/\!/}\beta_0)^2}=0 \tag{14.11.27}$$

容易看到，此即方程(14.11.13).

色散方程(14.11.27)的数值解示于图 14.11.2 中. 由图可见，在 $0\leqslant k_{/\!/}\leqslant k_{/\!/\mathrm{crit}}$ 范围内，都存在频率的虚部分. 为了更好地了解图 14.11.2 所示的色散曲线的意义. 我们做如下的讨论. 当电子注与填充介质波导的未扰模式同步时，电子与波的互作用应当最强. 根据这个概念，如令

$$\omega_s=ck_{/\!/}\beta_0 \tag{14.11.28}$$

由此可以求得

$$k_{/\!/s}=\frac{k_{cl}}{(\varepsilon_1\beta_0^2-1)^{1/2}} \tag{14.11.29}$$

代入方程(14.11.27)，可以将色散方程简化为

$$(\omega-\omega_s)^3-\frac{\omega_p^2ck_{cl}}{2\varepsilon_1^{3/2}\gamma_0^3}\sqrt{1-\frac{1}{\beta_0^2\varepsilon_1}}=0 \tag{14.11.30}$$

方程(14.11.30)是一个三次方程，有三个根，其中一个为实根，另外两个是一对复根，如下：

$$(\omega-\omega_s)_r=\left[\omega_p^2ck_{cl}\sqrt{1-\frac{1}{\beta_0^2\varepsilon_1}}\right]^{1/3}\frac{c}{a\sqrt{\varepsilon_1\gamma_0}} \tag{14.11.31}$$

$$(\omega-\omega_s)_i=\left[\omega_p^2 ck_{cl}\sqrt{1-\frac{1}{\varepsilon_1\beta_0^2}}\right]^{1/2}(-1\pm \mathrm{j}\sqrt{3})\frac{c}{2a\sqrt{\varepsilon\gamma_0}} \tag{14.11.32}$$

由此可见,当满足条件

$$\begin{cases}1-\dfrac{1}{\varepsilon_1\beta_0^2}=0\\ \varepsilon_1\beta_0^2=1\end{cases} \tag{14.11.33}$$

时,就不能获得增长率.这是很显然的,因为当条件(14.11.33)成立时,Черенков 效应将截止.

利用色散方程(14.11.25)还可以研究电子注中电子速度离散的影响.

方程(14.11.25)的左边最后一项的积分,是含有一个孤立奇点的积分,展开后可以得到

$$\frac{\omega^2}{c^2}-\frac{1}{\varepsilon_1}(k_{/\!/}^2+k_{cl}^2)-\frac{1}{\varepsilon_1}\left(\frac{\omega^2}{c^2}-\frac{k_{/\!/}^2}{\varepsilon_1}\right)\frac{\omega_p^2}{\gamma^3 k_{/\!/}^2}$$
$$\cdot\left\{\mathscr{P}\int_{-\infty}^{\infty}\frac{\dfrac{\partial f_0}{\partial v_{/\!/}}\mathrm{d}v_{/\!/}}{(v-\omega/k_{/\!/})}-\mathrm{j}\pi\frac{\partial f_0(v_{/\!/})}{\partial v_{/\!/}}\Big|_{v_{/\!/}=\omega/k_{/\!/}}\right\}=0 \tag{14.11.34}$$

式中,$\mathscr{P}\int_{-\infty}^{\infty}(\cdots)\mathrm{d}v_{/\!/}$ 表示积分主值.

由色散方程(14.11.34)可以得到频率的虚部:

$$\omega_i=\frac{\pi}{\pi\omega_r\varepsilon_1^2 k_{/\!/}^2}\left(\omega_r^2-\frac{c^2k_{/\!/}^2}{\varepsilon_1}\right)\frac{\omega_p^2}{\gamma^3}\frac{\partial f_0(v_{/\!/})}{\partial v_{/\!/}}\Big|_{v_{/\!/}=\omega/k_{/\!/}} \tag{14.11.35}$$

式中,ω_r 频率的实部.由此可见,当满足

$$\frac{\partial f_0(v_{/\!/})}{\partial v_{/\!/}}>0 \tag{14.11.36}$$

时,可以得到增长率.同时还可以看到,增长率对平衡分布函数的要求与纵向波的不稳定性的要求相同.

如果电子的平衡分布函数为麦克斯韦分布,则

$$f_0\propto \mathrm{e}^{\frac{(\omega_r-ck_{/\!/}\beta_0)^2}{2s^2}} \tag{14.11.37}$$

代入方程(14.11.36)即可求得

$$\omega_i=\frac{\sqrt{\pi}}{8}\frac{\omega_p^2}{k_{/\!/}s}\frac{(\omega_r^2-c^2k_{/\!/}^2/\varepsilon_1)}{\omega_r}\frac{(\omega_r-\beta_0)}{k_{/\!/}s}\mathrm{e}^{\frac{(\omega_r-ck_{/\!/}\beta_0)^2}{2s^2}} \tag{14.11.38}$$

在这种情况下,色散方程的图解变成如图 14.11.3 所示.

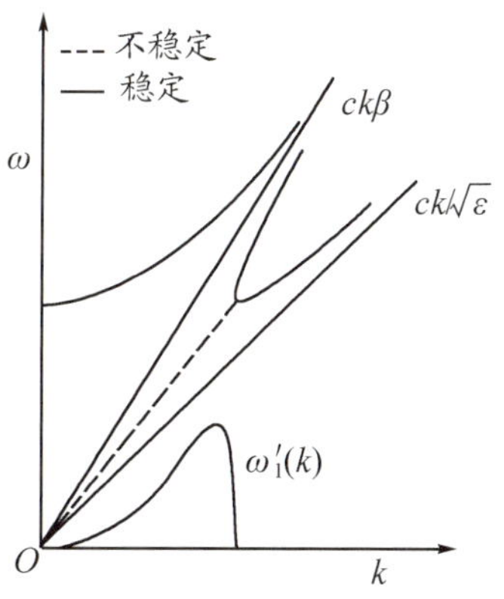

图 14.11.2 圆柱波导 Черенков 自由电子激光色散关系

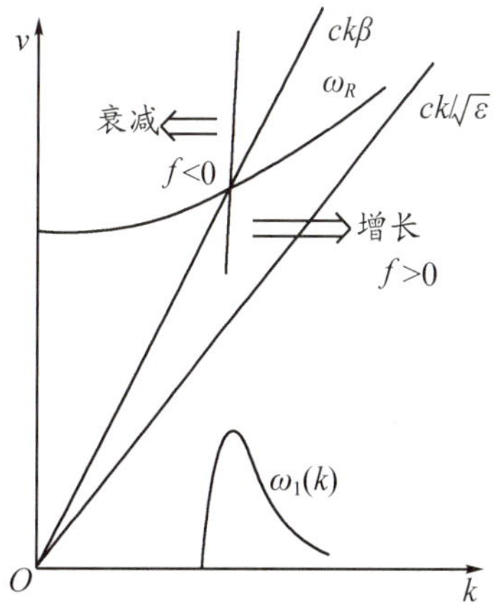

图 14.11.3 考虑速度离散时 Черенков 激光的色散曲线

由图可见,当 $k_{/\!/}>k_{/\!/s}$ 时,有增长率;而当 $k_{/\!/}<k_{/\!/s}$ 时,无增长率.可见,电子注的速度离散对色散特性有

很大影响.具体的数字计算表明,速度离散使增长率的峰值减小,并向高频方向移动.详细分析可参看本篇参考文献[23].

14.12 Smith-Purcell 效应自由电子激光

当自由电子贴近光栅飞过时,将辐射出电磁波,即使电子是匀速运动.这种现象称为Smith-Purcell效应.利用此种效应,已制成了一类新型毫米波器件——Orotron(具有绕射光栅的准光谐振腔管).利用此种效应,还可以发展一种新的自由电子激光.

如图 14.12.1 所示,一个绕射光栅,其上有两个反射镜 M_1、M_2.为简单计,先假定此种光学系统沿 y 轴无限伸长,因此可以认为系统仅是二维的.我们知道,沿光栅传播的波,分解为很多次空间谐波,各空间谐波有不同的相速.当电磁波投射到光栅上去时,有一部分被反射,另一部分沿光栅传播.由于光栅是一种周期性结构,因此在其上传播的波分解为无限次空间谐波.空间谐波分为快空间谐波和慢空间谐波(其相速小于光速)两类.快空间谐波组成散射波,沿光栅传播.而慢空间谐波则是沿光栅传播的一种表面波,即它们的幅值沿与表面垂直方向按指数衰减.设一平行电子注紧贴近光栅通过,我们可以想象,当某一空间谐波的相速与电子注同步时,则此空间谐波将与电子注有最大的相互作用.

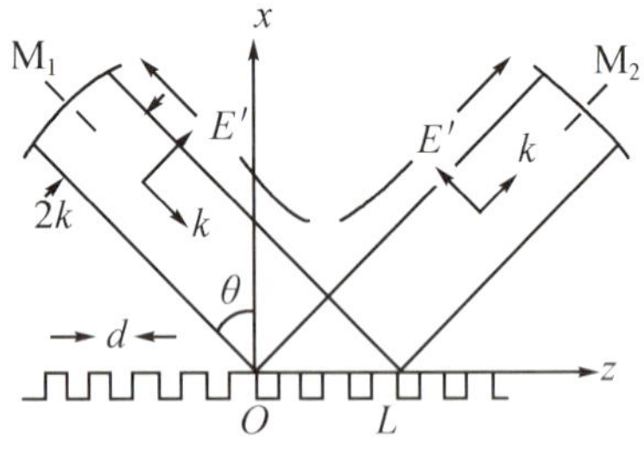

图 14.12.1 Smith-Purcell 效应自由电子激光示意图

理论和实验表明,在图 14.12.1 所示的结构中,电子与波的互作用可能有各种不同的机理.但是,在本节中,我们仅研究一种 Smith-Purcell 类型的自由电子激光.

如图 14.12.1 所示,电磁泵波沿与 x 轴呈 θ 角向的光栅注入,则在 $x>0$ 的区域,我们有

$$\boldsymbol{E}=E_x\boldsymbol{e}_x+E_z\boldsymbol{e}_z \tag{14.12.1}$$

$$E_z=\frac{1}{2}E^i\mathrm{e}^{\mathrm{j}(k\sin\theta z-k\cos\theta x-\omega t)}+\frac{1}{2}E^r\mathrm{e}^{\mathrm{j}(k\sin\theta z-k\cos\theta x-\omega t)}+\frac{1}{2}\sum_{m\neq 0}E^m\mathrm{e}^{\mathrm{j}\left(k_m z+(k^2-k_m^2)^{1/2}x-\omega t\right)} \tag{14.12.2}$$

式中,第一项表示投射波,第二项表示反射波,第三项表示沿光栅向 z 轴传播的各空间谐波.对于 E_x 也可得到同样的表示式.而空间谐波的波数 k_m 为

$$k_m=k\sin\theta+\frac{2\pi m}{d},k=\frac{\omega}{c} \tag{14.12.3}$$

式中,d 表示光栅的空间周期.

由上两式可见,如果 $k_m>k$,则空间谐波在 x 方向就是衰减的。电子沿光栅运动的速度为 $v_z=\beta c$,于是有

$$\sin\theta+\xi=\beta^{-1} \tag{14.12.4}$$

电子即与该次空间谐波同步,式中

$$\xi=m\lambda/d \tag{14.12.5}$$

由于 $\beta<1$,因此可得 $k_m>k$,即与电子同步的空间谐波均属表面波.这是显然的,因为只有慢波才能与电子同步.

由于电子注贴近光栅运动,而且只有与其同步的空间谐波才能有效地相互作用.因此,电子注所受到的泵波实际上可写成

$$\boldsymbol{E}_0=E_0'\boldsymbol{e}_z\mathrm{e}^{\mathrm{j}(k_0z-\omega_0t)-\tau_m x_0} \tag{14.12.6}$$

式中

$$\tau_m = (k_m^2 - k^2)^{1/2} \tag{14.12.7}$$

x_0 表示电子注通过位置的 x 坐标.

在光栅表面,E_x 分量为零,因此,如假定电子注贴近光栅表面运动,则可以略去泵波的 E_x 场.

如果令

$$E_0 = E_0' \mathrm{e}^{-\tau_m x_0} \tag{14.12.8}$$

则泵波电场可写成

$$\boldsymbol{E}_0 = E_0 \boldsymbol{e}_z \mathrm{e}^{\mathrm{j}(k_0 z - \omega_0 t)} \tag{14.12.9}$$

式中

$$k_0 = \left(\frac{\omega_0}{c}\right)(\sin\theta + \xi) \tag{14.12.10}$$

我们假定,泵波场 E_0 很强,而且不受互作用的影响,同时略去泵波磁场的影响.以后的分析表明,在此种泵场的作用下,将产生一种散射场,由于散射场波长极短(比起泵波的波长来说),因此,为泵波设计的光栅对于散射波没有影响.散射波场可写成

$$\begin{cases} \boldsymbol{E}_s = E_s(t)\boldsymbol{e}_x \mathrm{e}^{\mathrm{j}k_s z - \mathrm{j}\omega_s t} \\ \boldsymbol{B}_s = B_s(t)\boldsymbol{e}_y \mathrm{e}^{\mathrm{j}k_s z - \mathrm{j}\omega_s t} = \dfrac{1}{c} E_s(t)\boldsymbol{e}_y \mathrm{e}^{\mathrm{j}k_s z - \mathrm{j}\omega_s t} \end{cases} \tag{14.12.11}$$

式中,令 $E_s(t)$ 表示散射波的场强,它可能是时间 t 的缓变函数.

散射场是横电磁波,因而必定是由电子的横向运动激励的,即有

$$\nabla^2 \boldsymbol{E}_1 - \frac{1}{c^2}\frac{\partial^2 \boldsymbol{E}_1}{\partial t^2} = \mu_0 \frac{\partial \boldsymbol{J}_\perp}{\partial t} \tag{14.12.12}$$

仅考虑一维运动,可得

$$\frac{\partial^2 \boldsymbol{E}_1}{\partial z^2} - \frac{1}{c^2}\frac{\partial^2 \boldsymbol{E}_1}{\partial t^2} = \mu_0 \frac{\partial \boldsymbol{J}_\perp}{\partial t} \tag{14.12.13}$$

仍从线性弗拉索夫方程出发

$$\frac{\partial f_1}{\partial t} + \boldsymbol{v} \cdot \nabla_r f_1 - \frac{e}{c}(\boldsymbol{v} \times \boldsymbol{B}_0) \cdot \nabla_p f_1 = e\left[\boldsymbol{E}_0 + \boldsymbol{E}_s + \frac{1}{c}\boldsymbol{v} \times (\boldsymbol{B}_0 + \boldsymbol{B}_s)\right] \cdot \nabla_{p'} f_0 \tag{14.12.14}$$

由此得到

$$f_1 = e\int_{-\infty}^{0} \mathrm{d}t' \left\{\boldsymbol{E}_0' + \boldsymbol{E}_s' + \frac{\boldsymbol{v}'}{c} \times (\boldsymbol{B}_0' + \boldsymbol{B}_s')\right\} \cdot \nabla_p f_0 \tag{14.12.15}$$

而激励电流为

$$J_\perp = e\int \mathrm{d}^3 p \{f_1 \cdot v_\perp\} \tag{14.12.16}$$

电子的运动方程为

$$\begin{cases} \dfrac{\mathrm{d}p_x}{\mathrm{d}t} = e\left(1 - \dfrac{p_z}{m_0 c\gamma}\right) E_1(t) \mathrm{e}^{\mathrm{j}(k_s z - \omega_s t)} + c.c. \\ \dfrac{\mathrm{d}p_z}{\mathrm{d}t} = eE_0 \mathrm{e}^{-\mathrm{j}(\omega_0 t - k_0 z)} + c.c. \end{cases} \tag{14.12.17}$$

以及

$$\dot{p}_y = p_y = 0 \tag{14.12.18}$$

式中,$c.c.$ 表示共轭值.

由方程(14.12.17)可得

$$p_z(z,t)=m_0v\gamma+\mathrm{j}eE_0\frac{\left[1-\mathrm{e}^{\mathrm{j}(\omega_0-k_0v_{z_0})}\right]\frac{z}{v_{z_0}}}{(\omega_0-k_0v_{z_0})}\cdot\mathrm{e}^{-\mathrm{j}(\omega_0t-k_0z)}+c.c. \tag{14.12.19}$$

式中

$$v_{z_0}=p_z(0,t)/m_0\gamma \tag{14.12.20}$$

再利用方程(14.11.17)的第一式,可以得到

$$\begin{aligned}v_z(z,t)=&\frac{e^2E_0E_1}{m_0^2\gamma^2c(\omega_0-k_0v_{z_0})}\left\{\left[\frac{1-\mathrm{e}^{\mathrm{j}(Q_+-k_+v_{z_0})z/v_{z0}}}{(Q_+-k_+v_{z_0})}\right]\right.\\&\cdot\mathrm{e}^{\mathrm{j}(k_+z-Q_+t)}+\left[\frac{1-\mathrm{e}^{\mathrm{j}(Q_--k_-v_{z_0})^{z/v_{z0}}}}{(Q_--k_-v_{z_0})}\right]\\&\left.\cdot\mathrm{e}^{\mathrm{j}(k_-z-Q_-t)}\right\}+c.c.\end{aligned} \tag{14.12.21}$$

式中

$$\begin{cases}Q_\pm=\omega_0+\omega_s\\k_\pm=k_0\pm k_s\end{cases} \tag{14.12.22}$$

为了求电子的扰动分布函数,可以利用方程(14.12.15).考虑到泵场幅值远大于绕射场的幅值,因此,可近似得到

$$f_1=e\int_{-\infty}^0\mathrm{d}\tau\boldsymbol{E}_0'\cdot\nabla_pf_0=e\int_{-\infty}^0\mathrm{d}\tau E_{0z}'\frac{\partial f_0}{\partial p_z} \tag{14.12.23}$$

将方程(14.12.6)代入上式,可以得到

$$f_1=\frac{\mathrm{j}eE_0}{(\omega_0-k_0v_{z_0})}\frac{\partial f_0}{\partial p_z} \tag{14.12.24}$$

于是,横向扰动电流为

$$\boldsymbol{J}_\perp=J_x\boldsymbol{e}_x \tag{14.12.25}$$

$$J_x=e\int f_1v_x\mathrm{d}\boldsymbol{p}=\mathrm{j}e^2E_0\int\frac{v_z}{(\omega_0-k_0v_{z_0})}\frac{\partial f_0}{\partial p_z}\mathrm{d}\boldsymbol{p} \tag{14.12.26}$$

而电子与波的互作用功率则可表示为

$$\begin{aligned}P(t)&=\int_{se}\mathrm{d}s\int_0^L\mathrm{d}z\boldsymbol{E}_s\cdot\boldsymbol{J}_\perp^*\\&=\int_{se}\mathrm{d}s\int_0^L\mathrm{d}z\left\{\mathrm{j}e^2E_0\left[\int v_x\frac{\partial f_0}{\partial p_z}\frac{\mathrm{d}\boldsymbol{p}}{(\omega_0-k_0v_z)}\right]^*\cdot E_s(t)\mathrm{e}^{\mathrm{j}k_sz-\mathrm{j}\omega_st}\right\}\end{aligned} \tag{14.12.27}$$

但系统中的储能为

$$W_T=\int_s\mathrm{d}s\int_0^L\mathrm{d}z[|\boldsymbol{E}_0|^2+|\boldsymbol{E}_s|^2]\approx\int_s\mathrm{d}s\int_0^L\mathrm{d}z|\boldsymbol{E}_0|^2 \tag{14.12.28}$$

令

$$\alpha=\frac{P(t)}{W_T}=\frac{\frac{\mathrm{d}W_T}{\mathrm{d}t}}{W_T} \tag{14.12.29}$$

将 v_x 的表示式(14.12.21)代入方程(14.12.27),然后利用式(14.12.28)、式(14.12.29)即可得到

$$\alpha=\frac{e^4E_0^2s_e/s_0}{2\varepsilon_0m_0c}\int_{-\infty}^{\infty}\frac{1}{\gamma p_z}\frac{1}{(\omega_0-k_0v_{z_0})^2}\frac{\partial f_0}{\partial p_z}\mathrm{d}p_z\cdot\left[\left(\frac{\sin\Theta_+}{\Theta}\right)^2+\left(\frac{\sin\Theta_-}{\Theta_-}\right)^2\right] \tag{14.12.30}$$

式中

$$\Theta_{\pm}=\frac{1}{2}(k_0-k_{\pm}-Q_{\pm}/v_z)L \tag{14.12.31}$$

上两式用 L 表示互作用长度. s_e 表示电子注所占面积,s_0 表示互作用区的横截面.

方程(14.12.30)、方程(14.12.31)表示存在两种谐振状态:

$$\Theta_{\pm}=0 \tag{14.12.32}$$

利用方程(14.12.31)、方程(14.12.32)可以得到条件式(14.12.28)所对应的频率关系:

$$\frac{\omega_s}{\omega_0}=\pm\frac{\left[1-\left(\frac{\beta_0}{\beta}\right)\right]}{(\beta_0/\beta)}(1-\beta)^{-} \tag{14.12.33}$$

式中,β_0 表示泵波的相速与光速之比,为

$$\beta_0=\frac{1}{c}\left(\frac{\omega_0}{k_0}\right)=\frac{1}{\sin\theta+\xi} \tag{14.12.34}$$

而 $\beta=v_{z_0}/c$. 方程(14.12.33)中"+"号对应于 Θ_+,"−"号对应于 Θ_-.

由于 ω_s/ω_0 应恒取"+"号,所以有

对于 $\Theta_+=0$,

$$0<\beta_0<\beta \tag{14.12.35}$$

对于 $\Theta_-=0$,

$$\beta<0 \quad (\beta_0>\beta) \tag{14.12.36}$$

可见,对应于 $\Theta_-=0$ 的情况是返波.

对于 $\Theta_+=0$ 的情况,如假定

$$f_0=n_0\delta(p_z-m_0c\gamma) \tag{14.12.37}$$

可以求得

$$\alpha=\frac{16\pi^2n_0\varepsilon_0r_0^2E_0^2L^2s_e/s_0}{\gamma m_0\omega_1\beta^3}g(\Theta) \tag{14.12.38}$$

式中

$$r_0=\frac{e^2}{4\pi\varepsilon_0m_0c^2} \tag{14.12.39}$$

为电子的经典半径.

$$g(\Theta_-)=\frac{\partial}{\partial\Theta_-}\left[\left(-\frac{\sin\Theta_-}{\Theta_-}\right)^2\right] \tag{14.12.40}$$

当 $\Theta_-=0.4\pi$,$g_{\max}=0.54$,达到最大值,于是可以得到最大增益表示式

$$G_{\max}=\alpha_{\max}\left(\frac{L}{c}\right)=5.8\times10^{-27}n_0E_0^2L^3\frac{s_e}{s_0}\frac{\lambda_1}{\beta^3\gamma} \tag{14.12.41}$$

我们来分析一下方程(14.12.33),它表示这种自由电子激光的频率特性. 由此式可以得到以下关系:对于 $\Theta_+=0$,有

$$\omega_{s\pm}=\frac{\beta\left[1-\left(\frac{\beta_0}{\beta}\right)\right]}{(1-\beta)\beta_0}\omega_0 \tag{14.12.42}$$

在得到上式时,利用了关系式

$$\frac{k_s}{k_0}=\frac{\omega_s}{\omega_0}\beta_0 \tag{14.12.43}$$

在图 14.12.2 中给出了方程(14.12.42)的图解. 当

$$\beta_0=-\beta \tag{14.12.44}$$

即工作于返波时(电子与泵波对撞),方程(14.12.44)给出

$$\omega_s=\frac{2}{(1-\beta)}\omega_0 \tag{14.12.45}$$

由上式可以得到

$$\omega_s=\lim_{\beta\to 1}\left[\left(\frac{2}{1-\beta}\right)\omega_0\right]=4\gamma^2\omega_0 \tag{14.12.46}$$

由此可见,对于强相对论电子注,频率特性与普通自由电子激光一致.

但是,当电子注的速度较小时(慢泵波的相速也很小时),则由图14.12.2可见,这时比值 ω_s/ω_0 仍可以很大.这表明,此种类型的自由电子激光,有可能工作在弱相对论情况甚至非相对论情况下.这正是借助于Smith-Purcell效应研究自由电子激光的主要特点.

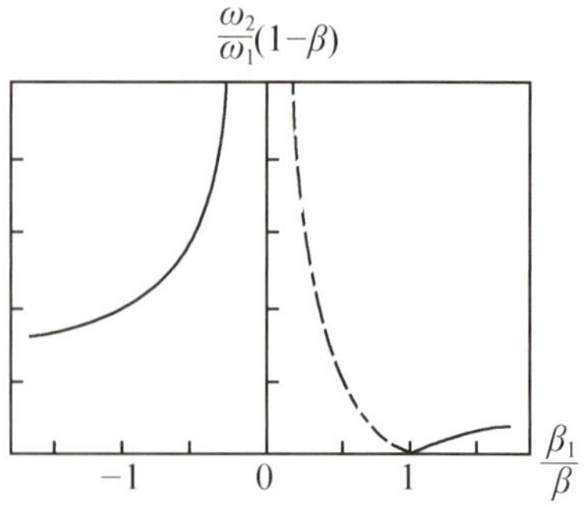

图 14.12.2 受激 Smith-Purcell 效应激光器的频率漂移

14.13 X射线自由电子激光

1. 概述

X射线(波长为数埃到数十毫埃)的相干辐射,在科学及其他方面,都有极其重要的意义.例如,利用相干X射线,可以观察(拍摄)晶格内部或细胞内部结构及活动情况,这将使科学研究走向更深入的境界.因此,长久以来,人们一直在努力探求建立相干X射线的途径.随着自由电子激光研究工作的发展,采用相对论自由电子来建立X射线激光,是电子物理学的重要课题.

有以下几种主要的方案.

(1)横向光速调管(transverse optical klystron,TOK).横向光速调管的概念首先是由Csonka及Виокуров和Скринский提出的,并且进行了初步的实验验证.TOK的结构原理可叙述如下:如图14.13.1所示,电子注进入第一个波荡器(Undulator)后,受到周期性磁场的调制,产生能量(横向能量)的调制,同时伴随有自发辐射.离开第一个波荡器以后,电子注进入一漂移区.在漂移区中,电子将产生密度调制.由于电子的能量很高,速度很快,所以由能量(速度)调制转化为密度调制需要很长的距离.为了缩短漂移区长度,在漂移区中加一个偏转磁场.此偏转磁场的作用就在于缩短漂移区的长度.这样,进入第二个波荡器的电子注,就是有了速度及密度调制的电子注,这种电子注在第二个波荡器的作用下,可更好地产生相干辐射.

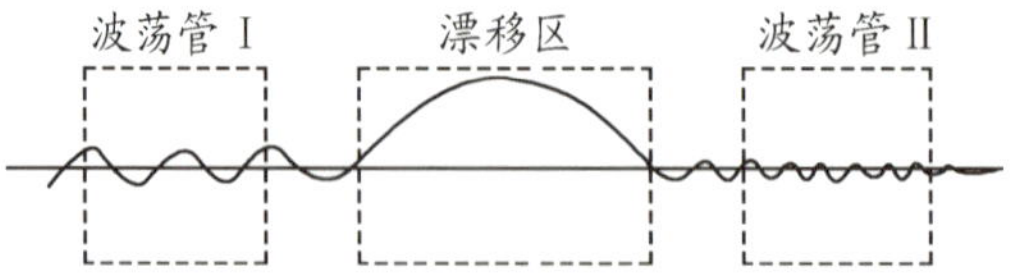

图 14.13.1 横向光速调管(TOK)结构原理图

由上述可见,从原理上讲,这种结构与普通微波速调管很相似(参见第1篇参考文献[16]).不同的是在此种装置中,电子的运动在横向受到调制.这就是把此种装置称为横向光速调管的原因.

适当选择电子注的能量及波荡器的参量,可使受激辐射落在X射线波段.

对TOK的进一步研究,可参看有关文献①.

(2)渡越辐射X射线自由电子激光.渡越辐射现象在第13章已定性讨论过.电子从一个介质进入另一

①COISSON R. IEEE J. of Quantum Electronics,QE-19(3),306(1983).

个介质，将产生辐射. 使高能电子连续地穿过很多不同的介质（多层介质片），在谐振状态下（见后面的分析），将产生受激辐射. 适当选择电子注的能量及介质层的参量，可以得到受激 X 射线辐射.

（3）沟道辐射. 利用沟道辐射可以产生 X 射线相干辐射，这方面可以参考有关文献①.

随着自由电子激光研究的发展，可能还会提出一些别的方案.

在本节中，我们主要研究渡越辐射及利用渡越辐射建立自由电子 X 射线激光的有关问题. 对于 X 射线自由电子激光的其他问题，建议读者去查阅有关文献.

2. 渡越辐射的基本理论

为了讨论利用渡越辐射建立 X 射线自由电子激光，必须了解自发渡越辐射的基本理论，我们研究两个介质的情况. 如图 14.13.2 所示，设电子做直线匀速运动，取电子运动方向与 z 轴平行，于是有

$$\boldsymbol{v}=v_{/\!/}\boldsymbol{e}_z \tag{14.13.1}$$

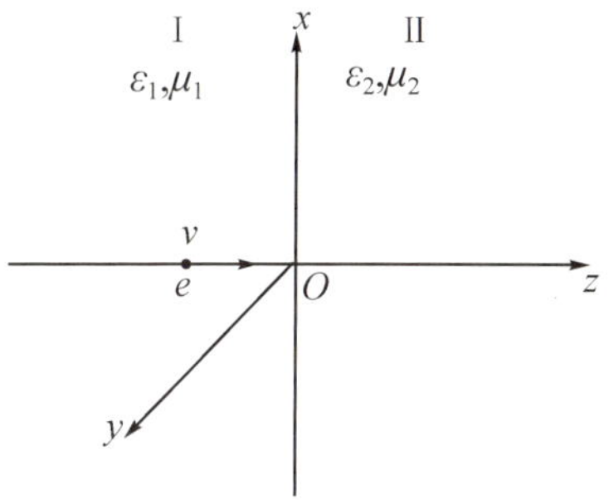

图 14.13.2　渡越辐射的坐标系统

为简单起见，设电子的速度与两介质的交界面垂直（自然又假定两介质的交界面是一个平面），而且在 $t=0$ 时，到达交界面 $z=0$ 处. 介质 Ⅰ 的常数为 ε_1,μ_1，介质 Ⅱ 的常数为 ε_2,μ_2. 这样，作为电磁辐射源的电子，就可写成

$$\begin{cases}\boldsymbol{J}=e\boldsymbol{v}\delta(\boldsymbol{r}-\boldsymbol{v}t)\\ \rho=e\delta(\boldsymbol{r}-\boldsymbol{v}t)\end{cases} \tag{14.13.2}$$

于是，同 Черенков 辐射一样，麦克斯韦方程为

$$\begin{cases}\nabla\times\boldsymbol{H}=\dfrac{1}{c}\dfrac{\partial\boldsymbol{D}}{\partial t}+\dfrac{4\pi}{c}\boldsymbol{v}e\delta(\boldsymbol{r}-\boldsymbol{v}t)\\ \nabla\times\boldsymbol{E}=-\dfrac{1}{c}\dfrac{\partial\boldsymbol{B}}{\partial t}\\ \nabla\cdot\boldsymbol{D}=4\pi e\delta(\boldsymbol{r}-\boldsymbol{v}t)\\ \nabla\cdot\boldsymbol{B}=0\end{cases} \tag{14.13.3}$$

将场矢量展开成傅里叶积分：

$$\left.\begin{matrix}\boldsymbol{E}(\boldsymbol{r},t)\\ \boldsymbol{H}(\boldsymbol{r},t)\end{matrix}\right\}=\frac{1}{(2\pi)^3}\int\begin{bmatrix}\boldsymbol{E}(\boldsymbol{k})\\ \boldsymbol{H}(\boldsymbol{k})\end{bmatrix}e^{j(\boldsymbol{k}\cdot\boldsymbol{r}-\omega t)}d\boldsymbol{k} \tag{14.13.4}$$

等，式中

$$\boldsymbol{k}\cdot\boldsymbol{v}=\omega \tag{14.13.5}$$

而对于傅里叶分量，我们有

$$\begin{cases}\boldsymbol{D}_{1,2}(\boldsymbol{k})=\varepsilon_{1,2}(\omega)\boldsymbol{E}_{1,2}(\boldsymbol{k})\\ \boldsymbol{B}_{1,2}(\boldsymbol{k})=\mu_{1,2}(\omega)\boldsymbol{H}_{1,2}(\boldsymbol{k})\end{cases} \tag{14.13.6}$$

式中，下标 1，2 分别表示介质 Ⅰ 及介质 Ⅱ 中的场. 为普遍起见，ε,μ 均可能是频率的函数.

将展开式（14.13.4）代入麦克斯韦方程（14.13.3）可以得到

①［1］KUMAKHOV M A. phys. Less. ，57A，17（1976）.
［2］CUE N，et al，Phys. Lett. 80A，26（1980）.
［3］KUMAKHOV M A. Phys. Stat. ；Sol. ：（b）84，41（1977）.

$$\begin{cases} \mathrm{j}\boldsymbol{k}\times\boldsymbol{H}(\boldsymbol{k})=-\dfrac{\mathrm{j}\omega}{c}\varepsilon\boldsymbol{E}(\boldsymbol{k})+\dfrac{4\pi}{c}e\boldsymbol{v} \\ \mathrm{j}\boldsymbol{k}\times\boldsymbol{E}(\boldsymbol{k})=\dfrac{\mathrm{j}\omega}{c}\mu\boldsymbol{H}(\boldsymbol{k}) \\ \mathrm{j}\boldsymbol{k}\cdot\boldsymbol{E}=\dfrac{4\pi}{\varepsilon}e \\ \mathrm{j}\boldsymbol{k}\cdot\boldsymbol{B}=0 \end{cases} \tag{14.13.7}$$

联解上式，即可以得到

$$\boldsymbol{E}(\boldsymbol{k})=4\pi\mathrm{j}\frac{e\left(\dfrac{\omega\varepsilon\mu}{c^2}\boldsymbol{v}-k\right)}{\varepsilon\left(k^2-\dfrac{\omega^2}{c^2}\mu\varepsilon\right)} \tag{14.13.8}$$

及

$$\boldsymbol{H}=\frac{\varepsilon}{c}\boldsymbol{v}\times\boldsymbol{E} \tag{14.13.9}$$

这样，就得到了匀速直线运动电子产生的场. 注意，在这种情况下，我们不考虑超光速运动，所以在方程(14.13.8)中，分母不能为零.

不难看到，单单是这种场，式(14.13.8)、式(14.13.9)并不能满足两介质交界面的边界条件. 因此，为了满足介质交界面的边界条件，必须附加上额外的场，它是由齐次麦克斯韦方程确定的. 这正是渡越辐射现象的由来，这部分场正是辐射场.

为此，将辐射场同样做傅里叶展开

$$\boldsymbol{E}'_{1,2}(\boldsymbol{r},t)=\frac{1}{(2\pi)^3}\int\boldsymbol{E}'_{1,2}(\boldsymbol{k})\mathrm{e}^{\mathrm{j}(\boldsymbol{k}\cdot\boldsymbol{r}-\omega t)}\mathrm{d}\boldsymbol{k} \tag{14.13.10}$$

令

$$\begin{cases} \boldsymbol{k}=\boldsymbol{k}_{\perp}+k_{/\!/}\boldsymbol{e}_z=(k_{\perp},\varphi,k_{/\!/}) \\ \boldsymbol{r}=\rho+z\boldsymbol{e}_z=(\rho,\theta,z) \end{cases} \tag{14.13.11}$$

则可以得到

$$\boldsymbol{E}'_{1,2}(\boldsymbol{r},t)=\frac{1}{(2\pi)^3}\int\boldsymbol{E}'_{1,2}(\boldsymbol{k})\mathrm{e}^{\mathrm{j}(k_{\perp}\rho\cos\Phi+k_{/\!/}z-\omega t)}\mathrm{d}\boldsymbol{k} \tag{14.13.12}$$

式中

$$\Phi=\varphi-\theta \tag{14.13.13}$$

而由齐次麦克斯韦方程可以得到

$$\begin{cases} \mathrm{j}\boldsymbol{k}\times\boldsymbol{H}'=-\dfrac{\mathrm{j}\omega\varepsilon}{c}\boldsymbol{E}' \\ \mathrm{j}\boldsymbol{k}\times\boldsymbol{E}'=\dfrac{\mathrm{j}\omega}{c}\mu\boldsymbol{H}' \\ \mathrm{j}\boldsymbol{k}\cdot\boldsymbol{E}'=0 \\ \mathrm{j}\boldsymbol{k}\cdot\boldsymbol{H}'=0 \end{cases} \tag{14.13.14}$$

因此，如令

$$\boldsymbol{E}'=\boldsymbol{E}'_{\perp}+E'_{/\!/}\boldsymbol{e}_z \tag{14.13.15}$$

则可以得到

$$\boldsymbol{k}_{\perp}\cdot\boldsymbol{E}'_{\perp}+k_{/\!/}E_{/\!/}=0 \tag{14.13.16}$$

现在就可以来研究在两个介质交界面上的边界条件. 边界条件为电场磁场的切向分量连续及电位移和

磁通量的法向分量连续，即

$$\begin{cases}(E_t)_{\mathrm{I}}=(E_t)_{\mathrm{II}}\\(D_n)_{\mathrm{I}}=(D_n)_{\mathrm{II}}\end{cases}\tag{14.13.17}$$

在具体应用方程(14.13.17)之前，我们来看一下运动电子产生的场.

由方程(14.13.7)可以得到

$$\begin{cases}E_{/\!/}=\dfrac{4\pi \mathrm{j}e\left(\dfrac{\omega\mu\varepsilon}{c^2}v_z-k_{/\!/}\right)}{\varepsilon\left(k^2-\dfrac{\omega^2}{c^2}\mu\varepsilon\right)}\\ \boldsymbol{E}_{\perp}=-\dfrac{4\pi \mathrm{j}e\boldsymbol{K}_{\perp}}{\varepsilon\left(k^2-\dfrac{\omega^2}{c^2}\mu\varepsilon\right)}\end{cases}\tag{14.13.18}$$

考虑到 $\boldsymbol{n}=\boldsymbol{e}_z$，将上述有关方程代入式(14.13.17)即可得到

$$-\frac{4\pi \mathrm{j}e}{\varepsilon_1\left(k^2-\dfrac{\omega^2}{c^2}\mu_1\varepsilon_1\right)}+E'_{1t}=-\frac{4\pi \mathrm{j}e}{\varepsilon_2\left(k^2-\dfrac{\omega^2}{c^2}\mu_2\varepsilon_2\right)}+E'_{2t}\tag{14.13.19}$$

$$\frac{4\pi \mathrm{j}e\left(\dfrac{\omega}{c^2}\mu_1\varepsilon_1 v_z-k_{/\!/}\right)}{k^2-\dfrac{\omega^2}{c^2}\mu_1\varepsilon_1}+\varepsilon_1E'_{1/\!/}=\frac{4\pi \mathrm{j}e\left(\dfrac{\omega}{c^2}\mu_2\varepsilon_2 v_z-k_{/\!/}\right)}{k^2-\dfrac{\omega^2}{c^2}\mu_2\varepsilon_2}+\varepsilon_2E'_{2/\!/}\tag{14.13.20}$$

但由方程(14.13.16)，有

$$E'_{k/\!/}=-\frac{\boldsymbol{k}_{\perp}\cdot\boldsymbol{E}'_{\perp}}{k_{/\!/}}\tag{14.13.21}$$

即

$$E'_{k/\!/}=-\frac{k_{\perp}E'_t}{k_{/\!/}}\tag{14.13.22}$$

代入方程(14.13.19)、方程(14.13.20)，可以解得

$$\begin{cases}E'_{1t}(\boldsymbol{k})=\dfrac{4\pi \mathrm{j}}{\zeta}k_{\perp}(k_{/\!/})_1\eta\\ E'_{1n}(\boldsymbol{k})=-\dfrac{4\pi \mathrm{j}e}{\zeta}(k_{\perp}^2)_2\eta\\ H_1(\boldsymbol{k})=-\dfrac{4\pi \mathrm{j}e}{c}\dfrac{k_{/\!/}\varepsilon_1}{\zeta}\eta(\boldsymbol{k}_{\perp}\times\boldsymbol{v})\end{cases}\tag{14.13.23}$$

式中

$$\zeta=\varepsilon_2(k_{/\!/})_1-\varepsilon_1(k_{/\!/})_2\tag{14.13.24}$$

$$\eta=\left[\frac{\varepsilon_2}{\varepsilon_1}-\frac{v_z}{\omega}(k_{/\!/})_2\right]\Big/\left(k^2-\frac{\omega^2}{c^2}\mu_1\varepsilon_1\right)+\left[-1+\frac{v_z}{\omega}(k_{/\!/})_2\right]\Big/\left(k^2-\frac{\omega^2}{c^2}\mu_2\varepsilon_2\right)\tag{14.13.25}$$

方程(14.13.24)和方程(14.13.25)表明，当 $\varepsilon_2=\varepsilon_1$，即事实上是一个介质时，有 $\eta=0$，即没有辐射场.

这样，将所求得的 E'_{1t}，E'_{1n} 等代入方程(14.13.10)，完成在 $\boldsymbol{k}$ 空间积分后，即可求得辐射场.

取波矢 $\boldsymbol{k}$ 的柱面坐标系($k_{\perp}$，Φ，$k_{/\!/}$)及空间柱面坐标系(ρ，θ，z)，于是有

$$\begin{cases}\boldsymbol{k}\cdot\rho=k_{\perp}\rho\cos\phi\\ \phi=\Phi-\theta\end{cases}\tag{14.13.26}$$

代入方程(14.13.10)，即可得到

$$(E_1')_\rho = 4\pi \mathrm{j} e \int_0^{2\pi} \mathrm{d}\phi \int_{-\infty}^{\infty} \mathrm{d}k_{/\!/} \int_0^{\infty} k_\perp \mathrm{d}k_\perp \left[\frac{k'_{/\!/} k'_\perp \eta_1 \cos\phi}{\varepsilon k^1_{/\!/} - k^2_{/\!/}} \cdot e^{\mathrm{j}(k_\perp \rho\cos\phi + k'_{/\!/} z - \omega t)} \right] \tag{14.13.27}$$

式中

$$\begin{cases} (k^1_{/\!/})^2 = \left(\dfrac{\omega}{c}\right)^2 - k_\perp^2 \\ (k^2_{/\!/})^2 = \left(\dfrac{\omega}{c}\right)^2 \varepsilon - k_\perp^2 \end{cases} \tag{14.13.28}$$

可见

$$\begin{cases} k^1_{/\!/} = \pm\sqrt{\left(\dfrac{\omega}{c}\right)^2 - k_\perp^2} \\ k'^2_{/\!/} = \pm\sqrt{\left(\dfrac{\omega}{c}\right)^2 \varepsilon - k_\perp^2} \end{cases} \tag{14.13.29}$$

所以，方程(14.13.27)中的被积函数就不是一个单值函数，而是双值函数. 这就需要用割线分成两个黎曼面，在每一个黎曼面上，被积函数保持为单值.

如图 14.13.3 所示，令 R 表示三维空间矢量的长度，于是有

$$\begin{cases} \rho = R\sin\theta \\ -z = R\cos\theta \end{cases} \tag{14.13.30}$$

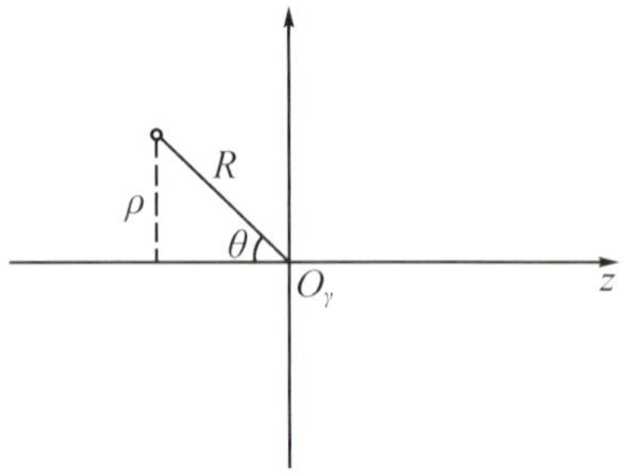

图 14.13.3　三维柱面空间的坐标分量示意图

如果考虑的点距原点足够远，则可认为 R 是个大量. 同时利用关系式

$$\cos\phi \mathrm{e}^{\mathrm{j}z\cos\phi} = -\sum_l (j)^l \mathrm{J}'_l(z) \mathrm{e}^{\mathrm{j}l\phi} \tag{14.13.31}$$

而

$$\mathrm{J}'_l(z) = \frac{1}{2}[\mathrm{J}_{l-t}(z) - \mathrm{J}_{l+1}(z)] \tag{14.13.32}$$

将 $\mathrm{J}_l(z) = \mathrm{J}_l(k_\perp \rho) = \mathrm{J}_l(k_\perp R\sin\theta)$ 按大宗量展开：

$$\mathrm{J}_l(k_\perp R\sin\theta) = \sqrt{\frac{2}{\pi k_\perp R\sin\theta}} \cos\left(k_\perp R\sin\theta - \frac{l\pi}{2} - \frac{\pi}{4}\right) \tag{14.13.33}$$

可以得到

$$E'_{1\rho} = -\frac{e}{\pi v_z \sqrt{2\pi R\sin\theta}} \int \frac{k_\perp k'_{/\!/} \eta_1}{\varepsilon k^1_{/\!/} - k^2_{/\!/}} \left[\mathrm{e}^{f(k_\perp)R - \frac{3\pi \mathrm{j}}{4}} + e^{\varphi(k_\perp) + \frac{3\pi \mathrm{j}}{4}}\right] \mathrm{e}^{-\mathrm{j}\omega t} \sqrt{k_\perp} \mathrm{d}k_\perp \mathrm{d}\omega \tag{14.13.34}$$

式中

$$\begin{cases} f(k_\perp) = \mathrm{j}k_\perp \sin\theta - \mathrm{j}k'_{/\!/} \cos\theta \\ \varphi(k_\perp) = -\mathrm{j}k_\perp \sin\theta - \mathrm{j}k'_{/\!/} \cos\theta \end{cases} \tag{14.13.35}$$

再给出

$$E'_{1\rho} = \frac{e\beta^2}{\pi v_z R} \int_{-\infty}^{\infty} \sin^2\theta \cos^2\theta \xi \mathrm{e}^{\mathrm{j}\omega\left[\left(\frac{R}{c}\right) - t\right]} \mathrm{d}\omega \tag{14.13.36}$$

式中

$$\xi = \frac{(\varepsilon - R\sqrt{\varepsilon - \sin^2\theta})/(1 - \beta^2\cos^2\theta) - 1/(1 + \beta\sqrt{\varepsilon - \sin^2\theta})}{\varepsilon\cos\theta + \sqrt{\varepsilon - \sin^2\theta}} \tag{14.13.37}$$

用同样的办法可以求得 E'_{1n}：

$$E'_{1n} = \frac{e\beta^2}{\pi v_z R} \int_{-\infty}^{\infty} \sin^2\theta \cos\theta \xi \mathrm{e}^{\mathrm{j}\omega\left[\left(\frac{R}{c}\right) - t\right]} \mathrm{d}\omega \tag{14.13.38}$$

于是可以求得

$$E_1' = E_{1\rho}'\cos\theta + E_{1n}'\sin\theta$$

$$= \frac{e\beta^2}{\pi v_z R}\int_{-\infty}^{\infty}\sin\theta\cos\theta\xi e^{j\omega\left[\left(\frac{R}{c}\right)-t\right]}d\omega \tag{14.13.39}$$

又可以求出辐射场的功率流密度：

$$W = \frac{e^2}{\pi c}\int_0^{\infty}\left[\frac{\sqrt{\varepsilon(\omega)}-1}{\sqrt{\varepsilon(\omega)}+1}\right]^2\left[\ln\left(\frac{2}{1-\beta}\right)-1\right]d\omega \tag{14.13.40}$$

M. L. Cherry 等研究了电子穿过 M 个介质薄膜时辐射密度，得到以下半量子化公式①：

$$\frac{d^2N}{dQd\omega} = \left(\frac{d^2N_0}{dQd\omega}\right)\cdot 4\sin^2\left(\frac{l_2}{l_1}\right)\cdot\left(\frac{\sin^2 MX}{\sin^2 X}\right) \tag{14.13.41}$$

式中，M 表示薄膜的层数，而

$$\frac{d^2N_0}{dQd\omega} = \frac{\alpha\omega\sin^2\theta}{8\pi c^2}(z_1 - z_2)^2 \tag{14.13.42}$$

$d^2N_0/dQd\omega$ 表示电子通过两个不同介质薄膜时的辐射.

z_1，z_2 表示形成长度②：

$$z_{1,2} = \frac{\alpha c\beta}{\omega(1-\beta\sqrt{\varepsilon_{1,2}} - \sin^2\theta)} \tag{14.13.43}$$

θ 表示辐射角与电子运动速度间的夹角，而 α 则为结构常数，其值为$(137)^{-1}$. 另外，

$$X = \frac{l_1}{z_1} + \frac{l_2}{z_2} \tag{14.13.44}$$

由方程(14.13.41)可以得到，在条件

$$\begin{cases} X = \gamma\pi \\ \dfrac{l_2}{z_2} = \left(m - \dfrac{1}{2}\right)\pi \end{cases} \tag{14.13.45}$$

满足时，方程(14.13.41)可化为

$$\frac{d^2N}{dQd\omega} = 2M^2\left(\frac{d^2N_0}{dQd\omega}\right) \tag{14.13.46}$$

即可以得到多层的相干辐射.

条件(14.13.45)可写成

$$\begin{cases} l_2 = \left(m - \dfrac{1}{2}\right)\pi z_2 \\ l_1 = \left(r - m + \dfrac{1}{2}\right)\pi z_1 \end{cases} \tag{14.13.47}$$

式中，r，m 均为常数.

条件(14.13.47)称为谐振条件，谐振发生时，各层面的辐射同相位叠加，产生相干辐射. 可见，这时总的辐射与薄膜的数目的平方成正比.

利用以上结果还可以估算辐射峰值的频率位置. 如假定 $\sin^2(l_2/z_2) = \pm 1$，光量子的吸收可以略去不计，则可得到

$$\omega_0 = \frac{\omega_2^2 - (l_1\omega_1^2 + l_2\omega_2^2)/(l_1 + l_2)}{2\pi(m-1)\left(\dfrac{c}{l_2}\right) - 2cr/(l_1 + l_2)} \tag{14.13.48}$$

---

①CHERRY M L, et al. Phys. Rev. (*D*), 10, 3594(1974); ibid, 17, 2245, (1978).

②YUAN L C L, et al. Phys. lett., 21, 1513(1970).

式中，ω_1，ω_2 分别表示第一及第二介质中的等离子体频率. 如第一介质是真空，则有

$$\omega_0 \approx \frac{\omega_2^2 l_2}{2\pi(2m-1)c} \tag{14.13.49}$$

按照类似的方法，也可研究其他情况下的渡越辐射.

3. 渡越辐射 X 射线自由电子激光

随着自由电子激光研究工作的深入开展，人们在利用渡越辐射产生 X 射线自由电子激光方面做了很多工作(见本篇参考文献[90]).

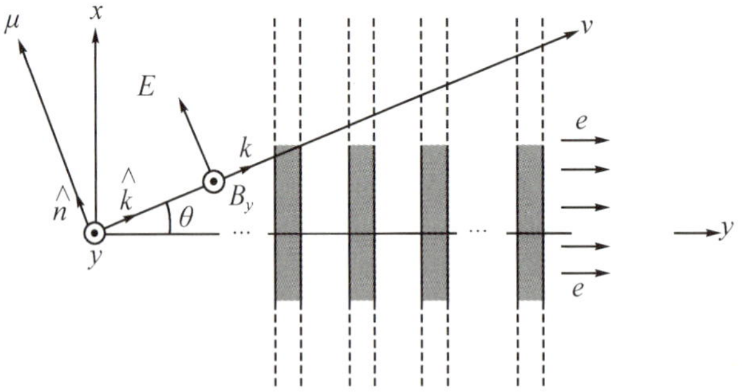

图 14.13.4　受激谐振渡越辐射的坐标系

如图 14.13.4 所示，电子注连续地穿过一系列的介质薄膜，适当地选择介质膜的参数及电子注的能量，可望得到 X 射线激光. 我们来做如下的初步分析.

为简单计，假定介质的介电常数的变化按下述规律：

$$\varepsilon(\omega, z) = \varepsilon_0 + \Delta\varepsilon \cos\frac{2\pi z}{l} \tag{14.13.50}$$

式中，l 是介质膜的周期，且认为

$$\Delta\varepsilon \ll \varepsilon_0 \tag{14.13.51}$$

还要假定，在介质的交界面上，既没有电磁波的反射，也没有电磁波的衍射.

设电子沿 z 轴进行，因此

$$\boldsymbol{v} = u_0 \boldsymbol{e}_z \tag{14.13.52}$$

设电子的渡越辐射产生的电磁波沿与 z 轴成 θ 角的方向传播，如图 14.13.4 所示. 假定电磁波为平面波，令电磁波传播方向为 $\boldsymbol{k}$，则可以看到，电场仅有 $\boldsymbol{E} = E_\mu \boldsymbol{e}_\mu$ 分量，这里 $\boldsymbol{e}_\mu \perp \boldsymbol{e}_k$，$\boldsymbol{e}_k$ 是 $\boldsymbol{k}$ 方向的单位矢量. 而磁场则有 $\boldsymbol{B} = B_y \boldsymbol{e}_y$ 分量.

电子注受到电场的作用，在 $\boldsymbol{e}_\mu$ 方向上产生扰动运动，因此，可以认为扰动电流仅有 J_u 分量.

当介电常数 ε 是变量时，由麦克斯韦方程可以得到以下的波方程：

$$\nabla^2 \boldsymbol{E} + k^2 \boldsymbol{E} - \nabla\left(\frac{\nabla\varepsilon}{\varepsilon} \cdot \boldsymbol{E}\right) = -\mathrm{j}\mu_0 \omega \boldsymbol{J} \tag{14.13.53}$$

式中

$$k^2 = \frac{\omega^2}{c^2}\varepsilon(z) \tag{14.13.54}$$

为了简化计算，我们采用准经典近似的方法，即假定

$$k^2 \boldsymbol{E} \gg \nabla\left[\frac{\nabla\varepsilon}{\varepsilon} \cdot \boldsymbol{E}\right] \tag{14.13.55}$$

这样，仅考虑 E_μ 分量及 J_u 分量，就可以得到

$$\frac{\partial^2 E_\mu}{\partial y^2} + k^2 E_\mu = -\mathrm{j}\omega\mu_0 J_\mu \tag{14.13.56}$$

上述二阶微分方程的解可分两步进行:第一步,求齐次方程的解;即 $J_\mu=0$ 时方程的解;第二步,利用所得到的解,求出 J_μ,然后代入方程(14.13.56),可以求得色散方程.

这样,我们首先需求齐次方程

$$\frac{\partial^2 E_\mu}{\partial \nu^2}+k^2 E_\mu=0 \tag{14.13.57}$$

的解.为此,我们采用以下的逐次逼近方法求解,令

$$E_\mu=e^{\phi(\nu)} \tag{14.13.58}$$

代入方程(14.13.57),可以得到

$$\phi''+(\phi')^2+k^2=0 \tag{14.13.59}$$

式中,一撇表示对 ν 的微分.

如果在方程(14.13.59)中,略去 ϕ'' 项,则可以得到

$$\phi'=\pm \mathrm{j}k \tag{14.13.60}$$

由此又可得到

$$\phi''=\pm \mathrm{j}k' \tag{14.13.61}$$

将式(14.13.50)、式(14.13.51)代入式(14.13.49)又得

$$(\phi')^2\pm \mathrm{j}k'\pm k^2=0 \tag{14.13.62}$$

于是有

$$\phi'=\pm \mathrm{j}k\pm k'/2k \tag{14.13.63}$$

$$\phi=\pm \mathrm{j}\int_0^\nu k\,\mathrm{d}\nu'\pm\frac{1}{2}\ln(k_0) \tag{14.13.64}$$

这样,我们就可以求得电场的两个近似解:

$$E_\mu=\frac{E_0}{\sqrt{k_0}}e^{[\pm \mathrm{j}\int_0^\nu k\mathrm{d}\nu']} \tag{14.13.65}$$

式中

$$k_0=\left(\frac{\omega}{c}\right)\varepsilon_0 \quad E_\mu(0)=E_0 \tag{14.13.66}$$

利用 $\nu=z\cos\theta$ 的关系,由方程(14.13.54)可以得到

$$k\approx\frac{\omega}{c}\left(\sqrt{\varepsilon_0}+\frac{1}{2}\frac{\Delta\varepsilon}{\varepsilon_0}\cos\frac{2\pi\nu}{l\cos\theta}\right) \tag{14.13.67}$$

代入方程(14.13.55),仅考虑前向行波,则可以得到

$$E_\mu=E_0\mathrm{e}^{\mathrm{j}\left\{\frac{\omega}{c}\left[\sqrt{\varepsilon_0}\nu+\frac{l\cos\theta}{2}\frac{\Delta s}{\varepsilon}\sin\left(\frac{2x\nu}{l\cos\theta}\right)\right]\right\}} \tag{14.13.68}$$

将上式用贝塞尔函数展开,可得

$$E_\mu=E_0\sum_m J_n(z)\exp\left(\mathrm{j}\frac{2\pi\nu n}{l\cos\theta}+\mathrm{j}\frac{\omega}{c}\sqrt{\varepsilon_0}\nu\right) \tag{14.13.69}$$

式中

$$z=\frac{l\cos\theta}{2}\frac{\Delta\varepsilon}{\varepsilon_0}\left(\frac{\omega}{c}\right) \tag{14.13.70}$$

这样,我们就求得了齐次方程(14.13.57)的解.为了求得扰动电流,可以采用动力学理论的方法,即由线性弗拉索夫方程得到电子的扰动分布函数:

$$f_1=-e\int_{-\infty}^0 \mathrm{d}\tau(\boldsymbol{E}'+\boldsymbol{v}'\times\boldsymbol{B}')\cdot\nabla_{p'}f_0 \tag{14.13.71}$$

我们仍然采用上一篇中所述的零级近似的方法,即令方程(14.13.71)中的电场及磁场,可以用以上求得的

齐次方程的解代入.由方程(14.13.69)按麦克斯韦方程,可以求得磁场分量:

$$H_y=\frac{1}{j\omega\mu_0}\frac{\partial E_\mu}{\partial\nu}=\frac{1}{\mu_0}\left(\frac{\sqrt{\varepsilon_0}}{c}+\frac{2\pi n}{\omega l\cos\theta}\right)E_\mu \tag{14.13.72}$$

上式又可改写成

$$B_y=\left(\frac{k_{/\!/}}{\omega}\right)E_\mu,k_{/\!/}=k_0+\frac{2\pi n}{l\cos\theta} \tag{14.13.73}$$

我们假定电子的扰动运动,主要在横方向,纵向(即沿电子注运动的方向)的扰动运动可以略去.于是有

$$\boldsymbol{v}\times\boldsymbol{B}=-v_\nu B_y\boldsymbol{e}_\mu+\nu_\mu B_y\boldsymbol{e}_k \tag{14.13.74}$$

代入方程(14.13.71)可以得到扰动分布函数:

$$f_1=eE_\mu\frac{\left[(1-k_n v_\nu/\omega)\dfrac{\partial f_0}{\partial P_u}+\dfrac{k_n\nu_\mu}{\omega}\dfrac{\partial f_0}{\partial p_\nu}\right]}{-j\omega+jk_n v_\nu+\alpha v_\nu} \tag{14.13.75}$$

在得到上式时,我们已假定波的传播因子为

$$\exp(-j\omega t+jk_n\nu+\alpha\nu)$$

即令 α 为传播常数的虚部.

扰动电流即为

$$J_\mu=e\int f_1 v_\mu d^3p \tag{14.13.76}$$

将上式以及求得的电场一起代入方程(14.13.56),即可求得波的色散方程:

$$\alpha(\alpha+2jk_n)=-j\omega e\mu_0(I_1+I_2) \tag{14.13.77}$$

式中

$$I_1=\int_{-\infty}^{\infty}\int_{-\infty}^{\infty}\frac{\partial f_0}{\partial p_\mu}\frac{\left(1-\dfrac{k_n v_\mu}{\omega}\right)\mathrm{d}P_\mu\mathrm{d}P_\nu}{j\omega\left(1-\dfrac{k_n v_\nu}{\omega}\right)-\alpha v_\nu} \tag{14.13.78}$$

$$I_2=\int_{-\infty}^{\infty}\int_{-\infty}^{\infty}\frac{\partial f_0}{\partial p_\nu}\frac{\left(\dfrac{k_{/\!/}v_\mu}{\omega}\right)v_\mu\mathrm{d}P_\mu\mathrm{d}P_\nu}{j\omega\left(1-\dfrac{k_{/\!/}v_\nu}{\omega}\right)-\alpha v_\nu} \tag{14.13.79}$$

可见,色散关系的最终形式取决于电子的平衡分布函数.因此,对于热电子注及冷电子注必须分别加以研究.

(1)冷电子注的情况.对于冷电子注,我们可以假定:

$$f_0=\rho\delta(p_\nu-p_0\cos\theta)\delta(p_\mu-p_0\sin\theta) \tag{14.13.80}$$

式中,$p_0=m_0\gamma u_0$,u_0 为电子注的直流速度.

采用分部积分以后,I_1,I_2 可以得到

$$I_1=\int_{-\infty}^{\infty}\int_{-\infty}^{\infty}f_0\frac{\left(1-\dfrac{k_n v_\mu}{\omega}\right)\left(1-\dfrac{v_\mu^2}{c^2}\right)\mathrm{d}p_\mu\mathrm{d}p_\nu}{j\omega\left(1-\dfrac{k_n v_\nu}{\omega}\right)-\alpha v_\nu} \tag{14.13.81}$$

$$I_2=\int_{-\infty}^{\infty}\int_{-\infty}^{\infty}f_0\frac{\left(\dfrac{k_n v_\mu}{\omega}\right)v_\mu(\alpha-jk_{/\!/})\left(1-\dfrac{v_\mu^2}{c^2}\right)}{j\omega\left(1-\dfrac{k_n v_\nu}{\omega}\right)-\alpha v_\nu}\mathrm{d}p_\mu\mathrm{d}p_\nu \tag{14.13.82}$$

将方程(14.13.80)代入上两式,积分后,即可求得

$$I_1=\frac{\rho}{m_0\gamma}\frac{(1-\sqrt{\varepsilon_0}\beta\cos\theta-2\pi nu_0/l\omega)(1-\beta^2\sin^2\theta)}{\left[\mathrm{j}\omega\left(1-\sqrt{\varepsilon_0}\beta\cos\theta-\frac{2\pi nu_0}{l\omega}\right)-\alpha u_0\cos\theta\right]^2} \tag{14.13.83}$$

$$I_2=-\frac{\rho}{m_0\gamma\omega}\frac{k_n}{}\frac{u_0^2\sin^2\theta(1-\beta^2\cos^2\theta)(\alpha-\mathrm{j}k_n)}{\left[\mathrm{j}\omega\left(1-\sqrt{\varepsilon_0}\beta\cos\theta-\frac{2\pi nu_0}{l\omega}\right)-\alpha u_0\cos\theta\right]^2} \tag{14.13.84}$$

我们看到，当条件

$$1-\sqrt{\varepsilon_0}\beta\cos\theta-\frac{2\pi nu_0}{l\omega}=0 \tag{14.13.85}$$

时，有

$$I_1=0 \tag{14.13.86}$$

条件(14.13.85)称为谐振条件.我们来分析一下这一条件.由方程(14.13.74)，有

$$k_n=k_0+\frac{2\pi n}{l\cos\theta}=\frac{\omega}{c}\sqrt{\varepsilon_0}+\frac{2\pi n}{l\cos\theta} \tag{14.13.87}$$

可见条件(14.13.85)相当于条件

$$k_n=\frac{\omega}{v_\mu} \tag{14.13.88}$$

因为 $v_\nu=u_0\cos\theta$.令发生谐振时的倾角为 θ_n，则谐振条件为

$$1-\sqrt{\varepsilon_0}\beta\cos\theta_n-\frac{2\pi nu_0}{l\omega}=0 \tag{14.13.89}$$

由以上所述可见，在谐振条件下，$I_1=0$.这时 I_2 为

$$I_2=-\frac{\rho(\alpha+\mathrm{j}k_n)k_nu_0^2\sin^2\theta_n(1-\beta^2\cos^2\theta_n)}{\omega\gamma m_0(\alpha\mu_0\cos\theta_n)^2} \tag{14.13.90}$$

因为色散方程(14.13.77)化为

$$\alpha^3(\alpha+2\mathrm{j}k_n)=\frac{\mathrm{j}k_ne\mu_0\rho(\alpha+\mathrm{j}k_n)\tan^2\theta_n(1-\beta^2\cos^2\theta_n)}{m_0\gamma} \tag{14.13.91}$$

如果假定

$$\begin{cases}\alpha\ll\mathrm{j}k_n{}'\\ k\approx k_0\approx k_n\end{cases} \tag{14.13.92}$$

则式(14.13.91)化为

$$\alpha^3=\mathrm{j}(k_0c)^3 \tag{14.13.93}$$

式中，令

$$c=\left[\frac{e\rho\mu_0\tan^2\theta_n}{2k_0^2\gamma m_0}(1-\beta^2\cos^2\theta_n)\right]^{1/3} \tag{14.13.94}$$

方程(14.13.93)与普通行波管方程类似，而在普通行波管理论中，c 称为增益参量(见第 1 篇参考文献[17])，并且(14.13.93)所表示的色散方程，表示有三个根，代表三个波：

$$\begin{cases}\alpha_1=\left(\frac{\sqrt{3}}{2}-\frac{1}{2}\mathrm{j}\right)k_0c\\ \alpha_2=\left(-\frac{\sqrt{3}}{2}-\frac{1}{2}\mathrm{j}\right)k_0c\\ \alpha_3=\mathrm{j}k_0c\end{cases} \tag{14.13.95}$$

只有 α_1 表示增长波，增长率为 $\exp\left(\frac{\sqrt{3}}{2}k_0c\nu\right)$.

进一步的计算就同行波管中是一样的. 由于存在三个波，因此就存在初始衰减，因而增益公式即为

$$G=-9.54+47.3CN_{\nu}(\mathrm{dB}) \tag{14.13.96}$$

式中，N_{ν} 表示波在介质中的波数.

方程(14.13.96)表明，为了得到有净增益，必须有

$$CN_{\nu}>0.2 \tag{14.13.97}$$

现在考虑强相对论电子注情况，设介质由两种不同介质的薄膜组成，其相应的等离子体频率为 ω_1 及 ω_2，且满足条件

$$\frac{1}{\gamma^2}\ll\frac{\omega_1^2}{\omega_2^2}<\frac{\omega_2^2}{\omega^2} \tag{14.13.98}$$

于是可以得到以下的计算公式：

$$cN_{\nu}\approx 3.1\times10^{-8}M\left(\frac{\lambda_1^2 J}{E_b}\right)^{\frac{1}{3}} \tag{14.13.99}$$

式中，J 表示电子注电流密度(A/cm^2)，λ_1 表示较厚的薄膜内的等离子体波长(Å)，E_b 的单位是 MeV，而 M 是薄膜片的数目.

设以斯坦福直线加速器(SLAC)的电子注为例，这时 $E_b=50$ GeV，$J=5\times10^{10}$ A/cm，设 100 个锂膜等距离地放在氦气中(一大气压)，于是可以得到：$CN_{\nu}\approx0.3$. 于是得到相当于 10 keV 的 X 射线的单次通过增益为 3 dB.

以上所述仅当作用距离很长时才成立. 因为当距离很短及增益很低时($\alpha L\ll1$)，线性弗拉索夫方程的解不能如此简单得到. 在文献中(见本篇参考文献[90])求得当 $\alpha L\ll1$ 时的增益公式为

$$\alpha L=7.5\times10^{-21}\frac{M^3\lambda_1^2 J}{E_b} \tag{14.13.100}$$

现在仍以 SLAC 加速器为例，只是薄膜为铍及锂，厚度为 20～73 μm，共 200 片. 于是可以求得对相当于 10 keV X 射线来说，单次通过增益为 4%.

(2)热电子注的情况. 现在来考虑热电子注的情况，这时电子的平衡分布函数已不能用 δ 函数来表示. 因此，为了积分 I_1，I_2，必须利用围道积分的方法.

由方程(14.13.78)我们同样可以看到，当谐振条件满足时，$I_1=0$. 而对于 I_2，我们可以按本书第 8 章中所述的方法进行，即将积分 I_2 分解为实部及虚部：

$$I_2=\int_{-\infty}^{\infty}\int_{-\infty}^{\infty}\frac{\left(\dfrac{k_n v_{\mu}^2}{\omega}\right)\left(\dfrac{\partial f_0}{\partial p_{\nu}}\right)\left[-\alpha v_{\nu}-\mathrm{j}\omega\left(1-\dfrac{k_n v_{\nu}}{\omega}\right)\right]\mathrm{d}p_{\nu}\mathrm{d}p_{\mu}}{\alpha^2 v_{\nu}^2+(\omega-k_n v_{\nu})^2} \tag{14.13.101}$$

由上述方程可以看到，在谐振条件下，我们有

$$\mathrm{Im}(I_2)=0 \tag{14.13.102}$$

而实部则为

$$\mathrm{Re}(I_2)=-\int_{-\infty}^{\infty}\int_{-\infty}^{\infty}\frac{\left(\dfrac{k_n v_{\mu}^2}{\omega}\right)\alpha\nu_{v}\left(\dfrac{\partial f_0}{\partial p_{\nu}}\right)\mathrm{d}p_{\mu}\mathrm{d}p_{\nu}}{\alpha^2 v_{\nu}^2+(\omega-k_n v_{\nu})^2} \tag{14.13.103}$$

为了计算上述积分，我们看到，上式在 p_{μ} 轴上无极点，因此，为简单计，可以认为平衡分布函数对 p_{μ} 是 δ 函数形式. 此外，我们假定，在 p_{ν} 的极点附近，$\partial f_0/\partial p_{\nu}$ 属于缓变，于是，积分(14.13.103)可化为

$$\mathrm{Re}(I_2)=\frac{\gamma m_0\alpha c^2\beta^2\sin^2\theta_n}{1-\beta^2\cos^2\theta_n}\frac{\partial f_0}{\partial p_{\nu}}\int_{-\infty}^{\infty}\frac{\mathrm{d}s}{\alpha^2+(s\omega-k)^2} \tag{14.13.104}$$

式中，令

$$s=\frac{m_0\gamma}{p_{\nu}}=\frac{1}{v_{\nu}} \tag{14.13.105}$$

于是利用留数定律,可以得到

$$\mathrm{Re}(I_2)=\frac{E_b\beta^2\sin^2\theta_n}{1-\beta^2\cos\theta_n}\ \frac{\pi}{\omega}\left(\frac{\partial f_0}{\partial p_\nu}\right) \tag{14.13.106}$$

式中,$E_b=m_0\gamma c^2$.

由此可以求得波的增长率为

$$\alpha=\frac{\pi}{2}\ \frac{\mu_0 ecE_b\beta^2\sin^2\theta_n}{\omega\ \sqrt{\varepsilon_0}(1-\beta^2\cos^2\theta_n)}\ \frac{\partial f_0}{\partial p_\nu} \tag{14.13.107}$$

可见,为了得到净的正增益,要求$\partial f_0/\partial p_\nu>0$.

如果假定电子注为高斯型分布,即假定最大动量零散为 Δp,平均动量为 p_0,则有

$$f_0=\frac{\rho\left(\frac{4}{\pi}\ln 2\right)^{1/2}}{\Delta p}\mathrm{e}^{\left[-4\ln 2\frac{(p-p_0)^2}{(\Delta p)^2}\right]} \tag{14.13.108}$$

由此,可以求得当$(p-p_0)=\Delta p_0/(8\ln 2)^{1/2}$时可以得到$\partial f_0/\partial p_\nu$ 的最大值,为

$$\left(\frac{\partial f_0}{\partial p_\nu}\right)_{\max}\approx\frac{1.34\rho c^2}{E_b^2\cos^2\theta_n}\left(\frac{p_0}{\Delta p}\right) \tag{14.13.109}$$

将上式代入式(14.13.107),可以得到

$$\alpha L\approx 1.26\times 10^{-12}\frac{J\lambda}{E_b}\left(\frac{\rho_\theta}{\Delta p}\right)^2 L \tag{14.13.110}$$

如果电子注的参量为(SCA 加速器):$E_b=60$ MeV;$J=400$ A/cm^2,$\Delta p/p_0=1\times 10^{-4}$,则对于由 1.2 μm 厚铍膜及 3.0 μm 的真空间隔组成的系统来说,对于 3Å 的 X 射线,上式给出为 $\alpha=2.5\times 10^{-3}$/cm. 当膜片数为 10^3 时,单次通过的增益为 10^{-3}.

由以上的理论分析可以看到,建立 X 射线激光是相当困难的.

14.14 电子(或者带电粒子)回旋谐振加速器

在研究电子与波的互作用时,我们考虑的是电子把能量交给场,得到波场的增长,这是电子学的主要任务之一. 但是,当电子与波相互作用时,另一种相反的情形就是场把能量交给电子,电子获得能量,从而使电子的运动速度增加,这就是利用波来加速电子(或者其他带电粒子). 带电粒子加速器是近代物理的一种极其重要的实验研究装置. 随着高能物理学的发展,对粒子能量的要求越来越高,加速器能量级越来越高,体积及耗资越来越大,以致无论从工程的角度来看还是从经济的角度来看,都成了很困难的问题. 因此,探索新的加速器原理,建立新的体积较小,投资较小而能量又可达到很高的加速器,成了人们竭力追求的目标.

随着近代相对论电子学的发展,一些新的加速器原理已经提出,这方面的研究工作已取得相当大的进展.

电子(或其他带电粒子,以下同)回旋谐振加速器,按其工作原理及磁场的变化情况来分,可分为磁场随时间变化及磁场随空间变化两种. 我们先讨论空间变化磁场情形.

如图 14.14.1 所示,电子沿磁力线做回旋运动,同时向 z 方向运动,电子的运动受到电磁波(激光束)的加速. 在回旋谐振状态下,这种加速原理与自由电子激光的互作用原理相反.

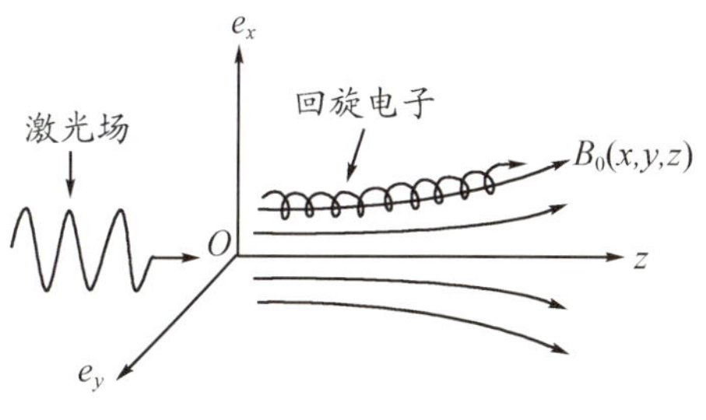

图 14.14.1 CRL 加速过程的图示

回旋电子与波的谐振条件是

$$\omega = k_{/\!/} v_z + \omega_{c0}/\gamma \tag{14.14.1}$$

如果略去色散，则对电磁波有

$$\omega = ck_{/\!/} \tag{14.14.2}$$

由以上两式可以得到

$$\gamma(1-\beta_z) = \omega_{c0}/\omega \tag{14.14.3}$$

由此可以看到，当磁场为恒定时，我们有

$$\gamma(1-\beta_z) = \text{const} \tag{14.14.4}$$

可见，在回旋谐振条件下，电子可连续地被加速，这种现象称为“自谐振”. 不过在实际上，上述自谐振的条件并不能这样简单地得到保持，因为有一系列的因素未加考虑，如波的色散，电子与波互作用的非线性状态，回旋电子引起的辐射，等等. 我们来较详细地研究这个问题.

假定电磁波为圆极化，且为高斯分布，光斑尺寸远大于电子注的横向尺寸. 因此，仅需考虑轴上的场强. 于是，由矢量位

$$\boldsymbol{A}(z,t) = A(z)[\sin\phi(z,t)\boldsymbol{e}_x + \cos\phi(z,t)\boldsymbol{e}_y] \tag{14.14.5}$$

式中

$$A(z) = \frac{A_0}{[1+(Z/Z_R)^2]^{\frac{1}{2}}} \tag{14.14.6}$$

$$\phi(z,t) = \int_0^z k_{/\!/}(z')\mathrm{d}z' - \omega t \tag{14.14.7}$$

$$k_{/\!/}(z) = \frac{\omega}{c} + \frac{1}{Z_R}\left(1+\frac{Z^2}{Z_R^2}\right)^{-1} \tag{14.14.8}$$

$$Z_R = \frac{\pi r_0^2}{\lambda} \tag{14.14.9}$$

λ 为自由空间波长，r_0 为光斑半径，Z_R 为瑞利(Rayleigh)长度.

为了使谐振条件得以保持，使磁场沿空间缓变. 因此

$$\boldsymbol{B}_0(x,y,z) = -\frac{1}{2}\frac{\partial B_0}{\partial z}x\boldsymbol{e}_x - \frac{1}{2}\frac{\partial B_0}{\partial z}y\boldsymbol{e}_y + B_0(z)\boldsymbol{e}_z \tag{14.14.10}$$

由于场是缓变的，因此有

$$\left|\frac{1}{B_0}\frac{\partial B_0}{\partial z}x\right| \ll 1,\left|\frac{1}{B_0}\frac{\partial B_0}{\partial z}y\right| \ll 1 \tag{14.14.11}$$

为了便于分析，将电子的运动分为迅变和缓变的两部分之和，即

$$\begin{cases}(p_x,p_y) = (p_{gx},p_{gy}) + p_\perp(\cos\Phi,\sin\Phi)\\(x,y) = (x_g,y_g) + r_c(\sin\Phi,-\cos\Phi)\end{cases} \tag{14.14.12}$$

式中，p_{gx}，p_{gy}，x_g，y_g 分别表示电子回旋中心的“动量”及坐标. 假定 p_{gx}，p_{gy}，$p_\perp$，r_c 为一坐标系的缓变量，即在一个电子回旋周期内，这些量的变化很小.

引入变量：

$$\begin{cases}\boldsymbol{U} = U_\perp\boldsymbol{e}_\perp + U_z\boldsymbol{e}_z\\U_\perp = p_\perp/m_0c, U_z = p_z/m_0c\\\beta_z = U_z/\gamma, \gamma = (1+\boldsymbol{U}\cdot\boldsymbol{U})^{\frac{1}{2}}\\n = 1+\left(1+\frac{Z^2}{Z_R^2}\right)^{-1}\left(\frac{cZ_R}{\omega}\right)^{-1}\end{cases} \tag{14.14.13}$$

则可得电子的运动方程如下：

$$\begin{cases}\dfrac{\partial U_{\perp}}{\partial z}=-\alpha\omega(1-n\beta_z)\cos\psi+\dfrac{c\beta_z U_{\perp}}{2}\dfrac{\partial\omega_{c0}}{\partial z}\left(\dfrac{1}{\omega_{c0}}\right)\\ \dfrac{\partial U_z}{\partial z}=-\alpha n\omega\dfrac{U_{\perp}}{\gamma}\cos\psi-\dfrac{cU_{\perp}^2}{2\gamma}\dfrac{\partial\omega_{c0}}{\partial z}\left(\dfrac{1}{\omega_{c0}}\right)\\ \dfrac{\partial\psi}{\partial z}=\dfrac{\omega_{c0}}{\gamma}-\omega(1-n\beta_z)+\alpha\omega\dfrac{(1-n\beta z)}{U_{\perp}}\sin\psi\\ \dfrac{\partial\gamma}{\partial z}=-\alpha\omega\dfrac{U_{\perp}}{\gamma}\cos\psi\end{cases}\tag{14.14.14}$$

式中，令

$$\begin{cases}\alpha=eA(z)/m_0c^2\\ \psi=\Phi+\phi\\ \omega_{c0}=eB_0(z)/m_0c\end{cases}\tag{14.14.15}$$

如再令

$$\begin{cases}\xi=z\omega/c\\ b=\omega_{c0}/\omega\\ U_z=(\gamma-b)/(n-\Delta)\\ \Delta=\Delta\omega/\omega\\ \Delta\omega=[(\omega_{c0}/\gamma)-\omega(1-n\beta_z)]/\beta_z\end{cases}\tag{14.14.16}$$

则可将方程(14.14.14)归一化为以下方程：

$$\begin{cases}\dfrac{\partial U_{\perp}}{\partial\xi}=-\alpha\left(\dfrac{nb-\gamma\Delta}{\gamma-b}\right)\cos\psi+\dfrac{U_{\perp}}{2}\dfrac{\partial b}{\partial\xi}\left(\dfrac{1}{b}\right)\\ \dfrac{\partial\phi}{\partial\xi}=\Delta+\alpha\left(\dfrac{nb-\gamma\Delta}{\gamma-b}\right)\dfrac{\sin\psi}{U_{\perp}}\\ \dfrac{\partial\Delta}{\partial\xi}=\dfrac{1}{b}\dfrac{\partial b}{\partial\xi}\left[\dfrac{b}{U_z}-\dfrac{n-\Delta}{2}\dfrac{U_{\perp}^2}{U_z^2}\right]+\alpha(1-n^2+n\Delta)\dfrac{U_{\perp}}{U_z^2}\cos\psi\\ \dfrac{\partial\gamma}{\partial\xi}=-\alpha U_{\perp}\left(\dfrac{n-\Delta}{\gamma-b}\right)\cos\psi\end{cases}\tag{14.14.17}$$

方程(14.14.17)是电子回旋谐振加速器的工作方程. 如果假定磁场是均匀的，而且略去波的色散及波场幅值的变化，则由上式可以求得运动常数：

$$\begin{cases}f(\gamma)=\alpha U_{\perp}\sin\psi=c_1\\ \gamma(n-\beta_z)=c_2\end{cases}\tag{14.14.18}$$

式中，c_1，c_2 为常数，而

$$f(\gamma)=\gamma\left[U_{z0}\Delta_0-(1+n^2)\left[\frac{\gamma}{2}-\gamma_0\right]\right]\tag{14.14.19}$$

式中，U_{z0}，Δ_0，γ_0 均为电子运动的初始值.

这时，由方程(14.14.17)可以看到，当电子受加速时，应处在 $\psi=\pi$ 的相位. 而且在此相位附近，产生电子的群聚. 如果初始值为

$$\begin{cases}U_{\perp 0}=0\\ \gamma_0(1-\beta_0)\approx\dfrac{1}{2}\gamma_0\end{cases}\tag{14.14.20}$$

则电子能量的变化为

$$\frac{\partial\gamma}{\partial z}=\frac{\alpha}{\gamma}\frac{\omega}{c}\left(\frac{\gamma}{\gamma_0}-1\right)^{\frac{1}{2}}\tag{14.14.21}$$

积分上式,并假定最后 $\gamma_f \gg \gamma_0$,则可得到

$$\gamma_f = \gamma_0^{-\frac{1}{3}}\left(\frac{3\pi\alpha L}{\lambda}\right)^{\frac{2}{3}} \tag{14.14.22}$$

式中,L 为互作用区长度.

由于 α 正比于场强,由方程(14.14.21)、方程(14.14.22)可以看到,加速的梯度正比于场强,而最大能量则正比于互作用区长度与波长之比的 2/3 次方.

如果 α 及 n 均不是常数,则必须使磁场沿 z 轴有一定的变化,才能保持谐振条件.这可由以下方程求得.在方程(14.14.17)中,令

$$\frac{\partial\Delta}{\partial\xi}=0,\Delta=0 \tag{14.14.23}$$

得到

$$\frac{\partial b}{\partial\xi}\left(\frac{1}{U_z}-\frac{n}{2}\frac{U_\perp^2}{U_z^2}\right)+\alpha(1-n^2)\frac{U_\perp}{U_z}\cos\psi=0 \tag{14.14.24}$$

由此得到

$$\frac{\partial b}{\partial\xi}=-\frac{\alpha(1-n^2)\dfrac{U_\perp}{U_z}\cos\psi}{\left(\dfrac{1}{U_z}-\dfrac{n}{2}\dfrac{U_\perp^2}{U_z^2}\right)} \tag{14.14.25}$$

利用以上结果可以计算下面的例子.设取二氧化碳激光器为能源,能流密度为 1×10^{13} W/cm^2,场斑半径 $r_0=0.5$ cm,$Z_R=7.8$ cm,最大场强为 $E_L=60$ MeV/cm,$\alpha=0.02$.令外加磁场为 100 kGs,注入电子的初始能量为 25 MeV.计算结果如图 14.14.2 所示.由图可见,当 $L=2Z_R=15.5$ cm 时,电子能量可达 500 MeV.

可以看到,高达十万高斯的磁场强度也是一个较困难的问题.这可以采用超导或脉冲磁场的办法来加以解决.

自然,以上的讨论还没有考虑电子注的空间电荷及自身磁场的影响.

另一个电子回旋谐振加速器的方案是磁场随时间缓变,即

$$\boldsymbol{B}_0=B_0\boldsymbol{e}_z[1+b(t)] \tag{14.14.26}$$

如图 14.14.3 所示.电子在磁场中做回旋运动,如果有一圆极化的电磁波,在磁振条件下,电子不断地受到电磁波的加速.我们来研究这个问题.

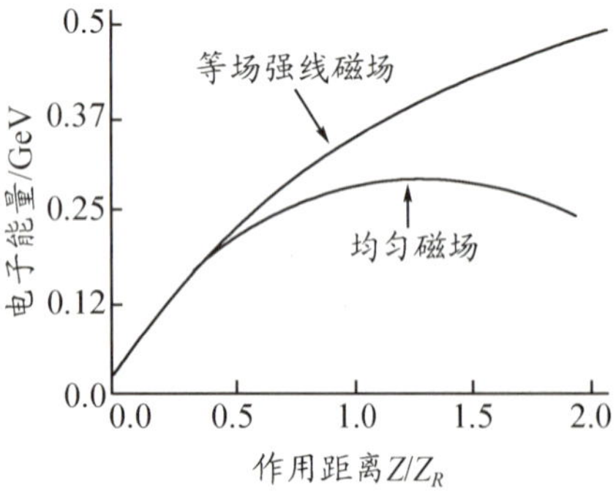

图 14.14.2 电子能量作为互作用距离的函数

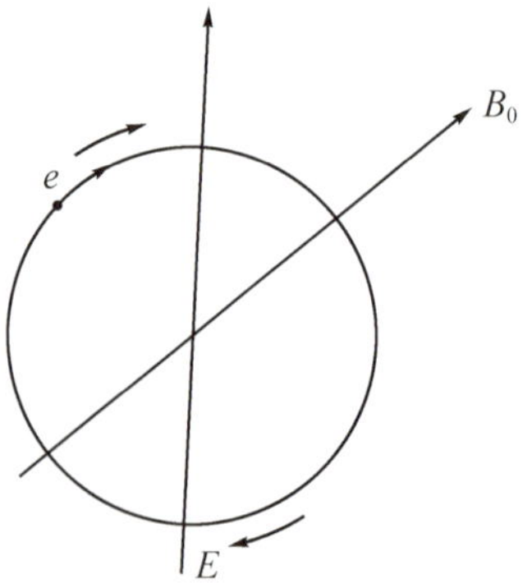

图 14.14.3 回旋电子与圆极化电磁波的互作用

电子能量的变化由以下方程表示:

$$\frac{\mathrm{d}\gamma}{\mathrm{d}t}=-\frac{e}{m_0c^2}\boldsymbol{E}\cdot\boldsymbol{v}=-\frac{eE}{m_0c^2}v\cos\varphi \tag{14.14.27}$$

式中,φ 表示电场矢量与电子运动速度之间的夹角.如果令

$$g_0=\frac{eE}{m_0c\omega} \tag{14.14.28}$$

则方程(14.14.27)可写成

$$\frac{\mathrm{d}\gamma}{\mathrm{d}t}=-g_0\omega\left(1-\frac{1}{\gamma^2}\right)^{\frac{1}{2}}\cos\varphi \tag{14.14.29}$$

在谐振条件

$$\omega=\frac{eB_0}{m_0c} \tag{14.14.30}$$

下，有

$$g_0=\frac{E}{B_0} \tag{14.14.31}$$

另一个联系 γ 与 φ 的方程可以从电子运动力的瞬时平衡方程求得，

$$\frac{m_0\gamma v^2}{r_c}-\frac{eB_0v}{c}-eE\sin\varphi=0 \tag{14.14.32}$$

式中，第一项表示瞬时离心力，r_c 是电子运动轨道瞬时曲率半径，第二项是磁场的洛伦兹力，第三项则是电场对电子的作用力. 如令

$$Q_c=\frac{v}{r_c} \tag{14.14.33}$$

表示电子运动的瞬时回旋频率，则可将方程(14.14.32)化为

$$Q_c=\frac{e_B}{m_0c\gamma}+g_0\omega(\gamma^2-1)^{-\frac{1}{2}}\sin\varphi \tag{14.14.34}$$

可见，当 $g_0\neq0$ 时，瞬时回旋频率将周期性地受到修正. 当 $\varphi=0,\pi,2\pi,\cdots$时，瞬时回旋频率正好与电子的回旋频率相同.

现在假定在初始时，有谐振条件

$$\omega=\frac{eB}{m_0c} \tag{14.14.35}$$

显然，这时有

$$\frac{\mathrm{d}\varphi}{\mathrm{d}t}=Q_c-\omega \tag{14.14.36}$$

代入方程(14.14.34)，可以得到

$$\frac{\mathrm{d}\gamma}{\mathrm{d}t}=(b-\gamma+1)\frac{\omega}{c}+g_0\omega(\gamma^2-1)^{\frac{1}{2}}\sin\varphi \tag{14.14.37}$$

这样，我们就可得到磁场随时间变化情况下电子回旋谐振加速的方程：

$$\begin{cases}\dfrac{\mathrm{d}\gamma}{\mathrm{d}\tau}=-g_0\left(1-\dfrac{1}{\gamma^2}\right)^{\frac{1}{2}}\cos\varphi\\[2ex]\dfrac{\mathrm{d}\varphi}{\mathrm{d}\tau}=\dfrac{b-\gamma+1}{\gamma}+g_0(\gamma^2-1)^{-\frac{1}{2}}\sin\varphi\end{cases} \tag{14.14.38}$$

式中，令

$$\omega t=\tau \tag{14.14.39}$$

很难求得方程(14.14.38)的解析解. 不过我们同样可以看到，当 $\varphi=\pi$时，电子加速，而且电子将在 $\varphi=\pi$ 的附近产生群聚. 这种群聚过程可以从方程(14.14.34)看出. 如果电子的初始相位在 $0<\varphi_0<\pi$ 内，则按方程(14.14.34)，电子的回旋频率将增大(大于 $\omega_c=eB/m_0c\gamma$)；而如果初相在 $\pi<\varphi_0<2\pi$ 内，则电子的旋转速度将减小. 因此，在 $\varphi_0=\pi$ 处形成群聚中心. 这种群聚，在加速器理论中称为捕获，意义是电子被加速场捕获. 由方程(14.14.38)可见，为了使捕获可以实现，$\mathrm{d}\varphi/\mathrm{d}\tau$ 必须周期性地等于零. 这样即可得到捕获得以实现的

条件

$$b-\gamma+1<\gamma g_0(\gamma^2-1)^{-\frac{1}{2}} \tag{14.14.40}$$

在初始阶段，$\gamma\approx1$，

$$\gamma-1=\frac{W_E}{m_0c^2} \tag{14.14.41}$$

式中，W_E 为电子的动能. 方程(14.14.40)化为

$$(2W_E)^{\frac{1}{2}}\cdot(b-W_E)\leqslant g_0 \tag{14.14.42}$$

在这一阶段，磁场可按线性随时间增长，即

$$b(\tau)\approx\alpha\tau \tag{14.14.43}$$

而电子的能量增长具有非相对论性质，即

$$W_E=\frac{g_0^2\tau^2}{2} \tag{14.14.44}$$

于是方程(14.14.42)化为

$$\alpha\tau^2-\frac{g_0^2\tau^3}{2}\leqslant1 \tag{14.14.45}$$

上式左边在 $\tau=4\alpha/3g_0^2$ 时达极大值，因此捕获条件又可表述为

$$\alpha\leqslant1.19g_0^{4/3} \tag{14.14.46}$$

由于在初始阶段，磁场是从原来的初值开始上升的，即 b 从 $b=0$ 开始增长，所以上式又可写成

$$\alpha=\left.\frac{\mathrm{d}b}{\mathrm{d}\tau}\right|_{\tau=0}\leqslant1.19g_0^{4/3} \tag{14.14.47}$$

而当 $\gamma\gg1$ 时，即电子已获得很大能量时，方程(14.14.38)取以下形式：

$$\begin{cases}\dfrac{\mathrm{d}\gamma}{\mathrm{d}\tau}=-g_0\cos\varphi\\[2ex]\dfrac{\mathrm{d}\varphi}{\mathrm{d}\tau}=\dfrac{b}{\gamma}-1\end{cases} \tag{14.14.48}$$

由上式第二式可见，在保持相位捕获的条件下，

$$\frac{b}{\gamma}\approx1 \tag{14.14.49}$$

在方程(14.14.48)中 $\mathrm{d}b/\mathrm{d}\tau$ 代替 $\mathrm{d}\gamma/\mathrm{d}t$，即可求得

$$\varphi_{as}=\arccos\left(-\frac{1}{g_0}\frac{\mathrm{d}b}{\mathrm{d}\tau}\right) \tag{14.14.50}$$

式中，φ_{as} 表示 φ 的渐近值.

由方程(14.14.50)可以得到

$$\frac{1}{g_0}\frac{\mathrm{d}b}{\mathrm{d}\tau}\leqslant1 \tag{14.14.51}$$

上式是回旋加速运动稳定的必要条件.

如上所述，在上述条件下，电子在做回旋运动时，受到圆极化波场的加速. 不过，做回旋运动的电子还要辐射出能量. 按本书第 13 章所述，在磁场中做回旋运动的电子单位时间内辐射的能量密度为

$$I=\frac{2e^4B^2v^2}{3c^5m_0^2(1-\beta^2)} \tag{14.14.52}$$

在回旋谐振条件下，

$$\frac{eB}{m_0\gamma_c}=\omega \tag{14.14.53}$$

在强相对论条件下，由方程(14.14.52)可以得到

$$\left(\frac{\mathrm{d}\gamma}{\mathrm{d}\tau}\right)_{\mathrm{Rad}}=-\frac{2}{3}\left(\frac{r_{\mathrm{e}}}{r_{\mathrm{c}}}\right)\gamma^{4} \tag{14.14.54}$$

式中，r_{e} 表示电子的经典半径，已在第 13 章中讨论过：

$$r_{\mathrm{e}}=\frac{e^{2}}{m_{0}c^{2}}=2.82\times10^{-12}\ \mathrm{mm} \tag{14.14.55}$$

r_{c} 表示电子的回旋半径.

另外，按方程(14.14.48)，电子受到加速场作用时，有

$$\left(\frac{\mathrm{d}\gamma}{\mathrm{d}\tau}\right)_{E}=-g_{0}\cos\varphi \tag{14.14.56}$$

因此，可以得到饱和时，能量的平衡方程：

$$\int_{0}^{2\pi}\left(\frac{\mathrm{d}\gamma}{\mathrm{d}\tau}\right)_{\mathrm{Rad}}\mathrm{d}\tau+\int_{0}^{2\pi}\left(\frac{\mathrm{d}\gamma}{\mathrm{d}\tau}\right)_{E}\mathrm{d}\tau=0 \tag{14.14.57}$$

这样，就可以求得饱和时电子达到的最大能量：

$$\gamma_{\mathrm{lim}}^{4}=8.5\times10^{11}g_{0}\ \overline{|\cos\varphi|} \tag{14.14.58}$$

式中，$\overline{|\cos\varphi|}$ 表示方均值.

如果令

$$\overline{|\cos\varphi|}=1 \tag{14.14.59}$$

则可得到

$$\gamma_{\mathrm{lim}}^{4}=2.68\times10^{8}\lambda^{2}E \tag{14.14.60}$$

上式中电场 E 用 kV/cm 作单位，λ 用 cm 作单位.

按上式计算，在 $\omega/2\pi=f\approx300$ MHz 时($\lambda=1$ m)，当 $E=10$ V/cm，电子能量的极限值为 200 MeV.

我们来解释一下为什么在电子回旋谐振加速器中电子的最大能量极限要大于一般的回旋加速器中电子的最大能量极限. 原因在于，在一般的回旋加速器中，仅当电子通过加速腔时才受到加速，而电子在全部轨道上都要辐射能量. 因此，电子辐射能量的时间比加速时间要长得多. 而在所述的电子回旋谐振加速器中，电子在整个轨道上都受到加速.

在以上的讨论中，我们同样忽略了空间电荷效应等. 有关这种类型加速器的进一步研究，读者可参看本书末所附的有关文献.

参考文献

第 1 篇 有关数学物理基础方面的文献

[1] 谢邦杰. 线性代数[M]. 北京:人民教育出版社,1978.

[2] 朗道,栗弗席兹. 场论[M]. 任朗,袁炳南,译. 北京:人民教育出版社,1978.

[3] 安德烈・安戈. 电工、电信工程师数学[M]. 陆志刚,等译. 北京:人民邮电出版社,1979.

[4] 福克. 空间、时间和引力的理论[M]. 周培源,等译. 北京:科学出版社,1965.

[5] 斯米尔诺夫. 高等数学教程[M]. 叶彦谦,谷超豪,译. 北京:高等教育出版社,1962.

[6] 格林伍德. 经典动力学[M]. 孙国锟,译. 北京:科学出版社,1982.

[7] 甘特马赫. 分析力学讲义[M]. 钟奉俄,薛问西,译. 北京:人民教育出版社,1964.

[8] 涅符兹格利亚多夫. 理论力学[M]. 钟奉俄,译. 北京:高等教育出版社,1965.

[9] 伊凡宁科,索科洛夫. 经典场论[M]. 黄祖洽,译. 北京:科学出版社,1962.

[10] 郭士堃. 理论力学[M]. 北京:人民教育出版社,1983.

[11] 周衍柏. 理论力学教程[M]. 南京:江苏人民出版社,1962.

[12] STRATTON J A. Electromagnetic Theory[M]. New York:McGraw-Hill,1941.

[13] SOMMERFELD A. Electro dynamics[M]. Pittsburgh:American Academic Press,1952.

[14] 杰克逊. 经典电动力学[M]. 朱培豫,译. 北京:人民教育出版社,1980.

[15] 斯迈思. 静电学和电动力学[M]. 戴世强,译. 北京:科学出版社,1982.

[16] 谢家麟,赵永翔. 速调管群聚理论[M]. 北京:科学出版社,1966.

[17] 刘盛纲,等. 微波电子学导论[M]. 北京:国防工业出版社,1984.

第 2 篇 有关电子回旋脉塞及回旋管的文献

[1] TWISS R Q. Radiation Transfer and the Possbility of Negative Absorption in Radio Astronomy [J]. Aust. J. Phys,1958,11:564-579.

[2] TWISS R Q. ROBERT J A. Electromagneitic Radiation from Electrons Rotating In an Ionized Medium under the Action of a Uniform Magnetic Field[J]. Aust. J. Phys,1958,11:424-446.

[3] SCHNEIDER J. Stimulated Emission of Radiation by Relativistic Electrons in a Magnetic Field [J]. Phys. Rev. Lett,1959,2:504-505.

[4] GAPONOV A V. Interaction of Irrectlinear Electron Beams with Electromagnetic Waves in Transmistion Lines[J]. Izv. VUZor Radio fizika,1959,2:450-462.

[5] WEIBEL E S. Spontaneously Growing Transverse Waves in a Plasma Due to an Anisotropic

Velcity Distribution[J]. Phys. Rev. Lett, 1959, 2: 83-84.

[6] GAPONOV A V, OSTROVSKII L A, FREIDMAN G I. Electromagnetic shock waves[J]. Izv. VUZ. Radiofizika, 1959, 2: 836-837.

[7] PANTELL R H. Electron Beam Interaction with Fast Waves[J]. Proc. Sym. Millimetre Waves, New York, 1959.

[8] PANTELL R H. Backward-Wave Oscillations in an Unloaded Waveguide[J]. Proc. Inst. RadioEngrs, 1959, 47: 1146.

[9] CHOW K K, PANTELL R H. The Cyclotron Resonance Back-Warde Wave Oscillator[J]. Proc. IEEE, 1960, 48: 1865-1870.

[10] ЖЕЛЕЗНЯКОВ В В. Изв учебиик завеәений раәиофизика[J]. Т. 1960, Ⅲ(1).

[11] КАUЕНЕNЕНБАУМ Б З. Теорня Нерегулярных волbноводв с медленно Меняющимся параметра [J]. мн, Изд. АН. СССР, 1960.

[12] BEKEFI G, HIRSHFIELD J L, BROWN S C. Kirchhoff's Radiation Law for Plasmas with Non-Max-wellian Distributions[J]. Phys. Fluids, 1961, 4: 173-176.

[13] BEKEFI G, HIRSHFIELD J L, BROWN S C. Cyclotron Emission from Plasmas With Non-Maxwellian Distributions[J]. Phys. Rev, 1961, 122: 1037-1042.

[14] GAPONOV A V. Instability of a System of Excited Osccillators with Respect to Electromagnetic Perturbations[J]. Societ Phys. JETP, 1961, 12: 232-236.

[15] ZHURAKHOVSKIY V A. Using an Averaging Method to Integrate Nonliear Equations for Phase-Synchronous Instruments[J]. Radio Engineering and Electronic Physics, 1964, 19: 1259-1262.

[16] HIRSHFIELD J L, WACHTEL J M. Electron Cyclotron Maser[J]. Phys. Rev. Lett. 1964, 12: 533-536.

[17] BOTT I B. Tunable Source of Millimeter and Sub-Millimeter Electromagegtic Radiation, Proc. IEEE, 1964, 52: 330-331.

[18] HIRSHFIELD J L, BERNSTEIN I B, WACHTEL J M. Cyclotron Resonance Interaction of Mic-rowaves with Energetic Electrons[J]. IEEE J. 1965, 1: 237-245.

[19] GAPONOV A V, GOL'DENBERG A L, GRIGOR'EV D P, et al. Induced Synchrotron Radiation of Electrons in Cavity Resonators[J]. JETP Letters, 1965, 2: 267-269.

[20] NEIL V K, HECKROTTE W. Relation Between Diochotron and Negative Mass Instabilities [J]. J. Appl. Phys. 1965, 36: 2761-2766.

[21] BOTT I B. A Powerful Source of Millimeter Wavelength Electromagnetic Radiation[J]. Phys. Lett. 1965, 14: 293-294.

[22] WACHTEL J M, HIRSHFIELD J L. Interference Beats in Pulse-Stimulated Cyclotron Radiation[J]. Phys. Rev. Lett. 1966, 17: 348-351.

[23] ANTAKOV I I, GAPONOV A V, MALYGIN O V, et al. Application of Inducted Cyclotron Radiation of Electrons for the Generation and Amplification of High Power Electromagnetic Waves[J]. Radio Engineering and Electronic Physics, 1966, 11: 1995-1997.

[24] GAPONOV A V, YULPATOV Y K. Interaction of Helical Electron Beams with the Electromag-netic Field in a Waveguide[J]. Radio Eng. and Electron. Phys, 1967, 12: 582-586.

[25] GAPONOV A V, PETELIN M I, YULPATOY V K. The Induced Radiation of Excited Classical Oscillators and its Use in High-Frequency Electronics[J]. Radio Phys. And Quutum Electron, 1967, 10:794-813.

[26] RAPOPORT G N, NEMAK A K, ZHURAKHOVSKIY V A. Interaction Between Helical Electron Beams and Electromagnetic Cavity Fields[J]. Radio Eng. And Electron. Phys. 1967, 12:587-595.

[27] KURIN A F, et al. Nonlinear theory of a Cyclotron Resonance Maser with a Fabry-Perot Resonator[J]. Radiophysics and Quantum Electronics, 1967, 10(8):651-654.

[28] GAPONOV A N, PETELIN M I, YULPATOY V K. The Induced Radiation of Excited Classical Oscillators and its Use in High Frequency Electronics[J]. Izv. VUZ. Radiofizika, 1967, 10:1414-1453.

[29] GRAYBILL S E, NABLO S V. The Generation and Diagnosis of Pulsed Relativistic Electron Beams above 10^{10} Watts[J]. IEEE Trans. Nuclear Science, 1967, 14:782-788.

[30] WACHTEL J M, HIRSHFIELD J L. Negative Eectron Cyclotron Resonance Absorption Dueto Collisions[J]. Phys. Rev. Lett. 1967, 19:293-295.

[31] MOISEYEV M A, ROGACHEVA G G, YULPATOV V K. A Theoretical Study of the Effect of a Langitudinal Inhomogeniety of the Electromagnetic Field in the Cavity on the Efficiency of a Cyclotron-Resonance Maset-monotron, All-Union Scientific Session in Honor of Radio Day [J]. Auno tations and Summaries of Papers, Izd NTORES in A. S. Popora Moscow, 1968:6.

[32] HIRSHFIELD J I. Electron Cydotron Maser Saturation [J]. Proc. V. Int. Congress on Microwave Tubes, 1967:3E1.

[33] JORY H. Investigation of Electronic Interaction with Optical Resonators for Microwave Generation and Amplification[R]. Research and Development Technical Report, ECOM-01873-F Varian Associates, 1968.

[34] VLASOV S N , ZAGRYADSKAYA L I, PETELIN M I, et al. Irregular Waveguides as Open Resonators[J]. Radiophysics and Quantum Electronics, 1969, 121(8):972-978.

[35] KURIN A F. Cyclotron-Maser Theory[J]. Radio Engineering and Electronic Physics, 1969, 14 (10):1652-1654.

[36] KURAYEV S N. Irregular waveguides as open resonators[J]. Izv. VUZov, Radiofizika, 1969, 12:1236.

[37] NATION J A. On the Coupling of an High-Current Relativistic Electron Beam to a Slow-Wave Structure[J]. Applied Physics Letters, 1970, 17(11):491-494.

[38] KOROLEV F A, KURIN A F. Cyclotron Resonance Maser with a Fabry-Perot Cavity[J]. Radio Engineering and Electronics Physics, 1970, 15(10):1868-1873.

[39] LINDSAY P A. Cyclotron Resonance Interaction-Classical and Quantum-Mechanical Treatments Compared Proc[J]. 8th Int. Conf. MOGA, Amsterdam , Holland, 1970, 151-156.

[40] FRIEDMAN M, URY M. Chemically enhanced opening switch for generating high-voltage pulses[J]. Review of Scientific Instruments, 1970, 41:1334.

[41] LAU Y Y, BRIGGS RYJ. Effects of Cold Plasma on the Negative Mass Instability of a Rela-tivistic Electron Layer[J]. Phys. Fluids, 1971, 14:967-976.

[42] BOGDANKEVICH L S, RUKHADZE A A. Stability of Relativistic Electron Beams in Plasma

and the Problem of Critical Currents[J]. Usp. Fiz. Nauk, 1971,103:609-640.

[43] LINDSAY P A. Large Signal Analysis of Cyclotron Maser[J]. Raytheon Com. Tech. Rep. 1971: 1021.

[44] BOERNSTEIN M,LAMB W E. Classical Laser[J]. Physical Review, 1972, 5:1298-1311.

[45] GOL'DENBERY A L,PANKRATOVA T B,PETELIN M I. Magnetron-Type Electron Gun: 226044[P]. 1967-7-16.

[46] LYGIN V K, TSIMRING SH E. Electrostatic Field in an Electronoptical System with a Wed-geshaped Cathode[J]. Soviet Physics-Technical Physics,1972,16(11):1809-1815.

[47] TSIMRING SH E. On the Spread of Velocities in Helical Electron Beams[J]. Radiophysics and Quantum Electronics,1972,15:925-961.

[48] LINDSAY P A. Cyclotron Resonance Interaction[J]. Int. J. Electron,1972,33:289-310.

[49] SMITH P W. Mode Selection in Lasers[J]. Proceedings of the IEEE, 1972, 60(4):422-440.

[50] ABRAMS R L. Coupling Losses in Hollow Waveguide Laser Resonators[J]. IEEE Jl Quan. Electron,1972,8:838-843.

[51] FRIEDMAN M,HERNDON M. Microwave Emission Produced by the Interaction of an Intense Relativistic Electron Beam with Spatially Modulated Magnetio Field[J]. Physical Review Letters,1972, 28(4):210-213.

[52] FRIEDMAN M, HERNDON M. Emission of Coherent Microwave Radiation from a Relativistic Electron Beam Propaguting in a Spatially Modulated Field[J]. Physical Review Letters,1972,29:55-58.

[53] BENNETT W R JR. Some Aspects of the Physics of Gas Laser[R]. Cordon and Breach,1972.

[54] BRATMAN V L,MOISEEV M A,PETELIN M I,et al. Theory of Gyrotrons with a Non-fixed Structure of the High-frequency Field[J]. Radiophys and Quantum Electron,1973,16:622-630.

[55] SMORGONSKII A V. The Nonlinear Theory of a Relativistic Monotron[J]. Radiophysics and Quantum Electronics,1973,16(1):112-116.

[56] AVDOSHIN E G,GOL'DENBERG A L. Experimental Investigation of Adiabatic Electron Guns of Cyclotron Resonance Maser[J]. Radiophysics and Quantum Electronics,1973,16(10): 1241-1246.

[57] AVDOSHIN E G,NIKOLAEV L V,PLATONOV I N,et al. Experimental Investigation of the Velocity Spread in Helical Electron Beams[J]. Radiophysics and Quantum Electronics,1973, 16:461-466.

[58] GOL'DENBERG A L,PETELIN M I. The Formation of Helical Electron Beams in an Adiabatic [J]. Radiophysics and Quantum Electronics, 1973,16 (1):106-111.

[59] VLASOV S N, ZAGRYADSKAYA L I,PETELIN M I. Resonators and Waveguides Faring whispering Gallery Modes for Cyclotron-Resonance Masers[J]. Radiophysics and Quantum Electronics,1973,16(11):1348-1353.

[60] FRIEDMAN M, HERNDON M. Emission of Coherent Microwave Radiation from a Relativistic Electron Beam Propagating in a Spatially Modulated Field[J]. Physical Fluids, 1973, 16: 1982-1995.

[61] BECK A H W,MILLS W P C. Millimetre-Wave Generator that uses a Spiraling Electron Beam [J]. Proceedings of the Institution of Electrical Engineers, 1973, 120(2):197-205.

[62] FRIEDMAN M, HAMMER D A, MANHEIMER W M, et al. Enhanced Microwave Emission due to Transverse Energy of a Relativistic Electron Beam[J]. Physical Review Letters, 1973, 31:752-755.

[63] BRATMAN V L, MOISEEV M A, PETELIN M I, et al. Theory of Gyrotrons with a Non-Fixed Structure of the High-Frequency field[J]. Radiophysics and Quantum Electronics, 1973, 16(4):474-480.

[64] LAMPE M, OTT E, MANHEIMER W M, et al. Reflection of Electromagnetic Waves from a Moving Ionization Front[J]. American Physics Society, 1973, 18:585.

[65] CARMEL Y, NATION J A. Application of Intense Relativistic Electron Beams to Microwave Generation[J]. Journal of Applied Physics, 1973, 44(12):5268-5274.

[66] DEMIDOVICH E M, KOVALEV I L, KURAYEV A A, et al. Efficiency Optimized Cascaded Circuits Utilizing the Cyclotron Resonance[J]. Radioteknika i Electronika, 1973, 18:2097.

[67] KISEL D V, KORABLEV G S, NAVEL'YEV V G, et al. An Experimental Study of a Gyrotron, Operating At the Second Harmonic of the Cyclotron Frequency, with Optimized Distribution of the High-Frequency Field[J]. Radiotekhnika I Electronika, 1974, 19(4):782-797.

[68] KOLOSOV S V, KURAYEV A A. Comparative Analysis of the Interaction at the First and Second Harmonics of the Cyclotron Frequency in Gyroresonance Devices[J]. Engl. TransL: Radio Eng. And Electrcn. Phys, 1974, 19:65-73.

[69] KURAYEV A A, SHEVCHENKO F G, SHESTAKOVICH V P. Efficiecy Optimized Output Cavity Profiles that Provide a Higher Margin of Gyroklystron Stability[J]. Radiotekhnika Electronika, 1956, 19(5):1046-1056. [Engl. Transl: Radio Eng. and Eiectron Phys. 1974, 19:96-103.]

[70] MOISEEV M A, NUSINOVICH G S. Concerning the Theory of Multimode Oscillation in a Gyro-monotron[J]. Radiophys and Quantum Electron, 1974, 17:1305-1311.

[71] ZAYTSEV N I, PANKRATOVA T B, PETELIN M I, et al. Millimeter and Submillimeter Waveband Gyrotrons[J]. Radiotekh Electron, 1974, 19(5):1056-1061. [Engl. Transl: Radio Eng and Electron Phys. 1974, 19:103-107.]

[72] ANTAKOV I I, BELOV S P, GERSHTEIN L I, et al. Use of High Resonant-Radiation Powers to Increase the Sensitivity of Microwave Spectroscopes[J]. JETP Letters, 1974, 19(10):329-330.

[73] BRATMAN V L, The Starting Regime for a CRM Monotron with a Cavity Having a Low Diffraction Q[J]. Radiophysics and Quantum Electronics, 1974, 17(10):1181-1187.

[74] KOVALEV I S, KURAYEV A A, KOLOSOV S V, et al. The Effect of Space Charge in Gyroresonance Devices with Thin Equally Mixed, and Axially Symmetric Electron Beams[J]. Radio Engineering and Electronics Physics, 1974, 19(5):149-151.

[75] PETELIN M I. On the Theory of Ultrarelativistic Cyclotron Self-Resonance Masers[J]. Radiophysics and Quantum Electronics, 1974, 17:686-690.

[76] KOVALEV N F, PANKRATOVA T B, SHESTAKOV D I. A CyclotronG Resonance Maser Oscillator with Wave Mode Conversion in the Output Channel[J]. Radio Engineering and

Electronics Physics,1974,19(10):144-145.

[77] VLASOV S N,ORIOVA I M. Quasioptical Transformer which Transforms the Waves in a Waveguide Having a Circular Cross Section into a Highly Directional Wave Beam [J]. Radio-Physics and Quantum Electronics,1974,17(1):115-119.

[78] BRATMAN V L,TOKAREV A E. On the Theory of the Relativistic Cyclotron-Resonance Maser[J]. Radiophysics and Quantum Electronics,1974,17(8):932-935.

[79] BYKOV YU V, GAPONOV A V, PETELIN M I. On the Theory of a Traveling-Wave Cyclotron-Resonance Maser (CRM) Amplifier with a Transverse Electron Stream [J]. Radio-physics and Quantum Electronics,1974,17(8):928-931.

[80] BRETZMAN B N,RYUTOV D D. Powerful Relativistic Electron Beams in a Plasma and in Vaccum(Theory) [J]. Nuclear Fusion,1974,14:873-907.

[81] OLSON C L,POUKEY J W. Force-Neutral Beams and Limiting Currents[J]. Physical Review, 1974, 9(6):1370-1370.

[82] GRANATSTEIN V L, HERNDON M, PARKER R K,et al. Strong Submillimeter Radiation from Intense Relativistic Electron Beams[J]. IEEE Transactions on Microwave Theory and Techniques, 1974,22:1000-1005.

[83] KISEL D V, KORABLEV G S, NAVEL'YEV V G, et al. An Experimental Study of a Gyrotron, Operating at the Second Hormonic of the Cyclotron Frequency, with Optimized Distribution of the High-Frequency Field[J]. Radio Engineering and Electronics Physics,1974, 19:95-100.

[84] PETELIN M I, YULPATOV V K. Cyclotron Resonance Masers, Lectures on Microwave Electronics[J]. Izd Saratov University Book Ⅳ,1974:95-178.

[85] GRANATSTEIN V L, HERNDON M, PORKER R Y K, et al. Choherent Synchrotron Radiation from an Intense Relativistic Electron Beam [J]. IEEE Journal of Quantum Electronics, 1974,10(9):651-654.

[86] DAVIDSON B C, STRIFFLER C D. Self-Consistent Vlasov Equilibria for Intense Hollow Relativistic Electron Beams[J]. Journal of Plasma Physics,1974,12(3):353-364.

[87] BRATMAN V L,PETELIN M I. Optimizing the Parameters of High Power Gyromonotrons with RF Field of Non-Fixed Structure[J]. Radio-physics and Quantum Electronics, 1975, 18: 1136-1140.

[88] BYKOV Y V, GOL'DENBERG A L. Influence of Resonator Profile on the Maximum Power of a Cyclotron-Resonance Maser[J]. Radio-physics and Quantum Electronics,1975,18:791-792.

[89] BYKOV Y V, GOL'DENBERG A L, NIKOKAEV L V,et al. Experimental Investigation of a Gyrotron with Whispering-Cullery modes[J]. Radio-physics and Quantum Electronics,1975,18 (10):1141-1143.

[90] GAPONOV A V,GOL'DENBERG A L, GRIGOR'EV D P, et al. Experimental Investigation of Centimeter Band Gyrotrons[J]. Radio-physics and Quantum Electronics,1975,18:204-211.

[91] KURAYEV A A,SLEPYAN G Y. Computation of the Effect of Forces Exerted by a Space Charge in Axially Symmetrical Gyro-Resonant Devices with Uniformly Mixed Cylindrical Electron Beams of Finite Thickness[J]. Radio Engineering and Electronics Physics,1975,20:

141-144.

[92] ZARNITSYNA I G, NUSINOVICH G S. Competition of Modes Having Arbitrary Frequency Separation in a Gyromonotron[J]. Radio-physics and Quantum Electronics, 1975, 18: 223-225.

[93] ZARNITSYNA I G, NUSINOVICH G S. Concerning the Stability of Locked One-Mode Oscillations in a Multimode Gyromonotron[J]. Radio-physics and Quantum Electronics, 1975, 18: 339-342.

[94] BRATMAN V L, MOISEEV M A. Conditions for Self-Excitation of a Cyclotron Resonant Maser with a Non-Resonant Electrodynamic System[J]. Radio-physics and Quantum Electronics, 1975, 18(7): 772-779.

[95] PETELIN M I, YULPATOV V K. Linear Theory of a Monotron Cyclotron-Resonance Maser [J]. Radio-physics and Quantum Electronics, 1975, 18(2): 212-219.

[96] ANTAKOV I I, GINTSBURY V A, ZASYPKIN E V, et al. Experimental Investigation of Electron-Velocity Distribution in a Helical Electron Beam[J]. Radio-physics and Quantum Electronics, 1975, 18(8): 884-887.

[97] ERGAKOV V S, MASSEV M A. Theory of Synchronization of Oscillations in a Cyclotron-Reso nance Maser Monotron by an External Signal[J]. Radio-physics and Quantum Electronics, 1975, 18(1): 89-97.

[98] NUSINOVICH G S. Theory of Synchronization of Multimode Electron Microwave Ocsillations [J]. Radio-physics and Quantum Electronics, 1975, 18 (11): 1246-1252.

[99] OTT E, MANHEIMER W M. Theory of Microwave Emission by Velocity-Space Instabilities of an Intense Relativistic Electron Beam[J]. IEEE Transactions on Plasma Science, 1975, 3(1): 1-5.

[100] SPRANGLE P, MANHEIMER W M. Coherent Non-Linear Theory of a Cyclotron Instability [J]. The Physics of Fluids, 1975, 18(2): 224-230.

[101] ERGAKOV V S, MOISEEV M A, ERM R E. Stability of Single-Mode Oscillations Synchronized by an External Signal in a Multimode Cyclotron-Resonance Maser Monotron[J]. Radio-physics and Quantum Electronics, 1976, 19: 318-322.

[102] KURINA G A, et al, Nonlinear Theory of a Cyclotron Resonance Maser with a Fabry-Perot Resonator[J]. Radio-physics and Quantum Electronics, 1976, 19: 742-747.

[103] VLASOV S N, ZAGRYADSKAYA L I, ORLOVA I M. Open Coaxial Resonators for Gyrotrons[J]. Redio Engineering and Electronic Physics, 1976, 21(5): 96-102.

[104] NUSINOVICH G S. Multimoding in Cyclotron-Resonace Masers[J]. Radio-physics and Quantum Electronics, 1976, 19: 1301-1306.

[105] SPRANGLE P. Excitation of Electromagnetic Waves from a Rotating Annular Relativistic E-Beam[J]. Journal of Applied Physics, 1976, 47(7): 2935-2940.

[106] FLYUGIN V A, GAPONOV A V, PETELIN M I, et al. The Gyrotron[J]. IEEE Transactions on Microwave Theory & Techniques, 1977, 25(6): 514-521.

[107] HIRSHEFIELD J L, GRANATSTEIN V L. The Electron Cyclotron Maser—a Historical Survey[J]. IEEE Transactions on Microwave Theory & Techniques, 1977, 25: 522-527.

[108] SPRANGLE P, DROBOT A T. The Linear and Self-Consistent Non-Linear Theory of the

Electron Cyclotron Maser Instability[J]. IEEE Transactions on Microwave Theory & Techniques, 1997, 25(6): 528-544.

[109] ANTAKOV I I, ERGAKOV V S, ZASYPKIN E V, et al. Starting Conditions of a CRM Monotron in the Presence of Scatter of the Velocities of the Electrons[J]. Radio-physics and Quantum Electronics, 1977, 20: 413-418.

[110] MOISEEV M A. Maximum Amplification Band of a CRM Twistron[J]. Radio-physics and Quantunm Electronics, 1977, 20(8): 846-849.

[111] TSIMRING S E. Synthesis of Systems for Generating Helical Electron Beams[J]. Radio-physics and Quantum Electronics, 1977, 20: 1550-1560.

[112] BAZHANOV V S, ERGAKOV V S, MOISEEV M A. Synchronization of CRM Monotron by Electron-Beam Modulation[J]. Radio-physics and Quantum Electronics, 1977, 20: 90-95.

[113] ERGAKOV V S, SHAPOSHNIKOV A A. Low-Frequency Fluctuations in CRM Monotron Oscillators[J]. Radio-physics and Quantum Electronics, 1977, 20(8): 840-846.

[114] ZARNITSYNA I G, NUSINOVICH G S. Competition of Modes Resonant with Different Harmonics of Cyclotron Frequency in Gyromonotrons [J]. Radiophysics and Quantum Electronics, 1977, 20: 313-317.

[115] KURINA G A, KLEMENTEV F M, KURIN A F. Cyclotron-Resonance Magnetrons with Parallel Static Magnetic and Electric Fields[J]. Radio Physics and Quanium Electronics, 1977, 20: 520-523.

[116] NEFEDOV Y I. Open Coaxial Resonance Structure (Review)[J]. Radio Engineering and Electronics Physics, 1977, 22(9): 1-28.

[117] CHU K R, HIRSHFIELD J L. Comparative Study of the Axial and Azimuthal Bunching Mechanisms in Electron Cyclotron Instabilities[J]. Physics of Fluids, 1978, 21(3): 461-466.

[118] CHU K R. Theory of Electron Cyclotron Maser Interaction in a Cavity at the Harmonic Frequencies[J]. Physics of Fluids, 1978, 21: 2354-2364.

[119] UHM H S, DAVIDSON R C, CHU K R. Self-Consistent Theory of Cyclotron Maser Instability for Intense Hallow Electron Beams[J]. Physics of Fluids, 1978, 21(10): 1866-1876.

[120] UHM H S, DAVIDSON R C, CHU K R, Cyclotron Maser Instability for General Magnetic Harmonic Number[J]. Physics of Fluids, 1978, 21 (10): 1877-1886.

[121] MOURIER G. Some Space Charge Phenomena in Gyrotrons. Proc. Joint Varenna-Grenoble Int-Symp[J]. Heating in Toroidal Plasma, 1978, 215-226.

[122] MILLER R B, STRAW D C. Propagation of an Unneutralized Intense Ralativistic Electron Beam in a Magnetic Field[J]. Journal of Applied Physics, 1978, 48(3): 1061-1069.

[123] CHU K R, SPRANGLE P A, GRANTSTEIN V L. Theory of a Dielectric Loaded Cyclotron Traveling Wave Amplifier[J]. Acta Physica Sinica, 1978, 23: 748.

[124] HIRSHFIELD J L, CHU K R, KAINER S. Frequency Up-Shift for Cyclotron Wave Instability on a Relativistic Electron Beam[J]. Applied Physics Letters, 1978, 33: 847-848.

[125] CHU K R. Theory of electron cyclotron maser interaction in a cavity at the harmonic frequencies[J]. The Physics of Fluids, 1978, 21(12): 180.

[126] SEFTOR J A, DROBOT A T, CHU K R. An Investigation of a Magnetron Injection Gun

Suitable for Use in Cyclotron Resonance Masers[J]. Electron Devices, IEEE Transactions, 1978, 26(10):1609-1616.

[127] Kurayev A A. Theory and Optimization of Microwave Electron Devices[M]. Minsk: Izd Nauyai Tekhnika, 1979.

[128] CHU K R, DROBOT A T, GRANATSTEIN V L, et al. Characteristics and Optimum Operating Parameters of a Gyrotron Travelling Wave Amplifier[J]. IEEE Transactions on Microwave Theory & Techniques, 1979, 27(2):178-187.

[129] LIU S G. The Kinetic Theory of Electron Cyclotron Resonance Maser[J]. Science in China Ser A, 1979, 22(8):901-911.

[130] SEFTOR J L, GRANATSTEIN V L, CHU K R, et al. The Electron Cyclotron Maser as a High Power Travelling Wave Amplifier[J]. IEEE Journal of Quantum Electronics, 1979, 15: 848-853.

[131] ERGAKOV V S, et al, Two Resonator CRM Oscillator with External Feedback[J]. Radio-physics Quantum Electronics, 1979, 22(8):1011-1019.

[132] SEFTOR J L, DROBOT A T, CHU K R. An Investigation of a Magnetron Injection Gun Suitable for Use in a Cyclotron Resonance Maser[J]. Electron Devices, IEEE Transactions on, 1979, 26(10):1609-1616.

[133] 刘盛纲. 电子回旋谐振脉塞的动力学理论[J]. 中国科学(A 辑), 1979(5):524.

[134] LIU S G. The Kinetic Theory of ECRM with Space Charge Effect Taken into Consideration [R]. The Fifth Int. Conf. on IR/MM Waves, 1980-10-4.

[135] LIU S G. On the Equilibrium Distribution Function in Kinetic Theory of ECRM[R]. The Fifth Int. Conf. on IR/MM Waves, 1980-10-5.

[136] 李强法. 缓变波导开放谐振腔的理论分析[J]. 物理学报, 1980, 29(11):1405-1415.

[137] AHN S, CHOE J. Analysis of the Gyrotron Amplifier for Azimuthally Varying TE Modes[J]. IEEE Electron Device Letters, 1980, 1(1):8-9.

[138] BAIRD J M, PARK S Y, CHU K R, et al. Design of a Slow Wave Cyclotron Amplifier[J]. Acta Physica Sinica, 1980, 25:911.

[139] CHEN G L, CHANG K T, FAN T C. A Wave Approach to Hollow Cylindrical Electron Cyclotron Masers[J]. International Journal of Infrared & Millimeter Waves, 1980, 1(2): 247-254.

[140] CHU K R, DROBOT A T, SZO H H, et al. Theory Simulation of the Gyrotron Travelling Wave Amplifier Operating at Cyclotron Harmonics[J]. IEEE Transactions on Microwave Theory and Techniques, 1980, 28:313-317.

[141] CHU K R, READ M E, GANGULY A K. Methods of Efficiency Enhancement and Scaling for the Gyrotron Oscillator[J]. Microwave Theory and Techniques, IEEE Transactions on, 1980, 28:318-325.

[142] GRANATSEIN V L. Spatial and Temporal Coherence of a 35 GHz Gyromonotron Using the TE_{01} Circular Mode[J]. Microwave Theory and Techniques, IEEE Transactions on, 1980, 28: 875-878.

[143] GAPONOV A V, FLYAGIN V A, FIX A S, et al. Some Perspectives on Powerful Gyrotrons

[J]. International Journal of Infrared & Millimeter Waves, 1980, 1(2): 351-372.

[144] GAPONOV A V. Some Perspectives on the Use of Powerful Gyrotrons for the Electron-Cyclotron Plasma Heating in Large Tokamaks[J]. International Journal of Infrared & Millimeter Waves, 1980, 1(3): 351.

[145] GILGENBACH R M, READ M E, HACKETT K E, et al. Heating at the Electron Cyclotron Frequency in ISX-B Tokamak[J]. Physical Review Letters, 1980, 44: 647-650.

[146] JARY H, EVANS S, MORAN J, et al. 200 kW Pulsed and CW Gyrotrons at 28 GHz[C]. International Electron Devices Meeting Technical Digest, 1980, 12(1): 304-307.

[147] KREISHER K E, TEMKIN R J. Linear Theory of the Electron Cyclotron Maser[J]. International Journal of Infrared & Millimeter Waves, 1980, 1: 195-223.

[148] KREISHER K, TEMKIN R. Mode Excitation in a Gyrotron[J]. Acta Physica Sinica, 1980, 25: 3-12.

[149] KEREN H, HIRSHFIELD J L, PARK S Y, et al. Design of a Slow Wave Cyclotron Wave Amplifier[R]. The Fifth Int. Conf. on IR/MM Waves, 1980, 96.

[150] LEE R C, HIRSHFIELD J L, CHU K R. Scaling and Optimization of Gyromonotron Operational Characteristics[J]. Acta Physica Sinica, 1980, 5: 4-12.

[151] MOURIER G. Gyrotron Tubes—a Theoretical Study[J]. Archiv. für Electronik and Ubertragungstechnik, 1980, 34: 473-484.

[152] OKAMOTO T, FUJITA K, TANAKA S, et al. Development of 22 GHz Band Gyrotron[J]. IECE of Japan, 1980, 80-113.

[153] READ M E, GILYENBACH R M, LUCEY R F, et al. Spatial and Temporal Coherence of a 35 GHz Gyromonotron Using the TE_{01} Circular Mode[J]. Microwave Theory and Techniques, IEEE Transactions on, 1980, 28: 875-878.

[154] READ M E, CHU K R, DROBOT A T. Practical Consideration in the Design of a High-Power 1mm Gyromonotron[J]. Microwave Theory and Techniques, IEEE Transactions on, 1980, 28(9).

[155] PARK S Y, BAIRD J M, HIRSHFIELD J L. General Theory of Cylindrical Waveguide Loaded with Multilayer Dielectric[J]. Acta Physica Sinica, 1980, 25: 910.

[156] 刘盛纲. 论电子回旋脉塞动力学理论的两种方法[J]. 电子学报, 1981(1): 20.

[157] 刘盛纲. 轴对结构电子回旋脉塞[J]. 中国科学(A 辑), 1981(11): 1401-1408.

[158] LIU S G, On the Equilibrium Distribution Function in the Kinetic Theory of ECRM[J]. International Journal of Infrared & Millimeter Waves, 1981, 2(6): 1253.

[159] LIU S G, YANG Z H, The Kinetic Theory of the Electron Cyclotron Resonance Maser with Space Charge Effect Taken into Consideration[J]. International Journal of Electronics, 1981, 51(4): 341-349.

[160] 杨中海. 电子回旋谐振受激放射的动力学理论和实验研究[D]. 成都:成都电讯工程学院高能电子学研究所, 1981.

[161] 张世昌. 考虑动量离散的圆波导电子回旋谐振脉塞的动力学理论[D]. 成都:成都电讯工程学院高能电子学研究所, 1981.

[162] 孙明义. 电子回旋脉塞中电子的最可几平衡分布函数[D]. 成都:成都电讯工程学院高能电子学

研究所,1981.
[163] 李玉泉.电子回旋脉塞中电子的平衡分布函数[D].成都:成都电讯工程学院高能电子学研究所,1981.
[164] 李培喜.回旋单腔管的设计[D].成都:成都电讯工程学院高能电子学研究所,1981.
[165] 狄宗楷.腔体电子回旋脉塞的研究[D].成都:成都电讯工程学院高能电子学研究所,1981.
[166] 杞绍良.慢波回旋脉塞的研究[D].成都:成都电讯工程学院高能电子学研究所,1981.
[167] 李明光.电子回旋脉塞的自洽非线性理论[D].成都:成都电讯工程学院高能电子学研究所,1981.
[168] 邓华生.电子回旋脉塞的自洽大信号理论及其数值计算[D].成都:成都电讯工程学院高能电子学研究所,1981.
[169] 吴元燕.电子回旋谐振脉塞的大讯号计算[D].成都:成都电讯工程学院高能电子学研究所,1981.
[170] 钟哲夫.回旋管非线性理论[D].成都:成都电讯工程学院高能电子学研究所,1981.
[171] 姚昌裕.缓变截面开放式谐振腔回旋脉塞的非线性分析[D].成都:成都电讯工程学院高能电子学研究所,1981.
[172] 徐孔义.缓变截面波导开放式谐振腔的研究[D].成都:成都电讯工程学院高能电子学研究所,1981.
[173] 钱光弟.缓变截面波导型开放式谐振腔的分析和数值计算[D].成都:成都电讯工程学院高能电子学研究所,1981.
[174] 王昌标.开放式谐振腔研究[D].成都:成都电讯工程学院高能电子学研究所,1981.
[175] 李家胤.回旋管电子光学系统的数值计算[D].成都:成都电讯工程学院高能电子学研究所,1981.
[176] 裘道源.回旋管电子枪的数值计算[D].成都:成都电讯工程学院高能电子学研究所,1981.
[177] 徐承和.缓变参量不规则波导与开放式谐振腔的理论[D].北京:北京大学,1981.
[178] 周乐柱,徐承和,龚中麟.旋转对称波导型开放式谐振腔的一般理论[J].物理学报,1981,30(2):153-163.
[179] 李强法,徐承和.缓变截面波导开放式谐振腔的微波网络分析[J].物理学报 1981,30(2):936-944.
[180] 方洪烈.光学谐振腔理论[M].北京:科学出版社,1981.
[181] CHANG C L,TSAO H C,CHEN Z Y. Numerical Calculation of Gyromonotron Parameters Using Orbital Theory[J]. International Journal of Electronics, 1981, 51(4):595.
[182] 徐家鸾,金尚宪.等离子体物理学[M].北京:原子能出版社,1981.
[183] BARNTT L R, LAU Y Y, CHU K R, et al. An Experimental Wide-Band Gyrotron Traveling-Wave Amplifier[J]. IEEE Transactions on Electron Devices,1981,28(7):872-875.
[184] BAIRD J M, PARK S Y, CHU K R, et al. Mixed Slow Wave Operation of a Wide Band Dielectric Gyrotron[J]. NRL, Memo. Report,1981,4510.
[185] CHU K R, LAU Y Y, BARNETT L R, et al. Theory of a Wide-Band Distributed Gyrotron Traveling Wave Amplifier[J]. IEEE Transactions on Electron Devices,1981,28(7):866-871.
[186] CHOE J Y, AHN S. General Made Analysis of a Gyrotron Dispersion Equation[J]. IEEE Transactions on Electron Devices, 1981, 28(1):94-102.

[187] CHOE J Y, UHM H S, AHN S. Analysis of the Wide Band Gyrotron Amplifier in a Dieletric Loaded Waveguide[J]. Journal of Applied Physics, 1981, 52(7):4508-4516.

[188] CHARBIT P, HERSCOVICI A, MOURIER G. A Partly Self-Consistent Theory of the Gyrotron[J]. International Journal of Electronics, 1981, 51(4):303-330.

[189] DIALETIS D, CHU K R. Linear and Nonlinear Analysis of Competing Modes in the Gyrotron Oscillator[J]. Acta Physica Sinica, 1981, 26:909.

[190] DROBOT A T, KIM K. Space Charge Effects on the Equilibrium of Guided Electron Flow with Gyromonotrons[J]. International Journal of Electronics, 1981, 51(4):35-368.

[191] FLIFLET A W, READ M E. Use of Weakly Irregular Theory to Calculate Eigenfrequencies Q Values, and RF Field Functions for Gyrotron Oscillators[J]. International Journal of Electronics, 1981, 51(4):475-484.

[192] GEPONOV A V, FLYAGIN V A, GOL'DENBERG A L, et al. Powerful Millimetre Wave Gyrotrons[J]. International Journal of Electronics, 1981, 51(4):277-302.

[193] GUO H Z, CHEN Z G, ZHANG S C, et al. The Study of a TE_{02} Mode Gyromonotron Operating at the Second Harmonic of the Cyclotron Frequency[J]. International Journal of Electronics, 1981, 51(4):485-492.

[194] GANGULY A K, CHU K R. Analysis of Two-Cavity Gyromonotron[J]. International Journal of Electronics, 1981, 51(4):503-520.

[195] HIRSHFIELD J L. Cyclotron Harmanic Maser[J]. International Journal of Infrared & Millimeter Waves, 1981, 2(4):695-704.

[196] SYMONS R S, JORY H R, HEGII S J, et al. A Experimental Gyro-TWT[J]. IEEE Transactions on Microwave Theory and Techniques, 1981, 29:181.

[197] KIM K J, READ M E, BAIRD J M, et al. Design Considerations for a Magawatt CW Gyrotron [J]. International Journal of Electronics, 1981, 51(4):427-445.

[198] LINDSAY P A. Gyrotons(Electron Cyclotron Maser): Different Mathematical Models[J]. IEEE Journal of Quantum Electronics, 1981, 1327-1333.

[199] LAU Y Y, CHU K R, BARNETT L R, et al. Gyrotron Travelling Wave Amplifier: Ⅰ Analysis of Oscillations[J]. International Journal of Infrared and Millimeter Waves, 1981, 2:373-393.

[200] LAU Y Y, CHU K R, BARNETT L R, et al. Gyrotron Travelling Wave Amplifier: Ⅱ Effects of Velocity Spread and Wall Resistivity[J]. International Journal of Infrared and Millimeter Waves, 1981, 2:395-413.

[201] LAU Y Y, CHU K R, BARNETT L R, et al. Gyrotron Travelling Wave Amplifier: Ⅲ A Proposed Wide-Band Fast Wave Amplifier[J]. International Journal of Infrared and Millimeter Waves, 1981, 2:415-425.

[202] LAU Y Y, BAIRD M J, BARNETT L R, et al. Cyclotron Maser Instability as a Resonant Limit of Space Charge Wave[J]. International Journal of Electronics, 1981, 51(4):331-340.

[203] MALYGIN S A. Gyrotron-Resonators with a Specified Logitudinal Distribution of Microwave Field[J]. Radiophysics and Quantum Electronics, 1981, 24(12):1030-1034.

[204] MOURIER G, BOULANGER P, CHARBIT P, et al. A Gyrotron Study Program[J]. International Journal of Infrared & Millimeter Waves, 1981, 6.

[205] NUSINOVICH G S. Mode Interaction in Gyrotrons[J]. International Journal of Electronics, 1981,51(4):457-484.

[206] READ M E, CHU K R, KIM K J. Power Limits in Cylindrical Gyromonotrons[J]. International Journal of Infrared & Millimeter Waves,1981,2:159-174.

[207] SPRANGLE P, VOMVORIDIS J L, MANHEIMER W M. Theory of the Quasi-Optical Electron Cyclotron Maser[J]. Physical Review A,1981,23:3127-3137.

[208] SILVERSTEIN J D, CURNUTT R M, READ M E. Second Harmonic One-Millimetre Gyromonotron[J]. International Journal of Infrared & Millimeter Waves,1981,6.

[209] SPRANGLE P, MANHEIMER W, VOMVORIDIS J L. Classical Electron Cyclotron Quasi-Optical Maser[J]. Applied Physics Letters, 1981, 38(5):310-313.

[210] SYMONS R S,JORY H R,HEFJI S J,et al. An Experimental Gyro-TWT[J]. Microwave Theory and Techniques, IEEE Transactions on,1981,29:181-184.

[211] UHM H S,CHOE J Y,AHN S. Theory of Gyrotron Amplifier in a Waveguide with Inner Dielectric Materical[J]. International Journal of Electronics,1981,51(4):521-532.

[212] VOMVORIDIS L, SPRANGLE P, MANHEIMER W M. Nonlinear Analysis of the Quasi-Optical Electron Cyclotron Maser [C] //International Topical Conference on High-power Electron & Ion Beam Research & Technology. IEEE, 1981.

[213] THOMAS G E. The Nonlinear Operation of a Microwave Crossed-Field Amplifier[J]. IEEE Transactions on Electron Devices,1981,28:27.

[214] THOMAS G E. Solitons and Non-Linear Gyro-TWT Theory[J]. International Journal of Electronics,1981,51(4):395-413.

[215] CHU K R,GANGULY A K,GRANATSTEIN V L,et al. Theory of a Slow Wave Cyclotron Amplifier[J]. International Journal of Electronics,1981,51(4):493.

[216] SHEFER R E,BEKEFI G. Cyclotron Emission from Intense Relativistic Electron Beams in Uniform and Rippled Magnetic Fields[J]. International Journal of Electronics,1981,51(4):569-582.

[217] LINDSAY P A. Self-Consistent Large Signal Interaction in a TWT Gyrotron[J]. International Journal of Electronics,1981,51(4):379.

[218] LIU S G. Electron Cyclotron Resonance Maser with Axisymmetrical Structure[J]. Science in China Ser A, 1982,25(2):203-211.

[219] 刘盛纲. 论电子回旋脉塞动力学理论的两种方法[J]. 电子学报,1982(1):22-27.

[220] 莫元龙. ECRM 中空间电荷场的分析[J]. 电子学报,1982,10(5):22.

[221] 杨中海. 均匀轴对称系统 TM 模式电子回旋脉塞动力学理论[J]. 电子学报,1982,10(6):17.

[222] 王俊毅. 电子回旋中心坐标系中的平衡分布函数[J]. 电子学通讯,19824(2):106.

[223] 孙明义. 电子回旋脉塞理论中电子平衡分布函数的研究[J]. 成都电讯工程学院学报,1982(4):17.

[224] 李宏福,杜品忠,谢仲玲. 回旋单腔管的轨道理论及其计算[J]. 成都电讯工程学院学报,1982(2):75-91.

[225] 谢文楷. 准光学谐振腔及其在电子回旋脉塞中的应用[D]. 成都:成都电讯工程学院,1982.

[226] LI Q F,CHU K R. Analysis of Open Resonators[J]. International Journal of Infrared and

Millimeter Waves,1982,3(5):705.

[227] LI Q F,et al. Genaral Theory and Design of Microwave Open Resonators[J]. International Journal of Infrared and Millimeter Waves,1982,3(1):117-136.

[228] 秦运文. 存在恒定外电、磁场时的等离子体动力学方程[J]. 物理学报,1982,31(4):416.

[229] 张晋林,曹黄强. 相对论回旋电子注与驻波场互作用的数值计算[J]. 电子学报,1982,10(2):7.

[230] 于明,徐承和. 波导型开放式谐振腔的一种数值解法[J]. 电子学报,1982,10(1):21.

[231] 杨祥林,许大信. 回旋管中电子与波的非线性互作用过程研究[J]. 电子学报,1982,10(6):33-36.

[232] 钱景仁. 论耦合波方程中的耦合系数[J]. 电子学报,1982,10(2):46-54.

[233] ARFIN B, GANGULY A K. A Three-Cavity Gyroklystron Amplifier Experiment [J]. International Journal of Electronics, 1982, 5(6):709-714.

[234] BOULANGER P,CHARBIT P,FAILLON G,et al. Devolopment of Gyrotrons at Thomson-CSF[J]. International Journal of Electronics, 1982, 53(6):523-532.

[235] BONDESON A,LEVUSH B,MANHEIMER W M,et al. Multimode Theory and Simulation of Quasioptical Gyrotrons and Gyroklystrons[J]. International Journal of Electronics,1982, 53(6):547-554.

[236] BONDESON A,MANHEIMER W M,OTT E. Multimode Analysis of Quasioptical Gyrotrons and Gyroklystrons[J]. International Journal of Infrared and Millimeter Waves,1982.

[237] CHOE J Y,UHM H S,SAEYOUNG A. Slow Wave Gyrotron Amplifier with a Dielectric Center Rod[J]. IEEE Transactions on Microwave Theory and Techniques,1982,30:700-707.

[238] CAPLAN M,LIN A T,CHU K R. A Study of the Saturated Output of a TE_{01} Gyrotron Using an Electromagnetic Finite Size Partical Code[J]. International Journal of Electronics,1982,53(6):659-672.

[239] CHOE J Y,UHM H S. Theory of Gyrotron Amplifiers in Disk or Helix-Loaded Waveguides[J]. International Journal of Electronics,1982,53(6):729-742.

[240] CARMEL Y,CHU K R,READ M E,et al. Mode Competition,Suppression and Efficiency Enhancementin Overmoded Gyrotron Oscillators[J]. International Journal of Infrared and Millimeter Waves,1982,3.

[241] DOANE J L. Mode Converters for Generating the HE_{01}(Gaussion-Like) Mode from TE01 in a Circular Waveguide[J]. International Journal of Electronics,1982,53(6):573.

[242] EBRAHIM N A, LIANG Z, HIRSHFIELD J L. Bernstein Mode Quasioptical Maser Experiment[J]. Physical Review Letters, 1982, 49(21):1556-1560.

[243] FRANK H E, MULLER F, PAUZNER G. A Electron Cyclotron Maser for Nanosecond Megawatt Pulse[J]. Journal of Physics D,1982,15(1):41-49.

[244] FUCHTMAN A,FRIEDLAND L. Amplification of Frequency Upshifted Radiation by Cold Relativistic Guided Electron Beams[J]. Journal of Applied Physics, 1982, 53(6):4011-4015.

[245] FLFLET A W, READ M E, CHU K R. A Self-consistent Field Theory for Gyrotron Oscillators: Application to a Low Q Gyromonotron[J]. International Journal of Electronics, 1982,53(6):505-522.

[246] GANGULY A K, AHN S. Self-consistent Large Signal Theory of the Gyrotron Travelling

Wave Amplifier[J]. International Journal of Electronics,1982,53(6):641-658.

[247] LINDSAY P A,LUMSDEN R J,JONES R M. A Dispersion Equation for Gyrotron Travelling Wave Tubes[J]. International Journal of Electronics,1982,53(6):619-640.

[248] LAU Y Y, BARNETT L R. A Low Magnetic Field Gyrotron—Gyromagnetron [J]. International Journal of Electronics,1982,53(6):693.

[249] LAU Y Y. Simple Microsopic Theory of Cyclotron Maser Instabilities[J]. IEEE Transactions on Electron Devices,1982,29(2):320-335.

[250] LEVUSH B,BONDESON A,MANHEIMER W M. Theory of Quasi-Optical Gyrotron and Gyroklystron Operating at Higher Harmonics of Cyclotron Frequency [J]. International Journal of Electronics,1983,54(6):749.

[251] READ M E, CHU K R, DUDAS A. Experimental Examination of the Enhancement of Gyrotron Effiencies by Use of Profiled Magnetic Fields[J]. IEEE Transactions on Microwave Theory and Techniques,1982,30:42.

[252] SCHOEN N C. Gyrotron—a Hybrid Electron Synchrotron Laser[J]. Applied Physics Letters, 1982, 40(5):366-368.

[253] SUGIMORI K,FUZITA K,TERUMICHI Y,et al. 22—70 GHz Gyrotron Development[J]. International Journal of Electronics,1982,53(6):533-538.

[254] SILVERSTEIN J D,CURNUTT R M,Read M E. Near Millimeter Wave Radiation from a Gyromonotron[J]. International Journal of Electronics,1982,53(6):539-546.

[255] VOMVORIDIS J L. An Efficient Doppler-Shifted Electron Cyclotron Maser Oscillator[J]. International Journal of Electronics,1982,53(6):555-572.

[256] 杨中海,莫元龙,刘盛纲. 任意纵向场分布的单腔电子回旋脉塞动力学理论[J]. 中国科学(A辑),1983(10):943.

[257] 刘盛纲. 横向注入准光谐振腔电子回旋脉塞的动力学理论[J]. 成都电讯工程学院学报,1983(1):24.

[258] 刘盛纲. 回旋行波管的动力学理论[J]. 成都电讯工程学院学报,1983(3):110.

[259] 王俊毅. 回旋行波管中波型耦合系数的计算[J]. 电子科学学刊,1983,5(1):24.

[260] 张世昌. 电子回旋谐振脉塞中的动量离散理论[J]. 电子科学学刊,1983,5(1):247.

[261] YANG Z H. MO Y L,LIU S G. Kinetic Theory of Electron Cyclotron Maser with Resonator Having Arbitrary Longitudinal Field Distribution[J]. Science in China Series A-Mathematics, Physics, Astronomy & Technological Science,1983,26(12):1338-1352.

[262] 钟哲夫,姚昌裕. 回旋管非线性数值分析方法[J]. 成都电讯工程学院学报 1983(3):44.

[263] LIANG Z,EBRAHIM N A,HIRSHFIELD J L. Bernstein Mode Quasi-Optical Gyromonotron [J]. International Journal of Infrared and Millimeter Waves,1983,4(3):423.

[264] 吴元燕,张晋林. 变磁场回旋管物理特性的数值研究[J]. 物理学报,1983,32(12):1526-1535.

[265] 李壮,徐承中. 电子回旋共振放大器的理论分析[J]. 物理学报,1983,32(10):1237-1246.

[266] 李社,徐承和. 缓变截面波导型回旋共振放大器理论[J]. 物理学报,1983,32(10):1247-1254.

[267] 廖正久,张世昌,吴德顺,等. 关于电子回旋频率对单腔回旋管参数影响的实验研究[J]. 电子科学学刊,1983,5(6):388-395.

[268] 陈增圭. Gyrotron 的开放式谐振腔的设计[J]. 电子科学学刊,1983,5(3):181-187.

[269] 李声沛. 回旋管电子枪设计的简化模型方法[J]. 电子科学学刊,1983,5(2):108-115.

[270] 李培喜,杨中海,王文祥. 回旋单腔管的设计[J]. 成都电讯工程学院学报,1983(4):84.

[271] 刘盛纲. 准光学谐振腔电子回旋脉塞的动力学理论[J]. 电子学报,1984,12(1):12.

[272] CARMEL Y,CHU K R,READ M,et al. Realization of a Stable and Highly Efficient Gyrotron for Controlled Fusion Research[J]. Physical Review Letters,1983,50(2):112-116.

[273] LAU Y Y,CHU K R. Electron Cyclotron Maser Instability Driven by a Loss-Cone Distribution[J]. Physical Review Letters,1983,50(4):243.

[274] BONDESON A, MANHEIMER W M, Ott E. Multimode Time Dependent Analysis of Quasi-Optical Gyrotron and Gyroklystrons[J]. The Physics of Fluids,1983,26(1):285-287.

[275] FRELD H P, WONG H K, WU C S, et al. An Electron Cyclotron Maser Instability for Astrophysical Plasmas[J]. The Physics of Fluids,1983,26(8):2263-2270.

[276] Uhm H,Choe J Y. Cyclotron Amplifier in a Helix Loaded Waveguide[J]. The Physics of Fluids, 1983,26(11):3418.

[277] Mcdermott D B,Luhmamn N,Kapiszenski J A,et al. Small-Signal Theory of a Large-Orbit Electron-Cyclotron Harmonic Maser[J]. The Physics of Fluids, 1983,26(7):1936.

[278] HORNSTEIN M K,BAJA V S,GRIFFIN J R G, et al. Second Harmonic Operation at 460 GHz and Broadband Continuous Frequency Tuning of a Gyrotron Oscillator[J]. IEEE Transactions on Electron Devices, 2005, 52(5):798-807.

[279] 刘盛纲. 相对论电子学[M]. 北京:科学出版社,1987.

[280] CHU K R. Theory of Electron Cyclotron Maser Interaction in a Cavity at the Harmonic Frequencies[J]. The Physics of Fluids,1978,21(12):2354-2362.

[281] SEFTOR J L,GRANATSTEIN V L,CHU K R, et al. The Electron Cyclotron Maser as a High-Power Traveling Wave Amplifier of Millimeter Wave[J]. IEEE Journal of Quantum Electronics,1979,QE-15(9):848-853.

[282] YASUHISA O, et al. Development of 1st ITER Gyrotron in QST [J]. Nuclear Fusion, 2019, 59(8):1741-4326.

[283] IKEDA R, et al. High-Power and Long-Pulse Operation of $TE_{31,11}$ mode gyrotron[J]. Fusion Engineering and Design,2015,96-97,482-487.

[284] Al R M E. Results of ECH Power Modulation Experimenting High and ELM-Like Heat Flux in GAMMA 10 Tandem Mirror[J]. Fusion Science & Technology,2013, 63(1T):298-300.

[285] MORIYAMA S. et al. Progress of High Power 170 GHz Gyrotron in JAEA[J]. Nuclear Fusion,2009,49:085001.

[286] SAKAMOTO K,IKEDA R,KARIYA T,et al. Study of High Power and High Frequency Gyrotron for Fusion Reactor[C]//International Conference on Infrared,2017:1-3. DOI:10.1109/IRMMW-THz. 2017. 8066987.

[287] SAITO T,TATEMATSU Y,YAMAGUCHI Y,et al. Observation of Dynamic Interactions Between Fundamental and Second-Harmonic Modes in a High-Power Sub-Terahertz Gyrotron Operating in Regimes of Soft and Hard Self-Excitation[J]. Physical Review Letters,2012,109(15):155001. 1-155001. 5.

[288] GLYAVIN M Y,LUCHININ A G,NUSINOVICH G S,et al. A 670 GHz Gyrotron with

Record Power and Efficiency [J]. Applied Physics Letters,2012,101(15):3503.

[289] DARBOS C, ALBAJAR F, BONICELLI T, et al. Status of the ITER Electron Cyclotron Heating and Current Drive System[J]. Journal of Infrared, Millimeter and Terahertz Waves, 2016,37(1):4-20.

[290] LITVAK A, SAKAMOTO K, THUMM M. Innovation on high-power long-pulse gyrotrons [J]. Plasma Physics & Controlled Fusion,2011,53(12):124002.

[291] WAGNER D, STOBER J, LEUTERER F, et al. Status, Operationand Extension of the ECRH System at ASDEX Upgrade[J]. Journal of Infrared Millimeter & Terahertz Waves, 2015, 37 (1):45-54.

[292] CHIRKOV A V, DENISOV G G, KULYGIN M L, et al. Use of Huygens' principle for analysis and synthesis of the fields in oversized waveguides[J]. Radiophysics & Quantum Electronics,2006,49(5):344-353.

[293] PAGONAKIS I G, ALBAJAR F, ALBERTI S, et al. Status of the development of the EU 170 GHz/1 MW/CW gyrotron[J]. Fusion Engineering and Design,2015,96:149-154.

[294] MARCHESIN R, et al. Vacuum Electronics [R]. International Conference Vacuum Electronics, 2019.

[295] RUESS S, AVRAMIDIS K A, FUCHS M, et al. KIT Coaxial Gyrotron Development: From ITER toward DEMO[J]. International Journal of Microwave and Wireless Technologies, 2018,10(5): 547-555.

[296] CAUFFMAN S, BLANK M, BORCHARD P, et al. Design and Testing of a 900 kW, 140 GHz Gyrotron [C]//International Conference on Infrared, Millimeter, and Terahertz waves (IRMMW-THz), 2015:1-2.

[297] FELCH K, et al. Recent Tests on 117. 5 GHz and 170 GHz Gyrotrons[J]. EPJ Web of Conferences. 2015,87.

[298] JOYE C D, et al. Operational Characteristics of a 14 W 140GHz Gyrotron for Dynamic Nuclear Polarization[J]. IEEE Transactions on Plasma Science IEEE Nuclear & Plasma Sciences Society,2006,34(3):518.

[299] JAWLA S K, et al. Continuously Tunable 250 GHz Gyrotron with a Double Disk Window for DNP-NMR Spectroscopy[J]. Journal of Infrared Millimeter and Terahertz Waves, 2013, 34 (1):42-52.

[300] TORREZAN A C, SHAPIRO M A, SIRIGIRI J R, et al. 10. 6: Operation of a Tunable Second-Harmonic 330 GHz CW Gyrotron [C]. IEEE International Vacuum Electronics Conference (IVEC), Monterey, CA, 2010:199-200.

[301] HORNSTEIN M K, BAJAJ V S, GRIFFIN R G, et al. Continuous-Wave Operation of a 460 GHz Second Harmonic Gyrotron Oscillator[J]. IEEE Transactions on Plasma Science, 2006,34(3):524-533.

[302] JAWLA S K, GUSS W C, SHAPIRO M A, et al. Design and Experimental Results from a 527 GHz Gyrotron for DNP-NMR Spectroscopy[C]. International Conference on Infrared, Millimeter, and Terahertz Waves (IRMMW-THz), Tucson, AZ, 2014, 1-2.

[303] ROSAY M, TOMETICH L, PAWSEY S, et al. Solid-State Dynamic Nuclear Polarization at

263 GHz: Spectrometer Design and Experimental Results[J]. Physical Chemistry Chemical Physics, 2010, 12(22): 5850-5860.

[304] BLANK M, BORCHARD P, CAUFFMAN S, et al. High-Frequency CW Gyrotrons for NMR/DNP Applications[C]. IEEE Vacuum Electronics Conference (IVEC), Monterey, CA, 2012: 327-328.

[305] FELCH K, BLANK M, BORCHARD P, et al. First Tests of a 527 GHz Gyrotron for Dynamic Nuclear Polarization[J]. International Vacuum Electronics Conference (IVEC), Paris, 2013: 1-2.

[306] BLANK M, BORCHARD P, CAUFFMAN S, et al. Demonstration of a 593 GHz Gyrotron for DNP [C]. International Conference on Infrared, Millimeter, and Terahertz Waves (IRMMW-THz), Nagoya, 2018: 1-2.

[307] SIRIGIRI J, MALY T, TARRICONE L. Compact Gyrotron Systems for Dynamic Nuclear Polarization NMR Spectroscopy [J]. IEEE Vacuum Electronics Conference (IVEC), Monterey, CA, 2012: 333-334.

[308] AGUSU L, IDEHARA T, OGAWA I, et al. Detailed Consideration of Experimental Results of Gyrotron FU CW Ⅱ Developed as a Radiation Source for DNP-NMR Spectroscopy[J]. International Journal of Infrared and Millimeter Waves, 2007, 28(7): 499-511.

[309] IDEHARA T, OGAWA I, MORI H, et al. A THz Gyrotron FU CW Ⅲ with a 20 T Superconducting Magnet[C]. International Conference on Infrared, Millimeter and Terahertz Waves (IRMMW-THz), Pasadena, CA, 2008: 1-2.

[310] IDEHARA T, KOSUGA K, AGUSU L, et al. Continuously Frequency Tunable High Power Sub-THz Radiation Source—Gyrotron FU CW VI for 600 MHz DNP-NMR spectroscopy[J]. Journal of Infrared Millimeter and Terahertz Waves, 2010, 31(7): 775-790.

[311] ZAPEVALOV V E, LYGIN V K, MALYGIN O V, et al. Development of the 300GHz/4kW/CW Gyrotron[C]//Proc. Joint Int. Conf. on Infrared and Millimeter Waves and Int. Conf. on Terahertz Electronics (Sept 27-Oct 1, 2004, Karlsruhe, Germany), 2004: 149-150.

[312] HOSHIZUKI H, MATSUURA K, MITSUDO S, et al. Development of the Material Processing System by Using a 300 GHz CW Gyrotron[J]. Journal of Physics: Conference Series, 2006, 51: 549-552.

[313] HOSHIZUKI H, MITSUDO S, SAJI T, et al. High Temperature Thermal Insulation System for Millimeter Wave Sintering of B4C[J]. International Journal of Infrared and Millimeter Waves, 2005, 26(11): 1531-1541.

[314] MITSUDO S, SAKO K, TANI S, et al. High Power Pulsed Submillimeter Wave Sintering of Zirconia Ceramics [J]. International Conference on Infrared, Millimeter and THz Waves (IRMMW-THz), 2011: 2-7.

[315] ARIPIN H, MITSUDO S, SUDIANA I N, et al. Rapid Sintering of Silica Xerogel Ceramic Derived from Sago Waste Ash Using Sub-millimeter Wave Heating with a 300 GHz CW Gyrotron[J]. Journal of Infrared, Millimeter, and Terahertz Waves, 2011, 26(11): 1531-1541.

[316] ARIPIN H, MITSUDO S, SUDIANA I N, et al. Rapid Sintering of Silica Xerogel Ceramic Derived from Sago Waste Ash Using Sub-millimeter Wave Heating with a 300 GHz CW

Gyrotron[J]. Journal of Infrared, Millimeter, and Terahertz Waves, 2011, 26(11): 1531-1541.

[317] VODOPYANOV A V, SAMOKHIN A V, ALEXEEV N V, et al. Application of the 263 GHz/1 kW Gyrotron Setup to Produce a Metal Oxide Nanopowder by the Evaporation-Condensation Technique[J]. Vacuum, 2017, 145: 340-346.

[318] TAKAHASHI H, ISHIKAWA Y, OKAMOTO T, et al. Force Detection of High-Frequency Electron spin Resonance Near Room Temperature Using High-Power Millimeter-Wave Source Gyrotron[J]. Applied Physics Letters, 2021, 118(2): 022407.

[319] ROGALEV A, JOSÉ GOULON, GÉRARD GOUJON, et al. X-ray Detected Magnetic Resonance at Sub-THz Frequencies Using a High Power Gyrotron Source[J]. Journal of Infrared, Millimeter, and Terahertz Waves, 2012, 33(7): 777-793.

[320] ASAI S, YAMAZAKI T, MIYAZAKI A, et al. Direct Measurement of Positronium Hyper Fine Structure—A New Horizon of Precision Spectroscopy Using Gyrotrons[J]. Journal of Infrared Millimeter, and Terahertz Waves, 2012, 33(7): 766-776.

[321] MIZOJIRI S, SHIMAMURA K, YOKOTA S, et al. Sub-terahertz Wireless Power Transmission Using 303 GHz Rectenna and 300 kW-Class Gyrotron[J]. IEEE Microwave and Wireless Components Letters, 2018, 28(9): 834-836.

[322] MIZOJIRI S, SHIMAMURA K. Recent progress of Wireless Power Transfer via Sub-THz wave[C]//Asia-Pacific Microwave Conference (APMC), 2019: 705-707.

[323] SHALASHOV A G, VODOPYANOV A V, ABRAMOV I S, et al. Observation of Extreme Ultraviolet Light Emission from an Expanding Plasma Jet with Multiply Charged Argon or Xenon ions[J]. Applied Physics Letters, 2018, 113(15): 153502.

[324] SIDOROV A V, RAZIN S V, TSVETKOV A I, et al. Gas Breakdown by a Focused Beam of CW THz Radiation[C]. Progress In Electromagnetics Research Symposium-Spring (PIERS), 2017: 2600-2602.

[325] MIYOSHI N, IDEHARA T, KHUTORYAN E, et al. Combined Hyperthermia and Photodynamic Therapy Using a Sub-THz Gyrotron as a Radiation Source[J]. Journal of Infrared, Millimeter, and Terahertz Waves, 2016, 37(8): 805-814.

[326] HAN S T, LEE W J, PARK K S, et al. Application of T-ray Gyrotron Developed for Real-Time Non-destructive Inspection to Enhanced Regeneration of Cells[C]. International Conference on Infrared, Millimeter, and Terahertz waves (IRMMW-THz), 2015: 1-2.

[327] KOMURASAKI K, TABATA K. Development of a Novel Launch System Microwave Rocket Powered by Millimeter-Wave Discharge[J]. International Journal of Aerospace Engineering, 2018: 9247429.

[328] NEILSON J, READ M, IVES L. Design of a Permanent Magnet Gyrotron for Active Denial Systems [C]. International Conference on Infrared, Millimeter, and Terahertz Waves (IRMMW), 2009: 1-2.

[329] SONG T, QI X, YAN Z, et al. Experimental Investigations on a 500GHz Continuously Frequency-Tunable Gyrotron[J]. IEEE Electron Device Letters, 2021(42): 1739-1742.

[330] SONG T, et al. Experimental Investigations on Effects of Operation Parameters on a 263 GHz Gyrotron[J]. IEEE Transactions on Electron Devices, 2022, 69(9): 5256-5261.

[331] PIOSCZYK B, DAMMERTZ G, DUMBRAJS O, et al. A 2 MW 170 GHz coaxial cavity gyrotron[J]. IEEE Transactions on Plasma Science, 2004, 32(3): 413-417.

[332] DUMBRAJS O, NUSINOVICH G S. Caoxial gyrotron: past, present, and future[J]. IEEE Transactions on Plasma Science, 2004, 32(3): 934-936.

[333] DAMMERTZ G, ALBERTI S, ARNOLD A, et al. High-power gyrotron development at Forschungszentrum Karlsruhe for fusion applications[J]. IEEE Transactions on Plasma Science, 2006, 32(2): 173-186.

[334] KASUGAI A, TAKAHASHI K, KOBAYASHi N, et al. Development of 170 GHz Gyrotron for ITER[C]. The Joint 31st International Conference on Infrared Millimeter Waves and 14th International Conference on Terahertz Electronics, 2006.

[335] BARROSO J J, CORREA R A, CASTRO P J. Gyrotron Coaxial Cylindrical Resonantors with Corrugated Inner Conductor: Theory and Experiment[J]. IEEE Transactions on Microwave Theory and Techniques, 1998, 46(9): 1221-1230.

[336] GANULY A, AND CHU K R. Limiting Current in Gyrotron[J]. International Journal of Infrared and Millimeter Waves, 1984, 5(1): 103-121.

[337] CHRISTOS T I, STEFAN K, ALEXANDER B P. Coaxial Cavities with Corrugated Inner Conductor for Gyrotrons[J]. IEEE Transactions on Plasma Science, 1996, 44(1): 56-64.

[338] LIU S G, YAN Y, ZHU D J, et al. The Study on the Coaxial Gyrotron with Two Electron Beams[C]. The Joint 30th International Conference on Infrared and Millimeter Waves and 13th International Conference on Terahertz Electronics, 2005: 239-240.

[339] YAN Y, YUAN X S, ZHANG Y X, et al. The study of coaxial gyrotron with two beams. The Joint 31st International Conference on Infrared and Millimeter Waves and 14th International Conference on Terahertz Electronics, 2006: 341.

[340] YUAN X S, YAN Y, LIU S G, et al. Two-beam instability for THz radiation source[C]. The Joint 31st International Conference on Infrared and Millimeter Waves and 14th International Conference on Terahertz Electronics, 2006: 152.

[341] LIU S G, YAN Y, ZHU D J, et al. The Study on the Coaxial Gyrotron with Rwo Electron Beams[C]. The Joint 30th International Conference on Infrared and Millimeter Waves and 13th International Conference on Terahertz Electronics, 2005: 239-240.

[342] LIU S G, YUAN X S, FU W J, et al. The Coaxial Gyrotron with Two Electron Beams. Ⅰ. Linear theory and nonlinear theory[J]. Physics of Plasmas, 2007, 14(10): 103-113.

[343] LIU S G, YUAN X S, LIU D W, et al. The Coaxial Gyrotron with Two Electron Beams. Ⅱ. Dual frequency operation[J]. Physics of Plasmas, 2007, 14(10): 103-114.

[344] MARCUVITZ N, SCHWINGER J. On the Representation of the Electric and Magnetic Fields Produced by Currents and Discontinuities in Wave Guides[J]. Journal of Applied Physics, 1951, 22: 806-820.

[345] 刘盛纲. 电子回旋脉塞和回旋管的进展[M]. 成都:四川教育出版社, 1988.

[346] LIU D, YUAN X, YAN Y, et al. Coupled-Mode Theory of Coaxial Gyrotron with Two Electrons[J]. Fusion Engineering and Design, 2008, 83: 606-612.

[347] 张克潜, 李德杰. 微波与光电子学中的电磁理论[M]. 北京:电子工业出版社, 2001.

[348] LIU D W, YUAN X S, YAN Y, et al. Coupled-Mode Theory of Coaxial THz Gyrotron with Two Electron Beams[C]. The Joint 33st International Conference on Infrared and Millimeter Waves and 16th International Conference on Terahertz Electronics, 2008: 1-2.

[349] TWISS R. adiation Transfer and the Possibility of Negative Absorption in Radio Astronomy [J]. Australian Journal of Physics, 1958, 11(4): 564-579.

[350] GAPONOV A V. Interaction Between Electron Fluxes and Electromagnetic Waves in Waveguides[J]. Izv. Vyssh. Uchebn. Zaved. Radiofiz, 1959, 2: 450.

[351] WACHTEL J M, HIRSHFIELD J L. Electron cyclotron maser[J]. Physical Review Letters, 1964, 12(19): 533-536.

[352] BARNETT L R, CHU K R, BAIRD J M, et al. Gain, Saturation, and Bandwidth Measurements of the Gyrotron Travelling Wave Amplifier[C]. Electron Devices Meeting, 1979.

[353] BARNETT L R, LAU Y Y, CHU K R, et al. An Experimental Wide-Band Gyrotron Traveling-Wave Amplifier[J]. IEEE Transactions on Electron Devices, 1981, 28(7): 872-875.

[354] BARNETT L R, BAIRD J M, LAU Y Y, et al. A High Gain Single Stage Gyrotron Traveling-Wave Amplifier[C]. International Electron Devices Meeting, 1980.

[355] SYMONS R S, JORY H R, HEGJI S J. An Experimental Gyro-TW[C]. International Electron Devices Meeting, 1979.

[356] FERGUSON P, SYMONS R. A C-band Gyro-TWT [C]. International Electron Devices Meeting, 1980.

[357] CHU K R, et al. Ultrahigh Gain Gyrotron Traveling Wave Amplifier[J]. Physical Review Letters, 1998, 81(21): 4760-4763.

[358] WANG Q S, MCDERMOTT D B, JR N. Operation of a Stable 200-kW Second-Harmonic Gyro-TWT Amplifier[J]. Plasma Science IEEE Transactions on, 1996, 24(3): 700-706.

[359] CHONG C K, MCDERMOTT D B. Large-Signal Operation of a Third-Harmonic Slotted Gyro-TWT Amplifier[J]. IEEE Transactions on Plasma Science, 1998, 26(3): 500-507.

[360] PERSHING D E, NGUYEN K T, CALAME J P, et al. A TE11 Ka-Band Gyro-TWT Amplifier with High-Average Power Compatible Distributed Loss[J]. IEEE Transactions on Plasma, 2004, 32(3): 947-956.

[361] NGUYEN K T, CALAME J P, PERSHING D E, et al. Design of a Ka-band Gyro-TWT for Radar Applications[J]. IEEE Transactions on Electron Devices, 2001, 48(1): 108-115.

[362] RAN Y, YONG T, YONG L. Design and Experimental Study of a High-Gain W-Band Gyro-TWT With Nonuniform Periodic Dielectric Loaded Waveguide[J]. IEEE Transactions on Electron Devices, 2014, 61(7): 2564-2569.

[363] LIU G, JIANG W, YAO Y, et al. High Average Power Test of a W-Band Broadband Gyrotron Traveling Wave Tube[J]. IEEE Electron Device Letters, 2022, 43(6): 950-953.

[364] XU Z, ANLI. Design and Preliminary Experiment of W Band Broadband TE_{02} Mode Gyro Twt [J]. Electronics, 2021, 10(16): 1950.

[365] LIU G, CAO Y, WANG Y, et al. Design and Cold Test of a G-Band 10-kW-Level Pulse TE_{01}-Mode Gyrotron Traveling-Wave Tube[J]. IEEE Transactions on Electron Devices, 2022, 69(5): 2668-2674.

[366] 张颜颜. 光子晶体回旋管相关问题的研究[D]. 成都:电子科技大学,2016.

[367] BOOSKE J H, DOBBS R J, JOYE C D, et al. Vacuum Electronic High Power Terahertz Sources[J]. IEEE Transactions on Terahertz Science & Technology,2011,1(1):54-75.

[368] NANNI E, LEWIS S, SHAPIRO M A, et al. Photonic-Band-Gap Traveling-Wave Gyrotron Amplifier[J]. Physical Review Letters,2013,111(23):235101.

[369] NANNI E A E A. Design of a 250 GHz gyrotron amplifier[J]. Massachusetts Institute of Technology,2011.

[370] NANNI E A, JAWLA S, LEWIS S M, et al. Photonic-band-gap gyrotron amplifier with picosecond pulses[J]. Applied Physics Letters,2017,111(23): 233504.

[371] SAMSONOV S V, DENISOV G G, BOGDASHOV A A, et al. Cyclotron Resonance Maser With Zigzag Quasi-Optical Transmission Line: Concept and Modeling[J]. IEEE Transactions on Electron Devices,2021,68(11):5846-5850.

[372] SAMSONOV S V, DENISOV G G, BOGDASHOV A A, et al. Gyro-TWT and Gyro-BWO with a Microwave Circuit in the Form of Zigzag Quasi-optical Transmission Line,2021[C]. IEEE,2021.

第3篇 有关自由电子激光的文献

[1] KAPITZA P L, DIRAC P A M. The Reflection of Electrons from Standing Light Waves[J]. Mathematical Proceedings of the Cambridge Philosophical Society, 1933, 29(2):297-300.

[2] ГИНЗБЕРР В. Дан СССР, sb, 145, 253, 583, 699, (1947). Мз. Ан. СССРсер[J]. Фнз,1947, 11:320.

[3] MOTZ H. Applications of the Radiation from Fast Electron Beams[J]. Journal of Applied Physics,1951,22(5):527-535.

[4] COLEMAN P D. Physics Department, M. I. T. [J]. Journal of Applied Physics,1952,22.

[5] SMITH S J, PURCELL E M. Visible Light from Localized Surface Charges Moving Across a Grating[J]. Physics Review Letter,1953,92,1069.

[6] PANTELL R H, SONCINI G, PUTHOFF H E. Stimulated Photon-Electron scattering[J]. IEEE Journal of Quantum Electronics,1968,QE 4(11):905-907.

[7] SIMON A. Advances in Plasma Physics, Vol. 4[J]. Am. J. Phys. 1973.

[8] MADEY J M J. Stimulated Emission of Bremsstrahlung in a Periodic Magnetic Field[J]. Journal of Applied Physics,1971,42(5):1906-1913.

[9] SUKHATME V P, WOLFF P W. Stimulated Compton Scattering as a Radiation Source-Theoretical Limitation[J]. Journal of Applied Physics,1973,44:2331-2334.

[10] SPRANGLE P, GRANATSTEIN V L. Stimulated Cyclotron Resonance Scatting and Production of Powerful Submillimeter Radiation[J]. Applied Physics Letter,1974,25:377-379.

[11] GRANATSTEIN V L, HERNDON M, PAKER R K, et al. Strong Submillimeter Radiation from Intense Relativistic Electron Beams[J]. IEEE Transactions on Microwave Theory and Techniques,1974,22:1000-1005.

[12] SUKHATME V P,WOLFF P A. Stimulated Magneto-Compton Scattring—a Possible Tunable Infrared and Millimeter Wave Source[J]. IEEE Journal of Quantum Electronics,1974,10(12):870-873.

[13] MANHEIMER W M,OTT E. Parametric Instabilities Induced by the Coupling of High and Low Frequency Plasma Modes[J]. Physics of Fluids,1974,17:1414-1421.

[14] SPRANGLE P, GRANATSTEIN V L, BEKER L. Stimulated Collective Scattering from a Magnetized Relativistic Electron Beam[J]. Physical Review A,1975,12(4):1697-1701.

[15] LIN A T,DAWSON J M. Nonlinear saturation and thermal effects on the free electron laser using an electromagnetic pump[J]. The Physics of Fluids,1975,18:201-206.

[16] PARKER R K,VRY M. The VEBA Relativistic Electron Accelerator[J]. IEEE Transactions on Nuclear Science,1975,22:983-988.

[17] HASEGAWA A, MIMA K, SPRANGLE P, et al. Limitation in Growth Time of Stimulated Compton Scattering in X-ray Regime[J]. Applied Physics Letters,1976,29(9):542-544..

[18] KAW P K,et al. Advances in Plasma Physics : Vol. 6[M]. State of New Jersey:Wiely,1976.

[19] ELIAS L, FAIRBANK W, MUDAY J M J, et al. Observation of Stimulated Emission of Radiation by Relativistic Electron in a Spatially Periodic Transverse Magnetic Field[J]. Physical Review Letter,1976,36(13):717-720.

[20] GRANATSTEIN V L, SPRANGLE P, PARKER R K, et al. Realization of a Relativistic Mirror: Electromagnetic Back Scattering From the front of a Magnetized Relativistic Electron Beam[J]. Physical Review A,1976,14:1194-1201.

[21] HOPF F A,MEYSTRE P,SCULLY M O,et al. Strong Signal Theory of a Free Electron Laser [J]. Physical Review Letter,1976,37:1342-1345.

[22] DEACON D A G,ELIAS L R,MADAY J M J,et al. First Operation of a Free Electron Laser [J]. Physical Review Letter,1977,38(16):892-894.

[23] WALSH J E, MARSHALL T C, MROSS M R, et al. Relativistic Electron-Beam-Generated Coherent Submillimeter Wavelength Cerenkov Radiation[J]. IEEE Transactions on Microwave Theory and Techniques,1977,25(6):551.

[24] GRANATSTEIN V L,SPRANGLE P. Mechanisins for Coherent Scattering of Electromagnetic Waves from Relativistic Electron Beams[J]. IEEE Transactions on Microwave Theory and Techniques,1977,25:545-550.

[25] SCHNEIDER S,SPITZER R. Application of Sti mulated Electromagnetic Shoc Radiation to the Generation of Intense Submillimeter Waves[J]. IEEE Transactions on Microwave Theory and Techniques,1977,25(6):551-555.

[26] LAMPE M,OTT E,MANHEIMER M, et al. Submillimeter Wave Production by Upshifted Reflection from a Moving Ionization Front[J]. IEEE Transactions on Microwave Theory and Techniques,1977,25(6):559-560.

[27] EFTHIMION P C, SCHLESINGER S P. Stimulated Raman Scattering by an Intense Relativistic Electron Beam in a Long Rippled Magnetic Field[J]. Physical Review A,1977,16(2):633-639.

[28] MCDERMOTT D B,MARSHALL T C,SCHLESINGER S P,et al. High-Power Free-Electron Laser Based on Stimulated Raman Backscattering[J]. Physical Review Letters,1978,41(20):

1368-1371.

[29] SPRANGLE P, SMITH R A, GRANATSTEIN V I. Free Electron Lasers and Stimulated Scattering from Relativstic Electron Beams[J]. NRL Memorandum Report, 1978: 3911.

[30] SPRANGLE P, TANG C M, MANHEIMER W M. Nonlinear Formulation and Efficiency Enhancement of Free-Electron Lasers[J]. Physical Review Letters, 1979, 43(26): 1932-1936.

[31] SPRANGLE P, SMITH R A, GRANATSTEIN V L. Free Electron Lasers and Stimulated Scattering from Relativistic Electron Beams[J]. Infrared and Millimeter Waves, 1979: 279-327.

[32] SPRANGLE P, DROBOT A T. Stimulated Backscattering from Relativistic Unmagnetized Electron Beams[J]. Journal of Applied Physics, 1979, 50(4): 2652-2661.

[33] MADEY J M J. Relationship Between Mean Radiated Energy, Mean Squared Radiated Energy and Spontaneous Power-Spectrum in a Power Series Expansion of the Equations of Motion in a Free-Electron laser[J]. IL Nuovo Cimento B, 1979, 50(1): 64-88.

[34] EDIGHOFFOR J A, et al. Energy Exchange Between Free Electrons and Light in Vacuum[J]. Journal of Applied Physics, 1979, 50: 6120.

[35] LEAVITT R P, WORTMAN D E, MORRISON C A. The Orotron—A Free-Electron Laser Using the Smith-Purcell Effect[J]. Applied Physics Letters, 1979, 35(5): 363-365.

[36] MOTZ H T. Compilation of Requests for Nuclear Data[J]. Comtemp Physics, 1979, 20: 547.

[37] GILGENBACH R M, MARSHALL T C, SCHLESINGER S P. Spectral Properties of Stimulated Raman Radiation from an Intense Relativistic Electron Beam[J]. Physics of Fluids, 1979, 22(5): 971.

[38] PROVIDAKES G, NATION J A. Excitation of the Slow Cyclotron and Spacecharge Waves in a Relativistic Electron Beam[J]. Journal of Applied Physics, 1979, 50(5): 3026-3030.

[39] LIN A T, DAWSON J M. High-Efficiency Free-Electron Laser[J]. Physical Review Letters, 1979, 42(25): 1670-1673.

[40] BEKEFI G, SHEFER R E. Stimulated Raman Scattering by an Intense Relativistic Electron Beam Subjected to a Rippled Electric Field[J]. Journal of Applied Physics, 1979, 50(8): 5158-5164.

[41] SCHWARZJ H. Supersymmetrical String Theories[J]. Physical Review Letters, 1979, 42: 1141.

[42] SCHWARZ J H. Supersymmetrical String Theories[J]. Physical Review A, 1979, 20: 2628.

[43] FELBER F S. Erratum: Fast-moving laser focus[J]. Applied Physics Letters, 1980, 37: 75.

[44] SPRANGLE P, TANG C G M, MANHEIMER W M. Nonlinear Theory of Free-Electron Lasers and Efficiency Enhancement[J]. Physical Review A, 1980, 21(1): 302.

[45] FRIEDLAND L, PORKOLAB M. On the Electron-Cyclotron Resonance Heating in Plasmas with Arbitrary Stratification of the Magnetic Field[J]. The Physics of Fluids, 1980, 23(12): 2376.

[46] LIN A T, Dawson J M. Nonlinear Saturation and Thermal Effects on the Free Electron Laser Using an Electromagnetic Pump[J]. The Physics of Fluids, 1980, 23(6): 1224-1228.

[47] KWAN T J T. An Investigation of Efficiency Pptimization in Free-ElectronLasers[J]. The Physics of Fluids, 1980, 23: 1857.

[48] GROWNE F J, LEARITT R P, WORCHESKY T L. Exactly Solvable Nonlinear Model for a

Smith-Purcell Free-Electron Laser[J]. Physical Review A,1981,24:1154.

[49] JACOBS K D, BEKEFI G, FREEMAN J R. The Diffusive Wiggler—a Spatially Periodic Magnetic Pump for Free-Electron Lasers[J]. Journal of Applied Physics,1981,52(8):4977.

[50] UHM H S,DAVIDSON R C. Stability Properties of an Intense Relativistic Nonneutral Electron Ring in a Modified Betatron Accelerator. Final Report[J]. The Physics of Fluids, 1981, 24:1541.

[51] ECKER W,LOUISELL W H,MCCULLEN J D. Laser Enhancement of Nuclear Decay[J]. Physical Review Letters B,1981,42:87.

[52] AVIVI P,DOTHAN F,FRUCHTMAN A,et al. Orbit stability in free electron lasers[J]. International Journal of Infrared & Millimeter Wave,1981,2(5):1071-1080.

[53] 王之江. 电子与电子相互作用辐射[J]. 光学学报,1981,1(2):115.

[54] SPRANGLE P,TANG C M. Three dimensional Nonlinear Theory of the Free-Electron Laser [J]. Applied Physics Letters,1981,39(9):677-679.

[55] BERNSTEIN I B,FRIEDLAND J L. Theory of the Free-Electron Laser in Combined Helical Pump and Axial Guide Fields[J]. Physical Review A,1981,23(2):816-823.

[56] TANG C M,SPRANGLE P. Nonlinear analysis of the free-electron lasers utilizing a linear wiggler field[J]. Journal of Applied Physics,1981,52(5):3148-3153.

[57] DATTOLI G,FIORENTINO E,LETARD T,et al. Progress in the FEL Project at the C. N. E. N. Frascati Center[J]. IEEE Transactions on Nuclear Science,1981,28(3):3133-3135.

[58] DEACON D A G,MADEY J M J,ROBINSON K E,et al. Gain Measurement on the ACO Storage Ring Laser[J]. IEEE Transactions on Nuclear Science,1981,28(3):3142-3144.

[59] BLEWETT J P,BLUMBERG L,CAMPILLO A J,et al. Free Electron Laser Experiment at the NSLS 700 MeV Electron Storage Ring[J]. IEEE Transactions on Nuclear Science,1981,28(3):3166-3168.

[60] BOEHMER H,CAPANI M Z,EDIGHOFFER J,et al. Variable-Wiggler Free-Electron-Laser Experiment[J]. Physical Review Letters,1982,48(3):141-144.

[61] BENSON S,DEACON D A G,ECKSTEIN J N,et al. Optical Autocorrelation Function of a 3. 2 μm Free-Electron Laser[J]. Physical Review Letters,1982,48(4):235-238.

[62] PARKER R K, JACKSON R H, GOLD S H, et al. Axial Magnetic-Field Effects in a Collective-Interaction Free-Electron Laser at Millimeter Wavelengths[J]. Physical Review Letters,1982,48(4):238-242.

[63] PARK S Y,BAIRD J M,SMITH R A,et al. Exact Magnetic Field of a Helical Wiggler[J]. Journal of Applied Physics,1982,53:1320.

[64] 王之江,电子束干涉和自由电子辐射[J]. 光学学报, 1982,2(1):1.

[65] BEKEFI G,JACOBS K D. Two-Stream Free-Electron Lasers[J]. Journal of Applied Physics, 1982,53 (6) :4113-4121.

[66] ECKSTEIN J N,MADEY J M J,ROBINSON K,et al. Additional Experimental Results from the Standford 3 micron FEL[J]. Free-Electron Generators of Coherent Radiation, 1982:49-75.

[67] BAZIN C,BILARDON M,DEASON D A,et al. Results of the First Phase of the ACO Storage Ring Laser Experiment[J]. Free-Electron Generators of Coherent Radiation,1982,89-118.

[68] LUCCIO A. Status and Perspectives of the FEL Experiment at Brookhaven[J]. Free-Electron Generators of Coherent Radiation,1982:153-179.

[69] LUCCIO A,Krinsky S,Studies on the Undulators for the Free-Electron Laser Experiment at the National Synchrotron Light Source[J]. Free-Electron Generators of Coherent Radiation, 1982:181-233.

[70] BARBINI R, VIGNOLA G. FEL Program at the Adone Storage Ring[J]. Free-Electron Generators of Coherent Radiation,1982:235-261.

[71] GAUPP A. A Free-Electron Laser for the Storage Ring BESSY[J]. Free-Electron Generators of Coherent Radiation,1982:263-273.

[72] KROLL N M. (Univ. of California, Sandiego, CA, USA) Theory of a Free-Electron Laser with Gain Expansion[J]. Free-Electron Generators of Coherent Radiation,1982:281-313.

[73] SCHOEN N C. Estimation of the Intracavity Power Levels for a Hybrid Free-Electron Laser Device[J]. IEEE Journal of Quantum Electronics,1982,18(9):1318-1321.

[74] KRINSKY S,WANG J M,LUCHINI P. Madey's Gainspread Theorem for the Free-Electron Laser and the Theory of Stochastic Processes[J]. Journal of Applied Physics,1982,53(8):5453-5458.

[75] SHIOZAWA T. A General Theory of the Ramman-Type Free Electron Laser[J]. Journal of Applied Physics,1983,54(7):3712-3722.

[76] ZHURAKHOVSKING V A. Highly Nonlinear Theory of the Free-Electron [Compton] Laser Exact Equations[J]. Radio Engineering and Electronic Physics,1982,27(5):108.

[77] ZHURAKHOVSKING V A. Highly Nonlinear Theory of the Free-Electron[Compton] Laser Average Equations[J]. Radio Engineering and Electronic Physics,1982,27(5):114.

[78] 王俊毅,李敦复.磁共振波导自由电子激光三维动力学理论[J].中国科学(A辑 数学 物理学 天文学 技术科学), 1982, 25(9):824-836.

[79] LIN A T,LIN C C,TAGUCHI T,et al. Nonlinear Saturation of Free-Electron Lasers Around Groresonance[J]. Physics of Fluids,1983,26(1):3-6.

[80] UHM H S,DAVIDSON R C. Free Electron Laser Instability for a Relativistic Solid Electron Beam in a Helical Wiggler Field[J]. Physics of Fluids,1983,26(1):288-297.

[81] GROSSMAN A,MARSHALL T C,SCHLESINGER S P. A New Millimeter Free Electron Laser Using a Relativistic Beam with Spiraling Electrons[J]. Physics of Fluids,1983,26(1):337-343.

[82] FREUND H P,DROBOT A T. Relativistic Electron Trajectories in Free-Electron Lasers with an Axial Guide Field[J]. Physics of Fluids,1982,25(4):736.

[83] KUAN T J T,SNELL C M. Efficiency of Free-Electron Lasers with a Scattered Electron Beam [J]. Physics of Fluids,1983,26(5):835.

[84] COLSON W B,FREEDMAN R A. Oscillator Evolution in Free-Electron Lasers[J]. Physical Review A, 1983,27(3):1399-1413.

[85] FREUND H P. Nonlinear Analysis of Free-Electron-Laser Amplifiers with Axial Guide Fields [J]. Physics of Fluids,1983,26(3):835.

[86] LANE B, DAVIDSON R C. Nonlinear Traveling Wave Equilibria for Free-Electron-Laser

Applications[J]. Physical Review A,1983,27(4):2008.

[87] CARMEL Y, GRANATSTEIN V L,GOVER A. Demonstration of a Two-Stage Backward-Wave-Oscillator Free-Electron Laser[J]. Physical Review Letters,1983,51(7):566.

[88] QUIMBY D C,SLATTER J. Mode Structure of a Tapered Wiggler Free-Electron Laser Stable Oscillator[J]. IEEE Journal of Quantum Electronics,1983,19(5):800-809.

[89] GROSSMAN A A,MARSHALL T C. A Free Eleectron Laser Oscillator Based on a Cyclotron-Undulator Interaction[J]. IEEE Journal of Quantum Electronics,1983,19(3):334.

[90] WANG D Y,FAUCHET A M,PIESTRUP M A,et al. Gain and Efficiency of a Stimulated Cherenkov Optical Klystron[J]. IEEE Journal of Quantum Electronics,1983,19(3):389.

[91] 于善夫.绕射辐射振荡器的研究[D].成都:成都电讯工程学院高能电子学研究所,1981.

[92] 邹文禄. Orotron 及其振荡系统[D].成都:成都电讯工程学院高能电子学研究所,1981.

[93] 王俊毅.多注自由电子激光[D].成都:成都电讯工程学院高能电子学研究所,1983.

[94] 陈嘉钰,于善夫,赵颖威,等.绕射辐射振荡器的基本理论及工作原理[J].成都电讯工程学院学报,1983(3):57.

[95] 林崇文,赵颖威,张玲人.准光学开放腔 Q 值的动态测试[J].成都电讯工程学院学报,1983(2):70.

[96] 霍裕平.变参数自由电子激光器电子的随机运动[J].物理学报,1982,31(12):1337-1347.

[97] 尹元昭.自由电子激光放大器的理论分析[J].物理学报,1983,32(11):1407-1415.

[98] CHANNELL P J. Laser Acceleration of Particles ; Number 91[M]. New York: American Institute of Physics,1982.

[99] KOLOMENSKII A A,LEBEDER A N. Resonance Phenomena in the Motion of a Particle in a Plane Electromagnetic Wave[J]. Soviet Physics,Dokl,1963,7:745.

[100] KRASOVITSKI V B, KURILKO V I. Braking of relativistic particles in low atmospheric layers[J]. Soviet Physics Technical Physics,1967,11:1953.

[101] KOLOMENSKII A A, LEBEDEV A N. Startup of New Accelerator: Symmetric Ring Phasotron of the Lebedev Institute of Physics at the Ussr Academy of Sciences[J]. Soviet Physics JETP,1966,23:733.

[102] PALMER R B J. Interaction of Relativistic Particles and Free Electromagnetic Waves in the Presence of a Static Helical Magnet[J]. Journal of Applied Physics,1972,43(7):3014-3023.

[103] MOTZ H. Undulators and Free-Electron Lasers[J]. Contemporary Physics: A Review of Physics and Associated Technologies,1979,20:547.

[104] SPRANGLE P,TANG C M. Laser Beat Wave Electron Accelerator[J]. IEEE Transactions on Nuclear Science,1981,28(3):3346.

[105] PELLEGRINI C. Proceeding of the Conf. of Challenge of Ultra-High Energies[R]. England: Oxford,1982.

[106] SPRANGLE P,VLAHOS L,TANG C M. A Cyclotron Resonance Laser Accelerator[J]. IEEE Transactions on Nuclear Science,1983,30(4):3177-3179.

[107] GOLOVANIVSKY K S. The Gyrac: A Proposed Gyro-Resonant Accelerator of Electrons[J]. IEEE Transactions on Plasma Science,1982,10(2):120-129.

[108] BALMASHNOV A A, GOLOVANIVSKY K S. Soviet Physics Technical Physics,1976,

20:483.

[109] FRIEDLAND L , BERNSTEIN I B . General Geometric Optics Formalism in Plasmas[J]. Plasma Science IEEE Transactions on, 1980,8(2):90-95.

[110] GOLOVANIVSKY K S. Gyromagnetic Autoresonance at Ultrarelativistic Energies [J]. Physica Scripta, 1982,25(3):491.

[111] GOLOVANISKY K S. A Direct Conversion of the EM Waves into the Hard Radiation on the Free Electrons at Cyclotron Autoresonance[J]. IEEE Transactions on Plasma Science,1982,10 (3):201-203.

[112] GOLOVANISKY K S. On Coherent Acceleration of e + e-Pair at Nonlinear Cyclotron Autoresonance[J]. IEEE Transactions on Plasma Plasma Science,1982,10 (3):199-200.

[113] GOLOVANISKY K S. The Gyromagnetic Autoresonance[J]. IEEE Transactions on Plasma Plasma Science,1983,11(1):28.

附　　录

A 物理常数

光速 c	$(\mu_0\varepsilon_0)^{1/2}=2.99793\times10^8$ m/s
真空中介电常数 ε_0	$8.85419\times10^{-12}\approx(36\pi\times10^9)^{-1}$ F/m
真空中磁导率 μ_0	$4\pi\times10^{-7}\approx1.2566\times10^{-6}$ H/m
真空中固有阻抗 $(\mu_0/\varepsilon_0)^{1/2}$	376.730 Ω
真空中固有电纳 $(\varepsilon_0/\mu_0)^{1/2}$	2.65442×10^{-3} S
电子电荷 e	$(1.60219\pm0.00001)\times10^{-19}$ C
电子荷质比 (e/m)	$(1.75880\pm0.00002)\times10^{11}$ C/kg
电子质量 m_0	9.107×10^{-31} kg
电子静止能量 m_0c^2	0.511 MeV
玻尔磁子 μ_B	9.274096×10^{-24} J/T
电子磁矩 μ_e	9.284851×10^{-24} J/T
电子 Compton 波长 $\lambda_c=h/m_0c$	2.4263096×10^{-12} m
经典电子半径 $r_e=\dfrac{e^2}{mc^2}$	2.8197×10^{-15} m
玻尔兹曼常数 k	1.3806×10^{-23} J/K
普朗克常数 $\hbar$	$(6.6256\pm0.005)\times10^{-34}$ J·s
1 eV 相应的波长 λ_0	1.2399×10^{-6} m
1 eV 相应的波数	8.0655×10^5/m
1 eV 相应的频率	2.4180×10^{14} Hz
1 eV 相应的能量	1.6022×10^{-19} J

B 电磁学单位制

关于电磁学单位制，我国现已规定全面采用国际单位制(SI)，鉴于本书内容的特点，主要采用国际单位制. 由于自由电子激光的理论文献中，仍大量使用高斯单位制，因此，本书的读者要接触到这样两种单位制. 众所周知，国际单位制又称 MKSA 制，以米(m)、千克(kg)、秒(s)、安培(A)为长度、质量、时间、电流的基本单位. 其余各单位的名称可由一些基础关系中导出. 高斯单位制属于 CGS 制，以厘米(cm)、克(g)、秒(s)为长度、质量、时间的基本单位. 关于电的量采用原静电单位，关于磁的量采用原电磁单位.

两种单位制的主要对照及换算见表 B.1～B.3 所列.

表 B.1　国际单位制和高斯单位制中主要公式对照表

名称	国际单位制	高斯单位制
基本常数	$\mu_0=4\pi\times10^{-7}\ \mathrm{H/m}$ $=12.566\ 370\ 614\ 4\times10^{-7}\ \mathrm{H/m}$	$\mu_0=1$
	$\varepsilon_0=\dfrac{10^7}{4\pi c^2}\ \mathrm{F/m}$ $=(8.854\ 187\ 818\pm0.000\ 000\ 071)\times10^{-12}\ \mathrm{F/m}$	$\varepsilon_0=1$
	$c=(\mu_0\varepsilon_0)^{-1/2}$ $=299\ 792\ 458\pm1.2\ \mathrm{m/s}$	$c=(2.997\ 924\ 58\pm0.000\ 000\ 12)\times10^{10}\ \mathrm{cm/s}$
真空中电荷的电场	$\mathbf{E}=\dfrac{1}{4\pi\varepsilon_0}\dfrac{Q\mathbf{r}}{r^3}$	$\mathbf{E}=\dfrac{Q\mathbf{r}}{r^3}$
真空中电流的磁场	$\mathbf{B}=\dfrac{\mu_0}{4\pi}\int\dfrac{\mathbf{J}(\mathbf{X}')\times\mathbf{r}}{r^3}\mathrm{d}V'$	$\mathbf{B}=\int\dfrac{\mathbf{J}(\mathbf{X}')\times\mathbf{r}}{cr^3}\mathrm{d}V'$
洛伦兹力	$\mathbf{F}=Q(\mathbf{E}+\mathbf{v}\times\mathbf{B})$	$\mathbf{F}=Q\left(\mathbf{E}+\dfrac{1}{c}\mathbf{v}\times\mathbf{B}\right)$
麦克斯韦方程组	$\begin{cases}\nabla\times\mathbf{E}=-\dfrac{\partial\mathbf{B}}{\partial t}\\ \nabla\times\mathbf{H}=\dfrac{\partial\mathbf{D}}{\partial t}+\mathbf{J}\\ \nabla\cdot\mathbf{D}=\rho\\ \nabla\cdot\mathbf{B}=0\end{cases}$	$\begin{cases}\nabla\times\mathbf{E}=-\dfrac{1}{c}\dfrac{\partial\mathbf{B}}{\partial t}\\ \nabla\times\mathbf{H}=\dfrac{1}{c}\dfrac{\partial\mathbf{D}}{\partial t}+\dfrac{4\pi}{c}\mathbf{J}\\ \nabla\cdot\mathbf{D}=4\pi\rho\\ \nabla\cdot B=0\end{cases}$
边界条件	$\begin{cases}\mathbf{n}\times(\mathbf{E}_2-\mathbf{E}_1)=0\\ \mathbf{n}\times(\mathbf{H}_2-\mathbf{H}_1)=\boldsymbol{\alpha}\\ \mathbf{n}\cdot(\mathbf{D}_2-\mathbf{D}_1)=\sigma\\ \mathbf{n}\times(\mathbf{B}_2-\mathbf{B}_1)=0\end{cases}$	$\begin{cases}\mathbf{n}\times(\mathbf{E}_2-\mathbf{E}_1)=0\\ \mathbf{n}\times(\mathbf{H}_2-\mathbf{H}_1)=\dfrac{4\pi}{c}\boldsymbol{\alpha}\\ \mathbf{n}\cdot(\mathbf{D}_2-\mathbf{D}_1)=4\pi\sigma\\ \mathbf{n}\cdot(\mathbf{B}_2-\mathbf{B}_1)=0\end{cases}$
介质电磁性质	$\begin{cases}\mathbf{D}=\varepsilon_0\mathbf{E}+\mathbf{P}\\ \mathbf{B}=\mu_0\mathbf{H}+\mu_0\mathbf{M}\end{cases}$	$\begin{cases}\mathbf{D}=\mathbf{E}+4\pi\mathbf{P}\\ \mathbf{B}=\mathbf{H}+4\pi\mathbf{M}\end{cases}$
电磁能流密度	$\mathbf{S}=\mathbf{E}\times\mathbf{H}$	$\mathbf{S}=\dfrac{c}{4\pi}\mathbf{E}\times\mathbf{H}$
电磁能量密度	$\mathrm{d}w=\mathbf{E}\cdot\mathrm{d}\mathbf{D}+\mathbf{H}\cdot\mathrm{d}\mathbf{B}$	$\mathrm{d}w=\dfrac{1}{4\pi}(\mathbf{E}\cdot\mathrm{d}\mathbf{D}+\mathbf{H}\cdot\mathrm{d}\mathbf{B})$
电磁动量密度	$\mathbf{g}=\varepsilon_0\mathbf{E}\times\mathbf{B}$	$\mathbf{g}=\dfrac{1}{4\pi c}\mathbf{E}\times\mathbf{B}$
场和位的关系	$\begin{cases}\mathbf{E}=-\nabla\varphi-\dfrac{\partial\mathbf{A}}{\partial t}\\ \mathbf{B}=\nabla\times\mathbf{A}\end{cases}$	$\begin{cases}\mathbf{E}=-\nabla\varphi-\dfrac{1}{c}\dfrac{\partial\mathbf{A}}{\partial t}\\ \mathbf{B}=\nabla\times\mathbf{A}\end{cases}$
位方程	$\begin{cases}\nabla^2\mathbf{A}-\dfrac{1}{c^2}\dfrac{\partial^2\mathbf{A}}{\partial t^2}=-\mu_0\mathbf{J}\\ \nabla^2\varphi-\dfrac{1}{c^2}\dfrac{\partial^2\varphi}{\partial t^2}=-\rho/E_0\end{cases}$	$\begin{cases}\nabla^2\mathbf{A}-\dfrac{1}{c^2}\dfrac{\partial^2\mathbf{A}}{\partial t^2}=-\dfrac{4\pi}{c}\mathbf{J}\\ \nabla^2\varphi-\dfrac{1}{c^2}\dfrac{\partial^2\varphi}{\partial t^2}=-4\pi\rho\end{cases}$
洛伦兹条件	$\nabla\cdot\mathbf{A}+\dfrac{1}{c^2}\dfrac{\partial\varphi}{\partial t}=0$	$\nabla\cdot\mathbf{A}+\dfrac{1}{c}\dfrac{\partial\varphi}{\partial t}=0$

续表

名称	国际单位制	高斯单位制
推迟位	$\begin{cases} \boldsymbol{A}=\dfrac{\mu_0}{4\pi}\displaystyle\int\dfrac{\boldsymbol{J}\left(\boldsymbol{X}',t-\dfrac{r}{c}\right)}{r}\mathrm{d}V' \\ \varphi=\dfrac{1}{4\pi\varepsilon_0}\displaystyle\int\dfrac{\rho\left(\boldsymbol{X}',t-\dfrac{r}{c}\right)}{r}\mathrm{d}V' \end{cases}$	$\begin{cases} \boldsymbol{A}=\displaystyle\int\dfrac{\boldsymbol{J}\left(\boldsymbol{X}',t-\dfrac{r}{c}\right)}{cr}\mathrm{d}V' \\ \varphi=\displaystyle\int\dfrac{\rho\left(\boldsymbol{X}',t-\dfrac{r}{c}\right)}{r}\mathrm{d}V' \end{cases}$
四维位矢量	$A_\mu=\left(\boldsymbol{A},\dfrac{i}{c}\varphi\right)$	$A_\mu=(\boldsymbol{A},i\varphi)$
四维电流密度	$J_\mu=(\boldsymbol{J},ic\rho)$	$J_\mu(\boldsymbol{J},ic\rho)$
电磁场张量	$F_{\mu\nu}=\begin{bmatrix} 0 & B_3 & -B_2 & -\dfrac{i}{c}E_1 \\ -B_3 & 0 & B_1 & -\dfrac{i}{c}E_2 \\ B_2 & -B_1 & 0 & -\dfrac{i}{c}E_3 \\ \dfrac{i}{c}E_1 & \dfrac{i}{c}E_2 & \dfrac{i}{c}E_3 & 0 \end{bmatrix}$	$F_{\mu\nu}=\begin{bmatrix} 0 & B_3 & -B_2 & -iE_1 \\ -B_3 & 0 & B_1 & -iE_2 \\ B_2 & -B_1 & 0 & -iE_3 \\ iE_1 & iE_2 & iE_3 & 0 \end{bmatrix}$
运动带电粒子的位	$\begin{cases} \boldsymbol{A}=\dfrac{e\boldsymbol{v}}{4\pi\varepsilon_0 c^2\left(r-\dfrac{1}{c}\boldsymbol{v}\cdot\boldsymbol{r}\right)} \\ \varphi=\dfrac{e}{4\pi\varepsilon_0\left(r-\dfrac{1}{c}\boldsymbol{v}\cdot\boldsymbol{r}\right)} \end{cases}$	$\begin{cases} \boldsymbol{A}=\dfrac{e}{c}=\dfrac{\boldsymbol{v}}{\left(r-\dfrac{1}{c}\boldsymbol{v}\cdot\boldsymbol{r}\right)} \\ \varphi=\dfrac{e}{c\left(r-\dfrac{1}{c}\boldsymbol{v}\cdot\boldsymbol{r}\right)} \end{cases}$
偶极辐射	$\begin{cases} \boldsymbol{E}=\dfrac{c}{4\pi\varepsilon_0 c^2 r}=\boldsymbol{n}\times(\boldsymbol{n}\times\dot{\boldsymbol{v}}) \\ \boldsymbol{B}=\dfrac{1}{c}\boldsymbol{n}\times\boldsymbol{E} \\ P=\dfrac{e^2\dot{\boldsymbol{v}}^2}{6\pi\varepsilon_0 c^3} \end{cases}$	$\begin{cases} \boldsymbol{E}=\dfrac{e}{c^2 r}=\boldsymbol{n}\times(\boldsymbol{n}\times\dot{\boldsymbol{v}}) \\ \boldsymbol{B}=\boldsymbol{n}\times\boldsymbol{E} \\ P=\dfrac{2e^2\dot{\boldsymbol{v}}^2}{3c^3} \end{cases}$
电子经典半径	$r_e=\dfrac{e^2}{4\pi\varepsilon_0 m_0 c^2}$	$r_e=\dfrac{e^2}{m_0 c^2}$
辐射阻尼力	$\boldsymbol{F}_s=\dfrac{e^2}{6\pi\varepsilon_0 e^3}\ddot{\boldsymbol{v}}$	$\boldsymbol{F}_s=\dfrac{2e^2}{3c^2}\ddot{\boldsymbol{v}}$

表 B.2　国际单位制中和高斯单位制中单位换算表

物理量	符号	国际单位制	倍数
长度	l	米(m)	10^2
质量	m	千克(kg)	10^3
时间	t	秒(s)	1
电流	I	安(A)(库/秒)	3×10^9
力	F	牛(N)	10^5
功、能	W,U	焦(J)	10^7
功率	P	瓦(W)	10^7
电荷	Q	库(C)	3×10^9
电荷密度	ρ	库/米^3(C/m^3)	3×10^3

续表

物理量	符号	国际单位制	倍数
面电荷密度	σ	库/米^2(C/m^2)	3×10^9
电流密度	J	安/米^2(A/m^2)	3×10^5
电场强度	E	伏/米(V/m)	$\frac{1}{3}\times10^{-4}$
电位	φ,ε	伏(V)(安/瓦)	$\frac{1}{300}$
电极化强度	P	库/米^2(C/m^2)	3×10^5
电位移	D	库/米^2(C/m^2)	$12\pi\times10^5$
电导率	σ	西/米(S/m)	9×10^8
电阻	R	欧(Ω)(伏/安)	$\frac{1}{9}\times10^{-11}$
电容	C	法(F)(库/伏)	9×10^{11}
磁通量	Φ	韦(Wb)(伏·秒)	10^8
磁感强度	B	特(T)(韦/米^2)	10^4
磁场强度	H	安/米(A/m)	$4\pi\times10^{-3}$
磁化强度	M	安/米(A/m)	10^{-3}
电感	L	亨(H)(韦/安)	$\frac{1}{9}\times10^{-11}$

表 B.3　国际单位制和高斯单位制中符号与公式的换算表

物理量	高斯单位制	国际单位制
光速	c	$(\mu_0\varepsilon_0)^{-1/2}$
电场强度(电位,电压)	$\boldsymbol{E}(\phi,V)$	$\sqrt{4\pi\varepsilon_0}\,\boldsymbol{E}(\phi,V)$
电位移矢量	$\boldsymbol{D}$	$\sqrt{\frac{4\pi}{\varepsilon_0}}\boldsymbol{D}$
电荷密度(电荷,电流密度,电流,电极化强度)	$\rho(Q,J,I,P)$	$\frac{1}{\sqrt{4\pi\varepsilon_0}}\rho(Q,J,I,P)$
磁感应强度	$\boldsymbol{B}$	$\sqrt{\frac{4\pi}{\mu_0}}\boldsymbol{B}$
磁场强度	$\boldsymbol{H}$	$\sqrt{4\pi\mu_0}\,\boldsymbol{H}$
磁化强度	$\boldsymbol{M}$	$\sqrt{\frac{\mu_0}{4\pi}}\boldsymbol{M}$
电导率	σ	$\frac{\sigma}{4\pi\varepsilon_0}$
介电常数	ε	$\frac{\varepsilon}{\varepsilon_0}$
磁导率	μ	$\frac{\mu}{\mu_0}$
电阻(阻抗)	$R(\boldsymbol{Z})$	$4\pi\varepsilon_0 R(\boldsymbol{Z})$
电感	L	$4\pi\varepsilon_0 L$
电容	C	$\frac{1}{4\pi\varepsilon_0}C$

注:质量、长度、时间、力以及其他未列出的诸物理量的符号是不变的.

C 电磁频谱划分(见表 C.1)

表 C.1 电磁频谱划分

名称	频率区间		波长区间	
	下限	上限	下限	上限
ULF①		10 Hz	3 Mm	
ELF①	10 Hz	3 kHz	100 km	3 Mm
VLF	3 kHz	30 kHz	10 km	100 km
LF	30 kHz	300 kHz	1 km	10 km
MF	300 kHz	3 MHz	100 m	1 km
HF	3 MHz	30 MHz	10 m	100 m
VHF	30 MHz	300 MHz	1 m	10 m
UHF	300 MHz	3 GHz	10 cm	1 m
SHF②	3 GHz	30 GHz	1 cm	10 cm
S	2.6	3.95	7.6	11.5
G	3.95	5.85	5.1	7.6
J	5.3	8.2	3.7	5.7
H	7.05	10.0	3.0	4.25
X	8.2	12.4	2.4	3.7
M	10.0	15.0	2.0	3.0
P	12.4	18.0	1.67	2.4
K	18.0	26.5	1.1	1.67
R	26.5	40.0	0.75	1.1
EHF	30 GHz	300 GHz	1 mm	1 cm
亚毫米波	300 GHz	3 THz	100 μm	1 mm
红外	3 THz	7 000 Å		100 μm

①ULF 与 ELF 之间的界限有多种定义.

②SHF(微波)波段进一步被近似细分为表中所列.

D 几种等离子体的参数(见表 D.1)

表 D.1 几种等离子体的参数

等离子体类型	n/cm^{-3}	T_e/V	ω_{pe}/s^{-1}	λ_D/cm	$n\lambda_D^3$	v_{ei}/s^{-1}
星际气体	1	1	6×10^4	7×10^2	4×10^8	7×10^{-5}
	10^3	1	2×10^6	20	10^7	6×10^{-2}
太阳日冕	10^6	10^2	6×10^7	7	4×10^8	6×10^{-2}
扩散高温等离子体	10^{12}	10^2	6×10^{10}	7×10^{-3}	4×10^5	40
太阳大气等离子体	10^{14}	1	6×10^{11}	7×10^{-5}	40	2×10^9
热等离子体	10^{14}	10	6×10^{11}	2×10^{-4}	10^3	10^7
高温等离子体	10^{14}	10^2	6×10^{11}	2×10^{-4}	4×10^4	4×10^6
热核等离子体	10^{15}	10^4	2×10^{12}	7×10^{-3}	10^7	5×10^4
Θ收缩	10^{16}	10^2	6×10^{12}	7×10^{-5}	4×10^3	3×10^8
稠密高温等离子体	10^{18}	10^2	6×10^{13}	7×10^{-6}	4×10^2	2×10^{10}
激光等离子体	10^{20}	10^2	6×10^{14}	7×10^{-7}	40	2×10^{12}

E 相对论电子注

相对论电子回旋半径

$$r_e=\frac{mc^2}{eB}(\gamma^2-1)^{1/2}(\text{CGS})=1.70\times10^3(\gamma^2-1)^{1/2}B^{-1}\text{cm} \tag{E.1}$$

相对论电子能量

$$W=mc^2\gamma(\text{CGS})=0.511\gamma\text{MeV} \tag{E.2}$$

电流密度 $J(\text{A/cm}^2)$的注密度

$$n=J/ec\beta_z(\text{CGS})=2.1\times10^8 J/\beta_x\text{cm}^{-1} \tag{E.3}$$

Alfven-Lawson 判据

$$\begin{aligned}I_A&=(mc^3/e)\beta_z\gamma(\text{CGS})\\&=(4\pi mc/\mu_0 e)\beta_z\gamma(\text{MKS})=1.70\times10^4\beta_z\gamma\text{A}\end{aligned} \tag{E.4}$$

Bennett 收缩常数

$$I^2=2NK(T_e+T_i)c^2(\text{CGS})=3.20\times10^{-4}N(T_e+T_i)\text{A}^2 \tag{E.5}$$

二分之三次方定律

在电压峰值为 V,间隔为 d(cm)的平行平面之间有空间电荷限制的电流密度(非相对论)

$$J=2.34\times10^3V^{3/2}d^{-2}\text{A/cm}^2 \tag{E.6}$$

注:以上各解析公式中,单位是 MKS 或 CGS,如式中所指出的.而数值公式中,电流 I 以 A,磁场强度 B 以 G,电子密度 N 以 cm^{-1} 为单位,温度、电压和能量以 MeV 为单位.

F 贝塞尔函数

1. 贝塞尔函数的定义

考虑下列贝塞尔微分方程：

$$\frac{d^2y}{dx^2}+\frac{1}{x}\frac{dy}{dx}+\left(1-\frac{\nu^2}{x^2}\right)y=0 \tag{F. 1}$$

$J_\nu(x)$及$N_\nu(x)$是方程的两个独立解，则方程的一般积分或通解就可写成

$$y=AJ_\nu(x)+BN_\nu(x) \tag{F. 2}$$

其中，A 和 B 是两个任意常数. 函数 $J_\nu(x)$定义为

$$J_\nu(x)=\left(\frac{x}{2}\right)^\nu\sum_{m=0}^{\infty}(-1)^m\frac{1}{m!\ \Gamma(\nu+m+1)}\left(\frac{x}{2}\right)^{2m} \tag{F. 3}$$

称为第一类贝塞尔函数. 函数 $N_\nu(x)$定义为

$$N_\nu(x)=\frac{\cos\nu\pi\cdot J_\nu(x)-J_{-\nu}(x)}{\sin\nu\pi} \tag{F. 4}$$

称为第二类贝塞尔函数或诺依曼函数.

在应用中，例如在讨论波的散射等问题时，我们还需要贝塞尔方程的以下两个线性无关解：

$$H_\nu^{(1)}(x)=J_v(x)+iN_v(x) \tag{F. 5}$$

$$H_\nu^{(2)}(x)=J_v(x)-iN_v(x) \tag{F. 6}$$

称为第三类贝塞尔函数或汉开尔函数.

2. 贝塞尔函数的递推关系

贝塞尔函数的递推关系在贝塞尔函数的应用中特别有用，它们是

$$J_{\nu+1}(x)+J_{\nu-1}(x)=\frac{2\nu}{x}J_\nu(x) \tag{F. 7}$$

$$\nu J_\nu(x)+xJ_\nu'(x)=xJ_{\nu-1}(x) \tag{F. 8}$$

$$J_{\nu-1}(x)-J_{\nu+1}(x)=2J_\nu'(x) \tag{F. 9}$$

$$\nu J_\nu(x)-xJ_\nu'(x)=xJ_{\nu+1}(x) \tag{F. 10}$$

$$\frac{d}{dx}[x^\nu J_\nu(x)]=x^\nu J_{\nu-1}(x) \tag{F. 11}$$

$$\frac{d}{dx}[x^{-\nu}J_\nu(x)]=-x^{-\nu}J_{\nu+1}(x) \tag{F. 12}$$

所有这些公式，$N_\nu(x)$和 $H_\nu^{(1)}(x)$、$H_\nu^{(2)}(x)$也满足.

3. 整数阶贝塞尔函数

在平面$|z|<\infty$内展开函数 $G(x,z)=e^{\frac{x}{2}\left(z-\frac{1}{z}\right)}$为泰勒级数，可以得到

$$G(x,z)=e^{\frac{x}{2}\left(z-\frac{1}{z}\right)}=\sum_{n=-\infty}^{\infty}J_n(x)z^n$$

因此，$e^{\frac{x}{2}\left(z-\frac{1}{z}\right)}$称为整数阶贝塞尔函数的母函数. 由此可得整数阶贝塞尔函数的积分表达式

$$\mathrm{J}_n(x)=\frac{1}{2\pi}\int_{-\pi}^{\pi}\mathrm{e}^{\mathrm{j}(x\sin\varphi-n\varphi)}\mathrm{d}\varphi=\frac{1}{\pi}\int_0^{\pi}\cos(x\sin\varphi-n\varphi)\mathrm{d}\varphi \tag{F.13}$$

以及

$$\cos(x\sin\varphi)=\mathrm{J}_0(x)+2\sum_{m=1}^{\infty}\mathrm{J}_{2m}(x)\cos 2m\varphi \tag{F.14}$$

$$\sin(x\sin\varphi)=2\sum_{m=1}^{\infty}\mathrm{J}_{2m-1}(x)\sin(2m-1)\varphi \tag{F.15}$$

同时,很容易导出贝塞尔函数的加法定理:

$$\mathrm{J}_n(x+y)=\sum_{k=-\infty}^{\infty}\mathrm{J}_k(x)\mathrm{J}_{n-k}(y) \tag{F.16}$$

在研究中,还常常应用整数阶贝塞尔函数的如下加法定律:

设 r,ρ,R 为三角形的三条边,φ 为 r 边所对的角,ψ 为 ρ 边所对的角,χ 为 R 边所对的角,且 $r>0,\rho>0$,$R>0$,则三角形三边有关系

$$R^2=r^2+\rho^2-2\rho r\cos\chi \tag{F.17}$$

利用 Graf 公式,可以得到

$$\mathrm{e}^{\mathrm{j}n\psi}\mathrm{J}_n(kR)=\sum_{l=-\infty}^{\infty}\mathrm{J}_l(k\rho)\mathrm{J}_{n+1}(kr)\mathrm{e}^{\mathrm{j}l\chi} \tag{F.18}$$

上式称为贝塞尔函数的加法定律.

4. 洛默尔积分

在应用中,例如在把一个函数展开成贝塞尔函数的级数中,常常遇到如下的积分:

$$\int_0^z \mathrm{J}_\nu(kx)\mathrm{J}_\nu(lx)x\mathrm{d}x=\frac{x}{k^2-l^2}\{k\mathrm{J}_\nu(lx)_{\nu+1}(kx)-l\mathrm{J}_\nu(kx)\mathrm{J}_{\nu+1}(lx)\} \tag{F.19}$$

$$\int_0^z \mathrm{J}_\nu(kx)\mathrm{J}_\nu(lx)x\mathrm{d}x=\frac{x}{k^2-l^2}\{l\mathrm{J}_{\nu-1}(lx)\mathrm{J}_\nu(kx)-k\mathrm{J}_{\nu-1}(kx)\mathrm{J}_\nu(lx)\} \tag{F.20}$$

$$\int_0^z x[\mathrm{J}_\nu(kx)]^2\mathrm{d}x=\frac{x^2}{2}\left\{[\mathrm{J}_\nu'(kx)]^2+\left(1-\frac{\nu^2}{k^2x^2}\right)[\mathrm{J}_\nu(kx)]^2\right\} \tag{F.21}$$

习惯上称它们为洛默尔(Lommel)积分.

5. 渐近展开式

可以证明,在 $|x|$ 的大数值时及在 $-\pi/2<\arg x<\pi/2$ 时,我们有

$$\mathrm{J}_\nu(x)=\sqrt{\frac{2}{\pi x}}[P_\nu(x)\cos\varphi-Q_\nu(x)\sin\varphi] \tag{F.22}$$

$$\mathrm{N}_\nu(x)=\sqrt{\frac{2}{\pi x}}[P_\nu(x)\sin\varphi+Q_\nu(x)\cos\varphi] \tag{F.23}$$

$$\mathrm{H}_\nu^{(1)}(x)=\sqrt{\frac{2}{\pi x}}\mathrm{e}^{\mathrm{j}\varphi}[P_\nu(x)+\mathrm{j}Q_\nu(x)] \tag{F.24}$$

$$\mathrm{H}_\nu^{(2)}(x)=\sqrt{\frac{2}{\pi x}}\mathrm{e}^{-\mathrm{j}\varphi}[P_\nu(x)-\mathrm{j}Q_\nu(x)] \tag{F.25}$$

其中

$$\varphi=x-\left(\nu+\frac{1}{2}\right)\pi/2 \tag{F.26}$$

$$P_\nu(x)\approx 1-\frac{(4\nu^2-1^2)(4\nu^2-3^2)}{2!\ (8x)^2}$$

$$+\frac{(4\nu^2-1^2)(4\nu^2-3^2)(4\nu^2-5^2)(4\nu^2-7^2)}{4!\ (8x)^4}-\cdots \tag{F.27}$$

$$Q_\nu(x)\approx\frac{4\nu^2-1^2}{1!\ 8x}-\frac{(4\nu^2-1^2)(4\nu^2-3^2)(4\nu^2-5^2)}{3!\ (8\nu)^3}+\cdots \tag{F.28}$$

如果 x 是实数,并且无限地增大,那么有 $P_\nu(x)$ 趋于 1,而 $Q_\nu(x)$ 趋于零,贝塞尔函数于是取下列的渐近公式:

$$\mathrm{J}_\nu(x)\approx\sqrt{\frac{2}{\pi x}}\cos\varphi \tag{F.29}$$

$$\mathrm{N}_\nu(x)\approx\sqrt{\frac{2}{\pi x}}\sin\varphi \tag{F.30}$$

$$\mathrm{H}_\nu^{(1)}(x)\approx\sqrt{\frac{2}{\pi x}}\mathrm{e}^{\mathrm{j}\varphi} \tag{F.31}$$

$$\mathrm{H}_\nu^{(2)}(x)\approx\sqrt{\frac{2}{\pi x}}\mathrm{e}^{-\mathrm{j}\varphi} \tag{F.32}$$

这向我们表明,贝塞尔函数与三角函数有类似的地方,而汉开尔函数也类似于宗量为纯虚数的指数函数.

$|x|\ll 1$ 时成立的下列近似公式亦常常是有用的:

$$\mathrm{J}_0(x)\approx 1-\frac{x^2}{4} \tag{F.33}$$

$$\mathrm{J}_\nu(x)\approx\frac{1}{\Gamma(\nu+1)}\left(\frac{x}{2}\right)^\nu \tag{F.34}$$

6. 变态贝塞尔函数的定义

在贝塞尔微分方程中,令自变量为纯虚数 $\mathrm{j}x$,则方程变为

$$\frac{\mathrm{d}^2y}{\mathrm{d}x^2}+\frac{1}{x}\frac{\mathrm{d}y}{\mathrm{d}x}-\left(1-\frac{\nu^2}{x^2}\right)y=0 \tag{F.35}$$

此为变态贝塞尔方程. 方程的一般积分或通解可写为两个独立解的线性叠加:

$$y=C\mathrm{I}_\nu(x)+D\mathrm{K}_\nu(x) \tag{F.36}$$

其中,C 和 D 是两个任意常数. 而函数 $\mathrm{I}_\nu(x)$ 定义为

$$\mathrm{I}_\nu(x)=\mathrm{j}^{-\nu}\mathrm{J}_\nu(x)=\left(\frac{x}{2}\right)^\nu\sum_{m=0}^{\infty}\frac{1}{m!\ \Gamma(m+\nu+1)}\left(\frac{x}{2}\right)^{2m} \tag{F.37}$$

称为第一类变态贝塞尔函数. 函数 $\mathrm{K}_\nu(x)$ 为

$$\mathrm{K}_\nu(x)=\frac{\pi}{2}\frac{\mathrm{I}_{-\nu}(x)-\mathrm{I}_\nu(x)}{\sin\nu\pi} \tag{F.38}$$

称为第二类变态贝塞尔函数或白塞特(Basset)函数.

7. 变态贝塞尔函数的递推公式

$\mathrm{I}_\nu(x)$ 和 $\mathrm{K}_\nu(x)$ 所满足的递推关系与 $\mathrm{J}_\nu(x)$ 所满足的关系不尽相同,现列出一些重要的公式如下:

对于第一类变态贝塞尔函数

$$\mathrm{I}_{\nu-1}(x)-\mathrm{I}_{\nu+1}(x)=\frac{2\nu}{x}\mathrm{I}_\nu(x) \tag{F.39}$$

$$\frac{\nu}{x}\mathrm{I}_\nu(x)+\mathrm{I}_{\nu+1}(x)=\mathrm{I}_\nu'(x) \tag{F.40}$$

$$\frac{1}{2}[\mathrm{I}_{\nu+1}(x)+\mathrm{I}_{\nu+1}(x)]=\mathrm{I}_\nu'(x) \tag{F.41}$$

$$\mathrm{I}_{\nu-1}(x)-\frac{\nu}{x}\mathrm{I}_{\nu}(x)=\mathrm{I}_{\nu}'(x) \tag{F. 42}$$

特别有

$$\mathrm{I}_0'(x)=\mathrm{I}_1(x) \tag{F. 43}$$

对于第二类变态贝塞尔函数

$$\mathrm{K}_{\nu+1}(x)-\mathrm{K}_{\nu-1}(x)=\frac{2\nu}{x}\mathrm{K}_{\nu}(x) \tag{F. 44}$$

$$\frac{\nu}{x}\mathrm{K}_{\nu}(x)-\mathrm{K}_{\nu+1}(x)=\mathrm{K}_{\nu}'(x) \tag{F. 45}$$

$$\mathrm{K}_{\nu-1}(x)-\frac{\nu}{x}\mathrm{K}_{\nu}(x)=\mathrm{K}_{\nu}'(x) \tag{F. 46}$$

$$-\frac{1}{2}[\mathrm{K}_{\nu-1}(x)+\mathrm{K}_{\nu+1}(x)]=\mathrm{K}_{\nu}'(x) \tag{F. 47}$$

特别有

$$\mathrm{K}_0'(x)=-\mathrm{K}_1(x) \tag{F. 48}$$

G 拉盖尔多项式

1. 拉盖尔多项式的定义

考虑 n 阶拉盖尔(Laguerre)微分方程

$$x\frac{\mathrm{d}^2\mathrm{L}}{\mathrm{d}x^2}+(s+1-x)\frac{\mathrm{dL}}{\mathrm{d}x}+n\mathrm{L}=0 \tag{G. 1}$$

满足这个方程的多项式

$$\mathrm{L}_n^s(x)=\sum_{k=0}^{n}(-1)^k\begin{pmatrix}n+s\\n-k\end{pmatrix}\frac{x^k}{k!} \tag{G. 2}$$

称为 n 阶一般拉盖尔多项式,或 n 阶广义(连带)拉盖尔多项式. 式中引用符号

$$\begin{pmatrix}a\\n\end{pmatrix}=\frac{\Gamma(1+a)}{n!\ \Gamma(1+a-n)}=\frac{(-1)^n\Gamma(n-a)}{n!\ \Gamma(-a)} \tag{G. 3}$$

当 $s=0$,则有

$$\mathrm{L}_n(x)=n!\ \mathrm{L}_n^0(x)=\sum_{k=0}^{\infty}(-1)^k\begin{pmatrix}n\\k\end{pmatrix}\frac{n!}{k!}x^k \tag{G. 4}$$

称为 n 阶狭义拉盖尔多项式或通常就称为 n 阶拉盖尔多项式. 例如

$$\mathrm{L}_0(x)=1 \tag{G. 5}$$

$$\mathrm{L}_1(x)=-x+1 \tag{G. 6}$$

$$\mathrm{L}_2(x)=x^2-4x+2 \tag{G. 7}$$

$$\mathrm{L}_3(x)=-x^3+9x^2-18x+6 \tag{G. 8}$$

$$\mathrm{L}_4(x)=x^4-16x^3+72x^2-96x+24 \tag{G. 9}$$

$$\mathrm{L}_5(x)=-x^5+25x^4-200x^3+600x^2-600x+120 \tag{G. 10}$$

……

2. 母函数及递推公式

在$|z|<1$内将函数$G(x,z)=\mathrm{e}^{-\frac{xz}{1-z}}/(1-z)^{s+1}$展开成泰勒级数，可以得到

$$\frac{1}{(1-z)^{s+1}}\mathrm{e}^{-\frac{xz}{1-z}}=\sum_{n=0}^{\infty}\mathrm{L}_n^s(x)z^n \tag{G.11}$$

其中

$$\mathrm{L}_n^s(x)=\frac{1}{n!}\mathrm{e}^x x^{-s}\frac{\mathrm{d}^n}{\mathrm{d}x^n}(\mathrm{e}^{-x}x^{s+n}) \tag{G.12}$$

$\frac{1}{(1-z)^{s+1}}\mathrm{e}^{-\frac{xz}{1-z}}$称为一般拉盖尔多项式的母函数，而上式即为一般拉盖尔多项式的微分表达式. 由此可以推出一般拉盖尔多项式的递推公式如下：

$$\frac{\mathrm{d}\mathrm{L}_n^s(x)}{\mathrm{d}x}=-n\mathrm{L}_{n-1}^{s+1}(x) \tag{G.13}$$

$$x\mathrm{L}_n^{s+2}(x)=(s+1)[\mathrm{L}_n^{s+1}(x)-\mathrm{L}_{n+1}^s(x)] \tag{G.14}$$

$$\mathrm{L}_n^s(x)=\mathrm{L}_n^s(x)-n\mathrm{L}_{n-1}^s(x) \tag{G.15}$$

拉盖尔多项式的相应公式则为

$$\frac{1}{1-z}\mathrm{e}^{-\frac{xz}{1-z}}=\sum_{n=0}^{\infty}\mathrm{L}_n(x)\frac{z^n}{n!} \tag{G.16}$$

$$\mathrm{L}_n(x)=\mathrm{e}^x\frac{\mathrm{d}^n}{\mathrm{d}x^n}\left(\frac{x^n}{\mathrm{e}^x}\right) \tag{G.17}$$

以及

$$\mathrm{L}_{n+1}(x)=(2n+1-x)\mathrm{L}_n(x)-x^2\mathrm{L}_{n-1}(x) \tag{G.18}$$

3. 积分表达式和特殊值

$$\mathrm{L}_n^s(x)=\frac{1}{n!}\mathrm{e}^x x^{-s/2}\int_0^{\infty}z^{n+\frac{s}{2}}\mathrm{J}_s(2\sqrt{xz})\mathrm{e}^{-z}\mathrm{d}z \tag{G.19}$$

$$\mathrm{L}_n^{-\frac{1}{2}}(x)=\frac{1}{n!}\frac{\mathrm{e}^x}{\sqrt{\pi}}\int_0^{\infty}\mathrm{e}^{-z}z^{n-\frac{1}{2}}\cos(2\sqrt{xz})\mathrm{d}z \tag{G.20}$$

$$\mathrm{L}_n^{\frac{1}{2}}(x)=\frac{1}{n!}\frac{\mathrm{e}^x}{\sqrt{\pi}}\int_0^{\infty}\mathrm{e}^{-z}z^n\sin(2\sqrt{xz})\mathrm{d}z \tag{G.21}$$

$$\mathrm{L}_n^s(0)=\frac{\Gamma(n+s+1)}{n!\ \Gamma(s+1)} \tag{G.22}$$

$$\mathrm{L}_0^{(s)}(x)=1 \tag{G.23}$$

$$\mathrm{L}_1^s(x)=s+1-x \tag{G.24}$$

$$\mathrm{L}_n^{-\frac{1}{2}}(x)=(-1)^n\frac{1}{2^{2n}n!}\mathrm{H}_{2n}(\sqrt{x}) \tag{G.25}$$

$$\mathrm{L}_n^{\frac{1}{2}}(x)=(-1)^n\frac{1}{2^{2n}n!}\frac{1}{\sqrt{x}}\mathrm{H}_{2n+1}(\sqrt{x}) \tag{G.26}$$

式中，$\mathrm{H}_n(x)$是厄米特多项式.

4. 加法定律

对一般拉盖尔多项式，我们有

$$\mathrm{L}_n^{s_1+s_2+\cdots+s_k+k-1}(x_1+x_2+\cdots+x_k)=\sum_{(i_1+i_2+\cdots+i_k=n)}\mathrm{L}_{i_1}^{a_1}(x_1)\mathrm{L}_{i_2}^{a_2}(x_2)\cdots\mathrm{L}_{ik}^{ak}(x_k) \tag{G.27}$$

特别地

$$L_n^{(s+l-1)}(x+y)=\sum_{k=0}^{n} L_k^s(x)L_{n-k}^l(y) \tag{G. 28}$$

5. 拉盖尔函数

在应用中，常构成在正实轴(0，∞)上有界的拉盖尔函数

$$W_n^s(x)=n!\ e^{-\frac{x}{2}}x^{\frac{s}{2}}L_n^s(x) \tag{G. 29}$$

容易证明，拉盖尔函数满足以下微分方程：

$$\frac{d}{dx}\left(x\frac{dW}{dx}\right)+\left(\frac{s+1}{2}+n-\frac{x}{4}-\frac{s^2}{4x}\right)W=0 \tag{G. 30}$$

H 厄米特多项式

1. 厄米特多项式的定义

考虑 n 阶厄米特(Hermitian)微分方程

$$\frac{d^2H}{dx^2}-2x\frac{dH}{dx}+2nH=0 \tag{H. 1}$$

满足这个方程的多项式

$$H_n(x)=\sum_{k=0}^{[\frac{n}{2}]}\frac{(-1)^k n!}{k!\ (n-2k)!}(2x)^{n-2k} \tag{H. 2}$$

称为厄米特多项式. $H_n(x)$在 n 为奇数时为奇函数，而在 n 为偶数时是偶函数.

前几个厄米特多项式为

$$H_0(x)=1 \tag{H. 3}$$

$$H_1(x)=2x \tag{H. 4}$$

$$H_2(x)=4x^2-2 \tag{H. 5}$$

$$H_3(x)=8x^3-12x \tag{H. 6}$$

$$H_4(x)=16x^4-48x^2+12 \tag{H. 7}$$

$$H_5(x)=32x^5-160x^3+120x \tag{H. 8}$$

……

2. 母函数及递推公式

在平面$|z|<\infty$内展开函数 $G(x,z)=e^{-x^2+2xz}$ 为泰勒级数，可以得到

$$G(x,z)=e^{-x^2+2xz}=\sum_{n=0}^{\infty}\frac{H_n(x)}{n!}z^n \tag{H. 9}$$

其中

$$H_n(x)=(-1)^n e^{x^2}\frac{d^n}{dx^n}(e^{-x^2}) \tag{H. 10}$$

e^{-x^2+2xz} 称为厄米特多项式的母函数，而上式即为厄米特多项式的母函数.

由此可推出厄米特多项式的递推公式如下：

$$H_0'(x)=2nH_{n-1}(x) \tag{H. 11}$$

$$H_{n+1}(x)-2xH_n(x)+2nH_{n-1}(x)=0 \tag{H. 12}$$

3. 渐近表达式和特殊值

当 $n\to\infty$,对一任意有限的 x 值,有下面的近似公式:

$$H_n(x)\approx 2^{\frac{n+1}{2}}n^{\frac{n}{2}}e^{-\frac{n}{2}+\frac{x^2}{2}}\cos\left(\sqrt{2n+1}\,x-\frac{n\pi}{2}\right) \tag{H. 13}$$

$$H_{2m}(x)=(-1)^m 2^m(2m-1)!!\ e^{-\frac{x^2}{2}} \cdot\left[\cos\sqrt{4m+1}\,x+0\left(\frac{1}{4\sqrt{m}}\right)\right] \tag{H. 14}$$

$$H_{2m+1}(x)=(-1)^m 2^{m+\frac{1}{2}}(2m-1)!!\ \sqrt{2m+1}\,e^{-\frac{x}{2}} \cdot\left[\sin\sqrt{4m+3}\,x+0\left(\frac{1}{4\sqrt{m}}\right)\right] \tag{H. 15}$$

$$\lim_{m\to\infty}\left[\frac{(-1)^m\sqrt{m}}{2^{2m}m!}H_{2m}\left(\frac{x}{2\sqrt{m}}\right)\right]=\frac{1}{\sqrt{\pi}}\cos x \tag{H. 16}$$

$$\lim_{m\to\infty}\left[\frac{(-1)^m}{2^{2m+1}m!}H_{2m+1}\left(\frac{x}{2\sqrt{m}}\right)\right]=\frac{2}{\sqrt{\pi}}\sin x \tag{H. 17}$$

式中,已定义符号

$$(2m-1)!!\ =\frac{(2m-1)!}{2^n n!} \tag{H. 18}$$

在 $x=0$ 点,有以下特殊值:

$$H_{2n}(0)=(-1)^n\frac{(2n)!}{n!} \tag{H. 19}$$

$$H_{2n}'(0)=0 \tag{H. 20}$$

$$H_{2n+1}(0)=0 \tag{H. 21}$$

$$H_{2n+1}'(0)=2(-1)^n\frac{(2n+1)!}{n!} \tag{H. 22}$$

4. 厄米特函数

厄米特多项式在区间$(-\infty,\infty)$组成一个带权 e^{-x^2} 的正交函数族,即

$$\int_{-\infty}^{\infty}e^{-x^2}H_n(x)H_n(x)dx=\begin{cases}0 & (m\neq n)\\ 2^n n!\ \sqrt{\pi} & (m=n)\end{cases} \tag{H. 23}$$

在应用时,往往采用在$(-\infty,\infty)$构成正交归一系的厄米特函数

$$\psi_n(x)=\frac{1}{\sqrt{2^n n!\ \sqrt{\pi}}}e^{-\frac{x^2}{2}}H_n(x) \tag{H. 24}$$

显然,它就是厄米特多项式与高斯函数的乘积. 厄米特函数满足方程

$$\frac{d^2\psi}{dx^2}+(2n+1-x^2)\psi=0 \tag{H. 25}$$

这个解 $\psi_n(x)$在无穷远处衰减,在整个区间$(-\infty,\infty)$内有界.

可以证明,厄米特函数满足具有对称核的简单积分方程,即满足

$$f(x)=\lambda\int_a^b K(x,y)f(y)dy \tag{H. 26}$$

I 艾里函数

1. 艾里函数的定义和基本特性

考虑下列艾里(Airy)微分方程：

$$w''(t)=tw(t) \tag{I.1}$$

引入积分

$$w(t)=\frac{1}{\sqrt{\pi}}\int_{\Gamma}e^{tz-\frac{1}{3}z^2}\mathrm{d}z \tag{I.2}$$

这里在复平面上的积分路径 Γ 从无穷大沿 $\arg z=-2\pi/3$ 到零和从零沿 $\arg z=0$ 到无穷大(正实轴). 可以看到，积分对于 t 的全部复值收敛，它表示 t 的积分超越函数. 这样定义的函数 $w(t)$ 满足上面的艾里微分方程.

在 $t=0$ 点，函数 $w(t)$ 和它的微分是

$$w(0)=\frac{2\sqrt{\pi}}{3^{2/3}\Gamma\left(\frac{2}{3}\right)}e^{j\frac{\pi}{6}}=1.089\ 929\ 071+j0.629\ 270\ 842\ 5 \tag{I.3}$$

$$w'(0)=\frac{2\sqrt{\pi}}{3^{4/3}\Gamma\left(\frac{4}{3}\right)}e^{j\frac{\pi}{6}}=0.794\ 570\ 428\ 3-j0.458\ 745\ 448\ 1 \tag{I.4}$$

积分超越函数 $w(t)$ 的级数表达式为

$$\begin{aligned}w(t)=&w(0)\left[1+\frac{t^3}{2\cdot 3}+\frac{t^6}{(2\cdot 5)(3\cdot 6)}+\frac{t^9}{(2\cdot 5\cdot 8)(3\cdot 6\cdot 9)}+\cdots\right]\\&+w'(0)\left[t+\frac{t^4}{3\cdot 4}+\frac{t^7}{(3\cdot 6)(4\cdot 7)}+\frac{t^{10}}{(3\cdot 6\cdot 9)(4\cdot 7\cdot 10)}+\cdots\right]\end{aligned} \tag{I.5}$$

取 t 为实数，把 $w(t)$ 分解为实部和虚部，我们有

$$w(t)=u(t)+jv(t) \tag{I.6}$$

这样定义的函数 $u(t)$ 和 $v(t)$ 是艾里微分方程的两个独立解，称为艾里函数.

可以证明，这样定义的函数 $v(t)$ 和用艾里积分定义的函数

$$v(t)=\frac{1}{\sqrt{\pi}}\int_0^{\infty}\cos\left(\frac{x^3}{3}+xt\right)\mathrm{d}x \tag{I.7}$$

是一致的.

艾里函数间有下面的联系：

$$u'(t)v(t)-u(t)v'(t)=1 \tag{I.8}$$

对 t 的实数值，艾里函数是实的. 但是既然它们是积分超越函数，它们对 t 的所有复数值也是有定义的. 在复 t 平面上，有下面的关系式：

$$w(t)=u(t)+jv(t) \tag{I.9}$$

$$w(te^{j\frac{\pi}{3}})=2e^{j\frac{\pi}{6}}v(-t) \tag{I.10}$$

$$w(te^{j\frac{\pi}{3}})=e^{j\frac{\pi}{3}}[u(t)-jv(t)] \tag{I.11}$$

$$w(te^{j\pi})=u(-t)+jv(-t) \tag{I.12}$$

$$w(te^{j\frac{4}{3}\pi})=2e^{j\frac{\pi}{6}}v(t) \tag{I.13}$$

$$w(te^{j\frac{5}{3}\pi})=e^{j\frac{\pi}{3}}[u(-t)-jv(-t)] \tag{I. 14}$$

借助于这些关系，函数 $w(t)$ 在复 t 平面上六条射线 $\arg t=n\pi/3(n=0,1,2,3,4,5)$ 上的值通过实的艾里函数 $u(t)$ 和 $v(t)$ 来表示.

2. 艾里函数的渐近表达

假定 t 是大的和正的，设

$$x=\frac{2}{3}t^{3/2} \tag{I. 15}$$

我们以符号 $F_{20}(\alpha,\beta,z)$ 表示一个形式上的级数

$$F_{20}(\alpha,\beta,z)=1+\frac{\alpha\cdot\beta}{1}z+\frac{\alpha(\alpha-1)\beta(\beta+1)}{1\cdot 2}z^2+\cdots \tag{I. 16}$$

那么对于艾里函数和它们的导数有如下近似表达:

$$u(t)=t^{-1/4}e^{x}F_{20}\left(\frac{1}{6},\frac{5}{6},\frac{1}{2x}\right) \tag{I. 17}$$

$$u'(t)=t^{-1/4}e^{x}F_{20}\left(-\frac{1}{6},\frac{7}{6},\frac{1}{2x}\right) \tag{I. 18}$$

$$v(t)=\frac{1}{2}t^{-1/4}e^{-x}F_{20}\left(\frac{1}{6},\frac{5}{6},-\frac{1}{2x}\right) \tag{I. 19}$$

$$v'(t)=-\frac{1}{2}t^{-1/4}e^{-x}F_{20}\left(-\frac{1}{6},\frac{7}{6},-\frac{1}{2x}\right) \tag{I. 20}$$

对于负的宗量值，艾里函数的近似表达可通过分离公式中的实部和虚部来得出

$$w(-t)=t^{-1/4}e^{j(x+\frac{\pi}{4})}F_{20}\left(\frac{1}{6},\frac{5}{6},\frac{1}{2jx}\right) \tag{I. 21}$$

$$w'(-t)=t^{1/4}e^{j(x-\frac{\pi}{4})}F_{20}\left(-\frac{1}{6},\frac{7}{6},\frac{1}{2jx}\right) \tag{I. 22}$$

以上公式，不仅对 t 的正实值有效，而且对包括正实轴的某些区域也是有效的，对不同的函数，这些区域是不同的，但是在任何情形，所有上面的表达式在下述区域都是有效的.

$$-\frac{\pi}{3}<\arg t<\frac{\pi}{3} \tag{I. 23}$$

如果我们设

$$F_{20}\left(\frac{1}{6},\frac{5}{6},\frac{1}{2x}\right)=1+\frac{a_1}{x}+\frac{a_2}{x_2}+\frac{a_3}{x_3}+\cdots \tag{I. 24}$$

其中，系数等于

$$\begin{cases} a_1=\dfrac{5}{72},a_2=\dfrac{(5\cdot 11)\cdot 7}{1\cdot 2\cdot (72)^2} \\ a_3=\dfrac{(5\cdot 11\cdot 17)(7\cdot 13)}{1\cdot 2\cdot 3\cdot (72)^3} \\ a_n=\dfrac{5\cdot 11\cdot 17\cdot\cdots\cdot(6n-1)\cdot 7\cdot 13\cdot\cdots\cdot(6n-5)}{1\cdot 2\cdot 3\cdot\cdots\cdot n(72)^n} \end{cases} \tag{I. 25}$$

类似的，在级数

$$F_{20}\left(-\frac{1}{6},\frac{7}{6},\frac{1}{2x}\right)=1-\frac{b_1}{x}-\frac{b_2}{x^2}-\frac{b_3}{x_3}-\cdots \tag{I. 26}$$

中，系数为

$$\begin{cases} b_1=\dfrac{7}{72}, b_2=\dfrac{(7\cdot 13)\cdot 5}{1\cdot 2\cdot (72)^2} \\ b_3=\dfrac{(7\cdot 13\cdot 19)(5\cdot 11)}{1\cdot 2\cdot 3\cdot (72)^3} \\ b_n=\dfrac{7\cdot 13\cdot \cdots \cdot (6n+1)\cdot 5\cdot 11\cdot \cdots \cdot (6n-7)}{1\cdot 2\cdot \cdots \cdot n(72)^n} \end{cases} \tag{I. 27}$$

对于正的宗量，艾里函数渐近表达的明显形式为

$$u(t)=t^{-\frac{1}{4}}\mathrm{e}^x\left(1+\frac{a_1}{x}+\frac{a_2}{x^2}+\cdots\right) \tag{I. 28}$$

$$u'(t)=t^{-\frac{1}{4}}\mathrm{e}^x\left(1-\frac{b_1}{x}-\frac{b_2}{x^2}-\cdots\right) \tag{I. 29}$$

$$v(t)=\frac{1}{2}t^{-\frac{1}{4}}\mathrm{e}^{-x}\left(1-\frac{a_1}{x}+\frac{a_2}{x^2}-\frac{a_3}{x^3}+\cdots\right) \tag{I. 30}$$

$$v'(t)=-\frac{1}{2}t^{\frac{1}{4}}\mathrm{e}^{-x}\left(1+\frac{b_1}{x}-\frac{b_2}{x^2}+\frac{b_3}{x^3}-\cdots\right) \tag{I. 31}$$

对于负的宗量，艾里函数的相应表达则为

$$\begin{aligned} u(-t)=&t^{-\frac{1}{4}}\cos\left(x+\frac{\pi}{4}\right)\left[1-\frac{a_2^2}{x^2}+\frac{a_4}{x^4}-\frac{a_6}{x^6}+\cdots\right] \\ &+t^{-\frac{1}{4}}\sin\left(x+\frac{\pi}{2}\right)\left[\frac{a_1}{x}-\frac{a_3}{x^3}+\frac{a_5}{x^5}-\frac{a_7}{x^7}+\cdots\right] \end{aligned} \tag{I. 32}$$

$$\begin{aligned} u'(-t)=&t^{-\frac{1}{4}}\sin\left(x+\frac{\pi}{4}\right)\left[1+\frac{b_2}{x^2}-\frac{b_4}{x^4}+\frac{b_6}{x^6}-\cdots\right] \\ &+t^{\frac{1}{4}}\cos\left(x+\frac{\pi}{4}\right)\left[\frac{b_1}{x}-\frac{b_3}{x^3}+\frac{b_5}{x^5}-\frac{b_7}{x^7}+\cdots\right] \end{aligned} \tag{I. 33}$$

$$\begin{aligned} v(-t)=&t^{-\frac{1}{4}}\sin\left(x+\frac{\pi}{4}\right)\left[1-\frac{a_2}{x^2}+\frac{a_4}{x^4}-\frac{a_6}{x^6}+\cdots\right] \\ &-t^{-\frac{1}{4}}\cos\left(x+\frac{\pi}{4}\right)\left[\frac{a_1}{x}-\frac{a_3}{x^3}+\frac{a_5}{x^5}-\frac{a_7}{x^7}+\cdots\right] \end{aligned} \tag{I. 34}$$

$$\begin{aligned} v'(-t)=&-t^{-\frac{1}{4}}\cos\left(x+\frac{\pi}{2}\right)\left[1+\frac{b_2}{x^2}-\frac{b_4}{x^4}+\frac{b_6}{x^6}+\cdots\right] \\ &-t^{-\frac{1}{4}}\sin\left(x+\frac{\pi}{4}\right)\left[\frac{b_1}{x}-\frac{b_3}{x^3}+\frac{b_5}{x^5}-\frac{b_7}{x^7}+\cdots\right] \end{aligned} \tag{I. 35}$$

3. 艾里函数和贝塞尔函数之间的联系

正宗量的艾里函数可用虚宗量的 1/3 阶第一类和第二类贝塞尔函数来表示，负宗量的艾里函数可通过实宗量的 1/3 阶第一类和第二类贝塞尔函数来表示. 而完全的艾里函数 w 可通过 1/3 阶第一类汉开尔函数来简单地表示. 最后，艾里函数的导数则通过 2/3 阶相应的贝塞尔函数和汉开尔函数来表示.

假定 $t>0$，且设 $x=\dfrac{2}{3}t^{\frac{3}{2}}$，我们有

$$u(t)=\sqrt{\frac{\pi}{3}t}\left[\mathrm{I}_{-\frac{1}{3}}(x)+\mathrm{I}_{\frac{1}{3}}(x)\right]=\sqrt{\frac{\pi}{3}t}\left[2\mathrm{I}_{\frac{1}{3}}(x)+\frac{\sqrt{3}}{\pi}\mathrm{K}_{\frac{1}{3}}(x)\right] \tag{I. 36}$$

$$u(-t)=\sqrt{\frac{\pi}{3}t}\left[\mathrm{I}_{-\frac{2}{3}}(x)+\mathrm{J}_{\frac{1}{3}}(x)\right]=-\sqrt{\frac{\pi}{3}t}\left[\frac{1}{2}\mathrm{J}_{\frac{1}{3}}(x)+\frac{\sqrt{3}}{2}\mathrm{N}_{\frac{1}{3}}(x)\right] \tag{I. 37}$$

$$u'(t)=\sqrt{\frac{\pi}{3}t}\left[\mathrm{I}_{-\frac{2}{3}}(x)+\mathrm{I}_{\frac{2}{3}}(x)\right]=\sqrt{\frac{\pi}{3}t}\left[2\mathrm{I}_{\frac{3}{2}}(x)+\frac{\sqrt{3}}{\pi}\mathrm{K}_{\frac{2}{3}}(x)\right] \tag{I. 38}$$

$$u'(-t)=\sqrt{\frac{\pi}{3}}t[\mathrm{J}_{-\frac{2}{3}}(x)+\mathrm{J}_{\frac{2}{3}}(x)]=\sqrt{\frac{\pi}{3}}t\left[\frac{1}{2}\mathrm{J}_{\frac{2}{3}}(x)-\frac{\sqrt{3}}{2}\mathrm{N}_{\frac{1}{3}}(x)\right] \tag{I.39}$$

$$v(t)=\frac{1}{3}\sqrt{\pi t}[\mathrm{I}_{-\frac{1}{3}}(x)-\mathrm{I}_{\frac{1}{3}}(x)]=\frac{\sqrt{t}}{\sqrt{3\pi}}\mathrm{K}_{\frac{1}{3}}(x) \tag{I.40}$$

$$v(-t)=\frac{1}{3}\sqrt{\pi t}[\mathrm{J}_{-\frac{2}{3}}(x)+\mathrm{J}_{\frac{1}{3}}(x)]=\sqrt{\frac{\pi}{3}}t\left[\frac{\sqrt{3}}{2}\mathrm{J}_{\frac{1}{3}}(x)-\frac{1}{2}\mathrm{N}_{\frac{1}{3}}(x)\right] \tag{I.41}$$

$$v'(t)=-\frac{1}{3}\sqrt{\pi t}[\mathrm{I}_{-\frac{2}{3}}(x)-\mathrm{I}_{\frac{2}{3}}(x)]=-\frac{1}{\sqrt{3\pi}}t\mathrm{K}_{\frac{2}{3}}(x) \tag{I.42}$$

$$v'(-t)=-\frac{1}{3}\sqrt{\pi}t[\mathrm{J}_{-\frac{2}{3}}(x)-\mathrm{J}_{\frac{2}{3}}(x)]=\sqrt{\frac{\pi}{3}}t\left[\frac{\sqrt{3}}{2}\mathrm{J}_{\frac{2}{3}}(x)+\frac{1}{2}\mathrm{N}_{\frac{2}{3}}(x)\right] \tag{I.43}$$

$$w(-t)=\sqrt{\frac{\pi}{3}}\mathrm{e}^{\mathrm{j}\frac{2}{3}\pi}\sqrt{t}\cdot\mathrm{H}_{\frac{1}{3}}^{(1)}(x) \tag{I.44}$$

$$w'(-t)=\sqrt{\frac{\pi}{3}}\mathrm{e}^{\mathrm{j}\frac{\pi}{3}}t\mathrm{H}_{\frac{2}{3}}^{(1)}(x) \tag{I.45}$$

4. 艾里函数的根

在应用中最重要的是函数 $v(t)$和它的导数 $v'(t)$的根. 艾里函数对于负的 t 值是振荡的,故这些根为负实数. $v(t)$的根表示为 $-\tau_s^0$,而 $v'(t)$的根表示为 $-\tau_s'$,这里 τ_s^0 和 τ_s' 是正值. 它们的 1~5 个根及其常用对数的值见表 I. 1 所列.

表 I. 1　艾里函数的 1~5 个根及其常用对数值

s	τ_s^0	$\log\tau_s^0$	τ_s'	$\log\tau_s'$
1	2. 338 11	0. 368 864	1. 018 79	0. 008 086
2	4. 087 95	0. 611 506	3. 248 20	0. 511 642
3	5. 520 56	0. 741 983	4. 820 10	0. 683 056
4	6. 786 71	0. 831 659	6. 163 31	0. 789 814
5	7. 944 17	0. 900 048	7. 372 18	0. 867 596

常用的根可通过贝塞尔和诺依曼函数的根及其线性组合来计算,我们有

$$\tau_s^0=\left(\frac{3}{2}\chi_s^0\right)^{2/3},\tau_s'=\left(\frac{3}{2}\chi_s'\right)^{2/3} \tag{I.46}$$

这里 χ_s^0 和 χ_s' 满足方程

$$\frac{\sqrt{3}}{2}\mathrm{J}_{\frac{1}{3}}(\chi_s^0)-\frac{1}{2}\mathrm{N}_{\frac{1}{3}}(\chi_s^0)=0 \tag{I.47}$$

$$\frac{\sqrt{3}}{2}\mathrm{J}_{\frac{2}{3}}(\chi_s')+\frac{1}{2}\mathrm{N}_{\frac{2}{3}}(\chi_s')=0 \tag{I.48}$$

χ_s^0 和 χ_s' 有下述近似关系:

$$\chi_s^0=\left(s-\frac{1}{4}\right)\pi+\frac{0.884\,194}{4s-1}-\frac{0.083\,28}{(4s-1)^3}+\frac{0.406\,5}{(4s-1)^5} \tag{I.49}$$

$$\chi_s'=\left(s-\frac{3}{4}\right)\pi-\frac{0.123\,787\,2}{4s-3}+\frac{0.775\,8}{(4s-3)^3}-\frac{0.389}{(4s-3)^5} \tag{I.50}$$

这些公式甚至对相当小的 s 值也给出非常精确的结果. 应用它们,再利用关系式(I. 46),我们很容易得到 τ_s^0 和 τ_s'.

完全艾里函数 $w(t)$ 以及它的导数 $w'(t)$ 的根 t_s^0 和 t_s' 可以通过 $v(-\tau)$ 和 $v'(-\tau)$ 的根 τ_s^0 和 τ_s' 以下述公式表示：

$$t_s^0 = \tau_s^0 e^{j\frac{\pi}{3}}, t_s' = \tau_s' e^{j\frac{\pi}{3}} \tag{I. 51}$$

5. 艾里函数表的注释

表 I. 2 中的艾里函数表对不同的 t 值给出了艾里函数 $u(t)$，$v(t)$ 和它们的导数 $u'(t)$，$v'(t)$ 的值. 对 t 的负值，艾里函数有振荡性质，表中用四位小数给出. 对 t 的正值，艾里函数是单调的，表中用四位有效数字给出(如果第一位数字是 2，3，4，5，6，7，8，9)或五位有效数字给出(如果第一位数字是 1). 宗量 t 的区域是从 -9.00 到 $+9.00$，区间为 0.02. 选择这样小的区间列表是为了插值法的方便. 在大多数场合，线性插值是有效的，在特殊情形，二阶插值可能是需要的. 既然和函数值一起，它们的一次微商也已给出，则表的插值是容易的.

由于函数 $u(t)$ 和 $u'(t)$ 的宗量为正值时急剧增加，函数 $v(t)$ 和 $v'(t)$ 急剧地减小. 因而在某些区域，函数 $u(t)$ 和 $u'(t)$ 的值被 10^3 和 10^6 除，而函数 $v(t)$ 和 $v'(t)$ 的值被 10^3 和 10^6 或 10^9 乘.

表 I. 2　艾里函数表

t	u	Δu	u'	$\Delta u'$	v	Δv	v'	$\Delta v'$
−9.00	0.576 0	−31	−0.101 7	−1 034	−0.039 2	−345	−1.729 3	101
−8.98	0.572 9	−51	−0.205 1	−1 023	−0.073 7	−343	−1.719 2	163
−8.96	0.567 8	−72	−0.307 4	−1 010	−0.108 0	−338	−1.702 9	224
−8.94	0.560 6	−92	−0.408 4	−994	−0.141 8	−333	−1.680 5	283
−8.92	0.551 4	−111	−0.507 8	−973	−0.175 1	−328	−1.652 2	341
−8.90	0.540 3	−131	−0.605 1	−949	−0.207 9	−319	−1.618 1	398
−8.88	0.527 2	−149	−0.700 0	−922	−0.239 8	−311	−1.578 3	454
−8.86	0.512 3	−167	−0.792 2	−893	−0.270 9	−302	−1.532 9	506
−8.84	0.495 6	−185	−0.881 5	−859	−0.301 1	−291	−1.482 3	558
−8.82	0.477 1	−202	−0.967 4	−823	−0.330 2	−279	−1.426 5	606
−8.80	0.456 9	−218	−1.049 7	−784	−0.358 1	−267	−1.365 9	653
−8.78	0.435 1	−233	−1.128 1	−743	−0.384 8	−253	−1.300 6	698
−8.76	0.411 8	−247	−1.202 4	−699	−0.410 1	−239	−1.230 8	739
−8.74	0.387 1	−262	−1.272 3	−653	−0.434 0	−224	−1.156 9	777
−8.72	0.360 9	−273	−1.337 6	−606	−0.456 4	−208	−1.079 2	814
−8.70	0.333 6	−285	−1.398 2	−555	−0.477 2	−191	−0.997 8	846
−8.68	0.305 1	−296	−1.453 7	−503	−0.496 3	−174	−0.913 2	876
−8.66	0.275 5	−306	−1.504 0	−451	−0.513 7	−156	−0.825 6	902
−8.64	0.244 9	−314	−1.549 1	−395	−0.529 3	−138	−0.735 4	926
−8.62	0.213 5	−321	−1.588 6	−340	−0.543 1	−119	−0.642 8	945
−8.60	0.181 4	−327	−1.622 6	−284	−0.555 0	−100	−0.548 3	963
−8.58	0.148 7	−333	−1.651 0	−226	−0.565 0	−81	−0.452 0	975
−8.56	0.115 4	−336	−1.673 6	−169	−0.573 1	−61	−0.354 5	986
−8.54	0.081 8	−340	−1.690 5	−111	−0.579 2	−41	−0.255 9	991

续表

t	u	Δu	u'	$\Delta u'$	v	Δv	v'	$\Delta v'$
−8.52	0.047 8	−341	−1.701 6	−52	−0.583 3	−21	−0.156 8	995
−8.50	0.013 7	−341	−1.706 8	+5	−0.585 4	−2	−0.057 3	995
−8.48	0.020 4	−341	−1.706 3	64	−0.585 6	+19	0.042 2	990
−8.46	−0.054 5	−339	−1.699 9	121	−0.583 7	38	0.141 2	984
−8.44	−0.088 4	−335	−1.687 8	177	−0.579 9	57	0.239 6	973
−8.42	−0.121 9	−332	−1.670 1	233	−0.574 2	77	0.336 9	960
−8.40	−0.155 1	−327	−1.646 8	288	−0.566 5	96	0.432 9	942
−8.38	−0.187 8	−320	−1.618 0	341	−0.556 9	115	0.527 1	923
−8.36	−0.219 8	−313	−1.583 9	393	−0.545 4	133	0.619 4	900
−8.34	−0.251 1	−305	−1.544 6	444	−0.532 1	151	0.709 4	874
−8.32	−0.281 6	−295	−1.500 2	493	−0.517 0	168	0.796 8	846
−8.30	−0.311 1	−285	−1.450 9	539	−0.500 2	184	0.881 4	814
−8.28	−0.339 6	−273	−1.397 0	585	−0.481 8	200	0.962 8	781
−8.26	−0.366 9	−262	−1.338 5	627	−0.461 8	216	1.040 9	744
−8.24	−0.393 1	−248	−1.275 8	667	−0.440 2	230	1.115 3	706
−8.22	−0.417 9	−235	−1.209 1	706	−0.417 2	244	1.185 9	665
−8.20	−0.441 4	−220	−1.138 5	741	−0.392 8	257	1.252 4	623
−8.18	−0.463 4	−206	−1.064 4	775	−0.367 1	269	1.314 7	578
−8.16	−0.484 0	−189	−0.986 9	804	−0.340 2	280	1.372 5	532
−8.14	−0.502 9	−173	−0.906 5	832	−0.312 2	290	1.425 7	484
−8.12	−0.520 2	−156	−0.823 3	857	−0.283 2	299	1.474 1	435
−8.10	−0.535 8	−139	−0.737 6	878	−0.253 3	307	1.517 6	385
−8.08	−0.549 7	−121	−0.649 8	897	−0.222 6	315	1.556 1	334
−8.06	−0.561 8	−103	−0.560 1	914	−0.191 1	321	1.589 3	282
−8.04	−0.572 1	−84	−0.468 7	923	−0.159 0	326	1.617 7	229
−8.02	−0.580 5	−66	−0.376 2	936	−0.126 4	330	1.640 6	176
−8.00	−0.587 1	−47	−0.282 6	942	−0.093 4	333	1.658 2	123
−7.98	−0.591 8	−29	−0.188 4	946	−0.060 1	335	1.670 5	69
−7.96	−0.594 7	−9	−0.093 8	947	−0.026 6	335	1.677 4	16
−7.94	−0.595 6	+10	0.000 9	944	0.006 9	336	1.679 0	−38
−7.92	−0.594 6	28	0.095 3	938	0.040 5	334	1.675 2	−90
−7.90	−0.591 8	47	0.189 1	931	0.073 9	332	1.666 2	−143
−7.88	−0.587 1	66	0.282 2	919	0.107 1	329	1.651 9	−194
−7.86	−0.580 5	84	0.374 1	905	0.140 0	324	1.632 5	−246
−7.84	−0.572 1	102	0.464 6	888	0.172 4	318	1.607 9	−295
−7.82	−0.561 9	119	0.553 4	869	0.204 2	313	1.578 4	−343

续表

t	u	Δu	u'	$\Delta u'$	v	Δv	v'	$\Delta v'$
−7.80	−0.550 0	137	0.640 3	846	0.235 5	305	1.544 1	−391
−7.78	−0.536 3	153	0.724 9	822	0.266 0	296	1.505 0	−436
−7.76	−0.521 0	169	0.807 1	795	0.295 6	288	1.461 4	−481
−7.74	−0.504 1	185	0.886 6	765	0.324 4	277	1.413 3	−523
−7.72	−0.485 6	200	0.963 1	733	0.352 1	267	1.361 0	−564
−7.70	−0.465 6	215	1.036 4	700	0.378 8	255	1.304 6	−602
−7.68	−0.444 1	228	1.106 4	664	0.404 3	243	1.244 4	−639
−7.66	−0.421 3	240	1.172 8	626	0.428 6	229	1.180 5	−673
−7.64	−0.397 3	254	1.235 4	587	0.451 5	216	1.113 2	−706
−7.62	−0.371 9	264	1.294 1	547	0.473 1	201	1.042 6	−736
−7.60	−0.345 5	275	1.348 8	503	0.493 2	186	0.969 0	−763
−7.58	−0.318 0	284	1.399 1	460	0.511 8	171	0.892 7	−788
−7.56	−0.289 6	294	1.445 1	416	0.528 9	155	0.813 9	−810
−7.54	−0.260 2	301	1.486 7	369	0.544 4	138	0.732 9	−831
−7.52	−0.230 1	308	1.523 6	323	0.558 2	121	0.649 8	−847
−7.50	−0.199 3	314	1.555 9	275	0.570 3	105	0.565 1	−863
−7.48	−0.167 9	319	1.583 4	227	0.580 8	87	0.478 8	−874
−7.46	−0.136 0	323	1.606 1	179	0.589 5	69	0.391 4	−884
−7.44	−1.103 7	326	1.624 0	130	0.596 4	52	0.303 0	−890
−7.42	−0.071 1	328	1.637 0	81	0.601 6	34	0.214 0	−894
−7.40	−0.038 3	330	1.645 1	32	0.605 0	16	0.124 6	−896
−7.38	−0.005 3	329	1.648 3	−17	0.606 6	−2	0.035 0	−894
−7.36	0.027 6	329	1.646 6	−64	0.606 4	−20	−0.054 4	−890
−7.34	0.060 5	327	1.640 2	−113	0.604 4	−38	−0.143 4	−884
−7.32	0.093 2	324	1.628 9	−160	0.600 6	−55	−0.231 8	−874
−7.30	0.125 6	321	1.612 9	−207	0.595 1	−72	−0.319 2	−863
−7.28	0.157 7	316	1.592 2	−252	0.587 9	−90	−0.405 5	−848
−7.26	0.189 3	310	1.567 0	−297	0.578 9	−106	−0.490 3	−832
−7.24	0.220 3	304	1.537 3	−341	0.568 3	−123	−0.573 5	−813
−7.22	0.250 7	297	1.503 2	−383	0.556 0	−139	−0.654 8	−792
−7.20	0.280 4	289	1.464 9	−424	0.542 1	−154	−0.734 0	−769
−7.18	0.309 3	280	1.422 5	−463	0.526 7	−170	−0.810 9	−743
−7.16	0.337 3	270	1.376 2	−502	0.509 7	−184	−0.885 2	−716
−7.14	0.364 3	260	1.326 0	−538	0.491 3	−199	−0.956 8	−687
−7.12	0.390 3	249	1.272 2	−573	0.471 4	−211	−1.025 5	−655
−7.10	0.415 2	237	1.214 9	−606	0.450 3	−225	−1.091 0	−623

续表

t	u	Δu	u'	$\Delta u'$	v	Δv	v'	$\Delta v'$
−7.08	0.438 9	225	1.154 3	−637	0.427 8	−236	−1.153 3	−588
−7.06	0.461 4	211	1.090 6	−665	0.404 2	−248	−1.212 1	−553
−7.04	0.482 5	198	1.024 1	−693	0.379 4	−259	−1.267 4	−515
−7.02	0.502 3	184	0.954 8	−717	0.353 5	−269	−1.318 9	−477
−7.00	0.520 7	169	0.883 1	−740	0.326 6	−277	−1.366 6	−437
−6.98	0.537 6	154	0.809 1	−760	0.298 9	−287	−1.410 3	−397
−6.96	0.553 0	139	0.733 1	−779	0.270 2	−293	−1.450 0	−355
−6.94	0.566 9	123	0.655 2	−794	0.240 9	−300	−1.485 5	−313
−6.92	0.579 2	107	0.575 8	−808	0.210 9	−307	−1.516 8	−271
−6.90	0.589 9	91	0.495 0	−820	0.180 2	−311	−1.543 9	−227
−6.88	0.599 0	75	0.413 0	−828	0.149 1	−315	−1.566 6	−183
−6.86	0.606 5	57	0.330 2	−835	0.117 6	−318	−1.584 9	−139
−6.84	0.612 2	41	0.246 7	−839	0.085 8	−321	−1.598 8	−96
−6.82	0.616 3	24	0.162 8	−841	0.053 7	−322	−1.608 4	−51
−6.80	0.618 7	8	0.078 7	−841	0.021 5	−323	−1.613 5	−7
−6.78	0.619 5	−10	−0.005 4	−839	−0.010 8	−323	−1.614 2	+37
−6.76	0.618 5	−26	−0.089 3	−833	−0.043 1	−321	−1.610 5	79
−6.74	0.615 9	−43	−0.172 6	−826	−0.075 2	−320	−1.602 6	123
−6.72	0.611 6	−59	−0.255 2	−817	−0.107 2	−316	−1.590 3	165
−6.70	0.605 7	−76	−0.336 9	−806	−0.138 8	−313	−1.573 8	207
−6.68	0.598 1	−91	−0.417 5	−792	−0.170 1	−308	−1.553 1	247
−6.66	0.589 0	−107	−0.496 7	−776	−0.200 9	−303	−1.528 4	288
−6.64	0.578 3	−123	−0.574 3	−759	−0.231 2	−297	−1.499 6	326
−6.62	0.566 0	−137	−0.650 2	−740	−0.260 9	−289	−1.467 0	364
−6.60	0.522 3	−152	−0.724 2	−718	−0.289 8	−283	−1.430 6	401
−6.58	0.537 1	−166	−0.796 0	−695	−0.318 1	−273	−1.390 5	436
−6.56	0.520 5	−180	−0.865 5	−670	−0.345 4	−265	−1.346 9	470
−6.54	0.502 5	−193	−0.932 5	−644	−0.371 9	−255	−1.299 9	502
−6.52	0.483 2	−206	−0.996 9	−616	−0.397 4	−245	−1.249 7	534
−6.50	0.462 6	−217	−1.058 5	−586	−0.421 9	−233	−1.196 3	563
−6.48	0.440 9	−229	−1.117 1	−556	−0.445 2	−233	−1.140 0	590
−6.46	0.418 0	−240	−1.172 7	−524	−0.467 5	−210	−1.081 0	617
−6.44	0.394 0	−250	−1.225 1	−490	−0.488 5	−197	−1.019 3	641
−6.42	0.369 0	−260	−1.274 1	−457	−0.508 2	−185	−0.955 2	664
−6.40	0.343 0	−268	−1.319 8	−421	−0.526 7	−171	−0.888 8	684
−6.38	0.316 2	−276	−1.361 9	−386	−0.543 8	−157	−0.820 4	703

续表

t	u	Δu	u'	$\Delta u'$	v	Δv	v'	$\Delta v'$
−6.36	0.288 6	−284	−1.400 5	−348	−0.559 5	−143	−0.750 1	719
−6.34	0.260 2	−290	−1.435 3	−311	−0.573 8	−128	−0.678 2	735
−6.32	0.231 2	−296	−1.466 4	−274	−0.586 6	−113	−0.604 7	748
−6.30	0.201 6	−301	−1.493 8	−234	−0.597 9	−99	−0.529 9	758
−6.28	0.171 5	−306	−1.517 2	−196	−0.607 8	−83	−0.454 1	768
−6.26	0.140 9	−309	−1.536 8	−157	−0.616 1	−68	−0.377 3	774
−6.24	0.110 0	−311	−1.552 5	−118	−0.622 9	−52	−0.299 9	780
−6.22	0.078 9	−314	−1.564 3	−78	−0.628 1	−36	−0.221 9	782
−6.20	0.047 5	−315	−1.572 1	−40	−0.631 7	−21	−0.143 7	784
−6.18	0.016 0	−315	−1.576 1	0	−0.633 8	−6	−0.065 3	782
−6.16	−0.015 5	−315	−1.576 1	39	−0.634 4	11	0.012 9	780
−6.14	−0.047 0	−314	−1.572 2	76	−0.633 3	26	0.090 9	775
−6.12	−0.078 4	−312	−1.564 6	115	−0.630 7	41	0.168 4	768
−6.10	−0.109 6	−309	−1.563 1	153	−0.626 6	57	0.245 2	760
−6.08	−0.140 5	−306	−1.537 8	189	−0.620 9	72	0.321 2	750
−6.06	−0.171 1	−301	−1.518 9	225	−0.613 7	86	0.396 2	738
−6.04	−0.201 2	−297	−1.496 4	261	−0.605 1	101	0.470 0	723
−6.02	−0.230 9	−291	−1.470 3	295	−0.595 0	116	0.542 3	709
−6.00	−0.260 0	−285	−1.440 8	328	−0.583 4	130	0.613 2	691
−5.98	−0.288 5	−278	−1.408 0	362	−0.570 4	143	0.682 3	673
−5.96	−0.316 3	−271	−1.371 8	392	−0.556 1	156	0.749 6	652
−5.94	−0.343 4	−262	−1.332 6	423	−0.540 5	170	0.814 8	631
−5.92	−0.369 6	−254	−1.290 3	452	−0.523 5	181	0.877 9	608
−5.90	−0.395 0	−244	−1.245 1	480	−0.505 4	194	0.938 7	584
−5.88	−0.419 4	−234	−1.197 1	506	−0.486 0	205	0.997 1	559
−5.86	−0.442 8	−224	−1.146 5	531	−0.465 5	216	1.053 0	532
−5.84	−0.465 2	−213	−1.093 9	555	−0.443 9	226	1.106 2	505
−5.82	−0.486 5	−202	−1.037 9	577	−0.421 3	236	1.156 7	476
−5.80	−0.506 7	−190	−0.980 2	598	−0.397 7	246	1.204 3	446
−5.78	−0.525 7	−178	−0.920 4	617	−0.373 1	254	1.248 9	416
−5.76	−0.543 5	−166	−0.858 7	635	−0.347 7	262	1.290 5	385
−5.74	−0.560 1	−152	−0.795 2	651	−0.312 5	269	1.329 0	353
−5.72	−0.575 3	−140	−0.730 1	665	−0.294 6	276	1.364 3	321
−5.70	−0.589 3	−126	−0.663 6	678	−0.267 0	283	1.396 4	288
−5.68	−0.601 9	−112	−0.595 8	689	−0.238 7	287	1.425 2	254
−5.66	−0.613 1	−98	−0.526 9	698	−0.210 0	293	1.450 6	221

续表

t	u	Δu	u'	$\Delta u'$	v	Δv	v'	$\Delta v'$
−5.64	−0.622 9	−85	−0.457 1	706	−0.180 7	296	1.472 7	187
−5.62	−0.631 4	−70	−0.386 5	713	−0.151 1	300	1.491 4	152
−5.60	−0.638 4	−56	−0.315 2	717	−0.121 1	302	1.506 6	119
−5.58	−0.644 0	−41	−0.243 5	720	−0.090 9	305	1.518 5	84
−5.56	−0.648 1	−27	−0.171 5	721	−0.060 4	306	1.526 9	50
−5.54	−0.650 8	−13	−0.099 4	720	−0.029 8	307	1.531 9	16
−5.52	−0.652 1	2	−0.027 4	719	0.000 9	306	1.533 5	−17
−5.50	−0.651 9	16	0.044 5	715	0.031 5	306	1.531 8	−52
−5.48	−0.650 3	30	0.116 0	710	0.062 1	305	1.526 6	−84
−5.46	−0.647 3	44	0.187 0	703	0.092 6	302	1.518 2	−118
−5.44	−0.642 9	59	0.257 3	695	0.122 8	300	1.506 4	−150
−5.42	−0.637 0	72	0.326 8	686	0.152 8	296	1.491 4	−181
−5.40	−0.629 8	86	0.395 4	674	0.182 4	293	1.473 3	−212
−5.38	−0.621 2	99	0.462 8	662	0.211 7	288	1.452 1	−243
−5.36	−0.611 3	113	0.529 0	648	0.240 5	283	1.427 8	−273
−5.34	−0.600 0	125	0.593 8	634	0.268 8	277	1.400 5	−301
−5.32	−0.587 5	137	0.657 2	616	0.296 5	271	1.370 4	−329
−5.30	−0.573 8	150	0.718 8	600	0.323 6	264	1.337 5	−357
−5.28	−0.558 8	162	0.778 8	580	0.350 0	256	1.301 8	−382
−5.26	−0.542 6	173	0.836 8	561	0.375 6	249	1.263 6	−408
−5.24	−0.525 5	184	0.892 9	540	0.400 5	241	1.222 8	−431
−5.22	−0.506 9	194	0.946 9	518	0.424 6	231	1.179 7	−455
−5.20	−0.487 5	205	0.998 7	496	0.447 7	222	1.134 2	−476
−5.18	−0.467 0	214	1.048 3	471	0.469 9	212	1.086 6	−497
−5.16	−0.445 6	224	1.095 4	448	0.491 1	203	1.036 9	−517
−5.14	−0.423 2	232	1.140 2	422	0.511 4	191	0.985 2	−534
−5.12	−0.400 0	241	1.182 4	397	0.530 5	181	0.931 8	−552
−5.10	−0.375 9	248	1.222 1	370	0.548 6	170	0.876 6	−567
−5.08	−0.351 1	255	1.259 1	343	0.565 6	158	0.819 9	−582
−5.06	−0.325 6	262	1.293 4	316	0.581 4	147	0.761 7	−594
−5.04	−0.299 4	268	1.325 0	287	0.596 1	134	0.702 3	−607
−5.02	−0.272 6	273	1.353 7	260	0.609 5	122	0.641 6	−617
−5.00	−0.245 3	279	1.379 7	231	0.621 7	110	0.579 9	−626
−4.98	−0.217 4	282	1.402 8	202	0.632 7	97	0.517 3	−634
−4.96	−0.189 2	287	1.423 0	173	0.642 4	84	0.453 9	−640
−4.94	−0.160 5	289	1.440 3	144	0.650 8	72	0.389 9	−645

续表

t	u	Δu	u'	$\Delta u'$	v	Δv	v'	$\Delta v'$
−4.92	−0.131 6	292	1.454 7	115	0.658 0	58	0.325 4	−649
−4.90	−0.102 4	295	1.466 2	86	0.663 8	46	0.260 5	−652
−4.88	−0.072 9	295	1.474 8	56	0.668 4	33	0.195 3	−653
−4.86	−0.043 4	297	1.480 4	28	0.671 7	19	0.130 0	−652
−4.84	−0.013 7	296	1.483 2	−1	0.673 6	7	0.064 8	−651
−4.82	0.015 9	297	1.483 1	−29	0.674 3	−7	−0.000 3	−649
−4.80	0.045 6	295	1.480 2	−58	0.673 6	−20	−0.065 2	−644
−4.78	0.075 1	294	1.474 4	−86	0.671 6	−32	−0.129 6	−639
−4.76	0.104 5	292	1.465 8	−113	0.668 4	−45	−0.193 5	−633
−4.74	0.133 7	290	1.454 5	−140	0.663 9	−58	−0.256 8	−626
−4.72	0.162 7	286	1.440 5	−167	0.658 1	−70	−0.319 4	−617
−4.70	0.191 3	283	1.423 8	−193	0.651 1	−82	−0.381 1	−607
−4.68	0.219 6	279	1.404 5	−218	0.642 9	−94	−0.441 8	−596
−4.66	0.247 5	274	1.382 7	−243	0.633 5	−106	−0.501 4	−584
−4.64	0.274 9	269	1.358 4	−267	0.622 9	−118	−0.559 8	−572
−4.62	0.301 8	264	1.331 7	−290	0.611 1	−129	−0.617 0	−557
−4.60	0.328 2	257	1.302 7	−314	0.598 2	−140	−0.672 7	−543
−4.58	0.353 9	251	1.271 3	−335	0.584 2	−151	−0.727 0	−527
−4.56	0.379 0	244	1.237 8	−356	0.569 1	−161	−0.779 7	−511
−4.54	0.403 4	237	1.202 2	−376	0.553 0	−171	−0.830 8	−493
−4.52	0.427 1	229	1.164 6	−395	0.535 9	−181	−0.880 1	−475
−4.50	0.450 0	221	1.125 1	−414	0.517 8	−190	−0.927 6	−457
−4.48	0.472 1	212	1.083 7	−432	0.498 8	−199	−0.973 3	−437
−4.46	0.493 3	204	1.040 5	−448	0.478 9	−208	−1.017 0	−417
−4.44	0.513 7	194	0.995 7	−464	0.458 1	−215	−1.058 7	−397
−4.42	0.533 1	185	0.949 3	−478	0.436 6	−224	−1.098 4	−375
−4.40	0.551 6	176	0.901 5	−493	0.414 2	−230	−1.135 9	−353
−4.38	0.569 2	165	0.852 2	−504	0.391 2	−238	−1.171 2	−332
−4.36	0.585 7	155	0.801 8	−517	0.367 4	−244	−1.204 4	−309
−4.34	0.601 2	145	0.750 1	−527	0.343 0	−250	−1.235 3	−286
−4.32	0.615 7	134	0.697 4	−536	0.318 0	−255	−1.263 9	−263
−4.30	0.629 1	124	0.643 8	−546	0.292 5	−261	−1.290 2	−240
−4.28	0.641 5	112	0.589 2	−552	0.266 4	−265	−1.314 2	−216
−4.26	0.652 7	101	0.534 0	−559	0.239 9	−269	−1.335 8	−193
−4.24	0.662 8	90	0.478 1	−565	0.213 0	−273	−1.355 1	−169
−4.22	0.671 8	79	0.421 6	−569	0.185 7	−276	−1.372 0	−144

续表

t	u	Δu	u'	$\Delta u'$	v	Δv	v'	$\Delta v'$
−4.20	0.679 7	67	0.364 7	−573	0.158 1	−278	−1.386 4	−121
−4.18	0.686 4	56	0.307 4	−574	0.130 3	−281	−1.398 5	−97
−4.16	0.692 0	44	0.250 0	−577	0.102 2	−282	−1.408 2	−73
−4.14	0.696 4	33	0.192 3	−576	0.074 0	−284	−1.415 5	−50
−4.12	0.699 7	21	0.134 7	−576	0.045 6	−284	−1.420 5	−26
−4.10	0.701 8	10	0.077 1	−575	0.017 2	−285	−1.423 1	−2
−4.08	0.702 8	−2	0.019 6	−572	−0.011 3	−285	−1.423 3	21
−4.06	0.702 6	−13	−0.037 6	−569	−0.039 8	−284	−1.421 2	43
−4.04	0.701 3	−25	−0.094 5	−564	−0.068 2	−282	−1.416 9	67
−4.02	0.698 8	−36	−0.150 9	−559	−0.096 4	−281	−1.410 2	88
−4.00	0.695 2	−47	−0.206 8	−553	−0.124 5	−280	−1.401 4	111
−3.98	0.690 5	−58	−0.262 1	−546	−0.152 5	−276	−1.390 3	132
−3.96	0.684 7	−68	−0.316 7	−538	−0.180 1	−274	−1.377 1	153
−3.94	0.677 9	−80	−0.370 5	−530	−0.207 5	−271	−1.361 8	174
−3.92	0.669 9	−90	−0.423 5	−520	−0.234 6	−267	−1.344 4	194
−3.90	0.660 9	−100	−0.475 5	−511	−0.261 3	−263	−1.325 0	213
−3.88	0.650 9	−110	−0.526 6	−499	−0.287 6	−258	−1.303 7	233
−3.86	0.639 9	−120	−0.576 5	−489	−0.313 4	−254	−1.280 4	251
−3.84	0.627 9	−130	−0.625 4	−476	−0.338 8	−248	−1.255 3	269
−3.82	0.614 9	−140	−0.673 0	−463	−0.363 6	−243	−1.228 4	287
−3.80	0.600 9	−148	−0.719 3	−450	−0.387 9	−237	−1.199 7	303
−3.78	0.586 1	−157	−0.764 3	−436	−0.411 6	−231	−1.169 4	319
−3.76	0.570 4	−166	−0.807 9	−422	−0.434 7	−224	−1.137 5	334
−3.74	0.553 8	−174	−0.850 1	−406	−0.457 1	−217	−1.104 1	349
−3.72	0.536 4	−182	−0.890 7	−392	−0.478 8	−211	−1.069 2	363
−3.70	0.518 2	−190	−0.929 9	−375	−0.499 9	−202	−1.032 9	377
−3.68	0.499 2	−197	−0.967 4	−359	−0.520 1	−196	−0.995 2	389
−3.66	0.479 5	−204	−1.003 3	−343	−0.539 7	−187	−0.956 3	401
−3.64	0.459 1	−211	−1.037 6	−326	−0.558 4	−179	−0.916 2	412
−3.62	0.438 0	−217	−1.070 2	−308	−0.576 3	−171	−0.875 0	422
−3.60	0.416 3	−223	−1.101 0	−291	−0.593 4	−162	−0.832 8	432
−3.58	0.394 0	−229	−1.130 1	−273	−0.609 6	−154	−0.789 6	441
−3.56	0.371 1	−234	−1.157 4	−255	−0.625 0	−144	−0.745 5	448
−3.54	0.347 7	−239	−1.182 9	−237	−0.639 4	−136	−0.700 7	457
−3.52	0.323 8	−244	−1.206 6	−219	−0.653 0	−126	−0.655 0	463
−3.50	0.299 4	−247	−1.228 5	−201	−0.665 6	−117	−0.608 7	468

续表

t	u	Δu	u'	$\Delta u'$	v	Δv	v'	$\Delta v'$
−3.48	0.2747	−252	−1.2486	−181	−0.6773	−108	−0.5619	474
−3.46	0.2495	−255	−1.2667	−164	−0.6881	−98	−0.5145	478
−3.44	0.2240	−258	−1.2831	−145	−0.6979	−89	−0.4667	482
−3.42	0.1982	−261	−1.2976	−126	−0.7068	−78	−0.4185	485
−3.40	0.1721	−263	−1.3102	−108	−0.7146	−70	−0.3700	487
−3.38	0.1458	−265	−1.3210	−89	−0.7216	−59	−0.3213	488
−3.36	0.1193	−267	−1.3299	−71	−0.7275	−50	−0.2725	489
−3.34	0.0926	−268	−1.3370	−53	−0.7325	−39	−0.2236	490
−3.32	0.0658	−269	−1.3423	−35	−0.7364	−30	−0.1746	488
−3.30	0.0389	−269	−1.3458	−16	−0.7394	−21	−0.1258	487
−3.28	0.0120	−269	−1.3474	1	−0.7415	−10	−0.0771	486
−3.26	−0.0149	−270	−1.3473	18	−0.7425	−1	−0.0285	483
−3.24	−0.0419	−269	−1.3455	36	−0.7426	9	0.0198	479
−3.22	−0.0688	−267	−1.3419	52	−0.7417	18	0.0677	476
−3.20	−0.0955	−267	−1.3367	70	−0.7399	28	0.1153	471
−3.18	−0.1222	−265	−1.3297	86	−0.7371	37	0.1624	466
−3.16	−0.1487	−263	−1.3211	102	−0.7334	46	0.2090	461
−3.14	−0.1750	−261	−1.3109	118	−0.7288	56	0.2551	454
−3.12	−0.2011	−259	−1.2991	133	−0.7232	65	0.3005	448
−3.10	−0.2270	−256	−1.2858	148	−0.7167	73	0.3453	441
−3.08	−0.2526	−252	−1.2710	163	−0.7094	82	0.3894	433
−3.06	−0.2778	−250	−1.2547	177	−0.7012	91	0.4327	425
−3.04	−0.3028	−245	−1.2370	191	−0.6921	99	0.4752	416
−3.02	−0.3273	−242	−1.2179	204	−0.6822	108	0.5168	408
−3.00	−0.3515	−237	−1.1975	217	−0.6714	115	0.5576	398
−2.98	−0.3752	−233	−1.1758	230	−0.6599	124	0.5974	388
−2.96	−0.3985	−228	−1.1528	242	−0.6475	131	0.6362	379
−2.94	−0.4213	−223	−1.1286	253	−0.6344	138	0.6741	367
−2.92	−0.4436	−218	−1.1033	265	−0.6206	146	0.7108	357
−2.90	−0.4654	−213	−1.0768	275	−0.6060	153	0.7465	346
−2.88	−0.4867	−207	−1.0493	286	−0.5907	159	0.7811	335
−2.86	−0.5074	−201	−1.0207	294	−0.5748	166	0.8146	323
−2.84	−0.5275	−195	−0.9913	305	−0.5582	173	0.8469	311
−2.82	−0.5470	−189	−0.9608	312	−0.5409	179	0.8780	299
−2.80	−0.5659	−183	−0.9296	321	−0.5230	184	0.9079	286
−2.78	−0.5842	−176	−0.8975	329	−0.5046	190	0.9365	275

续表

t	u	Δu	u'	$\Delta u'$	v	Δv	v'	$\Delta v'$
−2.76	−0.601 8	−170	−0.864 6	336	−0.485 6	195	0.964 0	262
−2.74	−0.618 8	−163	−0.831 0	342	−0.466 1	201	0.990 2	249
−2.72	−0.635 1	−156	−0.796 8	348	−0.446 0	205	1.015 1	236
−2.70	−0.650 7	−148	−0.762 0	354	−0.425 5	210	1.038 7	223
−2.68	−0.665 5	−142	−0.726 6	360	−0.404 5	215	1.061 0	210
−2.66	−0.679 7	−135	−0.690 6	363	−0.383 0	218	1.082 0	198
−2.64	−0.693 2	−127	−0.654 3	368	−0.361 2	222	1.101 8	184
−2.62	−0.705 9	−120	−0.617 5	372	−0.339 0	226	1.120 2	171
−2.60	−0.717 9	−112	−0.580 3	375	−0.316 4	229	1.137 3	158
−2.58	−0.729 1	−105	−0.542 8	377	−0.293 5	232	1.153 1	145
−2.56	−0.739 6	−97	−0.505 1	380	−0.270 3	235	1.167 6	132
−2.54	−0.749 3	−90	−0.467 1	381	−0.246 8	237	1.180 8	118
−2.52	−0.758 3	−81	−0.429 0	383	−0.223 1	240	1.192 6	106
−2.50	−0.766 4	−75	−0.390 7	384	−0.199 1	242	1.203 2	94
−2.48	−0.773 9	−66	−0.352 3	384	−0.174 9	243	1.212 6	80
−2.46	−0.780 5	−59	−0.313 9	384	−0.150 6	245	1.220 6	68
−2.44	−0.786 4	−52	−0.275 5	383	−0.126 1	246	1.227 4	55
−2.42	−0.791 6	−43	−0.237 2	383	−0.101 5	247	1.232 9	43
−2.40	−0.795 9	−36	−0.198 9	381	−0.076 8	248	1.237 2	31
−2.38	−0.799 5	−29	−0.160 8	380	−0.052 0	248	1.240 3	19
−2.36	−0.802 4	−20	−0.122 8	377	−0.027 2	248	1.242 2	6
−2.34	−0.804 4	−14	−0.085 1	376	−0.002 4	249	1.242 8	−4
−2.32	−0.805 8	−5	−0.047 5	372	0.022 5	248	1.242 4	−16
−2.30	−0.806 3	1	−0.010 3	369	0.047 3	248	1.240 8	−28
−2.28	−0.806 2	9	0.026 6	366	0.072 1	248	1.238 0	−38
−2.26	−0.805 3	16	0.063 2	362	0.096 9	246	1.234 2	−49
−2.24	−0.803 7	24	0.099 4	358	0.121 5	245	1.229 3	−60
−2.22	−0.801 3	31	0.135 2	354	0.146 0	244	1.223 3	−70
−2.20	−0.798 2	37	0.170 6	348	0.170 4	243	1.216 3	−80
−2.18	−0.794 5	45	0.205 4	344	0.194 7	240	1.208 3	−89
−2.16	−0.790 0	51	0.239 8	339	0.218 7	239	1.199 4	−99
−2.14	−0.784 9	58	0.273 7	333	0.242 6	237	1.189 5	−109
−2.12	−0.779 1	65	0.307 0	328	0.266 3	235	1.178 6	−117
−2.10	−0.772 6	71	0.339 8	321	0.289 8	232	1.166 9	−126
−2.08	−0.765 5	78	0.371 9	315	0.313 0	229	1.154 3	−134
−2.06	−0.757 7	83	0.403 4	309	0.335 9	227	1.140 9	−143

续表

t	u	Δu	u'	$\Delta u'$	v	Δv	v'	$\Delta v'$
−2.04	−0.749 4	90	0.434 3	303	0.358 6	224	1.126 6	−150
−2.02	−0.740 4	96	0.464 6	296	0.381 0	221	1.111 6	−158
−2.00	−0.730 8	102	0.494 2	288	0.403 1	217	1.095 8	−164
−1.98	−0.720 6	107	0.523 0	282	0.424 8	214	1.079 4	−172
−1.96	−0.709 9	113	0.551 2	275	0.446 2	211	1.062 2	−178
−1.94	−0.698 6	119	0.578 7	267	0.467 3	207	1.044 4	−184
−1.92	−0.686 7	123	0.605 4	260	0.488 0	203	1.026 0	−191
−1.90	−0.674 4	129	0.631 4	253	0.508 3	200	1.006 9	−196
−1.88	−0.661 5	134	0.656 7	245	0.528 3	195	0.987 3	−201
−1.86	−0.648 1	139	0.681 2	237	0.547 8	192	0.967 2	−206
−1.84	−0.634 2	143	0.704 9	229	0.567 0	187	0.946 6	−211
−1.82	−0.619 9	148	0.727 8	222	0.585 7	183	0.925 5	−216
−1.80	−0.605 1	152	0.750 0	214	0.604 0	178	0.903 9	−219
−1.78	−0.589 9	156	0.771 4	206	0.621 8	175	0.882 0	−229
−1.76	−0.574 3	161	0.792 0	198	0.639 3	169	0.859 1	−221
−1.74	−0.558 2	164	0.811 8	191	0.656 2	165	0.837 0	−230
−1.72	−0.541 8	168	0.830 9	182	0.672 7	161	0.814 0	−233
−1.70	−0.525 0	172	0.849 1	175	0.688 8	156	0.790 7	−235
−1.68	−0.507 3	175	0.866 6	166	0.704 4	151	0.767 2	−238
−1.66	−0.490 3	178	0.883 2	159	0.719 5	146	0.743 4	−240
−1.64	−0.472 5	181	0.899 1	151	0.734 1	142	0.719 4	−241
−1.62	−0.454 4	184	0.914 2	144	0.748 3	136	0.695 3	−244
−1.60	−0.436 0	187	0.928 6	135	0.761 9	132	0.670 9	−244
−1.58	−0.417 3	190	0.942 1	128	0.775 1	127	0.646 5	−245
−1.56	−0.398 3	192	0.954 9	121	0.787 8	122	0.622 0	−246
−1.54	−0.379 1	195	0.967 0	113	0.800 0	117	0.597 4	−247
−1.52	−0.359 6	197	0.978 3	106	0.811 7	112	0.572 7	−247
−1.50	−0.339 9	198	0.988 9	98	0.822 9	107	0.548 0	−247
−1.48	−0.320 1	201	0.998 7	91	0.833 6	102	0.523 3	−246
−1.46	−0.300 0	203	1.007 8	84	0.843 8	97	0.498 7	−246
−1.44	−0.279 7	204	1.016 2	77	0.853 5	93	0.474 1	−246
−1.42	−0.259 3	205	1.023 9	71	0.862 8	87	0.449 5	−244
−1.40	−0.238 8	207	1.031 0	63	0.871 5	83	0.425 1	−244
−1.38	−0.218 1	208	1.037 3	57	0.879 8	77	0.400 7	−242
−1.36	−0.197 3	209	1.043 0	50	0.887 5	73	0.376 5	−241
−1.34	−0.176 4	210	1.048 0	45	0.894 8	68	0.352 4	−238

续表

t	u	Δu	u'	$\Delta u'$	v	Δv	v'	$\Delta v'$
−1. 32	−0. 155 4	211	1. 052 5	38	0. 901 6	64	0. 328 6	−238
−1. 30	−0. 134 3	212	1. 056 3	32	0. 908 0	58	0. 304 8	−235
−1. 28	−0. 113 1	212	1. 059 5	26	0. 913 8	54	0. 281 3	−232
−1. 26	−0. 091 9	212	1. 062 1	20	0. 919 2	50	0. 258 1	−231
−1. 24	−0. 070 7	213	1. 064 1	15	0. 924 2	44	0. 235 0	−228
−1. 22	−0. 049 4	214	1. 065 6	9	0. 928 6	41	0. 212 2	−225
−1. 20	−0. 028 0	213	1. 066 5	4	0. 932 7	35	0. 189 7	−222
−1. 18	−0. 006 7	213	1. 066 9	−1	0. 936 2	32	0. 167 5	−220
−1. 16	0. 014 6	214	1. 066 8	−6	0. 939 4	27	0. 145 5	−216
−1. 14	0. 036 0	213	1. 066 2	−10	0. 942 1	22	0. 123 9	−213
−1. 12	0. 057 3	213	1. 065 2	−15	0. 944 3	19	0. 102 6	−210
−1. 10	0. 078 6	212	1. 063 7	−20	0. 946 2	14	0. 081 6	−207
−1. 08	0. 099 8	212	1. 061 7	−23	0. 947 6	10	0. 060 9	−202
−1. 06	0. 121 0	212	1. 059 4	−28	0. 948 6	6	0. 040 7	−200
−1. 04	0. 142 2	211	1. 056 6	−31	0. 949 2	2	0. 020 7	−195
−1. 02	0. 163 3	210	1. 053 5	−35	0. 949 4	−1	0. 001 2	−192
−1. 00	0. 184 3	210	1. 050 0	−39	0. 949 3	−6	−0. 018 0	−188
−0. 98	0. 205 3	209	1. 046 1	−42	0. 948 7	−9	−0. 036 8	−184
−0. 96	0. 226 2	208	1. 041 9	−45	0. 947 8	−13	−0. 055 2	−180
−0. 94	0. 247 0	207	1. 037 4	−48	0. 946 5	−16	−0. 073 2	−176
−0. 92	0. 267 7	206	1. 032 6	−50	0. 944 9	−20	−0. 090 8	−172
−0. 90	0. 288 3	205	1. 027 6	−53	0. 942 9	−24	−0. 108 0	−167
−0. 88	0. 308 8	204	1. 022 3	−56	0. 940 5	−26	−0. 124 7	−164
−0. 86	0. 329 2	202	1. 016 7	−57	0. 937 9	−30	−0. 141 1	−159
−0. 84	0. 349 4	202	1. 011 0	−60	0. 934 9	−33	−0. 157 0	−155
−0. 82	0. 369 6	200	1. 005 0	−62	0. 931 6	−36	−0. 172 5	−150
−0. 80	0. 389 6	199	0. 998 8	−63	0. 928 0	−39	−0. 187 5	−147
−0. 78	0. 409 5	198	0. 992 5	−64	0. 924 1	−42	−0. 202 2	−142
−0. 76	0. 429 3	197	0. 986 1	−66	0. 919 9	−44	−0. 216 4	−137
−0. 74	0. 449 0	195	0. 979 5	−67	0. 915 5	−48	−0. 230 1	−134
−0. 72	0. 468 5	194	0. 972 8	−68	0. 910 7	−50	−0. 243 5	−129
−0. 70	0. 487 9	193	0. 966 0	−69	0. 905 7	−52	−0. 256 4	−124
−0. 68	0. 507 2	191	0. 959 1	−69	0. 900 5	−55	−0. 268 8	−121
−0. 66	0. 526 3	189	0. 952 2	−70	0. 895 0	−58	−0. 280 9	−116
−0. 64	0. 545 2	189	0. 945 2	−70	0. 889 2	−59	−0. 292 5	−111
−0. 62	0. 564 1	187	0. 938 2	−70	0. 883 3	−62	−0. 303 6	−108

续表

t	u	Δu	u'	$\Delta u'$	v	Δv	v'	$\Delta v'$
−0.60	0.582 8	185	0.931 2	−69	0.877 1	−64	−0.314 4	−103
−0.58	0.601 3	184	0.924 3	−70	0.870 7	−66	−0.324 7	−99
−0.56	0.619 7	183	0.917 3	−69	0.864 1	−68	−0.334 6	−94
−0.54	0.638 0	182	0.910 4	−69	0.857 3	−69	−0.344 0	−91
−0.52	0.656 2	180	0.903 5	−68	0.850 4	−72	−0.353 1	−86
−0.50	0.674 2	178	0.896 7	−66	0.843 2	−73	−0.361 7	−83
−0.48	0.692 0	178	0.890 1	−66	0.835 9	−75	−0.370 0	−78
−0.46	0.709 8	176	0.883 5	−65	0.828 4	−76	−0.377 8	−74
−0.44	0.727 4	174	0.877 0	−63	0.820 8	−78	−0.385 2	−70
−0.42	0.744 8	174	0.870 7	−62	0.813 0	−79	−0.392 2	−67
−0.40	0.762 2	172	0.864 5	−60	0.805 1	−80	−0.398 9	−62
−0.38	0.779 4	171	0.858 5	−59	0.797 1	−82	−0.405 1	−59
−0.36	0.796 5	170	0.852 6	−56	0.788 9	−83	−0.411 0	−55
−0.34	0.813 5	169	0.847 0	−54	0.780 6	−84	−0.416 5	−51
−0.32	0.830 4	168	0.841 6	−52	0.772 2	−84	−0.421 6	−48
−0.30	0.847 2	167	0.836 4	−50	0.763 8	−86	−0.426 4	−44
−0.28	0.863 9	166	0.831 4	−47	0.755 2	−87	−0.430 8	−40
−0.26	0.880 5	164	0.826 7	−44	0.746 5	−87	−0.434 8	−37
−0.24	0.896 9	164	0.822 3	−42	0.737 8	−88	−0.438 5	−34
−0.22	0.913 3	164	0.818 1	−39	0.729 0	−89	−0.441 9	−30
−0.20	0.929 7	162	0.814 2	−35	0.720 1	−89	−0.444 9	−28
−0.18	0.945 9	162	0.810 7	−33	0.711 2	−90	−0.447 7	−24
−0.16	0.962 1	161	0.807 4	−29	0.702 2	−90	−0.450 1	−21
−0.14	0.978 2	161	0.804 5	−25	0.693 2	−91	−0.452 2	−18
−0.12	0.994 3	160	0.802 0	−22	0.684 1	−91	−0.454 0	−14
−0.10	1.010 3	160	0.799 8	−19	0.675 0	−91	−0.455 4	−13
−0.08	1.026 3	159	0.797 9	−14	0.665 9	−91	−0.456 7	−9
−0.06	1.042 2	159	0.796 5	−11	0.656 8	−92	−0.457 6	−6
−0.04	1.058 1	159	0.795 4	−6	0.647 6	−92	−0.458 2	−4
−0.02	1.074 0	159	0.794 8	−2	0.638 4	−91	−0.458 6	−1
0.00	1.089 9	159	0.794 6	2	0.629 3	−92	−0.458 7	1
0.02	1.105 8	159	0.794 8	7	0.620 1	−92	−0.458 6	3
0.04	1.121 7	159	0.795 5	11	0.610 9	−91	−0.458 3	6
0.06	1.137 6	160	0.796 6	16	0.601 8	−92	−0.457 7	9
0.08	1.153 6	160	0.798 2	21	0.592 6	−91	−0.456 8	10
0.10	1.169 6	160	0.800 3	26	0.583 5	−91	−0.455 8	13

续表

t	u	Δu	u'	$\Delta u'$	v	Δv	v'	$\Delta v'$
0.12	1.185 6	161	0.802 9	31	0.574 4	−91	−0.454 5	15
0.14	1.201 7	162	0.806 0	36	0.565 3	−90	−0.453 0	17
0.16	1.217 9	162	0.809 6	42	0.556 3	−90	−0.451 3	19
0.18	1.234 1	163	0.813 8	47	0.547 3	−90	−0.449 4	20
0.20	1.250 4	164	0.818 5	53	0.538 3	−89	−0.447 4	23
0.22	1.266 8	166	0.823 8	59	0.529 4	−89	−0.445 1	24
0.24	1.283 4	166	0.829 7	64	0.520 5	−88	−0.442 7	26
0.26	1.300 0	168	0.836 1	71	0.511 7	−88	−0.440 1	27
0.28	1.316 8	169	0.843 2	77	0.502 9	−87	−0.437 4	29
0.30	1.333 7	171	0.850 9	83	0.494 2	−87	−0.434 5	30
0.32	1.350 8	173	0.859 2	90	0.485 5	−86	−0.431 5	32
0.34	1.368 1	175	0.868 2	96	0.476 9	−85	−0.428 3	33
0.36	1.385 6	176	0.877 8	103	0.468 4	−85	−0.425 0	34
0.38	1.403 2	179	0.888 1	110	0.459 9	−84	−0.421 6	36
0.40	1.421 1	181	0.899 1	118	0.451 5	−83	−0.418 0	37
0.42	1.439 2	183	0.910 9	124	0.443 2	−83	−0.414 3	37
0.44	1.457 5	186	0.923 3	132	0.434 9	−81	−0.410 6	39
0.46	1.476 1	189	0.936 5	140	0.426 8	−81	−0.406 7	40
0.48	1.495 0	192	0.950 5	147	0.418 7	−80	−0.402 7	41
0.50	1.514 2	194	0.965 2	156	0.410 7	−80	−0.398 6	41
0.52	1.533 6	198	0.980 8	163	0.402 7	−78	−0.394 5	42
0.54	1.553 4	201	0.997 1	172	0.394 9	−78	−0.390 3	43
0.56	1.573 5	205	1.014 3	181	0.387 1	−76	−0.386 0	44
0.58	1.594 0	208	1.032 4	189	0.379 5	−76	−0.381 6	44
0.60	1.614 8	212	1.051 3	199	0.371 9	−75	−0.377 5	45
0.62	1.636 0	217	1.071 2	207	0.364 4	−74	−0.372 7	46
0.64	1.657 7	220	1.091 9	217	0.357 0	−74	−0.368 1	46
0.66	1.679 7	225	1.113 6	227	0.349 6	−72	−0.363 5	46
0.68	1.702 2	230	1.136 3	236	0.342 4	−71	−0.358 9	47
0.70	1.725 2	234	1.159 9	247	0.335 3	−71	−0.354 2	47
0.72	1.748 6	240	1.184 6	257	0.328 2	−69	−0.349 5	47
0.74	1.772 6	244	1.210 3	268	0.321 3	−68	−0.344 8	48
0.76	1.797 0	251	1.237 1	278	0.314 5	−68	−0.340 0	48
0.78	1.822 1	255	1.264 9	290	0.307 7	−67	−0.335 2	48
0.80	1.847 6	262	1.293 9	302	0.301 0	−65	−0.330 4	48
0.82	1.873 8	268	1.324 1	313	0.294 5	−65	−0.325 6	48

续表

t	u	Δu	u'	$\Delta u'$	v	Δv	v'	$\Delta v'$
0.84	1.900 6	275	1.355 4	325	0.288 0	−63	−0.320 8	49
0.86	1.928 1	0.028 0	1.387 9	338	0.281 7	−63	−0.315 9	48
0.88	1.956 1	0.028 8	1.421 7	351	0.275 4	−62	−0.311 1	49
0.90	1.984 9	0.029	1.456 8	364	0.269 2	−61	−0.306 2	48
0.92	2.014	0.031	1.493 2	377	0.263 1	−59	−0.301 4	49
0.94	2.045	31	1.530 9	392	0.257 2	−59	−0.296 5	48
0.96	2.076	31	1.570 1	406	0.251 3	−58	−0.291 7	48
0.98	2.071	33	1.610 7	420	0.245 5	−57	−0.286 9	48
1.00	2.140	34	1.652 7	436	0.239 8	−56	−0.282 1	48
1.02	2.174	34	1.696 3	451	0.234 2	−55	−0.277 3	48
1.04	2.208	35	1.741 4	467	0.228 7	−54	−0.272 5	47
1.06	2.243	37	1.788 1	484	0.223 3	−53	−0.267 8	47
1.08	2.280	37	1.836 5	501	0.218 0	−52	−0.263 1	47
1.10	2.317	38	1.886 6	0.051 9	0.212 8	−51	−0.258 4	47
1.12	2.355	39	1.938 5	0.053 7	0.207 7	−0.005 1	−0.253 7	46
1.14	2.394	41	1.992 2	0.056	0.202 6	−0.004 9	−0.249 1	46
1.16	2.435	41	2.048	0.057	0.197 7	−0.004 84	−0.244 5	46
1.18	2.476	43	2.105	60	0.192 86	−476	−0.239 9	45
1.20	2.519	44	2.165	61	0.188 10	−466	−0.235 4	45
1.22	2.563	45	2.226	64	0.183 44	−457	−0.230 9	45
1.24	2.608	46	2.290	65	0.178 87	−448	−0.226 4	44
1.26	2.654	48	2.355	68	0.174 39	−440	−0.222 0	44
1.28	2.702	49	2.423	71	0.169 99	−431	−0.217 6	43
1.30	2.751	51	2.494	73	0.165 68	−422	−0.213 3	43
1.32	2.802	52	2.567	75	0.161 46	−414	−0.209 0	42
1.34	2.854	54	2.642	78	0.157 32	−405	−0.204 8	0.004 2
1.36	2.908	55	2.720	80	0.153 27	−397	−0.200 6	0.004 2
1.38	2.963	57	2.800	83	0.149 30	−389	−0.196 43	0.004 10
1.40	3.020	58	2.883	86	0.145 41	−381	−0.192 33	0.004 05
1.42	3.078	60	2.969	89	0.141 60	−372	−0.188 28	399
1.44	3.138	63	3.058	92	0.137 88	−365	−0.184 29	395
1.46	3.201	63	3.150	95	0.134 23	−357	−0.180 34	389
1.48	3.264	66	3.245	98	0.130 66	−349	−0.176 45	384
1.50	3.330	68	3.343	102	0.127 17	−341	−0.172 61	379
1.52	3.398	70	3.445	105	0.123 76	−334	−0.168 82	374
1.54	3.468	72	3.550	109	0.120 42	−326	−0.165 08	368

续表

t	u	Δu	u'	$\Delta u'$	v	Δv	v'	$\Delta v'$
1.56	3.540	75	3.659	112	0.117 16	−320	−0.161 40	363
1.58	3.615	76	3.771	116	0.113 96	−312	−0.157 77	357
1.60	3.691	79	3.887	120	0.110 84	−304	−0.154 20	352
1.62	3.770	81	4.007	124	0.107 80	−298	−0.150 68	347
1.64	3.851	84	4.131	129	0.104 82	−291	−0.147 2	341
1.66	3.935	87	4.260	133	0.101 91	−285	−0.143 80	336
1.68	4.022	89	4.393	137	0.099 06	−277	−0.140 44	330
1.70	4.111	92	4.530	142	0.096 29	−271	−0.137 14	324
1.72	4.203	95	4.672	147	0.093 58	−264	−0.133 90	319
1.74	4.298	98	4.819	153	0.090 94	−259	−0.130 71	314
1.76	4.396	101	4.972	157	0.088 35	−252	−0.127 57	308
1.78	4.497	104	5.129	163	0.085 83	−246	−0.124 49	303
1.80	4.601	108	5.292	168	0.083 37	−240	−0.121 46	298
1.82	4.709	111	5.460	175	0.080 97	−234	−0.118 48	291
1.84	4.820	114	5.635	180	0.078 63	−228	−0.115 57	287
1.86	4.934	118	5.815	187	0.076 35	−223	−0.112 70	282
1.88	5.052	122	6.002	193	0.074 12	−217	−0.109 88	276
1.90	5.174	126	6.195	200	0.071 95	−211	−0.107 12	271
1.92	5.300	130	6.395	207	0.069 84	−206	−0.104 41	265
1.94	5.430	134	6.602	215	0.067 78	−201	−0.101 76	260
1.96	5.564	139	6.817	221	0.065 77	−196	−0.099 16	256
1.98	5.703	143	7.038	230	0.063 81	−191	−0.096 60	250
2.00	5.846	147	7.268	238	0.061 90	−186	−0.094 10	245
2.02	5.993	153	7.506	247	0.060 04	−180	−0.091 65	240
2.04	6.146	158	7.753	255	0.058 24	−177	−0.089 25	235
2.06	6.304	162	8.008	264	0.056 47	−171	−0.086 90	230
2.08	6.466	169	8.272	274	0.054 76	−167	−0.084 60	226
2.10	6.635	173	8.546	284	0.053 09	−162	−0.082 34	220
2.12	6.808	180	8.830	293	0.051 47	−159	−0.080 14	216
2.14	6.988	185	9.123	305	0.049 88	−153	−0.077 98	211
2.16	7.173	192	9.428	315	0.048 35	−150	−0.075 87	207
2.18	7.365	198	9.743	327	0.046 85	−146	−0.073 80	202
2.20	7.563	205	10.070	339	0.045 39	−141	−0.071 78	197
2.22	7.768	212	10.409	351	0.043 98	−138	−0.069 81	194
2.24	7.980	218	10.760	364	0.042 60	−134	−0.067 87	188
2.26	8.198	227	11.124	378	0.041 26	−130	−0.065 99	185

续表

t	u	Δu	u'	$\Delta u'$	v	Δv	v'	$\Delta v'$
2.28	8.425	234	11.502	391	0.039 96	−126	−0.064 14	180
2.30	8.659	241	11.893	405	0.038 70	−123	−0.062 34	176
2.32	8.900	251	12.298	421	0.037 47	−120	−0.060 58	171
2.34	9.151	258	12.719	463	0.360 27	−116	−0.058 87	168
2.36	9.409	268	13.155	452	0.035 11	−112	−0.057 19	164
2.38	9.677	277	13.607	469	0.033 99	−110	−0.055 55	160
2.40	9.954	286	14.076	487	0.032 89	−106	−0.053 95	156
2.42	10.240	296	14.563	505	0.031 83	−104	−0.052 39	152
2.44	10.536	307	15.068	524	0.030 79	−100	−0.050 87	148
2.46	10.843	317	15.592	543	0.029 79	−97	−0.049 39	145
2.48	11.160	328	16.135	564	0.028 82	−95	−0.047 94	141
2.50	11.488	340	16.699	585	0.027 87	−91	−0.046 53	138
2.52	11.828	352	17.284	608	0.026 96	−89	−0.045 15	134
2.54	12.180	364	17.892	630	0.026 07	−87	−0.043 81	131
2.56	12.544	377	18.522	654	0.025 20	−83	−0.042 50	127
2.58	12.921	390	19.176	0.680	0.024 37	−82	−0.041 23	124
2.60	13.311	404	19.856	0.70	0.023 55	−78	−0.039 99	121
2.62	13.715	419	20.56	73	0.022 77	−77	−0.038 78	118
2.64	14.134	433	21.29	76	0.022 00	−74	−0.037 60	114
2.66	14.567	449	22.05	79	0.021 26	−0.000 72	−0.036 46	112
2.68	15.016	465	22.84	82	0.020 54	−0.000 69	−0.035 34	109
2.70	15.481	482	23.66	86	0.019 849	−0.000 674	−0.034 25	105
2.72	15.963	499	24.52	88	0.019 175	−0.000 654	−0.033 20	103
2.74	16.462	517	25.40	92	0.018 521	−633	−0.032 17	100
2.76	16.979	536	26.32	96	0.017 888	−614	−0.031 17	98
2.78	17.515	556	27.28	99	0.017 274	−594	−0.030 19	94
2.80	18.071	575	28.27	1.03	0.016 680	−576	−0.029 25	93
2.82	18.646	0.597	29.30	1.07	0.016 104	−557	−0.028 32	89
2.84	19.243	0.619	30.37	1.12	0.015 547	−540	−0.027 43	87
2.86	19.862	0.64	31.49	1.16	0.015 007	−523	−0.026 56	85
2.88	20.50	0.67	32.65	1.20	0.014 484	−506	−0.025 71	82
2.90	21.17	69	33.85	1.25	0.013 978	−489	−0.024 89	80
2.92	21.86	71	35.10	1.30	0.013 489	−474	−0.024 09	78
2.94	22.57	74	36.40	1.36	0.013 015	−459	−0.023 31	75
2.96	23.31	77	37.76	1.40	0.012 556	−444	−0.022 56	73
2.98	24.08	80	39.16	1.47	0.012 112	−429	−0.021 83	71

续表

t	u	Δu	u'	$\Delta u'$	v	Δv	v'	$\Delta v'$
3.00	24.88	83	40.63	1.52	0.011 683	−416	−0.021 12	0.000 70
3.02	25.71	86	42.15	1.59	0.011 267	−401	−0.020 42	0.000 67
3.04	26.57	89	43.74	1.64	0.010 866	−389	−0.019 754	0.000 651
3.06	27.46	92	45.38	1.72	0.010 477	−376	−0.019 103	631
3.08	28.38	96	47.10	1.78	0.010 101	−363	−0.018 472	613
3.10	29.34	1.00	48.88	1.86	0.009 738	−351	−0.017 859	595
3.12	30.34	1.03	50.74	1.93	0.009 387	−340	−0.017 264	577
3.14	31.37	1.08	52.67	2.01	0.009 047	−328	−0.016 687	559
3.16	32.45	1.11	54.68	2.09	0.008 719	−317	−0.016 128	543
3.18	33.56	1.16	56.77	2.18	0.008 402	−306	−0.015 585	526
3.20	34.72	1.20	58.95	2.26	0.008 096	−296	−0.015 059	511
3.22	35.92	1.25	61.21	2.37	0.007 800	−286	−0.014 548	494
3.24	37.17	1.29	63.58	2.45	0.007 514	−277	−0.014 054	479
3.26	38.46	1.35	66.03	2.56	0.007 237	−266	−0.013 575	465
3.28	39.81	1.40	68.59	2.67	0.006 971	−258	−0.013 110	450
3.30	41.21	1.45	71.26	2.77	0.006 713	−249	−0.012 660	436
3.32	42.66	1.51	74.03	2.89	0.006 464	−240	−0.012 224	423
3.34	44.17	1.57	76.92	3.02	0.006 224	−232	−0.011 801	409
3.36	45.74	1.63	79.94	3.13	0.005 992	−224	−0.011 392	396
3.38	47.37	1.69	83.07	3.27	0.005 768	−216	−0.010 996	384
3.40	49.06	1.76	86.34	3.41	0.005 552	−209	−0.010 612	371
3.42	50.82	1.83	89.75	3.55	0.005 343	−201	−0.010 241	360
3.44	52.65	1.90	93.30	3.69	0.005 142	−194	−0.009 881	348
3.46	54.55	1.98	96.99	3.86	0.004 948	−187	−0.009 533	337
3.48	56.53	2.06	100.85	4.02	0.004 761	−181	−0.009 196	326
3.50	58.59	2.14	104.87	4.18	0.004 580	−174	−0.008 870	315
3.52	60.73	2.22	109.05	4.37	0.004 406	−168	−0.008 555	305
3.54	62.95	2.32	113.42	4.55	0.004 238	−162	−0.008 250	295
3.56	65.27	2.40	117.97	4.75	0.004 076	−156	−0.007 955	286
3.58	67.67	2.51	122.72	4.94	0.003 920	−151	−0.007 669	276
3.60	70.18	2.60	127.66	5.16	0.003 769	−145	−0.007 393	267
3.62	72.78	2.71	132.82	5.39	0.003 626	−140	−0.007 126	258
3.64	75.49	2.82	138.21	5.61	0.003 484	−135	−0.006 868	249
3.66	78.31	2.94	143.82	5.85	0.003 349	−130	−0.006 619	241
3.68	81.25	3.05	149.67	6.11	0.003 219	−125	−0.006 378	233
3.70	84.30	3.18	155.78	6.38	0.003 094	−121	−0.006 145	225

续表

t	u	Δu	u'	$\Delta u'$	v	Δv	v'	$\Delta v'$
3. 72	87. 48	3. 31	162. 16	6. 64	0. 002 973	−116	−0. 005 920	217
3. 74	90. 79	3. 44	168. 80	6. 94	0. 002 857	−112	−0. 005 703	211
3. 76	94. 23	3. 59	175. 74	7. 22	0. 002 745	−108	−0. 005 492	202
3. 78	97. 82	3. 73	182. 96	7. 58	0. 002 637	−103	−0. 005 290	196
3. 80	101. 55	3. 89	190. 54	7. 88	0. 002 534	−100	−0. 005 094	190
3. 82	105. 44	4. 05	198. 42	8. 28	0. 002 434	−97	−0. 004 904	182
3. 84	109. 49	4. 22	206. 7	8. 5	0. 002 337	−92	−0. 004 722	177
3. 86	113. 71	4. 39	215. 2	9. 0	0. 002 245	−90	−0. 004 545	170
t	u	Δu	u'	$\Delta u'$	$1\,000v$	$1\,000\Delta v$	$1\,000v'$	$1\,000\Delta v'$
3. 86	113. 71	4. 39	215. 2	9. 0	2. 245	−0. 090	−4. 545	0. 170
3. 88	118. 10	4. 58	224. 2	9. 4	2. 155	−0. 085	−4. 375	0. 164
3. 90	122. 68	4. 77	233. 6	9. 8	2. 070	−0. 083	−4. 211	159
3. 92	127. 45	4. 97	243. 4	10. 2	1. 987 0	−0. 079 5	−4. 092	153
3. 94	132. 42	5. 18	253. 6	10. 6	1. 907 5	−0. 076 5	−3. 899	148
3. 96	137. 60	5. 39	264. 2	11. 2	1. 831 0	−736	−3. 751	142
3. 98	142. 99	5. 63	275. 4	11. 6	1. 757 4	−708	−3. 609	137
4. 00	148. 62	5. 86	287. 0	12. 2	1. 686 6	−681	−3. 472	133
4. 02	154. 48	6. 11	299. 2	12. 7	1. 618 5	−655	−3. 339	128
4. 04	160. 59	6. 36	311. 9	13. 2	1. 553 0	−630	−3. 211	123
4. 06	166. 95	6. 64	325. 1	13. 9	1. 490 0	−605	−3. 088	119
4. 08	173. 59	6. 93	339. 0	14. 5	1. 429 5	−583	−2. 969	114
4. 10	180. 52	7. 22	353. 5	15. 1	1. 371 2	−560	−2. 855	111
4. 12	187. 74	7. 53	368. 6	15. 8	1. 315 2	−538	−2. 744	106
4. 14	195. 27	7. 8	384. 4	16. 5	1. 261 4	−517	−2. 638	103
4. 16	203. 1	8. 2	400. 9	17. 3	1. 209 7	−497	−2. 535	98
4. 18	211. 3	8. 6	418. 2	18. 1	1. 160 0	−478	−2. 437	96
4. 20	219. 9	8. 9	436. 3	18. 9	1. 112 2	−459	−2. 341	91
4. 22	228. 8	9. 3	455. 2	19. 7	1. 066 3	−441	−2. 250	89
4. 24	238. 1	9. 7	474. 9	20. 7	1. 022 2	−424	−2. 161	0. 085
4. 26	247. 8	10. 1	495. 6	21. 5	0. 979 8	−407	−2. 076	0. 082
4. 28	257. 9	10. 6	517. 1	22. 6	0. 939 1	−391	−1. 994 4	0. 089
4. 30	268. 5	11. 0	539. 7	23. 6	0. 900 0	−375	−1. 915 5	759
4. 32	279. 5	11. 5	563. 3	24. 7	0. 862 5	−361	−1. 839 6	732
4. 34	291. 0	12. 0	588. 0	25. 9	0. 826 4	−346	−1. 766 4	703
4. 36	303. 0	12. 6	613. 9	27. 0	0. 791 8	−332	−1. 696 1	678
4. 38	315. 6	13. 1	640. 9	28. 3	0. 758 6	−319	−1. 628 3	652

续表

t	u	Δu	u'	$\Delta u'$	$1\,000v$	$1\,000\Delta v$	$1\,000v'$	$1\,000\Delta v'$
4.40	328.7	13.6	669.2	29.6	0.726 7	−307	−1.563 1	627
4.42	342.3	14.3	698.8	30.9	0.696 0	−294	−1.500 4	604
4.44	356.6	14.9	729.7	32.4	0.666 6	−282	−1.440 0	580
4.46	371.5	15.6	762.1	33.9	0.638 4	−271	−1.382 0	559
4.48	387.1	16.3	796.0	35.5	0.611 3	−259	−1.326 1	537
4.50	403.4	17.0	831.5	37.2	0.585 4	−250	−1.272 4	517
4.52	420.4	17.7	868.7	38.9	0.560 4	−239	−1.220 7	497
4.54	438.1	18.6	907.6	40.7	0.536 5	−229	−1.171 0	477
4.56	456.7	19.4	948.7	42.6	0.513 6	−220	−1.123 3	459
4.58	476.1	20.3	990.9	44.6	0.491 6	−211	−1.077 4	442
4.60	496.4	21.1	1 035.5	46.8	0.470 5	−203	−1.033 2	424
4.62	517.5	22.2	1 082.3	48.9	0.450 2	−194	−0.990 8	408
4.64	539.7	23.1	1 131.2	51.3	0.430 8	−186	−0.950 0	392
4.66	562.8	24.2	1 182.5	53.6	0.412 2	−178	−0.910 8	377
4.68	587.0	25.3	1 236.1	56.3	0.394 4	−171	−0.873 1	362
4.70	612.3	26.4	1 292.4	58.9	0.377 3	−164	−0.836 9	347
4.72	638.7	27.6	1 351.3	61.7	0.360 9	−157	−0.802 2	344
4.74	666.3	28.9	1 413.0	64.7	0.345 2	−151	−0.768 8	311
4.76	695.2	30.2	1 477.7	67.7	0.330 1	−144	−0.736 7	308
4.78	725.4	31.7	1 545.4	71.0	0.315 7	−138	−0.705 9	296
4.80	757.1	33.0	1 616.4	74.4	0.301 9	−132	−0.676 3	284
4.82	790.1	34.6	1 690.8	78.0	0.288 7	−127	−0.647 9	272
4.84	824.7	36.2	1 768.8	81.8	0.276 0	−122	−0.620 7	262
4.86	860.9	37.9	1 850.6	85.6	0.263 8	−116	−0.594 5	251
4.88	898.8	39.6	1 936.2	90.0	0.252 2	−112	−0.569 4	242
4.90	938.4	41.4	2 026	94	0.241 0	−106	−0.545 2	231
4.92	979.8	43.4	2 120	99	0.230 4	−102	−0.522 1	222
4.94	1 023.2	45.4	2 219	104	0.220 2	−98	−0.499 9	213
4.96	1 068.6	47.6	2 323	108	0.210 4	−94	−0.478 6	205
4.98	1 116.2	49.7	2 431	114	0.201 0	−0.009 0	−0.458 1	196
5.00	1 165.9	52.1	2 545	119	0.192 04	−0.008 58	−0.438 5	188
5.02	1 218.0	54.5	2 664	126	0.183 46	−0.008 22	−0.419 7	180
5.04	1 272.5	57.1	2 790	131	0.175 24	−0.007 86	−0.401 7	173
5.06	1 329.6	59.8	2 912	138	0.167 38	−752	−0.384 4	166
5.08	1 389.4	62.6	3 059	144	0.159 86	−719	−0.367 8	159
5.10	1 452.0	65.6	3 203	152	0.152 67	−689	−0.351 9	153
5.12	1 517.6	68.7	3 355	159	0.145 78	−658	−0.336 6	146

续表

t	u	Δu	u'	$\Delta u'$	$1\ 000v$	$1\ 000\Delta v$	$1\ 000v'$	$1\ 000\Delta v'$
5.14	1 586.3	71.9	3 514	167	0.139 20	−630	−0.322 0	140
5.16	1 658.2	75.4	3 681	176	0.132 90	−603	−0.308 0	134
5.18	1 733.4	78.9	3 857	184	0.126 87	−576	−0.294 6	129
5.20	1 812.5	82.8	4 041	193	0.121 11	−551	−0.281 7	123
5.22	1 895.3	86.7	4 234	203	0.115 60	−527	−0.269 4	118
5.24	1 982.0	91	4 437	213	0.110 33	−504	−0.257 6	113
5.26	2 073	95	4 650	223	0.105 29	−481	−0.246 3	109
5.28	2 168	100	4 873	235	0.100 48	−461	−0.235 4	104
5.30	2 268	104	5 108	246	0.095 87	−440	−0.225 0	99
5.32	2 372	110	5 354	259	0.091 47	−420	−0.215 1	0.009 5
5.34	2 482	115	5 613	271	0.087 27	−402	−0.205 6	0.009 2
5.36	2 597	120	5 884	286	0.083 25	−384	−0.196 44	0.008 73
5.38	2 717	127	6 170	299	0.079 41	−367	−0.187 71	836
5.40	2 844	132	6 469	315	0.075 74	−351	−0.179 35	801
5.42	2 976	139	6 784	331	0.072 23	−335	−0.171 34	766
5.44	3 115	146	7 115	347	0.068 88	−320	−0.163 68	735
5.46	3 261	153	7 462	365	0.065 68	−305	−0.156 35	702
5.48	3 414	160	7 827	384	0.062 63	−292	−0.149 33	671
5.50	3 574	169	8 211	403	0.059 71	−279	−0.142 62	643
5.52	3 743	176	8 614	424	0.056 92	−266	−0.136 19	614
5.54	3 919	185	9 038	445	0.054 26	−255	−0.130 05	588
5.56	4 104	194	9 483	468	0.051 71	−242	−0.124 17	563
5.58	4 298	204	9 951	492	0.049 29	−232	−0.118 54	538
5.60	4 502	214	10 443	517	0.046 97	−221	−0.113 16	514
5.62	4 716	225	10 960	543	0.044 76	−211	−0.108 02	492
5.64	4 941	236	11 503	572	0.042 65	−202	−0.103 10	471
5.66	5 177	247	12 075	601	0.040 63	−192	−0.098 39	450
5.68	5 424	260	12 676	632	0.038 71	−183	−0.093 89	430
5.70	5 684	273	13 308	664	0.036 88	−175	−0.089 59	411
5.72	5 957	286	13 972	699	0.035 13	−167	−0.085 48	393
5.74	6 243	301	14 671	736	0.033 46	−160	−0.081 55	375
5.76	6 544	316	15 407	773	0.031 86	−152	−0.077 80	359
5.78	6 860	331	16 180	813	0.030 34	−145	−0.074 21	343
5.80	7 191	349	16 993	856	0.028 89	−138	−0.070 78	327
5.82	7 540	365	17 849	900	0.027 51	−132	−0.067 51	314
5.84	7 905	385	18 749	947	0.026 19	−125	−0.064 37	299

续表

t	u	Δu	u'	$\Delta u'$	$1\,000v$	$1\,000\Delta v$	$1\,000v'$	$1\,000\Delta v'$
5. 86	8 290	404	19 696	997	0. 024 94	−120	−0. 061 38	285
5. 88	8 694	424	20 693	1 049	0. 023 74	−115	−0. 058 53	273
5. 90	9 118	446	21 742	1 104	0. 022 59	−109	−0. 055 80	261
5. 92	9 564	468	22 846	1 162	0. 021 50	−103	−0. 053 19	248
5. 94	10 032	492	24 008	1 223	0. 020 47	−0. 000 99	−0. 050 71	238
5. 96	10 524	518	25 231	1 287	0. 019 475	−0. 000 944	−0. 048 33	227
5. 98	11 012	544	26 518	1 355	0. 018 531	−0. 000 899	−0. 046 06	216
6. 00	11 586	571	27 873	1 427	0. 017 632	−857	−0. 043 90	207

t	$10^{-3}u$	$10^{-3}\Delta u$	$10^{-3}u'$	$10^{-3}\Delta u'$	$10^{6}v$	$10^{6}\Delta v$	$10^{6}v'$	$10^{6}\Delta v'$
6. 00	11. 586	0. 571	27. 87	1. 43	17. 632	−0. 857	−43. 90	2. 07
6. 02	12. 157	0. 601	29. 30	1. 50	16. 775	−0. 817	−41. 83	1. 98
6. 04	12. 758	0. 632	30. 80	1. 58	15. 958	−778	−39. 85	1. 88
6. 06	13. 390	0. 664	23. 38	1. 67	15. 180	−742	−37. 97	1. 80
6. 08	14. 054	0. 698	34. 05	1. 75	14. 438	−706	−36. 17	1. 71
6. 10	14. 752	0. 735	35. 80	1. 85	13. 732	−672	−34. 46	1. 64
6. 12	15. 487	0. 772	37. 65	1. 95	13. 060	−641	−32. 82	1. 56
6. 14	16. 259	0. 812	39. 60	2. 04	12. 419	−610	−31. 26	1. 49
6. 16	17. 071	0. 855	41. 64	2. 16	11. 809	−581	−29. 77	1. 42
6. 18	17. 926	0. 898	43. 80	2. 28	11. 228	−553	−28. 35	1. 36
6. 20	18. 824	0. 946	46. 08	2. 39	10. 675	−527	−26. 99	1. 29
6. 22	19. 770	0. 99	48. 47	2. 53	10. 148	−502	−25. 70	1. 23
6. 24	20. 76	1. 05	51. 00	2. 66	9. 646	−477	−24. 47	1. 18
6. 26	21. 81	1. 10	53. 66	2. 80	9. 169	−455	−23. 29	1. 12
6. 28	22. 91	1. 16	56. 46	2. 96	8. 714	−433	−22. 17	1. 07
6. 30	24. 07	1. 22	59. 42	3. 11	8. 281	−411	−21. 10	1. 02
6. 32	25. 29	1. 28	62. 53	3. 28	7. 870	−392	−20. 08	0. 97
6. 34	26. 57	1. 35	65. 81	3. 46	7. 478	−373	−19. 113	0. 926
6. 36	27. 92	1. 42	69. 27	3. 65	7. 105	−355	−18. 187	883
6. 38	29. 34	1. 50	72. 92	3. 85	6. 750	−338	−17. 304	840
6. 40	30. 84	1. 58	76. 77	4. 05	6. 412	−321	−16. 464	802
6. 42	32. 42	1. 66	80. 82	4. 27	6. 091	−305	−15. 662	763
6. 44	34. 08	1. 76	85. 09	4. 51	5. 786	−291	−14. 899	728
6. 46	35. 82	1. 84	89. 60	4. 76	5. 495	−277	−14. 171	693
6. 48	37. 66	1. 94	94. 36	5. 01	5. 218	−262	−13. 478	660
6. 50	39. 60	2. 04	99. 37	5. 29	4. 956	−251	−12. 818	629
6. 52	41. 64	2. 15	104. 66	5. 57	4. 705	−237	−12. 189	598

续表

t	$10^{-3}u$	$10^{-3}\Delta u$	$10^{-3}u'$	$10^{-3}\Delta u'$	$10^{6}v$	$10^{6}\Delta v$	$10^{6}v'$	$10^{6}\Delta v'$
6.54	43.79	2.26	110.23	5.89	4.468	−226	−11.591	571
6.56	46.05	2.38	116.12	6.20	4.242	−215	−11.020	543
6.58	48.43	2.51	122.32	6.55	4.027	−205	−10.477	517
6.60	50.94	2.65	128.87	6.91	3.822	−194	−9.960	492
6.62	53.59	2.79	135.78	7.29	3.628	−184	−9.468	469
6.64	56.38	2.94	143.07	7.69	3.444	−176	−8.999	446
6.66	59.32	3.09	150.76	8.12	3.268	−167	−8.553	425
6.68	62.41	3.26	158.88	8.56	3.101	−158	−8.128	404
6.70	65.67	3.44	167.44	9.04	2.943	−151	−7.724	385
6.72	69.11	3.63	176.48	9.55	2.792	−143	−7.339	366
6.74	72.74	3.82	186.03	10.07	2.649	−136	−6.973	349
6.76	76.56	4.02	196.10	10.6	2.513	−129	−6.624	331
6.78	80.58	4.25	206.7	11.3	2.384	−123	−6.293	315
6.80	84.83	4.48	218.0	11.8	2.261	−116	−5.978	300
6.82	89.31	4.72	229.8	12.5	2.145	−0.111	−5.678	286
6.84	94.03	4.98	242.3	13.3	2.034	−0.105	−5.392	271
6.86	99.01	5.24	255.6	13.9	1.929 1	−0.099 8	−5.121	258
6.88	104.25	5.54	269.5	14.8	1.829 3	−0.094 8	−4.863	246
6.90	109.79	5.84	284.3	15.5	1.734 5	−899	−4.617	233
6.92	115.63	6.16	299.8	16.5	1.644 6	−855	−4.384	222
6.94	121.79	6.50	316.3	17.4	1.559 1	−811	−4.162	211
6.96	128.29	6.85	333.7	18.3	1.478 0	−770	−3.951	201
6.98	135.14	7.24	352.0	19.4	1.401 0	−731	−3.750	191
7.00	142.38	7.63	371.4	20.5	1.327 9	−693	−3.559	181
7.02	150.01	8.05	391.9	21.7	1.258 6	−658	−3.378	172
7.04	158.06	8.50	413.6	22.9	1.192 8	−625	−3.206	164
7.06	166.56	8.97	436.5	24.1	1.130 3	−593	−3.042	156
7.08	175.53	9.46	460.6	25.6	1.071 0	−562	−2.886	147
7.10	184.99	10.00	486.2	27.0	1.014 8	−534	−2.739	141
7.12	194.99	10.5	513.2	28.5	0.961 4	−506	−2.598	133
7.14	205.5	11.2	541.7	30.2	0.910 8	−480	−2.465	127
7.16	216.7	11.7	571.9	31.9	0.862 8	−455	−2.338	121
7.18	228.4	12.4	603.8	33.8	0.817 3	−432	−2.217	0.114
7.20	240.8	13.1	637.6	35.6	0.774 1	−410	−2.103	0.109
7.22	253.9	13.9	673.2	37.7	0.733 1	−389	−1.994 4	0.103 1
7.24	267.8	14.6	710.9	39.9	0.694 2	−368	−1.891 3	0.098 0
7.26	282.4	15.4	750.8	42.2	0.657 4	−349	−1.793 3	930

续表

t	$10^{-3}u$	$10^{-3}\Delta u$	$10^{-3}u'$	$10^{-3}\Delta u'$	$10^{6}v$	$10^{6}\Delta v$	$10^{6}v'$	$10^{6}\Delta v'$
7.28	297.8	16.3	793.0	44.6	0.622 5	−331	−1.700 3	883
7.30	314.1	17.2	837.6	47.2	0.589 4	−314	−1.612 0	839
7.32	331.3	18.2	884.8	49.9	0.558 0	−298	−1.528 1	796
7.34	349.5	19.2	934.7	52.7	0.528 2	−282	−1.448 5	755
7.36	368.7	20.3	987.4	55.9	0.500 0	−267	−1.373 0	717
7.38	389.0	21.5	1 043.3	59.1	0.473 3	−254	−1.301 3	681
7.40	410.5	22.7	1 102.4	62.4	0.447 9	−240	−1.233 2	646
7.42	433.2	23.9	1 164.8	66.2	0.423 9	−227	−1.168 6	613
7.44	457.1	25.3	1 231.0	70.0	0.401 2	−216	−1.107 3	581
7.46	482.4	26.8	1 301.0	74.0	0.379 6	−204	−1.049 2	552
7.48	509.2	28.3	1 375.0	78.4	0.359 2	−194	−0.994 0	524
7.50	537.5	29.9	1 453.4	82.9	0.339 8	−183	−0.941 6	496
7.52	567.4	31.5	1 536.3	87.8	0.321 5	−174	−0.892 0	471
7.54	598.9	33.5	1 624.1	93.0	0.304 1	−164	−0.844 9	447
7.56	632.4	35.2	1 717.1	98.3	0.287 7	−156	−0.800 2	423
7.58	667.6	37.4	1 815.4	104.2	0.272 1	−147	−0.757 9	402
7.60	705.0	39.5	1 919.0	110	0.257 4	−140	−0.717 7	381
7.62	744.5	41.7	2 030	117	0.243 4	−132	−0.679 6	361
7.64	786.2	44.2	2 147	123	0.230 2	−126	−0.643 5	343
7.66	830.4	46.7	2 270	131	0.217 6	−0.011 8	−0.609 2	324
7.68	877.1	49.1	2 401	139	0.205 8	−0.011 2	−0.576 8	308
7.70	926.5	52.3	2 540	147	0.194 55	−0.010 63	−0.546 0	292
7.72	978.8	55.2	2 687	155	0.183 92	−0.010 06	−0.516 8	276
7.74	1 034.0	58.5	2 842	165	0.173 86	−951	−0.489 2	262
7.76	1 092.5	61.9	3 007	175	0.164 35	−901	−0.463 0	249
7.78	1 154.4	65.5	3 182	185	0.155 34	−853	−0.438 1	235
7.80	1 219.9	69.2	3 367	195	0.146 81	−807	−0.414 6	223
7.82	1 289.1	73.3	3 562	208	0.138 74	−763	−0.392 3	211
7.84	1 362.4	77.6	3 770	220	0.131 11	−722	−0.371 2	200
7.86	1 440.0	82.1	3 990	233	0.123 89	−683	−0.351 2	190
7.88	1 522.1	86.9	4 223	247	0.117 06	−647	−0.332 2	179
7.90	1 609.0	92.0	4 470	262	0.110 59	−611	−0.314 3	171
7.92	1 701.0	97.4	4 732	277	0.104 48	−578	−0.297 2	161
7.94	1 798.4	103.1	5 009	294	0.098 70	−547	−0.281 1	152
7.96	1 901.5	109	5 303	312	0.093 23	−517	−0.265 9	145
7.98	2 011	115	5 615	330	0.088 06	−489	−0.251 4	136

续表

t	$10^{-3}u$	$10^{-3}\Delta u$	$10^{-3}u'$	$10^{-3}\Delta u'$	$10^{6}v$	$10^{6}\Delta v$	$10^{6}v'$	$10^{6}\Delta v'$
8.00	2 126	123	5 945	351	0.083 17	−463	−0.237 8	130
t	$10^{-6}u$	$10^{-6}\Delta u$	$10^{-6}u'$	$10^{-6}\Delta u'$	$10^{9}v$	$10^{9}\Delta v$	$10^{9}v'$	$10^{9}\Delta v'$
8.00	2.126	0.123	5.945	0.351	83.17	−4.63	−237.8	13.0
8.02	2.249	0.129	6.296	0.371	78.54	−4.37	−224.8	12.2
8.04	2.378	137	6.667	394	74.17	−4.13	−212.6	11.7
8.06	2.515	146	7.061	418	70.04	−3.91	−200.9	10.9
8.08	2.661	154	7.479	443	66.13	−3.70	−189.96	10.40
8.10	2.815	163	7.922	469	62.43	−3.49	−179.56	9.83
8.12	2.978	173	8.391	498	58.94	−3.30	−169.73	9.32
8.14	3.151	183	8.889	529	55.64	−3.12	−160.41	8.81
8.16	3.334	193	9.418	560	52.52	−2.95	−151.60	8.34
8.18	3.527	206	9.978	594	49.57	−2.78	−143.26	7.89
8.20	3.733	218	10.572	631	46.79	−2.63	−135.37	7.46
8.22	3.951	230	11.203	669	44.16	−2.49	−127.91	7.07
8.24	4.181	245	11.872	710	41.67	−2.35	−120.84	6.67
8.26	4.426	259	12.582	753	39.32	−2.22	−114.17	6.33
8.28	4.685	275	13.335	800	37.10	−2.10	−107.84	5.97
8.30	4.960	291	14.135	848	35.00	−1.98	−101.87	5.65
8.32	5.251	308	14.983	900	33.02	−1.87	−96.22	5.34
8.34	5.559	327	15.883	956	31.15	−1.76	−90.88	5.06
8.36	5.886	347	16.839	1.014	29.39	−1.67	−85.82	4.78
8.38	6.233	368	17.853	1.076	27.72	−1.58	−81.04	4.51
8.40	6.601	390	18.929	1.14	26.14	−1.48	−76.53	4.27
8.42	6.991	413	20.07	1.22	24.66	−1.41	−72.26	4.04
8.44	7.404	439	21.29	1.28	23.25	−1.33	−68.22	3.82
8.46	7.843	465	22.57	1.37	21.92	−1.25	−64.40	3.60
8.48	8.308	493	23.94	1.45	20.67	−1.18	−60.80	3.41
8.50	8.801	523	25.39	1.54	19.492	−1.116	−57.39	3.22
8.52	9.324	555	26.93	1.64	18.376	−1.052	−54.17	3.05
8.54	9.879	589	28.57	1.74	17.324	−0.994	−51.12	2.88
8.56	10.468	624	30.31	1.85	16.330	−0.937	−48.24	2.71
8.58	11.092	663	32.16	1.96	15.393	−0.885	−45.53	2.57
8.60	11.755	703	34.12	2.08	14.508	−0.834	−42.96	2.43
8.62	12.458	746	36.20	2.22	13.674	−0.788	−40.53	2.29
8.64	13.204	791	38.42	2.35	12.886	−0.743	−38.24	2.16
8.66	13.995	840	40.77	2.50	12.143	−0.701	−36.08	2.05

续表

t	$10^{-6}u$	$10^{-6}\Delta u$	$10^{-6}u'$	$10^{-6}\Delta u'$	$10^{9}v$	$10^{9}\Delta v$	$10^{9}v'$	$10^{9}\Delta v'$
8.68	14.835	892	43.27	2.65	11.442	−0.661	−34.03	1.93
8.70	15.727	947	45.92	2.83	10.781	−0.624	−32.10	1.82
8.72	16.674	1.004	48.75	2.99	10.157	−0.588	−30.28	1.72
8.74	17.678	1.067	51.74	3.19	9.569	−0.554	−28.56	1.63
8.76	18.745	1.132	54.93	3.39	9.015	−0.524	−26.93	1.53
8.78	19.877	1.20	58.32	3.60	8.491	−0.493	−25.40	1.45
8.80	21.08	1.27	61.92	3.82	7.998	−0.465	−23.95	1.37
8.82	22.35	1.36	65.74	4.07	7.533	−0.439	−22.58	1.29
8.84	23.71	1.44	69.81	4.32	7.094	−0.413	−21.29	1.22
8.86	25.15	1.53	74.13	4.60	6.681	−0.390	−20.07	1.15
8.88	26.68	1.62	78.73	4.88	6.291	−0.367	−18.920	1.086
8.90	28.30	1.72	83.61	5.20	5.924	−0.347	−17.834	1.024
8.92	30.02	1.83	88.81	5.52	5.577	−0.326	−16.810	0.966
8.94	31.85	1.95	94.33	5.88	5.251	−0.308	−15.844	0.913
8.96	33.80	2.06	100.21	6.24	4.943	−0.290	−14.931	0.860
8.98	35.86	2.20	106.45	6.65	4.653	−0.273	−14.071	0.812
9.00	38.06		113.10		4.380		−13.259	

J 回旋管电子光学系统

1. 引言

回旋管中的电子光学系统与普通微波管有本质上的区别，为了获得电子回旋脉塞不稳定性的互作用，电子光学系统应提供一个符合以下要求的电子注.

(1)电子应具有较大的旋转能量和适当的平行能量. 如第 9～11 章所述，电子回旋脉塞不稳定性有一个电子横向速度的阈值 β_{crit}，只有当电子的横向速度大于此阈值时，才存在此种不稳定性. 同时，为了使电子具有更多的自由能，以得到较大的互作用效率，希望电子具有较大的横向能量. 此外，第 9 章分析表明，当电子的纵向速度与电磁波的群速接近时，可得到较大的不稳定性增长率. 因此对电子的纵向速度也有一定的要求.

在回旋管中，一般用 α 来表征电子注横向和纵向能量之间的关系：

$$\alpha=\frac{\beta_{\perp}}{\beta_{/\!/}} \tag{J.1}$$

在实际上，α 可以做到 1.5～4，进一步提高 α 会遇到很多困难.

(2)电子注的电压及电流应满足一定的要求. 电子注的电压应为

$$\begin{cases} eV_0=m_0c^2(\gamma-1) \\ \gamma=\dfrac{1}{m_0c^2}\sqrt{m_0^2c^4+c^2(p_{\perp}^2+p_{/\!/}^2)} \end{cases} \tag{J.2}$$

式中，V_0 表示电子注的电位. 如果略去相对论效应，则得

$$\frac{1}{2}m_0(\beta_\perp^2+\beta_{/\!/}^2)=\frac{e}{c^2}V_0 \tag{J.3}$$

电子注的电流则应保证电子注具有满足要求的功率. 如果回旋管的效率为 η，需要的输出功率为 P_{out}，则电子注功率应为

$$P_e=\frac{P_{\text{out}}}{\eta} \tag{J.4}$$

下面将指出，电流过大，电子注内空间电荷效应增大，将出现很多问题.

(3)电子注的速度离散应尽可能小. 理论分析表明，为了使电子与场能有效地交换能量，电子的速度离散应尽可能小. 速度离散分为纵向速度离散及横向速度离散两种. 电子的速度离散主要受以下各因素影响：

①电子的热速度；

②阴极发射产生的初速离散，这由阴极表面状态决定(表面不均匀，表面场不均匀)；

③电场与磁场的轴对称性不良；

④电子注内的空间电荷场的影响.

由上述①和②两点引起的速度离散可按下式估计：

$$\left(\frac{\Delta v_{\perp k}}{v_{/\!/k}}\right)_{\min}\approx 3.6\left[1+\frac{\pi^2}{4}\tan^2\varphi_k\right]^{\frac{1}{2}}\left[\left(\frac{U_k}{2v_{\perp k}E_k}\right)^{\frac{1}{2}}+0.4\left(\frac{d}{\mathrm{d}\gamma_{\perp k}}\right)^{\frac{1}{2}}\right] \tag{J.5}$$

式中，$U_k=kT_k$，k 为玻尔兹曼常数，T_k 表示阴极绝对温度，d 表示阴极发射表面不均匀的特征尺寸. 此式规定了电子光学系统努力的极限，在一般情况下，由此式决定的速度离散在 1%左右.

(4)电子注的位置. 为了使电子注能有效地与场互作用，电子注在谐振腔中应有确定的位置. 一般在回旋管中应用的是空心电子注，这就要求电子注的平均半径(回旋中心位置)处于适当的位置. 由第 9、10 两章分析可见，工作在一次回旋谐波时，要求此位置正好在角向电场最大值处，而工作于二次回旋谐波时，则应处于角向电场的节点或变化最大的地方.

(5)电子注的厚度. 空心电子注的厚度，一般最好为 $2r_c$，即电子的引导中心均位于 $R=R_0$ 的圆周上.

以上各点是回旋管对其电子光学系统的总的特殊要求. 自然还有一些其他的要求，例如阴极工作温度问题，第一阳极的截获等问题(甚至于栅控问题)，电子光学系统的热状态问题，等等.

上述要求(特别是横向能量的要求)不是一般的电子枪所能满足的. 这样，就使得回旋管中电子光学系统分两步来满足上述要求. 第一步，电子枪提供一个初始的但是良好的电子注，它应具有一定的初始旋转能量，尽可能小的速度离散等. 由于此初始的旋转能量不足，因此，第二步就采用绝热压缩的办法，进一步提高电子的旋转能量，使电子注通过一纵向磁场逐渐(绝热压缩变化)增大的漂移运动就可实现绝热压缩. 由此可见，回旋管中电子光学系统分为两部分：电子枪部分及绝热压缩区域.

电子在绝热压缩区中的运动，在第 6 章中已详细研究过. 因此，在本附录中，我们主要介绍电子枪的有关问题.

2. 电子枪的有关问题

在回旋管中，目前主要采用轴对称型磁控注入式空心电子枪. 磁控注入式电子枪又分为两种不同类型：温度限制的绝热式枪及空间电荷限制的层流式枪. 这两种电子枪的结构示意如图 J.1 所示. 图 J.1(a)表示温度限制的绝热式枪，而图 J.1(b)则表示层流磁控注入枪. 这两种枪的本质性区别在于：在绝热枪中电子轨迹是交叉的；而在层流枪中，电子的轨迹是不交叉的. 理论和实验表明，在较大电流(空间电荷较大)的情况下，层流枪能给出质量较好的电子注，速度离散较小.

从结构上看，这两种枪的区别也是显然的. 由图 J.1(a)所示可见，温度限制的绝热式枪的结构比较简

单,阴极的倾角较小,在温度限制下,电流不大,这时电子的速度离散较小,一般在10%以内.

层流枪的结构复杂一些.阴极的倾角较大,而且前成形极与后成形极的倾角不同,第一阳极和第二阳极的位置和形状都必须仔细调整.层流枪的电流可以设计得较大,由空间电荷效应引起的电子的速度调制远比绝热枪小.

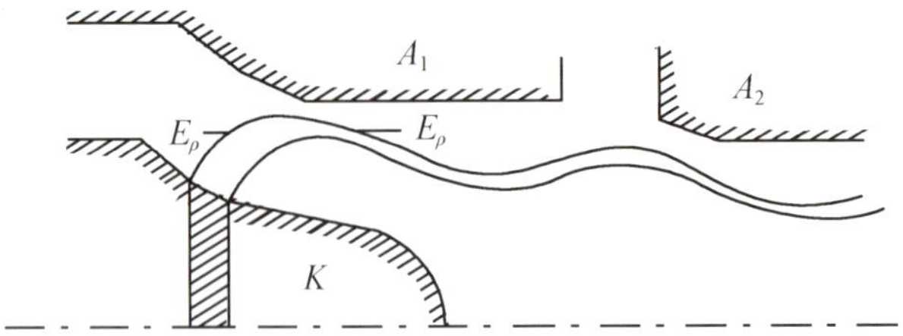

(a) 温度限制的绝热式枪

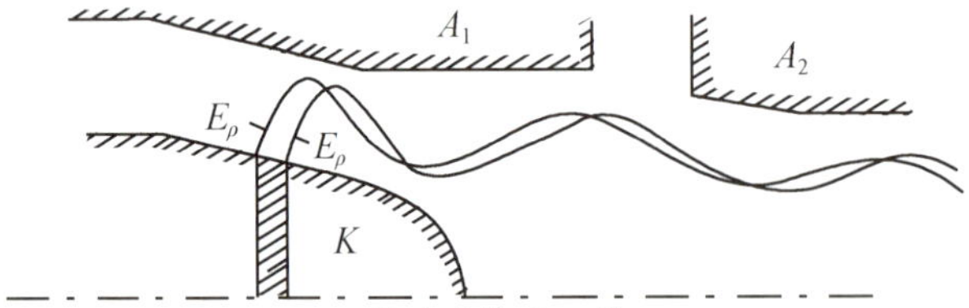

(b) 层流磁控注入枪

图 J.1 回旋管用磁控注入电子枪

3. 温度限制绝热磁控注入电子枪

先考虑温度限制绝热磁控注入电子枪.如图J.2所示,阴极表面上的电场为

$$\boldsymbol{E}_k=\boldsymbol{E}_{/\!/k}\boldsymbol{e}_z+E_{\perp k}\boldsymbol{e}_R \tag{J.6}$$

式中

$$\begin{cases}E_{/\!/k}=|\boldsymbol{E}_k|\cos\varphi_k\\E_{\perp k}=|\boldsymbol{E}_k|\sin\varphi_k\end{cases} \tag{J.7}$$

可见,从阴极出发的电子受到三种作用力:

$$F_k=eE_{/\!/k}\boldsymbol{e}_z+eE_{\perp k}\boldsymbol{e}_R+e\boldsymbol{v}\times\boldsymbol{B}_k \tag{J.8}$$

$\boldsymbol{E}_{\perp k}$和$\boldsymbol{B}_k$一起组成正交场,电子在此种场的作用下,一边做回旋运动,一边做漂移运动.回旋频率由$\boldsymbol{B}_k$决定,而引导中心的漂移则由$|\boldsymbol{B}_k/\boldsymbol{E}_k|$决定.这样,电子在横方向上就做轮摆线运动,同磁控管中的情况相似.

电子又受到$\boldsymbol{E}_{/\!/k}$的作用,由于此作用力平行于磁场,因而引起电子在纵向做漂移运动.

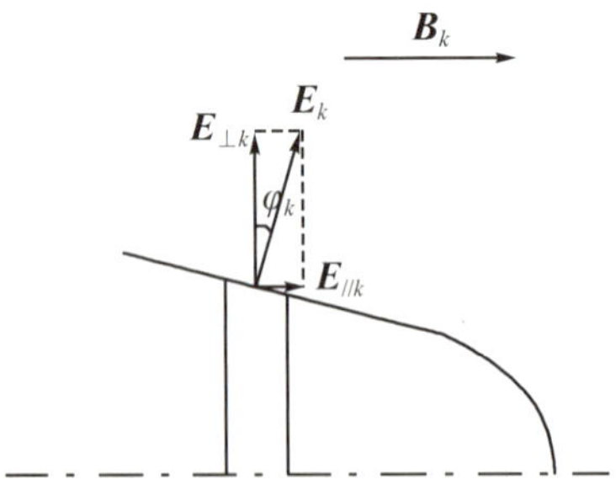

图 J.2 温度限制绝热磁控注入电子枪阴极表面上的电场图示

采用柱面坐标系(R,φ,z),则电子的运动方程可写成

$$\begin{cases}\dfrac{d^2R}{dt^2}=-\dfrac{e}{rm_0}\left[\left(1-\dfrac{\dot{R}^2}{c^2}\right)E_R-\dfrac{\dot{R}\dot{z}}{c^2}E_z+B_zR\dot{\varphi}\right]+R\dot{\varphi}^2\\ \dfrac{d^2z}{dt^2}=-\dfrac{e}{rm_0}\left[e_z\left(1-\dfrac{\dot{z}^2}{c^2}\right)-E_R\dfrac{\dot{R}\dot{z}}{c^2}-B_RR\dot{\varphi}\right]\\ \dfrac{d^2\varphi}{dt^2}=-\dfrac{e}{rm_0}\left[-E_R\dfrac{\dot{R}\dot{\varphi}}{c^2}-E_z\dfrac{\dot{z}\dot{\varphi}}{c^2}+B_R\dfrac{\dot{z}}{R}-B_z\dfrac{\dot{R}}{R}\right]-\dfrac{2\dot{R}\dot{\varphi}}{R}\end{cases}\tag{J. 9}$$

式中,上面一点表示对时间的微分.

场方程则为

$$\begin{cases}\boldsymbol{E}=-\nabla U\\ \nabla^2U=-\dfrac{1}{\varepsilon_0}\rho\end{cases}\tag{J. 10}$$

以及

$$\begin{cases}\boldsymbol{J}=\rho\boldsymbol{v}\\ \nabla\cdot\boldsymbol{J}=0\end{cases}\tag{J. 11}$$

略去相对论效应,由能量守恒定律可以得到

$$\frac{2e}{c^2m_0}(U_0-U_\rho)=\beta_\perp^2+\beta_{/\!/}^2\tag{J. 12}$$

式中,U_ρ 表示由空间电荷引起的电位降.

方程(J. 9)至方程(J. 12)是描述磁控注入枪中电子运动的完整方程组,它们是分析及计算枪中电子轨迹的基础.

假定在阴极区及互作用区磁场都是均匀的,如图 J. 3 所示.

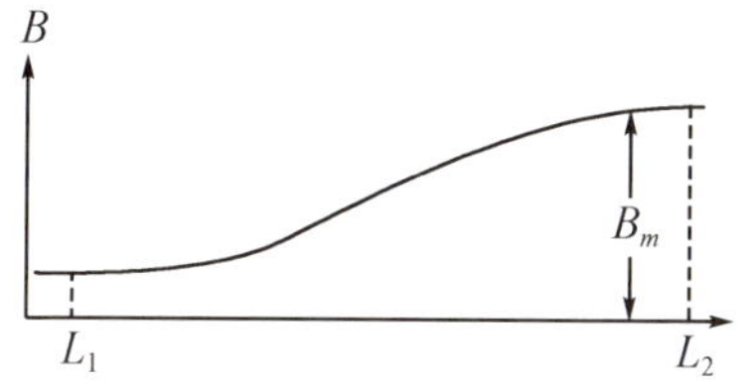

图 J. 3　电子枪中磁场的缓变区

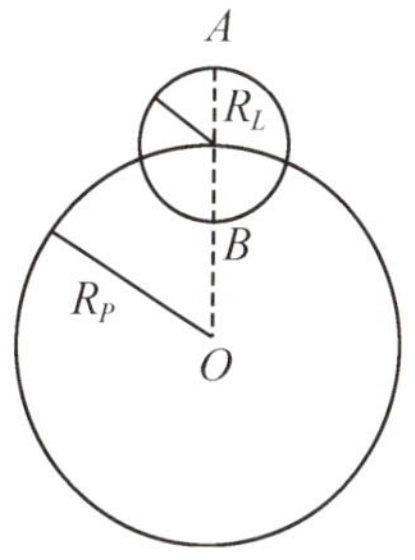

图 J. 4　电子枪中电子的回旋运动

如果电子由阴极发出时角速度$\dot{\varphi}_k=0$,则如图 J. 4 所示,有

$$R_0=\frac{1}{2}(R_A+R_B)\tag{J. 13}$$

在 A 点,电子绕回旋中心旋转的速度相同,即

$$R_A\dot{\varphi}=r_c\omega_c=\frac{eB_0}{rm_0}r_c\tag{J. 14}$$

但由 Buch 定律可以得到

$$\frac{d\varphi}{dt}=\frac{1}{2}\frac{e}{rm_0}B\left(1-\frac{R_k^2}{R^2}\frac{B_k}{B_0}\right)\tag{J. 15}$$

式中,B_k,R_k 表示阴极表面的磁场及半径.

将式(J. 15)代入式(J. 14),可以求得

$$R_A=r_c+\sqrt{\frac{R_k^2}{b}+r_c^2}\tag{J. 16}$$

式中

$$b=\frac{B_0}{B_k} \tag{J. 17}$$

表示磁场压缩比.

而对图 J. 4 中的 B 点,我们有

$$R_B\dot{\varphi}=-\frac{eB_0}{rm_0}r_c \tag{J. 18}$$

于是可以得到

$$\begin{cases}R_0=\sqrt{\dfrac{R_k^2}{\alpha^2}+r_c^2}\\R_k=\sqrt{\alpha(R_0^2-r_c^2)}\end{cases} \tag{J. 19}$$

上式表示电子回旋半径 r_c、引导中心半径 R_0 及阴极半径 R_k 之间的简单关系.

为了详细地计算电子枪中电子运动的轨迹,可根据式(J. 9)至式(J. 12)利用电子计算机进行数字计算. 在所述情况下,电子运动的拉格朗日函数为

$$\boldsymbol{L}=-m_0c^2\sqrt{1-\beta^2}-e\boldsymbol{v}\cdot\boldsymbol{A}+eV \tag{J. 20}$$

由此得到正则角动量

$$P_\varphi=\frac{\partial L}{\partial\dot{\varphi}}=m_0r\dot{R}^2\dot{\varphi}-eRA_\varphi=\text{const} \tag{J. 21}$$

显然对于轴对称结构,φ 是循环坐标,因而 P_φ 是一个运动常数. 这个运动常数及能量守恒定律都可作为计算时的监控量.

对第一种枪的计算机计算结果示于图 J. 5 中.

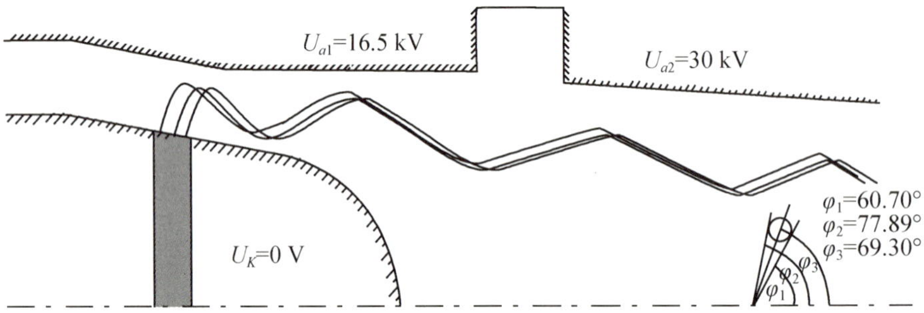

图 J. 5　非层流磁控注入电子枪的计算实例

4. 层流磁控注入电子枪

层流磁控注入电子枪的理论基础是正交场中空间电荷流的解. 为了得到正交场中空间电荷流的严格解析解,可将轴对称结构进一步化简为平板结构,如图 J. 6 所示. 假定阴极平面位于 xz 平面内,与磁场成 φ 倾角,如图 J. 6 和图 J. 7 所示,

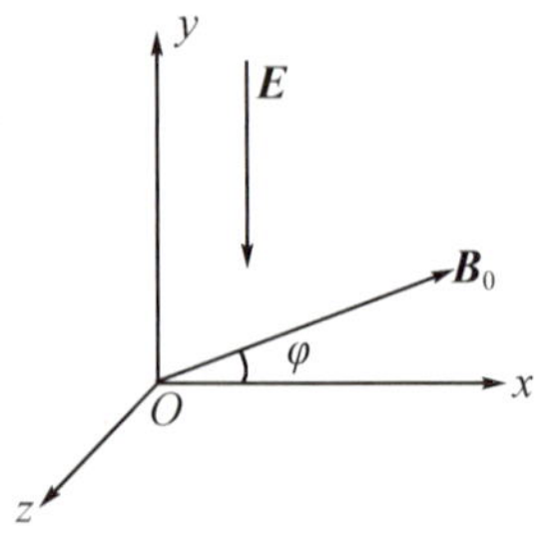

图 J. 6　层流枪平板模型

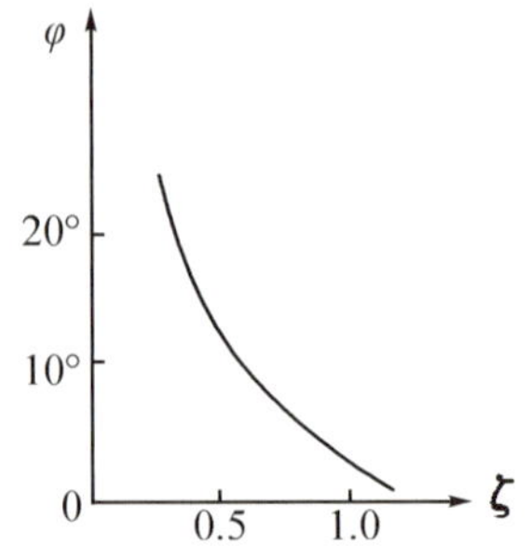

图 J. 7　层流型电子枪阴极倾角的数值解

$$\begin{cases} \boldsymbol{E}_0 = -E\,\boldsymbol{e}_y \\ \boldsymbol{B} = B_0\cos\varphi\,\boldsymbol{e}_x + B_0\sin\varphi\,\boldsymbol{e}_y \end{cases} \tag{J. 22}$$

略去相对论效应，电子的运动方程式为

$$\begin{cases} \ddot{x} = \dot{z}\omega_c\sin\varphi \\ \ddot{y} = \eta E_0 - \dot{z}\omega_c\cos\varphi \\ \ddot{z} = \omega_c(\dot{y}\cos\varphi - \dot{x}\sin\varphi) \end{cases} \tag{J. 23}$$

而泊松方程可写成

$$\nabla^2 U = \frac{\mathrm{d}E}{\mathrm{d}x} = -\frac{\rho}{\varepsilon_0} \tag{J. 24}$$

又有

$$J_y = \rho\dot{y} = J \tag{J. 25}$$

考虑到 $t=0$ 时，电子从阴极出发，$E=E_k$，于是由上两式可以得到

$$E = \frac{J_y}{\varepsilon_0}t + E_k = \frac{J}{\varepsilon_0}t + E_k \tag{J. 26}$$

利用初始条件

$$t=0:\begin{cases} x = x_0 = 0,\ \dot{x} = \dot{x}_0 = 0 \\ y = y_0 = 0,\ \dot{y} = \dot{y}_0 = 0 \\ z = z_0 = 0,\ \dot{z} = \dot{z}_0 = 0 \end{cases} \tag{J. 27}$$

令

$$\begin{cases} \Phi = \omega_c t \\ M = \eta J\cos\varphi/(\varepsilon_0\omega_c^2) \\ N = (\eta E_k/\omega_c)\cos\varphi \\ \eta = \dfrac{e}{m_0} \end{cases} \tag{J. 28}$$

可以得到以下解：

$$\begin{cases} x = \dfrac{M}{\omega_c}\sin\varphi\left(\dfrac{\Phi^3}{6} - \Phi + \sin\Phi\right) + \dfrac{N}{\omega_c}\sin\varphi\left(\dfrac{\Phi^2}{2} - 1 + \cos\Phi\right) \\ y = \dfrac{M}{\omega_c}\cos\varphi\left(\dfrac{\Phi^3}{6}\tan^2\varphi + \Phi - \sin\Phi\right) + \dfrac{N}{\omega_c}\cos\varphi\left(\dfrac{\Phi^2}{2}\tan^2\varphi + 1 - \cos\Phi\right) \\ z = \dfrac{M}{\omega_c}\left(\dfrac{\Phi^2}{2} - 1 + \cos\Phi\right) + \dfrac{N}{\omega_c}(\Phi - \sin\Phi) \end{cases} \tag{J. 29}$$

以及

$$U = \frac{M^2}{\eta}\left(\frac{\Phi^4}{8}\tan^2\varphi + \frac{\Phi^2}{2} - \Phi\sin\Phi + 1 - \cos\Phi\right) + \frac{NM}{\eta}\left(\frac{\Phi^3}{2}\tan^2\varphi + \Phi - \Phi\cos\Phi\right) + \frac{N^2}{\eta}\left(\frac{\Phi^2}{2}\tan^2\varphi + 1 - \cos\Phi\right) \tag{J. 30}$$

以上公式表明，电子运动轨迹由周期项及非周期项两部分组成，非周期项表示电子运动引导中心的漂移，而周期项则表示电子的回旋运动. 因此，在引导中心坐标系中，电子的运动方程式即为(用带有一撇的量表示)

$$\begin{cases} x' = \dfrac{M}{\omega_c}\sin\varphi\sin\Phi + \dfrac{N}{\omega_c}\sin\varphi\cos\Phi \\ y' = -\dfrac{M}{\omega_c}\cos\varphi\sin\Phi - \dfrac{N}{\omega_c}\cos\varphi\cos\Phi \\ z' = \dfrac{M}{\omega_c}\cos\Phi - \dfrac{N}{\omega_c}\sin\Phi \end{cases} \tag{J.31}$$

这些公式是计算磁控注入电子枪电子光学系统的基本方程. 分析表明,当阴极倾角 φ 大于某一临界值时,即可得到层流,此时电子轨迹就不交叉,即

$$\varphi > \varphi_k \tag{J.32}$$

而 φ_k 由数值解给出,如图 J.7 所示.

设计层流磁控注入枪时,可以采用所谓综合法的方法进行,此种方法的基本思想就是皮尔斯的切割原理. 在无限大空间电荷流中,取出我们所需的那部分流. 用适当的电极布置取代初切割丢去的其余空间电荷流,如果此种电极布置能给出原来空间电荷流的电位分布,则此种空间电荷流就得以保持. 因此,用综合法设计时,一般把问题分为内命题及外命题两种.

内命题的解就是空间电荷流的解,我们已在上面得到. 现在来考虑外命题.

假定我们切割出来的电子注的边界为从 $x=0$ 和从 $x=x_0$ 出发的两条轨迹,这样,外命题的任务就在于求得某种合适的电极布置,使得产生的沿这两条轨迹的电位分布正好与未切割前完全一样.

不难看到,这两条轨迹除了出发点不同外,其余完全一样. 由于出发点不同,一个在电子流的一侧,另一个在另一侧. 我们可以取其中的一条来进行分析,对于另一条可用完全类似的方法进行.

取两个复平面,$z=x+\mathrm{j}y$ 表示原轨迹平面,另一复平面 $\Theta=\Phi+\mathrm{j}\psi$ 则表示变换以后的平面. 如图 J.8 所示.

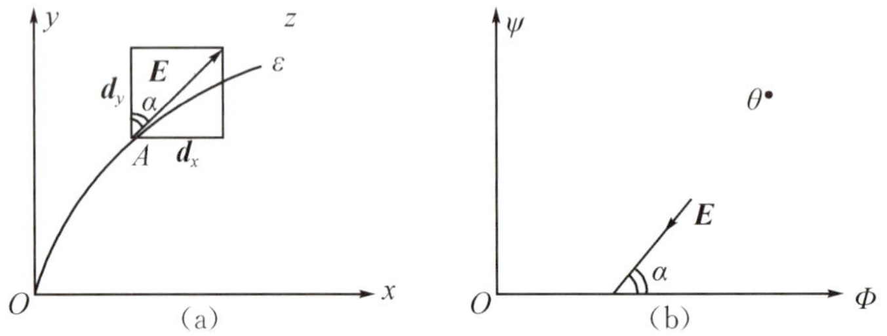

图 J.8 层流型磁注入电子枪外命题求解的保角变换

在式(J.29)的轨迹方程中,令

$$\begin{cases} x = X(\Phi) \\ y = Y(\Phi) \end{cases} \tag{J.33}$$

则有

$$z = x + \mathrm{j}y = X(\Phi) + \mathrm{j}Y(\Phi) \tag{J.34}$$

考虑如何能将此轨迹(z 平面曲线 c)变换到 Θ 平面的实轴. 试取变换

$$z = x + \mathrm{j}y = X(\Theta) + \mathrm{j}Y(\Theta) \tag{J.35}$$

立即可以看到,方程(J.35)把 Θ 平面的实轴变为 z 平面上的轨迹曲线 c. 于是,沿曲线 c 的电位 $U(\Phi)$,又变换为沿 Θ 平面实轴的电位 $U(\Theta)$.

由于变换是保角的,电场与轨迹的夹角保持不变. 于是可以求出沿实轴的电场:

$$\begin{cases} E_{\Phi}(\Phi) = -\dfrac{\mathrm{d}U(\Phi)}{\mathrm{d}\Phi} \\ E_{\psi}(\Phi) = E_{\Phi}\tan\alpha = E_{\Phi}(\Phi)\dfrac{\mathrm{d}X(\Theta)/\mathrm{d}\Phi}{\mathrm{d}Y(\Theta)/\mathrm{d}\Phi} \end{cases} \tag{J.36}$$

这样，问题就归结为在 Θ 平面上已知沿实轴的电位及其法向导数，求满足此边界条件的复电位函数. 可以证明，由式

$$\frac{\mathrm{d}W}{\mathrm{d}\Theta} = -E_{\Phi} + \mathrm{j}E_{\psi} \tag{J.37}$$

确定的 w 就是这样的复电位函数.

事实上，如 $w(\Theta)$ 为解析函数，则有

$$w(\Theta) = U(\Phi,\psi) + \mathrm{j}V(\Phi,\psi) \tag{J.38}$$

U，V 均为实函数. 上式又可写成

$$w(\Theta) = A(\Theta) + \mathrm{j}B(\Theta) \tag{J.39}$$

A 及 B 均为解析函数，如果

$$\begin{cases} U(\Phi,\psi) = \mathrm{Re}(A) - \mathrm{Im}(B) \\ V(\Phi,\psi) = \mathrm{Im}(A) + \mathrm{Re}(B) \end{cases} \tag{J.40}$$

利用解析函数的性质可以证明

$$\frac{\partial a}{\partial \Phi} = \frac{\partial U}{\partial \Phi}, \frac{\partial B}{\partial \Phi} = -\frac{\partial U}{\partial \psi} \tag{J.41}$$

即在 Θ 平面的实轴上，我们有

$$\frac{\mathrm{d}\omega(\Theta)}{\mathrm{d}\Theta} = \frac{\partial a}{\partial \Phi} + \mathrm{j}\frac{\partial B}{\partial \Phi} = \frac{\partial U}{\partial \Phi} - \mathrm{j}\frac{\partial U}{\partial \psi} \tag{J.42}$$

立即得到方程(J.37).

下一步就可将上式解析延拓到全 Θ 平面，得到

$$\frac{\mathrm{d}\omega(\Theta)}{\mathrm{d}\Theta} = -E_{\Phi}(\Theta) + \mathrm{j}E_{\psi}(\Theta) \tag{J.43}$$

这就是在全平面上复电位的微分方程. 实际上，我们仅需求出等位线的方程，并不需要把 $w(\Theta)$ 解出. 力线的公式为

$$\frac{E_{\Phi}}{\mathrm{d}\Phi} = \frac{E_{\psi}}{d\psi}, \frac{\mathrm{d}\psi}{\mathrm{d}\Phi} = \frac{E_{\psi}}{E_{\Phi}} \tag{J.44}$$

而等位线的方程是与其正交的曲线，由下式确定：

$$\frac{\mathrm{d}\psi}{\mathrm{d}\Phi} = -\frac{E_{\Phi}}{E_{\psi}} \tag{J.45}$$

由此即可求得等位线的微分方程

$$\frac{\mathrm{d}\psi}{\mathrm{d}\Phi} = \frac{\mathrm{Re}\left(\dfrac{\mathrm{d}\omega}{\mathrm{d}\Theta}\right)}{\mathrm{Im}\left(\dfrac{\mathrm{d}\omega}{\mathrm{d}\Theta}\right)} = \frac{\mathrm{Re}[E_{\Phi}(\Theta) - \mathrm{j}E_{\psi}(\Theta)]}{\mathrm{Im}[E_{\Phi}(\Theta) - jE_{\psi}(\Theta)]} \tag{J.46}$$

求得 Θ 平面内的等位线方程后，再通过变换式(J.34)，即可得到 z 平面内等位线的方程，从而可以确定电极的形状及所需的电位值. 具体的求解也可以利用电子计算机进行.

自然，求得电极形状及电位后，还可再利用计算机计算出电子轨迹，必要时再做一些修正. 对某一层流

磁控注入电子枪的计算，如图 J.9 所示.

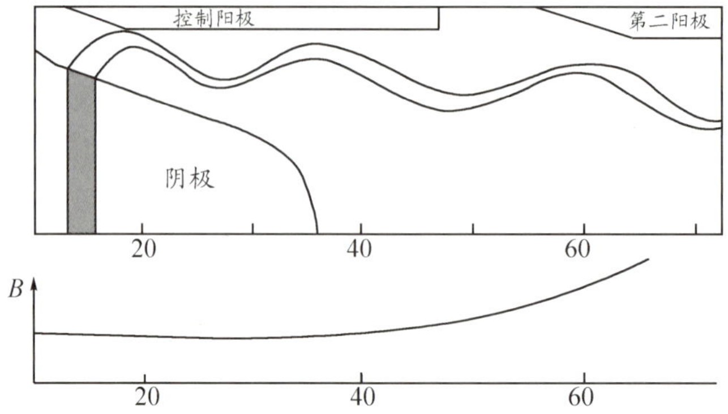

图 J.9　层流型磁控注入电子枪的计算实例

磁控注入枪的设计计算问题是一个专门的课题，涉及的问题较多，有兴趣的读者可参看书末列出的有关文献.

最后，我们还要指出，在实验室中，有时可以采用普通的实心电子注平行流电子枪（如普通的 Pierce 电子枪），在电子枪出口处附近，加一个 Kicker 的磁系统，以产生旋转电子注. Kicker 系统在很小的区域内建立起横向磁场，电子注穿过此横向磁场产生旋转运动.

K　等离子体电子回旋谐振加热(ECRH)

1. 引言

等离子体热核聚变解决能源问题是人类向往已久的. 近几十年来的研究表明，这一问题的完全解决，建立民用的等离子体热核聚变反应堆可望在今后几十年内完成. 这将是人类自觉地有组织、有目的地经过长期努力用科学来解决人类共同面临的问题的一个典型事例.

实现等离子体热核聚变需要解决的问题很多，但对等离子体加热使之温度增高是关键之一. 对等离子体加热提出以下要求：

(1)加热应不影响等离子体的约束时间；

(2)被加热的应是等离子体的中心部分；

(3)加热的结果应是使等离子体的温度升高，而不引起高能粒子“尾巴”的产生；

(4)加热过程中等离子体的浓度和温度都在变化，在此过程中加热应与这种浓度和温度的变化无关，使加热保持有效.

等离子体加热的手段很多，有欧姆加热、中性粒子注入加热、磁绝热压缩加热及波加热等. 波加热就是用电磁波来加热等离子体，将电磁波的能量转化为等离子体的热能. 按电磁波的频率不同，波加热可分为离子回旋谐振加热，混杂波加热和电子回旋谐振加热等.

研究表明，波加热能满足上述加热的各种要求，特别是电子回旋加热对于等离子体的浓度及温度均不敏感，而且波长短，耦合问题比较容易解决. 研究表明，利用电子回旋谐振加热可望在 TOKAMAK 装置中使电子温度增高数倍，而在磁镜装置中使电子温度增加 100 倍.

利用电子回旋谐振加热的特点是：被波加热的是电子，电子又把能量交给等离子体，从而使等离子体温度增高.因此,等离子体装置的约束时间必须大于等离子体中电子与离子的能量交换时间,才可以使这种加热成为有效.这一要求,对于较大的等离子体装置(如 T-10 等)已经是现实的存在.数十年来,回旋管的研制成功和发展,为等离子体电子回旋加热提供了较理想的功率源.加之回旋管在等离子体中加热的试验成功,使这种加热手段更具有吸引力.因此,目前世界各国的主要等离子体研究中心,都在进行电子回旋加热的研究工作.

电子回旋加热不仅可直接用于等离子体装置中加热等离子体,而且可以用于串联磁镜中形成高温电子环,阻塞电子的逃逸.这种效应也是十分重要的.

2. 磁约束等离子体装置

磁约束等离子体装置主要分两大类:环流器型(TOKAMAK)和磁镜型.如图 K.1 所示.图 K.1(a)是环流器的示意图,R_0 是装置的大半径,a 是小半径,a_0 是等离子体截面的半径.主磁场的 B_φ 为环坐标(ξ,φ,θ).图 K.1(b)是串联磁镜的示意图.图中示出的是纵向磁场的位形.

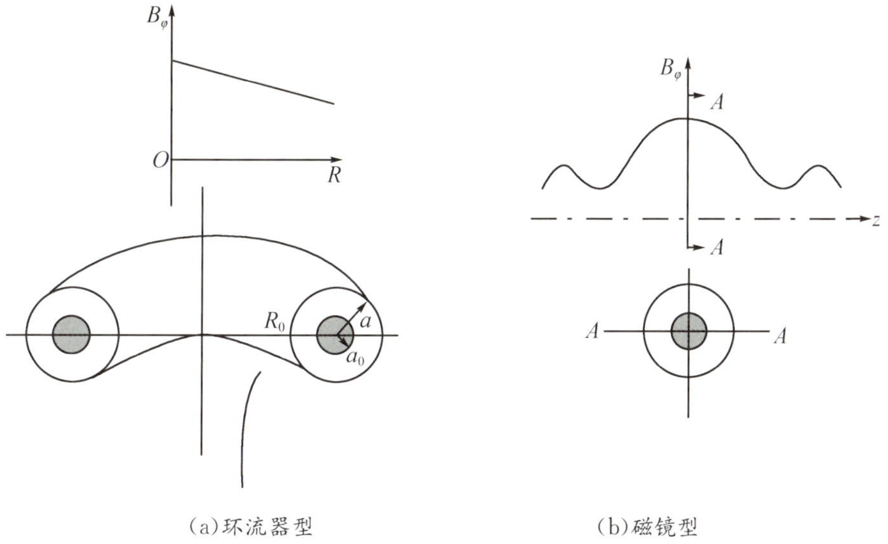

图 K.1　磁约束等离子体装置

不难看到,无论是在环流器型装置上还是在磁镜型装置上,波从外面均大体上是垂直于磁场注入的.在第 8 章中曾指出,在等离子体中,垂直于磁场传播的波,主要有寻常模(o 型)及非寻常模(x 型)两种.寻常模为线极化波,电场极化沿磁场方向取向,属横电磁波;而非寻常模一般为椭圆极化,是纵电波及横电磁波的混合波.

如果在磁镜型装置中磁位形是轴对称的,则波从哪一边注入均是一样的.但在环形器型装置中,磁场沿等离子体并不是均匀分布的.如图 K.1(a)所示,一般是内部较高,外部较低.因此,波的传播及吸收等情况,就与注入方式有关.

研究表明,对于非寻常模,电磁波如果从外部(低磁场区)注入,则要先通过衰减区才能进行谐振吸收区.因此,对于非寻常模,波必须从内部(高磁场区)注入,这必然给实际耦合工作带来一定的困难.

而对于寻常模,如果 $\omega_c > \omega_p$(在等离子体中心区),即电子回旋频率大于等离子体固有频率,则电磁波可以从外部低磁场区注入达到谐振吸收区.条件 $\omega_c > \omega_p$ 对于一般大型的环流器型装置都是可以满足的.研究同时表明,寻常模的吸收效率还可能高于非寻常模.

等离子体的电子回旋加热,不仅同以上所述的工作模式、注入方式有关,而且还同等离子体密度、回旋谐波号数有关. 这些方面的研究结果,见表 K. 1 所列.

表 K. 1　电子回旋谐振加热的工作方式与等离子体参量的关系

状态	模式	谐波	低场侧注入	高场侧注入	最佳入射角
$\frac{\omega_p(0)}{\omega_c(0)}<1$	o	1	是	是	垂直
	x	1	否	是	倾斜
	o	2	是	是	倾斜
	x	2	是	是	垂直
$1-\frac{\omega_p(0)}{\omega_c(0)}<\sqrt{2}$	x	1	否	是	倾斜
	o	2	是	是	倾斜
	x	2	是	是	垂直
$\sqrt{2}<\frac{\omega_p(0)}{\omega_c(0)}<2$	o	2	是	是	倾斜

3. 等离子体中电磁波的电子回旋谐振吸收的机理

在等离子体中,电磁波的电子回旋谐振吸收主要有两种机理. 对于非寻常模,电磁波是椭圆极化波,因此在传播时电场是旋转的,同时电子也在沿磁场进行回旋运动. 如果以下条件满足:

$$\omega=\frac{\omega_{c0}}{\gamma}=k_{/\!/}v_{/\!/} \tag{K. 1}$$

则电子可以较长地停留在电场的相同相位中而被加速,从而吸收电磁波的能量. 这一过程如同回旋管中的电子与波的互作用过程,只是正好相反,电子不是释放能量,而是吸收能量.

对于寻常波,由于电场矢量平行于磁场,因而电子的平行运动在一定的条件下就可能与场产生能量交换.

对电子回旋谐振加热的分析,提出了几种理论方法,主要有:

(1)波轨迹理论;

(2)几何光学理论;

(3)线性动力学理论;

(4)非线性及准非线性理论.

有关的主要参考文献列于本附录后面,在本附录中,我们仅对动力学理论的一些基本结果进行介绍.

动力学理论的基本方程自然是线性弗拉索夫方程及麦克斯韦方程:

$$\frac{\partial f_1}{\partial t}+\boldsymbol{v}\cdot\nabla_r f_1-\frac{e}{c}(\boldsymbol{v}\times\boldsymbol{B}_0)\cdot\nabla_p f_1=e\left(\boldsymbol{E}_1+\frac{1}{c}\boldsymbol{v}\times\boldsymbol{B}_1\right)\cdot\nabla_p f_0 \tag{K. 2}$$

$$\nabla\times\nabla\times\boldsymbol{E}_1=-\frac{1}{c^2}\frac{\partial^2\boldsymbol{E}_1}{\partial t^2}-\frac{4\pi}{c^2}\frac{\partial\boldsymbol{J}_1}{\partial t} \tag{K. 3}$$

注意这里采用的是高斯单位制. 式中,扰动电流 $\boldsymbol{J}_1$ 为

$$\boldsymbol{J}_1=e\int f_1\boldsymbol{v}\mathrm{d}\boldsymbol{P} \tag{K. 4}$$

假定考虑稳定状态,因而有因子 $\exp(-\mathrm{j}\omega t+\mathrm{j}\boldsymbol{k}\cdot\boldsymbol{r})$ 又有

$$f_0=f_0(\boldsymbol{P}) \tag{K. 5}$$

即考虑空间均匀的等离子体，在动量空间则是各向同性的分布. 不失普遍性，可令

$$\boldsymbol{k}=k_{\perp}\boldsymbol{e}_x+k_{/\!/}\boldsymbol{e}_z \tag{K.6}$$

则按第 8 章所述方法，可以得到以下的色散方程：

$$\det|D|=0 \tag{K.7}$$

式中，张量 D 的元素为

$$\begin{cases}
D_{xx}=1-\dfrac{k_{/\!/}^2c^2}{\omega^2}+\dfrac{m_c^2\omega_p^2\omega_c^2}{k_{\perp}^2\omega}\displaystyle\sum_{l=-\infty}^{\infty}l^2\langle \mathrm{J}_l^2(k_{\perp}r_c)\rangle \\
D_{xy}=-D_{yx}=-\mathrm{j}\dfrac{m_0\omega_p^2\omega_c}{k_{\perp}\omega}\displaystyle\sum_l l\langle p_{\perp}\mathrm{J}_l\mathrm{J}_l'\rangle \\
D_{xz}=D_{zx}=\dfrac{k_{/\!/}k_{\perp}c^2}{\omega^2}+\dfrac{m_0^2\omega_p^2\omega_{c0}}{k_{\perp}\omega}\displaystyle\sum_l l\langle p_{/\!/}\mathrm{J}_l^2\rangle \\
D_{yy}=1-\dfrac{k_{/\!/}^2c^2}{\omega^2}+\dfrac{\omega_p^2}{\omega}\displaystyle\sum_l\langle p_{\perp}^2\mathrm{J}_l'^2\rangle \\
D_{yz}=-D_{zy}=\mathrm{j}\dfrac{\omega_p^2}{\omega}\displaystyle\sum_l\langle p_z p_{\perp}\mathrm{J}_l\mathrm{J}_l'\rangle \\
D_{zz}=1-\dfrac{k_{\perp}^2c^2}{\omega^2}+\dfrac{\omega_p^2}{\omega}\displaystyle\sum_l\langle p_{/\!/}^2\mathrm{J}_l^2\rangle
\end{cases} \tag{K.8}$$

式中

$$\langle F\rangle=4\pi\int_0^{\infty}p_{\perp}\mathrm{d}p_{\perp}\int_{-\infty}^{\infty}\mathrm{d}P_{/\!/}\frac{F}{\dfrac{-k_{/\!/}P_{/\!/}}{m_0}+\gamma\omega-l\omega_{c0}}\frac{\partial f_0}{\partial Pz} \tag{K.9}$$

由于在弱相对论条件下等离子体中寻常模及非寻常模的波长均远小于电子的拉姆半径，即可以假定

$$k_{\perp}r_c\ll 1 \tag{K.10}$$

因此，可将贝塞尔函数按幕级数展开，仅取一项

$$\mathrm{J}_1(k_{\perp}r_c)\approx\frac{(k_{\perp}r_c)^n}{2^n n!} \tag{K.11}$$

又假定平衡态分布函数为麦克斯韦分布

$$f_0=\frac{1}{(2\pi)^{3/2}}(m_0T_e)^{\frac{1}{2}}\mathrm{e}^{-\frac{p}{(m_0+T_e)}} \tag{K.12}$$

代入方程(K.8)、方程(K.9)，仅取 $|l|=1$ 的一项，即可得到

$$\begin{cases}
D_{xx}\approx 1-\dfrac{k_{/\!/}^1c^2}{\omega^2}+\dfrac{1}{4}\dfrac{\omega_p^2}{\omega^2}[G(0,-1)]+\dfrac{1}{16}\left[\dfrac{k_{\perp}c\omega_p}{\omega\omega_{c0}}\right]^2[G(0,2)+G(0,-2)] \\
D_{xy}=-D_{yz}\approx-\mathrm{j}\left\{\dfrac{1}{4}\dfrac{\omega_p^2}{\omega^2}[G(0,1)-G(0,-1)]+\dfrac{1}{16}\left[\dfrac{k_{\perp}c\omega_p}{\omega\omega_{c0}}\right]^2[G(0,2)-G(0,-2)]\right. \\
D_{xz}=D_{zx}\approx\dfrac{k_{\perp}k_{/\!/}c^2}{\omega^2}+\dfrac{1}{4}\dfrac{k_{\perp}c\omega_p^2}{\omega^2\omega_{c0}}[G(1,1)-G(1,-1)]+\dfrac{1}{32}\dfrac{k_{\perp}^3c^3\omega_p^2}{\omega^3\omega_{c0}^3}[G(1,2)-G(1,-2)] \\
D_{yy}=D_{xx}-\dfrac{k_{\perp}^2c^2}{\omega^2} \\
D_{yz}=-D_{zy}\approx\mathrm{j}\left\{\dfrac{1}{4}\dfrac{k_{\perp}c\omega_p^2}{\omega^2\omega_{c0}}[G(1,1)+G(1,-1)]-\dfrac{1}{32}\dfrac{k_{\perp}^3c^3\omega_p^2}{\omega^3\omega_{c0}^3}[G(1,2)+G(1,-2)]\right\} \\
D_{zz}\approx 1-\dfrac{k_{\perp}^2c^2}{\omega^2}+\dfrac{\omega_p^2}{\omega^2}G(2,0)+\dfrac{1}{4}\left[\dfrac{k_{\perp}c\omega_p}{\omega\omega_{c0}}\right][G(2,1)+G(2,-1)]+\dfrac{1}{64}\dfrac{k_{\perp}^4c^2\omega_p^2}{\omega^2\omega_{c0}^4}[G(2,2)+G(2,-2)]
\end{cases}$$

(K.13)

式中

$$G(s,l)=-2\pi\omega\left(\frac{m_0c}{T_e}\right)(m_0c)^{-s-2|l|}\cdot\int_0^{\infty}p_{\perp}\mathrm{d}p_{\perp}\int_{-\infty}^{\infty}\mathrm{d}P_{/\!/}\frac{P_{\perp}^{2|l|}P_{/\!/}^{s}f_0}{-\dfrac{k_{/\!/}P_{/\!/}}{m_0}+\gamma\omega-l\omega_c} \tag{K.14}$$

对于垂直于磁场注入的波，电子回旋谐振的条件是

$$\begin{cases}k_{/\!/}=0\\ \gamma\omega-l\omega_{c0}=0\end{cases} \tag{K.15}$$

为了计算 $G(s,l)$，将在 $(p_{\perp},p_{/\!/})$ 平面的积分化到 $(\gamma,p_{/\!/})$ 平面的积分比较方便. 如图 K.2 所示.

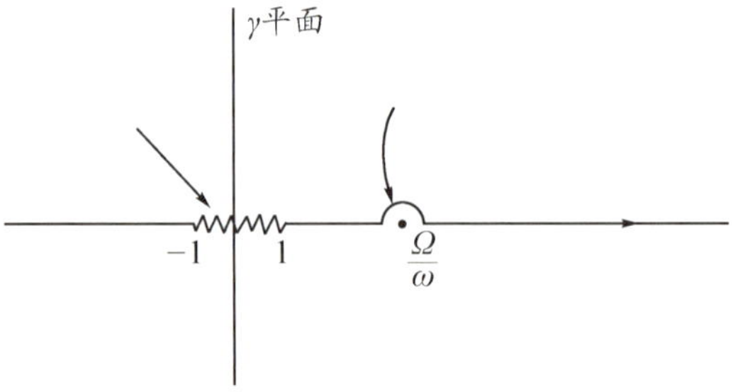

图 K.2　在 γ 平面上计算 $G(s,l)$ 的积分路径

由于

$$\begin{cases}p_{\perp}^2=m_0^2c^2(\gamma^2-1)-P_{/\!/}^2\\ P_{\perp}\mathrm{d}P_{\perp}=m_0^2c^2\gamma\mathrm{d}\gamma\end{cases} \tag{K.16}$$

可以得到

$$G(s,l)=\frac{1}{\sqrt{2\pi}}\left[\frac{m_0c}{\sqrt{m_0T_c}}\right]^5\frac{\omega}{p_{/\!/}c}\cdot\int_1^{\infty}\mathrm{d}\gamma H(s,l,\gamma)\gamma\cdot \mathrm{e}^{[-(\gamma^2-1)m_0^2c^2/(2T^2)]} \tag{K.17}$$

式中

$$H(s,l,\gamma)=(m_0c)^{-s-2|l|}\int_{-\sqrt{r^2-1}m_0c}^{\sqrt{r^2-1}m_0c}\mathrm{d}P_{/\!/}\frac{[m_0^2c^2(r^2-1)-P_{/\!/}^2]^{|l|}P_{/\!/}^5}{P_{/\!/}-P_{/\!/0}} \tag{K.18}$$

$$P_{/\!/0}=m_0(\gamma\omega-l\omega_{c0})/k_{/\!/} \tag{K.19}$$

方程(K.18)是柯西型积分，因此函数 $H(s,l,\gamma)$ 分为实部与虚部. 虚部由 $P_{/\!/0}$ 处的极点的留数给出

$$\begin{aligned}H_i(s,l,\gamma)&=\mathrm{Im}[H(s,l,\gamma)]\\&=\begin{cases}\pi(m_0c)^{-s-2|l|}P_{/\!/0}^5[m_0^2c^2(\gamma^2-1)-P_{/\!/0}^2]^{|l|} & (|P_{/\!/0}|<\sqrt{\gamma^2-1}m_0c)\\ 0 & (|P_{/\!/0}|>\sqrt{\gamma^2-1}m_0c)\end{cases}\end{aligned} \tag{K.20}$$

我们假定 $k_{/\!/}>0$.

实部则由积分主值给出：

$$\begin{aligned}H_i(s,l,\gamma)&=\mathrm{Re}[H(s,l,\gamma)]\\&=\pi(m_0c)^{-s-2|l|}\mathscr{P}\int_{-\sqrt{r^2-1}m_0c}^{\sqrt{r^2-1}m_0c}\mathrm{d}p_{/\!/}\frac{[m_0^2c^2(\gamma^2-1)-P_{/\!/}]^{|l|}P_{/\!/}^5}{p_{/\!/}-p_{/\!/0}}\end{aligned} \tag{K.21}$$

式中，$\mathscr{P}$ 表示积分主值.

由于电子吸收能量而引起波的谐振衰减，取决于函数 $G(s,l)$ 的虚部，即

$$\begin{aligned}G_i(s,l)&=\mathrm{Im}[G(s,l)]\\&=\frac{1}{\sqrt{2\pi}}\left(\frac{m_0c}{\sqrt{m_0T_e}}\right)^5\frac{\omega}{k_{/\!/}C}\int_1^{\infty}\mathrm{d}\gamma H_i(s,l,\gamma)\mathrm{e}^{[-(\gamma^2-1)m_0c^2/(2T_e)]}\end{aligned} \tag{K.22}$$

现在就可来进一步讨论波的衰减问题，这时可以假定 $G(s,l)$ 的实部由冷等离子体决定. 这样，由方程(K. 13)，仅考虑第一及第二次回旋谐波，就可得到以下的色散方程：

$$\begin{vmatrix} 1-\dfrac{\omega_p^2}{\omega^2-\omega_{c0}^2}+\mathrm{j}d_{1,2}^x & \mathrm{j}\dfrac{\omega_{c0}\omega_p^2}{\omega(\omega^2-\omega_{c0}^2)}+\mathrm{j}d_{1,2}^x & 0 \\ -\mathrm{j}\dfrac{\omega_{c0}\omega_p^2}{\omega(\omega^2-\omega_{c0}^2)}-\mathrm{j}d_{1,2}^x & 1-\dfrac{k_\perp^2c^2}{\omega^2}-\dfrac{\omega_p^2}{\omega^2-\omega_{c0}^2}+\mathrm{j}d_{1,2}^x & 0 \\ 0 & 0 & 1-\dfrac{k_\perp^2c^2}{\omega^2}-\dfrac{\omega_p^2}{\omega^2}+\mathrm{j}d_{1,2}^0 \end{vmatrix}=0 \tag{K. 23}$$

式中

$$\begin{cases} d_1^x=\dfrac{1}{4}\,\dfrac{\omega_p^2}{\omega^2}G_i(0,1) \\ d_2^x=\dfrac{1}{16}\left[\dfrac{k_\perp c\omega}{\omega\omega_{c0}}\right]G_i(0,2) \\ d_1^o=\dfrac{1}{4}\left[\dfrac{k_\perp c\omega_p}{\omega\omega_{c0}}\right]G_i(2,1) \\ d_2^o=\dfrac{1}{64}\,\dfrac{k_\perp^4c^4\omega_p^2}{\omega^4\omega_{c0}^2}G_i(2,2) \end{cases} \tag{K. 24}$$

式中，下标 1,2 表示谐波号数，上标 o，x 表示寻常模及非寻常模. 由方程(K. 23)可见，在我们的条件下，o 模及 x 模是互不耦合的.

于是，由式(K. 23)可见，寻常模的色散方程为

$$1-\frac{k_\perp^2c^2}{\omega^2}-\frac{\omega_p^2}{\omega^2}+\mathrm{j}d_{1,2}^0=0 \tag{K. 25}$$

而非寻常模的色散方程为

$$\left[1-\frac{\omega_p^2}{\omega^2-\omega_{c0}^2}\right]\left(1-\frac{k_\perp^2c^2}{\omega^2}-\frac{\omega_2^p}{\omega^2-\omega_{c0}^2}\right)-\frac{\omega_c^2\omega_p^4}{\omega^2(\omega^2-\omega_{c0}^2)}$$
$$+\mathrm{j}\frac{\omega^2+\omega\omega_{c0}-\omega_p^2J^2(\omega^2-\omega_{c0}^2)}{\omega^2(\omega+\omega_c)^2(\omega^2-\omega_{c0}^2-\omega_p^2)}d_{1,2}^x=0 \tag{K. 26}$$

如令

$$k_\perp=k_{\perp 0}+\mathrm{j}k_{\perp i} \tag{K. 27}$$

且认为 $|k_{\perp i}|<|k_{\perp r}|$，则可求得衰减常数.

对于寻常模

$$k_{\perp r}^0\approx\frac{\omega}{c}\left(1-\frac{\omega_p^2}{\omega}\right)^{\frac{1}{2}} \tag{K. 28}$$

$$k_{\perp i}^0=\begin{cases} \dfrac{\sqrt{2\pi}}{60}\,\dfrac{\omega_p^2}{\omega_{c0}c}\left(1-\dfrac{\omega_p^2}{\omega^2}\right)^{\frac{1}{2}}\left(\dfrac{T_e}{m_0c^2}\right)^{-\frac{5}{2}}\cdot\triangle_1^5\mathrm{e}^{-\triangle_1^2m_0c^2/(2T_e)}\Theta(\triangle_1^2) \\ \dfrac{\sqrt{2\pi}}{840}\,\dfrac{\omega^2\omega_p^2}{\omega_{c0}^3c}\left(1-\dfrac{\omega_p^2}{\omega^2}\right)^{\frac{3}{2}}\left(\dfrac{T_e}{m_0c^2}\right)^{-\frac{5}{2}}\cdot\triangle_2^7\mathrm{e}^{-\triangle_2^2m_0c^2/(2T_e)}\Theta(\triangle_2^2) \end{cases} \tag{K. 29}$$

而对于非寻常模

$$k_{\perp r}^x\approx\frac{1}{c}\left[\frac{(\omega_p^2-\omega^2)^2-\omega_{c0}^2\omega^2}{\omega^2-\omega_p^2-\omega_{c0}^2}\right]^{\frac{1}{2}} \tag{K. 30}$$

$$k_{\perp i}^{x}=\begin{cases}\dfrac{\sqrt{2}\pi}{12c}\dfrac{\omega_p^2\omega\omega_{\mathrm{c}0}}{[(\omega_p^2-\omega^2)^2-\omega_{\mathrm{c}0}^2\omega^2]^{\frac{1}{2}}}\dfrac{(\omega^2+\omega\omega_{\mathrm{c}0}-\omega_p^2)^2}{(\omega+\omega_{\mathrm{c}0})^2(\omega^2-\omega_{\mathrm{c}0}^2-\omega_p^2)^{\frac{3}{2}}}\\ \quad\cdot\left[\dfrac{T_{\mathrm{e}}}{m_0c^2}\right]^{-\frac{5}{2}}\triangle_1^7\mathrm{e}^{-\triangle_1 m_0c^2/(2T_{\mathrm{e}})}\Theta(\triangle_1^2)\quad(n=1)\\ \dfrac{\sqrt{2}\pi}{30c}\dfrac{\omega_p^2[(\omega_p^2-\omega^2)^2-\omega_{\mathrm{c}0}^2\omega^2]^{\frac{1}{2}}}{\omega^2\omega_{\mathrm{c}0}}\dfrac{(\omega^2-\omega_{\mathrm{c}0}^2)^2}{(\omega+\omega_{\mathrm{c}0})^2}\\ \quad\cdot\dfrac{(\omega^2+\omega\omega_{\mathrm{c}0}-\omega_p^2)^2}{(\omega^2-\omega_{\mathrm{c}0}^2-\omega_p^2)^{5/2}}\left[\dfrac{T_{\mathrm{e}}}{m_0c^2}\right]^{-\frac{5}{2}}\triangle_2^5\cdot\mathrm{e}^{-\triangle_2^{m_0c^2/(2T_{\mathrm{e}})}}\Theta(\triangle_2^2)\quad(n=2)\end{cases}\tag{K. 31}$$

现在来考虑波的单程功率衰减.我们可以得到

$$P(x)=p_0\mathrm{e}^{-2\left[\int_{-\infty}^{x}k_{\perp i}(x)\mathrm{d}x\right]}\tag{K. 32}$$

因此,可定义波的单程吸收系数为

$$\eta=2\int_{-\infty}^{\infty}k_{\perp i}(x)\mathrm{d}x\tag{K. 33}$$

根据以上所述,利用方程(K. 29)、方程(K. 31)可以求得

对于寻常模,

$$\begin{aligned}\eta_1^0&\approx\frac{4\sqrt{\pi}\delta_\nu}{15\nu}\Gamma\left(\frac{5}{2}+\frac{1}{\nu}\right)\frac{\omega_p^2}{\omega_{\mathrm{c}0}}\frac{L}{c}\left(1-\frac{\omega_p^2}{\omega_{\mathrm{c}0}^2}\right)\left(\frac{T_{\mathrm{e}}}{m_0c^2}\right)^{\frac{1}{\nu}}\\&=\begin{cases}\dfrac{\pi\omega_p^2}{2\omega_{\mathrm{c}0}}\dfrac{L}{c}\left(1-\dfrac{\omega_p^2}{\omega_{\mathrm{c}0}^2}\right)^{\frac{1}{2}}\left(\dfrac{T_{\mathrm{e}}}{m_0c^2}\right)\quad(\nu=1)\\ \dfrac{8\sqrt{\pi}}{15}\dfrac{\omega_p^2}{\omega_{\mathrm{c}0}}\dfrac{L}{c}\left(1-\dfrac{\omega_p^2}{\omega_{\mathrm{c}0}^2}\right)^{\frac{1}{2}}\left(\dfrac{T_{\mathrm{e}}}{m_0c^2}\right)^{\frac{1}{2}}\quad(\nu=2)\end{cases}\end{aligned}\tag{K. 34}$$

$$\begin{aligned}\eta_2^0&\approx\frac{16\sqrt{\pi}\,\nu}{105\nu}\Gamma\left(\frac{7}{2}+\frac{1}{\nu}\right)\frac{\omega_p^2}{\omega_{\mathrm{c}0}}\frac{L}{c}\left(1-\frac{\omega_p^2}{4\omega_{\mathrm{c}0}^2}\right)^{\frac{3}{2}}\left(\frac{T_{\mathrm{e}}}{m_0c^2}\right)^{1+\frac{1}{\nu}}\\&=\begin{cases}\pi\dfrac{\omega_p^2}{\omega_{\mathrm{c}0}}\dfrac{L}{c}\left(1-\dfrac{\omega_p^2}{4\omega_{\mathrm{c}0}^2}\right)^{\frac{3}{2}}\left(\dfrac{T_{\mathrm{e}}}{m_0c^2}\right)^2\quad(\nu=1)\\ \dfrac{32\sqrt{\pi}}{35}\dfrac{\omega_p^2}{\omega_{\mathrm{c}0}}\dfrac{L}{c}\left(1-\dfrac{\omega_p^2}{4\omega_{\mathrm{c}0}^2}\right)^{\frac{3}{2}}\left(\dfrac{T_{\mathrm{e}}}{m_0c^2}\right)^{\frac{3}{2}}\quad(\nu=2)\end{cases}\end{aligned}\tag{K. 35}$$

对于非寻常模,

$$\begin{aligned}\eta_1^x&=\frac{2\sqrt{\pi}\delta_\nu}{3\nu}\Gamma\left(\frac{7}{2}+\frac{1}{\nu}\right)\frac{\omega_{\mathrm{c}0}^3}{\omega_p^2}\frac{L}{c}\left(2-\frac{\omega_p^2}{\omega_{\mathrm{c}0}^2}\right)^{\frac{3}{2}}\left(\frac{T_{\mathrm{e}}}{m_0c^2}\right)^{1+\frac{1}{\nu}}\\&=\begin{cases}\dfrac{35\pi}{8}\dfrac{\omega_{\mathrm{c}0}^3}{\omega_p^2}\dfrac{L}{c}\left(2-\dfrac{\omega_p^2}{\omega_{\mathrm{c}0}^2}\right)^{\frac{3}{2}}\left(\dfrac{T_{\mathrm{e}}}{m_0c^2}\right)^2\quad(\nu=1)\\ 4\sqrt{\pi}\dfrac{\omega_{\mathrm{c}0}^3}{\omega_p^2}\dfrac{L}{c}\left(2-\dfrac{\omega_p^2}{\omega_{\mathrm{c}0}^2}\right)^{\frac{3}{2}}\left(\dfrac{T_{\mathrm{e}}}{m_0c^2}\right)^{\frac{3}{2}}\quad(\nu=2)\end{cases}\end{aligned}\tag{K. 36}$$

$$\begin{aligned}\eta_2^x&=\frac{\sqrt{\pi}\,\delta_\nu}{15\nu}\Gamma\left(\frac{5}{2}+\frac{1}{\nu}\right)\frac{\omega_p^2}{\omega_{\mathrm{c}0}}\frac{L}{c}\left(6-\frac{\omega_p^2}{\omega_{\mathrm{c}0}^2}\right)^{\frac{5}{2}}\left(2-\frac{\omega_p^2}{\omega_{\mathrm{c}0}^2}\right)^{\frac{1}{2}}\cdot\left(3-\frac{\omega_p^2}{\omega_{\mathrm{c}0}^2}\right)^{-\frac{5}{2}}\left(\frac{T_{\mathrm{e}}}{m_0c^2}\right)^{\frac{1}{\nu}}\\&=\begin{cases}\dfrac{\pi}{8}\dfrac{\omega_p^2}{\omega_{\mathrm{c}0}}\dfrac{L}{c}\left(6-\dfrac{\omega_p^2}{\omega_{\mathrm{c}0}^2}\right)^{\frac{5}{2}}\left(2-\dfrac{\omega_p^2}{\omega_{\mathrm{c}0}^2}\right)^{\frac{1}{2}}\left(3-\dfrac{\omega_p^2}{\omega_{\mathrm{co}}^2}\right)^{-\frac{5}{2}}\cdot\dfrac{T_{\mathrm{e}}}{m_0c^2}\quad(\nu=1)\\ \dfrac{2\sqrt{\pi}}{15}\dfrac{\omega_p^2}{\omega_{\mathrm{c}0}}\dfrac{L}{c}\left(6-\dfrac{\omega_p^2}{\omega_{\mathrm{c}0}^2}\right)^{\frac{5}{2}}\left(2-\dfrac{\omega_p^2}{\omega_{\mathrm{c}0}^2}\right)^{\frac{1}{2}}\left(3-\dfrac{\omega_p^2}{\omega_{\mathrm{c}0}^2}\right)^{-\frac{5}{2}}\cdot\left(\dfrac{T_{\mathrm{e}}}{m_0c^2}\right)^{\frac{1}{2}}\quad(\nu=2)\end{cases}\end{aligned}\tag{K. 37}$$

式中

$$\delta\nu=\begin{cases}1\quad(\nu\text{ 为奇数})\\2\quad(\nu\text{ 为偶数})\end{cases}\tag{K. 38}$$

在推导以上各式时，假定磁场的分布为

$$B_0(x)=B_0\left[1+\left(\frac{x}{L}\right)\right]^{-1} \tag{K.39}$$

L 为长度刻度.

根据以上的分析，对于 $L=140$ cm，$B_0=24$ kGs，$\omega_p=0.5\omega_{c0}$（相当于 Princeton 的 PDX 环流器装置），计算结果如图 K.3 至图 K.6 所示. 由这些图可以清楚地看到波功率被吸收的情况.

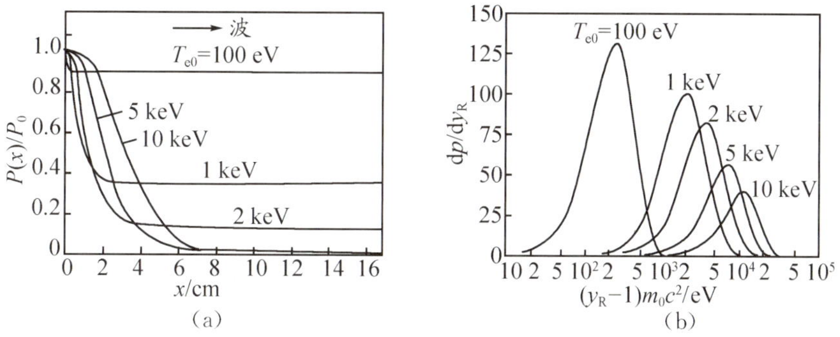

图 K.3　寻常模在实空间(a)和电子能量空间(b)中的衰减(低场侧注入)

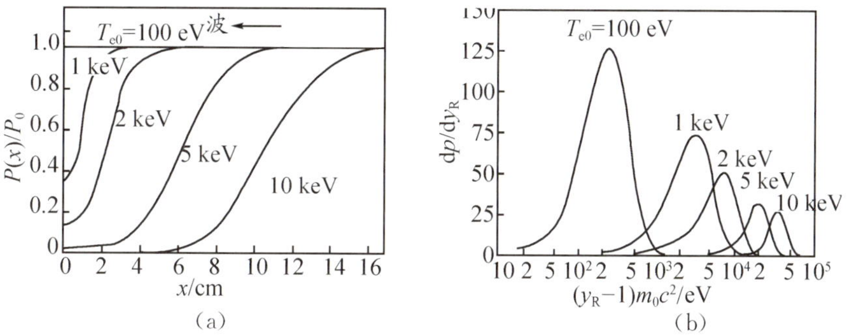

图 K.4　寻常模在实空间(a)和电子能量空间(b)中的衰减(高场侧注入)

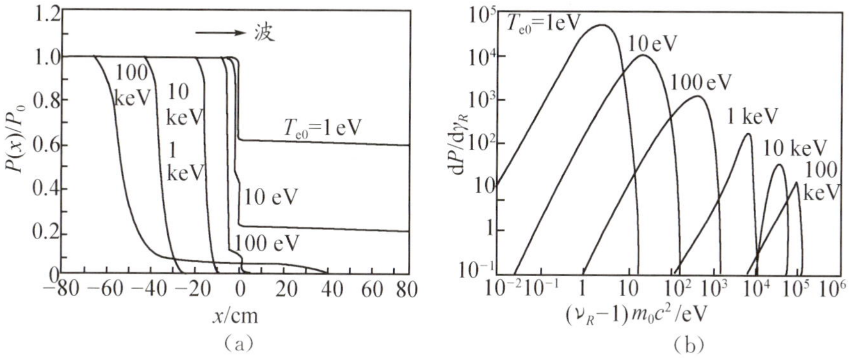

图 K.5　寻常模在实空间(a)和电子能量空间(b)中的衰减(抛物磁场、T_e 变化、ω 固定)

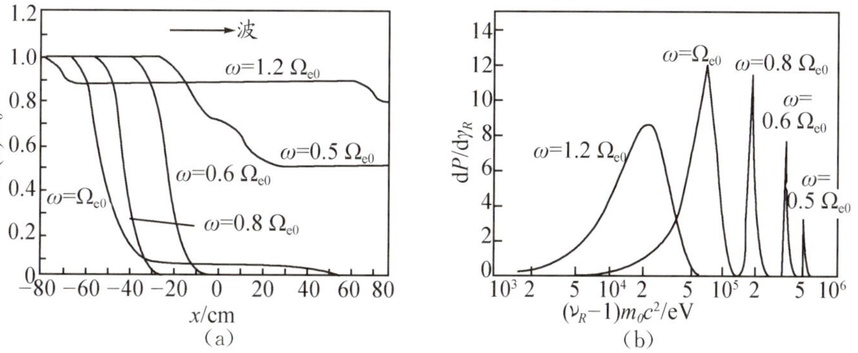

图 K.6　寻常模在实空间(a)和电子能量空间(b)中的衰减(抛物磁场、T_e 固定、ω 变化)

4. 形成高温等离子体环的问题

现在来考虑在磁镜中利用电子回旋谐振加热形成高温等离子体环的问题. 在简单磁镜中,磁场在径向存在梯度,方向朝内,即中心区磁场较强,从而引起带电粒子的漂移

$$(\boldsymbol{v}_d)_1 = c\frac{\mu_0 W_\perp (\boldsymbol{B}_0 \times \nabla B_0)}{eB_0^3} \tag{K. 40}$$

式中,$W_\perp$ 是电子在与磁场方向垂直的能量.

此外,由于磁力线是弯曲的,因此又产生另一种漂移

$$(\boldsymbol{v}_d)_2 = c\frac{\mu_0 m_0 v_{11}}{eRB_0^2} \tag{K. 41}$$

式中,R 表示磁场的曲率半径,$\boldsymbol{n}$ 表示磁力线的主法线单位矢量,指向曲率中心.

总的漂移速度就为

$$\boldsymbol{v}_d = (\boldsymbol{v}_d)_1 + (\boldsymbol{v}_d)_z \tag{K. 42}$$

上面各式表明,对于带相同电荷的粒子,两个漂移速度是相同相加的. 不难看到,在轴对称磁场的情况下,电子及离子的漂移均绕轴旋转(两者方向正相反). 这种旋转漂移的电子从波场中吸取能量,而且由于仅有一薄层电子能满足谐振吸收条件,结果就形成了高温电子环.

高温电子环的位置和直径由谐振层的磁场的等强线的位置决定,而其厚度一般正比于波的功率.

高温电子环可以稳定磁镜的槽纹不稳定性. 高温电子环还可以为中性粒子加热提供一种高度电离的靶等离子体. 此外,如前所述,高温电子环又可在串级磁镜中作为阻塞电子逃逸的一种方案. 总之,电子回旋谐振加热在磁镜(包括简单磁镜和串级磁镜)中有重要的应用前景.

在本书附录的末了,我们给出电子回旋加热的有关文献目录,供读者查阅. 这里想特别提一下一本关于等离子体聚变装置的专辑:Special lssue on RF Heating and Current Generation in Magnetic Fusion Plasma,IEEE Transactions,PS-12,(2),June(1984). 读者可以通过这个专辑上的文章查到一些新的资料.

L 回旋管用波导型开放式谐振腔的计算程序

```
5 REM RUHGE- KUTTA METHOD
10 PRINT "THE VALUE9 OF F1,F2,Z2,Z3":LPRINT."THE VALUES OF F1, F2,Z2, Z3"
15 INPUT F1, F2, Z2, Z3
16 LPRINT "F1= "; F1, "F2= "; F2,"Z2= "; Z2, "Z3= "; Z3
17 LPRINT
18 PRINT "N"; TAB(6); "Z"; TAB(25); "SOLUTION- Y"; TAB(50); "SOLUTION- X"
19 LPRINT "N"; TAB (6) ; "Z"; TAB (25) ; "SOLUTION- Y"; TAB (50) ; "SOLUTION- X"
20 C=3E+ 10: Z= 0: N= 0
25 P= 3.14159: V= 3.83171* 3.83171: W1= 2* P* FL:W2= 2* P* F2: W3= (W1* W1- W2* W2)/C/C
30 DIM A(3), Y(3), T(40, 6), O(40)
35 R= 1.1847
40 F3= W3- V/R/R: H2= 2* W1* W2/C/C: GOSUB 600
45 A(0)=1: A(1)= 0: A(2)= H4* COS(G/2):A(3)= - H4* SIN(G/2): Q= 1
```

```
46 PRINT N; ; ; Z,A(0)"+ I"A(1), A(2)"+ I"A(3)
47 W= 0:T(W, 0)= N:T(W, 1)= Z:T(W, 2)= A(0):T(W,3)= A(1):
T(W, 4)= A(0):T(W, 5)= A(2): T(W, 6)= A(3): O(W)= ATN(T(W, 3)/T(W, 2))
48 S= 02
49 N= N+ 1: GOSUB 700
50 Z1= Z
52 FOR I= 0 TO 3: Y(I)= A(I): NEXT I
55 K1= S* A(2): L1= S* A(3): M1= - S* (F3* A(0)- H2* A(1)): 01= - S* (F3* A(1)+ H2* A(0))
60 Z= Z1+ S/2:GOSUB 700
65 A(0)= Y(0)+ K1/2: A(1)= Y(1)+ L1/2: A(2)= Y(2)+ M1/2: A(3)= Y(3)+ 01/2
70 K2= S* A(2): L2= S* A(3): M2= - S* (F3* A(0)- H2* A(1)): 02= - S* (F3* A(1)+ H2* A(0))
75 A(0)= Y(0)+ K2/2: A(1)= Y(1)+ L2/2: A(2)= Y(2)+ M2/2: A(3)= Y(3)+ 02/2
80 K3= S* A(2): L(3)= S* A(3): M3= - S* (F3* A(0)- H2* A(1)): 03= - S* (F3* A(1)+ H2* A(0))
85 Z= Z1+ S:GOSUB 700
86 A(0)= Y(0)+ K3: A(1)= Y(1)+ L3: A(2)= Y(2)+ M3: A(3)= Y(3)+ 03
90 K4= S* A(2): L4= S* A(3): M4= - S* (F3* A(0)- H2* A(1)):0(4)= - S* (F3* A(1)+ H2* A(0))
95 A(0)= Y(0)+ (K1+ 2* K2+ 2* K3+ K4)/6: A(1)= Y(1)+ (L1+ 2* L2+ 2* L3+ L4)/6:
A(2)= Y(2)+ (M1+ 2* M2+ 2* M3+ M4)/6:A(3)=Y(3)+ (01+ 2* 02+ 2* 03+ 04)/6
100 Y= SQR(A(0)* A(0)+ A(1)* A(1))
105 IF Q> Y THEN 115
110 Q= Y:Z4= Z
115 IF N= 25* INT(N/25) THEN 350
120 IF Z< Z3- S THEN 49
121 IF Z< Z3 THEN 900

125 PRINT N; ; ; ; Z, A(0)"+ I"A(1); Y; A(2)"+ I"A(3)
130 GOSUB 1000
135 FOR W= 0 TO N2:FOR J= 2 TO 6: T(W, J)= T(W, J)/Q: NEXT J
140 LPRINT T(W, 0); TAB(6); T(W, 1); TAB(25); T(W, 2)"+ I"T(W, 3);
TAB (50); T(W, 5)"+ I"T(W, 6); NEXT W:LPRINT
142 LPRINT "Z/Z2"; TAB(25); "AMPLITUDE- · "; TAB(50); "ANGLE"
144 FOR W= 0 TO N2: LPRINT T(W, 1)/Z2; TAB(25); T(W,4); TAB(50); O(W): NEXT W:LPRINT
146 FOR W= 0 TO N2: LPRINT T (W, 1); TAB(10+ 40* T(W, 4)); "* ":NEXT W
148 GOSUB 600
150 G1= A(2)- A(0)* H4* SIN(G/2)- A(1)* H4* COS(G/2)
152 G2= A(3)+ A(0)* H4* COS(G/2)- A(1)* H4* SIN(G/2)
154 G3= G1* G1+ G2* G2: G3= G3/Q/Q
156 PRINT "G3= "; G3, "Z= "; Z4, "Q= "; Q
158 LPRINT "G3= "; G3, "Z= "; Z4, "Q= "; Q
160 LPRINT "---------------------------------------"
```

```
162 LPRINT: END
350 GOSUB 1000
351 PRINT N; ; Z, A(0) "+ I"A(1); Y; ; A(2)"+ I"A(3)
352 GOTO 120
600 H3= ABS(F3): H4= SQR(H3): G= ATN(H2/H3): RETURN
700 IF Z> 10.8575 THEN 706
702 R= 1.1847+ 0.00349* Z
704 GOTO 714
706 IF Z> 11.7226 THEN 712
708 R= 1.2226- 0.01746* (Z- 10.8575)
710 GOTO 714
712 R= 1.2075+ 0.14054* (Z- 11.7226)
714 F3= W3- V/R/R:RETURN
900 S= Z3- Z:GOTO 49
1000 W= W+ 1:N2= W:T(W, 0)= N: T(W, 1)= Z: T(W,2)= A(0): T(W,3)= A(1): T(W,4)= Y: T(W,
5)= A(2): T(W,6)= A(3): 0(W)= ATN(T(W,3)/T(W,2)): RETURN
THE PROGRAM TO CALCULATE FIELD   1981.4.21

10 P= 3.14159: X= 3.83171:C= 29.9793: Z0= 0
20 INPUT Q3, Q4, L2, R1, R2, R3, F
25 LPRINT "Q1= "; Q3, "Q2= "; Q4, "L2= "; L2
30 Q1= Q3* P/180: Q2= Q4* P/180: W= 2* P* F: R= X* C/W
35 LPRINT "R1= "; R1,"R2= "; R2, "R3= "; R3, "F= "; F
40 Z1= (R- R1)/TAN(Q1): Z2= (R2- R1)/TAN(Q1): Z4= Z2+ L2
50 Z3= Z4- (R2- R)/TAN(Q2): Z5= Z4+ (R3- R2)/TAN(Q2)
60 B1= (2* X* X* TAN(Q1)/R [3) [(1/3): B3= (2* X* X* TAN(Q2)/R [3) [(1/3)
66 H1= SQR((X/R1) [2- (W/C) [2): LPRINT"H1= "; H1
70 H2= SQR((W/C) [2- (X/R2) [2): H3= SQR((W/C) [2- (X/R3) [2)
85 LPRINT: LPRINT "H2= "; H2, "H3= "; H3, "R= "; R, "B1= "; B1, "B3= "; B3
95 LPRINT "Z1= "; Z1, "Z2= "; Z2, "Z3= "; Z3, "Z4= "; Z4, "Z5= "; Z5: LPRINT
96 GOTO 3000
100 FOR Z= 0 TO Z2.STEP.3:T= - B1* (Z- Z1):GOSUB 800
115 LPRINT "Z= "; Z, "T= "; T, "Y= "; V: NEXT Z
120 T= - B1* (Z2- Z1): GOSUB 800: GOSUB 840
130 Y= V: Y1= V1* (- B1)
145 LPRINT"Z= "; Z2, "T= "; T, "Y= "; Y, "Y1= "; Y1: LPRINT
150 A2= SQR((Y/2) [2+ (Y1/H2/2) [2): X1= H2* Z2+ ATN((Y1/H2/2)/(Y/2))
160 A6= A2* SIN(X1- H2* Z2)/(Y1/H2/2)
170 IF A6< 0 GOTO 190
185 GOTO 205
```

```
190 A2= - A2
205 LPRINT "A2= "; A2, "X1= "; X1,"A6= "; A6
210 B2= A2: X2= ATN(- (Y1/H2/2)/(Y/2))- H2* Z2
220 A9= B2* COS(X2+ H2* Z2)/(Y/2): IF A9< 0 GOTO 240
235 GOTO 255
240 B2= - B2
255 LPRINT"B2= "; B2, "X2= "; X2,"A9= "; A9: LPRINT
260 FOR Z= Z2 TO Z4 STEP .3
270 Y= A2* COS(X1- H2* Z)+ B2* COS(X2+ H2* Z)
285 LPRINT"Z= "; Z, "Y= "; Y: NEXT Z
310 T= - B3* (Z4- Z3):GOSUB  800:GOSUB 840: L1= V: L2= U: L3= V1: L4= U1
330 S1= SIN(H2* Z4): S2= COS(H2* Z4): L5= L3* B3* S2- L1* H2* S1
340 L6= L3* B3* S1+ L1* H2* S2: L7= L3* B3* L2- L1* B3* L4
350 L8= B3* L4* S2- L2* H2* S1: L9= B3* L4* S1+ L2* H2* S2: S3= - L7
360 T= - B3* (Z5- Z3): GOSUB  800: GOSUB840
370 F2= B3* V1* L8/S3+ B3* U1* L5/L7: F3= H3* V* L9/S3+ H3* U* L6/L7
380 F4= B3* V1* L9/S3+ B3* U1* L6/L7: F5= H3* V* L8/S3+ H3* U* L5/L7
390 K3= A2* COS(X1)+ B2* COS(X2): K4= A2* SIN(X1)- B2* SIN(X2)
400 DEFDBL E
410 DIM E(2, 2)
421 INPUT Z6
430 K1= SIN(H2* Z6): K2= COS(H2* Z6): K5= (K1* K3- K2* K4)/2/K2: K6= K1/K2
440 E(0,0)= 1: E(0, 1)= 1: E(0, 2)= (K2* K3+ K1* K4+ 2* K1* K5)/(K2+ K1* K6)
450 E(1,0)= F2+ F3+ F4* K6- F5* K6:E(1, 1)= F2- F3+ F4* K6+ F5* K6: E(1, 2)= 2* F4* K5
460 E(2, 0)= F5- F4+ F2* K6+ F3* K6:E(2, 1)= F4+ F5- F2* K6+ F3* K6: E(2, 2)= 2* F3* K5
470 FOR I= 1 TO 2: FOR J= 2 TO 0 STEP - 1
480 E(I,J)= E(I,J)- E(0, J)* E(I,0)/E(0,0): NEXT J: NEXT I
510 C8= E(1, 2)/E(1, 1): C9= E(2, 2)/E(2, 1)
525 LPRINT"Z6= "; Z6, "C8= "; C8, "C9= "; C9, H2* Z6* 180/P,L7
527 IF ABS(C8- C9)> .0001 GOTO 421
530 C2= (C8+ C9)/2: A2= E(0, 2)- C2: B2= K5- K6* A2: D2= K6* C2- K5
536 LPRINT"A2= "; A2; "B2= "; B2; "C2= "; C2; "D2= ";D2
540 A3= ((A2+ C2)* L8+ (D2- B2)* L9)/S3:B4= ((D2+ B2)* L8+ (A2- C2)* L9)/S3
550 C3= ((A2+ C2)* L5+ (D2- B2)* L6)/L7: D3= ((B2+ D2)* L5+ (A2- C2)* L6)/L7

611 LPRINT "A3= ";A3, "B4= ";B4,"C3= "; C3, "D3= "; D3: LPRINT
612 GOTO 750
615 FOR Z= Z4 TO Z5 STEP 0.5: T= - B3* (Z- Z3)
620 GOSUB 800
625 R= A3* V+ C3* U: I= B4* V+ D3* U
```

```
630 Y= SQR (R* R+ I* I)
635 IF R< 0 GOTO 655
640 IF I< 0 GOTO 650
645 Y0= ATN(I/R)
647 GOTO 660
650 Y0= ATN(I/R)+ 2* P
652 GOTO 660
655 Y0= ATN(I/R)+ P
660 Y0= 2* P- Y0
661 LPRINT "Z= Z";Z;"Y= ";"Y0= ";Y0;"("Y0* 180/P")";"R= ";R;"I= ";I NEXT Z
662 T= - B3* (Z5- Z3):GOSUB 800:GOSUB840
663 V5= V:U5= U:V6= V1:U6= U1
665 R= A3* V+ C3* U:I= B4* V+ D3* U:Y= SQR(R* R+ I* I)
670 IF R< 0 GOTO 690
675 IF I< 0 GOTO 685
680 Y0= ATN(I/R)
682 GOTO 695
685 Y0= ATN(I/R)+ 2* P
687 GOTO 695
690 Y0= ATN(I/R)+ P
695 Y0= 2* P- Y0
696 LPRINT "Z= ";Z5,"Y= ";Y,"Y0= ";YO,"("Y0* 180/P")":LPRINT "R= ";R,"I= ";I
697 GOTO 3380
700 FOR Z= INT(Z6)+ 1 TO Z4 STEP 0. 5
705 R= (A2+ C2)* COS(H2* Z)+ (D2- B2)* SIN(H2* Z)
710 I= (B2+ D2)* COS(H2* Z)+ (A2- C2)* SIN(H2* Z)
715 Y= SQR(R* R+ I* I)
720 IF R< 0 GOTO 740
725 IF I< 0 GOTO 735
730 Y0= ATN(I/R)
732 GOTO 745
735 Y0= ATN(I/R)+ 2* P
737 GOTO 745
740 Y0= ATN(I/R)+ P
745 Y0= 2* P- Y0
746 LPRINT "Z= ";Z,"Y= ";Y,"Y0= ";Y0,"("Y0* 180/P")":NEXT Z
747 GOTO 3200
750 Z= Z6
755 R= (A2+ C2)* COS(H2* Z)+ (D2- B2)* SIN(H2* Z)
760 I= (B2+ D2)* COS(H2* Z)+ (A2- C2)* SIN(H2* Z)
```

```
765 Y= SQR(R* R+ I* I):Y0= ATN(I/R)
768 IF Y0< 0 THEN Y0= Y0+ 2* P
775 LPRINT "Z= ";Z;"Y= ";Y,"Y0= ";Y0,"("Y0* 180/P")"
776 LPRINT "R= ";R,"I= ";I
777 GOTO 700
800 GOSUB 1000
810 V= .62927* G1- .45875* G2
820 U= 1.08993* G1+ .79457* G2
830 RETURN
840 GOSUB 1100
850 V1= .62927* G3- .45875* G4
860 U1= 1.08993* G3+ .79457* G4
870 RETURN
1000 G1= 1： FOR I= 1 TO 1000： M= 1： N= 1
1005 FOR J= 1 TO I:M= M* (3* J- 1):N= N* 3* J:NEXT J
1010 Y= TC(3* I)/M/N:G1= G1+ Y

1015 IF ABS(Y)< .00005 GOTO 1020
1016 NEXT I
1020 G2= T： FOR I= 1 TO 1000:M= 1:N= 1
1025 FOR J= 1 TO 1:M= M* 3* J: N= N* (3* J+ 1):NEXT J
1030 Y= TC(3* I+ 1)/M/N:G2= G2+ Y
1035 IF. ABS(Y)< . 00005 GOTO 1040
1036 NEXT I
1040 RETURN
1100 G3= TC2/2:FOR I= 2 TO 1000:M= 2:N= 1
1110 Y= TC(3* I- 1)/M/N:G3= G3+ Y
1120 IF ABS(Y)< . 00005 GOTO 1130
1121 NEXT I
1130 G4= 1+ TC3/3:FOR I= 2 TO 1000:M= 3:N= 1
1140 FOR J= 2 TO I:M= M* 3* J:N= N* (3* (J- 1)+ 1):NEXT J
1150 Y= TC(3* I)/M/N:G4= G4+ Y
1160 IF ABS(Y)< . 0005 GOTO 1170
1161 NTXT I
1170 RETURN
3000 INPUT Z8
3005 FOR Z= Z8 TO Z0 STEP. 5:Y= EXP(H1* Z)
3015 LPRINT "Z= ";Z,"Y= ";Y:NEXT Z
3020 Z= Z0:Y= 1:Y1= H1
3035 LPRINT "Z= ";Z,"Y= ";Y,"Y1= ";Y1
```

```
3040 T= B1* (Z1- Z0):GOSUB 800:GOSUB 840
3050 X3= V* U1- V1* U
3060 A1= (U1+ H1* U/B1)/X3:B5= - (V1+ H1* V/B1)/X3
3080 T= B1* (Z1- Z2):GOSUB 800:GOSUB 840
3090 Y= A1* V+ B5* U:Y1= - B1* (A1* V1+ B5* U1)
3110 LPRINT "Z= ";Z2,"T= ";T,"Y= ";Y,"Y1= ";Y1:LPRINT
3120 GOTO 150
3200 Z= Z4
3210 R= (A2+ C2)* COS(H2* Z)+ (D2- B2)* SIN(H2* Z)
3220 I= (B2+ D2)* COS(H2* Z)+ (A2- C2)* SIN(H2* Z)
3230 LPRINT "Z= ";Z,"Y= ";SQR(R* R+ I* I)
3240 GOTO 615
3380 LPRINT "THE FIELD CONT AT Z6"
3385 LPRINT K2* K3+ K1* K4"= "(A2+ C2)* K2+ (D2- B2)* K1
3390 LPRINT "THE DERIV CONT AT Z6",K1* K3- K2* K4"= "(A2+ C2)* K1+ (B2- D2)* K2:LPRINT
3450 IF A2> 0 THEN M1= ATN(B2/A2)
3460 M1= ATN(B2/A2)+ P
3470 IF C2> 0 THEN M2= ATN;(D2/C2)
3480 M2= ATN(D2/C2)+ P
3490 GAMA4= SQR(A2* A2+ B2* B2)/SQR(C2* C2+ D2* D2):FY4= M1- M2+ 2* H2* Z4
3495 LPRINT"GAMA- 4= ";GAMA4;"FY- 4= ";FY4
4170 QF= 2* (Z4- Z1)* (W/C)12/H2/(1- GAMA412)
4180 QD= 1.1* QF
4190 QD= 1.4* QF
4200 LPRINT "QD= ";QD,"QF= ";QF
4210 END
```

```
5 REM WITTY AND TWO SIDES METHOD
10 PRINT "THE VALUES OF F1,F2,Z2,Z3":LPRINT "THE VALUES OF F1,F2,Z2,Z3"
15 INPUT F1,F2,Z2,Z3
16 LPRINT "F1= ";F1,"F2= ";F2,"Z2= ";Z2,"Z3= ";Z3
17 LPRINT
26 PRINT "N";TAB(6);"Z";TAB(25);"SOLUTION- Y";TAB(50);"SOLUTION- X"
25 LPRINT "N";TAB(6);"Z";TAB(25);"SOLUTION- Y";TAB(50);"SOLUTION- X"
30 C= 3E+ 10:N= 0:S= 0.0005:Z= 0
35 P= 3. 14159:V= 3. 83171* 3. 83171:W1= 2* P* F1:W2= 2* P* F2:W3= (W1* W1* - W2* W2)/C/C
60 DIM A(3),B(3),D(3),E(3),K(3),M(3),L(3),X(3),T(35,6),O(35)
65 R= 1
90 F3= W3- V/R/R:H2= 2* W1* W2/C/C:GOSUB 600
110 A(0)= 1:A(1)= 0:A(2)= H4* COS(G/2):A(3)= - H4* SIN(G/2)
```

```
126 PRINT N;;;Z,A(0)"+ I"A(1),A(2)"+ I"(A3)
127 W= 0:T(W,0)= N:T(W,1)= Z:T(W,2)= A(0):T(W,3)= A(1):T(W,4)= A(0):T(W,5)= A(2):T(W,
6)= A(3):0(W)= ATN(T(W,3)/T(W,2))
130 FOR I= 0 TO 3:D(I)= A(I):NEXT I:GOSUB 700
141 GOSUB 700
145 FOR I= 0 TO 3:B(I)= E(I):M(I)= A(I):K(I)= B(I):NEXT I
160 N= N+ 1:FOR I= 0 TO 3:D(I)= A(I)+ S* B(I)/2:NEXT  I:Z= Z+ S/2:GOSUB 700
200 FOR I= 0 TO 3:A(I)= A(I)+ S* E(I):B(I)= 2* E(I)- B(I):NEXT I
220 Z= Z+ S/2:Y= SQR(A(0)* A(0)+ A(1)* A(1)):Q= Y
230 IF N< 40 THEN 160
235 PRINT N;;Z,A(0)"+ I"A(1);Y;A(2)"+ I"A(3)
236 W= 1:T(W,0)= N:T(W,1)= Z:T(W,2)= A(0):T(W,3)= A(1):T(W,4)= Y:T(W,5)= A(2):T(W,6)=
A(3):O(W)= ATN(T(W,3)/T(W,2))
300 N= 1:S= 40* S
351 N= N+ 1
352 FOR I= 0 TO 3:D(I)= A(I):NEXT I:GOSUB 700
375 FOR I= 0 TO 3:B(I)= E(I):L(I)= - 4* A(I)+ 5* M(I)+ 2* S* (2* B(I)+ K(I)):NEXT I:Z=
Z+ S
387 FOR I= 0 TO 3:D(I)= L(I):NEXT  I:GOSUB 700
410 FOR I= 0 TO 3:X(I)= 4* A(I)- 3* M(I)+ 2* S* (E(I)- 2* B(I)- 2* K(I))/3:X(I)= (L(I)+
X(I))/2:NEXT I
426 Y= SQR(X(0)* X(0)+ X(1)* X(1))
427 IF Q> Y THEN 430
428 Q= Y:Z1= Z
430 IF N= 25* INT(N/25) THEN 494
435 FOR I= 0 TO 3:M(I)= A(I):A(I)= X(I):K(I)= B(I):NEXT I
460 IF Z< Z3- S THEN 351
461 IF Z< Z3 THEN 900
462 PRINT N;;Z,X(0)"(0)+ I"X(1);Y;X(2)"+ I"X(3)
463 GOSUB 1000
464 FOR W= 0 TO N2:FOR J= 2 TO 6:T(W,J)= T(W,J)/Q:NEXT J
465 LPRINT T(W,0);TAB(6);T(W,1);TAB(25);T(W,2)"+ I"T(W,3);TAB(50);T(W,5)"+ I"T(W,6):
NEXT W:LPRINT
466 LPRINT "Z//Z2";TAB(25);"AMPLITUDE- Y";TAB(50);"ANGLE"
467 FOR W= 0 TO N2:LPRINT T(W,1)/Z2;TAB(25);T(W,4);TAB(50);O(W):NEXT W:LPRINT
468 FOR W= 0 TO N2:LPRINT T(W,1);TAB(10+ 40* T(W,4));"* ":NEXT W
470 GOSUB 600
480 G1= X(2)- X(0)* H4* SIN(G/2)- X(1)* H4* COS(G/2)
481 G2= X(3)+ X(0)* H4* COS(G/2)- X(1)* H4* SIN(G/2)
482 G3= G1* G1+ G2* G2:G3= G3/Q/Q
```

```
485 PRINT "G3= ";G3,"Z1= ";Z1,"Q= ";Q
486 LPRINT "G3= ";G3,"Z1= ";Z1,"Q= ";Q
487 LPRINT "-----------------------------------------------------------------------------------------------------------------------------------------------------------------------"
488 LPRINT
490 END
484 GOSUB 1000
495 PRINT  N;;Z,X(0)"+ I"X(1);Y;X(2)"+ i"X(3)
496 GOTO 435
600 H3= ABS(F3):H4= SQR(H3):G= ATN(H2/H3):RETURN
700 IF Z> 1.31574 THEN 706
702 R= 1+ 0.176327* Z
704 GOTO 714
706 IF Z> 8.41574 THEN 712
708 R= 1.232
710 GOTO 714
712 R= 1.232+ 0.05673* (Z- 8.41574)
714 F3= W3- V/R/R
800 E(0)= D(2):E(1)= D(3):E(2)= - (F3* D(0))- H2* D(1):E(3)= - (F3* D(1)+ H2* D(0)):RETURN
900 S= Z3- Z:GOTO 351
1000 W= W+ 1:N2= W:T(W,0)= N:T(W,1)= Z:T(W,2)= X(0):T(W,3)= X(1):T(W,4)= Y: T(W,5)= X(2):T(W,6)= X(3):O(W)= ATN(T(W,3)/T(W,2)):RETURN
```

M 回旋管色散方程数值计算的计算程序

```
1 rem THE PROGRAM FOR TE- MDDE DISPERSION
5 C= 299793:E= 1.6E- 19:M0= 9.1E- 31:E0= 8.854E- 12
25 print "M,N,A,V,I":input M,N,A,V, I
30 print "M= n;M,"N= ";N"A= ";A,"V= ";V,"I= "; I
40 U= C* sqr(1- 1/(1+ V/511000)^2):G= 1/sqr(1- (U/C)^2)
50 V1= .5547* U:B1= V1/C:G1= 1/spr(1- B1^2)
60 V2= .83205* U:B2= V2/C:G2= 1/sqr(1- B2^2)
70 print "Z,Z0":input Z,Z0
80 print "NTH ROOT OF JM'(KCA)= 0";Z,"ROOT OF JM- S(KCR0)= 0";Z0
100 M1= 1:for K= 1 to M:M1= M1* K:next K
120 T(Z/2)^M/M1:J= T:K= 1
135 T= - T* (Z/2)^2/K/(M+ K):J= J+ T:K= K+ 1
150 if abs(T))1E- B then 135
```

```
190 print "S,H":input S,H:print "S= ";S,"WC0/WKP= ";H
200 K4= Z/A:R0= Z0/K4:WB= K4* C:W4= H* WB/G:R4= V2/W4:Z4= R4* K4
230 W2= 2.5E- 10* I* E/3.14159/G/E0/V1/R4/R0/M0
235 B= B0* W4* G/E* 1E10
240 print "RC= ";R4,"R0= ";R0,"KC= ";K4,"WKP= ";W8,"WC= ";W4
245 print "WP^2= ";W2;"B0= ";B
280 L= S:print "L= S= ";S:gosub 9185
295 S1= W2* Q7/WB^2:S2= B2^2* W2* W7/W8^2
300 print "S1= ";S1,"S2= ";S2
400 S7= 0:S8= 0
410 for L= 1 to 10:if L= S then 450
425 gosub 9185
430 S5= Q7/(S- L):S6= W7/(S- L)^2:S7= S7+ S5:S8= S8+ S6
450 next L
460 S7= S7* W2/W8/W4:S8= S8* W2* B2^2/W4^2:print "S3= ",S7,"S4= ";S8
1000 print "N1,N2,N3":input N1,N2,N3:print
1010 print "-* --* --* --* --* --* --* --* --* --* --* --* --* --* -"
1015 print "N1= ";N1,"N2= ";N2,"N3= ";N3:print
1020 for K= N1 to N2 step N3:print "K/KC= ";K,"K11= ";K* K4
1025 H1= B1* K+ H* S/G:S3= 0:S4= 0:Z8= 0
1060 S3= S7:S4= S8
1070 Z8= 0
1075 gosub 5100:next K
1110 goto 1000
1111 end
5100 A9= 1+ S4:B9= - S3/A9- 2* H1
5120 C9= H1^2- K^2+ ((1- Z8)* (S2- S1)+ S3* (B1* K+ 2* H1)- 1)/A9
5130 D9= 2* H1* K^2+ (2* H1+ S1* (B1* K+ (1- Z8)* H1)- S3* (H1+ 2* B1* K)* H1)/A9
5140 E9= (B1* K* H1* (S3* H1- S1)- H1)- H1^2- S2* K^2/A9- K^2* H1^2
6000 B3= - C9/2:C3= B9* D9/4- E9:D3= (E9* (C9* 4- B9^2)- D9^2)/8
6015 P3= C3- B3^2/3:Q3= D3- B3* C3/3+ 2* B3^3/27
6025 R3= P3^3/27+ Q3^2/4
6030 if R3<0 then 6075
6035 F= - Q3/2+ sqr(R3)
6040 if F< 0 then 6055
6045 A7= F^(1/3):goto 6060
5055 A7= - abs(F)^(1/3)
6060 B7= - P3/3/A7:Y= A7+ B7- B3/3:goto 6105
6075 NN= sqr(- 4* p3/3):U3= atn(sqr(- 4* R3)/abs(Q3))/3
6085 Y3= NN* cos(U3)
```

```
6086 Y4= - NN* (.5* sqr(3)* sin(U3)+ .5* cos(U3))
6087 Y5= NN* (.5* sqr(3)* sin(U3)- .5* cos(U3))
6088 if Q3>0 then 6096:Y= Y3- B3/3
6091 if Y>0 then 6105:Y= Y4- B3/3
6093 if Y>0 then 6105:Y= Y5- B3/3:goto 6105
6096 Y= - Y3- B3/3:if Y>0 then 6105
6098 Y= - Y4- B3/3:if Y>0 then 6106
6100 Y= - Y5- B3/3
6105 Y2= 8* Y+ B9^ 2- 4* C9:if Y2>0 then 6300:stoo
6300 Y2= sqr(Y2):P2= (B9+ Y2)/2:Q2= Y+ (B9* Y- D9)/Y2
6310 P9= P2^ 2- 4* Q2;if P9<0 then 6345
6325 print "X1= ";- P2/2+ sqr(P9)/2;"X2= ";- P2/2= - sor(P9)/2,
6335 goto 6350
6345 print "X5R= ";- P2/2,"X6I= "sqr(abs(p9))/2,

6350 P2= (B9- Y2)/2:Q2= Y- (B9* Y- D9)/Y2
6360= P9= P2^ 2- 4* Q2:if P9<0 then 6390
6375 print "X3= ";- P2/2+ sqr(P9)/2,"X4= ";- P2/2- sqr(P2)/2
6380 goto 6400
6390 print "X7R= ";- P2/2,"X8I= ";sqr(abs(P9))/2
6400 return

9185 M2= 1:M3= abs(M- L):for K= 1 to M3:M2= M2* K:next K
9210 T= (Z0/2)^ M3/M2:J3= T:K= 1
9225 T= - T* (Z0/2)^ 2/K/(M3+ K):J3= J3+ T:K= K+ 1
9240= if abs(T)>1E- 8 then 9225
9250 L1= 1:for K= 1 to L:L1= L1* K:next K
9280 T= (Z4/2)^ L/L1:J0= T:K= 1
9295 T= - T* (Z4/2)^ 2/K/(L+ K):J0= J0+ T:K= K+ 1
9310 if abs(T)MMM>1E- 8 then 9295
9315 T= (Z4- 2)^ (L- 1)* L/L1/2:J1= T:K= 1
9330 = T= - T* (L+ 2* K)/(L+ 2* K- 2)* (Z4/2)^ 2/K/(L+ K):J1= J1+ T:K= K+ 1
9345 if abs(T)>1E- 8 then 9330
9350 J2= - J1/Z4- (- L^ 2/Z4^ 2)* J0
9360 W9= 4* R0* R4* J3^ 2/A^ 2/(1- (M/Z)^ 2)/J^ 2
9365 W7= W9* J1^ 2:Q7= W9* (2* Z4* J1* J2* J1^ 2)
9370 return
```

N 回旋管非线性理论数值计算的计算程序

```
100 SELECT PRINTER
```

```
210 DIM S(2,8),Z(20,50),F(20,50),P(20,50),I(20)
220 INPUT G9,A9,U0,AI,LI,E0,B0,BI,R0
300 MAT REDIM S(2,8),Z(G9,A9),F(G9,A9),P(G9,A9),I(G9)
400 DATA 3.83171,3.1415926
500 READ D1,P1
600 print "U0= ";U0,"A1= ";A1,"L1= ";L1,"E0= ";E0,"B0= ";B0,"B1= ";B1
610 print "R0= ";R0
700 G0= 1+ U0* 1.956987E- 6
800 U0= 5* P1/I1/6
900 W= SQR(D1* D1+ U0* U0);T0= G0* P1/B0/20
1000 FOR N= 1 TO G9
1100 print "N= ";N
1200 print "Z","ETA","PQ","X","Y","BATA V","BATA H"
1300 H= SQR  ((1- 1/G0/G0)/(A1* A1+ 1)):H0= 0:H1= 0
1400 V= A1* H:V0= 0:V1= 0
1500 F= P1* ((N- 1)+ 4)/8:F0= 0:F1= 0:R1= V* G0/B0
1600 X= R0+ R1* COS(P1* (N- 1)/8):X0= 0:X1= 0
1700 Y= R1* SIN(P1* (N- 1)/8):Y0= 0:Y1= 0
1800 Z= 0:Z0= 0:Z1= 0
1900 T= 0:M= 0:M1= 0:M2= 1
2000 C2= 1:S2= 0:S3= 0
2100 V= V+ (V1- V0)/2:F= F+ (F1- F0)/2:H= H+ (H1- H0)/2
2200 X= X+ (X1- X0)/2:Y= Y+ (Y1- Y0)/2:Z= Z+ (Z1- Z0)/2
2300 M= M+ 1
2400 K= 1/SQR(1- V* V- H* H):K1= 1- V* V
2500 R= SQR(X* X+ Y* Y):Q= ATN(Y/X):X2= D1* R
2600 W9= 4:GOSUB 7000
2700 X2= U0* Z:W9= SIN(X2):W8= E0* J1:E= W8* W9* C2
2800 B= U0* W8* S3* COS(X2)- B1* R/2/L1
2900 B2= B0= B1* Z/L1- D1* E0* J0* W9* S3
3000 D0= F- Q:S1= SIN(D0):C1= COS(D0)
3100 IF M>M1 THEN 4200
3200 T1= T0/K:T2= T1* S1:D0= H* B
3300 V1= - T2* (E* K1+ D0):F1= T1* (B2- (E+ D0)* C1/V)
3400 H1= H2* V* (H* E+ B):D0= T0* V
3500 X1= D0* COS(F):Y1= D0* SIN(F):Z1= T0* H
3600 IF M= M1 THEN 2100
3700 V0= V1:F0= F1:H0= H1:X0= X1:Y0= Y1:Z0= Z1
3800 V= V+ V0:F= F+ F0:H= H+ H0
3900 X= X+ X0:Y= Y+ Y0:Z= Z+ Z0
4000 T= T+ T0:D0= W* T:C2= COS(D0):S2= SIN(D0)
```

```
4100 S3= S2/W:M1= M:GOTO 2400
4200 IF M2= INT(Z* 10/4) THEN 4400
4300 GOTO 3200
4400 Z(N,M2)= Z:F(N,M2)= (G0- K)/(G0- 1)
4500 P0= K* V* S1:P2= E* S3/C2:P3= (B0+ B1* Z/L1)* R/2
4600 P(N,M2)= R* (P0+ P2- P3)
4700 print Z(N,M2),F(N,M2),P(N,M2),X,Y,V,H
4800 M2= M2+ 1
4900 IF Z L1 THEN 5100
5000 GOTO 3200
5100 I(N)= (M- 1)/40
5200 orint "NC= ";I(N)
5300
5300 orint
5400 NEXT N
5500 orint "Z";TAB(20);"0" TAB(60); "AVERAGE EFFICIENCY"
5600 FOR M2= 1 TO A9
5700 S2= 0"S3= 0
5800 FOR N= 1 TO G9
5900 S2= S2+ Z(N,M2):S3= S3+ F(N,M2)
6000 NEXT N
6100 S3= S3/G9
6200 print S2/G9:TAB(20+ 80* S3):"* ";THB(60);S3
6300 NEXT N
6300 NEXT M2
6400 END
7000 IF W9= 5. 5 THEN 7700
7100 S(1,1)= 1:S(1,2)= - 4:S(1,3)= 4
7200 S(1,4)= - 1. 77776:S(1,5)= . 444358:S(1,6)= - 7. 09254E- 2
7300 S(1,7)= 7. 67719E- 3:S(1,8)= - 5. 01441E- 4:S(2,1)= 2
7400 S(2,2)= - 4:S(2,3)= 2. 66667:S(2,4)= - . 888884
7500 S(2,5)= . 1777580:S(2,6)= - 2. 366170E- 2:S(2,7)= 2. 20692E- 3
7600 S(2,8)= - 1. 28977E- 4:W9= 5. 5
7700 W8= 1:J0= 0:J1= 0:D0= X2/4
7800 FOR J= 1 TO 8:J0= J0+ S(1,J)* W8
7900 J1= J1+ S(2,J)* W8:W8= W8* D0* D0:NEXT J
8000 J1= J1* D0:ETURN
```

O 附录参考文献

[1] SEFTER J L,DORBOT A T,CHU K R. An Lvestigation of a Magnetron Injection Gun Suitable for Use in Cyclotron Resonance Maser[J]. IEEE Transactions on Electron Devices, 1979, 26(10):1609-1616.

[2] TSIMRING S E. Synthesis of Systems for the Formation of Helical Electron Beams[J]. NRL Memu. Rep. 1979:3937.

[3] МАНУИЛОВН, ЦИМРИНЯ Ш Е. Силяез аксиалвно-симчемрнгнвлх састем формирования виятоввлх злектроннвлх лучков[R]. Раднофнзика и Электронника, 1978.

[4] BOERS J E. Digital Computer Analysis of Axially Symmetric Electron Guns[J]. IEEE Transactions on Electron Devices, 1965, 12:425.

[5] 裘道原. 回旋管电子枪的数值计算[D]. 成都:成都电讯工程学院高能电子学研究所,1981.

[6] 李家胤. 回旋管电子光学系统的数值计算[D]. 成都:成都电讯工程学院高能电子学研究所,1981.

[7] ALIKAEV V V,BOBROVSKII G A,POZNYAK V I,et al. ECR plasma heating in the TM-3 tokamak in magnetic fields up to 25 kOe[J]. Fizika Plazmy, 1976, 2:3:390-395.

[8] GILGENBACH R M,READ M E,HACKETT K E,et al. Heating at the electron cyclotron frequency in the ISX-B to kamak[J]. Physical Review Letter,1980,44:647-650.

[9] UCKAN N A, HEDRICK C L,HASTE G R,et al. Physics of hot electron rings in EBR: theory and experiment[R]. Oak Ridge National Laboratory,1981.

[10] FUJIWARA M, HOSOKAWA M, IGUCHI H, et al. Proceedings of EBT Ring Physics Workshop[J]. Oak Ridge, Tenn. 1979:123.

[11] SAGDEYER R S,SHAFRANOV V D. PeacefulUses of Atomic Energy[J]. Proceedings of IEEE International Conference,1958,31:118.

[12] LITVAK A G, PERMITIN G V, SUVOROV E V,et al. Electron-cyclotron heating of plasma in toroidal systems[J]. Nuclear Fusion, 2011, 17(4): 659-665. DOI: 10. 1088/0029-5515/17/4/002.

[13] ALIKAEV V V, DNESTROVSKII Y N, PARAIL V V,et al. Outlook for electron-cyclotron heating in large tokamaks[J]. Физика плазмы, 1977, 3(2):127-131.

[14] ANTONSEN T M,MANHEIMER W M. Electromagnetic wave propagation in inhomogeneous plasmas[J]. Physics of Fluids, 1978, 21(12):2295-2305.

[15] MANHEIMER W M. Anomalous Transport from Plasma Waves[J]. in Infrared and Millimeter Waves,1979,2(05):299.

[16] FIDONE I, GRANATA G, RAMPONI G,et al. Wave absorption near the electron cyclotron frequency[J]. Physics of Fluids, 1978, 21(4):645-652.

[17] DANDL R A, EASON H O, IKEGAMI H. Electron-cyclotron heating of toroidal plasma with emphasis on results from the ELMO Bumpy Torus (EBT)[J]. Unknown, 1979.

[18] BORNATICI M, ENGELMANN F. Absorption around the electron cyclotron frequency in a thermal plasma of finite density[J]. Radio Science, 1979,14:309.

[19] BORNATICI M, ENGELMANN F, LISTER G G. Finite Larmor radius effects in the absorption of electromagnetic waves around the electron cyclotron frequency[J]. Physics of Fluids, 1979, 22(9):1664-1666.

[20] WOLFE S M, COHN D R, TEMKIN R J, et al. Characteristics of electron-cyclotron-resonance-heated tokamak power reactors[J]. Nuclear Fusion, 1979, 19:389.

[21] FIDONE I, GRANATA G, MEYER R L. Electron Cyclotron Damping for Large Wave Amplitude in Tokamak Plasmas[J]. Plasma Physics, 1980, 22:261.

[22] MAEKAWA T, TANAKA S, TERUMICHI Y, et al. Wave Trajectory and Electron-Cyclotron Heating in Toroidal Plasmas[J]. Physical Review Letters, 1978, 40(21):1379.

[23] BATCHELOR D B, GOLDFINGER R C. A theoretical study of electron-cyclotron absorption in ELMO Bumpy Torus[J]. Nuclear Fusioics, 1980, 20(4):403.

[24] WEITZNER H, BATCHELOR D B. Conversion between cold plasma modes in an inhomogeneous plasma[J]. The Physics of Fluids, 1979, 22(7):e49296-e49296.

[25] FRIEDLAND L, BERNSTEIN I B. General Geometric Optics Formalism in Plasmas[J]. Plasma Science IEEE Transactions on, 1980, 8(2):90-95.

[26] FRIEDLAND L, BERNSTEIN I B. Comparison of geometric and wave optics in an absorbing spherical plasma[J]. Physical Review A, 1980, 21(2):666-671.

[27] TRUBNIKOV B A. Plasma physics and the Problem of Controlled Thermonuclear Reactions [M]. New York: Pergamon Press Inc, 1959.

[28] SHKAROFSKY I P. Dielectric Tensor in Vlasov Plasmas near Cyclotron Harmonics[J]. The Physics of Fluids, 1966, 9(3):561-570.

[29] SYNGE J L. The Relativistic Gas[M]. New York: Interscience Publisher, 1957.